1965年诺贝尔物理学奖获得者
RICHARD P. FEYNMAN 著作选译 第一辑
费曼

QUANTUM
ELECTRODYNAMICS

量子电动力学讲义

R.P.费曼 著 张邦固 译 朱焘岳 校

高等教育出版社

1965年诺贝尔物理学奖获得者
RICHARD P. FEYNMAN 著作选译 第二辑
费曼

QUANTUM MECHANICS
AND PATH INTEGRALS

量子力学与路径积分

R.P.费曼 A.R.希布斯 著 张邦固 译

高等教育出版社

1965年诺贝尔物理学奖获得者
RICHARD P. FEYNMAN 著作选译 第三辑
费曼

STATISTICAL MECHANICS
A SET OF LECTURES

费曼统计力学讲义

R.P.费曼 著

高等教育出版社

ISBN: 978-7-04-036960-1　　ISBN: 978-7-04-042411-9

1991年诺贝尔物理学奖获得者
P. G. DE GENNES 著作选译 第一辑
德热纳

SUPERCONDUCTIVITY
OF METALS AND ALLOYS

金属与合金的超导电性

P. G. 德热纳 著 邵惠民 译

高等教育出版社

1991年诺贝尔物理学奖获得者
P. G. DE GENNES 著作选译 第二辑
德热纳

THE PHYSICS OF
LIQUID CRYSTALS

液晶物理学（第二版）

P. G. de Gennes, J. Prost 著 孙政民 译

高等教育出版社

1991年诺贝尔物理学奖获得者
P. G. DE GENNES 著作选译 第三辑
德热纳

SCALING CONCEPTS
IN POLYMER PHYSICS

高分子物理学中的标度概念

P. G. 德热纳 著 刘杰 吴大诚 朱谱新 刘深 译

高等教育出版社

ISBN: 978-7-04-036886-4　　ISBN: 978-7-04-047622-4　　ISBN: 978-7-04-038291-4

1991年诺贝尔物理学奖获得者
P. G. DE GENNES 著作选译 第四辑
德热纳

CAPILLARITY AND
WETTING PHENOMENA
DROPS, BUBBLES, PEARLS, WAVES

毛细和润湿现象
——液滴、气泡、液珠和表面波

P. G. 德热纳 F. 布罗夏尔-维亚尔 D. 凯雷 著

高等教育出版社

1991年诺贝尔物理学奖获得者
P. G. DE GENNES 著作选译 第五辑
德热纳

SOFT INTERFACES
THE 1994 DIRAC MEMORIAL LECTURE

软界面
——1994年狄拉克纪念演讲

P. G. 德热纳 著 吴其晔 姚康 译

高等教育出版社

CAMBRIDGE

德热纳

导引

ISBN: 978-7-04-038693-6　　ISBN: 978-7-04-038562-5

1945年诺贝尔物理学奖获得者
WOLFGANG PAULI 著作选译
泡利

PAULI LECTURES ON PHYSICS
VOLUME 1, 2, 3

泡利物理学讲义
（第一、二、三卷）

W.泡利 著 洪铭熙 苑之方 译 胡刚复 校

高等教育出版社

1945年诺贝尔物理学奖获得者
WOLFGANG PAULI 著作选译
泡利

PAULI LECTURES ON PHYSICS
VOLUME 4, 5, 6

泡利物理学讲义
（第4, 5, 6卷）

W.泡利 著

高等教育出版社

1945年诺贝尔物理学奖获得者
WOLFGANG PAULI 著作选译
泡利

RELATIVITÄTSTHEORIE

相对论

W.泡利 著

高等教育出版社

ISBN: 978-7-04-040409-8

1979年诺贝尔物理学奖获得者

STEVEN WEINBERG　著作选译

GRAVITATION AND COSMOLOGY
PRINCIPLES AND APPLICATIONS OF THE GENERAL THEORY OF RELATIVITY

YINLI HE YUZHOUXUE
——GUANGYI XIANGDUILUN DE YUANLI HE YINGYONG

引力和宇宙学
广义相对论的原理和应用

S. 温伯格　著　邹振隆　张历宁　等译

高等教育出版社·北京

图字：01-2013-9271 号

图书在版编目（CIP）数据

引力和宇宙学：广义相对论的原理和应用 /（美）S. 温伯格（S. Weinberg）著；邹振隆等译. -- 北京：高等教育出版社，2018.2（2022.7重印）

书名原文：Gravitation and Cosmology: Principles and Applications of the General Theory of Relativity

ISBN 978-7-04-048718-3

Ⅰ.①引⋯ Ⅱ.①s⋯ ②邹⋯ Ⅲ.①广义相对论 Ⅳ.① O412.1

中国版本图书馆 CIP 数据核字（2017）第 252576 号

策划编辑　王　超	责任编辑　王　超	封面设计　王　洋	版式设计　杜微言
插图绘制　杜晓丹	责任校对　高　歌	责任印制　刁　毅	

出版发行	高等教育出版社	网　　址	http://www.hep.edu.cn
社　　址	北京市西城区德外大街4号		http://www.hep.com.cn
邮政编码	100120	网上订购	http://www.hepmall.com.cn
印　　刷	山东韵杰文化科技有限公司		http://www.hepmall.com
开　　本	787 mm×1092 mm 1/16		http://www.hepmall.cn
印　　张	41.75		
字　　数	760 千字	版　　次	2018年2月第1版
购书热线	010-58581118	印　　次	2022年7月第3次印刷
咨询电话	400-810-0598	定　　价	119.00 元

本书如有缺页、倒页、脱页等质量问题，请到所购图书销售部门联系调换

版权所有　侵权必究

物 料 号　48718-00

献给　路易丝

序言

在本书脱稿之际，我可以回顾并核实一下引起我动笔并指导我写完这本书的两个目的了。

一个很实际的目的，是汇集和评价最近十年来由实验物理学以及光学、射电、雷达、X 射线和红外天文学的新技术所提供的丰富数据。当然，即使本书已经付印，新数据还会不断出现，所以我并不奢望本书将永远保持时新。不过，我确实希望描绘出一幅广义相对论和观测宇宙学的实验验证的广泛图景，以帮助读者 (和我自己) 能够在新数据出现时理解它们。我也试图展望一下未来，并讨论可能进行的新实验，特别是以地球和太阳的人造卫星为基础的实验。

我写作本书的另一个目的，是出于个人方面的。在学习广义相对论以及后来在加州大学伯克利分校和麻省理工学院讲授它的过程中，我对于讲授这一学科的通常方式感到颇不满意。我发现在多数教科书中，把几何概念的作用过分突出，以致学生想知道引力场为什么由度规张量代表，自由下落粒子为什么沿测地线运动，场方程为什么是广义协变的，但在学完这门课程后得到的印象却是：这些问题都与"时空是 Riemann 流形"这一事实有点关系。

当然，这曾经是 Einstein 的观点，他的卓越才华必然影响我们对他所创立的理论的理解。不过我认为，这种几何观点在广义相对论和基本粒子理论之间造成了人为的隔阂。只要我们能够指望 (正如 Einstein 曾经指望过的)，物质最终可以用几何语言来理解，那么在描述引力理论时给 Riemann 几何以首要地位，才是有意义的。但是现在，时间的流逝已教导我们，不能指望强作用、弱作用和电磁作用都可以用几何语言来理解了。因而过分地强调几何，只能模糊引力理论与物理学其余分支之间的深刻联系。

我没有采用 Riemann 几何，而把从实验导出的引力与惯性等效的原理作为讨论广义相对论的基础。可以看到,诸如度规、仿射联络、曲率张量等几何概念将自然地纳入以等效原理为基础的引力理论。当然,最后还是归结为 Einstein 的广义相对论。不过,我已设法把几何概念推迟到它们必须引入的时候,以便 Riemann 几何只作为阐述等效原理的一种数学工具,而不是作为引力理论的根本基础。

这种阐述方式很自然地会启发我们提出**为什么**引力应当遵循等效原理的问题。在我看来,这个问题的答案不能在经典物理学领域,当然也不能在 Riemann 几何中找到,而只能在引力的量子论所加的约束中找到。除非相应的经典场论服从等效原理,看来就不可能建立质量为零、自旋为 2 的粒子的任何 Lorentz 协变的量子理论。这样一来,等效原理似乎就成了引力理论和基本粒子理论之间最好的桥梁。等效原理的量子基础将在引力的量子理论一节中简短地涉及,但本书不可能对量子理论作深入的阐述。

本书采用的非几何阐述方式,在一定程度上影响了论题的选择。特别是,我没有详细讨论 Einstein 场方程复杂的严格解的推导和分类,因为我觉得,这些材料中多数对于引力理论的基本理解并不必要,而且同可以预见的将来能够进行的实验似乎没有什么关系。由于这一处理,我便略去了过去十年来广义相对论的专家们所做的许多工作,但我力图通过推荐书目和参考文献,把这类工作包罗进来。没有详细讨论 Penrose 和 Hawking 关于引力坍缩的美妙定理是十分遗憾的;这些定理在 11.9 节和 15.11 节中作了简短的介绍,但要作充分的讨论,必将占去大量的篇幅和时间。

我力图全面地列出有关广义相对论和宇宙学的实验方面的参考文献。凡本书中已引用它们的结果的,我也给出了详细理论计算的出处。不过,我并不想对本书中讨论的全部理论材料列出完整的参考文献。这些材料现在大多数已成为经典的了,要查出有关的原始文献应该是科学史的任务,对此我感到并不胜任。仅仅没有文献引证不应理解为我所介绍的工作均属首创,虽然其中有一些确属如此。

作者对本书写作过程中得到的难以估量的帮助表示衷心感谢。过去七年中我教过的学生提出的问题和意见,帮助我改正了一些计算错误和含混不清的地方。我特别感谢 Jill Punsky 仔细校核了许多推导。我大量采纳了许多同事的意见,他们是 Stanley Deser, Robert Dicke, George Field, Icko Iben, Jr., Arthur Miller, Philip Morrison, Martin Rees, Leonard Schiff, Maarten Schmidt, Joseph Weber, Rainier Weiss, 特别是 Irwin Shapiro。最后我非常感谢 Connie Friedman 和 Lillian Horton 以熟练的技巧和无比的耐心, 一次再次地帮助打字。

S. 温伯格

1971 年 4 月于马萨诸塞州, 剑桥

符号说明

拉丁指标 i, j, k, l 等一般遍历三个空间坐标记号, 通常是 1, 2, 3 或 x, y, z。

希腊指标 $\alpha, \beta, \gamma, \delta$ 等一般遍历四个时空惯性坐标记号 1, 2, 3, 0 或 x, y, z, t。

希腊指标 $\mu, \nu, \kappa, \lambda$ 等一般遍历任意坐标系中的四个坐标记号。

除特别申明外, 重复的指标表示求和。

惯性坐标系中的度规 $\eta_{\alpha\beta}$ 只有对角元素 $+1, +1, +1, -1$。

任何量上方的点表示该量对时间求导数。

Descartes 三维矢量用黑体字表示。

除非声明用 c. g. s 单位, 光速取作 1. Planck 常量不取为 1。

版权致谢

　　第一章章前引语, 蒙 Elizabeth Dawes 慨允, 摘自 *The Alexiad* (《阿列克赛传》), Barnes Noble Publishers, New York, New York, 10003。

　　图 1.1 蒙出版者慨允, 摘自 J. R. R. Tolkien 著 *The Fellowship of the Ring* (《护戒使者》), Houghton Mifflin Company, Boston, Mass。

　　第十一章章前引语, 蒙 MacMillan Company 慨允, 重印自 William Butler Yeats 著 *The Collected Poems of W. B. Yeats* (《叶芝诗集》), MacMillan Company 1924 年版权, Bertha Georgie Yeats 1952 年修订。

　　第十三章章前引语, 蒙慨允, 重印自 Hermann Weyl 著 *Symmetry* (《论对称》), 普林斯顿大学出版社 1952 年出版。

　　第十六章章前引语, 蒙慨允, 重印自 K.Freeman 著 *Ancilla to the Pre-Socratic Philosophers* (《〈前苏格拉底哲学家〉辅读》), 1966 年哈佛大学出版社出版。

　　天文学照片蒙海尔天文台慨允重印。

目录 [1)]

第一篇　绪　　论

---

1) 标有星号 ∗ 的章节, 有点偏离本书主要发展线索, 初读时可略去.

第二篇 广 义 相 对 论

第三篇 广义相对论的应用

第四篇　形　式　发　展

第五篇　宇　宙　学

第一篇 绪 论

"但是，历史故事构成了紧靠时间之河的一道非常坚固的壁垒，在一定程度上控制着它不可抗拒的流淌和在其间所作的一切，由于历史的尽力管控，它得以安全合流，不致跌入被遗忘的深渊."

安娜·科穆宁娜,《阿列克塞传》

第一章

历史介绍 [3]

物理学并不是一个已经完成的逻辑体系. 相反, 它每时每刻都存在着一些观念上的巨大混乱, 有些观念像民间史诗那样, 从往昔英雄时代流传下来; 而另一些则是像空想小说那样, 产生于我们对将来会有的伟大综合理论的朦胧预感. 为了从这混乱中理出一个头绪, 一本物理书籍的作者可以采用下列两种方式之一来组织材料: 一种是摘引物理学史; 另一种是遵循他自己对物理定律的最终逻辑结构的最佳推测. 这两种方法都是有价值的; 要紧的是不要将物理学误为历史, 也不要把历史误为物理学.

本书叙述引力理论, 是根据它作为物理学一个分支的内在逻辑 (按我的认识), 而不是根据它的历史发展. 确实有这样一个历史事实, 当 Albert Einstein 创立广义相对论的时候, 他手边有一种现成的数学形式 —— Riemann 几何, 他能够全盘接受过来, 事实上他的确全盘接受了. 然而, 这一历史事实并不意味着广义相对论的精髓就必定是把 Riemann 几何应用于物理时空. 依我看来, 把广义相对论首先看成引力的理论要有益得多. 至于这一理论与几何学的联系, 则在于引力的一些独特的经验性质, 即

Einstein 的引力与惯性之间的等效原理所概括的一些性质. 因为这个理由, 我在全书中总是推迟介绍诸如度规、仿射联络、曲率等几何概念, 直到物理考虑要用到它们的时候才予以介绍. 这样一来, 本书各章节的顺序就与历史的顺序很不相同.

[4]　　　　尽管如此, 我们不能让物理学史"跌入被遗忘的深渊", 因而在这第一章里, 就简单回顾一下广义相对论的三大前提 —— 非欧几何、Newton 引力理论和相对性原理. 我们在这里只概述它们在 1916 年以前的历史, 因为到 1916 年, Einstein 已将这三者结合在广义相对论[1]之中了.

1.1 非欧几何的历史

Euclid 在《几何原本》[2]中表明, 几何学可以从若干定义、公理、公设中演绎出来. 这些假设主要涉及点、线和图形的最基本性质, 并且它们对于 20 世纪的小学生正如对公元前 3 世纪的希腊数学家一样, 似乎是不证自明的. 然而, 人们一直认为, 有一个 Euclid 假设不如其它假设那样明显. 这就是第五公设:

　　　　"若一直线与二直线相交, 其同侧二内角之和小于二直角, 则当此二直线无限延长时, 必相交于二内角和小于二直角之一侧."

两千年来, 为了纯化 Euclid 体系, 几何学家们一直试图证明第五公设是其它公设的逻辑结果. 现在我们知道这是不可能的. Euclid 是对的, 一种没有第五公设的几何学并不存在逻辑上的矛盾, 而且如果我们需要第五公设, 那么我们就必须一开头把它引进, 而不是在末尾加以证明. 然而, 为证明第五公设所作的努力仍然是数学史上的伟大业绩之一, 因为它最终导致了现代非欧几何的诞生.

试图将第五公设作为一个定理来证明的人包括: Ptolemy (公元 168 年), Proclos (410—485), Nasir al din al Tusi (13 世纪), Levi ben Gerson (1288—1344), P. A. Cataldi (1548—1626), Giovanni Alfonso Borelli (1608—1679), Giordano Vitale (1633—1711), John Wallis (1616—1703), Geralamo Saccheri (1667—1733), Johann Heinrich Lambert (1728—1777) 和 Adrien Marie Legendre (1752—1833). 毫无例外, 他们的结果只是做到用另一个等效的公设来代替这个第五公设, 作为替换的那个公设或许看来较为明显, 或许看来更不明显. 但在任何情况下, 它都不能由 Enclid 的其它公设证明出来. 例如, 雅典的新柏拉图主义者 Proclos 提出了作为替换的公设是: "若一直线与两条平行线之一相交, 那它必与另一条也相交". (也就是, 若我们将平行线定义为延长到不论多远也不相交的直线, 那么通过任一给定点只能

作一条直线平行于一给定直线.) 牛津的 Savilli 讲座教授 John Wallis 证明
了 Euclid 第五公设可由一个等效的命题来代替: "给定任一图形, 总存在
着按任一比例与之相似的图形." 而 Legendre 证明了第五公设与下列命
题等效: "存在着三内角之和等于两直角的三角形."[3]

[5]

到 18 世纪, 为取消 Euclid 第五公设所作的尝试开始转变方向. 1733
年, 耶稣会会员 Geralamo Saccheri 发表了一篇论文, 对第五公设若不真则
几何学将为如何的问题作了详尽的研究. 他特别考察了他称之为 "锐角
假说" 的结论, 这假说就是: "给定一直线, 可以作出它的一条垂线和与它
成锐角的另一条直线, 并使这两条线互不相交."[3] 然而, Saccheri 并不真
正认为这是可能的; 他仍然相信第五公设的逻辑必然性; 而他探讨非欧
几何, 只是期待最终会得出逻辑上的矛盾. Lambert 和 Legendre 开始关于
非欧几何的类似的尝试性探讨.

看来, 直到 Carl Friedrich Gauss (1777—1855) 才第一次敢于认为非欧
几何是逻辑上可能的. 从 1799 年直到 1844 年, 他在给 W.Bólyai, Olbers,
Schumacher, Gerling, Taurinus 和 Bessel 的一系列信件中[4] 记录了他逐步看
清的过程. 在 1824 年的一封信中, 他请求 Taurinus 对他所透露的 "异端见
解" 保密. Gauss 甚至到 Harz 山中测量由 Inselberg, Brocken 和 Hoher Hagen
三点组成的三角形[40], 看它的三内角之和是否为 180°! (的确是 180°). 然
后在 1832 年, Gauss 收到他的朋友 Wolfgang Bólyai 的一封信, 信中描述
了他的儿子 (一个奥地利军官) Janos Bólyai (1802—1860) 所发展的非欧几
何. 随后他又获悉喀山的教授 Nikolai Ivanovich Lobachevski (1793—1856) 在
1826 年得到了类似结果.

Gauss, Bólyai 和 Lobachevski 各自独立地发现了按现代术语所称的二
维负常曲率空间. 这种空间至今仍然很有意义; 在关于宇宙学的一章中
我们将看到, 我们实际生活的空间是三维常曲率空间. 但是对于它的发
现者们来说, 新几何学的重要之处是: 它描述的无限二维空间中, 所有的
Euclid 假设 —— 除第五公设之外 —— 全都满足! 在这一点上它是唯一的,
这也许可以说明非欧几何在德国、奥地利和俄国或多或少是独立地被发
现的原因. (球面也满足没有第五公设的 Euclid 几何, 但它既然是有限的,
就没有平行线的地位). 在第十三章中讨论对称空间时我们会清楚: 负常
曲率二维空间不能实现为通常三维 Euclid 空间中的曲面, 这无疑是历时
两千年才发现它的原因. 当然它也破坏了由 Proclos, Wallis 和 Legendre 所
提出的对于 Euclid 第五公设的各种 "常识性" 说法, 也就是说, 在这种空
间里, 通过给定点可以作无限多条直线平行于任一给定直线; 没有大小
不同的相似图形; 以及任意三角形三内角之和小于 180°.

[6]   然而, 还留下一个悬而未决的可能性: Euclid 第五公设可否由其它公设导出, 因为 Gauss, Bólyai 和 Lobachevski 的几何没有逻辑矛盾完全不是显然的. "证明" 一个数学公设体系 "自洽" 的通常方法, 就是从一致性 (暂时) 不成问题的其它体系中构造出一个满足这些公设的模型. 对于 Euclid 几何与非欧几何说来, 这 "模型" 都是由实数理论提供的. Descartes 的解析几何表明, 若一点对应于一对实数 (x_1, x_2), 而 (x_1, x_2) 与 (X_1, X_2) 两点之间的距离等于 $[(x_1 - X_1)^2 + (x_2 - X_2)^2]^{1/2}$, 则所有的 Euclid 公设都可以作为关于实数的定理而得到证明. 在 1870 年, Felix Klein (1849—1925) 为 Gauss, Bólyai 和 Lobachevski 几何构造了一种类似的解析几何[5] —— 一 "点" 表示为一对实数 (x_1, x_2), 且

$$x_1^2 + x_2^2 < 1 \tag{1.1.1}$$

x, X 两点之间的距离 $d(x, X)$ 由下式定义

$$\cosh\left[\frac{d(x, X)}{a}\right] = \frac{1 - x_1 X_1 - x_2 X_2}{(1 - x_1^2 - x_2^2)^{1/2}(1 - X_1^2 - X_2^2)^{1/2}} \tag{1.1.2}$$

式中 a 是建立这个几何标度的基本长度. 注意, 这个空间是无限的, 因为当 $X_1^2 + X_2^2$ 趋近于 1 时, $d(x, X) \to \infty$. 由这个关于 "点" 和 "距离" 的定义, 就可以证明这个模型满足除第五公设外的所有 Euclid 公设, 并且事实上服从于由 Gauss, Bólyai 和 Lobachevski 发现的几何. 于是 Euclid 第五公设的逻辑独立性在两千年后才终于确立了.

这仅仅是非欧几何发展的开始. 我们看到, 为了发现 Gauss, Bólyai 和 Lobachevski 几何, 就必须抛弃曲面只能用它在通常三维空间中的嵌入来描述的观念. 那么, 我们怎样才能对弯曲空间加以描述和分类呢? 为此, 我们必须追溯到 1827 年, 那时 Gauss 出版了他的《关于曲面的一般研究》. Gauss 首次区分了曲面的内在性质 (即生活在曲面中的小扁虫所体验到的几何) 与它的外在性质 (即它在较高维空间中的嵌入) 两者的不同, 并且他认识到, 曲面的内在性质才正是 "最值得几何学家去努力探讨的".

Gauss 也认识到任一曲面的基本的内在性质是度规函数 $d(x, X)$, 它决定 x 和 X 在曲面上沿着它们之间的最短路径的距离. 例如, 圆锥或圆柱具有与平面相同的局部内在性质, 因为平面可以卷成圆锥或圆柱而不致伸缩或撕裂 (也就是不致使度规关系产生畸变). 另一方面, 所有的制图者都知道, 球面不可能展为平面而不产生畸变, 因而它的局部内在性质与平面不同.

　　有一个简单的例子, 是 Einstein, Wheeler 和其他人都用过的, 它说明通过研究曲面的度规如何就能发现它的内在性质 (见图 1.1). 考虑一平面上的 N 个点, 我们可用一点作为坐标原点而经过第二点画出 x 轴, 于是各点之间的距离可用 $(2N-3)$ 个坐标也就是用第二点的 x 坐标和其余 $(N-2)$ 个点的 x 坐标和 y 坐标来描述. 但在 N 点之间有 $N(N-1)/2$ 个不同的距离, 因此, 对于足够大的 N, 这些距离必须满足 M 个代数关系, 这里 [7]

$$M = \frac{N(N-1)}{2} - (2N-3) = \frac{(N-2)(N-3)}{2} \tag{1.1.3}$$

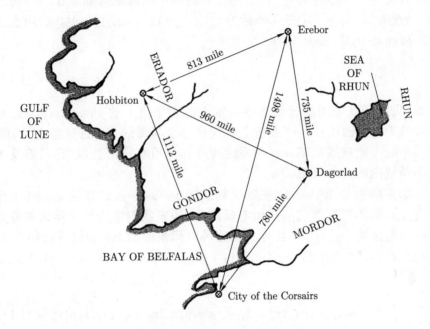

图 1.1　　问题: 中土是平坦的吗?

例如, 最简单又有意义的情况是 $N=4$, 不难证明在点 m 和 n 之间的距离 d_{mn} 满足单独一个关系式

$$\begin{aligned}
0 = &\, d_{12}^4 d_{34}^2 + d_{13}^4 d_{24}^2 + d_{14}^4 d_{23}^2 + d_{23}^4 d_{14}^2 + d_{24}^4 d_{13}^2 + d_{34}^4 d_{12}^2 \\
&+ d_{12}^2 d_{23}^2 d_{31}^2 + d_{12}^2 d_{24}^2 d_{41}^2 + d_{13}^2 d_{34}^2 d_{41}^2 + d_{23}^2 d_{34}^2 d_{42}^2 \\
&- d_{12}^2 d_{23}^2 d_{34}^2 - d_{13}^2 d_{32}^2 d_{24}^2 - d_{12}^2 d_{24}^2 d_{43}^2 - d_{14}^2 d_{42}^2 d_{23}^2 \\
&- d_{13}^2 d_{34}^2 d_{42}^2 - d_{14}^2 d_{43}^2 d_{32}^2 - d_{23}^2 d_{31}^2 d_{14}^2 - d_{21}^2 d_{13}^2 d_{34}^2 \\
&- d_{24}^2 d_{41}^2 d_{13}^2 - d_{21}^2 d_{14}^2 d_{43}^2 - d_{31}^2 d_{12}^2 d_{24}^2 - d_{32}^2 d_{21}^2 d_{14}^2 \tag{1.1.4}
\end{aligned}$$

在圆柱或圆锥上的任一单连通小块上 (它具有同平面一样的内在性 [8]

质), 这一关系是满足的, 但对于任何 4 个城市之间的航线距离表就不满足了, 因为地球表面具有不同的内在性质. 有另一种关系适合于球面, 航线里程表是满足这种关系的, 并且可用它来测量地球的半径. 当然, 这不是一种最方便的方法, 也不是当初 Eratosthenes 所用的方法, 但这里的要点在于: 地球表面的曲率可以由它的局部内在性质来确定.

如果我们无拘束地发挥想象力, 可以设想出多种奇特的度规函数 $d(x, X)$. Gauss 的巨大贡献是挑选出一类特殊的度规空间, 它广泛到既包括 Gauss, Bólyai 和 Lobachevski 空间, 也包括通常的曲面, 但又狭窄到还能称为几何学. Gauss 假定: 在空间任一足够小的区域内都能找到一局部 Euclid 坐标系 (ξ_1, ξ_2) 使得在坐标为 (ξ_1, ξ_2) 与 $(\xi_1 + \mathrm{d}\xi_1, \xi_2 + \mathrm{d}\xi_2)$ 的两点之间距离满足 Pythagoras 定律:

$$\mathrm{d}s^2 = \mathrm{d}\xi_1^2 + \mathrm{d}\xi_2^2 \tag{1.1.5}$$

例如, 我们可以采用通过曲面中给定点的切平面上的 Descartes 坐标, 在通常的光滑曲面中任一点上建立起这样一个局部的 Euclid 坐标系. 然而, 我们不应由此就推断 Gauss 的假定与外在性质有任何关系; 它只涉及无限小邻域内的内在度规关系.

如果曲面是非 Euclid 的, 那么用满足 Pythagoras 定律的 Euclid 坐标系 (ξ_1, ξ_2) 就不能覆盖它的任何有限部分. 假定我们采用另一种能够覆盖空间的坐标系 (x_1, x_2), 并且寻求在这种坐标系中 Gauss 假设取何种形式. 容易计算出, (x_1, x_2) 与 $(x_1 + \mathrm{d}x_1, x_2 + \mathrm{d}x_2)$ 两点之间的距离 $\mathrm{d}s$ 由下式给出:

$$\mathrm{d}s^2 = g_{11}(x_1, x_2)\mathrm{d}x_1^2 + 2g_{12}(x_1, x_2)\mathrm{d}x_1\mathrm{d}x_2 + g_{22}(x_1, x_2)\mathrm{d}x_2^2 \tag{1.1.6}$$

式中

$$\begin{aligned}
g_{11} &= \left(\frac{\partial\xi_1}{\partial x_1}\right)^2 + \left(\frac{\partial\xi_2}{\partial x_1}\right)^2 \\
g_{12} &= \left(\frac{\partial\xi_1}{\partial x_1}\right)\left(\frac{\partial\xi_1}{\partial x_2}\right) + \left(\frac{\partial\xi_2}{\partial x_1}\right)\left(\frac{\partial\xi_2}{\partial x_2}\right) \\
g_{22} &= \left(\frac{\partial\xi_1}{\partial x_2}\right)^2 + \left(\frac{\partial\xi_2}{\partial x_2}\right)^2
\end{aligned} \tag{1.1.7}$$

$\mathrm{d}s^2$ 的这种形式是度量空间的标志. [我们将在第三章中看到, 这一推导可以倒过来; 给出任一空间, 它的 $\mathrm{d}s$ 由 (1.1.6) 决定, 我们总可以在它的任一点局部地选择满足 (1.1.5) 式的 Euclid 坐标 ξ_1, ξ_2.] 对于半径为 a 的球的

情况, 我们可用球坐标 θ, φ, 而度规就是

$$g_{\theta\theta} = a^2, \quad g_{\theta\varphi} = 0, \quad g_{\varphi\varphi} = a^2 \sin^2 \theta \tag{1.1.8}$$

正是 $g_{\varphi\varphi}$ 中的因子 $\sin^2 \theta$ 使球面的内在性质不同于平面. 在 Gauss, Bólyai 和 Lobachevski 几何中, 我们可用 Klein 模型的坐标 x_1, x_2, 并从 $d(x, X)$ 的假定公式求得 [9]

$$g_{11} = \frac{a^2(1 - x_2^2)}{(1 - x_1^2 - x_2^2)^2}$$
$$g_{12} = \frac{a^2 x_1 x_2}{(1 - x_1^2 - x_2^2)^2}$$
$$g_{22} = \frac{a^2(1 - x_1^2)}{(1 - x_1^2 - x_2^2)^2} \tag{1.1.9}$$

任意路径的长度可由沿该路径对 ds 的积分而确定.

度规函数 g_{ij} 决定了度规空间的所有内在性质, 但度规函数也取决于我们如何选择坐标网格. 例如, 我们可用极坐标 r, θ 来描述一个平面, 并求得度规函数为

$$g_{rr} = 1, \quad g_{r\theta} = 0, \quad g_{\theta\theta} = r^2 \tag{1.1.10}$$

这看起来不像是一个 Euclid 空间, 但它当然是的, 因为我们可以变换成 Descartes 坐标 $x = r \cos \theta, y = r \sin \theta$ 而正式证明这一点. 更一般地说, 把坐标从 (x_1, x_2) 变为 (x_1', x_2') 就使度规函数 g_{ij} 变为 g_{ij}', 其中, 例如

$$g_{11}' = \left(\frac{\partial \xi_1}{\partial x_1'}\right)^2 + \left(\frac{\partial \xi_2}{\partial x_1'}\right)^2$$
$$= \left(\frac{\partial \xi_1}{\partial x_1}\frac{\partial x_1}{\partial x_1'} + \frac{\partial \xi_1}{\partial x_2}\frac{\partial x_2}{\partial x_1'}\right)^2 + \left(\frac{\partial \xi_2}{\partial x_1}\frac{\partial x_1}{\partial x_1'} + \frac{\partial \xi_2}{\partial x_2}\frac{\partial x_2}{\partial x_1'}\right)^2$$
$$= g_{11}\left(\frac{\partial x_1}{\partial x_1'}\right)^2 + 2g_{12}\frac{\partial x_1}{\partial x_1'}\frac{\partial x_2}{\partial x_1'} + g_{22}\left(\frac{\partial x_2}{\partial x_1'}\right)^2 \tag{1.1.11}$$

然而我们怎么才能由考察空间的度规系数而得知它的内在性质呢? 我们所需要的是 g_{ij} 及其导数的某个函数, 它只依赖于空间的内在性质, 而不像 g_{ij} 那样还依赖于描述空间所选取的特定坐标系.

Gauss 发现了这个函数, 并且发现它在本质上是唯一的; 这就是所谓的 Gauss 曲率:

$$K(x_1, x_2) = \frac{1}{2g}\left[2\frac{\partial^2 g_{12}}{\partial x_1 \partial x_2} - \frac{\partial^2 g_{11}}{\partial x_2^2} - \frac{\partial^2 g_{22}}{\partial x_1^2}\right]$$

$$-\frac{g_{22}}{4g^2}\left[\left(\frac{\partial g_{11}}{\partial x_1}\right)\left(2\frac{\partial g_{12}}{\partial x_2}-\frac{\partial g_{22}}{\partial x_1}\right)-\left(\frac{\partial g_{11}}{\partial x_2}\right)^2\right]$$

$$+\frac{g_{12}}{4g^2}\left[\left(\frac{\partial g_{11}}{\partial x_1}\right)\left(\frac{\partial g_{22}}{\partial x_2}\right)-2\left(\frac{\partial g_{11}}{\partial x_2}\right)\left(\frac{\partial g_{22}}{\partial x_1}\right)\right.$$

$$\left.+\left(2\frac{\partial g_{12}}{\partial x_1}-\frac{\partial g_{11}}{\partial x_2}\right)\left(2\frac{\partial g_{12}}{\partial x_2}-\frac{\partial g_{22}}{\partial x_1}\right)\right]$$

$$-\frac{g_{11}}{4g^2}\left[\left(\frac{\partial g_{22}}{\partial x_2}\right)\left(2\frac{\partial g_{12}}{\partial x_1}-\frac{\partial g_{11}}{\partial x_2}\right)-\left(\frac{\partial g_{22}}{\partial x_1}\right)^2\right] \qquad (1.1.12)$$

[10]   式中 g 是行列式

$$g(x_1,x_2)\equiv g_{11}g_{22}-g_{12}^2$$

(对这个公式的庞大外形读者不必望而生畏. 在第六章中引入若干数学形式之后, 我们就能够用远为简洁而优美的符号来推导和讨论曲率.) 将表达式 (1.1.12) 应用于度规函数 (1.1.8) 和 (1.1.9), 我们发现球面是一个正常曲率空间

$$K=\frac{1}{a^2} \quad (球) \qquad (1.1.13)$$

而 Gauss, Bólyai 和 Lobachevski 空间具有负常曲率

$$K=-\frac{1}{a^2} \quad (G-B-L) \qquad (1.1.14)$$

(附带说一句, 负曲率并不是什么陌生的东西; 普通的马鞍就是负曲率的. 正是 K 的恒定性使 Gauss, Bólyai 和 Lobachevski 几何不能实现为普通曲面. 同样很明显, 只有当 K 是常数时, Euclid 的其余几个公设才能满足, 因为这几个公设描述的是内在均匀的空间; 而如果 K 是逐点变化的, 那么空间的内在性质也随之而变.) 最后, 如把我们关于 K 的公式应用到以极坐标描述平面的度规 (1.1.10), 就得到

$$K=0 \quad (平面) \qquad (1.1.15)$$

当然必定如此. 因此, 不论我们对坐标系的选择多么任性, 空间的内在性质仍然可以通过直接计算 K 的简单程序揭示出来.

数学家得到这些结果后, 不多久便开始转向描述三维或多维弯曲空间的内在性质的问题. 把 Gauss 的工作推广到二维以上很不容易, 因为这些空间的内在性质不是单独一个曲率函数 K 所能描述的. 在 D 维情况下有 $D(D+1)/2$ 个独立的度规函数 g_{ij}. 我们可以随意选择 D 个坐标, 从而把 D 个任意函数关系约束在 g_{ij} 上, 剩下 C 个函数真正表达着空间的内在性质,

$$C=\frac{D(D+1)}{2}-D=\frac{D(D-1)}{2}$$

对于 $D = 2, C = 1$, 这是 Gauss 所发现的. 对于 $D > 2, C > 1$ 的情况, 几何 [11]
的描述变得非常复杂. 这个问题在 1854 年由 Georg Friedrich Bernhard Rie-
mann (1826—1866) 完全解决. 他在哥廷根大学的就职讲演 "论作为几何
学基础的假设" 提出了我们现在所说的 Riemann 几何. 随后, 由 Christoffel,
Ricci, Levi-Civita, Beltrami 和其他人所做的工作把 Riemann 的观念发展
成完美的数学结构, 这在本书关于张量分析和曲率的各章中将予以描述.
不过, 直到 Einstein 才看出物理学可以利用非欧几何.

1.2 引力理论的历史

在《自然哲学的数学原理》一书结尾, Issac Newton (1642—1727) 把引
力描述为作用在太阳与行星上的一种力, 它 "按其所包含的物质数量, 向
各方传播到无限远, 并总与距离的平方成反比地减小."[6] Newton 定律有
两个部分, 它们是以不同的方式发现的, 并且在从 Newton 到 Einstein 的
力学发展中起了不同的作用.

发现落体的速率与其质量无关的人当然是 Galileo Galilei (1564—
1642). 他的工具是一块使落体缓慢下落的斜面, 一个测量降落时间的
滴漏. 为了避免滚动摩擦, 还用过摆. 这些观测后来由 Christaan Huygens
(1629—1695) 加以改进. 于是 Newton 就可应用他的第二定律得出结论, 引
力正比于它所作用的物体的质量; 然后由第三定律得出, 此力也正比于
引力源的质量.

Newton 十分明白, 这些结论可能只是近似的正确; 而且他的第二定
律中出现的 "惯性质量" 可能并不精确地等同于引力定律中出现的 "引
力质量". 若是这种情形, 我们就得将 Newton 第二定律写为

$$F = m_i a \qquad (1.2.1)$$

而把引力定律写为

$$F = m_g g \qquad (1.2.2)$$

式中 g 是依赖于位置和其它质量的场. 在一给定点的加速度就是

$$a = \left(\frac{m_g}{m_i}\right) g \qquad (1.2.3)$$

对于比值 (m_g/m_i) 不同的物体, 它就会有不同的值. 特别是, 等长的摆所
具有的周期正比于 $(m_i/m_g)^{1/2}$. Newton 用一些实验验证了这一可能性,
他用摆长相同而成分不同的摆作实验, 发现它们的周期并无不同. 后来
Friedrich Wilhelm Bessel (1784—1846) 在 1830 年更精确地证实了这一结果.

然后, 在 1889 年, Roland von Eötvös[7] 以另一种方法成功地证明了, 对于
[12] 各种物质, 比值 m_g/m_i 的差别不大于 10^{-9} (见图 1.2). Eötvös 在 40 cm 长
的横杆两端各挂一重物 A 和 B, 杆的中点悬在一细金属丝上. 当平衡时
横杆略为倾斜以满足如下条件:

$$l_A(m_{gA}g - m_{iA}g_z') = l_B(m_{gB}g - m_{iB}g_z') \tag{1.2.4}$$

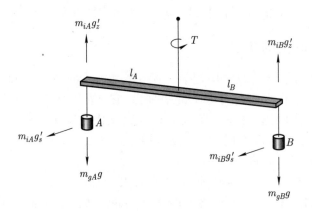

图 1.2　Eötvös 实验示意图

式中 g 是地球引力场, g_z' 是由地球自转引起的离心加速度的垂直分量,
l_A 和 l_B 是两个重物的有效杆臂长. [当然, Eötvös 选择两重物的重量几乎
相等, 而且两臂长也几乎相等, 但他的方法的要点在于, 即使 A 略大于 B,
杆的倾斜仍将保证 (1.2.4) 式正确.]在布达佩斯的纬度上, 由地球自转引
起的离心加速度也有一个可观的水平分量 g_s', 它给横杆一个绕竖直轴的
转矩为

$$T = l_A m_{iA} g_s' - l_B m_{iB} g_s'$$

利用平衡条件确定 l_B, 我们有

$$T = l_A m_{iA} g_s' \left[1 - \left(\frac{m_{gA}}{m_{iA}}g - g_z' \right) \left(\frac{m_{gB}}{m_{iB}}g - g_z' \right)^{-1} \right]$$

或者因为 g_z' 远远小于 g, 得

$$T = l_A g_s' m_{gA} \left[\frac{m_{iA}}{m_{gA}} - \frac{m_{iB}}{m_{gB}} \right]$$

[13] 因此, 对于两个重物说来, 比值 m_i/m_g 的任何不等必然会扭转悬挂横杆的
细金属线. 对于木制与铂制的两个重物, 没有测出任何扭转. 于是 Eötvös
由此得出结论, 对于木和铂, m_i/m_g 的差别小于 10^{-9}.

Einstein 对于观测到的引力质量与惯性质量相等印象很深[8]. 正如我们将看到的, 这成了把他引向等效原理的路标. 等效原理对于可能存在的任何非引力的力也加了严格的限制. 例如, 一种新型静电力 (其中核子数起着电荷作用) 必然要比引力弱得多[9]. 近几年来, 在普林斯顿, 由 R. H. Dicke 领导的小组[10] 改进了 Eötvös 的方法, 利用太阳的引力场, 与地球朝太阳的向心加速度 (而不用地球的自转) 产生杆臂上的转矩. 优点是太阳的方向与杆臂之间的夹角以 24 h 为周期而变化, 因此 Dicke 就可以从数据中滤出任何非周日频率的噪声. 他用这种方法总结出: "铝和金朝太阳降落的加速度是相同的, 其差值小于 10^{-11}". 也证明了 (但准确度小得多) 中子降落的加速度与普通物质相同[11], 以及铜中的电子受的引力与自由电子受的引力相同[12].

我们现在转向 Newton 引力定律的第二部分, 它说引力与距离平方成反比地减小. 这个观念并不完全是由 Newton 创始的. Johannus Scotus Erigena (800—877) 已经猜测过物体的轻重随着与地球的距离而变化. 这个理论被巴斯的 Adelard (12 世纪) 所接受, 他认为落到很深的井里的石头不能掉得比地球中心更远. (附带说一句, Adelard 也把 Euclid 的著作从阿拉伯文译成拉丁文, 使它能流传于中世纪的欧洲.) 关于平方反比律的第一个建议可能是 1640 年前后由 Ismael Bullialdus (1605—1694) 作出的. 然而, 肯定是 Newton 在 1665 或 1666 年首先从观测数据中推导出了平方反比定律. 他知道月球每秒向地球降落 0.0045 ft 的距离, 而月球离地球中心的距离是地球半径的 60 倍. 因此, 如果引力服从平方反比律, 那么在林肯郡 (Lincolnshire, 离地球中心的距离是 1 个地球半径) 掉下的苹果第一秒钟要降落 0.0045 ft 的 3600 倍, 即大约 16 ft, 这与测量值完全一致. 但是, Newton 在二十年中没有发表这个计算, 因为他不知道怎样论证把地球的全部质量看作集中在地心这一处理是正确的. 同时, 皇家学会的某些会员, 包括 Edmund Halley (1656—1742) Christopher Wren (1632—1723) 和 Robert Hooke (1635—1703) 都逐渐知道了, 如果行星的轨道是圆形, 则 Kepler 第三定律就包含着力的平方反比律. 也就是, 如果周期的平方 r^2/v^2 正比于半径的立方 r^3, 则向心加速度 v^2/r 就与 $1/r^2$ 成比例. 但是, 行星的运动实际上是沿着椭圆而不是圆, 而当时没有人懂得如何计算它们的向心加速度. 在 Halley 的鼓励下, 1684 年 Newton 证明了, 行星在具有平方反比律的力作用下的运动确实服从 Johannes Kepler (1571—1630) 的三个经验定律. 也就是, 它们沿椭圆轨道运动, 太阳位于椭圆的一个焦点; 它们在相等时间内扫过相等的面积; 它们的周期的平方与其长轴的立方成正比. 最后, 在 1685 年, Newton 完成了他从 1665 年开始的关于月球运动的

[14]

计算. 这些惊人的成就在 1686 年 7 月 5 日发表, 书名为《自然哲学的数学原理》.[13]

在往后几百年内, Newton 的引力定律对于阐明月球与行星的运动方面取得了一系列辉煌的成功. 天王星轨道的若干不规则性一直得不到解释, 直到 1846 年, 英国的 John Couch Adams (1819—1892) 和法国的 Urbain Jean Joseph LeVerrier (1811—1877) 利用这种不规则性各自独立地预言了海王星的存在, 并计算出了它的位置. 以后几乎立刻就发现了海王星, 这也许是 Newton 理论最卓越的验证. 月球和 Encke 彗星 (以及稍后的 Halley 彗星) 的运动还显出对 Newton 理论有所偏离, 但当时已经清楚, 可能有非引力的力在起作用.

还留下一个问题. 在预言海王星前一年, LeVerrier 算出水星近日点的实际进动, 比按照 Newton 理论从其它行星的已知摄动中预期的值每百年快 35″. 这个差异在 1882 年由 Simon Newcomb (1835—1909) 所证实[14], 他得出水星近日点多余的进动值为每百年 43″. LeVerrier 设想这个余额可能是由于在水星与太阳之间存在一群小行星, 但是经过仔细的搜寻, 一个也没有发现. 于是 Newcomb 提出, 或许是由于在太阳系黄道面上引起可见的暗弱 "黄道光" 的某种物质, 也引起了水星近日点的剩余进动. 不过他的计算表明, 为解释水星进动所需要的物质总量, 如果它位于黄道平面上, 就会产生水星与金星轨道平面的旋转, (也就是说, 交点的进动), 与实际观测不符. 因为这个理由, 使 Newcomb 在 1895 年 "放弃这些不满意的探索, 而宁愿暂时假定太阳的引力并不严格地遵守平方反比律"[15].

可惜这未成定论. 1896 年, H. H. Seeliger 精心构造了一个由位于接近太阳的黄道面上的物质造成黄道光的模型, 它可以解释水星近日点的剩余进动, 而且并不破坏内行星轨道平面的旋转在理论上和经验上的一致. 今天我们知道这个模型是完全错了. 并不存在足够的行星际物质可以解释观测到水星的剩余进动. 然而 Seeliger 假设连同 Newton 理论在其它方面的不断成功, 使 Newcomb 相信不必改变引力定律[15].

我不知道 Einstein 在创立广义相对论时, 是否因水星近日点进动的问题受到很大影响. 但是, 毫无疑问, 他的理论的第一个证据就是精确地预言了水星近日点每百年 43″ 的剩余进动.

[15] ## 1.3 相对性原理的历史

Newton 力学定义了一类参考系, 叫做惯性系, 其中自然规律采取《自然哲学的数学原理》一书所给出的形式. 例如, 引力相互作用的质点系

的运动方程是:

$$m_N \frac{\mathrm{d}^2 \boldsymbol{x}_N}{\mathrm{d}t^2} = G \sum_M \frac{m_N m_M (\boldsymbol{x}_M - \boldsymbol{x}_N)}{|\boldsymbol{x}_M - \boldsymbol{x}_N|^3} \tag{1.3.1}$$

式中 m_N 是第 N 个质点的质量, $\boldsymbol{x}_N$ 是它在时刻 t 的 Descartes 坐标. 不难验证, 若以一组新的时空坐标

$$\boldsymbol{x}' = R\boldsymbol{x} + \boldsymbol{v}t + \boldsymbol{d}$$
$$t' = t + \tau \tag{1.3.2}$$

来表达, 这些方程将具有同样的形式, 式中 $\boldsymbol{v}, \boldsymbol{d}$ 和 τ 是任意实常量, R 是任意实正交矩阵. (若 O 与 O' 分别表示不带撇和带撇的坐标系, 于是 O' 看到 O 坐标轴被 R 旋转, 并以速度 $\boldsymbol{v}$ 运动, 且当 $t = 0$ 时为 $\boldsymbol{d}$ 所代替. 而且 O' 看到 O 钟比自己的钟落后一段时间 τ.) 变换 (1.3.2) 形成 10 个参数的群 (R 有三个 Euler 角, 加上 $\boldsymbol{v}$ 和 $\boldsymbol{d}$ 各有三个分量, 再加一个 τ), 现在叫做 Galileo 群, 而运动定律在这种变换下的不变性叫做 Galileo 不变性, 或 Galileo 相对性原理.

使得 Newton 对这一点印象极深的原因是这样一个事实, 即还有许许多多的变换不能使运动方程不变. 例如, 如果变换到加速坐标系或旋转坐标系中, 也就是如果我们令 $\boldsymbol{v}$ 或 R 依赖于 t, 那么 (1.3.1) 就不能保持它的形式. 只有在一种特定的坐标系称为惯性系中, 运动方程才可以保持它的通常形式. 那么, 是什么性质确定哪些参考系是惯性系呢? Newton 回答说, 一定存在一个绝对空间, 而惯性系就是在绝对空间中静止, 或相对于绝对空间作匀速直线运动的那些参考系. 用他的话来说[16]:

> "绝对空间, 就其本性以及与任何外在事物的关系而言, 总是保持同一和不动的. 相对空间是绝对空间的可动部分或量度, 我们的感官通过相对于别的物体的位置而决定它, 并且通常把它当作绝对空间看待."

Newton 也描述了一些实验, 用来论证他所解释的相对于绝对空间的旋转效应. 最著名的是旋转的水桶[17]:

[16]

> "如果把一个桶吊在一根长绳上, 将桶旋转多次而使绳拧紧, 然后盛之以水, 并使桶与水一道静止不动, 接着在另一力的突然作用下, 水桶朝反方向旋转; 因而当长绳松开时, 水桶将继续这种运动若干时间; 水面最初会与桶开始旋转以前一样是平的; 但此后桶逐渐把它的运动传递给水, 使它明显地旋转起来, 并逐渐离开中心而向桶的边缘升起, 形成一个凹面 (这个实验我亲自做过) ···, 起初当水在桶中的相对运动最大时, 这种相对运动并没有使水产生离开轴心的任何倾向, 水没有显示出向四周运动并沿桶壁上升的趋势, 而保持着

水平. 所以它的真正圆运动尚未开始. 但是后来水的相对运动减小, 水就因此趋向桶的边缘而在那里上升, 这证明它是在努力离开转轴; 这种努力说明水的真正的圆运动在不断增大, 一直到水在桶内处在相对静止时达到其最大数量为止 ……"

Newton 关于绝对空间的概念, 曾被他的劲敌 Gottfried Wilhelm von Leibniz (1646—1716) 所拒绝. Leibniz 争辩说, 与物质客体相分离的任何空间概念都没有哲学上的必要. 在 Leibniz 和 Newton 的支持者 Samuel Clarke (1675—1729) 之间曾有著名的一系列通信 (1715—1716) 讨论这个问题[18]. 哲学家们继续辩论, Leonhard Euler (1707—1783) 与 Immanuel Kant (1724—1804) 维护 Newton 的立场, 而 Bishop George Berkeley (1685—1753) 在他的《人类知识原理》(1710) 与《分析家》(1734) 两书中却加以攻击. 当然, 这些高贵的形而上学家没有一个能引入关于怎样发展动力学理论以代替 Newton 理论的任何观念.

对于 Newton 绝对空间的第一次建设性批评是 1880 年由奥地利哲学家 Ernst Mach (1836—1916) 发动的. 他在自己的著作《力学发展史》[19]一书中评论道:

"Newton 的旋转水桶的实验仅仅告诉我们, 水对于桶壁的相对旋转不产生任何显著的离心力, 而它对于地球及其它天体质量的相对转动才产生这种力. 没有一个人能够断言, 如果桶壁的厚度和质量都增加, 直到厚达几英里时, 这个实验会有什么结果."

[17]　　　认为 "地球与其它天体的质量" 对于决定惯性系有若干影响的假说称为 Mach 原理.

每个人都可以在星夜进行这样一个简单的实验, 来弄清楚 Mach 原理所提出的问题. 首先站着不动, 让你的手臂放松下垂, 观测恒星几乎是不动的, 而你的手臂几乎垂直向下. 然后你旋转身体, 恒星看起来就围绕天顶旋转, 而同时你的手臂由于离心力而向上升. 如果你的手臂在其中自由下垂的惯性系, 恰好就是典型恒星在其中静止的参考系, 这样的巧合就实在太惊人了, 除非在恒星和你之间有某种相互作用决定着你的惯性系.

这个讨论可以作得更准确些. 地球表面并不是严格的惯性系, 而且地球的自转和公转当然使恒星产生视运动, 但是只要用整个太阳系来定义惯性系, 就可以消去这些效应. 在这个惯性参考系中, 观测到星系相对于通过太阳的任一轴的旋转平均小于每百年 $1'''$![20]

看来我们面临着不可回避的选择: 或是承认存在着 Newton 绝对时空, 它定义了惯性系, 并且典型星系对于它恰好是静止的; 或是我们必须相信 Mach 的主张, 即惯性归因于同宇宙平均质量的相互作用. 如果 Mach 是对的, 那么由一定的力给予一粒子的加速度应当不仅依赖于恒星的存在, 而且也略微地依赖于粒子邻近的物质分布. 在第三章中我们将看到, Einstein 的等效原理对于惯性问题给了一个解答, 既不同于 Newton 的绝对空间, 也不完全与 Mach 的结论一致. 这个争论并没有结束.

我到现在还没有提到狭义相对论, 是因为 (且不管它的名称) 它实际上并不影响绝对空间与相对空间的二律背反. 然而, 我们将必须用狭义相对论的语言来陈述等效原理, 因此在下一章中要详细复习狭义相对论, 目前我们只简单谈谈它的历史.

1864 年由 James Clark Maxwell (1831—1879) 所提出的电动力学理论显然不满足 Galileo 相对性原理. 例如 Maxwell 方程预言, 真空中的光速是一个普适常量 c, 但如果它在一个坐标系 (x^i, t) 中是正确的, 那么它在由 Galileo 变换所定义的 "运动" 坐标系 (x'^i, t') 中将是不正确的. Maxwell 本人设想电磁波由媒质 (光学以太) 运载着 [21], 所以他的方程只成立于一种限定的 Galileo 惯性系, 也就是相对于以太静止的坐标系中.

尽管地球相对于太阳有 30 km/s 的速度, 相对于银河系中心有大约 200 km/s 的速度, 然而测量地球相对于以太的速度的所有尝试都失败了[22]. 最重要的实验是由 Albert Abraham Michelson (1852—1931) 与 E. W. Morley 所做的[23], 他们在 1887 年证明, 沿着地球轨道运动的方向和与之垂直的方向传播的光速是相同的, 误差小于 5 km/s. 这个结果的精确度近来改善到约为 1 km/s[24]. [18]

实验家们探测地球穿过以太运动效应的不断失败, 引导理论家们, 包括 George Francis Fitzgerald[25] (1851—1901), Hendrik Antoon Lorentz[26] (1853—1928) 与 Jules Henri Poincaré[27] (1854—1912) 提出为什么这种 "以太漂移" 效应在原则上不可能观察到的理由 (见图 1.3). 看来特别是 Poincaré 已经瞥见这将给力学带来一场革命, 而 Whittaker[28] 甚至把狭义相对论归功于 Poincaré 和 Lorentz. 我们不必卷入这种争论[29], 但可以有把握地说, 对于力学和电动力学中相对性问题的广泛解答, 是 1905 年由 Albert Einstein[30] (1879—1955) 第一次详细提出的.

Einstein 建议, 用另一种 10 个参数的时空变换, 叫做 Lorentz 变换, 来代替 Galileo 变换 (1.3.2), 可以保持 Maxwell 方程和光速不变. (并不清楚 Michelson–Morley 实验本身对于 Einstein 有什么直接影响[31], 但是在 Einstein 1905 年的论文[32] 中特别提到了 "为发现地球相对于 '光媒质' 运动的不成功的尝试".) Newton 力学的方程如 (1.3.1) 之类, 在 Lorentz 变换下不是不变的; 所以, 这就引导 Einstein 修改运动定律使之成为 Lorentz [19]

图 1.3　1911 年第一届索维尔会议, 狭义相对论的创始人

站者 (从左至右): 1. 罗伯特·古德施密特、2. 马克斯·普朗克、3. 海因里希·鲁本斯、4. 阿诺·索末菲、5. 弗雷德里克·林德曼、6. 莫里斯·德布罗意、7. 马丁·努森、8. 弗里德里希·哈泽内尔 (Friedrich Hasenöhrl)、9. 豪斯特莱、10. 爱德华·赫尔岑、11. 詹姆斯·金斯、12. 欧内斯特·卢瑟福、13. 海克·卡末林·昂内斯、14. 阿尔伯特·爱因斯坦、15. 保罗·朗之万.

坐者 (从左至右): 16. 沃尔特·能斯特、17. 马塞尔·布里渊、18. 欧内斯特·索尔维、19. 亨德里克·洛伦兹、20. 埃米尔·沃伯格、21. 让·佩兰、22. 威廉·维恩、23. 玛丽·居里、24. 亨利·庞加莱

不变的. 由 Maxwell 的电动力学与 Einstein 的力学所组成的新物理学, 就满足了新的相对性原理, 即狭义相对性原理. 这个原理说, 一切物理方程在 Lorentz 变换下不变. 这些进展在下一章中再详细讨论.

Lorentz 变换群并不大于 Galileo 群. 所以, 相对性原理并不是起源于狭义相对论, 而宁可说是由于它而得以恢复. 在 Maxwell 以前, 可以假设全部物理学在 Galileo 群下具有不变性. 但 Maxwell 方程在 Galileo 群之下没有不变性. 因此在半个世纪之中, 似乎只有力学才遵守相对性原理, 而电动力学则不遵守. 在 Einstein 之后, 弄清楚了力学与电动力学的方程都具有不变性, 然而是对于 Lorentz 变换不变, 而不是对于 Galileo 变换不变.

由 Maxwell 和 Einstein 定形的物理学规律仍然只能在限定的一类惯性参考系中成立, 至于是什么决定这些惯性系的问题, 无论是在 1905 年以后还是在如 1686 年同样是个未解之谜.

余下的任务是建立引力的相对性理论. 朝着这个目标的决定性的一步是在 1907 年迈出的, 那一年 Einstein 提出了引力与惯性等效原理[33], 而且用它计算了光在引力场中的红移. 正如我们将在第三章中看到的, 这个原理确定了引力对任意物理系统的影响, 但是它不能确定引力本身的场方程. 1911 年, Einstein 试图应用等效原理计算光在太阳引力场中的偏折,[34] 然而当时场的结构尚未确知, 而 Einstein 的解答只是本书第八章所导出的 "正确的" 广义相对论结果的一半. 为了建立对于单个标量引力场的相对论性场方程, 在 1911—1912 年间由 Einstein[35], Abraham[36], 和 Nordström[37] 作了许多努力, 但是 Einstein 主要基于美学的观点很快就对所有这些理论不满意了. (太阳引起的光线引力偏折那时还没有测量.) 与数学家 Marcel Grossman 的合作使 Einstein 在 1913 年得到一种观点[38]: 引力场必须等同于 Riemann 时空几何的度规张量的 10 个分量. 正如第四章、第五章所讨论的那样, 等效原理是通过物理方程在一般坐标变换 (而不仅是在 Lorentz 变换) 下保持不变性的要求而纳入这种表述的. 虽然我不知道, 除开等效原理外, "广义相对性原理" 本身在 Einstein 心目中有多少独立的意义. 以后两年间, Einstein 向普鲁士科学院提出了一系列论文[39], 在其中他创立了度规张量表示的场方程, 并且计算了光线的引力偏折和水星近日点的进动. 这些辉煌的成就最后被 Einstein 总结在他 1916 年发表的论文《广义相对论基础》[1]中.

[20]

专题书目

我不是一个历史学家, 除文中所引的 Newton, Mach, Maxwell, Newcomb 和 Einstein 的著作外, 本章基本上取材于第二手资料. 我参考最多的权威们的著作如下.

非欧几何

R. Bonola, *Non-Euclidean Geometry* (Dover Publications, New York, 1955).

G. Sarton, *Ancient Science and Modern Civilization* (Yale University Press, New Haven, 1951), Chapter I.

H. Weyl, *Space, Time, Matter*, 4th ed. (Dover Publications, New York, 1950), Chapter II.

引力

F. Cajori, historical and explanatory appendix to Isaac Newton's *Philosophiae Natu-
ralis Principia Mathematica* (University of California Press, 1966).

E. Guth, in *Relativity—Proceedings of the Relativity Conference in the Midwest*, ed. by
M. Carmeli, S. I. Fickler, and L. Witten (Plenum Press, New York, 1970), p.161.

M. Jammer, *Concepts of Force* (Harper and Brothers, New York, 1962). Chapters
IV–VII.

E. Whittaker, *A History of the Theories of Aether and Electricity* (Thomas Nelson and
Sons, Edinburgh, 1953), Vol. II, Chapter V.

W. P. D. Wightman, *The Growth of Scientific Ideas* (Yale University Press. New Haven,
1951). Chapters VIII, X.

[21] ## 相对论

G. Holton, "On the Origins of the Special Theory of Relativity," *Am. J. Phys.*, 28, 627
(1960).

A. Koyré, *From the Closed World to the Infinite Universe* (Harper and Row, New York,
1958), Chapters VII, IX-XI.

C. Møller, *The Theory of Relativity* (Oxford University Press, London, 1952), Chapter
I.

W. Pauli, *Theory of Relativity* (Pergamon Press, Oxford, 1958), Parts I, IV. 50.

E. Whittaker, *A History of Aether and Electricity* (Thomas Nelson and Sons, Edin-
burgh, 1953), Vol. I, Chapters VIII-X, XIII: Vol. II, Chapters II, V.

参考文献

[1] A. Einstein, Annalen der Phys., 49, 769 (1916), 英译见 *The Principle of Relativity*
(Methuen. 1923, reprinted by Dover Publications), p. 35.

[2] 最成功的英文版是 *Euclid's Elements*, 由 T. L. Heath 翻译并加引言和评注 (rev.
ed., Cambridge, 1926).

[3] 这些引语取自 George Sarton, *Ancient Science and Modern Civilization* (Uni-
versity of Nebraska Press, 1954: reprinted by Harper and Brothers, New York,
1959), p. 26.

[4] 引者为 R. Bonola, in *Non-Euclidean Geometry*, 译者为 H. S. Carslaw (Dover
Press, 1955), pp. 65—67.

[5] F. Klein, Math. Ann., 4, 573(1871); 6, 112(1873); 37, 544 (1890): 引者为 H. Weyl,
in *Space-Time-Matter*, 译者为 H. L. Brose (Dover Press, 1952), p. 80, Gauss-
Bólyai-Lobachevski 几何的 Euclid 模型 1868 年由 E. Beltrami 给出, *Saggio di*

interpretazione della geometria noneuclidea, 引者为 J. D. North in *The Measure of the Universe* (Oxford, 1965), p. 60.

[6] Isaac Newton, *Philosophiae Naturalis Principia Mathematica*, 译者是 Andrew Motte, 校订和注释为 F. Cajori (University of California Press, 1966), p. 546.

[7] R. v. Eötvös, Math. nat. Ber. Ungarn, 8, 65 (1890); R. v. Eötvös, D. Pekár, and E. Fekete, Ann. Phys., 68, 11 (1922). 也见 J. Renner, Hung. Acad. Sci., Vol. 53, Part II (1935).

[8] 例如见, A. Einstein, *The Meaning of Relativity* (2nd ed., Princeton. 1946), p. 56.

[9] T. D. Lee and C. N. Yang, Phys. Rev., 98, 1501(1955).

[10] R. H. Dicke, in *Relativity, Groups, and Topology*, ed. by C. DeWitt and B. S. DeWitt (Gordon and Breach, New York, 1964), p. 167; P. G. Roll, R. Krotkov, and R. H. Dicke, Ann. Phys. (N. Y.), 26, 442 (1967).

[11] J. W. T. Dobbs, J. A. Harvey, D. Paya, and H. Horstmann, Phys. Rev., 139, B756 (1965).

[12] F. C. Witteborn and W. M. Fairbank, Phys. Rev. Letters. 19, 1049 (1967).

[13] 最容易见到的版本是 Florian Carjori, 文献 6.

[14] S. Newcomb, Astronomical Papers of the American Ephemeris, 1, 472 (1882).

[15] S. Newcomb, article on "Mercury" in *The Encyclopaedia Britannica*, 11th ed., XVIII, 155 (1910—1911).

[16] 文献 6, p.6 (这里引用了不同的译文).

[17] 同上., p.10.

[18] G. H. Alexander, *The Leibniz-Clarke Correspondence* (Manchester University Press, 1956). 部分引用见 A. Koyré in *From the Closed World to the Infinite Universe* (Harper and Row, New York, 1958), Chapter XI. (特别见 Leibniz 的第 5 封信.)

[19] E. Mach, *The Science of Mechanics*, 译者是 T. J. McCormack (2nd ed., Open Court Publishing Co., 1893).

[20] L. I. Schiff, Rev. Mod. Phys., 36, 510 (1964); G. M. Clemence. Rev. Mod. Phys., 19, 361(1947); **29**, 2(1957).

[21] James Clark Maxwell, article on "Ether" in *The Encyclopaedia Britannica*, 9th ed. (1875—1889); reprinted in *The Scientific Papers of James Clark Maxwell*, ed. by W. D. Niven (Dover Publications, 1965), p.763. 也见 Maxwell's *Treatise on Electricity and Magnetism*, Vol. II (Dover Publications, 1954), pp. 492—493.

[22] 关于这些实验的说明见 C. Møller, *The Theory of Relativity* (Oxford Press, London, 1952), Chapter I.

[23] A. A. Michelson and E. W. Morley, Am. J. Sci., 34, 333 (1887); reprinted in *Relativity Theory: Its Origins and Impact on Modern Thought*, ed. by L. Pearce Williams (John Wiley and Sons, New York, 1968).

[24] T. S. Jaseja, A. Javan, J. Murray, and C. H. Townes, Phys. Rev., 133, A1221 (1964).

[25] G. F. Fitzgerald, 引用见 O. Lodge, Nature, 46, 165 (1892). 也见 O. Lodge, Phil. Trans. Roy. Soc., 184A(1893).

[26] H. A. Lorentz, Zittungsyerslagen der Akad. van Wettenschappen, 1, 74 (November 26, 1892); *Versuch einer Theorie der elektrischen und optische Erscheinungen in bewegten Körpern* (E. J. Brill, Leiden, 1895); Proc. Acad. Sci. Amsterdam (English version), 6, 809 (1904), 文献 3 和取自文献 2 的一个翻译片段可在文献 1 *The Principle of Relativity* 中找到.

[27] J. H. Poincaré, *Rapports présentés au Congrès International de Physique réuni à Paris* (Gauthier-Villiers, Paris. 1900); speech at the St. Louis International Exposition in 1904, trans. by G. B. Halstead, *The Monist*, 15, 1 (1905), reprinted in *Relativity Theory: Its Origins and Impact on Modern Thought*, 文献 23; *Rend. Circ. Mat. Palermo*, 21, 129 (1906).

[28] Sir Edmund Whittaker, *A History of The Theories of Aether and Electricity*, Vol. II. (Thomas Nelson and Sons, London, 1953), Chapter I.

[29] 关于这个问题的一个平衡的观点见 G. Holton, Am. J. Phys., 28. 627 (1960), 部分重印于 *Relativity Theory: Its Origins and Impact on Modern Thought*, 文献 23.

[30] A. Einstein, Ann. Physik, 17, 891 (1905); 18, 639 (1905); 译文见 *The Principle of Relativity*, 文献 1.

[31] G. Holton, 文献 29, and Isis. 60, 133 (1969).

[32] 见文献 30, 也见 A. Grünbaum, in *Current Issues in the Philosophy of Science*, ed. by H. Feigl and G. Maxwell (Holt, Rinehart, and Winston, New York, 1961). 部分重印在 *Relativity Theory: Its Origins and Impact on Modern Thought*, 文献 23.

[33] A. Einstein, Jahrb. Radioakt., 4, 411 (1907); 也见 M. Planck, Sitzungsber. preuss. Akad. Wiss., June 13, 1907, p. 542; Ann. Phys. Leipzig, 26 (1908).

[34] A. Einstein, Ann. Phys. Leipzig, 35, 898 (1911). 英译见 *The Principle of Relativity*, 文献 1.

[35] A Einstein, Ann. Phys. Leipzig, 38, 355, 443 (1912).

[36] M. Abraham, Lincei Atti, 20, 678 (1911); Phys. Z., 13, 1. 4, 176. 310, 311, 793(1912); Nuovo Cimento, 4. 459 (1912).

[23]

[37] G. Nordström, Phys. Z., 13, 1126 (1912); Ann. Phys. Leipzig, 40, 856 (1913); 42, 533 (1913); 43, 1101 (1914); Phys. Z., 15, 375 (1914); Ann. Acad. Sci. fenn. 57 (1914, 1915).

[38] A. Einstein, Phys. Z., 14, 1249 (1913); A.Einstein and M. Grossmann, Z. Math. Phys., 62, 225 (1913); 63, 215 (1914); A. Einstein, Vierteljahr Nat. Ges. Zürich, 58, 284 (1913); Archives sci. phys. nat., 37,5 (1914); Phys. Z., 14, 1249 (1913).

[39] A. Einstein, Sitzungsber. preuss. Akad. Wiss., 1914, p.1030, 1915, pp.778, 799, 831, 844. 也见 D. Hilbert, Nachschr. Ges. Wiss. Göttingen, November 20, 1915, p. 395.

[40] 这个著名的实验事实上也许并不可信, 见 A. I. Miller, Isis, 待发表 (1972).

"现实世界实际上是四维的,其中三维是我们称作空间的三个平面,而第四维就是时间. 可是,人们现在总喜欢在前三维和后者之间人为地设置一条实际并不存在的鸿沟,因为我们的意识从生命的开始到结束正是沿着时间之轴间歇性地向前运动的."

"这个," 一个很年轻的人说着,哆哆嗦嗦地把他的雪茄重新凑到灯上点着了,"这 ⋯⋯ 的确是很明显的."

赫伯特·威尔斯,《时间机器》

第二章

[25]
狭义相对论

我们现在复习一下 Einstein 的狭义相对论. 本章虽然是齐全的,但只是一个简明的总结. 主要目的在于建立我们用到的符号体系和汇集一些以后有用的公式. 需要对狭义相对论有更广泛了解的读者,最好先看本章末所列参考书之一,然后再回过头来学习本章. 至于那些对狭义相对论已颇熟悉的读者,则可立即阅读第三章.

2.1 Lorentz 变换

狭义相对性原理说,自然定律对 Lorentz 变换群 (一个特定的时空坐标变换群) 是不变的. 我们在第一章末曾看到 Newton 运动定律对 Galileo
[26]
坐标变换 (1.3.2) 不变,而 Maxwell 方程则不然. Einstein 通过把 Galileo 不变性换成 Lorentz 不变性解决了这一矛盾. 我们不准备按照历史发展的

顺序进行讨论, 而只是先定义 Lorentz 变换, 再示明 Lorentz 不变性如何指导我们研究自然定律.

Lorentz 变换是由一个时空坐标系 x^α 到另一个坐标系 x'^α 的变换, 这种变换具有如下形式

$$x'^\alpha = \Lambda^\alpha{}_\beta x^\beta + a^\alpha \tag{2.1.1}$$

式中 a^α 和 $\Lambda^\alpha{}_\beta$ 是常数, 且满足条件

$$\Lambda^\alpha{}_\gamma \Lambda^\beta{}_\delta \eta_{\alpha\beta} = \eta_{\gamma\delta} \tag{2.1.2}$$

而

$$\eta_{\alpha\beta} = \begin{cases} +1 & \alpha = \beta = 1, 2 \text{ 或 } 3 \\ -1 & \alpha = \beta = 0 \\ 0 & \alpha \neq \beta \end{cases} \tag{2.1.3}$$

我们所采用的符号 α, β, γ 等遍取 1, 2, 3, 0 这四个值, 而 x^1, x^2, x^3 是位置矢量 $\boldsymbol{x}$ 的 Descartes 分量, x^0 是时间 t. 我们采用光速等于 1 的自然单位制, 因而所有的 x^α 都具有长度的量纲. 任何指标, (例如像方程 (2.1.1) 中的 β), 出现二次时, 如果一次在上另一次在下, 则都理解为求和 (除非另有说明); 即方程 (2.1.1) 是下面方程的缩写

$$x'^\alpha = \Lambda^\alpha{}_0 x^0 + \Lambda^\alpha{}_1 x^1 + \Lambda^\alpha{}_2 x^2 + \Lambda^\alpha{}_3 x^3 + a^\alpha$$

标志 Lorentz 变换的基本性质是它保持 "固有时" $\mathrm{d}\tau$ 不变, 而 $\mathrm{d}\tau$ 的定义是

$$\mathrm{d}\tau^2 \equiv \mathrm{d}t^2 - \mathrm{d}\boldsymbol{x}^2 = -\eta_{\alpha\beta}\mathrm{d}x^\alpha \mathrm{d}x^\beta \tag{2.1.4}$$

在新坐标系 x'^α 中, 由 (2.1.1) 得出坐标的微分为

$$\mathrm{d}x'^\alpha = \Lambda^\alpha{}_\gamma \mathrm{d}x^\gamma$$

故新的固有时将是

$$\begin{aligned} \mathrm{d}\tau'^2 &= -\eta_{\alpha\beta}\mathrm{d}x'^\alpha \mathrm{d}x'^\beta \\ &= -\eta_{\alpha\beta}\Lambda^\alpha{}_\gamma \Lambda^\beta{}_\delta \mathrm{d}x^\gamma \mathrm{d}x^\delta \\ &= -\eta_{\gamma\delta}\mathrm{d}x^\gamma \mathrm{d}x^\delta \end{aligned}$$

因而有

$$\mathrm{d}\tau'^2 = \mathrm{d}\tau^2 \tag{2.1.5}$$

正是这个性质解释了 Michelson 和 Morley 观测到的光速在全部惯性系中都相同的现象. 光的波阵面的 $|\mathrm{d}\boldsymbol{x}/\mathrm{d}t|$ 就等于光速, 它在我们的单位制中等于 1; 因此光的传播为下列陈述所描写

$$\mathrm{d}\tau = 0 \tag{2.1.6}$$

[27]   实行一个 Lorentz 变换后并不改变 $\mathrm{d}\tau$, 因而 $\mathrm{d}\tau'^2 = 0$, 所以 $|\mathrm{d}\boldsymbol{x}'/\mathrm{d}t'| = 1$; 即光速在新坐标系中仍等于 1.

我们还可指出 Lorentz 变换 (2.1.1) 是保持 $\mathrm{d}\tau^2$ 不变的仅有的非异坐标变换 $x \to x'$. ("非异" 的意思是 $x'(x)$ 和 $x(x')$ 都是正规的可微分函数, 并使矩阵 $\partial x'^\alpha / \partial x^\beta$ 有确定的逆矩阵 $\partial x^\beta / \partial x'^\alpha$.) 一个一般的坐标变换 $x \to x'$ 将把 $\mathrm{d}\tau$ 变成 $\mathrm{d}\tau'$,

$$\begin{aligned}
\mathrm{d}\tau'^2 &= -\eta_{\alpha\beta}\mathrm{d}x'^\alpha \mathrm{d}x'^\beta \\
&= -\eta_{\alpha\beta}\frac{\partial x'^\alpha}{\partial x^\gamma}\frac{\partial x'^\beta}{\partial x^\delta}\mathrm{d}x^\gamma \mathrm{d}x^\delta
\end{aligned}$$

如果此式对所有 $\mathrm{d}x^\gamma$ 都等于 $\mathrm{d}\tau^2$, 则必有

$$\eta_{\gamma\delta} = \eta_{\alpha\beta}\frac{\partial x'^\alpha}{\partial x^\gamma}\frac{\partial x'^\beta}{\partial x^\delta} \tag{2.1.7}$$

把上式对 x^ε 求导数得

$$0 = \eta_{\alpha\beta}\frac{\partial^2 x'^\alpha}{\partial x^\gamma \partial x^\varepsilon}\frac{\partial x'^\beta}{\partial x^\delta} + \eta_{\alpha\beta}\frac{\partial x'^\alpha}{\partial x^\gamma}\frac{\partial^2 x'^\beta}{\partial x^\delta \partial x^\varepsilon}$$

为要解出二阶导数, 我们将上式加上 γ 与 ε 互换后所得的同一方程, 再减去 ε 与 δ 互换后的方程, 即

$$\begin{aligned}
0 = \eta_{\alpha\beta}\Bigg[&\frac{\partial^2 x'^\alpha}{\partial x^\gamma \partial x^\varepsilon}\frac{\partial x'^\beta}{\partial x^\delta} + \frac{\partial^2 x'^\beta}{\partial x^\delta \partial x^\varepsilon}\frac{\partial x'^\alpha}{\partial x^\gamma} + \frac{\partial^2 x'^\alpha}{\partial x^\varepsilon \partial x^\gamma}\frac{\partial x'^\beta}{\partial x^\delta} \\
&+ \frac{\partial^2 x'^\beta}{\partial x^\delta \partial x^\gamma}\frac{\partial x'^\alpha}{\partial x^\varepsilon} - \frac{\partial^2 x'^\alpha}{\partial x^\gamma \partial x^\delta}\frac{\partial x'^\beta}{\partial x^\varepsilon} - \frac{\partial^2 x'^\beta}{\partial x^\varepsilon \partial x^\delta}\frac{\partial x'^\alpha}{\partial x^\gamma} \Bigg]
\end{aligned}$$

最后一项与第二项相消, 倒数第二项与第四项相消 (因为 $\eta_{\alpha\beta} = \eta_{\beta\alpha}$), 第一项等于第三项, 因而我们有

$$0 = 2\eta_{\alpha\beta}\frac{\partial^2 x'^\alpha}{\partial x^\gamma \partial x^\varepsilon}\frac{\partial x'^\beta}{\partial x^\delta}$$

可是因为 $\eta_{\alpha\beta}$ 和 $\partial x'^\beta / \partial x^\delta$ 都是非异矩阵, 因而立即得到

$$0 = \frac{\partial^2 x'^\alpha}{\partial x^\gamma \partial x^\varepsilon} \tag{2.1.8}$$

当然, 方程 (2.1.8) 的通解正是线性函数 (2.1.1), 把 (2.1.1) 代入 (2.1.7) 中可看出 $\Lambda^\alpha{}_\beta$ 必满足条件 (2.1.2). 在第十三章中我们将要讨论对称空间, 这里的证明是一个初等例子. (附带提一下, 如果我们仅假定变换 $x \to x'$ 当 $\mathrm{d}\tau = 0$ 时, 即当粒子按光速运动时, 保持 $\mathrm{d}\tau$ 不变, 则我们会发现这些变换一般说来是非线性的; 并构成 15 参数群, 即共形群, 它包含 Lorentz 群作为一个子群. 不过自由粒子以恒速运动这一陈述不会是一个不变的陈述, 除非这个速度就是光速. 而由于世界上存在着质量非零的粒子, 所以我们必须排除把共形群作为自然界的一种可能的不变性.) [28]

　　形如 (2.1.1) 的所有 Lorentz 变换的集合被正确地称为非齐次 Lorentz 群, 或 Poincaré群. 而 $a^\alpha = 0$ 的子集合称为齐次 Lorentz 群. 齐次 Lorentz 群与非齐次 Lorentz 群二者都有子群分别称为正齐次 Lorentz 群和正非齐次 Lorentz 群, 其定义是对 $\Lambda^\alpha{}_\beta$ 作如下的附加要求

$$\Lambda^0{}_0 \geqslant 1; \quad \mathrm{Det}\, \Lambda = +1 \tag{2.1.9}$$

注意, 由 (2.1.2) 知

$$(\Lambda^0{}_0)^2 = 1 + \sum_{i=1,2,3} (\Lambda^i{}_0)^2 \geqslant 1 \tag{2.1.10}$$

以及

$$(\mathrm{Det}\, \Lambda)^2 = 1 \tag{2.1.11}$$

[方程 (2.1.10) 可由 (2.1.2) 取 $\gamma = \delta = 0$ 而得. 方程 (2.1.11) 可由把 (2.1.2) 写成矩阵方程 $\eta = \Lambda^T \eta \Lambda$ 再取其行列式而得.] 由此推出, 任何 $\Lambda^\alpha{}_\beta$ 只要可以通过其参数的连续变化而变到单位元素 $\delta^\alpha{}_\beta$ 则必是正 Lorentz 变换, 因为通过参数的连续变化不可能由 $\Lambda^0{}_0 \leqslant -1$ 跳到 $\Lambda^0{}_0 \geqslant +1$, 或者由 $\mathrm{Det}\, \Lambda = -1$ 跳到 $\mathrm{Det}\, \Lambda = +1$, 而单位元素有 $\Lambda^0{}_0 = +1$ 和 $\mathrm{Det}\, \Lambda = +1$. 非正 Lorentz 变换包含着空间反射 ($\mathrm{Det}\, \Lambda = -1, \Lambda^0{}_0 \geqslant 1$), 现在知道它并非自然界的严格对称性[1]; 还包含着时间反演 ($\mathrm{Det}\, \Lambda = -1, \Lambda^0{}_0 \leqslant -1$), 人们强烈猜测它也非自然界的严格对称性[2], 此外还包含着空间反射与时间反演的乘积. 我们要研究的全都是正 Lorentz 变换, 除非另有声明, 我们总假定任何 Lorentz 变换满足方程 (2.1.9).

　　正齐次 Lorentz 变换有一个子群是由转动构成的, 它们是

$$\Lambda^i{}_j = R_{ij}, \quad \Lambda^i{}_0 = \Lambda^0{}_i = 0, \quad \Lambda^0{}_0 = 1$$

式中 R_{ij} 是一个幺模正交矩阵 (即 $\mathrm{Det}\, R = 1$ 且 $R^T R = 1$) 而指标 i, j 遍历值 $1, 2, 3$. 只涉及转动和时空平移 $x^\alpha \to x^\alpha + a^\alpha$ 时, Lorentz 群与第一章中讨论过的 Galileo 群没有区别. 区别仅发生在那些称为推动 (boost) 的变

换, 它改变坐标系的速度. 假定一个观测者 O 看到一个粒子处于静止, 而第二个观测者 O' 看到此粒子以速度 $\boldsymbol{v}$ 运动, 由 (2.1.1) 我们有

[29]

$$\mathrm{d}x'^\alpha = \Lambda^\alpha{}_\beta \mathrm{d}x^\beta \tag{2.1.12}$$

或者, 因为 $\mathrm{d}\boldsymbol{x}$ 等于零,

$$\mathrm{d}x'^i = \Lambda^i{}_0 \mathrm{d}t \quad (i = 1, 2, 3) \tag{2.1.13}$$

$$\mathrm{d}t' = \Lambda^0{}_0 \mathrm{d}t \tag{2.1.14}$$

用 $\mathrm{d}t'$ 除 $\mathrm{d}\boldsymbol{x}'$ 则得速度 $\boldsymbol{v}$, 因而

$$\Lambda^i{}_0 = v_i \Lambda^0{}_0 \tag{2.1.15}$$

我们可以得到 $\Lambda^i{}_0$ 与 $\Lambda^0{}_0$ 的第二个关系, 只须在方程 (2.1.2) 中令 $\gamma = \delta = 0$ 即可:

$$-1 = \Lambda^\alpha{}_0 \Lambda^\beta{}_0 \eta_{\alpha\beta} = \sum_{i=1,2,3} (\Lambda^i{}_0)^2 - (\Lambda^0{}_0)^2 \tag{2.1.16}$$

方程组 (2.1.15) 与 (2.1.16) 的解是

$$\Lambda^0{}_0 = \gamma \tag{2.1.17}$$

$$\Lambda^i{}_0 = \gamma v_i \tag{2.1.18}$$

式中

$$\gamma \equiv (1 - \boldsymbol{v}^2)^{-1/2} \tag{2.1.19}$$

其它的 $\Lambda^\alpha{}_\beta$ 不是唯一确定的, 因为如果 $\Lambda^\alpha{}_\beta$ 把一个粒子由静止变到有速度 $\boldsymbol{v}$, 则 $\Lambda^\alpha{}_\gamma R^\gamma{}_\beta$ (其中 R 是任意转动) 也可把此粒子由静止变到有速度 $\boldsymbol{v}$. 满足方程 (2.1.2) 的一个很方便的选择是

$$\Lambda^i{}_j = \delta_{ij} + v_i v_j \frac{(\gamma - 1)}{\boldsymbol{v}^2} \tag{2.1.20}$$

$$\Lambda^0{}_j = \gamma v_j \tag{2.1.21}$$

不难看出, 任何正齐次 Lorentz 变换皆可表为推动 $\Lambda(\boldsymbol{v})$ 与转动 R 的乘积.

2.2 时间膨胀

虽然 Lorentz 变换是为解释光速的不变性而创立的, 但由 Galileo 相对性原理到狭义相对性原理的改变却对以小于光速运动着的物体有直接的运动学后果, 最简单而且最重要的是运动时钟的时间膨胀. 当一个

观测者注视着一个静止的时钟时, 他将看到分开两次滴答声的时空间隔是 $d\boldsymbol{x} = 0, dt = \Delta t$, 其中 Δt 是由时钟制造者确定的两次滴答声间的标称周期. 此观测者将计算出固有时间隔 (2.1.4) 为

$$d\tau \equiv (dt^2 - d\boldsymbol{x}^2)^{1/2} = \Delta t$$

[30]

看见此时钟以速度 $\boldsymbol{v}$ 运动的第二个观测者, 将观测到两次滴答声之间的时间间隔为 dt', 空间间隔为 $d\boldsymbol{x}' = \boldsymbol{v}dt'$, 他将断定固有时间隔是

$$d\tau' \equiv (dt'^2 - d\boldsymbol{x}'^2)^{1/2} = (1 - \boldsymbol{v}^2)^{1/2}dt'$$

但已假定两个观测者都用惯性坐标系, 因而他们的坐标之间有一个 Lorentz 变换关系, 他们比较记录后必定会发现根据方程 (2.1.5) 有 $d\tau = d\tau'$. 由此推出, 看到时钟在运动的观测者, 将发觉它的滴答声的周期是

$$dt' = \Delta t(1 - \boldsymbol{v}^2)^{-1/2} \tag{2.2.1}$$

[另一种推导是用方程 (2.1.4)、(2.1.17) 和 (2.1.19).] 测量来自宇宙线或加速器的高速不稳定粒子的平均寿命的实验, 每天都在严格地证实着上述关系. 这些粒子当然不会发出滴答声; 但在这里 (2.2.1) 式告诉我们, 运动粒子的平均寿命将比其静止时的平均寿命长 $(1 - \boldsymbol{v}^2)^{-1/2}$ 倍, 这完全符合用电子仪器测量的寿命, 也与测量自由程长度而得到的寿命完全符合.

时间膨胀公式 (2.2.1) 切不可与 Döppler 效应表观时间膨胀或收缩相混. 如果我们的 "时钟" 是运动的光源, 光的频率是 $\nu = 1/\Delta t$, 则由 (2.2.1) 式得知相继发射的两次波前 (比如说, 电场某分量的最大值) 之间的时段为 $dt' = \Delta t(1 - \boldsymbol{v}^2)^{-1/2}$. 然而, 在这段时间里观测者与光源间的距离将增加 $v_r dt'$, 其中 v_r 是 $\boldsymbol{v}$ 在由观测者到光源的方向上的分量. 因此相继两次接收到的波前的周期将是

$$dt_0 = (1 + v_r)dt' = (1 + v_r)(1 - \boldsymbol{v}^2)^{-1/2}\Delta t$$

即, 观测者实际测量到的光的频率与静止光源的光的频率之比是

$$\frac{\nu_{观测}}{\nu} = (1 + v_r)^{-1}(1 - \boldsymbol{v}^2)^{1/2} \tag{2.2.2}$$

如果光源向远处运动, 即 $v_r > 0$, 这必是红移. 如果光源作横向运动, 即 $v_r = 0$, 则我们得到刚讨论过的纯粹的时间膨胀红移. 如果光源正对着观测者运动, 即 $v_r = -v$, 则 (2.2.2) 式给出紫移, 其因子是

$$(1 + v)^{1/2}(1 - v)^{-1/2}$$

由紫移到红移的转变发生在光源运动方向直指观测者到与视线成直角之间.

[31]

2.3 粒子动力学

我们假定粒子在力场中运动的速度如此之高以致不能用 Newton 力学来计算其运动. 而且假定, 像在电动力学中的情形一样, 我们知道如何计算, 在给定时刻粒子于其中静止的任一 Lorentz 系中, 作用在粒子上的力 $\boldsymbol{F}$. 在某时刻 t_0 作一个 Lorentz 变换变到粒子在其中静止的参考系, 在时刻 $t_0 + \mathrm{d}t$ 计算出速度 $\mathrm{d}\boldsymbol{v} = \boldsymbol{F}\dfrac{\mathrm{d}t}{m}$; 作另一个 Lorentz 变换再次把速度变成零, 如此继续作下去我们就能算出粒子的运动. 幸而有一个更容易的方法.

让我们定义一个作用于坐标为 $x^\alpha(\tau)$ 的粒子上的相对论性的力 f^α

$$f^\alpha = m\frac{\mathrm{d}^2 x^\alpha}{\mathrm{d}\tau^2} \tag{2.3.1}$$

很清楚, 如果 f^α 已知, 则我们能计算粒子的运动. 注意到 f^α 有如下两点性质, 就可以把它与 Newton 力联系起来

(A) 如果粒子是瞬时静止的, 则固有时间隔 $\mathrm{d}\tau$ 等于 $\mathrm{d}t$. 因而 $f^\alpha = F^\alpha$, 其中 F^i 是非相对论力 $\boldsymbol{F}$ 的 Descartes 分量, 而

$$F^0 \equiv 0 \tag{2.3.2}$$

(B) 在一般 Lorentz 变换 (2.1.1) 下, 坐标微分的变换规则是 $\mathrm{d}x'^\alpha = \Lambda^\alpha{}_\beta \mathrm{d}x^\beta$, 由于 $\mathrm{d}\tau$ 是不变量, 故 (2.3.1) 式告诉我们, f^α 具有 Lorentz 变换的规则:

$$f'^\alpha = \Lambda^\alpha{}_\beta f^\beta \tag{2.3.3}$$

任何量如像 $\mathrm{d}x^\alpha$ 或 f^α 那样按照方程 (2.3.3) 变换, 就称作四维矢量.

现假定我们的粒子在某时刻 t_0 有速度 $\boldsymbol{v}$, 引进一个新的坐标系 x'^α, 它由下式所定义

$$x^\alpha = \Lambda^\alpha{}_\beta(\boldsymbol{v})x'^\beta$$

式中 $\Lambda(\boldsymbol{v})$ 是由方程 (2.1.17)—(2.1.21) 所定义的推动. 由于 $\Lambda(\boldsymbol{v})$ 的构造是使静止粒子变为有速度 $\boldsymbol{v}$, 而由于我们的粒子在坐标系 x^α 中于 t_0 时刻有速度 $\boldsymbol{v}$, 于是它在坐标系 x'^α 中于此时刻必是静止的. 因此, 按 (A), 四维矢量在坐标系 x'^α 中于 t_0 时刻等于非相对论性力 F^α. 因此, 按 (B), 在我们原来的坐标系中是

[32]

$$f^\alpha = \Lambda^\alpha{}_\beta(\boldsymbol{v})F^\beta \tag{2.3.4}$$

因为 $F^0 = 0$, 可以更明显地写成:

$$\boldsymbol{f} = \boldsymbol{F} + (\gamma - 1)\boldsymbol{v}\frac{(\boldsymbol{v} \cdot \boldsymbol{F})}{v^2} \tag{2.3.5}$$

$$f^0 = \gamma\boldsymbol{v} \cdot \boldsymbol{F} = \boldsymbol{v} \cdot \boldsymbol{f} \tag{2.3.6}$$

式中 v 是瞬时速度.

既然知道了如何计算 f^α, 我们就可以用微分方程 (2.3.1) 计算四个互相有关的变量 $x^\alpha(\tau)$, 然后消去 τ 以确定 $\boldsymbol{x}(t)$. 然而, 必须选好 $dx^\alpha/d\tau$ 的初值以使 $d\tau$ 确是固有时, 即有

$$-1 = \eta_{\alpha\beta}\frac{dx^\alpha}{d\tau}\frac{dx^\beta}{d\tau} \tag{2.3.7}$$

注意 (2.3.7) 如果对 τ 的某初值成立, 则对 τ 的全部值成立, 条件是其导数为零, 即

$$0 = 2\eta_{\alpha\beta}f^\alpha\frac{dx^\beta}{d\tau} \tag{2.3.8}$$

上式的确是成立的, 这可由 (2.3.4) 式直接看出, 或者更精致地是注意右边是 Lorentz 不变的:

$$\eta_{\alpha\beta}f'^\alpha\frac{dx'^\beta}{d\tau} = \eta_{\alpha\beta}\Lambda^\alpha{}_\gamma\Lambda^\beta{}_\delta f^\gamma\frac{dx^\delta}{d\tau} = \eta_{\gamma\delta}f^\gamma\frac{dx^\delta}{d\tau}$$

而由于 (2.3.2) 式知上式在粒子静止的参考系中等于零.

2.4 能量和动量

Newton 第二定律的相对论形式 (2.3.1) 直接启发我们定义能量 – 动量四维矢量

$$p^\alpha \equiv m\frac{dx^\alpha}{d\tau} \tag{2.4.1}$$

而把第二定律写成

$$\frac{dp^\alpha}{d\tau} = f^\alpha \tag{2.4.2}$$

[33]

我们记得

$$d\tau \equiv (dt^2 - d\boldsymbol{x}^2)^{1/2} = (1 - \boldsymbol{v}^2)^{1/2}dt$$

式中

$$\boldsymbol{v} \equiv \frac{d\boldsymbol{x}}{dt}$$

于是 p^α 的空间分量构成动量矢量

$$\boldsymbol{p} = m\gamma\boldsymbol{v} \tag{2.4.3}$$

而 p^α 的时间分量是能量

$$p^0 \equiv E = m\gamma \tag{2.4.4}$$

式中

$$\gamma \equiv \frac{dt}{d\tau} = (1 - \boldsymbol{v}^2)^{-1/2} \tag{2.4.5}$$

当 $\boldsymbol{v}$ 很小时, 由这些定义得到

$$\boldsymbol{p} = m\boldsymbol{v} + O(\boldsymbol{v}^3) \tag{2.4.6}$$

$$E = m + \frac{1}{2}m\boldsymbol{v}^2 + O(\boldsymbol{v}^4) \tag{2.4.7}$$

除了 E 中多一项 m 外, 与非相对论公式符合 (记住, 在我们的单位制中 1 s 等于 3×10^{10} cm, 因而 1 g 等于 9×10^{20} erg). 有时把因子 $m\gamma$ 称作相对论性质量 $\tilde{m}$, 因而有 $\boldsymbol{p} = \tilde{m}\boldsymbol{v}$. 我在这里不遵循这个惯例; 提到 "质量" 总是意味着常数 m.

为什么我们把 $\boldsymbol{p}$ 及 E 叫做相对论动量和能量呢? 我们本可以把这些名称用到任何事物上去, 不过如果要动量与能量概念有用的话, 应该把它们留给守恒量用. 我们的 $\boldsymbol{p}$ 及 E 的唯一特点是: 如果一个观测者说在某反应中它们守恒, 则通过 Lorentz 变换与第一个观测者相联系的所有观测者都会这么说. 注意 dx^α 是四维矢量而 m 和 $d\tau$ 是不变量, 因此对于任何单粒子, p^α 是四维矢量; 即它在变换 (2.1.1) 下的性质是

$$p'^\alpha = \Lambda^\alpha{}_\beta p^\beta$$

由于 Λ 除与所作 Lorentz 变换有关外, 与其它任何事情无关, 由此推出在任何反应中, 全部粒子的 p^α 的总和之改变量也是一个四维矢量:

$$\Delta \sum_n p'_n{}^\alpha = \Lambda^\alpha{}_\beta \Delta \sum_n p_n{}^\beta$$

[34] (求和遍及全部粒子, Δ 代表初态与终态的差). $\boldsymbol{p}$ 及 E 在原来的惯性系中守恒告诉我们 $\Delta \sum_n p_n{}^\beta$ 等于零. 因此, 在通过 Lorentz 变换与该惯性系相联系的任何坐标系中它们仍将守恒; 即 $\Delta \sum_n p'_n{}^\alpha$ 等于零.

(在这里我不去证明, 只有 $\boldsymbol{p}$ 和 E 这样的速度函数才有 Lorentz 不变的守恒性[3], 然而, 值得着重指出的是, 如果 $\boldsymbol{p}$ 守恒则 E 必守恒. 因为假定在以 Lorentz 变换相联系的两个不同坐标系中动量守恒, 即:

$$\Delta \sum_n \boldsymbol{p}_n = 0, \quad \Delta \sum_n \boldsymbol{p}'_n = 0$$

因为 $\Delta \sum_n p_n{}^\alpha$ 是四维矢量, 我们有

$$\Delta \sum_n p'_n{}^i = \Lambda^i{}_\beta \Delta \sum_n p_n{}^\beta$$

在两个坐标系中用动量守恒, 得

$$0 = \Lambda^i{}_0 \Delta \sum_n p_n{}^0$$

但 $\Lambda^i{}_0$ 不一定为零, 故 $p^0 = E$ 守恒.)

在零速度时能量 E 有有限值 m. 由于这个原因, 有时我们把量 $E - m$ 叫做 "动能", v 值很小时, 它近似于 $\frac{1}{2}mv^2$. 如果在某反应中总质量守恒 (例如弹性散射中), 则动能守恒; 但如果有质量亏损 (例如放射性衰变或聚变或裂变), 则将释放出很大的动能; 其结果有众所周知的重要性.

可由方程 (2.4.3) 及 (2.4.4) 中消去速度, 而得能量与动量的关系式

$$E(\boldsymbol{p}) = (\boldsymbol{p}^2 + m^2)^{1/2} \tag{2.4.8}$$

此式还可由 (2.4.1) 及 $\mathrm{d}\tau$ 的定义推出.

$$\eta_{\alpha\beta} p^\alpha p^\beta = -m^2 \tag{2.4.9}$$

对于光子或中微子我们必须令 $\boldsymbol{v}^2 = 1$ 而且 $m = 0$, 因此 (2.4.3) 及 (2.4.4) 变成不定式, 不过它们的比给出一个对所有粒子都有用的关系式:

$$\frac{\boldsymbol{p}}{E} = \boldsymbol{v} \tag{2.4.10}$$

注意当 $m = 0$ 时, 由方程 (2.4.8) 得到

$$E = |\boldsymbol{p}|$$

因而 v 是单位矢量, 对无质量粒子来说, 这自然是应当如此的.

2.5 矢量和张量

[35]

下面我们要讲电动力学和相对论流体力学, 不过为了以后方便起见, 先介绍一套符号, 它能使物理量的 Lorentz 变换性质更明晰, 这套符号在第四章讲张量分析时要推广到包括一般坐标变换, 但事实上只需略作修改.

我们已经为诸如 $\mathrm{d}x^\alpha$ 或 f^α 或 p^α 这些量引进了 "四维矢量" 这个术语. 当坐标系作如下变换时

$$x^\alpha \to x'^\alpha = \Lambda^\alpha{}_\beta x^\beta \tag{2.5.1}$$

它们的变换性质是

$$V^\alpha \to V'^\alpha = \Lambda^\alpha{}_\beta V^\beta \tag{2.5.2}$$

更精确的说, 这样的 V^α 应当叫做逆变四维矢量, 以区别于协变四维矢量, 协变四维矢量 U_α 的定义是满足变换规则

$$U_\alpha \rightarrow U'_\alpha = \Lambda_\alpha{}^\beta U_\beta \tag{2.5.3}$$

式中

$$\Lambda_\alpha{}^\beta \equiv \eta_{\alpha\gamma}\eta^{\beta\delta}\Lambda^\gamma{}_\delta \tag{2.5.4}$$

这里引进的矩阵 $\eta^{\beta\delta}$ 在数值上与 $\eta_{\beta\delta}$ 相同, 即

$$\eta^{\beta\delta} \equiv \eta_{\beta\delta} \tag{2.5.5}$$

把它写成上指标是为了适应我们的求和约定. 注意到

$$\eta^{\beta\delta}\eta_{\alpha\delta} = \delta^\beta{}_\alpha \equiv \begin{cases} +1 & \alpha = \beta \\ 0 & \alpha \neq \beta \end{cases} \tag{2.5.6}$$

则知 $\Lambda_\alpha{}^\beta$ 是矩阵 $\Lambda^\beta{}_\alpha$ 的逆, 即

$$\Lambda_\alpha{}^\gamma \Lambda^\alpha{}_\beta = \eta_{\alpha\delta}\eta^{\gamma\varepsilon}\Lambda^\delta{}_\varepsilon \Lambda^\alpha{}_\beta = \eta_{\varepsilon\beta}\eta^{\gamma\varepsilon} = \delta^\gamma{}_\beta \tag{2.5.7}$$

由此推出逆变和协变四维矢量的标积是不变量, 即

$$U'_\alpha V'^\alpha = \Lambda_\alpha{}^\gamma \Lambda^\alpha{}_\beta U_\gamma V^\beta = U_\beta V^\beta \tag{2.5.8}$$

每个逆变四维矢量 V^α 都对应有一个协变四维矢量

$$V_\alpha \equiv \eta_{\alpha\beta}V^\beta \tag{2.5.9}$$

而每个协变四维矢量 U_α 都对应有一个逆变四维矢量

$$U^\alpha \equiv \eta^{\alpha\beta}U_\beta \tag{2.5.10}$$

[36]　注意上升 V_α 的指标就简单回到 V^α, 而下降 U^α 的指标就简单回到 U_α,

$$\eta^{\alpha\beta}V_\beta = \eta^{\alpha\beta}\eta_{\beta\gamma}V^\gamma = V^\alpha$$

$$\eta_{\alpha\beta}U^\beta = \eta_{\alpha\beta}\eta^{\beta\gamma}U_\gamma = U_\alpha$$

注意 (2.5.9) 式的确产生了一个协变量, 因为

$$V'_\alpha = \eta_{\alpha\beta}V'^\beta = \eta_{\alpha\beta}\Lambda^\beta{}_\gamma V^\gamma = \eta_{\alpha\beta}\eta^{\gamma\delta}\Lambda^\beta{}_\gamma V_\delta = \Lambda_\alpha{}^\delta V_\delta$$

正与 (2.5.3) 式符合. 类似地, (2.5.10) 式的确产生一个逆变量.

尽管任何矢量都可写成逆变形式或者协变形式, 但确有某些矢量, 如像 dx^α, 更自然地表现为逆变量, 而某些其它矢量则更自然地表现为协变量. 后者的例子是梯度 $\partial/\partial x^\alpha$, 它遵守变换规则

$$\frac{\partial}{\partial x^\alpha} \to \frac{\partial}{\partial x'^\alpha} = \frac{\partial x^\beta}{\partial x'^\alpha} \frac{\partial}{\partial x^\beta}$$

对 (2.5.1) 乘以 $\Lambda_\alpha{}^\gamma$ 得

$$x^\gamma = \Lambda_\alpha{}^\gamma x'^\alpha$$

故

$$\frac{\partial x^\beta}{\partial x'^\alpha} = \Lambda_\alpha{}^\beta$$

因而梯度是协变量:

$$\frac{\partial}{\partial x'^\alpha} = \Lambda_\alpha{}^\beta \frac{\partial}{\partial x^\beta} \tag{2.5.11}$$

作为其推论, 逆变矢量的散度 $\partial V^\alpha/\partial x^\alpha$ 是不变量. 另一个推论是, $\partial/\partial x^\alpha$ 与自己的标积, 即 d'Alembert 算符

$$\square^2 = \eta^{\alpha\beta} \frac{\partial}{\partial x^\beta} \frac{\partial}{\partial x^\alpha} = \nabla^2 - \frac{\partial^2}{\partial t^2} \tag{2.5.12}$$

是不变量.

许多物理量并非标量或矢量, 而是更复杂的对象, 称作张量. 一个张量具有几个逆变指标和 (或) 协变指标以及相应的 Lorentz 变换性质, 例如

$$T^\gamma{}_{\alpha\beta} \to T'^\gamma{}_{\alpha\beta} = \Lambda^\gamma{}_\delta \Lambda_\alpha{}^\varepsilon \Lambda_\beta{}^\zeta T^\delta{}_{\varepsilon\zeta}$$

逆变矢量或协变矢量可看作只有一个指标的张量, 而标量则可看作无指标的张量. 由其它张量构成张量有几种方法:

(A) 线性组合 具有相同上标及下标的诸张量之线性组合仍是一个张量, 且有与之相同的上标及下标. 例如, 如果 $R^\alpha{}_\beta$ 和 $S^\alpha{}_\beta$ 是张量, a 及 b 是标量, 我们定义 [37]

$$T^\alpha{}_\beta \equiv aR^\alpha{}_\beta + bS^\alpha{}_\beta$$

则 $T^\alpha{}_\beta$ 是张量, 即

$$T'^\alpha{}_\beta \equiv aR'^\alpha{}_\beta + bS'^\alpha{}_\beta = a\Lambda^\alpha{}_\gamma \Lambda_\beta{}^\delta R^\gamma{}_\delta + b\Lambda^\alpha{}_\gamma \Lambda_\beta{}^\delta S^\gamma{}_\delta$$
$$= \Lambda^\alpha{}_\gamma \Lambda_\beta{}^\delta T^\gamma{}_\delta$$

(B) 直积 两张量的分量的乘积产生一个张量, 其上标及下标由原二张量的全部上标及下标构成. 例如, 如果 $A^\alpha{}_\beta$ 和 B^γ 是张量, 而

$$T^\alpha{}_\beta{}^\gamma \equiv A^\alpha{}_\beta B^\gamma$$

则 $T^{\alpha}{}_{\beta}{}^{\gamma}$ 是张量, 即

$$T'^{\alpha}{}_{\beta}{}^{\gamma} = A'^{\alpha}{}_{\beta}B'^{\gamma} = \Lambda^{\alpha}{}_{\delta}\Lambda_{\beta}{}^{\varepsilon}\Lambda^{\gamma}{}_{\zeta}T^{\delta}{}_{\varepsilon}{}^{\zeta}$$

(C) 缩并 令一个上标及一个下标相同, 再将它们遍历值 0, 1, 2, 3 求和, 则产生一个只缺少此二指标的张量. 例如, 如果 $T^{\alpha}{}_{\beta}{}^{\gamma\delta}$ 是一个张量, 而

$$T^{\alpha\gamma} \equiv T^{\alpha}{}_{\beta}{}^{\gamma\beta}$$

则 $T^{\alpha\gamma}$ 是一个张量, 即

$$\begin{aligned}
T'^{\alpha\gamma} \equiv T'^{\alpha}{}_{\beta}{}^{\gamma\beta} &= \Lambda^{\alpha}{}_{\delta}\Lambda_{\beta}{}^{\varepsilon}\Lambda^{\gamma}{}_{\zeta}\Lambda^{\beta}{}_{\kappa}T^{\delta}{}_{\varepsilon}{}^{\zeta\kappa} \\
&= \Lambda^{\alpha}{}_{\delta}\Lambda^{\gamma}{}_{\zeta}\delta^{\varepsilon}{}_{\kappa}T^{\delta}{}_{\varepsilon}{}^{\zeta\kappa} = \Lambda^{\alpha}{}_{\delta}\Lambda^{\gamma}{}_{\zeta}T^{\delta\zeta}
\end{aligned}$$

(D) 微商 任何张量的导数 $\partial/\partial x^{\alpha}$ 是增加了一个下标 α 的张量. 例如, 如果 $T^{\beta\gamma}$ 是张量, 而

$$T_{\alpha}{}^{\beta\gamma} \equiv \frac{\partial}{\partial x^{\alpha}}T^{\beta\gamma}$$

则 $T_{\alpha}{}^{\beta\gamma}$ 是张量, 即

$$\begin{aligned}
T'_{\alpha}{}^{\beta\gamma} \equiv \frac{\partial}{\partial x'^{\alpha}}T'^{\beta\gamma} &= \Lambda_{\alpha}{}^{\delta}\frac{\partial}{\partial x^{\delta}}\Lambda^{\beta}{}_{\varepsilon}\Lambda^{\gamma}{}_{\zeta}T^{\varepsilon\zeta} \\
&= \Lambda_{\alpha}{}^{\delta}\Lambda^{\beta}{}_{\varepsilon}\Lambda^{\gamma}{}_{\zeta}T_{\delta}{}^{\varepsilon\zeta}
\end{aligned}$$

[38]   注意指标的顺序 (甚至上标与下标之间的顺序也应注意) 是有关系的. 例如, $T_{\alpha}{}^{\beta\gamma}$ 与 $T^{\beta}{}_{\alpha}{}^{\gamma}$ 可以相同也可以不同.

除了标量以外, 存在着三种特殊的张量, 其分量在所有坐标系中相等:

(i) Minkowski 张量 Lorentz 变换的定义直接告诉我们 $\eta_{\alpha\beta}$ 是协变张量:

$$\eta_{\alpha\beta} = \Lambda^{\gamma}{}_{\alpha}\Lambda^{\delta}{}_{\beta}\eta_{\gamma\delta}$$

对此方程乘以 $\eta^{\alpha\varepsilon}\eta^{\beta\zeta}$ 并用 (2.5.6) 及 (2.5.4) 式, 则得

$$\eta^{\varepsilon\zeta} = \eta^{\gamma\kappa}\eta^{\delta\lambda}\Lambda_{\kappa}{}^{\varepsilon}\Lambda_{\lambda}{}^{\zeta}\eta_{\gamma\delta} = \eta^{\kappa\lambda}\Lambda_{\kappa}{}^{\varepsilon}\Lambda_{\lambda}{}^{\zeta}$$

因此 $\eta^{\alpha\beta}$ 是一个逆变张量 ($\eta_{\alpha\beta}$ 和 $\eta^{\alpha\beta}$ 在数值上是相同的矩阵, 故此矩阵既是协变的又是逆变的). 对 $\eta^{\alpha\beta}$ 下降一个指标或者对 $\eta_{\alpha\beta}$ 上升一个指标, 我们可以构造一个混合张量; 这就得出 Kronecker 符号:

$$\delta^{\alpha}{}_{\beta} = \eta^{\alpha\gamma}\eta_{\gamma\beta}$$

这个符号之所以是张量可由规则 (B) 及 (C) 以及 $\eta^{\alpha\gamma}$ 和 $\eta_{\gamma\beta}$ 是张量的事实推出.

(ii) Levi-Civita 张量是由下式定义的量 $\varepsilon^{\alpha\beta\gamma\delta}$

$$\varepsilon^{\alpha\beta\gamma\delta} = \begin{cases} +1 & \text{如果 } \alpha\beta\gamma\delta \text{ 是 0123 的偶置换} \\ -1 & \text{如果 } \alpha\beta\gamma\delta \text{ 是 0123 的奇置换} \\ 0 & \text{其它情形} \end{cases} \tag{2.5.13}$$

注意

$$\Lambda^{\alpha}{}_{\varepsilon}\Lambda^{\beta}{}_{\zeta}\Lambda^{\gamma}{}_{\kappa}\Lambda^{\delta}{}_{\lambda}\varepsilon^{\varepsilon\zeta\kappa\lambda} \propto \varepsilon^{\alpha\beta\gamma\delta}$$

这是因为左边对指标 $\alpha\beta\gamma\delta$ 的任何单次置换必须为奇. 为要得出比例常数, 令 $\alpha\beta\gamma\delta = 0123$, 则左边就是 Λ 的行列式, 对于正 Lorentz 变换它是 1 (见 2.1 节). 因此, 比例常数是 1, 即

$$\Lambda^{\alpha}{}_{\varepsilon}\Lambda^{\beta}{}_{\zeta}\Lambda^{\gamma}{}_{\kappa}\Lambda^{\delta}{}_{\lambda}\varepsilon^{\varepsilon\zeta\kappa\lambda} = \varepsilon^{\alpha\beta\gamma\delta} \tag{2.5.14}$$

因而 $\varepsilon^{\alpha\beta\gamma\delta}$ 的确是一张量.

(iii) 零张量 我们可以定义一个具有任意选取的上指标与下指标式样的张量为零张量, 只须令其全部分量是零.

因为 $\eta^{\alpha\beta}$ 和 $\eta_{\alpha\beta}$ 是张量, 我们可以用它来对任意张量的指标进行上升或下降; 规则 (B) 及 (C) 告诉我们, 这样得出的新张量只是多一个上标少一个下标或者多一个下标少一个上标. 例如, 如果 $T_{\alpha\beta\gamma}$ 是一个张量, 则

$$T_{\alpha}{}^{\delta}{}_{\gamma} \equiv \eta^{\delta\beta}T_{\alpha\beta\gamma}$$

[39]

也是一个张量. 特别, 对 Levi-Civita 张量 $\varepsilon^{\alpha\beta\gamma\delta}$ 我们可以下降部分或全部指标. 当下降了全部指标后就回到数值相同的量, 但差一个负号:

$$\varepsilon_{\alpha\beta\gamma\delta} = -\varepsilon^{\alpha\beta\gamma\delta} \tag{2.5.15}$$

这整个代数的要点是它使我们能一眼看出方程是否是 Lorentz 不变的. 基本定理是, 两个具有相同的上标及下标的张量如果在一个坐标系中相等, 则在通过 Lorentz 变换与之相联系的任何其它坐标系中也相等. 例如, 如果 $T^{\alpha}{}_{\beta} = S^{\alpha}{}_{\beta}$, 则

$$T'^{\alpha}{}_{\beta} = \Lambda^{\alpha}{}_{\gamma}\Lambda_{\beta}{}^{\delta}T^{\gamma}{}_{\delta} = \Lambda^{\alpha}{}_{\gamma}\Lambda_{\beta}{}^{\delta}S^{\gamma}{}_{\delta} = S'^{\alpha}{}_{\beta}$$

特别, 一个张量等于零, 这个陈述是 Lorentz 不变的.

本节所述公式只不过描述了齐次 Lorentz 群的表示. 我们将在 2.12 节中对这个表示作更一般探讨.

2.6 电流与密度

假定我们有由位置为 $\boldsymbol{x}_n(t)$, 电荷为 e_n 的粒子组成的系统, 电流密度和电荷密度通常分别定义为

$$\boldsymbol{J}(\boldsymbol{x}, t) \equiv \sum_n e_n \delta^3(\boldsymbol{x} - \boldsymbol{x}_n(t)) \frac{\mathrm{d}\boldsymbol{x}_n(t)}{\mathrm{d}t} \tag{2.6.1}$$

$$\varepsilon(\boldsymbol{x}, t) \equiv \sum_n e_n \delta^3(\boldsymbol{x} - \boldsymbol{x}_n(t)) \tag{2.6.2}$$

这里的 δ^3 是 Dirac 的 δ 函数, 由下式所定义

$$\int \mathrm{d}^3 x f(\boldsymbol{x}) \delta^3(\boldsymbol{x} - \boldsymbol{y}) = f(\boldsymbol{y})$$

式中 $f(x)$ 是任意光滑函数, 我们可以把 $\boldsymbol{J}$ 和 ε 统一在一个四维矢量 J^α 中, 只须令

$$J^0 \equiv \varepsilon \tag{2.6.3}$$

即

$$J^\alpha(x) \equiv \sum_n e_n \delta^3(\boldsymbol{x} - \boldsymbol{x}_n(t)) \frac{\mathrm{d}x_n{}^\alpha(t)}{\mathrm{d}t} \tag{2.6.4}$$

[40] 为要证明这是一个四维矢量, 先定义 $x_n^0(t) = t$, 并把 (2.6.4) 式写为

$$J^\alpha(x) = \int \mathrm{d}t' \sum_n e_n \delta^4(x - x_n(t')) \frac{\mathrm{d}x_n{}^\alpha(t')}{\mathrm{d}t'}$$

微分 $\mathrm{d}t'$ 互相消掉, 故可以换成不变量 $\mathrm{d}\tau$;

$$J^\alpha(x) = \int \mathrm{d}\tau \sum_n e_n \delta^4(x - x_n(\tau)) \frac{\mathrm{d}x_n{}^\alpha(\tau)}{\mathrm{d}\tau} \tag{2.6.5}$$

但是 $\delta^4(x - x_n(\tau))$ 是一个标量 (因为 $\mathrm{Det}\,\Lambda = 1$), 而 $\mathrm{d}x_n{}^\alpha$ 是一个四维矢量, 故 J^α 是一个四维矢量.

我们也注意到

$$\nabla \cdot \boldsymbol{J}(\boldsymbol{x}, t) = \sum_n e_n \frac{\partial}{\partial x^i} \delta^3(\boldsymbol{x} - \boldsymbol{x}_n(t)) \frac{\mathrm{d}x_n{}^i(t)}{\mathrm{d}t}$$

$$= -\sum_n e_n \frac{\partial}{\partial x_n^i} \delta^3(\boldsymbol{x} - \boldsymbol{x}_n(t)) \frac{\mathrm{d}x_n{}^i(t)}{\mathrm{d}t}$$

$$= -\sum_n e_n \frac{\partial}{\partial t} \delta^3(\boldsymbol{x} - \boldsymbol{x}_n(t))$$

$$= -\frac{\partial}{\partial t} \varepsilon(\boldsymbol{x}, t)$$

或者,用四维语言来说就是

$$\frac{\partial}{\partial x^\alpha} J^\alpha(x) = 0 \tag{2.6.6}$$

其 Lorentz 不变性是显然的.

每当任意一个电流 $J^\alpha(x)$ 满足不变的守恒定律 (2.6.6) 时, 我们就可以构造一个总电荷.

$$Q \equiv \int \mathrm{d}^3 x J^0(x) \tag{2.6.7}$$

这个量与时间无关, 因为由 (2.6.6) 式及 Gauss 定理有

$$\frac{\mathrm{d}Q}{\mathrm{d}t} = \int \mathrm{d}^3 x \frac{\partial}{\partial x^0} J^0(x) = -\int \mathrm{d}^3 x \nabla \cdot \boldsymbol{J}(x) = 0$$

如果 $J^\alpha(x)$ 是一个四维矢量, 则 Q 不仅是常数而且是标量. 为要看出这点, 我们把 Q 写为

$$Q = \int \mathrm{d}^4 x J^\alpha(x) \partial_\alpha \theta(n_\beta x^\beta) \tag{2.6.8}$$

式中 θ 是阶梯函数 [41]

$$\theta(s) = \begin{cases} 1 & s > 0 \\ 0 & s < 0 \end{cases}$$

而 n_λ 定义为

$$n_1 \equiv n_2 \equiv n_3 \equiv 0, \quad n_0 \equiv +1$$

于是 Lorentz 变换对 Q 的效应显然就是改变 n:

$$Q' = \int \mathrm{d}^4 x J^\alpha(x) \partial_\alpha \theta(n'_\beta x^\beta)$$

$$n'_\beta \equiv \Lambda_\beta{}^\gamma n_\gamma$$

再用 (2.6.8) 得 Q 的改变量

$$Q' - Q = \int \mathrm{d}^4 x \partial_\alpha \left\{ J^\alpha(x) [\theta(n'_\beta x^\beta) - \theta(n_\beta x^\beta)] \right\}$$

可以假设当 t 固定而 $|\boldsymbol{x}| \to \infty$ 时流 $J^\alpha(x)$ 等于零, 而当 $\boldsymbol{x}$ 固定而 $|t| \to \infty$ 时函数 $\theta(n'_\beta x^\beta) - \theta(n_\beta x^\beta)$ 等于零. 因此, 我们可以用四维 Gauss 定理得到 $Q' - Q = 0$; 即 Q 是标量. (对由 (2.6.2) 式定义的电流密度 J^0, 电荷 (2.6.7) 是

$$Q = \sum_n e_n$$

它当然是常数标量; 然而, 在处理有广延的粒子的电荷分布与电流分布时, 要知道 (2.6.7) 式对任何守恒的四维矢量 J^α 定义了一个与时间无关的标量, 这一点是很重要的.)

2.7 电动力学

由给定的电荷密度 ε 及电流密度 $\boldsymbol{J}$ 所产生的电场 $\boldsymbol{E}$ 及磁场 $\boldsymbol{B}$ 满足 Maxwell 方程组:

$$\nabla \cdot \boldsymbol{E} = \varepsilon \tag{2.7.1}$$

$$\nabla \times \boldsymbol{B} = \frac{\partial \boldsymbol{E}}{\partial t} + \boldsymbol{J} \tag{2.7.2}$$

$$\nabla \cdot \boldsymbol{B} = 0 \tag{2.7.3}$$

$$\nabla \times \boldsymbol{E} = -\frac{\partial \boldsymbol{B}}{\partial t} \tag{2.7.4}$$

[42] 为了揭示 $\boldsymbol{E}$ 及 $\boldsymbol{B}$ 的 Lorentz 变换性质, 我们引进一个矩阵 $F^{\alpha\beta}$, 其定义是

$$F^{12} = B_3 \quad F^{23} = B_1 \quad F^{31} = B_2$$
$$F^{01} = E_1 \quad F^{02} = E_2 \quad F^{03} = E_3$$
$$F^{\alpha\beta} = -F^{\beta\alpha} \tag{2.7.5}$$

则 (2.7.1) 及 (2.7.2) 可以写为

$$\frac{\partial}{\partial x^\alpha} F^{\alpha\beta} = -J^\beta \tag{2.7.6}$$

(记住 $J^0 \equiv \varepsilon$). 而 (2.7.3) 及 (2.7.4) 可以写为

$$\varepsilon^{\alpha\beta\gamma\delta} \frac{\partial}{\partial x^\beta} F_{\gamma\delta} = 0 \tag{2.7.7}$$

其中 $\varepsilon^{\alpha\beta\gamma\delta}$ 是 2.5 节中定义的 Levi-Civita 符号, 而 $F_{\gamma\delta}$ 是像通常一样定义的协变量.

$$F_{\gamma\delta} \equiv \eta_{\gamma\alpha}\eta_{\delta\beta}F^{\alpha\beta}$$

因为 J^α 是四维矢量, 我们可以断定 $F^{\alpha\beta}$ 是张量,

$$F'^{\alpha\beta} = \Lambda^\alpha{}_\gamma \Lambda^\beta{}_\delta F^{\gamma\delta} \tag{2.7.8}$$

因为, 如果 $F^{\alpha\beta}$ 是 (2.7.6) 及 (2.7.7) 的解, 则 (2.7.8) 将是在 Lorentz 变换后的坐标系中的解. 作用在荷电粒子上的电磁力是

$$f^\alpha = e\eta_{\beta\gamma}F^{\alpha\beta}\frac{\mathrm{d}x^\gamma}{\mathrm{d}\tau} = eF^\alpha{}_\gamma \frac{\mathrm{d}x^\gamma}{\mathrm{d}\tau} \tag{2.7.9}$$

重复第 3 节中的论证可知上式是正确的. (首先) 在粒子为静止的坐标系中方程 (2.7.9) 是正确的, 因为在这个参考系中它给出 $\boldsymbol{f} = e\boldsymbol{E}, f^0 = 0$, 而

且它具有四维矢量的变换性质, 故对所有速度都正确. 顺便注意到, 由 (2.7.9) 和 (2.4.2) 得

$$\frac{\mathrm{d}\boldsymbol{p}}{\mathrm{d}t} = e[\boldsymbol{E} + \boldsymbol{v} \times \boldsymbol{B}]$$

因此磁力公式可以作为狭义相对论的推论得出.

齐次方程 (2.7.7) 还有一个有用的形式:

$$\frac{\partial}{\partial x^\alpha} F_{\beta\gamma} + \frac{\partial}{\partial x^\beta} F_{\gamma\alpha} + \frac{\partial}{\partial x^\gamma} F_{\alpha\beta} = 0 \qquad (2.7.10)$$

注意当 α, β, γ 全不相同时, 方程 (2.7.10) 与方程 (2.7.7) 一样; 例如, 在方程 (2.7.7) 中取 $\alpha = 0$, 则所得出之结果与方程 (2.7.10) 中取 $\alpha\beta\gamma = 123$ 时相同. 另一方面, 当有两个指标相同时, 方程 (2.7.10) 是一个恒等式, 例如, 如果 $\beta = \gamma$ 则 (2.7.10) 就成为 [43]

$$\frac{\partial}{\partial x^\beta} F_{\beta\alpha} + \frac{\partial}{\partial x^\beta} F_{\alpha\beta} = 0 \quad (\text{不求和})$$

由于 $F_{\alpha\beta} = -F_{\beta\alpha}$, 故上式是恒等式.

方程 (2.7.7) 使我们能够把 $F_{\gamma\delta}$ 表为一个四维矢量 A_γ 的 "旋度";

$$F_{\gamma\delta} = \frac{\partial}{\partial x^\gamma} A_\delta - \frac{\partial}{\partial x^\delta} A_\gamma \qquad (2.7.11)$$

(见 4.11 节)

我们可以对 A_γ 加一项 $\partial_\gamma \varphi$ 而不影响 $F_{\gamma\delta}$, 故可如此定义 A_γ 使得

$$\partial^\alpha A_\alpha = 0 \qquad (2.7.12)$$

利用 (2.7.11) 和 (2.7.12), 可将 Maxwell 方程组的其余部分化为

$$\Box^2 A_\alpha = -J_\alpha \qquad (2.7.13)$$

2.8 能量 – 动量张量

在第 6 节中我们引进了电荷密度 ε 和电流密度 $\boldsymbol{J}$. 现在对能量 – 动量四维矢量的密度和流密度给出类似的定义. 首先考虑一组由 n 标记的粒子, 能量 – 动量四维矢量是 $p_n{}^\alpha(t)$. p^α 的密度定义为

$$T^{\alpha 0}(\boldsymbol{x}, t) \equiv \sum_n p_n{}^\alpha(t) \delta^3(\boldsymbol{x} - \boldsymbol{x}_n(t)) \qquad (2.8.1)$$

p^α 的流定义为

$$T^{\alpha i}(\boldsymbol{x}, t) \equiv \sum_n p_n{}^\alpha(t) \frac{\mathrm{d}x_n{}^i(t)}{\mathrm{d}t} \delta^3(\boldsymbol{x} - \boldsymbol{x}_n(t)) \qquad (2.8.2)$$

这两个定义可统一为一个公式

$$T^{\alpha\beta}(x) = \sum_n p_n{}^\alpha \frac{\mathrm{d}x_n{}^\beta(t)}{\mathrm{d}t} \delta^3(\boldsymbol{x} - \boldsymbol{x}_n(t)) \tag{2.8.3}$$

式中 $x_n^0(t) \equiv t$. 由 (2.4.10) 我们有

$$p_n{}^\beta = E_n \frac{\mathrm{d}x_n{}^\beta}{\mathrm{d}t}$$

[44] 因而 (2.8.3) 可写为

$$T^{\alpha\beta}(x) = \sum_n \frac{p_n{}^\alpha p_n{}^\beta}{E_n} \delta^3(\boldsymbol{x} - \boldsymbol{x}_n(t)) \tag{2.8.4}$$

我们看出 $T^{\alpha\beta}$ 是对称的:

$$T^{\alpha\beta}(x) = T^{\beta\alpha}(x) \tag{2.8.5}$$

类比 (2.6.5) 我们也可以把 (2.8.3) 写成

$$T^{\alpha\beta}(x) = \sum_n \int \mathrm{d}\tau p_n{}^\alpha \frac{\mathrm{d}x_n{}^\beta}{\mathrm{d}\tau} \delta^4(x - x_n(\tau)) \tag{2.8.5a}$$

我们看出 $T^{\alpha\beta}$ 是一个张量, 即在 Lorentz 变换 (2.1.1) 下有

$$T'^{\alpha\beta} = \Lambda^\alpha{}_\gamma \Lambda^\beta{}_\delta T^{\gamma\delta}$$

$T^{\alpha\beta}$ 的守恒定律则需稍加思索. 回到 (2.8.1) 及 (2.8.2) 我们看到

$$\frac{\partial}{\partial x^i} T^{\alpha i}(\boldsymbol{x}, t) = -\sum_n p_n{}^\alpha(t) \frac{\mathrm{d}x_n{}^i(t)}{\mathrm{d}t} \frac{\partial}{\partial x_n{}^i} \delta^3(\boldsymbol{x} - \boldsymbol{x}_n(t))$$

$$= -\sum_n p_n{}^\alpha(t) \frac{\partial}{\partial t} \delta^3(\boldsymbol{x} - \boldsymbol{x}_n(t))$$

$$= -\frac{\partial}{\partial t} T^{\alpha 0}(x, t) + \sum_n \frac{\mathrm{d}p_n{}^\alpha(t)}{\mathrm{d}t} \delta^3(\boldsymbol{x} - \boldsymbol{x}_n(t))$$

因而

$$\frac{\partial}{\partial x^\beta} T^{\alpha\beta} = G^\alpha \tag{2.8.6}$$

其中 G^α 是力密度:

$$G^\alpha(\boldsymbol{x}, t) \equiv \sum_n \delta^3(\boldsymbol{x} - \boldsymbol{x}_n(t)) \frac{\mathrm{d}p_n{}^\alpha(t)}{\mathrm{d}t} = \sum_n \delta^3(\boldsymbol{x} - \boldsymbol{x}_n(t)) \frac{\mathrm{d}\tau}{\mathrm{d}t} f_n{}^\alpha(t)$$

如果粒子是自由的, 则 $p_n{}^\alpha$ 是常数, 而 $T^{\alpha\beta}$ 守恒, 即

$$\frac{\partial}{\partial x^\beta} T^{\alpha\beta}(x) = 0 \tag{2.8.7}$$

如果粒子仅在精确定域于空间的碰撞时有相互作用, 则上式也成立. 在这种情形下, (2.8.6) 给出

$$\frac{\partial}{\partial x^\beta} T^{\alpha\beta}(x) = \sum_c \delta^3(\boldsymbol{x} - \boldsymbol{x}_c(t)) \frac{\mathrm{d}}{\mathrm{d}t} \sum_{n \in c} p_n{}^\alpha(t)$$

其中 $\boldsymbol{x}_c(t)$ 是在 t 时发生的第 c 次碰撞的位置, 而 $n \in c$ 的意思是我们只对参与第 c 次碰撞的粒子进行求和. 但是每次碰撞都要求动量守恒, 故 $\sum_{n \in c} p_n{}^\alpha(t)$ 必是与时间无关的, 因而得到守恒方程 (2.8.7).

    如果粒子受到超距力的作用, 能量 – 动量张量 (2.8.3) 将不守恒. 例如, 考虑具有电荷 e_n 的荷电粒子气体, 则由 (2.8.6)、(2.4.1) 和 (2.7.9) 得到

$$\frac{\partial}{\partial x^\beta} T^{\alpha\beta}(x) = \sum_n e_n F^\alpha{}_\gamma(x) \frac{\mathrm{d}x_n{}^\gamma}{\mathrm{d}t} \delta^3(\boldsymbol{x} - \boldsymbol{x}_n(t))$$

将 (2.6.4) 代入上式得

$$\frac{\partial}{\partial x^\beta} T^{\alpha\beta}(x) = F^\alpha{}_\gamma(x) J^\gamma(x) \tag{2.8.8}$$

虽然上式并不守恒, 但我们可以构造一个守恒的张量, 即对它加上一个纯电磁项

$$T_{\mathrm{em}}{}^{\alpha\beta} \equiv F^\alpha{}_\gamma F^{\beta\gamma} - \frac{1}{4} \eta^{\alpha\beta} F_{\gamma\delta} F^{\gamma\delta} \tag{2.8.9}$$

即, 电磁场的能量和动量密度是

$$T_{\mathrm{em}}{}^{00} = \frac{1}{2}(\boldsymbol{E}^2 + \boldsymbol{B}^2), \quad T_{\mathrm{em}}{}^{i0} = (\boldsymbol{E} \times \boldsymbol{B})_i \tag{2.8.10}$$

我们注意到

$$\frac{\partial}{\partial x^\beta} T_{\mathrm{em}}{}^{\alpha\beta} = F^\alpha{}_\gamma \frac{\partial}{\partial x^\beta} F^{\beta\gamma} + F^{\beta\gamma} \frac{\partial}{\partial x^\beta} F^\alpha{}_\gamma - \frac{1}{2} F_{\gamma\delta} \frac{\partial}{\partial x_\alpha} F^{\gamma\delta}$$

[这里 $\partial/\partial x_\alpha = \eta^{\alpha\beta}(\partial/\partial x^\beta)$.] 对指标稍作改组, 就得出

$$\frac{\partial}{\partial x^\beta} T_{\mathrm{em}}{}^{\alpha\beta} = F^\alpha{}_\gamma \frac{\partial}{\partial x^\beta} F^{\beta\gamma} - \frac{1}{2} F_{\beta\gamma}$$
$$\times \left(\frac{\partial}{\partial x_\alpha} F^{\beta\gamma} + \frac{\partial}{\partial x_\beta} F^{\gamma\alpha} + \frac{\partial}{\partial x_\gamma} F^{\alpha\beta} \right)$$

[45]

利用 Maxwell 方程组 (2.7.6) 及 (2.7.10), 我们得到

$$\frac{\partial}{\partial x^\beta} T_{\text{em}}{}^{\alpha\beta} = -F^\alpha{}_\gamma J^\gamma \tag{2.8.11}$$

比较 (2.8.8) 和 (2.8.11), 就可将能量 – 动量张量重新定义为

$$T^{\alpha\beta} = \sum_n p_n{}^\alpha \frac{\mathrm{d}x_n{}^\beta}{\mathrm{d}t} \delta^3(\boldsymbol{x} - \boldsymbol{x}_n(t)) + T_{\text{em}}{}^{\alpha\beta} \tag{2.8.12}$$

这还是一个对称张量, 并且现在是守恒的了

$$\partial_\alpha T^{\alpha\beta} = 0 \tag{2.8.13}$$

[46] 为了把其它的场考虑进去并保持 $T^{\alpha\beta}$ 守恒, 我们可以继续对 $T^{\alpha\beta}$ 增加更多更多的项, 构造这种项的系统方法见第十二章.

正如电荷密度 J^0 的积分是总电荷一样, p^α 的密度 $T^{\alpha 0}$ 的积分是总 p^α:

$$p_{\text{总}}^\alpha = \int \mathrm{d}^3 x T^{\alpha 0}(\boldsymbol{x}, t) \tag{2.8.14}$$

用在第 6 节中证明总电荷 (2.6.7) 是常标量同样的办法, 可以证明 $p_{\text{总}}^\alpha$ 是四维常矢量.

2.9 自旋

能量 – 动量张量 $T^{\alpha\beta}$ 的一个重要用途是用来定义角动量和自旋. 首先考虑一个孤立系统, 这种系统的总能量 – 动量张量 $T^{\alpha\beta}$ 是守恒的,

$$\frac{\partial}{\partial x^\gamma} T^{\beta\gamma} = 0$$

我们可用 T 来构造另一个张量,

$$M^{\gamma\alpha\beta} \equiv x^\alpha T^{\beta\gamma} - x^\beta T^{\alpha\gamma} \tag{2.9.1}$$

因为 T 守恒且对称, 故 M 也守恒:

$$\frac{\partial M^{\gamma\alpha\beta}}{\partial x^\gamma} = T^{\beta\alpha} - T^{\alpha\beta} = 0 \tag{2.9.2}$$

于是我们可以构成总角动量.

$$J^{\alpha\beta} = \int \mathrm{d}^3 x M^{0\alpha\beta} = -J^{\beta\alpha} \tag{2.9.3}$$

由 (2.9.2) 我们看出 (按照上一节的论证), $J^{\alpha\beta}$ 不随时间改变而且是张量. 我们进一步注意到

$$J^{ij} = \int \mathrm{d}^3x(x^i T^{j0} - x^j T^{i0})$$

并且因为 T^{j0} 是动量的第 j 个分量的密度, 我们可以把 J^{23}, J^{31}, 以及 J^{12} 看作角动量的第 1, 2, 3 分量. $J^{\alpha\beta}$ 的其它分量是

$$J^{0i} = tp^i - \int x^i T^{00} \mathrm{d}^3x$$

这些分量无明显的物理意义, 而且事实上可取为零, 只要我们把坐标原点 固定在 $t=0$ 时的 "能量中心", 即只要在 $t=0$ 时, 矩 $\int x^i T^{00} \mathrm{d}^3x$ 等于零. [47]

尽管总角动量对关于齐次 Lorentz 变换 $x^\alpha \to \Lambda^\alpha{}_\beta x^\beta$ 是一个张量, 但 对于平移变换 $x^\alpha \to x'^\alpha = x^\alpha + a^\alpha$ 却有特殊的性质. 由 (2.9.3) 及 (2.8.13) 我们得到

$$J^{\alpha\beta} \to J'^{\alpha\beta} = J^{\alpha\beta} + a^\alpha p^\beta - a^\beta p^\alpha \tag{2.9.4}$$

这是很自然的, 因为 $J^{\alpha\beta}$ 包括轨道角动量, 而轨道角动量总是对某转动 中心定义的. 为要分离出 $J^{\alpha\beta}$ 的内禀部分, 定义一个自旋四维矢量

$$S_\alpha \equiv \frac{1}{2}\varepsilon_{\alpha\beta\gamma\delta}J^{\beta\gamma}U^\delta \tag{2.9.5}$$

是方便的, 其中 $\varepsilon_{\alpha\beta\gamma\delta}$ 是第 5 节中讨论过的那种完全反对称张量, 而 $U^\alpha \equiv p^\alpha/(-p_\beta p^\beta)^{1/2}$ 是系统的速度四维矢量. 由于 $\varepsilon_{\alpha\beta\gamma\delta}$ 的反对称性, 平移 $x^\alpha \to x^\alpha + a^\alpha$ 虽使 $J^{\beta r}$ 按照规则 (2.9.4) 改变但并不改变 S_α. S_α 显然是一个矢量且对自由粒子是常量

$$\frac{\mathrm{d}S_\alpha}{\mathrm{d}t} = 0 \tag{2.9.6}$$

最后我们注意到, 在系统的质心系中 $U^i = 0, U^0 = 1$, 故在此系中

$$S_1 = J^{23}, \quad S_2 = J^{31}, \quad S_3 = J^{12}, \quad S_0 = 0 \tag{2.9.7}$$

这就证实了我们把 S_α 看作系统的内禀角动量是正确的. 甚至在速度 U 不等于零时, S_α 也的确只有三个独立的分量, 因为由 (2.9.5) 得到

$$U^\alpha S_\alpha = 0 \tag{2.9.8}$$

以后当我们讨论在自由降落中的陀螺的进动时, 要用到 S_α 的这些性质.

2.10 相对论流体动力学

大量的宏观物理系统, 或许包括宇宙本身, 都可以近似地看作理想流体. 若一流体中每点有速度 v, 而以此速度运动的观测者看见他周围的流体是各向同性的, 则我们定义这样的流体为理想流体. 当碰撞的平均自由程远小于观测者所用的尺度时就是这种情形 (例如, 声波在空气中传播, 如果其波长远大于平均自由程, 则空气就可看作理想流体, 但当波长很短时, 黏滞性就变得很重要, 因而空气就不再能看作理想流体). 我们将把上述理想流体的定义变换为能量 – 动量张量的表述.

[48]

首先我们选取这样的参考系 (以波线来区别) 在某特定的位置与特定的时刻, 流体静止在这个参考系中. 在这个特定的时空点, 理想流体的假设告诉我们能量 – 动量张量取球对称的形式

$$\widetilde{T}^{ij} = p\delta_{ij} \tag{2.10.1}$$

$$\widetilde{T}^{i0} = T^{0i} = 0 \tag{2.10.2}$$

$$\widetilde{T}^{00} = \rho \tag{2.10.3}$$

系数 p 和 ρ 分别称为压强和固有能量密度. 现在换到在实验室中静止的参考系, 而且假定在此系中流体 (在给定时空点) 表现为以速度 v 运动. 共动坐标 $\widetilde{x}^{\beta}$ 与实验室坐标 x^{α} 的联系是

$$x^{\alpha} = \varLambda^{\alpha}{}_{\beta}(\boldsymbol{v})\widetilde{x}^{\beta}$$

其中 $\varLambda^{\alpha}{}_{\beta}(\boldsymbol{v})$ 是由方程 (2.1.17)—(2.1.21) 所定义的 "推动". 但是 $T^{\alpha\beta}$ 是一个张量, 故在实验室系中它是

$$T^{\alpha\beta} = \varLambda^{\alpha}{}_{\gamma}(\boldsymbol{v})\varLambda^{\beta}{}_{\delta}(\boldsymbol{v})\widetilde{T}^{\gamma\delta}$$

或是更明显地写为

$$T^{ij} = p\delta_{ij} + (p + \rho)\frac{v_i v_j}{1 - \boldsymbol{v}^2} \tag{2.10.4}$$

$$T^{i0} = (p + \rho)\frac{v_i}{1 - \boldsymbol{v}^2} \tag{2.10.5}$$

$$T^{00} = \frac{(\rho + p\boldsymbol{v}^2)}{1 - \boldsymbol{v}^2} \tag{2.10.6}$$

为要验证它确实是一个张量, 我们注意 (2.10.4)—(2.10.6) 可以合成为一个方程:

$$T^{\alpha\beta} = p\eta^{\alpha\beta} + (p + \rho)U^{\alpha}U^{\beta} \tag{2.10.7}$$

式中 U^α 是速度四维矢量,

$$U = \frac{\mathrm{d}\boldsymbol{x}}{\mathrm{d}\tau} = (1 - \boldsymbol{v}^2)^{-1/2}\boldsymbol{v}$$

$$U^0 = \frac{\mathrm{d}t}{\mathrm{d}\tau} = (1 - \boldsymbol{v}^2)^{-1/2} \tag{2.10.8}$$

归一化为

$$U_\alpha U^\alpha = -1 \tag{2.10.9}$$

的确, 方程 (2.10.7) 是很容易推导出来的, 只要注意其右边的量是一个张量, 它在随流体运动的 Lorentz 系中等于张量 $T^{\alpha\beta}$, 因此必须在所有的 Lorentz 系中等于 $T^{\alpha\beta}$. [49]

除了能量与动量而外, 流体一般还有一个或多个守恒量, 例如电荷、重子数减去反重子数 、或者 (在常温下) 原子数. 让我们来考虑这些守恒量之一, 并简称之为 "粒子数". 如果在给定时空点与流体一同运动的 Lorentz 系中的粒子数密度是 n, 则在此系中粒子流四维矢量在该时空点就是

$$\widetilde{N}^i = 0, \quad \widetilde{N}^0 = n \tag{2.10.10}$$

在任何其它 Lorentz 系中 (其中流体在该时空点以速度 $\boldsymbol{v}$ 运动着), 粒子流与 (2.10.10) 式之间由 "推动" $\Lambda(\boldsymbol{v})$ 联系起来:

$$N^i = \Lambda^i{}_\beta(\boldsymbol{v})\widetilde{N}^\beta = (1 - \boldsymbol{v}^2)^{-1/2}v^i n \tag{2.10.11}$$

$$N^0 = \Lambda^0{}_\beta(\boldsymbol{v})\widetilde{N}^\beta = (1 - \boldsymbol{v}^2)^{-1/2}n \tag{2.10.12}$$

或者更简洁地写为

$$N^\alpha = nU^\alpha \tag{2.10.13}$$

流体的运动遵守能量和动量守恒方程,

$$0 = \frac{\partial T^{\alpha\beta}}{\partial x^\beta} = \frac{\partial p}{\partial x_\alpha} + \frac{\partial}{\partial x^\beta}[(\rho + p)U^\alpha U^\beta] \tag{2.10.14}$$

以及粒子数守恒方程:

$$0 = \frac{\partial N^\alpha}{\partial x^\alpha} = \frac{\partial}{\partial x^\alpha}(nU^\alpha)$$

$$= \frac{\partial}{\partial t}(n(1 - \boldsymbol{v}^2)^{-1/2}) + \nabla \cdot (n\boldsymbol{v}(1 - \boldsymbol{v}^2)^{-1/2}) \tag{2.10.15}$$

把方程 (2.10.14) 分开写成三维矢量方程和标量方程是方便的. 为了得到三维矢量方程, 我们在方程 (2.10.14) 中令 $\alpha = i$, 记 $U^i = v^i U^0$, 然后利用 $\alpha = 0$ 时的方程 (2.10.14), 就得到

$$\frac{\partial \boldsymbol{v}}{\partial t} + (\boldsymbol{v} \cdot \nabla)\boldsymbol{v} = -\frac{(1 - \boldsymbol{v}^2)}{\rho + p}\left[\nabla p + \boldsymbol{v}\frac{\partial p}{\partial t}\right] \tag{2.10.16}$$

为了获得标量方程, 我们用 U_α 乘方程 (2.10.14); 利用关系

$$0 = \frac{\partial}{\partial x^\beta}(U_\alpha U^\alpha) = 2U_\alpha \frac{\partial U^\alpha}{\partial x^\beta} \tag{2.10.17}$$

[50]　　于是我们有

$$0 = U_\alpha \frac{\partial T^{\alpha\beta}}{\partial x^\beta} = U^\beta \frac{\partial p}{\partial x^\beta} - \frac{\partial}{\partial x^\beta}[(p+\rho)U^\beta]$$

利用方程 (2.10.15), 可把上式写为

$$0 = U^\beta \left[\frac{\partial p}{\partial x^\beta} - n\frac{\partial}{\partial x^\beta}\frac{(p+\rho)}{n} \right]$$

$$= -nU^\beta \left[p\frac{\partial}{\partial x^\beta}\left(\frac{1}{n}\right) + \frac{\partial}{\partial x^\beta}\left(\frac{\rho}{n}\right) \right] \tag{2.10.17a}$$

热力学第二定律告诉我们压强 p、能量密度 ρ 以及每粒子体积 $1/n$, 可以表为温度 T 以及每个粒子的熵 σk 的如下函数:

$$kT\mathrm{d}\sigma = p\mathrm{d}\left(\frac{1}{n}\right) + \mathrm{d}\left(\frac{\rho}{n}\right) \tag{2.10.18}$$

(这里, 引进 Boltzmann 常量 k 是为了使 σ 无量纲.) 标量方程 (2.10.17a) 现在可以写为

$$0 = U^\beta \frac{\partial \sigma}{\partial x^\beta} \propto \frac{\partial \sigma}{\partial t} + (\boldsymbol{v} \cdot \nabla)\sigma \tag{2.10.19}$$

因此比熵 σ 在任何随流体运动的点上不随时间变化. 相对论 (性) 流体力学的基本方程是 "连续性方程" (2.10.15)、"Euler 方程" (2.10.16)、"能量方程" (2.10.19) 和用 n 及 σ 表达 p 及 ρ 的物态方程.

　　为了对可能的物态方程得到某些概念, 我们考虑这样一种流体: 它是由无结构的质点组成的, 质点间的相互作用只是定域型碰撞. 如第 2.8 节所指出的, 其能量 – 动量张量是

$$T^{\alpha\beta} = \sum_N \frac{p_N{}^\alpha p_N{}^\beta}{E_N}\delta^3(\boldsymbol{x} - \boldsymbol{x}_N) \tag{2.10.20}$$

[见方程 (2.8.4)]在共动 Lorentz 系中, $T^{\alpha\beta}$ 将取各向同性的形式 (2.10.1)—(2.10.3), 故在此系中压强和能量密度将是

$$p = \frac{1}{3}\sum_{i=1}^3 T^{ii} = \frac{1}{3}\sum_N \frac{\boldsymbol{p}_N^2}{E_N}\delta^3(\boldsymbol{x} - \boldsymbol{x}_N) \tag{2.10.21}$$

$$\rho = T^{00} = \sum_N E_N\delta^3(\boldsymbol{x} - \boldsymbol{x}_N) \tag{2.10.22}$$

[51] 而粒子数密度 (类似于 (2.6.2)) 是

$$n = \sum_N \delta^3(\boldsymbol{x} - \boldsymbol{x}_N) \tag{2.10.23}$$

由此推出一般有

$$0 \leqslant p \leqslant \frac{\rho}{3} \tag{2.10.24}$$

对于冷的非相对论性气体, 我们可以作如下近似:

$$E_N \simeq m + \frac{\boldsymbol{p}_N^2}{2m}$$

故由 (2.10.22) 得

$$\rho \sim nm + \frac{3}{2}p \tag{2.10.25}$$

对于热的极端相对论性的气体, 我们有

$$E_N \simeq |\boldsymbol{p}_N| \gg m$$

故由 (2.10.22) 得

$$\rho \simeq 3p \gg nm \tag{2.10.26}$$

(2.10.25) 和 (2.10.26) 可以结合成单个方程,

$$\rho - nm \simeq (\gamma - 1)^{-1}p \tag{2.10.27}$$

式中

$$\gamma = \begin{cases} \dfrac{5}{3} & \text{非相对论情形} \\[2mm] \dfrac{4}{3} & \text{极端相对论情形} \end{cases} \tag{2.10.28}$$

于是由方程 (2.10.18) 得到

$$kT\mathrm{d}\sigma = p\mathrm{d}\left(\frac{1}{n}\right) + (\gamma - 1)^{-1}\mathrm{d}\left(\frac{p}{n}\right)$$

$$= \frac{n^{\gamma-1}}{\gamma - 1}\mathrm{d}\left(\frac{p}{n^\gamma}\right) \tag{2.10.29}$$

因此方程 (2.10.19) 的形式为

$$0 = \frac{\partial}{\partial t}\left(\frac{p}{n^\gamma}\right) + (\boldsymbol{v} \cdot \nabla)\left(\frac{p}{n^\gamma}\right) \tag{2.10.30}$$

而 (2.10.27) 将用来在方程 (2.10.16) 中, 以 n 和 p 来表示 ρ. 方程 (2.10.27) 中所表明的内能与压强的正比关系, 实际上适用于比这里讨论过的由质点构成的简单气体更为广泛的一类流体 (具有各种 γ 值). 对所有这样的流体, 能量方程可取 (2.10.30) 的形式.

作为一个例子, 让我们来计算在静态均匀的相对论性流体中的声速. 在未扰动态中, n、ρ、p 和 σ 对空间和时间而言均是常数, 而且 $\boldsymbol{v} = 0$. 声波使 n、ρ、p 和 $\boldsymbol{v}$ 产生小的改变 n_1、ρ_1、p_1 和 $\boldsymbol{v}_1$, 但是按照 (2.10.19) 它不改变 σ. 准确到一阶小量, 方程 (2.10.15) 及 (2.10.16) 是

$$\frac{\partial n_1}{\partial t} + n \nabla \cdot \boldsymbol{v}_1 = 0$$
$$\frac{\partial \boldsymbol{v}_1}{\partial t} = -\frac{\nabla p_1}{p + \rho}$$

但因 $\mathrm{d}\sigma = 0$, 由方程 (2.10.18) 得

$$0 = -\frac{(p + \rho)}{n} n_1 + \rho_1$$

故有

$$\frac{\partial \boldsymbol{v}_1}{\partial t} = -\frac{v_s^2 \nabla n_1}{n}$$

式中

$$v_s^2 \equiv \frac{p_1}{\rho_1} = \left(\frac{\partial p}{\partial \rho}\right)_{\sigma\ 为常数} \tag{2.10.31}$$

把对 n_1 及 $\boldsymbol{v}_1$ 的方程结合起来, 我们得到波动方程

$$0 = \left[\frac{\partial^2}{\partial t^2} - v_s^2 \nabla^2\right] n_1$$

这表明声波以速度 v_s 运动, 恰如在非相对论流体中那样. 在非相对论流体中声速远小于光速 (即远小于 1), 但是声速随温度增高而增高, 因而值得去检验一下是否在由高度相对论性的质点 (例如高于 10^{13} K 的氢) 组成的流体中 v_s 能否超过 1. 在此情形下, 由 (2.10.26) 和 (2.10.31) 得出声速

$$v_s = \frac{1}{\sqrt{3}} \tag{2.10.32}$$

它仍然远小于 1, 即使把电磁力考虑进去, 这个结论也不会受影响, 因为方程 (2.10.7) 和 (2.8.9) 给电磁压强 p_{em} 和电磁能量密度 ρ_{em} 加上了如下关系

$$0 = T_{\mathrm{em}}{}^\alpha{}_\alpha = 3p_{\mathrm{em}} - \rho_{\mathrm{em}} \tag{2.10.33}$$

故包括 p_{em} 和 ρ_{em} 后将不会改变 (2.10.26) 或 (2.10.32). 至于考虑非电磁力以后, v_s 是否仍小于 1 则是一个尚未解决的问题[4].

2.11 相对论的非理想流体*

上一节讨论的是理想流体, 在其中平均自由程和平均自由时间是如此之短, 以致对于随流体运动的任何点来说完全各向同性得以保持不变. 实际上, 我们经常需要讨论不太理想的流体, 在其中压强、密度、或速度在与平均自由程同量级的距离上, 或者与平均自由时间同量级的时间内, 或者既在这样的距离又在这样的时间内, 有显著的变化. 在这样的流体中, 热平衡不再严格地保持, 而流体的动能就耗散为热.

对相对论流体的耗散效应的正确处理提出了一些精细的原则性问题, 这些问题在非相对论流体情形中并不出现. 由于这一原因, 以及由于耗散效应, 已在关于早期宇宙的理论之中起着与日俱增的重要作用 (见 15.8,15.10,15.11 诸节), 因而值得在此讲述一下相对论的非理想流体一般理论的概况.

我们假定在非理想流体中微弱的时空梯度的存在将引起能量 – 动量张量和粒子流矢量的修正, 修正项 $\Delta T^{\alpha\beta}$ 和 ΔN^α 都是这些梯度的一阶量. 于是, 代替 (2.10.7) 和 (2.10.13), 我们有

$$T^{\alpha\beta} = p\eta^{\alpha\beta} + (p+\rho)U^\alpha U^\beta + \Delta T^{\alpha\beta} \tag{2.11.1}$$

$$N^\alpha = nU^\alpha + \Delta N^\alpha \tag{2.11.2}$$

一旦我们允许这样的修正项, 则压强 p、能量 ρ、粒子密度 n, 以及流体速度 U^α 都变得不大清楚了. 一般是把 ρ 及 n 定义为在共动参考系中的总能量密度和粒子数密度:

$$T^{00} \equiv \rho \tag{2.11.3}$$

$$N^0 \equiv n \tag{2.11.4}$$

共动系的特征是如下条件: 在给定点, 速度四维矢量是

$$U^i \equiv 0, \quad U^0 \equiv 1 \tag{2.11.5}$$

此外, 一般定义压强 p 作为 ρ 及 n 的函数形式[例如 (2.10.27)], 与在所有流体梯度可忽略而又无耗散的情形时相同. 最后, 在相对论性流体中必须确定 U^α 究竟是能量输运的速度还是粒子输运的速度. 在 Landau 和 Lifshitz[5] 的方案中, U^α 取为能量输运速度, 故 T^{i0} 在共动系中为零. 在 Eckart[6] 方案中, U^α 取为粒子输运速度, 故在共动系中为零的是 N^i. 两个方案完全等效, 但是我觉得 Eckart 的方案稍微要方便些. 以下就采用这个方案. 按 U^α 的这种定义, 则在共动系中我们有

$$N^i \equiv 0 \tag{2.11.6}$$

将 (2.11.3)—(2.11.6) 与 (2.11.1) 及 (2.11.2) 作比较, 我们可以看到在共动系中, 耗散项 $\Delta T^{\alpha\beta}$ 和 ΔN^{α} 受到如下限制

$$\Delta T^{00} = \Delta N^0 = \Delta N^i = 0 \tag{2.11.7}$$

因此, 在一般 Lorentz 系中,

$$U^{\alpha}U^{\beta}\Delta T_{\alpha\beta} = 0 \tag{2.11.8}$$

$$\Delta N^{\alpha} = 0 \tag{2.11.9}$$

这样一来, 耗散的全部效应都表现为对 $\Delta T^{\alpha\beta}$ 的贡献. 我们现在的任务是构造满足方程 (2.11.8), 以及热力学第二定律的最一般的耗散张量 $\Delta T^{\alpha\beta}$.

为此, 让我们来计算流体运动所产生的熵. 和上节一样, 我们先把守恒定律 (2.8.7) 与 U_{α} 进行缩并:

$$0 = U_{\alpha}\frac{\partial}{\partial x^{\beta}}T^{\alpha\beta} \tag{2.11.10}$$

按照对理想流体情形导出方程 (2.10.19) 时的同样推理, 我们看到一般有

$$U_{\alpha}\frac{\partial}{\partial x^{\beta}}[p\eta^{\alpha\beta} + (p+\rho)U^{\alpha}U^{\beta}] = -kT\frac{\partial}{\partial x^{\alpha}}(n\sigma U^{\alpha})$$

式中 T 和 σk 是由方程 (2.10.18) 所定义的温度和每粒子熵. 因此 (2.11.10) 现在变为

$$\frac{\partial}{\partial x^{\alpha}}(n\sigma U^{\alpha}) = \frac{1}{kT}U_{\alpha}\frac{\partial}{\partial x^{\beta}}\Delta T^{\alpha\beta}$$

或者等价地有

$$\frac{\partial S^{\alpha}}{\partial x^{\alpha}} = -\frac{1}{T}\frac{\partial U_{\alpha}}{\partial x^{\beta}}\Delta T^{\alpha\beta} + \frac{1}{T^2}\frac{\partial T}{\partial x^{\beta}}U_{\alpha}\Delta T^{\alpha\beta} \tag{2.11.11}$$

式中

$$S^{\alpha} \equiv n\sigma U^{\alpha} - T^{-1}U_{\beta}\Delta T^{\alpha\beta} \tag{2.11.12}$$

在共动系中熵密度是 $n\sigma = S^0$, 故我们可以把 S^{α} 解释为熵流四维矢量, 因而方程 (2.11.11) 给出单位体积中熵的产生率. 于是热力学第二定律要求 $T^{\alpha\beta}$ 是速度与温度梯度的线性组合, 以使 (2.11.11) 的右边对流体的所有可能位形都是正定的. 注意这是仅有的可能, 因为我们在方程 (2.11.12) 中包含了第二项; 如无此项, 则 $\partial S^{\alpha}/\partial x^{\alpha}$ 就不会简单的是一阶导数的二次型, 因而不能对流体的所有位形均为正定. 还要注意, 不允许 $\Delta T^{\alpha\beta}$ 包含 p、ρ、n 等量的梯度, 因为假若如此则方程 (2.11.11) 将包含压强或密度梯度与速度或温度梯度的乘积, 而这些乘积对流体所有的位形也不会都是正定的.

[55]

现在变到共动系是方便的, 在此系中, 这时在给定时空点 P, U^α 有形式 (2.11.5). 由 (2.10.17) 推得在此参考系中 U^0 的所有梯度在 P 点为零. 在方程 (2.11.11) 中令 U^α、$\partial U^0/\partial x^\alpha$ 和 ΔT^{00} 等于零, 我们得到在点 P 共动的 Lorentz 系中, 点 P 处单位体积中熵的产生率是

$$\frac{\partial S^\alpha}{\partial x^\alpha} = -\left(\frac{1}{T}\dot{U}_i + \frac{1}{T^2}\frac{\partial T}{\partial x^i}\right)\Delta T^{i0} - \frac{1}{T}\frac{\partial U_i}{\partial x^j}\Delta T^{ij} \tag{2.11.13}$$

要使此式对流体的所有可能位形为正定, 我们必须有

$$\Delta T^{i0} = -\chi\left(\frac{\partial T}{\partial x^i} + T\dot{U}_i\right) \tag{2.11.14}$$

$$\Delta T^{ij} = -\eta\left(\frac{\partial U_i}{\partial x^j} + \frac{\partial U_j}{\partial x^i} - \frac{2}{3}\nabla\cdot\boldsymbol{U}\delta_{ij}\right) - \zeta\nabla\cdot\boldsymbol{U}\delta_{ij} \tag{2.11.15}$$

式中系数为正

$$\chi \geqslant 0, \quad \eta \geqslant 0, \quad \zeta \geqslant 0 \tag{2.11.16}$$

故 (2.11.13) 成为

$$\frac{\partial S^\alpha}{\partial x^\alpha} = \frac{\chi}{T^2}(\nabla T + T\dot{\boldsymbol{U}})^2$$
$$+ \frac{\eta}{2T}\left(\frac{\partial U_i}{\partial x^j} + \frac{\partial U_j}{\partial x^i} - \frac{2}{3}\delta_{ij}\nabla\cdot\boldsymbol{U}\right)\left(\frac{\partial U_i}{\partial x^j} + \frac{\partial U_j}{\partial x^i} - \frac{2}{3}\delta_{ij}\nabla\cdot\boldsymbol{U}\right)$$
$$+ \frac{\zeta}{T}(\nabla\cdot\boldsymbol{U})^2 \geqslant 0 \tag{2.11.17}$$

除了在 (2.11.14) 中的相对论修正项 $T\dot{U}$ 外, (2.11.14) 及 (2.11.15) 的形式和非理想流体的非相对论性理论[5] 相同, 因而我们可以把 χ、η 和 ζ 确认为是热传导系数、剪切黏性系数、和体积黏性系数. [56]

现在剩下的是把只在共动系中成立的公式 (2.11.5)、(2.11.7)、(2.11.14)、(2.11.15) 转变成在一般 Lorentz 系中成立的公式. 让我们定义剪切张量,

$$W_{\alpha\beta} \equiv \frac{\partial U_\alpha}{\partial x^\beta} + \frac{\partial U_\beta}{\partial x^\alpha} - \frac{2}{3}\eta_{\alpha\beta}\frac{\partial U^\gamma}{\partial x^\gamma} \tag{2.11.18}$$

热流矢量,

$$Q_\alpha \equiv \frac{\partial T}{\partial x^\alpha} + T\frac{\partial U}{\partial x^\beta}U^\beta \tag{2.11.19}$$

以及在正交于 U^α 的超平面上的投影张量:

$$H_{\alpha\beta} \equiv \eta_{\alpha\beta} + U_\alpha U_\beta \tag{2.11.20}$$

不难验证在共动 Lorentz 系中关于 $\Delta T^{\alpha\beta}$ 的公式 (2.11.7)、(2.11.14)、(2.11.15) 为下面的张量所满足

$$\Delta T^{\alpha\beta} = -\eta H^{\alpha\gamma} H^{\beta\delta} W_{\gamma\delta}$$
$$-\chi(H^{\alpha\gamma} U^\beta + H^{\beta\gamma} U^\alpha) Q_\gamma - \zeta H^{\alpha\beta} \frac{\partial U^\gamma}{\partial x^\gamma} \tag{2.11.21}$$

由于此公式是 Lorentz 不变的, 而且在共动 Lorentz 系中成立, 故在所有的 Lorentz 系中都成立.

一般说来, 从量纲分析可以预期系数 χT、η 和 ζ 是压强 (或者热能密度) 乘上某种平均自由时间的量级. 然而, 存在着重要的特例[8], 在其中体积黏性 ζ 远小于 η 或 χT. 要看出何时出现此情形, 需注意由 (2.11.1) 及 (2.11.21) 得出总能量 – 动量张量的迹

$$T^\alpha{}_\alpha = 3p - \rho - 3\zeta \frac{\partial U^\gamma}{\partial x^\gamma} \tag{2.11.22}$$

假定我们处理这样一种介质, 对它说来此迹可表为只是 ρ 及 n 的函数:

$$T^\alpha{}_\alpha = f(\rho, n) \tag{2.11.23}$$

例如, 对由 (2.10.20) 所表征的简单气体, 此迹是

$$T^\alpha{}_\alpha = -\sum_N \frac{m^2}{E_N} \delta^3(\boldsymbol{x} - \boldsymbol{x}_N)$$

[57] 在极端相对论情形, 我们有 $E_N \gg m$, 故在这种情况下 (2.11.23) 是满足的, 且有

$$f(\rho, n) \simeq 0$$

在非相对论情形, 我们有

$$\frac{1}{E_N} \simeq \frac{1}{m} - \left(\frac{E_N - m}{m^2}\right)$$

故在这种情况下 (2.11.23) 也得到满足, 且有

$$f(\rho, n) \simeq -mn + (\rho - mn)$$

在没有速度梯度时, 由方程 (2.11.22) 和 (2.11.23) 可得到一个关于压强的公式

$$p = \frac{1}{3}[\rho + f(\rho, n)] \tag{2.11.24}$$

但是我们已经同意将 p 一般定义为和无耗散情形同样的 ρ 及 n 的函数情形, 故 (2.11.24) 式即使在有速度梯度时也必定成立, 因而由 (2.11.22)、(2.11.23) 和 (2.11.24) 得到

$$\zeta = 0 \tag{2.11.25}$$

然而, 如果由此得出结论说 ζ 一般可以略去, 那就错了. 正如我们已看到的, 对简单气体而言能量 – 动量张量的迹, 在极端相对论或极端非相对论极限下只是 ρ 和 n 的函数; 当 kT 的量级为 m 时, $T^\alpha{}_\alpha$ 不能表成 (2.11.23) 的形式, 而体积黏度与剪切黏度同量级[7]. 如果流体容易发生平移自由度与内部自由度之间的能量交换[8] (例如在粗糙球构成的气体的情形[9]), 那么体积黏性也是重要的. 另一种情形对宇宙论特别重要, 就是平均自由时间极短的介质, 具有有限平均自由时间 τ 的辐射量子相互作用. 在这种情形下已算出热传导系数, 剪切黏性和体积黏性为[10]

$$\chi = \frac{4}{3} a T^3 \tau \tag{2.11.26}$$

$$\eta = \frac{4}{15} a T^4 \tau \tag{2.11.27}$$

$$\zeta = 4 a T^4 \tau \left[\frac{1}{3} - \left(\frac{\partial p}{\partial \rho} \right)_n \right]^2 \tag{2.11.28}$$

式中 a 是 Stefan-Boltzmann 常量, 其定义是使辐射能量密度为 aT^4, 而 p 及 ρ 分别是物质和辐射的总压强与总能量密度. 注意, 一般说来 χT、η 和 ζ 大小差不多, 但是如果压强与热能被辐射所主导, 则 $(\partial p / \partial \rho)_n \simeq \frac{1}{3}$, 且如所料, 体积黏性将很小.

2.12 Lorentz 群的表示*   [58]

在 2.5 节中讲过的张量公式完全适宜于处理相对论性的经典物理学问题. 然而, 以更一般的方式由齐次 Lorentz 群表示理论的观点来考察 Lorentz 变换的规则, 具有某种形式上的优点. 在 12.5 节中我们将会看到, 用这一方法可以更优美地重新陈述引力对任何物理系统的效应. 而且, 只有这一方法可以处理具有半整数自旋的场.

按一般 Lorentz 变换的规则, 一组量 ψ_n 在 Lorentz 变换 $\Lambda^\alpha{}_\beta$ 下变成新的量:

$$\psi'_n = \sum_m [D(\Lambda)]_{nm} \psi_m \tag{2.12.1}$$

为要先作 Lorentz 变换 Λ_1 再作 Lorentz 变换 Λ_2, 得出与 Lorentz 变换 $\Lambda_1 \Lambda_2$

相同的结果, 矩阵 $D(\Lambda)$ 必须是 Lorentz 群的一个表示, 即

$$D(\Lambda_1)D(\Lambda_2) = D(\Lambda_1\Lambda_2) \tag{2.12.2}$$

上式中的乘法是矩阵乘法. 例如, 如果 ψ 是逆变矢量 V^α, 则 $D(\Lambda)$ 就是

$$[D(\Lambda)]^\alpha{}_\beta = \Lambda^\alpha{}_\beta \tag{2.12.3}$$

而对于协变张量 $T_{\alpha\beta}$, 相应的 D 矩阵是

$$[D(\Lambda)]_{\alpha\beta}{}^{\gamma\delta} = \Lambda_\alpha{}^\gamma \Lambda_\beta{}^\delta \tag{2.12.4}$$

容易验证 (2.12.3) 和 (2.12.4) 的确满足群的乘法规则 (2.12.2). 我们可以构造齐次 Lorentz 群的最一般表示来编制一个关于所有可能的 Lorentz 变换规则的表.

事实上, 齐次 Lorentz 群的最一般的真正表示是张量表示 (例如 (2.12.3) 和 (2.12.4)), 因而有人可能会认为物理学上有兴趣的所有量都是张量. 然而, 无限小 Lorentz 群还有另外的表示, 即旋量表示, 它在相对论性量子场论中起着重要作用. 无限小 Lorentz 群是由无限接近单位元素的 Lorentz 变换所构成, 即

$$\Lambda^\alpha{}_\beta = \delta^\alpha{}_\beta + \omega^\alpha{}_\beta \tag{2.12.5}$$

$$|\omega^\alpha{}_\beta| \ll 1$$

[59]　为使这些变换满足 Lorentz 变换的基本条件 (2.1.2), 我们必须有

$$(\delta^\alpha{}_\gamma + \omega^\alpha{}_\gamma)(\delta^\beta{}_\delta + \omega^\beta{}_\delta)\eta_{\alpha\beta} = \eta_{\gamma\delta}$$

或者准确到 ω 的一阶量,

$$\omega_{\gamma\delta} = -\omega_{\delta\gamma} \tag{2.12.6}$$

式中 ω 的指标自然是用 η 来下降的:

$$\omega_{\gamma\delta} \equiv \eta_{\gamma\alpha}\omega^\alpha{}_\delta$$

对于这样一个变换, 矩阵表示 $D(\Lambda)$ 必须无限接近单位元素

$$D(1+\omega) = 1 + \frac{1}{2}\omega^{\alpha\beta}\sigma_{\alpha\beta} \tag{2.12.7}$$

式中 $\sigma_{\alpha\beta}$ 是一组固定的矩阵, 由 (2.12.6) 知总可以将它们选择为对 α 和 β 是反对称的:

$$\sigma_{\alpha\beta} = -\sigma_{\beta\alpha} \tag{2.12.8}$$

例如, 对张量表示 (2.12.3) 和 (2.12.4), 我们有

$$[\sigma_{\alpha\beta}]^{\gamma}{}_{\delta} = \delta_{\alpha}{}^{\gamma}\eta_{\beta\delta} - \delta_{\beta}{}^{\gamma}\eta_{\alpha\delta} \qquad (2.12.9)$$

$$[\sigma_{\alpha\beta}]_{\gamma\delta}{}^{\varepsilon\zeta} = \eta_{\alpha\gamma}\delta_{\beta}{}^{\varepsilon}\delta^{\zeta}{}_{\delta} - \eta_{\beta\gamma}\delta_{\alpha}{}^{\varepsilon}\delta^{\zeta}{}_{\delta} + \eta_{\alpha\delta}\delta_{\beta}{}^{\zeta}\delta^{\varepsilon}{}_{\gamma} - \eta_{\beta\delta}\delta_{\alpha}{}^{\zeta}\delta^{\varepsilon}{}_{\gamma} \quad (2.12.10)$$

并不是任何常数矩阵集都可以作为矩阵 $\sigma_{\alpha\beta}$ 的, 它们还必须受到限制, 以使 $D(\Lambda)$ 满足群乘法规则 (2.12.2). 首先把此规则用到乘积 $\Lambda[1+\omega]\Lambda^{-1}$ 上是方便的:

$$D(\Lambda)D(1+\omega)D(\Lambda^{-1}) = D(1 + \Lambda\omega\Lambda^{-1})$$

准确到 ω 的 0 阶量时, 此式就是 1=1, 而准确到 ω 的一阶量时, 我们必须令公式两边 $\omega_{\alpha\beta}$ 的系数相等:

$$D(\Lambda)\sigma_{\alpha\beta}D(\Lambda^{-1}) = \sigma_{\gamma\delta}\Lambda^{\gamma}{}_{\alpha}\Lambda^{\delta}{}_{\beta} \qquad (2.12.11)$$

如果我们现在令 $\Lambda = 1 + \omega$ (不必是相同的 ω) 以及 $\Lambda^{-1} = 1 - \omega$, 则此式在准确到 ω 的一阶量时成立, 只要 σ 满足如下对易关系,

$$[\sigma_{\alpha\beta}, \sigma_{\gamma\delta}] = \eta_{\gamma\beta}\sigma_{\alpha\delta} - \eta_{\gamma\alpha}\sigma_{\beta\delta} + \eta_{\delta\beta}\sigma_{\gamma\alpha} - \eta_{\delta\alpha}\sigma_{\gamma\beta} \qquad (2.12.12)$$

式中的方括号代表通常的矩阵对易子

$$[u, v] \equiv uv - vu$$

读者不难验证矩阵 (2.12.9) 和 (2.12.10) 的确满足方程 (2.12.12). 这样一 [60] 来, 寻找无限小齐次 Lorentz 群的一般表示问题就化成寻找满足对易关系 (2.12.12) 的所有矩阵的问题.

这些对易关系可以写成更为熟悉一些的形式, 办法是定义如下的矩阵:

$$a_1 = \frac{1}{2}[-\mathrm{i}\sigma_{23} + \sigma_{10}], \quad b_1 = \frac{1}{2}[-\mathrm{i}\sigma_{23} - \sigma_{10}]$$

$$a_2 = \frac{1}{2}[-\mathrm{i}\sigma_{31} + \sigma_{20}], \quad b_2 = \frac{1}{2}[-\mathrm{i}\sigma_{31} - \sigma_{20}]$$

$$a_3 = \frac{1}{2}[-\mathrm{i}\sigma_{12} + \sigma_{30}], \quad b_3 = \frac{1}{2}[-\mathrm{i}\sigma_{12} - \sigma_{30}] \qquad (2.12.13)$$

于是方程 (2.12.12) 成为

$$\boldsymbol{a} \times \boldsymbol{a} = \mathrm{i}\boldsymbol{a} \qquad (2.12.14)$$

$$\boldsymbol{b} \times \boldsymbol{b} = \mathrm{i}\boldsymbol{b} \qquad (2.12.15)$$

$$[a_i, b_j] = 0 \qquad (2.12.16)$$

方程 (2.12.14)—(2.12.16) 就是一对独立的角动量矩阵的对易关系. 构造这些矩阵的规则可在任何一本非相对论量子力学书 [11] 上找到: 在最一般的情形 a 和 b 是 "不可约" 分量的直和, 每个分量都用一整数或半整数 A 或 B 来表征, 且有

$$\boldsymbol{a}^2 = A(A+1) \quad \boldsymbol{b}^2 = B(B+1) \tag{2.12.17}$$

其维数是 $2A+1$ 或 $2B+1$. 于是在无限小齐次 Lorentz 变换下作线性变换的最一般的对象 ψ_n 可以分解为一些 "不可约的" 部分, 由一对整数或半整数 (A, B) 所表征, 每一部分有 $(2A+1)(2B+1)$ 个分量.

直接的计算指出逆变矢量表示 (2.12.9), 以及其相应的协变矢量表示都有 $A = B = 1/2$. 任何张量表示 (例如 (2.12.10)) 均可看作矢量表示的直积, 故它仅含 $A+B$ 是整数的不可约分量; 例如, 一般的二阶张量表示 (2.12.10) 包含的不可约分量, 其 (A, B) 等于 $(1, 1)(1, 0)(0, 1)$ 和 $(0, 0)$. $(A+B)$ 为半整数的表示与张量有本质的不同, 而称为旋量表示. 最熟知的例子是 Dirac 电子场, 其分量的 (A, B) 等于 $(1/2, 0)$ 或 $(0, 1/2)$.

在通常空间旋转下某一对象的变换特点由其相对于无限小 Lorentz 变换 (2.12.5) (它的 $\omega_{i0} = 0$) 的性质所确定, 从而由 $\sigma_{\alpha\beta}$ 的纯空间分量 $\sigma_{12}, \sigma_{23}, \sigma_{31}$ 的结构确定. 由这些分量, 我们可以构造一个矩阵矢量

$$\boldsymbol{s} = \boldsymbol{a} + \boldsymbol{b} = -\mathrm{i}\{\sigma_{23}, \sigma_{31}, \sigma_{12}\} \tag{2.12.18}$$

[61]

按照 (2.12.14)—(2.12.16) 式, 它具有角动量的对易关系:

$$\boldsymbol{s} \times \boldsymbol{s} = \mathrm{i}\boldsymbol{s} \tag{2.12.19}$$

齐次 Lorentz 群的任何不可约表示 (A, B) 可以分解[11] 成 s^2 等于 $s(s+1)$ 的部分, 其中 s 是在 $|A-B|$ 和 $A+B$ 间的整数或半整数; 每项表示一个自旋为 s 的激发态 (例如粒子). 由 (2.12.18) 推出, 张量表示只能描述有整数自旋的激发态, 而旋量表示只可描述有半整数自旋的激发态.

有限的 Lorentz 变换可以通过把无限多个无限小 Lorentz 变换乘在一起而构成. 同样, 无限小 Lorentz 群的表示可以用来构造有限 Lorentz 变换群的张量表示, 如像 (2.12.3) 和 (2.12.4). 然而, 如果想构造有限 Lorentz 变换的旋量表示, 我们发现只能获得 "精确到只差一正负号的表示"[12]; 即, 群乘法定律 (2.12.2) 有时在右边有负号. 例如, 绕一给定轴连续两次作 180° 旋转的乘积并不给出单位矩阵, 而是 -1 乘单位矩阵. 这些负号的出现意味着旋量场本身不可能是物理的可观测量, 虽然旋量场的偶函数可以是可观测量.

2.13 时序和反粒子*

Lorentz 变换最显著的特点之一是它不能保持事件的时序不变. 例如, 假定在一个参考系中观察到 x_2 处的一个事件发生得比 x_1 处的一个事件晚, 即 $x_2^0 > x_1^0$. 第二个观测者看到第一个观测者以速度 $\boldsymbol{v}$ 运动, 他发现这两个事件相隔的时间差是

$$x_2'^{\,0} - x_1'^{\,0} = \Lambda^0{}_\alpha(\boldsymbol{v})(x_2{}^\alpha - x_1{}^\alpha)$$

式中 $\Lambda_\alpha^\beta(\boldsymbol{v})$ 是由 (2.1.17)—(2.1.21) 所定义的 "推动". 然后用 (2.1.17) 和 (2.1.21) 式得

$$x_2'^{\,0} - x_1'^{\,0} = \gamma(x_2{}^0 - x_1{}^0) + \gamma \boldsymbol{v} \cdot (\boldsymbol{x}_2 - \boldsymbol{x}_1)$$

上式取负号的条件是   [62]

$$\boldsymbol{v} \cdot (\boldsymbol{x}_2 - \boldsymbol{x}_1) < -(x_2{}^0 - x_1{}^0) \tag{2.13.1}$$

乍一看, 这似乎会有导致逻辑佯谬的危险. 假定第一个观测者看到放射性衰变 $A \to B+C$ 在点 x_1 发生, 随后在点 x_2 粒子 B 被吸收, 例如 $B+D \to E$. 第二个观测者是否会观测到粒子 B 在点 x_2 的吸收先于它在点 x_1 的发射呢? 只要我们注意到表征任何 Lorentz 变换 $\Lambda(\boldsymbol{v})$ 的速度 $|\boldsymbol{v}|$ 必定小于 1, 那么这个佯谬就不会出现了. 这是由于 (2.13.1) 式仅当

$$|\boldsymbol{x}_2 - \boldsymbol{x}_1| > |x_2{}^0 - x_1{}^0| \tag{2.13.2}$$

时才成立. 然而, 这是不可能的, 因为假定了粒子 B 由 x_1 飞行到 x_2, 而 (2.13.2) 式将要求其速度大于 1, 即, 大于光速. 换句话说, 仅当 $x_1 - x_2$ 是类空的, 即,

$$\eta_{\alpha\beta}(x_1 - x_2)^\alpha (x_1 - x_2)^\beta > 0$$

在点 x_1 和点 x_2 的两事件的时序才受到 Lorentz 变换的影响. 可是只有 $x_1 - x_2$ 是类时的, 即,

$$\eta_{\alpha\beta}(x_1 - x_2)^\alpha (x_1 - x_2)^\beta < 0$$

才会有一个粒子从 x_1 飞行到 x_2.

虽然时序的相对性对经典物理学不会产生什么问题, 但它在量子理论中却起着深刻的作用. 测不准原理告诉我们, 当我们确定一个粒子在时间 t_1 所处的位置 $\boldsymbol{x}_1$, 则我们不再能精确确定其速度. 因此, 即使 $x_1 - x_2$

是类空的 (即 $|\boldsymbol{x}_1 - \boldsymbol{x}_2| > |x_1^0 - x_2^0|$), 粒子也有一定的机会由 x_1 飞到 x_2. 更精确地说, 粒子由 x_1 飞到 x_2 的概率不能略去, 只要

$$(\boldsymbol{x}_1 - \boldsymbol{x}_2)^2 - (x_1^0 - x_2^0)^2 \lesssim \frac{\hbar^2}{m^2}$$

式中 $\hbar$ 是 Planck 常量 (除以 2π), 而 m 是粒子的质量. (即使对基本粒子的质量来说, 这样的时空间隔也是很小的, 例如, 如果 m 是质子的质量则 $\hbar/m = 2 \times 10^{-14}$ cm 或者用时间单位是 6×10^{-25} s. 注意在我们的单位中 1 s $= 3 \times 10^{10}$ cm). 于是我们再一次碰到了上面说到的佯谬; 如果一个观测者看见粒子由点 x_1 发射而于点 x_2 被吸收, 而且如果 $(\boldsymbol{x}_1 - \boldsymbol{x}_2)^2 - (x_1^0 - x_2^0)^2$ 为正 (但小于 $\hbar^2/m^2$), 则第二个观测者可以看见此粒子在点 x_2 被吸收的时刻 t_2 早于它在点 x_1 被发射的时刻 t_1.

只有一个方法消除这个佯谬. 第二个观测者必须看到一个粒子在点 x_2 发射而在点 x_1 被吸收. 但一般说来, 第二个观测者看到的粒子必不同于第一个观测者所看到的. 例如, 如果第一个观测者看见一个质子在点 x_1 变成一个中子及一个正 π 介子, 然后在点 x_2 看见 π 介子及某个另外的中子变成质子, 则第二个观测者必看见在点 x_2 中子变成质子及一个带负电荷的粒子, 然后这个粒子在点 x_1 被质子吸收而成中子. 由于质量是 Lorentz 不变量, 故第二个观测者所看见的带负电荷粒子的质量将等于第一个观测者所见正 π 介子的质量. 的确存在着这样的粒子, 称作负 π 介子, 而且其质量的确与正 π 介子的相同. 这一推理引导我们得出结论: 每类荷电粒子都存在着与其电荷相反而质量相同的粒子, 称作反粒子. 注意, 在非相对论量子力学或相对论性经典力学中却得不到这样的结论; 只有在相对论量子力学中反粒子才成为必要[13]. 而且正是反粒子的存在导致相对论量子力学具有如下的特征, 即只要给与足够的能量, 我们就能产生任意数目的粒子及其反粒子.

[63]

专题书目

狭义相对论

要更全面地了解狭义相对论, 可参考下列各书:

J. L. Anderson, *Principles of Relativity Physics* (Academic Press, New York, 1967), Chapters 6—9.

C. Møller, *The Theory of Relativity* (Oxford University Press, London, 1952), Chapters I-VII.

W. Pauli, *Theory of Relativity*, trans. by G. Field (Pergamon Press, Oxford, 1958), Part I.

W. Rindler, *Special Relativity* (2nd ed., Oliver and Boyd. Edinburgh, 1966).

J. L. Synge, *Relativity: The Special Theory* (Interscience Publishers, New York, 1956).

相对论流体力学

L. D. Landau and E. M. Lifshitz, *Fluid Mechanics*, trans. by J. B. Sykes and W. H. Reid (Pergamon Press, London, 1959), Chapter XV.

Lorentz 群的表示

G. Ya. Lyubarskii, *The Application of Group Theory in Physics* (Pergamon Press, Oxford, 1960) Chapters XV, XVI.

参考文献

[64]

[1] T. D. Lee and C. N. Yang, Phys. Rev., 104, 254(1956); C. S. Wu et al., Phys. Rev., 105, 1413 (1957); R. Garwin, L. Lederman, and M. Weinrich, Phys. Rev., 105, 1415(1957); J. I. Friedman and V. L. Telegdi, Phys. Rev., 105, 1681 (1957).

[2] J. H. Christenson, J. W. Cronin, V. L. Fitch, and R. Turlay, Phys. Rev. Letters, 13, 138 (1964).

[3] 见 A. Einstein, Bull. Amer. Mat. Soc., April 1935, p. 223.

[4] S. A. Bludman and M. A. Ruderman, Phys. Rev., 170, 1176 (1968); 1, 3243 (1970).

[5] L. D. Landau and E. M. Lifshitz, *Fluid Mechanics*, trans. by J. B. Sykes and W. H. Reid (Pergamon Press, London 1959), Section 127.

[6] C. Eckart, Phys. Rev., 58, 919 (1940).

[7] J. L. Anderson, in *Relativity—Proceedings of the Relativity Conference in the Midwest*, ed. by M. Carmeli, S. I. Fickler, and L. Witten (Plenum Press, New York, 1969), p.109; W Israel and J. N. Varda las, Nuovo Cimento Letters, 4, 887 (1970).

[8] L. Tisza, Phys. Rev., 61, 531 (1942).

[9] 例如见 S. Chapman and T. G. Cowling, *The Mathematical Theory of Non-Uniform Gases* (2nd ed., Cambridge University Press, 1952), Note B and Chapter 11.

[10] 关于 χ, 见 C. W. Misner and D. H. Sharp, Phys. Letters, 15. 279 (1965). 关于 η, 见 C. W. Misner, Ap. J., 151, 431 (1968). 关于 ξ, χ, 和 η, 见 S. Weinberg, Ap. J. 168, 175 (1971).

[11] 例如见 L. I. Schiff, *Quantum Mechanics* (3rd ed., McGraw-Hill, New York, 1968), Section 27.

[12] 例如见 E. P. Wigner, *Group Theory*, trans. by J. J. Griffin. (Academic Press, New York, 1959), Chapter 15.

[13] 关于相对论性量子力学中需要反粒子的严格讨论, 见 R. F. Streater and A. S. Wightman, *PCT, Spin & Statistics, and All That* (W. A. Benjamin, New York, 1964).

第二篇　广义相对论

"也许是那井太深, 也许是她掉得太慢, 她掉了好长时间, 长得能够让她向四下张望, 甚至有空儿去想, 一会儿会发生什么事情呢?"

刘易斯·卡罗尔,《爱丽斯梦游仙境》

第三章

等效原理

引力和惯性力等效的原理告诉我们, 一个任意的物理系统对于外界引力场将作何反应. 我们先看看这个原理讲些什么, 然后在本章其余部分看看它的一些结果. 但是运用等效原理的合适的数学工具是张量分析, 只有在下一章介绍了张量分析后才能够利用这个原理的全部内容.

3.1 等效原理的表述

等效原理依据的是由 Galileo, Huygens, Newton, Bessel 和 Eötvös 所揭示的引力质量和惯性质量的等价性 (参看 1.2 节). Einstein 认为这一等价性的结果之一是: 在一个自由下落的升降机里无法检验稳定均匀静态的外引力场; 因为在这种引力场的作用下, 观测者, 他们的检测物体以及升降机本身都具有同样的加速度. 对于含有 N 个质点的、在力 $\boldsymbol{F}(\boldsymbol{x}_N - \boldsymbol{x}_M)$ (例如, 静电力或引力) 和外引力场 $\boldsymbol{g}$ 的作用下, 以非相对论速度运动的体系, 上述论断易于得到证明. 运动方程是:

$$m_N \frac{\mathrm{d}^2 \boldsymbol{x}_N}{\mathrm{d}t^2} = m_N \boldsymbol{g} + \sum_M \boldsymbol{F}(\boldsymbol{x}_N - \boldsymbol{x}_M) \tag{3.1.1}$$

假定我们作一个非 Galileo 的时空坐标变换

$$x' = x - \frac{1}{2}gt^2, \quad t' = t \tag{3.1.2}$$

那么 g 就要被惯性"力"所抵消,运动方程将变为

$$m_N \frac{\mathrm{d}^2 x'_N}{\mathrm{d}t'^2} = \sum_M F(x'_N - x'_M) \tag{3.1.3}$$

因此原来使用 xt 坐标的观测者 O 和使用 $x't'$ 坐标的自由降落的同伴 O' 将发现力学规律并无区别,只是观测者 O 将说他感觉到一个引力场,而 O' 说他没有感觉到. 等效原理说,惯性力与引力抵消 (从而它们的是等效的),这一点对一切自由降落系统都是适用的,不论它是否可以用 (3.1.1) 这样简单的方程来描述.

我们暂不准备陈述等效原理的最后形式,因为前面谈到的只是稳定均匀的引力场. g 要是与 x 或 t 有关,我们就不可能用加速度 (3.1.2) 从运动方程里把它消去. 例如地球绕着太阳在自由降落,地球上大部分人并不感到太阳的引力场,但这个场的微小的不均匀性 (从正午到子夜变化约 1/6000) 就足以产生壮观的潮汐. 即使是在 Einstein 的自由降落的升降机里的观测者,原则上也能够测出地球的引力场,因为升降机里的物体将沿着径向落到地球的中心,从而在升降机降落的过程中会互相接近.

尽管对于在不均匀的或与时间有关的引力场里的自由降落系统,惯性力不能与引力精确地抵消; 我们仍然期望可以近似地抵消,只要我们的注意力是集中于场变化很小的空间和时间范围内. 因此我们把等效原理表述为在任意引力场里的每一个时空点,有可能选择一个"局部惯性系",使得在所讨论的那一点附近的充分小的邻域内,自然规律的形式,与没有引力场时在未加速的 Descartes 坐标系里具有相同的形式. 这里所谓"与没有引力场时在未加速的 Descartes 坐标系里相同的形式",这句话还有些含糊. 为避免任何可能的混淆,我们可以确切地说,这指的是自然定律的狭义相对论的表述形式,如方程 (2.3.1)、(2.7.6)、(2.7.7)、(2.7.9) 和 (2.8.7). 另一个问题是小到什么程度才算是"充分小". 粗略地说,我们是指邻域要小到足以使得它里面的引力场没有可觉察到的变化,在没学会如何用数学表示引力场之前,我们无法说得更精确了 (参看 4.1 节末).

细心的读者可能已经注意到等效原理和 Gauss 取作非欧几何基础的公理之间的某些相似性. 等效原理说,在时空的任一点,我们可以建立[69] 一个使物质满足狭义相对论规律的局部惯性系. 我们在第一章已经看到,Gauss 曾假设在曲面的任一点上,可以建立一个使距离遵从 Pythagoras 定律的局部 Descartes 坐标系. 这个深刻的类比,使我们预期引力规律和 Riemann 几何公式之间将会存在惊人的相似. 特别是, Gauss 的假设隐含

着: 一个曲面上的所有内在性质可以通过把曲面上某个一般坐标系 x^μ 变到局部 Descartes 坐标系 ξ^α 的变换 $x \to \xi$ 的函数 $\xi^\alpha(x)$ 的偏导数 $\partial \xi^\alpha / \partial x^\mu$ 来描写, 而等效原理告诉我们: 引力场的全部效应可以通过确定从 "实验室" 坐标 x^μ 到局部惯性坐标 ξ^α 的变换的函数 $\xi^\alpha(x)$ 的偏导数 $\partial \xi^\alpha / \partial x^\mu$ 来描写. 而且在第一章指出过, 几何上与这些导数有关的函数就是由方程 (1.1.7) 所定义的量 $g_{\mu\nu}$; 我们在本章的后面几节里将看到引力场恰好也用同样的方法来描述.

有时在文献里出现 "弱等效原理" 和 "强等效原理" 之分. 强等效原理就是如上所述, 其中提到的 "自然规律" 指的是所有的自然定律. 弱等效原理在其它方面都一样, 只不过把 "自然规律" 换为 "自由降落的质点的运动规律", 即弱原理只不过是观察到的引力质量和惯性质量等价性的复述而已, 而强原理则把这种观察结果推广, 认为它支配引力对所有物理系统的效应.

Eötvös, Dicke 以及他们的前辈们的实验 (参看 1.2 节) 只对弱等效原理提供了直接验证, 而对强等效原理只提供了一些间接的验证. 不同种类物质的质量以不同的比例来源于组成它们的中子、质子和电子, 以及把这些粒子结合在一起的强相互作用和电磁作用, 所以引力质量和惯性质量之比只要对所有这些组成成分均相同时, 就会对所有这些种类的物质是相同的. Wapstra 和 Nijg[1] 证明过, 由 Eötvös 测定的对玻璃、软木、锑和黄铜的引力质量和惯性质量之比的任何可能不相等的上限可以推出, 对于中子、质子加电子, 这种比值也应相等, 准确到 6×10^5 分之一; 对于中子和结合能, 准确到 1.2×10^4 分之一. 在这样的精度范围内, 一个在自由降落的参考系里的观测者是测不出作用在中子、氢原子或它们的结合能上的引力的. 要提出一个既满足这样的要求而又排除强等效原理 (在一个局部惯性系里感觉不到任何种类的引力效应) 的理论将是很困难的事.

但我们可以将强等效原理分为两种: 一种是 "甚强等效原理", 适用于所有的现象. 另一种是 "中强等效原理", 适用于引力以外的一切现象. 当然 Eötvös 和 Dicke 的实验精度还不足以说明引力结合能是否对惯性质量和引力质量产生同样的影响. 这个问题可以通过对一个小物体围绕一个大物体作轨道运动的研究得到解决, 后者本身在引力场中作自由降落. 例如, 地球的引力结合能所引起的质量占其总质量的 -8.4×10^{-10}, 而人造卫星的引力结合能引起的质量与总质量的比却要小很多. 这样, (考虑极端情况) 如果 (负的) 引力结合能完全贡献给惯性质量, 一点也不贡献给引力质量的话, 那么卫星的引力质量和惯性质量之比要比地球的大

[70]

8.4×10^{-10}. 地球在自由降落, 地球公转的惯性力和太阳对它的引力相平衡. 由于太阳的存在和地球的公转, 作用在卫星上的引力和惯性力等于 (暂时忽略卫星和地球质心之间的距离) 作用在地球上的引力和惯性力乘上它们的引力质量或惯性质量之比. 所以, 在卫星上这两个力不平衡, 引力比惯性力大 8.4×10^{-10}. 在地球的公转轨道上, 太阳引力所产生的加速度约为在地球表面上因地球的引力引起的加速度的 6×10^{-4} 倍, 所以我们断定, 如果地球的引力结合能完全贡献给它的惯性质量而不给它的引力质量, 那么低轨道的人造地球卫星将感受到太阳的一个等效的吸引, 其大小约为地球对它的引力的 5.4×10^{-13} 倍. 这样微小的效应会因卫星远离地球质心, 完全被 "潮汐力" 所掩盖, 而无法测量出来. 这是很遗憾的, 因为正是把等效原理应用于引力场这个极强的假设, 将在第五章中把我们引到 Einstein 的引力场方程.

3.2 引力

考虑在纯粹引力作用下自由运动的一个粒子. 根据等效原理, 存在一个自由降落的坐标系 ξ^{α}, 粒子在这个坐标系里的运动方程是时空中的一条直线, 即

$$\frac{\mathrm{d}^2 \xi^{\alpha}}{\mathrm{d}\tau^2} = 0 \qquad (3.2.1)$$

其中 $\mathrm{d}\tau$ 是固有时

$$\mathrm{d}\tau^2 = -\eta_{\alpha\beta} \mathrm{d}\xi^{\alpha} \mathrm{d}\xi^{\beta} \qquad (3.2.2)$$

[比较方程 (2.3.1) 和 (2.1.4).] 现在假设我们采用任意别的坐标系 x^{μ}, 它可以是静止于实验室的 Descartes 坐标系, 但也可以是曲线的、加速的、旋转的或我们想要的任何其它坐标系. 自由降落坐标 ξ^{α} 是 x^{μ} 的函数, 而方程 (3.2.1) 变为

[71]

$$\begin{aligned} 0 &= \frac{\mathrm{d}}{\mathrm{d}\tau} \left(\frac{\partial \xi^{\alpha}}{\partial x^{\mu}} \frac{\mathrm{d}x^{\mu}}{\mathrm{d}\tau} \right) \\ &= \frac{\partial \xi^{\alpha}}{\partial x^{\mu}} \frac{\mathrm{d}^2 x^{\mu}}{\mathrm{d}\tau^2} + \frac{\partial^2 \xi^{\alpha}}{\partial x^{\mu} \partial x^{\nu}} \frac{\mathrm{d}x^{\mu}}{\mathrm{d}\tau} \frac{\mathrm{d}x^{\nu}}{\mathrm{d}\tau} \end{aligned}$$

此式乘以 $\partial x^{\lambda}/\partial \xi^{\alpha}$, 利用熟知的乘积规则

$$\frac{\partial \xi^{\alpha}}{\partial x^{\mu}} \frac{\partial x^{\lambda}}{\partial \xi^{\alpha}} = \delta^{\lambda}_{\mu}$$

就得到运动方程

$$0 = \frac{\mathrm{d}^2 x^{\lambda}}{\mathrm{d}\tau^2} + \Gamma^{\lambda}_{\mu\nu} \frac{\mathrm{d}x^{\mu}}{\mathrm{d}\tau} \frac{\mathrm{d}x^{\nu}}{\mathrm{d}\tau} \qquad (3.2.3)$$

其中 $\Gamma^\lambda_{\mu\nu}$ 是仿射联络, 定义为

$$\Gamma^\lambda_{\mu\nu} \equiv \frac{\partial x^\lambda}{\partial \xi^\alpha} \frac{\partial^2 \xi^\alpha}{\partial x^\mu \partial x^\nu} \tag{3.2.4}$$

固有时 (3.2.2) 也可以用任意的坐标系表示成

$$\mathrm{d}\tau^2 = -\eta_{\alpha\beta} \frac{\partial \xi^\alpha}{\partial x^\mu} \cdot \mathrm{d}x^\mu \frac{\partial \xi^\beta}{\partial x^\nu} \mathrm{d}x^\nu \tag{3.2.5}$$

或

$$\mathrm{d}\tau^2 = -g_{\mu\nu} \mathrm{d}x^\mu \mathrm{d}x^\nu \tag{3.2.6}$$

其中 $g_{\mu\nu}$ 是度规张量, 定义为

$$g_{\mu\nu} \equiv \frac{\partial \xi^\alpha}{\partial x^\mu} \frac{\partial \xi^\beta}{\partial x^\nu} \eta_{\alpha\beta} \tag{3.2.7}$$

对于光子或中微子, 它在自由降落坐标系里的运动方程和 (3.2.1) 相同, 只是独立变量不能取为固有时 (3.2.2), 因为对于零质量粒子, (3.2.2) 的右边为零. 我们用 $\sigma \equiv \xi^0$ 代替 τ, 于是 (3.2.1) 和 (3.2.2) 变为

$$\frac{\mathrm{d}^2 \xi^\alpha}{\mathrm{d}\sigma^2} = 0$$

$$0 = -\eta_{\alpha\beta} \frac{\mathrm{d}\xi^\alpha}{\mathrm{d}\sigma} \frac{\mathrm{d}\xi^\beta}{\mathrm{d}\sigma}$$

根据上述同样的理由, 我们得到在任意引力场和任意坐标系里的运动方程为 [72]

$$\frac{\mathrm{d}^2 x^\mu}{\mathrm{d}\sigma^2} + \Gamma^\mu_{\nu\lambda} \frac{\mathrm{d}x^\nu}{\mathrm{d}\sigma} \cdot \frac{\mathrm{d}x^\lambda}{\mathrm{d}\sigma} = 0 \tag{3.2.8}$$

$$0 = -g_{\mu\nu} \frac{\mathrm{d}x^\mu}{\mathrm{d}\sigma} \cdot \frac{\mathrm{d}x^\nu}{\mathrm{d}\sigma} \tag{3.2.9}$$

其中 $\Gamma^\mu_{\nu\lambda}$ 和 $g_{\mu\nu}$ 同前面一样, 由 (3.2.4) 和 (3.2.7) 定义.

顺便指出, 在 (3.2.3) 和 (3.2.8) 两式中, 为得到粒子的运动, 我们并不需要知道 τ 和 σ 是什么. 因为解这些方程得到 $x^\mu(\tau)$ 或 $x^\mu(\sigma)$, 可以消掉 τ 或 σ 得到 $x(t)$. (3.2.6) 式的目的是告诉我们如何去计算固有时, 而 (3.2.9) 式的目的是给零质量粒子附加上适当的初始条件. 特别是, 方程 (3.2.9) 告诉我们, 光子经过一段距离 $\mathrm{d}x$ 所需时间 $\mathrm{d}t$ 由如下二次方程确定:

$$0 = g_{00} \mathrm{d}t^2 + 2g_{i0} \mathrm{d}x^i \mathrm{d}t + g_{ij} \mathrm{d}x^i \mathrm{d}x^j$$

其中 i 和 j 遍取 1,2,3. 它的解是

$$\mathrm{d}t = \frac{1}{g_{00}} [-g_{i0} \mathrm{d}x^i - \{(g_{i0}g_{j0} - g_{ij}g_{00}) \mathrm{d}x^i \mathrm{d}x^j\}^{1/2}] \tag{3.2.10}$$

光沿任意路径传播所需要的时间, 可沿这条路径对 dt 积分计算得到.

在任意坐标系 x^μ 里的一点 X 处的度规张量 $g_{\mu\nu}$ 和仿射联络 $\Gamma^\lambda_{\mu\nu}$ 的值提供了足够信息来确定在 X 点邻域的局部惯性坐标 $\xi^\alpha(x)$. 首先用 $\partial\xi^\beta/\partial x^\lambda$ 乘方程 (3.2.4) 并利用乘积规则

$$\frac{\partial\xi^\beta}{\partial x^\lambda}\frac{\partial x^\lambda}{\partial\xi^\alpha} = \delta_\alpha{}^\beta$$

由此得到 ξ^α 的微分方程:

$$\frac{\partial^2\xi^\alpha}{\partial x^\mu\partial x^\nu} = \Gamma^\lambda_{\mu\nu}\frac{\partial\xi^\alpha}{\partial x^\lambda} \tag{3.2.11}$$

它的解是

$$\begin{aligned}
\xi^\alpha(x) = {} & a^\alpha + b^\alpha{}_\mu(x^\mu - X^\mu) \\
& + \frac{1}{2}b^\alpha{}_\lambda\Gamma^\lambda_{\mu\nu}(x^\mu - X^\mu)(x^\nu - X^\nu) + \cdots
\end{aligned} \tag{3.2.12}$$

其中

$$a^\alpha = \xi^\alpha(X), \quad b^\alpha{}_\lambda = \frac{\partial\xi^\alpha(X)}{\partial X^\lambda} \tag{3.2.13}$$

[73] 由方程 (3.2.7) 我们还知道

$$\eta_{\alpha\beta}b^\alpha{}_\mu b^\beta{}_\nu = g_{\mu\nu}(X) \tag{3.2.14}$$

因此, 给定 X 处的 $\Gamma^\lambda_{\mu\nu}$ 和 $g_{\mu\nu}$ 局部惯性坐标 ξ^α 就被确定到 $(x - X)^2$ 阶, 留下常数 a^α 和 $b^\alpha{}_\lambda$ 未定. $b^\alpha{}_\lambda$ 由方程 (3.2.13) 可以确定到差一个 Lorentz 变换 $b^\alpha{}_\mu \to \Lambda^\alpha{}_\beta b^\beta{}_\mu$, 所以 $\xi^\alpha(x)$ 的解的不确定性恰好反映了这样的事实, 即如果 ξ^α 是局部惯性坐标, 那么 $\Lambda^\alpha{}_\beta\xi^\beta + c^\alpha$ 也是局部惯性坐标. 由于 $\Gamma^\lambda_{\mu\nu}$ 和 $g_{\mu\nu}$ 决定局部惯性坐标准确到只差一个非齐次 Lorentz 变换, 又由于引力场不能在局部惯性坐标系里产生任何效应, 因此发现引力的所有效应均包含在 $\Gamma^\lambda_{\mu\nu}$ 和 $g_{\mu\nu}$ 中, 就不应当引起我们的惊讶. 但是, 注意到 (3.2.12) 式只在点 $x = X$ 满足 (3.2.11) 式, 而为了能够对所有的 x 解出 (3.2.11), 有必要使仿射联络的导数满足一定的对称条件, 这留在第五章再讨论.

3.3 $g_{\mu\nu}$ 和 $\Gamma^\lambda_{\mu\nu}$ 的关系

我们在处理自由降落质点时已经证明, 决定引力的场是 "仿射联络" $\Gamma^\lambda_{\mu\nu}$, 而坐标距离无限小的两个事件之间的固有时是由 "度规张量" $g_{\mu\nu}$ 来决定的. 现在我们证明 $g_{\mu\nu}$ 也是一个引力势; 这就是说, 它们的导数决定场 $\Gamma^\lambda_{\mu\nu}$.

我们先回顾度规张量的公式, 方程 (3.2.7):

$$g_{\mu\nu} = \frac{\partial \xi^\alpha}{\partial x^\mu} \frac{\partial \xi^\beta}{\partial x^\nu} \eta_{\alpha\beta}$$

由对 x^λ 的微商得到

$$\frac{\partial g_{\mu\nu}}{\partial x^\lambda} = \frac{\partial^2 \xi^\alpha}{\partial x^\lambda \partial x^\mu} \cdot \frac{\partial \xi^\beta}{\partial x^\nu} \eta_{\alpha\beta} + \frac{\partial \xi^\alpha}{\partial x^\mu} \cdot \frac{\partial^2 \xi^\beta}{\partial x^\lambda \partial x^\nu} \eta_{\alpha\beta}$$

利用 (3.2.11) 式, 可得

$$\frac{\partial g_{\mu\nu}}{\partial x^\lambda} = \Gamma^\rho_{\lambda\mu} \frac{\partial \xi^\alpha}{\partial x^\rho} \frac{\partial \xi^\beta}{\partial x^\nu} \eta_{\alpha\beta} + \Gamma^\rho_{\lambda\nu} \frac{\partial \xi^\alpha}{\partial x^\mu} \frac{\partial \xi^\beta}{\partial x^\rho} \eta_{\alpha\beta}$$

再利用 (3.2.7) 我们得到

$$\frac{\partial g_{\mu\nu}}{\partial x^\lambda} = \Gamma^\rho_{\lambda\mu} g_{\rho\nu} + \Gamma^\rho_{\lambda\nu} g_{\rho\mu} \tag{3.3.1}$$

在解出 Γ 之前, 有必要指出在推导方程 (3.3.1) 时由于记号过于简洁 [74]
而被隐蔽起来的微妙之处. 当我们建立局部惯性坐标系 $\xi^\alpha(x)$ 时, 我们也
是在给定的 X 点进行的, 而 X 点的局部惯性坐标应当记为 $\xi^\alpha_X(x)$. 因此
方程 (3.2.7) 和 (3.2.11) 当然应为

$$g_{\mu\nu}(X) = \left(\frac{\partial \xi^\alpha_X(x)}{\partial x^\mu} \cdot \frac{\partial \xi^\beta_X(x)}{\partial x^\nu} \eta_{\alpha\beta} \right)_{x=X} \tag{3.3.2}$$

$$\left(\frac{\partial^2 \xi^\alpha_X(x)}{\partial x^\mu \partial x^\nu} \right)_{x=X} = \Gamma^\lambda_{\mu\nu}(X) \left(\frac{\partial \xi^\alpha_X(x)}{\partial x^\lambda} \right)_{x=X} \tag{3.3.3}$$

当我们对 X^λ 微商 (3.3.2) 时, 我们得到的各项分为两类. 第一类是因我
们令 $x = X$ 而引起的, 这些项只包括二阶导数 (3.3.3), 它们可以像从前那
样, 很容易算出. 第二类项是因为 $\xi^\alpha_X(x)$ 带着下标 X 引起的; 这些项包含
的导数类似于

$$\left(\frac{\partial^2 \xi^\alpha_X(x)}{\partial X^\lambda \partial x^\mu} \right)_{x=X} \tag{3.3.4}$$

它们似乎是和度规或仿射联络没有关系. 为了处理第二类的项, 需要着
重解释一下等效原理中的 "局部惯性" 指的是什么. 在第 5 节里, 我们将
看到度规张量的一阶导数可以通过比较时空距离无限小的全同时钟的
速率来度量. 因此我们将把等效原理的含义解释为在给定的点 X 所构
造的局部惯性坐标 ξ^α_X 可以选择得使度规张量的一阶导数在 X 等于 0.
在坐标系 ξ^α_X 里, 点 X' 处的度规张量由 (3.3.2) 给出

$$g^X_{\gamma\delta}(X') = \left(\frac{\partial \xi^\alpha_{X'}(x)}{\partial \xi^\gamma_X(x)} \cdot \frac{\partial \xi^\beta_{X'}(x)}{\partial \xi^\delta_X(x)} \eta_{\alpha\beta} \right)_{x=X'}$$

等效原理的新解释告诉我们, 这个量在 $X' = X$ 时对于 X' 取极值. 为了利用这个条件, 我们引进一个任意的 "实验室" 坐标系 x^μ, 并写出

$$g_{\mu\nu}(X') \equiv \left(\frac{\partial \xi_{X'}^\alpha(x)}{\partial x^\mu} \cdot \frac{\partial \xi_{X'}^\beta(x)}{\partial x^\nu} \eta_{\alpha\beta} \right)_{x=X'}$$

$$= g_{\gamma\delta}^X(X') \left(\frac{\partial \xi_X^\gamma(x)}{\partial x^\mu} \frac{\partial \xi_X^\delta(x)}{\partial x^\nu} \right)_{x=X'}$$

[75]　对 X'^λ 微商并令 $X' = X$, 便得到 (因为 $g_{\gamma\delta}^X(X')$ 取极值)

$$\frac{\partial g_{\mu\nu}(X)}{\partial X^\lambda} = g_{\gamma\delta}^X(X) \left(\frac{\partial}{\partial x^\lambda} \left\{ \frac{\partial \xi_X^\gamma(x)}{\partial x^\mu} \frac{\partial \xi_X^\delta(x)}{\partial x^\nu} \right\} \right)_{x=X}$$

$$= \eta_{\gamma\delta} \left(\frac{\partial^2 \xi_X^\gamma(x)}{\partial x^\lambda \partial x^\mu} \frac{\partial \xi_X^\delta(x)}{\partial x^\nu} + \frac{\partial \xi_X^\gamma(x)}{\partial x^\mu} \cdot \frac{\partial^2 \xi_X^\delta(x)}{\partial x^\lambda \partial x^\nu} \right)_{x=X}$$

现在不出现类似 (3.3.4) 的导数了, 我们可以像从前那样利用 (3.3.2) 和 (3.3.3) 来证明

$$\frac{\partial g_{\mu\nu}(X)}{\partial X^\lambda} = \Gamma_{\lambda\mu}^\rho(X) g_{\rho\nu}(X) + \Gamma_{\lambda\nu}^\rho(X) g_{\rho\mu}(X)$$

此式正是方程 (3.3.1).

现在我们回到前面的简短的推导并解出仿射联络. 方程 (3.3.1) 加上 μ 和 λ 互换后的 (3.3.1) 再减去 ν 和 λ 互换后的 (3.3.1). 我们便得到

$$\frac{\partial g_{\mu\nu}}{\partial x^\lambda} + \frac{\partial g_{\lambda\nu}}{\partial x^\mu} - \frac{\partial g_{\mu\lambda}}{\partial x^\nu} = g_{\kappa\nu} \Gamma_{\lambda\mu}^\kappa + g_{\kappa\mu} \Gamma_{\lambda\nu}^\kappa$$

$$+ g_{\kappa\nu} \Gamma_{\mu\lambda}^\kappa + g_{\kappa\lambda} \Gamma_{\mu\nu}^\kappa - g_{\kappa\lambda} \Gamma_{\nu\mu}^\kappa - g_{\kappa\mu} \Gamma_{\nu\lambda}^\kappa$$

$$= 2 g_{\kappa\nu} \Gamma_{\lambda\mu}^\kappa \tag{3.3.5}$$

(记住 $\Gamma_{\mu\nu}^\kappa$ 和 $g_{\mu\nu}$ 在 μ 和 ν 互换下是对称的) 定义一个矩阵 $g^{\nu\sigma}$ 作为 $g_{\nu\sigma}$ 的逆矩阵, 即

$$g^{\nu\sigma} g_{\kappa\nu} = \delta_\kappa^\sigma \tag{3.3.6}$$

用 $g^{\nu\sigma}$ 乘前面的式子, 最后得到

$$\Gamma_{\lambda\mu}^\sigma = \frac{1}{2} g^{\nu\sigma} \left\{ \frac{\partial g_{\mu\nu}}{\partial x^\lambda} + \frac{\partial g_{\lambda\nu}}{\partial x^\mu} - \frac{\partial g_{\mu\lambda}}{\partial x^\nu} \right\} \tag{3.3.7}$$

[应当注意 (3.2.7) 保证了度规张量确实有一逆式, 表为

$$g^{\nu\sigma} \equiv g^{\sigma\nu} \equiv \eta^{\alpha\beta} \frac{\partial x^\nu}{\partial \xi^\alpha} \cdot \frac{\partial x^\sigma}{\partial \xi^\beta} \tag{3.3.8}$$

因为利用熟知的乘积规则

$$\frac{\partial x^\nu}{\partial \xi^\alpha} \cdot \frac{\partial \xi^\gamma}{\partial x^\nu} = \delta^\gamma_\alpha$$

我们得到 [76]

$$
\begin{aligned}
g^{\nu\sigma} g_{\kappa\nu} &= \eta^{\alpha\beta} \frac{\partial x^\nu}{\partial \xi^\alpha} \frac{\partial x^\sigma}{\partial \xi^\beta} \eta_{\gamma\delta} \frac{\partial \xi^\gamma}{\partial x^\kappa} \frac{\partial \xi^\delta}{\partial x^\nu} \\
&= \eta^{\alpha\beta} \frac{\partial x^\sigma}{\partial \xi^\beta} \eta_{\gamma\alpha} \frac{\partial \xi^\gamma}{\partial x^\kappa} \\
&= \frac{\partial x^\sigma}{\partial \xi^\beta} \frac{\partial \xi^\beta}{\partial x^\kappa} = \delta^\sigma_\kappa
\end{aligned}
$$

这是 (3.3.6) 式所要求的.]有时把方程 (3.3.7) 的右边称为 Christoffel 记号, 并记作

$$\left\{ \begin{matrix} \sigma \\ \lambda\mu \end{matrix} \right\}$$

仿射联络和度规张量的关系的一个重要推论, 就是自由下落粒子的运动方程会自动地保持固有时间隔 $d\tau$ 的形式. 利用 (3.2.3) 我们可以算得

$$
\begin{aligned}
\frac{d}{d\tau} \left\{ g_{\mu\nu} \frac{dx^\mu}{d\tau} \frac{dx^\nu}{d\tau} \right\} &= \frac{\partial g_{\mu\nu}}{\partial x^\lambda} \cdot \frac{dx^\lambda}{d\tau} \frac{dx^\mu}{d\tau} \frac{dx^\nu}{d\tau} \\
&+ g_{\mu\nu} \frac{d^2 x^\mu}{d\tau^2} \frac{dx^\nu}{d\tau} + g_{\mu\nu} \frac{dx^\mu}{d\tau} \frac{d^2 x^\nu}{d\tau^2} \\
&= \left[\frac{\partial g_{\kappa\sigma}}{\partial x^\lambda} - g_{\mu\sigma} \Gamma^\mu_{\kappa\lambda} - g_{\nu\kappa} \Gamma^\kappa_{\sigma\lambda} \right] \frac{dx^\kappa}{d\tau} \frac{dx^\sigma}{d\tau} \frac{dx^\lambda}{d\tau}
\end{aligned}
$$

而 (3.3.5) 式告诉我们它等于 0. 由此可知

$$g_{\mu\nu} \frac{dx^\mu}{d\tau} \frac{dx^\nu}{d\tau} = -C \tag{3.3.9}$$

其中 C 是运动常数. 因此, 一旦我们选定初始条件使 $d\tau^2$ 的表达式为 (3.2.6), 便得到 $C = 1$, 而 (3.3.9) 式便保证 (3.2.6) 式沿着粒子轨道始终成立. 类似地, 对于一个零质量粒子, 初始条件给出 $C = 0$ (τ 换为某个其它的参数 σ) 而运动方程将使 $g_{\mu\nu} dx^\mu dx^\nu$ 沿着整个路径都等于 0.

关系式 (3.3.5) 的另一个推论就是, 我们能够把自由落体的运动规律表达成一个变分原理. 让我们引进一个任意参数 p 来描写路径, 把粒子从 A 点降落到 B 点所经过的固有时写为

$$T_{BA} = \int_A^B \frac{d\tau}{dp} dp = \int_A^B \left\{ -g_{\mu\nu} \frac{dx^\mu}{dp} \frac{dx^\nu}{dp} \right\}^{1/2} dp$$

现在把路径从 $x^\mu(p)$ 变到 $x^\mu(p) + \delta x^\mu(p)$, 并保持端点不动, 即在 p_A 和 p_B 处令 $\delta x^\mu = 0$. 所引起的 T_{BA} 的改变量为

$$\delta T_{BA} = \frac{1}{2} \int_A^B \left\{ -g_{\mu\nu} \frac{\mathrm{d}x^\mu}{\mathrm{d}p} \cdot \frac{\mathrm{d}x^\nu}{\mathrm{d}p} \right\}^{-1/2}$$

$$\times \left\{ -\frac{\partial g_{\mu\nu}}{\partial x^\lambda} \delta x^\lambda \frac{\mathrm{d}x^\mu}{\mathrm{d}p} \frac{\mathrm{d}x^\nu}{\mathrm{d}p} - 2g_{\mu\nu} \frac{\mathrm{d}\delta x^\mu}{\mathrm{d}p} \frac{\mathrm{d}x^\nu}{\mathrm{d}p} \right\} \mathrm{d}p$$

被积式的第一个因子正是 $\mathrm{d}p/\mathrm{d}\tau$, 所以积分可改写为

$$\delta T_{BA} = -\int_A^B \left\{ \frac{1}{2} \frac{\partial g_{\mu\nu}}{\partial x^\lambda} \delta x^\lambda \frac{\mathrm{d}x^\mu}{\mathrm{d}\tau} \frac{\mathrm{d}x^\nu}{\mathrm{d}\tau} + g_{\mu\nu} \frac{\mathrm{d}\delta x^\mu}{\mathrm{d}\tau} \frac{\mathrm{d}x^\nu}{\mathrm{d}\tau} \right\} \mathrm{d}\tau$$

现在我们用分部积分法, 略去端点的贡献, 因为在 A 和 B 处的 δx^μ 为零. 由此得到

$$\delta T_{BA} = -\int_A^B \left\{ \frac{1}{2} \frac{\partial g_{\mu\nu}}{\partial x^\lambda} \frac{\mathrm{d}x^\mu}{\mathrm{d}\tau} \frac{\mathrm{d}x^\nu}{\mathrm{d}\tau} \right.$$

$$\left. - \frac{\partial g_{\lambda\nu}}{\partial x^\sigma} \frac{\mathrm{d}x^\sigma}{\mathrm{d}\tau} \frac{\mathrm{d}x^\nu}{\mathrm{d}\tau} - g_{\lambda\nu} \frac{\mathrm{d}^2 x^\nu}{\mathrm{d}\tau^2} \right\} \delta x^\lambda \mathrm{d}\tau$$

把方程 (3.3.5) 代入并记住 $\Gamma_{\mu\nu}^\lambda$ 的下指标是对称的, 我们得到

$$\delta T_{BA} = -\int_A^B \left\{ \frac{\mathrm{d}^2 x^\nu}{\mathrm{d}\tau^2} + \Gamma_{\mu\sigma}^\nu \frac{\mathrm{d}x^\mu}{\mathrm{d}\tau} \frac{\mathrm{d}x^\sigma}{\mathrm{d}\tau} \right\} g_{\lambda\nu} \delta x^\lambda \mathrm{d}\tau \tag{3.3.10}$$

因此, 遵从自由下落的方程 (3.2.3) 的质点所取的时空路径应使得它所经过的固有时为极值 (通常为极小值), 即,

$$\delta T_{BA} = 0$$

所以我们可以用几何方式把运动方程 (3.2.3) 表述为: 在称为引力场的弯曲时空中一个自由降落的质点将沿着两点间最短 (或最长) 可能的路径运动, "长度" 是由固有时来度量的. 这样的路径称为测地线. 例如, 我们可以想象太阳使时空变形, 如同重物使橡皮膜变形一样, 因而彗星的轨道弯向太阳可以看成是为了保持其路径尽可能的 "短". 但是, 这种几何的类比, 只是由等效原理导出的运动方程的一个后果, 在我们的讨论中并不起必要的作用.

3.4 Newton 极限

为了和 Newton 理论衔接, 让我们考虑一个质点在弱的定态引力场中缓慢运动的情况. 如果质点运动足够慢, 相对于 $\mathrm{d}t/\mathrm{d}\tau$ 我们可以略去

$\mathrm{d}X/\mathrm{d}\tau$, 于是 (3.2.3) 变为

$$\frac{\mathrm{d}^2 x^\mu}{\mathrm{d}\tau^2} + \Gamma_{00}^\mu \left(\frac{\mathrm{d}t}{\mathrm{d}\tau}\right)^2 = 0$$

因为场是定态的, $g_{\mu\nu}$ 的所有时间导数均为 0, 因此   [78]

$$\Gamma_{00}^\mu = -\frac{1}{2} g^{\mu\nu} \frac{\partial g_{00}}{\partial x^\nu}$$

最后, 因为场是弱的, 我们可以取一个近似的 Descartes 坐标系, 其中

$$g_{\alpha\beta} = \eta_{\alpha\beta} + h_{\alpha\beta}, \quad |h_{\alpha\beta}| \ll 1 \tag{3.4.1}$$

取到 $h_{\alpha\beta}$ 的一阶量, 有

$$\Gamma_{00}^\alpha = -\frac{1}{2} \eta^{\alpha\beta} \frac{\partial h_{00}}{\partial x^\beta}$$

把这个仿射联络代入运动方程就得到

$$\frac{\mathrm{d}^2 \boldsymbol{x}}{\mathrm{d}\tau^2} = \frac{1}{2} \left(\frac{\mathrm{d}t}{\mathrm{d}\tau}\right)^2 \nabla h_{00}$$

$$\frac{\mathrm{d}^2 t}{\mathrm{d}\tau^2} = 0$$

第二个方程的解是 $\mathrm{d}t/\mathrm{d}\tau$ 等于常数 (略去 $h_{\alpha\beta}$, 计算 $\mathrm{d}\tau$ 也可得到这个结果) , 对 $\mathrm{d}^2\boldsymbol{x}/\mathrm{d}\tau^2$ 的方程除以 $(\mathrm{d}t/\mathrm{d}\tau)^2$, 我们得到

$$\frac{\mathrm{d}^2 \boldsymbol{x}}{\mathrm{d}t^2} = \frac{1}{2} \nabla h_{00} \tag{3.4.2}$$

对应的 Newton 的结果是

$$\frac{\mathrm{d}^2 \boldsymbol{x}}{\mathrm{d}t^2} = -\nabla \phi \tag{3.4.3}$$

其中 ϕ 是引力势, 如果球的质量为 M, 则在距离球心为 r 处的势等于

$$\phi = -\frac{GM}{r} \tag{3.4.4}$$

比较 (3.4.2) 和 (3.4.3) , 我们得到

$$h_{00} = -2\phi + 常数$$

又因在远距离处坐标系必须变为 Minkowski 坐标, 所以 h_{00} 在无限远处为零. 如果我们定义无穷远处的 ϕ 为零 [如 (3.4.4)], 我们就发现这里的常数应等于零, 所以 $h_{00} = -2\phi$, 代回到度规 (3.4.1), 得

$$g_{00} = -(1 + 2\phi) \tag{3.4.5}$$

[79] 质子表面的引力势 ϕ 的量级为 10^{-39}, 地球表面为 10^{-9}, 太阳表面为 10^{-6}, 白矮星表面为 10^{-4}, 所以, 一般说来, 引力在 $g_{\mu\nu}$ 中产生的变化显然是非常小的. (在 c. g. s. 单位制里, ϕ 的量纲为速度平方; 在我们的单位制里, ϕ 等于 c. g. s. 的值除以 c. g. s. 制中光速的平方.)

3.5 时间膨胀

考虑在任意引力场中以任意速度 (不一定要自由下落) 运动的一架钟. 等效原理告诉我们, 如果我们从一个局部惯性坐标系 ξ^α 来观测它, 它的速率不会受引力场的影响. 根据 2.2 节, 钟的 "滴答" 之间的时空间隔 $\mathrm{d}\xi^\alpha$ 在这个系统中由下式决定

$$\Delta t = (-\eta_{\alpha\beta}\mathrm{d}\xi^\alpha\mathrm{d}\xi^\beta)^{1/2}$$

其中 Δt 是当没有引力场时静止的钟的 "滴答" 之间的周期. 因此在任意坐标系里 "滴答" 之间的时空间隔由

$$\Delta t = \left(-\eta_{\alpha\beta}\frac{\partial\xi^\alpha}{\partial x^\mu}\mathrm{d}x^\mu\frac{\partial\xi^\beta}{\partial x^\nu}\mathrm{d}x^\nu\right)^{1/2}$$

决定, 或者引进度规张量 (3.2.7) 后有,

$$\Delta t = (-g_{\mu\nu}\mathrm{d}x^\mu\mathrm{d}x^\nu)^{1/2}$$

如果钟的速度是 $\mathrm{d}x^\mu/\mathrm{d}t$, 那么 "滴答" 之间的时间间隔 $\mathrm{d}t$ 将由下式决定

$$\frac{\mathrm{d}t}{\Delta t} = \left(-g_{\mu\nu}\frac{\mathrm{d}x^\mu}{\mathrm{d}t}\frac{\mathrm{d}x^\nu}{\mathrm{d}t}\right)^{-1/2} \tag{3.5.1}$$

特别当钟静止时, 上式化为

$$\frac{\mathrm{d}t}{\Delta t} = (-g_{00})^{-1/2} \tag{3.5.2}$$

单纯测量 "滴答" 之间的时间间隔, 并把它和制造者确定的 Δt 值进行比较, 我们是无法观测到出现在 (3.5.1) 和 (3.5.2) 里的膨胀因子的, 因为引力场对时间标准的影响相同于它对所考虑的钟的影响. 这就是说, 如果标准钟指出某一个物理过程在没有引力场并静止时行进了一秒钟, 那么在有引力场时它还是指出行进了一秒钟, 因为标准钟与过程以同样的
[80] 方式受引力场的影响. 但我们可以比较引力场中不同两点处的时间膨胀因子. 例如, 我们在 1 处观察来自 2 处的一个特定的原子跃迁发出的光. 如果 1 和 2 静止在定态引力场中, 那么波峰从 2 传到 1 所需的时间将是

一个常数, 它等于 (3.2.10) 沿路径的积分. 因此相继到达 1 处的波峰之间的时间间隔将等于它们离开 2 处的时间间隔 dt_2, 由 (3.5.2) 得出

$$dt_2 = \Delta t(-g_{00}(x_2))^{-1/2}$$

如果同一个原子跃迁发生在 1 处, 那么在 1 处观测到的光波波峰间的时间将为

$$dt_1 = \Delta t(-g_{00}(x_1))^{-1/2}$$

因此, 对一个给定的原子跃迁, 来自 2 处的光的频率 (在 1 处进行观测) 和来自 1 处的光的频率之比将为

$$\frac{\nu_2}{\nu_1} = \left(\frac{g_{00}(x_2)}{g_{00}(x_1)}\right)^{1/2} \tag{3.5.3}$$

在弱场极限时 $g_{00} \simeq -1 - 2\phi$ 和 $\phi \ll 1$, 所以

$$\frac{\nu_2}{\nu_1} = 1 + \frac{\Delta\nu}{\nu},$$

其中

$$\frac{\Delta\nu}{\nu} = \phi(x_2) - \phi(x_1) \tag{3.5.4}$$

(对于均匀的引力场, 这个结果可以直接由等效原理推得, 无须引入度规或仿射联络.)

让我们把方程 (3.5.4) 应用到从太阳表面发出的光被地球上观测到的情况. 太阳的引力势可按下式计算

$$\phi_\odot = \frac{-GM_\odot}{R_\odot}$$

其中 $M_\odot$ 和 $R_\odot$ 是太阳的质量和半径,

$$M_\odot = 1.97 \times 10^{33} \text{ g}$$

$$R_\odot = 0.695 \times 10^6 \text{ km}$$

G 是引力常数

$$G = 6.67 \times 10^{-8} \text{ erg cm/g}^2 = 7.41 \times 10^{-29} \text{ cm/g} \tag{3.5.5}$$

(我们在这里用了 $c = 1$ 的约定, 给出 $1 \text{ s} = 3 \times 10^{10}$ cm; 在 c. g. s. 单位里, 量 7.41×10^{-29} cm/g 应当对应于 G/c^2.) 我们得到太阳表面的引力势为

$$\phi_\odot = -2.12 \times 10^{-6}$$

[81] 地球的引力势相比之下可以略去, 所以从太阳发出的光的频率与地球上的原子发出的光相比, 理论上要红移百万分之 2.12.

测量太阳引力红移的困难是可以理解的, 如果我们考虑光源沿地球到太阳的方向以速度 v 运动将产生一个附加的 Döppler 频移 $\Delta\nu/\nu = v$ [回顾方程 (2.2.2)], 于是引力红移就可能被一个 $v = 2 \times 10^{-6}$ (或者在 c. g. s. 单位里 $v = 0.6$ km/s) 的速度所掩盖. 令人困惑的并不是地球或太阳的转动; 这些已知效应不难加以改正. 热的影响较为严重; 在温度为 3000 K 时, 典型轻元素 (C, N, O) 的热运动速度大约 2 km/s, 所引起的 Döppler 致宽约比预计的引力红移大三倍. 但是热运动只加宽谱线, 并没有移动它们, 所以也还可以相容. 真正麻烦的问题是来自太阳大气里因气体对流所产生的未知的 Döppler 频移. 事实上太阳圆面观测到的频移处处不同, 有时甚至是蓝移! 对流倾向于发生在竖直方向, 所以我们可以通过观测太阳的边缘, 来减小对流所产生的 Döppler 频移, 因为边缘那里的对流大部分与视线成直角. 直到最近, 用这种方法所能得到的最好的结果是, 太阳引力红移的量级为百万分之二[2]. 在最近的几年里, 改进后的观测技术[3] 已经给出好得多的红移值, 等于预言值的 1.05 ± 0.05 倍. 但要说这个结果就已经是最后结果, 还为时过早, 至少也要等得到确证之后.

像天狼星 B 和波江座 40B 这样的白矮星上的红移要大得多. 这种星体的典型质量是一个太阳质量的量级, 半径为 1/10 至 1/100 太阳半径的量级. 所以, 它们表面的谱线红移要比太阳的大 10 至 100 倍, 或粗略地说是 10^{-4} 至 10^{-5}. 虽然这一点缓和了因对流或温度或压力 Döppler 频移所带来的许多问题, 但新的麻烦又出现了: 很难定出引力势 ϕ 的值以便和观测的 $\Delta\nu/\nu$ 值进行比较. 如果知道了一个白矮星的质量, 我们就可以由天体物理的理论[4] 推出它的粗略的半径和表面引力势, 但质量可以测出的白矮星只能是双星的成员. 例如天狼星 B 的质量是由天狼星 A 和 B 的距离和周期算出它们的总质量, 然后减去根据恒星理论算出的天狼星 A 的质量. 但是天狼星 B 的大气对天狼星 A 的光的散射使得天狼星 B 的引力红移非常难以测定[13]. 另一方面, 波江座 40B 离波江座 40A 相当远, 所以光的散射不成问题, 而且波江座 40B 与 A 的质量可以通过求出它们的质心并测出它们的周期和距离分别定出. 但是, 由于波江座 40B 和 A 离得太远, 它们的公转周期很长, 已观测的时间至今还不足以准确地定出 B 的质量. 表面引力势最佳的预计值是 $\phi = -(5.7 \pm 1) \times 10^{-5}$, 与观测到的红移[5]

[82]

$$\Delta\nu/\nu = -(7 \pm 1) \times 10^{-5}$$

符合得很好. 如果计算波江座 40B 光谱的 Stark 频移, 看来还能改进这个结果[5a].

等效原理所预言的红移的实验验证被 Pound 和 Rebka[6] 1960 年做的地面实验大大改进. 他们让 Fe^{57} 发出的 14.4 keV, 0.1μs 跃迁的 γ 射线下落 22.6 m 并观测它被一个 Fe^{57} 靶的共振吸收. (通常情况下对于这样窄的一条 γ 射线, 共振吸收是不可能的, 因为发射核的反冲降低了 γ 射线的能量, 使它低于核能量之差, 而要在发生反冲的靶核上产生逆跃迁, 需要比核能差稍大一些的能量. 这个实验由于 Mossbauer 效应[7]变为可能, 在这个效应里, 发射和吸收的反冲动量被整个晶体取走, 所以实际上发射和吸收的反冲并没有失去能量.) 从 "顶" 到 "底" 的引力势能差等于

$$\Delta\phi = \phi_顶 - \phi_底 = -\frac{(980 \text{ cm/s}^2)(2260 \text{ cm})}{(3 \times 10^{10} \text{ cm/s})^2}$$
$$= -2.46 \times 10^{-15}$$

如果等效原理正确的话, 我们就可以预期, 到达靶子的光子的频率向上端移动一个量 $\Delta\nu/\nu = -\Delta\phi$. 计数率降低了一个因子

$$C = \frac{\Gamma^2}{\Delta\nu^2 + \Gamma^2}$$

其中 Γ 是半极大时 γ 射线的全宽. (这里用 Γ 而不用 $\Gamma/2$ 是因为我们必须把与 $[(\nu+\Delta\nu)^2 + (\Gamma/2)^2]^{-1}$ 成正比的发射率和与 $[\nu^2 + (\Gamma/2)^2]^{-1}$ 成正比的吸收率放在一起.) 但在这个跃迁中相对宽度是 $\Gamma/\nu = 1.13 \times 10^{-12}$, 它比预言的宽度 $\Delta\nu/\nu$ 大 460 倍, 所以计数率只减小 2.1×10^5 之一! 这使得实验似乎变成不可能, 事实上 Pound 和 Rebka 最初也曾想过, 为了得到可以与 Γ 相比拟的频移 $\Delta\nu$, 他们也许不得不让 γ 射线下落几 km. 但他们幸而想出了一个能测量非常小的频移的巧妙办法. 他们的想法是, 把 γ 射线源以 $v_0 \cos\omega t$ 的速度上下移动, 其中 ω 是某一任意固定频率 (10—50 cps), v_0 也是任意的, 但比 $-\Delta\phi$ 大得多, 即比 7.4×10^{-5} cm/s 大得多. 于是对于引力紫移 $\Delta\nu_G$, 就附加上了一个较大的 Döppler 频移 $\Delta\nu_D/\nu = -v_0 \cos\omega t$ (参看 2.2 节), 所以计数率减小了一个与时间有关的因子,

$$C(t) = \frac{\Gamma^2}{(\Delta\nu_G + \Delta\nu_D)^2 + \Gamma^2} = \frac{\left(\dfrac{\Gamma}{\nu}\right)^2}{\left(\dfrac{\Delta\nu_G}{\nu} - v_0\cos\omega t\right)^2 + \left(\dfrac{\Gamma}{\nu}\right)^2}$$

[83]

$$\simeq \frac{\left(\frac{\Gamma}{\nu}\right)^2}{v_0^2\cos^2\omega t + \left(\frac{\Gamma}{\nu}\right)^2} \cdot \left\{1 + \frac{2\frac{\Delta\nu_G}{\nu}v_0\cos\omega t}{v_0^2\cos^2\omega t + \left(\frac{\Gamma}{\nu}\right)^2}\right\}$$

于是通过寻找与 $\cos\omega t$ 成线性的项, 比方说, 测量射线源向上运动 (例如 $\cos\omega t > 1/\sqrt{2}$) 和向下运动 ($\cos\omega t < -1/\sqrt{2}$) 时的记录到的计数的不对称性, 就可以把 $\Delta\nu_G$ 检测出来. Pound 和 Rebka 用这种方法得到的 $\Delta\nu_G/\nu$ 值, 约比预言值 2.46×10^{-15} 大 4 倍. 这个差实际上是由于源和靶的晶体的不同 (包括它们的温度不同) 所引起的内禀频移, 并可以通过从源在靶下面时的 γ 射线计数的不对称性减去靶在源下面时的 γ 射线计数的不对称性来加以消除. 最后得到的引力频移值是

$$\frac{\Delta\nu}{\nu} = (2.57 \pm 0.26)\times 10^{-15},$$

和预计值 2.46×10^{-15} 符合得极好. 此后, 理论和实验的符合度又改进到百分之一左右[8].

　　还有人建议测量从人造卫星来的光的引力红移[8a]. 在近地点正下方, 没有一阶的 Döppler 频移, 因为光从卫星射到我们这里的时间取极小值. 在这种情况下, 发射出来的光的频率应该由 (3.5.1) 来计算, 而我们实验室的时间标准的频移, 如果忽略地球的自转, 可由 (3.5.2) 来计算. 由此得到来自卫星上某一给定的原子谱线的频率 ν_s 与地球上同一谱线的频率 ν_e 之间的关系是:

$$\frac{\nu_s}{\nu_e} = \frac{\left(-g_{\mu\nu}\frac{\mathrm{d}x^\mu}{\mathrm{d}t}\frac{\mathrm{d}x^\nu}{\mathrm{d}t}\right)_s^{1/2}}{(-g_{00})_\oplus^{1/2}} \tag{3.5.6}$$

卫星的速度 v_s 由下式决定:

$$v_s^2 = -\phi_s = \frac{GM_\oplus}{R_\oplus + H}$$

[84]　其中 H 是卫星的离地高度, $M_\oplus$ 和 $R_\oplus$ 是地球的质量和半径.

$$M_\oplus = 5.983\times 10^{27}\ \mathrm{g}$$

$$R_\oplus = 6.371\times 10^8\ \mathrm{cm}$$

在弱场近似下我们有

$$\left(-g_{\mu\nu}\frac{\mathrm{d}x^\mu}{\mathrm{d}t}\frac{\mathrm{d}x^\nu}{\mathrm{d}t}\right)_s \simeq -(g_{00})_s - v_s^2$$

$$= 1 + 2\phi_s - v_s^2 \simeq 1 - \frac{3GM_\oplus}{R_\oplus + H}$$

以及

$$(-g_{00})_\oplus \simeq 1 + 2\phi_\oplus \simeq 1 - \frac{2GM_\oplus}{R_\oplus}$$

所以, 在这一级近似下, 由方程 (3.5.6) 便得到频率比

$$\frac{\nu_s}{\nu_e} = 1 + \frac{\Delta\nu}{\nu}$$

其中

$$\frac{\Delta\nu}{\nu} = -\frac{3}{2}\frac{GM_\oplus}{R_\oplus + H} + \frac{GM_\oplus}{R_\oplus}$$

$$\simeq -3.47 \times 10^{-10} \left\{ \frac{3R_\oplus}{R_\oplus + H} - 2 \right\}$$

我们看到, 在高度较低时, 存在一个纯粹狭义相对论的红移 (参看 2.2 节), 在高度较高时, 叠加上一个广义相对论的紫移, 结果是, 当 $H < R_\oplus/2$ 时为红移, 当 $H > R_\oplus/2$ 时为紫移.

　　顺便指出, 光从低引力势到高引力势产生的引力红移, 在某种程度上可以理解为量子论, 能量守恒和 "弱" 等效原理的结果. 当一个光子在 1 处被某个重的非相对论性的装置产生出来时, 一个与装置一起运动的局部惯性坐标系的观测者将看到该装置内能的改变量, 因而它的惯性质量的改变量与他观测到的光子频率 ν_1 有如下关系, 即

$$\Delta m_1 = -h\nu_1$$

其中 $h = 6.625 \times 10^{-27}$ erg s, 是 Planck 常量. 假设光子随后被 2 处的另一个重装置所吸收; 一个自由降落系统里的观察者将看到装置 2 的惯性质量改变量与他观察到的光子频率 ν_2 有如下关系, 即

$$\Delta m_2 = h\nu_2$$

但是事件前后这两个装置的总内能加上引力势能应当相同, 所以　　　　[85]

$$0 = \Delta m_1 + \phi_1\Delta m_1 + \Delta m_2 + \phi_2\Delta m_2$$

因此

$$\frac{\nu_2}{\nu_1} = \frac{1 + \phi_1}{1 + \phi_2} \simeq 1 + \phi_1 - \phi_2$$

与我们前面的结果一致 (还有, 不论是否在局部惯性系里测量光子频率, 都不会引起差别, 因为在任意其它的参考系里的引力场对观察者的标准

钟的速率的影响和对 ν 的影响是一样的.) 这个结果也可以被解释为: 引力场中的光子具有 "动能" $h\nu$ 和 "势能" $h\nu\phi$, 它们之和保持不变. 但在上述计算中我仍然坚持把非相对论性的辐射器和吸收器包括进去, 因为否则光子的引力势能的概念就缺乏基础.

这个推导在两个方面依据于等效原理: 它假设了装置的引力质量的改变等于它的惯性质量的改变, 因而等于它的内能的改变; 它还假设了, 在自由降落的参考系里光子能量和频率的关系没有因引力场的存在而改变. 因此, 即使我们假定 Eötvös–Dicke 实验可以改善到无限高的精度, 发现引力质量与惯性质量完全相等的话, 证实谱线的引力红移作为等效原理的独立验证, 仍然有其意义.

3.6 时间的符号

Minkowski 度规 $\eta_{\alpha\beta}$ 和引力理论的度规张量 $g_{\mu\nu}$ 之间的关系可以用矩阵的记号来表示

$$g = D^T \eta D \qquad (3.6.1)$$

其中 g 在本节里是一个 4×4 矩阵 (不是一个行列式) 其元素是 $g_{\mu\nu}$, η 是元素为 $\eta_{\alpha\beta}$ 的矩阵, 而 D 是矩阵

$$D_{\alpha\mu} \equiv \frac{\partial \xi^\alpha}{\partial x^\mu} \qquad (3.6.2)$$

D^T 是它的转置矩阵

$$D_{\mu\alpha}^T \equiv D_{\alpha\mu}$$

这里, 作为等效原理的一部分暗中假设了, 从实验室坐标 x^μ 到局部惯性坐标 ξ^α 的变换是非奇异的; 这就是说, ξ^α 是 x^μ 的可微分函数, 同时 x^μ 是 ξ^α 的可微分函数. 由此推得, 存在一个矩阵

[86]

$$D_{\mu\alpha}^{-1} \equiv \frac{\partial x^\mu}{\partial \xi^\alpha} \qquad (3.6.3)$$

它是 D 的逆矩阵, 即

$$(D^{-1}D)_{\mu\nu} = \frac{\partial x^\mu}{\partial \xi^\alpha} \frac{\partial \xi^\alpha}{\partial x^\nu} = \delta_\nu^\mu$$

所以 D 必须有非零的行列式

$$\text{Det}\, D \neq 0 \qquad (3.6.4)$$

形式为 (3.6.1) 且 D 有非零行列式的变换称为合同变换.

合同变换 (3.6.1) 把 $g_{\mu\nu}$ 与 $\eta_{\alpha\beta}$ 联系起来, 这一事实并不意味着 $g_{\mu\nu}$ 的本征值和 $\eta_{\alpha\beta}$ 的本征值如同相似变换的情形那样是相同的. (事实上, 不存在度规张量的分量的不变函数, 尽管 $g_{\mu\nu}$ 和它们的导数的不变函数是存在的, 如第六章所指出的那样.) 但有一个名为 Sylvester 惯性律[9]的定理说, 正的、负的或为零的本征值的数目在这样的合同变换下分别保持不变. 因此我们断定度规张量 $g_{\mu\nu}$ 和 $\eta_{\alpha\beta}$ 一样, 必定具有三个正本征值, 一个负本征值, 没有零本征值. 正是度规的这个特性把我们熟知的 (3+1) 维时空与四维空间, 或 (2+2) 维时空, 或更复杂的时空区分开来.

3.7 相对论和惯性的各向异性

我们在 1.3 节已经看到, 关于惯性的起源, Newton 和 Mach 得到不同的结论: Newton 相信, 惯性力, 诸如离心力必定由相对于 "绝对空间" 的加速度所产生; 而 Mach 则主张, 它们更像是由相对于天体质量的加速度所产生. 这个争论不是一个哲学问题, 而是一个物理学问题; 因为如果 Mach 是对的, 那么一个大质量物体就会对在它周围观测到的惯性力产生一个小的变化, 而如果 Newton 是对的, 就不可能发生这样的效应.

Einstein 自认为是 Mach 的追随者, 但等效原理对惯性问题的回答, 实际上是介于 Newton 和 Mach 之间. 惯性系, 即 "自由降落坐标系", 实际上是由局部引力场来决定, 局部引力场又是由宇宙全部物质 (包括近的和远的) 所产生. 而一旦处在惯性系里, 运动定律 [如方程 (2.3.1)] 又完全不受邻近质量存在的影响, 无论是引力的或任何其它方式的影响. 例如, 太阳的质量决定自由降落的地球的运动, 一旦我们把自己的坐标系固定在地球上, 我们就不能检测出太阳的引力场, 这正如 Dicke 的高精度实验所指出的那样. (参看 1.2 节, 实际上, 地球不是一个无限小的邻域, 这意味着, 我们可以像 3.1 节已经讨论过的那样, 通过潮汐效应来检测太阳的引力场.) 众多的天体在这里起作用是因为 $g_{\mu\nu}$ 的引力场方程在无限远处需要边界条件, 这些条件要求 $g_{\mu\nu}$ 在远离太阳时, 变为全部宇宙质量所产生的宇宙引力场. 我们现在不打算讨论引力场方程和宇宙学的细节, 但我们可以期望, 由太阳质量以及这些宇宙边界条件决定的引力场, 应使得远离太阳的行星轨道相对于典型的星体没有进动, 而能与观察相符 (参看 15.1 节) .

[87]

这几点非常重要, 值得再说一遍. 在近处没有物质时, 惯性系由平均宇宙引力场决定, 后者又是由平均的恒星质量密度决定, 所以它们的惯性系相对于典型星体是处于静止或无转动的匀速运动状态, 就不足为奇了. 当一个像太阳那样大质量物体靠近时, 它改变惯性系使它们向着大质量物体加速, 但在这些自由下落的参考系里的运动规律依然还是狭义相对论的规律, 显示不出周围质量分布的影响. 在这个意义上讲, 等效原理和 Mach 原理又是直接对立的.

Mach 和 Einstein 的论点可以表述为, 附近的大质量的存在除了决定惯性系之外, 是否事实上影响着运动规律? Cocconi 和 Salpeter 指出[10], 靠近我们有一个大质量, 即银河系. Mach 原理认为当粒子朝着或离开银心加速时惯性质量会稍有不同. 这一点被 Hughes, Robinson 和 Beltran-Lopez[11] 用实验检查过, Drever[12] 也作过类似的实验 (参看图 3.1). Hughes 等人观察了在 4700 Gauss 的磁场下光子被 Li[7] 核共振吸收. 基态的自旋是 3/2, 所以在磁场里它分裂成四个能级, 如果核物理的规律是旋转不变, 那它们应是等距离的. 在这种情况下, 相邻的态之间的三个跃迁有同样的能量, 光子的吸收系数在这个能量处应出现单个锐峰. 但如果惯性是各向异性的, 那么四个磁的亚态不是严格等距离的, 因而应当出现的就不是一条, 而是三条靠得很近的共振线. Hughes 等人在 12 h 间隔内没有发现有大于 5.3×10^{-21} MeV 线宽的这种谱线分裂发生. 在这段时间内, 地球的自转携带着磁场从相对于银心成 22° 到离银心成 104°. 如果我们把 Li[7] 核看作由角动量为 3/2 的单个质子被一个中心势能结合到其它的核子上, 那么质子质量的各向异性 Δm 应为

[88]

$$\Delta \left(\frac{p^2}{2m} \right) \simeq \frac{\Delta m}{m} \left(\frac{p^2}{2m} \right) \leqslant 5.3 \times 10^{-21} \text{ MeV}.$$

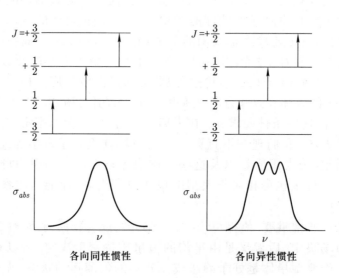

图 3.1　检验惯性各向同性的 Li[7] 吸收谱 (频率差和谱线分裂都大为夸张了)

其中 $p^2/2m$ 是质子动能. 由于 $p^2/2m$ 大于 $1/2$ MeV, 我们可以推断惯性质量的各向异性就满足不等式

$$\frac{\Delta m}{m} \lesssim 10^{-20}$$

至少在这一点上, 证据是大大有利于等效原理, 而不利于 Mach 原理.

专题书目

广义相对论

R. Adler, M. Bazin, M. Schiffer, *Introduction to General Relativity* (McGraw-Hill, New York, 1965).

J. L. Anderson, *Principles of Relativity Physics* (Academic Press, New York, 1967).   [89]

P. G. Bergmann, *Introduction to the Theory of Relativity* (Prentice-Hall, Englewood Cliffs, N. J., 1942).

A. S. Eddington, *The Mathematical Theory of Relativity* (Cambridge University Press, Cambridge, 1960).

A. Einstein, *The Meaning of Relativity* (Princeton Unipersity Press, Princeton, N. J., 1946).

V. Fock, *The Theory of Space, Time, and Gravitation*, trans. by N. N. Kemmer (2nd rev. ed., Macmillan, New York, 1964).

C. Møller, *The Theory of Relativity* (Clarendon Press, Oxford, 1952).

W. Pauli, *Theory of Relativity*, trans. by G. Field (Pergamon Press, Oxford, 1958).

E. Schroedinger, *Space-Time Structure* (Cambridge University Press, Cambridge, 1950).

J. L. Synge, *Relativity: The General Theory* (Interscience Publishers, New York, 1960).

H. Weyl, *Space-Time-Matter*, trans. by H. L. Brose (Dover Publications, New York, 1952).

关于等效原理的实验验证, 参看第八章的参考书, 特别是 Dicke 的论文.

参考文献

[1] A. H. Wapstra and G. J. Nijgh, Physica, 21.796 (1955).

[2] M. G. Adam, Mon. Nat. Roy. Astron. Soc., 119, 460(1959). 有关评述和较早期文献, 见 B. Bertotti. D. Brill, and R. Krotkov, in *Gravitation*, ed. by L. Witten (Wiley, New York, 1962), pp.23—27.

[3] J. Brault, Bull. Am. Phys. Soc., 8, 28 (1963). 也见 J. E. Blamont and F. Roddier. Phys. Rev. Lett., 7, 437 (1961).

[4] M. Schwarzschild, *Structure and Evolution of the Stars* (Princeton University Press, Princeton, N. J., 1958), Chapter VII.

[5] D. M. Popper, Astrophys. J., 120, 316 (1954). 关于其它的白矮星, 见 J. L. Greenstein and V. Trimble, Ap. J., 149, 283 (1967).

[5a] W. L. Wiese and D. E. Kelleher, Astrophys. J., 166, L59(1971).

[6] R. V. Pound and G. A. Rebka, Phys. Rev. Lett., 4, 337 (1960); 关于他们原来的建议, 见 Phys. Rev. Lett., 3. 439 (1959).

[7] R. L. Mössbauer, Z. Physik, 151, 124 (1958); Naturwissenschaften, 45, 538 (1958); Z. Naturforsch, 14a, 211 (1959).

[8] R. V. Pound and J. L. Snider, Phys. Rev. Lett., 13. 539 (1964).

[8a] D. Kleppner, N. F. Ramsey, and R. F. C. Vessot, Astrophys. Space Sci., 6, 13 (1970).

[90]　[9] 例如见 H. W. Turnbull and A. C. Aitken. *An Introduction to the Theory of Canonical Matrices* (Dover Publications, New York, 1961), p. 89.

[10] G. Cocconi and E. E. Salpeter, Phys. Rev. Lett., 4, 176 (1960). 然而, 见 R. H. Dicke. Phys. Rev. Lett., 7, 359 (1961).

[11] V. W. Hughes, H. G. Robinson, and V. Beltran-Lopez, Phys. Rev. Lett., 4, 342(1960).

[12] R. W. P. Drever, Phil. Mag., 6, 683(1961).

[13] 天狼星 B 的分光研究最近给出了无量纲表面引力势的估计值 $(2.8\pm0.1)\times10^{-4}$, 和红移值 $(3.0\pm0.5)\times10^{-4}$, 见 J. L. Greenstein, J. B. Oke, and H. L. Shipman, Astrophys. J. 169, 563 (1971).

第四章

张量分析

我们已经注意到, 引力和惯性的等效原理建立了非 Euclid 几何和引力理论间的一个深刻类比. 这一章要对这两者的共同的语言, 即张量分析的语言, 作一概述.

4.1 广义协变原理

在上一章里, 我们介绍了用等效原理来估计引力对物理系统的影响的一种方法: 对一般的引力场, 我们写下在局部惯性坐标系里成立的方程 (即狭义相对论的方程, 例如 $d^2\xi^\alpha/d\tau^2 = 0$), 然后进行一个坐标变换, 找到在实验室坐标系里的相应的方程. 我们本可以沿着这条途径讨论下去, 不过要得到电磁场和引力场的方程, 它会使我们陷入极其冗长的计算之中. 我们将换一种方法, 它具有完全相同的物理内容, 形式上却更为漂亮, 实现起来也更为方便. 这个方法是基于等效原理的另一种表述方式, 即广义协变原理. 这个原理说, 物理方程在一般的引力场中也成立, 只要它能具备两个条件:

(1) 这个方程在没有引力场时是成立的; 即当度规张量 $g_{\alpha\beta}$ 等于

Minkowski 张量 $\eta_{\alpha\beta}$, 而且仿射联络 $\Gamma^\alpha_{\beta\gamma}$ 为零时, 它和狭义相对论的定律一致.

(2) 这个方程是广义协变的; 即在一般坐标变换 $x \to x'$ 下, 它保持自己的形式不变.

为了看出广义协变原理是来自等效原理, 假设我们是处在一个任意的引力场中, 并考虑任何满足上述两个条件的方程. 由条件 (2) 我们知道, 这个方程只要在任一坐标系中成立, 就将在所有的坐标系中都成立. 然而在任意的给定点, 存在一类坐标系, 即局部惯性系, 其中引力效应是不存在的. 于是条件 (1) 告诉我们, 我们的方程在这一类坐标系中成立, 因而也就在所有其它的坐标系中成立.

要强调指出的是, 广义协变本身并没有物理内容[1]. 任何方程都可被做成广义协变的, 只要在任意一个坐标系里把它写下来, 然后算出它在任意其它的坐标系中是什么样子就行了. 实际上, 从幼年时代起, 我们就逐渐熟悉物理方程在非 Descartes 坐标系 (如极坐标系) 里, 和在非惯性系 (如旋转坐标系) 里的形式. 广义协变原理的意义在于它关于引力效应的表述, 即一个物理方程如果在没有引力时是正确的, 由于它的广义协变, 在有引力场时也是正确的.

为理解广义协变的意义, 可以把它与 Lorentz 不变性相比较. 正如任何方程均可被做成广义协变那样. 任何方程可被做成 Lorentz 不变的, 只要在一个坐标系里把它写下来, 然后算出它在 Lorentz 变换后的结果看是什么样的. 如果我们对非相对论性的方程 (如 Newton 第二定律) 采取这样做法时, 那么在使它 Lorentz 不变后, 就会发现有一个新的物理量进入方程, 这个量当然就是坐标系相对于原来参考系的速度. 所谓狭义相对性原理, 或简称 "Lorentz 不变性" 就是要求在变换后的方程里不出现这个速度, 这个要求是对原来的方程加上了一个很强的限制. 同样, 若我们使一个方程广义协变, 就会加入新的成分, 即度规张量和仿射联络 $\Gamma^\lambda_{\mu\nu}$. 所不同的是我们并不要求这些量最后消失掉, 因而我们并不对原来的方程施加任何限制, 相反, 我们反而利用 $g_{\mu\nu}$ 和 $\Gamma^\lambda_{\mu\nu}$ 的出现来代表引力场. 简而言之: 广义协变原理并不像 Galileo 原理或狭义相对性原理那样是一个不变性原理, 而是关于引力效应的一个表述, 除此没有其它的意思. 特别是, 广义协变性并不包含 Lorentz 不变性 —— 存在着这样的广义协变的引力理论, 在引力场的任一点允许建立惯性系, 但在这些惯性系里, 它们满足 Galileo 相对性而不满足狭义相对论[1a].

[93]   任何物理原理, 如广义协变原理, 它采取一个不变性原理的形式, 而它的实际内容只局限于对某一特定的场的相互作用加上一个限制, 这样

的原理称为动力学对称性[2]. 物理学中存在着另一些重要的动力学对称性, 例如制约电磁场的相互作用的局部规范不变性, 和制约 π 介子场的相互作用的手征对称性[3]. 在以后几章里我们将会多次提到广义相对论和电动力学之间的类比.

广义协变原理只能用于比引力场中典型的时空距离小得多的尺度上, 因为只有在这样的小尺度里, 我们才保证能够根据等效原理构造一个没有引力效应的坐标系. 例如, 月球的半径和地－月距离相比没有达到这样小的程度, 所以我们不能通过建立广义协变方程 (它在无引力场时化为月球自由运动的正确方程) 准确地算出月球的运动. 但我们可以把月球当作一个岩石球, 利用广义协变原理求出作用在月球上每一块无限小的质量元上的引力来计算它的运动.

一般说来, 有许多的广义协变方程在没有引力时都能化成某一给定的狭义相对论的方程. 但由于我们只把广义协变原理用于比引力场尺度小得多的尺度上, 所以通常我们希望, 只有 $g_{\mu\nu}$ 和它的一阶导数进入我们的广义协变方程. 本着这样的理解, 我们在本章和下一章将会看到, 要用广义协变原理确切陈述引力场对任何系统, 或系统的各部分的影响, 只有当它们充分小时才行.

4.2 矢量和张量

为了构造在一般坐标变换下不变的物理方程, 我们必须知道方程所描写的物理量在这些变换下的性质. 有一些直接由坐标微分来定义的量, 可通过直接计算来确定其变换性质. 另外一些量, 例如电磁场, 它的变换性质部分地由定义决定. 不过, 我们倾向于对所有物理上有关的量, 以一种合理的简单的形式来变换. 不然就很难把它们放在一起构成不变的方程. 这一节我们介绍一类变换性质特别简单的对象, 并 (尽可能) 从由坐标系直接定义的量中举出一些例子.

所有变换规则中最简单的是标量的变换规则, 标量在一般坐标变换下不变. 明显的例子是如像 137 或 π 或 0 这样的纯数. 另一个例子是由方程 (3.2.6) 定义的固有时 $d\tau$; 事实上, 我们在后面将看到, 度规张量 $g_{\mu\nu}$ 的定义就是按一定方式变换而使 $d\tau^2$ 保持不变. [94]

下一个最简单的变换规则是逆变矢量 V^μ 的变换规则, 在坐标变换 $x^\mu \to x'^\mu$ 下, 该矢量变换为

$$V'^\mu = V^\nu \frac{\partial x'^\mu}{\partial x^\nu} \tag{4.2.1}$$

例如, 由偏微商的法则得出

$$\mathrm{d}x'^{\mu} = \frac{\partial x'^{\mu}}{\partial x^{\nu}} \mathrm{d}x^{\nu} \tag{4.2.2}$$

所以坐标的微分是一个逆变矢量. 一个与之非常密切相关的变换规则是协变矢量 U_{μ} 的变换规则, 在坐标变换 $x^{\mu} \to x'^{\mu}$ 下, 该矢量变换为

$$U'_{\mu} = \frac{\partial x^{\nu}}{\partial x'^{\mu}} U_{\nu} \tag{4.2.3}$$

例如, 如果 ϕ 是一个标量场, 则 $\partial \phi / \partial x^{\mu}$ 是一个协变矢量, 因为在变换后的坐标系里, 梯度变为

$$\frac{\partial \phi}{\partial x'^{\mu}} = \frac{\partial x^{\nu}}{\partial x'^{\mu}} \frac{\partial \phi}{\partial x^{\nu}} \tag{4.2.4}$$

这与 (4.2.3) 相符.

　　从逆变和协变的矢量出发, 我们可以立刻推广到张量. 上指标为 $\mu, \nu, \cdots$ 下指标为 $\kappa, \lambda, \cdots$ 的张量按逆变矢量 $U^{\mu}W^{\nu}\cdots$ 和协变矢量 $V_{\kappa}Y_{\lambda}\cdots$ 的乘积进行变换. 例如, 在坐标变换 $x \to x'$ 下, 张量 $T^{\mu}{}_{\nu}{}^{\lambda}$ 将变成

$$T'^{\mu}{}_{\nu}{}^{\lambda} = \frac{\partial x'^{\mu}}{\partial x^{\kappa}} \frac{\partial x^{\rho}}{\partial x'^{\nu}} \frac{\partial x'^{\lambda}}{\partial x^{\sigma}} T^{\kappa}{}_{\rho}{}^{\sigma} \tag{4.2.5}$$

如果所有的指标都在上面, 则称为逆变张量; 如果所有的指标都在下面, 则称为协变张量; 否则称为混合张量. 最重要的例子是 3.2 节定义的一般坐标系 x^{μ} 的度规张量:

$$g_{\mu\nu} = \eta_{\alpha\beta} \frac{\partial \xi^{\alpha}}{\partial x^{\mu}} \frac{\partial \xi^{\beta}}{\partial x^{\nu}}$$

[95] 其中 ξ^{α} 是一个局部惯性坐标系. 在另一个坐标系 x'^{μ} 里, 度规张量为

$$\begin{aligned} g'_{\mu\nu} &= \eta_{\alpha\beta} \frac{\partial \xi^{\alpha}}{\partial x'^{\mu}} \frac{\partial \xi^{\beta}}{\partial x'^{\nu}} \\ &= \eta_{\alpha\beta} \frac{\partial \xi^{\alpha}}{\partial x^{\rho}} \frac{\partial x^{\rho}}{\partial x'^{\mu}} \frac{\partial \xi^{\beta}}{\partial x^{\sigma}} \frac{\partial x^{\sigma}}{\partial x'^{\nu}} \end{aligned}$$

因而

$$g'_{\mu\nu} = g_{\rho\sigma} \frac{\partial x^{\rho}}{\partial x'^{\mu}} \frac{\partial x^{\sigma}}{\partial x'^{\nu}} \tag{4.2.6}$$

我们看到 $g_{\mu\nu}$ 果然是一个协变张量. 它的逆是一个逆变张量, 因为如果我们这样地定义 $g^{\lambda\mu}$,

$$g^{\lambda\mu} g_{\mu\nu} = \delta^{\lambda}{}_{\nu}$$

我们将得到

$$\frac{\partial x'^{\lambda}}{\partial x^{\rho}} \frac{\partial x'^{\mu}}{\partial x^{\sigma}} g^{\rho\sigma} g'_{\mu\nu} = \frac{\partial x'^{\lambda}}{\partial x^{\rho}} \frac{\partial x'^{\mu}}{\partial x^{\sigma}} g^{\rho\sigma} \frac{\partial x^{\kappa}}{\partial x'^{\mu}} \frac{\partial x^{\eta}}{\partial x'^{\nu}} g_{\kappa\eta}$$

$$= \frac{\partial x'^{\lambda}}{\partial x^{\rho}} g^{\rho \kappa} \frac{\partial x^{\eta}}{\partial x'^{\nu}} g_{\kappa \eta} = \frac{\partial x'^{\lambda}}{\partial x^{\rho}} \frac{\partial x^{\rho}}{\partial x'^{\nu}} = \delta^{\lambda}_{\nu}$$

因而

$$\frac{\partial x'^{\lambda}}{\partial x^{\rho}} \frac{\partial x'^{\mu}}{\partial x^{\sigma}} g^{\rho \sigma} = g'^{\lambda \mu} \tag{4.2.7}$$

正如对逆变张量所要求的那样. 最后 Kronecker 记号 δ^{μ}_{ν} 是一个混合张量. 因为

$$\delta^{\mu}_{\nu} \frac{\partial x'^{\rho}}{\partial x^{\mu}} \frac{\partial x^{\nu}}{\partial x'^{\sigma}} = \frac{\partial x'^{\rho}}{\partial x^{\mu}} \frac{\partial x^{\mu}}{\partial x'^{\sigma}} = \delta^{\rho}_{\sigma} \tag{4.2.8}$$

除了标量和零外, δ^{μ}_{ν} (以及它的直积) 是唯一在所有坐标系中分量都相同的张量.

矢量就是只有一个指标的张量而标量是没有指标的张量, 所以下面一般地不再需要单独处理标量和矢量. 不过读者应当注意, 并不是所有的东西都是张量; 特别是仿射联络 $\Gamma^{\nu}_{\mu \lambda}$, 外表很像张量, 其实并不是张量.

现在我们可以来认识一大类不变的方程: 任何方程只要它是两个同样上下指标的张量的等式, 在一般坐标变换下, 都将是不变的. 例如, 如果 $A^{\mu}{}_{\nu}{}^{\lambda}$ 和 $B^{\mu}{}_{\nu}{}^{\lambda}$ 是满足 (4.2.5) 变换规则的两个张量, 又如果在 X^{μ} 坐标系里 $A^{\mu}{}_{\nu}{}^{\lambda} = B^{\mu}{}_{\nu}{}^{\lambda}$, 那么在 X'^{μ} 坐标系里, 显然有 $A'^{\mu}{}_{\nu}{}^{\lambda} = B'^{\mu}{}_{\nu}{}^{\lambda}$. 特别是, 0 是任意一种张量, 因此我们要求某一张量为 0 这个结论在一般坐标变换下是不变的. 相反, 如果说的不是关于同类张量间的等式 (例如, $T^{\mu \nu} = 5$ 或 $V^{\mu} = U_{\mu}$) 则对某些坐标系, 它们在数值上可能相等, 但不是对所有的坐标系都正确. [96]

4.3 张量代数

我们建立一般坐标变换下不变的方程的计划的第二步, 是要知道如何把张量放在一起构成其它的张量. 这可通过几个简单的代数运算来完成:

(A) 线性组合. 上下指标相同的张量的线性组合也是这些指标的张量. 例如, 令 $A^{\mu}{}_{\nu}$ 和 $B^{\mu}{}_{\nu}$ 是混合张量, 又令

$$T^{\mu}{}_{\nu} \equiv a A^{\mu}{}_{\nu} + b B^{\mu}{}_{\nu}$$

其中 a 和 b 是标量; 则 $T^{\mu}{}_{\nu}$ 是一个张量, 因为

$$\begin{aligned} T'^{\mu}{}_{\nu} &\equiv a A'^{\mu}{}_{\nu} + b B'^{\mu}{}_{\nu} \\ &= a \frac{\partial x'^{\mu}}{\partial x^{\rho}} \frac{\partial x^{\sigma}}{\partial x'^{\nu}} A^{\rho}{}_{\sigma} + b \frac{\partial x'^{\mu}}{\partial x^{\rho}} \frac{\partial x^{\sigma}}{\partial x'^{\nu}} B^{\rho}{}_{\sigma} \\ &= \frac{\partial x'^{\mu}}{\partial x^{\rho}} \frac{\partial x^{\sigma}}{\partial x'^{\nu}} T^{\rho}{}_{\sigma} \end{aligned}$$

(B) 直积. 两个张量的各分量的乘积, 产生一个张量, 其上下指标由原来的两个张量的所有的上下指标组成. 例如, 如果 $A^\mu{}_\nu$ 和 B^ρ 是张量, 而

$$T^\mu{}_\nu{}^\rho \equiv A^\mu{}_\nu B^\rho$$

则此 $T^\mu{}_\nu{}^\rho$ 是一个张量, 即

$$T'^\mu{}_\nu{}^\rho \equiv A'^\mu{}_\nu B'^\rho = \frac{\partial x'^\mu}{\partial x^\lambda}\frac{\partial x^\kappa}{\partial x'^\nu}A^\lambda{}_\kappa\frac{\partial x'^\rho}{\partial x^\sigma}B^\sigma$$
$$= \frac{\partial x'^\mu}{\partial x^\lambda}\frac{\partial x^\kappa}{\partial x'^\nu}\frac{\partial x'^\rho}{\partial x^\sigma}T^\lambda{}_\kappa{}^\sigma$$

(C) 缩并. 令张量的一个上指标和一个下指标相等, 并对它的四个值求和, 就得到一个没有这两指标的新张量, 例如, 如果 $T^\mu{}_\nu{}^{\rho\sigma}$ 是一个张量而

$$T^{\mu\rho} \equiv T^\mu{}_\nu{}^{\rho\nu}$$

则 $T^{\mu\rho}$ 是一个张量. 即

[97]

$$T'^{\mu\rho} = T'^\mu{}_\nu{}^{\rho\nu} = \frac{\partial x'^\mu}{\partial x^\kappa}\frac{\partial x^\lambda}{\partial x'^\nu}\frac{\partial x'^\rho}{\partial x^\eta}\frac{\partial x'^\nu}{\partial x^\tau}T^\kappa{}_\lambda{}^{\eta\lambda}$$
$$= \frac{\partial x'^\mu}{\partial x^\kappa}\frac{\partial x'^\rho}{\partial x^\eta}T^\kappa{}_\lambda{}^{\eta\lambda} = \frac{\partial x'^\mu}{\partial x^\kappa}\frac{\partial x'^\rho}{\partial x^\eta}T^{\kappa\eta}$$

这三个运算当然可以按不同的方式组合起来, 组合运算的一个特别重要的结果是指标的上升和下降. 如果我们取一个逆变张量或混合张量 T 同度规张量 $g_{\mu\nu}$ 的直积, 再把指标 μ 和 T 的一个逆变指标缩并, 便得到一个该逆变指标被协变指标 μ 代替的新张量. 例如, 如果 $T^{\mu\rho}{}_\sigma$ 是一个张量, 我们又定义

$$S_\nu{}^\rho{}_\sigma \equiv g_{\mu\nu}T^{\mu\rho}{}_\sigma$$

则根据规则 (B) 和 (C), $S_\nu{}^\rho{}_\sigma$ 也是一个张量. 类似地, 如果我们取一个协变的或混合的张量 T 和逆变度规张量 $g^{\mu\nu}$ 的直积, 再把指标 μ 和 T 的一个协变指标缩并, 我们便得到一个该协变指标被逆变指标 μ 代替的新张量. 例如, 如果 $S_\mu{}^\rho{}_\sigma$ 是一个张量, 我们又定义

$$R^{\nu\rho}{}_\sigma \equiv g^{\mu\nu}S_\mu{}^\rho{}_\sigma$$

则 $R^{\nu\rho}{}_\sigma$ 也是一个张量. 注意把一个指标降下来, 又再把它升上去, 则回到原来的张量; 例如, 在上面所举的例子里, 我们把 T 的一个指标降下来得到 S, 然后再把它升上去得到 R, 则 $R = T$, 因为

$$R^{\nu\rho}{}_\sigma \equiv g^{\mu\nu}S_\mu{}^\rho{}_\sigma \equiv g^{\mu\nu}g_{\mu\lambda}T^{\lambda\rho}{}_\sigma$$

$$= \delta^{\nu}{}_{\lambda} T^{\lambda \rho}{}_{\sigma} = T^{\nu \rho}{}_{\sigma}$$

通过上升和下降指标, 我们可以把有 N 个指标的一个张量用 2^N 个不同的方式写出来. 因为它们在物理上都是等价的, 所以对全部 2^N 个张量用同一符号是很方便的. 它们的区别仅仅是它们的指标的位置.

为完整起见还应当指出, 上升度规张量 $g_{\mu\nu}$ 的一个指标, 或者下降逆度规张量 $g^{\mu\nu}$ 的一个指标后得到的张量正好就是 Kronecker 张量, 因为

$$g^{\mu\lambda} g_{\lambda\nu} = \delta^{\mu}{}_{\nu}$$

[98]

还有, 把 $g_{\mu\nu}$ 的两个指标都上升就得到逆张量

$$g^{\lambda\mu} g^{\kappa\nu} g_{\mu\nu} = g^{\lambda\mu} \delta^{\kappa}{}_{\mu} = g^{\lambda\kappa}$$

而下降 $g^{\lambda\kappa}$ 的两个指标便得到度规张量 $g_{\mu\nu}$.

读者将会看到这里所讨论的张量代数和在狭义相对论那一章所讨论的完全一样 (参看 2.5 节), 只有一个重要的区别: 即至今我尚未谈到的微分运算. 这是因为一个张量的微分一般并不是一个张量. 在第 6 节我们将看到, 存在一类称为协变微分的微分运算, 它又多提供一种构造其它张量的途径.

4.4 张量密度

尽管张量到处都有, 但张量的变换规律却并不是不可违反的. 一个非常重要的非张量的例子就是度规张量的行列式

$$g \equiv -\mathrm{Det}\, g_{\mu\nu} \tag{4.4.1}$$

度规张量的变换规则可以看成一个矩阵方程

$$g'_{\mu\nu} = \frac{\partial x^{\rho}}{\partial x'^{\mu}} g_{\rho\sigma} \frac{\partial x^{\sigma}}{\partial x'^{\nu}}$$

取其行列式, 我们得到

$$g' = \left| \frac{\partial x}{\partial x'} \right|^2 g \tag{4.4.2}$$

其中 $|\partial x / \partial x'|$ 是变换 $x' \to x$ 的 Jacobi 行列式; 即矩阵 $\partial x^{\rho} / \partial x'^{\mu}$ 的行列式. 一个像 g 这样的量, 它的变换比标量变换多出几个 Jacobi 行列式因子, 称为标量密度. 类似地, 一个量, 其变换比张量的多出几个 Jacobi 行列式因子的, 称为张量密度. 行列式 $|\partial x' / \partial x|$ 因子的数目称为密度的权; 例如, 由 (4.4.2) 我们看到, g 是一个权为 -2 的密度, 因为

$$\left| \frac{\partial x}{\partial x'} \right| = \left| \frac{\partial x'}{\partial x} \right|^{-1} \tag{4.4.3}$$

这可以从取下面方程的行列式得到

$$\frac{\partial x^\mu}{\partial x'^\lambda}\frac{\partial x'^\lambda}{\partial x^\nu} = \delta^\mu_{\ \nu}$$

[99]　任何权为 W 的张量密度都可表示成一个通常的张量乘上因子 $g^{-W/2}$. 例如, 一个权为 W 的张量密度 $\mathscr{I}^\mu_{\ \nu}$ 的变换规则为

$$\mathscr{I}'^\mu_{\ \nu} = \left|\frac{\partial x'}{\partial x}\right|^W \frac{\partial x'^\mu}{\partial x^\lambda}\frac{\partial x^\kappa}{\partial x'^\nu}\mathscr{I}^\lambda_{\ \kappa} \tag{4.4.4}$$

利用 (4.4.2), 我们得到

$$g'^{W/2}\mathscr{I}'^\mu_{\ \nu} = \frac{\partial x'^\mu}{\partial x^\lambda}\frac{\partial x^\kappa}{\partial x'^\nu}g^{W/2}\mathscr{I}^\lambda_{\ \kappa} \tag{4.4.5}$$

　　张量密度的重要性来自积分运算[4] 的基本定理, 即在一般坐标变换 $x \to x'$ 下, 体积元 $\mathrm{d}^4 x$ 变为

$$\mathrm{d}^4 x' = \left\|\frac{\partial x'}{\partial x}\right\| \mathrm{d}^4 x \tag{4.4.6}$$

因此 $\mathrm{d}^4 x$ 和一个权为 -1 的张量密度的乘积的变换和通常张量的变换一样, 特别地, $\sqrt{g}\mathrm{d}^4 x$ 构成一个不变的体积元.
　　有一个张量密度, 它的分量在一切坐标系里都相同; 这就是 Levi-Civita 张量密度 $\varepsilon^{\mu\nu\lambda\kappa}$. 为了在一般坐标系里定义这个量, 我们必须先随意地编一个坐标指标的顺序作为参考顺序, 如 x, y, z, t 或 r, θ, φ, t 等. 然后定义 $\varepsilon^{\mu\nu\lambda\kappa}$ 为

$$\varepsilon^{\mu\nu\lambda\kappa} = \begin{cases} +1 & \mu\nu\lambda\kappa \text{ 为参考顺序的偶置换} \\ -1 & \mu\nu\lambda\kappa \text{ 为参考顺序的奇置换} \\ 0 & \mu\nu\lambda\kappa \text{ 中某几个指标相同} \end{cases} \tag{4.4.7}$$

为了看出这是一个张量密度, 让我们考虑下面的量

$$\frac{\partial x'^\rho}{\partial x^\mu}\frac{\partial x'^\sigma}{\partial x^\nu}\frac{\partial x'^\eta}{\partial x^\lambda}\frac{\partial x'^\xi}{\partial x^\kappa}\varepsilon^{\mu\nu\lambda\kappa} \tag{4.4.8}$$

注意到, 这个量对指标 ρ, σ, η, ξ 是完全反对称的, 因而正比于 $\varepsilon^{\rho\sigma\eta\xi}$. 为了定出比例常数, 令 $\rho\sigma\eta\xi$ 取参考顺序的值; 于是 (4.4.8) 恰好是 $|\partial x'/\partial x|$ 的行列式, 所以

$$\frac{\partial x'^\rho}{\partial x^\mu}\frac{\partial x'^\sigma}{\partial x^\nu}\frac{\partial x'^\eta}{\partial x^\lambda}\frac{\partial x'^\xi}{\partial x^\kappa}\varepsilon^{\mu\nu\lambda\kappa} = \left|\frac{\partial x'}{\partial x}\right|\varepsilon^{\rho\sigma\eta\xi} \tag{4.4.9}$$

因此 $\varepsilon^{\mu\nu\lambda\kappa}$ 是权为 -1 的张量密度. 我们可以用 $g^{-1/2}$ 乘 $\varepsilon^{\mu\nu\lambda\kappa}$ 构成一个普通的逆变张量. 我们也可以按通常的方式把指标降下构成一个协变张量密度, 即

$$\varepsilon_{\rho\sigma\eta\xi} \equiv g_{\rho\mu}g_{\sigma\nu}g_{\eta\lambda}g_{\xi\kappa}\varepsilon^{\mu\nu\lambda\kappa} \tag{4.4.10}$$

它对指标是反对称的, 因而正比于 $\varepsilon^{\rho\sigma\eta\xi}$. 令 $\rho\sigma\eta\xi$ 的顺序和参考顺序相同, 我们得到比例常数必须为 $-g$, 所以 [100]

$$\varepsilon_{\rho\sigma\eta\xi} = -g\varepsilon^{\rho\sigma\eta\xi} \tag{4.4.11}$$

读者不难验证, $\varepsilon_{\rho\sigma\eta\xi}$ 是权为 -1 的协变张量密度.

张量代数的法则可以容易地推广到包含张量密度的情形.

(A) 权同为 W 的两个张量密度的线性组合仍然是权为 W 的张量密度.

(B) 权为 W_1, W_2 的两个张量密度的直积构成一个权为 $W_1 + W_2$ 的张量密度.

(C) 权为 W 的张量密度的指标的缩并得到权为 W 的张量密度. 由 (B) 和 (C) 推得, 指标的升降并不改变张量密度的权.

4.5 仿射联络的变换

除了张量密度这个相当浅显的例子外, 物理规律中广泛使用的另一个非常重要的非张量就是仿射联络. 我们记得它的定义是

$$\Gamma^{\lambda}_{\mu\nu} = \frac{\partial x^{\lambda}}{\partial \xi^{\alpha}}\frac{\partial^2 \xi^{\alpha}}{\partial x^{\mu}\partial x^{\nu}} \tag{4.5.1}$$

其中 $\xi^{\alpha}(x)$ 是局部惯性坐标系. 从 x^{μ} 变到另一个坐标系 x'^{μ}, 我们得到

$$\begin{aligned}
\Gamma'^{\lambda}_{\mu\nu} &\equiv \frac{\partial x'^{\lambda}}{\partial \xi^{\alpha}}\frac{\partial^2 \xi^{\alpha}}{\partial x'^{\mu}\partial x'^{\nu}} = \frac{\partial x'^{\lambda}}{\partial x^{\rho}}\frac{\partial x^{\rho}}{\partial \xi^{\alpha}}\frac{\partial}{\partial x'^{\mu}}\left(\frac{\partial x^{\sigma}}{\partial x'^{\nu}}\frac{\partial \xi^{\alpha}}{\partial x^{\sigma}}\right) \cdot \\
&= \frac{\partial x'^{\lambda}}{\partial x^{\rho}}\frac{\partial x^{\rho}}{\partial \xi^{\alpha}}\left[\frac{\partial x^{\sigma}}{\partial x'^{\nu}}\frac{\partial x^{\tau}}{\partial x'^{\mu}}\frac{\partial^2 \xi^{\alpha}}{\partial x^{\tau}\partial x^{\sigma}} + \frac{\partial^2 x^{\sigma}}{\partial x'^{\mu}\partial x'^{\nu}}\frac{\partial \xi^{\alpha}}{\partial x^{\sigma}}\right]
\end{aligned}$$

利用 (4.5.1) 它就等于

$$\Gamma'^{\lambda}_{\mu\nu} = \frac{\partial x'^{\lambda}}{\partial x^{\rho}}\frac{\partial x^{\tau}}{\partial x'^{\mu}}\frac{\partial x^{\sigma}}{\partial x'^{\nu}}\Gamma^{\rho}_{\tau\sigma} + \frac{\partial x'^{\lambda}}{\partial x^{\rho}}\frac{\partial^2 x^{\rho}}{\partial x'^{\mu}\partial x'^{\nu}} \tag{4.5.2}$$

假如 $\Gamma^{\lambda}_{\mu\nu}$ 是张量, 右边第一项就是我们所期望的; 第二项是非齐次的, 就是这一项使 $\Gamma^{\lambda}_{\mu\nu}$ 成为非张量.

张量分析提供了一个非常简单的方法来建立 $\Gamma^{\lambda}_{\mu\nu}$ 和 $g_{\mu\nu}$ 之间的关系. [101]

注意到

$$
\begin{aligned}
\frac{\partial}{\partial x'^{\kappa}} g'_{\mu\nu} &= \frac{\partial}{\partial x'^{\kappa}} \left(g_{\rho\sigma} \frac{\partial x^{\rho}}{\partial x'^{\mu}} \frac{\partial x^{\sigma}}{\partial x'^{\nu}} \right) \\
&= \frac{\partial g_{\rho\sigma}}{\partial x^{\tau}} \frac{\partial x^{\tau}}{\partial x'^{\kappa}} \frac{\partial x^{\rho}}{\partial x'^{\mu}} \frac{\partial x^{\sigma}}{\partial x'^{\nu}} + g_{\rho\sigma} \frac{\partial^2 x^{\rho}}{\partial x'^{\kappa} \partial x'^{\mu}} \frac{\partial x^{\sigma}}{\partial x'^{\nu}} \\
&\quad + g_{\rho\sigma} \frac{\partial^2 x^{\rho}}{\partial x'^{\kappa} \partial x'^{\nu}} \frac{\partial x^{\sigma}}{\partial x'^{\mu}}
\end{aligned}
$$

所以

$$
\begin{aligned}
&\frac{\partial}{\partial x'^{\mu}} g'_{\kappa\nu} + \frac{\partial}{\partial x'^{\nu}} g'_{\kappa\mu} - \frac{\partial}{\partial x'^{\kappa}} g'_{\mu\nu} \\
&= \frac{\partial x^{\tau}}{\partial x'^{\kappa}} \frac{\partial x^{\rho}}{\partial x'^{\mu}} \frac{\partial x^{\sigma}}{\partial x'^{\nu}} \left(\frac{\partial g_{\sigma\tau}}{\partial x^{\rho}} + \frac{\partial g_{\rho\tau}}{\partial x^{\sigma}} - \frac{\partial g_{\rho\sigma}}{\partial x^{\tau}} \right) \\
&\quad + 2 g_{\rho\sigma} \frac{\partial^2 x^{\rho}}{\partial x'^{\mu} \partial x'^{\nu}} \frac{\partial x^{\sigma}}{\partial x'^{\kappa}}
\end{aligned}
$$

由此得到

$$
\left\{ \begin{matrix} \lambda \\ \mu\nu \end{matrix} \right\}' = \frac{\partial x'^{\lambda}}{\partial x^{\rho}} \frac{\partial x^{\tau}}{\partial x'^{\mu}} \frac{\partial x^{\sigma}}{\partial x'^{\nu}} \left\{ \begin{matrix} \rho \\ \tau\sigma \end{matrix} \right\} + \frac{\partial x'^{\lambda}}{\partial x^{\rho}} \frac{\partial^2 x^{\rho}}{\partial x'^{\mu} \partial x'^{\nu}} \tag{4.5.3}
$$

其中

$$
\left\{ \begin{matrix} \lambda \\ \mu\nu \end{matrix} \right\} \equiv \frac{1}{2} g^{\lambda\kappa} \left[\frac{\partial g_{\kappa\nu}}{\partial x^{\mu}} + \frac{\partial g_{\kappa\mu}}{\partial x^{\nu}} - \frac{\partial g_{\mu\nu}}{\partial x^{\kappa}} \right] \tag{4.5.4}
$$

从 (4.5.2) 中减去 (4.5.3), 我们便会看到, $\Gamma^{\lambda}_{\mu\nu}$ 减 $\left\{ \begin{matrix} \lambda \\ \mu\nu \end{matrix} \right\}$ 是一个张量

$$
\left[\Gamma^{\lambda}_{\mu\nu} - \left\{ \begin{matrix} \lambda \\ \mu\nu \end{matrix} \right\} \right]' = \frac{\partial x'^{\lambda}}{\partial x^{\rho}} \frac{\partial x^{\tau}}{\partial x'^{\mu}} \frac{\partial x^{\sigma}}{\partial x'^{\nu}} \left[\Gamma^{\rho}_{\tau\sigma} - \left\{ \begin{matrix} \rho \\ \tau\sigma \end{matrix} \right\} \right] \tag{4.5.5}
$$

等效原理告诉我们在一给定点 X 存在一个没有引力效应的特殊的坐标系 ξ_X. 在这个参考系里可以没有引力作用在自由粒子上, 所以 $\Gamma^{\lambda}_{\mu\nu}$ 为零, 在相隔无限小的两点之间, 又可以没有引力红移, 所以 $g_{\mu\nu}$ 的一阶导数为零. 因为在局部惯性坐标系里 $\Gamma^{\rho}_{\tau\sigma} - \left\{ \begin{matrix} \rho \\ \tau\sigma \end{matrix} \right\}$ 等于零, 又因为它是一个张量, 所以在一切坐标系里也必为零, 这就是说

$$
\Gamma^{\lambda}_{\mu\nu} = \left\{ \begin{matrix} \lambda \\ \mu\nu \end{matrix} \right\} \tag{4.5.6}
$$

掌握 $\Gamma^{\lambda}_{\mu\nu}$ 变换规则中的非齐次项的其它表达式是很有用的. 对 x'^{μ} 微商如下恒等式:

$$\frac{\partial x'^{\lambda}}{\partial x^{\rho}}\frac{\partial x^{\rho}}{\partial x'^{\nu}} = \delta^{\lambda}_{\nu}$$

我们立刻便得到

[102]

$$\frac{\partial x'^{\lambda}}{\partial x^{\rho}}\frac{\partial^2 x^{\rho}}{\partial x'^{\mu}\partial x'^{\nu}} = -\frac{\partial x^{\rho}}{\partial x'^{\nu}}\frac{\partial x^{\sigma}}{\partial x'^{\mu}}\frac{\partial^2 x'^{\lambda}}{\partial x^{\rho}\partial x^{\sigma}} \tag{4.5.7}$$

由此我们可将 (4.5.2) 写成

$$\Gamma'^{\lambda}_{\mu\nu} = \frac{\partial x'^{\lambda}}{\partial x^{\rho}}\frac{\partial x^{\tau}}{\partial x'^{\mu}}\frac{\partial x^{\sigma}}{\partial x'^{\nu}}\Gamma^{\rho}_{\tau\sigma} - \frac{\partial x^{\rho}}{\partial x'^{\nu}}\frac{\partial x^{\sigma}}{\partial x'^{\mu}}\frac{\partial^2 x'^{\lambda}}{\partial x^{\rho}\partial x^{\sigma}} \tag{4.5.8}$$

先进行逆变换 $x' \to x$, 然后解出 $\Gamma^{\lambda}{}_{\mu\nu}$ 我们得到的正好就是上述表达式.

现在我们可以利用广义协变原理, 对自由降落的粒子所遵从的运动方程

$$\frac{\mathrm{d}^2 x^{\mu}}{\mathrm{d}\tau^2} + \Gamma^{\mu}_{\nu\lambda}\frac{\mathrm{d}x^{\nu}}{\mathrm{d}\tau}\frac{\mathrm{d}x^{\lambda}}{\mathrm{d}\tau} = 0 \tag{4.5.9}$$

作出另外的证明了. 上式中

$$\mathrm{d}\tau^2 = -g_{\mu\nu}\mathrm{d}x^{\mu}\mathrm{d}x^{\nu} \tag{4.5.10}$$

首先注意到, (4.5.9) 和 (4.5.10) 在没有引力场时是正确的. 因为令 $\Gamma^{\mu}_{\nu\lambda}$ 等于零, $g_{\mu\nu}$ 等于 $\eta_{\mu\nu}$ 就得到

$$\frac{\mathrm{d}^2 x^{\mu}}{\mathrm{d}\tau^2} = 0, \quad \mathrm{d}\tau^2 = -\eta_{\mu\nu}\mathrm{d}x^{\mu}\mathrm{d}x^{\nu}$$

这正是在狭义相对论中自由粒子的运动方程. 其次, 注意到 (4.5.9) 和 (4.5.10) 在一般坐标变换下是不变的, 因为

$$\begin{aligned}\frac{\mathrm{d}^2 x'^{\mu}}{\mathrm{d}\tau^2} &= \frac{\mathrm{d}}{\mathrm{d}\tau}\left(\frac{\partial x'^{\mu}}{\partial x^{\nu}}\frac{\mathrm{d}x^{\nu}}{\mathrm{d}\tau}\right) \\ &= \frac{\partial x'^{\mu}}{\partial x^{\nu}}\frac{\mathrm{d}^2 x^{\nu}}{\mathrm{d}\tau^2} + \frac{\partial^2 x'^{\mu}}{\partial x^{\nu}\partial x^{\lambda}}\frac{\mathrm{d}x^{\lambda}}{\mathrm{d}\tau}\frac{\mathrm{d}x^{\nu}}{\mathrm{d}\tau}\end{aligned}$$

而由 (4.5.8) 得出

$$\Gamma'^{\mu}_{\sigma\tau}\frac{\mathrm{d}x'^{\sigma}}{\mathrm{d}\tau}\frac{\mathrm{d}x'^{\tau}}{\mathrm{d}\tau} = \frac{\partial x'^{\mu}}{\partial x^{\nu}}\Gamma^{\nu}_{\lambda\rho}\frac{\mathrm{d}x^{\lambda}}{\mathrm{d}\tau}\frac{\mathrm{d}x^{\rho}}{\mathrm{d}\tau} - \frac{\partial^2 x'^{\mu}}{\partial x^{\nu}\partial x^{\lambda}}\frac{\mathrm{d}x^{\lambda}}{\mathrm{d}\tau}\frac{\mathrm{d}x^{\nu}}{\mathrm{d}\tau}$$

把这两个方程相加我们发现方程 (4.5.9) 的左边是一个矢量, 即

$$\frac{\mathrm{d}^2 x'^{\mu}}{\mathrm{d}\tau^2} + \Gamma'^{\mu}_{\nu\lambda}\frac{\mathrm{d}x'^{\nu}}{\mathrm{d}\tau}\frac{\mathrm{d}x'^{\lambda}}{\mathrm{d}\tau}$$

$$= \frac{\partial x'^\mu}{\partial x^\kappa} \left(\frac{\mathrm{d}^2 x^\kappa}{\mathrm{d}\tau^2} + \varGamma^\kappa_{\sigma\rho} \frac{\mathrm{d}x^\sigma}{\mathrm{d}\tau} \frac{\mathrm{d}x^\rho}{\mathrm{d}\tau} \right) \tag{4.5.11}$$

这样一来, 方程 (4.5.9) 和 (4.5.10) 显然就是协变的了. 于是广义协变原理告诉我们 (4.5.9) 和 (4.5.10) 在一般引力场中是正确的, 因为重复第一节的理由, 它们若在任意一个坐标系中成立则在所有的坐标系中均成立, 而在局部惯性坐标系里它们的确是成立的.

[103] ## 4.6 协变微分

前面已经说过, 张量的微分一般并不是张量. 例如, 考虑一个逆变张量 V^μ, 其变换律是

$$V'^\mu = \frac{\partial x'^\mu}{\partial x^\nu} V^\nu$$

对 x'^λ 求微商便得到

$$\frac{\partial V'^\mu}{\partial x'^\lambda} = \frac{\partial x'^\mu}{\partial x^\nu} \frac{\partial x^\rho}{\partial x'^\lambda} \frac{\partial V^\nu}{\partial x^\rho} + \frac{\partial^2 x'^\mu}{\partial x^\nu \partial x^\rho} \frac{\partial x^\rho}{\partial x'^\lambda} V^\nu \tag{4.6.1}$$

右边第一项是假如 $\partial V^\mu/\partial x^\lambda$ 为张量时我们所期望的; 第二项则破坏了张量的性质.

虽然 $\partial V^\mu/\partial x^\lambda$ 不是张量, 我们却可以利用它来构造一个张量. 利用方程 (4.5.8), 我们看到

$$\begin{aligned} \varGamma'^\mu_{\lambda\kappa} V'^\kappa &= \left[\frac{\partial x'^\mu}{\partial x^\nu} \frac{\partial x^\rho}{\partial x'^\lambda} \frac{\partial x^\sigma}{\partial x'^\kappa} \varGamma^\nu_{\rho\sigma} - \frac{\partial^2 x'^\mu}{\partial x^\rho \partial x^\sigma} \frac{\partial x^\rho}{\partial x'^\lambda} \frac{\partial x^\sigma}{\partial x'^\kappa} \right] \frac{\partial x'^\kappa}{\partial x^\eta} V^\eta \\ &= \frac{\partial x'^\mu}{\partial x^\nu} \frac{\partial x^\rho}{\partial x'^\lambda} \varGamma^\nu_{\rho\sigma} V^\sigma - \frac{\partial^2 x'^\mu}{\partial x^\rho \partial x^\sigma} \frac{\partial x^\rho}{\partial x'^\lambda} V^\sigma \end{aligned} \tag{4.6.2}$$

把 (4.6.1) 和 (4.6.2) 相加, 我们便发现非齐次项消去了, 于是得到

$$\frac{\partial V'^\mu}{\partial x'^\lambda} + \varGamma'^\mu_{\lambda\kappa} V'^\kappa = \frac{\partial x'^\mu}{\partial x^\nu} \frac{\partial x^\rho}{\partial x'^\lambda} \left(\frac{\partial V^\nu}{\partial x^\rho} + \varGamma^\nu_{\rho\sigma} V^\sigma \right) \tag{4.6.3}$$

这就启发我们定义一个协变导数为

$$V^\mu{}_{;\lambda} \equiv \frac{\partial V^\mu}{\partial x^\lambda} + \varGamma^\mu_{\lambda\kappa} V^\kappa \tag{4.6.4}$$

而 (4.6.3) 则告诉我们, $V^\mu{}_{;\lambda}$ 是一个张量:

$$V'^\mu{}_{;\lambda} = \frac{\partial x'^\mu}{\partial x^\nu} \frac{\partial x^\rho}{\partial x'^\lambda} V^\nu{}_{;\rho}$$

我们也可以对协变矢量 V_μ 定义协变导数. 忆及协变矢量的变换律是:

$$V'_\mu = \frac{\partial x^\rho}{\partial x'^\mu} V_\rho$$

对 x'^ν 求微商:

$$\frac{\partial V'_\mu}{\partial x'^\nu} = \frac{\partial x^\rho}{\partial x'^\mu} \frac{\partial x^\sigma}{\partial x'^\nu} \frac{\partial V_\rho}{\partial x^\sigma} + \frac{\partial^2 x^\rho}{\partial x'^\mu \partial x'^\nu} V_\rho \tag{4.6.5}$$

由 (4.5.2) 我们得到

[104]

$$\begin{aligned}
\Gamma'^\lambda_{\mu\nu} V'_\lambda &= \left[\frac{\partial x'^\lambda}{\partial x^\tau} \frac{\partial x^\rho}{\partial x'^\mu} \frac{\partial x^\sigma}{\partial x'^\nu} \Gamma^\tau_{\rho\sigma} + \frac{\partial x'^\lambda}{\partial x^\tau} \frac{\partial^2 x^\tau}{\partial x'^\mu \partial x'^\nu} \right] \frac{\partial x^\kappa}{\partial x'^\lambda} V_\kappa \\
&= \frac{\partial x^\rho}{\partial x'^\mu} \frac{\partial x^\sigma}{\partial x'^\nu} \Gamma^\kappa_{\rho\sigma} V_\kappa + \frac{\partial^2 x^\kappa}{\partial x'^\mu \partial x'^\nu} V_\kappa \tag{4.6.6}
\end{aligned}$$

如果从 (4.6.5) 中减去 (4.6.6), 非齐次项就可消去:

$$\frac{\partial V'_\mu}{\partial x'^\nu} - \Gamma'^\lambda_{\mu\nu} V'_\lambda = \frac{\partial x^\rho}{\partial x'^\mu} \frac{\partial x^\sigma}{\partial x'^\nu} \left(\frac{\partial V_\rho}{\partial x^\sigma} - \Gamma^\kappa_{\rho\sigma} V_\kappa \right) \tag{4.6.7}$$

由此我们便可定义协变矢量的协变导数

$$V_{\mu;\nu} = \frac{\partial V_\mu}{\partial x^\nu} - \Gamma^\lambda_{\mu\nu} V_\lambda \tag{4.6.8}$$

而方程 (4.6.7) 告诉我们 $V_{\mu;\nu}$ 是一个张量:

$$V'_{\mu;\nu} = \frac{\partial x^\rho}{\partial x'^\mu} \frac{\partial x^\sigma}{\partial x'^\nu} V_{\rho;\sigma} \tag{4.6.9}$$

这些定义推广到一般张量的办法是很明显的, 一个张量 $T\overset{\cdots}{\cdots}$ 对 x^ρ 的协变导数等于 $\partial T\overset{\cdots}{\cdots}/\partial x^\rho$, 再对每一个逆变指标 μ 加上一项等于 $\Gamma^\mu_{\nu\rho}$ 乘上 μ 换成 ν 后的 T, 对每一个协变指标 λ 减去一项等于 $\Gamma^\kappa_{\lambda\rho}$ 乘上 λ 换成 κ 的 T. 例如,

$$T^{\mu\sigma}{}_{\lambda;\rho} = \frac{\partial}{\partial x^\rho} T^{\mu\sigma}{}_\lambda + \Gamma^\mu_{\rho\nu} T^{\nu\sigma}{}_\lambda + \Gamma^\sigma_{\rho\nu} T^{\mu\nu}{}_\lambda - \Gamma^\kappa_{\lambda\rho} T^{\mu\sigma}{}_\kappa \tag{4.6.10}$$

读者容易证明这确是一个张量.

我们也可以把协变微商的思想推广到张量密度. 最容易的作法是: 记得如果 $\mathscr{G}$ 是一个权为 W 的张量密度, $g^{W/2}\mathscr{G}$ 就是一个普通的张量. 它的协变导数亦是一个张量, 乘上 $g^{-W/2}$ 后, 就又回到权为 W 的张量密度. 因此权为 W 的张量密度的协变导数定义为

$$\mathscr{G}\overset{\cdots}{\cdots}{}_{;\rho} \equiv g^{-W/2}(g^{W/2}\mathscr{G}\overset{\cdots}{\cdots})_{;\rho} \tag{4.6.11}$$

没有必要再验证这确是一个权为 W 的张量密度了. 效果是, 构造一个权为 W 的张量密度对 x^ρ 的协变导数和普通张量的作法一样, 不同的只是多加了一项 $(W/2g)\mathscr{G}\overset{\cdots}{\cdots}(\partial g/\partial x^\rho)$. 例如

$$\mathscr{G}^\mu{}_{\lambda;\rho} \equiv \frac{\partial}{\partial x^\rho} \mathscr{G}^\mu{}_\lambda + \Gamma^\mu_{\rho\nu} \mathscr{G}^\nu{}_\lambda - \Gamma^\kappa_{\lambda\rho} \mathscr{G}^\mu{}_\kappa + \frac{W}{2g} \frac{\partial g}{\partial x^\rho} \mathscr{G}^\mu{}_\lambda \tag{4.6.12}$$

　　　　把协变微商和第 3 节介绍的代数运算相结合所得出的结果和通常的微商的结果相似. 具体说:

(A) 张量线性组合 (带常数系数) 的协变导数等于协变导数的同样线性组合. 例如, 设 α 和 β 是常数, 则

$$(\alpha A^\mu{}_\nu + \beta B^\mu{}_\nu)_{;\lambda} = \alpha A^\mu{}_{\nu;\lambda} + \beta B^\mu{}_{\nu;\lambda} \tag{4.6.13}$$

(B) 张量直积的协变导数遵从 Leibniz 法则. 例如,

$$(A^\mu{}_\nu B^\lambda)_{;\rho} = A^\mu{}_{\nu;\rho} B^\lambda + A^\mu{}_\nu B^\lambda{}_{;\rho} \tag{4.6.14}$$

(C) 缩并张量的协变导数等于协变导数的缩并. 例如, 令方程 (4.6.10) 中的 σ, λ 相等 $\sigma = \lambda$, 于是得到

$$T^{\mu\lambda}{}_{\lambda;\rho} = \frac{\partial}{\partial x^\rho} T^{\mu\lambda}{}_\lambda + \Gamma^\mu_{\rho\nu} T^{\nu\lambda}{}_\lambda \tag{4.6.15}$$

后面两项抵消了.

　　　　我们还注意到, 度规张量的协变导数等于零, 因为它在 $\Gamma^\mu_{\nu\lambda}$ 和 $\partial g_{\mu\nu}/\partial x^\lambda$ 为零的局部惯性坐标系里等于零, 而张量在一个坐标系里为零, 就在一切坐标系里也都为零. 这个结果可以更直接地得到, 注意

$$g_{\mu\nu;\lambda} = \frac{\partial g_{\mu\nu}}{\partial x^\lambda} - \Gamma^\rho_{\lambda\mu} g_{\rho\nu} - \Gamma^\rho_{\lambda\nu} g_{\rho\mu}$$

方程 (3.3.1) 告诉我们, 这个式子等于零:

$$g_{\mu\nu;\lambda} = 0 \tag{4.6.16}$$

(这个等式可以反过来对 $g_{\mu\nu}$ 和 $\Gamma^\lambda{}_{\mu\nu}$ 的关系式提供另一种推导方法) 用同样的方法我们还可以证明其它形式的度规张量的协变导数也等于零, 即

$$g^{\mu\nu}{}_{;\lambda} = 0 \tag{4.6.17}$$

$$\delta^\mu_{\nu;\lambda} = 0 \tag{4.6.18}$$

从 (4.6.16)—(4.6.18) 推出, 协变微商的运算和升降指标的运算是对易的; 例如

$$(g^{\mu\nu} V_\nu)_{;\lambda} = g^{\mu\nu} V_{\nu;\lambda} \tag{4.6.19}$$

　　　　协变微商的重要性在于它的两个特点: 它把张量变成张量, 在没有引力时, 即 $\Gamma^\mu_{\nu\lambda} = 0$ 时, 又化为普通的微商. 这些特点启示我们用下面的

算术方法来考虑引力对物理系统的影响: 写下在没有引力时成立的适当 [106] 的狭义相对论方程, 然后用 $g_{\mu\nu}$ 代替 $\eta_{\mu\nu}$, 用协变导数代替所有的导数. 所得到的方程是广义协变的, 没有引力时又是正确的. 于是根据广义协变原理, 它们在有引力场时也是正确的, 只要我们讨论的时空尺度与引力场的尺度相比起来始终充分小.

4.7 梯度, 旋度和散度

在一些特殊的情形下, 协变导数的形式特别简单. 自然, 最简单的是标量的协变导数, 它就是通常的梯度

$$S_{;\mu} = \frac{\partial S}{\partial x^\mu} \tag{4.7.1}$$

另一个简单的特例是协变旋度. 记得

$$V_{\mu;\nu} \equiv \frac{\partial V_\mu}{\partial x^\nu} - \Gamma^\lambda_{\mu\nu} V_\lambda$$

由于 $\Gamma^\lambda_{\mu\nu}$ 对 μ 和 ν 是对称的, 所以协变旋度就等于通常的旋度:

$$V_{\mu;\nu} - V_{\nu;\mu} = \frac{\partial V_\mu}{\partial x^\nu} - \frac{\partial V_\nu}{\partial x^\mu} \tag{4.7.2}$$

另一个稍为费事的特例是逆变矢量的协变散度

$$V^\mu_{;\mu} \equiv \frac{\partial V^\mu}{\partial x^\mu} + \Gamma^\mu_{\mu\lambda} V^\lambda \tag{4.7.3}$$

我们注意到 $\Gamma^\mu_{\mu\lambda}$ 等于

$$\begin{aligned}
\Gamma^\mu_{\mu\lambda} &= \frac{1}{2} g^{\mu\rho} \left\{ \frac{\partial g_{\rho\mu}}{\partial x^\lambda} + \frac{\partial g_{\rho\lambda}}{\partial x^\mu} - \frac{\partial g_{\mu\lambda}}{\partial x^\rho} \right\} \\
&= \frac{1}{2} g^{\mu\rho} \frac{\partial g_{\rho\mu}}{\partial x^\lambda}
\end{aligned} \tag{4.7.4}$$

我们可以很容易地计算它, 只要我们记得对任何矩阵 M, 总有

$$\mathrm{Tr} \left\{ M^{-1}(x) \frac{\partial}{\partial x^\lambda} M(x) \right\} = \frac{\partial}{\partial x^\lambda} \ln \mathrm{Det}\, M(x) \tag{4.7.5}$$

其中 Det 代表行列式, Tr 代表迹, 即对角元的和. 为了证明 (4.7.5), 让我 [107] 们考虑 x^λ 的一个变分 δx^λ 所引起的 $\ln \mathrm{Det}\, M$ 的变分:

$$\begin{aligned}
\delta \ln \mathrm{Det}\, M &= \ln \mathrm{Det}\, (M + \delta M) - \ln \mathrm{Det}\, M \\
&= \ln \frac{\mathrm{Det}\, (M + \delta M)}{\mathrm{Det}\, M}
\end{aligned}$$

$$= \ln \mathrm{Det}\, M^{-1}(M + \delta M)$$

$$= \ln \mathrm{Det}\, (1 + M^{-1}\delta M)$$

$$\to \ln(1 + \mathrm{Tr}\, M^{-1}\delta M) \to \mathrm{Tr}\, M^{-1}\delta M$$

两边除以系数 δx^λ 便得到方程 (4.7.5). 把 (4.7.5) 用于 M 取为矩阵 $g_{\rho\mu}$ 的情形, 由 (4.7.4) 我们便得到

$$\Gamma^\mu_{\mu\lambda} = \frac{1}{2}\frac{\partial}{\partial x^\lambda}\ln g = \frac{1}{\sqrt{g}}\frac{\partial}{\partial x^\lambda}\sqrt{g} \tag{4.7.6}$$

由 (4.7.3), 我们便得到协变散度应为

$$V^\mu{}_{;\mu} = \frac{1}{\sqrt{g}}\frac{\partial}{\partial x^\mu}\sqrt{g}V^\mu \tag{4.7.7}$$

一个直接的推论就是 Gauss 定理的协变形式: 如果 V^μ 在无限远处为零, 那么

$$\int \mathrm{d}^4 x \sqrt{g} V^\mu{}_{;\mu} = 0 \tag{4.7.8}$$

注意, 这里出现因子 $\sqrt{g}$, 使 $\mathrm{d}^4 x \sqrt{g}$ 成为不变量.

我们也可以利用 (4.7.6) 来简化张量协变散度的公式. 例如

$$T^{\mu\nu}{}_{;\mu} \equiv \frac{\partial T^{\mu\nu}}{\partial x^\mu} + \Gamma^\mu_{\mu\lambda}T^{\lambda\nu} + \Gamma^\nu_{\mu\lambda}T^{\mu\lambda}$$

利用 (4.7.6), 我们得到

$$T^{\mu\nu}{}_{;\mu} = \frac{1}{\sqrt{g}}\frac{\partial}{\partial x^\mu}(\sqrt{g}T^{\mu\nu}) + \Gamma^\nu_{\mu\lambda}T^{\mu\lambda} \tag{4.7.9}$$

特别当 $T^{\mu\lambda} = -T^{\lambda\mu}$ 时, 最后一项等于零, 所以

$$A^{\mu\nu}{}_{;\mu} = \frac{1}{\sqrt{g}}\frac{\partial}{\partial x^\mu}(\sqrt{g}A^{\mu\nu}), \quad 当 A^{\mu\nu} 是反对称的. \tag{4.7.10}$$

还有一个相当重要的特例. 对一个协变张量 $A_{\mu\nu}$, 它的协变导数为

[108]

$$A_{\mu\nu;\lambda} \equiv \frac{\partial A_{\mu\nu}}{\partial x^\lambda} - \Gamma^\rho_{\mu\lambda}A_{\rho\nu} - \Gamma^\rho_{\nu\lambda}A_{\mu\rho}$$

假设 $A_{\mu\nu}$ 是反对称的, 即

$$A_{\mu\nu} = -A_{\nu\mu}$$

如果我们把 $A_{\mu\nu;\lambda}$ 加上两个把指标进行循环轮换的同一张量, 那么, 利用 $\Gamma^\rho_{\mu\lambda}$ 的对称性和 $A_{\rho\nu}$ 的反对称性, 我们便发现, 所有的 Γ 项都抵消了, 结果得到

$$\begin{aligned} &A_{\mu\nu;\lambda} + A_{\lambda\mu;\nu} + A_{\nu\lambda;\mu} \\ &= \frac{\partial A_{\mu\nu}}{\partial x^\lambda} + \frac{\partial A_{\lambda\mu}}{\partial x^\nu} + \frac{\partial A_{\nu\lambda}}{\partial x^\mu} \quad 当 A 为反对称张量 \end{aligned} \tag{4.7.11}$$

4.8 正交坐标系中的矢量分析*

读者也许会问, 本章所概述的张量分析的公式和经典的曲线坐标系里的梯度、旋度和散度的熟知的公式有些什么关系. 经典坐标系是一些三维坐标系, 其特征是其中 g_{ij} 为对角矩阵, 即

$$g_{ij} = h_i^2 \delta_{ij} \quad (i, j = 1, 2, 3) \tag{4.8.1}$$

其中 h_i 是坐标的某些函数 [5]. (这一节里暂时不用求和的约定) 于是逆度规张量等于

$$g^{ij} = h_i^{-2} \delta_{ij} \tag{4.8.2}$$

不变的固有距离元现在为

$$\mathrm{d}s^2 \equiv \sum_{i,j} g_{ij} \mathrm{d}x^i \mathrm{d}x^j = h_1^2 (\mathrm{d}x^1)^2 + h_2^2 (\mathrm{d}x^2)^2 + h_3^2 (\mathrm{d}x^3)^2 \tag{4.8.3}$$

不变的体积元为

$$\mathrm{d}V \equiv (\mathrm{Det}\, g)^{1/2} \mathrm{d}x^1 \mathrm{d}x^2 \mathrm{d}x^3 = h_1 h_2 h_3 \mathrm{d}x^1 \mathrm{d}x^2 \mathrm{d}x^3 \tag{4.8.4}$$

在基本运算中通常称为一个矢量 $\boldsymbol{V}$ 的分量的, 不是协变分量 V_i, 也不是逆变分量 V^i, 而是 "普通" 的分量 $\overline{V}_i$:

[109]

$$\overline{V}_i = h_i V^i = h_i^{-1} V_i \tag{4.8.5}$$

于是两个矢量的标积变得非常简单:

$$\boldsymbol{V} \cdot \boldsymbol{U} \equiv \sum_{ij} g_{ij} V^i U^j = \overline{V}_1 \overline{U}_1 + \overline{V}_2 \overline{U}_2 + \overline{V}_3 \overline{U}_3 \tag{4.8.6}$$

[当然, 这正是定义 (4.8.5) 的动机] 但标量的梯度就因而多少复杂了一点:

$$\boldsymbol{\nabla}_i S \equiv \overline{S}_{;i} = h_i^{-1} \frac{\partial S}{\partial x^i} \tag{4.8.7}$$

矢量 $\boldsymbol{V}$ 的旋度同样用矢量的 "普通" 分量来定义

$$(\boldsymbol{\nabla} \times \boldsymbol{V})_i \equiv h_i \sum_{jk} (\mathrm{Det}\, g)^{-1/2} \varepsilon^{ijk} V_{j;k}$$

$$= h_i \sum_{jk} (h_1 h_2 h_3)^{-1} \varepsilon^{ijk} \frac{\partial}{\partial x^j} h_k \overline{V}_k \tag{4.8.8}$$

(我们已用了 (4.7.2) 式, 因为 ε^{ijk} 关于 j 和 k 是反称的.) 例如, 旋度的第一个分量是

$$(\boldsymbol{\nabla} \times \boldsymbol{V})_1 = \frac{1}{h_2 h_3}\left(\frac{\partial}{\partial x^2}h_3\overline{V}_3 - \frac{\partial}{\partial x^3}h_2\overline{V}_2\right) \tag{4.8.9}$$

矢量 $\boldsymbol{V}$ 的散度就是协变散度 (4.7.7):

$$\boldsymbol{\nabla} \cdot \boldsymbol{V} \equiv \sum_i V^i{}_{;i} = (\operatorname{Det} g)^{-1/2}\sum_i \frac{\partial}{\partial x^i}(\operatorname{Det} g)^{1/2}V^i$$

$$= (h_1 h_2 h_3)^{-1}\left(\frac{\partial}{\partial x^1}h_2 h_3\overline{V}_1 + \frac{\partial}{\partial x^2}h_1 h_3\overline{V}_2 + \frac{\partial}{\partial x^3}h_1 h_2\overline{V}_3\right) \tag{4.8.10}$$

标量 S 的 Laplace 运算等于它的梯度的散度:

$$\boldsymbol{\nabla}^2 S \equiv \sum_{ij}(g^{ij}S_{;i})_{;j} \tag{4.8.11}$$

或把 (4.8.1 1) 和 (4.8.7) 结合起来

$$\boldsymbol{\nabla}^2 S \equiv (h_1 h_2 h_3)^{-1}\left[\frac{\partial}{\partial x^1}\frac{h_2 h_3}{h_1}\frac{\partial S}{\partial x^1} + \frac{\partial}{\partial x^2}\frac{h_1 h_3}{h_2}\frac{\partial S}{\partial x^2} + \frac{\partial}{\partial x^3}\frac{h_1 h_2}{h_3}\frac{\partial S}{\partial x^3}\right] \tag{4.8.12}$$

读者不难验证, 如果 h_i 取球坐标或柱坐标的具体形式就得到通常的梯度、旋度、散度和 Laplace 算符.

[110] 4.9 沿一曲线的协变微分

本章至今讨论的是定义在整个时空中的张量场, 现在我们来考虑只定义在一条曲线 $x^\mu(\tau)$ 上的张量 $T(\tau)$. 明显的例子如单粒子的动量 $P^\mu(\tau)$ 和自旋 $S_\mu(\tau)$. 对这样的张量, 谈论它对 x^μ 的协变微分当然是没有意义的, 但相对于作为曲线的参量的不变量 τ 可以定义协变导数.

首先考虑一个变换律为

$$A'^\mu(\tau) = \frac{\partial x'^\mu}{\partial x^\nu}A^\nu(\tau) \tag{4.9.1}$$

的逆变矢量 $A^\mu(\tau)$, 应当注意, 偏导数 $\partial x'^\mu/\partial x^\nu$ 是在 $x^\nu = x^\nu(\tau)$ 处计算的, 所以, 它依赖于 τ. 由此, 当我们对 τ 求微商时, 我们便得到两项,

$$\frac{\mathrm{d}A'^\mu(\tau)}{\mathrm{d}\tau} = \frac{\partial x'^\mu}{\partial x^\nu}\frac{\mathrm{d}A^\nu(\tau)}{\mathrm{d}\tau} + \frac{\partial^2 x'^\mu}{\partial x^\nu \partial x^\lambda}\frac{\mathrm{d}x^\lambda}{\mathrm{d}\tau}A^\nu(\tau) \tag{4.9.2}$$

二阶导数 $\partial^2 x'^\mu/\partial x^\nu \partial x^\lambda$ 和引起仿射联络的变换公式 (4.5.8) 中出现非齐次项的二阶导数相同, 所以我们把沿曲线 $x^\mu(\tau)$ 的协变导数定义为

$$\frac{DA^\mu}{D\tau} \equiv \frac{\mathrm{d}A^\mu}{\mathrm{d}\tau} + \Gamma^\mu_{\nu\lambda}\frac{\mathrm{d}x^\lambda}{\mathrm{d}\tau}A^\nu \tag{4.9.3}$$

于是方程 (4.5.8)、(4.9.1) 和 (4.9.2) 就表明这是一个矢量:

$$\frac{DA'^{\mu}}{D\tau} = \frac{\partial x'^{\mu}}{\partial x^{\nu}} \frac{DA^{\nu}}{D\tau} \tag{4.9.4}$$

(4.9.3) 和矢量场的协变导数的公式 (4.6.4) 之间的相似是显然的.

根据同样的考虑, 我们可将协变矢量 $B_{\mu}(\tau)$ 沿曲线 $x^{\mu}(\tau)$ 的协变导数定义为

$$\frac{DB_{\mu}}{D\tau} = \frac{dB_{\mu}}{d\tau} - \Gamma^{\lambda}_{\mu\nu} \frac{dx^{\nu}}{d\tau} B_{\lambda} \tag{4.9.5}$$

利用 (4.5.2) 很容易证明这确是一个矢量

$$\frac{DB'_{\mu}}{D\tau} = \frac{\partial x^{\nu}}{\partial x'^{\mu}} \frac{DB_{\nu}}{D\tau} \tag{4.9.6}$$

用同样的方法可以定义一般的张量 $T(\tau)$ 沿曲线 $x^{\mu}(\tau)$ 的协变导数, 即在 $dT/d\tau$ 上, 对每个上指标加上形如 (4.9.3) 的项, 对每一个下指标减去形如 (4.9.5) 的项. 例如

[111]

$$\frac{DT^{\mu}{}_{\nu}}{D\tau} = \frac{dT^{\mu}{}_{\nu}}{d\tau} + \Gamma^{\mu}_{\lambda\rho} \frac{dx^{\lambda}}{d\tau} T^{\rho}{}_{\nu} - \Gamma^{\sigma}_{\lambda\nu} \frac{dx^{\lambda}}{d\tau} T^{\mu}{}_{\sigma} \tag{4.9.7}$$

和

$$\frac{DT'^{\mu}{}_{\nu}}{D\tau} = \frac{\partial x'^{\mu}}{\partial x^{\rho}} \frac{\partial x^{\sigma}}{\partial x'^{\nu}} \frac{DT^{\rho}{}_{\sigma}}{D\tau} \tag{4.9.8}$$

第 6—8 节中介绍的协变微商的性质都不难推广到沿曲线的协变微商:

应当指出, 一个张量场沿曲线的协变导数可以用它的通常的协变导数来定义; 例如, 如果 $T^{\mu}{}_{\nu}$ 是一个张量场, 那么 (4.9.6) 给出

$$\frac{DT^{\mu}{}_{\nu}}{D\tau} = T^{\mu}{}_{\nu;\lambda} \frac{dx^{\lambda}}{d\tau} \tag{4.9.9}$$

但在第六章中我们将会看到, 沿曲线定义的那些张量不总是能扩大到张量场, 对于它们唯一可能有的协变导数就是导数 $D/D\tau$.

常有的情况是, 沿曲线运动的粒子所携带的矢量 $A^{\mu}(\tau)$, 如果从 $x(\tau)$ 点的局部惯性参考系 $\xi_{x(\tau)}$ 来看, 它不随 τ 改变 (质点的动量和自旋在纯粹引力作用下就是如此, 参看 5.1 节.) 在这个参考系里, 仿射联络和 $dA^{\mu}/d\tau$ 等于零. 所以

$$\frac{DA^{\mu}}{D\tau} = 0 \tag{4.9.10}$$

这是一个协变方程, 并且在 $x(\tau)$ 点的局部惯性系 $\xi_{x(\tau)}$ 里成立, 因而在所有坐标系里也都成立. 于是矢量 A^{μ} 应满足一阶微分方程

$$\frac{dA^{\mu}}{d\tau} = -\Gamma^{\mu}_{\nu\lambda} \frac{dx^{\lambda}}{d\tau} A^{\nu} \tag{4.9.11}$$

在某一个初始 τ 时给定了 A^μ 后, 上式就对所有的 τ 定义了 A^μ. 沿着曲线 $x^\mu(\tau)$ 定义矢量 $A^\mu(\tau)$ 的这种方式称为平行移动. 任何张量都可以用平行移动在一条曲线上定义, 只要沿该曲线的协变导数为零.

4.10 电磁类比*

[112] 我在本章第一节里就强调指出了, 广义协变性并不是一个像 Lorentz 不变性那样的通常的对称原理, 而是一个支配引力效应的动力学原理. 因此它和另一个 "动力学对称性", 即支配电磁场效应的局部规范不变性之间, 具有很强的相似性. 局部规范不变性说, 一组荷电场 $\psi(x)$ 和电磁势 $A_\alpha(x)$ 所满足的微分方程, 当这些场受下面的变换[6] 时保持同样的形式

$$\psi(x) \to \psi(x)\mathrm{e}^{\mathrm{i}e\varphi(x)} \tag{4.10.1}$$

$$A_\alpha(x) \to A_\alpha(x) + \frac{\partial}{\partial x^\alpha}\varphi(x) \tag{4.10.2}$$

其中 e 是由 ψ 代表的粒子的电荷, 而 $\varphi(x)$ 是时空坐标 x^α 的一个任意函数. 我们如何构造一个规范不变的方程呢? 注意到荷电场 ψ 的导数在规范变换下的性质和 ψ 不同, 它是

$$\frac{\partial}{\partial x^\alpha}\psi(x) \to \frac{\partial}{\partial x^\alpha}[\psi(x)\mathrm{e}^{\mathrm{i}e\varphi(x)}]$$
$$= \mathrm{e}^{\mathrm{i}e\varphi(x)}\left[\frac{\partial\psi(x)}{\partial x^\alpha} + \mathrm{i}e\psi(x)\frac{\partial\varphi(x)}{\partial x^\alpha}\right]$$

正如张量的导数在一般坐标变换下的性质和张量不同一样. 由此得知像下面这样的方程

$$(\Box^2 - m^2)\psi(x) = 0$$

其中

$$\Box^2 \equiv \eta^{\alpha\beta}\frac{\partial}{\partial x^\alpha}\frac{\partial}{\partial x^\beta}$$

不是规范不变的, 如同它不是广义协变一样. 还要注意的是, 电磁势 $A_\mu(x)$ 遵从非齐次的规范变换律, 如同仿射联络在一般坐标变换下遵从非齐次变换律 (4.5.2) 一样. 在张量分析里, 我们把张量导数和仿射联络放在一起构成和张量有同样变换性质的 "协变导数". 在电动力学里, 我们把场的导数和矢量势放在一起构成 "规范 – 协变导数"

$$\mathscr{D}_\alpha\psi(x) \equiv \left[\frac{\partial}{\partial x^\alpha} - \mathrm{i}eA_\alpha(x)\right]\psi(x) \tag{4.10.3}$$

它的变换和场本身的变换一样,

$$\mathscr{D}_\alpha\psi(x) \to [\mathscr{D}_\alpha\psi(x)]\mathrm{e}^{\mathrm{i}e\varphi(x)} \tag{4.10.4}$$

这个方程是在 φ 为常数的规范变换下保持不变 (这样的不变性等同于电荷守恒) 的方程, 只要它是由场 $\psi(x)$ 和它们的规范 – 协变导数 $\mathscr{D}_\alpha\psi(x)$ 组成的, 那么它在一般的规范变换 (4.10.1)—(4.10.2) 下也保持不变. 这正如在 Lorentz 变换下保持不变的方程, 只要它是由张量和它们的协变导数组成, 那么在一般坐标变换下也保持不变. 例如, 我们可以把描述电磁场同荷电标量场 $\psi(x)$ 相互作用的规范不变方程写成

[113]

$$[\eta^{\alpha\beta}\mathscr{D}_\alpha\mathscr{D}_\beta + m^2]\psi(x) = 0 \tag{4.10.5}$$

或更详细些写成

$$(\Box^2 - 2\mathrm{i}eA^\alpha\frac{\partial}{\partial x^\alpha} - \mathrm{i}e\frac{\partial A^\alpha}{\partial x^\alpha} - e^2A^\alpha A_\alpha + m^2)\psi(x) = 0$$

这种理论的一个重要特性就是它们允许构造一个规范不变的守恒流; 在这个例子里我们可以定义

$$J_\alpha(x) \equiv -\mathrm{i}e\{\psi^\dagger(x)\mathscr{D}_\alpha\psi(x) - \psi(x)[\mathscr{D}_\alpha\psi(x)]^\dagger\}$$

(剑号 "$\dagger$" 表示复共轭, 或在量子理论里表示 Hermite 共轭) 显然它是规范不变的; 为了看出它是守恒的, 我们只要写出:

$$\begin{aligned}
\frac{\partial}{\partial x^\alpha}J^\alpha(x) = -\mathrm{i}e\bigg\{ &\frac{\partial\psi^\dagger(x)}{\partial x^\alpha}\left(\frac{\partial\psi(x)}{\partial x^\alpha} - \mathrm{i}eA^\alpha(x)\psi(x)\right) \\
&-\frac{\partial\psi(x)}{\partial x^\alpha}\left(\frac{\partial\psi^\dagger(x)}{\partial x^\alpha} + \mathrm{i}eA^\alpha(x)\psi^\dagger(x)\right) \\
&+\psi^\dagger(x)(\mathscr{D}^\alpha + \mathrm{i}eA^\alpha(x))\mathscr{D}_\alpha\psi(x) \\
&-\psi(x)[(\mathscr{D}^\alpha + \mathrm{i}eA^\alpha(x))\mathscr{D}_\alpha\psi(x)]^\dagger\bigg\} \\
= &\psi^\dagger(x)\mathscr{D}^\alpha\mathscr{D}_\alpha\psi(x) - \psi(x)[\mathscr{D}^\alpha\mathscr{D}_\alpha\psi(x)]^\dagger
\end{aligned}$$

并利用 (4.10.5), 就得到

$$\frac{\partial}{\partial x^\alpha}J^\alpha(x) = 0$$

这样, 我们便可以把这个流用在 Maxwell 方程组 (2.7.6) 的右边, 于是这些方程也都是规范不变的. 我们在第七章里将看到, 引力场方程也是用类似的办法来建立的.

电动力学的规范不变性和广义相对论的广义协变性之间的类比可以推广到另一个类似的动力学对称性中去, 即支配 π 介子相互作用的所谓手征对称性. 要对这一点作适当的解释需要另写一本书.

4.11 p-形式和外导数*

反对称张量和它们的反对称化的导数具有一些特别简单和有用的特性, 其中有的我们已经在 4.7 节里遇到过了. 为了以统一的方式来处理这些性质, 数学家发展了一种一般的形式体系, 称为微分形式的理论[7]. 遗憾的是, 近几年来这个理论的相当抽象和紧凑的符号严重阻碍了纯粹数学家和物理学家之间的交流, 这一节介绍微分形式理论的一些基本结果, 但采用物理学家所熟悉的张量符号, 而不用数学家所喜欢的深奥难解的符号.

一个 p 阶的协变张量, 若对于任何一对指标的交换都是反对称, 则称为一个 p-形式, 在 n 维时, p-形式的代数独立的分量的数目恰好就是二项式系数

$$\binom{n}{p} \equiv \frac{n!}{p!(n-p)!} \tag{4.11.1}$$

例如, 一个标量场是一个 0-形式, 一个协变矢量场是一个 1-形式, 带两个指标的一个反对称协变张量是一个 2-形式.

p-形式的线性组合还是 p-形式. 但一个 p-形式 $s_{\mu\nu\ldots}$ 和一个 q-形式 $t_{\rho\sigma\ldots}$ 的直积 $s_{\mu\nu\ldots}t_{\rho\sigma\ldots}$ 并不是一个 $(p+q)$-形式, 因为它不是完全反对称的. 我们可以把直积反对称化来构成一个 $(p+q)$-形式 $s \wedge t$:

$$(s \wedge t)_{\mu_1 \cdots \mu_{p+q}} \equiv \text{反对称化} \{s_{\mu_1 \cdots \mu_p} t_{\mu_{p+1} \cdots \mu_{p+q}}\}. \tag{4.11.2}$$

其中 "反对称化" 一般代表对指标的所有置换 Π 的平均, 即

$$\text{反对称化} \{u_{\mu_1 \mu_2 \cdots \mu_m}\} \equiv \frac{1}{m!} \sum_\Pi \delta_\Pi u_{\mu_{\Pi_1} \mu_{\Pi_2} \cdots \mu_{\Pi_m}} \tag{4.11.3}$$

正负号因子 δ_Π 取 +1 或 -1 取决于 Π 是由偶数次或是奇数次的指标对的置换所组成:

$$\delta_\Pi \equiv \begin{cases} +1, & \text{当 } \Pi \text{ 是偶置换} \\ -1, & \text{当 } \Pi \text{ 是奇置换} \end{cases} \tag{4.11.4}$$

反对称化了的直积 (4.11.12) 称为外积. 例如一个 0-形式 s 和一个 1-形式 t_μ 的外积就是通常的乘积

$$(s \wedge t)_\mu \equiv st_\mu$$

而一个 1-形式 s_μ 和一个 1-形式 t_ν 的外积是一个 2-形式

$$(s \wedge t)_{\mu\nu} \equiv \frac{1}{2}(s_\mu t_\nu - s_\nu t_\mu)$$

读者可以容易地证明外积服从结合律,

$$(s \wedge t) \wedge u = s \wedge (t \wedge u) \tag{4.11.5}$$

和分配律 [115]

$$(\alpha_1 s_1 + \alpha_2 s_2) \wedge t = \alpha_1(s_1 \wedge t) + \alpha_2(s_2 \wedge t)$$
$$s \wedge (\alpha_1 t_1 + \alpha_2 t_2) = \alpha_1(s \wedge t_1) + \alpha_2(s \wedge t_2) \tag{4.11.6}$$

(其中 α_1 和 α_2 是标量) 但外积是不可对易的; 还有, 如果 s 是一个 $p-$形式, t 是一个 $q-$形式, 则

$$(s \wedge t) = (-1)^{pq}(t \wedge s) \tag{4.11.7}$$

叙述到这里最好中断一下, 并且说明一下, 在微分形式的数学理论书籍中[7], 一个 $p-$形式 t, 一般地不用张量的分量 $t_{\mu\nu}$ 表示, 而是用 "微分形式" 表示

$$\omega \equiv t_{\mu\nu\cdots}(dx^\mu \wedge dx^\nu \wedge \cdots)$$

这里符号 dx^μ 代表一个量, 它的变换与坐标微分相同, 即与逆变矢量相同. 但它们的积又与通常的坐标微分不同, 是可结合的而且是反对易的:

$$(dx^\mu \wedge dx^\nu) \wedge dx^\lambda = dx^\mu \wedge (dx^\nu \wedge dx^\lambda)$$
$$dx^\mu \wedge dx^\nu = -dx^\nu \wedge dx^\mu$$

微分形式 ω_1 和 ω_2 的积 $\omega_1 \wedge \omega_2$ 所具有的张量系数 $t_{\mu\nu\cdots}$ 就是由 ω_1 和 ω_2 的张量系数的外积得到的. 于是外积的结合和对易规则, (4.11.5) 和 (4.11.7), 可以不难从积 $dx^\mu \wedge dx^\nu$ 的可结合和反对易性质得到. 正如已经指出的那样, 我们这里不采用这种语言: 对我们来说, 一个 $p-$形式就简单地是一个反对称张量而不是对应的微分形式.

$p-$形式的理论同张量分析的其余部分分开发展之处, 出现于我们研究它们的导数之时. 偏导数算符 $\partial/\partial x^\mu$ 是一个协变矢量, 或换句话说, 是一个 1-形式, 所以给定任何一个 $p-$形式 t, 我们可以定义一个 $(p+1)-$形式 Dt, 叫做 t 的外导数, 这只要简单地取 $\partial/\partial x$ 和 t 的外积就可以了:

$$Dt \equiv \frac{\partial}{\partial x} \wedge t \tag{4.11.8}$$

或更详细些,

$$(Dt)_{\mu_1 \cdots \mu_{p+1}} \equiv \text{反对称化} \left\{ \frac{\partial}{\partial x^{\mu_1}} t_{\mu_2 \cdots \mu_{p+1}} \right\} \tag{4.11.9}$$

[116]   例如, 0–形式 t 的外导数就是普通梯度.

$$(Dt)_\mu = \frac{\partial t}{\partial x^\mu}$$

而 1–形式 t_μ 的外导数就是 "旋度"

$$(Dt)_{\mu\nu} \equiv \frac{1}{2}\left(\frac{\partial t_\nu}{\partial x^\mu} - \frac{\partial t_\mu}{\partial x^\nu}\right)$$

在三维情况下, 2–形式 t_{ij} 的外导数可表示为普通的散度

$$(Dt)_{ijk} = \frac{1}{3}\varepsilon_{ijk}\left(\frac{\partial t_{23}}{\partial x^1} + \frac{\partial t_{31}}{\partial x^2} + \frac{\partial t_{12}}{\partial x^3}\right)$$

外导数的第一个突出的性质就是, 它作用在一个 p–形式张量上给出一个 $(p+1)$–形式张量. 要了解这一点是很容易的, 只要看到, 用来定义外导数的偏导数可以换成协变导数.

$$(Dt)_{\mu_1 \cdots \mu_{p+1}} = \text{反对称化}\ (t_{\mu_2 \cdots \mu_{p+1};\mu_1}) \tag{4.11.10}$$

因为出现在协变导数中的和仿射联络有关的项在反对称化过程中消去了. 我们以前推导的结果 (4.7.1)、(4.7.2)、(4.7.11) 都是方程 (4.11.10) 当 $p=0, p=1$ 和 $p=2$ 时的特例.

由外导数的结合和对易规则 (4.11.5) 和 (4.11.7), 我们可以容易地导出一个 p–形式 s 和一个 q–形式 t 的外积的外导数的简单公式:

$$D(s \wedge t) = Ds \wedge t + (-1)^{pq} Dt \wedge s$$
$$= Ds \wedge t + (-1)^p s \wedge Dt \tag{4.11.11}$$

根据同样的规则还可以推出, 多重外导数为零, 例如

$$D^2 t \equiv \frac{\partial}{\partial x} \wedge \left(\frac{\partial}{\partial x} \wedge t\right) = \left(\frac{\partial}{\partial x} \wedge \frac{\partial}{\partial x}\right) \wedge t = 0 \tag{4.11.12}$$

这个结果称为 *Poincaré* 引理. 属于这个引理的特例的是二个熟知的三维矢量分析的结果, 即梯度的旋度为零, 旋度的散度为零.

人们自然会问: Poincaré 引理的逆命题是否也成立: 即如果 s 是一个 $(p+1)$–形式, 对它有

$$Ds = 0 \tag{4.11.13}$$

那么我们能否把 s 表示为某个 p–形式 t 的外导数?

$$s = Dt \tag{4.11.14}$$

答案是肯定的, 只要有一个区域 $\mathscr{R}$, (4.11.13) 在其上成立, 并使 (4.11.14) 成立, 而这个区域 $\mathscr{R}$ 又可以缩成一个点. 一般地, 我们说一个区域 $\mathscr{R}$ 可以缩成一个点 y^μ, 只要 $\mathscr{R}$ 中的每一个点 x^μ, 可以与点 y^μ 用一条完全位于 $\mathscr{R}$ 内的路径 $X^\mu(\lambda; x)$ 相连; 这里的 λ 是一个实参数, 可取从 0 到 1 的数值, 并有

$$X^\mu(0; x) = y^\mu, \quad X^\mu(1; x) = x^\mu$$

[117]

可以直接验证, 如果 (4.11.13) 在这样一个区域 $\mathscr{R}$ 内成立, 则 (4.11.14) 在这整个区域内满足如下 p–形式,

$$t_{\mu_1 \cdots \mu_p}(x) = (p+1) \int_0^1 \frac{\partial X^\nu(\lambda; x)}{\partial \lambda} \frac{\partial X^{\nu_1}(\lambda; x)}{\partial x^{\mu_1}} \cdots$$
$$\frac{\partial X^{\nu_p}(\lambda; x)}{\partial x^{\mu_p}} s_{\nu\nu_1 \cdots \nu_p}(X(\lambda; x)) \mathrm{d}\lambda \tag{4.11.15}$$

三维矢量分析中的熟知结果, 即一个矢量, 如果旋度为零, 便可表成一个梯度; 或者如果散度为零, 便可表成一个旋度; 都可以当作这个定理分别在 $p = 0$ 和 $p = 1$ 时的特例. Maxwell 方程提供了四维情形的一个例子: 电磁场场强张量 $F_{\alpha\beta}$, 根据方程 (2.7.10) 是一个外导数为零的 2–形式, 所以它可表示为同方程 (2.7.11) 一样的 1–形式 (通常记为 $-2A_\alpha$) 的外导数,

$$F_{\alpha\beta} = \frac{\partial A_\beta}{\partial x^\alpha} - \frac{\partial A_\alpha}{\partial x^\beta}$$

一般说来, 满足方程 (4.11.14) 的 p–形式不是唯一的; 给定一个这样的 t 之后, 满足 (4.11.14) 的最一般的 p–形式为

$$t' = t + Du \tag{4.11.16}$$

其中 u 是一个任意的 $(p-1)$–形式. 例如, 如果 A_α 是一个旋度为 $F_{\alpha\beta}$ 的矢量势, 则最普遍的这种矢量势可由如下 "规范变换" 得到

$$A'_\alpha = A_\alpha + \frac{\partial \Phi}{\partial x^\alpha}$$

其中 Φ 是一个任意的 0–形式, 即任意的标量.

　　正如外导数是熟知的梯度、旋度和散度的自然推广一样, 同样也可以构造一个 p 维流形上的 p–形式的标量积分, 它是熟知的标量密度体积分或矢量密度法向分量的面积分的自然推广. n 维空间内的一个 p 维流形 $\mathscr{M}$ 就是这样一个区域, 在这个区域里 n 个坐标 x^μ 可以用光滑的一一对应的方式表示为 p 个参量 u^i 的函数:

$$x^\mu = x^\mu(u^1, u^2, \cdots, u^p) \tag{4.11.17}$$

[118] 实际上, 常常不可能用一个 u 坐标系来覆盖整个流形, 在一般情形下, 需要在流形的不同覆盖区引入不同的 u 坐标, 在采用坐标 u^i 的区域和另一采用坐标 $\bar{u}^i$ 的区域的重叠部分, 要求 $\bar{u}^i$ 和 u^i 彼此可以用光滑的、一一对应的函数来表示. 我们在这里实际上要讨论的是所谓可定向流形, 对这种流形, 每一块的坐标可以选得使重叠区里的所有行列式 $|\partial u/\partial \bar{u}|$ 都是正定的. 例如, 球面是可定向的. 为了记号简单起见, 下面的讨论里不再考虑这些复杂性, 但应当记住, 为要覆盖流形可能需要不只一组的 u 坐标. 按这样的理解, 一个 p-形式 t 在 p 维流形 $\mathscr{M}$ 上的积分定义为如下的多重积分

$$\int_{\mathscr{M}} t \, dV_p \equiv \int t_{\mu_1 \cdots \mu_p} \frac{\partial x^{\mu_1}}{\partial u^1} \cdots \frac{\partial x^{\mu_p}}{\partial u^p} du^1 \cdots du^p \qquad (4.11.18)$$

积分限由流形的边界来确定.

这个积分对用以定义 p-形式的 x^μ 坐标的变换而言, 显然是一个标量. 还需要考虑, 如果我们决定要采用新的一组参数 $\bar{u}^1 \cdots \bar{u}^p$ 代替 $u^1 \cdots u^p$ 来描写流形时, 积分是如何变化的. 考虑到 t 的反对称性, 容易看到, 在这种情形, 被积式改变一个因子, 即行列式 $|\partial u/\partial \bar{u}|$, 而 p-形式的体积元改变了一个正因子 $\|\partial \bar{u}/\partial u\|$. 结果整个积分或者不变或者改变正负号, 决定于行列式 $|\partial u/\partial \bar{u}|$ 是正的还是负的. (我们暗中假定了, 变换 $u^i \to \bar{u}^i$ 是非奇异的, 所以这个行列式不等于零, 从而在整个 $\mathscr{M}$ 里保持同样的符号.) 这个结果附带地说明了, 当需要几个 u 坐标系来覆盖流形时, p-形式在坐标 u^i 和 $\bar{u}^i$ 所描写的两块区域的重叠部分积分, 如果行列式 $|\partial u/\partial \bar{u}|$ 是正的, 就可以随便用哪一个坐标系来计算; 正是由于这个理由, 我们才必须把注意力限制在可定向流形上.

形如 (4.11.18) 的积分的最简单的例子就是当 p 等于 x^μ 坐标空间的维数 n 时的特例. 在这里, x^μ 坐标本身可以用作 u 坐标, 所以在这一情形下 (4.11.18) 变为

$$\int_{\mathscr{M}} t \, dV_n = \int t_{12\cdots n} dx^1 dx^2 \cdots dx^n$$

注意, 被积式 $t_{12\cdots n}$ 除了是张量的一个分量外, 也是权为 -1 的标量密度, 因为我们可以把它写为

$$t_{12\cdots n} = \frac{1}{n!} \varepsilon^{\mu_1 \cdots \mu_n} t_{\mu_1 \cdots \mu_n}$$

[119] $\varepsilon^{\mu\nu\cdots}$ 是权为 -1 的张量密度 (参看 4.4 节). 在次简单的情形, 即 $p = n-1$ 的情形里, 我们可以把 (4.11.18) 写成熟悉的形式

$$\int_{\mathscr{M}} t \, dV_{n-1} = \int t^\mu dS_\mu$$

其中 t^μ 是一个矢量密度, 定义为

$$t_{\mu_1\cdots\mu_p} \equiv \varepsilon_{\mu_1\cdots\mu_p\mu} t^\mu$$

而 $\mathrm{d}S_\mu$ 是垂直于流形的有向面元:

$$\mathrm{d}S_\mu \equiv \varepsilon_{\mu_1\cdots\mu_p\mu} \frac{\partial x^{\mu_1}}{\partial u^1} \cdots \frac{\partial x^{\mu_p}}{\partial u^p} \mathrm{d}u^1 \cdots \mathrm{d}u^p$$

利用 p–形式积分的这个一般定义, 可以证明, 一个 p–形式的外导数在 $(p+1)$ 维流形上的积分就等于 p–形式本身在该流形的 p–维边界上的积分[7]:

$$\int_{\mathscr{M}} Dt \mathrm{d}V_{p+1} = \int_{\mathscr{M} \text{ 的边界}} t \mathrm{d}V_p \tag{4.11.19}$$

(我们不拟讨论边界定向的定义问题, 这对确定右边符号是必要的). Stokes 定理和 Gauss 定理就分别是这个普遍公式当 $n=3, p=1$ 和 $n=3, p=2$ 时的特殊情形.

参考文献

[1] E. Kretschmann, Ann. Phys. Leipzig, 53, 575(1917).

[1a] K. O. Friedrichs, Math. Ann., 98, 566(1928).

[2] E. P. Wigner, *Symmetries and Reflections* (Indiana University Press, Blooming-ton. Ind., 1967).

[3] 关于对手征对称性的这种讨论, 例如见, S. Weinberg in *Lectures on Elementary Particles and Quantum Field Theory* (M. I. T. Press, Cambridge, Mass., 1970), p. 283.

[4] 例如见, L. M. Graves, *The Theory of Functions of A Real Variable* (McGraw-Hill, New York, 1956).

[5] 例如见, J. A. Stratton, *Electromagnetic Theory* (McGraw-Hill, New York, 1941), Sections 1.14—1.18.

[6] 例如见, L. I. Schiff, *Quantum Mechanics* (3rd ed., McGraw-Hill, New York, 1968), p.399.

[7] 关于微分形式理论的可读性极强的教科书, 见 H. Flanders, *Differential Forms* (Academic Press, New York, 1963).

[120]

"有的指引天上日月的运行, 或让行星漫游于无尽的苍穹. 有的欠优雅, 在苍白月光下, 追逐着众星匆忙地横过夜空, 或吮吸下面较浓空气的雾霭, 或将他的翅膀沉入绚丽彩虹, 或在冬日大海中酝酿暴风雨, 或于干渴的旱田将好雨吸收."

亚历山大 · 蒲柏,《夺发记》

第五章

引力效应

现在我们回到物理学, 并利用我们在上一章所学过的知识来决定引力对力学方程和电动力学方程的影响. 用的技巧就是广义协变原理所提供的: 我们必须先写下在狭义相对论中成立的方程, 然后决定方程中每一个量在一般坐标变换下应如何变换, 再把 $\eta_{\mu\nu}$ 换成 $g_{\mu\nu}$, 把所有的导数换成协变导数. 所得到的方程就是广义协变的, 在没有引力时它是正确的, 因而在任意引力场中也是正确的, 只要所讨论的系统和场的尺度相比足够小.

5.1 质点力学

一个质点不受任何力作用时, 在狭义相对论里具有不变的四维速度 U^α 和不变的自旋 S_α, 即

$$\frac{\mathrm{d}U^\alpha}{\mathrm{d}\tau} = 0 \quad \left(U^\alpha \equiv \frac{\mathrm{d}\xi^\alpha}{\mathrm{d}\tau} \right) \tag{5.1.1}$$

$$\frac{\mathrm{d}S_\alpha}{\mathrm{d}\tau} = 0 \tag{5.1.2}$$

记得 S_α 的分量在质点静止的参考系里定义为 $\{\boldsymbol{S}, 0\}$, 所以在任意的 Lorentz [122]
坐标系里, 它满足下面的关系

$$S_\alpha U^\alpha = 0 \qquad (5.1.3)$$

为了使这些方程成为广义协变的, 我们定义在一般坐标系 x^μ 里的
矢量 U^μ 和 S_μ 为

$$U^\mu \equiv \frac{\partial x^\mu}{\partial \xi^\alpha} U_f^\alpha = \frac{\mathrm{d}x^\mu}{\mathrm{d}\tau} \qquad (5.1.4)$$

$$S_\mu \equiv \frac{\partial \xi^\alpha}{\partial x^\mu} S_{f\alpha} \qquad (5.1.5)$$

式中 U_f^α 和 $S_{f\alpha}$ 是 U 和 S 在自由降落坐标系 ξ^α 里的分量. 虽然 U^μ 和 S_μ
是矢量, $\mathrm{d}U^\mu/\mathrm{d}\tau$ 和 $\mathrm{d}S_\mu/\mathrm{d}\tau$ 却不是矢量, 但我们在 4.9 节里看到, 可以定义
矢量导数 $DU^\mu/D\tau$ 和 $DS_\mu/D\tau$, 它们当 $\Gamma_{\nu\lambda}^\mu = 0$ 时化为普通导数 $\mathrm{d}U^\mu/\mathrm{d}\tau$
和 $\mathrm{d}S_\mu/\mathrm{d}\tau$. 于是, 质点位置和自旋的正确方程根据广义协变原理便可以
确定为

$$\frac{DU^\mu}{D\tau} = 0, \quad \frac{DS_\mu}{D\tau} = 0 \qquad (5.1.6)$$

或更详细些

$$\frac{\mathrm{d}U^\mu}{\mathrm{d}\tau} + \Gamma_{\nu\lambda}^\mu U^\nu U^\lambda = 0 \qquad (5.1.7)$$

$$\frac{\mathrm{d}S_\mu}{\mathrm{d}\tau} - \Gamma_{\mu\nu}^\lambda U^\nu S_\lambda = 0 \qquad (5.1.8)$$

此外, (5.1.3) 现在变为

$$S_\mu U^\mu = 0 \qquad (5.1.9)$$

重复 4.1 节的推理, 这些方程在有引力场时是正确的, 这是因为它们是广
义协变的并且在没有引力即当 $\Gamma_{\nu\lambda}^\mu$ 为零时, 又能化为方程 (5.1.1)—(5.1.3).
这就是等效原理告诉我们的: 存在一个使 (5.1.6)—(5.1.9) 成立的局部惯
性坐标系 (我们总是假设质点是充分小), 于是广义协变性保证了这些方
程在实验室参考系里成立.

我们知道, 方程 (5.1.7) 和 (5.1.8) 就是矢量 U^μ 和 S_μ 的平行移动的微
分方程. 由于 $U^\mu \equiv \mathrm{d}x^\mu/\mathrm{d}\tau$, 所以方程 (5.1.7) 不是别的, 就是众所熟悉的
自由降落的方程, 以前曾由 (5.1.4) 对 τ 求微商并利用 (5.1.1) 推得. 显然,
利用广义协变性比我们以前的直接计算要省事多了. 方程 (5.1.8) 描写陀
螺在自由降落时的进动, 在第九章里再作进一步讨论. 现在我们只要注
意 $S_\mu S^\mu$ 是不变量, 这是因为一个标量的普通导数就等于它的协变导数

$$\frac{\mathrm{d}}{\mathrm{d}\tau}(S_\mu S^\mu) = \frac{\mathrm{D}}{\mathrm{D}\tau}(S_\mu S^\mu) = 0 \qquad (5.1.10)$$

[123]   如果质点不是在自由降落, 则 $DU^\mu/D\tau$ 不为零, 代替 (5.1.7) 我们有

$$\frac{\mathrm{D}U^\mu}{\mathrm{D}\tau} \equiv \frac{f^\mu}{m} \tag{5.1.11}$$

其中 m 是质点质量而 f^μ 是逆变的力矢量. 这个式子也可以写为

$$m\frac{\mathrm{d}^2 x^\mu}{\mathrm{d}\tau^2} = f^\mu - m\Gamma^\mu_{\nu\lambda}\frac{\mathrm{d}x^\nu}{\mathrm{d}\tau}\frac{\mathrm{d}x^\lambda}{\mathrm{d}\tau}$$

含 $m\Gamma^\mu_{\nu\lambda}$ 的项显然起着引力的作用. 我们总是可以算出 f^μ 的, 只要我们知道它在自由降落参考系 ξ^α 里的值 f_f^α, 因为要求 f^μ 是一个矢量, 就唯一地得到

$$f^\mu = \frac{\partial x^\mu}{\partial \xi^\alpha} f_f^\alpha \tag{5.1.12}$$

电磁力留在下一节里讨论.

有时, 质点受一个力 f^μ 的作用但不受到任何力矩. 这种情况下, 时时和质点相对静止的局部惯性坐标系里的观测者将看不到自旋轴的进动; 即 $\mathrm{d}\boldsymbol{S}/\mathrm{d}t$ 等于零. 但在这个特殊的坐标系里 $\mathrm{d}\boldsymbol{x}/\mathrm{d}t$ 也等于零, 所以我们可以把零转矩条件写成 Lorentz 不变的形式

$$\frac{\mathrm{d}S^\alpha}{\mathrm{d}\tau} \propto U^\alpha$$

这在任何局部惯性坐标系里, 不论是共动的或不是共动的, 都是成立的. 现在问比例常数等于多少? 让我们设

$$\frac{\mathrm{d}S^\alpha}{\mathrm{d}\tau} = \Phi U^\alpha$$

我们记得, S_α 的定义是要使

$$S_\alpha U^\alpha = 0$$

由此得到

$$0 = \frac{\mathrm{d}}{\mathrm{d}\tau}(S_\alpha U^\alpha) = \Phi U_\alpha U^\alpha + S_\alpha \frac{\mathrm{d}U^\alpha}{\mathrm{d}\tau}$$

即

$$\Phi = S_\alpha \frac{\mathrm{d}U^\alpha}{\mathrm{d}\tau} = S_\alpha \frac{f^\alpha}{m}$$

所以自旋矢量所发生的变化为

[124]
$$\frac{\mathrm{d}S^\alpha}{\mathrm{d}\tau} = \left(S_\beta \frac{f^\beta}{m}\right) U^\alpha \tag{5.1.13}$$

这个现象称为 Thomas 进动[1]. 如果回到有引力场的情形, 方程 (5.1.13) 和广义协变原理便告诉我们, 自旋按如下规律进动:

$$\frac{\mathrm{D}S^{\mu}}{\mathrm{D}\tau} = \left(S_{\nu}\frac{f^{\nu}}{m}\right)U^{\mu} = S_{\nu}\frac{\mathrm{D}U^{\nu}}{\mathrm{D}\tau}U^{\mu} \tag{5.1.14}$$

一个矢量如满足上述这个微分方程, 就说它是由 Fermi 移动[2] 定义的. 平行移动是 $f^{\mu} = 0$ 时的特例.

5.2 电动力学

我们记得, 在没有引力场时, Maxwell 方程组可以写为

$$\frac{\partial}{\partial x^{\alpha}}F^{\alpha\beta} = -J^{\beta} \tag{5.2.1}$$

$$\frac{\partial}{\partial x_{\alpha}}F_{\beta\gamma} + \frac{\partial}{\partial x_{\beta}}F_{\gamma\alpha} + \frac{\partial}{\partial x_{\gamma}}F_{\alpha\beta} = 0 \tag{5.2.2}$$

式中 J^{β} 是流四维矢量 $\{\boldsymbol{J}, \varepsilon\}$, $F^{\alpha\beta}$ 是场强张量, $F^{12} = B_3$, $F^{01} = E_1$, 等等 (参看 2.7 节). 假设我们这样地定义一般坐标下的 $F^{\mu\nu}$ 和 J^{μ}, 要求它们在局部惯性 Minkowski 坐标中化为 $F^{\alpha\beta}$ 和 J^{β}, 而且在一般坐标变换下的性质是一个张量. 即如果 $\widetilde{F}^{\alpha\beta}$ 和 $\widetilde{J}^{\alpha}$ 是在局部惯性系里所测得的值, 则

$$F^{\mu\nu} \equiv (\partial x^{\mu}/\partial \xi^{\alpha})(\partial x^{\nu}/\partial \xi^{\beta})\widetilde{F}^{\alpha\beta}$$

并且

$$J^{\mu} \equiv (\partial x^{\mu}/\partial \xi^{\alpha})\widetilde{J}^{\alpha}$$

于是用协变导数代替所有的导数, 我们便可以把 (5.2.1) 和 (5.2.2) 构造成广义协变的方程:

$$F^{\mu\nu}{}_{;\mu} = -J^{\nu} \tag{5.2.3}$$

$$F_{\mu\nu;\lambda} + F_{\lambda\mu;\nu} + F_{\nu\lambda;\mu} = 0 \tag{5.2.4}$$

现在应当注意, 指标的升降是用 $g_{\mu\lambda}$ 而不是用 $\eta_{\alpha\gamma}$, 即

$$F_{\lambda\kappa} \equiv g_{\lambda\mu}g_{\kappa\nu}F^{\mu\nu} \tag{5.2.5}$$

由于 $F^{\mu\nu}$ 和 $F_{\mu\nu}$ 是反对称的, 我们可以用 (4.7.10) 和 (4.7.11) 把 Maxwell 方程改写为 [125]

$$\frac{\partial}{\partial x^{\mu}}\sqrt{g}F^{\mu\nu} = -\sqrt{g}J^{\nu} \tag{5.2.6}$$

$$\frac{\partial}{\partial x^\lambda} F_{\mu\nu} + \frac{\partial}{\partial x^\nu} F_{\lambda\mu} + \frac{\partial}{\partial x^\mu} F_{\nu\lambda} = 0 \qquad (5.2.7)$$

方程 (5.2.3)—(5.2.7) 在没有引力时是正确的, 并且又是广义协变的, 因此根据广义协变原理, 在任意引力场中也是正确的.

作用在电荷为 e 的粒子上的电磁力, 在没有引力时, 由方程 (2.7.9) 给出:

$$f^\alpha = eF^\alpha{}_\beta \frac{\mathrm{d}x^\beta}{\mathrm{d}\tau} \qquad (5.2.8)$$

我们立刻可以推知, 在任意引力场中, 用一般坐标表示的电磁力为

$$f^\mu = eF^\mu{}_\nu \frac{\mathrm{d}x^\nu}{\mathrm{d}\tau} \qquad (5.2.9)$$

当然, 其中的

$$F^\mu{}_\nu \equiv g_{\nu\lambda} F^{\mu\lambda} \qquad (5.2.10)$$

这里我们再一次应用了广义协变原理; 方程 (5.2.9) 在局部惯性 Minkowski 坐标里显然化为 (5.2.8); 它又是广义协变的, 这是因为 f^μ 是一个矢量 (见 5.1 节), $\mathrm{d}x^\nu/\mathrm{d}\tau$ 也是一个矢量, $F^\mu{}_\nu$ 已定义为一个张量; 所以 (5.2.9) 是正确的.

计算流矢量 J^ν 是有益处的, 在狭义相对论里, 它等于

$$J^\alpha = \sum_n e_n \int \delta^4(x - x_n) \mathrm{d}x_n^\alpha \qquad (5.2.11)$$

积分是沿第 n 个粒子的轨道进行的 [见方程 (2.6.5)]. 一般坐标系里的四维 δ 函数定义为

$$\int \mathrm{d}^4 x \, \Phi(x) \delta^4(x - y) = \Phi(y) \qquad (5.2.12)$$

由于 $g^{1/2} \mathrm{d}^4 x$ 是一个标量, $g^{-1/2} \delta^4(x - y)$ 也必定是一个标量, 它在狭义相对论情形 ($g = 1$) 自然要化为普通的 δ 函数. (在有一些工作中就用这个标量来定义 δ 函数.) 这样, 在没有引力时能化为 J^α 的逆变矢量就等于

$$J^\mu(x) = g^{-1/2}(x) \sum_n e_n \int \delta^4(x - x_n) \mathrm{d}x_n^\mu \qquad (5.2.13)$$

[126]　注意, 狭义相对论中的守恒律 $\partial J^\alpha / \partial x^\alpha = 0$ 在广义相对论中变为 $J^\mu{}_{;\mu} = 0$, 或利用 (4.7.7) 得

$$\frac{\partial}{\partial x^\mu}(g^{1/2} J^\mu) = 0 \qquad (5.2.14)$$

(5.2.13) 中的因子 $g^{-1/2}$ 正是为了抵消 (5.2.14) 中的 $g^{1/2}$, 所以 (5.2.14) 依然表示了 e_n 的不变性.

5.3 能量 – 动量张量

能量和动量的密度和流, 在 2.8 节里被统一为满足下面守恒方程的一个对称张量 $T^{\alpha\beta}$

$$\frac{\partial T^{\alpha\beta}}{\partial x^\alpha} = G^\beta \tag{5.3.1}$$

式中 G^β 是作用在系统上的外力 f^β 的密度 (对孤立系, $G^\beta = 0$). 把 $T^{\mu\nu}$ 和 G^ν 定义为无引力时化成狭义相对论的 $T^{\alpha\beta}$ 和 G^β 的逆变张量. 于是在局部惯性系中与 (5.3.1) 一致的广义协变方程应为

$$T^{\mu\nu}{}_{;\mu} = G^\nu \tag{5.3.2}$$

或者, 利用 (4.7.9) 得到

$$\frac{1}{\sqrt{g}}\frac{\partial}{\partial x^\mu}(\sqrt{g}T^{\mu\nu}) = G^\nu - \Gamma^\nu_{\mu\lambda}T^{\mu\lambda} \tag{5.3.3}$$

$\sqrt{g}$ 是电动力学中熟悉的因子, 它来源于不变体积元为 $\sqrt{g}\mathrm{d}^4x$ 这一事实. 但右边第二项代表引力密度. 正如我们所预期的, 这个力与它所作用的系统的关系只是通过能量动量张量表现出来的.

在 2.8 节中已给出点状粒子系统的狭义相对论性的能量 – 动量张量, 即

$$T^{\alpha\beta} = \sum_n m_n \int \frac{\mathrm{d}x_n{}^\alpha}{\mathrm{d}\tau}\mathrm{d}x_n{}^\beta \delta^4(x - x_n) \tag{5.3.4}$$

积分仍然沿粒子轨道进行. 严格按照上一节讨论 J^α 时所用的推理, 我们推得, 无引力时和 (5.3.4) 一致的逆变张量应等于

$$T^{\mu\nu} = g^{-1/2} \sum_n m_n \int \frac{\mathrm{d}x_n{}^\mu}{\mathrm{d}\tau}\mathrm{d}x_n{}^\nu \delta^4(x - x_n) \tag{5.3.5}$$

对于电磁场 $F^{\alpha\beta}$, 在 2.8 节里曾推出其狭义相对论性能量 – 动量张 [127] 量是

$$T^{\alpha\beta} = F^\alpha{}_\gamma F^{\beta\gamma} - \frac{1}{4}\eta^{\alpha\beta}F_{\gamma\delta}F^{\gamma\delta} \tag{5.3.6}$$

容易看出, 无引力时和 (5.3.6) 一致的逆变张量应为

$$T^{\mu\nu} = F^\mu{}_\lambda F^{\nu\lambda} - \frac{1}{4}g^{\mu\nu}F_{\lambda\kappa}F^{\lambda\kappa} \tag{5.3.7}$$

由粒子和辐射组成的系统, 其能量 – 动量张量就等于 (5.3.5) 和 (5.3.7) 之和.

　　我们暂时先回到单纯物质的能量 – 动量张量 (5.3.5) 的情形, 容易算出

$$\int T^{\mu 0} g^{1/2} \mathrm{d}^3 x = \sum_n m_n \frac{\mathrm{d}x_n{}^\mu}{\mathrm{d}\tau}$$

求和遍及积分体积内的所有粒子. 这个式子启发我们把 $T^{\mu 0} g^{1/2}$ 一般地看作能量和动量的空间密度. 特别是启发我们把任意系统的能量、动量和角动量定义为:

$$P^\mu \equiv \int T^{\mu 0} g^{1/2} \mathrm{d}^3 x \tag{5.3.8}$$

$$J^{\mu\nu} \equiv \int (x^\mu T^{\nu 0} - x^\nu T^{\mu 0}) g^{1/2} \mathrm{d}^3 x \tag{5.3.9}$$

但这些量既不是逆变张量也不是守恒量, 因为 $T^{\mu\nu} g^{1/2}$ 不守恒, 即由于物质和引力之间能量和动量的交换, $\partial(T^{\mu\nu} g^{1/2})/\partial x^\nu$ 并不为零.

5.4　流体动力学和流体静力学

　　没有引力时, 理想流体的能量 – 动量张量由 (2.10.7) 给出:

$$T^{\alpha\beta} = p\eta^{\alpha\beta} + (p + \rho)U^\alpha U^\beta \tag{5.4.1}$$

其中 U^α 是流体的四维速度, $U^0 = (1 - \boldsymbol{v}^2)^{-1/2}, \boldsymbol{U} = \boldsymbol{v}U^0$. 无引力时能化为 (5.4.1) 的逆变张量应为

$$T^{\mu\nu} = pg^{\mu\nu} + (p + \rho)U^\mu U^\nu \tag{5.4.2}$$

式中 U^μ 是共动流体元的 $\mathrm{d}x^\mu/\mathrm{d}\tau$ 的定域值. 注意 p 和 ρ 总是定义为, 在测量时刻正好与流体共动的局部惯性系里的观测者所测到的压强和能量密度, 因而是标量, 由能量 – 动量守恒的条件便得到流体动力学方程

[128]

$$0 = T^{\mu\nu}{}_{;\nu} = \frac{\partial p}{\partial x^\nu} g^{\mu\nu} + g^{-1/2} \frac{\partial}{\partial x^\nu} g^{1/2} (p + \rho)U^\mu U^\nu$$
$$+ \Gamma^\mu_{\nu\lambda}(p + \rho)U^\nu U^\lambda \tag{5.4.3}$$

最后一项代表作用在系统上的引力. 还要注意, 由于无引力时 $\eta_{\alpha\beta}U^\alpha U^\beta = -1$, 所以有引力时必须有

$$g_{\mu\nu}U^\mu U^\nu = -1 \tag{5.4.4}$$

　　作为例子, 让我们考虑流体处在静力平衡时的情形. 因为没有运动, 由 (5.4.4) 得到

$$U^0 = (-g_{00})^{-1/2}, \quad U^\lambda = 0 \quad 对于\ \lambda \neq 0$$

此外, 所有 $g_{\mu\nu}, p$ 或 ρ 的时间导数均为零. 特别是有

$$\Gamma^{\mu}_{00} = -\frac{1}{2}g^{\mu\nu}\frac{\partial g_{00}}{\partial x^{\nu}}$$

和

$$\frac{\partial}{\partial x^{\nu}}[(p+\rho)U^{\mu}U^{\nu}] = 0$$

用 $g_{\mu\lambda}$ 乘 (5.4.3) 便得到

$$-\frac{\partial p}{\partial x^{\lambda}} = (p+\rho)\frac{\partial}{\partial x^{\lambda}}\ln(-g_{00})^{1/2} \tag{5.4.5}$$

当 $\lambda = 0$ 时, 上式是显然的, 而对于类空的 λ, 上式就是普通的非相对论性流体静力平衡方程, 不同的仅仅是把质量密度换为 $p+\rho$, 把引力势换为 $(-g_{00})^{1/2}$. 如果 p 作为 ρ 的函数为已知, 这个方程是可解的. 于是我们得到

$$\int\frac{\mathrm{d}p(\rho)}{p(\rho)+\rho} = -\ln\sqrt{-g_{00}} + \text{常数} \tag{5.4.6}$$

例如, 如果 $p(\rho)$ 由幂律给定:

$$p(\rho) \propto \rho^{N} \tag{5.4.7}$$

那么, 当 $N \neq 1$ 时由 (5.4.6) 便得到

$$\frac{\rho+p}{\rho} \propto (-g_{00})^{(1-N)/2N} \tag{5.4.8}$$

而当 $N = 1$ 时 [129]

$$\rho \propto (-g_{00})^{-(p+\rho)/2p} \tag{5.4.9}$$

由此可以顺便证明, 在一个有限的 $p = \frac{1}{3}\rho$ 的高度相对论性的流体中, 引力决不可能产生流体静力平衡, 因为由 (5.4.9) 得到

$$\rho \propto (-g_{00})^{-2} \tag{5.4.10}$$

由于 ρ 在流体外面一定为零, 所以 g_{00} 在它的表面必须变为奇性.

参考文献

[1] L. H. Thomas, Nature, 117, 514(1926).

[2] E. Fermi, Atti. R. Accad. Rend. Cl. Sc. Fis. Mat. Nat., 31, 21 (1922).

*"每当我在繁星的夜幕上看见传奇故事的巨大
的云征雾象, 就担心我或许活不到那一天, 有
机会用神笔描出它的幻相."*

约翰·济慈, 《我害怕我将停止呼吸》

第六章

曲率

我们现在着手把等效原理应用到引力本身来建立引力场方程. 上一章已经看到, 应用这个原理的最方便的作法就是寻找广义协变的、又能在弱场时变成适当形式的场方程. 因而必须提出这样的问题: 由度规张量和它的导数能造出什么样的张量? 在本章中我们把它作为纯粹的数学问题来处理, 就像当年由 Gauss 和 Riemann 所作的那样; 这里所汇集的知识将在下一章里用来指导我们去探索引力场方程.

6.1 曲率张量的定义

我们要从度规张量和它的导数造出一个张量. 如果只用到 $g_{\mu\nu}$ 和它的一阶导数, 那么就不能造出任何新的张量, 因为在任一点我们都可以找到一个坐标系, 使其中的度规张量的一阶导数为零, 因而在这样的坐标系里, 所要的张量一定等于仅由度规张量所能构造的张量中的一个 (例如, $g_{\mu\nu}$ 或 $g^{\mu\nu}$ 或 $\varepsilon^{\mu\nu\lambda\eta}/\sqrt{g}$ 等), 又因为这是张量之间的等式, 故在所有坐标系中也必然成立.

下一个简单的办法就是由度规张量以及它的一阶和二阶导数来造

出一个张量, 为此, 让我们先回忆仿射联络的变换规则:

$$\Gamma_{\mu\nu}^{\lambda} = \frac{\partial x^{\lambda}}{\partial x'^{\tau}} \frac{\partial x'^{\rho}}{\partial x^{\mu}} \frac{\partial x'^{\sigma}}{\partial x^{\nu}} \Gamma_{\rho\sigma}'^{\tau} + \frac{\partial x^{\lambda}}{\partial x'^{\tau}} \cdot \frac{\partial^2 x'^{\tau}}{\partial x^{\mu} \partial x^{\nu}} \tag{6.1.1}$$

(这就是方程 (4.5.2), 将其中带撇与不带撇符号互换,) 正是右边的非齐次项使 $\Gamma_{\mu\nu}^{\lambda}$ 不能成为一个张量. 让我们把这一项孤立出来:

$$\frac{\partial^2 x'^{\tau}}{\partial x^{\mu} \partial x^{\nu}} = \frac{\partial x'^{\tau}}{\partial x^{\lambda}} \Gamma_{\mu\nu}^{\lambda} - \frac{\partial x'^{\rho}}{\partial x^{\mu}} \cdot \frac{\partial x'^{\sigma}}{\partial x^{\nu}} \Gamma_{\rho\sigma}'^{\tau} \tag{6.1.2}$$

为了去掉左边的项, 我们利用偏微商的可交换性. 对 x^{κ} 求微商得到

$$\frac{\partial^3 x'^{\tau}}{\partial x^{\kappa} \partial x^{\mu} \partial x^{\nu}} = \Gamma_{\mu\nu}^{\lambda} \left(\frac{\partial x'^{\tau}}{\partial x^{\eta}} \Gamma_{\kappa\lambda}^{\eta} - \frac{\partial x'^{\rho}}{\partial x^{\kappa}} \frac{\partial x'^{\sigma}}{\partial x^{\lambda}} \Gamma_{\rho\sigma}'^{\tau} \right)$$

$$- \Gamma_{\rho\sigma}'^{\tau} \frac{\partial x'^{\rho}}{\partial x^{\mu}} \left(\frac{\partial x'^{\sigma}}{\partial x^{\eta}} \Gamma_{\kappa\nu}^{\eta} - \frac{\partial x'^{\eta}}{\partial x^{\kappa}} \cdot \frac{\partial x'^{\xi}}{\partial x^{\nu}} \Gamma_{\eta\xi}'^{\sigma} \right)$$

$$- \Gamma_{\rho\sigma}'^{\tau} \frac{\partial x'^{\sigma}}{\partial x^{\nu}} \left(\frac{\partial x'^{\rho}}{\partial x^{\eta}} \Gamma_{\kappa\mu}^{\eta} - \frac{\partial x'^{\eta}}{\partial x^{\kappa}} \frac{\partial x'^{\xi}}{\partial x^{\mu}} \Gamma_{\eta\xi}'^{\rho} \right)$$

$$+ \frac{\partial x'^{\tau}}{\partial x^{\lambda}} \frac{\partial \Gamma_{\mu\nu}^{\lambda}}{\partial x^{\kappa}} - \frac{\partial x'^{\rho}}{\partial x^{\mu}} \cdot \frac{\partial x'^{\sigma}}{\partial x^{\nu}} \frac{\partial x'^{\eta}}{\partial x^{\kappa}} \frac{\partial \Gamma_{\rho\sigma}'^{\tau}}{\partial x'^{\eta}}$$

合并同类项并调整一下指标, 便得到

$$\frac{\partial^3 x'^{\tau}}{\partial x^{\kappa} \partial x^{\mu} \partial x^{\nu}} = \frac{\partial x'^{\tau}}{\partial x^{\lambda}} \left(\frac{\partial \Gamma_{\mu\nu}^{\lambda}}{\partial x^{\kappa}} + \Gamma_{\mu\nu}^{\eta} \Gamma_{\kappa\eta}^{\lambda} \right)$$

$$- \frac{\partial x'^{\rho}}{\partial x^{\mu}} \frac{\partial x'^{\sigma}}{\partial x^{\nu}} \frac{\partial x'^{\eta}}{\partial x^{\kappa}} \left(\frac{\partial \Gamma_{\rho\sigma}'^{\tau}}{\partial x'^{\eta}} - \Gamma_{\rho\lambda}'^{\tau} \Gamma_{\eta\sigma}'^{\lambda} - \Gamma_{\lambda\sigma}'^{\tau} \Gamma_{\eta\rho}'^{\lambda} \right)$$

$$- \Gamma_{\rho\sigma}'^{\tau} \frac{\partial x'^{\sigma}}{\partial x^{\lambda}} \left(\Gamma_{\mu\nu}^{\lambda} \frac{\partial x'^{\rho}}{\partial x^{\kappa}} + \Gamma_{\kappa\nu}^{\lambda} \frac{\partial x'^{\rho}}{\partial x^{\mu}} + \Gamma_{\kappa\mu}^{\lambda} \frac{\partial x'^{\rho}}{\partial x^{\nu}} \right) \tag{6.1.3}$$

减去 ν 和 κ 交换后的同一个方程, 我们便发现所有含 Γ 和 Γ' 乘积的项都消去了, 剩下的是

$$0 = \frac{\partial x'^{\tau}}{\partial x^{\lambda}} \left(\frac{\partial \Gamma_{\mu\nu}^{\lambda}}{\partial x^{\kappa}} - \frac{\partial \Gamma_{\mu\kappa}^{\lambda}}{\partial x^{\nu}} + \Gamma_{\mu\nu}^{\eta} \Gamma_{\kappa\eta}^{\lambda} - \Gamma_{\mu\kappa}^{\eta} \Gamma_{\nu\eta}^{\lambda} \right)$$

$$- \frac{\partial x'^{\rho}}{\partial x^{\mu}} \frac{\partial x'^{\sigma}}{\partial x^{\nu}} \frac{\partial x'^{\eta}}{\partial x^{\kappa}} \left(\frac{\partial \Gamma_{\rho\sigma}'^{\tau}}{\partial x'^{\eta}} - \frac{\partial \Gamma_{\rho\eta}'^{\tau}}{\partial x'^{\sigma}} - \Gamma_{\lambda\sigma}'^{\tau} \Gamma_{\eta\rho}'^{\lambda} + \Gamma_{\lambda\eta}'^{\tau} \Gamma_{\sigma\rho}'^{\lambda} \right)$$

它可以写成变换规则:

$$R'^{\tau}{}_{\rho\sigma\eta} = \frac{\partial x'^{\tau}}{\partial x^{\lambda}} \cdot \frac{\partial x^{\mu}}{\partial x'^{\rho}} \frac{\partial x^{\nu}}{\partial x'^{\sigma}} \frac{\partial x^{\kappa}}{\partial x'^{\eta}} R^{\lambda}{}_{\mu\nu\kappa} \tag{6.1.4}$$

其中

$$R^{\lambda}{}_{\mu\nu\kappa} \equiv \frac{\partial \Gamma^{\lambda}_{\mu\nu}}{\partial x^{\kappa}} - \frac{\partial \Gamma^{\lambda}_{\mu\kappa}}{\partial x^{\nu}} + \Gamma^{\eta}_{\mu\nu}\Gamma^{\lambda}_{\kappa\eta} - \Gamma^{\eta}_{\mu\kappa}\Gamma^{\lambda}_{\nu\eta} \tag{6.1.5}$$

方程 (6.1.4) 表明 $R^{\lambda}{}_{\mu\nu\kappa}$ 是一张量: 它叫做 Riemann-Christoffel 曲率张量.

张量 $R^{\lambda}{}_{\mu\nu\kappa}$ 的存在又引起了等效原理或广义协变原理是否唯一地决定了引力对任意物理系统的作用的问题. 比如我们问, 自旋为 S_{μ} 的自由下落粒子的正确的运动方程是否也可写成如下的形式:

$$0 = \frac{\mathrm{d}^2 x^{\lambda}}{\mathrm{d}\tau^2} + \Gamma^{\lambda}_{\mu\nu}\frac{\mathrm{d}x^{\mu}}{\mathrm{d}\tau}\frac{\mathrm{d}x^{\nu}}{\mathrm{d}\tau} + fR^{\lambda}{}_{\mu\nu\kappa}\frac{\mathrm{d}x^{\mu}}{\mathrm{d}\tau}\frac{\mathrm{d}x^{\nu}}{\mathrm{d}\tau}S^{\kappa} \tag{6.1.6}$$

(f 是一未知标量) 以代替熟悉的形式

$$0 = \frac{\mathrm{d}^2 x^{\lambda}}{\mathrm{d}\tau^2} + \Gamma^{\lambda}_{\mu\nu}\frac{\mathrm{d}x^{\mu}}{\mathrm{d}\tau} \cdot \frac{\mathrm{d}x^{\nu}}{\mathrm{d}\tau} \tag{6.1.7}$$

方程 (6.1.6) 和 (6.1.7) 两者都是广义协变的, 无引力时两者都正确地化为狭义相对论性方程 $\mathrm{d}U^{\alpha}/\mathrm{d}\tau = 0$. 我们如何判别 (6.1.6) 或 (6.1.7) 哪一个正确?

回答还是一个尺度问题. 假设我们的粒子的特征线尺度为 d, 引力场的特征时空尺度为 D. Riemann-Christoffel 张量比仿射联络多了一项度规的微商, 所以 (6.1.6) 第三项和第二项之比是正比于 $1/D$. 量纲的考虑要求这个比例大致为 d/D 的量级. 于是, 除了这一项或那一项特别大或特别小的情况以外, 只要我们的粒子和引力场的特征尺度相比是非常之小, 我们总认为 (6.1.6) 的最后一项可以略去, 而 (6.1.7) 是正确的运动方程. 当然, 如果我们的粒子不是比引力场的尺度小很多 (如月球在地球的引力场作用下的运动的情况), 那么, 我们还是必须把等效原理或广义协变原理应用到组成粒子的无限小的组元上, 虽然 (6.1.6) 或 (6.1.7) 都可能对整个粒子的运动作出很好的唯象的解释.

6.2 曲率张量的唯一性

下面我们来证明 $R^{\lambda}{}_{\mu\nu\kappa}$ 是唯一能从度规张量以及它的一阶和二阶导数中构造出来、且对二阶导数是线性的张量.

[134] 为证明这一点, 最方便的办法就是把我们的注意集中到一个特定点 X, 并取局部惯性坐标系, 使得在这一点的仿射联络 $\Gamma^{\lambda}_{\mu\nu}$ 等于零. 此外, 我们只限于考虑保持仿射联络为零的这一类坐标变换; 根据方程 (6.1.1), 这就是满足

$$\left(\frac{\partial^2 x'^{\tau}}{\partial x^{\mu}\partial x^{\nu}}\right)_{x=X} = 0 \tag{6.2.1}$$

的变换 $x \to x'$. 任意一个在一般坐标变换下如张量一样变换的量, 在这一类限定变换下也一定如张量一样变换. 为了我们的目的这个要求是够强的了.

由于仿射联络在 X 点等于零, 所以度规张量的全部一阶导数在 X 点也为零, [参看方程 (3.3.5)] 我们所需要的新张量一定只是度规张量的二阶导数, 或等价地, 仿射联络的一阶导数的线性组合. 我们从方程 (6.1.3) 看出, 当 $\Gamma^\lambda_{\mu\nu}$ 和 $\Gamma'^\tau_{\rho\sigma}$ 等于零时, 仿射联络导数的变换公式为

$$\frac{\partial \Gamma'^\tau_{\rho\sigma}}{\partial x'^\eta} = \frac{\partial x^\mu}{\partial x'^\rho} \frac{\partial x^\nu}{\partial x'^\sigma} \frac{\partial x^\kappa}{\partial x'^\eta} \frac{\partial x'^\tau}{\partial x^\lambda} \frac{\partial \Gamma^\lambda_{\mu\nu}}{\partial x^\kappa}$$
$$- \frac{\partial x^\mu}{\partial x'^\rho} \frac{\partial x^\nu}{\partial x'^\sigma} \frac{\partial x^\kappa}{\partial x'^\eta} \frac{\partial^3 x'^\tau}{\partial x^\kappa \partial x^\mu \partial x^\nu} \quad \text{当 } x = X \qquad (6.2.2)$$

我们能取什么样的 $\partial \Gamma / \partial x$ 的线性组合, 使它的性质和张量一样? 显然, 必须要能在这个变换中消除非齐次项的量. 然而, 在任一给定点 X, 非齐次项是它的指标 ρ、σ、η 的完全任意的函数, 它只受一个条件限制, 即关于这些指标是对称的. 因此, 取 $\partial \Gamma / \partial x$ 的线性组合, 使它在一切满足 (6.2.1) 的变换 $x \to x'$ 下和张量一样, 唯一的方法就是对 κ 和 ν (或等价地对 κ 和 μ) 进行反对称化, 于是 (6.2.2) 变为

$$T'^\tau_{\rho\sigma\eta} = \frac{\partial x^\mu}{\partial x'^\rho} \frac{\partial x^\nu}{\partial x'^\sigma} \frac{\partial x^\kappa}{\partial x'^\eta} \frac{\partial x'^\tau}{\partial x^\lambda} T^\lambda_{\mu\nu\kappa} \quad \text{当 } x = X$$

式中, 当 $x = X$, 有

$$T^\lambda_{\mu\nu\kappa} \equiv \frac{\partial \Gamma^\lambda_{\mu\nu}}{\partial x^\kappa} - \frac{\partial \Gamma^\lambda_{\mu\kappa}}{\partial x^\nu} \qquad (6.2.3)$$

即, 当 Γ 为零时, 所要求的张量一定是由 (6.2.3) 表示的 $T^\lambda_{\mu\nu\kappa}$. 但当 $\Gamma = 0$, Riemann-Christoffel 张量满足 (6.2.3), 所以在局部惯性系中 $T^\lambda_{\mu\nu\kappa} = R^\lambda_{\mu\nu\kappa}$. 而这是关于张量之间的等式, 只要在一类坐标系中成立, 那么在所有坐标系中也都成立; 这就是说, 所要求的唯一的张量 T 就是 $R^\lambda_{\mu\nu\kappa}$.

当然, 用度规张量本身作 $R^\lambda_{\mu\nu\kappa}$ 的线性组合也可以形成另一些张量. [135] 最突出的就是缩并的形式, 即 Ricci 张量

$$R_{\mu\kappa} \equiv R^\lambda_{\mu\lambda\kappa} \qquad (6.2.4)$$

和曲率标量

$$R = g^{\mu\kappa} R_{\mu\kappa} \qquad (6.2.5)$$

6.3 沿闭合曲线的平行移动

由于本身的重要性, 也为了给下一节作准备, 我们现在考虑这样的问题: 一个矢量 S_μ, 按平行移动方程 (参看 4.9 节和 5.1 节)

$$\frac{\mathrm{d}S_\mu}{\mathrm{d}\tau} = \Gamma^\lambda_{\mu\nu}\frac{\mathrm{d}x^\nu}{\mathrm{d}\tau}S_\lambda \tag{6.3.1}$$

沿一封闭曲线 C 移动, 当它走完一圈, 是否能恢复到其初始数值.

我们可以用证明 Stokes 定理的熟知的方法来回答这个问题. 把曲线 C 当作某一个二维曲面 A 的边界, 把 A 分割成以小的封闭曲线 C_N 为边界的许多小区域, 沿 C 平移所引起的 S_μ 的改变, 可以写成沿每一个小曲线平移所引起的 S_μ 的改变的总和:

$$\Delta S_\mu = \sum_N \Delta_N S_\mu \tag{6.3.2}$$

由于 S_μ 在任何一个内部小区域上的变化, 可以由相邻区域上的变化所抵消, 结果只剩下靠外边的小区域的外边界 (这些外边界组成曲线 C) 的贡献. 因此我们只需要问, 沿小的封闭曲线平移时, S_μ 是否变化. 如果曲线足够小, 我们便可以把 $\Gamma^\lambda_{\mu\nu}(x)$ 围绕曲线上某一点 $X \equiv x(\tau_0)$ 展开为

$$\Gamma^\lambda_{\mu\nu}(x) = \Gamma^\lambda_{\mu\nu}(X) + (x^\rho - X^\rho)\frac{\partial}{\partial X^\rho}\Gamma^\lambda_{\mu\nu}(X) + \cdots \tag{6.3.3}$$

于是由 (6.3.1) 给出准确到 $(x^\mu - X^\mu)$ 一阶的表达式

$$S_\mu(\tau) = S_\mu(\tau_0) + \Gamma^\lambda_{\mu\nu}(X)(x^\nu(\tau) - X^\nu)S_\lambda(\tau_0) + \cdots \tag{6.3.4}$$

并把 (6.3.3) 和 (6.3.4) 代入 (6.3.1), 便得出准确到二阶的方程

$$S_\mu(\tau) \simeq S_\mu(\tau_0) + \int_{\tau_0}^\tau \left[\Gamma^\lambda_{\mu\nu}(X) + (x^\rho(\tau) - X^\rho)\frac{\partial}{\partial X^\rho}\Gamma^\lambda_{\mu\nu}(X) + \cdots\right]$$

$$\times[S_\lambda(\tau_0) + S_\sigma(\tau_0)\Gamma^\sigma_{\lambda\rho}(X)(x^\rho(\tau) - X^\rho) + \cdots]\frac{\mathrm{d}x^\nu(\tau)}{\mathrm{d}\tau}\mathrm{d}\tau$$

[136]　或者去掉 $x - X$ 的三阶以上的项得

$$S_\mu(\tau) \simeq S_\mu(\tau_0) + \Gamma^\lambda_{\mu\nu}(X)S_\lambda(\tau_0)\int_{\tau_0}^\tau \frac{\mathrm{d}x^\nu}{\mathrm{d}\tau}\mathrm{d}\tau$$

$$+ \left\{\frac{\partial}{\partial X^\rho}\Gamma^\sigma_{\mu\nu}(X) + \Gamma^\sigma_{\lambda\rho}(X)\Gamma^\lambda_{\mu\nu}(X)\right\}S_\sigma(\tau_0)\int_{\tau_0}^\tau (x^\rho - X^\rho)\frac{\mathrm{d}x^\nu}{\mathrm{d}\tau}\mathrm{d}\tau$$

如果 $x^\mu(\tau)$ 在某个 $\tau = \tau_1$ 时回到它的原始值 X^μ, 显然有

$$\int_{\tau_0}^{\tau_1} \frac{\mathrm{d}x^\nu}{\mathrm{d}\tau}\mathrm{d}\tau = 0$$

所以绕小的封闭曲线 $x^\mu(\tau)$ 平行移动所造成的 S_μ 的变化是一个二阶量:

$$\Delta S_\mu \equiv S_\mu(\tau_1) - S_\mu(\tau_0)$$
$$= \left\{ \frac{\partial}{\partial X^\rho} \Gamma^\sigma_{\mu\nu}(X) + \Gamma^\lambda_{\mu\nu}(X)\Gamma^\sigma_{\lambda\rho}(X) \right\} S_\sigma(\tau_0) \oint x^\rho \mathrm{d}x^\nu \qquad (6.3.5)$$

其中

$$\oint x^\rho \mathrm{d}x^\nu = \int_{\tau_0}^{\tau_1} x^\rho \frac{\mathrm{d}x^\nu}{\mathrm{d}\tau} \mathrm{d}\tau$$

这个积分一般地不为零; 例如, 如果我们的曲线是边长为 $\delta a^\mu, \delta b^\mu$ 的平行四边形, 它就等于

$$\oint x^\rho \mathrm{d}x^\nu = \delta a^\rho \delta b^\nu - \delta a^\nu \delta b^\rho$$

不过它对 ρ 和 ν 总是反对称的, 如同用分部积分所得到的那样:

$$\oint x^\rho \mathrm{d}x^\nu = \int_{\tau_0}^{\tau_1} \frac{\mathrm{d}}{\mathrm{d}\tau}(x^\rho x^\nu)\mathrm{d}\tau - \int_{\tau_0}^{\tau_1} x^\nu \frac{\mathrm{d}x^\rho}{\mathrm{d}\tau}\mathrm{d}\tau = -\oint x^\nu \mathrm{d}x^\rho \qquad (6.3.6)$$

所以在 (6.3.5) 里, 这个积分的系数可以用它的反对称部分来代替, 它恰好等于曲率张量 (6.1.5) 的一半, 所以,

$$\Delta S_\mu = \frac{1}{2} R^\sigma{}_{\mu\nu\rho} S_\sigma \oint x^\rho \mathrm{d}x^\nu \qquad (6.3.7)$$

我们得到的结论是, 一个任意矢量 S_μ 围绕 X 点的一个任意小的封闭曲线平行移动时不发生变化的必要充分条件是在 X 处的 $R^\sigma{}_{\mu\nu\rho}$ 为零. 我们已经说过, 计算 S_μ 围绕一有限封闭曲线 C 平行移动时所发生的变化, 可以通过把以 C 为边界的区域 A 分成许多小块, 并把 S_μ 绕着这些小块的边界平移时所发生的改变全部加起来而求得; 因此, 只要 $R^\sigma{}_{\mu\nu\rho}$ 在整个 A 上为零, 那么, 一个任意矢量 S_μ 绕着 C 的平行移动就不会发生变化.

现在假设 $R^\sigma{}_{\mu\nu\rho}$ 的确等于零. 考虑封闭曲线是由联结 x^μ 和 X^μ 的两段曲线 A 和 B 所组成, 那么矢量 S_μ 沿着 A 从 X 平行移动到 x 的变化, 必定被 S_μ 沿着 B 从 x 平行移动到 X 的变化所抵消. 即 [137]

$$\Delta^A_{X\to x} S_\mu + \Delta^B_{x\to X} S_\mu = 0$$

但 S_μ 沿着 B 从 x 平行移动到 X 的变化, 等于负的沿 B 从 X 平行移动到 x 的变化:

$$\Delta^B_{x\to X} S_\mu = -\Delta^B_{X\to x} S_\mu$$

由此得到

$$\Delta^A_{X\to x} S_\mu = \Delta^B_{X\to x} S_\mu \qquad (6.3.8)$$

这就是说, 不管沿哪条曲线把 S_μ 从 X 平行移动到 x, 得到的值都是相同的. (例如, 如果把两个陀螺放在绕着地球的彼此相交的轨道上, 并让它们在 X^μ 处彼此挨近擦过时有相同的指向, 那么当第二次在 X^μ 处彼此挨近擦过时, 它们指向如有不同就是地球引力场产生的曲率的某个平均值的量度).

因此, 给定了在 X 处的 S_μ, 我们便可以在 $R^\sigma{}_{\mu\nu\rho}$ 为零的时空区域内通过从 X 平行移动到 x 来定义一个场 $S_\mu(x)$. 方程 (6.3.8) 保证了, 这样定义出来的 $S_\mu(x)$ 只与 x 有关, 而与从 X 到 x 的路径无关. 对于这样的场, 沿任意曲线 $x(\tau)$ 的导数等于

$$\frac{\mathrm{d}S_\mu}{\mathrm{d}\tau} = \frac{\partial S_\mu}{\partial x^\nu}\frac{\mathrm{d}x^\nu(\tau)}{\mathrm{d}\tau}$$

因为 $\mathrm{d}x^\nu(\tau)/\mathrm{d}\tau$ 的方向是任意的, 方程 (6.3.1) 就变为

$$\frac{\partial S_\mu}{\partial x^\nu} = \Gamma^\lambda_{\mu\nu}S_\lambda \tag{6.3.9}$$

换句话说,

$$S_{\mu;\nu} = 0 \tag{6.3.10}$$

因此, 只要曲率张量等于零, 我们总能以任意给定的 $S_\mu(X)$ 值, 把 S_μ 从 X 平行移动到 x, 来构造方程 (6.3.9) 的解. 反过来, 如果存在协变导数为零的任何一个协变矢量场, 那么 (6.3.1) 一定得到满足, 又由于沿任意封闭曲线的平行移动不会改变场, 所以根据 (6.3.7), 在 S_σ 满足 (6.3.10) 的整个区域里, 我们得到

$$R^\sigma{}_{\mu\nu\rho}S_\sigma = 0 \tag{6.3.11}$$

[138]　　(用偏微分方程理论的熟知结果[1] 代替平行移动的方法也可以得到这个结论. 在这种方法里, 方程 (6.3.11) 是作为方程 (6.3.9) 可以用 $(x^\mu - X^\mu)$ 幂级数展开求解的充分必要条件而出现的.)

6.4 引力与曲线坐标

假设有一个不为常数的度规张量 $g_{\mu\nu}(x)$. 我们怎么知道空间是真的充满着引力场, 或者 $g_{\mu\nu}$ 仅仅是在曲线坐标下写出的狭义相对论的度规 $\eta_{\alpha\beta}$? 换句话说, 怎么知道是否存在一组 Minkowski 坐标 $\xi^\alpha(x)$, 处处满足条件

$$\eta^{\alpha\beta} = g^{\mu\nu}\frac{\partial\xi^\alpha(x)}{\partial x^\mu}\frac{\partial\xi^\beta(x)}{\partial x^\nu} \tag{6.4.1}$$

注意, 等效原理只是说, 在每一点 X 我们可以找到局部惯性坐标 $\xi_X(x)$, 在 X 的无限小邻域满足 (6.4.1); 现在我们要问, 是否可以找到一组坐标 $\xi^\alpha(x)$ 处处满足方程 (6.4.1). 例如, 给定度规的系数为

$$g_{rr} = 1, \quad g_{\theta\theta} = r^2, \quad g_{\varphi\varphi} = r^2 \sin^2\theta, \quad g_{tt} = -1 \qquad (6.4.2)$$

我们知道存在一组满足 (6.4.1) 的 ξ^α, 即

$$\xi^1 = r\sin\theta\cos\varphi, \quad \xi^2 = r\sin\theta\sin\varphi,$$
$$\xi^3 = r\cos\theta, \quad \xi^4 = t \qquad (6.4.3)$$

但如果我们还不认识 (6.4.2) 就是 $\eta_{\alpha\beta}$ 的球坐标, 我们又如何能知道它实际上是和 Minkowski 度规 $\eta_{\alpha\beta}$ 等价? 或者, 另一方面, 如果我们把 (6.4.2) 的 g_{rr} 改变为 r 的一个任意函数, 我们又如何知道, 这确是代表一个引力场, 即我们怎么知道这时方程 (6.4.1) 没有解?

答案包含在下述定理之中: 一个度规 $g_{\mu\nu}(x)$ 和 Minkowski 度规 $\eta_{\alpha\beta}$ 等价 [存在满足 (6.4.1) 的变换 $X \to \xi$ 的意义下] 的充分必要条件就是, 第一, 由 $g_{\mu\nu}$ 算出的曲率张量必须处处为零,

$$R^\lambda{}_{\mu\nu\kappa} = 0 \qquad (6.4.4)$$

第二, 在某点 X, 度规 $g^{\mu\nu}(X)$ 有三个正的和一个负的本征值.

这两个条件的必要性是显然的, 假如我们可以找到一个坐标系 $\xi^\alpha(x)$ 满足 (6.4.1), 在这个坐标系里度规是 $\eta_{\alpha\beta}$, 所有的仿射联络的分量为零, 因而 Riemann 张量 $R^\alpha{}_{\beta\gamma\delta}$ 为零. 而张量等于零是一种不变量的表述, 所以 $R^\lambda{}_{\mu\nu\kappa}$ 在原来的坐标系 x^μ 里也必定等于零. 同样, 我们在 3.6 节已经注意到, 方程 (6.4.1) 型的 "合同变换" 要求 $\eta_{\alpha\beta}$ 和 $g^{\mu\nu}$ 处处具有相同数目的正、负和零的本征值. [139]

为了证明方程 (6.4.4) 的充分性, 即存在满足 (6.3.1) 的处处为惯性系的坐标 $\xi^\alpha(x)$, 我们将具体地造出 $\xi^\alpha(x)$. 首先我们注意到, 在任一点 X, 我们可以找到一个这样的矩阵 $d^\alpha{}_\mu$, 使得

$$\eta^{\alpha\beta} = g^{\mu\nu}(X)d^\alpha{}_\mu d^\beta{}_\nu \qquad (6.4.5)$$

(因为 $g^{\mu\nu}(X)$ 是一个对称矩阵, 我们总能找到一个正交矩阵 $O^\alpha{}_\mu$, 使得 OgO^T 是对角的, 即

$$O^\alpha{}_\mu g^{\mu\nu} O^\beta{}_\nu = D^{\alpha\beta}$$

$$D^{\alpha\beta} = \begin{cases} D^\alpha & \alpha = \beta \\ 0 & \alpha \neq \beta \end{cases}$$

我们假设本征值 D^α 之中三个为正, 一个为负. 我们总可以安排 $O^\alpha{}_\mu$ 的顺序使 D^1、D^2、D^3 为正, D^0 为负. 于是, 为了满足 (6.4.5), 我们只要选择 $d^i{}_\mu = D^i{}_\mu / \sqrt{D^i}$, 当 $i = 1, 2, 3$, 以及 $d^0{}_\mu = D^0{}_\mu / \sqrt{-D^0}$.) 其次, 我们由如下微分方程定义 $D^\alpha{}_\mu(x)$:

$$\frac{\partial D^\alpha{}_\mu}{\partial x^\nu} = \Gamma^\lambda_{\mu\nu} D^\alpha{}_\lambda \tag{6.4.6}$$

其初始条件为

$$D^\alpha{}_\mu = d^\alpha{}_\mu \quad \text{当 } x = X \tag{6.4.7}$$

我们在上节证明了, 只要 $R^\lambda{}_{\mu\nu\kappa}$ 为零, 这样的方程总有解. ($D^\alpha{}_\mu$ 应看成是四个协变矢量 $D^0{}_\mu$、$D^1{}_\mu$、$D^2{}_\mu$、$D^3{}_\mu$, 不要当作一个张量). 由于 $\partial D^\alpha{}_\mu / \partial x^\nu$ 关于 μ 和 ν 是对称的, 我们可以把矢量 $D^\alpha{}_\mu$ 写成标量的梯度, 把这些标量定义为局部惯性坐标 $\xi^\alpha(x)$:

$$\frac{\partial \xi^\alpha}{\partial x^\mu} = D^\alpha{}_\mu \tag{6.4.8}$$

它的初值 $\xi^\alpha(X)$ 为某个任意常数. 为了看出这些 ξ 坐标确实满足 (6.4.1), 我们先注意

$$\frac{\partial}{\partial x^\rho}(g^{\mu\nu} D^\alpha{}_\mu D^\beta{}_\nu) = 0 \tag{6.4.9}$$

[140]   此式可由直接计算来验证, 或更简单地, 因为 (6.4.6) 正好说明 $D^\alpha{}_{\mu;\rho}$ 等于零, 但因为 $g^{\mu\nu} D^\alpha{}_\mu D^\beta{}_\nu$ 是一个标量, 这意味着它的普通导数等于零. (6.4.7) 和 (6.4.5) 表明, $g^{\mu\nu} D^\alpha{}_\mu D^\beta{}_\nu$ 在 $x = X$ 处等于 $\eta^{\alpha\beta}$, 又因它是一个常数, 所以它就处处成立:

$$\eta^{\alpha\beta} = g^{\mu\nu} D^\alpha{}_\mu D^\beta{}_\nu \quad (\text{对于所有 } x) \tag{6.4.10}$$

由 (6.4.8) 和 (6.4.10) 立即得到方程 (6.4.1).

6.5 协变导数的对易性

张量 $R^\lambda{}_{\mu\nu\kappa}$ 表示是否存在一个真实的引力场, 还有另外一种方法可以了解这一点. 考虑协变矢量 V_λ 的二阶协变导数:

$$\begin{aligned} V_{\mu;\nu;\kappa} &= \frac{\partial}{\partial x^\kappa} V_{\mu;\nu} - \Gamma^\lambda_{\nu\kappa} V_{\mu;\lambda} - \Gamma^\lambda_{\mu\kappa} V_{\lambda;\nu} \\ &= \frac{\partial^2 V_\mu}{\partial x^\nu \partial x^\kappa} - \frac{\partial V_\lambda}{\partial x^\kappa} \Gamma^\lambda_{\mu\nu} - V_\lambda \frac{\partial}{\partial x^\kappa} \Gamma^\lambda_{\mu\nu} \end{aligned}$$

$$-\Gamma^{\lambda}_{\nu\kappa}\frac{\partial V_{\mu}}{\partial x^{\lambda}} + \Gamma^{\lambda}_{\nu\kappa}\Gamma^{\sigma}_{\mu\lambda}V_{\sigma}$$

$$-\Gamma^{\lambda}_{\mu\kappa}\frac{\partial V_{\lambda}}{\partial x^{\nu}} + \Gamma^{\lambda}_{\mu\kappa}\Gamma^{\sigma}_{\lambda\nu}V_{\sigma}$$

含 V_{μ} 的一阶和二阶导数的项关于 ν 和 κ 是对称的, 但含 V_{μ} 本身的项有一个反对称的部分,

$$V_{\mu;\nu;\kappa} - V_{\mu;\kappa;\nu} = -V_{\sigma}R^{\sigma}{}_{\mu\nu\kappa} \tag{6.5.1}$$

用同样的理由, 我们可以证明

$$V^{\lambda}{}_{;\nu;\kappa} - V^{\lambda}{}_{;\kappa;\nu} = V^{\sigma}R^{\lambda}{}_{\sigma\nu\kappa} \tag{6.5.2}$$

类似的公式对任何张量都成立; 例如,

$$T^{\lambda}_{\mu;\nu;\kappa} - T^{\lambda}_{\mu;\kappa;\nu} = T^{\sigma}{}_{\mu}R^{\lambda}{}_{\sigma\nu\kappa} - T^{\lambda}{}_{\sigma}R^{\sigma}{}_{\mu\nu\kappa} \tag{6.5.3}$$

因此, 只要曲率张量等于零, 协变导数就可对易, 这是可变换为 Minkowski 坐标系的系统中可预料到的结果.

6.6 $R_{\lambda\mu\nu\kappa}$ 的代数性质

[141]

如果我们不考虑 $R^{\lambda}{}_{\mu\nu\kappa}$, 而考虑它的完全协变的形式, 曲率张量的代数性质就显得很清楚了.

$$R_{\lambda\mu\nu\kappa} \equiv g_{\lambda\sigma}R^{\sigma}{}_{\mu\nu\kappa} \tag{6.6.1}$$

利用 (6.1.5) 和 (3.3.7), 此式就等于

$$R_{\lambda\mu\nu\kappa} = \frac{1}{2}g_{\lambda\sigma}\frac{\partial}{\partial x^{\kappa}}g^{\sigma\rho}\left\{\frac{\partial g_{\rho\mu}}{\partial x^{\nu}} + \frac{\partial g_{\rho\nu}}{\partial x^{\mu}} - \frac{\partial g_{\mu\nu}}{\partial x^{\rho}}\right\}$$

$$-\frac{1}{2}g_{\lambda\sigma}\frac{\partial}{\partial x^{\nu}}g^{\sigma\rho}\left\{\frac{\partial g_{\rho\mu}}{\partial x^{\kappa}} + \frac{\partial g_{\rho\kappa}}{\partial x^{\mu}} - \frac{\partial g_{\mu\kappa}}{\partial x^{\rho}}\right\}$$

$$+g_{\lambda\sigma}\{\Gamma^{\eta}_{\mu\nu}\Gamma^{\sigma}_{\kappa\eta} - \Gamma^{\eta}_{\mu\kappa}\Gamma^{\sigma}_{\nu\eta}\}$$

我们利用关系

$$g_{\lambda\sigma}\frac{\partial}{\partial x^{\kappa}}g^{\sigma\rho} = -g^{\sigma\rho}\frac{\partial}{\partial x^{\kappa}}g_{\lambda\sigma}$$

$$= -g^{\sigma\rho}(\Gamma^{\eta}_{\kappa\lambda}g_{\eta\sigma} + \Gamma^{\eta}_{\kappa\sigma}g_{\eta\lambda})$$

就得到

$$R_{\lambda\mu\nu\kappa} = \frac{1}{2}\left[\frac{\partial^{2}g_{\lambda\nu}}{\partial x^{\kappa}\partial x^{\mu}} - \frac{\partial^{2}g_{\mu\nu}}{\partial x^{\kappa}\partial x^{\lambda}} - \frac{\partial^{2}g_{\lambda\kappa}}{\partial x^{\nu}\partial x^{\mu}} + \frac{\partial^{2}g_{\mu\kappa}}{\partial x^{\nu}\partial x^{\lambda}}\right]$$

$$-[\Gamma^\eta_{\kappa\lambda}g_{\eta\sigma} + \Gamma^\eta_{\kappa\sigma}g_{\eta\lambda}]\Gamma^\sigma_{\mu\nu}$$

$$+[\Gamma^\eta_{\nu\lambda}g_{\eta\sigma} + \Gamma^\eta_{\nu\sigma}g_{\eta\lambda}]\Gamma^\sigma_{\mu\kappa}$$

$$+g_{\lambda\sigma}[\Gamma^\eta_{\mu\nu}\Gamma^\sigma_{\kappa\eta} - \Gamma^\eta_{\mu\kappa}\Gamma^\sigma_{\nu\eta}]$$

大多数的 $\Gamma\Gamma$ 项都消掉, 剩下的结果是

$$R_{\lambda\mu\nu\kappa} = \frac{1}{2}\left[\frac{\partial^2 g_{\lambda\nu}}{\partial x^\kappa \partial x^\mu} - \frac{\partial^2 g_{\mu\nu}}{\partial x^\kappa \partial x^\lambda} - \frac{\partial^2 g_{\lambda\kappa}}{\partial x^\nu \partial x^\mu} + \frac{\partial^2 g_{\mu\kappa}}{\partial x^\nu \partial x^\lambda}\right]$$
$$+g_{\eta\sigma}[\Gamma^\eta_{\nu\lambda}\Gamma^\sigma_{\mu\kappa} - \Gamma^\eta_{\kappa\lambda}\Gamma^\sigma_{\mu\nu}] \tag{6.6.2}$$

由 (6.6.2) 我们可以看出曲率张量的代数性质:

(A) 对称性

$$R_{\lambda\mu\nu\kappa} = R_{\nu\kappa\lambda\mu} \tag{6.6.3}$$

(B) 反对称性

$$R_{\lambda\mu\nu\kappa} = -R_{\mu\lambda\nu\kappa} = -R_{\lambda\mu\kappa\nu} = +R_{\mu\lambda\kappa\nu} \tag{6.6.4}$$

(C) 循环性

$$R_{\lambda\mu\nu\kappa} + R_{\lambda\kappa\mu\nu} + R_{\lambda\nu\kappa\mu} = 0 \tag{6.6.5}$$

[142]　　　我们已经说过, $R_{\lambda\mu\nu\kappa}$ 可以缩并成 Ricci 张量

$$R_{\mu\kappa} = g^{\lambda\nu}R_{\lambda\mu\nu\kappa} \tag{6.6.6}$$

对称性 (A) 表明, Ricci 张量是对称的,

$$R_{\mu\kappa} = R_{\kappa\mu} \tag{6.6.7}$$

而反对称性 (B) 告诉我们, $R_{\mu\kappa}$ 是本质上唯一能够从 $R_{\lambda\mu\nu\kappa}$ 中造出的二阶张量, 这是因为用 $g^{\lambda\nu}, g^{\lambda\mu}$ 以及 $g^{\nu\kappa}$ 乘以 (6.6.4), 有

$$R_{\mu\kappa} = -g^{\lambda\nu}R_{\mu\lambda\nu\kappa} = -g^{\lambda\nu}R_{\lambda\mu\kappa\nu} = +g^{\lambda\nu}R_{\mu\lambda\kappa\nu}$$

$$g^{\lambda\mu}R_{\lambda\mu\nu\kappa} = g^{\nu\kappa}R_{\lambda\mu\nu\kappa} = 0$$

由反对称性 (B) 我们还看到, 本质上只有一种方法把 $R_{\lambda\mu\nu\kappa}$ 缩并为一个标量:

$$R \equiv g^{\lambda\nu}g^{\mu\kappa}R_{\lambda\mu\nu\kappa} = -g^{\lambda\nu}g^{\mu\kappa}R_{\mu\lambda\nu\kappa}$$

$$0 = g^{\lambda\mu}g^{\nu\kappa}R_{\lambda\mu\nu\kappa}$$

最后, (C) 排除了在四维情形构造另一个标量的可能性, 即

$$\frac{1}{\sqrt{g}}\varepsilon^{\lambda\mu\nu\kappa}R_{\lambda\mu\nu\kappa} = 0$$

6.7 N 维曲率的描述*

现在让我们考虑一般的 N 维空间. 要算出 $R_{\lambda\mu\nu\kappa}$ 的代数上独立的分量的数目, 较方便的办法是采用所谓的 Petrov 记号[2], 并把 $R_{\lambda\mu\nu\kappa}$ 当作"指标"为 $(\lambda\mu)$ 和 $(\nu\kappa)$ 的矩阵 $R_{(\lambda\mu)(\nu\kappa)}$, 由 (6.6.4) 我们看出, 每一个"指标"取独立值的数目等于 N 维空间一个反对称矩阵的独立矩阵元数目, 即 $\frac{1}{2}N(N-1)$. 从 (6.6.3) 我们看出, 对这些"指标" $R_{(\lambda\mu)(\nu\kappa)}$ 又是对称的, 所以, 单是 (6.6.3) 和 (6.6.4) 使 $R_{\lambda\mu\nu\kappa}$ 留下的独立分量数目, 等于 $\frac{1}{2}N(N-1)$ 维的对称矩阵的独立矩阵元数目, 即

$$\frac{1}{2}\left[\frac{1}{2}N(N-1)\right]\left[\frac{1}{2}N(N-1)+1\right] = \frac{1}{8}N(N-1)(N^2-N+2)$$

方程 (6.6.3) 和 (6.6.4) 还使得循环和 $R_{\lambda\mu\nu\kappa} + R_{\lambda\kappa\mu\nu} + R_{\lambda\nu\kappa\mu}$ 完全反对称化, 所以方程 (6.6.5) 又附加上 $N(N-1)(N-2)(N-3)/4!$ 个限制, 剩下的 $R_{\lambda\mu\nu\kappa}$ 的独立分量数等于 [143]

$$C_N = \frac{1}{8}N(N-1)(N^2-N+2)$$
$$-\frac{1}{24}N(N-1)(N-2)(N-3)$$

并项后得到

$$C_N = \frac{1}{12}N^2(N^2-1) \tag{6.7.1}$$

一维的曲率张量 R_{1111} 总等于零. 这可以从 (6.6.4) 或 (6.6.5) 或由 (6.7.1) 得到 $C_1 = 0$ 个独立分量中看出. 可能使读者感到奇怪, 一条曲线的曲率竟会等于零, 而这正是说明了 $R_{\lambda\mu\nu\kappa}$ 只反映空间的内在性质, 而不反映它是如何嵌入更高维的空间里. 事实上, 我们注意到一维的度规张量的变换规律为

$$g'_{11} = \left(\frac{\mathrm{d}x}{\mathrm{d}x'}\right)^2 g_{11}$$

所以只要取

$$x' = \int \mathrm{d}x\sqrt{\pm g_{11}}$$

可以使 g'_{11} 变为处处等于 ± 1.

在二维情形, 由 (6.7.1) 得到 $R_{\lambda\mu\nu\kappa}$ 只有一个独立分量, 它可取为 R_{1212}; 其它分量和 R_{1212} 之间的关系由方程 (6.6.4) 得到:

$$R_{1212} = -R_{2112} = -R_{1221} = R_{2121}$$

$$R_{1111} = R_{1122} = R_{2211} = R_{2222} = 0$$

这些公式可以概括成更简洁的形式

$$R_{\lambda\mu\nu\kappa} = (g_{\lambda\nu}g_{\mu\kappa} - g_{\lambda\kappa}g_{\mu\nu})\frac{R_{1212}}{g}$$

其中 g 是行列式 $g_{11}g_{22} - g_{12}^2$. 由 λ 和 ν 的缩并得到 Ricci 张量

$$R_{\mu\kappa} = g_{\mu\kappa}\frac{R_{1212}}{g} \tag{6.7.2}$$

而由 μ 和 κ 的缩并得到曲率标量

$$R = \frac{2R_{1212}}{g} \tag{6.7.3}$$

所以曲率张量等于

$$R_{\lambda\mu\nu\kappa} = \frac{1}{2}R(g_{\lambda\nu}g_{\mu\kappa} - g_{\lambda\kappa}g_{\mu\nu}) \tag{6.7.4}$$

[144] 本书第一节所讨论的 Gauss 曲率 K 定义为

$$K \equiv -\frac{R}{2} = -\frac{R_{1212}}{g} \tag{6.7.5}$$

(因子 $-1/2$ 纯粹是由于历史的原因), 方程 (1.1.12) 是由 (6.6.2) 和 (6.7.5) 得到的.

在三维情形, 由 (6.7.1) 得到的曲率张量的独立分量为 $C_3 = 6$. 这也是 Ricci 张量 $R_{\mu\kappa}$ 在三维情形的独立分量的数目, 所以我们可以预期, 这时 $R_{\lambda\mu\nu\kappa}$ 可以只用 $R_{\mu\kappa}$ 表示, 利用 $R_{\lambda\mu\nu\kappa}$ 的协变性, 对称性和缩并的特性, 我们可以进一步猜测这个关系应为

$$R_{\lambda\mu\nu\kappa} = g_{\lambda\nu}R_{\mu\kappa} - g_{\lambda\kappa}R_{\mu\nu} - g_{\mu\nu}R_{\lambda\kappa} + g_{\mu\kappa}R_{\lambda\nu}$$
$$-\frac{1}{2}(g_{\lambda\nu}g_{\mu\kappa} - g_{\lambda\kappa}g_{\mu\nu})R \tag{6.7.6}$$

为了证明 (6.7.6) 是正确的, 让我们选取这样的一个坐标系, 使得在某点 X, 当 $\mu \neq \nu$ 时 $g_{\mu\nu}$ 等于零 (将 X 点的 $\partial x'^\mu/\partial x^\lambda$ 取为使 X 点的 $g_{\mu\nu}$ 对角化的正交矩阵就可做到). 在这个坐标系的 X 点, 我们有

$$R_{12} = g^{33}R_{1323}$$

所以

$$R_{1323} = g_{33}R_{12}$$

与 (6.7.6) 一致. 还有

$$R_{11} = g^{22}R_{1212} + g^{33}R_{1313}$$
$$R_{22} = g^{33}R_{2323} + g^{11}R_{2121}$$

所以

$$g_{22}R_{11} + g_{11}R_{22} = 2R_{1212} + g^{33}(g_{22}R_{1313} + g_{11}R_{2323})$$
$$= R_{1212} + g_{11}g_{22}(g^{11}g^{22}R_{1212} + g^{11}g^{33}R_{1313} + g^{22}g^{33}R_{2323})$$

或者

$$R_{1212} = g_{22}R_{11} + g_{11}R_{22} - \frac{1}{2}g_{11}g_{22}R$$

又是和 (6.7.6) 一致的. $R_{\lambda\mu\nu\kappa}$ 的其它独立的分量是 R_{1223}、R_{1213}、R_{2323} 和 R_{3131}, 它由 R_{1323} 和 R_{1212} 通过轮换 1、2、3 得到; 所以 (6.7.6) 对这些量也是正确的. 由于 (6.7.6) 是在 X 点的正交坐标系里成立, 显然它又是协变的, 所以在一般坐标系里也成立.

　　只有在四维或更高维的情形, 才需要完整的 Riemann-Christoffel 张量 $R_{\lambda\mu\nu\kappa}$ 来描写空间的曲率. 例如, 在四维情形, 由 (6.7.1) 所得到的曲率张量的独立分量数目为 $C_4 = 20$, 而 $R_{\mu\kappa}$ 只有 10 个独立分量, 所以 $R_{\lambda\mu\nu\kappa}$ 要比能用 $R_{\mu\kappa}$ 表示的张量多 10 个分量.

　　$R_{\lambda\mu\nu\kappa}$ 的 $\frac{1}{12}N^2(N^2-1)$ 个分量描写一般 N 维空间的曲率, 但描写的方式并不是不变的. 因为这些分量的值不仅与空间的内在性质有关, 而且还与所选择的具体坐标系有关. 一个弯曲空间的不变量需要用 $R_{\lambda\mu\nu\kappa}$ 和 $g_{\mu\nu}$ 构造的标量来描写. 让我们计算一下这样的标量有多少. 一般坐标变换 $x \to x'$ 中的 N^2 个量 $\partial x'^\mu/\partial x^\nu$, 在给定点 X 的值可由我们随意选定, 所以在该点 $R_{\lambda\mu\nu\kappa}$ 的 $\frac{1}{12}N^2(N^2-1)$ 个独立分量和 $g_{\mu\nu}$ 的 $\frac{1}{2}N(N+1)$ 个独立分量可受到一般坐标变换的 N^2 个代数条件的限制; 因而由 $R_{\lambda\mu\nu\kappa}$ 和 $g_{\mu\nu}$ 所可能造出的标量数应为 [145]

$$\frac{1}{12}N^2(N^2-1) + \frac{1}{2}N(N+1) - N^2$$
$$= \frac{1}{12}N(N-1)(N-2)(N+3) \tag{6.7.7}$$

$N=2$ 的情况例外, 因为二维时, 存在一个对 $g_{\mu\nu}$ 和 $R_{\lambda\mu\nu\kappa}$ 没有影响的单参数的坐标变换子群; 所以不变量的正确数目不是零而是 1, 即曲率标量本身. 高维空间不出现这种例外, 所以 (6.7.7) 对 $N \geqslant 3$ 成立. 当 $N = 3$ 时,

方程 (6.7.7) 告诉我们, 存在三个曲率标量, 可以方便地把它们选为特征方程

$$\text{Det}\,(R_{\mu\nu} - \lambda g_{\mu\nu}) = 0$$

的三个根, 或等价地选为下面三个量

$$R, \quad R_{\mu\nu}R^{\mu\nu}, \quad \frac{\text{Det}\,R}{\text{Det}\,g}$$

当 $N = 4$ 时, 方程 (6.7.7) 告诉我们, 存在 14 个曲率标量. 为了算出它们 (以及其它目的), 方便的作法是把 $R_{\lambda\mu\nu\kappa}$ 分解成只依赖于 Ricci 张量 $R_{\mu\nu}$ 的一些项和没有非平凡缩并的一项 $C_{\lambda\mu\nu\kappa}$. 当 $N \geqslant 3$ 维, 这样的分解就是

$$R_{\lambda\mu\nu\kappa} \equiv \frac{1}{N-2}(g_{\lambda\nu}R_{\mu\kappa} - g_{\lambda\kappa}R_{\mu\nu} - g_{\mu\nu}R_{\lambda\kappa} + g_{\mu\kappa}R_{\lambda\nu})$$
$$- \frac{R}{(N-1)(N-2)}(g_{\lambda\nu}g_{\mu\kappa} - g_{\lambda\kappa}g_{\mu\nu}) + C_{\lambda\mu\nu\kappa}$$

张量 $C_{\lambda\mu\nu\kappa}$ 称为 Weyl 张量[3], 或称为共形张量. (使用后一个名称的理由是: 在全空间存在一坐标系, 能使 $g_{\mu\nu}$ 正比于一个常数矩阵的充分必要条件是 $C_{\lambda\mu\nu\kappa}$ 处处为零[4].) 这个张量和 $R_{\lambda\mu\nu\kappa}$ 具有相同的代数特性, 此外它满足 $\frac{1}{2}N(N+1)$ 个条件

[146]

$$C^{\lambda}{}_{\mu\lambda\kappa} = 0$$

所以它的线性独立分量数目是,

$$\frac{1}{12}N^2(N^2-1) - \frac{1}{2}N(N+1)$$
$$= \frac{1}{12}N(N+1)(N+2)(N-3)$$

[方程 (6.7.6) 即是说, 当 $N = 3$ 时 $C_{\lambda\mu\nu\kappa} = 0$] 除了简并的情形外, 可以说, 曲率不变量是由 Weyl 张量的全部分量 (对唯一的坐标轴的选择, 即 $R_{\mu\nu}$ 和 $g_{\mu\nu}$ 对角化, $g_{\mu\nu}$ 的元素为 +1, −1 和 0), 加上 N 个 $R_{\mu\nu}$ 的特征值所组成. 但这种计算当 $R_{\mu\nu}$ 的某些特征值简并时要失败, 特别有趣的情形是当 $R_{\mu\nu} = 0$, 我们在下一章将要看到, 它描写真空里的物理引力场. 在这种情形下, 当 $N = 4$ 时的曲率不变量是 $R_{\mu\nu}$ 的十个为零的分量 (张量等于零是一种不变的表述), 再加上四个量:

$$C^{\lambda\mu\nu\kappa}C_{\lambda\mu\nu\kappa}, \quad \frac{\varepsilon^{\lambda\mu}{}_{\rho\sigma}C^{\rho\sigma\nu\kappa}C_{\lambda\mu\nu\kappa}}{\sqrt{g}}$$

$$C_{\lambda\mu\nu\kappa}C^{\nu\kappa\rho\sigma}C_{\rho\sigma}{}^{\lambda\mu}, \quad \frac{C_{\lambda\mu\nu\kappa}C^{\nu\kappa\rho\sigma}\varepsilon_{\rho\sigma}{}^{\tau\xi}C_{\tau\xi}{}^{\lambda\mu}}{\sqrt{g}}$$

Petrov[2] 给出一个等价的描述, 把这四个非零的曲率不变量看作久期方程的四个根, 并按这些根的简并度将 Weyl 张量分成各种代数型.

最后还要强调的是, 由 (6.7.7) 得到的是代数上独立的曲率不变量的数目. 一般说来, 这些不变量之间存在着微分关系, 因而函数上独立的曲率不变量的数目要小于由 (6.7.7) 得到的数目.

6.8 Bianchi 恒等式

曲率张量除了满足第 6 节所讨论的代数恒等式外, 还遵从一些重要的微分恒等式. 在给定点 x, 选择一个局部惯性坐标系, 使该点的 $\Gamma^\lambda_{\mu\nu}$ (但不是它的导数) 为零, 就很容易把这些式子推导出来. 在点 x, 由方程 (6.6.1) 得到

$$R_{\lambda\mu\nu\kappa;\eta} = \frac{1}{2}\frac{\partial}{\partial x^\eta}\left(\frac{\partial^2 g_{\lambda\nu}}{\partial x^\kappa \partial x^\mu} - \frac{\partial^2 g_{\mu\nu}}{\partial x^\kappa \partial x^\lambda} - \frac{\partial^2 g_{\lambda\kappa}}{\partial x^\mu \partial x^\nu} + \frac{\partial^2 g_{\mu\kappa}}{\partial x^\nu \partial x^\lambda}\right)$$

所有其它的项至少是 Γ 的一阶小项. 循环地互换 ν、κ 和 η, 我们便得到 Bianchi 恒等式

$$R_{\lambda\mu\nu\kappa;\eta} + R_{\lambda\mu\eta\nu;\kappa} + R_{\lambda\mu\kappa\eta;\nu} = 0 \qquad (6.8.1)$$

这些方程显然是广义协变的, 它在局部惯性系成立, 所以在一般坐标系里也成立. (当然, 也可以通过直接计算来验证.) [147]

我们要特别谈谈关于 (6.8.1) 的缩并形式. 记得 $g^{\lambda\nu}$ 的协变导数等于零, 由 λ 和 ν 的缩并得到

$$R_{\mu\kappa;\eta} - R_{\mu\eta;\kappa} + R^\nu_{\mu\kappa\eta;\nu} = 0 \qquad (6.8.2)$$

再缩并一次, 得到

$$R_{;\eta} - R^\mu{}_{\eta;\mu} - R^\nu{}_{\eta;\nu} = 0$$

或

$$\left(R^\mu{}_\eta - \frac{1}{2}\delta^\mu{}_\eta R\right)_{;\mu} = 0 \qquad (6.8.3)$$

与它等价的, 但更加熟悉的形式是

$$\left(R^{\mu\nu} - \frac{1}{2}g^{\mu\nu}R\right)_{;\mu} = 0 \qquad (6.8.4)$$

6.9 几何类比*

我们在这一章已经看到, $R_{\lambda\mu\nu\kappa}$ 不为零确实表示了引力场的存在. 我们在第一章也已看到, Gauss 引进了 Gauss 曲率 $K = -R/2$ 作为二维几何偏离欧氏几何的一种具体的量度, 随后, Riemann 引入曲率张量 $R_{\lambda\mu\nu\kappa}$, 把曲率的概念推广到三维或更高维的情形, 所以 Einstein 和他的后继者把引力场的效应看作引起空间和时间几何变化的原因就不足为奇了. 一度有人曾希望物理学的其它部分也可以纳入几何的公理体系, 但这种希望变成了泡影, 引力理论的几何解释降低到仅仅是一种类比, 它把 "度规"、"仿射联络" 和 "曲率" 这些术语留在我们的语言中, 但此外便没有太大用处了. 重要的是能够预言天文照片上的星像, 谱线的频率等, 而把这些预言究竟说成是引力场对行星和光子的物理效应, 还是说成空间和时间的曲率, 关系不大. (应当提醒读者, 这都是些非正统的观点, 可能会遭到许多广义相对论学者的反对.)

不管前面这些评论, 值得一提 (但不作证明) 的是张量 $R_{\lambda\mu\nu\kappa}$ 和 Riemann 空间的曲率存在什么关系的问题. 在任意维数的空间里给定一点 X, 和在 X 点定义的两个矢量 a^μ、b^μ, 我们便可以通过 X 构造一族 "测地线" $x^\mu = x^\mu(\tau, \alpha, \beta)$, 其定义是

[148]

$$\frac{\mathrm{d}^2 x^\mu}{\mathrm{d}\tau^2} + \Gamma^\mu_{\nu\lambda} \frac{\mathrm{d}x^\nu}{\mathrm{d}\tau} \frac{\mathrm{d}x^\lambda}{\mathrm{d}\tau} = 0$$

$$\left(\frac{\mathrm{d}x^\mu}{\mathrm{d}\tau}\right)_{x=X} = \alpha a^\mu + \beta b^\mu$$

α, β 可以取为任何实数值. 这些曲线填满了过 X 点的一个二维曲面 $S(a, b)$, 这个曲面在 X 点的 Gauss 曲率是[5]

$$K(a, b) = \frac{R_{\lambda\mu\nu\kappa} a^\lambda b^\mu a^\nu b^\kappa}{(g_{\lambda\kappa} g_{\mu\nu} - g_{\lambda\nu} g_{\mu\kappa}) a^\lambda b^\mu a^\nu b^\kappa} \tag{6.9.1}$$

从方程 (6.7.4) 我们看到, 在二维情形 $K(a, b)$ 与 a 和 b 无关, 正好等于 $-R/2$.

6.10 测地线的偏离*

这里引进曲率张量的动机是: 为了建立合适的引力场方程, 就需要引进它. 不过曲率张量在描写引力对物理体系的效应时也是有用的.

例如, 考虑一对邻近的自由下落的粒子, 沿着轨道 $x^\mu(\tau)$ 和 $x^\mu(\tau) + \delta x^\mu(\tau)$ 运动. 其运动方程是,

$$0 = \frac{\mathrm{d}^2 x^\mu}{\mathrm{d}\tau^2} + \Gamma^\mu_{\nu\lambda}(x) \frac{\mathrm{d}x^\nu}{\mathrm{d}\tau} \frac{\mathrm{d}x^\lambda}{\mathrm{d}\tau}$$

$$0 = \frac{\mathrm{d}^2}{\mathrm{d}\tau^2}[x^\mu + \delta x^\mu] + \Gamma^\mu_{\nu\lambda}(x + \delta x)\frac{\mathrm{d}}{\mathrm{d}\tau}$$

$$\times [x^\nu + \delta x^\nu]\frac{\mathrm{d}}{\mathrm{d}\tau}[x^\lambda + \delta x^\lambda]$$

算出这两个方程之差, 并准确到 δx^μ 的一次项, 便得到

$$0 = \frac{\mathrm{d}^2 \delta x^\mu}{\mathrm{d}\tau^2} + \frac{\partial \Gamma^\mu_{\nu\lambda}}{\partial x^\rho}\delta x^\rho \frac{\mathrm{d}x^\nu}{\mathrm{d}\tau}\frac{\mathrm{d}x^\lambda}{\mathrm{d}\tau}$$

$$+ 2\Gamma^\mu_{\nu\lambda}\frac{\mathrm{d}x^\nu}{\mathrm{d}\tau}\frac{\mathrm{d}\delta x^\lambda}{\mathrm{d}\tau}$$

或用沿曲线 $x^\mu(\tau)$ 的协变导数 (参看 4.9 节), 上述方程变为

$$\frac{D^2}{D\tau^2}\delta x^\lambda = R^\lambda{}_{\nu\mu\rho}\delta x^\mu \frac{\mathrm{d}x^\nu}{\mathrm{d}\tau}\frac{\mathrm{d}x^\rho}{\mathrm{d}\tau} \tag{6.10.1}$$

[149]

虽然一个自由下落的粒子, 在与该粒子一起下落的坐标系看来是静止的, 但一对邻近的自由下落粒子会出现相对运动, 和它们一起下落的观测者看来则显示出引力场的存在. 这当然没有破坏等效原理. 因为 (6.10.1) 右边的效应, 当粒子间的距离远小于场的特征尺度时可忽略不计.

专题书目

L. P. Eisenhart, *Riemannian Geometry* (Princeton University Press, Princeton, N. J., 1926).

J. A. Schouten, *Ricci-Calculus* (Springer-Verlag, Berlin, 1954). 此外, 见第 3 章推荐书目

参考文献

[1] 例如见, L. P. Eisenhart, *Continuous Groups of Transformations* (Dover Publications, New York, 1961), p. 1.

[2] A. Z. Petrov, Uch. zap. Kazan Gos. Univ., 114, No. 8, 55 (1954) [trans. no. 29, Jet Propulsion Laboratory, Pasadena, Cal. 1963]; *Einstein Spaces*, trans. by R. F. Kelleher (Pergamon Press, Oxford, 1969), Chapter 3.

[3] H. Weyl, Mat. Z., 2, 384(1918).

[4] 例如见, L. P. Eisenhart, *Riemannian Geometry* (Princeton University Press, Princeton, N. J., 1926), Section 28.

[5] 文献 4, Section 25.

"只要您研究了广义相对论, 您就会相信它. 所以, 我不打算用一个字为它辩护."

阿尔伯特·爱因斯坦, 致
A. 索末菲的明信片, 1916 年 2 月 8 日

第七章

Einstein 场方程

我们在第三章到第五章介绍了整个引力理论的前半部分, 这就是引力场的数学描述, 这种描述指出了引力场对任意物理体系的效应. 这一章我们转到广义相对论的后半部分, 即决定引力场本身的微分方程.

7.1 场方程的推导

引力场方程肯定要比电磁场方程复杂得多. 由于电磁场本身不携带电荷, Maxwell 方程是线性的, 而引力场却带着能量和动量 (见 5.3 节), 因此必然对自身的场源有贡献. 这就是说, 引力场方程一定是非线性偏微分方程, 非线性代表引力对其自身的作用.

在处理这些非线性效应时, 我们再一次用等效原理为指导. 在任意强度的引力场中任一点 X, 我们可以定义这样一个局部惯性坐标系, 使得

$$g_{\alpha\beta}(X) = \eta_{\alpha\beta} \tag{7.1.1}$$

$$\left(\frac{\partial g_{\alpha\beta}(x)}{\partial x^\gamma}\right)_{x=X} = 0 \tag{7.1.2}$$

[152] 因此, 对于接近 X 的点 x, 度规张量 $g_{\alpha\beta}$ 和 $\eta_{\alpha\beta}$ 相差只是 $(x - X)$ 的二次

项. 在这个坐标系里, X 邻近的引力场很弱, 我们可以指望用线性偏微分方程来描写它. 一旦知道了这些弱场方程的形式, 我们就可以用使场变弱的坐标变换的逆变换来找出一般的场方程.

可惜的是, 我们十分缺乏关于弱场方程的经验知识, 这倒不是由于什么根本的原因, 而是因为物质产生和吸收的引力辐射很弱, 以至尚未肯定地探测到. 尽管这是可以理解的, 但是由于缺乏这种知识, 我们不能像前面几章那样直接前进, 有些猜测性的工作就很难免了.

首先让我们回忆一下, 一个非相对论质量密度 ρ 所产生的弱静场里, 度规张量的时–时分量近似地为

$$g_{00} \simeq -(1 + 2\phi)$$

[见方程 (3.4.5).] 其中 ϕ 是 Newton 势, 决定于 Poisson 方程

$$\nabla^2 \phi = 4\pi G\rho$$

其中, G 是 Newton 常量, 等于 6.670×10^{-8} c.g.s. 单位. 还有, 非相对论性物质的能量密度 T_{00} 恰好等于它的质量密度

$$T_{00} \simeq \rho$$

把上述诸式结合起来, 我们便得到

$$\nabla^2 g_{00} = -8\pi G T_{00} \tag{7.1.3}$$

这个场方程只假定它对非相对论物质产生的弱静场成立, 按它现在的形式甚至没有 Lorentz 不变性. 但 (7.1.3) 却启发我们去猜测, 对于一般的能量–动量分布 $T_{\alpha\beta}$, 弱场方程取下形式:

$$G_{\alpha\beta} = -8\pi G T_{\alpha\beta} \tag{7.1.4}$$

式中 $G_{\alpha\beta}$ 是度规和它的一阶及二阶导数的线性组合. 于是由等效原理推得, 支配任意强度的引力场的方程必取如下形式:

$$G_{\mu\nu} = -8\pi G T_{\mu\nu} \tag{7.1.5}$$

式中 $G_{\mu\nu}$ 是在弱场时化为 $G_{\alpha\beta}$ 的一个张量.

一般说来, 有许多张量 $G_{\mu\nu}$ 都可以由度规张量及其导数组成, 并且在弱场极限下化为给定的 $G_{\alpha\beta}$. 想象把 $G_{\mu\nu}$ 展开为度规导数乘积之和, 并按度规分量导数的总阶数 N 将每一项进行分类 (例如, $N = 3$ 的项可

[153]

以是与度规的三阶导数成比例的项, 或是一个一阶导数和一个二阶导数的乘积, 或是三个一阶导数的乘积.) 整个 $G_{\mu\nu}$ 必须有二阶导数的量纲, 所以每一个 $N \neq 2$ 类型的项都要乘上一个常数, 其量纲是长度的 $N-2$ 次方. 当引力场的时空尺度充分大时, $N > 2$ 的项可以忽略, 当引力场的时空尺度充分小时, $N < 2$ 的项可以忽略. 为了去掉 $G_{\mu\nu}$ 的不确定性, 我们将假设引力场方程在尺度上是均匀的. 因此, 只允许有 $N = 2$ 的项.

现在让我们重温一下我们对于场方程 (7.1.5) 左边的知识:

(A) 根据定义, $G_{\mu\nu}$ 是一个张量.

(B) 根据假设, $G_{\mu\nu}$ 只由 $N = 2$ 的度规的导数项组成; 即 $G_{\mu\nu}$ 只含或者与度规的二阶导数成比例的项, 或者是度规的一阶导数的二次项.

(C) 由于 $T_{\mu\nu}$ 是对称的, 所以 $G_{\mu\nu}$ 也是对称的.

(D) 由于 $T_{\mu\nu}$ 是守恒的 (在协变微分的意义上), 所以 $G_{\mu\nu}$ 也是守恒的:

$$G^{\mu}{}_{\nu;\mu} = 0 \tag{7.1.6}$$

(E) 对于由非相对论物质产生的弱的定态场, (7.1.5) 的 00 分量必须化为 (7.1.3), 所以在这个极限下,

$$G_{00} \simeq \nabla^2 g_{00} \tag{7.1.7}$$

这些就是我们为寻找 $G_{\mu\nu}$ 所需要的全部性质.

在 6.2 节里我们看到, 构造满足 (A) 和 (B) 的场的最一般的方法就是缩并曲率张量 $R^{\lambda}{}_{\mu\nu\kappa}$. 6.6 节讨论的 $R_{\lambda\mu\nu\kappa}$ 的反对称性质表明, 只有两个张量可以由 $R_{\lambda\mu\nu\kappa}$ 缩并造成; 这就是 Ricci 张量 $R_{\mu\kappa} \equiv R^{\lambda}{}_{\mu\lambda\kappa}$ 和标量曲率 $R = R^{\mu}{}_{\mu}$. 因此, (A) 和 (B) 要求 $G_{\mu\nu}$ 取如下形式:

$$G_{\mu\nu} = C_1 R_{\mu\nu} + C_2 g_{\mu\nu} R \tag{7.1.8}$$

式中 C_1 和 C_2 是常数. 上式自动满足对称要求 [见式 (6.6.7)], 所以 (C) 并不提供新的东西. 利用 Bianchi 恒等式 (6.8.3), 得到 $G_{\mu\nu}$ 的协变散度为

$$G^{\mu}{}_{\nu;\mu} = \left(\frac{C_1}{2} + C_2 \right) R_{;\nu}$$

所以, (D) 允许两种可能性: 或者 $C_2 = -C_1/2$, 或者 $R_{;\nu}$ 处处为零. 我们可以排除掉第二种可能性, 因为 (7.1.8) 和 (7.1.5) 给出

$$G^{\mu}{}_{\mu} = (C_1 + 4C_2) R = -8\pi G T^{\mu}{}_{\mu}$$

[154]　　　如果 $R_{;\nu} \equiv \partial R / \partial x^{\nu}$ 等于零, $\partial T^{\mu}{}_{\mu} / \partial x^{\nu}$ 也必然等于零, 但存在非均匀、非

相对论性物质时并非这种情况. 所以我们断定 $C_2 = -C_1/2$, 因此 (7.1.8) 变为

$$G_{\mu\nu} = C_1 \left(R_{\mu\nu} - \frac{1}{2} g_{\mu\nu} R \right) \tag{7.1.9}$$

最后, 我们利用性质 (E) 来确定常数 C_1. 一个非相对论系统总有 $|T_{ij}| \ll |T_{00}|$, 所以我们这里只涉及 $|G_{ij}| \ll |G_{00}|$ 的情况, 或者利用 (7.1.9),

$$R_{ij} \simeq \frac{1}{2} g_{ij} R$$

此外, 我们这里讨论的是弱场, 所以 $g_{\alpha\beta} \simeq \eta_{\alpha\beta}$. 于是曲率标量为

$$R \simeq R_{kk} - R_{00} \simeq \frac{3}{2} R - R_{00}$$

即

$$R \simeq 2R_{00} \tag{7.1.10}$$

将 (7.1.10) 和 (7.1.1) 代入 (7.1.9), 我们得到

$$G_{00} \simeq 2C_1 R_{00} \tag{7.1.11}$$

为了算出弱场的 R_{00}, 我们可以利用方程 (6.6.2) 所给出的 $R_{\lambda\mu\nu\kappa}$ 的线性部分:

$$R_{\lambda\mu\nu\kappa} = \frac{1}{2} \left[\frac{\partial^2 g_{\lambda\nu}}{\partial x^\kappa \partial x^\mu} - \frac{\partial^2 g_{\mu\nu}}{\partial x^\kappa \partial x^\lambda} - \frac{\partial^2 g_{\lambda\kappa}}{\partial x^\nu \partial x^\mu} + \frac{\partial^2 g_{\mu\kappa}}{\partial x^\nu \partial x^\lambda} \right]$$

当场为静态时, 所有的时间导数都为零, 于是我们所需要的分量变为

$$R_{0000} \simeq 0, \quad R_{i0j0} \simeq \frac{1}{2} \frac{\partial^2 g_{00}}{\partial x^i \partial x^j}$$

因此由 (7.1.11) 得到

$$G_{00} \simeq 2C_1 (R_{i0i0} - R_{0000}) \simeq C_1 \nabla^2 g_{00}$$

把这个式子同 (7.1.7) 比较, 我们便发现, 当且仅当 $C_1 = 1$ 时 (E) 才得到满足.

在 (7.1.9) 中令 $C_1 = 1$, 我们便完成了 $G_{\mu\nu}$ 的计算:

$$G_{\mu\nu} = R_{\mu\nu} - \frac{1}{2} g_{\mu\nu} R \tag{7.1.12}$$

再利用 (7.1.5), 便得到 Einstein *场方程*

$$R_{\mu\nu} - \frac{1}{2} g_{\mu\nu} R = -8\pi G T_{\mu\nu} \tag{7.1.13}$$

有时用到场方程的另一种形式. 把 (7.1.13) 和 $g^{\mu\nu}$ 缩并得到

$$R - 2R = -8\pi G T^{\mu}{}_{\mu}$$

或

$$R = 8\pi G T^{\mu}{}_{\mu} \tag{7.1.14}$$

把它代入 (7.1.13), 我们得到

$$R_{\mu\nu} = -8\pi G \left(T_{\mu\nu} - \frac{1}{2} g_{\mu\nu} T^{\lambda}{}_{\lambda} \right) \tag{7.1.15}$$

当然, 我们也可以从 (7.1.15) 返回到 (7.1.14) 和 (7.1.13), 所以 (7.1.13) 和 (7.1.15) 应看成是 Einstein 场方程的完全等价的形式.

真空中的 $T_{\mu\nu}$ 为零, 所以从 (7.1.15) 我们看到真空中的 Einstein 场方程就是

$$R_{\mu\nu} = 0 \tag{7.1.16}$$

在二维或三维时空中, 这就意味着整个曲率张量 $R_{\lambda\mu\nu\kappa}$ 为零, 因而没有引力场 (见 6.4 节). 只有在四维或更高维的情形, 在真空中才能存在真实的引力场.

我们可以放宽假设 (B), 允许 $G_{\mu\nu}$ 含 N 小于 2 的度规导数项. 自由使用一阶导数并不会给 $G_{\mu\nu}$ 带来任何新的项 (见 6.1 节). 但我们如果用度规张量本身, 那就可能有一个新的项, 即 $g_{\mu\nu}$ 乘以常数 λ. 于是场方程变为

$$R_{\mu\nu} - \frac{1}{2} g_{\mu\nu} R - \lambda g_{\mu\nu} = -8\pi G T_{\mu\nu}$$

$\lambda g_{\mu\nu}$ 项最早是由 Einstein[1] 为了宇宙学上的理由引入的 (后来这个理由不存在了); 因这个理由, λ 被称为宇宙学常数. 这一项满足 (A)、(C) 和 (D) 的要求, 但不满足 (E) , 所以 λ 必须非常小, 才不会同 Newton 引力理论的成就冲突. 除第十六章外, 全书中都假设 $\lambda = 0$.

7.2 另一种推导*

上一节中推导 Einstein 场方程时, 使用了一个重要假设, 即左边的 $G_{\mu\nu}$ 是一个只依赖于度规及其一阶和二阶导数的张量. 我们可以考虑使用一个更一般的张量, 其元素与度规张量或它的导数无关, 例如

$$\left(\frac{\partial x^{\mu}}{\partial \xi_X^{\alpha}(x)} \frac{\partial^3 \xi_X^{\alpha}(x)}{\partial x^{\nu} \partial x^{\lambda} \partial x^{\rho}} \right)_{x=X} \tag{7.2.1}$$

式中 $\xi_X^\alpha(x)$ 是在 X 点的局部惯性坐标. [根据度规和仿射联络的严格定义 (3.3.2) 和 (3.3.3) 可以证明, (7.2.1) 和它们的导数无关.] 造出这样一个张量的办法是写出:

$$G_{\mu\nu} \equiv \left(\frac{\partial \xi_X^\alpha(x)}{\partial x^\mu} \frac{\partial \xi_X^\beta(x)}{\partial x^\nu} G_{\alpha\beta}^X(x) \right)_{x=X} \tag{7.2.2}$$

式中 $G_{\alpha\beta}^X$ 是在 ξ_X 坐标系里, 为 Lorentz 协变性和对称性所允许的度规张量的二阶导数的最一般可能的线性组合, 即

$$G_{\alpha\beta} = a_1 \Box^2 g_{\alpha\beta} + a_2 \left(\frac{\partial^2 g_\beta{}^\gamma}{\partial \xi^\alpha \partial \xi^\gamma} + \frac{\partial^2 g_\alpha{}^\gamma}{\partial \xi^\beta \partial \xi^\gamma} \right) + a_3 \eta_{\alpha\beta} \frac{\partial^2 g^{\gamma\delta}}{\partial \xi^\gamma \partial \xi^\delta}$$

$$+ b_1 \frac{\partial^2 g^\gamma{}_\gamma}{\partial \xi^\alpha \partial \xi^\beta} + b_2 \eta_{\alpha\beta} \Box^2 g^\gamma{}_\gamma \tag{7.2.3}$$

式中 a_1, a_2, a_3, b_1, b_2 是五个任意的无量纲常数. [我们已经去掉记号 X. 这里所有指标均用 Minkowski 张量 $\eta^{\alpha\beta}$ 和 $\eta_{\alpha\beta}$ 来升降, $\Box^2$ 是 d'Alembert 算符 $\Box^2 \equiv \eta^{\alpha\beta}(\partial/\partial\xi^\alpha)(\partial/\partial\xi^\beta)$.] 若五个常数 a_1、a_2、a_3、b_1、b_2 取完全一般的值, 这个 $G_{\mu\nu}$ 确实会依赖于如 (7.2.1) 这样外来的元素. 然而, 令人吃惊的是, 使用能量 – 动量守恒, 以及 Newton 理论适用于非相对论性物质所产生的弱静场的条件, 我们把这些严格的要求加在常数 $a_1, \cdots, b_2$ 上, 就可以去掉含 (7.2.1) 的项, 从而得到 Einstein 的理论.

在弱场中, 由能量和动量守恒的要求得到普通的守恒律 $\partial T^\alpha{}_\beta / \partial \xi^\alpha = 0$, 因而所假设的场方程 $G_{\alpha\beta} = -8\pi G T_{\alpha\beta}$ 就要求

$$0 = \frac{\partial}{\partial \xi^\alpha} G^\alpha{}_\beta = (a_1 + a_2) \Box^2 \frac{\partial}{\partial \xi^\alpha} g^\alpha{}_\beta$$

$$+ (a_2 + a_3) \left(\frac{\partial}{\partial \xi^\beta} \frac{\partial^2 g^{\gamma\delta}}{\partial \xi^\gamma \partial \xi^\delta} \right) + (b_1 + b_2) \Box^2 \frac{\partial}{\partial \xi^\beta} g^\gamma{}_\gamma$$

因此 $a_1 + a_2$、$a_2 + a_3$ 和 $b_1 + b_2$ 必须全为零, 由此得到

$$G_{\alpha\beta} = a_1 \left\{ \Box^2 g_{\alpha\beta} - \frac{\partial^2 g_\beta{}^\gamma}{\partial \xi^\alpha \partial \xi^\gamma} - \frac{\partial^2 g_\alpha{}^\gamma}{\partial \xi^\beta \partial \xi^\gamma} + \eta_{\alpha\beta} \frac{\partial^2 g^{\gamma\delta}}{\partial \xi^\gamma \partial \xi^\delta} \right\}$$

$$+ b_1 \left\{ \frac{\partial^2 g^\gamma{}_\gamma}{\partial \xi^\alpha \partial \xi^\beta} - \eta_{\alpha\beta} \Box^2 g^\gamma{}_\gamma \right\} \tag{7.2.4}$$

为了定出 a_1 和 b_1, 让我们过渡到 Newton 极限. 对于静场, 由 (7.2.4) 得到 [157]

$$G_{ii} + G_{00} = a_1 \nabla^2 (g_{ii} + g_{00}) - b_1 \nabla^2 (g_{ii} - g_{00})$$

(重复的拉丁指标表示取 1,2,3 求和) 对于非相对论性物质体系, $|T_{ij}|$ 远小于 $|T_{00}|$, 所以便得到场方程

$$(a_1 + b_1) \nabla^2 g_{00} + (a_1 - b_1) \nabla^2 g_{ii} = -8\pi G T_{00} \tag{7.2.5}$$

我们要求这个极限下的场方程能得到 Newton 定律

$$\nabla^2 g_{00} = -8\pi G T_{00}$$

但 (7.2.5) 是唯一只含 g_{00} 和 (或) g_{ii} 的场方程, 所以我们必须要求 $a_1 = b_1 = \dfrac{1}{2}$. 于是场方程左边为

$$G_{\alpha\beta} = \frac{1}{2}\left\{ \Box^2 g_{\alpha\beta} - \frac{\partial^2 g_\beta{}^\gamma}{\partial\xi^\alpha\partial\xi^\gamma} - \frac{\partial^2 g_\alpha{}^\gamma}{\partial\xi^\beta\partial\xi^\gamma} + \frac{\partial^2 g^\gamma{}_\gamma}{\partial\xi^\alpha\partial\xi^\beta} \right\}$$
$$+ \frac{1}{2}\eta_{\alpha\beta}\left\{ \frac{\partial^2 g^{\gamma\delta}}{\partial\xi^\gamma\partial\xi^\delta} - \Box^2 g_\gamma{}^\gamma \right\} \tag{7.2.6}$$

但方程 (6.6.2) 表明, 弱场的 Ricci 张量等于

$$R_{\alpha\beta} = \frac{1}{2}\left\{ \Box^2 g_{\alpha\beta} - \frac{\partial^2 g_\beta{}^\gamma}{\partial\xi^\alpha\partial\xi^\gamma} - \frac{\partial^2 g_\alpha{}^\gamma}{\partial\xi^\beta\partial\xi^\gamma} + \frac{\partial^2 g^\gamma{}_\gamma}{\partial\xi^\alpha\partial\xi^\beta} \right\}$$

所以由 (7.2.5) 得到场方程

$$G_{\alpha\beta} = R_{\alpha\beta} - \frac{1}{2}\eta_{\alpha\beta}R = -8\pi G T_{\alpha\beta} \tag{7.2.7}$$

然后由等效原理立刻便得到一般引力场的 Einstein 方程

$$R_{\mu\nu} - \frac{1}{2}g_{\mu\nu}R = -8\pi G T_{\mu\nu} \tag{7.2.8}$$

这是因为 (7.2.8) 是广义协变的, 并在局部惯性系中化成 (7.2.6). 这样, 如果我们要得到比 Einstein 方程更一般的方程, 即在弱场极限下化到左边为 (7.2.4) 的二阶方程的话, 那么我们就必须付出代价, 让形如 (7.2.1) 的新项进入方程, 并且必须放弃在极限条件下导出 Newton 理论的可能性.

7.3 Brans-Dicke 理论

已经知道的长程力是由引力场 $g_{\mu\nu}$ 和电磁势 A_μ 传递的. 于是很自然地就猜测其它的长程力可由标量场产生. 这样的理论在广义相对论之前就有人提出过; 本节介绍最近的、也可能是最有启发性的理论, 在这个理论里, 标量场和引力场同样起作用, 这就是 Brans 和 Dicke 的理论[2].

Brans 和 Dicke 的出发点是 Mach 的观念, 即惯性现象是由相对于宇宙总质量分布的加速度而引起 (见 1.3 节) . 因此, 各种基本粒子的惯性质量并不是基本常数, 而是代表着粒子和某个宇宙场的相互作用. 但基本粒子质量的绝对标度 (不是它们的比值, 比值大体上和宇宙场无关) 只能通过测量引力加速度 Gm/r^2 来量度. 所以等价的说法是, 引力常数 G 应和标量场 ϕ 的平均值有关, 而 ϕ 则同宇宙的质量密度相联系.

[158]

这种标量场的最简单的广义协变的场方程应是

$$\Box^2\phi = 4\pi\lambda T_M{}^\mu{}_\mu \tag{7.3.1}$$

式中 $\Box^2\phi = \phi;^\rho{}_{;\rho}$ 现在是不变的 d'Alembert 算符, λ 是一个耦合常数, $T_M{}^{\mu\nu}$ 是宇宙物质 (除引力场和 ϕ 场以外的所有物质) 的能量 – 动量张量. 我们可以对 ϕ 的平均值作一粗略估计, 办法是计算一个气体球的中心势, 其密度为宇宙质量密度 $\rho \sim 10^{-29}$ g/cm^3, 半径等于宇宙的表观半径 $R \sim 10^{28}$ cm (见第十四章). 由此得到的平均值为

$$\langle\phi\rangle \sim \lambda\rho R^2 \sim \lambda \times 10^{27}\ \text{g}\cdot\text{cm}^{-1} \tag{7.3.2}$$

注意, 10^{27} g $\cdot$cm^{-1} 相当接近于常数 $1/G = 1.35 \times 10^{28}$ g $\cdot$cm^{-1}; 因此我们把 ϕ 规范化, 使

$$\langle\phi\rangle \simeq \frac{1}{G} \tag{7.3.3}$$

于是 (7.3.2) 表明, λ 是一个数量级为 1 的无量纲数. 这些考虑使 Brans 和 Dicke 认为, 正确的引力场方程是把 G 换成 $1/\phi$, 并在引力场的源里包含 ϕ 场的能量 – 动量张量 $T_\phi{}^{\mu\nu}$:

$$R^{\mu\nu} - \frac{1}{2}g^{\mu\nu}R = -\frac{8\pi}{\phi}[T_M{}^{\mu\nu} + T_\phi{}^{\mu\nu}] \tag{7.3.4}$$

但是谁也不希望放弃等效原理的成就, 例如引力质量和惯性质量的等价性以及引力场中的时间膨胀. 因此 Brans 和 Dicke 要求, 粒子和光子的运动方程里只含 $g_{\mu\nu}$ 而不含 ϕ. 于是描写物质和引力之间能量交换的方程就和 Einstein 的理论相同:

$$T_M{}^\mu{}_{\nu;\mu} \equiv \frac{\partial T_M{}^\mu{}_\nu}{\partial x^\mu} + \Gamma^\mu_{\mu\rho}T_M{}^\rho{}_\nu - \Gamma^\rho_{\mu\nu}T_M{}^\mu{}_\rho = 0 \tag{7.3.5}$$

Bianchi 恒等式告诉我们, 方程 (7.3.4) 左边的协变散度等于零, 所以用 ϕ 乘 (7.3.4) 并取协变散度, 我们便得到 [159]

$$\left(R^\mu{}_\nu - \frac{1}{2}\delta^\mu{}_\nu R\right)\phi_{;\mu} = -8\pi T_\phi{}^\mu{}_{\nu;\mu} \tag{7.3.6}$$

可以证明这个要求足以确定 $T_\phi{}^\mu{}_\nu$. 由每项含有 ϕ 本身或其两个一阶导数或一个二阶导数的项构造出的最一般的对称张量是

$$\begin{aligned}
T_\phi{}^\mu{}_\nu = {} & A(\phi)\phi;^\mu\phi_{;\nu} + B(\phi)\delta^\mu{}_\nu\phi_{;\rho}\phi;^\rho \\
& + C(\phi)\phi;^\mu{}_{;\nu} + \delta^\mu{}_\nu D(\phi)\Box^2\phi
\end{aligned} \tag{7.3.7}$$

由直接计算得到

$$T_\phi{}^\mu{}_{\nu;\mu} = [A'(\phi) + B'(\phi)]\phi,^\mu\phi_{;\nu}\phi_{;\mu}$$
$$+[A(\phi) + D'(\phi)]\phi_{;\nu}\Box^2\phi$$
$$+[A(\phi) + 2B(\phi) + C'(\phi)]\phi,^\mu{}_{;\nu}\phi_{;\mu}$$
$$+D(\phi)(\Box^2\phi)_{;\nu} + C(\phi)\Box^2(\phi_{;\nu}) \tag{7.3.8}$$

(式中撇表示对 ϕ 求导数.) 方程 (7.3.6) 的第一项由式 (6.5.2) 决定为

$$\phi_{;\sigma}R^\sigma{}_\nu = \phi,^\mu{}_{;\mu;\nu} - \phi_{;\nu}{}^\mu{}_{;\mu} = (\Box^2\phi)_{;\nu} - \Box^2(\phi_{;\nu}) \tag{7.3.9}$$

取方程 (7.3.4) 的迹并利用 (7.3.1) , 我们得到

$$R = \frac{8\pi}{\phi}\left[\frac{1}{4\pi\lambda}\Box^2\phi + (A(\phi) + 4B(\phi))\phi,^\mu\phi_{;\mu} + (C(\phi) + 4D(\phi))\Box^2\phi\right]$$

所以 (7.3.6) 的左边等于

$$\left(R^\mu{}_\nu - \frac{1}{2}\delta^\mu{}_\nu R\right)\phi_{;\mu} = (\Box^2\phi)_{;\nu} - \Box^2(\phi_{;\nu})$$
$$-\frac{4\pi}{\phi}\phi_{;\nu}\left[\left(\frac{1}{4\pi\lambda} + C(\phi) + 4D(\phi)\right)\Box^2\phi\right.$$
$$\left.+(A(\phi) + 4B(\phi)\phi,^\mu\phi_{;\mu})\right] \tag{7.3.10}$$

比较方程 (7.3.8) 和 (7.3.10) 中 $(\Box^2\phi)_{;\nu}$、$\Box^2(\phi_{;\nu})$、$\phi_{;\nu}\Box^2\phi$、$\phi,^\mu\phi_{;\mu}\phi_{;\nu}$ 和 $\phi,^\mu{}_{;\nu}\phi_{;\mu}$ 诸项的系数, 我们发现, 方程 (7.3.6) 要求

$$1 = -8\pi D(\phi)$$
$$-1 = -8\pi C(\phi)$$
$$-\frac{4\pi}{\phi}\left(\frac{1}{4\pi\lambda} + C(\phi) + 4D(\phi)\right) = -8\pi(A(\phi) + D'(\phi))$$
$$-\frac{4\pi}{\phi}(A(\phi) + 4B(\phi)) = -8\pi(A'(\phi) + B'(\phi))$$
$$0 = A(\phi) + 2B(\phi) + C'(\phi)$$

[160]　　　唯一的解是

$$A(\phi) = \frac{\omega}{8\pi\phi}, \quad B(\phi) = -\frac{\omega}{16\pi\phi}$$
$$C(\phi) = \frac{1}{8\pi}, \quad D(\phi) = -\frac{1}{8\pi} \tag{7.3.11}$$

其中 ω 是一个方便的无量纲常数, 由下式决定

$$\omega = \frac{1}{\lambda} - \frac{3}{2}$$

或者

$$\lambda = \frac{2}{3 + 2\omega} \tag{7.3.12}$$

Brans-Dicke 理论的场方程 (7.3.1) 和 (7.3.4) 现在写为

$$\Box^2 \phi = \frac{8\pi}{3 + 2\omega} T_M{}^\mu{}_\mu \tag{7.3.13}$$

$$R_{\mu\nu} - \frac{1}{2} g_{\mu\nu} R = -\frac{8\pi}{\phi} T_{M\mu\nu} - \frac{\omega}{\phi^2} \left(\phi_{;\mu}\phi_{;\nu} - \frac{1}{2} g_{\mu\nu} \phi_{;\rho} \phi_{;}{}^\rho \right)$$
$$- \frac{1}{\phi} (\phi_{;\mu;\nu} - g_{\mu\nu} \Box^2 \phi) \tag{7.3.14}$$

我们前面的估计表明 λ 的量级为 1, 所以我们预期 ω 的量级是 1. 如果 ω 远大于 1, 则由 (7.3.13) 得到 $\Box^2 \phi = 0(1/\omega)$, 因而

$$\phi = \langle \phi \rangle + 0 \left(\frac{1}{\omega} \right) = \frac{1}{G} + 0 \left(\frac{1}{\omega} \right) \tag{7.3.15}$$

把上式代入 (7.3.14), 于是得到

$$R_{\mu\nu} - \frac{1}{2} g_{\mu\nu} R = -8\pi G T_{M\mu\nu} + 0 \left(\frac{1}{\omega} \right)$$

这样, 在 $\omega \to \infty$ 的极限情况下, Brans-Dicke 理论就过渡到 Einstein 理论.

必须强调指出, Brans-Dicke 理论中标量场的作用只限于它对引力场方程的影响. 一旦算出 $g_{\mu\nu}$, 那么引力对任意物理体系的效应就完全像第三章到第五章所讲过的那样确定了.

本书大部分都假设不存在标量场 ϕ 对长程力的贡献. 但我们不时地要回到 Brans-Dicke 理论, 为了弄清它对广义相对论的预言会作出什么改变.

7.4 坐标条件

[161]

对称张量 $G_{\mu\nu}$ 有 10 个独立分量, 所以 Einstein 方程 (7.1.13) 包含 10 个代数上独立的方程. 未知的度规张量也有 10 个代数上独立的分量, 初看起来, 人们会认为 Einstein 方程 (附带适当的边界条件) 足以唯一地决定 $g_{\mu\nu}$. 实际上并非如此. 这 10 个 $G_{\mu\nu}$ 虽然代数上是独立的, 但却由 4 个微分恒等式, 即 Bianchi 恒等式联系着 [见式 (6.8.3)]:

$$G^\mu{}_{\nu;\mu} = 0$$

所以并没有 10 个函数上独立的方程, 而只有 $10 - 4 = 6$ 个, 在 10 个未知量 $g_{\mu\nu}$ 中留下了 4 个自由度. 这 4 个自由度对应着这样的事实, 即如果 $g_{\mu\nu}$ 是 Einstein 方程的解, 那么 $g'_{\mu\nu}$ 亦是解, 这里 $g'_{\mu\nu}$ 是由 $g_{\mu\nu}$ 通过任意坐标变换 $x \to x'$ 得到的. 这样的坐标变换含有 4 个任意函数 $x'^{\mu}(x)$, 使得 (7.1.13) 的解恰好有 4 个自由度.

　　Einstein 方程不能唯一地决定 $g_{\mu\nu}$, 和 Maxwell 方程不能唯一地决定矢量势 A_{μ} 是非常相似的. 后者可用矢量势写为

$$\Box^2 A_{\alpha} - \frac{\partial^2}{\partial x^{\alpha} \partial x^{\beta}} A^{\beta} = -J_{\alpha} \tag{7.4.1}$$

[见式 (2.7.6) 和 (2.7.11).] 对四个未知量有四个方程, 但它们并不能唯一地确定 A_{α}; 因为这些方程的左边由类似于 Bianchi 恒等式的微分恒等式联系着

$$\frac{\partial}{\partial x^{\alpha}} \left\{ \Box^2 A^{\alpha} - \frac{\partial^2}{\partial x^{\alpha} \partial x^{\beta}} A^{\beta} \right\} \equiv 0$$

因此, 函数上独立的方程数目, 实际上只有 $4 - 1 = 3$ 个, 四个 A_{α} 的解里就存在一个自由度. 这个自由度当然是对应着规范不变性; 任意给一个解 A_{α}, 我们便可以找到另一个解

$$A'_{\alpha} \equiv A_{\alpha} + \partial \Lambda / \partial x^{\alpha},$$

而 Λ 是任意函数.

　　Maxwell 方程和 Einstein 方程解的不确定性可以设法去掉, 对于 Maxwell 方程, 我们的做法是采用一个特殊的规范, 例如, 任意给定一个解 A_{α}, 我们总可以造出一个这样的解 A'_{α}, 使得:

$$\partial_{\alpha} A'^{\alpha} = 0 \tag{7.4.2}$$

只要令

$$A'_{\alpha} \equiv A_{\alpha} + \frac{\partial \Phi}{\partial x^{\alpha}}$$

[162] 　　即可, 式中 Φ 定义为

$$\Box^2 \Phi = -\frac{\partial A^{\alpha}}{\partial x^{\alpha}}$$

这样的解称为符合 Lorentz 规范, 当把条件 (7.4.2) 加于三个独立方程 (7.4.1) 后, 四个方程就全了, 给定适当的边界条件, 一般就唯一地确定了 A_{α}. 同样, 我们可以采用某个特殊的坐标系来去掉度规张量的不确定性. 坐标系的选择可以表为四个坐标条件, 把它加到六个独立的 Einstein 方程后, 就决定了唯一的解.

一个特别方便的坐标系选定可表示为谐和坐标条件:

$$\Gamma^\lambda \equiv g^{\mu\nu} \Gamma^\lambda{}_{\mu\nu} \tag{7.4.3}$$

为了看出选择一个满足上述条件的坐标系总是可能的, 我们回忆仿射联络的变换方程是

$$\Gamma'^\lambda_{\mu\nu} = \frac{\partial x'^\lambda}{\partial x^\rho} \frac{\partial x^\tau}{\partial x'^\mu} \frac{\partial x^\sigma}{\partial x'^\nu} \Gamma^\rho_{\tau\sigma} - \frac{\partial x^\rho}{\partial x'^\nu} \frac{\partial x^\sigma}{\partial x'^\mu} \frac{\partial^2 x'^\lambda}{\partial x^\rho \partial x^\sigma}$$

[见式 (4.5.8).] 把它同 $g'^{\mu\nu}$ 缩并, 我们就得到

$$\Gamma'^\lambda = \frac{\partial x'^\lambda}{\partial x^\rho} \Gamma^\rho - g^{\rho\sigma} \frac{\partial^2 x'^\lambda}{\partial x^\rho \partial x^\sigma} \tag{7.4.4}$$

只要 Γ^ρ 不等于零, 我们便总能通过解二阶偏微分方程

$$g^{\rho\sigma} \frac{\partial^2 x'^\lambda}{\partial x^\rho \partial x^\sigma} = \frac{\partial x'^\lambda}{\partial x^\rho} \Gamma^\rho$$

来定义一个新的坐标系 x'^λ. 由式 (7.4.4) 得知, 在 x' 系里

$$\Gamma'^\lambda = 0.$$

四个条件 (7.4.3) 当然不是广义协变的, 因为它的目的是要去掉由于 Einstein 方程的广义协变性所引起的度规张量的不确定性. 尽管我们不能把它们写成协变方程, 但可以用度规张量表示仿射联络, 而把这些条件写成更精致的形式

$$\Gamma^\lambda = \frac{1}{2} g^{\mu\nu} g^{\lambda\kappa} \left\{ \frac{\partial g_{\kappa\mu}}{\partial x^\nu} + \frac{\partial g_{\kappa\nu}}{\partial x^\mu} - \frac{\partial g_{\mu\nu}}{\partial x^\kappa} \right\}$$

我们记得

$$g^{\lambda\kappa} \frac{\partial g_{\kappa\mu}}{\partial x^\nu} = -g_{\kappa\mu} \frac{\partial g^{\lambda\kappa}}{\partial x^\nu}$$

$$\frac{1}{2} g^{\mu\nu} \frac{\partial g_{\mu\nu}}{\partial x^\kappa} = g^{-\frac{1}{2}} \frac{\partial}{\partial x^\kappa} g^{\frac{1}{2}}$$

[见式 (4.7.5).] 于是得到 [163]

$$\Gamma^\lambda = -g^{-\frac{1}{2}} \frac{\partial}{\partial x^\kappa} (g^{\frac{1}{2}} g^{\lambda\kappa}) \tag{7.4.5}$$

而谐和坐标条件变为

$$\frac{\partial}{\partial x^\kappa} (\sqrt{g} g^{\lambda\kappa}) = 0 \tag{7.4.6}$$

现在我们能够解释"谐和坐标"这个名词了. 一个函数 ϕ 如果满足条件 $\square^2\phi$ 等于零, 就说它是谐和函数, 其中 $\square^2$ 是不变的 d'Alembert 算符, 定义为

$$\square^2\phi \equiv (g^{\lambda\kappa}\phi_{;\lambda})_{;\kappa} \tag{7.4.7}$$

利用 (4.7.1)、(4.7.7) 和 (7.4.5), 我们得到

$$\square^2\phi = g^{\lambda\kappa}\frac{\partial^2\phi}{\partial x^\lambda \partial x^\kappa} - \Gamma^\lambda\frac{\partial\phi}{\partial x^\lambda} \tag{7.4.8}$$

如果 $\Gamma^\lambda = 0$, 则坐标本身就是谐和函数

$$\square^2 x^\mu = 0 \tag{7.4.9}$$

这证明我们把形容词"谐和"用到这样的坐标系上是合理的.

没有引力场时, 显然的谐和坐标系就是 Minkowski 坐标系, 在这个坐标系里, $g^{\lambda\kappa} = \eta^{\lambda\kappa}$ 及 $g = 1$, 所以显然满足 (7.4.6). 当存在弱引力场时, 谐和坐标系可描写为近似的 Minkowski 坐标系. 谐和坐标条件的另一个有关的优点是, 如第九章和第十章所说的, 采用它可以大大简化弱场方程, 就像采用 Lorentz 规范可以简化 Maxwell 方程一样.

7.5　Cauchy 问题

我们可以进一步把 Einstein 方程用到传统的 Cauchy 初值问题上, 来了解它们的数学内容. 假设在 $x^0 = t$ "平面" 上处处给定了 $g_{\mu\nu}$ 和 $\partial g_{\mu\nu}/\partial x^0$, 如果我们能从场方程里解出 $x^0 = t$ 时各处的 $\partial^2 g_{\mu\nu}/\partial(x^0)^2$ 的表达式, 就可以计算在 $x^0 = t + \delta t$ 时的 $g_{\mu\nu}$ 和 $\partial g_{\mu\nu}/\partial x^0$, 继续这个过程, 就可对所有的 x^i 和 x^0 算出 $g_{\mu\nu}$.

乍看起来, 这是可以做到的, 因为我们需要 10 个二阶导数, 而这里有 10 个场方程. 不过, 让我们更仔细地看看场方程左边

[164]

$$G^{\mu\nu} \equiv R^{\mu\nu} - \frac{1}{2}g^{\mu\nu}R.$$

Bianchi 恒等式 (6.8.4) 告诉我们

$$\frac{\partial}{\partial x^0}G^{\mu 0} \equiv -\frac{\partial}{\partial x^i}G^{\mu i} - \Gamma^\mu_{\nu\lambda}G^{\lambda\nu} - \Gamma^\nu_{\nu\lambda}G^{\mu\lambda}$$

上式右边没有含高于 $\partial^2/\partial(x^0)^2$ 的时间导数, 所以左边也不含, 从而 $G^{\mu 0}$ 不含高于 $\partial/\partial x^0$ 的时间导数. 因此我们便不能从四个方程

$$G^{\mu 0} = -8\pi G T^{\mu 0} \tag{7.5.1}$$

知道引力场如何随时间变化, 而这些方程必须作为约束加到初始值上, 即 $x^0 = t$ 时的 $g_{\mu\nu}$ 和 $\partial g_{\mu\nu}/\partial x^0$ 上去.

留下作为 "动力学" 方程的只有其它六个 Einstein 方程

$$G^{ij} = -8\pi G T^{ij} \tag{7.5.2}$$

当我们解这些方程求十个二阶导数 $\partial^2 g_{\mu\nu}/\partial(x^0)^2$ 时, 我们必然遇到四重的不确定性, 要避开它当然是没有希望的, 因为总是可以进行坐标变换, 使得 $x^0 = t$ 的 $g_{\mu\nu}$ 和 $\partial g_{\mu\nu}/\partial x^0$ 不变, 而使其它各处的 $g_{\mu\nu}$ 改变, 说得更具体些, 我们得到结论 (7.5.2) 只确定六个 $\partial^2 g^{ij}/\partial(x^0)^2$, 留下其它四个导数 $\partial^2 g^{\mu 0}/\partial(x^0)^2$ 不确定. 这种不确定性可以加上确定坐标系的四个附加坐标条件来去掉, 例如, 如果我们采用上一节所讨论的谐和坐标条件, 那么 $\sqrt{g}g^{\mu 0}$ 的二阶时间导数可由 (7.4.6) 对时间微分得到:

$$\frac{\partial^2}{\partial(x^0)^2}(\sqrt{g}g^{\mu 0}) = -\frac{\partial^2}{\partial x^0 \partial x^i}\sqrt{g}g^{\mu i} \tag{7.5.3}$$

于是 (7.5.2) 和 (7.5.3) 的十个方程就足以确定所有 $g_{\mu\nu}$ 的二阶时间导数了.

用这种方法解初值问题时, 加在初始值上的限制 (7.5.1) 只要用一次, Bianchi 恒等式以及能量和动量守恒告诉我们, 不论 Einstein 方程是否成立, 我们一定有

$$(G^{\mu\nu} + 8\pi G T^{\mu\nu})_{;\nu} = 0$$

让我们把上式用于 $x^0 = t$, 把约束条件 (7.5.1) 加到初值上, 并从 (7.5.2) 中定出二阶导数后, 括号内的量当 $x^0 = t$ 时处处等于零, 故由此得到

$$\frac{\partial}{\partial x^0}(G^{\mu 0} + 8\pi G T^{\mu 0}) = 0 \quad \text{当 } x^0 = t$$

因而在 $x^0 = t + dt$ 计算出来的场也自动满足条件 (7.5.1). 因此, 这个解初值问题的方法可以编成计算机程序, 只要我们求得在 $x^0 = t$ 时满足条件 (7.5.1) 的初始度规就行了.

[165]

7.6 引力场的能量、动量和角动量

把 Einstein 方程写成一种完全等价的形式, 可以弄清它的物理意义. 这种形式由于不是明显协变的, 所以显示了 Einstein 方程和基本粒子物理的波动方程之间的关系. 让我们取一个类 Minkowski 坐标系, 其意义是, 在离被研究的有限物质系统很远的地方, 度规 $g_{\mu\nu}$ 近似为 Minkowski 度规

$\eta_{\mu\nu}$. (谐和坐标系和其它一些坐标系就属于此类). 于是我们记

$$g_{\mu\nu} = \eta_{\mu\nu} + h_{\mu\nu} \tag{7.6.1}$$

使 $h_{\mu\nu}$ 在无限远处为零. (但并不假设 $h_{\mu\nu}$ 处处都很小). Ricci 张量中与 $h_{\mu\nu}$ 成线性的部分等于

$$R^{(1)}_{\mu\kappa} \equiv \frac{1}{2}\left(\frac{\partial^2 h^{\lambda}{}_{\lambda}}{\partial x^{\mu}\partial x^{\kappa}} - \frac{\partial^2 h^{\lambda}{}_{\mu}}{\partial x^{\lambda}\partial x^{\kappa}} - \frac{\partial^2 h^{\lambda}{}_{\kappa}}{\partial x^{\lambda}\partial x^{\mu}} + \frac{\partial^2 h_{\mu\kappa}}{\partial x^{\lambda}\partial x_{\lambda}} \right) \tag{7.6.2}$$

[见式 (6.6.2). 我们取方便的约定: $h_{\mu\nu}$、$R^{(1)}_{\mu\nu}$ 和 $\partial/\partial x^{\lambda}$ 的指标用 η 来升降, 例如, $h^{\lambda}{}_{\lambda} \equiv \eta^{\lambda\nu}h_{\lambda\nu}, \partial/\partial x_{\lambda} \equiv \eta^{\lambda\nu}\partial/\partial x^{\nu}$, 而像 $R_{\mu\kappa}$ 这样的真正张量的指标, 和通常一样用 g 来升降.] 于是严格的 Einstein 方程可写为

$$R^{(1)}_{\mu\kappa} - \frac{1}{2}\eta_{\mu\kappa}R^{(1)\lambda}{}_{\lambda} = -8\pi G[T_{\mu\kappa} + t_{\mu\kappa}] \tag{7.6.3}$$

式中

$$t_{\mu\kappa} \equiv \frac{1}{8\pi G}\left[R_{\mu\kappa} - \frac{1}{2}g_{\mu\kappa}R^{\lambda}{}_{\lambda} - R^{(1)}_{\mu\kappa} + \frac{1}{2}\eta_{\mu\kappa}R^{(1)\lambda}{}_{\lambda} \right] \tag{7.6.4}$$

方程 (7.6.3) 正好具有我们对自旋等于 2 的场的波动方程所预期的形式 (见 10.2 节) , 所不同的是它的 "源" $T_{\mu\kappa} + t_{\mu\kappa}$ 明显地依赖于场 $h_{\mu\nu}$. 我们把这个特点解释为, 场 $h_{\mu\nu}$ 是由总的能量和动量的密度和流产生的, 而 $t_{\mu\kappa}$ 只是引力场本身的能量 – 动量 "张量". 这就是说, 我们把量

$$\tau^{\nu\lambda} \equiv \eta^{\nu\mu}\eta^{\lambda\kappa}[T_{\mu\kappa} + t_{\mu\kappa}] \tag{7.6.5}$$

解释为物质和引力场的总的能量 – 动量 "张量". $\tau^{\nu\lambda}$ 有许多性质是支持这种解释的:

[166]　　　　　(A) 量 $R^{(1)}_{\mu\kappa}$ 遵从线性化的 Bianchi 恒等式:

$$\frac{\partial}{\partial x^{\nu}}\left[R^{(1)\nu\lambda} - \frac{1}{2}\eta^{\nu\lambda}R^{(1)\mu}{}_{\mu} \right] \equiv 0 \tag{7.6.6}$$

因此由场方程 (7.6.3) 得到, $\tau^{\nu\lambda}$ 是局部守恒的:

$$\frac{\partial}{\partial x^{\nu}}\tau^{\nu\lambda} = 0 \tag{7.6.7}$$

注意, 虽然 $T^{\nu\lambda}$ 满足协变守恒律 $T^{\nu\lambda}{}_{;\nu} = 0$ (它实际上描写物质和引力场之间的能量交换) , 量 $\tau^{\nu\lambda}$ 却是在普通意义下守恒的. 特别是, 对于由曲面 S 围成的体积为 V 的任何有限系统, 方程 (7.6.7) 告诉我们,

$$\frac{\mathrm{d}}{\mathrm{d}t}\int_V \tau^{0\lambda}\mathrm{d}^3 x = -\int_S \tau^{i\lambda}n_i\mathrm{d}S \tag{7.6.8}$$

式中 n 是垂直于曲面向外的单位矢量. 因此我们可以把

$$P^\lambda \equiv \int_V \tau^{0\lambda} \mathrm{d}^3 x \tag{7.6.9}$$

解释为系统的总能量 – 动量 "矢量", 物质的、电磁的和引力的都包括在内; $\tau^{i\lambda}$ 是相应的流.

(B) 除守恒外, $\tau^{\nu\lambda}$ 也是对称的.

$$\tau^{\nu\lambda} = \tau^{\lambda\nu} \tag{7.6.10}$$

因而

$$\frac{\partial}{\partial x^\mu} M^{\mu\nu\lambda} = 0 \tag{7.6.11}$$

式中

$$M^{\mu\nu\lambda} \equiv \tau^{\mu\lambda} x^\nu - \tau^{\mu\nu} x^\lambda \tag{7.6.12}$$

于是我们可以把 $M^{0\nu\lambda}$ 和 $M^{i\nu\lambda}$ 解释为总角动量的密度和流

$$J^{\nu\lambda} \equiv \int \mathrm{d}^3 x M^{0\nu\lambda} = -J^{\lambda\nu} \tag{7.6.13}$$

只要 $M^{i\nu\lambda}$ 在积分体积的表面等于零, 它就是常量.

(C) 我们可以按 h 的幂级数展开来计算 $t_{\mu\kappa}$, 并发现第一项是个二次项

$$t_{\mu\kappa} = \frac{1}{8\pi G} \left[-\frac{1}{2} h_{\mu\kappa} R^{(1)\lambda}{}_\lambda + \frac{1}{2} \eta_{\mu\kappa} h^{\rho\sigma} R^{(1)}_{\rho\sigma} \right.$$
$$\left. + R^{(2)}_{\mu\kappa} - \frac{1}{2} \eta_{\mu\kappa} \eta^{\rho\sigma} R^{(2)}_{\rho\sigma} \right] + \bigcirc(h^3) \tag{7.6.14}$$

式中 $R^{(2)}_{\mu\kappa}$ 是 Ricci 张量的二阶部分, 可由 (6.6.2) 得到, [167]

$$R^{(2)}_{\mu\kappa} = -\frac{1}{2} h^{\lambda\nu} \left[\frac{\partial^2 h_{\lambda\nu}}{\partial x^\kappa \partial x^\mu} - \frac{\partial^2 h_{\mu\nu}}{\partial x^\kappa \partial x^\lambda} - \frac{\partial^2 h_{\lambda\kappa}}{\partial x^\nu \partial x^\mu} + \frac{\partial^2 h_{\mu\kappa}}{\partial x^\nu \partial x^\lambda} \right]$$
$$+ \frac{1}{4} \left[2 \frac{\partial h^\nu{}_\sigma}{\partial x^\nu} - \frac{\partial h^\nu{}_\nu}{\partial x^\sigma} \right] \left[\frac{\partial h^\sigma{}_\mu}{\partial x^\kappa} + \frac{\partial h^\sigma{}_\kappa}{\partial x^\mu} - \frac{\partial h_{\mu\kappa}}{\partial x_\sigma} \right]$$
$$- \frac{1}{4} \left[\frac{\partial h_{\sigma\kappa}}{\partial x^\lambda} + \frac{\partial h_{\sigma\lambda}}{\partial x^\kappa} - \frac{\partial h_{\lambda\kappa}}{\partial x^\sigma} \right] \left[\frac{\partial h^\sigma{}_\mu}{\partial x_\lambda} + \frac{\partial h^{\sigma\lambda}}{\partial x^\mu} - \frac{\partial h^\lambda{}_\mu}{\partial x_\sigma} \right]$$
$$\tag{7.6.15}$$

电动力学的例子使我们期望, 引力场的能量 – 动量 "张量" 是从 $h_{\mu\nu}$ 的二次项开始. [同式 (2.8.9) 比较.]$t_{\mu\kappa}$ 中三阶和更高阶项的存在, 只是意味着引力场和其自身的引力相互作用也对总能量和动量有贡献. 当然, 当引

力场很弱时, $h_{\mu\nu}$ 就很小, 所以我们把 $t_{\lambda\nu}$ 包括在 (7.6.5) 里 (并用 η 来升指标) 并不会严重地改变我们对物理系统的能量和动量的认识.

(D) $t_{\mu\kappa}$、$\tau^{\nu\lambda}$ 和 $M^{\mu\nu\lambda}$ 虽然并不广义协变, 至少是 Lorentz 协变的. 因此对一个封闭的系统, P^λ 和 $J^{\nu\lambda}$ 不仅是恒量, 而且也是 Lorentz 协变的 (见 2.6 节).

(E) 在本节开始时, 我们就选择了无限远处 $h_{\mu\nu}$ 为零的坐标系来进行讨论. 在离产生引力场的有限物体系统很远的地方, $T_{\mu\kappa}$ 等于零, $t_{\mu\kappa}$ 是 h^2 量级, 所以场方程 (7.6.3) 右边代表源的项有效地限制在一个有限的区域. 这提示我们, 在许多物理问题里, 在远距离处 $h_{\mu\nu}$ 的行为和静电势或 Newton 引力势相同, 即当 $r \to \infty$ 时

$$h_{\mu\nu} = \bigcirc\left(\frac{1}{r}\right), \quad \frac{\partial h_{\mu\nu}}{\partial x^\lambda} = \bigcirc\left(\frac{1}{r^2}\right), \quad \frac{\partial^2 h_{\mu\nu}}{\partial x^\lambda \partial x^\rho} = \bigcirc\left(\frac{1}{r^3}\right) \qquad (7.6.16)$$

在这种情形下, (7.6.14) 表明

$$t_{\mu\kappa} = \bigcirc\left(\frac{1}{r^4}\right) \qquad (7.6.17)$$

所以决定总的能量和动量的积分 $\int \tau^{0\lambda} \mathrm{d}^3 x$ 是收敛的. 验明坐标系是否类 Minkowski 坐标系非常重要, 其原因就在于此; 如果 $g_{\mu\nu}$ 在无限远趋于球坐标中的度规, 那么我们的定义 (7.6.1) 和 (7.6.4) 就会使引力场能量密度集中在无限远处! [不过要注意 (7.6.16) 和 (7.6.17) 并不总是对的. 如系统不断辐射引力波 (见第十章), $h_{\mu\nu}$ 就会振荡, 使得 $\partial h_{\mu\nu}/\partial x^\lambda$ 和 $\partial^2 h_{\mu\nu}/\partial x^\lambda \partial x^\rho$ 和 $h_{\mu\nu}$ 同量级, 从而产生无限的总能量, 对于充满全空间的引力辐射, 我们预期的结果就是如此. 在这种情况下, 甚至 $h_{\mu\nu}$ 的行为也不是 $1/r$.][2a].

[168]

(F) 从结构方式看, $\tau^{\nu\lambda}$ 显然就是当我们测量由任一系统所产生的引力场时, 我们所测定的能量 – 动量 "张量". 实际上存在着引力场能量 – 动量 "张量" 的许多种可能的定义, 它们都具备 $t_{\mu\kappa}$ 所具有的大部分性质 (这些定义通常是建立在作用量原理的基础上; 见第十二章), 但由于 $t_{\mu\kappa}$ 在 (7.6.3) 中起着 $h_{\mu\nu}$ 的一部分源的作用, 就被特地挑选出来.

(G) 虽然在具体物理问题里, $t_{\mu\kappa}$ 的计算可能是很麻烦的, 好在如果我们只要求系统的总能量和动量, 就有可能避免这类计算. 场方程 (7.6.3) 的左边可写为

$$R^{(1)\nu\lambda} - \frac{1}{2}\eta^{\nu\lambda} R^{(1)\mu}{}_\mu = \frac{\partial}{\partial x^\rho} Q^{\rho\nu\lambda} \qquad (7.6.18)$$

式中

$$Q^{\rho\nu\lambda} \equiv \frac{1}{2}\left\{\frac{\partial h^\mu{}_\mu}{\partial x^\nu}\eta^{\rho\lambda} - \frac{\partial h^\mu{}_\mu}{\partial x_\rho}\eta^{\nu\lambda} - \frac{\partial h^{\mu\nu}}{\partial x^\mu}\eta^{\rho\lambda}\right.$$

$$+\frac{\partial h^{\mu\rho}}{\partial x^{\mu}}\eta^{\nu\lambda}+\frac{\partial h^{\nu\lambda}}{\partial x_{\rho}}-\frac{\partial h^{\rho\lambda}}{\partial x_{\nu}}\Bigg\} \tag{7.6.19}$$

注意 $Q^{\rho\nu\lambda}$ 对它的头两个指标是反对称的,

$$Q^{\rho\nu\lambda}=-Q^{\nu\rho\lambda} \tag{7.6.20}$$

由此得到微分恒等式 (7.6.6). 利用场方程 (7.6.3) 和 (7.6.18) 的联立, 我们得到总能量 – 动量 "矢量" (7.6.9) 的值为

$$P^{\lambda}=-\frac{1}{8\pi G}\int_{V}\frac{\partial Q^{\rho 0\lambda}}{\partial x^{\rho}}\mathrm{d}^{3}x=-\frac{1}{8\pi G}\int_{V}\frac{\partial Q^{i0\lambda}}{\partial x^{i}}\mathrm{d}^{3}x$$

再利用 Gauss 定理, 得到

$$P^{\lambda}=-\frac{1}{8\pi G}\int Q^{i0\lambda}n_{i}r^{2}\mathrm{d}\Omega \tag{7.6.21}$$

积分是在半径为 r 的大球上进行的, $\boldsymbol{n}$ 是向外的法矢量, $\mathrm{d}\Omega$ 是立体角元; 即

$$r\equiv(x_{i}x_{i})^{\frac{1}{2}},\quad n_{i}\equiv\frac{x_{i}}{r},\quad \mathrm{d}\Omega=\sin\theta\mathrm{d}\theta\mathrm{d}\varphi$$

(重复的拉丁指标是对 1, 2, 3 求和) 写得更详细些, 由 (7.6.19) 和 (7.6.21) 求得总的能量和动量为

$$P^{j}=-\frac{1}{16\pi G}\int\left\{-\frac{\partial h_{kk}}{\partial t}\delta_{ij}+\frac{\partial h_{k0}}{\partial x^{k}}\delta_{ij}-\frac{\partial h_{j0}}{\partial x^{i}}+\frac{\partial h_{ij}}{\partial t}\right\}n_{i}r^{2}\mathrm{d}\Omega \tag{7.6.22}$$

$$P^{0}=-\frac{1}{16\pi G}\int\left\{\frac{\partial h_{jj}}{\partial x^{i}}-\frac{\partial h_{ij}}{\partial x^{j}}\right\}n_{i}r^{2}\mathrm{d}\Omega \tag{7.6.23}$$

根据同样的理由, 总的角动量 "张量" (7.6.13) 为 [169]

$$J^{\nu\lambda}=\int\mathrm{d}^{3}x(x^{\nu}\tau^{0\lambda}-x^{\lambda}\tau^{0\nu})$$

$$=-\frac{1}{8\pi G}\int\mathrm{d}^{3}x\left(x^{\nu}\frac{\partial Q^{i0\lambda}}{\partial x^{i}}-x^{\lambda}\frac{\partial Q^{i0\nu}}{\partial x^{i}}\right)$$

如在 2.9 节中所说过的, 有物理意义的 $J^{\nu\lambda}$ 的分量是三个独立的空 – 空分量:

$$J_{1}\equiv J^{23}\quad J_{2}\equiv J^{31}\quad J_{3}\equiv J^{12}$$

再用 Gauss 定理, 这些分量由下式得出

$$J^{jk}=-\frac{1}{16\pi G}\int\left\{-x_{j}\frac{\partial h_{0k}}{\partial x^{i}}+x_{k}\frac{\partial h_{0j}}{\partial x^{i}}+x_{j}\frac{\partial h_{ki}}{\partial t}\right.$$

$$-x_k\frac{\partial h_{ji}}{\partial t} + h_{0k}\delta_{ij} - h_{0j}\delta_{ik}\Big\}n_i r^2\mathrm{d}\Omega \tag{7.6.24}$$

因此, 为了计算任一有限系统的总的动量、能量和角动量, 只要知道 $h_{\mu\nu}$ 在远距离处的渐近行为就行了.

　　(H) 已经指出过 P^0 总是正的, 并且仅在没有物质的真空中才取零值[3].

　　(I) 虽然 $\tau^{\nu\lambda}$ 不是张量, 而且 P^λ 不是矢量, 但在无限远处化为恒等的任意坐标变换下, 总的能量和动量具有不变性这一重要特点. 这样的坐标变换将有如下形式:

$$x^\mu \to x'^\mu = x^\mu + \varepsilon^\mu(x)$$

式中 $\varepsilon^\mu(x)$ 当 $r\to\infty$ 时等于零, 但不要求 $\varepsilon^\mu(x)$ 在有限距离时是小量. 在新坐标系里的度规张量等于

$$g'^{\mu\nu} = g^{\rho\sigma}\left(\delta_\rho^\mu + \frac{\partial\varepsilon^\mu}{\partial x^\rho}\right)\left(\delta_\sigma^\nu + \frac{\partial\varepsilon^\nu}{\partial x^\sigma}\right)$$

当 $r\to\infty$ 时, ε^μ 和 $h_{\mu\nu}$ 都是小量, 所以我们可以通过令

$$g^{\rho\sigma} \simeq \eta^{\rho\sigma} - h^{\rho\sigma},$$

并展开来计算 $g'^{\mu\nu}$ 准确到 ε^μ 和 $h_{\mu\nu}$ 的一级量, 由此得到

$$g'^{\mu\nu} \simeq \eta^{\mu\nu} - h'^{\mu\nu}$$

式中

$$h'^{\mu\nu} = h^{\mu\nu} - \frac{\partial\varepsilon^\mu}{\partial x_\nu} - \frac{\partial\varepsilon^\nu}{\partial x_\mu}$$

[170]　　于是当 $r\to\infty$ 时, 量 (7.6.19) 因这个坐标变换所引起的变化由下式得到

$$\Delta Q^{\rho\nu\lambda} = \frac{1}{2}\Big\{-\frac{\partial^2\varepsilon^\mu}{\partial x^\mu\partial x_\nu}\eta^{\rho\lambda} + \frac{\partial^2\varepsilon^\mu}{\partial x^\mu\partial x_\rho}\eta^{\nu\lambda} + \Box^2\varepsilon^\nu\eta^{\rho\lambda}$$
$$-\Box^2\varepsilon^\rho\eta^{\nu\lambda} - \frac{\partial^2\varepsilon^\mu}{\partial x_\rho\partial x_\lambda} + \frac{\partial^2\varepsilon^\rho}{\partial x_\nu\partial x_\lambda}\Big\}$$

或者

$$\Delta Q^{\rho\nu\lambda} = \frac{\partial}{\partial x^\sigma}D^{\sigma\rho\nu\lambda}$$

式中

$$D^{\sigma\rho\lambda\nu} \equiv \frac{1}{2}\Big\{-\frac{\partial\varepsilon^\sigma}{\partial x_\nu}\eta^{\rho\lambda} + \frac{\partial\varepsilon^\sigma}{\partial x_\rho}\eta^{\nu\lambda} + \frac{\partial\varepsilon^\nu}{\partial x_\sigma}\eta^{\rho\lambda}$$

$$-\frac{\partial \varepsilon^\rho}{\partial x_\sigma}\eta^{\nu\lambda} - \frac{\partial \varepsilon^\nu}{\partial x_\rho}\eta^{\sigma\lambda} + \frac{\partial \varepsilon^\rho}{\partial x_\nu}\eta^{\sigma\lambda}\Big\}$$

我们注意到 D 对于它前面的三个指标是完全反对称的

$$D^{\sigma\rho\nu\lambda} = -D^{\rho\sigma\nu\lambda} = -D^{\sigma\nu\rho\lambda} = -D^{\nu\rho\sigma\lambda}$$

因而面积分的变化取如下形式

$$\Delta P^\lambda = -\frac{1}{8\pi G}\int \left(\frac{\partial D^{\sigma i 0\lambda}}{\partial x^\sigma}\right) n_i r^2 \mathrm{d}\Omega$$

$$= -\frac{1}{8\pi G}\int \left(\frac{\partial D^{ji0\lambda}}{\partial x^j}\right) n_i r^2 \mathrm{d}\Omega$$

或者再用 Gauss 定理得到

$$\Delta P^\lambda = -\frac{1}{8\pi G}\int \left(\frac{\partial^2 D^{ji0\lambda}}{\partial x^i \partial x^j}\right) \mathrm{d}^3 x \tag{7.6.25}$$

作为推论, 我们注意, 对于使度规 $\eta_{\mu\nu}$ 在无限远处保持不变的任何变换, P^λ 都像一个 4 维矢量那样变换, 因为任何这样的变换都可以表示成使 P^λ 像 4 维矢量一样变换的 Lorentz 变换 $x^\mu \to \Lambda^\mu{}_\nu x^\nu + a^\nu$, [见上面的 (D)], 再乘上一个无限远处趋于恒等 (因而不改变 P^λ) 的变换之积.

(J) 如果我们的系统中的物质被分成远离的子系 S_n, 就可以把 $h_{\mu\nu}$ 写成由每个子系单独作用时所产生的 $h^n_{\mu\nu}$ 之和来得到近似的引力场. ($t_{\mu\nu}$ 中的这些不同的 $h^n_{\mu\nu}$ 的干涉项可以忽略, 因为任何一个地方, 如 $h^n_{\mu\nu}$ 很大, 其它的就都很小了.) 于是由上面 (E) 中关于 P^λ 的计算得到, 总的能量和动量等于每个子系单独的 $P_n{}^\lambda$ 的值之和.

由 (7.6.9) 定义的能量 – 动量 "矢量" P^λ 是守恒的, 它是一个 Lorentz 4 维矢量, 又是可以相加的. 我们还能要求什么呢? 任何具有这些性质的四个量可以唯一地确定为通常的动量和能量 (如同把守恒律用到碰撞问题中所证明的那样[4], 在这种碰撞过程中, 离得很远的子系相互接近. 走到一起, 相互作用, 然后又走到无限远). [171]

这一节的论证可以反过来提供 Einstein 场方程的另一种推导[5]. 假设我们开始要构造自旋为 2 的长程场的方程. 一般的群论考虑, 要求它们取如下形式[6]

$$R^{(1)}_{\mu\kappa} - \frac{1}{2}\eta_{\mu\kappa}R^{(1)\lambda}{}_\lambda = \Theta_{\mu\kappa} \tag{7.6.26}$$

Θ 是某个源函数, 由于恒等式 (7.6.6), 它一定是守恒的

$$\frac{\partial}{\partial x_\mu}\Theta_{\mu\kappa} = 0 \tag{7.6.27}$$

不要只令 Θ 正比于物质的能量－动量张量 $T_{\mu\kappa}$，因为物质可以和引力场互相交换能量和动量，因而 $T_{\mu\kappa}$ 不满足 (7.6.27). 我们必须在 Θ 中包括进含 h 本身的项，当加上条件 (7.6.27) 计算这些项时，我们便发现，场方程 (7.6.26) 一定就是和 Einstein 理论等价的 (7.6.3)，这样我们便又回到本章开始时的论断，即电磁场和引力场之间重大差别就是，电磁势 A^{α} 的源就是守恒流 J^{α}，它不包括 A^{α}，因为电磁场本身不带电荷; 而引力场 $h_{\mu k}$ 的源是一个守恒的 "张量" $\tau^{\mu\kappa}$，它必须包含 $h_{\mu\kappa}$，因为引力场是携带着能量和动量的.

专题书目

Y. Bruhat, "The Cauchy Problem", in *Gravitation: An Introduction to Current Research*, ed. by L. Witten (Wiley, New York, 1962), p. 130.

A. Lichnerowicz, *Relativistic Hydrodynamics and Magnetohydrodynamics* (W. A. Benjamin, New York, 1967), Chapter 1.

A Trautman, "Conservation Laws in General Relativity," in *Gravitation: An Introduction to Current Research, op cit.*, p. 169.

也见第 3 章专题书目

[172]　## 参考文献

[1] A Einstein, Sitz. Preuss. Akad. Wiss., 142, 1917. 英译见 *The Principle of Relativity* (Methuen, 1923, reprinted by Dover Publications), p. 35.

[2] C. H. Brans and R. H. Dicke, Phys. Rev., **124**, 925 (1961). 一种等价的陈述见 R. H. Dicke, Phys. Rev., **125**, 2163 (1962).

[2a] R. Arnowitt, S. Deser, and C. Misner. quoted by C. Misner, *Proceedings of the Conference on the Theory of Gravitation* (Gautier-Villars, Paris. 1964), p. 189.

[3] D. R. Brill and S. Deser, Ann. Phys. (N. Y.), **50**, 542(1968); S. Deser, Nuovo Cimento, **55B**, 593(1968); D. Brill and S. Deser, Phys. Rev. Letters, **20**, 8(1968). D. Brill, S. Deser. and L. Faddeev, Phys. Lett.. **26A**, 538(1968).

[4] A. Einstein, Bull. Am. Mat. Soc., April, 1935, p. 223.

[5] S. N. Gupta, Proc. Phys. Soc., **A65**, 161, 608(1952); Phys. Rev., **96**, 1683(1954); Rev. Mod. Phys., **29**, 334(1957). W. Thirring, Ann. Phys. (N. Y.), **16**, 96 (1961). S. Deser, Gen. Rel. and Grav, **1**, 9 (1970).

[6] 例如见 S. Weinberg, Phys. Rev., **138**, 988 (1965).

第三篇 广义相对论的应用

第八章

Einstein 理论的经典检验

Einstein 提出了广义相对论的三种检验:

(A) 光谱线的引力红移.

(B) 太阳引起的光线偏折.

(C) 内行星轨道近日点的进动.

自那以后, 还进行了另一种检验:

(D) 掠过太阳的雷达回波的时间延迟.

即将进行的又一种检验是:

(E) 绕地轨道上的陀螺仪的进动.

所有这五种检验都是在空的空间中进行的, 而且其中的引力场在很好的近似下是静态和 [除 (E) 而外] 球对称的, 所以我们的首要任务将是在各向同性和与时间无关的简化假设下, 求解 Einstein 真空场方程. 然后将结果用来讨论 (B)、(C)、(D) 三种检验. 在第三章中我们已经看到, (A) 只检验了等效原理, 所以这里不必进一步考虑, 而 (E) 涉及地球自转引起的各向异性效应, 将在第九章中讨论.

8.1 一般静态各向同性度规

我们暂且把 Einstein 方程放在一边, 先来考虑能够代表静态各向同

[176]　　性引力场的最一般的度规张量的形式. 我们所说的 "静态且各向同性" 是指: 一定能找到这样一组 "准 Minkowski" 坐标 $x^1, x^2, x^3, x^0 \equiv t$, 使不变固有时 $d\tau^2 \equiv -g_{\mu\nu}dx^\mu dx^\nu$ 不依赖于 t, 而且与 $\boldsymbol{x}$ 和 $d\boldsymbol{x}$ 的关系只是含有旋转不变量 $d\boldsymbol{x}^2$, $\boldsymbol{x} \cdot d\boldsymbol{x}$ 和 $\boldsymbol{x}^2$. 最一般的固有时间隔就是

$$d\tau^2 = F(r)dt^2 - 2E(r)dt\boldsymbol{x} \cdot d\boldsymbol{x}$$
$$-D(r)(\boldsymbol{x} \cdot d\boldsymbol{x})^2 - C(r)d\boldsymbol{x}^2 \tag{8.1.1}$$

式中 F、E、D 和 C 是 $r \equiv (\boldsymbol{x} \cdot \boldsymbol{x})^{\frac{1}{2}}$ 的未知函数 (在本章中, 三维矢量的标积定义和通常一样, 例如

$$\boldsymbol{x} \cdot d\boldsymbol{x} = x^1 dx^1 + x^2 dx^2 + x^3 dx^3$$

等等). 式 (8.1.1) 的较深入的推导将在第十三章中给出; 目前, 我们可以把 (8.1.1) 看作静态各向同性度规的定义, 或者看作使我们能求场方程的某些解的一种假定.

用球坐标 r, θ, φ 来代替 $\boldsymbol{x}$ 是方便的, 其定义和通常一样:

$$x^1 = r\sin\theta\cos\varphi, \quad x^2 = r\sin\theta\sin\varphi, \quad x^3 = r\cos\theta$$

固有时间隔 (8.1.1) 于是变为

$$d\tau^2 = F(r)dt^2 - 2rE(r)dtdr - r^2 D(r)dr^2$$
$$-C(r)(dr^2 + r^2 d\theta^2 + r^2 \sin^2\theta d\varphi^2) \tag{8.1.2}$$

我们可以任意校准时钟, 办法是定义新的时间坐标

$$t' \equiv t + \Phi(r)$$

式中 Φ 是 r 的任意函数. 这就使我们可以令

$$\frac{d\Phi}{dr} = -\frac{rE(r)}{F(r)}$$

来消去非对角元 g_{tr}. 于是固有时间隔 (8.1.2) 变为

$$d\tau^2 = F(r)dt'^2 - G(r)dr^2$$
$$-C(r)(dr^2 + r^2 d\theta^2 + r^2 \sin^2\theta d\varphi^2) \tag{8.1.3}$$

式中

$$G(r) \equiv r^2 \left[D(r) + \frac{E^2(r)}{F(r)} \right]$$

我们还可以自由地重新定义径向坐标 r, 从而给函数 F, G 和 C 以进一步的关系. 例如, 若我们定义

$$r'^2 \equiv C(r)r^2$$

则固有时 (8.1.3) 取通常所说的标准形式:　　　　　　　　　　　　　　　　[177]

$$d\tau^2 = B(r')dt'^2 - A(r')dr'^2 - r'^2(d\theta^2 + \sin^2\theta d\varphi^2) \tag{8.1.4}$$

式中

$$B(r') \equiv F(r)$$
$$A(r') \equiv \left[1 + \frac{G(r)}{C(r)}\right]\left[1 + \frac{r}{2C(r)}\frac{dC(r)}{dr}\right]^{-2}$$

或者, 我们可以定义

$$r'' = \exp\int\left[1 + \frac{G(r)}{C(r)}\right]^{1/2}\frac{dr}{r}$$

那么, (8.1.3) 就会以常说的各向同性形式出现

$$d\tau^2 = H(r'')dt'^2 - J(r'')(dr''^2 + r''^2 d\theta^2 + r''^2\sin^2\theta d\varphi^2) \tag{8.1.5}$$

式中

$$H(r'') \equiv F(r)$$
$$J(r'') \equiv \frac{C(r)r^2}{r''^2}$$

在我们的大部分工作中, 将采用 "标准" 形式的度规

$$d\tau^2 = B(r)dt^2 - A(r)dr^2 - r^2(d\theta^2 + \sin^2\theta d\varphi^2) \tag{8.1.6}$$

(从现在起省去 r 和 t 右上角的撇号.) 度规张量的非零分量是

$$g_{rr} = A(r), \quad g_{\theta\theta} = r^2$$
$$g_{\varphi\varphi} = r^2\sin^2\theta, \quad g_{tt} = -B(r) \tag{8.1.7}$$

函数 $A(r)$ 和 $B(r)$ 将通过解场方程来确定. 因为 $g_{\mu\nu}$ 是对角张量, 容易写出其逆张量的所有非零分量:

$$g^{rr} = A^{-1}(r), \quad g^{\theta\theta} = r^{-2}$$
$$g^{\varphi\varphi} = r^{-2}\sin^{-2}\theta, \quad g^{tt} = -B^{-1}(r) \tag{8.1.8}$$

此外, 度规张量的行列式是 $-g$, 这里

$$g = r^4 A(r)B(r)\sin^2\theta \tag{8.1.9}$$

所以不变体积元是

$$\sqrt{g}\mathrm{d}r\mathrm{d}\theta\mathrm{d}\varphi = r^2\sqrt{A(r)B(r)}\sin\theta\mathrm{d}r\mathrm{d}\theta\mathrm{d}\varphi \tag{8.1.10}$$

[178]　　仿射联络可以按常用公式

$$\Gamma^\lambda_{\mu\nu} = \frac{1}{2}g^{\lambda\rho}\left(\frac{\partial g_{\rho\mu}}{\partial x^\nu} + \frac{\partial g_{\rho\nu}}{\partial x^\mu} - \frac{\partial g_{\mu\nu}}{\partial x^\rho}\right)$$

来计算. 其非零分量只有:

$$\Gamma^r_{rr} = \frac{1}{2A(r)}\frac{\mathrm{d}A(r)}{\mathrm{d}r}, \quad \Gamma^r_{\theta\theta} = -\frac{r}{A(r)}$$

$$\Gamma^r_{\varphi\varphi} = -\frac{r\sin^2\theta}{A(r)}, \quad \Gamma^r_{tt} = \frac{1}{2A(r)}\frac{\mathrm{d}B(r)}{\mathrm{d}r}$$

$$\Gamma^\theta_{r\theta} = \Gamma^\theta_{\theta r} = \frac{1}{r}, \quad \Gamma^\theta_{\varphi\varphi} = -\sin\theta\cos\theta$$

$$\Gamma^\varphi_{\varphi r} = \Gamma^\varphi_{r\varphi} = \frac{1}{r}, \quad \Gamma^\varphi_{\varphi\theta} = \Gamma^\varphi_{\theta\varphi} = \cot\theta$$

$$\Gamma^t_{tr} = \Gamma^t_{rt} = \frac{1}{2B(r)}\frac{\mathrm{d}B(r)}{\mathrm{d}r} \tag{8.1.11}$$

我们也需要 Ricci 张量, 由 (6.2.4) 和 (6.1.5) 得出它是

$$R_{\mu\kappa} = \frac{\partial\Gamma^\lambda_{\mu\lambda}}{\partial x^\kappa} - \frac{\partial\Gamma^\lambda_{\mu\kappa}}{\partial x^\lambda} + \Gamma^\eta_{\mu\lambda}\Gamma^\lambda_{\kappa\eta} - \Gamma^\eta_{\mu\kappa}\Gamma^\lambda_{\lambda\eta} \tag{8.1.12}$$

(注意, 第一项, 虽然外表上是不对称的, 但实际上它对于 μ 和 κ 是对称的, 因为由 (4.7.6) 式可知 $\Gamma^\lambda_{\mu\lambda}$ 等于 $1/2\,\partial\ln g/\partial x^\mu$.) 将 (8.1.11) 式给出的仿射联络分量代入 (8.1.12) 得

$$R_{rr} = \frac{B''(r)}{2B(r)} - \frac{1}{4}\left(\frac{B'(r)}{B(r)}\right)\left(\frac{A'(r)}{A(r)} + \frac{B'(r)}{B(r)}\right) - \frac{1}{r}\left(\frac{A'(r)}{A(r)}\right) \tag{8.1.13}$$

$$R_{\theta\theta} = -1 + \frac{r}{2A(r)}\left(-\frac{A'(r)}{A(r)} + \frac{B'(r)}{B(r)}\right) + \frac{1}{A(r)}$$

$$R_{\varphi\varphi} = \sin^2\theta R_{\theta\theta}$$

$$R_{tt} = -\frac{B''(r)}{2A(r)} + \frac{1}{4}\left(\frac{B'(r)}{A(r)}\right)\left(\frac{A'(r)}{A(r)} + \frac{B'(r)}{B(r)}\right) - \frac{1}{r}\left(\frac{B'(r)}{A(r)}\right)$$

$$R_{\mu\nu} = 0 \quad \text{对于} \quad \mu \neq \nu$$

(撇号这里表示对 r 的微商.) $R_{r\theta}$、$R_{r\varphi}$、$R_{t\theta}$、$R_{t\varphi}$ 和 $R_{\theta\varphi} =$ $\sin^2\theta R_{\theta\theta}$ 都仅仅是度规的转动不变性的结果, 而 R_{rt} 为零则是因为我们已经校好时钟, 使度规在时间反演变换 $t \to -t$ 下是不变的.

[179]

标准坐标和各向同性坐标都不是谐和的, 但我们不难利用标准坐标中的度规和仿射联络 (8.1.7) 和 (8.1.11) 来构造谐和坐标 X_1, X_2, X_3, t. 令

$$X_1 = R(r)\sin\theta\cos\varphi, \quad X_2 = R(r)\sin\theta\sin\varphi,$$
$$X_3 = R(r)\cos\theta \tag{8.1.14}$$

直接计算得出

$$\Box^2 X_i \equiv g^{\mu\nu}\left[\frac{\partial^2 X_i}{\partial x^\mu \partial x^\nu} - \Gamma_{\mu\nu}^\lambda \frac{\partial X_i}{\partial x^\lambda}\right]$$
$$= \left(\frac{X_i}{AR}\right)\left[\left(\frac{B'}{2B} + \frac{2}{r} - \frac{A'}{2A}\right)R' + R'' - \frac{2A}{r^2}R\right]$$

此外, 标准时间坐标 t 满足

$$\Box^2 t = 0$$

这样, 只要 $R(r)$ 满足微分方程

$$\frac{\mathrm{d}}{\mathrm{d}r}\left(r^2 B^{1/2} A^{-1/2}\frac{\mathrm{d}R}{\mathrm{d}r}\right) - 2A^{1/2}B^{1/2}R = 0 \tag{8.1.15}$$

坐标 X_1, X_2, X_3, t 就是谐和的. 在这种谐和坐标中, 固有时 (8.1.6) 变为

$$\mathrm{d}\tau^2 = B\mathrm{d}t^2 - \frac{r^2}{R^2}\mathrm{d}\boldsymbol{X}^2 - \left[\frac{A}{R^2 R'^2} - \frac{r^2}{R^4}\right](\boldsymbol{X}\cdot\mathrm{d}\boldsymbol{X})^2 \tag{8.1.16}$$

8.2 Schwarzschild 解

现在我们把 Einstein 场方程用于一般静态各向同性度规. 采用上节中讨论的标准形式, 即

$$\mathrm{d}\tau^2 = B(r)\mathrm{d}t^2 - A(r)\mathrm{d}r^2 - r^2\mathrm{d}\theta^2 - r^2\sin^2\theta\mathrm{d}\varphi^2 \tag{8.2.1}$$

真空中的 Einstein 场方程是

$$R_{\mu\nu} = 0 \tag{8.2.2}$$

对于这个度规, Ricci 张量的分量由式 (8.1.13) 给出. 由此可见, 只要令 R_{rr}、$R_{\theta\theta}$、R_{tt} 等于零就够了. 我们也看到

$$\frac{R_{rr}}{A} + \frac{R_{tt}}{B} = -\frac{1}{rA}\left(\frac{A'}{A} + \frac{B'}{B}\right) \tag{8.2.3}$$

所以, (8.2.2) 要求 $B'/B = -A'/A$, 或

$$A(r)B(r) = 常数 \tag{8.2.4}$$

我们对 A 和 B 再施加这样的边界条件: 当 $r \to \infty$ 时, 度规张量必需趋于球坐标中的 Minkowski 张量, 即

$$\lim_{r \to \infty} A(r) = \lim_{r \to \infty} B(r) = 1 \tag{8.2.5}$$

于是由 (8.2.4) 和 (8.2.5) 得

$$A(r) = \frac{1}{B(r)} \tag{8.2.6}$$

因为 (8.2.3) 为零, 剩下来的是要使 $R_{\theta\theta}$ 和 R_{rr} 为零. 将 (8.2.6) 代入 (8.1.13) 得

$$R_{\theta\theta} = -1 + B'(r)r + B(r) \tag{8.2.7}$$

$$R_{rr} = \frac{B''(r)}{2B(r)} + \frac{B'(r)}{rB(r)} = \frac{R'_{\theta\theta}(r)}{2rB(r)} \tag{8.2.8}$$

所以, 只要令 $R_{\theta\theta} = 0$ 就够了, 即

$$\frac{\mathrm{d}}{\mathrm{d}r}(rB(r)) = rB'(r) + B(r) = 1$$

其解为

$$rB(r) = r + 常数 \tag{8.2.9}$$

为了定出积分常数, 我们记得, 在离中心质量 M 很远处, 分量 $g_{tt} \equiv -B$ 必须趋于 $-1 - 2\phi$, 这里 ϕ 是 Newton 势 $-MG/r$ (见 3.4 节.) 故积分常数是 $-2MG$, 最后的解是

$$B(r) = \left[1 - \frac{2MG}{r}\right] \tag{8.2.10}$$

$$A(r) = \left[1 - \frac{2MG}{r}\right]^{-1} \tag{8.2.11}$$

完整的度规可以写为如下形式

$$\mathrm{d}\tau^2 = \left[1 - \frac{2MG}{r}\right]\mathrm{d}t^2 - \left[1 - \frac{2MG}{r}\right]^{-1}\mathrm{d}r^2$$
$$- r^2\mathrm{d}\theta^2 - r^2\sin^2\theta\mathrm{d}\varphi^2 \tag{8.2.12}$$

这个解是 Schwarzschild 在 1916 年求得的.

度规 (8.2.12) 表示的 Schwarzschild 解是它的 "标准" 形式. 我们也可 [181]
以把它表为等价的 "各向同性" 形式, 只需引入一个新的径向变量

$$\rho \equiv \frac{1}{2}[r - MG + (r^2 - 2MGr)^{1/2}] \tag{8.2.13}$$

或

$$r = \rho \left(1 + \frac{MG}{2\rho}\right)^2$$

将其代入 (8.2.12) 得

$$d\tau^2 = \frac{(1 - MG/2\rho)^2}{(1 + MG/2\rho)^2} dt^2$$
$$- \left(1 + \frac{MG}{2\rho}\right)^4 (d\rho^2 + \rho^2 d\theta^2 + \rho^2 \sin^2\theta d\varphi^2) \tag{8.2.14}$$

也可用微分方程 (8.1.15) 的解 R 来构造谐和坐标

$$X_1 = R\sin\theta\cos\varphi, \quad X_2 = R\sin\theta\sin\varphi,$$
$$X_3 = R\cos\theta, \quad t$$

该方程在这里变为

$$\frac{d}{dr}\left(r^2\left[1 - \frac{2MG}{r}\right]\frac{dR}{dr}\right) - 2R = 0$$

一个方便的解是

$$R = r - MG$$

代入方程 (8.1.16) 即得度规:

$$d\tau^2 = \left(\frac{1 - MG/R}{1 + MG/R}\right) dt^2 - \left(1 + \frac{MG}{R}\right)^2 d\boldsymbol{X}^2$$
$$- \frac{(1 + MG/R)}{(1 - MG/R)}\frac{M^2G^2}{R^4}(\boldsymbol{X}\cdot d\boldsymbol{X})^2 \tag{8.2.15}$$

这里

$$R^2 \equiv \boldsymbol{X}^2$$

通过同 Newton 理论的比较, 我们看出积分常数 M 就是太阳的质量. 事实上, 可以证明 M 精确地等于太阳及其引力场的总能量 P^0, 让我们在准 Minkowski 坐标中写出度规的标准形式. 定义

$$x^1 = r\sin\theta\cos\varphi, \quad x^2 = r\sin\theta\sin\varphi, \quad x^3 = r\cos\theta$$

于是度规 (8.2.12) 变为

$$d\tau^2 = \left[1 - \frac{2MG}{r}\right]dt^2$$
$$- \left\{\left[1 - \frac{2MG}{r}\right]^{-1} - 1\right\}r^{-2}(\boldsymbol{x}\cdot d\boldsymbol{x})^2 - d\boldsymbol{x}^2$$

因为 $g_{\mu\nu}$ 与时间无关且有 $g_{i0} = 0$, 从 (7.6.22) 得系统的总动量 P^i 为零. 因为所考察的系统是静态各向同性的, 所以当然就应如此. 为了计算总能量, 我们需要度规的空间部分的渐近行为; 当 $r \to \infty$ 时,

[182]

$$h_{ij} \equiv g_{ij} - \delta_{ij} \to \frac{2MG}{r}n_i n_j + \bigcirc\left(\frac{1}{r^2}\right)$$

式中 $n_i \equiv x^i/r$. 为了计算积分 (7.6.21), 我们利用如下关系

$$\frac{\partial r}{\partial x^i} = n_i \qquad \frac{\partial n_i}{\partial x^j} = \frac{\delta_{ij} - n_i n_j}{r}$$

并得到

$$\frac{\partial h_{jj}}{\partial x^i} - \frac{\partial h_{ij}}{\partial x^j} \to -\frac{4MG}{r^2}n_i + \bigcirc\left(\frac{1}{r^3}\right)$$

所以, 在这种情况下由式 (7.6.23) 得出物质和引力场的总能量是

$$P^0 = M \tag{8.2.16}$$

读者可以验算, Schwarzschild 解的各向同性形式或谐和形式会给出同样的结果. 最后, 由式 (7.6.24) 得出系统的总角动量的预计值等于零.

8.3 其它度规

等效原理所提供的一般运动学框架比 Einstein 场方程有坚实得多的基础. 实际上, 在第三章到第五章中, 从引力质量和惯性质量的相等, 我们几乎不可避免地被引到了张量分析和广义协变的完整体系, 而与此相反, 第七章中 Einstein 方程的推导却含有很强的猜测因素, 无论如何, 有可能存在如 Brans-Dicke 提出的那种长程标量场, 会使场方程发生改变. 因而, 假定在一个给定的度规场 $g_{\mu\nu}$ 中粒子和光子的通常运动规律仍然适用, 但这个度规可以和从 Einstein 方程计算出来的不同. 这对于检验广义相对论来说是十分有益的.

不管怎样, 我们可以预期, 由像太阳这样的球对称静态物体产生的度规能表示为 8.1 节中给出的 "标准的"、"各向同性的" 或者 "谐和的" 形式, 我们还进一步预期, 度规系数[如 $A(r)$、$B(r)$ 等]可以展开为小参量

MG/r 的幂级数. 对于各向同性形式的度规, 这种展开式曾由 Eddington 和 Robertson[1]得出:

$$d\tau^2 = \left(1 - 2\alpha\frac{GM}{\rho} + 2\beta\frac{M^2G^2}{\rho^2} + \cdots\right)dt^2$$

$$- \left(1 + 2\gamma\frac{MG}{\rho} + \cdots\right)(d\rho^2 + \rho^2 d\theta^2 + \rho^2\sin^2\theta d\varphi^2) \tag{8.3.1}$$

[183]

式中 α、β、γ 是未知的无量纲参数. (这种展开在 g_{00} 中作到 M^2G^2/ρ^2 级, 而在 g_{ij} 中只作到 MG/ρ 级, 理由是: 在应用于天体力学时, g_{ij} 总要乘上一个额外的因子 $v^2 \sim GM/\rho$.) 同 Schwarzschild 解的各向同性形式 (8.2.14) 比较, 我们看出 Einstein 场方程的预言可以简洁地综合为

$$\alpha = \beta = \gamma = 1 \tag{8.3.2}$$

作为对比, 7.3 节中讨论过的 Brans-Dicke 理论给出的度规 (见 9.9 节) 可以表示为 (8.3.1) 的形式, 其中

$$\alpha = \beta = 1, \quad \gamma = \frac{\omega + 1}{\omega + 2} \tag{8.3.3}$$

式中 ω 是该理论的未知无量纲参数. 为了决定究竟是 Einstein 还是 Brans-Dicke 还是别人得到了正确的场方程, 必须测量 α、β 和 γ.

我们一般取 "标准" 形式的度规来进行计算, 所以利用定义

$$r \equiv \rho\left(1 + \gamma\frac{MG}{\rho} + \cdots\right) \tag{8.3.4}$$

或

$$\rho \equiv r\left(1 - \gamma\frac{MG}{r} + \cdots\right)$$

把 Robertson 展开式 (8.3.1) 化为标准形式是方便的. 简单的计算得出

$$d\tau^2 = \left(1 - 2\alpha\frac{MG}{r} + 2(\beta - \alpha\gamma)\frac{M^2G^2}{r^2} + \cdots\right)dt^2$$

$$- \left(1 + 2\gamma\frac{MG}{r} + \cdots\right)dr^2 - r^2 d\theta^2 - r^2\sin^2\theta d\varphi^2 \tag{8.3.5}$$

我们也可以用如下变换

[184]

$$X_1 = R\sin\theta\cos\varphi, \quad X_2 = R\sin\theta\sin\varphi, \quad X_3 = R\cos\theta$$

作为 $\boldsymbol{X}$ 来构造谐和坐标 $\boldsymbol{X}, t$, 其中 R 满足微分方程 (8.1.15):

$$0 = \frac{d}{dr}r^2\left(1 - (\alpha + \gamma)\frac{MG}{r} + \cdots\right)\frac{dR}{dr} - 2\left(1 - (\alpha - \gamma)\frac{MG}{r} + \cdots\right)R$$

其解为

$$R = \left(1 + \frac{(\alpha - 3\gamma)MG}{2r} + \cdots\right) r \tag{8.3.6}$$

由 (8.1.16) 得出度规 (定义 $R^2 \equiv \boldsymbol{X}^2$):

$$
\begin{aligned}
\mathrm{d}\tau^2 = {} & \left[1 - 2\alpha\frac{MG}{R} + (\alpha\gamma - \alpha^2 + 2\beta)\frac{M^2G^2}{R^2} + \cdots\right]\mathrm{d}t^2 \\
& - \left[1 + \frac{(3\gamma - \alpha)MG}{R} + \cdots\right]\mathrm{d}\boldsymbol{X}^2 \\
& - \frac{[(\alpha - \gamma)MG/R + \cdots]}{R^2}(\boldsymbol{X} \cdot \mathrm{d}\boldsymbol{X})^2
\end{aligned}
\tag{8.3.7}
$$

将 (8.3.5) 和 (8.3.7) 同相应的严格解 (8.2.12) 和 (8.2.15) 比较, 再一次证明 Einstein 的理论给出 $\alpha = \beta = \gamma = 1$. $\alpha = 1$ 这个预言实际上正好可由质量 M 的经验定义得出. 注意到, 由度规 (8.3.1) 可知, 一个远离原点的缓慢运动质点的向心加速度等于

$$-g = -\varGamma^r_{tt} = \frac{1}{2}\frac{\partial g_{tt}}{\partial r} = -\frac{\alpha MG}{r^2}$$

$$(\text{对于 } MG/r \ll 1 \text{ 和 } v^2 \ll 1)$$

而事实上测量太阳和行星的质量时都是令 $g = MG/r^2$ 的. 所以我们必须把 α 吸收到 M 里去, 换言之, 我们必须取 $\alpha = 1$. 仅当有可能通过某种独立的非引力测量来决定 M 时, 考虑 α 是否严格等于 1 才有意义.

令 $\alpha = 1$, 由式 (8.3.5) 得出的度规函数是

$$B(r) = 1 - \frac{2MG}{r} + 2(\beta - \gamma)\frac{M^2G^2}{r^2} + \cdots \tag{8.3.8}$$

$$A(r) = 1 + 2\gamma\frac{MG}{r} + \cdots \tag{8.3.9}$$

正如第三章中已证明过的, 引力红移实验仅仅测量了 $B(r)$ 中的 $-2MG/r$ 项, 所以只能验证等效原理. 我们将看到, 在本章开头列出的广义相对论的其它检验中, (B) 和 (D) 只能检验是否 $\gamma \simeq 1$, 而 (C) (即近日点进动) 可验证 $2\gamma - \beta \simeq 1$. [如果忽略地球自转, (E) 也只能检验是否 $\gamma \simeq 1$.]

[185]   ## 8.4 一般运动方程

我们现在来考虑一个自由下落质点或光子在静态各向同性引力场中的运动. 首先考察这种最一般度规的标准形式 (见本章第 1 节):

$$\mathrm{d}\tau^2 = B(r)\mathrm{d}t^2 - A(r)\mathrm{d}r^2 - r^2\mathrm{d}\theta^2 - r^2\sin^2\theta\mathrm{d}\varphi^2 \tag{8.4.1}$$

自由下落的方程是

$$\frac{\mathrm{d}^2 x^\mu}{\mathrm{d}p^2} + \Gamma^\mu_{\nu\lambda} \frac{\mathrm{d}X^\nu}{\mathrm{d}p} \frac{\mathrm{d}x^\lambda}{\mathrm{d}p} = 0 \tag{8.4.2}$$

式中 p 是一个描写轨道的参量. $\mathrm{d}\tau$ 一般正比于 $\mathrm{d}p$, 所以对于质点我们可以这样规定 p 的单位使 $p = \tau$. 不过, 对于光子, 比例常数 $\mathrm{d}\tau/\mathrm{d}p$ 为零, 又因为我们希望既处理质点也处理光子, 故还是使 p 的标准化与 τ 的标准化保持独立为好.

利用式 (8.1.11) 给出的仿射联络的非零分量, 从 (8.4.2) 我们可以得到

$$0 = \frac{\mathrm{d}^2 r}{\mathrm{d}p^2} + \frac{A'(r)}{2A(r)} \left(\frac{\mathrm{d}r}{\mathrm{d}p} \right)^2 - \frac{r}{A(r)} \left(\frac{\mathrm{d}\theta}{\mathrm{d}p} \right)^2$$
$$ - r \frac{\sin^2\theta}{A(r)} \left(\frac{\mathrm{d}\varphi}{\mathrm{d}p} \right)^2 + \frac{B'(r)}{2A(r)} \left(\frac{\mathrm{d}t}{\mathrm{d}p} \right)^2 \tag{8.4.3}$$

$$0 = \frac{\mathrm{d}^2 \theta}{\mathrm{d}p^2} + \frac{2}{r} \frac{\mathrm{d}\theta}{\mathrm{d}p} \frac{\mathrm{d}r}{\mathrm{d}p} - \sin\theta \cos\theta \left(\frac{\mathrm{d}\varphi}{\mathrm{d}p} \right)^2 \tag{8.4.4}$$

$$0 = \frac{\mathrm{d}^2 \varphi}{\mathrm{d}p^2} + \frac{2}{r} \frac{\mathrm{d}\varphi}{\mathrm{d}p} \frac{\mathrm{d}r}{\mathrm{d}p} + 2\cot\theta \frac{\mathrm{d}\varphi}{\mathrm{d}p} \frac{\mathrm{d}\theta}{\mathrm{d}p} \tag{8.4.5}$$

$$0 = \frac{\mathrm{d}^2 t}{\mathrm{d}p^2} + \frac{B'(r)}{B(r)} \frac{\mathrm{d}t}{\mathrm{d}p} \frac{\mathrm{d}r}{\mathrm{d}p} \tag{8.4.6}$$

(撇号表示 $\mathrm{d}/\mathrm{d}r$.) 我们通过求运动积分来解这些方程.

因为场是各向同性的, 可以认为粒子的轨道限制在赤道面上, 即

$$\theta = \frac{\pi}{2} \tag{8.4.7}$$

于是方程 (8.4.4) 立刻得到满足, 而且可以不再把 θ 看作是动力学变量. 分 [186] 别以 $\mathrm{d}\varphi/\mathrm{d}p$ 和 $\mathrm{d}t/\mathrm{d}p$ 除 (8.4.5) 和 (8.4.6) 式即得

$$\frac{\mathrm{d}}{\mathrm{d}p} \left\{ \ln \frac{\mathrm{d}\varphi}{\mathrm{d}p} + \ln r^2 \right\} = 0 \tag{8.4.8}$$

$$\frac{\mathrm{d}}{\mathrm{d}p} \left\{ \ln \frac{\mathrm{d}t}{\mathrm{d}p} + \ln B \right\} = 0 \tag{8.4.9}$$

由此得到两个运动积分. 其中一个将直接吸收到 p 的定义中. 这样选择 p 的单位使方程 (8.4.9) 的解为

$$\frac{\mathrm{d}t}{\mathrm{d}p} = \frac{1}{B(r)} \tag{8.4.10}$$

因为 $B(r)$ 接近于 1, 故 p 几乎和坐标时 t 相等. 另一个运动积分可以从方程 (8.4.8) 得到, 它相当于每单位质量的角动量:

$$r^2 \frac{\mathrm{d}\varphi}{\mathrm{d}p} = J \quad (\text{恒量}) \tag{8.4.11}$$

将 (8.4.7)、(8.4.10) 和 (8.4.11) 代入 (8.4.3), 得到余下的运动方程为

$$0 = \frac{\mathrm{d}^2 r}{\mathrm{d}p^2} + \frac{A'(r)}{2A(r)}\left(\frac{\mathrm{d}r}{\mathrm{d}p}\right)^2 - \frac{J^2}{r^3 A(r)} + \frac{B'(r)}{2A(r)B^2(r)} \tag{8.4.12}$$

将此方程乘以 $2A(r)\mathrm{d}r/\mathrm{d}p$, 可以把它改写为

$$\frac{\mathrm{d}}{\mathrm{d}p}\left\{A(r)\left(\frac{\mathrm{d}r}{\mathrm{d}p}\right)^2 + \frac{J^2}{r^2} - \frac{1}{B(r)}\right\} = 0$$

因而, 最后一个运动积分是

$$A(r)\left(\frac{\mathrm{d}r}{\mathrm{d}p}\right)^2 + \frac{J^2}{r^2} - \frac{1}{B(r)} = -E \quad (\text{恒量}) \tag{8.4.13}$$

从 (8.4.1)、(8.4.7)、(8.4.10)、(8.4.11) 和 (8.4.13) 可以决定固有时 τ; 我们得到

$$\mathrm{d}\tau^2 = E\mathrm{d}p^2 \tag{8.4.14}$$

这同我们早先关于 (8.4.2) 要求 $\mathrm{d}\tau/\mathrm{d}p$ 是常数的说法是一致的. 我们看到 E 必须取值

$$E > 0 \quad \text{对于质点} \tag{8.4.15}$$

$$E = 0 \quad \text{对于光子} \tag{8.4.16}$$

[187] $A(r)$ 实际上也总是正的, 所以 (8.4.13) 告诉我们, 仅当

$$\frac{J^2}{r^2} + E \leqslant \frac{1}{B(r)} \tag{8.4.17}$$

粒子才能达到矢径 r 处.

将 (8.4.10) 代入 (8.4.11)、(8.4.13) 和 (8.4.14), 可以将参量 p 统统消去; 于是我们有

$$r^2 \frac{\mathrm{d}\varphi}{\mathrm{d}t} = JB(r) \tag{8.4.18}$$

$$\frac{A(r)}{B^2(r)}\left(\frac{\mathrm{d}r}{\mathrm{d}t}\right)^2 + \frac{J^2}{r^2} - \frac{1}{B(r)} = -E \tag{8.4.19}$$

$$\mathrm{d}\tau^2 = EB^2(r)\mathrm{d}t^2 \tag{8.4.20}$$

对于一个在弱场中缓慢运动的粒子, J^2/r^2、$\left(\dfrac{\mathrm{d}r}{\mathrm{d}t}\right)^2$、$A-1$ 和 $B-1 \simeq 2\phi$ 都很小, 在这些量中准确到第一级, 上面的方程就变为

$$r^2 \frac{\mathrm{d}\varphi}{\mathrm{d}t} \simeq J$$

$$\frac{1}{2}\left(\frac{\mathrm{d}r}{\mathrm{d}t}\right)^2 + \frac{J^2}{2r^2} + \phi \simeq \frac{1-E}{2}$$

这些方程和 Newton 理论中得到的相同, 但 $(1-E)/2$ 代表每单位质量分得的能量.

为着了解精确的运动方程在简单的情况下如何起作用, 我们来考察一个在半径为 R 的圆轨道上运动的粒子. 因为 $\mathrm{d}r/\mathrm{d}t$ 为零, 由方程 (8.4.19) 得

$$\frac{J^2}{R^2} - \frac{1}{B(R)} + E = 0 \tag{8.4.21}$$

此外, 为了使粒子平衡于这个半径, 上式左边在 R 处的微商也必须为零, 所以

$$-\frac{2J^2}{R^3} + \frac{B'(R)}{B^2(R)} = 0 \tag{8.4.22}$$

[如果我们把圆看成一个近日点为 $R-\delta$, 远日点为 $R+\delta$ 的椭圆的极限, 则 (8.4.19) 表明, $J^2/r^2 - 1/B(r) + E$ 必须在 $r = R \pm \delta$ 处为零, 在 $\delta \to 0$ 的极限情况下就得到 (8.4.21) 和 (8.4.22) .] 从 (8.4.21) 和 (8.4.22) 得

$$E = \frac{1}{B(R)}\left(1 - \frac{RB'(R)}{2B(R)}\right) \tag{8.4.23}$$

$$J^2 = \frac{B'(R)R^3}{2B^2(R)} \tag{8.4.24}$$

将 (8.4.24) 代入 (8.4.18) 得出旋转速率为 [188]

$$\frac{\mathrm{d}\varphi}{\mathrm{d}t} = \left(\frac{B'(R)}{2R}\right)^{1/2} \tag{8.4.25}$$

由 (8.4.23) 和 (8.4.20) 得出对于固有时有

$$\frac{\mathrm{d}\tau}{\mathrm{d}t} = \sqrt{B(R) - \frac{1}{2}RB'(R)} \tag{8.4.26}$$

利用 Robertson 展开式 (8.3.8) 得

$$\frac{\mathrm{d}\varphi}{\mathrm{d}t} = \left(\frac{MG}{R^3}\right)^{1/2}\left[1 - \frac{(\beta-\gamma)MG}{R} + \cdots\right] \tag{8.4.27}$$

$$\frac{\mathrm{d}\tau}{\mathrm{d}t} = \left[1 - \frac{3MG}{R} + \cdots\right] \tag{8.4.28}$$

在广义相对论的大多数应用中, 我们对轨道的形状 —— r 作为 φ 的函数 —— 比起它随时间的变化更感兴趣. 轨道形状可由 (8.4.11) 和

(8.4.13) 消去 $\mathrm{d}p$ 直接得到; 这就是

$$\frac{A(r)}{r^4}\left(\frac{\mathrm{d}r}{\mathrm{d}\varphi}\right)^2 + \frac{1}{r^2} - \frac{1}{J^2 B(r)} = -\frac{E}{J^2} \tag{8.4.29}$$

然后可以通过求积分来决定解:

$$\varphi = \pm \int \frac{A^{1/2}(r)\mathrm{d}r}{r^2\left[\dfrac{1}{J^2 B(r)} - \dfrac{E}{J^2} - \dfrac{1}{r^2}\right]^{1/2}} \tag{8.4.30}$$

8.5 非束缚轨道: 太阳引起的光线偏折

考虑一个从非常远的距离趋近太阳的质点或光子 (见图 8.1) 在无限远处, 度规成为 Minkowski 的, 即

$$A(\infty) = B(\infty) = 1,$$

同时我们预料运动以恒速 V 沿直线进行, 即

$$b \simeq r\sin(\varphi - \varphi_\infty) \simeq r(\varphi - \varphi_\infty)$$
$$-V \simeq \frac{\mathrm{d}}{\mathrm{d}t}(r\cos(\varphi - \varphi_\infty)) \simeq \frac{\mathrm{d}r}{\mathrm{d}t}$$

式中 b 是 "碰撞参量", φ_∞ 为入射方向. 将这些式子代入 (8.4.18) 和 (8.4.19), 我们看到它们满足无限远处的运动方程, 在那里 $A = B = 1$, 运动积分是

$$J = bV^2 \tag{8.5.1}$$
$$E = 1 - V^2 \tag{8.5.2}$$

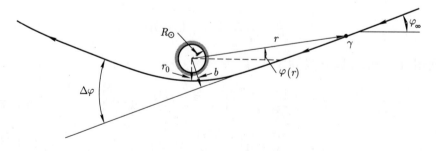

图 8.1　在计算太阳引起的光线偏折时用到的量 (偏折大大地夸张了)

[189]　(当然, 对于光子有 $V = 1$, 正如我们已经看到的, 由此得出 $E = 0$.) 利用

最接近太阳的距离 r_0, 而不用碰撞参量 b 来表示 J 常常更为方便. 在 r_0 处, $\mathrm{d}r/\mathrm{d}\varphi = 0$, 故由 (8.4.29) 和 (8.5.2) 得

$$J = r_0 \left(\frac{1}{B(r_0)} - 1 + V^2 \right)^{1/2} \tag{8.5.3}$$

轨道由 (8.4.30) 描述, 即

$$\varphi(r) = \varphi_\infty + \int_r^\infty \{A^{1/2}(r)\mathrm{d}r\} \Big/$$
$$\left\{ r^2 \left(\frac{1}{r_0^2} \left[\frac{1}{B(r)} - 1 + V^2 \right] \left[\frac{1}{B(r_0)} - 1 + V^2 \right]^{-1} - \frac{1}{r^2} \right)^{1/2} \right\} \tag{8.5.4}$$

当 r 从无限大减少到它的最小值 r_0 然后又增至无限大时 φ 的总改变, 正好是从 ∞ 到 r_0 时其改变的两倍, 即 $2|\varphi(r_0) - \varphi_\infty|$. 如果轨道是直线, 这个值应正好等于 π; 所以轨道离开直线的偏折是

$$\Delta\varphi = 2|\varphi(r_0) - \varphi_\infty| - \pi \tag{8.5.5}$$

如果这个值是正的, 则 φ 角的改变大于 $180°$, 即轨道弯向太阳; 如果 $\Delta\varphi$ 是负的, 则轨道弯离太阳.

对于光子, $V^2 = 1$, 由 (8.5.4) 得

$$\varphi(r) - \varphi_\infty = \int_r^\infty A^{1/2}(r) \left[\left(\frac{r}{r_0} \right)^2 \left(\frac{B(r_0)}{B(r)} \right) - 1 \right]^{-1/2} \frac{\mathrm{d}r}{r} \tag{8.5.6}$$

如果利用由 Schwarzschild 解 (8.2.10) 和 (8.2.11) 给出的 $A(r)$ 和 $B(r)$ 的精确值, 我们就会得到 $\varphi(r)$ 和 $\Delta\varphi$, 表示为通常种类椭圆积分. 这只能按小参量 GM/r_0 和 GM/r 展开来进行数值演算. 较容易又较有益的办法是在积分之前进行展开, 利用 $A(r)$ 和 $B(r)$ 的 Robertson 展开式 (8.3.8) 和 (8.3.9): [190]

$$A(r) = 1 + 2\gamma\frac{MG}{r} + \cdots$$
$$B(r) = 1 - 2\frac{MG}{r} + \cdots$$

(8.5.6) 中第二个平方根的宗量就变为

$$\left(\frac{r}{r_0} \right)^2 \left(\frac{B(r_0)}{B(r)} \right) - 1 = \left(\frac{r}{r_0} \right)^2 \left[1 + 2MG \left(\frac{1}{r} - \frac{1}{r_0} \right) + \cdots \right] - 1$$
$$= \left[\left(\frac{r}{r_0} \right)^2 - 1 \right] \left[1 - \frac{2MGr}{r_0(r + r_0)} + \cdots \right]$$

故由 (8.5.6) 得

$$\varphi(r) - \varphi_\infty = \int_r^\infty \frac{\mathrm{d}r}{r\left[\left(\dfrac{r}{r_0}\right)^2 - 1\right]^{1/2}}$$
$$\times \left[1 + \frac{\gamma MG}{r} + \frac{MGr}{r_0(r + r_0)} + \cdots\right]$$

这个积分是初等的, 结果得

$$\varphi(r) - \varphi_\infty = \sin^{-1}\left(\frac{r_0}{r}\right)$$
$$+ \frac{MG}{r_0}\left(1 + \gamma - \gamma\sqrt{1 - \left(\frac{r_0}{r}\right)^2} - \sqrt{\frac{r - r_0}{r + r_0}}\right) + \cdots \quad (8.5.7)$$

所以, 准确到 MG/r_0 的第一级, 光线偏折 (8.5.5) 就是

$$\Delta\varphi = \frac{4MG}{r_0}\left(\frac{1 + \gamma}{2}\right) \quad (8.5.8)$$

(在这一级近似下, 我们正好也可以用碰撞参量 b 来代替这里的 r_0.)

对于被太阳所偏折的光线, 我们必须用

$$M = M_\odot = 1.97 \times 10^{33}\ \mathrm{g}$$

即

$$MG = M_\odot G = 1.475\ \mathrm{km}$$

r_0 的最小值是

$$R_\odot = 6.95 \times 10^5\ \mathrm{km}$$

故 (8.5.8) 变为

$$\Delta\varphi = \left(\frac{R_\odot}{r_0}\right)\theta_\odot \quad (8.5.9)$$

式中

$$\theta_\odot \equiv \frac{4M_\odot G}{R_\odot}\left(\frac{1 + \gamma}{2}\right) = 1.75''\left(\frac{1 + \gamma}{2}\right) \quad (8.5.10)$$

而且, 广义相对论给出 $\gamma = 1$, 故它预言光线应向太阳偏折一个角度 $\theta_\odot = 1.75''$. (对于正好掠过木星的光线, 偏折仅有 $0.02''$, 所以观测太阳以外的任何其它天体引起的光线偏折似乎是没有希望的.) 在 Brans-Dicke 理论中, 由 (8.5.10) 和 (8.3.3) 得出偏折常数为

$$\theta_{\odot} = \frac{4M_{\odot}G}{R_{\odot}} \left(\frac{2\omega + 3}{2\omega + 4} \right) \qquad\qquad (8.5.11)$$

[191]

每当我们得到广义相对论的一个预言时, 总要 (或者应该) 提出这样的问题: 即所得到的结果是不是真正指的是客观的物理测量, 或者说是否包含了依赖于坐标系选择的任意主观因素. 在光线偏折的情况下, 我们应当弄清楚, φ 的预期改变同照相底板上星像的位置究竟有什么关系. 幸而这个问题的答案是很简单的, 因为这实际上是一种散射实验. 光线从非常遥远的地方射来, 在太阳附近通过时受到偏折, 在离太阳 200 多个太阳半径远的地球上被接收. 在发光点和接收点, 度规实际上是 Minkowski 的, 在这样的距离处, 关于 φ 的意义是不成问题的; 它就是光线在其中基本上是直线的那样一种坐标系里的方位角. 所以我们能借助普通的几何光学定律把 $\Delta\varphi$ 同照相底板上的星像移动联系起来. (这里我们忽略了地球自身引力场的影响, 因为它在地球表面上的值比太阳引力场在太阳表面上的值弱 10^3 倍以上.) 如果我们要从深入太阳引力场的天文台, 例如从离太阳几个太阳半径远的轨道卫星的观点来预言太阳引起的光线偏折, 那就必须格外小心地讨论 φ 的操作意义了.

这里可能产生的另一个概念上的困难, 它是由于我们把光子看作像任何其它粒子一样运动的光量子, 这些粒子的速度正好等于单位速度, 也就是等于 c. 实际上, 用不着考虑量子力学. 光的波长同太阳引力场的尺度比起来是如此之小 (即 10^{-5} cm 与 10^{10} cm 之比), 以至于在这个场中的任何点都可以建立包含大量波长 (比方说 10^{15}) 的局部惯性坐标系. 等效原理告诉我们, 光在这种坐标系中的行为就像在没有引力场的真空中一样, 又因为波长是如此之小, 衍射可以忽略, 波阵面的每个元素都以单位速度 c 沿直线运动. 如果把这个论断在天文学的非惯性坐标系中重新写出来, 它不是别的, 正是我们的运动方程 (8.4.2). (这个论证附带也说明了光线偏折为什么不可能与其偏振有关.)

现在让我们来看看怎样把 Einstein 的预言 (8.5.9) 同观测结果进行比较. 测量偏折角 $\Delta\varphi$ 的经典办法, 是把日全食期间正巧落在太阳圆面附近的恒星的视位置 (那时它们的光靠近太阳射来并且还能被探测到) 与六个月以前它们在夜间的视位置进行比较 (那时这些星同太阳分处于地球的两侧, 它们的光在到达地球的路途中并不在太阳附近通过). 从日食时的 φ 减去六个月前的 φ, 原则上就应当得出 $\Delta\varphi$. 然而, 在六个月的间隔中, 拍摄尺度会发生不可避免的变化, 这种变化部分是由于在如此漫长的时间中温度以及望远镜和照相机机械结构的微小变化引起的. 拍摄尺度的改变会使任何恒星产生朝向或背离太阳的视偏折, 其偏折角正比

[192]

于光线通过太阳时的距离 r_0; 所以实际上要做的事情是把观测结果同理论曲线

$$\Delta\varphi = \theta_\odot \left(\frac{R_\odot}{r_0} \right) + S \left(\frac{r_0}{R_\odot} \right) \tag{8.5.12}$$

进行比较. 式中 S 是未知的尺度常数 (通常叫做 α), $\theta_\odot$ 是将同理论值 1.75″ 比较的偏折角. 还有一些别的效应能对 $\Delta\varphi$ 有所贡献, 例如星光在日冕中或者在进入月影内的较冷空气时所产生的折射, 但人们相信这些效应中没有一种会起重要的作用.

不能得出离太阳圆面近于 $r_0 \approx 2R_\odot$ 的观测结果, 但是仍然可以利用一些观测结果来决定 $\theta_\odot$, 办法是把观测到的 $\Delta\varphi$ 值同理论值 (8.5.12) 进行拟合. 这种方案的困难在于, 在日食期间可以利用的短时间内很难精确测定 $\Delta\varphi$. 1919 年日全食时, 分派了远征队到两个地方去, 一个是巴西东北海岸附近的索布拉尔, 一个是几内亚湾中的普林西比岛. 一共研究了 12 颗星, 得到的值[2]是 1.98 ± 0.12″ 和 1.61 ± 0.31″, 与 Einstein 的预言 $\theta_\odot = 1.75''$ 基本符合. 与任何其它的成就相比, 也许正是这一戏剧性的结果在 20 世纪 20 年代更强烈地引起了一般公众对于广义相对论的注意.

自 1919 年以来, 对于 1922、1929、1936、1947 和 1952 年各次日全食期间观测到的约 380 颗星进行了测量, 我们把结果综合到表 8.1 里 (取自 von Klüber 的评述).

所得到的 $\theta_\odot$ 值变化范围是 1.3″ 到 2.7″, 但多数处于 1.7″ 和 2″ 之间. 这些结果中最新的是 $\Delta\varphi = 1.70 \pm 0.10''$, 同 Einstein 的预言符合得很好, 但还不清楚这里的系统误差是否确实比以前那些观测的要小. 从所有这些结果中我们可以得出结论, 肯定存在着大于 $\gamma = 0$ (即 $A(r) = 1$) 所预言的 $\theta_\odot = 0.875''$ 的光线偏折. 至于它的精确值, 我们至多只能说 $\theta_\odot$ 在 1.6″ 和 2.2″ 之间; 也就是, γ 约在 0.9 和 1.3 之间. 在不远的将来, 无需等待日全食而利用光电技术来监视恒星位置, 有可能改善这种测量的精度.

射电天文学[4]的新发展, 使我们有可能用远高于光学天文学所能达到的精度, 来测量太阳引起的射电信号的偏折. 由于地球大气的不均匀性, 光学观测的角精度被限制到约 0.1″, 而波长为 λ 基线为 D 的射电干涉仪, 原则上能够以 $\lambda/(2\pi D)$ 弧度量级的精确性来测量角度; 当 $\lambda = 3$ cm, $D = 10$ km 时, 这个精度为 0.1″, 对于更长的基线, 这个值将按比例减小.

在射频比在光频更使天文学家感到烦恼的一个复杂因素是射线在日冕中的折射. 在 X–频段 (8000—12500 MHz) 折射很小, 只消扣掉射电信号在离太阳表面约两个太阳半径内通过时取得的数据, 就可以排除它. 不过, 在 S–频段 (2000—4000 MHz) 必须用一个模型来分析数据, 这模型中部分偏折来自广义相对论, 其余则是由日冕产生的. 描述日冕的参量原则上可以利用这种方法 (用几个频率) 和广义相对论的参量一起同时测定, 但是日冕中的电子密度随时间改变, 所以处理日冕折射的唯一真正满意的方法, 看来是采用 $X-$ 频段或者更高的射电频率.

表 8.1　太阳引起的光线偏折测量[3]　　　　[193]

第 4 列给出所研究的诸星光线离太阳中心最近处的最小和最大距离值, 第 5 列给出推算出的正好掠过太阳表面的光线偏折值.

日食	地点	星数	$r_0/R_\odot$	$\theta_\odot/('')$	参考资料
1919 年 5 月 29 日	索布拉尔	7	$2\sim 6$	1.98 ± 0.16	a
	普林西比岛	5	$2\sim 6$	1.61 ± 0.40	
1922 年 9 月 21 日	澳大利亚	$11\sim 14$	$2\sim 10$	1.77 ± 0.40	b
	澳大利亚	18	$2\sim 10$	$1.42\sim 2.16$	c
	澳大利亚	$62\sim 85$	$2.1\sim 14.5$	1.72 ± 0.15	d
	澳大利亚	145	$2.1\sim 42$	1.82 ± 0.20	e
1929 年 5 月 9 日	苏门答腊	$17\sim 18$	$1.5\sim 7.5$	2.24 ± 0.10	f
1936 年 6 月 19 日	苏联	$16\sim 29$	$2\sim 7.2$	2.73 ± 0.31	g
	日本	8	$4\sim 7$	$1.28\sim 2.13$	h
1947 年 5 月 20 日	巴西	51	$3.3\sim 10.2$	2.01 ± 0.27	i
1952 年 2 月 25 日	苏丹	$9\sim 11$	$2.1\sim 8.6$	1.70 ± 0.10	j

a. F. W. Dyson, A. S. Eddington, and C. Davidson, Phil. Trans. Roy. Soc., **220A**, 291(1920); Mem. Roy Astron. Soc. **62**, 291 (1920).

b. G. F. Dodwell and C. R. Davidson, Mon. Nat. Roy. Astron. Soc., **84**, 150(1924).

c. C. A. Chant and R. K. Young, Publ. Dominion Astron. Obs., **2**, 275(1924).

d. W. W. Campbell and R. Trumpler. Lick Observ. Bull., **11**, 41 (1923); Publ. Astron. Soc. Pacific, **35**, 158(1923).

e. W. W. Campbell and R. Trumpler, Lick Observ. Bull., **13**, 130 (1928).

f. E. F. Frenndlich, H. V. Klüber, and A. V. Brunn, Ab. Preuss. Akad. Wiss., No. 1, 1931; Z. Astrophys., **3**, 171(1931).

g. A. A. Mikhailov, C. R. Acad. Sci. USSR(N. S.), **29**, 189(1940).

h. T. Matukuma, A. Onuki, S. Yosida, and Y. Iwana. Jap. J. Astron. and Geophys., **18**, 51(1940).

i. G. van Biesbroeck, Astron. J., **55**, 49, 247(1949).

j. G. van Biesbroeck, Astron. J., **58**, 87(1953).

　　每年 10 月, 类星体 3C279 被太阳遮掩, 许多射电天文小组利用这个　　[194]机会来观测刚掩前和刚掩后那段时间里, 3C279 同类星体 3C273 之间夹角 (约 9.5°) 的改变. 结果列在表 8.2 里. 我们看到广义相对论又得到了证实, 但还不足以决定 Einstein 和 Brans-Dicke 理论哪个更好. 不过, 用很长的基线 (例如 "Goldstack" 3900 km 基线) 取得的数据包含着原则上足以测量角位置准确到 0.001″ 的信息. 人们希望这些数据的分析将最终导致真正精确地测定 γ 值.

表 8.2 来自源 3C279 的射电波被太阳偏折的干涉测量. 数据是利用射电信号正好掠过太阳所能产生的偏折 $\theta_\odot$ 来表示的.

台站	雷达频率/MHz	基线/km	日期	$\theta_\odot/('')$	参考资料
Owens谷	9602	1.0662	1969 年 9 月 30 日—10 月 15 日	1.77±0.20	a
Goldstone	2388	21.566	1969 年 10 月 2 日—10 月 10 日	$1.82^{+0.24}_{-0.17}$	b
Goldstone/ Haystack	7840	3899.92	1969 年 9 月 30 日—10 月 15 日	1.80±0.2	c
NRAO (美国射电天文台)	2695 与 8085	2.7	1970 年 10 月 2 日—10 月 12 日	1.57±0.08	d
	2697 与 4993.8	1.41	1970 年 10 月 8 日	1.87±0.3	e

a. G. A. Seielstad, R. A. Sramek, and K. W. Weller, Phys. Rev. Letters, **24**, 1373(1970).

b. D. O. Muhleman, R. D. Ekers and E. B. Fomalont, Phys. Rev. Letters, **24**, 1377(1970).

c. I. I. Shapiro, Private Communication.

d. R. A. Sramek, Ap. J., **167**, L55(1971).

e. J. M. Hill, Mon. Not. Roy. Astron. Soc., **153**, 7P(1971).

8.6 束缚轨道: 近日点的进动

现在我们来研究一个束缚于绕日轨道上的检验粒子 (见图 8.2) . 在近日点和远日点, r 达到其极小值 r_- 和极大值 r_+, 在这两点 $\mathrm{d}r/\mathrm{d}\varphi$ 为零, 故由 (8.4.29) 得

$$\frac{1}{r_\pm^2} - \frac{1}{J^2 B(r_\pm)} = -\frac{E}{J^2}$$

[195] 从这两个方程中我们可以导出两个运动积分的值:

$$E = \frac{\dfrac{r_+^2}{B(r_+)} - \dfrac{r_-^2}{B(r_-)}}{r_+^2 - r_-^2} \tag{8.6.1}$$

$$J^2 = \frac{\dfrac{1}{B(r_+)} - \dfrac{1}{B(r_-)}}{\dfrac{1}{r_+^2} - \dfrac{1}{r_-^2}} \tag{8.6.2}$$

由 (8.4.30) 可知, 当 r 从 r_- 起增加时位置矢量扫过的角为

$$\varphi(r) = \varphi(r_-) + \int_{r_-}^{r} A^{\frac{1}{2}}(r) \left[\frac{1}{J^2 B(r)} - \frac{E}{J^2} - \frac{1}{r^2} \right]^{-1/2} \frac{\mathrm{d}r}{r^2}$$

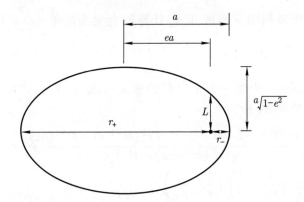

图 8.2   在计算行星轨道进动时用到的椭圆的各要素. (这里的椭圆具有和小行星 Icarus 轨道同样的偏心率)

或者, 利用 (8.6.1) 和 (8.6.2) 后得

$$
\begin{aligned}
&\varphi(r) - \varphi(r_-) \\
&= \int_{r-}^{r} \left[\frac{r_-^2(B^{-1}(r) - B^{-1}(r_-)) - r_+^2(B^{-1}(r) - B^{-1}(r_+))}{r_+^2 r_-^2 (B^{-1}(r_+) - B^{-1}(r_-))} - \frac{1}{r^2} \right]^{-1/2} \\
&\quad \times A^{1/2}(r) \frac{\mathrm{d}r}{r^2}
\end{aligned}
\tag{8.6.3}
$$

当 r 从 r_+ 减小到 $r-$ 时 φ 的改变同 r 从 r_- 增加到 r_+ 时 φ 的改变相同, 所以每一圈 φ 的总改变是 $2|\varphi(r_+) - \varphi(r_-)|$. 如果轨道是一个封闭椭圆, 这个值就是 2π, 所以一般说来, 每转一圈, 轨道就进动一个角

$$
\Delta\varphi = 2|\varphi(r_+) - \varphi(r_-)| - 2\pi
\tag{8.6.4}
$$

[196]

将 Schwarzschild 解给出的 $A(r)$ 和 $B(r)$ 的精确值 (8.2.10) 和 (8.2.11) 代入 (8.6.3) , 即可得到将 $\varphi(r)$ 和 $\Delta\varphi$ 表为椭圆积分的公式, 为了计算出这些积分的数值, 必须将它们按参量 MG/r 和 $MG/r_\pm$ 展开. 我们不用这种办法, 而用 $A(r)$ 和 $B(r)$ 的 Robertson 展开式 (8.3.8) 和 (8.3.9):

$$
A(r) = 1 + 2\gamma \frac{MG}{r} + \cdots
\tag{8.6.5}
$$
$$
B(r) = 1 - \frac{2MG}{r} + \frac{2(\beta - \gamma)M^2 G^2}{r^2} + \cdots
$$

来展开被积表达式. 注意, 在 (8.6.3) 中 $B(r)$ 的第一项完全减掉了, 而 $A(r)$ 却没有. 所以, 为了计算 φ 和 $\Delta\varphi$ 准确到含 $MG/r_\pm$ 的一级量, 我们需要 $B(r)$ 准确到 MG/r 的二级项, 而 $A(r)$ 只需要准确到一级项.

只要注意到利用下面展开式, 计算就会大为简单.

$$B^{-1}(r) \simeq 1 + \frac{2MG}{r} + \frac{2(2-\beta+\gamma)}{r^2}M^2G^2$$

我们可以把 (8.6.3) 中第一个平方根的宗量写成 $1/r$ 的二次函数. 并且, 它在 $r = r_\pm$ 时变为零, 所以

$$\frac{r_-^2(B^{-1}(r) - B^{-1}(r_-)) - r_+^2(B^{-1}(r) - B^{-1}(r_+))}{r_+^2 r_-^2(B^{-1}(r_+) - B^{-1}(r_-))} - \frac{1}{r^2}$$
$$= C\left(\frac{1}{r_-} - \frac{1}{r}\right)\left(\frac{1}{r} - \frac{1}{r_+}\right) \tag{8.6.6}$$

令 $r \to \infty$ 可以决定常数 C:

$$C = \frac{r_+^2(1 - B^{-1}(r_+)) - r_-^2(1 - B^{-1}(r_-))}{r_+ r_-(B^{-1}(r_+) - B^{-1}(r_-))}$$

或者从分子和分母中提出公因子 $2(r_- - r_+)MG$:

$$C \simeq 1 - (2-\beta+\gamma)MG\left(\frac{1}{r_+} + \frac{1}{r_-}\right) \tag{8.6.7}$$

[197] 将 (8.6.5)—(8.6.7) 代入 (8.6.3) 即得

$$\varphi(r) - \varphi(r_-) \simeq \left[1 + \frac{1}{2}(2-\beta+\gamma)MG\left(\frac{1}{r_+} + \frac{1}{r_-}\right)\right]$$
$$\times \int_{r_-}^r \frac{\left[1 + \dfrac{\gamma MG}{r}\right]\mathrm{d}r}{r^2\left[\left(\dfrac{1}{r_-} - \dfrac{1}{r}\right)\left(\dfrac{1}{r} - \dfrac{1}{r_+}\right)\right]^{1/2}}$$

引入新变量 ψ:

$$\frac{1}{r} \equiv \frac{1}{2}\left(\frac{1}{r_+} + \frac{1}{r_-}\right) + \frac{1}{2}\left(\frac{1}{r_+} - \frac{1}{r_-}\right)\sin\psi \tag{8.6.8}$$

可使上式中的积分一目了然, 于是得到

$$\varphi(r) - \varphi(r_-) = \left[1 + \frac{1}{2}(2-\beta+\gamma)MG\left(\frac{1}{r_+} + \frac{1}{r_-}\right)\right]$$
$$\times \left[\psi + \frac{\pi}{2}\right] - \frac{1}{2}\gamma MG\left(\frac{1}{r_+} - \frac{1}{r_-}\right)\cos\psi \tag{8.6.9}$$

在远日点, $\psi = \pi/2$, 故由 (8.6.4) 和 (8.6.9) 得出每一圈的进动是

$$\Delta\varphi = \left(\frac{6\pi MG}{L}\right)\left(\frac{2-\beta+2\gamma}{3}\right) \quad (\text{rad/圈}) \tag{8.6.10}$$

式中 L 表征椭圆的大小, 叫做半正焦弦 (焦点参数)

$$\frac{1}{L} \equiv \frac{1}{2} \left(\frac{1}{r_+} + \frac{1}{r_-} \right)$$

通常在表中列出的行星轨道要素是半长轴 a 和偏心率 e, 定义为

$$r_\pm = (1 \pm e)a$$

所以, 我们可以利用公式

$$L = (1 - e^2)a$$

从 a 和 e 来决定 L. Einstein 场方程要求 $\beta = \gamma = 1$, 故预言的进动是

$$\Delta\varphi = \frac{6\pi MG}{L} \text{ rad/圈} \tag{8.6.11}$$

这个值是正的, 意味着整个轨道进动的方向应和检验粒子运动的方向相同. 在 Brans-Dicke 理论中, 由 (8.6.10) 和 (8.3.3) 得出

$$\Delta\varphi = \left(\frac{6\pi MG}{L} \right) \left(\frac{3\omega + 4}{3\omega + 6} \right) \tag{8.6.12}$$

我们应当再次自问, 这个预期的 $\Delta\varphi$ 值意味着什么. 这并不像太阳引起的光线偏折那样是一种散射实验; 我们这里讨论的是决不会跑到无限远 (那里的度规是 Minkowski 的) 去的天体. 光学或雷达天文学家对检验粒子运动所做的任何观测, 都要利用本身就要受到引力场影响的光线. 如果对光线偏折不作仔细改正, 在任何给定的 r 处, 天文学家所报道的 $\varphi(r)$ 值都将包含量级为 GM/L 的误差[见式 (8.5.8)]. 不过, 这些细节实际上无关紧要, 因为进动是积累的. 式 (8.6.10) 表明, 在转了 N 圈之后近日点将进动一个量级为 NMG/L 的角, 所以如 $N \gg 1$, 就不必担心 φ 里量级为 MG/L 的误差. 的确, 式 (8.6.11) 告诉我们, 在转了 $L/3MG \gg 1$ 圈之后, 近日点将回到它原来的方位角. 这个预言显然与我们如何定义 r 或 φ 无关.

[198]

对于水星, 我们必须取 $L = 55.3 \times 10^6$ km, 当然 $MG = 1.475$ km, 故由式 (8.6.11) 得 $\Delta\varphi = 0.1038''$/圈. 因为水星每百年转 415 圈, 广义相对论的预言就是

$$\Delta\varphi = 43.03''/\text{百年}(\varphi)$$

幸好水星有回溯到 1765 年的精确观测. Clemence[5]在 1943 年重新分析了这些资料; 他得出 $\Delta\varphi = 43.11 \pm 0.45''$/百年, 基本上肯定了 Newcomb 较早

的值 (见 1.2 节), 并且同广义相对论符合得很好. 若取上述值, 这一符合表明式 (8.6.11) 中的改正因子是

$$\left(\frac{2-\beta+2\gamma}{3}\right) = 1.00 \pm 0.01$$

这是广义相对论最最重要的实验验证, 一方面因为它的精度高, 另一方面是因为只有它对于出现在 g_{tt} 中二级项里的系数 β 是敏感的.

[199]　　　对于金星、地球和小行星 Icarus 的结果[6]连同水星的结果一起列在表 8.3 中. 显然, 由大行星得到的有效精确度随着离开太阳的距离而迅速下降, 这一方面是因为较小的偏心率使近日点的观测更不确定, 也是因为随着 L 的增加, 每圈的进动和每百年的圈数都减小了. Icarus 只是在 1949 年才发现的. 但就某些方面而论它却是最有用的研究对象, 因为它的个儿小, 又靠近地球, 轨道偏心率又大, 使我们能以高精度测定它的进动. 已经有人建议把人造天体射入靠近太阳的偏心轨道; 例如, 一颗 $L = 10R_\odot$ 的这种卫星其百年进动可达 8250″! 这儿的困难在于小天体会受到诸如辐射压、太阳风、小陨石等非引力因素的扰动. 当然, 这些因素对于水星和 Icarus 的影响是可以忽略的.

表 8.3　行星轨道每百年进动的理论值和观测值比较[6]

行星	$a/(10^6\ \mathrm{km})$	e	$\dfrac{6\pi MG}{L}$	圈/百年	$\Delta\varphi$ (角秒/百年)	
					广义相对论	观测值
水星 (☿)	57.91	0.2056	0.1038″	415	43.03	43.11±0.45
金星 (♀)	108.21	0.0068	0.058″	149	8.6	8.4±4.8
地球 (⊕)	149.60	0.0167	0.038″	100	3.8	5.0±1.2
Icarus	161.0	0.827	0.115″	89	10.3	9.8±0.8

在评判观测到的近日点进动同广义相对论的预言符合时应当记住两条警告. 第一, 有许多已知扰动都会对行星轨道的进动作出贡献, 特别是, 由 Newton 理论可以得出的水星进动为

$$\Delta\varphi_N = 5557.62 \pm 0.20'' \ (☿)$$

其中大约有 5025″ 是来源于与地球相联系的天文坐标系的旋转, 约 532″ 来源于根据 Newton 理论从其它行星 (主要是金星、地球和木星) 的运动中计算出的引力摄动. 实际观测到的进动是

$$\Delta\varphi_{\mathrm{OBS}} = 5600.73 \pm 0.41'' \ (☿)$$

上面所引的 "观测到的" 过剩进动值 $\Delta\varphi = 43.11 \pm 0.45''$ 是从观测到的值中减去 Newton 进动得到的, 即

$$\Delta\varphi = \Delta\varphi_{\text{OBS}} - \Delta\varphi_N \tag{8.6.13}$$

人们会问, 我们怎么知道这就是要同广义相对论的结果 $43.03''$/ 百年相比较的量; 也就是说, 我们怎么知道, 把忽略所有广义相对论效应计算出来的 Newton 值 $\Delta\varphi_N$, 同忽略所有行星摄动效应计算出的 Einstein 值 $\Delta\varphi_{\text{GR}}$ 加起来, 就可以正确地得到总进动? 如果注意到对于 $\Delta\varphi_N$ 的广义相对论改正约为 $\Delta\varphi_N$ 的 MG/L 倍, 即每百年只有约 $10^{-4}''$, 这个问题在某种程度上就得到了回答. 更圆满的回答必须等到下一章中讨论后 Newton 近似时才能作出. 但即使承认 (8.6.13) 原则上是正确的, 我们也必须明白, 无论是 $\Delta\varphi_N$ 或 $\Delta\varphi_{\text{OBS}}$ 中极小的系统误差都可以完全破坏理论和观测结果之间的符合.

第二条警告是, 非常小的未知效应都有可能给观测到的近日点进动贡献一个可同广义相对论的预期值相比拟的量. 确实, 我们在第一章中看到, Newcomb 曾在 1911 年放弃了他早先提出的对平方反比定律的微小偏离, 因为观测到的每百年 $43''$ 的过剩进动, 也可以在 Newton 力学的范围内解释成是由于引起 "黄道光" 的物质所产生的引力场的作用. (今天我们知道, 水星和太阳之间并没有足够多的物质能产生任何可觉察的进动.) 太阳也可能稍稍有点扁[7], 在这种情况下, 它的 Newton 势会有 r^{-3} 项, 这使行星每转一圈产生的额外进动将随它们离太阳距离的平方反比而减少. 表 8.3 说明, 实际上每转一圈观测到的过剩进动粗略地随 $1/r$ 而不是 $1/r^2$ 减小, 这同广义相对论的预言一致. 更重要的是, 大的太阳扁率会引起内行星轨道平面的反常进动, 而这种现象并没有观测到[8]. 这两个论据合在一起, 排除了把观测到的反常进动全部解释成是由于太阳扁率的可能性, 但这种解释可以说明观测到的效应的 20%. 为了检验这个假设, Dicke 和 Goldenberg[9] 在 1966 年 6 月 1 日至 9 月 23 日期间对太阳圆面进行了光电扫描. 他们得出结论说, 太阳的极直径比其赤道直径短 $(5.0 \pm 0.7) \times 10^{-5}$. 如果采用这个值, 它就会引起水星近日点 $3.4''$/ 百年的额外进动, 这样剩下作为广义相对论效应的只有 $39.6''$/ 百年了, 同 Einstein 预言的 $43.03''$/ 百年差 8%. 如果取 $\omega = 6.4$, 则 Brans-Dicke 理论能说明每百年 $39.6''$ 的过剩进动. 不过, 在放弃广义相对论之前还有几条理由值得我们慎重考虑:

(A) 为了说明太阳扁率, 太阳内部必须在一两天内转一圈, 这大大快于太阳表面观测到的自转速率 (即 25 天转一圈). 自转速率的这种差异

[200]

也许可以解释[10]成由于太阳风诱发的磁转矩, 它使表面自转变慢, 但不清楚这种位形在动力学上是否稳定[11].

(B) 1891—1902 年期间用哥廷根的量日仪所做的两组非常精密的测量[12], 得出太阳赤道直径和极直径之间的差值分别为 $(0.36 \pm 0.78) \times 10^{-5}$ 和 $(-0.10 \pm 0.47) \times 10^{-5}$, 彼此是符合的, 同理想球也是符合的, 但同 Dicke 和 Goldenberg 的结果 $(+5.0 \pm 0.7) \times 10^{-5}$ 不符合. 哥廷根的结果也受到后来的量日仪测量的支持. 我们引用 Ashbrook[12] 的话:

"对这一切我们该怎么看呢? 鉴于天文学的证据, 太阳的极直径能像 Dicke 和 Goldenberg 所认为的那样, 比它的赤道直径短 0.1 角秒吗? 是普林斯顿的实验中有某种没有觉察到的微小系统误差呢? 还是在所有量日仪测量中有某种没有认识到的效应?"

[201]　　　为了对 Dicke 和 Goldenberg 作出公正的评价, 应该注意到他们所观测到的扁椭球的轴跟随着太阳自转轴作周年视运动, 这意味着他们确实看见了某种真实的东西.

(C) 即使太阳的可见表面是扁的, 这真的就告诉了我们它的质量分布形式和太阳引力场的情形吗? Dicke[7]争辩说, 观测到的太阳表面同引力等势面是重合的, 但这个结论在很大程度上依赖于天体物理学理论, 可能不对.

(D) 最后, 如果 Dicke 和 Goldenberg 是对的, 那么 Einstein 的预言和观测到的剩余进动之间精确到 1% 的符合就纯属偶然了.

8.7　雷达回波延迟

前面各节讨论的广义相对论的经典检验仅仅涉及光子和行星轨道的形状. 近年来高速电子学和高功率雷达的发展, 使我们有可能按检验 Einstein 方程所需要的精度测量运动作为时间的函数. 特别是, I. I. Shapiro 提出[13], 并同林肯实验室的一个小组一起使雷达信号传播到内行星再反射回地球, 测量所需的时间[14,15].

为了理解这些测量的意义, 首先让我们来计算雷达信号从一点 $(r = r_1, \theta = \pi/2, \varphi = \varphi_1)$ 传到第二点 $(r = r_2, \theta = \pi/2, \varphi = \varphi_2)$ 所需的时间. 决定轨道的时间历史的方程是 (8.4.19):

$$\frac{A(r)}{B^2(r)} \left(\frac{\mathrm{d}r}{\mathrm{d}t} \right)^2 + \frac{J^2}{r^2} - \frac{1}{B(r)} = -E$$

我们这里讨论的是光线, 故 $E = 0$. 此外, 在最接近太阳的距离 $r = r_0$ 处

$(\mathrm{d}r/\mathrm{d}t)^2$ 必须为零, 所以有

$$J^2 = \frac{r_0^2}{B(r_0)}$$

光子的运动方程就是

$$\frac{A(r)}{B^2(r)}\left(\frac{\mathrm{d}r}{\mathrm{d}t}\right)^2 + \left(\frac{r_0}{r}\right)^2 B^{-1}(r_0) - B^{-1}(r) = 0 \tag{8.7.1}$$

我们从 (8.7.1) 看到, 光从 r_0 传到 r 或者从 r 传到 r_0 所需要的时间是 [202]

$$t(r, r_0) = \int_{r_0}^r \left(\frac{A(r)B(r)}{\left[1 - \dfrac{B(r)}{B(r_0)}\left(\dfrac{r_0}{r}\right)^2\right]}\right)^{1/2} \mathrm{d}r \tag{8.7.2}$$

当然, 光从点 1 传到点 2 所需的总时间是 (当 $|\varphi_1 - \varphi_2| > \pi/2$)

$$t_{12} = t(r_1, r_0) + t(r_2, r_0) \tag{8.7.3}$$

为了求出积分 (8.7.2) 的值, 我们再一次在被积式中利用第 3 节里的 Robertson 展开式:

$$A(r) \simeq 1 + \frac{2\gamma GM}{r}, \quad B(r) \simeq 1 - \frac{2MG}{r}$$

于是我们有

$$1 - \frac{B(r)}{B(r_0)}\left(\frac{r_0}{r}\right)^2 \simeq 1 - \left[1 + 2MG\left(\frac{1}{r_0} - \frac{1}{r}\right)\right]\left(\frac{r_0}{r}\right)^2$$

$$\simeq \left(1 - \frac{r_0^2}{r^2}\right)\left[1 - \frac{2MGr_0}{r(r + r_0)}\right]$$

所以准确到 MG/r 和 MG/r_0 的第一级, 由 (8.7.2) 得

$$t(r, r_0) \simeq \int_{r_0}^r \left(1 - \frac{r_0^2}{r^2}\right)^{-1/2}\left[1 + \frac{(1+\gamma)MG}{r} + \frac{MGr_0}{r(r + r_0)}\right]\mathrm{d}r$$

这个积分是初等的, 我们就得到光从 r_0 传到 r 所需的时间是

$$t(r, r_0) \simeq \sqrt{r^2 - r_0^2} + (1+\gamma)MG\ln\left(\frac{r + \sqrt{r^2 - r_0^2}}{r_0}\right)$$

$$+ MG\left(\frac{r - r_0}{r + r_0}\right)^{1/2} \tag{8.7.4}$$

头一项 $\sqrt{r^2 - r_0^2}$ 是当光线沿直线以单位速度传播时应当预期的值. 其它两项显然要使雷达信号传到水星再返回所花的时间产生一个广义相对

论性的延迟. (注意, 这种延迟和我们从像彗星那样的缓慢运动物体的经验所预期的完全不同.) 当水星处于上合, 雷达信号正好掠过太阳时, 这个额外延迟达到最大. 在这种情况下, r_0 大约等于太阳的半径, $r_0 \simeq R_\odot$, 它要比地球和水星离太阳的距离 $r_\oplus$ 和 $r_\mercury$ 小得多, 所以由 (8.7.3) 和 (8.7.4) 得到的最大双程额外时间延迟是

[203]

$$(\Delta t)_{\max} \equiv 2[t(r_\oplus, R_\odot) + t(r_\mercury, R_\odot)$$
$$-\sqrt{r_\oplus{}^2 - R_\odot{}^2} - \sqrt{r_\mercury^2 - R_\odot{}^2}]$$
$$\simeq 4M_\odot G \left\{ 1 + \left(\frac{1+\gamma}{2} \right) \ln \left(\frac{4r_\mercury r_\oplus}{R_\odot^2} \right) \right\}$$
$$\simeq 5.9 \text{ km} \left\{ 1 + 11.2 \left(\frac{1+\gamma}{2} \right) \right\} \qquad (8.7.5)$$

如果 Einstein 场方程是正确的, 则 $\gamma = 1$, 最大的额外时间延迟将是

$$(\Delta t)_{\max} \simeq 72 \text{ km} = 240 \text{ μs} \qquad (8.7.6)$$

在雷达信号传到水星再回来这段约 20 min 的时间里, 使时间计量准确到微秒之内并不困难, 然而在进行实验和解释结果的过程中碰到的困难却是不同寻常的.

一个麻烦是, 雷达信号并不是从水星表面的一个 "特定点" 反射, 而是来自一块相当大的面积, 因而它的到达时间弥散达数百微秒. Shapiro 组用一种称为 "延迟的 Döppler 映射" 的技术 (也就是通过测量返回信号的功率随频率和到达时间的分布) 来处理这个问题. 由于地球和水星的自转和公转, 每一个反射面元有一个相对于雷达天线的特征速度, 因而以其特征的 Döppler 频移反射雷达信号. 这样, 如果知道了表面的反射特性, 就可以通过分析观测到的回波随到达时间和频率的分布, 推算出来自水星表面最靠近地球那一点的回波的到达时间. (表面的反射特性是靠研究水星在下合附近时的回波决定的, 在那里信噪比最大, 而广义相对论对雷达信号传播时间没有显著影响.)

更根本的困难在于, 为了使额外时间延迟的计算精确到 (比方说) 10 μs, 我们必须以同样的精度知道不存在太阳引力时雷达信号应花费的传播时间, 也就是说, 我们必须知道距离

$$(r_\oplus{}^2 - r_0{}^2)^{1/2} + (r_\mercury{}^2 - r_0{}^2)^{1/2}$$

准确到 1.5 km! 这里 $r_\oplus$、$r_\mercury$ 和 r_0 分别是 (在 "标准" 坐标系中) 从太阳中心到地球上的雷达天线、到水星表面最靠近地球那一点和到雷达信号最

接近太阳那一点的距离. 然而, 单靠光学天文学肯定不能以所需要的高精度给我们提供水星或地球中心的位置, 或水星的半径. 实际上, 这种精度高到要求人们必须指明他所讨论的是标准坐标还是各向同性坐标, 还是谐和坐标; 更不必说美国海军天文台平常根本没有作这样精细的区别了! Shapiro 组处理这个问题是借助许多未知参数, 包括 β、γ、$M_\odot G$、水星的赤道半径以及水星和地球在某个初始时刻的位置和速度, 用广义相对论本身来计算 $r_\oplus(t)$、$r_\female(t)$ 和 $r_0(t)$. 然后把去水星再返回的雷达信号传播时间的观测值同理论公式 (8.7.3) 和 (8.7.4) 拟合来决定这些参数.

[204]

1967 年 4 月 28 日到 5 月 20 日, 以及同年 8 月 15 日到 9 月 10 日水星两次上合期间, 在林肯实验室用 7840MHz 的 Haystack 雷达首次得到了理论同观测之间的良好符合[14]. 定量地讲, 如果用式 (8.7.3) 和 (8.7.4) 来计算雷达信号延迟时间并让 γ 任意变动, 则当 $\gamma = 0.8 \pm 0.4$ 时得到最佳拟合 (由于纯技术上的理由, 在初步分析中取 $\beta = 1$.) 以后在 Haystack 进一步的观测和数据分析的改进把这个结果改善到[15]

$$\gamma = 1.03 \pm 0.1 \tag{8.7.7}$$

(见图 8.3) 此外, Shapiro 联系新的雷达资料重新分析了 400000 次以上太阳、月球和行星的较老的光学观测[16], 发现太阳引力势中有值为 $J_2 = (-0.8 \pm 2.5) \times 10^{-5}$ 的四极项, J_2 由 Legendre 展开式:

$$\phi_\odot = -\frac{GM_\odot}{r} \left\{ 1 - \sum_{l=2}^{\infty} J_l \left(\frac{R_\odot}{r} \right)^l P_l(\cos\theta) \right\}$$

[205]

定义. 为了比较起见, Dicke 和 Goldenberg 发现的太阳扁率对应于四极项 $J_2 = (2.7 \pm 0.5) \times 10^{-5}$. 如果限定 J_2 为零, 则 Shapiro 的分析给出水星和火星轨道近日点额外进动的值分别是广义相对论预期值的 0.99 ± 0.01 倍和 1.07 ± 0.1 倍.

Shapiro[17] 还建议测量来自脉冲星的射电脉冲到达时间的延迟. 脉冲星 CP 0952 在天球上最靠近太阳时不到 5° 远, 在这样的时刻, 射电脉冲会延迟约 50 µs.

最近, 喷气推进实验室的一个小组[18]测量了从地球发往人造卫星水手 6 号和 7 号上的应答器再返回地球的雷达信号的时间延迟, 时间是在 1970 年 3 月—6 月, 当这些卫星处在上合附近的时候. 最好的数据是 1970 年 4 月 28 日取得的, 那时雷达信号在离太阳中心 3 个太阳半径的距离内通过, 分析这些数据所得出的时间延迟精确到广义相对论预言的 5%. 遗憾的是所用的雷达频率在 S–频段 (约 2300 MHz), 所以日冕在此引起了

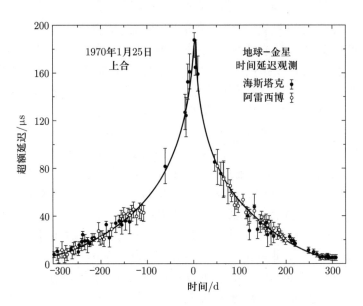

图 8.3　来自金星的雷达回波时间延迟的观测和理论的比较 (承蒙 I. I. Shapiro 的授权).

一些麻烦 (见 8.5 节). 此外, 水手卫星太小, 容易受到引力以外的力, 主要是太阳辐射压、漏气和姿态控制系统的冲击不平衡的显著影响.

雷达回波到达时间对于轨道运动细节的敏感性, 使得计算 "理论的" 到达时间成为一个极困难的任务, 给它以适合本书的简单解析处理是不可能的. 不过, 考察一个简单的例子可以了解一些情况, 这个例子是高度理想化的, 可以在这里讨论它. 把在半径为 r_1 的绕日轨道上的点状行星 (记作 "1") 当作反射器, 把雷达天线放在行星 "2" 上, 这个行星处在行星 "1" 的轨道平面里 ($\theta = \pi/2$), 但离太阳很远, 以致其位置可以取成固定的, 并有 $r_2 \gg r_1$ 和 $\phi_2 = 0$. (在雷达信号传播的时间里 ϕ_2 的改变随 $r_2^{-1/2}$ 变为零). 在时刻 t 从行星 2 发出的雷达信号将在时刻 t_1 达到行星 1, t_1 (当 $|\phi_1| > \pi/2$ 时) 由下式给出

$$t_1 = t + t(r_1, r_0) + t(r_2, r_0)$$

或者利用 (8.7.4) 并令 $r_2 \to \infty$ 得

$$
\begin{aligned}
t_1 = {} & t + T + (r_1{}^2 - r_0{}^2)^{1/2} + MG\left(\frac{r_1 - r_0}{r_1 + r_0}\right)^{1/2} \\
& + (1 + \gamma)MG\ln\left(\frac{[r_1 + (r_1{}^2 - r_0{}^2)^{1/2}]r_1}{r_0{}^2}\right)
\end{aligned}
\tag{8.7.8}
$$

[206]　　式中 T 是一个大常数,

$$T \equiv r_2 + MG + (1+\gamma)MG \ln\left(\frac{r_2}{r_1}\right) \tag{8.7.9}$$

由式 (8.4.27) 可以得出这个时刻行星的方位角:

$$\varphi_1 = \varphi(0) + \omega t_1 \tag{8.7.10}$$

$$\omega \simeq \left(\frac{MG}{r_1{}^3}\right)^{1/2}\left(1 - \frac{(\beta-\gamma)MG}{r_1}\right) \tag{8.7.11}$$

最后, 令 φ_1 等于由 (8.5.7) 决定的值

$$\varphi_1 = [\varphi(r_0) - \varphi(r_1)] + [\varphi(r_0) - \varphi(\infty)]$$
$$= \pi - \sin^{-1}\left(\frac{r_0}{r_1}\right) + \left(\frac{MG}{r_0}\right)$$
$$\times \left[1 + \gamma + \gamma\left(1 - \frac{r_0{}^2}{r_1{}^2}\right)^{1/2} + \left(\frac{r_1 - r_0}{r_1 + r_0}\right)^{1/2}\right]$$

可把 r_0 计算出来, 准确到含 MG 的第一级, 我们有:

$$r_0 \simeq r_1 \sin\varphi_1 - MG\cot\varphi_1$$
$$\times \left[1 + \gamma - \gamma\cos\varphi_1 + \left(\frac{1 - \sin\varphi_1}{1 + \sin\varphi_1}\right)^{1/2}\right] \tag{8.7.12}$$

将 (8.7.10)—(8.7.12) 代入 (8.7.8), 得到雷达信号发射和反射时刻 t 和 t_1 之间的关系:

$$t_1 = t + T - a\cos(\omega t_1 + \varphi(0))$$
$$- b\{1 - \ln[1 + \cos(\omega t_1 + \varphi(0))]\} \tag{8.7.13}$$

式中

$$a \equiv r_1 - \gamma MG \tag{8.7.14}$$

$$b \equiv (1+\gamma)MG \tag{8.7.15}$$

从方程 (8.7.13) 可以解出 $t_1(t)$, 然后即可定出回波返回天线的到达时间为

$$t_2(t) = t + 2[t_1(t) - t] = 2t_1(t) - t \tag{8.7.16}$$

将这个理论预言同观测到的雷达回波到达时间比较, 我们原则上可以定出五个参数

$$T, \quad a, \quad b, \quad \omega, \quad \varphi(0)$$

但这五个参数依赖于六个未知数 r_1、r_2、MG、γ、β 和 $\varphi(0)$. 所以即使我们的测量和方程 (8.7.13)—(8.7.16) 是完全精确的, 还是不能把 β 和 γ 都决定下来. 我们充其量只能从关于 ω、a 和 b 的公式 (8.7.11)、(8.7.14) 和 (8.7.15) 中消去 r_1 和 MG, 从而得到一个关于 γ 的公式:

[207]

$$1 + \gamma = ba^{-3}\omega^{-2}\left[1 + 0\left(\frac{MG}{a}\right)\right] \tag{8.7.17}$$

注意, 在这种情况下, 甚至原则上不可能从雷达时间延迟测量中定出 β[19]. 观测来自圆轨道上的两个反射行星的雷达回波, 才可能将 β 和 γ 都定出来, 因为在这种情况下有十个可观测参数而只有八个未知量. 更重要的是, 有可能单独观测水星的雷达回波来决定 β, 因为它的轨道偏心率足够大, 以致其进动会严重影响雷达信号到达时间.

8.8 Schwarzschild 奇性*

读者也许已注意到, Schwarzschild 解 (8.2.12) 在 $r = 2MG$ 处会变成奇异的. 这个半径相当于 $\rho = MG/2$ 和 $R = MG$, 所以我们看到, 当度规表示成各向同性形式 (8.2.14) 或谐和形式 (8.2.15) 时, 这种奇性也会出现. 在标准坐标中出现奇性的半径 $2MG$ 叫做质量 M 的 Schwarzschild 半径.

应当立即强调, 在宇宙中任何已知物体的引力场内并没有 Schwarzschild 奇性. Schwarzschild 奇性出现在 Einstein 真空场方程 $R_{\mu\nu} = 0$ 的解中, 因而如果半径 $2MG$ 处在大质量天体内部 —— 在那里我们必须用非真空的 Einstein 方程 (7.1.13) —— 这种奇性就不存在. 太阳的 Schwarzschild 半径 $2GM_\odot$ 是 2.95 km, 深深处于太阳内部, 而我们将在第十一章中看到, 一个稳定恒星内部 Einstein 方程的解并没有表现出 Schwarzschild 奇性 (或者任何其它的奇性). 质子的 Schwarzschild 半径是 10^{-50} cm, 这比质子的特征半径 (约 10^{-13} cm) 小 37 个数量级! 在第十一章中我们将讨论甚大质量天体坍缩到比其 Schwarzschild 半径还要小的可能性, 但除了这一假设性的例外, Schwarzschild 奇性同现实世界似乎没有多少关系.

然而, 想象一个物体很小很重, 以致半径 $2GM$ 处在它外面的真空中, 还是很有教益的. Schwarzschild 解在这个半径之外保持有效而且实际上表现出奇异性. 但这个奇性是不是真的呢? 我们不难算出 6.7 节中描述过的四个非零曲率不变量, 而且可以发现, 尽管它们在原点确实变成奇异的, 但在 Schwarzschild 半径处的性质全都很好. 这就意味着表观的 Schwarzschild 奇性也许只是所用的坐标系的性质 (假如任何一个曲率不变量在 Schwarzschild 半径处是奇异的, 那么这种奇性当然会存在于所有坐标

[208]

系中.) 只是在几年前才找到一种坐标系允许我们避免涉及 Schwarzschild 奇性, 条件是我们愿意允许世界有一种不寻常的拓扑性质[20]. 为了示明 Schwarzschild 奇性的这种重新解释, 我们引入一组新坐标 r', θ, φ, t', 其定义如下

$$r'^2 - t'^2 \equiv T^2 \left(\frac{r}{2GM} - 1 \right) \exp \left(\frac{r}{2GM} \right) \tag{8.8.1}$$

$$\frac{2r't'}{r'^2 + t'^2} \equiv \tanh \left(\frac{t}{2GM} \right) \tag{8.8.2}$$

式中 T 是一个任意常数. 于是 Schwarzschild 解 (8.2.12) 变为

$$d\tau^2 = \left(\frac{32G^3M^3}{rT^2} \right) \exp \left(\frac{-r}{2GM} \right) (dt'^2 - dr'^2)$$
$$- r^2 d\theta^2 - r^2 \sin^2 \theta d\varphi^2 \tag{8.8.3}$$

式中 r 现在应理解为由式 (8.8.1) 定义的 $r'^2 - t'^2$ 的函数. 只要 r^2 有明确定义并且是正定的, 即只要

$$r'^2 > t'^2 - T^2$$

度规就是非奇异的. 所以在 $0 < t' < T$ 这段时间里, 对于所有实的 r', 度规都是 r' 的理想光滑有限函数. 实际上, 甚至当 $r' = 0$ 时 $g_{\theta\theta}$ 和 $g_{\varphi\varphi}$ 也不为零, 所以当我们接近原点 $r' = 0$ 时, 没有什么东西禁止我们继续走到负 r'! 因而 (8.8.3) 描述的空间是非奇异的, 但它由两个相同的叶面 $r' > 0$ 和 $r' < 0$ 组成, 这两部分通过 $r' = 0$ 处的支点光滑地连接在一起. 当 t' 达到时间 T 时, 两块彼此分开, 此后在 $r' = \pm\sqrt{t'^2 - T^2}$, 即在 $r = 0$ 处, 度规有真实的奇异性. 不过即便如此, 在相应于 Schwarzschild 半径 $r = 2GM$ 的半径 $r' = t'$ 处, 度规是没有奇性的.

再重复一下, Schwarzschild 奇性的这种讨论并不适用于实际上已知存在于宇宙中各处的任何引力场. 的确, 因为 $t' < T$ 时对所有 r' 空间都是真空, 它甚至不适用于引力坍缩 (见 11.9 节). 不过, 像伊索寓言一样, 它的用处在于给出了一种启示, 即在一个坐标系中表现为奇异性的东西在另一个坐标系中会有全然不同的解释.

专题书目

[209]

V. B. Braginskii and V. N. Rudenko, "Relativistic Gravitational Experiments". Usp. Fiz. Nauk, **100**, 395 (1970) [trans. Soviet Physics Uspekhi. **13**, 165(1970)].

B. Bertotti, D. Brill. and R. Krotkov, "Experiments in Gravitation", in *Gravitation: An Introduction to Current Research*, ed. by L. Witten (Wiley, New York, 1962), p. 1.

R. H. Dicke, "Experimental Relativity", in *Relativity, Groups, and Topology*, ed. by C. DeWitt and B. DeWitt (Gordon and Breach Science Publishers, New York, 1964), p. 163.

F. J. Dyson, "Experimental Tests of General Relativity", in *Relativity Theory and Astrophysics* 1. *Relativity and Cosmology*, ed. by J. Ehlers (American Mathematical Society, Providence. R. I., 1967), p. 117.

L. I. Schiff, "Comparison of Theory and Observation in General Relativity", in *Relativity Theory and Astrophysics* 1. *Relativity and Cosmology, op. cit.*, p. 105.

K. S. Thorne and C. M. Will, "High Precision Tests of General Relativity", Comments Astrophys. and Space Phys., **2**, 35 (1970).

参考文献

[1] H. P. Robertson in *Space Age Astronomy*, ed. by A. J. Deutsch and W. B. Klemperer(Academic Press, New York. 1962), p. 228, 这种展开的较早形式见 A. S. Eddington. *The Mathematical Theory of Relativity* (2nd ed., Cambridge University Press, 1924), p. 105.

[2] F. W. Dyson, A. S. Eddington, and C. Davidson, Phil. Trans. Roy. Soc. (London), **220A**, 291 (1920); Mem. Roy. Astron. Soc., **62**, 291 (1920).

[3] H. von Klüber in *Vistas in Astronomy*. ed. by A. Beer (Pergamon Press, New York, 1960), Vol. 3, p. 47. 该数据中一些部分的再分析列于 B. Bertotti, D. Brill, and R. Krotkov, in *Gravitation: An Introduction to Current Research*, ed. by L. Witten (Wiley, New York, 1962), p. 1. 也见 R. J. Trumpler, Helvetia. Physica Acta Suppl., **IV**, 106 (1956); A. A. Mikhailov, Astron. Zh., **33**, 912 (1956).

[4] I. I. Shapiro, Science, **157**, 806 (1967).

[5] G. M. Clemence, Astron. Papers Am. Ephemeris, **11**, part 1 (1943); Rev. Mod. Phys., **19**, 361(1947).

[6] 关于带内行星, 见 G. M. Clemence, ref. 5; R. L. Duncombe. Astron. J., **61**, 174 (1956); Astron. Papers Am. Ephemeris, **16**, part 1(1958); R. L. Duncombe and G. M. Clemence, Astron, J., **63**, 456 (1958), 关于 Icarus 见 I. I. Shapiro, W. B. Smith, M. E. Ash, and S. Herrick, Astron. J. **76**, 588(1971); 也见 I. I. Shapiro, M. E. Ash, and W. B. Smith, Phys. Rev. Letters, **20**, 1517(1968); J. H. Lieske and G. Null, Astron. J., **74**, 297(1969).

[7] R. H. Dicke, Nature, **202**, 432(1964); I. W. Roxburgh, Icarus. **3**, 92(1964).

[8] I. I. Shapiro, Icarus, **4**, 549(1965).

[9] R. H. Dicke and H. M. Goldenberg, Phys. Rev. Letters, **18**, 313(1967).

[10] J. C. Brandt, Ap. J., **144**, 1221(1966).

[210]

[11] P. Goldreich and G. Schubert, Ap. J., **154**, 1005(1969), R. H. Dicke, Ap. J., **159**, 1(1970). R. H. Dicke, 待发表.

[12] 量日仪结果综述于 J. Ashbrook. Sky and Telescope, **34**, 229(1967).

[13] I. I. Shapiro, Phys. Rev. Lett., **13**, 789(1964).

[14] I. I. Shapiro, G. H. Pettengill, M. E. Ash, M. L. Stone, W. B. Smith, R. P. Ingalls, and R. A. Brockelman, Phys. Rev. Lett., **20**, 1265(1968).

[15] I. I. Shapiro, M. E. Ash, R. P. Ingalls, W. B. Smith, D. B. Campbell, R. B. Dyce, R. F. Jurgens, and G. H. Pettengill, Phys. Rev. Lett., **26**. 1132(1971).

[16] I. I. Shapiro, report at the Third "Cambridge" Conference on Relativity, June 8, 1970 (未发表).

[17] I. I. Shapiro, Science, **162**, 352(1968).

[18] J. D. Anderson, report at the Third "Cambridge" Conference on General Relativity, June 8. 1970 (未发表).

[19] 关于这一点一次有趣的交流见 D. K. Ross and L. I. Schiff, Phys. Rev., **141**, 1215(1966); I. I. Shapiro, Phys. Rev., **145**, 1005(1966).

[20] M. D. Kruskal, Phys. Rev., **119**, 1743(1960); 也见 C. Fronsdal, Phys. Rev., **116**, 778 (1959).

"我想现在主要是 Issac · Newton 在驾驶."

1968 年 12 月 26 日威廉 · 安德斯少校
首次环月飞行返途中的对话

第九章

后 Newton 天体力学

Einstein 场方程是非线性的, 因而一般不能严格解出. 确实, 加上与时间无关和空间各向同性的对称性要求以后, 我们可以求得一个有用的严格解, 即 Schwarzschild 度规, 但我们实际上并不能利用这个解的全部内容, 因为太阳系事实上并不是静态和各向同性的. 的确, 行星引力场的 Newton 效应比广义相对论产生的一阶改正要大一个数量级, 而且完全淹没了一些高阶改正, 虽然原则上可由严格的 Schwarzschild 解提供这些高阶改正.

因而我们所需要的不是去求得更多的严格解, 而是要发展某种系统的近似方法, 这种方法将不依赖系统的任何假设的对称性质. 有两种这样的方法是特别有用的; 它们叫做后 Newton 近似和弱场近似. 第一种方法适合于像太阳系这样由引力束缚在一起的缓慢运动质点系统, 它是本章的主题. 第二种方法讨论低阶近似下的场, 但并不假设物质作非相对论性的运动; 因而它适于处理引力辐射的课题, 并将在下一章中讨论. 这两种近似方法之间显然有一个交叉的领域, 即在非常弱的场中缓慢运动的质点, 但由于用途不同最好是把它们分开.

后 Newton 近似在历史上是作为研究运动问题的副产品而得来的[1]. 所谓运动问题就是: 单从引力场方程能不能推出有质量粒子的运动方程? 根据本书采取的观点, 广义相对论中的运动方程应从狭义相对论的运动方程和等效原理得出. 因此在本章中讨论后 Newton 近似是由于它本身的重要性, 而不是作为运动问题的一部分.

9.1 后 Newton 近似

考虑一个像太阳和行星那样由相互间的引力束缚在一起的质点系统. 令 $\overline{M}$、$\overline{r}$、$\overline{v}$ 代表这些质点的质量、距离和速度的典型值. Newton 力学的一个熟知结果是, 典型动能 $1/2\overline{M}\overline{v}^2$ 大约具有和典型势能 $G\overline{M}^2/\overline{r}$ 相同的数量级, 因而

$$\overline{v}^2 \sim \frac{G\overline{M}}{\overline{r}} \tag{9.1.1}$$

(例如, 在围绕中心质量 M 的半径为 r 的圆轨道上运动的试验质点, 其速度 v 在 Newton 力学中可由严格的公式 $v^2 = GM/r$ 得到.) 后 Newton 近似可以描述为一种求得系统的运动的方法, 其准确度要比 Newton 力学提供的准确度高, 高出一个小参量 $G\overline{M}/\overline{r}$ 即 $\overline{v}^2$ 的一个幂次. 有时人们说它是光速的逆幂展开, 但照我们的单位制, 光速等于 1, 所以我们不妨说展开参量是 $\overline{v}^2$, 或者等效地说是 $G\overline{M}/\overline{r}$.

首先必须弄清我们需要些什么量. 质点的运动方程是

$$\frac{\mathrm{d}^2 x^\mu}{\mathrm{d}\tau^2} + \Gamma^\mu{}_{\nu\lambda} \frac{\mathrm{d}x^\nu}{\mathrm{d}\tau} \frac{\mathrm{d}x^\lambda}{\mathrm{d}\tau} = 0$$

由此我们可以算出加速度是

$$\frac{\mathrm{d}^2 x^i}{\mathrm{d}t^2} = \left(\frac{\mathrm{d}t}{\mathrm{d}\tau}\right)^{-1} \frac{\mathrm{d}}{\mathrm{d}\tau}\left[\left(\frac{\mathrm{d}t}{\mathrm{d}\tau}\right)^{-1} \frac{\mathrm{d}x^i}{\mathrm{d}\tau}\right]$$

$$= \left(\frac{\mathrm{d}t}{\mathrm{d}\tau}\right)^{-2} \frac{\mathrm{d}^2 x^i}{\mathrm{d}\tau^2} - \left(\frac{\mathrm{d}t}{\mathrm{d}\tau}\right)^{-3} \frac{\mathrm{d}^2 t}{\mathrm{d}\tau^2} \frac{\mathrm{d}x^i}{\mathrm{d}\tau}$$

$$= -\Gamma^i{}_{\nu\lambda} \frac{\mathrm{d}x^\nu}{\mathrm{d}t} \frac{\mathrm{d}x^\lambda}{\mathrm{d}t} + \Gamma^0{}_{\nu\lambda} \frac{\mathrm{d}x^\nu}{\mathrm{d}t} \frac{\mathrm{d}x^\lambda}{\mathrm{d}t} \frac{\mathrm{d}x^i}{\mathrm{d}t}$$

上式可以更详细地写为

$$\frac{\mathrm{d}^2 x^i}{\mathrm{d}t^2} = -\Gamma^i{}_{00} - 2\Gamma^i{}_{0j} \frac{\mathrm{d}x^j}{\mathrm{d}t} - \Gamma^i{}_{jk} \frac{\mathrm{d}x^j}{\mathrm{d}t} \frac{\mathrm{d}x^k}{\mathrm{d}t}$$
$$+ \left[\Gamma^0{}_{00} + 2\Gamma^0{}_{0j} \frac{\mathrm{d}x^j}{\mathrm{d}t} + \Gamma^0{}_{jk} \frac{\mathrm{d}x^j}{\mathrm{d}t} \frac{\mathrm{d}x^k}{\mathrm{d}t}\right] \frac{\mathrm{d}x^i}{\mathrm{d}t} \tag{9.1.2}$$

在 3.4 节讨论过的 Newton 近似中, 我们把所有的速度项都看成小到可以忽略, 而且只保留 $g_{\mu\nu}$ 和 Minkowski 张量 $\eta_{\mu\nu}$ 之差的一阶项, 于是得

$$\frac{\mathrm{d}^2 x^i}{\mathrm{d}t^2} \simeq -\Gamma^i{}_{00} \simeq \frac{1}{2} \frac{\partial g_{00}}{\partial x^i}$$

[213]

但 $g_{00} - 1$ 的量级是 $G\overline{M}/\overline{r}$, 所以由 Newton 近似得出的 $\mathrm{d}^2 x^i/\mathrm{d}t^2$ 准确到量级 $G\overline{M}/\overline{r}^2$, 即准确到量级 $\overline{v}^2/\overline{r}$. 因而我们在使用后 Newton 近似时的目标将是计算 $\mathrm{d}^2 x^i/\mathrm{d}t^2$ 准确到量级 $\overline{v}^4/\overline{r}$. 考察 (9.1.2) 表明, 我们将需要准确到下列量级的仿射联络诸分量:

$$\Gamma^i{}_{00} \quad \text{准确到量级} \quad \overline{v}^4/\overline{r},$$
$$\Gamma^i{}_{0j} \quad \text{准确到量级} \quad \overline{v}^3/\overline{r},$$
$$\Gamma^i{}_{jk} \quad \text{准确到量级} \quad \overline{v}^2/\overline{r},$$
$$\Gamma^0{}_{00} \quad \text{准确到量级} \quad \overline{v}^3/\overline{r},$$
$$\Gamma^0{}_{0j} \quad \text{准确到量级} \quad \overline{v}^2/\overline{r},$$
$$\Gamma^0{}_{jk} \quad \text{准确到量级} \quad \overline{v}/\overline{r}, \tag{9.1.3}$$

我们从对于 Schwarzschild 解的经验预期, 应当可能找到一个坐标系, 其中度规张量几乎等于 Minkowski 张量 $\eta_{\mu\nu}$, 改正项可以展开为 $G\overline{M}/\overline{r} \sim \overline{v}^2$ 的幂. 特别是, 我们预期

$$g_{00} = -1 + \overset{2}{g}_{00} + \overset{4}{g}_{00} + \cdots \tag{9.1.4}$$
$$g_{ij} = \delta_{ij} + \overset{2}{g}_{ij} + \overset{4}{g}_{ij} + \cdots \tag{9.1.5}$$
$$g_{i0} = \overset{3}{g}_{i0} + \overset{5}{g}_{i0} + \cdots \tag{9.1.6}$$

[214] 符号 $\overset{N}{g}_{\mu\nu}$ 表示 $g_{\mu\nu}$ 中量级为 $\overline{v}^N$ 的项. g_{i0} 中出现 $\overline{v}$ 的奇次幂是因为在时间反演变换 $t \to -t$ 下 g_{i0} 必须改变符号. 下面我们将证明由它们可以得到 Einstein 方程的自洽解, 那时就能看出这些展开式真实合理.

度规张量的逆由下列式子定义

$$g^{i\mu}g_{0\mu} = g^{i0}g_{00} + g^{ij}g_{j0} = 0 \tag{9.1.7}$$
$$g^{0\mu}g_{0\mu} = g^{00}g_{00} + g^{0i}g_{0i} = 1 \tag{9.1.8}$$
$$g^{i\mu}g_{j\mu} = g^{i0}g_{j0} + g^{ik}g_{jk} = \delta_{ij} \tag{9.1.9}$$

我们预期,

$$g^{00} = -1 + \overset{2}{g}{}^{00} + \overset{4}{g}{}^{00} + \cdots \tag{9.1.10}$$
$$g^{ij} = \delta_{ij} + \overset{2}{g}{}^{ij} + \overset{4}{g}{}^{ij} + \cdots \tag{9.1.11}$$
$$g^{i0} = \overset{3}{g}{}^{i0} + \overset{5}{g}{}^{i0} + \cdots \tag{9.1.12}$$

把这些展开式代入定义式 (9.1.7)—(9.1.9), 得

$$\overset{2}{g}{}^{00} = -\overset{2}{g}_{00} \qquad \overset{2}{g}{}^{ij} = -\overset{2}{g}_{ij} \qquad \overset{3}{g}{}^{i0} = \overset{3}{g}_{i0} \qquad \text{等等} \tag{9.1.13}$$

仿射联络现在可由熟知的公式

$$\Gamma^{\mu}{}_{\nu\lambda} = \frac{1}{2}g^{\mu\rho}\left\{\frac{\partial g_{\rho\nu}}{\partial x^{\lambda}} + \frac{\partial g_{\rho\lambda}}{\partial x^{\nu}} - \frac{\partial g_{\nu\lambda}}{\partial x^{\rho}}\right\}$$

得到. 在计算 $\Gamma^{\mu}{}_{\nu\lambda}$ 时必须考虑如下事实, 即我们系统中的距离和时间尺度分别是由 $\bar{r}$ 和 $\bar{r}/\bar{v}$ 决定的, 所以空间导数和时间导数应看成是具有下述量级的量:

$$\frac{\partial}{\partial x^i} \sim \frac{1}{\bar{r}}, \quad \frac{\partial}{\partial t} \sim \frac{\bar{v}}{\bar{r}}$$

利用估计 (9.1.4)—(9.1.6) 和 (9.1.10)—(9.1.13), 我们发现分量 $\Gamma^i{}_{00}, \Gamma^i{}_{jk}$ 和 $\Gamma^0{}_{0i}$ 有展开式

$$\Gamma^{\mu}{}_{\nu\lambda} = \overset{2}{\Gamma}{}^{\mu}{}_{\nu\lambda} + \overset{4}{\Gamma}{}^{\mu}{}_{\nu\lambda} + \cdots \text{(对于 } \Gamma^i{}_{00}, \Gamma^i{}_{jk}, \Gamma^0{}_{0i}) \tag{9.1.14}$$

而分量 $\Gamma^i{}_{0j}, \Gamma^0{}_{00}$ 和 $\Gamma^0{}_{ij}$ 有展开式

$$\Gamma^{\mu}{}_{\nu\lambda} = \overset{3}{\Gamma}{}^{\mu}{}_{\nu\lambda} + \overset{5}{\Gamma}{}^{\mu}{}_{\nu\lambda} + \cdots \text{(对于 } \Gamma^i{}_{0j}, \Gamma^0{}_{00}, \Gamma^0{}_{ij}) \tag{9.1.15}$$

符号 $\overset{N}{\Gamma}{}^{\mu}{}_{\nu\lambda}$ 表示 $\Gamma^{\mu}{}_{\nu\lambda}$ 中量级为 $\bar{v}^N/\bar{r}$ 的项. (9.1.13) 要求的这些分量直接写出就是: [215]

$$\overset{2}{\Gamma}{}^i{}_{00} = -\frac{1}{2}\frac{\partial \overset{2}{g}_{00}}{\partial x^i} \tag{9.1.16}$$

$$\overset{4}{\Gamma}{}^i{}_{00} = -\frac{1}{2}\frac{\partial \overset{4}{g}_{00}}{\partial x^i} + \frac{\partial \overset{3}{g}_{i0}}{\partial t} + \frac{1}{2}\overset{2}{g}_{ij}\frac{\partial \overset{2}{g}_{00}}{\partial x^j} \tag{9.1.17}$$

$$\overset{3}{\Gamma}{}^i{}_{0j} = \frac{1}{2}\left[\frac{\partial \overset{3}{g}_{i0}}{\partial x^j} + \frac{\partial \overset{2}{g}_{ij}}{\partial t} - \frac{\partial \overset{3}{g}_{j0}}{\partial x^i}\right] \tag{9.1.18}$$

$$\overset{2}{\Gamma}{}^i{}_{jk} = \frac{1}{2}\left[\frac{\partial \overset{2}{g}_{ij}}{\partial x^k} + \frac{\partial \overset{2}{g}_{ik}}{\partial x^j} - \frac{\partial \overset{2}{g}_{jk}}{\partial x^i}\right] \tag{9.1.19}$$

$$\overset{3}{\Gamma}{}^0{}_{00} = -\frac{1}{2}\frac{\partial \overset{2}{g}_{00}}{\partial t} \tag{9.1.20}$$

$$\overset{2}{\Gamma}{}^0{}_{0i} = -\frac{1}{2}\frac{\partial \overset{2}{g}_{00}}{\partial x^i} \tag{9.1.21}$$

$$\overset{1}{\Gamma}{}^0{}_{ij} = 0 \tag{9.1.22}$$

显然, 我们必须知道分量 g_{ij} 准确到量级 $\bar{v}^2, g_{i0}$ 准确到量级 $\bar{v}^3, g_{00}$ 准确到量级 $\bar{v}^4$. 应当把这一点同 Newton 近似对照一下, 在那里我们需要 g_{00} 准确到量级 $\bar{v}^2$, 而 g_{i0} 和 g_{ij} 只要准确到零级.

为了计算 Ricci 张量, 我们要用定义式 (6.1.5):

$$R_{\mu\kappa} \equiv R^{\lambda}{}_{\mu\lambda\kappa} = \frac{\partial \Gamma^{\lambda}{}_{\mu\lambda}}{\partial x^{\kappa}} - \frac{\partial \Gamma^{\lambda}{}_{\mu\kappa}}{\partial x^{\lambda}} + \Gamma^{\eta}{}_{\mu\lambda}\Gamma^{\lambda}{}_{\kappa\eta} - \Gamma^{\eta}{}_{\mu\kappa}\Gamma^{\lambda}{}_{\eta\lambda}$$

从 (9.1.14) 和展开式 (9.1.15) 和 (9.1.16) , 我们发现 $R_{\mu\nu}$ 的分量有下列展开式:

$$R_{00} = \overset{2}{R}_{00} + \overset{4}{R}_{00} + \cdots \tag{9.1.23}$$

$$R_{i0} = \overset{3}{R}_{i0} + \overset{5}{R}_{i0} + \cdots \tag{9.1.24}$$

$$R_{ij} = \overset{2}{R}_{ij} + \overset{4}{R}_{ij} + \cdots \tag{9.1.25}$$

[216]　　式中 $\overset{N}{R}_{\mu\nu}$ 表示 $R_{\mu\nu}$ 中量级为 $\bar{v}^{N}/\bar{r}^{2}$ 的项. 从仿射联络的 "已知" 项我们可以算出这些项是

$$\overset{2}{R}_{00} = -\frac{\partial \overset{2}{\Gamma}{}^{i}{}_{00}}{\partial x^{i}} \tag{9.1.26}$$

$$\overset{4}{R}_{00} = \frac{\partial \overset{3}{\Gamma}{}^{i}{}_{0i}}{\partial t} - \frac{\partial \overset{4}{\Gamma}{}^{i}{}_{00}}{\partial x^{i}} + \overset{2}{\Gamma}{}^{0}{}_{0i}\overset{2}{\Gamma}{}^{i}{}_{00} - \overset{2}{\Gamma}{}^{i}{}_{00}\overset{2}{\Gamma}{}^{j}{}_{ij} \tag{9.1.27}$$

$$\overset{3}{R}_{i0} = \frac{\partial \overset{2}{\Gamma}{}^{j}{}_{ij}}{\partial t} - \frac{\partial \overset{3}{\Gamma}{}^{j}{}_{0i}}{\partial x^{j}} \tag{9.1.28}$$

$$\overset{2}{R}_{ij} = \frac{\partial \overset{2}{\Gamma}{}^{0}{}_{i0}}{\partial x^{j}} + \frac{\partial \overset{2}{\Gamma}{}^{k}{}_{ik}}{\partial x^{j}} - \frac{\partial \overset{2}{\Gamma}{}^{k}{}_{ij}}{\partial x^{k}} \tag{9.1.29}$$

利用 (9.1.16)—(9.1.21), 得

$$\overset{2}{R}_{00} = \frac{1}{2}\nabla^{2}\overset{2}{g}_{00} \tag{9.1.30}$$

$$\overset{4}{R}_{00} = \frac{1}{2}\frac{\partial^{2}\overset{2}{g}_{ii}}{\partial t^{2}} - \frac{\partial^{2}\overset{3}{g}_{i0}}{\partial x^{i}\partial t} + \frac{1}{2}\nabla^{2}\overset{4}{g}_{00}$$

$$- \frac{1}{2}\overset{2}{g}_{ij}\frac{\partial^{2}\overset{2}{g}_{00}}{\partial x^{i}\partial x^{j}} - \frac{1}{2}\left(\frac{\partial \overset{2}{g}_{ij}}{\partial x^{j}}\right)\left(\frac{\partial \overset{2}{g}_{00}}{\partial x^{i}}\right)$$

$$+ \frac{1}{4}\left(\frac{\partial \overset{2}{g}_{00}}{\partial x^{i}}\right)\left(\frac{\partial \overset{2}{g}_{00}}{\partial x^{i}}\right) + \frac{1}{4}\left(\frac{\partial \overset{2}{g}_{00}}{\partial x^{i}}\right)\left(\frac{\partial \overset{2}{g}_{jj}}{\partial x^{i}}\right) \tag{9.1.31}$$

$$\overset{3}{R}_{i0} = \frac{1}{2}\frac{\partial^{2}\overset{2}{g}_{jj}}{\partial x^{i}\partial t} - \frac{1}{2}\frac{\partial^{2}\overset{3}{g}_{j0}}{\partial x^{i}\partial x^{j}} - \frac{1}{2}\frac{\partial^{2}\overset{2}{g}_{ij}}{\partial x^{j}\partial t} + \frac{1}{2}\nabla^{2}\overset{3}{g}_{i0} \tag{9.1.32}$$

$$\overset{2}{R}_{ij} = -\frac{1}{2}\frac{\partial^{2}\overset{2}{g}_{00}}{\partial x^{i}\partial x^{j}} + \frac{1}{2}\frac{\partial^{2}\overset{2}{g}_{kk}}{\partial x^{i}\partial x^{j}} - \frac{1}{2}\frac{\partial^{2}\overset{2}{g}_{ik}}{\partial x^{k}\partial x^{j}}$$

$$-\frac{1}{2}\frac{\partial^2 \overset{2}{g}_{kj}}{\partial x^k \partial x^i} + \frac{1}{2}\nabla^2 \overset{2}{g}_{ij} \tag{9.1.33}$$

在这里通过选择适当的坐标系可以获得极大的简化. 我们在 7.4 节中曾经证明总可以这样定义 x^μ 使之满足谐和坐标条件

$$g^{\mu\nu}\Gamma^\lambda{}_{\mu\nu} = 0 \tag{9.1.34}$$

利用 (9.1.10)—(9.1.13) 和 (9.1.16)—(9.1.21), 我们发现由 $g^{\mu\nu}\Gamma^0{}_{\mu\nu}$ 中的 3 阶项为零得

$$0 = \frac{1}{2}\frac{\partial \overset{2}{g}_{00}}{\partial t} - \frac{\partial \overset{3}{g}_{0i}}{\partial x^i} + \frac{1}{2}\frac{\partial \overset{2}{g}_{ii}}{\partial t} \tag{9.1.35}$$

而由 $g^{\mu\nu}\Gamma^i{}_{\mu\nu}$ 中的 2 阶项为零得

[217]

$$0 = \frac{1}{2}\frac{\partial \overset{2}{g}_{00}}{\partial x^i} + \frac{\partial \overset{2}{g}_{ij}}{\partial x^j} - \frac{1}{2}\frac{\partial \overset{2}{g}_{jj}}{\partial x^i} \tag{9.1.36}$$

从而得

$$\frac{1}{2}\frac{\partial^2 \overset{2}{g}_{ii}}{\partial t^2} - \frac{\partial^2 \overset{3}{g}_{i0}}{\partial x^i \partial t} + \frac{1}{2}\frac{\partial^2 \overset{2}{g}_{00}}{\partial t^2} = 0$$

$$\frac{\partial^2 \overset{2}{g}_{ii}}{\partial t \partial x^j} - \frac{\partial^2 \overset{3}{g}_{i0}}{\partial x^i \partial x^j} - \frac{\partial^2 \overset{2}{g}_{ij}}{\partial x^i \partial t} = 0$$

$$\frac{\partial^2 \overset{2}{g}_{ij}}{\partial x^k \partial x^i} + \frac{\partial^2 \overset{2}{g}_{kj}}{\partial x^j \partial x^i} - \frac{\partial^2 \overset{2}{g}_{jj}}{\partial x^i \partial x^k} + \frac{\partial^2 \overset{2}{g}_{00}}{\partial x^i \partial x^k} = 0$$

现在由 (9.1.30)—(9.1.33) 得出 Ricci 张量的简化公式:

$$\overset{2}{R}_{00} = \frac{1}{2}\nabla^2 \overset{2}{g}_{00} \tag{9.1.37}$$

$$\overset{4}{R}_{00} = \frac{1}{2}\nabla^2 \overset{4}{g}_{00} - \frac{1}{2}\frac{\partial^2 \overset{2}{g}_{00}}{\partial t^2} - \frac{1}{2}\overset{2}{g}_{ij}\frac{\partial^2 \overset{2}{g}_{00}}{\partial x^i \partial x^j} + \frac{1}{2}(\nabla^2 \overset{2}{g}_{00})^2 \tag{9.1.38}$$

$$\overset{3}{R}_{0i} = \frac{1}{2}\nabla^2 \overset{3}{g}_{i0} \tag{9.1.39}$$

$$\overset{2}{R}_{ij} = \frac{1}{2}\nabla^2 \overset{2}{g}_{ij} \tag{9.1.40}$$

我们现在就要用 Einstein 场方程了, 可以将它写为如下形式

$$R_{\mu\nu} = -8\pi G\left(T_{\mu\nu} - \frac{1}{2}g_{\mu\nu}T^\lambda{}_\lambda\right) \tag{9.1.41}$$

由于 T^{00}, T^{i0} 和 T^{ij} 分别解释为能量密度、动量密度和动量流, 我们预期它们将有下列展开式:

$$T^{00} = \overset{0}{T}{}^{00} + \overset{2}{T}{}^{00} + \cdots \tag{9.1.42}$$

$$T^{i0} = \overset{1}{T}{}^{i0} + \overset{3}{T}{}^{i0} + \cdots \tag{9.1.43}$$

$$T^{ij} = \overset{2}{T}{}^{ij} + \overset{4}{T}{}^{ij} + \cdots \tag{9.1.44}$$

式中 $\overset{N}{T}{}^{\mu\nu}$ 表示 $T^{\mu\nu}$ 中量级为 $(\overline{M}/\bar{r}^3)\bar{v}^N$ 的项. (特别, $\overset{0}{T}{}^{00}$ 是静质量密度, 而 $\overset{2}{T}{}^{00}$ 是能量密度的非相对论性部分.) 我们需要的是

$$S_{\mu\nu} = T_{\mu\nu} - \frac{1}{2}g_{\mu\nu}T^\lambda{}_\lambda \tag{9.1.45}$$

[218]   但 $G\overline{M}/\bar{r}$ 的量级是 $\bar{v}^2$, 故由 (9.1.4)—(9.1.6) 和 (9.1.42) 及 (9.1.44) 得

$$S_{00} = \overset{0}{S}_{00} + \overset{2}{S}_{00} + \cdots \tag{9.1.46}$$

$$S_{i0} = \overset{1}{S}_{i0} + \overset{3}{S}_{i0} + \cdots \tag{9.1.47}$$

$$S_{ij} = \overset{0}{S}_{ij} + \overset{2}{S}_{ij} + \cdots \tag{9.1.48}$$

式中 $\overset{N}{S}_{\mu\nu}$ 表示 $S_{\mu\nu}$ 中量级为 $\overline{M}\bar{v}^N/\bar{r}^3$ 的项. 特别是有

$$\overset{0}{S}_{00} = \frac{1}{2}\overset{0}{T}{}^{00} \tag{9.1.49}$$

$$\overset{2}{S}_{00} = \frac{1}{2}[\overset{2}{T}{}^{00} - 2\overset{2}{g}_{00}\overset{0}{T}{}^{00} + \overset{2}{T}{}^{ii}] \tag{9.1.50}$$

$$\overset{1}{S}_{i0} = -\overset{1}{T}{}^{0i} \tag{9.1.51}$$

$$\overset{0}{S}_{ij} = +\frac{1}{2}\delta_{ij}\overset{0}{T}{}^{00} \tag{9.1.52}$$

将 (9.1.37)—(9.1.40) 和 (9.1.46)—(9.1.52) 代入场方程 (9.1.41), 我们发现谐和坐标下的场方程的确是同我们使用的展开式自洽的, 并得到

$$\nabla^2 \overset{2}{g}_{00} = -8\pi G\overset{0}{T}{}^{00} \tag{9.1.53}$$

$$\nabla^2 \overset{4}{g}_{00} = \frac{\partial^2 \overset{2}{g}_{00}}{\partial t^2} + \overset{2}{g}_{ij}\frac{\partial^2 \overset{2}{g}_{00}}{\partial x^i \partial x^j} - \left(\frac{\partial \overset{2}{g}_{00}}{\partial x^i}\right)\left(\frac{\partial \overset{2}{g}_{00}}{\partial x^i}\right)$$

$$-8\pi G|\overset{2}{T}{}^{00} - 2\overset{2}{g}_{00}\overset{0}{T}{}^{00} + \overset{2}{T}{}^{ii}| \tag{9.1.54}$$

$$\nabla^2 \overset{3}{g}_{i0} = +16\pi G\overset{1}{T}{}^{i0} \tag{9.1.55}$$

$$\nabla^2 \overset{2}{g}_{ij} = -8\pi G\delta_{ij}\overset{0}{T}{}^{00} \tag{9.1.56}$$

从 (9.1.53), 我们如预期那样得到

$$\overset{2}{g}_{00} = -2\phi \tag{9.1.57}$$

式中 ϕ 是 Newton 势, 决定于 Poisson 方程

$$\nabla^2\phi = 4\pi G \overset{0}{T}{}^{00} \tag{9.1.58}$$

$\overset{2}{g}_{00}$ 还必须在无限远处为零, 故上述方程的解是

$$\phi(\boldsymbol{x}, t) = -G \int \mathrm{d}^3 x' \frac{\overset{0}{T}{}^{00}(\boldsymbol{x}', t)}{|\boldsymbol{x} - \boldsymbol{x}'|} \tag{9.1.59}$$

从 (9.1.56) 我们得到 $\overset{2}{g}_{ij}$ 在无限远处为零的解是   [219]

$$\overset{2}{g}_{ij} = -2\delta_{ij}\phi \tag{9.1.60}$$

另一方面, $\overset{3}{g}_{i0}$ 是一个新的矢量势 ζ:

$$\overset{3}{g}_{i0} \equiv \zeta_i \tag{9.1.61}$$

方程 (9.1.55) 在无限远处为零的解是

$$\zeta_i(\boldsymbol{x}, t) = -4G \int \frac{\overset{1}{T}{}^{i0}(\boldsymbol{x}', t)}{|\boldsymbol{x} - \boldsymbol{x}'|} \mathrm{d}^3 x' \tag{9.1.62}$$

最后, 我们可以用 (9.1.57)、(9.1.58) 和恒等式

$$\frac{\partial\phi}{\partial x^i} \cdot \frac{\partial\phi}{\partial x^i} \equiv \frac{1}{2}\nabla^2\phi^2 - \phi\nabla^2\phi$$

来简化 (9.1.54), 结果得

$$\overset{4}{g}_{00} = -2\phi^2 - 2\psi \tag{9.1.63}$$

式中 ψ 是第二势

$$\nabla^2\psi = \frac{\partial^2\phi}{\partial t^2} + 4\pi G[\overset{2}{T}{}^{00} + \overset{2}{T}{}^{ii}] \tag{9.1.64}$$

$\overset{4}{g}_{00}$ 也必须在无限远处为零, 故上述方程的解为

$$\psi(\boldsymbol{x}, t) = -\int \frac{\mathrm{d}^3 x'}{|\boldsymbol{x} - \boldsymbol{x}'|} \left[\frac{1}{4\pi}\frac{\partial^2\phi(\boldsymbol{x}', t)}{\partial t^2} + G\overset{2}{T}{}^{00}(\boldsymbol{x}', t) + G\overset{2}{T}{}^{ii}(\boldsymbol{x}', t) \right] \tag{9.1.65}$$

坐标条件 (9.1.35) 还赋予 ϕ 和 $\boldsymbol{\zeta}$ 下列关系

$$4\frac{\partial\phi}{\partial t} + \nabla \cdot \boldsymbol{\zeta} = 0 \tag{9.1.66}$$

而其它的坐标条件 (9.1.36) 现在自动满足. 我们将在第 3 节中看到, 靠 $T^{\mu\nu}$ 所遵从的守恒条件, 我们得到的解也满足 (9.1.66).

[220]　　　　将 (9.1.57)、(9.1.60)、(9.1.61) 和 (9.1.63) 代入 (9.1.16)—(9.1.22) 即得所要求的仿射联络分量

$$\overset{2}{\Gamma}{}^i{}_{00} = \frac{\partial \phi}{\partial x^i} \tag{9.1.67}$$

$$\overset{4}{\Gamma}{}^i{}_{00} = \frac{\partial}{\partial x^i}(2\phi^2 + \psi) + \frac{\partial \zeta_i}{\partial t} \tag{9.1.68}$$

$$\overset{3}{\Gamma}{}^i{}_{0j} = \frac{1}{2}\left(\frac{\partial \zeta_i}{\partial x^j} - \frac{\partial \zeta_j}{\partial x^i}\right) - \delta_{ij}\frac{\partial \phi}{\partial t} \tag{9.1.69}$$

$$\overset{2}{\Gamma}{}^i{}_{jk} = -\delta_{ij}\frac{\partial \phi}{\partial x^k} - \delta_{ik}\frac{\partial \phi}{\partial x^j} + \delta_{jk}\frac{\partial \phi}{\partial x^i} \tag{9.1.70}$$

$$\overset{3}{\Gamma}{}^0{}_{00} = \frac{\partial \phi}{\partial t} \tag{9.1.71}$$

$$\overset{2}{\Gamma}{}^0{}_{0i} = \frac{\partial \phi}{\partial x^i} \tag{9.1.72}$$

我们现在也可以顺便算出仿射联络中的另外三项, 它们将在后 Newton 流体力学中起作用:

$$\overset{3}{\Gamma}{}^0{}_{ij} = -\frac{1}{2}\left(\frac{\partial \zeta_i}{\partial x^j} + \frac{\partial \zeta_j}{\partial x^i}\right) - \delta_{ij}\frac{\partial \phi}{\partial t} \tag{9.1.73}$$

$$\overset{4}{\Gamma}{}^0{}_{i0} = \frac{\partial \psi}{\partial x^i} \tag{9.1.74}$$

$$\overset{5}{\Gamma}{}^0{}_{00} = \frac{\partial \psi}{\partial t} + \boldsymbol{\zeta} \cdot \nabla \phi \tag{9.1.75}$$

9.2　质点和光子的动力学

在继续计算后 Newton 度规之前, 我们回顾一下本章开始时提出的问题, 即计算自由下落质点的加速度准确到量级 $\bar{v}^4/\bar{r}$ (后 Newton 方法的具体应用在 9.5—9.9 节中讲述). 将仿射联络分量 (9.1.67)—(9.1.72) 代入 (9.1.2) 立刻得到运动方程:

$$\frac{\mathrm{d}\boldsymbol{v}}{\mathrm{d}t} = -\nabla(\phi + 2\phi^2 + \psi) - \frac{\partial \boldsymbol{\zeta}}{\partial t} + \boldsymbol{v} \times (\nabla \times \boldsymbol{\zeta})$$
$$+ 3\boldsymbol{v}\frac{\partial \phi}{\partial t} + 4\boldsymbol{v}(\boldsymbol{v} \cdot \nabla)\phi - \boldsymbol{v}^2 \nabla \phi \tag{9.2.1}$$

式中

$$v^i \equiv \mathrm{d}x^i/\mathrm{d}t$$

[221]　　　　此外, 我们需要知道怎样把谐和坐标时 t 换为在以速度 $\boldsymbol{v}$ 自由下落

的物体上测量的固有时 τ. 按定义

$$\left(\frac{\mathrm{d}\tau}{\mathrm{d}t}\right)^2 = -g_{00} - 2g_{i0}v^i - g_{ij}v^iv^j$$

准确到量级 $\overline{v}^4$, 即得

$$\left(\frac{\mathrm{d}\tau}{\mathrm{d}t}\right)^2 = 1 - [\boldsymbol{v}^2 + \overset{2}{g}_{00}] - [\overset{4}{g}_{00} + 2\overset{3}{g}_{i0}v^i + \overset{2}{g}_{ij}v^iv^j]$$

或者利用 (9.1.57)、(9.1.60)、(9.1.61) 和 (9.1.63) 得:

$$\left(\frac{\mathrm{d}\tau}{\mathrm{d}t}\right)^2 = 1 + [2\phi - \boldsymbol{v}^2] + 2[\phi^2 + \psi - \boldsymbol{\zeta}\cdot\boldsymbol{v} + \phi\boldsymbol{v}^2]$$

括号分别包含着量级为 $\overline{v}^2$ 和 $\overline{v}^4$ 的项. 利用 $\sqrt{1+x}$ 的幂级数展开, 准确到量级 $\overline{v}^4$, 得

$$\frac{\mathrm{d}\tau}{\mathrm{d}t} = 1 + \phi - \frac{1}{2}\boldsymbol{v}^2 - \frac{1}{8}(2\phi - \boldsymbol{v}^2)^2 + \phi^2 + \psi - \boldsymbol{\zeta}\cdot\boldsymbol{v} + \phi\boldsymbol{v}^2$$

或写为

$$\frac{\mathrm{d}\tau}{\mathrm{d}t} = 1 - L \tag{9.2.2}$$

式中

$$L = \frac{1}{2}\boldsymbol{v}^2 - \phi - \frac{1}{2}\phi^2 - \frac{3}{2}\phi\boldsymbol{v}^2 + \frac{1}{8}(\boldsymbol{v}^2)^2 - \psi + \boldsymbol{\zeta}\cdot\boldsymbol{v} \tag{9.2.3}$$

因为 $\int(\mathrm{d}\tau/\mathrm{d}t)\mathrm{d}t$ 有极值, 故我们可以把 L 看作单粒子的 Lagrange 量, 并可由 Lagrange 方程

$$\frac{\mathrm{d}}{\mathrm{d}t}\frac{\partial L}{\partial v^i} = \frac{\partial L}{\partial x^i} \tag{9.2.4}$$

导出运动方程. $\left(\dfrac{\mathrm{d}}{\mathrm{d}t}\right.$ 作用在 ϕ 或 $\boldsymbol{\zeta}$ 上时, 取为 $\left.\dfrac{\partial}{\partial t} + \boldsymbol{v}\cdot\nabla.\right)$ 读者不难验证 (9.2.4) 同 (9.2.1) 是一致的.

后 Newton 场也可以用来计算光子在引力场中的加速度准确到量级 $\overline{v}^2$ (这里 $\overline{v}$ 当然不是光子的速度, 它是系统中质点的典型速度). 因为光子的速度 $u_i \equiv \mathrm{d}x^i/\mathrm{d}t$ 量级是 1, 故由式 (9.1.2) 得到它的加速度为

$$\frac{\mathrm{d}u_i}{\mathrm{d}t} = -\overset{2}{\Gamma}{}^i{}_{00} - \overset{2}{\Gamma}{}^i{}_{jk}u_ju_k + 2u_i\overset{2}{\Gamma}{}^0{}_{0j}u_j + \bigcirc(\overline{v}^3)$$

利用 (9.1.67)、(9.1.70) 和 (9.1.72), 上式变为

$$\frac{\mathrm{d}\boldsymbol{u}}{\mathrm{d}t} = -(1 + \boldsymbol{u}^2)\nabla\phi + 4\boldsymbol{u}(\boldsymbol{u}\cdot\nabla\phi) + \bigcirc(\overline{v}^3)$$

[222]　我们也注意到, 光子的速度由下述条件给出

$$0 = -g_{\mu\nu}\frac{\mathrm{d}x^{\mu}}{\mathrm{d}t}\frac{\mathrm{d}x^{\nu}}{\mathrm{d}t} = 1 - \boldsymbol{u}^2 + 2(1 + \boldsymbol{u}^2)\phi + \bigcirc(\bar{v}^3)$$

或者

$$|\boldsymbol{u}| = 1 + 2\phi + \bigcirc(\bar{v}^3) \tag{9.2.5}$$

所以, 准确到所需要的精度, 我们可以把光子加速度表达式中的 $\boldsymbol{u}^2$ 换成 1, 于是得

$$\frac{\mathrm{d}\boldsymbol{u}}{\mathrm{d}t} = -2\nabla\phi + 4\boldsymbol{u}(\boldsymbol{u}\cdot\nabla\phi) + \bigcirc(\bar{v}^3) \tag{9.2.6}$$

把上式写成对于单位方向矢量 $\hat{\boldsymbol{u}} \equiv \boldsymbol{u}/|\boldsymbol{u}|$ 的方程更方便一些:

$$\frac{\mathrm{d}\hat{\boldsymbol{u}}}{\mathrm{d}t} = \hat{\boldsymbol{u}} \times (\hat{\boldsymbol{u}} \times \nabla\phi) + \bigcirc(\bar{v}^3) \tag{9.2.7}$$

9.3　能量 – 动量张量

为了完成第一节中概述的计算程序, 必须表明怎样计算作为引力场源的能量 – 动量张量 $T^{\mu\nu}$. 我们将首先考虑能量和动量守恒定律在后 Newton 近似中是怎样出现的. 守恒定律一般写为 $T^{\mu\nu}{}_{;\mu} = 0$, 或者更详细一点是

$$\frac{\partial}{\partial x^{\mu}}T^{\mu\nu} = -\Gamma^{\nu}{}_{\mu\lambda}T^{\mu\lambda} - \Gamma^{\mu}{}_{\mu\lambda}T^{\lambda\nu} \tag{9.3.1}$$

因为所有 Γ 的量级至少是 $\bar{v}^2/\bar{r}$, 故当 $\nu = 0$ 时量级为 $M\bar{v}/\bar{r}^4$ 的项给出

$$\frac{\partial}{\partial t}\overset{0}{T}{}^{00} + \frac{\partial}{\partial x^i}\overset{1}{T}{}^{i0} = 0 \tag{9.3.2}$$

上式可以看成是质量守恒定律; 在后 Newton 近似中得到质量守恒不应使我们感到惊奇, 因为质量转化为能量的速率太大将会产生高温, 在那样的温度下系统中的质点将作相对论性的运动, 而这同 $\bar{v} \ll 1$ 的假定是矛盾的. 除了这个本质上的重要性以外, 方程 (9.3.2) 在这里对于我们也是必不可少的, 因为谐和坐标条件的自洽性需要它. 从 (9.1.53) 和 (9.1.55) 我们看到, 从 (9.3.2) 可推得

$$0 = \nabla^2\left(-2\frac{\partial\overset{2}{g}_{00}}{\partial t} + \frac{\partial\overset{3}{g}_{0i}}{\partial x^i}\right) = \nabla^2\left(4\frac{\partial\phi}{\partial t} + \nabla\cdot\boldsymbol{\zeta}\right)$$

[223]　因为 ψ 和 $\boldsymbol{\zeta}$ 必须在无限远处为零, 我们得出结论

$$4\frac{\partial\phi}{\partial t} + \nabla\cdot\boldsymbol{\zeta} = 0$$

这就证实了坐标条件 (9.1.66).

回到关系式 (9.3.1)，我们发现当 $\nu = i$ 时量级为 $M\bar{v}^2/\bar{r}^4$ 的项给出:

$$\frac{\partial}{\partial t}\overset{1}{T}{}^{0i} + \frac{\partial}{\partial x^i}\overset{2}{T}{}^{ij} = -\overset{2}{\Gamma}{}^i_{00}\overset{0}{T}{}^{00}$$

或者, 用 (9.1.67) 得

$$\frac{\partial}{\partial t}\overset{1}{T}{}^{0i} + \frac{\partial}{\partial x^i}\overset{2}{T}{}^{ij} = -\frac{\partial\phi}{\partial x^i}\overset{0}{T}{}^{00} \tag{9.3.3}$$

因为 T^{ij} 是动量流, 故上式意味着动量守恒; 注意右端正是 Newton 引力密度, 等于质量密度 $\overset{0}{T}{}^{00}$ 乘 $-\nabla\phi$.

再没有其它的守恒定律仅仅包含 $T^{\mu\nu}$ 中为计算后 Newton 近似里的场所需要的项, 即仅仅包含 $\overset{0}{T}{}^{00}$、$\overset{2}{T}{}^{00}$、$\overset{1}{T}{}^{i0}$ 和 $\overset{2}{T}{}^{ij}$. 此外, 我们注意到, 两个守恒定律 (9.3.2) 和 (9.3.3) 只是通过 ϕ 包含着 $g_{\mu\nu}$, 而 ϕ 是可以用后 Newton 近似来计算的. 所以, 下面的手续基本上是迭代. 我们必须首先解 Newton 运动方程, 用得到的解 (加上物态方程) 决定 $\overset{0}{T}{}^{00}$、$\overset{2}{T}{}^{00}$、$\overset{1}{T}{}^{i0}$ 和 $\overset{2}{T}{}^{ij}$ 诸项, 然后计算后 Newton 场 ψ 和 ζ, 再重新计算质点的运动, 如此等等. 可以证明[1], 这种手续是能一直进行下去的; 也就是说, 为了计算 N 阶近似的场, 我们需要知道 $T^{\mu\nu}$ 中这样一些项, 它们满足的守恒定律只包含 $N-1$ 阶近似的场. 这里我们只要写出这样的守恒定律就够了, 它们制约的 $T^{\mu\nu}$ 项比 (9.3.2) 和 (9.3.3) 中出现的高出一个量级 $\bar{v}^2$. 由方程 (9.3.1) 中量级为 $\overline{M}\bar{v}^3/\bar{r}^4$ 的 $\nu = 0$ 项和量级为 $\overline{M}\bar{v}^4/\bar{r}^4$ 的 $\nu = i$ 项得到

$$\frac{\partial}{\partial t}\overset{2}{T}{}^{00} + \frac{\partial}{\partial x^i}\overset{3}{T}{}^{i0} = -(2\overset{3}{\Gamma}{}^0_{00} + \overset{3}{\Gamma}{}^i_{i0})\overset{0}{T}{}^{00} - (3\overset{2}{\Gamma}{}^0_{0i} + \overset{2}{\Gamma}{}^j_{ji})\overset{1}{T}{}^{0i}$$

$$\frac{\partial}{\partial t}\overset{3}{T}{}^{i0} + \frac{\partial}{\partial x^j}\overset{4}{T}{}^{ij} = -\overset{4}{\Gamma}{}^i_{00}\overset{0}{T}{}^{00} - \overset{2}{\Gamma}{}^i_{00}\overset{2}{T}{}^{00}$$

$$-(2\overset{3}{\Gamma}{}^i_{0j} + \delta_{ij}\overset{3}{\Gamma}{}^0_{00} + \delta_{ij}\overset{3}{\Gamma}{}^k_{0k})\overset{1}{T}{}^{0j}$$

$$-(\overset{2}{\Gamma}{}^i_{jk} + \overset{2}{\Gamma}{}^0_{0j}\delta_{ik} + \overset{2}{\Gamma}{}^l_{lj}\delta_{ik})\overset{2}{T}{}^{jk}$$

或者利用 (9.1.67)—(9.1.72) 得 　　　　　　　　　　　　　　　　　　　　[224]

$$\frac{\partial}{\partial t}\overset{2}{T}{}^{00} + \frac{\partial}{\partial x^i}\overset{3}{T}{}^{i0} = \overset{0}{T}{}^{00}\frac{\partial\phi}{\partial t} \tag{9.3.4}$$

$$\frac{\partial}{\partial t}\overset{3}{T}{}^{0i} + \frac{\partial}{\partial x^j}\overset{4}{T}{}^{ij} = -\overset{0}{T}{}^{00}\left[\frac{\partial}{\partial x^i}(2\phi^2 + \psi) + \frac{\partial\zeta_i}{\partial t}\right]$$

$$-\overset{2}{T}{}^{00}\frac{\partial\phi}{\partial x^i} - \overset{1}{T}{}^{0j}\left[\frac{\partial\zeta_i}{\partial x^j} - \frac{\partial\zeta_j}{\partial x^i} - 4\delta_{ij}\frac{\partial\phi}{\partial t}\right]$$

$$-\overset{2}{T}{}^{jk}\left[\delta_{jk}\frac{\partial\phi}{\partial x^i} - 4\delta_{ik}\frac{\partial\phi}{\partial x^j}\right] \tag{9.3.5}$$

正如我们期望的那样, 为计算后后 Newton 场所需要的源项 $\overset{2}{T}{}^{00}$、$\overset{3}{T}{}^{i0}$ 和 $\overset{4}{T}{}^{ij}$, 遵从的守恒定律只涉及准确到后 Newton 级的度规.

我们还需要一个计算能量 – 动量张量的模型. 这种模型中最简单的是自由下落质点的集合, 它们的相互作用只有引力, 也许还有接触碰撞. 从表达式 (5.3.5) 我们有,

$$T^{\mu\nu}(\boldsymbol{x}, t) = g^{-\frac{1}{2}}(\boldsymbol{x}, t) \sum_n m_n \frac{\mathrm{d}x_n^\mu(t)}{\mathrm{d}t} \frac{\mathrm{d}x_n^\nu(t)}{\mathrm{d}t} \left(\frac{\mathrm{d}\tau_n}{\mathrm{d}t}\right)^{-1} \delta^3(\boldsymbol{x} - \boldsymbol{x}_n(t))$$

$$(9.3.6)$$

式中 $m_n, x_n^\mu(t)$ 和 τ_n 是第 n 个质点的质量、时空坐标和固有时, $-g$ 是 $g_{\mu\nu}$ 的行列式, 利用式 (4.7.5) 经初等计算得

$$g = 1 + \overset{2}{g} + \overset{4}{g} + \cdots$$

式中 $\overset{N}{g}$ 的量级是 $\bar{v}^N$, 特别是

$$\overset{2}{g} = \eta^{\mu\nu}\overset{2}{g}_{\mu\nu} = -\overset{2}{g}_{00} + \overset{2}{g}_{ii} = -4\phi \tag{9.3.7}$$

将 (9.3.7)、(9.2.3) 代入 (9.3.6), 我们得到

$$\overset{0}{T}{}^{00} = \sum_n m_n \delta^3(\boldsymbol{x} - \boldsymbol{x}_n) \tag{9.3.8}$$

$$\overset{2}{T}{}^{00} = \sum_n m_n \left(\phi + \frac{1}{2}\boldsymbol{v}_n^2\right)\delta^3(\boldsymbol{x} - \boldsymbol{x}_n) \tag{9.3.9}$$

$$\overset{1}{T}{}^{i0} = \sum_n m_n v_n^i \delta^3(\boldsymbol{x} - \boldsymbol{x}_n) \tag{9.3.10}$$

$$\overset{2}{T}{}^{ij} = \sum_n m_n v_n^i v_n^j \delta^3(\boldsymbol{x} - \boldsymbol{x}_n) \tag{9.3.11}$$

[225]　式中 $\boldsymbol{v}_n \equiv \mathrm{d}\boldsymbol{x}_n/\mathrm{d}t$. 为了加上守恒定律, 我们必须回忆

$$\frac{\partial}{\partial t}\delta^3(\boldsymbol{x} - \boldsymbol{x}_n(t)) = v_n^i \frac{\partial}{\partial x_n^i}\delta^3(\boldsymbol{x} - \boldsymbol{x}_n(t))$$

$$= -\boldsymbol{v}_n \cdot \nabla \delta^3(\boldsymbol{x} - \boldsymbol{x}_n(t))$$

所以

$$\frac{\partial}{\partial t}\overset{0}{T}{}^{00} + \frac{\partial}{\partial x^i}\overset{1}{T}{}^{i0} = 0$$

$$\frac{\partial}{\partial t}\overset{1}{T}{}^{0i} + \frac{\partial}{\partial x^i}\overset{2}{T}{}^{ij} = \sum_n m_n \frac{\mathrm{d}v_n^i}{\mathrm{d}t}\delta^3(\boldsymbol{x} - \boldsymbol{x}_n)$$

我们看到, 质量守恒方程 (9.3.2) 是自动成立的, 而动量守恒方程 (9.3.3) 成立的充要条件是每个质点遵从 Newton 运动方程

$$\frac{\mathrm{d}\boldsymbol{v}_n}{\mathrm{d}t} = -\nabla\phi(x_n) \tag{9.3.12}$$

因而计算引力作用下的质点组运动的程序是:

(A) 解 Newton 问题; 即从方程 (9.3.12) 和 (9.1.58) 中解出 $\phi(x)$ 和 $\boldsymbol{x}_n(t)$. (除这个步骤外, 其它几个步骤都是直截了当的.)

(B) 利用 (A) 的结果和方程 (9.3.8)—(9.3.11) 来计算能量 – 动量张量的 $\overset{0}{T}{}^{00}$、$\overset{2}{T}{}^{00}$、$\overset{1}{T}{}^{i0}$、$\overset{2}{T}{}^{ij}$ 诸项.

(C) 利用 (A) 和 (B) 的结果以及方程 (9.1.62) 和 (9.1.65) 来计算后 Newton 场 ζ 和 ψ.

(D) 利用 (A) 和 (C) 的结果. 以及方程 (9.2.1) 来计算轨道 $\boldsymbol{x}_n(t)$ 的后 Newton 改正.

(E) 继续下去.

9.4 多极场

作为第一个例子, 让我们来计算任一有限能量 – 动量分布在远处产生的引力场. 设 $r > R$ (这里 $r \equiv |\boldsymbol{x}|$) 处 $T^{\mu\nu}(\boldsymbol{x}, t)$ 为零. 我们就可以将表达式 (9.1.59)、(9.1.62) 和 (9.1.65) 里的分母按 r/R 的逆幂展开

$$|\boldsymbol{x} - \boldsymbol{x}'|^{-1} \rightarrow \frac{1}{r} + \frac{\boldsymbol{x} \cdot \boldsymbol{x}'}{r^3} + \cdots \tag{9.4.1}$$

于是得 [226]

$$\phi \rightarrow -\frac{G\overset{0}{M}}{r} - \frac{G\boldsymbol{x} \cdot \overset{0}{\boldsymbol{D}}}{r^3} + \bigcirc\left(\frac{1}{r^3}\right) \tag{9.4.2}$$

$$\zeta_i \rightarrow -\frac{4G\overset{1}{P}_i}{r} - \frac{2Gx^j \overset{1}{J}_{ji}}{r^3} + \bigcirc\left(\frac{1}{r^3}\right) \tag{9.4.3}$$

$$\psi \rightarrow -\frac{G\overset{2}{M}}{r} - \frac{G\boldsymbol{x} \cdot \overset{2}{\boldsymbol{D}}}{r^3} + \bigcirc\left(\frac{1}{r^3}\right) \tag{9.4.4}$$

式中

$$\overset{0}{M} \equiv \int \overset{0}{T}{}^{00}\mathrm{d}^3x \tag{9.4.5}$$

$$\overset{0}{\boldsymbol{D}} \equiv \int \boldsymbol{x}\overset{0}{T}{}^{00}\mathrm{d}^3x \tag{9.4.6}$$

$$\overset{1}{P}{}^{i} \equiv \int \overset{1}{T}{}^{i0} \mathrm{d}^3 x \tag{9.4.7}$$

$$\overset{1}{J}_{ij} \equiv 2 \int x^i \overset{1}{T}{}^{j0} \mathrm{d}^3 x \tag{9.4.8}$$

$$\overset{2}{M} \equiv \int (\overset{2}{T}{}^{00} + \overset{2}{T}{}^{ii}) \mathrm{d}^3 x \tag{9.4.9}$$

$$\overset{2}{\boldsymbol{D}} \equiv \int \boldsymbol{x} \left(\overset{2}{T}{}^{00} + \overset{2}{T}{}^{ii} + \frac{1}{4\pi G} \frac{\partial^2 \phi}{\partial t^2} \right) \mathrm{d}^3 x \tag{9.4.10}$$

(项 $\partial^2 \phi / \partial t^2$ 对 $\overset{2}{M}$ 没有贡献, 因为它等于 $-\dfrac{1}{4} \nabla \cdot \dfrac{\partial \zeta}{\partial t}$, 所以积分后为零.)

场 ψ 的物理效应只是通过它存在于 g_{00} 的展开式中才表现出来:

$$g_{00} = -1 - 2\phi - 2\psi - 2\phi^2 + \bigcirc(\bar{v}^6)$$

显然, 只要把 ϕ 处处换成 $\phi + \psi$ 我们就可以计及 ψ. 也就是说, 在后 Newton 近似的精度内我们可以写出

$$g_{00} = -1 - 2(\phi + \psi) - 2(\phi + \psi)^2 + \bigcirc(\bar{v}^6) \tag{9.4.11}$$

由表达式 (9.4.2) 和 (9.4.4) 得出有物理意义的场 $\phi + \psi$ 是

$$\phi + \psi \to -\frac{GM}{r} - \frac{G\boldsymbol{x} \cdot \boldsymbol{D}}{r^3} + \bigcirc\left(\frac{1}{r^3}\right) \tag{9.4.12}$$

式中

$$M \equiv \overset{0}{M} + \overset{2}{M} \quad \boldsymbol{D} \equiv \overset{0}{\boldsymbol{D}} + \overset{2}{\boldsymbol{D}} \tag{9.4.13}$$

[227]　量 $\boldsymbol{D}$ 并不代表物理上重要的效应, 只代表整个场的位移, 因为 (9.4.12) 可以写为

$$\phi + \psi \to -\frac{GM}{|\boldsymbol{x} - \boldsymbol{D}/M|} + \bigcirc\left(\frac{1}{r^3}\right) \tag{9.4.14}$$

定义坐标系的原点处于能量中心, 我们就可以完全避免 $\boldsymbol{D}$ 项. 另一方面, 量 ζ 的展开式 (9.4.3) 中 $1/r$ 和 $1/r^2$ 两项才是特别有意义的真正物理效应.

利用能量和动量守恒, 我们可以推出 $T^{\mu\nu}$ 的矩的许多有用性质. 从质量守恒方程 (9.3.2) 可以推得, 在一般情况下有

$$\frac{\mathrm{d}\overset{0}{M}}{\mathrm{d}t} = 0 \tag{9.4.15}$$

$$\frac{\mathrm{d}\overset{0}{\boldsymbol{D}}}{\mathrm{d}t} = \overset{1}{\boldsymbol{P}} \tag{9.4.16}$$

如果能量 – 动量张量与时间无关, 则 (9.3.2) 可以写为

$$\frac{\partial}{\partial x^i}\overset{1}{T}{}^{i0} = 0$$

因而, 由分部积分得

$$0 = \int x^i \frac{\partial}{\partial x^j}\overset{1}{T}{}^{j0}\mathrm{d}^3x = -\overset{1}{P}{}^i \tag{9.4.17}$$

$$0 = 2\int x^i x^j \frac{\partial}{\partial x^k}\overset{1}{T}{}^{k0}\mathrm{d}^3x = -\overset{1}{J}_{ij} - \overset{1}{J}_{ji} \tag{9.4.18}$$

对于静态系统 $\overset{1}{P} = 0$, 这一点毫不足怪. 而 $\overset{1}{J}_{ij}$ 是反对称的, 这一结果却不那么显然; 我们可以把它写为

$$\overset{1}{J}_{ij} = \varepsilon_{ijk}\overset{1}{J}_k \tag{9.4.19}$$

式中 $\overset{1}{J}_k$ 是角动量矢量

$$\overset{1}{J}_k \equiv \frac{1}{2}\varepsilon_{ijk}\overset{1}{J}_{ij} = \int \mathrm{d}^3x\,\varepsilon_{ijk}x^i\overset{1}{T}{}^{j0} \tag{9.4.20}$$

将 (9.4.17) 和 (9.4.19) 代入 (9.4.3) 得

$$\boldsymbol{\zeta} \to \frac{2G}{r^3}(\boldsymbol{x} \times \boldsymbol{J}) + \bigcirc\left(\frac{1}{r^3}\right) \tag{9.4.21}$$

我们关于 $\phi + \psi$ 和 $\boldsymbol{\zeta}$ 的结果 (9.4.14) 和 (9.4.21) 一般只有在远离引力质量的地方才成立. 然而, 它们也可一直成立到能量和动量呈球形分布的物体的表面. 首先假设 $T^{\mu\nu}(\boldsymbol{x}, t)$ 只通过半径 $r \equiv |\boldsymbol{x}|$ 依赖于位置 $\boldsymbol{x}$. 这样一来, (9.1.59)、(9.1.62) 和 (9.1.65) 中的因子 $|\boldsymbol{x} - \boldsymbol{x}'|$ 就可以换成它的角平均, 当 $r > r'$ 时它就是 [228]

$$\frac{1}{4\pi}\int \frac{\mathrm{d}\Omega}{|\boldsymbol{x} - \boldsymbol{x}'|}$$

$$= \frac{1}{2}\int_0^\pi \frac{\sin\theta\,\mathrm{d}\theta}{[r^2 - 2rr'\cos\theta + r'^2]^{1/2}} = \frac{1}{r}$$

所以, 球外任何地点的场都取下列形式

$$\phi = -\frac{G\overset{0}{M}}{r} \tag{9.4.22}$$

$$\boldsymbol{\zeta} = -4G\frac{\overset{1}{\boldsymbol{P}}}{r} \tag{9.4.23}$$

$$\psi = -\frac{G\overset{2}{M}}{r} \tag{9.4.24}$$

如果该球静止, 则 $\overset{1}{P}$ 为零; 在这种情况下, 由 (9.1.57)、(9.1.60)、(9.1.61)、(9.1.63) 和 (9.4.13) 得出度规是

$$g_{00} \simeq -1 + \frac{2MG}{r} - \frac{2M^2G^2}{r^2} \tag{9.4.25}$$

$$g_{i0} \simeq 0 \tag{9.4.26}$$

$$g_{ij} \simeq \delta_{ij} + 2\delta_{ij}\frac{MG}{r} \tag{9.4.27}$$

这同由 (8.2.15) 给出的谐和坐标下的严格 Schwarzschild 解

$$g_{00} = -\frac{1 - MG/r}{1 + MG/r}$$

$$g_{i0} = 0$$

$$g_{ij} = \left(1 + \frac{MG}{r}\right)^2 \delta_{ij} + \left(\frac{MG}{r}\right)^2 \frac{1 + MG/r}{1 - MG/r}\left(\frac{x^i x^j}{r^2}\right)$$

是一致的. 不过, 这两种推导中有一个重要的差别, 就是 8.2 节中推出严格的 Schwarzschild 解对应于球对称静态系统, 而后 Newton 解适用的系统却能在量级为 $\bar{r}/\bar{v}$ 的时间内变化. 在 11.7 节中将证明, 在任何球对称系统 (无论是否静态) 外面, Schwarzschild 解实际上都成立.

[229]　　　　现在考虑一个 (质心) 静止且球对称, 但以角频率 $\boldsymbol{\omega}(r)$ 转动的系统. 动量密度由下式给出

$$\overset{1}{T}{}^{i0}(\boldsymbol{x}', t) = \overset{0}{T}{}^{00}(r')[\boldsymbol{\omega}(r') \times \boldsymbol{x}']_i \tag{9.4.28}$$

于是由式 (9.1.62) 得到场 $\boldsymbol{\zeta}$ 为

$$\boldsymbol{\zeta}(\boldsymbol{x}) = -4G \int \frac{[\boldsymbol{\omega}(r') \times \boldsymbol{x}']}{|\boldsymbol{x} - \boldsymbol{x}'|}\overset{0}{T}{}^{00}(r')\mathrm{d}^4 x' \tag{9.4.29}$$

立体角积分现在是

$$\int \frac{\mathrm{d}\Omega' \boldsymbol{x}'}{|\boldsymbol{x} - \boldsymbol{x}'|} = \begin{cases} \left(\dfrac{4\pi r'^2}{3r^3}\right)\boldsymbol{x} & \text{当 } r' < r \tag{9.4.30} \\[3mm] \left(\dfrac{4\pi}{3r'}\right)\boldsymbol{x} & \text{当 } r' > r \tag{9.4.31} \end{cases}$$

因此, 球外的场是

$$\boldsymbol{\zeta}(\boldsymbol{x}) = \frac{16\pi G}{3r^3}\left[\boldsymbol{x} \times \int \boldsymbol{\omega}(r')\overset{0}{T}{}^{00}(r')r'^4\mathrm{d}r'\right] \tag{9.4.32}$$

上式中的积分可借助由 (9.4.20) 和 (9.4.28) 得出的角动量 $\boldsymbol{J}$ 表示如下

$$
\begin{aligned}
\boldsymbol{J} &= \int (\boldsymbol{x}' \times [\boldsymbol{\omega}(r') \times \boldsymbol{x}']) \overset{0}{T}{}^{00}(r') \mathrm{d}^4 x' \\
&= \int [r'^2 \boldsymbol{\omega}(r') - \boldsymbol{x}'(\boldsymbol{x}' \cdot \boldsymbol{\omega}(r'))] \overset{0}{T}{}^{00}(r') \mathrm{d}^3 x' \\
&= \frac{8\pi}{3} \int \boldsymbol{\omega}(r') \overset{0}{T}{}^{00}(r') r'^4 \mathrm{d}r'
\end{aligned}
\tag{9.4.33}
$$

于是由 (9.4.32) 得知, 在球外各处都有

$$
\boldsymbol{\zeta}(\boldsymbol{x}) = \frac{2G}{r^3}(\boldsymbol{x} \times \boldsymbol{J})
\tag{9.4.34}
$$

这同一般的渐近公式 (9.4.21) 是一致的. 由 (9.4.29) 和 (9.4.31) 得到一个空心旋转球内部的场是

$$
\boldsymbol{\zeta}(\boldsymbol{x}) = \boldsymbol{x} \times \boldsymbol{\Omega}.
\tag{9.4.35}
$$

式中

$$
\boldsymbol{\Omega} \equiv \frac{16\pi G}{3} \int \boldsymbol{\omega}(r') \overset{0}{T}{}^{00}(r') r' \mathrm{d}r'
\tag{9.4.36}
$$

这个结果同 Mach 原理的关系将在 9.7 节讨论.

9.5 近日点的进动

[230]

我们现在来看看, 前 4 节中建立的后 Newton 表述可以怎样用来计算实际太阳系中行星轨道的进动, 计算中考虑到其它行星、太阳自转、太阳扁率等等情况. 在决定 g_{00} 的势 $\phi + \psi$ 中 [见式 (9.4.11)], 太阳贡献的球对称部分 $-GM_\odot/r$ 占压倒优势, 故方便地把它写为

$$
\phi + \psi \equiv -\frac{GM_\odot}{r} + \varepsilon(\boldsymbol{x}, t)
\tag{9.5.1}
$$

其中 ε 不仅包括其它行星的 Newton 势, 而且也包括太阳对 $\phi + \psi$ 贡献的四极矩或更高阶的项. 质点的运动方程 (9.2.1) 现在写为

$$
\frac{\mathrm{d}\boldsymbol{v}}{\mathrm{d}t} = -\frac{GM_\odot \boldsymbol{x}}{r^3} + \boldsymbol{\eta} + \bigcirc(\bar{v}^6)
\tag{9.5.2}
$$

式中 $\boldsymbol{\eta}$ 是一个微扰:

$$
\begin{aligned}
\boldsymbol{\eta} = &-\nabla(\varepsilon + 2\phi^2) - \frac{\partial \boldsymbol{\zeta}}{\partial t} + \boldsymbol{v} \times (\nabla \times \boldsymbol{\zeta}) \\
&+ 3\boldsymbol{v}\frac{\partial \phi}{\partial t} + 4\boldsymbol{v}(\boldsymbol{v} \cdot \nabla)\phi - \boldsymbol{v}^2 \nabla \phi
\end{aligned}
\tag{9.5.3}
$$

计算近日点进动最最方便的办法, 是计算 Runge-Lenz 矢量

$$\boldsymbol{A} = -M_\odot G \frac{\boldsymbol{x}}{r} + (\boldsymbol{v} \times \boldsymbol{h}) \tag{9.5.4}$$

的变率. 式中 $r \equiv |\boldsymbol{x}|, \boldsymbol{v} \equiv \mathrm{d}\boldsymbol{x}/\mathrm{d}t, \boldsymbol{h}$ 是每单位质量的轨道角动量:

$$\boldsymbol{h} \equiv \boldsymbol{x} \times \boldsymbol{v} \tag{9.5.5}$$

如果方程 (9.5.2) 中的扰动 $\boldsymbol{\eta}$ 不存在, 则轨道就是一个椭圆, 由熟知的公式

$$r = \frac{L}{1 + e\cos(\varphi - \varphi_0)} \tag{9.5.6}$$

$$\frac{\mathrm{d}\varphi}{\mathrm{d}t} = \frac{\sqrt{LM_\odot G}}{r^2} \tag{9.5.7}$$

$$\frac{\mathrm{d}r}{\mathrm{d}t} = e\sqrt{\frac{M_\odot G}{L}}\sin(\varphi - \varphi_0) \tag{9.5.8}$$

[231]　描绘, e 是偏心率, L 是半正焦弦 (见 8.6 节. 我们把轨道取在 $\theta = \pi/2$ 的平面上, 近日点的方位角为 φ_0). 于是 $\boldsymbol{h}$ 将是一个垂直于轨道的常矢量, 其模为

$$|\boldsymbol{h}| = \sqrt{LM_\odot G} \tag{9.5.9}$$

而 $\boldsymbol{A}$ 将是一个指向近日点的常矢量, 其模为

$$|\boldsymbol{A}| = eM_\odot G \tag{9.5.10}$$

因此, 由任何扰动产生的近日点的进动率 $\mathrm{d}\varphi_0/\mathrm{d}t$, 正是单位矢量 $\hat{\boldsymbol{A}} = \boldsymbol{A}/|\boldsymbol{A}|$ 的改变 $\mathrm{d}\hat{\boldsymbol{A}}/\mathrm{d}t$ 沿垂直于 $\boldsymbol{A}$ 和 $\boldsymbol{h}$ 的方向的分量, 即

$$\frac{\mathrm{d}\varphi_0}{\mathrm{d}t} = (\hat{\boldsymbol{h}} \times \hat{\boldsymbol{A}}) \cdot \frac{\mathrm{d}\hat{\boldsymbol{A}}}{\mathrm{d}t} = (\boldsymbol{h} \times \boldsymbol{A}) \cdot \frac{\dfrac{\mathrm{d}\boldsymbol{A}}{\mathrm{d}t}}{|\boldsymbol{h}|\boldsymbol{A}^2} \tag{9.5.11}$$

(如果 $\mathrm{d}\varphi_0/\mathrm{d}t$ 是正的, 则进动与行星运动的方向相同.) 直接计算可得, (9.5.2) 中的 $\boldsymbol{\eta}$ 产生的 $\boldsymbol{A}$ 的变率等于

$$\frac{\mathrm{d}\boldsymbol{A}}{\mathrm{d}t} = \boldsymbol{\eta} \times \boldsymbol{h} + \boldsymbol{v} \times (\boldsymbol{x} \times \boldsymbol{\eta}) \tag{9.5.12}$$

注意到 $\mathrm{d}\boldsymbol{A}/\mathrm{d}t$, 从而 $\mathrm{d}\varphi_0/\mathrm{d}t$ 对于 $\boldsymbol{\eta}$ 是线性的, 所以把 $\boldsymbol{\eta}$ 中每一个小项产生的进动加起来就能正确算出 $\mathrm{d}\varphi_0/\mathrm{d}t$.

　　$\boldsymbol{\eta}$ 中最大的项是由其它行星的 Newton 势所产生的部分 $-\nabla\varepsilon$. 我们不准备计算这一项; 实验告诉我们, 它所产生的进动对于水星来说大约

是每百年 532″ (见 8.6 节.) 下一个最大的项由式 (9.5.3) 中的相对论性改正获得, 令 ϕ 和 ζ 等于球形非转动太阳应有的值:

$$\phi_\odot = -\frac{GM_\odot}{r} \quad \zeta_\odot = 0 \tag{9.5.13}$$

于是由 (9.5.3) 得

$$\boldsymbol{\eta} = -2\nabla\phi_\odot^2 + 4\boldsymbol{v}(\boldsymbol{v}\cdot\nabla)\phi_\odot - \boldsymbol{v}^2\nabla\phi_\odot \tag{9.5.14}$$

将 (9.5.12)—(9.5.14) 和 (9.5.6)—(9.5.10) 代入 (9.5.11), 得到进动率为

$$\begin{aligned}
\frac{\mathrm{d}\varphi_0}{\mathrm{d}t} = {} & 8M_\odot GhL^{-3}[1 + e\cos(\varphi - \varphi_0)]^3 \sin^2(\varphi - \varphi_0) \\
& - M_\odot Ge^{-1}hL^{-3} \times \{7[1 + e\cos(\varphi - \varphi_0)]^2 \\
& + 4[1 + e\cos(\varphi - \varphi_0)]^3 \\
& + [1 + e\cos(\varphi - \varphi_0)]^4\}\cos(\varphi - \varphi_0)
\end{aligned} \tag{9.5.15}$$

因为 φ_0 变化很慢, 每转一圈 φ_0 的改变可以这样来决定: 在一个周期内积分 $\mathrm{d}\varphi_0/\mathrm{d}t$, 保持被积式中的 φ_0 固定, 并对 $\mathrm{d}\phi/\mathrm{d}t$ 利用 Kepler 公式 (9.5.6)—(9.5.10). 由此得到每一圈的进动 [232]

$$\begin{aligned}
\Delta\varphi_0 &= \int_0^{2\pi} \frac{\mathrm{d}\varphi_0}{\mathrm{d}t}\frac{\mathrm{d}t}{\mathrm{d}\varphi}\mathrm{d}\varphi \\
&= \frac{L^2}{h}\int_0^{2\pi} \frac{\mathrm{d}\varphi_0}{\mathrm{d}t}[1 + e\cos(\varphi - \varphi_0)]^{-2}\mathrm{d}\varphi
\end{aligned} \tag{9.5.16}$$

很多项在进行角度积分时都消去了, 最后得到

$$\Delta\varphi_0 = 6\pi\frac{M_\odot G}{L} \tag{9.5.17}$$

这同我们早先的结果, 即表达式 (8.6.11) 相符.

作为进动中另一个小项的例子, 让我们来计算由太阳自转产生的场 ζ 的效应. 根据 (9.4.34), 这个场是

$$\boldsymbol{\zeta} = \frac{2G}{r^3}(\boldsymbol{x} \times \boldsymbol{J}_\odot) \tag{9.5.18}$$

由 (9.5.3) 知, 它对加速度 $\mathrm{d}\boldsymbol{v}/\mathrm{d}t$ 的贡献为

$$\boldsymbol{\eta} = \boldsymbol{v} \times (\nabla \times \boldsymbol{\zeta}) = 6Gh(\boldsymbol{x}\cdot\boldsymbol{J}_\odot)r^{-5} + 2G(\boldsymbol{v}\times\boldsymbol{J}_\odot)r^{-3} \tag{9.5.19}$$

同时 (9.5.12) 告诉我们, 它使 $\boldsymbol{A}$ 产生如下变率

$$\frac{\mathrm{d}\boldsymbol{A}}{\mathrm{d}t} = -6Gh(\boldsymbol{v}\cdot\boldsymbol{x})(\boldsymbol{x}\cdot\boldsymbol{J}_\odot)r^{-5}$$

$$-2G(\boldsymbol{v} \times \boldsymbol{J}_\odot)(\boldsymbol{x} \cdot \boldsymbol{v})r^{-3} - 2G\boldsymbol{v}(\boldsymbol{h} \cdot \boldsymbol{J}_\odot)r^{-3} \tag{9.5.20}$$

为简单起见, 我们取太阳自转轴垂直于行星轨道平面, 所以 $\boldsymbol{J}_\odot$ 与 $\boldsymbol{h}$ 平行. 将 (9.5.20) 和 (9.5.6)—(9.5.10) 代入 (9.5.11) 得到进动速率

$$\frac{d\varphi_0}{dt} = \frac{2J_\odot h^2}{M_\odot L^4 e}\{-[1 + e\cos(\varphi - \varphi_0)]^2 e\sin^2(\varphi - \varphi_0)$$
$$-[1 + e\cos(\varphi - \varphi_0)]^3[e + \cos(\varphi - \varphi_0)]\} \tag{9.5.21}$$

于是由 (9.5.16) 得到每一圈的进动为

$$\Delta\varphi_0 = \frac{-8\pi J_\odot h}{M_\odot L^2} \tag{9.5.22}$$

通常假设太阳具有角动量 $J_\odot \approx 1.7 \times 10^{48}$ g cm^{2}s^{-1}, 其质量是 $M_\odot = 1.99 \times 10^{33}$ g, 所以用 $1\,\mathrm{s} = 3 \times 10^{10}$ cm 的自然单位, 我们有

$$J_\odot/M_\odot \approx 0.28 \text{ km}$$

[233] 此外, 水星的轨道有 $L = 55.5 \times 10^6$ km, $h = 9.03 \times 10^3$ km, 故场 ζ 对水星近日点进动的贡献为

$$\Delta\varphi_0 \approx -2.06 \times 10^{-11} \text{ rad/圈}$$

或者用比较常用的单位是

$$\Delta\varphi_0 \approx -17.6 \times 10^{-4} \text{ 角秒/百年}$$

即使 Dicke 和 Goldenberg 是对的, 而且太阳的角动量比一般相信的大 25 倍, 由 ζ 产生的进动仍然只有每百年 $0.04''$ 的量级, 小得无法测量.

也许应当再一次强调, 计算出的总进动应是下列各项之和: 1) 每百年 $532''$ 的 Newton 项; 2) Einstein 项 (9.5.17); 3) ζ 项 (9.5.22); 4) 太阳的任何扁率产生的 Newton 项; 5) 太阳自转对 ψ 的各向异性部分的贡献所产生的项; 6) 其它行星引起的扰动导致的后 Newton 修正所产生的项. 其中只有 Newton 项和 Einstein 项 (9.5.17) 才大得能够测量出来.

9.6 轨道陀螺的进动

我们在 5.1 节中曾经看到, 一个自由下落粒子的自旋 S_μ 按照如下的平行移动方程而进动

$$\frac{\mathrm{d}S_\mu}{\mathrm{d}\tau} = \Gamma^\lambda{}_{\mu\nu} S_\lambda \frac{\mathrm{d}x^\nu}{\mathrm{d}\tau} \tag{9.6.1}$$

几年前 Pugh[2] 和 Schiff[3] 建议, 可以把一个陀螺放入绕地轨道, 并用其自旋矢量的进动来测量地球引力场的精细结构. Schiff 使用的是由 Papapetrou[4] 和 Fock[5] 发展的计算方法: 首先算出一个有广延的自旋物体的运动, 然后求出当物体的尺度趋于零时的极限. 我们与此不同, 一开始就把陀螺看作点粒子. 因为等效原理告诉我们, 对于这样的粒子来说, 存在着自旋在其中并不进动的局部惯性参考系, 所以我们可以用方程 (9.6.1) 来把上述论断转换到一般坐标系里去.

按定义, 自旋四维矢量 S_μ 始终正交于速度 $\mathrm{d}x^\mu/\mathrm{d}\tau$:

$$\frac{\mathrm{d}x^\mu}{\mathrm{d}\tau} S_\mu = 0$$

[见 (5.1.9).] 换句话说, [234]

$$S_0 = -v^i S_i \tag{9.6.2}$$

在 (9.6.1) 中令 $\mu = i$, 乘以 $\mathrm{d}\tau/\mathrm{d}t$, 并用 (9.6.2) 消去 S_0; 得

$$\frac{\mathrm{d}S_i}{\mathrm{d}t} = \Gamma^j{}_{i0} S_j - \Gamma^0{}_{i0} v^j S_j + \Gamma^j{}_{ik} v^k S_j - \Gamma^0{}_{ik} v^k v^j S_j \tag{9.6.3}$$

我们可以用后 Newton 近似把上式右边 S_j 的系数估算到 $\bar{v}^3/\bar{r}$ 的量级:

$$\frac{\mathrm{d}S_i}{\mathrm{d}t} \simeq [\overset{3}{\Gamma}{}^j{}_{i0} - \overset{2}{\Gamma}{}^0{}_{i0} v^j + \overset{2}{\Gamma}{}^j{}_{ik} v^k] S_j \tag{9.6.4}$$

(去掉最后一项是因为没有 $\overset{1}{\Gamma}{}^0{}_{ik}$.) 仿射联络的分量由 (9.1.69)、(9.1.70) 和 (9.1.72) 诸式决定. 我们于是得到

$$\frac{\mathrm{d}\boldsymbol{S}}{\mathrm{d}t} \simeq \frac{1}{2} \boldsymbol{S} \times (\nabla \times \boldsymbol{\zeta}) - \boldsymbol{S} \frac{\partial \phi}{\partial t} - 2(\boldsymbol{v} \cdot \boldsymbol{S}) \nabla \phi$$
$$- \boldsymbol{S}(\boldsymbol{v} \cdot \nabla \phi) + \boldsymbol{v}(\boldsymbol{S} \cdot \nabla \phi) \tag{9.6.5}$$

为了解出 (9.6.5), 我们利用平行移动保持 $S_\mu S^\mu$ 值不变这一性质, 所以 [见式 (5.1.10)]

$$\frac{\mathrm{d}}{\mathrm{d}t}(g^{\mu\nu} S_\mu S_\nu) = 0 \tag{9.6.6}$$

从方程 (9.6.4) 可知, $\boldsymbol{S}$ 的变化率的量级是 $\boldsymbol{S}$ 乘 $\bar{v}^3/\bar{r}$, 故我们只需保留 $g^{\mu\nu} - \eta^{\mu\nu}$ 中这样一些项, 其变化率可与以速度 $\bar{v}$ 运动的粒子看到的相比

拟, 也就是其梯度的量级为 $\bar{v}^2/\bar{r}$ 的那些项. 所以, 式 (9.6.6) 中的 $g^{\mu\nu}$ 可以换成 $\eta^{\mu\nu} + \overset{2}{g}{}^{\mu\nu}$. 而且 S_0^2 相对于 S^2 说来已经是 $\bar{v}^2$ 的量级, 故我们无需保留 $\overset{2}{g}{}^{00}$. 这样一来, 准确到这里所需的量级, 我们预期 (9.6.5) 将有如下积分

$$S^2 + 2\phi S^2 - (v \cdot S)^2 = 恒量 \tag{9.6.7}$$

这启发我们引进一个新的自旋矢量 $\mathscr{S}$, 定义为

$$S = (1-\phi)\mathscr{S} + \frac{1}{2}v(v \cdot \mathscr{S}) \tag{9.6.8}$$

于是, 准确到量级 $\bar{v}^2 S^2$, (9.6.8) 可以写为

$$\mathscr{S}^2 = 恒量 \tag{9.6.9}$$

在所需要的精度内, 我们可以把 (9.6.8) 反过来写为

$$\mathscr{S} = (1+\phi)S - \frac{1}{2}v(v \cdot S) \tag{9.6.10}$$

[235] 为了获得准确到 $(\bar{v}^3/\bar{r})S$ 量级的 $\mathscr{S}$ 的变化率, 我们把凡是带有 $\bar{v}^2$ 量级系数的 S 都当作恒量, 并令

$$\mathrm{d}v/\mathrm{d}t \simeq -\nabla\phi,$$

于是得

$$\frac{\mathrm{d}\mathscr{S}}{\mathrm{d}t} = \frac{\mathrm{d}S}{\mathrm{d}t} + S\left(\frac{\partial\phi}{\partial t} + v \cdot \nabla\phi\right)$$
$$+ \frac{1}{2}\nabla\phi(v \cdot S) + \frac{1}{2}v(S \cdot \nabla\phi)$$

将 (9.6.5) 代入上式, 准确到量级 $(\bar{v}^3/\bar{r})\mathscr{S}$, 我们得

$$\frac{\mathrm{d}\mathscr{S}}{\mathrm{d}t} = \Omega \times \mathscr{S} \tag{9.6.11}$$

式中

$$\Omega = -\frac{1}{2}\nabla \times \zeta - \frac{3}{2}v \times \nabla\phi \tag{9.6.12}$$

方程 (9.6.11) 表明, $\mathscr{S}$ 正是以速率 $|\Omega|$ 围绕 Ω 的方向进动, 其模不变, 这就证实了 (9.6.9).

这一点同自由下落的陀螺的进动测量有什么关系呢? 答案照例可以参考实际上用来测量这个效应的方法来找到. 在目前情况下监视陀螺自旋方向的办法是, 在随陀螺运动的惯性系中, 测量陀螺在该系中的自旋 S_g 和来自一个或多个遥远恒星的光线的速度矢量 u_g 之间的夹角 θ:

$$\cos\theta = S_g \cdot \frac{u_g}{|S_g||u_g|} \tag{9.6.13}$$

(这个角可以通过如下方法来测量: 把星像聚焦于固定在陀螺上的一列光电元件, θ 的变化引起星像在这一列光电元件上的移动, 从而产生光电流的变化.) 在陀螺的惯性系中, 光以单位速度运动

$$|\boldsymbol{u}_g| = 1$$

$S_{g\mu}$ 的时间分量为零[见 (9.6.2)]

$$S_{g0} = 0$$

而且矢量 $\boldsymbol{S}_g$ 的模为恒量, 它等于

$$|\boldsymbol{S}_g| = (S_{g\mu}S_g{}^{\mu})^{1/2}$$

所以, 测到的角 θ 可以表示为如下形式

$$\cos\theta = \frac{S_{\mu}u^{\mu}}{(S_{\mu}S^{\mu})^{1/2}} \tag{9.6.14}$$

这是一个不变量, 所以我们不再限于固定在陀螺上的颇为不便的惯性系, 对于自旋四维矢量 S_{μ} 和光速四维矢量 u^{μ} 来说, 我们可以用任何方便的坐标系统, 例如固定在地球上的参考系, 在这个参考系中, 对于星光的速度四维矢量, 我们有

$$u^i = u^i_{\infty} + \delta u^i$$
$$u^0 = 1 + \delta u^0$$

[236]

式中 $\boldsymbol{u}_{\infty}$ 是一个固定的单位矢量, 它给出远离地球处的光速, δu^{μ} 是一个量级为 $M_{\oplus}G/r \sim \bar{v}^2$ 的改正项, 它来自地球引力场对光线的速度和方向的影响. 此外, 准确到 $\bar{v}^2$ 量级, 由式 (9.6.10) 和 (9.6.2) 得

$$S_i = \mathscr{S}_i - \phi\mathscr{S}_i + \frac{1}{2}v_i(\boldsymbol{v}\cdot\mathscr{S}) + \bigcirc(\bar{v}^4)$$
$$S_0 = -\boldsymbol{v}\cdot\mathscr{S} + \bigcirc(\bar{v}^3)$$

这样一来, 由 (9.6.14) 得出观测到的角 θ 应有如下关系

$$\cos\theta \simeq \hat{\mathscr{S}} \cdot \left[\boldsymbol{u}_{\infty} - \boldsymbol{v} + \delta\boldsymbol{u} - \phi\boldsymbol{u}_{\infty} + \frac{1}{2}\boldsymbol{v}(\boldsymbol{v}\cdot\boldsymbol{u}_{\infty})\right] \tag{9.6.15}$$

式中 $\hat{\mathscr{S}} = \mathscr{S}/|\mathscr{S}|$. $-\boldsymbol{v}$ 项代表星光的光行差, 它是从 18 世纪以来就知道的重要效应, 当然应予考虑. 除了这一项以外, $\cos\theta$ 显然随时间变化, 这是因为 $\delta\boldsymbol{u}, \phi$ 和 $\boldsymbol{v}$ 均随陀螺绕地球旋转而改变, 而且还因为 $\hat{\mathscr{S}}$ 以角频率

Ω 进动. 实际上, 在每转一圈的过程中, 由于 $\delta u, \phi, v$ 和 $\mathscr{S}$ 各自的变化而在 $\cos\theta$ 中产生的部分改变 (除光行差而外), 量级全是 v^2 [见式 (8.5.8) 和 (9.6.12)], 所以为了测量 $\mathscr{S}$ 在陀螺仪每转一圈中的进动, 就必须使 θ 的测量精确到 10^{-10} 弧度的量级. 即便如此, 为了把结果解释成自旋进动, 我们还必须把 (9.6.5) 中星光弯曲 δu 以及其它项的效应分解开来. 幸而, 自旋进动有一个区别于所有其它效应的特点: 它是累积的. 在转了 N 圈 (N 很大) 以后, 自旋方向 $\hat{\mathscr{S}}$ 将改变一个量级为 $N\bar{v}^2$ 的量, 而 $\delta u, \phi$ 和 $v(v \cdot u_\infty)$ 的量级仍然是 $\bar{v}^2$. 所以, 作为一个很好的近似, θ 的改变在扣除光行差以后将正好由 $\hat{\mathscr{S}}$ 的改变决定:

$$\Delta(\cos\theta) \simeq u_\infty \cdot \Delta\hat{\mathscr{S}} \tag{9.6.16}$$

因而我们的结论是, $\mathscr{S}$ 的进动 Ω 是一个可直接测量的效应, 只要我们有耐心等待陀螺围绕地球转许多圈.

现在回到计算 Ω 的问题: 如果我们把地球看作是一个质心静止的旋转球体, 场 ζ 和 ϕ 可以由 (9.4.34) 和 (9.4.22) 给出

$$\phi = -\frac{GM_\oplus}{r} \quad \zeta = \frac{2G}{r^3}(x \times J_\oplus)$$

[237] 因而进动频率 (9.6.12) 为

$$\Omega = 3Gx(x \cdot J_\oplus)r^{-5} - GJ_\oplus r^{-3} + \frac{3GM_\oplus(x \times v)}{2r^3} \tag{9.6.17}$$

最后一项只依赖于地球的质量而与其自旋无关, 叫做测地进动[6]; 它本质上正是由引力产生的 Thomas 进动 (见 5.1 节). 头两项代表地球和陀螺的自旋和轨道角动量之间的相互作用, 这同原子物理学中的超精细相互作用类似. 如果为简单起见我们把陀螺的轨道取成是一个半径为 r 的圆, 其单位法向矢量为 $\hat{h}$, 则陀螺的速度是

$$v = -\left(\frac{M_\oplus G}{r^3}\right)^{1/2}(x \times \hat{h}) \tag{9.6.18}$$

进动频率对一圈平均是

$$\langle\Omega\rangle = \frac{(J_\oplus - \hat{h}(\hat{h} \cdot J_\oplus))G}{2r^3} + 3(M_\oplus G)^{3/2}\frac{\hat{h}}{2r^{5/2}} \tag{9.6.19}$$

当 r 取得尽可能小, 即大约等于地球半径 $R_\oplus$ 时, 这两项都达到最大值. 在这样低的高度上, 第一项 ("超精细" 项) 与第二项 ("测地" 项) 之量级比为

$$\frac{超精细项}{测地项} \approx \frac{J_\oplus G}{3(M_\oplus G)^{3/2}R_\oplus^{1/2}} = 6.5 \times 10^{-3} \tag{9.6.20}$$

故主要的效应是自旋围绕轨道角动量 $\hat{h}$ 的进动, 其平均速率为

$$\langle |\boldsymbol{\Omega}| \rangle \approx \frac{3(M_{\oplus}G)^{3/2}}{2r^{5/2}} \approx 8.4 \left(\frac{R_{\oplus}}{r} \right)^{5/2} \text{角秒/年} \tag{9.6.21}$$

这应当是可以测量的[7]. 为了测量微小的 "超精细" 进动, 可以使陀螺的自旋轴顺着与轨道平面垂直的方向 $\hat{h}$. 在这种情况下, $\boldsymbol{\Omega}$ 中平行于 $\hat{h}$ 的项没有效应[见方程 (9.6.11)], 故有效进动正好绕着 $\boldsymbol{J}_{\oplus}$:

$$\langle \boldsymbol{\Omega} \rangle_{\text{有效}} = \frac{G \boldsymbol{J}_{\oplus}}{2r^3} \tag{9.6.22}$$

其模为

$$|\langle \boldsymbol{\Omega} \rangle_{\text{有效}}| = 0.055 \left(\frac{R_{\oplus}}{r} \right)^3 \text{角秒/年} \tag{9.6.23}$$

为了使这个微小进动的效应达到最大. 人们希望使陀螺的自旋轴垂直于 $\boldsymbol{J}_{\oplus}$; 因为它也必须垂直于轨道平面, 最好的安排应是把陀螺放入绕极轨道, 并使其自旋轴与地球的赤道面平行. [238]

照例, 把卫星放入椭圆轨道的效应不过就是把半径 r 到处换成半正焦弦 L. 要考虑可能偏离 Einstein 场方程的影响也不难. 由各向同性坐标中一般静态球对称度规的 Robertson 展开式 (8.3.1) 得出 (令 $\alpha \equiv 1$)

$$\overset{2}{g}_{00} = -2\phi \qquad \overset{2}{g}_{ij} = -2\gamma\phi\delta_{ij} \qquad \overset{3}{g}_{i0} = 0$$

式中 ϕ 照常是 $-GM/r$, γ 是一个在 Einstein 理论中等于 1 的无量纲常数. 回头参阅 (9.1.18)、(9.1.19) 和 (9.1.21), 我们看到现在有

$$\overset{2}{\Gamma}^j_{ik} = \gamma \left[-\frac{\partial\phi}{\partial x^k}\delta_{ij} - \frac{\partial\phi}{\partial x^i}\delta_{jk} + \frac{\partial\phi}{\partial x^j}\delta_{ik} \right]$$

$$\overset{2}{\Gamma}^0_{i0} = \frac{\partial\phi}{\partial x^i}$$

$$\overset{3}{\Gamma}^j_{i0} = 0$$

将它们代入 (9.6.4) 即得自旋变化率为

$$\frac{\mathrm{d}\boldsymbol{S}}{\mathrm{d}t} = -(1+\gamma)(\boldsymbol{v} \cdot \boldsymbol{S})\nabla\phi - \gamma(\boldsymbol{v} \cdot \nabla\phi)\boldsymbol{S} + \gamma(\boldsymbol{S} \cdot \nabla\phi)\boldsymbol{v}$$

和以前一样, 引入一个常模自旋矢量是方便的, 它现在是

$$\mathscr{S} \equiv (1+\gamma\phi)\boldsymbol{S} - \frac{1}{2}\boldsymbol{v}(\boldsymbol{v} \cdot \boldsymbol{S})$$

$\mathscr{S}$ 正好也是绕着一个矢量 $\boldsymbol{\Omega}$ 进动

$$\frac{\mathrm{d}\mathscr{S}}{\mathrm{d}t} = \boldsymbol{\Omega} \times \mathscr{S}$$

但现在 Ω 由下式给出

$$\Omega = -\left(\frac{1}{2} + \gamma\right)(v \times \nabla \phi) \tag{9.6.24}$$

所以, 修改 Einstein 场方程对于测地进动的影响只不过是把它乘上一个因子

$$\frac{1 + 2\gamma}{3}$$

为了计算在一个非球对称和静态的系统中修改 Einstein 方程对于 Ω 的影响, 必须知道新理论的细节; 我们将在 9.9 节中再回到这个问题.

[239]
9.7 自旋进动和 Mach 原理*

按照在 1.3 节中讨论过的 Ernst Mach 的思想, 可以对上节中算出的自旋进动效应作出一个值得注意的解释. 人们记得, 一个自由下落的陀螺的自旋, 在随陀螺一起运动的惯性坐标系中是并不进动的; 归根到底这正是平行移动方程 (9.6.1) 的意义. 所以, 陀螺在另一个参考系 (例如固定在地球上的参考系) 中的进动 Ω, 完全是由陀螺所携带的惯性系相对于地球和遥远恒星以角频率 Ω 转动引起的. 这就是为什么 Ω 并不依赖于陀螺的自转速率; 在惯性系中保持固定方向的任何矢量, 在 "实验室" 或地球系中看来都将以方程 (9.6.12) 给出的角频率 Ω 进动.

随陀螺下降的惯性系为什么应当相对于遥远恒星转动呢? Mach 告诉我们, 惯性力来自相对于宇宙的总物质的加速度 (包括转动), 所以如果一个参考系相对于宇宙物质的某种平均分布没有加速度, 那它就是惯性系, 通常这意味着惯性系相对于遥远恒星是不转动的. 然而, 围绕地球转动的陀螺上的观察者看到的物质分布, 不仅有遥远的恒星, 而且也有一个叫做地球的巨大球体, 这个球体表现为每 90 min 左右绕陀螺转一圈, 而且还绕它自己的轴旋转. 因此, 固定在陀螺上的惯性系必须既不全跟随遥远恒星, 也不全跟随地球, 而是在二者之间达到某种折中; 它试图按与地球自转及视旋转相同的方向转动, 但远远落在后面, 遥远的恒星总是赢得胜利.

Mach 原理提出的这种相当含糊的思想, 在以等效原理为基础的详细计算中找到了具体的表达. 我们在式 (9.6.19) 中曾看到, 轨道陀螺的进动, 从而它所携带的惯性系的旋转, 有一个平行于轨道角动量 h 的小 "测地" 项, 也有一个与地球自旋 $J_\oplus$ 垂直于 h 的分量相平行的更小的 "超精细" 项, 因此, 地球的自转和绕陀螺的表观旋转似乎把随陀螺下降的惯性系稍稍向前拖.

　　Lense 和 Thirring[8] 于广义相对论问世后不久讨论过的一个设想试验, 其中可以更清楚地看出上述这一效应. 他们考虑一个以角速度 ω 刚性旋转的空心球壳. 根据式 (9.4.35), 球内的度规场 ζ 是

$$\zeta = x \times \Omega$$

式中

$$\Omega = -4\phi \frac{\omega}{3}$$

ϕ 是球内部的恒定引力势

[240]

$$\phi = -4\pi G \int_{壳} \overset{0}{T^{00}}(r')r' \mathrm{d}r'$$

于是公式 (9.6.12) 告诉我们, 球内的任何惯性系均以角速度 Ω 旋转.

　　我们注意到, Ω 是与 ω 平行的, 但要小一个无量纲因子 $-4\phi/3$. 因而一个很有意义的问题是, 如果球壳做得如此之重使 ϕ 的值趋于约 $-3/4$, 会发生什么情况. 壳内的惯性系是否会完全撇开遥远的恒星而跟着球壳以频率 ω 旋转呢? (我们听到了 Mach 对 Newton 水桶实验所作评论的回音, 我们在 1.3 节中曾引用过他的话: "如果桶壁的厚度和质量都增加, 直到厚达若干英里, 谁也说不出这个实验会有什么结果.") 可惜, 正当这个问题变得有意义, 也就是当 $|\phi|$ 的量级为 1 的时候, 后 Newton 方法就失效了. Kerr[9] 已经找到一个看起来像是旋转球外部度规的 Einstein 方程的严格解; 它的形式为

$$
\begin{aligned}
-\mathrm{d}\tau^2 = &-\mathrm{d}t^2 + \mathrm{d}x^2 + \frac{2MG\rho}{(\rho^4 + (x \cdot a)^2)(\rho^2 + a^2)^2} \\
&\times [\rho^2 x \cdot \mathrm{d}x + \rho \mathrm{d}x \cdot (a \times x) \\
&+ (a \cdot x)(a \cdot \mathrm{d}x) + (\rho^2 + a^2)\rho \mathrm{d}t]^2
\end{aligned}
$$

式中 x 是拟 Euclid 三维矢量; a 是常矢量, 标量积 $x \cdot a, x^2$ 等等按 Euclid 几何定义; ρ 按下式定义

$$\rho^4 - (r^2 - a^2)\rho^2 - (a \cdot x)^2 = 0$$

式中像通常一样, $r^2 \equiv x^2$. 当 $r \to \infty$ 时, 我们有 $\rho \to r$, 同时度规系数变为

$$g_{00} \to -1 + \frac{2MG}{r} + \bigcirc\left(\frac{1}{r^2}\right)$$

$$g_{0i} \to \frac{2MG}{r^2}\left\{x_i + \frac{1}{r}(a \times x)_i\right\} + \bigcirc\left(\frac{1}{r^3}\right)$$

$$g_{ij} \to \delta_{ij} + \frac{2MG}{r^3}x_ix_j + \bigcirc\left(\frac{1}{r^2}\right)$$

利用表达式 (7.6.22)—(7.6.24) 直接计算表明, 系统和它的引力场的总动量、能量和角动量是

$$\boldsymbol{P} = 0 \quad P^0 = M \quad \boldsymbol{J} = M\boldsymbol{a}$$

[241]　　可惜, 还不能证明这个严格的外部解同旋转球内部的一个严格解光滑地吻合. 最近 Brill 和 Cohen[10] 求得一个非常薄的旋转球壳的解, 这个解在壳内外都成立, 准确到旋转频率 ω 的最低阶 (但到壳质量 M 的所有阶), 并在穿过壳半径 R 处满足正确的连续性条件. 这个解是

$$-\mathrm{d}\tau^2 = -H(r)\mathrm{d}t^2 + J(r)[\mathrm{d}r^2 + r^2\mathrm{d}\theta^2 + r^2\sin^2\theta(\mathrm{d}\varphi - \Omega(r)\mathrm{d}t)^2]$$

式中

$$H(r) = \begin{cases} \left(\dfrac{1-2MG/r}{1+2MG/r}\right)^2 & (r > R) \\ \left(\dfrac{1-2MG/R}{1+2MG/R}\right)^2 & (r < R) \end{cases}$$

$$J(r) = \begin{cases} (1+2MG/r)^4 & (r > R) \\ (1+2MG/R)^4 & (r < R) \end{cases}$$

在球内部, 角速度 $\Omega(r)$ 是一个常量

$$\Omega = \omega\left[1 + \frac{3(R-2MG)}{4MG(1+\beta)}\right]^{-1} \quad (r < R)$$

其中 β 是一个无量纲常数, 依赖于 T^{ij} 和 T^{00} 对球壳引力质量的相对贡献. 如果我们定义新坐标

$$t' = \sqrt{H}t \quad r' = \sqrt{J}r \quad \varphi' = \varphi - \Omega t$$

在球内就得到一个惯性坐标系, 故 Ω 是壳内的惯性系相对于无穷远处的 Minkowski 度规的旋转频率 (以 t 为单位). 当 MG 很小并且 β 也很小时, Ω/ω 趋于后 Newton 值 $4MG/3R$, 但当 MG 大到使得壳的 Schwarzschild 半径趋于壳半径 R 时, 比值 Ω/ω 就趋于 1, 正如 Mach 可能预期的那样.

9.8 后 Newton 流体力学*

假如太阳和行星可以当作质点看待的话, 在 9.1—9.3 节中概述的后 Newton 程序就可以构成相对论性天体力学的适当基础. 然而, 情况并非

如此; 例如, 由于月球有限的尺度而作用在它上面的潮汐力就远远大于对地球引力场的后 Newton 改正效应. 如果我们把天体看成是由理想流体组成的[11], 常常可以充分精确地把这种有限尺度产生的效应计算出来. 在这种情况下, 能量 – 动量张量由 (5.4.2) 描述

$$T^{\mu\nu} = pg^{\mu\nu} + (p+\rho)U^\mu U^\nu \tag{9.8.1}$$

式中 p 和 ρ 是固有压强和能量密度, 即由局部共动和自由下落的观察者测得的值, U^μ 是速度 4 维矢量 $\mathrm{d}x^\mu/\mathrm{d}\tau$. (当然, p 和 ρ 除了在太阳和行星内部以外均为零.) 为了计算 U^μ, 我们令

$$\frac{U^i}{U^0} = \frac{\mathrm{d}x^i}{\mathrm{d}t} \equiv v^i \tag{9.8.2}$$

U^0 可由 (9.2.2) 算得:

$$U^0 = \frac{\mathrm{d}t}{\mathrm{d}\tau} = 1 - \phi + \frac{1}{2}v^2 + \bigcirc(\overline{v}^4) \tag{9.8.3}$$

计算流体运动的程序严格取决于, 是存在一个给定 p 作为 ρ 的函数的物态方程 (如像在第十一章中要研究的冷筒并流体的情形) 呢? 还是 p 也依赖于温度. 如果压强仅仅是 ρ 的函数, 则我们的程序基本上和 9.3 节中的一样:

(A) 首先解 Newton 问题. 可以认为, 压强的量级是 $\overline{v}^2\overline{M}/\overline{r}^3$, 故由 (9.8.1)—(9.8.3) 得到需要的能量 – 动量张量的分量是

$$\overset{0}{T}{}^{00} = \rho \tag{9.8.4}$$

$$\overset{1}{T}{}^{i0} = \rho v_i \tag{9.8.5}$$

$$\overset{2}{T}{}^{ij} = p\delta_{ij} + \rho v_i v_j \tag{9.8.6}$$

将 (9.8.4)—(9.8.6) 代入质量和动量守恒方程 (9.3.2) 和 (9.3.3) 即得 Newton 运动方程:

$$\frac{\partial\rho}{\partial t} + \nabla \cdot (\rho\boldsymbol{v}) = 0 \tag{9.8.7}$$

$$\frac{\partial}{\partial t}(\rho\boldsymbol{v}) + \nabla \cdot (\rho\boldsymbol{v}\boldsymbol{v}) = -\rho\nabla\phi - \nabla p \tag{9.8.8}$$

式中 p 通过物态方程作为 ρ 的函数给出, ϕ 由 Poisson 方程 (9.3.12) 决定

$$\nabla^2\phi = 4\pi G\rho \tag{9.8.9}$$

(B) 利用 (A) 中决定的 $\rho, p, \boldsymbol{v}$ 和 ϕ 值来计算 (9.8.4)—(9.8.6) 的 $T^{\mu\nu}$ 项, 而且也计算

$$\overset{2}{T}{}^{00} = \rho(\boldsymbol{v}^2 - 2\phi) \tag{9.8.10}$$

[243]

(C) 用 (A) 和 (B) 的结果以及式 (9.1.62) 和 (9.1.65) 来计算后 Newton 场 ζ 和 ψ.

(D) 在后 Newton 近似中求解 ρ, p 和 $\boldsymbol{v}$. 由 (9.8.1)—(9.8.3) 得出准确到需要量级的能量 – 动量张量是

$$\overset{0}{T}{}^{00} + \overset{2}{T}{}^{00} = \rho(1 + \boldsymbol{v}^2 - 2\phi) \tag{9.8.11}$$

$$\overset{1}{T}{}^{i0} + \overset{3}{T}{}^{i0} = (\rho + p + \boldsymbol{v}^2\rho - 2\phi\rho)\boldsymbol{v} \tag{9.8.12}$$

$$\overset{2}{T}{}^{ij} + \overset{4}{T}{}^{ij} = p\delta_{ij}(1 + 2\phi)$$
$$+ v^i v^j (p + \rho - 2\phi\rho + \phi\boldsymbol{v}^2) \tag{9.8.13}$$

将 (9.8.11)—(9.8.13) 代入能量和动量守恒方程, 即 (9.3.2) 加 (9.3.4) 和 (9.3.3) 加 (9.3.5), 就得到后 Newton 运动方程:

$$\frac{\partial}{\partial t}[\rho(1 - \boldsymbol{v}^2 - 2\phi)] + \nabla \cdot [\boldsymbol{v}(\rho + p + \boldsymbol{v}^2\rho - 2\phi\rho)] = \rho\frac{\partial\phi}{\partial t} \tag{9.8.14}$$

$$\frac{\partial}{\partial t}[\boldsymbol{v}(\rho + p + \boldsymbol{v}^2\rho - 2\phi\rho)] + \nabla \cdot [\boldsymbol{v}\boldsymbol{v}(p + \rho - 2\phi\rho + \phi\boldsymbol{v}^2)]$$
$$= -\nabla[p(1 + 2\phi)] - \rho\nabla(\phi + 2\phi^2 + \psi) - \rho\frac{\partial\boldsymbol{\zeta}}{\partial t}$$
$$- \rho(\boldsymbol{v}^2 - 2\phi)\nabla\phi + \rho\boldsymbol{v} \times (\nabla \times \boldsymbol{\zeta}) + 4\rho\boldsymbol{v}\frac{\partial\phi}{\partial t}$$
$$- (3p + \rho\boldsymbol{v}^2)\nabla\phi + 4p\nabla\phi + 4\rho\boldsymbol{v}(\boldsymbol{v} \cdot \nabla\phi) \tag{9.8.15}$$

(E) 如此继续下去.

当温度是一个独立变量时, 问题就更复杂了. 在计算的每一阶段, 我们都需要另加一个方程, 它可以由连续性方程来充当

$$\frac{\partial}{\partial x^\mu}(\sqrt{g}\mu U^\mu) = 0 \tag{9.8.16}$$

式中 μ 是与流体中粒子数密度成正比的静质量密度[比较方程 (5.2.14)]. 可以假设, 压强是通过物态方程作为 μ 和能量密度 $\varepsilon = \bigcirc(\bar{v}^2)$ 的函数给出的, ε 由下式定义

$$T^{00} \equiv \mu U^0 + \varepsilon \tag{9.8.17}$$

于是我们的方程组就是连续性方程 (9.8.16), 动量守恒方程 $(T^{\mu i})_{;\mu} = 0$ 和能量守恒方程, 后者在减去 (9.8.16) 后可以写为

$$\frac{\partial}{\partial t}\sqrt{g}\varepsilon + \frac{\partial}{\partial x^i}\sqrt{g}[T^{i0} - \mu U^i] = -\sqrt{g}\Gamma^0_{\mu\nu}T^{\mu\nu} \tag{9.8.18}$$

然而, 我们现在使用能量守恒方程在每一步准确度都提高一个 $\bar{v}^2$ 的量级: 在 Newton 近似中, 我们使用连续性方程准确到量级 $\bar{v}$, 动量守恒方程准确到量级 $\bar{v}^2$, 能量守恒方程准确到量级 $\bar{v}^3$, 而在后 Newton 近似中, 我们使用连续性方程准确到 $\bar{v}^3$, 动量守恒方程准确到 $\bar{v}^4$, 能量守恒方程准确到 $\bar{v}^5$. 不用详细写出这些方程我们就可以注意到这个程序是可行的, 因为在 Newton 级计算中, 我们需要 $\overset{3}{\Gamma}{}^0{}_{00}$ 和 $\overset{2}{\Gamma}{}^0{}_{i0}$, 它们可单独利用 ϕ 从方程 (9.1.71) 和 (9.1.72) 得到, 而在后 Newton 计算中我们还需要 $\overset{5}{\Gamma}{}^0{}_{00}, \overset{4}{\Gamma}{}^0{}_{i0}$ 和 $\overset{3}{\Gamma}{}^0{}_{ij}$, 它们可以利用后 Newton 场由 (9.1.73)—(9.1.75) 得到.

[244]

9.9 Brans-Dicke 理论的近似解

为了检验广义相对论, 记住某些要与之比较的其它理论是有益的. 7.3 节中描述的 Brans-Dicke 理论在度规 $g_{\mu\nu}$ 的物理解释方面同广义相对论相同, 差别仅仅在于引力场方程中引进了一个新的标量场 ϕ, 为了避免与 Newton 势混淆, 我们将把 Brans-Dicke 标量场 ϕ 写作 $\mathscr{G}^{-1}(1+\xi)$, 其中 $\mathscr{G}$ 是一个量级为 G 的常数, 而 ξ 是一个由下式定义的标量场

$$\xi^{;\mu}{}_{;\mu} = \frac{8\pi\mathscr{G}}{3+2\omega}T^\mu{}_\mu \tag{9.9.1}$$

$$\xi \to 0 \quad \text{当} \quad r \to \infty \tag{9.9.2}$$

[见方程 (7.3.13). 我们去掉了下标 M, 但 $T^{\mu\nu}$ 应理解为是除 ξ 以外的物质的能量 – 动量张量. 此外, ω 是一个无量纲常数, 也许约为 6.] 由 (7.3.14) 得到引力场方程为

$$R_{\mu\nu} - \frac{1}{2}g_{\mu\nu}R = -8\pi\mathscr{G}(1+\xi)^{-1}T_{\mu\nu}$$
$$- \omega(1+\xi)^{-2}\left(\xi_{;\mu}\xi_{;\nu} - \frac{1}{2}g_{\mu\nu}\xi_{;\rho}\xi^{;\rho}\right)$$
$$- (1+\xi)^{-1}(\xi_{;\mu;\nu} - g_{\mu\nu}\xi^{;\rho}{}_{;\rho}) \tag{9.9.3}$$

我们用 (9.9.1) 来决定 $\xi^{;\rho}{}_{;\rho}$, 缩并 (9.9.3) 来求 R, 可以将上式改写为如下形式

$$R_{\mu\nu} = -8\pi\mathscr{G}(1+\xi)^{-1}\left[T_{\mu\nu} - g_{\mu\nu}T^\lambda{}_\lambda\left(\frac{\omega+1}{2\omega+3}\right)\right]$$
$$- \omega(1+\xi)^{-2}\xi_{;\mu}\xi_{;\nu} - (1+\xi)^{-1}\xi_{;\mu;\nu} \tag{9.9.4}$$

由 (9.9.1) 和 (9.9.2) 可知, ξ 可以展开为

[245]

$$\xi = \overset{2}{\xi} + \overset{4}{\xi} + \cdots \tag{9.9.5}$$

式中 $\overset{N}{\xi}$ 的量级为 $\bar{v}^N$, 特别是

$$\nabla^2 \overset{2}{\xi} = -\frac{8\pi\mathscr{G}}{3+2\omega}\overset{0}{T}_{00} \tag{9.9.6}$$

现在由 (9.9.4)—(9.9.6) 和 (9.1.37)—(9.1.40) 便得到场方程:

$$\nabla^2 \overset{2}{g}_{00} = -8\pi\mathscr{G}\left(\frac{2\omega+4}{2\omega+3}\right)\overset{0}{T}^{00} \tag{9.9.7}$$

$$\begin{aligned}
\nabla^2 \overset{4}{g}_{00} =\ & \frac{\partial^2 \overset{2}{g}_{00}}{\partial t^2} + \overset{2}{g}_{ij}\frac{\partial^2 \overset{2}{g}_{00}}{\partial x^i \partial x^j} - (\nabla \overset{2}{g}_{00})^2 \\
& + 8\pi\mathscr{G}\left(\frac{2\omega+4}{2\omega+3}\right)\overset{2}{\xi}\overset{0}{T}^{00} - 8\pi\mathscr{G}\overset{2}{T}^{ii}\left(\frac{2\omega+2}{2\omega+3}\right) \\
& + 16\pi\mathscr{G}\overset{2}{g}_{00}\overset{0}{T}^{00}\left(\frac{2\omega+4}{2\omega+3}\right) - 8\pi\mathscr{G}\left(\frac{2\omega+4}{2\omega+3}\right)\overset{2}{T}^{00} \\
& - 2\omega\left(\frac{\partial \overset{2}{\xi}}{\partial t}\right)^2 - 2\frac{\partial^2 \overset{2}{\xi}}{\partial t^2} + 2\overset{2}{\Gamma}^i_{00}\frac{\partial \overset{2}{\xi}}{\partial x^i}
\end{aligned} \tag{9.9.8}$$

$$\nabla^2 \overset{3}{g}_{i0} = 16\pi\mathscr{G}\overset{1}{T}^{i0} - 2\frac{\partial^2 \overset{2}{\xi}}{\partial x^i \partial t} \tag{9.9.9}$$

$$\nabla^2 \overset{2}{g}_{ij} = -8\pi\mathscr{G}\overset{0}{T}^{00}\delta_{ij}\left(\frac{2\omega+2}{2\omega+3}\right) - 2\frac{\partial^2 \overset{2}{\xi}}{\partial x^i \partial x^j} \tag{9.9.10}$$

从 (9.9.7) 得知, 由观察缓慢运动质点或在时间膨胀实验中测得的引力常数不是 $\mathscr{G}$, 而是

$$G = \left(\frac{2\omega+4}{2\omega+3}\right)\mathscr{G} \tag{9.9.11}$$

也就是说, 我们仍有 $\overset{2}{g}_{00}$ 和 Newton 势 ϕ 之间的通常关系

$$\overset{2}{g}_{00} = -2\phi \tag{9.9.12}$$

其条件是我们用下式来定义 ϕ

$$\nabla^2 \phi = 4\pi G \overset{0}{T}^{00} \tag{9.9.13}$$

[246] 从 (9.9.6) 和 (9.9.13) 还可得到

$$\overset{2}{\xi} = -(\omega+2)^{-1}\phi$$

对于 $\overset{4}{g}_{00}, \overset{3}{g}_{i0}$ 和 $\overset{2}{g}_{ij}$ 的场方程是

$$\nabla^2 \overset{4}{g}_{00} = -2\left(\frac{\omega+1}{\omega+2}\right)\frac{\partial^2\phi}{\partial t^2} - 2\overset{2}{g}_{ij}\frac{\partial^2\phi}{\partial x^i \partial x^j}$$

$$-2\left(\frac{2\omega+5}{\omega+2}\right)(\nabla\phi)^2 - 8\pi G\left[4 + \frac{1}{\omega+2}\right]\phi\overset{0}{T}{}^{00}$$

$$-8\pi G\left(\frac{2\omega+2}{2\omega+4}\right)\overset{2}{T}{}^{ii} - 8\pi G\overset{2}{T}{}^{00}$$

$$-\frac{2\omega}{(\omega+2)^2}\left(\frac{\partial\phi}{\partial t}\right)^2 \tag{9.9.14}$$

$$\nabla^2 \overset{3}{g}_{i0} = 16\pi G\left(\frac{2\omega+3}{2\omega+4}\right)\overset{1}{T}{}^{i0} + \frac{2}{\omega+2}\frac{\partial^2\phi}{\partial x^i \partial t} \tag{9.9.15}$$

$$\nabla^2 \overset{2}{g}_{ij} = -8\pi G\overset{0}{T}{}^{00}\delta_{ij}\left(\frac{\omega+1}{\omega+2}\right) + \frac{2}{\omega+2}\frac{\partial^2\phi}{\partial x^i \partial x^j} \tag{9.9.16}$$

作为一个例子, 让我们考虑一个静态球对称质量的场. 于是, Newton 势就只是 r 的函数, 由 (9.9.16) 得

$$\overset{2}{g}_{ij} = -2\delta_{ij}\left(\frac{\omega+1}{\omega+2}\right)\phi + \frac{2}{\omega+2}$$

$$\times \left\{\left(\delta_{ij} - \frac{3x_i x_j}{r^2}\right)\frac{1}{r^3}\int_0^r r^2\phi(r)\mathrm{d}r + \frac{x_i x_j \phi}{r^2}\right\} \tag{9.9.17}$$

在此质量外面, 我们有

$$\phi = -\frac{MG}{r} \tag{9.9.18}$$

故由 (9.9.17) 得

$$\overset{2}{g}_{ij} = \left(\frac{2\omega+1}{\omega+2}\right)\frac{MG}{r}\delta_{ij} + \frac{MG}{\omega+2}\frac{x_i x_j}{r^3}$$

$$+\frac{2MGR^2}{\omega+2}\left(\delta_{ij} - \frac{3x_i x_j}{r^2}\right)\frac{1}{r^3} \tag{9.9.19}$$

式中 R 是有效半径, 定义为

$$MGR^2 \equiv \int_0^\infty \left[\phi(r) + \frac{MG}{r}\right]r^2\mathrm{d}r \tag{9.9.20}$$

(在质量外面被积式为零, 所以允许我们把上限从 r 变为 ∞.) 将 (9.9.18) 和 (9.9.19) 代入 (9.9.14) 得

$$\nabla^2 \overset{4}{g}_{00} = -\frac{2(2\omega+3)M^2 G^2}{(\omega+2)r^4} - \frac{24M^2 G^2 R^2}{(\omega+2)r^6}$$

[247]　其解为

$$\overset{4}{g}_{00} = -\frac{(2\omega+3)M^2G^2}{(\omega+2)r^2} - \frac{2M^2G^2R^2}{(\omega+2)r^4} + \frac{\kappa M^2G^2}{rR} \tag{9.9.21}$$

式中 κ 是一个无量纲常数, 必须由外部解 (9.9.21) 光滑连接到一个非异内部解的条件来决定.

从结果 (9.9.19)—(9.9.21) 看来, 一个球形静态质量外部的引力场似乎同该质量的尺寸和分布有关. 然而, 只要适当地重新定义 M 和 $\boldsymbol{x}$

$$M' = M\left[1 - \frac{\kappa MG}{R}\right] \tag{9.9.22}$$

$$\boldsymbol{x}' = \boldsymbol{x}\left[1 + \frac{MGR^2}{(\omega+2)r^3}\right] \tag{9.9.23}$$

就可以消去这种与尺度有关的效应. 于是, (9.9.21) 中最后两项和 (9.9.19) 中最后一项就由于 $\overset{2}{g}_{00}, \overset{2}{g}_{ij}$ 的改变而消去了, 所以去掉撇号后我们现在有

$$\overset{2}{g}_{00} = \frac{2MG}{r} \tag{9.9.24}$$

$$\overset{4}{g}_{00} = -\frac{(2\omega+3)M^2G^2}{(\omega+2)r^2} \tag{9.9.25}$$

$$\overset{2}{g}_{ij} = \left(\frac{2\omega+1}{\omega+2}\right)\frac{MG}{r}\delta_{ij} + \frac{MG}{\omega+2}\frac{x_ix_j}{r^3} \tag{9.9.26}$$

所以, Brans-Dicke 理论也有 Einstein 理论的性质, 即一个静态球对称质量外部的引力场依赖于 M, 而不依赖于该质量的任何其它特性.

可以将这个解同谐和坐标中的一般 Robertson 展开式 (8.3.7) 作一比较, 后者给出 (令 $\alpha \equiv 1$)

$$\overset{2}{g}_{00} = \frac{2MG}{r}$$

$$\overset{4}{g}_{00} = -(\gamma-1+2\beta)\frac{M^2G^2}{r^2}$$

$$\overset{2}{g}_{ij} = (3\gamma-1)\delta_{ij}\frac{MG}{r} + (1-\gamma)\frac{MGx_ix_j}{r^3}$$

所以 Brans-Dicke 的结果 (9.9.24)—(9.9.26) 可以通过给出 Robertson 参量的式子

$$\gamma = \frac{\omega+1}{\omega+2} \quad \beta = 1 \tag{9.9.27}$$

[248]　而加以概括. 上一章中在将 Brans-Dicke 理论同实验进行比较时已经用过这些式子了.

我们也注意到, 对于一个静态系统, 由方程 (9.9.15) 得出的度规张量元素 $\overset{3}{g}_{i0} = \zeta_i$ 是

$$\zeta_i = -4G\left(\frac{2\omega+3}{2\omega+4}\right)\int\frac{\overset{1}{T^{i0}}(\boldsymbol{x}',t)}{|\boldsymbol{x}-\boldsymbol{x}'|}\mathrm{d}^3x' \qquad (9.9.28)$$

所以, 一个球形质量的自转对自旋进动和近日点进动的效应在 Brans-Dicke 理论 (当 $0 < \omega < \infty$) 中比在广义相对论中要小一个因子 $(2\omega+3)/(2\omega+4)$.

对 Brans-Dicke 理论最为严格的那些检验, 都也检验 "甚强" 等效原理. 在引力场中任何一点 P, 我们可以选择局部惯性参考系, 对于这个参考系说来, 在该点有 $g_{\mu\nu} = \eta_{\mu\nu}, \Gamma^\lambda_{\mu\nu} = 0$. 然而, Brans-Dicke 场 ξ 是一个标量, 所以在 P 点不会变为零, 由方程 (9.9.6) 和 (9.9.13) 得出它是

$$\xi \simeq \overset{2}{\xi} = -(\omega+2)^{-1}\phi$$

式中 ϕ 是 Newton 引力势, 方程 (9.9.4) 表明, 在这个坐标系中, 一个小质量在 P 点产生的引力场可以像通常那样计算, 但引力常数 G 要换成

$$G_{\text{有效}} = G(1+\xi)^{-1} \simeq G[1 + (\omega+2)^{-1}\phi] \qquad (9.9.29)$$

例如, 取 $\omega = 6$ 和地球表面的 $\phi = -6.9 \times 10^{-10}$, 在地球表面上用 Cavendish 实验测量的有效引力常数要比在高轨道卫星上测量的 "真正" 引力耦合常数小一个因子 $[1 - 8 \times 10^{-11}]$.

专题书目

S. Chandrasekhar, "The Post-Newtonian Equations of Hydrodynamics in General Relativity", "The Post-Newtonian Effects on the Equilibrium of the Maclaurin Spheroids", "The Stability of Gascous Masses in the Post-Newtonian Approximation", in *Relativity Theory and Astrophysics. 3. Stellar Structure*, ed. by J. Ehlers (American Mathematical Society,Providence, R. I., 1967).

J. N. Goldberg. "The Equations of Motion", in *Gravitation: An Introduction to Current Research*, ed. by L. Witten (Wiley, New York, 1962), p. 102.

L. Infeld and J. Plebanski, *Motion and Relativity* (Pergamon Press, New York, 1960).

V. Fock, *The Theory of Space, Time, and Gravitation*, trans. by N. Kemmer (2nd rev. ed., Macmillan, New York, 1964). Chapter VI.

L. D. Landau and E. M. Lifshitz, *The Classical Theory of Fields*, trans. by M. Hamermesh (Pergamon Press, Oxford, 1962), Section 105.

[249]

参考文献

[1] A. Einstein, L. Infeld. and B., Hoffmann, Ann. Math., **99**, 65 (1938); A. Einstein and L. Infeld, Ann. Math., **41**, 455(1940); A. Einstein and L. Infeld, Canad. J. Math., **1**, 209(1949).

[2] G. E. Pugh, WSEG Research Memo **11**, U. S. Dept. of Defense (1959).

[3] L. I. Schiff. Proc. Nat. Acad. Sci., **46**, 871(1960); Phys. Rev. Lett., **4**, 215(1960).

[4] A. Papapetrou, Proc. Roy. Soc., **A209**, 248(1951); E. Corinaldesi and A. Papapetrou, Proc. Roy. Soc., **A209**, 259(1951).

[5] V. A. Fock, J. Phys. U. S. S. R., **1**, 81(1939).

[6] W. de Sitter, Mon. Nat. Roy. Astron. Soc., **77**. 155, 481(1920); A. D. Fokker, Kon. Akad. Weten. Amsterdam, Proc., **23**, 729 (1920); F. A. E. Pirani. Acta Physica Polonica, **15**, 389(1956).

[7] C. W. F. Everitt and W. M. Fairbank, *Proceedings of the Tenth International Conference on Low Temperature Physics*, Moscow, August 1966; D. H. Frisch and J. F. Kasper, Jr., J. Applied Phys., Vol. 40, No. 8, 3376; D. I. Shalloway and D. H. Frisch, Astrophys. and Space Sci., **10**, 106(1971). 也报告于 the Third "Cambridge" Conference on Relativity, June **8**, 1970, by D. H. Frisch and W. M. Fairbank.

[8] H. Thirring, Phys. Zeits., **19**. 33(1918). J. Lense and H. Thirring, Phys. Zeitschr., **19**. 156(1918).

[9] R. Kerr, Phys. Rev. Lett., **11**, 237(1963).

[10] J. M. Cohen, in *Relativity Theory and Astrophysics, 1. Relativity and Cosmology*, ed. by J. Ehlers (American Mathematical Society, Providence, R. I., 1967), p. 200.

[11] 解出理想流体后 Newton 方程的是 S. Chandrasekhar, Astrophys. J. **142**, 1488 (1965); *ibid.*, **158**, 45(1969). 关于后后 Newton 方程, 见 S. Chandrasekhar and Y. Nutku. Astrophys. J., **158**, 55(1969). 辐射反作用效应包含于 S. Chandrasekhar and F. P. Esposito, Astrophys. J., **160**, 153(1970).

第十章

引力辐射

我们已经看到在引力场和电磁场之间有许多相似之处. 因而 Einstein 方程像 Maxwell 方程一样具有辐射解不应当使我们感到奇怪.

还没有人肯定地探测到引力辐射, 但是其原因是不难找到的; Einstein 的理论预言, 在普通的原子过程中产生的引力辐射数量极微. 例如, 两个原子态之间的跃迁发出引力 (而不是电磁) 辐射的概率典型的量级是 GE^2/e^2, 其中 E 是释放出的能量而 e 是电子的电荷, 当 $E = 1$ eV 时; 这个概率大约是 3×10^{-54}.

那么为什么要研究引力辐射呢? 一个理由当然是也许有一天我们可以发现强引力辐射源. 这种源说不定确实已经探测到了 (见 10.7 节). 不过, 即令没有机会探测到任何引力辐射, 它还是有意义的, 因为引力辐射的理论在广义相对论和物理学的微观前沿之间搭起了一座重要的桥梁.

近年来我们已经学会用基本粒子及其碰撞来描述微观现象的基本可观测量. 在经典电动力学中, 是 Maxwell 方程的平面波解最自然地导致了粒子 (即光子) 解释. 类似地, 正是 Einstein 方程的辐射解在这里将导致引力辐射粒子, 即 "引力子" 的概念.

遗憾的是, 引力辐射的理论由于 Einstein 方程的非线性而复杂化了. 按照 7.6 节的精神, 我们可以说, 任何引力波本身就是一种对该波引力场有贡献的能量 – 动量分布. 这种复杂性妨碍着我们求出严格 Einstein 方程的一般辐射解.

克服这个困难有两条途径, 一是只去研究 Einstein 方程的弱场辐射解, 它描述的波携带着不足以影响其自身传播的能量和动量. 另一条途径是漫长而艰难地寻求严格 Einstein 方程的特解, 许多数学天才走上了第二条途径, 得到了一些出色的结果. 不过本章只采用第一种 (即弱场) 途径来讨论引力辐射. 一个理由是任何可观测的引力辐射其强度多半都非常低. 第二个更深刻的理由是, 要赋予一个基本粒子的概念以精确的含义, 只有当它远离其它所有粒子的时候才有可能, 而对于引力子来说, 这就相应于场方程的弱场解.

读者不应当因为我们不能求出非线性场方程的一般严格解就得出结论说, 我们对于引力的理解有什么根本的缺陷. 其实, 在电动力学中也存在类似的问题: 计算电振子中衰变电流所产生的严格电磁场的问题是高度非线性的, 因为这个场对于产生它的电流有反作用. 尽管这个问题在 Maxwell 的理论提出后多年未获解决, 电振子会产生 Maxwell 研究的电磁波仍然是没有疑问的. 引力波比电磁波更为复杂是因为除了物质的引力天线之外, 它们对自己的源也有贡献. 不过, 当我们研究远处波区 (那里的场很弱) 的时候, 电磁波和引力波都出现一些简单的性质.

10.1 弱场近似

我们假设度规接近 Minkowski 度规 $\eta_{\mu\nu}$:

$$g_{\mu\nu} = \eta_{\mu\nu} + h_{\mu\nu} \tag{10.1.1}$$

式中 $|h_{\mu\nu}| \ll 1$, 准确到 h 的第一阶, Ricci 张量就是

$$R_{\mu\nu} \simeq \frac{\partial}{\partial x^\nu} \varGamma^\lambda_{\lambda\mu} - \frac{\partial}{\partial x^\lambda} \varGamma^\lambda_{\mu\nu} + \bigcirc(h^2) \tag{10.1.2}$$

仿射联络是

$$\varGamma^\lambda_{\mu\nu} = \frac{1}{2} \eta^{\lambda\rho} \left[\frac{\partial}{\partial x^\mu} h_{\rho\nu} + \frac{\partial}{\partial x^\nu} h_{\rho\mu} - \frac{\partial}{\partial x^\rho} h_{\mu\nu} \right] + \bigcirc(h^2) \tag{10.1.3}$$

[253] 只要我们限于准确到 h 的第一阶, 就必须用 $\eta^{\mu\nu}$ 而不是 $g^{\mu\nu}$ 来升降所有指标; 即,

$$\eta^{\lambda\rho} h_{\rho\nu} \equiv h^\lambda{}_\nu \quad \eta^{\lambda\rho} \frac{\partial}{\partial x^\rho} \equiv \frac{\partial}{\partial x_\lambda}, \text{等等}$$

采用这种理解, 由方程 (10.1.2) 和 (10.1.3) 得出一阶 Ricci 张量

$$R_{\mu\nu} \simeq R^{(1)}_{\mu\nu} \equiv \frac{1}{2} \left(\square^2 h_{\mu\nu} - \frac{\partial^2}{\partial x^\lambda \partial x^\mu} h^\lambda{}_\nu - \frac{\partial^2}{\partial x^\lambda \partial x^\nu} h^\lambda{}_\mu + \frac{\partial^2}{\partial x^\mu \partial x^\nu} h^\lambda{}_\lambda \right)$$

因而 Einstein 场方程变为

$$\Box^2 h_{\mu\nu} - \frac{\partial^2}{\partial x^\lambda \partial x^\mu} h^\lambda_{\ \nu} - \frac{\partial^2}{\partial x^\lambda \partial x^\nu} h^\lambda_{\ \mu} + \frac{\partial^2}{\partial x^\mu \partial x^\nu} h^\lambda_{\ \lambda} = -16\pi G S_{\mu\nu}$$

$$(10.1.4)$$

$$S_{\mu\nu} \equiv T_{\mu\nu} - \frac{1}{2}\eta_{\mu\nu}T^\lambda_{\ \lambda} \tag{10.1.5}$$

这里 $T_{\mu\nu}$ 取到 $h_{\mu\nu}$ 的最低阶, 故与 $h_{\mu\nu}$ 无关, 并满足普通的守恒条件

$$\frac{\partial}{\partial x^\mu}T^\mu_{\ \nu} = 0 \tag{10.1.6}$$

(如果引力在辐射系统的结构中起重要作用, 就应当用 $\tau^{\mu\nu}$ 来替换 $T^{\mu\nu}$; 见 7.6 节) 注意, 为使 (10.1.4) 自洽所需要的, 正是这种形式的守恒定律. 因为 (10.1.6) 意味着

$$\frac{\partial}{\partial x^\mu}S^\mu_{\ \nu} = \frac{1}{2}\frac{\partial}{\partial x^\nu}S^\lambda_{\ \lambda}$$

所以线性化的 Ricci 张量满足如下形式的 Bianchi 恒等式

$$\frac{\partial}{\partial x^\mu}R^{(1)\mu}_{\quad\ \nu} = \frac{1}{2}\frac{\partial}{\partial x^\nu}\left[\Box^2 h^\lambda_{\ \lambda} - \frac{\partial^2 h^{\lambda\nu}}{\partial x^\lambda \partial x^\nu}\right] = \frac{1}{2}\frac{\partial R^{(1)\lambda}_{\quad\ \lambda}}{\partial x^\nu}$$

正如在 7.4 节中讨论过的那样, 我们不能指望如像 (10.1.4) 这样的场方程会给出唯一的解, 因为给定任何解后, 我们总能通过坐标变换造出其它的解, 能使场为弱场的最一般的坐标变换的形式为

$$x^\mu \to x'^\mu = x^\mu + \varepsilon^\mu(x) \tag{10.1.7}$$

式中 $\dfrac{\partial \varepsilon^\mu}{\partial x^\nu}$ 至多与 $h_{\mu\nu}$ 同数量级. 新坐标系中的度规由下式给出

$$g'^{\mu\nu} = \frac{\partial x'^\mu}{\partial x^\lambda}\frac{\partial x'^\nu}{\partial x^\rho}g^{\lambda\rho}$$

或者, 因为 $g^{\mu\nu} \simeq \eta^{\mu\nu} - h^{\mu\nu}$,

[254]

$$h'^{\mu\nu} = h^{\mu\nu} - \frac{\partial \varepsilon^\mu}{\partial x^\lambda}\eta^{\lambda\nu} - \frac{\partial \varepsilon^\nu}{\partial x^\rho}\eta^{\rho\mu}$$

所以, 如果 $h_{\mu\nu}$ 是 (10.1.4) 的解, 那么就有

$$h'_{\mu\nu} = h_{\mu\nu} - \frac{\partial \varepsilon_\mu}{\partial x^\nu} - \frac{\partial \varepsilon_\nu}{\partial x^\mu} \tag{10.1.8}$$

式中 $\varepsilon_\mu = \varepsilon^\nu \eta_{\mu\nu}$ 是 x^μ 的四个小的但却是任意的函数. 这是可以通过直接考察方程 (10.1.4) 来验证的情形; 这种性质叫做场方程的 "规范不变性".

当实际上解场方程时, 方程 (10.1.4) 的规范不变性是一件麻烦事. 不过这个困难是可以通过选择某种特殊的规范, 即坐标系来克服的. 最方便的选择是在谐和坐标系中工作, 对于这种坐标系有

$$g^{\mu\nu}\Gamma^{\lambda}{}_{\mu\nu} = 0$$

利用 (10.1.3), 准确到第一阶, 上式给出:

$$\frac{\partial}{\partial x^{\mu}}h^{\mu}{}_{\nu} = \frac{1}{2}\frac{\partial}{\partial x^{\nu}}h^{\mu}{}_{\mu} \tag{10.1.9}$$

从 7.4 节的一般论据中得知这种选择总是可能的; 从 (10.1.8) 也可以看出, 如果 $h_{\mu\nu}$ 不满足 (10.1.9), 则我们可以通过施行坐标变换 (10.1.7) 找到一个满足它的 $h'_{\mu\nu}$, 只要

$$\Box^{2}\varepsilon_{\nu} \equiv \frac{\partial}{\partial x^{\mu}}h^{\mu}{}_{\nu} - \frac{1}{2}\frac{\partial}{\partial x^{\nu}}h^{\mu}{}_{\mu}$$

因此从现在起我们将认为 $h_{\mu\nu}$ 确实满足方程 (10.1.9).

将 (10.1.9) 代入 (10.1.4), 场方程就变为

$$\Box^{2}h_{\mu\nu} = -16\pi G S_{\mu\nu} \tag{10.1.10}$$

一个解是推迟势

$$h_{\mu\nu}(\boldsymbol{x}, t) = 4G\int \mathrm{d}^{3}\boldsymbol{x}'\frac{S_{\mu\nu}(\boldsymbol{x}', t - |\boldsymbol{x} - \boldsymbol{x}'|)}{|\boldsymbol{x} - \boldsymbol{x}'|} \tag{10.1.11}$$

我们已经说过. $T^{\mu\nu}$ 的守恒律 (10.1.6) 等价于

$$\frac{\partial}{\partial x^{\mu}}S^{\mu}{}_{\nu} = \frac{1}{2}\frac{\partial}{\partial x^{\nu}}S^{\mu}{}_{\mu} \tag{10.1.12}$$

结果, 对于限制在有限体积内的源 $S_{\mu\nu}$, 解 (10.1.11) 自动地满足谐和坐标条件 (10.1.9). (证明同电动力学中在 Lorentz 规范下计算矢量势时所用的一样.) 我们可以把齐次方程

[255]

$$\Box^{2}h_{\mu\nu} = 0 \tag{10.1.13}$$

$$\frac{\partial}{\partial x^{\mu}}h^{\mu}{}_{\nu} = \frac{1}{2}\frac{\partial}{\partial x^{\nu}}h^{\mu}{}_{\mu} \tag{10.1.14}$$

的任何解加到 (10.1.11) 上去, 我们把 (10.1.11) 解释为由源 $S_{\mu\nu}$ 产生的引力辐射, 而满足 (10.1.13) 和 (10.1.14) 的任何附加项代表来自无限远处的引力辐射. (10.1.11) 中时间宗量 $t - |\boldsymbol{x} - \boldsymbol{x}'|$ 的存在表明, 引力效应是以单位速度传播, 即以光速传播的.

10.2 平面波

我们现在考虑齐次方程 (10.1.13) 和 (10.1.14) 的平面波解, 这既是因为它们本身就重要; 也因为, 正如我们将要看到的那样, 当 $r \to \infty$ 时推迟波 (10.1.11) 趋近于平面波. (10.1.13) 和 (10.1.14) 的通解是如下形式解的线性叠加

$$h_{\mu\nu}(x) = e_{\mu\nu} \exp(ik_\lambda x^\lambda) + e_{\mu\nu}^* \exp(-ik_\lambda x^\lambda) \tag{10.2.1}$$

如果

$$k_\mu k^\mu = 0 \tag{10.2.2}$$

这种解满足 (10.1.13); 并且如果

$$k_\mu e^\mu{}_\nu = \frac{1}{2} k_\nu e^\mu{}_\mu \tag{10.2.3}$$

则满足 (10.1.14). (当然我们仍用 $\eta_{\mu\nu}$ 来升降指标, 故 $k^\mu \equiv \eta^{\mu\nu} k_\nu$) 矩阵 $e_{\mu\nu}$ 显然是对称的:

$$e_{\mu\nu} = e_{\nu\mu} \tag{10.2.4}$$

我们将把它称为 "极化张量".

一个对称的 4×4 矩阵一般会有十个独立分量, (10.2.3) 的四个关系式将把这个数字降低到六, 但这六个分量中只有两个代表物理上有意义的自由度. 通过坐标变换 $x^\mu \to x^\mu + \varepsilon^\mu(x)$ 我们可以把度规 $\eta_{\mu\nu} + h_{\mu\nu}$ 换到新度规 $\eta_{\mu\nu} + h'_{\mu\nu}, h'_{\mu\nu}$ 由 (10.1.8) 给出. 假定我们选择

$$\varepsilon^\mu(x) = i\varepsilon^\mu \exp(ik_\lambda x^\lambda) - i\varepsilon^{\mu*} \exp(-ik_\lambda x^\lambda) \tag{10.2.5}$$

则由 (10.1.8) 得 [256]

$$h'_{\mu\nu}(x) = e'_{\mu\nu} \exp(ik_\lambda x^\lambda) + e'^*_{\mu\nu} \exp(-ik_\lambda x^\lambda) \tag{10.2.6}$$

式中

$$e'_{\mu\nu} = e_{\mu\nu} + k_\mu \varepsilon_\nu + k_\nu \varepsilon_\mu \tag{10.2.7}$$

[注意, 这个波仍然满足谐和坐标条件 (10.2.3).] 我们得出结论, 对四个参量 ε_μ 的任意值, $e'_{\mu\nu}$ 和 $e_{\mu\nu}$ 代表同样的物理情况. 故满足 (10.2.3) 和 (10.2.4) 的六个独立的 $e_{\mu\nu}$ 中, 只有 $6 - 4 = 2$ 个有物理意义, 例如, 考虑一个沿 $+z$ 方向传播的波, 且波矢量为

$$k^1 = k^2 = 0 \qquad k^3 = k^0 \equiv k > 0 \tag{10.2.8}$$

在这种情况下, 由 (10.2.3) 得

$$e_{31} + e_{01} = e_{32} + e_{02} = 0$$
$$e_{33} + e_{03} = -e_{03} - e_{00} = \frac{1}{2}(e_{11} + e_{22} + e_{33} - e_{00})$$

这四个方程允许我们用其它六个 $e_{\mu\nu}$ 来表示 e_{i0} 和 e_{22}:

$$e_{01} = -e_{31}; \qquad\qquad e_{02} = -e_{32};$$
$$e_{03} = -\frac{1}{2}(e_{33} + e_{00}); \quad e_{22} = -e_{11} \qquad\qquad (10.2.9)$$

当对坐标系统施行由 (10.1.7) 和 (10.2.5) 所定义的变换时, $e_{\mu\nu}$ 的这六个独立分量按照方程 (10.2.7) 改变:

$$e'_{11} = e_{11}, \qquad\qquad e'_{12} = e_{12}$$
$$e'_{13} = e_{13} + k\varepsilon_1, \quad e'_{23} = e_{23} + k\varepsilon_2$$
$$e'_{33} = e_{33} + 2k\varepsilon_3, \quad e'_{00} = e_{00} - 2k\varepsilon_0$$

所以, 只有 e_{11} 和 e_{12} 具有绝对的物理意义. 的确, 通过施行如下的坐标变换:

$$\varepsilon_1 = -\frac{e_{13}}{k}, \quad \varepsilon_2 = -\frac{e_{23}}{k}$$
$$\varepsilon_3 = -\frac{e_{33}}{2k}, \quad \varepsilon_0 = \frac{e_{00}}{2k}$$

我们可以使除 e'_{11}、e'_{12} 和 $e'_{22} = -e'_{11}$ 外 $e'_{\mu\nu}$ 的所有分量均为零.

如果了解对坐标系统施以一个绕 z 轴的转动时 $e_{\mu\nu}$ 如何改变, 就可以弄清极化张量的不同分量之间的区别了. 这种转动正是如下形式的 Lorentz 变换:

$$R_1{}^1 = \cos\theta \qquad R_1{}^2 = \sin\theta$$
$$R_2{}^1 = -\sin\theta \qquad R_2{}^2 = \cos\theta$$
$$R_3{}^3 = R_0{}^0 = 1 \quad 其它 \ R_\mu{}^\nu = 0 \qquad\qquad (10.2.10)$$

[257]　因为它保持 k_μ 不变 (即, $R_\mu{}^\nu k_\nu = k_\mu$), 唯一的效果是把 $e_{\mu\nu}$ 变换为

$$e'_{\mu\nu} = R_\mu{}^\rho R_\nu{}^\sigma e_{\rho\sigma} \qquad\qquad (10.2.11)$$

利用关系式 (10.2.9), 我们得到

$$e'_\pm = \exp(\pm 2i\theta)e_\pm \qquad\qquad (10.2.12)$$

$$f'_\pm = \exp(\pm \mathrm{i}\theta) f_\pm \tag{10.2.13}$$

$$e'_{33} = e_{33}, \quad e'_{00} = e_{00} \tag{10.2.14}$$

式中

$$e_\pm \equiv e_{11} \mp \mathrm{i}e_{12} = -e_{22} \mp \mathrm{i}e_{12} \tag{10.2.15}$$

$$f_\pm \equiv e_{31} \pm \mathrm{i}e_{32} = -e_{01} \pm \mathrm{i}e_{02} \tag{10.2.16}$$

一般说来, 任一平面波 ψ. 通过绕传播方向转动任一角 θ 而变换为:

$$\psi' = \mathrm{e}^{\mathrm{i}h\theta} \psi \tag{10.2.17}$$

就说它具有螺旋度 h, 因此我们证明了, 引力平面波可以分解为螺旋度为 ± 2 的部分 $e_\pm$, 螺旋度为 ± 1 的部分 $f_\pm$, 和螺旋度为零的部分 e_{00} 和 e_{33}. 然而我们也已看到, 螺旋度为零和 ± 1 的部分可以通过适当选择坐标而变为零, 所以只有螺旋度为 ± 2 的分量才有物理意义.

我们再一次找到了同电动力学的许多相似之处. Lorentz 规范中的 Maxwell 方程是 (2.7.12) 和 (2.7.13); 在真空中它们变为

$$\Box^2 A_\alpha = 0, \quad \frac{\partial A^\alpha}{\partial x^\alpha} = 0,$$

这同谐和坐标中度规的方程 (10.1.13) 和 (10.1.14) 相似. (现在是在惯性坐标系中, 所以 $\Box^2 \equiv \eta^{\alpha\beta} \partial^2/\partial x^\alpha \partial x^\beta$.) 我们可以找到如下形式的平面波解

$$A_\alpha = e_\alpha \exp(\mathrm{i}k_\beta x^\beta) + e_\alpha^* \exp(-\mathrm{i}k_\beta x^\beta)$$

式中

$$k_\alpha k^\alpha = 0 \qquad k_\alpha e^\alpha = 0$$

这同方程 (10.2.1)—(10.2.3) 类似.

e^α 一般有四个独立分量, 但 $k_\alpha e^\alpha$ 为零这个条件将独立分量数减小为三, 正如 (10.2.3) 把 $e_{\mu\nu}$ 的独立分量数从十减少到六一样. 再者, 在不改变物理场 $\boldsymbol{E}$ 和 $\boldsymbol{B}$ 以及不离开 Lorentz 规范的情况下, 我们可以通过规范变换

[258]

$$A_\alpha \to A'_\alpha = A_\alpha + \frac{\partial \Phi}{\partial x^\alpha}$$

$$\Phi(x) = \mathrm{i}\varepsilon \exp(\mathrm{i}k_\beta x^\beta) - \mathrm{i}\varepsilon^* \exp(-\mathrm{i}k_\beta x^\beta)$$

来改变 A_α, 这同 (10.1.8) 和 (10.2.5) 相似. 新势可以写为:

$$A'_\alpha = e'_\alpha \exp(\mathrm{i}k_\beta x^\beta) + e'^*_\alpha \exp(-\mathrm{i}k_\beta x^\beta)$$

$$e'_\alpha = e_\alpha - \varepsilon k_\alpha$$

这同 (10.2.6) 和 (10.2.7) 相似, 参量 ε 是任意的, 故 e_α 的三个代数上独立的分量之中只有 $3 - 1 = 2$ 个有物理意义, 正如广义协变使得 $e_{\mu\nu}$ 的六个独立分量中只有两个有物理意义一样. 为了认出 e_α 的两个有意义的分量, 我们可以考虑一束沿 z 方向传播的波, 其 k^α 由方程 (10.2.8) 给出. 于是 $k_\alpha e^\alpha$ 为零这个条件允许我们定出 e^0,

$$e_0 = -e_3$$

正如 (10.2.3) 允许我们利用其它六个 $e_{\mu\nu}$ 来决定 e_{22} 和 e_{0i} 一样. 还有, 前面的规范变换保持 e_1 和 e_2 不变但将 e_3 变为:

$$e'_3 = e_3 - \varepsilon k$$

因而可以通过选择 $\varepsilon = \dfrac{e_3}{k}$ 使 e'_3 等于零, 故只有 e_1 和 e_2 有物理意义, 正如只有 e_{11} 和 e_{12} 不能通过适当的坐标变换变为零一样. 最后, 我们可以让平面电磁波作一个转动 (10.2.10) 来弄清这两个分量的意义. 极化矢量于是变成

$$e'_\alpha = R_\alpha{}^\beta e_\beta$$

因而

$$e'_\pm = \exp(\pm i\theta)e_\pm$$
$$e'_3 = e_3$$

式中

$$e_\pm \equiv e_1 \mp i e_2$$

所以电磁波可以分解为螺旋度等于 ± 1 和 0 的部分, 然而物理上有意义的螺旋度是 ± 1 而不是零, 如同在引力波的情形, 它们是 ± 2 而不是 ± 1 或零一样. 当我们说 (从经典上讲来), 电磁和引力扰动分别由自旋为 1 和自旋为 2 的波携带时, 我们所指的就是这一点.

10.3 平面波的能量和动量

[259]

平面波解 (10.2.1) 的物理意义可以通过计算它所携带的能量和动量进一步表现出来. 按照方程 (7.6.4), 准确到量级 h^2 的引力的能量 – 动量张量由下式给出

$$t_{\mu\nu} \simeq \frac{1}{8\pi G}\left[-\frac{1}{2}h_{\mu\nu}\eta^{\lambda\rho}R^{(1)}_{\lambda\rho} + \frac{1}{2}\eta_{\mu\nu}h^{\lambda\rho}R^{(1)}_{\lambda\rho}\right.$$

$$+R_{\mu\nu}^{(2)} - \frac{1}{2}\eta_{\mu\nu}\eta^{\lambda\rho}R_{\lambda\rho}^{(2)}\Bigg]$$

式中 $R_{\mu\nu}^{(N)}$ 是准确到 $h_{\mu\nu}$ 的 N 阶的 Ricci 张量项. 度规

$$g_{\mu\nu} = \eta_{\mu\nu} + h_{\mu\nu}$$

满足一阶 Einstein 方程 $R_{\mu\nu}^{(1)} = 0$, 故我们可以去掉 $t_{\mu\nu}$ 中的这些项, 而用下列公式

$$t_{\mu\nu} \simeq \frac{1}{8\pi G}\left[R_{\mu\nu}^{(2)} - \frac{1}{2}\eta_{\mu\nu}\eta^{\lambda\rho}R_{\lambda\rho}^{(2)}\right] \tag{10.3.1}$$

(对于实际的度规, 为零的是 $R_{\mu\nu}$ 而不是 $R_{\mu\nu}^{(1)}$, 并且 $t_{\mu\nu}$ 仅仅来自方程 (7.6.4) 中的一阶项. 然而这里等于零的是 $R_{\mu\nu}^{(1)}$ 而不是 $R_{\mu\nu}$, 因为 $g_{\mu\nu} = \eta_{\mu\nu} + h_{\mu\nu}$ 满足一阶 Einstein 方程而不是严格的方程, 差别仅仅是 h^3 的量级). 为了计算 $R_{\mu\nu}^{(2)}$, 我们必须将方程 (10.2.1) 代入方程 (7.6.15); 结果是非常复杂的, 但是如果我们在远大于 $|\boldsymbol{k}|^{-1}$ 的时空区平均 $t_{\mu\nu}$, 就可以得到简化. (这就是通常估算任何波的能量和动量的方法) 这种方法消去了所有正比于 $\exp(\pm 2\mathrm{i}k_\lambda x^\lambda)$ 的项, 只留下与 x^μ 无关的交叉项:

$$\begin{aligned}
\langle R_{\mu\nu}^{(2)}\rangle = \mathrm{Re}\Big\{ & e^{\lambda\rho*}[k_\mu k_\nu e_{\lambda\rho} - k_\mu k_\lambda e_{\nu\rho} - k_\nu k_\rho e_{\mu\lambda} + k_\lambda k_\rho e_{\mu\nu}] \\
& + \left[e^\lambda{}_\rho k_\lambda - \frac{1}{2}e_\lambda{}^\lambda k_\rho\right]^*[k_\mu e^\rho{}_\nu + k_\nu e^\rho{}_\mu - k^\rho e_{\mu\nu}] \\
& - \frac{1}{2}[k_\lambda e_{\rho\nu} + k_\nu e_{\rho\lambda} - k_\rho e_{\lambda\nu}]^* \\
& \times [k^\lambda e^\rho{}_\mu + k_\mu e^{\rho\lambda} - k^\rho e^\lambda{}_\mu]\Big\}
\end{aligned} \tag{10.3.2}$$

(到现在为止还没有使用适合于谐和坐标的条件 (10.2.2) 和 (10.2.3), 因此暂且假设离开谐和坐标系, 在 $h_{\mu\nu}(x)$ 中加上一项

$$\mathrm{i}(q_\mu\varepsilon_\nu + q_\nu\varepsilon_\mu)\exp(\mathrm{i}q_\lambda x^\lambda) - \mathrm{i}(q_\mu\varepsilon_\nu^* + q_\nu\varepsilon_\mu^*)\exp(-\mathrm{i}q_\lambda x^\lambda) \tag{10.3.3}$$

式中 $q_\mu q^\mu \neq 0$. 在对远大于 $|q-k|^{-1}$ 的时空距离作平均以后, (10.2.1) 和 (10.3.3) 之间的干涉去掉了, 我们发现 $\langle R_{\mu\nu}^{(2)}\rangle$ 就是 (10.3.2) 项, 加上另外一个以 q 替换 k 且以 $q_\mu\varepsilon_\nu + q_\nu\varepsilon_\mu$ 替换 $e_{\mu\nu}$ 得到的项. 考察一下 (10.3.2) 立即表明, 这个第二项变为零, 故 $\langle R_{\mu\nu}^{(2)}\rangle$, 从而 $\langle t_{\mu k}\rangle$ 可以不失一般性的在谐和坐标中计算.)

如果现在把谐和坐标条件 (10.2.2) 和 (10.2.3) 代入 (10.3.2), 我们得到

$$\langle R_{\mu\nu}^{(2)}\rangle = \frac{k_\mu k_\nu}{2}\left(e^{\lambda\rho*}e_{\lambda\rho} - \frac{1}{2}|e^\lambda{}_\lambda|^2\right) \tag{10.3.4}$$

[260]　　因为 $k^\rho k_\rho = 0$, 量 $\eta^{\lambda\rho}\langle R^{(2)}_{\lambda\rho}\rangle$ 变为零, 故由 (10.3.1) 得到平面波的平均能量动量张量

$$\langle t_{\mu\nu}\rangle = \frac{k_\mu k_\nu}{16\pi G}\left(e^{\lambda\rho*}e_{\lambda\rho} - \frac{1}{2}|e^\lambda{}_\lambda|^2\right) \tag{10.3.5}$$

注意, "规范变换" (10.2.7) 将把 $\langle t_{\mu\nu}\rangle$ 中的诸项变为:

$$e'^{\lambda\rho*}e'_{\lambda\rho} = e^{\lambda\rho*}e_{\lambda\rho} + 2\mathrm{Re}\,\varepsilon^*_\rho k^\rho e^\lambda{}_\lambda + 2|\varepsilon_\rho k^\rho|^2$$

$$e'^\lambda{}_\lambda = e^\lambda{}_\lambda + 2k^\lambda \varepsilon_\lambda$$

但 $\langle t_{\mu\nu}\rangle$ 是规范不变的! 所以, 就能量和动量而言, 极化 $e_{\mu\nu}$ 和 $e_{\mu\nu} + k_\mu\varepsilon_\nu + k_\nu\varepsilon_\mu$ 代表同样的物理波, 于是我们再一次看到, 有物理意义的极化参量只有两个而不是六个. 特别是, 一束沿 z 方向传播的, 波矢量和极化张量由 (10.2.8) 和 (10.2.9) 给出的波, 具有能量 – 动量张量

$$\langle t_{\mu\nu}\rangle = \frac{k_\mu k_\nu}{8\pi G}(|e_{11}|^2 + |e_{12}|^2) \tag{10.3.6}$$

或者, 用螺旋度的振幅 (10.2.15) 写成

$$\langle t_{\mu\nu}\rangle = \frac{k_\mu k_\nu}{16\pi G}(|e_+|^2 + |e_-|^2) \tag{10.3.7}$$

10.4 引力波的产生

　　我们想要计算一个系统以引力辐射的形式发出的能量, 这个系统的能量 – 动量张量可以表示为 Fourier 积分

$$T_{\mu\nu}(\boldsymbol{x}, t) = \int_0^\infty \mathrm{d}\omega T_{\mu\nu}(\boldsymbol{x}, \omega)\mathrm{e}^{-\mathrm{i}\omega t} + \mathrm{c.c.} \tag{10.4.1}$$

或者表示为 Fourier 分量的和

$$T_{\mu\nu}(\boldsymbol{x}, t) = \sum_\omega \mathrm{e}^{-\mathrm{i}\omega t}T_{\mu\nu}(\boldsymbol{x}, \omega) + \mathrm{c.c.} \tag{10.4.2}$$

(这里 "+c.c." 的意思是 "加前一项的复共轭")

　　我们首先计算单个 Fourier 分量的情形

$$T_{\mu\nu}(\boldsymbol{x}, t) = T_{\mu\nu}(\boldsymbol{x}, \omega)\mathrm{e}^{-\mathrm{i}\omega t} + \mathrm{c.c.} \tag{10.4.3}$$

然后再回到由 (10.4.1) 和 (10.4.2) 描述的较一般的系统.

[261]　　我们从 (10.1.11) 可知, 源 (10.4.3) 所发出的场是

$$h_{\mu\nu}(\boldsymbol{x}, t) = 4G\int \frac{\mathrm{d}^3\boldsymbol{x}'}{|\boldsymbol{x} - \boldsymbol{x}'|}S_{\mu\nu}(\boldsymbol{x}', \omega)$$

$$\times \exp\{-\mathrm{i}\omega t + \mathrm{i}\omega|\boldsymbol{x} - \boldsymbol{x}'|\} + \text{c.c.} \tag{10.4.4}$$

式中

$$S_{\mu\nu}(\boldsymbol{x}, \omega) \equiv T_{\mu\nu}(\boldsymbol{x}, \omega) - \frac{1}{2}\eta_{\mu\nu}T^{\lambda}{}_{\lambda}(\boldsymbol{x}, \omega) \tag{10.4.5}$$

假定在波区, 即在 $r \equiv |\boldsymbol{x}|$ 远大于源的尺度 $R = |\boldsymbol{x}'|_{\max}$, 而且也远大于 ωR^2 和 $1/\omega$ 的距离上来观察这个辐射, 则分母 $|\boldsymbol{x} - \boldsymbol{x}'|$ 可以换为 r, 而在指数上可作近似

$$|\boldsymbol{x} - \boldsymbol{x}'| \simeq r - \boldsymbol{x}' \cdot \hat{\boldsymbol{x}} \qquad \hat{\boldsymbol{x}} \equiv \frac{\boldsymbol{x}}{r}$$

于是场变为

$$h_{\mu\nu}(\boldsymbol{x}, t) = \frac{4G}{r}\exp(\mathrm{i}\omega r - \mathrm{i}\omega t)\int \mathrm{d}^3\boldsymbol{x}'S_{\mu\nu}(\boldsymbol{x}', \omega)\mathrm{e}^{-\mathrm{i}\omega\hat{\boldsymbol{x}}\cdot\boldsymbol{x}'} + \text{c.c.} \tag{10.4.6}$$

因为假设 $r\omega$ 很大, 看起来就像是平面波.

$$h_{\mu\nu}(\boldsymbol{x}, t) = e_{\mu\nu}(\boldsymbol{x}, \omega)\exp(\mathrm{i}k_{\mu}x^{\mu}) + \text{c.c.} \tag{10.4.7}$$

"波矢量" 和 "极化张量" 由

$$\boldsymbol{k} \equiv \omega\hat{\boldsymbol{x}} \qquad k^0 \equiv \omega \tag{10.4.8}$$

$$e_{\mu\nu}(\boldsymbol{x}, \omega) \equiv \frac{4G}{r}\int \mathrm{d}^3\boldsymbol{x}'S_{\mu\nu}(\boldsymbol{x}', \omega)\mathrm{e}^{-\mathrm{i}\boldsymbol{k}\cdot\boldsymbol{x}'} \tag{10.4.9}$$

给出. 利用 $T_{\mu\nu}$ 的 Fourier 变换把 $e_{\mu\nu}$ 明显地写出来是方便的:

$$e_{\mu\nu}(\boldsymbol{x}, \omega) = \frac{4G}{r}\left[T_{\mu\nu}(\boldsymbol{k}, \omega) - \frac{1}{2}\eta_{\mu\nu}T^{\lambda}{}_{\lambda}(\boldsymbol{k}, \omega)\right] \tag{10.4.10}$$

$$T_{\mu\nu}(\boldsymbol{k}, \omega) \equiv \int \mathrm{d}^3\boldsymbol{x}'T_{\mu\nu}(\boldsymbol{x}, \omega)\mathrm{e}^{-\mathrm{i}\boldsymbol{k}\cdot\boldsymbol{x}'} \tag{10.4.11}$$

$T_{\mu\nu}(\boldsymbol{x}, t)$ 的守恒方程是

$$\frac{\partial}{\partial x^{\mu}}T^{\mu}{}_{\nu}(\boldsymbol{x}, t) = 0$$

将上式用于 (10.4.3) 得

$$\frac{\partial}{\partial x^{i}}T^{i}{}_{\nu}(\boldsymbol{x}, \omega) - \mathrm{i}\omega T^{0}{}_{\nu}(\boldsymbol{x}, \omega) = 0$$

乘以 $\mathrm{e}^{-\mathrm{i}\boldsymbol{k}\cdot\boldsymbol{x}}$ 并对 $\boldsymbol{x}$ 积分, 我们发现 $T_{\mu\nu}(\boldsymbol{k}, \omega)$ 必须满足代数关系 [262]

$$k_{\mu}T^{\mu}{}_{\nu}(\boldsymbol{k}, \omega) = 0 \tag{10.4.12}$$

式中 k^μ 是由 (10.4.8) 给出的矢量, 这附带验证了 (10.4.10) 遵从谐和坐标条件 (10.2.3).

　　现在让我们来计算在方向 $\hat{x}$ 发出的每单位立体角内的功率. 因为 $r \gg \frac{1}{\omega}$, 对于能流矢量我们可以用在大于 $\frac{1}{\omega}$ 的时空尺度上平均而得的值 $\langle t^{i0} \rangle$; 所以, 单位立体角内的功率是

$$\frac{\mathrm{d}P}{\mathrm{d}\Omega} = r^2 \hat{x}^i \langle t^{i0} \rangle$$

我们用 (10.3.5) 给出的 $\langle t^{\mu\nu} \rangle$ 值, 得到

$$\frac{\mathrm{d}P}{\mathrm{d}\Omega} = \frac{r^2 (\boldsymbol{k} \cdot \hat{\boldsymbol{x}}) k^0}{16\pi G} \left[e^{\lambda\nu*}(\boldsymbol{x}, \omega) e_{\lambda\nu}(\boldsymbol{x}, \omega) - \frac{1}{2} |e^\lambda{}_\lambda(\boldsymbol{x}, \omega)|^2 \right]$$

式中 k^μ 和 $e_{\lambda\nu}$ 分别以 (10.4.8) 和 (10.4.10) 代之, 消去因子 r^2, 最后得

$$\frac{\mathrm{d}P}{\mathrm{d}\Omega} = \frac{G\omega^2}{\pi} \left[T^{\lambda\nu*}(\boldsymbol{k}, \omega) T_{\lambda\nu}(\boldsymbol{k}, \omega) - \frac{1}{2} |T^\lambda{}_\lambda(\boldsymbol{k}, \omega)|^2 \right] \tag{10.4.13}$$

因此, 只要算出 Fourier 变换 (10.4.11), 问题就解决了.

　　利用 $T^{\lambda\nu}(\boldsymbol{k}, \omega)$ 的纯类空分量来表示这个结果是方便的. 从 (10.4.12) 我们有

$$T_{0i}(\boldsymbol{k}, \omega) = -\hat{k}^j T_{ji}(\boldsymbol{k}, \omega)$$
$$T_{00}(k, \omega) = \hat{k}^i \hat{k}^j T_{ji}(\boldsymbol{k}, \omega)$$

式中 $\hat{\boldsymbol{k}} \equiv \boldsymbol{k}/\omega \equiv \hat{\boldsymbol{x}}$. 将它们代入 (10.4.13) 得

$$\frac{\mathrm{d}P}{\mathrm{d}\Omega} = \frac{G\omega^2}{\pi} \Lambda_{ij,lm}(\hat{\boldsymbol{k}}) T^{ij*}(\boldsymbol{k}, \omega) T^{lm}(\boldsymbol{k}, \omega) \tag{10.4.14}$$

式中

$$\Lambda_{ij,lm} \equiv \delta_{il}\delta_{jm} - 2\hat{k}_j\hat{k}_m\delta_{il} + \frac{1}{2}\hat{k}_i\hat{k}_j\hat{k}_l\hat{k}_m$$
$$- \frac{1}{2}\delta_{ij}\delta_{lm} + \frac{1}{2}\delta_{ij}\hat{k}_l\hat{k}_m + \frac{1}{2}\delta_{lm}\hat{k}_i\hat{k}_j \tag{10.4.15}$$

　　如果能量 – 动量张量像在 (10.4.2) 中那样是个别 Fourier 分量的和, 则波区的场 $h_{\mu\nu}$ 可看成平面波 (10.4.7) 之和. 引力场的能量 – 动量张量则将由这些 Fourier 分量的二重和给出. 但当我们在长到可以同最长的 "拍周期" (即最短的频率差的倒数) 相比的时间间隔内平均时, 所有交叉项都消去了. 因此功率由像 (10.4.14) 那样一些项的和给出. 源中每个频率有一项.

　　另一方面, 若设能量 – 动量张量是像 (10.4.1) 中那样的 Fourier 积分. [263]
则波区中的 $h_{\mu\nu}$ 可看成为个别平面波 (10.4.7) 按 ω 的积分, 而引力场的能
量 – 动量张量将由这些项的乘积的二重积分 $\iint \mathrm{d}\omega\mathrm{d}\omega'$ 给出. 被积函数仍
有时间依赖关系 $\exp(-\mathrm{i}(\omega - \omega')t)$, 但现在没有 "最长的拍周期", 故我们
不计算平均功率而计算发射的总能量, 它是将功率对所有时间积分得到
的, 结果功率二重积分中的因子 $\mathrm{e}^{-\mathrm{i}\omega t}\mathrm{e}^{\mathrm{i}\omega' t}$ 变为

$$\int_{-\infty}^{+\infty} \exp(-\mathrm{i}(\omega - \omega')t)\mathrm{d}t = 2\pi\delta(\omega - \omega')$$

沿方向 $\hat{\boldsymbol{k}}$ 发射的每单位立体角内的能量就是如下的积分:

$$\frac{\mathrm{d}E}{\mathrm{d}\Omega} = 2G\int_0^{\infty} \omega^2 \left[T^{\lambda\nu*}(\boldsymbol{k},\omega)T_{\lambda\nu}(\boldsymbol{k},\omega) - \frac{1}{2}|T^{\lambda}{}_{\lambda}(\boldsymbol{k},\omega)|^2 \right]\mathrm{d}\omega \quad (10.4.16)$$

或者, 用空 – 空分量表示为,

$$\frac{\mathrm{d}E}{\mathrm{d}\Omega} = 2G\Lambda_{ij,lm}(\hat{k})\int_0^{\infty} \omega^2 T^{ij*}(\boldsymbol{k},\omega)T^{lm}(\boldsymbol{k},\omega)\mathrm{d}\omega$$

　　作为一个例子, 我们来研究由几个自由质点组成的系统, 这些质点
起初以常速 $\boldsymbol{v}_n$ 运动, $t = 0$ 时在原点碰撞, 然后以速度 $\tilde{\boldsymbol{v}}_n$ 再分开. 则能量
– 动量张量是

$$T^{\mu\nu}(\boldsymbol{x},t) = \sum_n \frac{P_n^{\mu}P_n^{\nu}}{E_n}\delta^3(\boldsymbol{x} - \boldsymbol{v}_n t)\theta(-t)$$

$$+ \sum_n \frac{\tilde{P}_n^{\mu}\tilde{P}_n^{\nu}}{\tilde{E}_n}\delta^3(\boldsymbol{x} - \tilde{\boldsymbol{v}}_n t)\theta(t) \quad (10.4.17)$$

式中 $P_n^0 = E_n = m_n(1 - \boldsymbol{v}_n^2)^{-1/2}$ 和 $P_n = E_n\boldsymbol{v}_n$ 是第 n 个入射粒子的能量
和动量, $\tilde{P}_n^0 = \tilde{E}_n$ 和 $\tilde{\boldsymbol{P}}_n$ 是出射粒子相应的量, 而 θ 是阶梯函数

$$\theta(s) = \begin{cases} +1 & s > 0 \\ 0 & s < 0 \end{cases} \quad (10.4.18)$$

函数 θ 和 δ^3 具有熟知的积分表示

$$\theta(s) = \frac{1}{2\pi\mathrm{i}}\int_{-\infty}^{+\infty} \frac{\mathrm{e}^{+\mathrm{i}\omega s}}{\omega - \mathrm{i}\varepsilon}\mathrm{d}\omega \quad \varepsilon \to 0_+ \quad (10.4.19)$$

$$\delta^3(\boldsymbol{x}) = \frac{1}{(2\pi)^3}\int \mathrm{d}^3\boldsymbol{k}\mathrm{e}^{\mathrm{i}\boldsymbol{k}\cdot\boldsymbol{x}} \quad (10.4.20)$$

为了证明 (10.4.19), 注意到积分途径可以用下半平面 $(s < 0)$ 或上半平 [264]

面 $(s > 0)$ 的一个大的半圆闭合起来. 为了证明 (10.4.20), 等式两边均取 Fourier 变换. 于是我们看到, $T^{\mu\nu}(\boldsymbol{x}, t)$ 具有 (10.4.1) 的形式, 并且

$$T^{\mu\nu}(\boldsymbol{x}, \omega) = \frac{1}{(2\pi)^4 i} \left[\sum_n \frac{P_n^\mu P_n^\nu}{E_n} \int d^3\boldsymbol{k} \frac{e^{i\boldsymbol{k} \cdot \boldsymbol{x}}}{\omega - \boldsymbol{v}_n \cdot \boldsymbol{k} - i\varepsilon} \right.$$
$$\left. - \sum_n \frac{\widetilde{P}_n^\mu \widetilde{P}_n^\nu}{\widetilde{E}_n} \int d^3\boldsymbol{k} \frac{e^{i\boldsymbol{k} \cdot \boldsymbol{x}}}{\omega - \widetilde{\boldsymbol{v}}_n \cdot \boldsymbol{k} + i\varepsilon} \right]$$

Fourier 变换 (10.4.11) 是

$$T^{\mu\nu}(\boldsymbol{k}, \omega) = \frac{1}{2\pi i} \left[\sum_n \frac{P_n^\mu P_n^\nu}{E_n(\omega - \boldsymbol{v}_n \cdot \boldsymbol{k} - i\varepsilon)} \right.$$
$$\left. - \sum_n \frac{\widetilde{P}_n^\mu \widetilde{P}_n^\nu}{\widetilde{E}_n(\omega - \widetilde{\boldsymbol{v}}_n \cdot \boldsymbol{k} + i\varepsilon)} \right]$$

现在我们可以去掉分母里的 $\pm i\varepsilon$, 因为如果 $\omega = |\boldsymbol{k}|$ 且 $|\boldsymbol{v}_n| < 1$, 则 $\omega - \boldsymbol{v}_n \cdot \boldsymbol{k}$ 是不能为零的. (对于以光速运动的粒子的情况, 见下面) 此外, $E_n(\boldsymbol{v}_n \cdot \boldsymbol{k} - \omega) = P_n{}^\lambda k_\lambda \equiv (P_n \cdot k)$, 故我们可以写出

$$T^{\mu\nu}(\boldsymbol{k}, \omega) = \frac{1}{2\pi i} \sum_N \frac{P_N^\mu P_N^\nu \eta_N}{(P_N \cdot k)} \tag{10.4.21}$$

式中 N 遍历初态和终态中的粒子, 符号因子 η_N 是

$$\eta_N = \begin{cases} +1 & N \text{ 在终态中} \\ -1 & N \text{ 在初态中} \end{cases}$$

我们注意到 (10.4.12) 是满足的, 因为

$$k_\nu T^{\mu\nu}(\boldsymbol{k}, \omega) = \frac{1}{2\pi i} \sum_N P_N{}^\mu \eta_N$$

又因 $\displaystyle\sum_N P_N{}^\mu \eta_N$ 只不过是总 P^μ 的改变, 而它是守恒的, 故上式必须为零.

由 (10.4.16) 得出, 在频率 ω 和方向 $\hat{\boldsymbol{k}}$ 每单位立体角、每单位频率间隔内发射的引力能是:

$$\left(\frac{dE}{d\Omega d\omega} \right) = \frac{G\omega^2}{2\pi^2} \sum_{N,M} \frac{\eta_N \eta_M}{(P_N \cdot k)(P_M \cdot k)} \left[(P_N \cdot P_M)^2 - \frac{1}{2} m_N^2 m_M^2 \right] \tag{10.4.22}$$

如果我们试图通过将 ω 从 0 积分到 ∞ 来计算总发射能, 就会得到像

$\int^{\infty} d\omega$ 那样发散的结果. 这正是因为我们作了碰撞瞬时发生的近似; 实际上它必须花费一段有限的时间 Δt, 而 ω 积分将在量级 $1/\Delta t$ 的 ω 处截断.

注意, 如果动量 $P_N{}^{\mu}$ 中没有一个因碰撞而改变, 则 (10.4.21) 中入射粒子和出射粒子的贡献将彼此抵消, 故 $T_{\mu\nu}(\boldsymbol{k}, \omega)$ 将变为零, 只有当粒子实际上受到加速时才会发射引力波. [265]

还要注意, 如果参加反应的粒子中有一个 (例如 $N = 1$) 质量为零而且动量趋于同 $\boldsymbol{k}$ 平行的方向, 则 (10.4.22) 似乎要变为无限大, 因为那时 $(\boldsymbol{P}_1 \cdot \boldsymbol{k}) = E_1\omega(\hat{\boldsymbol{P}}_1 \cdot \boldsymbol{k} - 1) \to 0$. 不过, 这种奇异性是虚假的, 因为当 $\boldsymbol{P}_1$ 变得平行于 $\boldsymbol{k}$ 时, 对所有 $M \neq 1$ 我们可以把 (10.4.22) 中的 $(\boldsymbol{P}_1 \cdot \boldsymbol{P}_M)$ 看作正比于 $(\boldsymbol{k} \cdot \boldsymbol{P}_M)$, 故 (10.4.22) 中的奇异部分变为

$$\frac{G\omega^2}{\pi^2} \frac{\eta_1}{(\boldsymbol{P}_1 \cdot \boldsymbol{k})} \sum_{M \neq 1} \frac{\eta_M}{(\boldsymbol{P}_M \cdot \boldsymbol{k})} (\boldsymbol{P}_1 \cdot \boldsymbol{P}_M)^2 \propto \sum_{M \neq 1} \eta_M (\boldsymbol{P}_1 \cdot \boldsymbol{P}_M)$$

我们已经说过, 当 $\sum_M \eta_M P_M{}^{\mu}$ 遍及所有粒子时, 这个和必须为零, 故右边就是 $-\eta_1 P_1{}^2$, 而且这也为零, 因为已经假设粒子 1 具有零质量. 于是在把 (10.4.22) 用到涉及光子, 中微子或者甚至于引力子的碰撞时就不会碰到困难了.

在碰撞中作为引力辐射发出的每单位频率间隔的总能量, 可通过将式 (10.4.22) 对 $\hat{\boldsymbol{k}}$ 的方向进行积分而得到, 于是我们得出

$$\frac{dE}{d\omega} = \frac{G}{2\pi} \sum_{N,M} \eta_N \eta_M m_N m_M \frac{1 + \beta_{NM}^2}{\beta_{NM}(1 - \beta_{NM}^2)^{1/2}} \ln\left(\frac{1 + \beta_{NM}}{1 - \beta_{NM}}\right) \tag{10.4.23}$$

其中 β_{NM} 是粒子 N 和 M 的相对速度:

$$\beta_{NM} \equiv \left[1 - \frac{m_N^2 m_M^2}{(\boldsymbol{P}_N \cdot \boldsymbol{P}_M)^2}\right]^{1/2}$$

对于非相对论性的二体弹性散射, 上式化成

$$\frac{dE}{d\omega} = \frac{8G}{5\pi} \mu^2 v^4 \sin^2\theta \tag{10.4.24}$$

式中 μ 为折合质量, v 是相对速度, θ 是质心参考系中的散射角.

由气体中发生的碰撞所产生的引力辐射, 可以通过对由式 (10.4.23) 或 (10.4.24) 给出的每次碰撞的辐射能求和而决定, 只要碰撞之间有足够的时间使得它们不干涉就行了. 这个条件可以表示为

$$\omega \gg \omega_c \tag{10.4.25}$$

式中 ω_c 是一个典型气体粒子的碰撞频率. (如果 $\omega \ll \omega_c$, 那么气体的性质就更像流体而不像独立粒子的集合.) 当 (10.4.25) 满足时, 单位体积单位频率间隔的功率是:

$$\frac{\mathrm{d}P}{\mathrm{d}\omega} = \frac{8G}{5\pi} \sum_{(a,b)} \mu_{ab}^2 n_a n_b \left\langle v_{ab}^5 \int \frac{\mathrm{d}\sigma_{ab}}{\mathrm{d}\Omega} \sin^2 \theta \mathrm{d}\Omega \right\rangle \tag{10.4.26}$$

[266] 式中 n_a 是 a 型气体粒子的数密度, $\mathrm{d}\sigma_{ab}/\mathrm{d}\Omega$ 是质心系微分散射截面, 求和遍历所有各种类型的粒子对, 而平均 $\langle\cdots\rangle$ 是对所有碰撞进行的.

作为一个例子, 让我们来计算等离子体中的 Coulomb 碰撞发出的引力辐射, Rutherford 散射截面是

$$\frac{\mathrm{d}\sigma_{ab}}{\mathrm{d}\Omega} = \frac{e_a^2 e_b^2}{4 v_{ab}^4 \mu_{ab}^2 \sin^4(\theta/2)} \tag{10.4.27}$$

对 θ 的积分必须在极小角 $1/\Lambda$ 处截断, $\Lambda \gg 1$ 由大碰撞参量下 Coulomb 力的 Debye 屏蔽决定; 于是我们有:

$$\int \frac{\mathrm{d}\sigma_{ab}}{\mathrm{d}\Omega} \sin^2 \theta \mathrm{d}\Omega \simeq \frac{4\pi e_a^2 e_b^2 \ln \Lambda}{\mu_{ab}^2 v_{ab}^4} \tag{10.4.28}$$

我们还要对 v_{ab} 进行平均, 对于 Maxwell-Boltzmann 分布, 它是

$$\langle v_{ab} \rangle = 2 \left(\frac{2kT}{\pi \mu_{ab}} \right)^{1/2} \tag{10.4.29}$$

将 (10.4.28) 和 (10.4.29) 代入 (10.4.26), 得到单位体积单位频率间隔的功率 (按 c.g.s. 制单位) 是

$$\frac{\mathrm{d}P}{\mathrm{d}\omega} = \frac{64G}{5c^5} \left(\frac{2kT}{\pi} \right)^{1/2} \ln \Lambda \sum_{(a,b)} \frac{n_a n_b e_a^2 e_b^2}{\sqrt{\mu_{ab}}} \tag{10.4.30}$$

$\ln \Lambda$ 的典型量级为 10. 对于完全电离氢的等离子体, 我们必须考虑电子与电子和电子与质子碰撞, 由 (10.4.30) 得

$$\frac{\mathrm{d}P}{\mathrm{d}\omega} = \frac{64 G n_e^2 e^4}{5c^5} \left(\frac{2kT}{\pi m_e} \right)^{1/2} (1 + \sqrt{2}) \ln \Lambda \tag{10.4.31}$$

在这种情况下, 电子碰撞频率可以估计为

$$\omega_c \approx \frac{e^4 n_e \langle v \rangle}{(kT)^2} \approx \frac{e^4 n_e}{(kT)^{3/2} \sqrt{m_e}} \tag{10.4.32}$$

方程 (10.4.30) 或 (10.4.31) 对于 $\omega \gg \omega_c$ 和 $\hbar\omega \ll kT$ 成立.

这些结果可以应用于太阳核心中的氢等离子体, 在量级为 2×10^{31} cm³ 的体积内, 这种等离子体有

$$T \simeq 10^7 \text{ K}, \quad n_e \simeq 3 \times 10^{25} \text{ cm}^{-3}, \quad \ln \Lambda \simeq 4.$$

碰撞频率 (10.4.32) 是 10^{15} s⁻¹, 较热频率 $kT/\hbar \approx 10^{18}$s⁻¹ 小 3 个数量级, 所以引力辐射中产生的总功率可以通过将 (10.4.31) 乘以 $VkT/\hbar$ 来估计. 我们用这种办法得到, 太阳核心中的热碰撞产生的引力辐射约为 10^8 W.

10.5 四极辐射

[267]

到此为止, 除了场是弱的这个基本假设而外我们还没有做任何近似. (使用波区限制 $r \gg R, r \gg 1/\omega, r \gg \omega R^2$ 并不是真正的近似, 因为我们总可以选择足够大的 r 使这些假设为真; 同时根据能量守恒, 通过大 r 处一个球面的功率必须等于通过封闭着辐射系统的任何表面的功率.) 现在我们作进一步的近似, 假设源半径 R 远远小于波长 $1/\omega$:

$$\omega R \ll 1 \tag{10.5.1}$$

多数辐射是以量级为 $\bar{v}/R$ 的频率发出的, 这里 $\bar{v}$ 是系统内部的某种典型速度, 所以我们确实正在做着和前一章中曾做过的同类近似, 即 $\bar{v} \ll 1$.

当 (10.5.1) 成立时, 我们可以用与 $\boldsymbol{k}$ 无关的积分来逼近 (10.4.14) 和 (10.4.16) 中需要的 Fourier 变换,

$$T_{ij}(\boldsymbol{k}, \omega) \simeq \int \mathrm{d}^3 x T_{ij}(\boldsymbol{x}, \omega) \tag{10.5.2}$$

上式可用如下形式的势的守恒定律以有益的方式重新写出

$$\frac{\partial^2}{\partial x^i \partial x^j} T^{ij}(\boldsymbol{x}, \omega) = -\omega^2 T^{00}(\boldsymbol{x}, \omega)$$

乘以 $x^i x^j$ 并对 $\boldsymbol{x}$ 积分, 我们得到

$$T_{ij}(\boldsymbol{k}, \omega) \simeq -\frac{\omega^2}{2} D_{ij}(\omega) \tag{10.5.3}$$

$$D_{ij}(\omega) \equiv \int \mathrm{d}^3 x x^i x^j T^{00}(\boldsymbol{x}, \omega) \tag{10.5.4}$$

因而单位立体角的功率是

$$\frac{\mathrm{d}P}{\mathrm{d}\Omega} = \frac{G\omega^6}{4\pi} \Lambda_{ij,lm}(\hat{k}) D_{ij}^*(\omega) D_{lm}(\omega) \tag{10.5.5}$$

如果源是 Fourier 分量的和, 则辐射的功率就是如 (10.5.5) 那样一些项的和. 如果源是像 (10.4.1) 那样的 Fourier 积分, 则单位立体角发出的能量是:

$$\frac{\mathrm{d}E}{\mathrm{d}\Omega} = \frac{1}{2}G\Lambda_{ij,lm}(\hat{k})\int_0^\infty \omega^6 D_{ij}^*(\omega)D_{lm}(\omega)\mathrm{d}\omega \tag{10.5.6}$$

[268] (10.5.5) 和 (10.5.6) 中的系数 $D_{ij}(\omega)$ 不依赖于发出辐射的方向 $\hat{k}$, 故我们可以对立体角积分一次利用公式:

$$\int \mathrm{d}\Omega\hat{k}_i\hat{k}_j = \frac{4\pi}{3}\delta_{ij}$$

$$\int \mathrm{d}\Omega\hat{k}_i\hat{k}_j\hat{k}_l\hat{k}_m = \frac{4\pi}{15}(\delta_{ij}\delta_{lm} + \delta_{il}\delta_{jm} + \delta_{im}\delta_{jl})$$

(右边的形式是由对称性和转动不变性确定的; 数值系数可通过将 i 同 j 以及 l 同 m 缩并计算出来.) 于是我们得到:

$$\int \mathrm{d}\Omega\Lambda_{ij,lm}(\hat{k}) = \frac{2\pi}{15}[11\delta_{il}\delta_{jm} - 4\delta_{ij}\delta_{lm} + \delta_{im}\delta_{jl}]$$

故在单个离散频率 ω 处发出的功率是

$$P = \frac{2G\omega^6}{5}\left[D_{ij}^*(\omega)D_{ij}(\omega) - \frac{1}{3}|D_{ii}(\omega)|^2\right] \tag{10.5.7}$$

而对于光滑的频率分布, 发出的总能量是:

$$E = \frac{4\pi G}{5}\int_0^\infty \omega^6\left[D_{ij}^*(\omega)D_{ij}(\omega) - \frac{1}{3}|D_{ii}(\omega)|^2\right]\mathrm{d}\omega \tag{10.5.8}$$

在继续计算几个特殊情况下发出的四极辐射之前, 有必要停下来对计算方法作几点说明:

(A) 四极近似通常用于非相对论性系统, 对这些系统说来, 能量密度 $T^{00}(\boldsymbol{x},\omega)$ 主要是系统的静质量密度. 我们不必明显考虑张量 $T^{\mu\nu}$ 中的势能和动能项也许令人奇怪, 因为如果 $T^{\mu\nu}$ 要守恒, 这些项是必须包括进去的! 的确, 对于一个由引力束缚的质点系统, 我们原则上应当把 $T^{\mu\nu}$ 取作 7.6 节中构造的包括引力场中的非线性项在内的总 "张量" $\tau^{\mu\nu}$. 然而我们在推导方程 (10.5.3) 与 (10.5.6) 时已经利用了能量和动量守恒, 又因为由此得到的结果只包含 T^{00}, 所以我们可以用静质量密度来作为 T^{00} 的近似.

(B) 对于一般的振动和 (或) 转动固体系统, 要算出由方程 (10.4.1) 或 (10.4.2) 定义的 Fourier 变换 $T^{00}(\boldsymbol{x},\omega)$ 往往是很困难的, 容易得多的办法是先计算矩

$$D_{ij}(t) \equiv \int \mathrm{d}^3x x^i x^j T^{00}(\boldsymbol{x},t) \tag{10.5.9}$$

然后通过将 $D_{ij}(t)$ 表示为 Fourier 积分: [269]

$$D_{ij}(t) = \int_0^\infty \mathrm{d}\omega D_{ij}(\omega)\mathrm{e}^{-\mathrm{i}\omega t} + \text{c.c.} \tag{10.5.10}$$

或者表示为 Fourier 分量的和

$$D_{ij}(t) = \sum_\omega \mathrm{e}^{-\mathrm{i}\omega t} D_{ij}(\omega) + \text{c.c.} \tag{10.5.11}$$

来求出 $D_{ij}(\omega)$.

(C) 可能产生这样的问题: 关于 D_{ij} 的积分 (10.5.4) 中坐标 x^i 的原点应当取成什么? 原则上说, 这是无关紧要的. 当我们移动坐标原点一个量 a_i 时, D_{ij} 就变为

$$\int (x^i - a^i)(x_j - a_j) T^{00}(\boldsymbol{x}, t)\mathrm{d}^3 x$$

$$= \int x^i x^j T^{00}(\boldsymbol{x}, t)\mathrm{d}^3 x - a^i \int x^j T^{00}(\boldsymbol{x}, t)\mathrm{d}^3 x$$

$$- a^j \int x^i T^{00}(\boldsymbol{x}, t)\mathrm{d}^3 x + a^i a^j \int T^{00}(\boldsymbol{x}, t)\mathrm{d}^3 x$$

但能量与动量守恒告诉我们, 最后 3 项至多是时间的线性函数, 因为

$$\frac{\partial}{\partial t} \int T^{00}(\boldsymbol{x}, t)\mathrm{d}^3 x = -\int \frac{\partial}{\partial x^i} T^{i0}(\boldsymbol{x}, t)\mathrm{d}^3 x = 0$$

$$\frac{\partial^2}{\partial t^2} \int x^i T^{00}(\boldsymbol{x}, t)\mathrm{d}^3 x = \int x^i \frac{\partial^2}{\partial x^j \partial x^k} T^{jk}(\boldsymbol{x}, t)\mathrm{d}^3 x$$

$$= -\int \frac{\partial}{\partial x^j} T^{ij}(\boldsymbol{x}, t)\mathrm{d}^3 x = 0$$

所以原点的移动并不影响 $\omega \neq 0$ 的 Fourier 分量, 即:

$$D_{ij}(\omega) \equiv \int x^i x^j T^{00}(\boldsymbol{x}, \omega)\mathrm{d}^3 x$$

$$= \int (x^i - a^i)(x^j - a^j) T^{00}(\boldsymbol{x}, \omega)\mathrm{d}^3 x \tag{10.5.12}$$

然而, 只有当我们把 T^{00} 取作整个系统的能量密度时, 在 $D_{ij}(\omega)$ 的计算中才能自由地移动原点.

作为第一个例子, 让我们来计算沿 z 方向放置的管子中的声波所产生的引力辐射, 振动物质的密度可以写为:

$$\rho = \rho_0 + \rho_1$$

[270] 式中 ρ_0 是未扰动的常数值而 ρ_1 是小扰动. 我们也把物质速度 v (沿 z 方向) 当小扰动处理并忽略耗散效应, 则运动方程为:

$$\frac{\partial \rho_1}{\partial t} + \rho_0 \frac{\partial v}{\partial z} = 0$$

$$\rho_0 \frac{\partial v}{\partial t} + v_s^2 \frac{\partial \rho_1}{\partial z} = 0$$

式中 v_s 是声速, 管子没有在两端支撑起来 (否则我们就得考虑由支撑物发出的引力辐射!) 故压强 $v_s^2 \rho_1$ 在管端必须为零. 利用这个边界条件, 一个从 $z = 0$ 延伸到 $z = l$ 的管子的通解是如下简正模式的叠加:

$$v = -\varepsilon v_s \cos kz \sin(\omega t + \phi) \qquad (10.5.13)$$

$$\rho_1 = \varepsilon \rho_0 \sin kz \cos(\omega t + \phi) \qquad (10.5.14)$$

式中 ε 是很小的无量纲数, ϕ 是任意的相位, 并且:

$$k = N\frac{\pi}{L} \qquad \omega = N\pi\frac{v_s}{L} \qquad (10.5.15)$$

N 为任何正整数, 因为并没有限制 v 在管端为零, 这两端一般将分别产生位移量 $\delta(0, t)$ 和 $\delta(l, t)$, 式中

$$\delta(z, t) \equiv \int v(z, t)\mathrm{d}t = \varepsilon v_s \omega^{-1} \cos kz \cos(\omega t + \phi)$$

质量密度的二阶矩的时间相关部分由下式表出:

$$D_{ij}(t) = n_i n_j A \left(\int_0^L \rho_1(z, t)z^2\mathrm{d}z + L^2 \rho_0 \delta(L, t) \right)$$

式中 A 为管子的截面积, $\boldsymbol{n} = (0, 0, 1)$ 是 z 方向的单位矢量. 当 N 为偶数时, 上式为零. 而当 N 为奇数时, 我们得到

$$D_{ij}(t) = -\left(\frac{4n_i n_j M L^2 \varepsilon}{N^3 \pi^3} \right) \cos(\omega t + \phi)$$

式中 $M = \rho_0 A L$ 是管子的质量. (读者不难验证, 如果不用 $z = 0$ 而用某一点作原点来计算质量分布的二阶矩, $D_{ij}(t)$ 还会是一样的.) 同方程 (10.5.11) 比较, 我们看出 $D_{ij}(t)$ 有一个 Fourier 分量

$$D_{ij}\left(N\pi\frac{v_s}{L} \right) = -\frac{2n_i n_j M L^2 \varepsilon}{N^3 \pi^3} \qquad (10.5.16)$$

[271] 于是对每一个奇数 N 由方程 (10.5.7) 得到辐射功率 (按 c.g.s. 制单位) 是:

$$P = \frac{16GM^2v_s^6\varepsilon^2}{15L^2c^5} \qquad (10.5.17)$$

可以把它同振子的总能量作一比较, 后者就是当 ρ_1 为零, 即当 v 最大时的动能:

$$E = \frac{1}{2}\rho_0 A \int_0^L v_{\max}^2(z)\mathrm{d}z = \frac{1}{4}Mv_s^2\varepsilon^2$$

显然引力辐射的发出将使振子以下列速率损失能量

$$\Gamma_{引力} \equiv \frac{P}{E} = \frac{64GMv_s^4}{15L^2c^5} \qquad (10.5.18)$$

例如, 让我们来计算在 Weber 的引力辐射实验[1]中用来作为天线的大铝柱里由声学振动产生的引力辐射率. (正如我们将要看到的, 这种天线的有效截面由 $\Gamma_{引力}$ 决定.) Weber 圆柱的参量是:

$$L = 153 \text{ cm} \quad v_s = 5.1 \times 10^5 \text{ cm/s} \quad M = 1.4 \times 10^6 \text{ g}$$

所以, 如果引力辐射是唯一的损失机制, N 为奇数的振动 (10.5.13) 和 (10.5.14) 就会以如下速率损失能量

$$\Gamma_{引力} = 4.7 \times 10^{-35} \text{ s}^{-1} \qquad (10.5.19)$$

对照起来, 主要由于铝里面的黏滞耗散, 在这个圆柱中 $N = 1$ 模式的实际衰减率 Γ 大约是 0.5 s^{-1} 所以引力辐射在这里的 "分支比" 量级是:

$$\eta \equiv \frac{\Gamma_{引力}}{\Gamma} \simeq 3 \times 10^{-34} \quad (N = 1) \qquad (10.5.20)$$

任何通常的机械振动把它的能量转化为热的部分比起引力辐射来总是要多得多.

作为第二个例子, 我们来计算一个转动物体辐射的功率. 如果该物体以角频率 T 绕 3–轴作刚性转动, 则质量密度 T^{00} 将取如下形式:

$$T^{00}(\boldsymbol{x}, t) = \rho(\boldsymbol{x}')$$

式中 $\rho(\boldsymbol{x}')$ 是以固定在物体中的坐标 $\boldsymbol{x}'$ 表示的质量密度, $\boldsymbol{x}'$ 的定义是:

$$x_1 \equiv x_1' \cos \Omega t - x_2' \sin \Omega t$$
$$x_2 \equiv x_1' \sin \Omega t + x_2' \cos \Omega t$$
$$x_3 \equiv x_3'$$

所以, 通过改变 (10.5.9) 式中的坐标, 我们可以用 $\boldsymbol{x}'$ 坐标中的转动惯量张 [272]

量:

$$I_{ij} \equiv \int \mathrm{d}^3 x' x'_i x'_j \rho(\boldsymbol{x'}) \tag{10.5.21}$$

来表示 $D_{ij}(t)$, 为简单起见, 让我们考虑围绕惯量椭球一根主轴的转动, 故 $I_{13} = I_{23} = 0$. 我们也可以选择 x'_1 和 x'_2 轴沿着另外两根主轴, 故 $I_{12} = 0$, 由于 I_{ij} 已对角化, 我们得:

$$D_{11}(t) = \frac{1}{2}(I_{11} + I_{22}) + \frac{1}{2}(I_{11} - I_{22})\cos 2\Omega t$$

$$D_{12}(t) = \frac{1}{2}(I_{11} - I_{22})\sin 2\Omega t$$

$$D_{22}(t) = \frac{1}{2}(I_{11} + I_{22}) - \frac{1}{2}(I_{11} - I_{22})\cos 2\Omega t$$

$$D_{13}(t) = D_{23}(t) = 0$$

$$D_{33}(t) = I_{33}$$

因而在方程 (10.5.11) 中对于 $\omega = 2\Omega$ 的非零 Fourier 系数就是

$$D_{11}(2\Omega) = -D_{22}(2\Omega) = \mathrm{i}D_{12}(2\Omega) = \frac{1}{4}(I_{11} - I_{22})$$

根据方程 (10.5.7), 以两倍转动频率发出的总功率就是 (按 c·g·s 制):

$$P(2\Omega) = \frac{32G\Omega^6 I^2 e^2}{5c^5} \tag{10.5.22}$$

式中 I 和 e 是转动惯量和赤道椭率,

$$I \equiv I_{11} + I_{22} \tag{10.5.23}$$

$$e \equiv \frac{I_{11} - I_{22}}{I} \tag{10.5.24}$$

一个围绕自转轴圆对称的物体有 $e = 0$, 因而不会发出引力辐射. (的确, 这个结论甚至同四极近似无关, 因为这样的物体虽然在转动, 却有与时间无关的能量 – 动量张量.) 另一方面, 对于一个在旋转坐标系中固定于点 $x'_1 = r, x'_2 = x'_3 = 0$ 的点质量 m, I_{ij} 的唯一非零元素是 $I_{11} = mr^2$, 故 $I = mr^2$, 且 $e = 1$, 于是方程 (10.5.22) 给出辐射功率:

$$P(2\Omega) = \frac{32G\Omega^6 m^2 r^4}{5c^5} \tag{10.5.25}$$

例如, 对于木星的轨道运动, 我们有

$$\Omega = 1.68 \times 10^{-8} \text{ s}^{-1}, \quad m = 1.9 \times 10^{30} \text{ g},$$

$$r = 7.78 \times 10^{13} \text{ cm}$$

因而方程 (10.5.25) 给出的引力辐射功率只有 5.3kw, 甚至比上节中计算的 [273] 太阳热引力功率还小. 按这种功率, 要观察出这种能量损失对木星轨道 的任何影响, 所需花费的时间将比太阳系的年龄还要长得多.

引力辐射在天体力学中是可忽略的, 这一点可以用更一般的术语来 陈述. 对于一个由质点组成的系统, 质点的典型质量为 $\overline{M}$, 典型距离为 $\overline{r}$ 和典型速度为 $\overline{v}$; 如辐射的频率 ω 的量级为 $\overline{v}/\overline{r}$, 则辐射的功率的量级将 是 [比较方程 (10.5.7)]

$$P \sim G \left(\frac{\overline{v}}{\overline{r}} \right)^6 \overline{M}^2 \overline{r}^4$$

或者, 因为 $G\overline{M}/\overline{r}$ 的量级是 $\overline{v}^2$,

$$P \sim \overline{M} \frac{\overline{v}^8}{\overline{r}}$$

该系统中的质点由于这种能量损失而产生的典型减速度 $\overline{a}_{\rm rad}$ 可由功率 P 除以动量 $\overline{M}\overline{v}$ 得到, 即

$$\overline{a}_{\rm rad} \sim \frac{\overline{v}^7}{\overline{r}}.$$

可以把它与 Newton 力学中计算的加速度 (量级为 $\overline{v}^2/\overline{r}$), 以及上一章中讨 论的后 Newton 改正 (量级为 $\overline{v}^4/\overline{r}$) 进行比较 [辐射效应以 $\overline{v}$ 的奇次幂出 现是因为它们代表着不可逆过程, 正如我们在方程 (10.4.4) 中用外行波 解所证明的那样]. 因为辐射反作用比后 Newton 效应小 $\overline{v}^3 < 10^{-12}$ 倍, 在 上节中忽略辐射反作用是完全正当的. 的确, 如果我们有精力, 甚至能计 算后后 Newton 加速度[2] (其量级为 $\overline{v}^6/\overline{r}$), 也不会碰到引力辐射的效应!

脉冲星的发现为我们提供了一种较有希望的引力辐射源. 正如要 在 11.4 节中讨论的那样, 脉冲星很可能是中子星[3], 其质量约为一个太 阳质量, 半径约为 10 km, 所以转动惯量 I 的量级为 10^{45} g·cm^2. 在超新星 中形成的新生脉冲星能以量级为 10^4 s^{-1} 的角速度 Ω 旋转, 故根据方程 (10.5.22), 它会以量级为 $10^{55}e^2$erg/s 的功率发出引力辐射. 作为比较, 脉冲 星的总转动能约为 10^{53} erg, 所以, 只要赤道椭率 e 大于约 10^{-4}, 脉冲星能 量的大部分会作为引力波[4]而在几年之内辐射出去. 在中子星的强大引 力场中, 这样大的静态椭率是维持不住的. 但是也许有可能因为动力学 效应而产生这样大的平均椭率, 特别是在脉冲星进入其平衡构形以前的 早期阶段更是如此. 脉冲星最终将慢下来, 慢到足以使其它的损失机制, 例如磁偶极辐射 (对它说来 $P \propto \Omega^4$), 变得比引力辐射更为重要.

[274] ## 10.6 引力辐射的散射和吸收

考虑一束平面引力波, 极化为 $e_{\mu\nu}$、波矢量为 k^μ, 射到位于原点的靶上. 在离靶很远的距离处, 引力波一般将由平面波和外行散射波组成[5],

$$h_{\mu\nu}(\boldsymbol{x}, t) \xrightarrow[r\to\infty]{} \left[e_{\mu\nu}\mathrm{e}^{\mathrm{i}\boldsymbol{k}\cdot\boldsymbol{x}} + f_{\mu\nu}(\hat{\boldsymbol{x}})\frac{\mathrm{e}^{\mathrm{i}\omega r}}{r} \right] \mathrm{e}^{-\mathrm{i}\omega t} \tag{10.6.1}$$

式中 $r \equiv |\boldsymbol{x}|, \hat{\boldsymbol{x}} \equiv \boldsymbol{x}/r, \omega \equiv |\boldsymbol{k}|, f_{\mu\nu}$ 是散射振幅, 它可以依赖于 $\hat{\boldsymbol{x}}$ 和 ω, 但不依赖于 r 或 t.

为了分析引力波与靶之间的能量平衡, 有必要将波 (10.6.1) 分解为内行波和外行波两部分, 平面波部分有 Legendre 展开式[6]

$$\mathrm{e}^{\mathrm{i}\boldsymbol{k}\cdot\boldsymbol{x}} = \sum_{l=0}^{\infty} (2l+1) P_l(\hat{\boldsymbol{k}}\cdot\hat{\boldsymbol{x}}) \mathrm{i}^l j_l(\omega r)$$

式中 P_l 是通常的 Legendre 多项式, j_l 是 l 阶球 Bessel 函数[7]. 我们有渐近式[8]

$$\mathrm{i}^l j_l(\omega r) \to \frac{1}{2\mathrm{i}\omega r}[\mathrm{e}^{\mathrm{i}\omega r} - (-1)^l \mathrm{e}^{-\mathrm{i}\omega r}]$$

故对 l 求和就简单地变成 δ 函数的 Legendre 展开[9].

$$\sum_l (2l+1) P_l(\mu) = 2\delta(1-\mu)$$
$$\sum_l (2l+1)(-1)^l P_l(\mu) = 2\delta(1+\mu)$$

因而平面波可以渐近地分解为外行波和内行波,

$$\mathrm{e}^{\mathrm{i}\boldsymbol{k}\cdot\boldsymbol{x}} \xrightarrow[r\to\infty]{} \frac{\mathrm{e}^{\mathrm{i}\omega r}}{\mathrm{i}\omega r}\delta(1-\hat{\boldsymbol{k}}\cdot\hat{\boldsymbol{x}}) - \frac{\mathrm{e}^{-\mathrm{i}\omega r}}{\mathrm{i}\omega r}\delta(1+\hat{\boldsymbol{k}}\cdot\hat{\boldsymbol{x}})$$

引力波 (10.6.1) 有相应的分解式

$$h_{\mu\nu} \xrightarrow[r\to\infty]{} [e_{\mu\nu}^{\text{出}}\mathrm{e}^{\mathrm{i}\omega r} + e_{\mu\nu}^\lambda \mathrm{e}^{-\mathrm{i}\omega r}]\mathrm{e}^{-\mathrm{i}\omega t} + \text{c.c.} \tag{10.6.2}$$

式中

$$e_{\mu\nu}^{\text{出}}(\boldsymbol{x}) = \frac{1}{\mathrm{i}\omega r}[e_{\mu\nu}\delta(1-\hat{\boldsymbol{k}}\cdot\hat{\boldsymbol{x}}) + \mathrm{i}\omega f_{\mu\nu}(\hat{\boldsymbol{x}})] \tag{10.6.3}$$

$$e_{\mu\nu}^\lambda(\boldsymbol{x}) = -\frac{1}{\mathrm{i}\omega r}\delta(1+\hat{\boldsymbol{k}}\cdot\hat{\boldsymbol{x}})e_{\mu\nu} \tag{10.6.4}$$

[275] 按照和 10.4 节中同样的推理, 可以算出, (10.6.2) 的外行波部分从一

个半径为 r 的大球里带出的总功率是

$$P_\text{出} = \int \mathrm{d}\Omega \langle t^{0i}_\text{出} \rangle \hat{\boldsymbol{x}}_i r^2 \tag{10.6.5}$$

式中 $\langle t^{0i}_\text{出} \rangle$ 是用 $e^\text{出}_{\mu\nu}$ 代替方程 (10.3.5) 中的 $e_{\mu\nu}$，并对比 $1/\omega$ 大而比 r 小的时空尺度平均后得到的平均能流. 考查方程 (10.6.3) 表明，$P_\text{出}$ 将由三项组成，

$$P_\text{出} = P_\text{散射} + P_\text{干涉} + P_\text{平面} \tag{10.6.6}$$

这三项分别来源于 $f_{\mu\nu}, f_{\mu\nu}$ 和 $e_{\mu\nu}$ 之间的干涉、以及 $e_{\mu\nu}$. 第一项代表从入射方向散射掉的总功率，是将 (10.3.5) 代入 (10.6.5)，并用 $f_{\mu\nu}/r$ 代替 $e_{\mu\nu}$ 计算出来的：

$$P_\text{散射} = \frac{\omega^2}{16\pi G} \int \mathrm{d}\Omega \left[f^{\lambda\nu*}(\hat{\boldsymbol{x}}) f_{\lambda\nu}(\hat{\boldsymbol{x}}) - \frac{1}{2}|f^\lambda{}_\lambda(\hat{\boldsymbol{x}})|^2 \right] \tag{10.6.7}$$

类似地算出干涉项是

$$P_\text{干涉} = \frac{\omega^2}{8\pi G} \mathrm{Re} \left\{ -\frac{1}{\mathrm{i}\omega} \int \mathrm{d}\Omega \delta(1 - \hat{\boldsymbol{k}} \cdot \hat{\boldsymbol{x}}) \right. \\ \left. \times \left[e^{\lambda\nu*} f_{\lambda\nu}(\hat{\boldsymbol{x}}) - \frac{1}{2} e^\lambda{}_\lambda{}^* f^\nu{}_\nu(\hat{\boldsymbol{x}}) \right] \right\}$$

或者，对 δ 函数积分

$$P_\text{干涉} = -\frac{\omega}{4G} \mathrm{Im} \left\{ e^{\lambda\nu*} f_{\lambda\nu}(\hat{\boldsymbol{k}}) - \frac{1}{2} e^\lambda{}_\lambda{}^* f^\nu{}_\nu(\hat{\boldsymbol{k}}) \right\} \tag{10.6.8}$$

(10.6.6) 中最后一项代表平面波带出球外的功率，当 $r \to \infty$ 时形式上是无限大. 不过，平面波带入任何体积的功率和它从这个体积带出去的一样多，故由内行波 (10.6.4) 带入半径为 r 的球的功率也等于这一项，即：

$$P_\text{入} = P_\text{平面} \tag{10.6.9}$$

所以，$P_\text{平面}$ 可从能量守恒方程中消去，由此得到被靶吸收的功率是

$$P_\text{吸入} = P_\text{入} - P_\text{出} = -P_\text{散射} - P_\text{干涉} \tag{10.6.10}$$

由方程 (10.3.5) 得出入射波中的能流是：

$$\Phi \equiv \langle t^{0i} \rangle \hat{\boldsymbol{k}}_i = \frac{\omega^2}{16\pi G} \left(e^{\lambda\nu*} e_{\lambda\nu} - \frac{1}{2}|e^\nu{}_\nu|^2 \right) \tag{10.6.11}$$

于是，引力波弹性散射的有效截面是：

[276]

$$\sigma_{散射} \equiv \frac{P_{散射}}{\Phi}$$

$$= \frac{\int d\Omega \left[f^{\lambda\nu*}(\hat{\boldsymbol{x}}) f_{\lambda\nu}(\hat{\boldsymbol{x}}) - \frac{1}{2} |f^{\lambda}{}_{\lambda}(\hat{\boldsymbol{x}})|^2 \right]}{\left[e^{\lambda\nu*} e_{\lambda\nu} - \frac{1}{2} |e^{\nu}{}_{\nu}|^2 \right]} \tag{10.6.12}$$

必须把它同波的散射或吸收总截面区别开来:

$$\sigma_{总} \equiv \frac{P_{散射} + P_{吸收}}{\Phi} \tag{10.6.13}$$

根据 (10.6.10), 这个总截面可以利用入射和散射波之间的干涉来表示:

$$\sigma_{总} = -\frac{P_{干涉}}{\Phi} \tag{10.6.14}$$

或者, 用 (10.6.8) 和 (10.6.11), 得:

$$\sigma_{总} = \frac{4\pi \mathrm{Im} \left\{ e^{\lambda\nu*} f_{\lambda\nu}(\hat{\boldsymbol{k}}) - \frac{1}{2} e^{\lambda}{}_{\lambda}{}^* f^{\nu}{}_{\nu}(\hat{\boldsymbol{k}}) \right\}}{\omega \left(e^{\lambda\nu*} e_{\lambda\nu} - \frac{1}{2} |e^{\lambda}{}_{\lambda}|^2 \right)} \tag{10.6.15}$$

总截面是 $4\pi/\omega$ 乘向前散射振幅的虚部, 这个结果首先是在经典电动力学中导出的[10], 因而叫做光学定理. 在这里和在电动力学中, 它是能量守恒的结果. 而在量子力学中, 有一个基于概率守恒的类似定理[11].

因为入射波很弱, 散射振幅 $f_{\lambda\nu}$ 是入射极化张量 $e_{\rho\sigma}$ 的分量的线性组合, 因此截面 (10.6.12) 和 (10.6.15) 是与 $e_{\mu\nu}$ 的归一化无关的, 尽管它们可以依赖于 $\boldsymbol{k}$ 和极化张量的形式. 引力散射理论的目的是计算 $f_{\lambda\nu}$; 由此出发可以从 (10.6.12) 和 (10.6.15) 定出各种截面来.

10.7 引力辐射的探测

目的在于探测引力辐射的实验, Weber 十年前就开始进行了[1], 目前世界上还有一些实验室正计划进行. 这些实验多半使用共振四极天线, 它们可以是具有自由振动自然模式的任何 "小的" 力学或流体力学系统. 这些天线的有效截面恰好可以利用上节中导出的光学定理演算出来, 而无需详细分析引力波和天线之间的相互作用.

[277] 我们的第一个假设是, 天线比波长 $2\pi/\omega$ 小得多, 以致散射的引力波是纯四极辐射. 按照早先导出方程 (10.4.10), (10.4.12), (10.5.3) 和 (10.5.4) 的同样推理, 我们现在可以作出结论: 方程 (10.6.1) 中的散射振幅取如下形式:

$$f_{\mu\nu}(\hat{\boldsymbol{x}}) = t_{\mu\nu}(\hat{\boldsymbol{x}}) - \frac{1}{2} \eta_{\mu\nu} t^{\lambda}{}_{\lambda}(\hat{\boldsymbol{x}}) \tag{10.7.1}$$

式中 $t_{\mu\nu}$ 正比于波引起的 $T_{\mu\nu}$ 中的扰动的 Fourier 变换; 和以前一样, 由能量和动量守恒得

$$t_{0i}(\hat{\boldsymbol{x}}) = -\hat{x}_j t_{ji} \quad t_{00}(\hat{\boldsymbol{x}}) = \hat{x}_i \hat{x}_j t_{ij} \tag{10.7.2}$$

式中 t_{ij} 与 $\boldsymbol{x}$ 无关; 尽管它当然依赖于 $\omega, e_{\mu\nu}$ 以及入射波和天线之间相互作用的细节. 采用这样的坐标系, 使入射传播矢量 $\boldsymbol{k}$ 在其中沿着第三轴并采用这样的规范, 使其中极化张量的非零分量只有

$$e_{11} = -e_{22} \text{ 和 } e_{12} = e_{21}$$

则总截面 (10.6.15) 具有如下形式

$$\sigma_{\text{总}} = \frac{2\pi \mathrm{Im}\{e_{11}^*(t_{11} - t_{22}) + 2e_{12}^* t_{12}\}}{\omega[|e_{11}|^2 + |e_{12}|^2]} \tag{10.7.3}$$

(10.6.12) 中的角积分现在也可以用和 10.5 节中同样的方法计算出来, 我们求得弹性散射截面的值为:

$$\sigma_{\text{散射}} = \frac{4\pi \left[t_{ij}^* t_{ij} - \dfrac{1}{3}|t_{ii}|^2 \right]}{5[|e_{11}|^2 + |e_{12}|^2]} \tag{10.7.4}$$

我们的另一个假设是, 散射是共振的. 也就是说, 入射波的频率 ω 接近天线系统自由振动的特征频率 ω_0. 可以认为, 入射波只是用来激发这种自由振动, 然后通过引力波的再辐射或进入其它渠道而损失能量, 这分别对应于入射波的弹性散射或吸收.

这种假设的一个结果是, 弹性散射截面同总截面之比, 就等于自由振动能量中作为引力辐射耗散, 而不是作为热、光等等耗散的部分 η.

$$\sigma_{\text{散射}} = \eta \sigma_{\text{总}} \tag{10.7.5}$$

式中

$$\eta \equiv \frac{\Gamma_{\text{引力}}}{\Gamma}$$

Γ 是自由振动的总衰减率, $\Gamma_{\text{引力}}$ 是由于发出引力辐射而来的衰减率. 因为 η 是一个表征天线的自由振动的参量, 而与振动是怎么激发的没有什么关系, 所以它与 $e_{\mu\nu}$ 无关.

共振散射假设的另一个结果是, 矩阵 t_{ij} 的形式由某个只依赖于被激发振动的几何性质的特定矩阵 n_{ij} 给出. 也就是说, t_{ij} 必须等于 n_{ij} 乘以极化分量 e_{11} 和 e_{12} 的某个函数. 这里已经假设入射场很弱, 故后面这个函数必须是线性的, 因而

[278]

$$t_{ij} = n_{ij}(\alpha e_{11} + \beta e_{12}) \tag{10.7.6}$$

式中 n_{ij}, α 和 β 皆与 e_{11} 和 e_{12} 无关. 例如, 如果天线有沿某方向 $\boldsymbol{n}$ 的对称轴, 则 n_{ij} 是 δ_{ij} 和 $n_i n_j$ 的线性组合; 正比于 δ_{ij} 的项对 (10.7.3) 或 (10.7.4) 没有贡献. 故在这种情况下, 我们可以取

$$n_{ij} = n_i n_j \tag{10.7.7}$$

(10.7.5) 和 (10.7.6) 这两个要求对散射振幅加上了严格的条件. 将 (10.7.3), (10.7.4) 和 (10.7.6) 代入 (10.7.5) 得:

$$\frac{\eta}{\omega}\text{Im}\{[e_{11}^*(n_{11} - n_{22}) + 2e_{12}^* n_{12}][\alpha e_{11} + \beta e_{12}]\}$$
$$= \frac{2}{5}|\alpha e_{11} + \beta e_{12}|^2 \left[n_{ij}^* n_{ij} - \frac{1}{3}|n_{ii}|^2\right]$$

上式必须对所有 $e_{\mu\nu}$ 成立, 所以令 $|e_{11}|^2, e_{11}^* e_{12}$ 和 $|e_{12}|^2$ 的系数相等, 得出条件:

$$\frac{1}{|\alpha|^2}\text{Im}\{(n_{11} - n_{22})\alpha\} = \frac{1}{2i\alpha^*\beta}\{(n_{11} - n_{22})\beta - 2n_{12}^*\alpha^*\}$$
$$= \frac{2}{|\beta|^2}\text{Im}\{n_{12}\beta\} = \frac{2\omega}{5\eta}\left[n_{ij}^* n_{ij} - \frac{1}{3}|n_{ii}|^2\right]$$

这些方程的解取如下形式:

$$\alpha = \frac{5\eta g(n_{11}^* - n_{22}^*)}{2\omega\left[n_{ij}^* n_{ij} - \frac{1}{3}|n_{ii}|^2\right]}$$
$$\beta = \frac{5\eta g n_{12}^*}{\omega\left[n_{ij}^* n_{ij} - \frac{1}{3}|n_{ii}|^2\right]}$$

式中 g 是一个复数, 且

$$\text{Im}\, g = |g|^2 \tag{10.7.8}$$

[279]   散射振幅 (10.7.6) 现在是

$$t_{ij} = \frac{5g\eta n_{ij}[(n_{11}^* - n_{22}^*)e_{11} + 2n_{12}^* e_{12}]}{2\omega\left[n_{lm}^* n_{lm} - \frac{1}{3}|n_{ll}|^2\right]} \tag{10.7.9}$$

注意, 上式只依赖于矩阵 n_{ij} 的形式, 而与它是否归一化无关.

共振散射假设的最后一个结果是, 散射振幅 t_{ij} 同频率的关系由依赖于时间的函数:

$$e^{-i\omega_0 t}e^{-\Gamma t/2}$$

的 Fourier 变换给出, 这个函数以频率 ω_0 振动, 其振幅和能量分别以 $\Gamma/2$ 和 Γ 的速率衰减, 也就是说, t_{ij} 必须与频率有如下关系:

$$t_{ij} \propto \left[\omega - \omega_0 + \mathrm{i}\frac{\Gamma}{2} \right]^{-1} \tag{10.7.10}$$

因为 η 和 n_{ij} 依赖于自由振动的性质, 而与它是如何产生的无关, 这个频率依赖关系只能来源于因子 g. 为了对所有 ω 都满足 "幺正" 条件 (10.7.8), 则我们必须有:

$$g = \frac{-\Gamma/2}{\omega - \omega_0 + \mathrm{i}\Gamma/2} \tag{10.7.11}$$

于是天线吸收或散射引力波的总截面 (10.7.3) 为 (按 c.g.s. 制单位):

$$\sigma_{总} = \left(\frac{5\pi\eta c^2}{\omega^2} \right) \left(\frac{\Gamma^2/4}{(\omega - \omega_0)^2 + \Gamma^2/4} \right)$$
$$\times \frac{|(n_{11}^* - n_{22}^*)e_{11} + 2n_{12}^* e_{12}|^2}{\left[n_{ij}^* n_{ij} - \frac{1}{3}|n_{ii}|^2 \right] [|e_{11}|^2 + |e_{12}|^2]} \tag{10.7.12}$$

真正值得注意的是, 无论谐振是力学的、声学的、电学的或任何其它的形式, 这个截面总可以通过参量 ω_0, Γ 和 η 以及矩阵 n_{ij} 的形式完全确定地表示为 $e_{\mu\nu}$ 和 ω 的函数.

在天线具有圆对称轴 $\boldsymbol{n}$ 的特殊情况下, 矩阵 n_{ij} 具有简单的形式 (10.7.7). 把对称轴放在 1—3 平面里与入射 3–方向成 θ 角, 则这个矩阵的非零元素是

$$n_{11} = \sin^2\theta, \quad n_{13} = \cos\theta\sin\theta, \quad n_{33} = \cos^2\theta$$

总截面 (10.7.12) 就是: [280]

$$\sigma_{总} = \left(\frac{15\pi\eta c^2}{2\omega^2} \right) \left(\frac{\Gamma^2/4}{(\omega - \omega_0)^2 + \Gamma^2/4} \right)$$
$$\times \sin^4\theta \left(\frac{|e_{11}|^2}{|e_{11}|^2 + |e_{12}|^2} \right) \tag{10.7.13}$$

因子 $\sin^4\theta$ 使得当天线轴取向与波传播的方向成直角 (即 $\theta = \pi/2$) 时截面最大, 这正好反映了如下事实, 即引力波像电磁波一样是横波.

当没有测得引力波的极化时, 有兴趣的量是 (10.7.12) 对于螺旋度 ± 2, 即对于 $e_{11} = \mp\mathrm{i}e_{12}$ 的极化张量的平均:

$$\overline{\sigma}_{总} = \left(\frac{5\pi\eta c^2}{2\omega^2} \right) \left(\frac{\Gamma^2/4}{(\omega - \omega_0)^2 + \Gamma^2/4} \right)$$

$$\times \left(\frac{|n_{11} - n_{22}|^2 + 4|n_{12}|^2}{n_{ij}^* n_{ij} - \frac{1}{3}|n_{ii}|^2} \right) \tag{10.7.14}$$

对于具有圆对称轴的天线, 对螺旋度平均的效应恰是把方程 (10.7.13) 中最后一个因子换成 1/2.

上面的分析严格说来只适用于有一个非简并谐振的场合. 当有几个简并模式时, 引力波所激发的特殊线性组合可能依赖于波的极化, 故 t_{ij} 不一定与固定矩阵 n_{ij} 成正比. 例如, 如果天线是一个弹性球, 则任何四极振动将由 5 个独立的模式组成. 在这种情况下, t_{ij} 必须是 δ_{ij} 和 e_{ij} 的线性组合, 但正比于 δ_{ij} 的项还是对 (10.7.3) 或 (10.7.4) 没有贡献. 故我们可以取

$$t_{ij} = \gamma e_{ij}$$

于是由方程 (10.7.3)—(10.7.5) 得

$$\mathrm{Im}\gamma = \frac{2\omega}{5\eta}|\gamma|^2$$

此外, 因为 γ 必须有频率依赖关系 (10.7.10), 所以

$$\gamma = \left(\frac{5\eta}{2\omega} \right) \left(\frac{-\Gamma/2}{\omega - \omega_0 + \mathrm{i}\Gamma/2} \right)$$

对于任何入射极化, 总截面 (10.7.3) 现在是:

$$\sigma_{总} = \left(\frac{10\pi\eta c^2}{\omega^2} \right) \left(\frac{\Gamma^2/4}{(\omega - \omega_0)^2 + \Gamma^2/4} \right) \tag{10.7.15}$$

[281]　在所有情况下, 当把天线的共振频率 ω_0 调到等于入射波频率 ω 时, 有效截面达极大值. (10.7.12)—(10.7.15) 的考察表明, 这个极大截面的量级是

$$\sigma_{\max} \approx \eta\lambda^2 \tag{10.7.16}$$

式中 λ 是波长 $2\pi c/\omega$, 在理想情况下, 振动纯粹通过发出引力辐射而衰减, 我们会有 $\eta = 1$. $\sigma_{\max}$ 会有非常大的值 λ^2, 当然, 这种理想情况在实际上是永远不会达到的; 例如, 我们在 10.5 节中求得 Weber 的大铝柱有 $\eta \simeq 3 \times 10^{-34}$, 一般说来, 谐振子发出引力辐射的损失率 $\Gamma_{引力}$ 依赖于天线的总尺寸, 这是难于增加的; 因此, 为了使 $\sigma_{\max}$ 尽可能的大, 必须把比例 $\eta = \Gamma_{引力}/\Gamma$ 中的总损失率 Γ 尽可能减小, 使用超流中的某种振动可能做到这一点.

不过, 除非有了某种强引力辐射源, 其频率已知, 可作我们调谐的依据, 否则调天线是没有什么好处的. 最有希望的源[12], 也许是蟹状星云中的脉冲星 NP0532. 已观测到这个天体以 $2\pi/\Omega = 0.03309$ s 的周期发出光学, X 射线和射频电磁辐射脉冲, 正如在 10.5 节中讨论过的, 人们相信脉冲星是转动中子星, 其转动惯量量级为 10^{45} g·cm^2 而赤道椭率 e 未知[3]. 因而可以推想蟹状星云脉冲星会以 $\omega = 2\Omega = 379.8$ Hz 的频率, 以约 $10^{45} e^2$erg/s 的功率发出引力辐射. 因为蟹状星云的距离为 6500 光年, 即 6.2×10^{21} cm, 通过地球处的引力辐射流大约应当是 $\Phi \simeq e^2$erg/s·cm^2. "瞄准" 并调谐到蟹状星云脉冲星的共振线型四极天线的截面 $\sigma_{总}$ (由 (10.7.13) 得出) 是 $7.4 \times 10^{16}\eta$cm^2. 因此被天线吸收的功率量级将是 $10^{16}e^2\eta$erg/s. 例如, 若 η 为 $10^{-32}, e$ 的量级为 10^{-4}, 这个功率的量级就是 10^{-24} erg/s. 这或许可能探测得到. 遗憾的是, 为了用 10.5 节中讨论过的那种铝柱来作调谐到蟹状星云脉冲星的天线, 铝柱就得要有粗笨不堪的长度 ($\pi v_s/\omega = 42$ m), 为了克服这个困难, 人们可以将天线作成环、叉等等形式, 对于给定的大小, 它们的特征频率要比棒或柱低些. Rochester 的一个小组[13]正计划作一个能调谐到蟹状星云脉冲星的环形天线.

迄今由 Weber 进行的所有实验使用的共振四极天线都没有调谐到任何特殊的源. 因为很值得怀疑像脉冲星这样的单色源一定正好就落到天线的带宽之内, 这些实验的真正目标是探测频率在 ω 到 $\omega+\mathrm{d}\omega$ 之间能流为 $\Phi(\omega)\mathrm{d}\omega$ 的宽带引力辐射. 如果一个共振天线暴露在这样的辐射场下, 所吸收的功率将是:

$$P = \sigma_{\max} \int \left[\frac{\Gamma^2/4}{(\omega - \omega_0)^2 + \Gamma^2/4} \right] \Phi(\omega)\mathrm{d}\omega$$

式中 $\sigma_{\max}$ 是天线在共振时的有效截面, 可在 (10.7.12), (10.7.13), (10.7.14) 或 (10.7.15) 中令 $\omega = \omega_0$ 得到. 如果 $\Phi(\omega)$ 在 $\omega_0 - \Gamma$ 到 $\omega_0 + \Gamma$ 这个频区里大约是常数, 就可以把它从积分号下提出来, 于是我们有 [282]

$$P = \pi\sigma_{\max}\Phi(\omega_0)\frac{\Gamma}{2} \tag{10.7.17}$$

一个辐射时间大大长于天线弛豫时间 $1/\Gamma$ 的源, 将会达到一个准稳态, 其中共振模式的平均能量 E 将使损失率 $E\Gamma$ 正好同被吸收的功率 P 平衡:

$$E = \frac{P}{\Gamma} = \pi\sigma_{\max}\frac{\Phi(\omega_0)}{2} \tag{10.7.18}$$

在这种情况下, 就可以通过共振模式的平均激发能的测量来测量共振频率处的能流, 或者至少给它建立一个上限. 例如, 地球有一个基本的回转

椭球振动模式 S_2[14], 周期 $2\pi/\omega$ 是 54 min, 衰减率 Γ 量级为 5×10^{-6} s^{-1}, 其中质量密度扰动的形式为 $\rho_1(r)Y_2{}^m(\theta,\varphi)$. 这个模式的引力衰减率 $\Gamma_{引力}$ 量级大约是 $GM_\oplus R_\oplus^2 \omega^4/c^5$ [比较方程 (10.5.18)], 即大约是 10^{-25} s^{-1}, 所以分支比 η 量级为 10^{-20}. 共振截面 (10.7.15) 这里是 $7.5 \times 10^{27}\eta$ cm^2, 即大约为 10^7—10^8 cm^2.

1961 年, Forword[15] 等人从宁静期地壳内平均应变的地震测量中定出 $\Phi(\omega_0)$ 的上限大约是 20 W/cm^2·Hz. 人们希望, 通过把重力仪放到月球上去 [16] (从地震学上看, 月球比地球宁静得多), 可以对 Φ 定出好得多的上限.

对于辐射时间 t 小于天线弛豫时间 $1/\Gamma$ 的 "爆发" 源, 天线收到的总能量将是:

$$\Delta E = P\tau = \pi\sigma_{\max}\Phi(\omega_0)\tau\frac{\Gamma}{2}$$

于是可以定出爆发时在束宽 Γ 内到达天线的单位面积上的能量是

$$\mathscr{E} \equiv \Phi(\omega_0)\Gamma\tau = \frac{2\Delta E}{\pi\sigma_{最大}} \tag{10.7.19}$$

然而, 如果源的辐射时间 $t < 1/\Gamma$, 它的带宽必须大于 $1/\Gamma$, 所以在爆发中每单位面积的总能量必须大于 $\mathscr{E}$, 所大的倍数比 $(\tau\Gamma)^{-1}$ 还大.

到现在为止, 宇宙中存在引力辐射的仅有的肯定迹象还是来自 Weber 的实验[1], 他用来作为天线的是 10.5 节中描述过的铝柱, 这些天线的频率和 "分支比" 是:

[283]

$$\omega_0/2\pi = 1660 \text{ Hz} \quad \eta = 3 \times 10^{-34}$$

[见方程 (10.5.20)]所以在方程 (10.7.13) 中令 $\omega = \omega_0$ 并对螺旋度平均, 我们得到共振截面:

$$\overline{\sigma}_{\max} = 2.9 \times 10^{-20}\sin^4\theta\text{cm}^2$$

如果能够与热涨落区别开来的最小能量增量 ΔE 是 kT. 或者在室温下是 4×10^{-14} erg. 那么根据 (10.7.19) 可以探测到引力辐射爆发的条件是, 在束宽里每单位面积的能量 $\mathscr{E}$ 满足关系:

$$\mathscr{E} \gtrsim 9 \times 10^5 \text{ erg/cm}^2 \quad 当 \theta = \pi/2$$

(通过仔细处理数据, 实际上可能性还会大一点) 只观测单个圆柱里的脉冲数不能排除如下可能性, 即这些脉冲是来自一些非热燥音 (如像地震扰动、电暴、宇宙线等等); 所以 Weber 寻找相隔一千 km 的铝柱中的符合脉冲, 一端在 Maryland 的大学公园, 一端在 Illinois 的 Argone 国立实验室, 1969 年, Weber[17] 报道了 100 多次符合脉冲, 其发生率表明平均引力辐射流 (在 $\Gamma \sim 0.1$ Hz 的带宽内) 大约是 0.1 erg·cm^{-2}· s^{-1}.

稍后不久[18], Weber 发现符合脉冲率同恒星时有关. 如果引力辐射来自银河系中心, 这种相关多少同预期的 $\sin^4 \theta$ 天线图样一致. (见图 10.1) 银河系中心离地球约 2.5×10^{22} cm, 故观测到 0.1 erg· cm^{-2}· s^{-1} 的能流就表明能量产生率大约是 8×10^{44} erg/s 或者 $0.013 M_\odot c^2$/ 年. 这本身倒不那么惊人, 但因为 Weber 的天线没有调谐到任何特定的频率, 在 1660Hz 处 0.1 Hz 的带宽内每年产能 $0.01 M_\odot c^2$ 可能表明总产能比此数高 10^3 至 10^5 倍, 即约为 10 到 $10^3 M_\odot c^2$/年. 以这样的速率, 银河系的全部质量就会在 10^8 到 10^{10} 年内用光! 如果 Weber 确实观测到了来自银河系中心的引力辐射, 要么就是他所检测到的频率碰巧正是大多数这种引力辐射发射的频率; 要么就是他发现了一种新能源, 强大到不可思议.

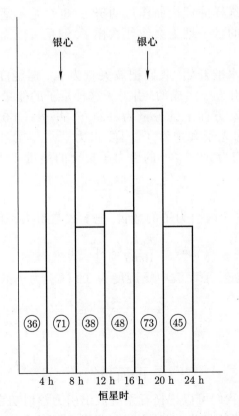

图 10.1　发自银心的引力辐射的迹象[18]. 这里画出了 Weber 观测的检波器强度 (以任意单位) 同恒星时的关系, 箭头表示天线几乎与到银心的视线垂直时的恒星时, 圆圈内的数字给出每个时段里观测到的符合数.

Weber 也寻找了标量辐射, 用的是一个具有单极振动模式的圆盘, 其频率和圆柱一样也是 1660Hz. 观测到的符合率比圆柱对的小得多; 同恒星时符合的明显相关与纯张量理论一致[19].

[284]　　　现在已制定了一些以高得多的精度重复 Weber 实验的计划. 在 Stanford[20] 计划的一个重要改进, 是让圆柱天线在极低温度下 (绝对温度千分之几度范围内) 工作. 如果天线是受热噪声限制, 那么把温度降低到 10^{-5} 倍, 灵敏度就会增加 10^5 倍. Moscow 的一个小组[21]正在用改善了的仪器进行引力辐射实验, 并正在设计一些新型引力波天线[22]. Weber 用新的天线和仪器继续着他的观测. 目前, 理论家最好是等待实验工作者们对于引力辐射是否确实已经观测到的问题达到某种一致意见.

[285]　**10.8 引力的量子理论***

　　　现在还没有任何完备而自洽的关于引力的量子理论, 要在这本书中详细讲述为建立这样的理论而作过的努力, 也会是不适当的. 不过, 让读者领略一下引力的量子理论会像什么样子, 倒是可能而且也许是有益的事.

　　　从最简单的水准开始, 我们把波矢量为 k_μ, 螺旋度为 ±2 的引力平面波解释成是由引力子组成的: 引力子这种量子的能量动量矢量为 $p^\mu = \hbar k^\mu$, 其自旋在运动方向上的分量为 $\pm2\hbar$, (这里 $\hbar = 1.054 \times 10^{-27}$ erg· s). 因为 $k_\mu k^\mu = 0$, 像光子和中微子一样, 引力子是零质量粒子. 按照方程 (2.8.4), 4 维动量均为 $p^\mu = \hbar k^\mu$ 的引力子集合的能量 – 动量张量是:

$$T_{\mu\nu} = \frac{\hbar k_\mu k_\nu}{\omega} \mathscr{N} \tag{10.8.1}$$

式中 $\mathscr{N}$ 是单位体积内引力子的数目, 把上式与引力平面波的结果:

$$\langle t_{\mu\nu} \rangle = \frac{k_\mu k_\nu}{16\pi G}(|e_+|^2 + |e_-|^2) \tag{10.8.2}$$

比较, 我们得出结论, 平面波中螺旋度为 ±2 的引力子的数密度是

$$\mathscr{N}_\pm = \frac{\omega}{16\pi\hbar G}|e_\pm|^2 \tag{10.8.3}$$

总数密度是

$$\mathscr{N} = \mathscr{N}_+ + \mathscr{N}_- = \frac{\omega}{16\pi\hbar G}\left(e^{\lambda\nu*}e_{\lambda\nu} - \frac{1}{2}|e^\lambda{}_\lambda|^2\right) \tag{10.8.4}$$

　　　按同样方法, 我们可以把任意系统放出引力辐射功率的公式 (10.4.13) 解释成是给出了将能量为 $\hbar\omega$ 的引力子发射到立体角 $\mathrm{d}\Omega$ 中去的速率 $\mathrm{d}\Gamma$:

$$\mathrm{d}\Gamma = \frac{\mathrm{d}P}{\hbar\omega} = \frac{G\omega\mathrm{d}\Omega}{\hbar\pi}\left[T^{\lambda\nu*}(k,\omega)T_{\lambda\nu}(k,\omega) - \frac{1}{2}|T^\lambda{}_\lambda(k,\omega)|^2\right] \tag{10.8.5}$$

不过, 能量 – 动量张量 $T^{\lambda\nu}(k,\omega)$ 现在必须解释成是终态和初态之间能量 – 动量张量算符的矩阵元. 特别是, 在四极近似中对于通过发出引力辐射而完成跃迁 $a \to b$ 的原子, 总速率是:

[286]

$$\Gamma(a \to b) = \frac{2G\omega^5}{5\hbar}$$
$$\times \left[D_{ij}^*(a \to b) D_{ij}(a \to b) - \frac{1}{3} |D_{ij}(a \to b)|^2 \right] \quad (10.8.6)$$

式中

$$D_{ij}(a \to b) \equiv m_e \int \psi_b^*(\boldsymbol{x}) x_i x_j \psi_a(\boldsymbol{x}) \mathrm{d}^3\boldsymbol{x} \quad (10.8.7)$$

ψ_a 和 ψ_b 为初态和终态波函数, 例如, 氢原子的 $3d(m=2)$ 态衰变到 $1S$ 态发射一个引力子的速率是:

$$\Gamma(3d \to 1s) = \frac{2^{23} G m_e^3 c}{3^7 5^{15} (137)^6 \hbar^2} = 2.5 \times 10^{-44} \mathrm{s}^{-1}$$

不必说, 不可能观察到这样的跃迁.

上面的估计是用于发射引力子而产生跃迁的过程, 故引力子具有确定的频率 $\omega = (E_a - E_b)/\hbar$. 我们也可以考虑以任何其它方式进行的过程 (例如粒子之间的碰撞), 并问在这种过程中发射引力子的概率多大. 这里可能产生的引力子的频率形成连续谱, 所以我们使用发射能量的公式 (10.4.22), 并除以 $\hbar\omega$. 于是, 在立体角 $\mathrm{d}\Omega$ 和频率范围 $\mathrm{d}\omega$ 内发射引力子的概率就是:

$$\mathrm{d}P = \frac{G\omega^2 \mathrm{d}\omega \mathrm{d}\Omega P_c}{2\pi^2 \hbar\omega} \sum_{N,M} \frac{\eta_N \eta_M}{(P_N \cdot k)(P_M \cdot k)}$$
$$\times \left[(P_N \cdot P_M)^2 - \frac{1}{2} m_N^2 m_M^2 \right] \quad (10.8.8)$$

式中, P_c 是没有引力子发射时发生碰撞的概率, 对 N 和 M 的求和也是遍历处于初态 $(\eta = -1)$ 和终态 $(\eta = +1)$ 中的所有粒子. 这个公式也已经用纯量子力学的方法推导出来了[23].

应当注意到, 发射概率 $\mathrm{d}P$ 是与 $\mathrm{d}\omega/\omega$ 成正比的 (分母中的因子 $P \cdot k$ 正比于 ω), 所以在碰撞中发出引力辐射的总概率在 $\omega \to \infty$ 和 $\omega \to 0$ 时都对数式发散. 第一种 (即 "紫外") 发散在经典情况下就遇到过, 其原因就是因为用了瞬时碰撞近似; 这种发散可以通过在 $\omega \sim 1/\Delta t \sim E/\hbar$ 处截断 $\omega-$ 积分消除掉, 这里 Δt 是碰撞的持续时间, 按照测不准原理, $\overline{E}$ 是碰撞某种典型的特征能量. 第二种, 或者说在 $\omega = 0$ 的 "红外" 发散是一个纯量子力学问题; 它在这里出现只是因为我们曾用 $\hbar\omega$ 去除发射能 dE 而得到发射概率. 只要认识到由于虚引力子的发射和再吸收, 没有引力

辐射时发生碰撞的概率 P_c 本身就对数发散, 而且这些发散彼此抵消[24], 这个问题就不存在了. 由此可见, 只要我们一旦接受了关于引力辐射的量子性质的最基本的思想, 就必须全面考虑实引力子和虚引力子的基本结构.

引力辐射的量子解释使人们能简单地导出引力子的吸收和发射之间的关系, 在温度为 T 的物体中想象一个黑体腔, 这个物体大而密, 因而它对引力辐射不透明. 腔里充满电磁辐射和引力辐射与容器处于平衡, 采用对电磁辐射得到 Planck 分布律的同样统计论证[25], 我们可以得出结论说, 单位体积内频率在 ω 到 $\omega + d\omega$ 之间的引力子数是

$$n(\omega)d\omega = \frac{\omega^2 d\omega}{\pi^2}\left[\exp\left(\frac{\hbar\omega}{kT}\right) - 1\right]^{-1} \tag{10.8.9}$$

式中 $k = 1.38 \times 10^{-16}$ erg/K 是 Boltzmann 常量 (推导这个结果的关键是引力子像光子一样具有两个独立的极化态). 为了维持平衡, 容器壁内单个引力子的吸收率 $A(\omega)$, 单位体积内在频率 ω 和 $\omega + d\omega$ 之间发射引力子的速率 $E(\omega)d\omega$, 必须具有如下关系:

$$A(\omega)n(\omega)d\omega = E(\omega)d\omega \tag{10.8.10}$$

这个式子也可以写成[26]

$$E(\omega) = I(\omega) + S(\omega) \tag{10.8.11}$$

式中

$$S(\omega) = \left(\frac{\omega^2}{\pi^2}\right)\exp\left(-\frac{\hbar\omega}{kT}\right)A(\omega) \tag{10.8.12}$$

$$I(\omega) = n(\omega)\exp\left(-\frac{\hbar\omega}{kT}\right)A(\omega) \tag{10.8.13}$$

我们把 $S(\omega)$ 解释为每单位体积每单位频率间隔自发地发出引力辐射的速率. [方程 (10.8.12) 也可以从发射和吸收之间的 "交叉对称性" 推导出来; ω^2/π^2 是 "相空间" 因子, $\exp\left(-\dfrac{\hbar\omega}{kT}\right)$ 是 Boltzmann 因子, 代表原子处在准备发射引力子的较高能级上, 或者是处在准备吸收引力子的较低能级上的相对概率]. 余下的项 $I(\omega)$ 同 $n(\omega)$ 成正比, 可解释为单位体积单位频率间隔内受激引力辐射的速率, 这个效应归因于引力子气体的 Bose 统计[27].

　　方程 (10.8.12) 和 (10.8.13) 的好处在于, 即使当引力辐射没有同物质平衡, 不能由方程 (10.8.9) 得到 $n(\omega)$ 时, 它们还是成立的. 唯一的要求是物质处于温度为 T 的热平衡中. 例如, 只要引力子的频率 ω 处在范围 $\omega_c \leqslant \omega \leqslant kT/\hbar$ 内, 我们就可以将方程 (10.4.26) 除以 $\hbar\omega$ 来计算非相对论性气体中单位体积单位频率间隔内自发发射引力子的速率 $S(\omega)$. 于是应用方程 (10.8.12) 即得这种引力子的吸收率是:

$$A(\omega) = \frac{8\pi G}{5\hbar\omega^3} \sum_{(a,b)} \mu_{ab}^2 n_a n_b \left\langle v_{ab}^5 \int \frac{\mathrm{d}\sigma_{ab}}{\mathrm{d}\Omega} \sin^2\theta \mathrm{d}\Omega \right\rangle$$

这种同 ω^{-3} 成比例的行为可以使高温气体中低频引力子的 $A(\omega)$ 很大. 不过受激发射的效应是把有效吸收率减少 $\hbar\omega/kT$ 倍, 在目前的宇宙中, 看来还没有任何情况, 其中引力辐射的吸收有重要作用.

　　前面所讲的内容可以称之为引力的 "半经典" 理论, 真正的引力量子论的发展不幸要困难得多. 解决这个问题的一条途径是构造能够描述引力子产生和湮灭的相互作用 Hamilton 量, 然后以这种作用量的幂级数来计算跃迁概率. Hamilton 量通常可以从量子场构造出来, 形式为:

$$h_{\rho\nu}(x) = \sum_\mu \int \mathrm{d}^3 k \{ a(\boldsymbol{k}, \mu) e_{\rho\nu}(\boldsymbol{k}, \mu) \exp(\mathrm{i}k_\lambda x^\lambda)$$
$$+ a^\dagger(\boldsymbol{k}, \mu) e_{\rho\nu}^*(\boldsymbol{k}, \mu) \exp(-\mathrm{i}k_\lambda x^\lambda) \} \tag{10.8.14}$$

式中 $e_{\rho\nu}(\boldsymbol{k}, \mu)$ 是动量为 $\hbar\boldsymbol{k}$ 螺旋度为 μ 的引力子极化张量. $a(\boldsymbol{k}, \mu)$ 和 $a^\dagger(\boldsymbol{k}, \mu)$ 是相应的湮灭和产生算符, 其特点是满足对易关系:

$$[a(\boldsymbol{k}, \mu), a^\dagger(\boldsymbol{k}, \mu)] = \delta^3(\boldsymbol{k} - \boldsymbol{k}')\delta_{\mu\mu'} \tag{10.8.15}$$
$$[a(\boldsymbol{k}, \mu), a(\boldsymbol{k}', \mu')] = [a^\dagger(\boldsymbol{k}, \mu), a^\dagger(\boldsymbol{k}', \mu')] = 0 \tag{10.8.16}$$

　　这条途径的困难来自如下事实, 即只要螺旋度限于物理值 $\mu = \pm 2$, 算符 (10.8.15) 就不可能是 Lorentz 张量; 正如我们在 10.2 节中看到的, 真正的张量会有螺旋度值 $0, \pm 1$ 以及 ± 2, 我们确实可以从一个真张量出发然后对 $e_{\mu\nu}$ 施行规范变换以消去非物理的螺旋度 0 和 ± 1, 但我们一旦这样选择了规范, $h_{\mu\nu}$ 就不再是一个张量了. 换个方式来说, 规范条件 (如像当 $\boldsymbol{k}$ 沿第三轴时 $e_{13}, e_{23}, e_{10}, e_{20}, e_{00}, e_{03}$ 为零这种陈述) 不是 Lorentz 不变的, 故如果我们指定这些分量为零, 那么在 Lorentz 变换 $\Lambda^\mu{}_\nu$ 下, $h_{\mu\nu}$ 将不是简单地变为 $\Lambda_\mu{}^\rho \Lambda_\nu{}^\sigma h_{\rho\sigma}$, 而是将受到一个附加的规范变换[28]:

$$h_{\mu\nu} \to \Lambda_\mu{}^\rho \Lambda_\nu{}^\sigma h_{\rho\sigma} + \frac{\partial \varepsilon_\mu}{\partial x^\nu} + \frac{\partial \varepsilon_\nu}{\partial x^\mu}$$

从这样一种对象构造出 Hamilton 量而要得到 Lorentz 不变的跃迁概率, 不是一件容易的事情.

有两种可能的方法来克服这一困难. 一种可能性是承认 $h_{\mu\nu}$ 的非张量性质, 并用非协变的 Hamilton 表述来推出计算跃迁振幅的 Lorentz 不变的法则[29]. 在电动力学中这是不难做到的, 但在广义相对论中引力场的自相互作用直到今天还阻碍着这个计划的完成. 由 Feynman[30] 首创的另一种方法是从明显 Lorentz 不变的计算法则开始, 然后设法用某种方式阻止螺旋度为零或 ± 1 的非物理的粒子在物理态中出现. 这个计划在 Fadeev[31], Mandelstam[32], 和 DeWilt[33] 等人的工作中已经成功地实现了.

遗憾的是, 在引力的量子理论中计算跃迁概率的一般法则的陈述只是进一步证实有另一个困难的存在: 这个理论包含着大虚动量的积分所产生的无限大. 量子电动力学包含着类似的无限大, 但只是在三、四个特殊的地方, 在那里可以用质量、电荷和波函数的重正化来处理它们[34]. 与此相反, 引力的量子理论中却包含着无限多种的无限大, 正如可以通过初等的量纲分析看到的那样: 引力常数的量纲是 $\hbar/m^2$, 故无量纲概率幅中量级为 G^n 的项将像动量空间积分 $\int p^{2n-1}\mathrm{d}p$ 那样发散, 就这方面说来, 引力理论更像其它不可重正化的理论, 例如 β 衰变的 Fermi 理论, 而不像量子电动力学.

虽然有这些困难, 还是已经能从引力的量子论中作出了一个非常重要的结论: 要构造一个质量为零, 螺旋度为 ± 2 的粒子的 Lorentz 不变的量子理论而不在该理论中建立某种规范不变性, 是完全不可能的[23,28], 因为只有建立了某种规范不变性, 非张量场 $h_{\mu\nu}$ 的相互作用才能产生 Lorentz 不变的跃迁振幅. 然而, 我们在 10.2 节中看到, 引力辐射的理论的规范不变性是因为广义相对论是广义协变的. 而正如 4.1 节中讨论过的那样, 广义协变只不过是等效原理的数学表示, 因而等效原理 (整个经典广义相对论就建立在它的基础上) 似乎本身就是引力的量子论应该是 Lorentz 不变的这个要求的结果.

[290]

10.9 引力场中的引力扰动*

前面各节介绍了在 Minkowski 时空中的弱引力波性质的 Lorentz 不变性的理论. 建立一个广义协变的理论, 说明弱引力扰动在原来存在的引力场 $g_{\mu\nu}$ 中如何传播; 对于讨论宇宙论的第十五章将是有用的.

根据方程 (6.1.5), 如果 $g_{\mu\nu}$ 受到某种扰动变成 $g_{\mu\nu} + \delta g_{\mu\nu}$ 而且 $\delta g_{\mu\nu}$ 很

小, 那么准确到 $\delta g_{\mu\nu}$ 的第一阶, 我们有:

$$\delta R_{\mu\kappa} = \frac{\partial \delta \Gamma^\lambda_{\mu\lambda}}{\partial x^\kappa} - \frac{\partial \delta \Gamma^\lambda_{\mu\kappa}}{\partial x^\lambda} + \delta \Gamma^\eta_{\mu\lambda} \Gamma^\lambda_{\kappa\eta}$$
$$+ \delta \Gamma^\lambda_{\kappa\eta} \Gamma^\eta_{\mu\lambda} - \delta \Gamma^\eta_{\mu\kappa} \Gamma^\lambda_{\lambda\eta} - \delta \Gamma^\lambda_{\lambda\eta} \Gamma^\eta_{\mu\kappa}$$

式中 $\delta \Gamma^\lambda_{\kappa\eta}$ 是仿射联络的变分:

$$\delta \Gamma^\lambda_{\mu\nu} = -g^{\lambda\rho} \delta g_{\rho\sigma} \Gamma^\sigma_{\mu\nu} + \frac{1}{2} g^{\lambda\rho} \left[\frac{\partial \delta g_{\rho\mu}}{\partial x^\nu} + \frac{\partial \delta g_{\rho\nu}}{\partial x^\mu} - \frac{\partial \delta g_{\mu\nu}}{\partial x^\rho} \right]$$

我们注意到 $\delta \Gamma^\lambda_{\mu\nu}$ 可以表示为张量形式:

$$\delta \Gamma^\lambda_{\mu\nu} = \frac{1}{2} g^{\lambda\rho} [(\delta g_{\rho\mu})_{;\nu} + (\delta g_{\rho\nu})_{;\mu} - (\delta g_{\mu\nu})_{;\rho}] \tag{10.9.1}$$

协变导数当然是用未扰动的仿射联络 $\Gamma^\lambda_{\mu\nu}$ 来构造的. 因为 $\delta \Gamma^\lambda_{\mu\nu}$ 是一个张量, Ricci 张量的变分也可以用协变导数写出来:

$$\delta R_{\mu\kappa} = (\delta \Gamma^\lambda_{\mu\lambda})_{;\kappa} - (\delta \Gamma^\lambda_{\mu\kappa})_{;\lambda} \tag{10.9.2}$$

这叫做 Palatini 恒等式. 利用 $\delta g_{\mu\nu}$, 可以把它写为:

$$\delta R_{\mu\kappa} = \frac{1}{2} g^{\lambda\rho} [(\delta g_{\lambda\rho})_{;\mu;\kappa} - (\delta g_{\rho\mu})_{;\kappa;\lambda}$$
$$- (\delta g_{\rho\kappa})_{;\mu;\lambda} + (\delta g_{\mu\kappa})_{;\rho;\lambda}] \tag{10.9.3}$$

这里假定对于未扰动引力场 $g_{\mu\nu}$ 和能量 – 动量张量 $T_{\mu\nu}$, Einstein 场方程是成立的. 对于 $g_{\mu\nu} + \delta g_{\mu\nu}$ 和 $T_{\mu\nu} + \delta T_{\mu\nu}$ Einstein 场方程也应成立的条件是:

$$\frac{1}{2} g^{\lambda\rho} [(\delta g_{\lambda\rho})_{;\mu;\kappa} - (\delta g_{\rho\mu})_{;\kappa;\lambda} - (\delta g_{\rho\kappa})_{;\mu;\lambda} + (\delta g_{\mu\kappa})_{;\rho;\lambda}]$$
$$= -8\pi G \left[\delta T_{\mu\nu} - \frac{1}{2} g_{\mu\nu} g^{\rho\sigma} \delta T_{\rho\sigma} + \frac{1}{2} g_{\mu\nu} \delta g_{\lambda\eta} T^{\lambda\eta} - \frac{1}{2} \delta g_{\mu\nu} T^\lambda_{\ \lambda} \right] \tag{10.9.4}$$

源项 $\delta T_{\mu\nu}$ 也服从守恒定律:

$$0 = (\delta T^{\nu\mu})_{;\mu} + T^{\nu\lambda} \delta \Gamma^\mu_{\mu\lambda} + T^{\lambda\mu} \delta \Gamma^\nu_{\mu\lambda} \tag{10.9.5}$$

这些方程的广义协变性是显然的.

正如对于 Minkowski 时空中的引力波一样, 把物理扰动同仅仅是坐标系的改变区别开来在这里是重要的. 为了这个目的让我们考虑一般的无限小坐标变换: [291]

$$x^\mu \to x'^\mu = x^\mu - \varepsilon^\mu(x) \tag{10.9.6}$$

式中 $\varepsilon^\mu(x)$ 是一个任意的无限小矢量场, 张量变换法则中出现的偏导数这里是:

$$\frac{\partial x'^\mu}{\partial x^\nu} = \delta_\nu^\mu - \frac{\partial \varepsilon^\mu(x)}{\partial x^\nu}$$

$$\frac{\partial x^\nu}{\partial x'^\mu} = \delta_\mu^\nu + \frac{\partial \varepsilon^\nu(x)}{\partial x^\mu} + 0(\varepsilon^2)$$

因为 Einstein 方程是广义协变的, 而且 $g_{\mu\nu}(x)$ 是对于能量 – 动量张量 $T_{\mu\nu}(x)$ 的解, 由此可知 $g'_{\mu\nu}(x)$ 是对于 $T'_{\mu\nu}(x)$ 的解, 这里:

$$g'_{\mu\nu}(x) = g'_{\mu\nu}(x') + \frac{\partial g_{\mu\nu}(x)}{\partial x^\lambda}\varepsilon^\lambda(x) + 0(\varepsilon^2)$$

$$= g_{\mu\nu}(x) + g_{\lambda\nu}(x)\frac{\partial \varepsilon^\lambda(x)}{\partial x^\mu}$$

$$+ g_{\lambda\mu}(x)\frac{\partial \varepsilon^\lambda(x)}{\partial x^\nu} + \frac{\partial g_{\mu\nu}(x)}{\partial x^\lambda}\varepsilon^\lambda(x)$$

对于 $T'_{\mu\nu}(x)$ 亦然. 用协变的术语, 我们得出结论: 度规张量

$$g'_{\mu\nu}(x) = g_{\mu\nu}(x) + \Delta_\varepsilon g_{\mu\nu}(x) \tag{10.9.7}$$

是 Einstein 方程对于能量 – 动量张量:

$$T'_{\mu\nu}(x) = T_{\mu\nu}(x) + \Delta_\varepsilon T_{\mu\nu}(x) \tag{10.9.8}$$

的解, 式中

$$\Delta_\varepsilon g_{\mu\nu} \equiv \varepsilon_{\mu;\nu} + \varepsilon_{\nu;\mu} \tag{10.9.9}$$

$$\Delta_\varepsilon T_{\mu\nu} \equiv T^\lambda{}_\mu \varepsilon_{\lambda;\nu} + T^\lambda{}_\nu \varepsilon_{\lambda;\mu} + T_{\mu\nu;\lambda}\varepsilon^\lambda \tag{10.9.10}$$

(注意, 除了 $g_{\mu\nu}$ 的协变导数为零, 而 $T_{\mu\nu}$ 的协变导数不为零以外, $\Delta_\varepsilon g_{\mu\nu}$ 和 $\Delta_\varepsilon T_{\mu\nu}$ 具有相同的形式.) 由此得知 (并且不难直接验证), $\delta g_{\mu\nu} = \Delta_\varepsilon g_{\mu\nu}$ 是场方程 (10.9.4) 对于源扰动 $\delta T_{\mu\nu} = \Delta_\varepsilon T_{\mu\nu}$ 的解. 但是方程 (10.9.4) 是线性微分方程, 因此, 给定了任何解 $\delta g_{\mu\nu}$ 以后, 我们总可以找到形如 $\delta g_{\mu\nu} + \Delta_\varepsilon g_{\mu\nu}$ 的具有完全相同的物理内容的其它解. 对于任意函数 $\varepsilon^\mu(x)$, 可以任意地添加 $\Delta_\varepsilon g_{\mu\nu}$ 项, 这一点相当于 10.1 节中讨论过的 "规范不变性".

方程 (10.9.9) 和 (10.9.10) 中引进的算符 Δ_ε 可以推广到任意张量, 只需说明涉及该张量同 ε 的协变导数缩并的项, 对于每个协变指标应取 + 号而对每个逆变指标应取 – 号, 也就是说, 对于标量, 我们定义:

$$\Delta_\varepsilon S \equiv S_{;\lambda}\varepsilon^\lambda$$

对于矢量我们定义:

$$\Delta_\varepsilon V_\mu \equiv V^\lambda \varepsilon_{\lambda;\mu} + V_{\mu;\lambda}\varepsilon^\lambda$$

$$\Delta_\varepsilon U^\mu \equiv -U^\lambda \varepsilon^\mu{}_{;\lambda} + U^\mu{}_{;\lambda}\varepsilon^\lambda$$

对于二阶逆变和混合张量我们定义:

$$\Delta_\varepsilon T^{\mu\nu} \equiv -T^{\lambda\nu}\varepsilon^\mu{}_{;\lambda} - T^{\mu\lambda}\varepsilon^\nu{}_{;\lambda} + T^{\mu\nu}{}_{;\lambda}\varepsilon^\lambda$$

$$\Delta_\varepsilon T^\mu{}_\nu \equiv -T^\lambda{}_\nu \varepsilon^\mu{}_{;\lambda} + T^\mu{}_\lambda \varepsilon^\lambda{}_{;\nu} + T^\mu{}_{\nu;\lambda}\varepsilon^\lambda$$

等等, 按这种方式定义的 Δ_ε 叫做 Lie 导数, 一般说来, 无限小坐标变换对于任何张量 T 的影响是, 新张量等于在同一坐标点的老张量, 加上 Lie 导数 $\Delta_\varepsilon T$. 容易证明, 算符 Δ_ε 具有同普通导数和协变导数相同的抽象性质: 它是线性的,

$$\Delta_\varepsilon[aA^\mu{}_\nu + bB^\mu{}_\nu] = a\Delta_\varepsilon A^\mu{}_\nu + b\Delta_\varepsilon B^\mu{}_\nu$$

(当 a, b 是常标量时)

它满足 Leibniz 法则,

$$\Delta_\varepsilon(A^\mu{}_\nu B^\lambda) = B^\lambda \Delta_\varepsilon A^\mu{}_\nu + A^\mu{}_\nu \Delta_\varepsilon B^\lambda$$

它同缩并运算对易,

$$\delta^\lambda_\nu \Delta_\varepsilon T^{\mu\nu}{}_\lambda = \Delta_\varepsilon T^{\mu\lambda}{}_\lambda \equiv -T^{\nu\lambda}{}_\lambda \varepsilon^\mu{}_{;\nu} + T^{\mu\lambda}{}_{\lambda;\nu}\varepsilon^\nu$$

特别是, 对于理想流体, 能量 – 动量张量的 Lie 导数是:

$$\Delta_\varepsilon T_{\mu\nu} = p\Delta_\varepsilon g_{\mu\nu} + g_{\mu\nu}\Delta_\varepsilon p + (p+\rho)[U_\mu \Delta_\varepsilon U_\nu$$
$$+ U_\nu \Delta_\varepsilon U_\mu] + U_\mu U_\nu[\Delta_\varepsilon p + \Delta_\varepsilon \rho]$$

所以 $\Delta_\varepsilon g_{\mu\nu}$ 是 Einstein 方程对于其速度、压强和密度分别受到扰动 $\Delta_\varepsilon U_\mu$, $\Delta_\varepsilon p$ 和 $\Delta_\varepsilon \rho$ 的流体的解.

除了均匀各向同性的未扰动度规 $g_{\mu\nu}$ 的简单情况外, 场方程 (10.9.4) 的解是非常复杂的, 这种简单情况我们将在 15.10 节中讨论.

专题书目 [293]

引力辐射概论

L. D. Landau and E. M. Lifshitz, *The Classical Theory of Fields* (Addison-Wesley Publishing Co., Reading, Mass., 1962), Section 101.

J. Weber, *General Relativity and Gravitational Waves* (Interscience Publishers, New York, 1961), Chapters 7 and 8.

Einstein 方程的严格解

H. Bondi, "Some Special Solutions of the Einstein Equations",in *Lectures on General Relativity* (Prentice-Hall, Englewood Cliffs, N. J., 1965), p. 375.

D. R. Brill, "General Relativity: Selected Topics of Current Interest". Nuovo Cimento Suppl., **2**, No. **1**(1964).

J. Ehlers and W. Kundt, "Exact Solutions of the Gravitational Field Equations." in *Gravitation: An Introduction to Current Research*, ed. by L. Witten(Wiley, New York, 1962), p. 49.

A. Z. Petrov. *Einstein Spaces*, trans. by R. F. Kelleher (Pergamon Press, Oxford, 1969).

F. A. E. Pirani, "Gravitational Radiation", in *Gravitation:An Introduction to Current Research, op. cit.*, p. 199.

F. A. E. Pirani, "Introduction to Gravitational Radiation Theory", in *Lectures on General Relativity, op. cit.*, p. 249.

F. A. E. Pirani, "Survey of Gravitational Radiation Theory", in *Recent Developments in General Relativity* Pergamon Press, Oxford, 1962), p. 89.

R. K. Sachs, "Gravitational Radiation", in *Relativity, Groups, and Topology*, ed. by C. DeWitt and B. DeWitt. (Gordon and Breach Science Publishers, New York, 1964) p. 523.

R. K. Sachs, "Gravitational Waves", in *Relativity Theory and Astrophysics. 1. Relativity and Cosmology*, ed. by J. Ehlers (American Mathematical Society, Providence, R. I., 1967), p. 129.

引力的量子理论

B. S. DeWitt, "Dynamical Theory of Groups and Fields", in *Relativity, Groups,and Topology, op. cit.*, p. 587.

B. S. De Witt. "The Quantization of Geometry", in *Gravitation: An Introduction to Current Research. on cit.*, p. 266.

P. A. M. Dirac, "The Quantization of the Gravitational Field", in *Contemporary Physics—Trieste Symposium 1968*, ed. by A Salam, Vol. 1 (International Atomic Energy Agency, Vienna; 1969). p. 539.

A. Komar, "The Quantization Program for General Relativity", in *Relativity—Proceedings of the Relativity Conference in the Midwest*, ed. by M. Carmeli, S. I. Fickler. and L. Witten (Plenum Press, New York, 1970).

S. Weinberg, "The Quantum Theory of Massless Particles", in *Lectures on Particles and Field Theory* (Prentice-Hall, Engle-wood Cliffs, N. J., 1965).

参考文献

[1] J. Weber, 文献 17, 18. 也见 J. Weber. Phys. Rev., **117**, 306 (1960); Phys. Rev. Letters, **17**, 1228(1966); Phys. Rev. Letters, **20**, 1307(1968); Physics Today, **21**, 34(1968); in *Relativity—Proceedings of the Relativity Conference in the Midwest*, ed. by M. Carmeli, S. I. Fickler, and L. Witten (Pletnum Press. New York, 1970), p. 133; Nuovo Cimento Letters, Ser.1, **4**, 653 (1970). [294]

[2] S. Chandrasekhar and Y. Nutku, Ap. J., **158**, 55(1969). 引力辐射反作用包含于 S. Chandrasekhar and F. P. Esposito, Ap. J., **160**, 153(1970).

[3] T. Gold, Nature, **218**, 731(1968); *ibid.*, **221**, 25(1968).

[4] 引力辐射反作用使脉冲量变慢的考虑见 J. E. Gunn and J. P. Ostriker, Nature, **221**, 454(1969); Phys. Rev. Letters. **22**, 728(1969); J. P. Ostriker and J. E. Gunn, Ap. J., **157**, 1395(1969).

[5] 例如见 L. I. Schiff, *Quanlum Mechanics* (3rd ed., McGraw-Hill, New York, 1968), Section 18.

[6] G. N. Watson, *Theory of Bessel Functions*(rev. ed.. Macmillan, New York, 1944), p.128.

[7] *Ibid.*, p. 52.

[8] *Ibid.*, p. 44.

[9] 这些公式可以通过乘以 $Pl(\mu)$ 并对 μ 积分得到验证. 必要的积分例如见 L. Schiff. *op. cit.*, Section 14.

[10] 例如见 H. A. Kramers, Atti. Congr. Intern. Fisici, Como(1927); reprinted in H. A. Kramers, *Collected Scientific Papers* (North-Holland, Amsterdam, 1956).

[11] E. Feenberg, Phys. Rev., **40**, 40(1932); N. Bohr, R. E. Peierls. and G. Placzek, Nature, **144**. 200(1939).

[12] J. Weber, Phys. Rev. Letters, **21**, 395(1968).

[13] D. H. Douglass and J. A. Tyson, report at the Third "Cambridge" Conference on General Relativity, June 8, 1970 (未发表).

[14] 地球和月球简正模的描述见 B. A. Bolt, in *Physics and Chemistry of the Earth*, ed. by L. A. Ahrens, F. Press, and S. K. Runcorn (Pergamon Press, New York, 1964), p. 55.

[15] R. L. Forward, D. Zipoy, J. Weber, S. Smith, and H. Benioff, Nature, **189**, 473 (1961); 也见 J. Weber and J. V. Larson, Jour. Geophys. Res., **71**, 6005 (1966); R. A. Wiggins and F. Press, Jour. Geophys. Res., **74**, 5351(1969): F. J. Dyson, Ap. J., **156**, 529(1969).

[16] J. Weber, in *Physics of the Moon*, ed by S. F. Singer (American Astronautical Society, Hawthorne, Cal., 1967), p. 199. [295]

[17] J. Weber, Phys. Rev. Lett., **22**, 1320 (1969); *ibid.*, **24**, 276 (1970).

[18] J. Weber, Phys. Rev. Lett., **25**, 180 (1970); 也见 *Proceedings of the Midwest Conference on Theoretical Physics*, Notre Dame, Indiana. April 1970 (未发表), p. 118. 对引力辐射致使星系失去质量的天文学意义的评论, 见 G. B. Field, M. J. Rees, and D. W. Sciama, Comments on Astrophys. and Space Phys., **1**, 187 (1969).

[19] J. Weber, 待发表; 也报告于 the Third "Cambrige" Conference on General Relativity, June 8, 1970 (未发表).

[20] W. M. Fairbank, 报告于 the Third "Cambridge" Conference on General Relativity, June 8, 1970 (未发表).

[21] V. B. Braginski, 报告于 the Third "Cambridge" Conference on General Relativity, June 8, 1970 (未发表).

[22] V. B. Braginski, Ya. B. Zeldovich, and V. N. Rudenko. JETP Lett., **10**, 280 (1969).

[23] S. Weinberg, Phys. Letters, **9**, 357 (1964); Phys. Rev., **135**, B1049 (1964).

[24] S. Weinberg, Phys. Rev., **140**, B516 (1965).

[25] 例如见, K. Huang, *Statistical Mechanics* (Wiley, 1963), Section 12.1.

[26] A. Einstein, Phys. Z., **18**, 121 (1917).

[27] 例如见, L. I. Schiff, *op. cit.*, p. 531.

[28] S. Weinberg, Phys. Rev., **138**, B938 (1965).

[29] R. L. Arnowitt and S. Deser, Phys. Rev., **113**, 745 (1959); R. L. Arnowitt, S. Deser, and C. W. Misner., Phys. Rev., **116**, 1322 (1959); *ibid.*, **117**, 1595 (1960); J. Math. Phys., **1**, 434 (1960); Phys. Rev., **118**, 1100 (1960); Nuovo Cimento, **19**, 668 (1961); Phys. Rev., **121**, 1556 (1961); *ibid.*, **122**, 997 (1961), *ibid.*, **120**, 313 (1960); *ibid.*, **120**, 321 (1960); Ann. Phys. (N. Y.), **11**, 116 (1960); P. A. M. Dirac, Phys. Rev., **114**, 924 (1959).

[30] R. P. Feynman, Acta Phys. Polon., **24**, 697 (1963).

[31] L. D. Fadeev and V. N. Popov, Phys. Letters, **25B**, 29 (1967).

[32] S. Mandelstam, Phys. Rev., **175**, 1604 (1968).

[33] B. S. DeWitt, Phys. Rev., **162**, 1195, 1239 (1967); erratum, Phys. Rev., **171**, 1834 (1968).

[34] 例如见, J. D. Bjorken and S. D. Drell, *Relativistic Quantwm Fields* (MeGraw-Hill, New York, 1965), Chapter 19.

> "万物都已解体, 中心难再维系, 世界呈现出一片混乱."
>
> **威廉·巴特勒·叶芝,《二度圣临》**

第十一章

星体的平衡和坍缩

[297]

引力场是如此微弱, 以至天体物理学家在实践中通常可以不顾广义相对论. 本章将讨论相对论效应在其中起重要作用 (某些情况下甚至是决定性作用) 的各种天体. 其中之一是中子星 —— 主要由中子组成并由中子简并压强支持以抵抗坍缩的 "冷" 星, 另一种是超大质量星, 即由辐射压支持的巨大天体, 其中广义相对论效应可以打破稳定和不稳定之间的平衡. 所有这类天体中给人印象最深的是黑洞 —— 陷入不可抗拒的引力坍缩中的一种天体.

中子星和黑洞的存在是 20 世纪 30 年代在纯理论的基础上提出来的, 主要通过 J. Robert Oppenheimer 及其合作者们的工作. 然而在 60 年代光学和射电天文学家的协同努力开始揭示出许多奇怪的新天体以前, 这些异乎寻常的东西仍然只是教科书上的珍品.

首先发现的是类星体 (QSO), 这种天体具有类似恒星的光学像, 通常含有强大的致密射电源, 它们的红移 $\Delta\lambda/\lambda$ 从 0.131 到差不多 3 之间. (见图 11.1.) 人们可以对这些红移提出三种不同的解释: 它们可能来源于由局部爆炸或者由非常遥远天体的普遍宇宙学退行 (见第十四章) 所产生的 Döppler 效应, 也可能起源于这些天体自身的强大引力场. 无论如何, 广义相对论效应很可能要在类星体的解释中起重要作用. 如果这些天体比较近, 而以相对论性速度运动, 那就必须发现某种能源能够以几乎 100%

[298] 的效率把质量转变为动能. 如果类星体处在宇宙学距离处, 则它们的光学视亮度表明其光度比最大的星系还大得多, 故仍然需要强大的新能源. 看来只有引力吸引可以提供适当的能源, 因此类星体的发现重新唤起了人们对于引力坍缩现象的普遍兴趣. 最后, 如果类星体的红移是引力红移, 那么这些天体就必须是高度压缩的, 以致只有用广义相对论 (而不是 Newton 力学) 才能理解它们的结构.

　　类星体仅仅是近年来发现的一系列了解得不充分的天体中最突出的代表. 这些天体包括 Seyfert 星系, 具有强致密射电源的巨椭圆星系、X 射线源、某些情况下似乎在爆炸的星系核, 等等. 还不清楚广义相对论同这些天体的关系 (如果有的话) 是什么.

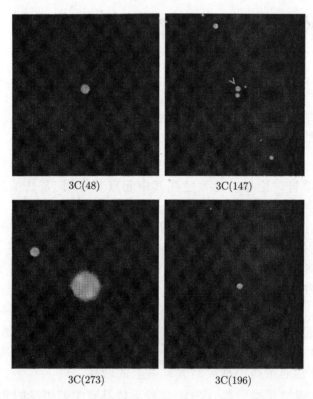

3C(48)　　　　　　　　3C(147)

3C(273)　　　　　　　　3C(196)

图 11.1　四个类星体. 这些照片是按照射电天文学家测定的位置, 用 Palomar 山的 200 in 望远镜拍摄的.

　　过去几年中发现了一种新的不平常的天象——脉冲星, 即以十分之几 Hz 到 30 Hz 的规则频率脉冲的射电源. 脉冲星往往和以同样频率脉冲的光学甚至 X 射线源在一起, 现在看来普遍一致的观点是, 脉冲星就是 20 世纪 30 年代从理论上预言的中子星, 但是具有很快的自转速度, 以某种方式产生了观察到的脉冲.

类星体、星系核、脉冲星等等的实际讨论, 将要求我们考虑辐射能 [299]
量的输运, 中微子能量输运、湍流、核力、磁场, 尤其是自转的影响, 也需
要讨论要用电子计算机进行的繁重计算, 在准备本章时, 我仅限于那些
无需太多麻烦就可以解析地进行的最简单的计算. 这些简单计算对于详
细理解天文观测事实不是非常有用, 但是却对了解广义相对论在天体物
理现象中可能起到的作用提供了有价值的线索.

11.1 星体结构的微分方程

我们首先建立一种广义相对论方法, 以计算球对称静态恒星内部的
压强、密度和引力场.

度规取成 8.1 节中讨论过的 "标准" 形式:

$$g_{rr} = A(r), \quad g_{\theta\theta} = r^2, \quad g_{\varphi\varphi} = r^2 \sin^2 \theta, \quad g_{tt} = -B(r)$$
$$g_{\mu\nu} = 0 \ \text{当} \ \mu \neq \nu \tag{11.1.1}$$

假设能量－动量张量和理想流体的相同 (见 5.4 节):

$$T_{\mu\nu} = pg_{\mu\nu} + (p + \rho)U_\mu U_\nu \tag{11.1.2}$$

p 为固有压强, ρ 为固有总能量密度, U^μ 是速度四维矢量, 定义为

$$g^{\mu\nu}U_\mu U_\nu = -1 \tag{11.1.3}$$

因为流体是静止的, 我们取

$$U_r = U_\theta = U_\varphi = 0;$$
$$U_t = -(-g^{tt})^{-1/2} = -\sqrt{B(r)} \tag{11.1.4}$$

由与时间无关的假设及球对称的假设可知, p 和 ρ 只是径向坐标 r 的函 [300]
数.

利用式 (11.1.1)—(11.1.4) 以及由式 (8.1.13) 给出的 Ricci 张量分量, 我
们发现 Einstein 场方程 (7.1.15) 变为

$$R_{rr} = \frac{B''}{2B} - \frac{B'}{4B}\left(\frac{A'}{A} + \frac{B'}{B}\right) - \frac{A'}{rA} = -4\pi G(\rho - p)A \tag{11.1.5}$$

$$R_{\theta\theta} = -1 + \frac{r}{2A}\left(-\frac{A'}{A} + \frac{B'}{B}\right) + \frac{1}{A} = -4\pi G(\rho - p)r^2 \tag{11.1.6}$$

$$R_{tt} = -\frac{B''}{2A} + \frac{B'}{4A}\left(\frac{A'}{A} + \frac{B'}{B}\right) - \frac{B'}{rA} = -4\pi G(\rho + 3p)B \tag{11.1.7}$$

撇号表示 d/dr. (我们无需写出 $R_{\varphi\varphi}$ 的方程, 它和 $R_{\theta\theta}$ 的方程全同, 也无需写出 $R_{\mu\nu}$ 的非对角元的方程, 它们只不过是零等于零.) 此外, 我们可以回忆流体静力平衡方程 (5.4.5),

$$\frac{B'}{B} = -\frac{2p'}{p+\rho} \tag{11.1.8}$$

解这些方程的第一步是导出只含 $A(r)$ 的方程. 为此, 先构造如下量

$$\frac{R_{rr}}{2A} + \frac{R_{\theta\theta}}{r^2} + \frac{R_{tt}}{2B} = -\frac{A'}{rA^2} - \frac{1}{r^2} + \frac{1}{Ar^2} = -8\pi G\rho \tag{11.1.9}$$

这个方程可以改写为

$$\left(\frac{r}{A}\right)' = 1 - 8\pi G\rho r^2 \tag{11.1.10}$$

$A(0)$ 有限的解是

$$A(r) = \left[1 - \frac{2G\mathscr{M}(r)}{r}\right]^{-1} \tag{11.1.11}$$

式中

$$\mathscr{M}(r) \equiv \int_0^r 4\pi r'^2 \rho(r')\mathrm{d}r' \tag{11.1.12}$$

现在我们可以用 (11.1.11) 和 (11.1.8) 来消去方程 (11.1.6) 中的引力场 $A(r)$ 和 $B(r)$, 于是得

$$-1 + \left[1 - \frac{2G\mathscr{M}}{r}\right]\left[1 - \frac{rp'}{p+\rho}\right] + \frac{G\mathscr{M}}{r} - 4\pi G\rho r^2 = -4\pi G(\rho - p)r^2$$

[301]　　我们把它重新写为

$$-r^2 p'(r) = G\mathscr{M}(r)\rho(r)\left[1 + \frac{p(r)}{\rho(r)}\right]$$
$$\times \left[1 + \frac{4\pi r^3 p(r)}{\mathscr{M}(r)}\right]\left[1 - \frac{2G\mathscr{M}(r)}{r}\right]^{-1} \tag{11.1.13}$$

读者可以认出这个微分方程就是 Newton 天体物理学中的基本方程 (见 11.3 节), 但加上了后面三个因子所提供的广义相对论改正.

我们在本章中主要讨论等熵的恒星, 即按每个核子平均的熵 (比熵) s 在整个星体中不变的那种恒星. 有两类很不相同的恒星就属于这种情况:

(A) 处于绝对零度的恒星. 当一颗恒星耗尽了它的热核燃料后可能变为白矮星 (11.3 节)、或者中子星 (11.4 节), 这些星体内的温度基本上是绝对零度. 根据 Nernst 定理, 比熵在整个星体中将等于零.

(B) 处于对流平衡的恒星. 如果恒星内部最有效的能量输运机制是对流, 那么平衡时比熵在整个星体中必须近于常数, 因为在相反的情况下, 包含 A 个核子的小流体元在从恒星的某一部分输运到另一部分时将会获得或失去能量 $A\Delta s/T$, 因而对流就会破坏能量平衡. 一般假设 11.5 节中讨论的超大质量 "恒星" 就处于对流平衡中.

此外, 我们还假设, 所考虑的恒星内部具有处处不变的化学组成.

前面这些假设的重要性在于, 压强 p 一般可以表示为密度 ρ、比熵 s 和化学组成的函数, 所以当 s 和化学组成在整个恒星中不变时, $p(r)$ 可以看成仅仅是 $\rho(r)$ 的函数, 同 r 没有明显依赖关系.

给定 $p(r)$ 作为 $\rho(r)$ 的函数 $p(\rho(r))$ 后, 就可以把我们的问题表达为一对关于 $\rho(r)$ 和 $\mathscr{M}(r)$ 的一阶微分方程了. 其中之一是方程 (11.1.13); 另一个是方程 (11.1.12) 的导数:

$$\mathscr{M}'(r) = 4\pi r^2 \rho(r) \tag{11.1.14}$$

此外, 方程 (11.1.12) 提供了一个初始条件

$$\mathscr{M}(0) = 0 \tag{11.1.15}$$

一旦我们指定了另一个初始条件, 即 $\rho(0)$ 值, 就可以用方程 (11.1.13)—(11.1.15) 以及给定 $p(\rho)$ 的物态方程来定出整个恒星内部的 $\rho(r), \mathscr{M}(r), p(r)$ 等等. 微分方程 (11.1.13) 和 (11.1.14) 必须从恒星中心向外积分, 一直到 $p(\rho(r))$ 在某一点 $r = R$ 降到零为止, 我们就把 R 解释成是中心密度为 $\rho(0)$ 的那个恒星的半径.

让我们回到计算度规的问题. 一旦我们算出了 $\rho(r), \mathscr{M}(r)$ 和 $p(r)$, 从方程 (11.1.11) 立即可以得到 $A(r)$; 为了求得 $B(r)$, 我们用方程 (11.1.13) 把 (11.1.8) 重新写为

[302]

$$\frac{B'}{B} = \frac{2G}{r^2}[\mathscr{M} + 4\pi r^3 p]\left[1 - \frac{2G\mathscr{M}}{r}\right]^{-1}$$

$B(\infty) = 1$ 的解是

$$B(r) = \exp\left\{ -\int_r^\infty \frac{2G}{r^2}[\mathscr{M}(r') + 4\pi r'^3 p(r')]\right.$$
$$\left. \times \left[1 - \frac{2G\mathscr{M}(r')}{r'}\right]^{-1} \mathrm{d}r' \right\} \tag{11.1.16}$$

到此, 我们的解就完全了. (附带说一下, 我们无需用到关于 R_{rr} 和 R_{tt} 的方程 (11.1.5) 和 (11.1.7), 因为这些方程可从计算中已经用过的方程 (11.1.6),

(11.1.8) 和 (11.1.9) 得出. 对此不应感到惊讶, 因为方程 (11.1.8)—— 它正是动量守恒方程 —— 就是从 Einstein 方程 (11.1.5)—(11.1.7) 通过 Bianchi 恒等式得到的.)

在恒星外面, $p(r)$ 和 $\rho(r)$ 变为零, $\mathscr{M}(r)$ 就等于常数 $\mathscr{M}(R)$, 故由式 (11.1.11) 和 (11.1.16) 得出

$$B(r) = A^{-1}(r) = 1 - \frac{2G\mathscr{M}(R)}{r} \text{ 当 } r \geqslant R \qquad (11.1.17)$$

8.2 节的讨论表明, 出现在渐近引力场 (11.1.17) 中的常数 $\mathscr{M}(R)$ 必须等于恒星质量 M, 其定义为恒星及其引力场总能量即

$$M = \mathscr{M}(R) \equiv \int_0^R 4\pi r^2 \rho(r)\mathrm{d}r \qquad (11.1.18)$$

因此 (11.1.17) 正是熟知的 Schwarzschild 外部解.

也许这里显得是一个佯谬, 即必须包括引力场能量在内的 M, 在 (11.1.18) 中却只由物质 (包括辐射) 的能量密度 $\rho(r)$ 的积分得到. 这个佯谬的解答是, (11.1.18) 并没有说 M 是物质的总能量. 物质的总能量不很确定, 但可以用下述方法来计算: 把恒星分成许多小体积元, 然后把在局部惯性系中测得的每个体积元的能量加起来; 这样得出的物质能量是

$$M_{物质} \equiv \int \sqrt{g}\rho\mathrm{d}r\mathrm{d}\theta\mathrm{d}\varphi = \int_0^R 4\pi r^2 \sqrt{A(r)B(r)}\rho(r)\mathrm{d}r \qquad (11.1.19)$$

[303] (11.1.18)和 (11.1.19) 之间的差可以看成是引力场的能量. 不过这种分解不是特别有用, 这里将不予采纳.

比较有益的是, 将 (11.1.18) 同恒星的物质如果弥散到无限远时会有的能量 M_0 进行比较, 后者是

$$M_0 = m_N N \qquad (11.1.20)$$

式中 $m_N = 1.66 \times 10^{-24}$g 是一个核子的静质量, N 是恒星内的核子数. 它由下式定出

$$N = \int \sqrt{g}J_N{}^0\mathrm{d}r\mathrm{d}\theta\mathrm{d}\varphi = \int_0^R 4\pi r^2 \sqrt{A(r)B(r)}J_N{}^0(r)\mathrm{d}r \qquad (11.1.21)$$

式中 $J_N{}^\mu$ 是守恒的核子数流. 比较方便的是将 $J_N{}^0$ 用固有核子数密度 n (即在静止于恒星内的局部惯性系中测得的核子数密度) 来表示, 即

$$n = -U_\mu J_N{}^\mu = \sqrt{B}J_N{}^0 \qquad (11.1.22)$$

(见式 (11.1.4)，并记着在局部惯性系中 $U_0 = -1$) 于是式 (11.1.21) 变为

$$N = \int_0^R 4\pi r^2 \sqrt{A(r)} n(r) \mathrm{d}r$$

$$= \int_0^R 4\pi r^2 \left[1 - \frac{2G\mathscr{M}(r)}{r}\right]^{-1/2} n(r) \mathrm{d}r \qquad (11.1.23)$$

固有数密度 $n(r)$ 一般是固有密度 $\rho(r)$、化学组成和比熵 s 的函数，所以对于具有给定不变 s 和化学组成的恒星，一旦我们选定 $\rho(0)$ 以后，$n(r)$ 和 N 就固定了.

恒星的内能由下式定义

$$E \equiv M - m_N N \qquad (11.1.24)$$

我们也可将物质固有内能密度定义为

$$e(r) \equiv \rho(r) - m_N n(r) \qquad (11.1.25)$$

并把 (11.1.24) 写为

$$E = T + V \qquad (11.1.26)$$

式中 T 和 V 分别是恒星的热能和引力能:

$$T \equiv \int_0^R 4\pi r^2 \left[1 - \frac{2G\mathscr{M}(r)}{r}\right]^{-1/2} e(r) \mathrm{d}r \qquad (11.1.27)$$

$$V \equiv \int_0^R 4\pi r^2 \left\{1 - \left[1 - \frac{2G\mathscr{M}(r)}{r}\right]^{-1/2}\right\} \rho(r) \mathrm{d}r \qquad (11.1.28)$$

把平方根展开得，   [304]

$$T = \int_0^R 4\pi r^2 \left\{1 + \frac{G\mathscr{M}(r)}{r} + \cdots\right\} e(r) \mathrm{d}r \qquad (11.1.29)$$

$$V = \int_0^R -4\pi r^2 \left\{\frac{G\mathscr{M}(r)}{r} + \frac{3G^2\mathscr{M}^2(r)}{2r^2} + \cdots\right\} \rho(r) \mathrm{d}r \qquad (11.1.30)$$

可以认出，T 和 V 中的第一项就是恒星的热能和引力能的 Newton 值; 特别是，注意 V 中的第一项可以写为

$$-G \int_0^R 4\pi r \mathscr{M}(r) \rho(r) \mathrm{d}r = -\frac{G}{2} \int_0^R \frac{1}{r} \mathrm{d}(\mathscr{M}^2(r))$$

$$= -\frac{GM^2}{2R} - \frac{G}{2} \int_0^R \frac{\mathscr{M}^2(r)}{r^2} \mathrm{d}r = \frac{\phi(R)\mathscr{M}(R)}{2}$$

$$-\frac{1}{2}\int_0^R \mathscr{M}(r)\mathrm{d}\phi(r) = \frac{1}{2}\int_0^R \phi(r)\mathrm{d}\mathscr{M}(r)$$

式中 ϕ 是 Newton 引力势, 在恒星内部由下式给出

$$\phi(r) = -\frac{GM}{R} - G\int_r^R \frac{\mathscr{M}(r')}{r'^2}\mathrm{d}r'$$

T 和 V 中的高阶项在 11.5 节中讨论.

重复一遍我们的主要结论: 一旦指明一颗恒星具有确定的均匀的比熵和化学组成以后, 该恒星的所有性质, 包括 $\rho(r), p(r), n(r), e(r), M, N$ 和 E 作为中心密度 $\rho(0)$ 的函数就都决定了. 对于像太阳这样的普通恒星, 情况并非如此, 在这些恒星中熵的分布是不均匀的, 必须由辐射平衡方程来决定. 不过, 对于研究本章中将要讨论的新奇结构来说, 本节的考虑的确是提供了一个适当的基础.

11.2 稳定性

当我们得到基本方程 (11.1.13) 和 (11.1.14) 的解时, 工作并未完成. 这样的解代表着恒星的平衡态, 但它可以是稳定平衡态, 也可能是不稳平衡态. 在大多数场合下, 只有稳定解才使天体物理学家感兴趣.

[305]　　　为了判断一个特定位形是否不稳定, 一般需要算出该位形的所有简正模式的频率 ω_n, 并检查是不是有 ω_n 带着正的虚部; 在这种情况下, 因子 $\exp(-\mathrm{i}\omega_n t)$ (它决定该模式的时间变化) 会指数增长, 系统就会不稳定. 不过, 往往只从平衡解就可以判断这个位形是不是稳定的[1]. 为此, 需要利用如下定理:

定理 1　化学组成和比熵都恒定的理想流体组成的恒星, 从稳定变到对某个特定的径向简正模式不稳定, 只能发生在中心密度值 $\rho(0)$ 使平衡能量 E 和核子数 N 取极值处, 即

$$\frac{\partial E(\rho(0); s, \cdots)}{\partial \rho(0)} = 0$$

$$\frac{\partial N(\rho(0); s, \cdots)}{\partial \rho(0)} = 0$$

所谓 "径向" 简正模式是指这样一种振动模式, 其中密度扰动 $\delta\rho$ 只是 r 和 t 的函数, 并且核反应、黏滞性、热传导和辐射能输运不起作用.

证明的第一步是, 指出这里同在没有电阻的电路中一样, 不存在耗散力, 故动力学方程是时间反演不变的, 从而推出各种简正模式的频率

平方 ω_n^2 是 $\rho(0)$ 的实连续函数. 对于每个 $\omega_n^2 > 0$, 有两种稳定振动模式. 对每一个 $\omega_n^2 < 0$, 也有两种模式, 一种按 $\exp(-|\omega_n|t)$ 指数衰减, 一种按 $\exp(+|\omega_n|t)$ 指数增长. 所以, 从稳定到不稳定的转变只能发生在使 ω_n^2 为零的 $\rho(0)$ 值处.

考虑某个 $\rho(0)$ 值, 对于它某一特定频率 ω_n 几乎等于零. 于是由于这个模式的振动或增长而把平衡位形变到某个邻近位形 $\rho(r) + \delta\rho(r)$, 将花费很长的时间. 因为这个过程进行得如此之慢, $\rho(r) + \delta\rho(r)$ 也必须基本上是一个平衡位形. 由于不存在核反应, 新位形将有和老位形同样的均匀化学组成, 由于不存在黏滞性、热传导和辐射能输运, 新位形将有和老位形相同的比熵. 此外, 能量守恒和核子数守恒告诉我们, 新位形将有和老位形相同的能量 E 和核子数 N. 然而, $\delta\rho(0)$ 不能为零, 因为一个平衡位形 (对于给定的均匀 s 和化学组成) 是完全由 $\rho(0)$ 值确定的; 假如 $\delta\rho(0)$ 是零, 那么 $\delta\rho(r)$ 对于所有的 r 都会是零, 简正模式就会不存在了. 因此, 在从稳定到不稳定的转变点, 存在着一些相邻的不同位形, 它们具有不同 $\rho(0)$ 值, 但有同样的均匀化学组成和比熵, 并且有同样的 E 和 N. 于是定理得证.

这个定理特别有价值, 是因为我们时常可以用定性的论据来证明, 一 [306] 个平衡位形当 $\rho(0)$ 充分小 (或大) 时是稳定的, 而当 $\rho(0)$ 充分大 (或小) 时是不稳定的; 该定理准确地告诉我们从稳定到不稳定的转变发生在什么地方. 以这样的定性考虑作指导, 用变分原理重新建立恒星结构的基本方程是有益的[2].

定理 2 比熵和化学成分都均匀的特定恒星位形满足平衡方程 (11.1.12) 和 (11.1.13) 的充要条件是, 由下式定义的量 M

$$M \equiv \int 4\pi r^2 \rho(r) \mathrm{d}r$$

对于 $\rho(r)$ 的一切符合下面要求的变分取极值, 这些要求是使量

$$N \equiv \int 4\pi r^2 n(r) \left[1 - \frac{2G\mathscr{M}(r)}{r} \right]^{-1/2} \mathrm{d}r$$

保持不变, 并使比熵和化学成分均匀且不变. [这儿很明显, 由于比熵和化学组成固定, 物态方程把 $p(r)$ 和 $n(r)$ 都表示为 $\rho(r)$ 的函数.] 该平衡对于径向振动是稳定的充要条件是, M (或者等效地 E) 对于所有这样的变分为极小.

为了证明这个定理, 我们使用 Lagrange 乘子法[3]: M 相对于保持 N 固定的所有变分取极值的充要条件是, 存在一个常数 λ 使得 $M - \lambda N$ 对

于所有的变分取极值、一般说来, 对于给定的变分 $\delta\rho(r)$, $M - \lambda N$ 的改变是

$$
\begin{aligned}
\delta M - \lambda \delta N = &\int_0^\infty 4\pi r^2 \delta\rho(r)\mathrm{d}r \\
&- \lambda \int_0^\infty 4\pi r^2 \left[1 - \frac{2G\mathscr{M}(r)}{r}\right]^{-1/2} \delta n(r)\mathrm{d}r \\
&- \lambda G \int_0^\infty 4\pi r \left[1 - \frac{2G\mathscr{M}(r)}{r}\right]^{-3/2} n(r)\delta\mathscr{M}(r)\mathrm{d}r
\end{aligned}
$$

(为了符号上的方便, 将积分写成进行到无限远, 实际上在半径 $R + \delta R$ 以外被积式就变为零了.) 假设这些变分不改变比熵, 故有

$$
0 = \delta\left(\frac{\rho}{n}\right) + p\delta\left(\frac{1}{n}\right)
$$

[307]   因而

$$
\delta n(r) = \frac{n(r)}{p(r) + \rho(r)}\delta\rho(r)
$$

还有

$$
\delta\mathscr{M}(r) = \int_0^r 4\pi r'^2 \delta\rho(r')\mathrm{d}r'
$$

在最后一项积分中交换 r 和 r', 就得到

$$
\begin{aligned}
\delta M - \lambda \delta N = \int_0^\infty 4\pi r^2 \Bigg\{ &1 - \frac{\lambda n(r)}{p(r) + \rho(r)} \\
&\times \left[1 - \frac{2G\mathscr{M}(r)}{r}\right]^{-1/2} - \lambda G \int_r^\infty 4\pi r' n(r') \\
&\times \left[1 - \frac{2G\mathscr{M}(r')}{r'}\right]^{-3/2} \mathrm{d}r' \Bigg\} \delta\rho(r)\mathrm{d}r
\end{aligned}
$$

因此, $\delta M - \lambda \delta N$ 对所有的 $\delta\rho(r)$ 均为零的充要条件是

$$
\begin{aligned}
\frac{1}{\lambda} = &\frac{n(r)}{p(r) + \rho(r)}\left[1 - \frac{2G\mathscr{M}(r)}{r}\right]^{-1/2} \\
&+ G \int_r^\infty 4\pi r' n(r')\left[1 - \frac{2G\mathscr{M}(r')}{r'}\right]^{-3/2} \mathrm{d}r'
\end{aligned}
$$

对某个 Lagrange 乘子 λ 上式成立的充要条件是右边与 r 无关, 也就是说

$$
0 = \left\{\frac{n'}{p + \rho} - \frac{n(p' + \rho')}{(p + \rho)^2}\right\}\left[1 - \frac{2G\mathscr{M}}{r}\right]^{-1/2}
$$

$$+ \frac{Gn}{p+\rho} \left\{ 4\pi r\rho - \frac{\mathscr{M}}{r^2} \right\} \left[1 - \frac{2G\mathscr{M}}{r} \right]^{-3/2}$$

$$-4\pi Grn \left[1 - \frac{2G\mathscr{M}}{r} \right]^{-3/2}$$

由比熵均匀条件得

$$0 = \frac{\mathrm{d}}{\mathrm{d}r}\left(\frac{\rho}{n}\right) + p\frac{\mathrm{d}}{\mathrm{d}r}\left(\frac{1}{n}\right)$$

因而

$$n'(r) = \frac{n(r)\rho'(r)}{p(r)+\rho(r)}$$

所以, 对于使 $\delta N = 0$ 的所有 $\delta\rho(r)$ 说来, δM 为零的充要条件是

$$-r^2 p' = G\left[1 - \frac{2G\mathscr{M}}{r}\right]^{-1}[p+\rho][\mathscr{M} + 4\pi r^3 p]$$

于是定理得证. 如果 δM 中按 $\delta\rho(r)$ 展开的二阶项对所有扰动是正定的, 那么为了产生任何扰动必须提供能量, 故恒星是稳定的. 反之, 如果对于某个扰动 $\delta\rho(r), \delta M$ 在二阶项中可能是负的, 则这种扰动可以随着动能的增加而增长, 恒星就不稳定了. [308]

11.3 Newton 星: 多方球和白矮星

天上的大多数恒星用 Newton 物理学来描述就够了, 无需考虑广义相对论. 这样的 Newton 星在这里值得我们注意, 既是因为它们提供了更新奇的天体 (它们是与广义相对论有关的) 的极限情况, 也是因为它们可以指导我们去认识这些天体的定性特点.

在 Newton 天体物理学中, 内能和压强远远小于静质量密度, 即

$$e \ll m_N n \quad p \ll m_N n \tag{11.3.1}$$

故总密度主要由静质量密度决定,

$$\rho \approx m_N n \tag{11.3.2}$$

同时也有

$$p \ll \rho \quad 4\pi r^3 p \ll \mathscr{M}$$

此外, 引力势处处都很小, 所以

$$\frac{2G\mathscr{M}}{r} \ll 1 \tag{11.3.3}$$

因此, 基本方程 (11.1.13) 简化为

$$-r^2 p'(r) = G\mathcal{M}(r)\rho(r) \tag{11.3.4}$$

式中 $\mathcal{M}(r)$ 仍定义为

$$\mathcal{M}(r) \equiv \int_0^r 4\pi r'^2 \rho(r')\mathrm{d}r' \tag{11.3.5}$$

将 (11.3.4) 除以 $\rho(r)$ 并微分之, 就可以把 (11.3.4) 和 (11.3.5) 联合成一个二阶微分方程:

$$\frac{\mathrm{d}}{\mathrm{d}r} \frac{r^2}{\rho(r)} \frac{\mathrm{d}p(r)}{\mathrm{d}r} = -4\pi G r^2 \rho(r) \tag{11.3.6}$$

[309]　为了使 $\rho(0)$ 有限, 必须使 $p'(0)$ 为零. 因此, 给定物态方程 $p = p(\rho)(\mathrm{d}p/\mathrm{d}\rho \neq 0)$ 后, 求解方程 (11.3.6) 就可以得到 $\rho(r)$, 初始条件是 $\rho(0)$ 取某给定值以及

$$\rho'(0) = 0 \tag{11.3.7}$$

(式 (11.3.7) 也可以从如下要求得到, 即 $\rho(r)$ 在 $x = y = z = 0$ 点是 x, y 和 z 的解析函数.)

　　我们还需要指定物态方程. 通常的情况是内能密度同压强成正比, 即

$$e \equiv \rho - m_N n = (\gamma - 1)^{-1} p \tag{11.3.8}$$

(这里 $(\gamma - 1)^{-1}$ 是一个比例常数; 除 e 和 p 正比于温度的情形外, γ 将不是比热之比.) 于是比熵均匀的条件就变为

$$0 = \frac{\mathrm{d}}{\mathrm{d}r}\left(\frac{\rho}{n}\right) + p\frac{\mathrm{d}}{\mathrm{d}r}\left(\frac{1}{n}\right) = \frac{\mathrm{d}}{\mathrm{d}r}\left(\frac{e}{n}\right) + p\frac{\mathrm{d}}{\mathrm{d}r}\left(\frac{1}{n}\right)$$

$$= \frac{1}{\gamma - 1}\left\{\gamma p\frac{\mathrm{d}}{\mathrm{d}r}\left(\frac{1}{n}\right) + \left(\frac{1}{n}\right)\frac{\mathrm{d}p}{\mathrm{d}r}\right\}$$

因而

$$p \propto n^\gamma$$

或者, 因为 $\rho \simeq m_N n$,

$$p = K\rho^\gamma \tag{11.3.9}$$

比例常数 K 依赖于比熵和化学组成, 但与 r 和 $\rho(0)$ 无关. 物态方程的形式为 (11.3.9) 的天体叫做多方球.

在多方球的情况下, 基本方程 (11.3.6) 可以变为方便的无量纲形式. 定义一个新的独立变量 ξ, 使

$$r = \left(\frac{K\gamma}{4\pi G(\gamma-1)}\right)^{1/2} \rho(0)^{(\gamma-2)/2}\xi \tag{11.3.10}$$

和新的独立变量 θ, 使

$$\rho = \rho(0)\theta^{1/(\gamma-1)}, \quad p = K\rho(0)^{\gamma}\theta^{\gamma/(\gamma-1)} \tag{11.3.11}$$

则方程 (11.3.6) 取如下形式

$$\frac{1}{\xi^2}\frac{\mathrm{d}}{\mathrm{d}\xi}\xi^2\frac{\mathrm{d}\theta}{\mathrm{d}\xi} + \theta^{1/(\gamma-1)} = 0 \tag{11.3.12}$$

边界条件是

$$\theta(0) = 1 \quad \theta' = 0 \tag{11.3.13}$$

[见式 (11.3.7)]由 (11.3.12) 和 (11.3.13) 定义的函数 $\theta(\xi)$ 叫做指数为 $(\gamma-1)^{-1}$ 的 Lane-Emden 函数[4]. 当 ξ 接近零时, 由方程 (11.3.12) 得出   [310]

$$\theta(\xi) = 1 - \frac{\xi^2}{6} + \frac{\xi^4}{120(\gamma-1)} - \cdots \tag{11.3.14}$$

可以证明, 当 $\gamma > 6/5$ 时, $\theta(\xi)$ 在某个有限的 ξ_1 处变为零:

$$\theta(\xi_1) = 0 \tag{11.3.15}$$

因此, 由式 (11.3.10) 得出恒星的半径是

$$R = \left(\frac{K\gamma}{4\pi G(\gamma-1)}\right)^{1/2} \rho(0)^{(\gamma-2)/2}\xi_1 \tag{11.3.16}$$

我们也可以用 Lane-Emden 解来计算恒星的质量:

$$M \equiv \int_0^R 4\pi r^2\rho(r)\mathrm{d}r$$

$$= 4\pi\rho(0)^{(3\gamma-4)/2}\left(\frac{K\gamma}{4\pi G(\gamma-1)}\right)^{3/2}\int_0^{\xi_1}\xi^2\theta^{1/(\gamma-1)}(\xi)\mathrm{d}\xi$$

$$= 4\pi\rho(0)^{(3\gamma-4)/2}\left(\frac{K\gamma}{4\pi G(\gamma-1)}\right)^{3/2}\xi_1^2|\theta'(\xi_1)| \tag{11.3.17}$$

从 (11.3.16) 和 (11.3.17) 中消去 $\rho(0)$, 就得到 M 和 R 之间的关系:

$$M = 4\pi R^{(3\gamma-4)/(\gamma-2)}\left(\frac{K\gamma}{4\pi G(\gamma-1)}\right)^{-1/(\gamma-2)}$$

$$\times \xi_1^{-(3\gamma-4)/(\gamma-2)} \xi_1^2 |\theta'(\xi_1)| \tag{11.3.18}$$

数值常数 ξ_1 和 $\xi_1^2|\theta'(\xi_1)|$ 的值[5] 列在表 11.1 中

表 11.1   各种 Newton 多方球的数值参量 ξ_1 和 $-\xi_1^2\theta'(\xi_1)$ 的值[5]

γ	ξ_1	$-\xi_1^2\theta'(\xi_1)$	例子
6/5	∞	1.73205	
11/9	31.83646	1.73780	
5/4	14.97155	1.79723	
9/7	9.53581	1.89056	
4/3	6.89685	2.01824	质量最大的白矮星
7/5	5.35528	2.18720	
3/2	4.35287	2.41105	
5/3	3.65375	2.71406	小质量的白矮星
2	π	π	
3	2.7528	3.7871	
∞	$\sqrt{6}$	$2\sqrt{6}$	不可压缩的星

[311]   对于 Newton 星, M 的主要部分是总静质量 Nm_N, 故恒星的核子数在很好的近似下等于

$$N \simeq \frac{M}{m_N} \tag{11.3.19}$$

我们也想知道内能 $E \equiv M - Nm_N$. 对于一般的 Newton 星, 它可由式 (11.1.26), (11.1.29) 和 (11.1.30) 得出

$$E = T + V \tag{11.3.20}$$

式中热能 T 和引力能 V 表为

$$T = \int_0^R 4\pi r^2 e(r)\mathrm{d}r \tag{11.3.21}$$

$$V = -\int_0^R 4\pi r G\mathscr{M}(r)\rho(r)\mathrm{d}r \tag{11.3.22}$$

我们现在来证明, 多方球的 T 和 V 由极简单的公式[6] 给出

$$T = \frac{1}{(5\gamma-6)}\frac{GM^2}{R} \tag{11.3.23}$$

$$V = -\frac{3(\gamma-1)}{(5\gamma-6)}\frac{GM^2}{R} \tag{11.3.24}$$

故总内能是

$$E = -\frac{(3\gamma-4)}{(5\gamma-6)}\frac{GM^2}{R} \tag{11.3.25}$$

为了证明关于 V 的公式, 我们用式 (11.3.4) 把 (11.3.22) 重新写为

$$V = 4\pi\int_0^R r^3\frac{\mathrm{d}p(r)}{\mathrm{d}r}\mathrm{d}r = -12\pi\int_0^R r^2 p(r)\mathrm{d}r \tag{11.3.26}$$

在被积式中乘以 $\rho(r)/\rho(r)$, 得

$$V = -3\int_0^R\frac{p(r)}{\rho(r)}\mathrm{d}\mathcal{M}(r) = 3\int_0^R\mathcal{M}(r)\mathrm{d}\left(\frac{p(r)}{\rho(r)}\right)$$

(这里我们假设 $\gamma > 1$, 故 p/ρ 在 R 处变为零.) 为着求出上面的积分, 我们可用物态方程计算 $\mathrm{d}\left(\dfrac{p(r)}{\rho(r)}\right)$

$$\frac{\mathrm{d}}{\mathrm{d}r}\left(\frac{p(r)}{\rho(r)}\right) = \left(\frac{\gamma-1}{\gamma}\right)\frac{p'(r)}{\rho(r)} = -\left(\frac{\gamma-1}{\gamma}\right)\frac{G\mathcal{M}(r)}{r^2}$$

于是得

$$V = -3\left(\frac{\gamma-1}{\gamma}\right)\int_0^R\frac{G\mathcal{M}^2(r)}{r^2}\mathrm{d}r \tag{11.3.27}$$

[312]

因为

$$\frac{\mathrm{d}r}{r^2} = -\mathrm{d}\left(\frac{1}{r}\right),$$

我们可以再作一次分部积分, 于是得到

$$\begin{aligned}V &= 3\left(\frac{\gamma-1}{\gamma}\right)\left\{\frac{GM^2}{R} - 2\int_0^R 4\pi Gr\mathcal{M}(r)\rho(r)\mathrm{d}r\right\}\\ &= 3\left(\frac{\gamma-1}{\gamma}\right)\left\{\frac{GM^2}{R} + 2V\right\}\end{aligned}$$

解出 V 就得到要证的结果 (11.3.24). 为了计算 T, 我们将 (11.3.8) 代入 (11.3.26), 得

$$V = -3(\gamma-1)T \tag{11.3.28}$$

于是由式 (11.3.24) 和 (11.3.28) 就得到希望证明的结果 (11.3.23).

　　(11.3.17) 和 (11.3.19) 表明, 核子数 N 像 $\rho(0)^{(3\gamma-4)/2}$ 那样变化, 而 (11.3.25), (11.3.16) 和 (11.3.17) 表明, 内能 E 像 $\rho(0)^{(5\gamma-6)/2}$ 那样变化. 因此, $\partial N/\partial\rho(0)$ 和 $\partial E/\partial\rho(0)$ 决不能一起为零. 于是上节中的定理 1 告诉我们, 每个多方球对于所有的 $\rho(0)$ 要么是稳定的, 要么是不稳定的, 这依赖于 γ 的值. 但究竟是怎样的呢?

　　为了回答这个问题, 我们回到上节中的定理 2. 它告诉我们, 星体稳定的充要条件是 E 对于 $\rho(r)$ 的保持 N (和物态方程) 不变的所有变分取极小值. 直观看来, 首先发生的不稳定性将对应于整个恒星的均匀坍缩, 又因为我们只打算回答对于这种模式是否稳定的问题, 预期只考虑 $\rho(r)$ 为常值[7] 的试验性位形就够了. 在任何这类位形中, 由 (11.3.19), (11.3.21), (11.3.22), (11.3.8) 得出

$$N = \frac{4\pi}{3m_N}\rho R^3 \tag{11.3.29}$$

$$T = \frac{4\pi}{3}(\gamma-1)^{-1}K\rho^\gamma R^3 \tag{11.3.30}$$

$$V = -\frac{16\pi^2}{15}G\rho^2 R^5 \tag{11.3.31}$$

所以, 消去 R 得

$$E = T + V = a\rho^{\gamma-1} - b\rho^{1/3} \tag{11.3.32}$$

[313]　　式中

$$a = \frac{KM}{\gamma-1} \tag{11.3.33}$$

$$b = \frac{3}{5}\left(\frac{4\pi}{3}\right)^{1/3}GM^{5/3} \tag{11.3.34}$$

当 $\gamma > 4/3$ 时, 在

$$\rho = \left(\frac{b}{3a(\gamma-1)}\right)^{1/(\gamma-4/3)} = \left(\frac{M^{2/3}G(4\pi/3)^{1/3}}{5K}\right)^{1/(\gamma-4/3)} \tag{11.3.35}$$

E 有极小值, 对应于稳定平衡位形. 当 $\gamma = 4/3$ 时, E 对于 ρ 取平稳值的必要条件是它处处为零, 这就要求 $a = b$, 即

$$M = \left(\frac{5K}{G}\right)^{3/2}\left(\frac{4\pi}{3}\right)^{-1/2} \tag{11.3.36}$$

当 $\gamma < \dfrac{4}{3}$ 时, 在点 (11.3.35) E 有极大值, 相当于不稳平衡状态.

　　由式 (11.3.35) 顺便可以估计恒星的质量

$$M \simeq \frac{4\pi}{3}\rho^{(3\gamma-4)/2}\left(\frac{15K}{4\pi G}\right)^{3/2}$$

可以将它同精确的结果 (11.3.17) 作一比较. 这两个式子的比为

$$\frac{M(\text{变分})}{M(\text{精确})} = \frac{[15(\gamma-1)/\gamma]^{3/2}}{3\xi_1^2|\theta'(\xi_1)|}$$

当 $\gamma = 5/3$ 时，这个比值是 1.8; 当 $\gamma = 4/3$ 时，它等于 1.2. 变分法不仅给出了 M 对于 ρ 的正确关系 (包括当 $\gamma = 4/3$ 时 M 与 ρ 无关且 E 为零这一事实)，甚至还提供了对于精确数值结果的良好近似. 我们可以放心接受它的预言，即一个多方球是稳定还是不稳定，取决于 $\gamma > 4/3$ 还是 $\gamma < 4/3$[7].

变分途径也提供了一个估计恒星膨胀和收缩的振动频率的简便方法. 式 (11.3.29)—(11.3.31) 表明，对于固定的 N

$$T \propto R^{3(1-\gamma)} \quad V \propto R^{-1}$$

我们可以用式 (11.3.23) 和 (11.3.24) 来确定平衡半径 (记作 $R_{平}$ 以区别于振动位形的瞬时半径 R) 处 T 和 V 的正确值. 从而得到

$$E = \frac{1}{(5\gamma-6)} \frac{GM^2}{R_{平}^{(4-3\gamma)}} R^{3(1-\gamma)} - \frac{3(\gamma-1)}{5\gamma-6} GM^2 R^{-1}$$

当 $\gamma > 4/3$ 时，上式在 $R = R_{平}$ 处有一极小值，这是应该的. 当 R 接近 $R_{平}$ 时，E 按如下方式变化 [314]

$$E \rightarrow E_{平} + \frac{3(\gamma-1)(3\gamma-4)}{2(5\gamma-6)} \frac{GM^2}{R_{平}^3} (R - R_{平})^2$$

一个均匀密度球均匀膨胀时的动能是

$$U = \frac{3}{10} M \dot{R}^2$$

故能量守恒条件 ($U + E$ 为恒量) 导致如下模式

$$R - R_{平} \propto \sin \omega_0 t$$

$$\omega_0 \approx \left[\frac{5(\gamma-1)(3\gamma-4)}{5\gamma-6} \frac{GM^2}{R_{平}^3} \right]^{1/2} \tag{11.3.37}$$

最后，我们注意到，一个以角速度 Ω 自转的均匀球将有动能

$$U = \frac{1}{5} M R_{平}^2 \Omega^2$$

它必须小于束缚能 $-E$, 故一个恒星能够转动的最大角速度量级为

$$\Omega_{\max} \approx \left[\frac{5(3\gamma-4)}{5\gamma-6} \frac{GM}{R_{平}^3} \right]^{1/2} \approx \frac{\omega_0}{\sqrt{\gamma-1}} \tag{11.3.38}$$

当然，转得这样快的星不会再是球体，故 (11.3.38) 只能估计实际最大自转频率的数量级.

　　现在让我们把这些知识应用于称为白矮星的恒星上. 想象一个耗尽了核燃料并开始冷却和收缩的老年恒星. 当温度足够低时 (下面会指出"足够低"的含意), 电子将被冻结到最低的容许能级上. Pauli 原理告诉我们, 每个能级上将有两个电子 (因为有两个自旋态可占), 而每单位体积内动量在 k 和 $k+\mathrm{d}k$ 之间有 $4\pi k^2(2\pi\hbar)^{-3}\mathrm{d}k$ 个能级, 故每单位体积内的电子数与最大动量 k_F 间将有如下关系

$$n = \frac{8\pi}{(2\pi\hbar)^3}\int_0^{k_F} k^2\mathrm{d}k = \frac{k_F^3}{3\pi^2\hbar^3} \tag{11.3.39}$$

质量密度是

$$\rho = nm_N\mu \tag{11.3.40}$$

[315]　　式中 μ 是核子数与电子数之比; 对于已经用完了氢的恒星, $\mu \simeq 2$. 由此得到

$$k_F = \hbar\left(\frac{3\pi^2\rho}{m_N\mu}\right)^{1/3} \tag{11.3.41}$$

温度可以忽略的条件是

$$kT \ll [k_F^2 + m_e^2]^{1/2} - m_e$$

这些电子的动能和压强是

$$e = \frac{8\pi}{(2\pi\hbar)^3}\int_0^{k_F}[(k^2+m_e^2)^{1/2} - m_e]k^2\mathrm{d}k \tag{11.3.42}$$

$$p = \frac{8\pi}{3(2\pi\hbar)^3}\int_0^{k_F}\frac{k^2}{(k^2+m_e^2)^{1/2}}k^2\mathrm{d}k \tag{11.3.43}$$

[见式 (2.8.4).] 将 (11.3.41) 代入 (11.3.43) 就可以得到明显表出的物态方程了.

　　这里的物态方程形式并不简单, 但在用判据 $\rho \ll \rho_c$ 或 $\rho \gg \rho_c$ 区分开来的两种极端情况下, 可以化为多方球的情形. 这里 ρ_c 是当 k_F 变得和 m_e 相等时的临界密度 (按 c.g.s. 单位制)

$$\rho_c = \frac{m_N\mu m_e^3 c^3}{3\pi^2\hbar^3} = 0.97 \times 10^6\mu\mathrm{g}\ \mathrm{cm}^{-3} \tag{11.3.44}$$

　　(A) $\rho \ll \rho_c$. 在这种情况下, $k_F \ll m_e$, 故由 (11.3.42) 和 (11.3.43) 得

$$e = \frac{3}{2}p$$

$$p = \frac{8\pi k_F^5}{15m_e(2\pi\hbar)^3} = \frac{\hbar^2}{15m_e\pi^2}\left(\frac{3\pi^2\rho}{m_N\mu}\right)^{5/3}$$

这是一个多方球, 其参数为

$$\gamma = 5/3, \quad K = \frac{\hbar^2}{15m_e\pi^2}\left(\frac{3\pi^2}{m_N\mu}\right)^{5/3} \tag{11.3.45}$$

然后由 (11.3.17) 得出质量 (按 c.g.s. 单位制)

$$M = \frac{1}{2}\left(\frac{3\pi}{8}\right)^{1/2}(2.71406)\left(\frac{\hbar^{3/2}c^{3/2}}{m_N^2\mu^2G^{3/2}}\right)\left(\frac{\rho(0)}{\rho_c}\right)^{1/2}$$

$$= 2.79\mu^{-2}\left(\frac{\rho(0)}{\rho_c}\right)^{1/2}M_\odot \tag{11.3.46}$$

而由 (11.3.16) 得出半径 (按 c.g.s. 单位制)   [316]

$$R = \left(\frac{3\pi}{8}\right)^{1/2}(3.65375)\left(\frac{\hbar^{3/2}}{c^{1/2}G^{1/2}m_em_N\mu}\right)\left(\frac{\rho(0)}{\rho_c}\right)^{-1/6}$$

$$= 2.0 \times 10^4\mu^{-1}\left(\frac{\rho(0)}{\rho_c}\right)^{-1/6}\text{km} \tag{11.3.47}$$

(B) $\rho \gg \rho_c$. 在这种情况下, $k_F \gg m_e$, 故由表达式 (11.3.42) 和 (11.3.43) 得到

$$e = 3p$$

$$p = \frac{8\pi k_F^4}{12(2\pi\hbar)^3} = \frac{\hbar}{12\pi^2}\left(\frac{3\pi^2\rho}{m_N\mu}\right)^{4/3}$$

这也是一个多方球, 其参数为

$$\gamma = 4/3, \quad K = \frac{\hbar}{12\pi^2}\left(\frac{3\pi^2}{m_N\mu}\right)^{4/3} \tag{11.3.48}$$

然后由 (11.3.17) 得出唯一的质量 (取 c.g.s. 单位制)

$$M = \frac{1}{2}(3\pi)^{1/2}(2.01824)\left(\frac{\hbar^{3/2}c^{3/2}}{G^{3/2}m_N^2\mu^2}\right) = 5.87\mu^{-2}M_\odot \tag{11.3.49}$$

而由 (11.3.16) 得到半径 (取 c.g.s. 单位制)

$$R = \frac{1}{2}(3\pi)^{1/2}(6.89685)\left(\frac{\hbar^{3/2}}{c^{1/2}G^{1/2}m_em_N\mu}\right)\left(\frac{\rho_c}{\rho(0)}\right)^{1/3}$$

$$= 5.3 \times 10^4\mu^{-1}\left(\frac{\rho_c}{\rho(0)}\right)^{1/3}\text{km} \tag{11.3.50}$$

我们注意到, 当 $\rho(0) \ll \rho_c$ 时 $\gamma > 4/3$, 故最轻的白矮星肯定是稳定的. 我们也看到, M 随中心密度的增加表现出单调的增长, 当 $\rho(0) \to \infty$ 时达

到最大值 (11.3.49)，故不存在恒星可以变得不稳定的点. 我们的推测性结论是, 稳定的白矮星的质量可以为任何比 (11.3.49) 小的量. 这个最大质量叫做 Chandrasekhar 极限[8].

实际上, 问题并没有这么简单. 当 $k_F \approx 5m_e$ 时, 电子被核俘获使质子变为中子并产生立刻逃逸的中微子的过程在能量上变得有利了. 其效果是使核子数对电子数的比值 μ 增加. 根据公式 (11.3.46), 当中心密度给定时, 这就会使质量 M 减小. 因而我们预料, M 将朝着 Chandrasekhar 极限增加直到 $\rho(0) \simeq 5^3\rho_c$ [见式 (11.3.41) 和 (11.3.44)], 在那里 M 达到最大值然后开始减小. 详细计算[9] 表明, 最大质量是 $1.2M_\odot$, 几乎等于 Chandrasekhar 极限 (当 $\mu = 56/26$ 时, 它是 $1.26M_\odot$). 具有这个最大质量的恒星的半径大约是 4×10^3 km. 11.2 节的定理 2 意味着这个最大值是从稳定到不稳定的转变点, 所以由铁组成的稳定白矮星只有当 $M < 1.2M_\odot$ 时才能存在.

[317]

对于研究广义相对论的人说来, 表征白矮星的最有趣的参量是其表面引力势的绝对值 GM/R. 当 $\rho(0) \ll \rho_c$ 时, 由 (11.3.46) 和 (11.3.47) 得出这个值是

$$\frac{GM}{R} = \frac{1}{2}\left(\frac{2.71406}{3.65375}\right)\mu^{-1}\left(\frac{m_e}{m_N}\right)\left(\frac{\rho(0)}{\rho_c}\right)^{2/3} \tag{11.3.51}$$

而当 $\rho(0) \gg \rho_c$ 时, 由式 (11.3.49) 和 (11.3.50) 得到它是

$$\frac{GM}{R} = \left(\frac{2.01824}{6.89685}\right)\mu^{-1}\left(\frac{m_e}{m_N}\right)\left(\frac{\rho(0)}{\rho_c}\right)^{1/3} \tag{11.3.52}$$

我们看到, 因为 $m_e/m_N = 5.4 \times 10^{-4}$, GM/R 总会是相当小. 因此广义相对论在白矮星的结构中不起重要作用. GM/R 这个量随中心密度的增加而增加, 故它在最大质量 $1.2M_\odot$ 处达到最大, 并在那里取值 4×10^{-4}. 我们的老相识波江座 $40B$ 的 $GM/R \simeq 6 \times 10^{-5}$ (见 3.5 节) , 所以想通过寻找很大红移的白矮星来非常惊人地改善天文学红移实验, 将是不可能的.

11.4 中子星

我们在上节中看到, 一颗由冷简并电子压强支持的白矮星, 若其质量大于 Chandrasekhar 极限 (大约为 $\hbar^{3/2}/m_N^2 G^{3/2}$), 就不可能处于平衡. 此外, 这种星体表面的引力势也不能大于 m_e/m_N, 所以广义相对论在它的结构中不起作用.

在继续寻找广义相对论的天体物理应用时, 我们要问: 当一个质量大于 Chandrasekhar 极限的恒星达到其热核演化的终点并变冷时会发生

什么事情. 那时它的内部压强将支持不住它自己, 从而发生坍缩. 一种可能性是, 恒星将永远继续坍缩下去, 在这种情况下广义相对论肯定要起作用. 另一种可能性是, 恒星在坍缩过程中将变得很热, 以致会发生爆炸变为一颗超新星. 然后它也许会抛出足够多的物质使其质量降到 Chandrasekhar 极限以下. 一般认为, 在这种情况下, 高度压缩的残骸将不会作为白矮星而灭亡, 倒更可能变为一个超密的中子星[10]. (见图 11.2.)

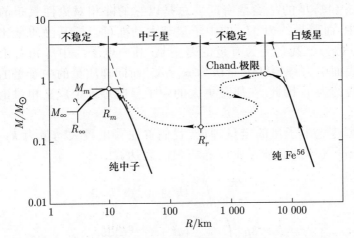

图 11.2 恒星的平衡位形. 左边和右边的实线分别代表对于纯中子星的 Oppenheimer-Volkoff[10] 解和对于纯 Fe^{56} 白矮星的 Chandrasekhar[8] 解. 虚线给出这两种情况下的外推非相对论解. 点线代表 Harrison, Thorne, Wakano, Wheeler[12] 的内插解, 他们考虑了化学成分从 Fe^{56} 到中子的变化. 箭头表明中心密度增加的方向. 正如定理 1 所表明的, 稳定与不稳定之间的各个转变都发生在 M 的极大值和极小值处, 这里用小圈标出.

中子星和白矮星相似, 不同的是前者几乎完全由 "冷" 简并中子组成, 所有电子和质子都已经通过反应

$$p + e^- \to n + \nu$$

变成了中子, 中微子则逸出了恒星, 必须保留足够的电子和质子, 以使 Pauli 原理防止中子发生 β 衰变 $n \to p + e^- + \bar{\nu}$; 这就给稳定中子星的质量定出了一个下限, 推导见后.

小质量中子星和同质量的白矮星非常相似, 所不同的只是中子简并压强代替了电子简并压强, 因而在所有公式中应以 m_n 代替 m_e (并且应令 $\mu = 1$). 因此, 注意到对于小质量白矮星电子质量 m_e 是如何出现在公式 (11.3.44)—(11.3.47) 的, 我们就可以立即得出结论, 小质量中子星的中

[318]

心密度将比同质量 (且 $\mu = 2$) 的白矮星高 $1/2(m_n/m_e)^3 = 3.1 \times 10^9$ 倍, 而半径要小 $m_n/2m_e = 920$ 倍.

[319]

当白矮星的质量变得与 (11.3.49) 定出的理论上限相差不多时, 它里面的电子就会成为相对论性的. 因为 m_e 并未进入 (11.3.49), 故我们预料中子星中的中子也正是在这样的质量, 即当 M 的量级为 $M_\odot$ 时开始成为相对论性的. 不过, 在这一点上, 白矮星和中子星之间的类似就被破坏了. 首先, 白矮星的总能量密度 ρ 总是以它的非相对论性核子的静质量密度为主, 而质量约为 $M_\odot$ 的中子星却由动能可以同其静质量比拟的核子组成. 另一个甚至更为有趣的差别是, 其中电子为中等相对论性的白矮星的表面引力势 GM/R 量级为 m_e/m_n, 而同样质量的中子星的表面引力势量级约为 1. 因此, 在质量更大的中子星的理论中广义相对论一定要起作用.

为了建立中子星的定量理论, 我们首先写出最大动量为 k_F 的理想中子 Fermi 气体的总能量密度和压强的表达式:

$$\rho = \frac{8\pi}{(2\pi\hbar)^3} \int_0^{k_F} (k^2 + m_n^2)^{1/2} k^2 \mathrm{d}k$$

$$= 3\rho_c \int_0^{k_F/m_n} (u^2 + 1)^{1/2} u^2 \mathrm{d}u \tag{11.4.1}$$

$$p = \frac{8\pi}{3(2\pi\hbar)^3} \int_0^{k_F} \frac{k^2}{(k^2 + m_n^2)^{1/2}} k^2 \mathrm{d}k$$

$$= \rho_c \int_0^{k_F/m_n} (u^2 + 1)^{-1/2} u^4 \mathrm{d}u \tag{11.4.2}$$

式中 (按 c. g. s. 单位制)

$$\rho_c \equiv \frac{8\pi m_n^4 c^3}{3(2\pi\hbar)^3} = 6.11 \times 10^{15} \text{ g/cm}^3 \tag{11.4.3}$$

在式 (11.4.1) 和 (11.4.2) 中消去 k_F/m_n, 我们就得到如下形式的物态方程:

$$\frac{p}{\rho_c} = F\left(\frac{\rho}{\rho_c}\right) \tag{11.4.4}$$

式中 F 是一个确定的超越函数. 求解 (11.1.13), 并用 (11.4.4) 来给出其中 p 作为 ρ 的函数, 就可以算出中心密度 $\rho(0)$ 给定的中子星的结构. 因为这些方程中有量纲的量只是 $\rho(0), \rho_c$ 和 G, 故解得的质量和半径必定是 $\rho(0)$ 的如下形式的函数

$$M = M_0 f\left(\frac{\rho(0)}{\rho_c}\right) \tag{11.4.5}$$

$$R = R_0 g\left(\frac{\rho(0)}{\rho_c}\right) \tag{11.4.6}$$

式中 (按 c.g.s. 单位制)

$$R_0 \equiv c(8\pi G\rho_c)^{-1/2} = 3.0 \text{ km} \tag{11.4.7}$$

$$M_0 \equiv \frac{c^2 R_0}{G} = 2.0 M_\odot \tag{11.4.8}$$

f 和 g 是未知的无量纲函数. 这个问题和白矮星的情形相似, 只有当中心密度很大和很小时才容易用分析的方式处理.

当 $\rho(0) \ll \rho_c$ 时, 我们可以利用同上面讨论过的白矮星的相似之处, 从 (11.3.46) 和 (11.3.47) 推出

$$\begin{aligned} M &= \frac{1}{2}\left(\frac{3\pi}{8}\right)^{1/2}(2.71406)\left(\frac{\hbar^{3/2}}{m_n^2 G^{3/2}}\right)\left(\frac{\rho(0)}{\rho_c}\right)^{1/2} \\ &= \frac{1}{2}(2.71406)M_0\left(\frac{\rho(0)}{\rho_c}\right)^{1/2} \end{aligned} \tag{11.4.9}$$

$$\begin{aligned} R &= \left(\frac{3\pi}{8}\right)^{1/2}(3.65375)\left(\frac{\hbar^{3/2}}{m_n^2 G^{1/2}}\right)\left(\frac{\rho_c}{\rho(0)}\right)^{1/6} \\ &= (3.65375)R_0\left(\frac{\rho_c}{\rho(0)}\right)^{1/6} \end{aligned} \tag{11.4.10}$$

式中 ρ_c 现在由式 (11.4.3) 给出.

当 $\rho(0) \gg \rho_c$ 时, 恒星中心附近的中子有 $k_F \gg m_n$, 故由 (11.4.1) 和 (11.4.2) 得

$$\rho = \frac{3\rho_c}{4}\left(\frac{k_F}{m_n}\right)^5 \quad p = \frac{\rho_c}{4}\left(\frac{k_F}{m_n}\right)^5$$

因而

$$p = \frac{\rho}{3} \tag{11.4.11}$$

正如对高度相对论性粒子气体所预期的一样. 将这个物态方程代入基本微分方程 (11.1.13) 得

$$-r^2 \rho'(r) = 4G\mathcal{M}(r)\rho(r)\left[1 + \frac{4\pi r^3 \rho(r)}{3\mathcal{M}(r)}\right]\left[1 - \frac{2G\mathcal{M}(r)}{r}\right]^{-1} \tag{11.4.12}$$

我们可以求得该方程的一个严格解[11]:

$$\rho(r) = \frac{3}{56\pi G r^2} \tag{11.4.13}$$

它对应于极限 $\rho(0) \to \infty$. 然而, 即使在中心密度无限大的极限情形, 这个

$\rho(r)$ 也会在量级为 R_0 的半径 r 处降到 ρ_0 以下, 所以物态方程 (11.4.11) 对于任何中子星的外层都是不成立的. 为了讨论非相对论性中子组成的外壳, 必须用物态方程 (11.4.4) 来解方程 (11.1.13); 无限大中心密度条件由 (11.4.13) 当 $r \ll R_0$ 时来给定. 这里我们不准备做这件事; 要点在于, 方程的解有一有限的半径 R, 在那里 ρ 变为零, 这个半径里面的质量是有限的, 因为式 (11.4.13) 中的奇点在 $r = 0$ 处可积. 这样一来, 中子星的质量和半径当 $\rho(0) \to \infty$ 时趋于有限的极限. 由基本方程 (11.1.13) 的数值解得出这些极限是[10]

$$M_\infty = 0.171 M_\odot \quad R_\infty = 1.06 R_0 \qquad (11.4.14)$$

还剩下稳定性的问题. 当 $\rho(0) \ll \rho_c$ 时, 纯中子星就是 $\gamma = 5/3$ 的 Newton 多方球 (像小的白矮星一样) 因而是稳定的. 式 (11.4.9) 表明, 对于这些小的中心密度说来, M 是 $\rho(0)$ 的单调增函数. 如果 M 连续单调地增加到 M_∞, 那么根据 11.2 节的定理 1, 就不会发生向不稳定性的转变. 但 (11.4.9) 表明, 当 $\rho(0) = 0.016 \rho_c$ 时 [这小得足以保证 (11.4.9) 是一个好的近似], 质量 M 已经大于 M_∞. 因此我们预期, M 在某个量级为 ρ_c 的中心密度 ρ_m 处上升到最大值 $M > M_\infty$, 然后在无限大的中心密度处降到值 M_∞. 这个预言得到了用方程 (11.1.13) 和 (11.4.1)—(11.4.3) 进行的详细计算[10] 的证实. 由纯中子理想气体组成的星体, 质量 M 达到极大值

$$M_m = 0.36 M_0 = 0.7 M_\odot \qquad (11.4.15)$$

是在如下的半径处

$$R_m = 3.2 R_0 = 9.6 \text{ km} \qquad (11.4.16)$$

因为在这一点 $\partial M / \partial \rho(0)$ 等于零, 我们预期这里会发生从稳定到对径向振动不稳定的转变. 因此, (11.4.15) 和 (11.4.16) 表征着由恒星稳定的要求所容许的质量和中心密度最大的中子星. 质量 (11.4.15) 叫做 *Oppenheimer-Volkoff* 极限. 注意, 从这样的中子星表面发出的谱线红移是

$$z \equiv \frac{\Delta\lambda}{\lambda} = B^{-1/2}(R_m) - 1 = \left(1 - \frac{2GM_m}{R_m}\right)^{-1/2} - 1 = 0.13 \quad (11.4.17)$$

[见式 (3.5.3) , (11.1.1) 和 (11.1.17).] 对于质量最大的稳定中子星, 广义相对论显然正在开始变得重要起来.

当然, 中子星不可能纯由中子组成, 因为我们至少需要 Fermi 电子海使得 Pauli 不相容原理能阻止中子的 β 衰变. 为了初步了解一下中子星的化学组成, 让我们来考虑中子、质子和电子之间的平衡. 这三种 Fermi

气体每一种的能量密度和数密度由下式给出 (式中 $i = n, p, e$)

$$\rho_i = \frac{8\pi}{(2\pi\hbar)^3} \int_0^{k_{F,i}} \sqrt{k^2 + m_i^2} k^2 \mathrm{d}k \tag{11.4.18}$$

$$n_i = \frac{8\pi}{(2\pi\hbar)^3} \int_0^{k_{F,i}} k^2 \mathrm{d}k = \frac{k_{F,i}^3}{3\pi^2\hbar^3} \tag{11.4.19}$$

在恒星中任何给定的点, 反应 $n \to p + e + \overline{\nu}$ 可以把中子变为质子, 而反应 $p + e \to n + \nu$ 可以把质子变为中子 (中微子逸出恒星). 这些反应保持重子的总数密度不变

$$n_n + n_p = n_B \ (\text{固定}) \tag{11.4.20}$$

同时保持着电中性,

$$n_p - n_e = 0 \tag{11.4.21}$$

但由于 n_B 固定, 总能量密度就可以单用 n_n 表示出来:

$$
\begin{aligned}
\rho &\equiv \rho_n + \rho_e + \rho_p \\
&= 3C^{-3} \Bigg\{ \int_0^{Cn_n^{1/3}} \sqrt{k^2 + m_n^2} k^2 \mathrm{d}k \\
&\quad + \int_0^{C[n_B - n_n]^{1/3}} \sqrt{k^2 + m_p^2} k^2 \mathrm{d}k \\
&\quad + \int_0^{C[n_B - n_n]^{1/3}} \sqrt{k^2 + m_e^2} k^2 \mathrm{d}k \Bigg\}
\end{aligned}
\tag{11.4.22}
$$

式中 $\qquad\qquad\qquad C \equiv (3\pi^2\hbar^3)^{1/3}$

当这个函数为极小值时, 即

$$
\begin{aligned}
0 = \frac{\mathrm{d}\rho}{\mathrm{d}n_n} &= (C^2 n_n^{2/3} + m_n^2)^{1/2} - (C^2[n_B - n_n]^{2/3} + m_p^2)^{1/2} \\
&\quad - (C^2[n_B - n_n]^{2/3} + m_e^2)^{1/2}
\end{aligned}
$$

化学平衡就达到了. 我们可以从上述方程中将 $n_p = n_B - n_n$ 作为 n_n 的函数解出, 得

$$
\begin{aligned}
\frac{n_p}{n_n} = \frac{1}{8} \Bigg\{ &\Bigg[1 + \frac{2(m_n^2 - m_p^2 - m_e^2)}{C^2 n_n^{2/3}} \\
&+ \frac{(m_n^2 - m_p^2)^2 - 2m_e^2(m_n^2 + m_p^2) + m_e^4}{C^4 n_n^{4/3}} \Bigg] \Big/ \Bigg[1 + \frac{m_n^2}{C^2 n_n^{2/3}} \Bigg] \Bigg\}^{3/2}
\end{aligned}
$$

核子质量差 $Q \equiv m_n - m_p$ 和电子质量 m_e 量级相当并且都远远小于 m_n, 故这个结果可以更简洁地写成

$$\frac{n_p}{n_n} = \frac{1}{8} \Bigg\{ \Bigg[1 + \frac{4Q}{m_n} \left(\frac{\rho_c}{m_n n_n} \right)^{2/3} + \frac{4(Q^2 - m_e^2)}{m_n^2}$$

$$\times \left(\frac{\rho_c}{m_n n_n}\right)^{4/3}\Bigg] \Bigg/ \left[1 + \left(\frac{\rho_c}{m_n n_n}\right)^{2/3}\right]\Bigg\}^{3/2} \tag{11.4.23}$$

[323] 式中 $\rho_c = m_n^4/C^3$ 是以前在 (11.4.3) 中定义的临界密度.

中子不发生 β 衰变的稳定条件是, Fermi 电子海充填到的动量应当大于中子 β 衰变中发射的电子的最大动量 $k_{\max}$

$$k_{F,e} > k_{\max} \tag{11.4.24}$$

式中

$$k_{\max} = \frac{[(m_n^2 - m_p^2)^2 - 2m_e^2(m_n^2 + m_p^2) + m_e^4]^{1/2}}{2m_n}$$
$$\simeq [Q^2 - m_e^2]^{1/2} = 1.19 \text{ MeV} \tag{11.4.25}$$

由 (11.4.19) 和 (11.4.21) 得到电子的 Fermi 动量是

$$k_{F,e}^2 = C^2 n_e^{1/3} = C^2 n_p^{2/3} = m_n^2 \left(\frac{m_n n_n}{\rho_c}\right)^{2/3} \left(\frac{n_p}{n_n}\right)^{2/3}$$
$$= \left\{\frac{\dfrac{m_n^2}{4}\left(\dfrac{m_n n_n}{\rho_c}\right)^{4/3} + Qm_n\left(\dfrac{m_n n_n}{\rho_c}\right)^{2/3} + Q^2 - m_e^2}{\left(\dfrac{m_n n_n}{\rho_c}\right)^{2/3} + 1}\right\} \tag{11.4.26}$$

上式在 $n_n = 0$ 处为最小, $k_{F,e}$ 在那里刚好等于 $k_{\max}$. 所以, 中子 β 稳定性条件 (11.4.24) 对于任何正的中子密度确实是满足的.

质子 – 中子比 (11.4.23) 当中子密度非常小时是很大的并逐渐下降, 当 $m_n n_n$ 等于转变密度

$$\rho_T \simeq \rho_c \left[\frac{4(Q^2 - m_e^2)}{m_n^2}\right]^{3/4} = 1.28 \times 10^{-4} \rho_c \tag{11.4.27}$$

时达到极小.

$$\left(\frac{n_p}{n_n}\right)_{\min} \simeq \left(\frac{Q + \frac{1}{2}(Q^2 - m_e^2)^{1/2}}{m_n}\right)^{3/2} = 0.002 \tag{11.4.28}$$

然后单调上升, 当 $n_n m_n \gg \rho_c$ 时达到 1/8. 中心密度稍稍小于转变值 (11.4.27) 的星体实际上根本不是中子星, 而是属于白矮星平衡解的极高

密度分支, 因而是不稳定的 (见 11.3 节). 因此我们预期, 有着某个量级为 ρ_T 的最小中心密度, 和某个量级为 $3M_\odot(\rho_T/\rho_c)^{1/2} \simeq 0.03M_\odot$ 的最小质量[见式 (11.4.9)], 当低于这些值时, 稳定的中子星就不能存在. 详细计算[2]表明, 中子星的最小质量实际上约为 $0.2M_\odot$.

[324]

中子星里混有少量氢所产生的效应比人们设想的更有意义, 因为填满了质子能级和电子能级以及中子能级, 就阻止了中子以外其它粒子的衰变, 这些其它粒子在正常条件下是不稳定的. 例如, 当 $k_{F,e} > 53$ MeV 时, μ^- 介子变得稳定, 因为那时 Pauli 原理将阻止其衰变过程 $\mu^- \rightarrow e^- + \nu + \bar{\nu}$ 中的电子发射. 根据式 (11.4.26), 当密度 $\rho \simeq m_n n_n$ 达到值 $0.038\rho_c$, 即当 $n_p = 0.005n_n$ 时就会发生这种情况. 当密度达到 $0.107\rho_c$, $n_p = 0.013n_n$ 时, 电子的 Fermi 动量达到 μ 介子质量 105MeV, Fermi 海顶部的电子转变成 (比方说通过碰撞) μ 介子和逃离恒星的中微子—反中微子对的过程, 在能量上就变得有利了. 因此甚至中等质量的中子星也会混有 μ^- 介子, 也混有氢. 根据同样的理由可以预期, 超子以及核子和超子的各种激发态也将是稳定的并少量地存在着.

这就产生了一个有趣的原则问题. 例如, 在 π 介子—核子散射中著名的 $3-3$ 共振既可以认为是 π 介子—核子力的表现, 也可以看成是一个质量等于 1236MeV 的寿命极短 $(5.5 \times 10^{-20}$ s$)$ 的粒子, 即 Δ 重子. 我们是否应该把 Δ 包括到中子星的理想气体模型中去呢? 人们通常的看法是不应该, 但当核子密度足够高时, Pauli 原理将阻止 $\Delta \rightarrow N + \pi, \Delta \rightarrow N + \gamma$ 等等衰变过程发生, 而能量的考虑将有利于某些中子和质子变为 Δ. 当然, 核子间的强相互作用可能会排除致密中子星的任何理想气体模型, 但也有可能通过把中子星处理成中子、质子、电子、μ^- 介子、超子、核子和超子共振的理想气体, 而把这些相互作用力的影响都考虑进去 (见 15.11 节).

无论如何应当明白, 当 $\rho(0)$ 可以比拟于或者大于 ρ_c 时, 应用 Oppenheimer-Volkoff 的计算 (把中子星当作纯中子理想气体处理) 必须十分谨慎. 在理想气体模型中只包括质子、电子和中子, 对于中子星的结构本身并没有严重影响[12], 但核力可能是相当重要的; 例如, 各种详细计算得出的最大稳定质量值等于 $0.37M_\odot$[13], $1.95M_\odot$[14], 和 $2.4M_\odot$[15], 即使是这些模型也还是高度理想化的; 人们预料, 真实的中子星会有晶状外壳[16]、超流的内部[17]、强大的磁场[18], 还常常有非常快的自转速率[19].

1967 年, "脉冲星" —— 以周期为几秒到 0.033 s 的规则脉冲发出各种波长辐射的一种恒星 —— 的发现[20], 提示我们应当去考查一下中子星和白矮星可能的转动和振动周期. 式 (11.3.37) 和 (11.3.38) 表明, 对于 γ 为

6/5, 4/3 或 1 以外的所有值, 任何 Newton 多方球的最大转动频率和基本振动频率的量级都是 $\sqrt{GM/R^3}$. 对于任何稳定的中子星, 准确到一个数量级以内, 这个结果也大致成立; 在这种情况下, 当 M 和 R 取值 (11.4.15) 和 (11.4.16) 时, 特征频率最大, 其值为

[325]

$$\left(\frac{GM_m}{R_m^3}\right)^{1/2} = 10^4 \text{ s}^{-1} \tag{11.4.29}$$

这大大快于任何观测到的脉冲星频率. 按流行的看法, 脉冲星是转动着的中子星[21], 它以接近最大的转动频率 (量级为 10^4s^{-1}) 开始自己的生命, 然后通过引力辐射和电磁辐射并通过对带电粒子的电磁加速失去自己的能量, 而逐渐地变慢下来. (为了说明这种辐射的存在以及观测到的脉冲, 必须假设恒星没有绕自转轴的圆对称性, 如果它的磁极和自转极偏离, 情况就会如此.) 由于观测到几个脉冲星正在变慢[22], 这种解释得到了支持.

　　质量和中子星相同的白矮星, 其半径要大 $m_n/\mu m_e \simeq 900$ 倍, 故其基本振动频率和最大转动频率要比中子星的小 3×10^{-5} 倍. 当 M 接近 M_m 时, 由此得到的特征频率要比 (11.4.29) 小同样一个倍数, 即大约为 0.3 s^{-1}. 这比大多数脉冲星观测到的脉冲速率慢. 所以脉冲星很可能是中子星, 而不是白矮星.

11.5 超大质量星

　　我们现在转而研究另一类 "恒星"[23], 广义相对论在其中以完全不同的方式起作用. 考虑一颗 Newton 星由辐射压 (而不是物质压) 维持着平衡, 这种情况发生的条件下面就会看到. 我们也假设该恒星处于对流平衡中 (见 11.1 节), 并有均匀的化学组成, 辐射的能量密度为 $e = 3p$, 故这种星是 $\gamma = 4/3$ 的多方球, 即

$$p = K\rho^{4/3} \tag{11.5.1}$$

辐射压由 Stefan-Boltzman 定律给出

$$p_r = \frac{\pi^2(kT)^4}{45\hbar^3} \tag{11.5.2}$$

所以当 $p \simeq p_r$ 时, 温度由下式决定

$$kT = \left(\frac{45\hbar^3 K}{\pi^2}\right)^{1/4} \rho^{1/3} \tag{11.5.3}$$

[326] 这里物质压遵从理想气体定律

$$p_m = \rho \frac{kT}{\overline{m}} \tag{11.5.4}$$

式中 $\overline{m}$ 是气体粒子的平均质量. 因此, 物质压同辐射压之比为

$$\beta \equiv \frac{p_m}{p_r} = \frac{45\hbar^3}{\pi^2 \overline{m}} \frac{\rho}{(kT)^3} = \frac{1}{\overline{m}} \left(\frac{45\hbar^3}{\pi^2 K^3} \right)^{1/4} \tag{11.5.5}$$

它在整个星体中是一个常数, 故我们可以用 β 代替 K (或者它们都要依赖的比熵) 来确定物态方程, 写出

$$K = \left(\frac{45\hbar^3}{\overline{m}^4 \pi^2 \beta^4} \right)^{1/3} \tag{11.5.6}$$

由式 (11.3.17) 和表 11.1 得出, $\gamma = 4/3$ 的多方球的质量是

$$M = 4\pi(2.01824) \left(\frac{K}{\pi G} \right)^{3/2} \tag{11.5.7}$$

再用 (11.5.6), 上式变为

$$M = \frac{12\sqrt{5}}{\pi^{3/2}}(2.01824) \frac{\hbar^{3/2}}{\overline{m}^2 G^{3/2} \beta^2} = 18 M_\odot \left(\frac{m_N}{\overline{m}} \right)^2 \beta^{-2} \tag{11.5.8}$$

对于温度在 10^5K 和 10^{10} K 之间的电离氢, $\overline{m}$ 是电子和质子质量的平均值, 故 $\overline{m} \simeq m_N/2$. 因此, 在这种情况下, 辐射压超过物质压 (比方说) 10 倍的条件是 $M \gtrsim 7200 M_\odot$. 还没有肯定地观察到这样的超大质量星, 但它们已经被认为是通过引力坍缩产生辐射能的可能处所[23].

超大质量星的结构完全由描述 $\gamma \simeq 4/3$ 的 Newton 多方球的方程决定, 特别是, 由式 (11.3.16) 得出星体的半径是

$$R = 6.89685 \left(\frac{K}{\pi G} \right)^{1/2} \rho(0)^{-1/3}$$

再用 (11.5.6), 得

$$R = \left(\frac{45}{\pi^5} \right)^{1/6} (6.89685) \frac{\hbar^{1/2}}{\overline{m}^{2/3} G^{1/2} \beta^{2/3}} \rho(0)^{-1/3} \tag{11.5.9}$$

这个半径受到我们如下假设的限制, 即星体的静质能比它的辐射能要大得多, 更不必说要比物质的热能大了. 这个条件可以表为

$$\frac{\pi^2 (kT)^4}{15\hbar^3} \ll \rho$$

[327]

或者, 利用 (11.5.3) 和 (11.5.6), 得

$$\rho \ll \frac{\pi^2}{1215} \frac{\beta^4 \overline{m}^4}{\hbar^3} \tag{11.5.10}$$

密度 ρ 在中心最大, 故上式可以看作是对于 $\rho(0)$ 的条件; 用 (11.5.8) 和 (11.5.9) 将 β 和 $\rho(0)$ 借助于 M 和 R 来表示, 则条件 (11.5.10) 变为

$$\frac{MG}{R} \ll \frac{4}{3} \left(\frac{2.01824}{6.89685} \right) = 0.39 \tag{11.5.11}$$

这本质上等价于说引力势很小, 也符合我们的假设. 当 $M = 10^4 M_\odot$ 时, 式 (11.5.11) 要求 $R \gg 4 \times 10^4$ km.

尽管我们无需用广义相对论来理解这些超大质量星的结构, 但却需要它来解决稳定性的问题. 一个 $\gamma = 4/3$ 的多方球在稳定和不稳定之间摇摆, 故必须考虑物质压强和广义相对论的微小影响, 这种影响在结构计算中不起任何可察觉的作用.

我们利用 11.2 节中的定理 1. 它告诉我们, 从稳定到不稳定的转变将发生在 $\rho(0)$ 使内能 E 取极值处. 为计算 E, 我们用式 (11.1.29)—(11.1.31), 准确到 GM/R 的第一阶, 得到

$$E \simeq \int_0^R 4\pi r^2 e(r) \mathrm{d}r + \int_0^R 4\pi G r \mathscr{M}(r) e(r) \mathrm{d}r$$
$$- \int_0^R 4\pi G r \mathscr{M}(r) \mathrm{d}r - \int_0^R 6\pi G^2 \mathscr{M}^2(r) \rho(r) \mathrm{d}r \tag{11.5.12}$$

内能密度 e 是

$$e = \frac{\pi^2}{15} \frac{(kT)^4}{\hbar^3} + \frac{1}{\Gamma - 1} \frac{\rho kT}{\overline{m}} = 3p_r \left[1 + \frac{\beta}{3(\Gamma - 1)} \right]$$

式中 Γ 是物质的比热比. (对于电离氢, $\Gamma = 5/3$.) 总压强是

$$p = p_r + p_m = p_r(1 + \beta)$$

[328]　　因而, 准确到小参量 β 的第一阶, 由下式可得能量密度对压强的比

$$e \simeq 3p \left[1 - \frac{(3\Gamma - 4)}{3(\Gamma - 1)} \beta + \bigcirc(\beta^2) \right] \tag{11.5.13}$$

量级 β 的小改正在 (11.5.12) 的第二项里可以略去, 因为它已经比第一项小一个量级为 GM/R 的因子, 但在大的第一项中必须保留它, 因而

$$E \simeq \left[1 - \frac{(3\Gamma - 4)}{3(\Gamma - 1)} \beta \right] \int_0^R 12\pi r^2 p(r) \mathrm{d}r$$

$$+ \int_0^R 12\pi Gr\mathscr{M}(r)p(r)\mathrm{d}r - \int_0^R 4\pi Gr\mathscr{M}(r)\mathrm{d}r$$

$$- \int_0^R 6\pi G^2\mathscr{M}^2(r)\rho(r)\mathrm{d}r - \cdots \tag{11.5.14}$$

第一个积分可用分部积分法重新写成

$$\int_0^R 12\pi r^2 p(r)\mathrm{d}r = \int_0^R p(r)\mathrm{d}(4\pi r^3) = -\int_0^R 4\pi r^3 p'(r)\mathrm{d}r$$

为了计算 $p'(r)$, 我们将基本方程 (11.1.13) 展开到 GM/R 的第一阶:

$$-r^2 p'(r) \simeq G\mathscr{M}(r)\rho(r)\left[1 + \frac{p(r)}{\rho(r)} + \frac{4\pi r^3 p(r)}{\mathscr{M}(r)} + \frac{2G\mathscr{M}(r)}{r}\right]$$

所以,

$$\int_0^R 12\pi r^2 p(r)\mathrm{d}r \simeq \int_0^R 4\pi Gr\mathscr{M}(r)\rho(r)\mathrm{d}r$$

$$+ \int_0^R 4\pi Gr\mathscr{M}(r)p(r)\mathrm{d}r + \int_0^R 16\pi^2 Gr^4 \rho(r)p(r)\mathrm{d}r$$

$$+ \int_0^R 8\pi G^2 \rho(r)\mathscr{M}^2(r)\mathrm{d}r$$

只有在第一项中才需要保留 β 改正, 这一项比其它各项约大 R/GM 倍, 故准确到 β 和 GM/R 的第一阶, 式 (11.5.14) 变为

$$E \simeq -\frac{(3\varGamma - 4)}{3(\varGamma - 1)}\beta \int_0^R 4\pi Gr\mathscr{M}(r)\rho(r)\mathrm{d}r$$

$$+ \int_0^R 16\pi Gr\mathscr{M}(r)p(r)\mathrm{d}r + \int_0^R 16\pi^2 Gr^4 \rho(r)p(r)\mathrm{d}r$$

$$+ \int_0^R 2\pi G^2 \mathscr{M}^2(r)\rho(r)\mathrm{d}r \tag{11.5.15}$$

现在每一项都很小, 故可以用解 $\gamma = 4/3$ 的 Newton 多方球的 Newton 方程

$$-r^2 p'(r) \simeq G\mathscr{M}(r)\rho(r)$$

得到的 ρ, p 和 $\mathscr{M}$ 值把它们全都计算出来. 特别是, 在式 (11.3.24) 中令 [329] $\gamma = 4/3$ 即可得到式 (11.5.15) 中的第一个积分,

$$\int_0^R 4\pi Gr\mathscr{M}(r)\rho(r)\mathrm{d}r = -V = \frac{3GM^2}{2R}$$

而第三项可用分部积分写为

$$\int_0^R 16\pi^2 Gr^4\rho(r)p(r)\mathrm{d}r = \int_0^R 4\pi r^2 p(r)\mathrm{d}\mathscr{M}(r)$$

$$= -\int_0^R 4\pi Gr^2 p'(r)\mathscr{M}(r)\mathrm{d}r - \int_0^R 8\pi Grp(r)\mathscr{M}(r)\mathrm{d}r$$

$$= \int_0^R 4\pi G^2 \mathscr{M}^2(r)\rho(r)\mathrm{d}r - \int_0^R 8\pi Grp(r)\mathscr{M}(r)\mathrm{d}r$$

式 (11.5.15) 现在变为

$$E \simeq -\frac{(3\varGamma - 4)}{2(\varGamma - 1)}\beta\frac{GM^2}{R} + \int_0^R 8\pi Gr\mathscr{M}(r)p(r)\mathrm{d}r$$

$$+ \int_0^R 6\pi G^2 \mathscr{M}^2(r)\rho(r)\mathrm{d}r$$

最后两个积分可以用 $\gamma = 4/3$ 的 Lane-Emden 函数 $\theta\,(\xi)$ 来计算:

$$\int_0^R 6\pi G^2 \mathscr{M}(r)\rho(r)\mathrm{d}r = \frac{6K^{7/2}\rho(0)^{2/3}}{\pi^{5/2}G^{3/2}}\int_0^{\xi_1} \xi^4 \theta'^2(\xi)\theta^3(\xi)\mathrm{d}\xi$$

$$\int_0^R 8\pi G\mathscr{M}(r)p(r)r\mathrm{d}r = \frac{8K^{7/2}\rho(0)^{2/3}}{\pi^{3/2}G^{3/2}}\int_0^{\xi_1} \xi^3 |\theta'(\xi)|\theta^4(\xi)\mathrm{d}\xi$$

而 K 和 $\rho(0)$ 可以用 (11.3.16) 和 (11.3.17) 借助 M 和 R 来表示, 得

$$\frac{K^{7/2}\rho(0)^{2/3}}{G^{3/2}} = \frac{\sqrt{\pi}}{64\xi_1^4|\theta'(\xi_1)|^3}\frac{GM^2}{R}$$

由数值积分得[24]

$$\frac{1}{8\pi\xi_1^4|\theta'(\xi_1)|^3}\left\{\int_0^{\xi_1} \xi^3 |\theta'(\xi)|\theta^4(\xi)\mathrm{d}\xi + \frac{3}{4\pi}\int_0^{\xi_1} \xi^4 \theta'^2(\xi)\theta^3(\xi)\mathrm{d}\xi\right\} = 5.1$$

故综合起来我们最后得到

$$E \simeq -\frac{(3\varGamma - 4)}{2(\varGamma - 1)}\beta\frac{GM^2}{R} + 5.1\frac{G^2M^3}{R^2} \tag{11.5.16}$$

[330]　　当 R 大到广义相对论可以忽略时, 星体一定是稳定的, 因为那时星体的性质同具有如下参量的 Newton 多方球类似[见式 (11.5.13).]

$$\gamma \equiv 1 + \frac{p}{e} \simeq \frac{4}{3} + \frac{3\varGamma - 4}{9(\varGamma - 1)}\beta > \frac{4}{3}$$

从稳定到不稳定的转变将发生在 R 减小到这样一个值的地方, 在那里有

$$\frac{\partial E}{\partial R} = \frac{\partial E}{\partial \rho(0)}\frac{\partial \rho(0)}{\partial R} = 0$$

求导数时必须让比熵不变, 在这种情况下也就是固定 β 和 M. [见式 (11.5.6) 和 (11.5.7).] 因此, 星体能够稳定的最小半径是

$$R_{\min} = \frac{20.4(\Gamma - 1)}{(3\Gamma - 4)} \frac{GM}{\beta} \tag{11.5.17}$$

让星体缓慢收缩到这个最小稳定半径 (通过其表面辐射) 可以释放出的最大能量是

$$-E(R_{\min}) = \frac{(3\Gamma - 4)^2 \beta^2 M}{81.6(\Gamma - 1)^2} \tag{11.5.18}$$

例如, $\beta = 0.1$ 的星体将有 $M \simeq 7200 M_\odot$; 如果 $\Gamma = 5/3$, 则最小半径是 1.45×10^6 km, 使该星缩拢而能释放出其静质量的 0.03%. 当 $\Gamma = 5/3$ 时表面势 MG/R 的最大值是 0.0735β, 远在极限 (11.5.11) 之下.

11.6 均匀密度星

广义相对论在另一类稳定星体上找到了有意义的应用, 这类星体由不可压缩流体组成, 其物态方程为

$$\rho = 恒量 \tag{11.6.1}$$

这些星体之所以值得注意, 并不是因为它们真的存在 (它们实际上是不存在的), 而是因为它们的结构非常简单, 使我们能求出 Einstein 方程的严格解[25], 也还因为它们给来自任何恒星表面的谱线引力红移建立了一个上限[26].

由于 ρ 为恒量, 基本方程 (11.1.13) 可以写成

$$\frac{-p'(r)}{[\rho + p(r)][(\rho/3) + p(r)]} = 4\pi Gr \left[1 - \frac{8\pi G\rho r^2}{3}\right]^{-1} \tag{11.6.2}$$

现在压强必须通过从 $p = 0$ 的表面向内 (而不是像对于更现实的模型那样向外) 积分来决定, 由此得到 [331]

$$\frac{p(r) + \rho}{3p(r) + \rho} = \left[\frac{1 - 8\pi G\rho R^2/3}{1 - 8\pi G\rho r^2/3}\right]^{1/2}$$

对 $p(r)$ 求解, 并用星体质量 M 表示 ρ

$$\rho = \frac{3M}{4\pi R^3} \quad 当 \ r < R \tag{11.6.3}$$

我们得到

$$p(r) = \frac{3M}{4\pi R^3} \left\{\frac{[1 - (2MG/R)]^{1/2} - [1 - (2MGr^2/R^3)]^{1/2}}{[1 - (2MGr^2/R^3)]^{1/2} - 3[1 - (2MG/R)]^{1/2}}\right\} \tag{11.6.4}$$

由方程 (11.1.11) 立即得出度规分量 $A(r)$:

$$A(r) = \left[1 - \frac{2MGr^2}{R^3} \right]^{-1} \tag{11.6.5}$$

而将 (11.6.4) 代入积分 (11.1.16) 可以算出 $B(r)$:

$$B(r) = \frac{1}{4} \left[3 \left(1 - \frac{2MG}{R} \right)^{1/2} - \left(1 - \frac{2MGr^2}{R^3} \right)^{1/2} \right]^2 \tag{11.6.6}$$

这个解的最有意义的特点在于, 它并不是对于 M 和 R 的所有值都有意义. 由式 (11.6.4) 给出的压强在点 r_∞ 将变成无限大, r_∞ 由下式确定

$$r_\infty^2 = 9R^2 - \frac{4R^3}{MG} \tag{11.6.7}$$

(而且, 度规在 r_∞ 也变为奇异, 因为 $B(r_\infty)$ 为零.) 但是压强是个标量, 所以 $p(r)$ 中的无限大不能说成是坐标系选择不当. 我们必须保证 $p(r)$ 对于任何实 r 值皆不奇异, 做到这一点的唯一办法是使 r_∞^2 为负, 即让

$$\frac{MG}{R} < \frac{4}{9} \tag{11.6.8}$$

注意到 Schwarzschild 半径 $2MG$ 在这里小于实际半径 R 的 8/9, 故无论外解 (11.1.17) 还是内解 (11.6.5) 和 (11.6.6) 中都不存在奇性.

我们发现星体引力势的绝对值 MG/R 有一上界, 已经不是第一次了. 我们在 11.4 节中知道, 对于稳定的理想气体中子星, MG/R 永远不会大于 0.36/3.2, 即 0.11. [见式 (11.4.15) 和 (11.4.16).] 那么, 不论物态方程如何, Einstein 方程的结构是不是对 MG/R 加上了一个绝对上限呢?

[332]　　　　为了把这个问题作为数学问题提出来, 我们把 ρ 看成任意的有限正函数, 只加上如下的一般要求:

(A) 半径 R 是固定的, 且

$$\rho(r) = 0 \ \text{当} \ r > R \tag{11.6.9}$$

(B) 质量 M 是固定的, 且

$$\int_0^R 4\pi r^2 \rho(r) \mathrm{d}r = M \tag{11.6.10}$$

(C) 由 (11.1.11) 得到的度规系数 $A(r)$ 必须是非奇异的, 故

$$\mathscr{M}(r) < \frac{r}{2G} \tag{11.6.11}$$

式中

$$\mathscr{M}(r) \equiv \int_0^r 4\pi r'^2 \rho(r') \mathrm{d}r'$$

(D) 密度 $\rho(r)$ 不应向外增加:

$$\rho'(r) \leqslant 0 \tag{11.6.12}$$

(很难想象表面附近的密度比中心附近大的流体球会是稳定的.) 给定了满足这些条件的任何函数 $\rho(r)$, 我们可以从式 (11.1.11) 算出 $A(r)$; 将方程 (11.1.13) 从表面向内积分 (加上 $p(R) = 0$ 这个边界条件) 我们可以决定 $p(r)$; 然后从式 (11.1.16) 可以算出 $B(r)$. 式 (11.6.11) 保证 $A(r)$ 的性质很好, 并且只要 $p(r)$ 有限, 方程 (11.1.13) 将导致 $p(r) \geqslant 0$, 而式 (11.1.16) 将给出有限的正定的 $B(r)$. 因此, 对输入函数 $\rho(r)$ 的任何绝对限制 (例如对 MG/R 限定上界) 只能来自如下条件, 即方程 (11.1.13) 必须给出压强 $p(r)$ 的有限解.

我们将稍为间接地来利用这个条件, 即集中注意于度规系数 $B(r)$ 而不去注意 $p(r)$ 本身. 首先推导给定密度函数 $\rho(r)$ 后无需解出 $p(r)$ 就能算出 $B(r)$ 的方程; 从 (11.1.5) 和 (11.1.7), 我们有

$$3R_{rr}B + R_{tt}A = B'' - \frac{B'}{2}\left(\frac{A'}{A} + \frac{B'}{B}\right) - \frac{3BA'}{rA} - \frac{B'}{r} = -16\pi G\rho AB$$

或

$$B'' - \frac{B'}{2}\left(\frac{A'}{A} + \frac{B'}{B} + \frac{2}{r}\right) = \frac{B}{rA}[3A' - 16\pi G\rho r A^2]$$

定义

[333]

$$B \equiv \zeta^2 \tag{11.6.13}$$

可将上述方程线性化. 对于 $A(r)$ 用式 (11.1.11) 代之, 整理一下, 我们得到

$$\frac{\mathrm{d}}{\mathrm{d}r}\left[\frac{1}{r}\left(1 - \frac{2G\mathscr{M}(r)}{r}\right)^{1/2}\frac{\mathrm{d}\zeta}{\mathrm{d}r}\right]$$
$$= G\left(1 - \frac{2G\mathscr{M}(r)}{r}\right)^{-1/2}\left(\frac{\mathscr{M}(r)}{r^3}\right)'\zeta(r) \tag{11.6.14}$$

$r = R$ 处的初始条件可以直接从式 (11.1.16) 决定, 或者从 $B(r)$ 与外解 (11.1.17) 光滑吻合的条件来决定; 无论用哪种方法, 我们都得到

$$\zeta(R) = \left[1 - \frac{2MG}{R}\right]^{1/2} \tag{11.6.15}$$

$$\zeta'(R) = \frac{MG}{R^2}\left[1 - \frac{2MG}{R}\right]^{-1/2} \tag{11.6.16}$$

$\zeta(r)$ 的解必须是正定的, 这是因为 $\zeta(r)$ 只有通过零值才能变为负值, 在那一点 B 会为零, 而根据式 (11.1.16), 只有当压强 $p(r)$ 有奇性时 B 才能为零.

我们下面继续推导 $\zeta(0)$ 的上界. 既然 ζ 是正的, 那么 (11.6.14) 的右边就是负的, 这是因为 $3\mathscr{M}(r)/4\pi r^3$ 是半径 r 里面的平均密度. 而如果密度不随 r 增加, 平均密度也就不会随 r 增加. 因此, 由 (11.6.14) 得

$$\frac{\mathrm{d}}{\mathrm{d}r}\left[\frac{1}{r}\left(1 - \frac{2G\mathscr{M}(r)}{r}\right)^{1/2}\frac{\mathrm{d}\zeta(r)}{\mathrm{d}r}\right] \leqslant 0$$

只有当密度均匀时才能用等号. 将这个不等式从 r 积分到 R 并利用 (11.6.16), 我们得

$$\zeta'(r) \geqslant \frac{MGr}{R^3}\left(1 - \frac{2G\mathscr{M}(r)}{r}\right)^{-1/2}$$

再从 0 积分到 R 并用 (11.6.15), 得

$$\zeta(0) \leqslant \left[1 - \frac{2MG}{R}\right]^{1/2} - \frac{MG}{R^3}\int_0^R \frac{r\mathrm{d}r}{[1 - (2G\mathscr{M}(r)/r)]^{1/2}}$$

当 $\mathscr{M}(r)$ 尽可能小时右边最大. 对于给定的质量 M 和半径 R, $\rho'(r) \leqslant 0$ 的密度分布要使算出的 $\mathscr{M}(r)$ 处处尽可能小, $\rho(r)$ 就应为常数, 在这种情况下

$$\mathscr{M}(r) = \frac{Mr^3}{R^3}$$

[334] 将此式代入积分中, 我们的不等式就成为

$$\zeta(0) \leqslant \frac{3}{2}\left[1 - \frac{2GM}{R}\right]^{1/2} - \frac{1}{2} \tag{11.6.17}$$

我们已经说过 $\zeta(r)$ 必须是正定的; 所以 (11.6.17) 意味着

$$\frac{MG}{R} < \frac{4}{9} \tag{11.6.18}$$

这正是前面对于均匀密度星找到的上限, 但现在我们知道, (11.6.18) 对于所有恒星 (不论均匀与否) 都是成立的.

也可以证明, 对于给定的质量和半径, 中心压强最小的稳定星体是均匀密度星. 所以, 任何星体的中心压强都不小于在式 (11.6.4) 中令 $r = 0$ 得到的值, 即

$$p(0) \geqslant \frac{3M}{4\pi R^3}\left\{\frac{[1 - (2MG/R)]^{1/2} - 1}{1 - 3[1 - (2MG/R)]^{1/2}}\right\} \tag{11.6.19}$$

这再一次表明, MG/R 决不能等于禁戒值 4/9.

这个结果立刻可以改述为关于来自任何恒星表面的谱线红移的论断. 根据式 (3.5.3), (11.1.1) 和 (11.1.17), 我们有

$$z \equiv \frac{\Delta\lambda}{\lambda} = B^{-1/2}(R) - 1 = \left(1 - \frac{2MG}{R}\right)^{-1/2} - 1$$

由式 (11.6.18) 得到 z 的上界为

$$z < 2 \qquad\qquad (11.6.20)$$

事实上, 谱线红移接近 1.95 的类星射电源的集中度看来特别大! (见第十四章) 然而我们不应当一下子就作出结论, 即认为这些红移必定起源于强引力场, 这是因为红移在 $z = 2$ 附近将要求星体由近乎不可压缩的流体组成, 从而 $\partial\rho/\partial p$ 非常小, 这看来在物理上是不合理的, 因为我们并不要声速 $(\partial p/\partial\rho)^{1/2}$ 变得比光速还大![26] Bondi[27] 证明, 对于一个 $\partial p/\partial\rho < 1$ 并且 $p/\rho \leqslant 1/3$ 的稳定星体 [例如组成星体的粒子只有电磁相互作用并且 (或者) 处于定域碰撞时情形就是这样, 见 2.10 节] 其表面发出的谱线红移被限制为 $z \leqslant 0.615$. 无论如何, 红移 $z > 2$ 的类星体是存在的, 例如 4C25.5 的红移 $z = 2.358$.

然而, 并没有什么定理限制从球对称静态物体内部来的光信号的红移[28]. 例如, 根据式 (3.5.3), (11.1.1) 和 (11.6.6), 从一个透明的均匀星体中心来的光信号的红移是 [335]

$$1 + z = B^{-1/2}(0) = \frac{2}{3[1 - (2MG/R)]^{1/2} - 1}$$

当 MG/R 趋于极大值 4/9 时, 这个红移变为无限大. Hoyle 和 Fowler[29] 建议, 类星体可能是由一团不大的致密星组成的, 其红移谱线起源于陷入团心附近的热气体云中的发射和吸收. 目前还没有搞清楚, 类星体的红移是由于自己内在的原因呢, 还是某种其它的原因, 例如在第十四章中要讨论的遥远天体的普遍宇宙学退行.

11.7 与时间有关的球对称场

我们现在转而研究星体的动力学问题. 首先写出球对称但与时间有关的系统的度规和 Ricci 张量. 球对称性要求固有时间隔 $\mathrm{d}\tau^2$ 只依赖于转动不变量

$$t, \quad \mathrm{d}t, \quad r, \quad \boldsymbol{x} \cdot \mathrm{d}\boldsymbol{x} = r\mathrm{d}r, \quad \mathrm{d}\boldsymbol{x}^2 = \mathrm{d}r^2 + r^2(\mathrm{d}\theta^2 + \sin^2\theta\mathrm{d}\varphi^2)$$

故它可以写为

$$d\tau^2 = C(r,t)dt^2 - D(r,t)dr^2 - 2E(r,t)drdt$$
$$-F(r,t)r^2(d\theta^2 + \sin^2\theta d\varphi^2)$$

定义新的径向变量

$$r' \equiv rF^{1/2}(r,t)$$

可以将函数 F 消去. 于是度规将有同样的形式, 不过新函数 C', D', E' 代替了 C, D, E, 当然 r 也换成 r' 而且没有因子 F 了. 去掉撇号, 于是我们有

$$d\tau^2 = C(r,t)dt^2 - D(r,t)dr^2$$
$$-2E(r,t)drdt - r^2(d\theta^2 + \sin^2\theta d\varphi^2)$$

现在来消掉 E, 定义新的时间 t', 使

$$dt' = \eta(r,t)[C(r,t)dt - E(r,t)dr]$$

式中 η 是一个积分因子, 它要使得上式右边成为全微分, 也就是使得

$$\frac{\partial}{\partial r}[\eta(r,t)C(r,t)] = -\frac{\partial}{\partial t}[\eta(r,t)E(r,t)]$$

[336]　(把这个方程当作初值问题处理即可解出; 对所有 r 给出 $\eta(r,t_0)$, 我们可以在 $t = t_0$ 求出 $\partial\eta(r,t)/\partial t$, 从而决定对于所有 r 的 $\eta(r,t_0 + dt)$.) 这样一来, 固有时就变为

$$d\tau^2 = \eta^{-2}C^{-1}dt'^2 - (D + C^{-1}E^2)dr^2 - r^2(d\theta^2 + \sin^2\theta d\varphi^2)$$

或者, 引入新函数 A 和 B 代替 $D + C^{-1}E^2$ 和 $\eta^{-2}C^{-1}$ 并去掉 t 上的撇号, 得

$$d\tau^2 = B(r,t)dt^2 - A(r,t)dr^2 - r^2(d\theta^2 + \sin^2\theta d\varphi^2) \tag{11.7.1}$$

因此, 我们可以按熟知的 "标准" 形式来使用这个度规, 唯一的新特点是 A 和 B 现在既依赖于 r 也依赖于 t.

度规张量及其逆张量的非零分量是

$$\begin{aligned} g_{rr} = A \qquad g_{\theta\theta} = r^2 \qquad g_{\varphi\varphi} = r^2\sin^2\theta \qquad g_{tt} = -B \\ g^{rr} = A^{-1} \quad g^{\theta\theta} = r^{-2} \quad g^{\varphi\varphi} = r^{-2}(\sin\theta)^{-2} \quad g^{tt} = -B^{-1} \end{aligned} \tag{11.7.2}$$

由此得出仿射联络的非零分量是

$$\Gamma^r_{rr} = \frac{A'}{2A} \qquad \Gamma^r_{\theta\theta} = -\frac{r}{A} \qquad \Gamma^r_{\varphi\varphi} = -\frac{r\sin^2\theta}{A}$$

$$\Gamma^r_{tt} = \frac{B'}{2A} \quad \Gamma^r_{rt} = \Gamma^r_{tr} = \frac{\dot{A}}{2A} \quad \Gamma^\theta_{\theta r} = \Gamma^\theta_{r\theta} = \frac{1}{r}$$

$$\Gamma^\theta_{\varphi\varphi} = -\sin\theta\cos\theta \quad \Gamma^\varphi_{\varphi r} = \Gamma^\varphi_{r\varphi} = \frac{1}{r} \quad \Gamma^\varphi_{\varphi\theta} = \Gamma^\varphi_{\theta\varphi} = \cot\theta$$

$$\Gamma^t_{rr} = \frac{\dot{A}}{2B} \quad \Gamma^t_{tt} = \frac{\dot{B}}{2B} \quad \Gamma^t_{tr} = \Gamma^t_{rt} = \frac{B'}{2B} \tag{11.7.3}$$

(撇和点现在分别表示 $\partial/\partial r$ 和 $\partial/\partial t$.) 从 (6.1.5) 我们得出 Ricci 张量的独立非零分量:

$$R_{rr} = \frac{B''}{2B} - \frac{B'^2}{4B^2} - \frac{A'B'}{4AB} - \frac{A'}{Ar} - \frac{\ddot{A}}{2B} + \frac{\dot{A}\dot{B}}{4B^2} + \frac{\dot{A}^2}{4AB} \tag{11.7.4}$$

$$R_{\theta\theta} = -1 + \frac{1}{A} - \frac{rA'}{2A^2} + \frac{rB'}{2AB} \tag{11.7.5}$$

$$R_{tt} = -\frac{B''}{2A} + \frac{B'A'}{4A^2} - \frac{B'}{Ar} + \frac{B'^2}{4AB} + \frac{\ddot{A}}{2A} - \frac{\dot{A}^2}{4A^2} - \frac{\dot{B}\dot{A}}{4AB} \tag{11.7.6}$$

$$R_{tr} = -\frac{\dot{A}}{Ar} \tag{11.7.7}$$

此外, 从度规的球对称性得出 [337]

$$R_{\varphi\varphi} = \sin^2\theta R_{\theta\theta} \tag{11.7.8}$$

$$R_{r\theta} = R_{r\varphi} = R_{\theta\varphi} = R_{\theta t} = R_{\varphi t} = 0 \tag{11.7.9}$$

作为这些结果的一个简单然而重要的应用, 让我们来考虑一个在真空中 (场方程在那里是 $R_{\mu\nu} = 0$) 的球对称但不一定静态的场. 根据 (11.7.7), 场方程 $R_{tr} = 0$ 正好告诉我们 A 是与时间无关的:

$$\dot{A} = 0$$

然后看看 (11.7.4)—(11.7.6) 就知道, 场方程中所有时间微商都去掉了, 它们变得同真空中静态各向同性引力场的方程完全一样. [见方程 (8.1.13).] 然后我们可以重复 8.2 节的论证; 由 R_{rr} 和 R_{tt} 为零, 得到

$$(AB)' = 0$$

又因 $R_{\theta\theta}$ 为零得

$$\left(\frac{r}{A}\right)' = 1$$

因为 A 与时间无关, 故通解为

$$A = \left(1 - \frac{2MG}{r}\right)^{-1} \quad B = f(t)\left(1 - \frac{2MG}{r}\right)$$

式中 MG 是与时间无关的积分常数, 而 $f(t)$ 是 t 的未知函数. 通过定义新的时间坐标

$$t' = \int^t f^{1/2}(t)\mathrm{d}t$$

可以使函数 $f(t)$ 等于 1. 现在度规完全与时间无关, 并与 Schwarzschild 解 (8.2.12) 完全一样. 于是我们证明了 Birkhoff 定理[30] —— 真空中的球对称引力场必定是静态的, 其度规由 Schwarzschild 解给出.

　　Birkhoff 定理类似于 Newton 在他关于月球运动的理论中证明的结果, 即一个球对称物体外面的引力场就如同该物体的全部质量都集中在中心时一样. 这个适用于 Newton 理论的结果竟然也适用于广义相对论是有点奇怪的, 因为广义相对论中非静态物体通常会辐射引力波. Birkhoff 定理告诉我们, 虽然一个脉动的球对称物体当然可以在其物质内部产生非静态引力场, 却不会有引力辐射跑到真空里去. 在这个意义上, Birkhoff 定理类似于原子理论的熟知结果 —— 两个零自旋态之间的跃迁不可能发射光子.

[338]　　Birkhoff 定理不仅可以用于物体外面的引力场, 而且也可用于处在球对称 (但不一定静态) 的物体中心的球形空腔里面的场. 在这种情况下, 度规仍由 Schwarzschild 解给出. 但因为这里 $r = 0$ 的点处于真空中, 不可能有奇性, 故积分常数 MG 必须为零. 因此, Birkhoff 定理有一个推论, 处于球对称系统中心的球形空腔里面的度规, 必定等价于平直空间的 Minkowski 度规 $\eta_{\mu\nu}$. 这个推论类似于 Newton 理论的另一著名结果, 即球壳的引力场在壳内为零. 星体的中心通常没有空洞, 故这个推论在本章中对我们没有多大用处. 它的重要性来自如下事实, 即 Birkhoff 定理是一个局部定理, 与 $r \to \infty$ 时对度规所加的任何条件无关 (除球对称外) ; 所以, 球对称系统中心的球形空腔里的空间必定是平直的, 即令这个系统是无限的 —— 事实上, 即使这个系统是整个宇宙 —— 也是如此. 我们将在 15.1 节中看到, Birkhoff 定理的推论可以用来证明, 在宇宙学问题中有限制地使用 Newton 力学是合理的.

11.8　共动坐标

　　为着给引力坍缩的处理作进一步的准备, 也是为我们在第十四章中讨论宇宙学奠定基础, 我们现在来建立一组非常有用的坐标, 共动坐标系[31]. 它比上节用过的标准坐标对时间和空间的分离更为自然.

　　考虑一个充满了稠密的自由下落粒子云的有限空间区域. 假设每个粒子都携带着一个小钟, 并被给予了一组固定的空间坐标, 它可以定义

为粒子当自己的钟读数为零时在某个任意系统中的坐标 x^i. (校准这些不同时钟的法则到下面再讨论.) 任何事件的时空坐标 $\boldsymbol{x}, t$ 是这样定义的, 取 $\boldsymbol{x}$ 为事件发生的当时当地恰好经过那里的粒子的空间坐标记号, 取 t 为该粒子的钟那时显示的时间. 我们可以想象坐标网被粒子云拖着走, 而时间由固着在网上的钟来确定. 这种坐标系统在粒子云所占据的整个区域, 对于粒子轨道不相交的任何时段, 都是有效的.

共动坐标中的度规 $g_{\mu\nu}$ 有几个极为简单的特点. 首先我们注意到, 钟处于自由下落状态因而走的是固有时, 故在一给定粒子轨道上两点 $(\boldsymbol{x}, t)$ 和 $(\boldsymbol{x}, t + \mathrm{d}t)$ 之间的固有时间隔就是 $\mathrm{d}t$, 即

$$\mathrm{d}t^2 = -g_{\mu\nu}\mathrm{d}x^\mu \mathrm{d}x^\nu = -g_{tt}\mathrm{d}t^2$$

[339]

因而

$$g_{tt} = -1 \tag{11.8.1}$$

我们也注意到, 粒子轨道 $\boldsymbol{x} =$ 恒量, $t = \tau$ 满足自由下落方程, 故

$$0 = \frac{\mathrm{d}^2 x^i}{\mathrm{d}\tau^2} + \Gamma^i_{\mu\nu}\frac{\mathrm{d}x^\mu}{\mathrm{d}\tau}\frac{\mathrm{d}x^\nu}{\mathrm{d}\tau} = \Gamma^i_{tt}$$

利用 (11.8.1), 得

$$0 = g^{ij}\frac{\partial g_{jt}}{\partial t}$$

或者, 因为 g^{ij} 一般是非异矩阵, 于是得

$$0 = \frac{\partial g_{jt}}{\partial t} \tag{11.8.2}$$

我们还可以选择任意方式来校准固着于不同粒子上的时钟. 假设我们通过变换

$$t' = t + f(\boldsymbol{x}) \quad \boldsymbol{x}' = \boldsymbol{x} \tag{11.8.3}$$

来重新校准这些钟, 则新度规将有如下元素

$$g'_{tt} = -1 \tag{11.8.4}$$

$$g'_{ti} = g_{ti} + \frac{\partial f}{\partial x^i} \tag{11.8.5}$$

$$g'_{ij} = g_{ij} - g_{ti}\frac{\partial f}{\partial x^j} - g_{tj}\frac{\partial f}{\partial x^i} - \frac{\partial f}{\partial x^i}\frac{\partial f}{\partial x^j} \tag{11.8.6}$$

如果可以这样选择函数 f 使方程 (11.8.5) 右边两项抵消而得 $g'_{ti} = 0$, 则问题将大大简化. 在下列两种重要情况下可能做到这一点:

(A) 假设我们可以重新校准所有的钟, 使所有粒子在时刻 $t = 0$ 静止. 通过如下解释可以给上述假设以完全的物理意义, 就是说在 $t = 0$ 时对

于每个粒子 P, 都可以找到一个局部惯性坐标系 $\widetilde{x}^\mu$, 其中 P 和邻近粒子之间的距离是纯空间的, 即

$$\left(\frac{\partial \widetilde{x}^0}{\partial x^i}\right)_{t=0,\boldsymbol{x}=\boldsymbol{x}_p} = 0$$

[340]　　而且其中 P 在时间间隔 $\mathrm{d}t$ 内的运动是纯时间的, 即

$$\left(\frac{\partial \widetilde{x}^i}{\partial t}\right)_{t=0,\boldsymbol{x}=\boldsymbol{x}_p} = 0$$

在这个局部惯性系中的度规是 Minkowski 度规 $\eta_{\mu\nu}$. 故 $t=0$ 时, 共动系中度规的时空分量是

$$g_{ti}(\boldsymbol{x}_p,0) = \left[\eta_{\mu\nu}\frac{\partial \widetilde{x}^\mu}{\partial x^i}\frac{\partial \widetilde{x}^\nu}{\partial t}\right]_{t=0,\boldsymbol{x}=\boldsymbol{x}_p} = 0$$

利用 (11.8.2) 得知 g_{ti} 处处为零, 故度规变为

$$\mathrm{d}\tau^2 = \mathrm{d}t^2 - g_{ij}(\boldsymbol{x},t)\mathrm{d}x^i\mathrm{d}x^j \tag{11.8.7}$$

　　(B) 如果度规是明显球对称的, 则线元必有上节中我们作为出发点的一般形式, 即

$$\mathrm{d}\tau^2 = C(r,t)\mathrm{d}t^2 - D(r,t)\mathrm{d}r^2 - 2E(r,t)\mathrm{d}r\mathrm{d}t$$
$$-F(r,t)r^2(\mathrm{d}\theta^2 + \sin^2\theta\mathrm{d}\varphi^2)$$

唯一的非零时空分量 g_{tj} 是 $g_{tr} = 2E$. (11.8.2) 又告诉我们, E 是与时间无关的, 所以

$$g_{tr} = 2E(r)$$
$$g_{t\theta} = g_{t\varphi} = 0$$

因而我们可以像 (11.8.3) 那样重新校钟, 令

$$f = -2\int^r E(r)\mathrm{d}r$$

来消去分量 g_{tj}. 利用 (11.8.4) 并去掉撇号, 度规就变为

$$\mathrm{d}\tau^2 = \mathrm{d}t^2 - U(r,t)\mathrm{d}r^2 - V(r,t)(\mathrm{d}\theta^2 + \sin^2\theta\mathrm{d}\varphi^2) \tag{11.8.8}$$

式中 U 和 V 是代替 D 和 F 的新未知函数.

即使自由下落粒子云纯属想象, 构造这类坐标系当然还是可能的. 在微分几何中, 满足 (11.8.1) 和 (11.8.2) 的坐标系称为 Gauss 坐标, 又若 g_{ti} 为零, 使线元取 (11.8.7) 的形式, 则我们称该坐标为 Gauss 正则坐标. 然而, 这些坐标系的最重要的应用是实际上由自由下落流体组成的系统. 在这种情况下, 流体速度四维矢量的空间分量按定义为零,

$$U^i = 0 \tag{11.8.9}$$

并且因为 U^μ 是归一化的, 就有

$$g_{\mu\nu} U^\mu U^\nu = -1 \tag{11.8.10}$$

[见式 (5.4.4)] U^μ 的时间分量必须是   [341]

$$U^t = (-g_{tt})^{-1/2} = 1 \tag{11.8.11}$$

我们将只用球对称共动坐标系, 即用线元 (11.8.8) 来进行工作. 度规张量的非零元素是

$$g_{rr} = U \qquad g_{\theta\theta} = V \qquad g_{\varphi\varphi} = V \sin^2\theta \qquad g_{tt} = -1$$
$$g^{rr} = U^{-1} \quad g^{\theta\theta} = V^{-1} \quad g^{\varphi\varphi} = (V \sin^2\theta)^{-1} \quad g^{tt} = -1 \tag{11.8.12}$$

不难算出仿射联络的非零元素是

$$\Gamma^r_{rr} = \frac{U'}{2U} \qquad \Gamma^r_{\theta\theta} = -\frac{V'}{2U} \qquad \Gamma^r_{\varphi\varphi} = -\frac{V'}{2U} \sin^2\theta$$

$$\Gamma^r_{rt} = \Gamma^r_{tr} = \frac{\dot{U}}{2U} \qquad \Gamma^\theta_{r\theta} = \Gamma^\theta_{\theta r} = \frac{V'}{2V} \qquad \Gamma^\theta_{\theta t} = \Gamma^\theta_{t\theta} = \frac{\dot{V}}{2V}$$

$$\Gamma^\theta_{\varphi\varphi} = -\sin\theta\cos\theta \qquad \Gamma^\varphi_{r\varphi} = \Gamma^\varphi_{\varphi r} = \frac{V'}{2V}$$

$$\Gamma^\varphi_{t\varphi} = \Gamma^\varphi_{\varphi t} = \frac{\dot{V}}{2V} \qquad \Gamma^\varphi_{\theta\varphi} = \Gamma^\varphi_{\varphi\theta} = \cot\theta$$

$$\Gamma^t_{rr} = \frac{\dot{U}}{2} \qquad \Gamma^t_{\theta\theta} = \frac{\dot{V}}{2} \qquad \Gamma^t_{\varphi\varphi} = \frac{\dot{V}}{2} \sin^2\theta \tag{11.8.13}$$

(撇和点分别代表 $\partial/\partial r$ 和 $\partial/\partial t$.) 从 (6.1.5) 我们得到 Ricci 张量的独立非零分量:

$$R_{rr} = \frac{V''}{V} - \frac{V'^2}{2V^2} - \frac{U'V'}{2UV} - \frac{\ddot{U}}{2} + \frac{\dot{U}^2}{4U} - \frac{\dot{U}\dot{V}}{2V} \tag{11.8.14}$$

$$R_{\theta\theta} = -1 + \frac{V''}{2U} - \frac{V'U'}{4U^2} - \frac{\ddot{V}}{2} - \frac{\dot{V}\dot{U}}{4U} \tag{11.8.15}$$

$$R_{tt} = \frac{\ddot{U}}{2U} + \frac{\ddot{V}}{V} - \frac{\dot{U}^2}{4U^2} - \frac{\dot{V}^2}{2V^2} \tag{11.8.16}$$

$$R_{tr} = \frac{\dot{V}'}{V} - \frac{V'\dot{V}}{2V^2} - \frac{\dot{U}V'}{2UV} \tag{11.8.17}$$

此外, 从度规的球对称性还得到

$$R_{\varphi\varphi} = R_{\theta\theta} \sin^2\theta \tag{11.8.18}$$

$$R_{r\theta} = R_{r\varphi} = R_{\theta\varphi} = R_{\theta t} = R_{\varphi t} = 0 \tag{11.8.19}$$

[342] ## 11.9 引力坍缩

我们在 11.3 节和 11.4 节中看到, 质量大于几个太阳质量的冷星不可能作为白矮星或者中子星达到平衡. 也许一个大质量恒星在达到其热核演化的终点以前总会抛出足够多的物质, 使得它的质量降到 Chandrasekhar 极限或 Oppenheimer-Volkoff 极限以下. 如果不是这样, 它就会坍缩.

引力坍缩的严格讨论对于本书是过分复杂了. 为了对坍缩过程中可能发生的情况获得某种概念, 我们只考虑最简单的情形[32], 即压强可以忽略的 "尘埃" 的球对称坍缩. 因为尘埃粒子只受纯引力的作用, 它们是自由下落的, 我们可以用它们作为上节中讨论过的那种共动坐标系的物理基础. 于是度规由式 (11.8.8) 决定

$$\mathrm{d}\tau^2 = \mathrm{d}t^2 - U(r,t)\mathrm{d}r^2 - V(r,t)(\mathrm{d}\theta^2 + \sin^2\theta\mathrm{d}\varphi^2) \tag{11.9.1}$$

由式 (5.4.2) 得知压强可忽略的流体的能量－动量张量是

$$T^{\mu\nu} = \rho U^\mu U^\nu \tag{11.9.2}$$

式中 $\rho(r,t)$ 是固有能量密度, U^μ 是速度四维矢量, 对于共动坐标系, 由式 (11.8.9) 和 (11.8.11) 得

$$U^r = U^\theta = U^\varphi = 0, \quad U^t = 1 \tag{11.9.3}$$

动量守恒方程 $(T^\mu{}_i)_{;\mu} = 0$ 是自动满足的, 而能量守恒方程是

$$0 = (T^\mu{}_t)_{;\mu} = -\frac{\partial\rho}{\partial t} - \rho\Gamma^\lambda{}_{\lambda t}$$
$$= -\frac{\partial\rho}{\partial t} - \rho\left(\frac{\dot{U}}{2U} + \frac{\dot{V}}{V}\right)$$

或者换个写法

$$\frac{\partial}{\partial t}(\rho V \sqrt{U}) = 0 \tag{11.9.4}$$

Einstein 场方程可以写为

$$R_{\mu\nu} = -8\pi G S_{\mu\nu} \tag{11.9.5}$$

式中

$$S_{\mu\nu} = T_{\mu\nu} - \frac{1}{2}g_{\mu\nu}T^\lambda{}_\lambda = \rho\left[\frac{1}{2}g_{\mu\nu} + U_\mu U_\nu\right] \tag{11.9.6}$$

这可以借助于式 (11.9.1) 和 (11.9.3) 来演算; 我们发现 $S_{\mu\nu}$ 的非零分量只有

$$S_{rr} = \rho\frac{U}{2} \quad S_{\theta\theta} = \rho\frac{V}{2} \quad S_{\varphi\varphi} = S_{\theta\theta}\sin^2\theta \quad S_{tt} = \frac{\rho}{2} \tag{11.9.7}$$

特别是 [343]

$$S_{tr} = 0 \tag{11.9.8}$$

将 (11.9.7)—(11.9.8) 和 (11.8.14)—(11.8.17) 代入 (11.9.5) 得到四个场方程

$$\frac{1}{U}\left[\frac{V''}{V} - \frac{V'^2}{2V^2} - \frac{U'V'}{2UV}\right] - \frac{\ddot{U}}{2U} + \frac{\dot{U}^2}{4U^2} - \frac{\dot{U}\dot{V}}{2UV} = -4\pi G\rho \tag{11.9.9}$$

$$-\frac{1}{V} + \frac{1}{U}\left[\frac{V''}{2V} - \frac{U'V'}{4UV}\right] - \frac{\ddot{V}}{2V} - \frac{\dot{V}\dot{U}}{4VU} = -4\pi G\rho \tag{11.9.10}$$

$$\frac{\ddot{U}}{2U} + \frac{\ddot{V}}{V} - \frac{\dot{U}^2}{4U^2} - \frac{\dot{V}^2}{2V^2} = -4\pi G\rho \tag{11.9.11}$$

$$\frac{\dot{V}'}{V} - \frac{V'\dot{V}}{2V^2} - \frac{\dot{U}V'}{2UV} = 0 \tag{11.9.12}$$

假设 ρ 与位置无关, 这个模型可以更进一步简化[32]. 我们现在来求分离变量解, 令

$$U = R^2(t)f(r) \quad V = S^2(t)g(r)$$

于是 (11.9.12) 要求 $\dot{S}/S$ 等于 $\dot{R}/R$, 故我们可以规范 f 和 g 使得

$$S(t) = R(t)$$

此外, 我们还可以将径向坐标重新定义为 r 的任意函数 $\tilde{r}$, 特别是可以选择 $\tilde{r} = \sqrt{g(r)}$, 于是 f 和 g 换成 $\tilde{f} = fg'^2/4g$ 和 $\tilde{g} = \tilde{r}^2$. 去掉波线, 我们就有

$$U = R^2(t)f(r) \quad V = R^2(t)r^2 \tag{11.9.13}$$

于是方程 (11.9.9) 和 (11.9.10) 变为

$$-\frac{f'(r)}{rf^2(r)} - \ddot{R}(t)R(t) - 2\dot{R}^2(t) = -4\pi G R^2(t)\rho(t) \tag{11.9.14}$$

$$\left[-\frac{1}{r^2} + \frac{1}{rf^2(r)} - \frac{f'(r)}{2rf^2(r)}\right] - \ddot{R}(t)R(t) - 2\dot{R}^2(t)$$
$$= -4\pi GR^2(t)\rho(t) \tag{11.9.15}$$

(11.9.14) 和 (11.9.15) 中的第一项显然必须是相等的常数, 我们将它记作 $-2k$:

$$-\frac{f'(r)}{rf^2(r)} = -\frac{1}{r^2} + \frac{1}{r^2f(r)} - \frac{f'(r)}{2rf^2(r)} = -2k$$

[344] 唯一的解是

$$f(r) = [1 - kr^2]^{-1}$$

故度规取如下形式

$$\mathrm{d}\tau^2 = \mathrm{d}t^2 - R^2(t)\left[\frac{\mathrm{d}r^2}{1 - kr^2} + r^2\mathrm{d}\theta^2 + r^2\sin^2\theta\mathrm{d}\varphi^2\right] \tag{11.9.16}$$

(顺便提一下, 这个度规是空间均匀且各向同性的; 由于这个原因, 它将为我们在第十四章中处理相对论性宇宙学提供运动学框架.)

余下的问题是计算函数 $\rho(t)$ 和 $R(t)$. 将 (11.9.13) 和 (11.9.14) 代入能量守恒方程 (11.9.4), 我们发现 $\rho(t)R^3(t)$ 是常数. 将径向坐标 r 规范化便得

$$R(0) = 1 \tag{11.9.17}$$

因而

$$\rho(t) = \rho(0)R^{-3}(t) \tag{11.9.18}$$

场方程 (11.9.14) 或 (11.9.15) 和 (11.9.11) 现在变为常微分方程:

$$-2k - \ddot{R}(t)R(t) - 2\dot{R}^2(t) = -4\pi G\rho(0)R^{-1}(t) \tag{11.9.19}$$

$$\ddot{R}(t)R(t) = -\frac{4\pi G}{3}\rho(0)R^{-1}(t) \tag{11.9.20}$$

把这两个方程加起来可以消去 $\ddot{R}(t)$, 并得出

$$\dot{R}^2(t) = -k + \frac{8\pi G}{3}\rho(0)R^{-1}(t) \tag{11.9.21}$$

方程 (11.9.19) 和 (11.9.20) 可以从 (11.9.21) 和它的时间微商复原出来, 故我们可以忘掉它们而直接用 (11.9.21) 来计算 $R(t)$.

现在我们假设, 在 $t = 0$ 时流体是静止的 (在标准坐标中) , 故

$$\dot{R}(0) = 0 \tag{11.9.22}$$

因而由 (11.9.21) 和 (11.9.17)，得

$$k = \frac{8\pi G}{3}\rho(0) \tag{11.9.23}$$

因此，方程 (11.9.21) 可以写为

$$\dot{R}^2(t) = k[R^{-1}(t) - 1] \tag{11.9.24}$$

其解由摆线的参数方程表出： [345]

$$t = \left(\frac{\psi + \sin\psi}{2\sqrt{k}}\right)$$
$$R = \frac{1}{2}(1 + \cos\psi) \tag{11.9.25}$$

注意，当 $\psi = \pi$，即当 $t = T$ 时 $R(t)$ 变为零，其中

$$T = \frac{\pi}{2\sqrt{k}} = \frac{\pi}{2}\left(\frac{3}{8\pi G\rho(0)}\right)^{1/2} \tag{11.9.26}$$

因此，一个初密度为 $\rho(0)$ 的零压流体球将在有限时间 T 内从静止坍缩到固有能量密度无限大的状态.

虽然坍缩是在有限的坐标时间 $t = T$ 完成的，从球体表面来到我们这里的任何光信号将被它的引力场延迟 (见 8.7 节)，故我们在地球上不会看到星体突然地消失. 为了使这一点更加明确，必须求出星体外面的度规来完成我们的计算.

在 11.7 节中证明的 Birkhoff 定理表明，总可以找到一个 "标准的" 坐标系 $\bar{r}, \bar{\theta}, \bar{\varphi}, \bar{t}$; 使得球体外面的度规取如下形式：

$$d\tau^2 = \left(1 - \frac{2GM}{\bar{r}}\right)d\bar{t}^2 - \left(1 - \frac{2GM}{\bar{r}}\right)^{-1}d\bar{r}^2$$
$$-\bar{r}^2(d\bar{\theta}^2 + \sin^2\bar{\theta}d\bar{\varphi}^2) \tag{11.9.27}$$

但这个度规并不是 Gauss 正则形式 (11.9.1)，因此为了使内、外解在表面互相配合，我们必须要么把内解 (11.9.16) 变为标准坐标，要么把外解 (11.9.27) 变为 Gauss 正则坐标，我们选择前一种方法[32].

看看度规 (11.9.16) 立刻就知道，标准空间坐标 $\bar{r}, \bar{\theta}, \bar{\varphi}$ 必须选为

$$\bar{r} = rR(t), \quad \bar{\theta} = \theta, \quad \bar{\varphi} = \varphi \tag{11.9.28}$$

为了定义标准时间坐标使得 $d\tau^2$ 不含交叉项 $d\bar{r}d\bar{t}$，我们采用 11.7 节中描述过的 "积分因子" 法，得

$$\bar{t} = \left(\frac{1 - ka^2}{k}\right)^{1/2}\int_{S(r,t)}^{1}\frac{dR}{(1 - ka^2/R)}\left(\frac{R}{1 - R}\right)^{1/2} \tag{11.9.29}$$

式中

$$S(r,t) = 1 - \left(\frac{1 - kr^2}{1 - ka^2}\right)^{1/2}(1 - R(t)) \tag{11.9.30}$$

[346] 常数 a 是任意的, 但为方便起见可以选为被研究的球体在共动坐标中的半径. 不难验证坐标系 $\bar{r}, \bar{\theta}, \bar{\varphi}, \bar{t}$ 中的度规取标准形式

$$d\tau^2 = B(\bar{r}, \bar{t})d\bar{t}^2 - A(\bar{r}, \bar{t})d\bar{r}^2 - \bar{r}^2(d\bar{\theta}^2 + \sin^2\bar{\theta}d\bar{\varphi}^2)$$

式中

$$B = \frac{R}{S}\left(\frac{1 - kr^2}{1 - ka^2}\right)^{1/2}\frac{(1 - ka^2/S)^2}{(1 - kr^2/R)} \tag{11.9.31}$$

$$A = \left(1 - \frac{kr^2}{R}\right)^{-1} \tag{11.9.32}$$

现在应把 S 理解为是由 (11.9.29) 定义的 $\bar{t}$ 的函数, r 和 $R(t)$ 则是由解方程组 (11.9.28) 和 (11.9.30) 所得出的 $\bar{r}$ 和 S 的函数, 亦即 $\bar{r}$ 和 $\bar{t}$ 的函数. 这里有点乱, 但是在星体的半径 $r = a$ 处 (这是一个常数, 因为 r 是共动坐标), 我们有

$$\bar{r} = \bar{a}(t) \equiv aR(t) \tag{11.9.33}$$

$$\bar{t} = \left(\frac{1 - ka^2}{k}\right)^{1/2}\int_{R(t)}^1\frac{dR}{(1 - ka^2/R)}\left(\frac{R}{1 - R}\right)^{1/2} \tag{11.9.34}$$

$$B(\bar{a}, \bar{t}) = \left(1 - \frac{ka^2}{R(t)}\right) \tag{11.9.35}$$

$$A(\bar{a}, \bar{t}) = \left(1 - \frac{ka^2}{R(t)}\right)^{-1} \tag{11.9.36}$$

(式 (11.9.34) 可以从 8.4 节中给出的自由下落方程积分而得到.) 与 (11.9.27) 比较一下, 我们就看出, 内解和外解在 $\bar{r} = aR(t)$ 处连续地吻合, 只要

$$k = \frac{2MG}{a^3} \tag{11.9.37}$$

利用 (11.9.23), 这就是说

$$M = \frac{4\pi}{3}\rho(0)a^3 \tag{11.9.38}$$

这并不是一个惊人的结果!

现在我们来计算从坍缩球表面发出的光信号的行为. 在标准时间 $\bar{t}$ 沿半径方向发出的光信号, 其 $d\bar{r}/d\bar{t}$ 可由度规 (11.9.27) 加上条件 $d\tau = 0$ 得出, 故它将在时刻

$$\bar{t}' = \bar{t} + \int_{aR(t)}^{\bar{r}'}\left(1 - \frac{2MG}{r}\right)^{-1}dr \tag{11.9.39}$$

到达远处的点 $\bar{r}'$. 式 (11.9.39) 和 (11.9.34) 最惊人的结果是, 当球的半径 (11.9.33) 趋近于 Schwarzschild 半径 $2GM$, 也就是当 [347]

$$R(t) \to \frac{2GM}{a} = ka^2 \tag{11.9.40}$$

时 $\bar{t}$ 和 $\bar{t}'$ 都趋于无限大. 因而从外面的观察者看来, 坍缩到 Schwarzschild 半径要花无限长的时间, 而坍缩到 $R = 0$, 则是从外面决不可能观察到的.

虽然坍缩球不是突然地消失, 但因为来自它表面的光受到愈来愈大的红移, 它确实是从视野中渐渐隐去了. 对于球面上的光源来说, 固有时正是共动时间 t, 所以在表面上发出的相邻波峰之间的共动时间隔等于不存在引力时该源所应发出的自然波长 λ_0. 到达 $\bar{r}'$ 时波峰之间的标准时间隔 $\mathrm{d}\bar{t}'$ 是观测到的波长 λ'; 因此波长的相对改变是

$$z \equiv \frac{\lambda' - \lambda_0}{\lambda_0} = \frac{\mathrm{d}\bar{t}'}{\mathrm{d}t} - 1 = \frac{\mathrm{d}\bar{t}}{\mathrm{d}t} - a\dot{R}(t)\left(1 - \frac{2MG}{aR(t)}\right)^{-1} - 1$$

$$= -\dot{R}(t)\left(1 - \frac{ka^2}{R(t)}\right)^{-1}\left[\left(\frac{1 - ka^2}{k}\right)^{1/2} \times \left(\frac{R(t)}{1 - R(t)}\right)^{1/2} + a\right] - 1$$

用 (11.9.24) 决定 $\dot{R}(t)$, 即得

$$z = \left(1 - \frac{ka^2}{R(t)}\right)^{-1}\left[(1 - ka^2)^{1/2} + a\sqrt{k}\left(\frac{1 - R(t)}{R(t)}\right)^{1/2}\right] - 1 \tag{11.9.41}$$

为了看出红移 z 怎样随 t' 变化, 我们假设开始时球的半径比 Schwarzschild 半径大得多:

$$ka^2 = \frac{2GM}{a} \ll 1 \tag{11.9.42}$$

并把坍缩过程分为两个阶段:

(A) 在 t 接近 T 之前, 我们有

$$\frac{ka^2}{R(t)} \ll 1 \tag{11.9.43}$$

将 (11.9.42) 和 (11.9.43) 代入 (11.9.34), (11.9.39) 和 (11.9.41) 得 (当 $\bar{r}' \gg a$)

$$\bar{t} \simeq t$$

$$\bar{t}' \simeq \bar{t} + \bar{r}' - aR(t) \simeq t + \bar{r}' - aR(t) \simeq t + \bar{r}'$$

$$z \simeq a\sqrt{k}\left(\frac{1 - R(t)}{R(t)}\right)^{1/2} \simeq a\sqrt{k}\left(\frac{1 - R(\bar{t}' - \bar{r}')}{R(\bar{t}' - \bar{r}')}\right)^{1/2} \tag{11.9.44}$$

(B) 最后, 当由 (11.9.25) 定出的时刻 t_1 为 [348]

$$t_1 \simeq \frac{1}{2\sqrt{k}} \left[\pi - \frac{4}{3}(ka^2)^{3/2} \right] \tag{11.9.45}$$

时我们有

$$\frac{ka^2}{R(t)} \to 1$$

于是由 (11.9.34)，(11.9.39) 和 (11.9.41) 得出

$$\bar{t} \simeq -ka^3 \ln\left[1 - \frac{ka^2}{R(t)} \right] + \text{恒量}$$

$$\bar{t}' \simeq \bar{t} - ka^3 \ln\left[1 - \frac{ka^2}{R(t)} \right] + \text{恒量}$$

$$\simeq -2ka^3 \ln\left[1 - \frac{ka^2}{R(t)} \right] + \text{恒量}$$

$$z \simeq 2\left(1 - \frac{ka^2}{R(t)} \right)^{-1} \propto \exp\left(\frac{\bar{t}'}{2ka^3} \right) \tag{11.9.46}$$

综合 (A) 和 (B) 我们得出结论: 在 $\bar{r}'$ 处的观察者所看到的红移 z, 当观察到坍缩开始时是零, 逐渐增加但仍保持量级 $a\sqrt{k} \ll 1$, 直到非常接近 $T = \pi/2\sqrt{k}$ 的时间过去, 然后以 $1/2ka^3$ 的速率指数增长. 例如, 一个质量 $M = 10^8 M_\odot$ 且半径 $a = 100$ 光年的正在坍缩的球, 在约 10^5 年的时期内红移 z 的量级为 10^{-3}, 然后红移突然开始以约 $1\ \min$ 增加 e 倍的指数律增长. 就实际效果来说, 坍缩着的球是突然而完全地被切断了与宇宙其余部分的联系.

　　真是完全被切断了吗? 即令坍缩体确实看不见了, 它仍然存在着引力场, 并且正如 7.6 节中证明过的那样, 在远距离处测量这个场可以决定该物体的能量、动量和角动量. 如果这个物体有净电荷, 在远距离处电场的测量 (通过 Gauss 定理) 也将告诉我们电荷有多少. 有趣的问题是, 坍缩体外面引力场和 (或) 电磁场的测量能否提供关于这个物体的能量、动量、角动量和电荷以外的任何信息. 在本章中我们考虑的球对称电中性物体的情况下, Birkhoff 定理给出了问题的答案: 球对称天体外面的引力场必为 Schwarzschild 形式, 故关于这个天体我们所能知道的一切就是 [349] 它的质量 (当然, 从球对称就可推出动量和角动量均为零). Carter[33] 证明, 当一个轴对称坍缩体的引力场达到定态时, 它的外部度规属于一个双参量解族, 例如完全由总质量和角动量确定的 Kerr 度规 (见 11.7 节). 人们普遍相信, 任何电中性坍缩体的引力场将最终趋于 Kerr 形式.

　　正如在本章导言中提到过的那样, 在过去十年中重新激发起人们对于引力坍缩现象的兴趣, 是由于发现了看来需要某种强大新能源的类星

体. 从氢聚变为最稳定的核 (比方说铁) 可以利用的最大能量只有每核子 8 MeV, 即小于其静质量的 1%. 物质 – 反物质湮灭可以有 100% 的效率 (中微子能量损失除外) , 但只有当存在着相当丰富的天然反核子源时这种过程才会是重要的. 除此之外, 质量以高效率转化为能量的唯一可能的机制便是引力坍缩了[34].

像在 Oppenheimer-Snyder 模型中那样坍缩着的尘埃云显然不会向外界释放能量. 为了抽取下落粒子增加着的动能, 必须有某种机制使它们在下落途中变慢; 要么是整个系统宏观的 "反弹", 要么是使坍缩气体变热的粒子之间的碰撞, 详细计算表明, 在一个孤立物体的引力坍缩中, 质量转化为有用能量的效率低得令人失望[35]. 然而, 落入 Kerr 度规中的粒子却能带着由于消耗坍缩体转动能而获得的较高能量重新跑出来[36].

不论引力坍缩同类星体有没有关系, 仍然存在这样的问题: 质量超过 Chandrasekhar 极限和 Oppenheimer-Volkoff 极限的真实的冷却恒星会遭到什么命运? 近年来 Penrose 和 Hawking 用拓扑方法证明了一系列有力的定理[37], 大意是说, 在合理的条件下 (广义相对论成立, 能量的正定性, 物质的遍在性, 因果性), 一旦形成俘获面, 坍缩就不可避免. 俘获面是这样一种闭合类空二维曲面, 正交于该曲面的指向未来的零测地线的外行族和内行族都是会聚的. (对于 Schwarzschild 度规, 当 r 小于 Schwarzschild 半径 $2MG$ 时, r 和 t 为恒量的球面就是俘获面.) 不过, 还不知道一个真实的大质量星是会实际演化出俘获面呢, 还是仅仅爆炸成质量足够小的碎片而形成稳定的中子星或白矮星.

如果引力坍缩确实是大质量天体不可避免的命运, 那么我们就必须预期宇宙中充满黑洞 —— 它们是一些坍缩的天体, 只有通过它自身的引力场或者通过物质被拉进去时放出的能量才能了解它们是存在的.[38] 我们观察引力坍缩的最大希望就是找到这样的双星, 其中一个成员是普通的可见星体, 而另一个成员是黑洞.[39]

专题书目

[350]

相对论天体物理概论

Quasars and High Energy Astronomy, ed. by K. N. Douglas, I. Robinson. A. Schild, E. L. Schucking, J. A. Wheeler, and N. J. Woolf (Second "Texas" Symposium on Relativistic Astrophysics, Gordon and Breach, New York, 1969).

High Energy Astrophysics, ed. by L.Gratton (Proceedings of the International School of Physics "Enrico Fermi", Course XXXV, Academic Press, New York, 1966).

Quasi-Stellar Sources and Gravitational Collapse, ed. by I. Robinson, A. Schild, and E. L. Schucking (First "Texas" Symposium on Relativistic Astrophysics, University of Chicago Press, Chicago, 1965).

Ya. B. Zeldovich and I. D. Novikov, "Relativistic Astrophysics I," Usp. Fiz. Nauk, **84**, 377 (1964) (trans. Soviet Physics Uspekhi, May-June 1965).

Ya. B. Zeldovich and I. D. Novikov, "Relativistic Astrophysics II," Usp. Fiz. Nauk., **86**, 447 (1965) [trans. Soviet Physics Uspckhi, **8**, **522** (1965)].

Ya. B. Zeldovich and I. D. Novikov, *Relativistic Astrophysics: Volume 1, Stars and Relativity*, translated by K. S. Thorne and W. D. Arnett (University of Chicago Press, Chicago, 1971). 我很遗憾在准备本章时未能得见这本大作.

非相对论性恒星结构理论

S. Chandrasekhar, *An Introduction to the Study of Stellar Structure* (Dover Publications, New York, 1939).

E. E. Salpeter, "Stellar Structure Leading up to White Dwarfs and Neutron Stars", in *Relativity Theory and Astrophysics. 3. Stellar Structure*, ed. by J. Ehlers (Amerlcan Mathematical Society, Providence. R. I., 1967), p. 1.

M. Schwarzschild, *Structure and Evolution of the Stars* (Princeton University Press, Princeton, N. J., 1958).

脉冲星和中子星

A. G. W. Cameron, "Neutron Stars", in *Annual Review of Astronomy and Astrophysics*, Vol. 8, ed. by L. Goldberg (Annual Reviews, Inc., Palo Alto, 1970), p. 179.

A. G. W. Cameron, "How Are Neutron Stars Formed?", Comments Astrophys. and Space Phys., **1**, 172 (1969).

S. Frautschi, J. N. Bahcall, G. Steigman, and J. C. Wheeler, "Ultradense Matter", Comments Astrophys and Space Phys., 待发表.

V. L. Ginzburg. "Superfluidity and Superconductivity in Astrophysics". Comments Astrophys. and Space Phys., **1**. 81 (1969).

T. Gold, "The Nature of Pulsars", in *Contemporary Physics—Trieste Symposium* 1968, ed. by A. Salam, Vol. 1 (International Atomic Energy Agency, Vienna, 1969), p. 477.

A. Hewish, "Pulsars", in *Annual Review of Astronomy and Astrophysics*, Vol. 8, ed. by L. Goldberg (Annual Reviews, Inc., Palo Alto, Cal., 1970), p.265.

L. D. Landau and E. M. Lifshitz, *Statistical Physics*, trans. by E. Peierls and R. F. Peierls (Pergamon Press, London, 1958), Chapter XI.

J. P. Ostriker, "The Nature of Pulsars". Scientific American,January, 1971. p. 48.

M. A. Ruderman, "Solid Stars", Scientific American, March 1971, p. 24.

Symposium on the Crab Pulsar, Pub. Astron. Soc. Pac., 82, No 486 (1970).

[351]

J. A. Wheeler, "Superdense Stars", *Annual Review of Astronomy and Astrophysics*, Vol. 4, ed. by L. Goldberg (Annual Reviews, Inc., Palo Alto, Cal., 1966). p. 393.

超大质量星

R. V. Wagoner, "Physics of Massive Objects", in *Annual Review of Astronomy and Astrophysics*, Vol. 7, ed. by L. Goldberg (Annual Reviews, Inc., Palo Alto, Cal., 1969), p. 553.

引力坍缩

B. K. Harrison, K. S. Thorne, M. Wakano, and J. A. Wheeler, *Gravitational Theory and Gravitational Collapse* (University of Chicago Press, Chicago, 1965).

S. W. Hawking and D. W. Sciama, "Singularities in Collapsing Stars and Expanding Universes", Comments Astrophys. and Space Phys., **1**. 1 (1969).

R. Geroch, "Singularities", in *Relativity—Proceedings of the Relativity Conference in the Midwest*, ed. by M. Carmeli, S. I. Fickler, and L. Witten (Plenum Press, New York, 1970), p. 259.

M. M. May and R. H. White, "Hydrodynamic Calculations of General Relativistic Collapse", in *Relativity Theory and Astrophysics. 3. Stellar Structure, op. cit.*, p. 96.

C. W. Misner, "Gravitational Collapse", in *Astrophysics and General Relativity* (1968 Brandeis University Summer Institute in Theorerical Physics), Vol. 1. ed. by M. Chretien, S. Deser, and J. Goldstein (Gordon and Breach Science Publishers, New York, 1969).

R. Penrose, "On Gravitational Collapse", in *Contemporary Physics—Trieste Symposium* 1968, ed. by A. Salam, Vol. 1 (International Atomic Energy Agency, Vienna. 1969), p. 545.

R. Penrose, "Structure of Space-Time", in *Batelle Rencontres*, ed. by C. M. DeWitt and J. A. Whceler (W. A. Benjamin, New York, 1968), p. 121.

K. S. Thorne, "Nonspherical Gravitational Collapse: Does it Produce Black Holes?". Comments Astrophys. and Spaec Phys., **2**, 191 (1970).

R. Ruffini and J. A. Wheeler, "Introducing the Black Hole", Physics Today, January 1971, p. 30.

J. A. Wheeler, "Geometrodynamics and the Issue of the Final State", in *Relativity, Groups, and Topology*, ed. by C. DeWitt and B. DeWitt (Gordon and Breach Science Publishers, New York, 1964), p. 317.

关于类星体的材料, 见第十四章专题书目.

[352]

参考文献

[1] B. K. Harrison, K. S. Thorne, M. Wakano. and J. A. Wheeler, *Gravitation Theory and Gravitational Collapse* (University of Chicago Press, Chicago, 1965), Appendix B; J. M. Bardeen unpublished Ph. D. thesis, California Institute of Technology, 1965. 这个定理对慢转动星的推广, 见 J. B. Hartle and K. S. Thorne. Astrophys. J., **158**, 179 (1969).

[2] Harrison, Thorne, Wakano, and Wheeler, *op. cit.*, Chapter 3.

[3] 例如见, P. M. Morse and H. Feshbach, *Methods of Mathematical Physics* (McGraw-Hill, New York, 1953), p. 278.

[4] Lane-Emden 函数的详细讨论见 S. Chandrasekhar, *Stellar Structure* (Dover Publications, New York, 1939), Chapter IV.

[5] Chandrasekhar, *op. cit.*, Table 4.

[6] A. Ritter, Wiedemann Ann., **11**, 332 (1880); E. Betti, Nuovo Cimento, **7**, 26 (1880).

[7] 恒星稳定性的详细讨论, 见 P. Ledoux, in *Stars and Stellar Structure VIII: Stellar Structure*, ed. by L. H. Aller and D. B. McLaughlin (University of Chicago Press, Chicago. 1965), Chapter 10. 相对论效应的考虑见 S. Chandrasekhar, Astrophys. J., **140**, 417 (1964).

[8] S. Chandrasekhar, Mon. Not. Roy. Astron. Soc., **95**, 207 (1935). 也见 L. D. Landau, Phys. Z. Sowjetunion, **1**, 285 (1932).

[9] Harrison, Thorne, Wakano, and Wheeler, 文献 **1**, Fig. 5, and Ch. 10.

[10] J. R. Oppenheimer and G. M. Volkoff, Phys. Rev., **55**, 374 (1939). 一些较早的文献包括 L. Landau, 文献 8; W. Baade and F. Zwicky, Proc. Nat. Acad. Sci. U. S. A., **20**, 254 (1934); J. R. Oppenheimer and R. Serber. Phys. Rev., **54**, 540 (1938): R. C. Tolman, Phys. Rev., **55**, 364 (1939).

[11] C. W. Misner and H. S. Zapolsky, Phys. Rev. Lett., **12**, 635 (1964).

[12] Harrison, Thorne, Wakano, and Wheeler, 文献 1, Appendix A.

[13] Y. C. Leung and C. G. Wang, 待发表, 也见 C. G. Wang, W. K. Rose, and S. L. Schlenker, Astrophys. J., **160**, L17 (1970). H. Lee, Y. C. Leung, and C. G. Wang, Astrophys. J., **166**, 387 (1971).

[14] S. Tsuruta and A. G. W. Cameron, Oanadian J. Phys., **44**, 1895 (1966).

[15] A. G. W. Cameron, Ann. Rev. Astron. Astrophys., **8**, 179 (1970).

[16] M. Ruderman,Nature, **223**, 597 (1969).

[17] A. B. Midgal, Nucl. Phys., **13**, 655 (1959). 其它的文献, 见 Cameron, 文献 15.

[18] 强磁场效应的考虑见 V. Canuto and H. Y. Chiu, Phys. Rev., **173**, 1210, 1220, 1229 (1968). 其它文献见 Cameron, 文献 15.

[353]

[19] 转动效应的考虑见 J. B. Hartle, Astrophys. J., **150**, 1005 (1967); J. B. Hartle and K. S. Thorne, Astrophys. J., **153**, 807 (1968); *ibid.*, **158**, 719 (1969).

[20] A. Hewish, S. J. Bell, J. D. H. Pilkington, P. F. Scott, R. A. Collins, Nature, **217**, 709 (1968).

[21] T. Gold, Nature, **218**, 731 (1968).

[22] 综述见 A. Hewish, Ann. Rev. Astron. Astrophys., **8**, 265 (1970).

[23] F. Hoyle and W. A. Fowler, Mon. Not. Roy. Astron. Soc., **125**, 169 (1963); Nature, **197**, 533 (1963); F. Hoyle, W. A. Fowler, G. R. Burbidge, and E. M. Burbidge, Astrophys. J., **139**, 909 (1964).

[24] 这是同以下文献比较得到的: W. A. Fowler, in *Quasi-Stellar Sources and Gravitational Collapse* (University of Chicago Press, Chicago, 1965), p. **56**, Eq. (24).

[25] K. Schwarzschild, Sitzungsberichte Preuss. Akad. Wiss., 424, 1916.

[26] H. Bondi, Proc. Roy. Soc. (London), **A281**, 39 (1964); 也见, in *Lectures on General Relativity*, ed. by S. Deser and K. W. Ford (Prentice-Hall, Englewood Cliffs, New Jersey, 1964), p. 375.

[27] 然而, 见 S. A. Bludman and M. Ruderman, Phys. Rev., **170**. 1176 (1968); M. A. Ruderman, Phys. Rev., **172**, 1286 (1968); S. A. Bludman and M. A. Ruderman, Phys. Rev., **D1**, 3243(1970).

[28] G. S. Bisnovatyi-Kogan and Ya. B. Zeldovich, Astrofizika, **5**, 223 (1969). 对于具有任意大中心红移的相对论性气体球和点状质量团稳定性的讨论, 见 G. S. Bisnovatyi-Hogan and K. S. Thorne, Ap. J., **160**, 875 (1970); E. D. Fackerell, J. R. Ipser, and K. S. Thorne, Comments Astrophys. and Space Phys., **1**, 140 (1969).

[29] F. Hoyle and W. A. Fowler. Nature, **213**, 373(1967); 也见 H. S. Zapolsky, Ap. J., **153**, L163 (1968).

[30] G. Birkhoff, *Relativity and Modern Physics* (Harvard University Press, Cambridge, Mass., 1923), p. 253. 也见 S. Deser and B. E. Laurent. Am. J. Phys., **36**, 789 (1968).

[31] R. C. Tolman, Proc. Nat. Acad. Sci. U. S. A., **20**, 3 (1934).

[32] J. R. Oppenheimer and H. Snyder. Phys. Rev., **56**, 455 (1939). Oppenheimer-Snyder 解和其它球对称解的进一步细节, 见 O. Klein, in *Werner Heisenberg und die Physik unserer Zeit* (Vieweg, Braunschweig, Germany, 1961); F. Hoyle, W. A. Fowler, G. R. Burbidge, and E. M. Burbidge, Astrophys. J., **139**, 909(1964): F. Hoyle and W. A. Fowler,in *Quasi-Stellar Sources and Gravitational Collapse*, ed. by I. Robinson, A. Schild, and E. L. Schucking (University of Chicago Press, Chicago, 1965); C. W.Misner and D. H. Sharp, Phys. Rev., **136**, B571 (1964); G. C. McVittie, Ap. J., **140**, 401 (1964); G. C. McVittie, Ann. Inst. Henri Poincaré,

[354]

6, No. 1 (1967); M. M. May and R. H. White, Phys. Rev., **141**, 1232 (1966); S. A. Colgate and R. H. White, Astrophys. J., **143**, 626 (1966); 关于非对称坍缩, 见 J. M. Cohen, Phys. Rev., **173**, 1258 (1966); M. Fujimoto, Astrophys. J., **152**, 523 (1968); V. de la Cruz, J. E. Chase, and W. Israel, Phys. Rev, Lett., **24**, 423 (1970); 等等.

[33] B. Carter, Phys. Rev. Letters, **26**, 331 (1971). 关于在各种条件下外部度规可能形式的其它严格定理, 见 A. Lichnerowicz, *Théories relativistes de la gravitation* (Masson, Paris, 1955); S. Deser, C. R. Acad. Sci. Paris, **264**, 805 (1967); W. Israel, Phys. Rev., **164**, 1776 (1967); A. G. Doroshkevich, Ya. B. Zeldovich, and I. D. Novikov, Zh. Eksp. Teor. Fiz., **49**, 170 (1965) [trans. Sov. Phys. JETP, 22, 122 (1966)]; R. M. Wald, Phys. Rev. Lett. **26**, 1653 (1971); 等等.

[34] F. Hoyle and W. Fowler, Nature, **197**, 533 (1963).

[35] F. J. Dyson, Comments Astrophys. Space Phys., **1**, 75 (1969); C. Leibovitz and W. Israel. Phys. Rev., **1**, 3226 (1970).

[36] R. Penrose. Riv. Nuovo Cimento, **1**, Numero Speciale, 252 (1969).

[37] R. Penrose, Phys. Rev. Lett., **14**, 57 (1965); S. W. Hawking, Proc. Roy. Soc., **294A**, 511 (1966); *ibid.*, **295A**, 490 (1966); *ibid.*, **300A**, 187 (1967); *ibid.*, **308A**, 433 (1967); S. W. Hawking and R. Penrose, Proc. Roy. Soc., **314A**, 529 (1970); 以及文献 36.

[38] 有关来自振动黑洞引力辐射的考虑见 W. H. Press, Astrophys. J. **170**, L105 (1971). 来自向黑洞下落物质引力辐射的考虑见 M. Davis, R. Rumni. W. H. Press, and R. H. Price, Phys. Rev. Lett. **27**, 1466 (1971).

[39] 见 A. G. W. Cameron, Nature, **229**, 178 (1971); R. E. Wilson, Astrophys. J. **170**, 529 (1971).

第四篇　形式发展

"你可以争辩说最短陈述很简洁,但其实并不比其它陈述更好. 然而, 从这个讲堂走到你的浴缸并观察你在水中的大脚趾. 你的腿看起来不再是笔直的,因为光在水中的速度不同于在空气中. 最短时间原理告诉你如何表述这种情况下的现象,而不用去记住有关角度的斯涅尔定律. 谁能怀疑这是更好的科学解释呢?"

保罗·萨缪尔森,《分析经济学的最大原理》,诺贝尔讲座, 1970 年 12 月 11 日

第十二章

作用量原理

　　有许多物理系统的动力学方程可以从 "最小作用量原理" 推导出来. 这个原理说: 动力学变量的某个泛函, 即 "作用量", 相对于这些变量的微小变分取极值. 动力学方程的这种表述有一个很大的优点: 它使我们能够建立对称原理和守恒定律之间的密切联系.

　　关于作用量的对称性, 我们在本书中讨论得最多的是广义协变性. 在这一章里, 我们将对任何物质系统的能量 – 动量张量提出一种普遍的定义, 即把它定义为该系统作用量的泛函导数. 这样, 我们就可以用作用量原理和广义协变性来证明这个张量的确是守恒的.

　　为了借助于作用量原理得出广义相对论的真正普遍的表述, 必须揭示一个到现在为止一直被小心掩盖着的问题: 我们怎样才能把引力的效应纳入具有半整数自旋的粒子的场论中? 为了回答这个问题, 需要发展一种研究广义相对论的新途径, 即 "标架表述", 它是直接以我们在第三

章中作为出发点的局部惯性系族为基础的. 尽管证明比较复杂, 这个表述中的能量 – 动量张量, 仍然是对称的和守恒的.

[358] 12.1 物质的作用量: 一个例子

首先, 我们举出一个运动方程可由最小作用量原理推出的物理系统为例. 这个系统是由 n 个质量为 m_n、电荷为 e_n 的粒子组成的无碰撞等离子体, 加上它们所产生的电磁场 $F_{\mu\nu}(x)$. 在任意的外引力场 $g_{\mu\nu}$ 中, 运动方程为

$$\frac{\mathrm{d}^2 x_n{}^\mu}{\mathrm{d}\tau_n} + \Gamma^\mu_{\nu\lambda}(x_n)\frac{\mathrm{d}x_n{}^\nu}{\mathrm{d}\tau_n}\frac{\mathrm{d}x_n{}^\lambda}{\mathrm{d}\tau_n} = \left(\frac{e_n}{m_n}\right)F^\mu{}_\nu(x_n)\frac{\mathrm{d}x_n{}^\nu}{\mathrm{d}\tau_n} \tag{12.1.1}$$

$$\mathrm{d}\tau_n \equiv (-g_{\mu\nu}\mathrm{d}x_n{}^\mu \mathrm{d}x_n{}^\nu)^{\frac{1}{2}} \tag{12.1.2}$$

$$\frac{\partial}{\partial x^\mu}[\sqrt{g(x)}F^{\mu\nu}(x)] = -\sum_n e_n \int \delta^4(x - x_n)\frac{\mathrm{d}x_n{}^\nu}{\mathrm{d}\tau_n}\mathrm{d}\tau_n \tag{12.1.3}$$

$$\frac{\partial}{\partial x^\lambda}F_{\mu\nu}(x) + \frac{\partial}{\partial x^\nu}F_{\lambda\mu}(x) + \frac{\partial}{\partial x^\mu}F_{\nu\lambda}(x) = 0 \tag{12.1.4}$$

[见方程 (5.2.9), (5.1.11), (5.2.6), (5.2.13), (5.2.7)]. 为了满足 (12.1.4), 我们引入矢量势 $A_\mu(x)$:

$$F_{\mu\nu}(x) = \frac{\partial A_\nu(x)}{\partial x^\mu} - \frac{\partial A_\mu(x)}{\partial x^\nu} \tag{12.1.5}$$

于是, 独立的动力学变量可以取为 $A_\mu(x)$ 和 $x_n{}^\nu(p)$, 其中 p 是同时表述各个粒子的所有时空轨道的某个参量.

我们尝试性地把这个系统的作用量取为

$$\begin{aligned}
I_M = &-\sum_n m_n \int_{-\infty}^{+\infty}\mathrm{d}p\left[-g_{\mu\nu}(x_n(p))\frac{\mathrm{d}x_n{}^\mu(p)}{\mathrm{d}p}\frac{\mathrm{d}x_n{}^\nu(p)}{\mathrm{d}p}\right]^{\frac{1}{2}} \\
&-\frac{1}{4}\int \mathrm{d}^4 x g^{\frac{1}{2}}(x)F_{\mu\nu}(x)F^{\mu\nu}(x) \\
&+\sum_n e_n \int_{-\infty}^{+\infty}\mathrm{d}p\frac{\mathrm{d}x_n{}^\mu(p)}{\mathrm{d}p}A_\mu(x_n(p))
\end{aligned} \tag{12.1.6}$$

(下标 M 是为了提醒我们, 这只是物质和辐射的作用量, 而取 $g_{\mu\nu}(x)$ 为给定的外引力场). 这里不用说 $F_{\mu\nu}$ 由表达式 (12.1.5) 决定, 而 $F^{\mu\nu}$ 的指标照例是用逆变度规张量升上去的.

[359]   最小作用量原理说, 在动力学变量的如下无限小变分下,

$$x^\mu(p) \to x^\mu(p) + \delta x^\mu(p)$$

$$A_\mu(x) \to A_\mu(x) + \delta A_\mu(x)$$

式中

$$\delta x^\mu(p) \to 0 \quad \text{当} \quad |p| \to \infty$$

$$\delta A_\mu(x) \to 0 \quad \text{当} \quad |x^\lambda| \to \infty$$

作用量 I_M 的变分为零的充要条件是 $x^\mu(p)$ 和 $A_\mu(x)$ 服从动力学方程 (12.1.1)—(12.1.3). 为了验证这是正确的, 我们来计算这种变分所引起的 I_M 的改变, 暂时还不假设 (12.1.1)—(12.1.3) 成立. 我们得到

$$\delta I_M = \frac{1}{2} \sum_n m_n \int_{-\infty}^{+\infty} \mathrm{d}p \left[-g_{\mu\nu}(x_n(p)) \frac{\mathrm{d}x_n{}^\mu(p)}{\mathrm{d}p} \frac{\mathrm{d}x_n{}^\nu(p)}{\mathrm{d}p} \right]^{-\frac{1}{2}}$$

$$\times \left\{ 2g_{\mu\nu}(x_n(p)) \frac{\mathrm{d}x_n{}^\mu(p)}{\mathrm{d}p} \frac{\mathrm{d}\delta x_n{}^\nu(p)}{\mathrm{d}p} \right.$$

$$+ \left(\frac{\partial g_{\mu\nu}(x)}{\partial x^\lambda} \right)_{x=x_n(p)} \frac{\mathrm{d}x_n{}^\mu(p)}{\mathrm{d}p} \frac{\mathrm{d}x_n{}^\nu(p)}{\mathrm{d}p} \delta x_n{}^\lambda(p) \Bigg\}$$

$$- \int \mathrm{d}^4x\, g^{\frac{1}{2}}(x) F^{\mu\nu}(x) \frac{\partial}{\partial x^\mu} \delta A_\nu(x)$$

$$+ \sum_n e_n \int_{-\infty}^{+\infty} \mathrm{d}p \left\{ \frac{\mathrm{d}\delta x_n{}^\mu(p)}{\mathrm{d}p} A_\mu(x_n(p)) \right.$$

$$+ \frac{\mathrm{d}x_n{}^\mu(p)}{\mathrm{d}p} \left(\frac{\partial A_\mu(x)}{\partial x^\lambda} \right)_{x=x_n(p)} \delta x_n{}^\lambda(p)$$

$$+ \frac{\mathrm{d}x_n{}^\mu(p)}{\mathrm{d}p} \delta A_\mu(x_n(p)) \Bigg\}$$

现在为了方便可以把积分变量由 p 变为由 (12.1.2) 定义的 τ_n. 我们得到

$$\delta I_M = \frac{1}{2} \sum_n m_n \int_{-\infty}^{+\infty} \mathrm{d}\tau_n \left\{ 2g_{\mu\lambda}(x_n) \frac{\mathrm{d}x_n{}^\mu}{\mathrm{d}\tau_n} \frac{\mathrm{d}\delta x_n{}^\lambda}{\mathrm{d}\tau_n} \right.$$

$$+ \frac{\partial g_{\mu\nu}(x_n)}{\partial x_n{}^\lambda} \frac{\mathrm{d}x_n{}^\mu}{\mathrm{d}\tau_n} \frac{\mathrm{d}x_n{}^\nu}{\mathrm{d}\tau_n} \delta x_n{}^\lambda \Bigg\}$$

$$- \int \mathrm{d}^4x\, g^{\frac{1}{2}}(x) F^{\mu\nu}(x) \frac{\partial}{\partial x^\mu} \delta A_\nu(x)$$

$$+ \sum_n e_n \int_{-\infty}^{+\infty} \mathrm{d}\tau_n \left\{ \frac{\mathrm{d}\delta x_n{}^\mu}{\mathrm{d}\tau_n} A_\mu(x_n) \right.$$

$$+ \frac{\mathrm{d}x_n{}^\mu}{\mathrm{d}\tau_n} \frac{\partial A_\mu(x_n)}{\partial x_n{}^\lambda} \delta x_n{}^\lambda + \frac{\mathrm{d}x_n{}^\mu}{\mathrm{d}\tau_n} \delta A_\mu(x_n) \Bigg\}$$

利用 $\delta x^\mu(\tau_n)$ 和 $\delta A_\mu(x)$ 在积分区域的边界上为零的条件, 我们可以进行分部积分, 从而得到

$$\delta I_M = \sum_n \int_{-\infty}^{+\infty} \mathrm{d}\tau_n\, g_{\mu\lambda}(x_n) \left\{ -m_n \left[\frac{\mathrm{d}^2x_n{}^\mu}{\mathrm{d}\tau_n{}^2} \right. \right.$$

$$+\Gamma^{\mu}_{\rho\sigma}(x_n)\frac{\mathrm{d}x_n{}^{\rho}}{\mathrm{d}\tau_n}\frac{\mathrm{d}x_n{}^{\sigma}}{\mathrm{d}\tau_n}\Bigg] + e_n\frac{\mathrm{d}x_n{}^{\rho}}{\mathrm{d}\tau_n}F^{\mu}{}_{\rho}(x_n)\Bigg\}\delta x_n{}^{\lambda}$$

$$+\int\mathrm{d}^4x\Bigg\{\frac{\partial}{\partial x^{\mu}}[g^{\frac{1}{2}}(x)F^{\mu\nu}(x)]$$

$$+\sum_n e_n\int_{-\infty}^{+\infty}\mathrm{d}\tau_n\delta^4(x-x_n)\frac{\mathrm{d}x_n{}^{\nu}}{\mathrm{d}\tau_n}\Bigg\}\delta A_{\nu}(x)$$

[360] 显然, 对于任意的变分 $\delta x_n{}^{\lambda}$ 和 $\delta A_{\nu}, \delta I_M$ 等于零的充要条件是, $x_n{}^{\lambda}$ 和 A_{ν} 服从动力学方程 (12.1.1) 和 (11.1.3). 因此, 我们得出结论, (12.1.6) 确实有资格作为这个系统合适的作用量.

12.2 $T^{\mu\nu}$ 的普遍定义

我们将把由作用量 I_M 描述的物质系统的能量 – 动量张量定义为 I_M 对于 $g_{\mu\nu}$ 的 "泛函导数". 即是说, 我们想象给 $g_{\mu\nu}(x)$ 一个无限小的变分

$$g_{\mu\nu} \to g_{\mu\nu} + \delta g_{\mu\nu} \tag{12.2.1}$$

式中 $\delta g_{\mu\nu}$ (除要求当 $|x^{\lambda}| \to \infty$ 时变为零外) 是任意的. 作用量 I_M 对于这种变分将不取极值, 因为我们暂时不把 $g_{\mu\nu}(x)$ 看作是像 x_n^{μ} 或 A_{μ} 那样的动力学变量, 而是看作为外场. 于是, δI_M 将是无限小变分 $\delta g_{\mu\nu}(x)$ 的某个线性泛函, 因而取如下形式

$$\delta I_M = \frac{1}{2}\int\mathrm{d}^4x\sqrt{g(x)}T^{\mu\nu}(x)\delta g_{\mu\nu}(x) \tag{12.2.2}$$

系数 $T^{\mu\nu}(x)$ 就定义为该系统的能量 – 动量张量.

$T^{\mu\nu}$ 是一个守恒的对称张量的普遍证明将在下一节给出. 不过, 让我们先来验证 (12.2.2) 对于由作用量 (12.1.6) 描写的无碰撞等离子体确实定义了正确的能量 – 动量张量. 我们让 A_{μ} 固定而改变 $g_{\mu\nu}$, 得

$$\delta F^{\mu\nu} = F_{\rho\sigma}\delta(g^{\mu\rho}g^{\nu\sigma}) = F_{\rho\sigma}g^{\mu\rho}\delta g^{\nu\sigma} + F_{\rho\sigma}g^{\nu\sigma}\delta g^{\mu\rho}$$

为了计算 $\delta g^{\nu\sigma}$, 我们注意到

$$0 = \delta(g_{\lambda\kappa}g^{\kappa\sigma}) = g^{\kappa\sigma}\delta g_{\lambda\kappa} + g_{\lambda\kappa}\delta g^{\kappa\sigma}$$

所以

$$\delta g^{\nu\sigma} = -g^{\nu\lambda}g^{\kappa\sigma}\delta g_{\lambda\kappa}$$

因而

$$\delta F^{\mu\nu} = -F^{\mu\kappa}g^{\nu\lambda}\delta g_{\lambda\kappa} + F^{\nu\lambda}g^{\mu\kappa}\delta g_{\lambda\kappa}$$

此外, 我们曾经在 4.7 节中证明

$$\delta g = g g^{\lambda\kappa} \delta g_{\lambda\kappa}$$

于是经过简单的计算得到

$$\delta I_M = \frac{1}{2} \sum_n m_n \int_{-\infty}^{+\infty} \mathrm{d}p \left[-g_{\mu\nu}(x_n(p)) \frac{\mathrm{d}x_n{}^\mu(p)}{\mathrm{d}p} \frac{\mathrm{d}x_n{}^\nu(p)}{\mathrm{d}p} \right]^{-\frac{1}{2}}$$

$$\cdot \frac{\mathrm{d}x_n{}^\lambda(p)}{\mathrm{d}p} \frac{\mathrm{d}x_n{}^\kappa(p)}{\mathrm{d}p} \delta g_{\lambda\kappa}(x_n(p))$$

$$+ \frac{1}{2} \int \mathrm{d}^4 x g^{\frac{1}{2}}(x) \bigg\{ F_\mu{}^\lambda(x) F^{\mu\kappa}(x)$$

$$- \frac{1}{4} g^{\lambda\kappa}(x) F_{\mu\nu}(x) F^{\mu\nu}(x) \bigg\} \delta g_{\lambda\kappa}(x)$$

此式具有 (12.2.2) 的形式, 其中 [361]

$$T^{\lambda\kappa}(x) = g^{-\frac{1}{2}}(x) \sum_n m_n \int_{-\infty}^{+\infty} \mathrm{d}\tau_n \frac{\mathrm{d}x_n{}^\lambda}{\mathrm{d}\tau_n} \frac{\mathrm{d}x_n{}^\kappa}{\mathrm{d}\tau_n} \delta^4(x - x_n)$$

$$+ F_\mu{}^\lambda(x) F^{\mu\kappa}(x) - \frac{1}{4} g^{\lambda\kappa}(x) F_{\mu\nu}(x) F^{\mu\nu}(x)$$

这同早先得到的, 由 (5.3.5) 和 (5.3.7) 表示的能量 – 动量张量是一致的.

定义 (12.2.2) 同电流 J^μ 的相应定义非常类似. 我们可以把总的物质作用量分为纯粹的电磁项 I_E 和另一项 I_M', 后者描述带电粒子及其电磁相互作用.

$$I_M = I_E + I_M' \tag{12.2.3}$$

$$I_E \equiv -\frac{1}{4} \int \mathrm{d}^4 x g^{\frac{1}{2}}(x) F_{\mu\nu}(x) F^{\mu\nu}(x) \tag{12.2.4}$$

我们来考虑矢量势的无限小变分

$$A_\mu \to A_\mu + \delta A_\mu \tag{12.2.5}$$

对于 I_M' 的影响. 因为 I_M' 不是总的作用量, 故由 A_μ 的这个变分而使 I_M' 产生的改变不为零, 但它必须是 δA_μ 的线性泛函:

$$\delta I_M' = \int \mathrm{d}^4 x \sqrt{g(x)} J^\mu(x) \delta A_\mu(x) \tag{12.2.6}$$

系数 $J^\mu(x)$ 就被定义为该系统的电磁流. 例如, 对于由式 (12.1.6) 描写的无碰撞等离子体, I_M' 项是 (12.1.6) 中第一项和第三项之和, 我们立刻得到

$$\delta I_M' = \sum_n e_n \int_{-\infty}^{+\infty} \mathrm{d}x_n{}^\mu \delta A_\mu(X_n)$$

此式具有 (12.2.6) 式的形式, 其中

$$J^\mu(x) = g^{-\frac{1}{2}}(x) \sum_n e_n \int \delta^4(x - x_n) \mathrm{d}x_n{}^\mu$$

同式 (5.2.13) 符合. 在下一节中我们将证明, (12.2.6) 总是给出守恒流 $J^\mu(x)$.

[362]

12.3 广义协变性和能量 – 动量守恒

如果物质系统的作用量 I_M 是一个标量, 则 δI_M 等于零这个表述是广义协变的, 由这个表述导出的动力学方程也是广义协变的. 例如, 看一看无碰撞等离子体的作用量 (12.1.6), 就知道这个 I_M 是标量, 这就保证了动力学方程 (12.1.1)—(12.1.3) 是广义协变的, 它们是用最小作用量原理从 (12.1.6) 中得到的.

因此, 我们将假设 I_M 是一个标量. 这就是说, 当我们同时作如下变换时 I_M 将不会改变:

$$\mathrm{d}^4 x \to \mathrm{d}^4 x'$$
$$\frac{\partial}{\partial x^\mu} \to \frac{\partial}{\partial x'^\mu}$$
$$x_n{}^\mu(p) \to x_n'^\mu(p)$$
$$A_\mu(x) \to A_\mu'(x') \equiv A_\nu(x) \frac{\partial x^\nu}{\partial x'^\mu}$$
$$g_{\mu\nu}(x) \to g_{\mu\nu}'(x') \equiv g_{\rho\sigma}(x) \frac{\partial x^\rho}{\partial x'^\mu} \frac{\partial x^\sigma}{\partial x'^\nu}$$

不过, x'^μ 只是一个积分变量 (相反, x^μ 是动力学变量), 所以我们可以将 x'^μ 变回 x^μ 而不改变 I_M. 于是我们得出结论, I_M 在如下变换下是不变的:

$$x_n{}^\mu(p) \to x_n'^\mu(p)$$
$$A_\mu(x) \to A_\mu'(x) = A_\nu(x) \frac{\partial x^\nu}{\partial x'^\mu} - [A_\mu'(x') - A_\mu'(x)]$$
$$g_{\mu\nu}(x) \to g_{\mu\nu}'(x) = g_{\rho\sigma}(x) \frac{\partial x^\rho}{\partial x'^\mu} \frac{\partial x^\sigma}{\partial x'^\nu} - [g_{\mu\nu}'(x') - g_{\mu\nu}'(x)]$$

而 $\mathrm{d}^4 x$ 和 $\partial/\partial x^\mu$ 现在就不用再管了. 如果原来的变换 $x^\mu \to x'^\mu$ 是无限小变换

$$x'^\mu = x^\mu + \varepsilon^\mu(x)$$

则动力学变量的改变是

$$\delta x_n{}^\mu(p) = \varepsilon^\mu(x_n(p))$$
$$\delta A_\mu(x) = -A_\nu(x) \frac{\partial \varepsilon^\nu(x)}{\partial x^\mu} - \frac{\partial A_\mu(x)}{\partial x^\nu} \varepsilon^\nu(x)$$

$$\delta g_{\mu\nu}(x) = -g_{\mu\lambda}(x)\frac{\partial\varepsilon^\lambda(x)}{\partial x^\nu}$$

$$-g_{\lambda\nu}(x)\frac{\partial\varepsilon^\lambda(x)}{\partial x^\mu} - \frac{\partial g_{\mu\nu}(x)}{\partial x^\lambda}\varepsilon^\lambda(x) \tag{12.3.1}$$

(A 或 g 中的这种改变正是 Lie 导数; 见 10.9 节). 重要之点在于, 现在这只是动力学变量的无限小变换, 而不是我们进行积分的坐标的变换, 所以最小作用量原理告诉我们, 当 $x_n{}^\mu, A_\mu$ 等等的动力学方程得到满足时, [363] 这些量的改变并不引起物质作用量 I_M 的变化. I_M 的变化只能来自外场 $g_{\mu\nu}$ 的改变, 由 (12.2.2) 得到这个变化是

$$\delta I_M = -\frac{1}{2}\int \mathrm{d}^4x\sqrt{g}T^{\mu\nu}\left[g_{\mu\lambda}\frac{\partial\varepsilon^\lambda}{\partial x^\nu} + g_{\lambda\nu}\frac{\partial\varepsilon^\lambda}{\partial x^\mu} + \frac{\partial g_{\mu\nu}}{\partial x^\lambda}\varepsilon^\lambda\right]$$

如果 I_M 是一个标量, 则上式必须为零; 于是由分部积分得

$$0 = \delta I_M = \int\mathrm{d}^4x\varepsilon^\lambda\left[\frac{\partial}{\partial x^\nu}(\sqrt{g}T^\nu{}_\lambda) - \frac{1}{2}\left(\frac{\partial g_{\mu\nu}}{\partial x^\lambda}\right)\sqrt{g}T^{\mu\nu}\right]$$

又因 $\varepsilon^\lambda(x)$ 是任意的, 故有

$$0 = \frac{\partial}{\partial x^\nu}(\sqrt{g}T^\nu{}_\lambda) - \frac{1}{2}\left(\frac{\partial g_{\mu\nu}}{\partial x^\lambda}\right)\sqrt{g}T^{\mu\nu}$$

或者, 回忆 (4.7.6), 得

$$0 = (T^\nu{}_\lambda)_{;\nu} \tag{12.3.2}$$

因此 (12.2.2) 式所定义的能量 – 动量张量 (在协变的意义下) 守恒的必要充分条件为, 物质的作用量是一个标量. 此外, 因 I_M 是标量, 由 (12.2.2) 立刻可以看出 $T^{\mu\nu}$ 是一个对称张量, 所以能量 – 动量张量的这种定义具有我们希望它有的全部性质.

由广义协变性推得能量 – 动量守恒的这个证明, 同由规范不变性可推得电荷守恒的证明完全相似. 由任意的规范变换引起的由 (12.2.3) 所定义的作用量 I'_M 的改变, 只能由 A_μ 的变化产生, 因为 I'_M 对于所有其它动力学变量取极值. 一般的无限小规范变换将使 A_μ 产生如下改变 (见 4.11 节和 10.2 节)

$$\delta A_\mu = \frac{\partial\varepsilon}{\partial x^\mu}$$

把上式代入 (12.2.6) 可知, I'_M 是规范不变的充要条件为

$$0 = \delta I'_M = \int\mathrm{d}^4x\sqrt{g}J^\mu\frac{\partial\varepsilon}{\partial x^\mu}$$

分部积分得

$$0 = \int \mathrm{d}^4 x \varepsilon \frac{\partial}{\partial x^\mu}(\sqrt{g} J^\mu)$$

或者, 因为 ε 是任意的

$$0 = \frac{1}{\sqrt{g}} \frac{\partial}{\partial x^\mu} \sqrt{g} J^\mu = J^\mu{}_{;\mu}$$

我们再一次看到了规范不变性和广义协变性是多么相似.

[364] ## 12.4 引力作用量

到现在为止, 引力场 $g_{\mu\nu}$ 在本章中一直是一个可以任意给定的外场 (实际上, 甚至在没有引力场时, (12.2.2) 通常也为能量 – 动量张量提供了最方便的定义). 现在我们将给出 $g_{\mu\nu}$ 本身的场方程, 办法是在总作用量 I 中加上一个纯引力项 I_G

$$I = I_M + I_G \tag{12.4.1}$$

$$I_G = -\frac{1}{16\pi G} \int \sqrt{g(x)} R(x) \mathrm{d}^4 x \tag{12.4.2}$$

I_G 显然是一个标量, 所以, 即使我们对引力现象没有经验, 它也可能是建立引力理论的良好办法之一. 现在我们来证明, 把最小作用量原理用到 I 上确实可以得出 Einstein 的理论.

曲率标量 R 的定义是 $g^{\mu\nu} R_{\mu\nu}$, 故度规的变分 $\delta g_{\mu\nu}$, 将使 (12.4.2) 中的被积式发生如下改变

$$\delta(\sqrt{g} R) = \sqrt{g} R_{\mu\nu} \delta g^{\mu\nu} + R\delta\sqrt{g} + \sqrt{g} g^{\mu\nu} \delta R_{\mu\nu}$$

根据式 (10.9.2), Ricci 张量的改变是

$$\delta R_{\mu\nu} = (\delta \Gamma^\lambda_{\mu\lambda})_{;\nu} - (\delta \Gamma^\lambda_{\mu\nu})_{;\lambda}$$

在定义协变导数时我们把 $\delta \Gamma^\lambda_{\mu\nu}$ 看成是一个张量 (事实上它正是一个张量). 这样一来, $\delta(\sqrt{g} R)$ 中最后一项就变成

$$\sqrt{g} g^{\mu\nu} \delta R_{\mu\nu} = \sqrt{g}[(g^{\mu\nu} \delta \Gamma^\lambda_{\mu\lambda})_{;\nu} - (g^{\mu\nu} \delta \Gamma^\lambda_{\mu\nu})_{;\lambda}]$$

或者, 用 (4.7.7) 后得

$$\sqrt{g} g^{\mu\nu} \delta R_{\mu\nu} = \frac{\partial}{\partial x^\nu}(\sqrt{g} g^{\mu\nu} \delta \Gamma^\lambda_{\mu\lambda}) - \frac{\partial}{\partial x^\lambda}(\sqrt{g} g^{\mu\nu} \delta \Gamma^\lambda_{\mu\nu})$$

因而, 当我们对全空间积分时, 这一项就消去了. 此外,

$$\delta\sqrt{g} = \frac{1}{2}\sqrt{g}g^{\mu\nu}\delta g_{\mu\nu} \quad \delta g^{\mu\nu} = -g^{\mu\rho}g^{\nu\sigma}\delta g_{\rho\sigma}$$

所以, 作用量 (12.4.2) 的改变是

$$\delta I_G = \frac{1}{16\pi G}\int\sqrt{g}\left[R^{\mu\nu} - \frac{1}{2}g^{\mu\nu}R\right]\delta g_{\mu\nu}\mathrm{d}^4 x \qquad (12.4.3)$$

把 (12.4.3) 同 (12.2.2) 联合起来, 我们看到总作用量 I 对于 $g_{\mu\nu}$ 的任意变分取极值的充要条件是

$$R^{\mu\nu} - \frac{1}{2}g^{\mu\nu}R + 8\pi GT^{\mu\nu} = 0$$

当然, 这就是 Einstein 场方程.

[作为 (12.4.3) 的另一个应用, 我们可以用它来推导缩并的 Bianchi 恒   [365]
等式. 因为 I_G 是一个标量, 它必须对于 $g_{\mu\nu}$ 的变分 (12.3.1) 取极值. 重复
前面导出方程 (12.3.2) 的推理, 现在可以得到

$$\left[R^{\nu}{}_{\lambda} - \frac{1}{2}\delta^{\nu}{}_{\lambda}R\right]_{;\nu} = 0$$

我们认出这就是缩并的 Bianchi 恒等式 (6.8.3).]

这种表述启发我们, 将式 (12.4.2) 中的 R 加上一些同 R^2, R^3 等等成
比例的项可以修改 Einstein 的理论. 正如 7.1 节中讨论过的, 这些项只有
在足够小的时空尺度上才会显示出来.

12.5 标架表述*

直到现在, 我们只是循着一条途径来决定引力对一般物理系统的影
响. 我们先写出没有引力时制约该系统的狭义相对论性方程, 然后把所
有 Lorentz 张量 $T^{\alpha\cdots}_{\beta\cdots}$ 换成在一般坐标变换下具有张量 (或张量密度) 性质
的对象 $T^{\mu\cdots}_{\nu\cdots}$. 此外, 我们把所有导数 $\partial/\partial x^{\alpha}$ 换成协变导数, 并将 $\eta_{\alpha\beta}$ 处处
换为 $g_{\mu\nu}$. 于是运动方程就是广义协变的了 (见第五章).

这种方法仅仅适用于在 Lorentz 变换下具有张量性质的对象, 而不适
用于 2.12 节中讨论过的旋量场. (从数学上说, 这是因为一般线性的 4×4
矩阵群 GL(4) 的张量表示在 Lorentz 变换的子群下具有张量性质, 但却不
存在在 Lorentz 子群下具有旋量性质的 GL(4) 的表示, 甚至连 "只差一个
正负号的表示" 也没有.) 那么, 我们怎样才能将旋量纳入广义相对论呢?

答案可以通过研究决定引力对物理系统影响问题的另一条途径找
到, 即使完全撇开处理旋量的问题, 这条途径本身也是很有意义的.

　　首先, 让我们利用等效原理, 在每一点 X 建立一组坐标 $\xi_X{}^\alpha$, 它在 X 处为局部惯性系. (当然, 不可能建立处处都是局部惯性系的单一坐标系, 除非时空连续区是 "平直" 的.) 正如 3.2 节和 3.3 节中已证明过的那样, 任何一般非惯性坐标系中的度规就是

$$g_{\mu\nu}(x) = V^\alpha{}_\mu(x) V^\beta{}_\nu(x) \eta_{\alpha\beta} \tag{12.5.1}$$

式中

$$V^\alpha{}_\mu(X) \equiv \left(\frac{\partial \xi_X{}^\alpha(x)}{\partial x^\mu} \right)_{x=X} \tag{12.5.2}$$

[366]　　注意, 在每个物理点 X, 我们一下就固定了局部惯性坐标 ξ_X^α, 故当我们把一般非惯性坐标从 x^μ 变到 x'^μ 时, 偏导数 $V^\alpha{}_\mu$ 按如下法则改变

$$V^\alpha{}_\mu \to V'^\alpha{}_\mu = \frac{\partial x^\nu}{\partial x'^\mu} V^\alpha{}_\nu \tag{12.5.3}$$

因此, 我们将认为 $V^\alpha{}_\mu$ 构成了四个协变矢量场, 而不是一个张量: 这四个矢量的集合叫做四元基, 或称标架.

　　给定任一逆变矢量场 $A^\mu(x)$ 以后, 我们可以用标架将它在 x 点的分量变换到 x 点的局部惯性坐标系 $\xi_X{}^\alpha$:

$$^*A^\alpha \equiv V^\alpha{}_\mu A^\mu \tag{12.5.4}$$

我们这里是在用四个协变矢量 $V^\alpha{}_\mu$ 来缩并一个逆变矢量 A^μ, 故其效果是把一个四维矢量 A^μ 换成四个标量 $^*A^\alpha$. 我们可以对协变矢量场, 实际上也可以对一般张量场如法炮制.

$$^*A_\alpha \equiv V_\alpha{}^\mu A_\mu$$
$$^*B^\alpha{}_\beta \equiv V^\alpha{}_\mu V_\beta{}^\nu B^\mu{}_\nu \text{ 等等} \tag{12.5.5}$$

式中 $V_\beta{}^\nu$ 就是标架 (12.5.2), 不过是把指标 α 用 Minkowski 张量降下来, 并把指标 μ 用度规张量升上去而已:

$$V_\beta{}^\nu \equiv \eta_{\alpha\beta} g^{\mu\nu} V^\alpha{}_\mu \tag{12.5.6}$$

注意, 根据式 (12.5.1), 这正是标架的逆

$$\delta^\mu{}_\nu = V_\beta{}^\mu V^\beta{}_\nu \tag{12.5.7}$$

所以也有

$$\delta^\alpha{}_\beta = V^\alpha{}_\mu V_\beta{}^\mu \tag{12.5.8}$$

于是度规张量的标量分量就是

$$*g_{\alpha\beta} \equiv V_\alpha{}^\mu V_\beta{}^\nu g_{\mu\nu} = \eta_{\alpha\beta} \tag{12.5.9}$$

我们既已阐明怎样把任一张量场化为一组标量, 就可以忘掉作为我们出发点的原来的张量 $V^\mu, T_{\mu\nu}$ 等等; 并考虑如果从标量 $*V^\alpha, *T_{\alpha\beta}$ 等等开始作起, 我们该怎样来构造作用量了. 借助这种办法, 像 Dirac 电子场这样的旋量场可以用和任何其它场完全同样的方式纳入我们的表述体系, 而它的特殊的 Lorentz 变换性质不会产生特别的麻烦. 在构造适当的物质作用量 I_M 时, 一定要碰到两个不变性原理:

(A) 作用量必须是广义协变的, 除标架本身而外, 所有的场都作为标量处理.

(B) 等效原理要求, 狭义相对论应当在局部惯性系中成立, 特别是, 我们在每一点选择哪一个局部惯性系应当无关紧要. 这样一来, 因为我们的标量场分量 $*V^\alpha, *T_{\alpha\beta}$ 等等是对于任意选择的局部惯性系定义的, 故在每一点的重新确定这些局部惯性系, 或者换句话说, 对于可能依赖于时空位置的 Lorentz 变换 $\Lambda^\alpha{}_\beta(x)$, 场方程和作用量必须是不变的:

$$*A^\alpha(x) \to \Lambda^\alpha{}_\beta(x) *A^\beta(x)$$

$$*T_{\alpha\beta}(x) \to \Lambda_\alpha{}^\gamma(x)\Lambda_\beta{}^\delta(x) *T_{\gamma\delta}(x), \quad \text{等等}$$

式中

$$\eta_{\alpha\beta}\Lambda^\alpha{}_\gamma(x)\Lambda^\beta{}_\delta(x) = \eta_{\gamma\delta} \tag{12.5.10}$$

标架 (12.5.2) 按照和 $*A^\alpha$ 同样的规则变换

$$V^\alpha{}_\mu(x) \to \Lambda^\alpha{}_\beta(x)V^\beta{}_\mu(x) \tag{12.5.11}$$

一般说来, 任一场 $*\psi_n(x)$ 将按如下法则变换

$$*\psi_n(x) \to \sum_m [D(\Lambda(x))]_{nm} *\psi_m(x) \tag{12.5.12}$$

式中 $D(\Lambda)$ 是在 2.12 节中讨论过的那种 Lorentz 群 (或至少是无限小 Lorentz 群) 的矩阵表示.

这两个不变性原理导致了物理量的双重分类法. 坐标标量或坐标张量在坐标系的变化下具有标量或张量的变换性质. Lorentz 标量或 Lorentz 张量或 Lonrentz 旋量在局部惯性系的选择发生变化时按照像 (12.5.12) 那样的法则变换, 而 $D(\Lambda)$ 分别为恒等式或者为无限小 Lorentz 群的张量表示或旋量表示. 例如, 像 (12.5.4) 那样的场是坐标标量和 Lorentz 矢量, 电

[367]

子的 Dirac 场是坐标标量和 Lorentz 旋量, 标架 $V^{\alpha}{}_{\mu}$ 是坐标矢量和 Lorentz 矢量. 为了在物理上可以接受, 物质的作用量 I_M 必须既是坐标标量又是 Lorentz 标量.

看到这里, 读者可能会感到担忧. 既然度规张量的坐标标量分量就是常数 $\eta_{\alpha\beta}$, 怎么能把引力场纳入这类理论中呢? 回答是, 引力张量场出现在作用量里, 是因为并且只因为需要在理论中引入导数. 如果只从场而不从它们的导数来构造作用量 I_M 是有意义的话, 那就只需要选择各种场 $^*\psi_n(x)$ (但不是标架) 的某个任意的 Lorentz 不变的函数 $\mathscr{L}\,(^*\psi(x))$, 要求这些场都是坐标标量, 并把作用量取为

$$I_M = \int \mathrm{d}^4 x \sqrt{g(x)}\,\mathscr{L}(^*\psi(x))$$

[368] 于是, 这个作用量就自动地成为坐标标量和 Lorentz 标量. 不过, 本章前几节中讨论的例子表明, 任何物理上合理的作用量必须包含物理量本身和它们的导数. 标架场必须以某种方式进入作用量中, 使得在包含导数的情况下, 保持作用量是坐标标量和 Lorentz 标量.

普通导数当然是坐标矢量, 其意义是在坐标变换 $x \to x'$ 下, 它按如下法则变换

$$\frac{\partial}{\partial x^{\mu}} \to \frac{\partial}{\partial x'^{\mu}} = \frac{\partial x^{\nu}}{\partial x'^{\mu}}\frac{\partial}{\partial x^{\nu}}$$

如果出现在作用量中的所有场都是坐标标量, 那就会没有可以用来缩并协变指标 μ 的逆变指标了; 所以, 为了使作用量成为坐标标量, 必须引入标架场, 并将导数以如下方式纳入作用量中

$$V_{\alpha}{}^{\mu}\frac{\partial}{\partial x^{\mu}} \tag{12.5.13}$$

不过, 这虽然是一个坐标标量, 但在与位置有关的 Lorentz 变换下却没有简单的变换性质. 当用 Lorentz 变换规则 (12.5.12) 施加于一般场 $^*\psi$ 上时, 坐标标量导数具有如下变换法则

$$V_{\alpha}{}^{\mu}(x)\frac{\partial}{\partial x^{\mu}}{}^*\psi(x) \to \Lambda_{\alpha}{}^{\beta}(x)V_{\beta}{}^{\mu}(x)\frac{\partial}{\partial x^{\mu}}\{D(\Lambda(x))^*\psi(x)\}$$

$$= \Lambda_{\alpha}{}^{\beta}(x)V_{\beta}{}^{\mu}(x)\left\{ D(\Lambda(x))\frac{\partial}{\partial x^{\mu}}{}^*\psi(x) \right.$$

$$\left. + \left[\frac{\partial}{\partial x^{\mu}}D(\Lambda(x))\right]{}^*\psi(x) \right\} \tag{12.5.14}$$

然而, 我们所需要的是以算符 $\mathscr{D}_{\alpha}$ 的形式把导数纳入作用量中, 这种算符不仅是坐标标量, 而且也要和 (12.5.13) 不同, 是一个 Lorentz 矢量, 其意义

是对于与位置有关的 Lorentz 变换 $\Lambda^\alpha{}_\beta(x)$,

$$\mathscr{D}_\alpha{}^*\psi(x) \to \Lambda_\alpha{}^\beta(x)D(\Lambda(x))\mathscr{D}_\beta{}^*\psi(x) \tag{12.5.15}$$

因此, 任何作用量, 它只包含各种场 $^*\psi$ 及其 "导数" $\mathscr{D}_\alpha{}^*\psi$ 只要在普通的常数 Lorentz 变换下不变, 就将自动地与局部惯性系的选择无关. 式 (12.5.14) 的考察表明, 我们可以构造如下形式的坐标标量 Lorentz 矢量导数 $\mathscr{D}_\alpha$[1].

$$\mathscr{D}_\alpha \equiv V_\alpha{}^\mu \left[\frac{\partial}{\partial x^\mu} + \Gamma_\mu\right] \tag{12.5.16}$$

式中 Γ_μ 是满足如下 Lorentz 变换规则的矩阵   [369]

$$\Gamma_\mu(x) \to D(\Lambda(x))\Gamma_\mu(x)D^{-1}(\Lambda(x))$$
$$- \left[\frac{\partial}{\partial x^\mu}D(\Lambda(x))\right]D^{-1}(\Lambda(x)) \tag{12.5.17}$$

于是, (12.5.17) 中的非齐次项将抵销 (12.5.14) 中的第二项, 使 $\mathscr{D}_\alpha$ 具有我们所希望的变换性质 (12.5.15).

为了决定矩阵 $\Gamma_\mu(x)$ 的结构, 只要考虑无限接近于恒等变换的 Lorentz 变换就够了. 这些变换必定具有 (2.12.5) 和 (2.12.6) 那样的形式:

$$\Lambda^\alpha{}_\beta(x) = \delta^\alpha{}_\beta + \omega^\alpha{}_\beta(x) \tag{12.5.18}$$

式中

$$\omega_{\alpha\beta}(x) = -\omega_{\beta\alpha}(x) \tag{12.5.19}$$

在这种情况下, 矩阵 D 具有如 (2.12.7) 那样的形式:

$$D(1 + \omega(x)) = 1 + \frac{1}{2}\omega^{\alpha\beta}(x)\sigma_{\alpha\beta} \tag{12.5.20}$$

式中 $\sigma_{\alpha\beta}$ 是对于 α 和 β 反对称的常数矩阵

$$\sigma_{\alpha\beta} = -\sigma_{\beta\alpha} \tag{12.5.21}$$

并且满足对易关系 (2.12.12):

$$[\sigma_{\alpha\beta}, \sigma_{\gamma\delta}] = \eta_{\gamma\beta}\sigma_{\alpha\delta} - \eta_{\gamma\alpha}\sigma_{\beta\delta} + \eta_{\delta\beta}\sigma_{\gamma\alpha} - \eta_{\delta\alpha}\sigma_{\gamma\beta} \tag{12.5.22}$$

条件 (12.5.17) 告诉我们, 在无限小 Lorentz 变换 (12.5.18) 下, 矩阵 $\Gamma_\mu(x)$ 按如下规则变换

$$\Gamma_\mu(x) \to \Gamma_\mu(x) + \frac{1}{2}\omega^{\alpha\beta}(x)[\sigma_{\alpha\beta}, \Gamma_\mu(x)]$$

$$-\frac{1}{2}\sigma_{\alpha\beta}\frac{\partial}{\partial x^{\mu}}\omega^{\alpha\beta}(x) \tag{12.5.23}$$

注意, $V^{\alpha}{}_{\mu}(x)$ 变为

$$V^{\alpha}{}_{\nu}(x) \to V^{\alpha}{}_{\nu}(x) + \omega^{\alpha}{}_{\beta}(x)V^{\beta}{}_{\nu}(x)$$

因而, 利用 (12.5.8) 得

$$V_{\beta}{}^{\nu}(x)\frac{\partial}{\partial x^{\mu}}V_{\alpha\nu}(x) \to V_{\beta}{}^{\nu}(x)\frac{\partial}{\partial x^{\mu}}V_{\alpha\nu}(x)$$

$$+\omega_{\beta}{}^{\gamma}(x)V_{\gamma}{}^{\nu}(x)\frac{\partial}{\partial x^{\mu}}V_{\alpha\nu}(x)$$

$$+\omega_{\alpha}{}^{\gamma}(x)V_{\beta}{}^{\nu}(x)\frac{\partial}{\partial x^{\mu}}V_{\gamma\nu}(x) + \frac{\partial}{\partial x^{\mu}}\omega_{\alpha\beta}(x)$$

[370] 将上式乘 $\sigma^{\alpha\beta}$ 并利用对易关系 (12.5.22), 我们发现矩阵

$$\Gamma_{\mu}(x) = \frac{1}{2}\sigma^{\alpha\beta}V_{\alpha}{}^{\nu}(x)V_{\beta\nu;\mu} \tag{12.5.24}$$

满足变换条件 (12.5.23). 总而言之, 考虑引力对任何物理系统的影响可以采用如下办法: 先写出在狭义相对论中成立的物质作用量或场方程, 然后把所有的导数 $\partial/\partial x^{\alpha}$ 换为 "协变" 导数

$$\mathscr{D}_{\alpha} \equiv V_{\alpha}{}^{\mu}\frac{\partial}{\partial x^{\mu}} + \frac{1}{2}\sigma^{\beta\gamma}V_{\beta}{}^{\nu}V_{\alpha}{}^{\mu}V_{\gamma\nu;\mu} \tag{12.5.25}$$

由这种方法得到的物质作用量或场方程在任意坐标变换下是不变的 (其中 $V_{\alpha}{}^{\mu}$ 看成四维矢量而所有其它的场均看成标量), 而且也与定义标架时我们如何选择局部惯性系无关.

在这种表述中我们要如何去定义能量 – 动量张量呢? 标架场的变分 $\delta V_{\alpha}{}^{\mu}$ 将使物质作用量产生一个改变

$$\delta I_M = \int \mathrm{d}^4 x\sqrt{g}U^{\alpha}{}_{\mu}\delta V_{\alpha}{}^{\mu} \tag{12.5.26}$$

式中 $U^{\alpha}{}_{\mu}$ 是一个坐标矢量又是一个 Lorentz 矢量. 让我们尝试性地把能量 – 动量张量定义为

$$T_{\mu\nu} \equiv V_{\alpha\mu}U^{\alpha}{}_{\nu} \tag{12.5.27}$$

正如所要求的, 这显然是一个坐标张量和 Lorentz 标量. 为了验证 (12.5.27) 是一个合理的能量 – 动量张量, 我们还必须查明它是对称的

$$T_{\mu\nu} = T_{\nu\mu} \tag{12.5.28}$$

而且是守恒的

$$(T^\nu{}_\lambda)_{;\nu} = 0 \tag{12.5.29}$$

能量 – 动量张量的对称性在标架表述中完全不是显然的, 必须从物质作用量在无限小 Lorentz 变换下的不变性推导出来. 这些变换是

$$\Lambda^\alpha{}_\beta(x) = \delta^\alpha{}_\beta + \omega^\alpha{}_\beta(x)$$

式中

$$|\omega^\alpha{}_\beta(x)| \ll 1$$

它们将使所有动力学变量产生微小改变, 但是假设物质作用量 I_M 对于这些变量中每一个 (作为外场进入 I_M 的标架除外) 的变分取极值. 所以我们只需考虑标架场的改变 (12.5.11)

$$\delta V_\alpha{}^\mu(x) = \omega_\alpha{}^\beta(x) V_\beta{}^\mu(x) \tag{12.5.30}$$ [371]

将 (12.5.30) 代入 (12.5.26), 我们发现, 物质作用量在与位置有关的 Lorentz 变换下的不变性要求

$$0 = \int \mathrm{d}^4x \sqrt{g(x)} U^\alpha{}_\mu(x) V^{\beta\mu}(x) \omega_{\alpha\beta}(x)$$

但 $\omega_{\alpha\beta}(x)$ 除了满足反对称条件 (12.5.19) 外是任意的, 故 $\omega_{\alpha\beta}(x)$ 的系数必须对称:

$$U^\alpha{}_\mu V^{\beta\mu} = U^\beta{}_\mu V^{\alpha\mu}$$

将这个式子乘以 $V_{\beta\nu} V_{\alpha\lambda}$, 并利用 (12.5.7), 我们得到

$$U^\alpha{}_\nu V_{\alpha\lambda} = U^\beta{}_\lambda V_{\beta\nu} \tag{12.5.31}$$

这和预期的对称条件 (12.5.28) 相同.

为了证明 (12.5.27) 定义的能量 – 动量张量是守恒的, 我们必须利用物质作用量在下列无限小坐标变换下的不变性:

$$x'^\mu = x^\mu + \varepsilon^\mu(x)$$

式中 $|\varepsilon^\mu|$ 很小. 这样的变换使标架场改变一个无限小量

$$\begin{aligned}
\delta V_\alpha{}^\mu(x) &\equiv V_\alpha'^\mu(x) - V_\alpha{}^\mu(x) \\
&= V_\alpha{}^\nu(x) \frac{\partial \varepsilon^\mu(x)}{\partial x^\nu} - \frac{\partial V_\alpha{}^\mu(x)}{\partial x^\lambda} \varepsilon^\lambda(x)
\end{aligned} \tag{12.5.32}$$

[同式 (12.3.1) 比较.] 同时, 也使所有其它的坐标标量场 $\psi(x)$ 发生如下改变

$$\delta\psi(x) \equiv \psi'(x) - \psi(x) = -\frac{\partial\psi(x)}{\partial x^\lambda}\varepsilon^\lambda(x)$$

但物质作用量 I_M 对于这些场的变分仍然取极值, 因此这里只需考虑标架场的变分. 将 (12.5.32) 代入 (12.5.26) 我们发现, 物质作用量在一般坐标变换下的不变性要求

$$0 = \int d^4x\sqrt{g}U^\alpha{}_\mu\left\{V_\alpha{}^\nu\frac{\partial\varepsilon^\mu}{\partial x^\nu} - \frac{\partial V_\alpha{}^\mu}{\partial x^\lambda}\varepsilon^\lambda\right\}$$

但 $\varepsilon^\lambda(x)$ 是任意的, 所以在分部积分之后我们可以令 $\varepsilon^\lambda(x)$ 的系数等于零, 由此得到

$$0 = \frac{\partial}{\partial x^\nu}(\sqrt{g}U^\alpha{}_\lambda V_\alpha{}^\nu) + \sqrt{g}U^\alpha{}_\mu\frac{\partial V_\alpha{}^\mu}{\partial x^\lambda}$$

利用 (12.5.27) 和 (12.5.8), 我们可将上式写为

[372]

$$0 = \frac{\partial}{\partial x^\nu}(\sqrt{g}T^\nu{}_\lambda) + \sqrt{g}T_{\nu\mu}V^{\alpha\nu}\frac{\partial V_\alpha{}^\mu}{\partial x^\lambda} \tag{12.5.33}$$

根据 (12.5.1), 度规张量和标架的关系为

$$g^{\mu\nu} = V_\alpha{}^\mu V^{\alpha\nu}$$

因而

$$\frac{\partial g^{\mu\nu}}{\partial x^\lambda} = V^{\alpha\nu}\frac{\partial V_\alpha{}^\mu}{\partial x^\lambda} + V^{\alpha\mu}\frac{\partial V_\alpha{}^\nu}{\partial x^\lambda}$$

因为 $T^{\mu\nu}$ 是对称的, 式 (12.5.33) 现在可以改写为

$$0 = \frac{\partial}{\partial x^\nu}(\sqrt{g}T^\nu{}_\lambda) + \frac{1}{2}\sqrt{g}T_{\mu\nu}\frac{\partial g^{\mu\nu}}{\partial x^\lambda} \tag{12.5.34}$$

但由 (3.3.1) 和 (4.7.6) 得

$$\frac{\partial g^{\mu\nu}}{\partial x^\lambda} = -g^{\rho\mu}g^{\sigma\nu}\frac{\partial g_{\rho\sigma}}{\partial x^\lambda} = -g^{\sigma\nu}\Gamma^\mu{}_{\sigma\lambda} - g^{\rho\mu}\Gamma^\nu{}_{\rho\lambda}$$

$$\frac{\partial}{\partial x^\nu}\ln\sqrt{g} = \Gamma^\lambda{}_{\nu\lambda}$$

故 (12.5.34) 和通常的守恒定律 (12.5.29) 相同.

这样一来, 能量 – 动量张量的定义 (12.5.27) 就完全令人满意了. 不过要注意, 假如物质作用量在与位置有关的 Lorentz 变换下不是不变量, 那么 $T_{\mu\nu}$ 不仅不能对称, 因而也不会守恒.

物质和引力场的总作用量仍然具有如下形式

$$I = I_M + I_G$$

式中 I_G 形如 (12.4.2). 标架的变分使度规发生的改变由 (12.5.1) 得出

$$\delta g_{\mu\nu} = V^{\alpha}{}_{\mu}\delta V_{\alpha\nu} + V^{\alpha}{}_{\nu}\delta V_{\alpha\mu}$$
$$= -[g_{\mu\lambda}V^{\alpha}{}_{\nu} + g_{\nu\lambda}V^{\alpha}{}_{\mu}]\delta V_{\alpha}{}^{\lambda}$$

所以由 (12.4.3) 得出引力场作用量的改变是

$$\delta I_G = -\frac{1}{8\pi G}\int \sqrt{g}\left[R^{\mu}{}_{\lambda} - \frac{1}{2}\delta^{\mu}{}_{\lambda}R\right]V^{\alpha}{}_{\mu}\delta V_{\alpha}{}^{\lambda}\mathrm{d}^4 x \tag{12.5.35}$$

总作用量必须对于标架的变分取极值, 故由式 (12.5.26) 和 (12.5.35) 得出场方程

$$\left(R^{\mu}{}_{\lambda} - \frac{1}{2}\delta^{\mu}{}_{\lambda}R\right)V^{\alpha}{}_{\mu} = -8\pi G U^{\alpha}{}_{\lambda}$$

将上式同 $V_{\alpha\nu}$ 缩并, 再利用 (12.5.1) 和 (12.5.27) 就得出熟悉的 Einstein 场方程 [373]

$$R_{\nu\lambda} - \frac{1}{2}g_{\nu\lambda}R = -8\pi G T_{\nu\lambda} \tag{12.5.36}$$

这些方程只能用来决定 $g_{\mu\nu}$, 而使标架只准确到差一个 Lorentz 变换 (12.5.11). 不过, 物质作用量在这类与位置有关的 Lorentz 变换下是不变的, 这就保证了联系于给定度规的所有标架均有相同的物理效应.

参考文献

[1] R. Utiyama, Phys. Rev., **101**, 1597 (1956); T. W. B. Kibble, J. Math. Phys., **2**, 212 (1961).

> "对称, 或宽或窄, 可以把它的意义确定为这样
> 一种概念, 人们世世代代试图按照这种概念来
> 了解和创造秩序、美丽和完美."
>
> 赫尔曼·外尔,《论对称》

第十三章

对称空间

　　Euclid 暗中假设了度规关系不受平移或转动的影响. 但真正的引力场一般没有这样高的对称性, 而常允许某种近似对称变换群. 在这种情况下, 我们可以利用这种信息来帮助求解 Einstein 方程, 甚至不用解也可以做些工作. 对称空间的数学理论是很精致的, 对此我将只作一非常简短的介绍, 并特别注意在宇宙学中有特殊意义的最大对称空间.

　　最初的困难在于: 在能够建立一个坐标系来定义对称性以前, 必须先知道度规, 在这种情况下, 我们如何能利用度规空间的某些对称性假设去获得有关度规的信息呢? 为了摆脱这种困境, 我们必须学会用协变语言来描述对称性的方法, 这种语言不依赖于坐标系的具体选取. 一旦我们建立了这种语言, 那么, 要决定从对称性而来的度规的某些性质, 就仅仅是数学上的处理工作了.

13.1 Killing 矢量

　　一个度规 $g_{\mu\nu}(x)$ 对于给定的坐标变换 $x \to x'$ 称为形式不变的, 只要变换后的度规 $g'_{\mu\nu}(x')$ 作为其宗量 x'^μ 的函数形式与原来的度规 $g_{\mu\nu}(x)$ 作为其宗量 x^μ 的函数形式一样, 即

$$g'_{\mu\nu}(y) = g_{\mu\nu}(y) \text{ 对一切 } y \tag{13.1.1}$$

[这不同于对一个标量的条件, $S'(x') = S(x)$]. 在任一给定点, 变换后的度
规由下式得出

$$g'_{\mu\nu}(x') = \frac{\partial x^\rho}{\partial x'^\mu}\frac{\partial x^\sigma}{\partial x'^\nu}g_{\rho\sigma}(x)$$

它等价于

$$g_{\mu\nu}(x) = \frac{\partial x'^\rho}{\partial x^\mu}\frac{\partial x'^\sigma}{\partial x^\nu}g'_{\rho\sigma}(x')$$

当 (13.1.1) 成立时, 用 $g_{\rho\sigma}(x')$ 代替 $g'_{\rho\sigma}(x')$, 便得到度规形式不变的基本要求

$$g_{\mu\nu}(x) = \frac{\partial x'^\rho}{\partial x^\mu}\frac{\partial x'^\sigma}{\partial x^\nu}g_{\rho\sigma}(x') \tag{13.1.2}$$

任一变换 $x \to x'$ 如满足 (13.1.2), 便称为等度规变换.

一般说来, 条件 (13.1.2) 对函数 $x'^\mu(x)$ 是一个很复杂的限制. 如果化到特殊情形, 考虑无限小坐标变换:

$$x'^\mu = x^\mu + \varepsilon\xi^\mu(x) \ \ \text{其中} \ |\varepsilon| \ll 1 \tag{13.1.3}$$

这个条件可以大为简化. 准确到 ε 的一阶项, 由式 (13.1.2) 得出

$$0 = \frac{\partial\xi^\mu(x)}{\partial x^\rho}g_{\mu\sigma}(x) + \frac{\partial\xi^\nu(x)}{\partial x^\sigma}g_{\rho\nu}(x) + \xi^\mu(x)\frac{\partial g_{\rho\sigma}(x)}{\partial x^\mu} \tag{13.1.4}$$

上式可用协变分量 $\xi_\sigma \equiv g_{\mu\sigma}\xi^\mu$ 的导数改写为:

$$0 = \frac{\partial\xi_\sigma}{\partial x^\rho} + \frac{\partial\xi_\rho}{\partial x^\sigma} + \xi^\mu\left[\frac{\partial g_{\rho\sigma}}{\partial x^\mu} - \frac{\partial g_{\mu\sigma}}{\partial x^\rho} - \frac{\partial g_{\rho\mu}}{\partial x^\sigma}\right]$$

$$= \frac{\partial\xi_\sigma}{\partial x^\rho} + \frac{\partial\xi_\rho}{\partial x^\sigma} - 2\xi_\mu\Gamma^\mu_{\rho\sigma}$$

或者, 更紧凑地写为

$$0 = \xi_{\sigma;\rho} + \xi_{\rho;\sigma} \tag{13.1.5}$$

任何满足方程 (13.1.5) 的四维矢量场 $\xi_\sigma(x)$, 称为度规 $g_{\mu\nu}(x)$ 的 Killing 矢量 [1]. 对给定度规决定所有无限小等度规变换的问题, 现在就化成了决定度规的所有 Killing 矢量的问题. 任一 Killing 矢量的常系数线性组合是 Killing 矢量, 所以真正决定度规的无限小等度量变换的, 是由 Killing 矢量张成的矢量场空间.

Killing条件 (13.1.5) 看来简单, 其实是很强的约束. 它使我们能从某

点 X 的 ξ_σ 与 $\xi_{\sigma;\rho}$ 的给定值来决定整个函数 $\xi_\mu(x)$. 要明白这一点, 我们只需回忆两个协变导数的对易子公式 (6.5.1)

$$\xi_{\sigma;\rho;\mu} - \xi_{\sigma;\mu;\rho} = -R^\lambda_{\sigma\rho\mu}\xi_\lambda \tag{13.1.6}$$

以及曲率张量的循环和式 (6.6.5)

$$R^\lambda_{\sigma\rho\mu} + R^\lambda_{\mu\sigma\rho} + R^\lambda_{\rho\mu\sigma} = 0 \tag{13.1.7}$$

将 (13.1.6) 加上它的两个循环置换, 我们发现任何矢量 ξ_μ 必须满足关系式

$$0 = \xi_{\sigma;\rho;\mu} - \xi_{\sigma;\mu;\rho} + \xi_{\mu;\sigma;\rho} - \xi_{\mu;\rho;\sigma} + \xi_{\rho;\mu;\sigma} - \xi_{\rho;\sigma;\mu} \tag{13.1.8}$$

对于 Killing 矢量, 由 (13.1.5) 与 (13.1.8) 得出

$$0 = \xi_{\sigma;\rho;\mu} - \xi_{\sigma;\mu;\rho} - \xi_{\mu;\rho;\sigma}$$

于是, (13.1.6) 成为

$$\xi_{\mu;\rho;\sigma} = -R^\lambda_{\sigma\rho\mu}\xi_\lambda \tag{13.1.9}$$

因此, 在给出点 X 的 ξ_λ 与 $\xi_{\lambda;\nu}$ 后, 我们可以从方程 (13.1.9) 决定 $\xi_\lambda(x)$ 在 X 点的二阶导数. 对方程 (13.1.9) 求导数, 我们可以陆续得出 ξ_λ 在 X 点的高阶导数. 因此, ξ_λ 在 X 的所有导数将可表为 $\xi_\lambda(X)$ 与 $\xi_{\lambda;\nu}(X)$ 的线性组合. 于是在 X 的某个邻域内, 函数 $\xi_\lambda(X)$ 可以表为 (如果它存在) $x^\lambda - X^\lambda$ 的 Taylor 级数. 这样一来, 任一度规 $g_{\mu\nu}(x)$ 的 Killing 矢量 $\xi_\rho{}^n(x)$ 可以表示为

$$\xi_\rho{}^n(x) = A_\rho{}^\lambda(x;X)\xi_\lambda{}^n(X) + B_\rho{}^{\lambda\nu}(x;X)\xi_{\lambda;\nu}{}^n(X) \tag{13.1.10}$$

其中 $A_\rho{}^\lambda$ 与 $B_\rho{}^{\lambda\nu}$ 当然是度规与 X 的函数, 但不是初始值 $\xi_\lambda(X)$ 与 $\xi_{\lambda;\nu}(X)$ 的函数, 因而对于一切 Killing 矢量都是相同的. 一给定度规的每个 Killing 矢量 $\xi_\rho(x)$ 由任一特定点 X 的 $\xi_\rho(X)$ 与 $\xi_{\rho;\sigma}(X)$ 值唯一决定.

　　一组 Killing 矢量 $\xi_\rho{}^n(x)$ 称为独立的, 如果它们不满足任一线性关系式

$$\sum_n c_n\xi_\rho{}^n(x) = 0 \tag{13.1.11}$$

其中 c_n 是常系数. 式 (13.1.10) 告诉我们, 在 N 维空间中至多能有 $\frac{1}{2}N(N+1)$ 个独立 Killing 矢量. 我们来考虑任意 M 个 Killing 矢量 $\xi_\rho{}^n(x)$. 对每一个 n, 有 N 个量 $\xi_\rho{}^n(X)$ 与 $\frac{1}{2}N(N-1)$ 个独立的量 $\xi^n_{\rho;\nu}(X)$ [回忆方程 (13.1.5)], 所以我们可把 $\xi_\rho{}^n(X)$ 与 $\xi^n_{\rho;\nu}(X)$ 看作这 M 个矢量在 $N(N+1)/2$

维空间中的分量. 如果 $M > N(N+1)/2$, 那么这 M 个矢量不能是线性独 [378]
立的, 所以它们必须满足关系式

$$\sum_n c_n \xi_\rho{}^n(X) = \sum_n c_n \xi_{\rho;\nu}^n(X) = 0$$

式 (13.1.10) 告诉我们, Killing 矢量 $\xi_\rho{}^n(x)$ 处处满足式 (13.1.11), 所以它们
不是独立的 Killing 矢量.

这个结果有意义只是因为我们定义独立的 Killing 矢量是不满足任
何常系数线性关系的矢量. 在 N 维空间的给定点 X, 任意大于 N 个的
Killing 矢量当然满足一个或更多的像 (13.1.11) 的线性式. 但是, 这些式
子中的系数 c_n 不一定是常数, 而上述定理说, 任一大于 $N(N+1)/2$ 个
Killing 矢量的集合必满足常系数线性关系.

一个度规空间称为均匀的, 如果对任意给定点 X, 存在无限小等度
规变换 (13.1.3) 把 X 变到它的邻域的任意其它点上. 也就是说, 该度规允
许 Killing 矢量在任意给定点上取一切可能的值. 特别是, 在 N 维空间里
我们可选一组 N 个 Killing 矢量 $\xi_\lambda^{(\mu)}(x;X)$ 使

$$\xi_\lambda^{(\mu)}(X;X) = \delta_\lambda{}^\mu$$

它们显然是独立的, 因为任何形如 $c_\mu \xi_\nu^{(\mu)}(x;X) = 0$ 的关系式在 $x = X$ 就
意味着所有 c_λ 都等于零.

一个度规空间称为是关于给定点 X 各向同性的, 如果存在无限小
等度规变换 (13.1.3), 使点 X 保持固定, 使得 $\xi^\lambda(X) = 0$, 并且一阶导数
$\xi_{\lambda;\nu}(X)$ 除了遵守反对称条件 (13.1.5) 外, 可取一切可能值. 特别是, 在 N
维空间中, 我们可选一组 $N(N-1)/2$ 个 Killing 矢量 $\xi_\lambda^{(\mu\nu)}(x;X)$, 且

$$\xi_\lambda^{(\mu\nu)}(x;X) \equiv -\xi_\lambda^{(\nu\mu)}(x;X)$$

$$\xi_\lambda^{(\mu\nu)}(X;X) \equiv 0$$

$$\xi_{\lambda;\rho}^{(\mu\nu)}(X;X) \equiv \left[\frac{\partial}{\partial x^\rho}\xi_\lambda^{(\mu\nu)}(x;X)\right]_{x=X} \equiv \delta_\lambda{}^\mu \delta_\rho{}^\nu - \delta_\rho{}^\mu \delta_\lambda{}^\nu$$

它们是独立的, 因为任何形如 $c_{\mu\nu}\xi_\lambda^{(\mu\nu)}(x;X) = 0$ 且 $c_{\mu\nu} = -c_{\nu\mu}$ 的关系式
在 X 点必能推得 $c_{\lambda\rho} - c_{\rho\lambda} = 2c_{\lambda\rho} = 0$

我们也将讨论每点各向同性的空间. 在这种空间里, 存在 Killing 矢量
$\xi_\lambda^{(\mu\nu)}(x;X)$ 与 $\xi_\lambda^{(\mu\nu)}(x;X+\mathrm{d}X)$, 它们分别在点 X 与 $X+\mathrm{d}X$ 满足上面的初
始条件. 这些矢量的任何线性组合也是 Killing 矢量, 所以 $\partial \xi_\lambda^{(\mu\nu)}(x;X)/\partial x^\rho$
也将是度规的 Killing 矢量. 为了算出这个 Killing 矢量在 $x = X$ 点的值.
我们只需想到 $\xi_\lambda^{(\mu\nu)}(X;X)$ 为零, 因而

$$0 = \frac{\partial}{\partial X^\rho} \xi_\lambda^{(\mu\nu)}(X; X) = \left[\frac{\partial \xi_\lambda^{(\mu\nu)}(x; X)}{\partial x^\rho} \right]_{x=X} + \left[\frac{\partial \xi_\lambda^{(\mu\nu)}(x; X)}{\partial X^\rho} \right]_{x=X}$$

[379]　　由此得到

$$\left[\frac{\partial}{\partial X^\rho} \xi_\lambda^{(\mu\nu)}(x; X) \right]_{x=X} = -\delta_\lambda{}^\mu \delta_\rho{}^\nu + \delta_\rho{}^\mu \delta_\lambda{}^\nu$$

现在显然可以作出一个 Killing 矢量 $\xi_\lambda(x)$, 它在 $x = X$ 点上取任意值 a_λ; 只需取

$$\xi_\lambda(x) = \frac{a_\nu}{N-1} \frac{\partial}{\partial X^\rho} \xi_\lambda^{(\rho\nu)}(x; X)$$

因此, 任何点点各向同性的空间必是均匀的.

　　一个度规称为是最大对称的, 如果它允许最大数 $N(N+1)/2$ 个 Killing 矢量. 特别是, 一个空间既是均匀, 又是关于给定点 X 为各向同性的, 就要求有 $N(N+1)/2$ 个 Killing 矢量 $\xi_\lambda^{(\mu)}(x; X)$ 及 $\xi_\lambda^{(\mu\nu)}(x; X)$. 这些 Killing 矢量显然是独立的, 因为, 如果它们满足一个线性关系

$$0 = c_\mu \xi_\lambda^{(\mu)}(x; X) + c_{\mu\nu} \xi_\lambda^{(\mu\nu)}(x; X)$$

$$c_{\mu\nu} = -c_{\nu\mu}$$

那么对 x^ρ 求导数, 令 $x = X$, 得 $c_{\lambda\rho} = 0$; 再令 $x = X$, 又得 $c_\lambda = 0$. 于是, 一个均匀且于某点各向同性的空间, 必是最大对称的. 当然也有, 点点各向同性的空间必是最大对称的.

　　我们也能证明它的逆定理, 即最大对称空间必定是均匀且点点各向同性的. 如果存在 $N(N+1)/2$ 个独立 Killing 矢量 $\xi_\lambda{}^n(x)$, 那么我们可以把 $\xi_\rho{}^n(x), \xi_{\lambda;\nu}{}^n(x)$ 排成一个方阵, 用 n 标 $N(N+1)/2$ 行, 用 N 个 ρ 及 $N(N-1)/2$ 个 λ 与 $\nu(\lambda > \nu)$ 标 $N(N+1)/2$ 列. 而且, 这个方阵的行列式一定不等于零. 因为, 任何关系式

$$\sum_n c_n \xi_\rho{}^n(X) = \sum_n c_n \xi_{\lambda;\nu}{}^n(X) = 0$$

及 (13.1.10) 可导致 $\sum_n c_n \xi_\rho{}^n(x) = 0$, 这与我们假设这些Killing 矢量是独立的相矛盾. 于是, 对任何 "行矢量" (其 "分量" 为 a_μ 与 $b_{\mu\nu} = -b_{\nu\mu}$), 方程组

$$\sum_n d_n \xi_\mu{}^n(X) = a_\mu$$

$$\sum_n d_n \xi_{\mu;\nu}{}^n(X) = b_{\mu\nu}$$

必定有解. 令

$$\xi_\mu(x) = \sum_n d_n \xi_\mu{}^n(x)$$

我们就找到一个 Killing 矢量 $\xi_\mu(x)$, 它的 $\xi_\mu(X)$ 取值 a_μ, $\xi_{\mu;\nu}(X)$ 取值 $b_{\mu\nu}$. 但 a_μ 是任意的, 所以空间是均匀的; 除满足 $b_{\mu\nu} = -b_{\nu\mu}$ 外, $b_{\mu\nu}$ 也是任意的, 因此空间对 X 点是各向同性的. [380]

作为最大对称空间的例子, 我们考虑一个曲率张量为零的 N 维平直空间. 在这种情况下, 可以选取 Descartes 坐标使度规为常系数且仿射联络为零. 在这个坐标系中, 方程 (13.1.9) 变为

$$\frac{\partial^2 \xi_\mu}{\partial x^\rho \partial x^\sigma} = 0$$

其解为

$$\xi_\mu(x) = a_\mu + b_{\mu\nu} x^\nu$$

式中 a_μ 与 $b_{\mu\nu}$ 为常数. 它满足 Killing 矢量条件 (13.1.5), 当且仅当

$$b_{\mu\nu} = -b_{\nu\mu}$$

因此, 我们可选取如下一组共 $N(N+1)/2$ 个 Killing 矢量

$$\xi_\mu{}^{(\nu)}(x) \equiv \delta_\mu{}^\nu \qquad \xi_\mu{}^{(\nu\lambda)}(x) \equiv \delta_\mu{}^\nu x^\lambda - \delta_\mu{}^\lambda x^\nu$$

而一般的 Killing 矢量为

$$\xi_\mu(x) = a_\nu \xi_\mu{}^{(\nu)}(x) + b_{\nu\lambda} \xi_\mu{}^{(\nu\lambda)}(x)$$

N 个矢量 $\xi_\mu{}^{(\nu)}(x)$ 代表平移, 而 $N(N-1)/2$ 个矢量 $\xi_\mu{}^{(\nu\lambda)}$ 代表无限小旋转 (或者对于 Minkowski 空间来说是 Lorentz 变换). 因此, 任何平直度规允许 $N(N+1)/2$ 个独立 Killing 矢量, 从而是最大对称的.

当然, 并不是所有度规都允许最大数目的 Killing 矢量. 对给定的一组初始值 $\xi_\lambda(X), \xi_{\lambda;\rho}(X)$, (13.1.9) 是否可解, 取决于这个方程是否可积, 这事又取决于度规. 以后我们要用的可积条件, 来自张量的协变导数对易子的一般公式

$$\xi_{\rho;\mu;\sigma;\nu} - \xi_{\rho;\mu;\nu;\sigma} = -R^\lambda{}_{\rho\sigma\nu}\xi_{\lambda;\mu} - R^\lambda{}_{\mu\sigma\nu}\xi_{\rho;\lambda}$$

方程 (13.1.9) 满足这个条件当且仅当

$$R^\lambda{}_{\sigma\rho\mu}\xi_{\lambda;\nu} - R^\lambda{}_{\nu\rho\mu}\xi_{\lambda;\sigma} + (R^\lambda{}_{\sigma\rho\mu;\nu} - R^\lambda{}_{\nu\rho\mu;\sigma})\xi_\lambda$$

$$= -R^\lambda_{\rho\sigma\nu}\xi_{\lambda;\mu} - R^\lambda_{\mu\sigma\nu}\xi_{\rho;\lambda}$$

或者, 利用 (13.1.5) 得

$$[-R^\lambda_{\rho\sigma\nu}\delta^\kappa_\mu + R^\lambda_{\mu\sigma\nu}\delta^\kappa_\rho - R^\lambda_{\sigma\rho\mu}\delta^\kappa_\nu + R^\lambda_{\nu\rho\mu}\delta^\kappa_\sigma]\xi_{\lambda;\kappa}$$
$$= [R^\lambda_{\sigma\rho\mu;\nu} - R^\lambda_{\nu\rho\mu;\sigma}]\xi_\lambda \tag{13.1.12}$$

[381] 对于平直空间来说, 这些条件当然是空置的, 但是, 一般说来, 它们对任何给定点的 ξ_λ 与 $\xi_{\lambda;\kappa}$ 加上了一些线性关系的约束. 换言之, 如果知道了未知度规所允许的 Killing 矢量的一些性质, 我们就可用 (13.1.12) 知道曲率张量的一些性质. 这样, 在以后几节里, 我们就能从等度规变换导出最大对称度规的形式.

应该强调, 确定数目的独立 Killing 矢量的存在与具体选取的坐标系无关. 如果 $\xi^\mu(x)$ 是度规 $g_{\mu\nu}(x)$ 的 Killing 矢量, 那么经坐标变换 $x^\mu \to x'^\mu$ 后, 我们得到度规

$$g'_{\mu\nu}(x') = \frac{\partial x^\rho}{\partial x'^\mu}\frac{\partial x^\sigma}{\partial x'^\nu}g_{\rho\sigma}(x)$$

又因 (13.1.5) 是广义协变的, 新度规显然有 Killing 矢量

$$\xi'^\mu(x') = \frac{\partial x'^\mu}{\partial x^\nu}\xi^\nu(x)$$

如果 M 个 Killing 矢量 $\xi_\mu{}^n(x)$ 是独立的, 则 M 个 Killing 矢量 $\xi_\mu{}^{n'}(x')$ 也是独立的; 因为由 $\xi^{n'}$ 之间的线性关系就能推出 ξ^n 之间的线性关系. 可见, 给定空间的最大对称性是内在性质, 而与我们如何选取坐标系无关. 特别是曲率张量为零的空间必是最大对称的; 然而其逆定理不正确. 我们也容易看到, 空间的均匀性与各向同性亦与坐标系选取无关. 单就这些简单的对称性而言, 我们已经完成了本章前言中提出的任务 —— 用广义协变的语言来描述度规的对称性.

13.2 最大对称空间: 唯一性

我们现在来证明, 最大对称空间由 "曲率常数" K 与度规的正特征值与负特征值的个数所唯一确定. 就是说, 给出两个最大对称度规, 它们的 K 与正、负特征值的个数都相同, 那么总能找到一个坐标变换, 把一个度规变到另一个. 借助这个定理, 我们就能在下一节中对最大对称空间进行详细的研究, 只要在一个方便的坐标系中构建这种度规就行了.

我们在上一节中已证明, 在最大对称空间的任一给定点 x, 我们可以找到 Killing 矢量, 使得 $\xi_\lambda(x)$ 为零. $\xi_{\lambda;\kappa}(x)$ 是一任意反对称矩阵. 由此得

出, 式 (13.1.12) 中 $\xi_{\lambda;\kappa}(x)$ 的系数必有等于零的反对称部分, 即

$$-R^\lambda_{\rho\sigma\nu}\delta^\kappa_\mu + R^\lambda_{\mu\sigma\nu}\delta^\kappa_\rho - R^\lambda_{\sigma\rho\mu}\delta^\kappa_\nu + R^\lambda_{\nu\rho\mu}\delta^\kappa_\sigma$$
$$= -R^k_{\rho\sigma\nu}\delta^\lambda_\mu + R^\kappa_{\mu\sigma\nu}\delta^\lambda_\rho - R^\kappa_{\sigma\rho\mu}\delta^\lambda_\nu + R^\kappa_{\nu\rho\mu}\delta^\lambda_\sigma \tag{13.2.1}$$

[382]

我们也证明了, 在最大对称空间任一给定点 x, 存在 Killing 矢量 ξ_λ, 而 $\xi_\lambda(x)$ 可取我们指定的任意值. 所以 (13.1.12) 及 (13.2.1) 要求

$$R^\lambda_{\sigma\rho\mu;\nu} = R^\lambda_{\nu\rho\mu;\sigma} \tag{13.2.2}$$

我们实际上只需要用 (13.2.1), 因为在上节中已经证明了, 一个点点各向同性因而满足 (13.2.1) 的空间必是均匀的, 即必满足 (13.2.2).

我们证明的第一个步骤是用 (13.2.1) 去导出一个有关曲率张量的公式. 缩并 κ 与 μ 得出

$$-NR^\lambda_{\rho\sigma\nu} + R^\lambda_{\rho\sigma\nu} - R^\lambda_{\sigma\rho\nu} + R^\lambda_{\nu\rho\sigma} = -R^\lambda_{\rho\sigma\nu} + R_{\sigma\rho}\delta^\lambda_\nu - R_{\nu\rho}\delta^\lambda_\sigma$$

(记住 $R^\kappa_{\kappa\sigma\nu}$ 为零, $-R^\kappa_{\sigma\rho\kappa}$ 是 Ricci 张量 $R_{\sigma\rho}$, 在 N 维情形 $\delta^\kappa_\kappa = N$.) 利用循环和公式 (6.65) 及 $R^\lambda_{\sigma\rho\nu}$ 的反对称性, 我们知道

$$(N-1)R_{\lambda\rho\sigma\nu} = R_{\nu\rho}g_{\lambda\sigma} - R_{\sigma\rho}g_{\lambda\nu} \tag{13.2.3}$$

但它也必须对于 λ 与 ρ 反对称, 所以

$$R_{\nu\rho}g_{\lambda\sigma} - R_{\sigma\rho}g_{\lambda\nu} = -R_{\nu\lambda}g_{\rho\sigma} + R_{\sigma\lambda}g_{\rho\nu}$$

再缩并 λ 与 ν, 得到

$$R_{\sigma\rho} - NR_{\sigma\rho} = -R^\lambda_{\ \lambda}g_{\sigma\rho} + R_{\rho\sigma}$$

于是 Ricci 张量取如下形式

$$R_{\rho\sigma} = \frac{1}{N}g_{\sigma\rho}R^\lambda_{\ \lambda} \tag{13.2.4}$$

代入 (13.2.3), 得出曲率张量公式

$$R_{\lambda\rho\sigma\nu} = \frac{R^\lambda_{\ \lambda}}{N(N-1)}\{g_{\nu\rho}g_{\lambda\sigma} - g_{\sigma\rho}g_{\lambda\nu}\} \tag{13.2.5}$$

这个公式满足 (13.2.1), 所以从那个条件中我们不可能得到什么新的东西了.

在点点各向同性的空间中, 式 (13.2.4) 与 (13.2.5) 处处成立, 我们可以用 Bianchi 恒等式去说明曲率标量 $R^\lambda{}_\lambda$ 对位置的依赖关系. 将 (13.2.4) 代入 (6.8.4) 得

$$0 = \left[R^\sigma{}_\rho - \frac{1}{2}\delta^\sigma{}_\rho R^\lambda{}_\lambda\right]_{;\sigma} = \left(\frac{1}{N} - \frac{1}{2}\right)(R^\lambda{}_\lambda)_{;\sigma}$$

[383]　　或

$$0 = \left(\frac{1}{N} - \frac{1}{2}\right)\frac{\partial}{\partial x^\sigma}R^\lambda{}_\lambda \tag{13.2.6}$$

因此在 (13.2.4) 处处成立的三维或大于三维的空间中, $R^\lambda{}_\lambda$ 必为常数. 引入曲率常数 K

$$R^\lambda{}_\lambda \equiv -N(N-1)K \tag{13.2.7}$$

来代替 $R^\lambda{}_\lambda$ 更方便些. 将上式代入 (13.2.4) 便得出这儿的 Ricci 张量和 Riemann-Christoffel 张量

$$R_{\sigma\rho} = -(N-1)Kg_{\sigma\rho} \tag{13.2.8}$$

$$R_{\lambda\rho\sigma\nu} = K\{g_{\sigma\rho}g_{\lambda\nu} - g_{\nu\rho}g_{\lambda\sigma}\} \tag{13.2.9}$$

在微分几何中, 具有这些性质的空间称为*常曲率空间*.

在 6.7 节中, 我们已经证明二维空间的曲率总有 (13.2.5) 的形式, 所以在这种情况下不能由 (13.2.6) 得出 $R^\lambda{}_\lambda$ 为常数的结论, 就不足为奇了. 但是我们可以用 (13.2.2) 证明, 对 $N = 2$, 最大对称空间, (13.2.9) 中的量 K 也是常数.

现在我们假设给定了两个度规 $g_{\mu\nu}(x)$ 及 $g'_{\mu\nu}(x')$, 它们都有相同个数的正、负特征值且都满足最大对称空间的条件 (13.2.9), 即

$$R_{\lambda\rho\sigma\nu} = K(g_{\sigma\rho}g_{\lambda\nu} - g_{\nu\rho}g_{\lambda\sigma}) \tag{13.2.10}$$

$$R'_{\lambda\rho\sigma\nu} = K(g'_{\sigma\rho}g'_{\lambda\nu} - g'_{\nu\rho}g'_{\lambda\sigma}) \tag{13.2.11}$$

式中曲率常数 K 是相同的. 我们将证明 $g_{\mu\nu}(x)$ 与 $g'_{\mu\nu}(x')$ 必是等价的. 其意义是存在坐标变换 $x \to x'$ 把 $g_{\mu\nu}(x)$ 变为 $g'_{\mu\nu}(x')$, 即

$$g'_{\mu\nu}(x')\frac{\partial x'^\mu}{\partial x^\rho}\frac{\partial x'^\nu}{\partial x^\sigma} = g_{\rho\sigma}(x) \tag{13.2.12}$$

为证明这一点, 我们实际上将 $x'^\mu(x)$ 作成 x^μ 的幂级数. 首先注意到, $g_{\mu\nu}$ 与 $g'_{\mu\nu}$ 的正、负特征值的数目相同, 其意义是, 我们能找到一个非异矩阵 $d^\mu{}_\rho$, 使得

$$g'_{\mu\nu}(0)d^\mu{}_\rho d^\nu{}_\sigma = g_{\rho\sigma}(0) \tag{13.2.13}$$

(其论证与 6.4 节中的一样.) 利用

$$x'^{\mu} = d^{\mu}{}_{\rho} x^{\rho}$$

我们就能在准确到 x 的零阶时使 (13.2.12) 得到满足. 现在利用数学归纳 [384]
法. 假设我们用多项式

$$x'^{\mu}(x) = d^{\mu}{}_{\rho} x^{\rho} + \sum_{m=2}^{n} \frac{1}{m!} d^{\mu}{}_{\rho_1 \cdots \rho_m} x^{\rho_1} \cdots x^{\rho_m} \tag{13.2.14}$$

能使 (13.2.12) 准确到 x^{μ} 的 $n-1$ 级成立, 我们要做到再添加 x^{μ} 的 $n+1$
次项使 (13.2.12) 准确到 x 的 n 级成立. 这个条件将被满足, 当 (13.2.12) 的
导数成立到 $n-1$ 级, 即

$$\frac{\partial^2 x'^{\mu}}{\partial x^{\rho} \partial x^{\lambda}} \frac{\partial x'^{\nu}}{\partial x^{\sigma}} g'_{\mu\nu}(x') + \frac{\partial^2 x'^{\nu}}{\partial x^{\sigma} \partial x^{\lambda}} \frac{\partial x'^{\mu}}{\partial x^{\rho}} g'_{\mu\nu}(x')$$
$$+ \frac{\partial x'^{\mu}}{\partial x^{\rho}} \frac{\partial x'^{\nu}}{\partial x^{\sigma}} \frac{\partial x'^{\kappa}}{\partial x^{\lambda}} \frac{\partial g'_{\mu\nu}(x')}{\partial x'^{\kappa}} = \frac{\partial g_{\rho\sigma}(x)}{\partial x^{\lambda}}$$

成立到 x^{n-1} 级. 上式成立的充分 (实际上也是必要的) 条件是等式

$$\frac{\partial^2 x'^{\mu}}{\partial x^{\rho} \partial x^{\lambda}} \frac{\partial x'^{\nu}}{\partial x^{\sigma}} g'_{\mu\nu}(x')$$
$$= g_{\sigma\tau}(x) \Gamma^{\tau}_{\lambda\rho}(x) - \frac{\partial x'^{\mu}}{\partial x^{\rho}} \frac{\partial x'^{\nu}}{\partial x^{\sigma}} \frac{\partial x'^{\kappa}}{\partial x^{\lambda}} \Gamma'^{\eta}_{\mu\kappa}(x') g'_{\nu\eta}(x')$$

成立到 x^{n-1} 级. 这一点只需成立到 x^{μ} 的 $n-1$ 级, 所以我们可用 (13.2.12)
(已经假设它成立到 $n-1$ 级) 把上式转换成一个等价要求, 即

$$\frac{\partial^2 x'^{\mu}}{\partial x^{\rho} \partial x^{\lambda}} = \frac{\partial x'^{\mu}}{\partial x^{\kappa}} \Gamma^{\kappa}_{\lambda\rho}(x) - \frac{\partial x'^{\nu}}{\partial x^{\rho}} \frac{\partial x'^{\kappa}}{\partial x^{\lambda}} \Gamma'^{\mu}_{\nu\kappa}(x') \tag{13.2.15}$$

成立到 $n-1$ 级. 我们可用 (13.2.14) (它是准确到 x^n 级的) 去计算右边的
x^{n-1} 次项. 把结果写为

$$\left[\frac{\partial x'^{\mu}}{\partial x^{\kappa}} \Gamma^{\kappa}_{\lambda\rho}(x) - \frac{\partial x'^{\nu}}{\partial x^{\rho}} \frac{\partial x'^{\kappa}}{\partial x^{\lambda}} \Gamma'^{\mu}_{\nu\kappa}(x') \right]_{(n-1)\text{级}}$$
$$= \frac{1}{(n-1)!} c^{\mu}_{\lambda\rho\sigma_1 \cdots \sigma_{n-1}} x^{\sigma_1} \cdots x^{\sigma_{n-1}} \tag{13.2.16}$$

系数 $c^{\mu}_{\lambda\rho\cdots}$ 复杂地依赖于函数 $g_{\mu\nu}(x), g'_{\mu\nu}(x')$ 以及前面已经定下的系数
$d^{\mu}_{\rho_1 \cdots \rho_m}$. 如果在 (13.2.14) 上加一项

$$[x'^{\mu}(x)]_{(n+1)\text{级}} = \frac{1}{(n+1)!} c^{\mu}_{\lambda\rho\sigma_1 \cdots \sigma_{n-1}} x^{\lambda} x^{\rho} x^{\sigma_1} \cdots x^{\sigma_{n-1}} \tag{13.2.17}$$

[385] 只要它的系数 $c^{\mu}_{\lambda\rho\sigma_1\cdots\sigma_{n-1}}$ 对所有下标都对称, 则 (13.2.15) 就能成立到 $n-1$ 级. 这些系数对指标 λ 与 ρ 以及 σ_m 之间的交换显然是对称的. 所以需要满足的条件只是, 它们对 λ 与任意 σ_m 对称, 或等价地, (13.2.16) 对 x^{σ} 的导数对 λ 与 σ 对称, 即准确到 x^{n-2} 级有

$$
\frac{\partial}{\partial x^{\sigma}}\left(\frac{\partial x'^{\mu}}{\partial x^{\kappa}}\Gamma^{\kappa}_{\lambda\rho}(x) - \frac{\partial x'^{\nu}}{\partial x^{\rho}}\frac{\partial x'^{\kappa}}{\partial x^{\lambda}}\Gamma'^{\mu}_{\nu\kappa}(x')\right)
$$
$$
= \frac{\partial}{\partial x^{\lambda}}\left(\frac{\partial x'^{\mu}}{\partial x^{\kappa}}\Gamma^{\kappa}_{\sigma\rho}(x) - \frac{\partial x'^{\nu}}{\partial x^{\rho}}\frac{\partial x'^{\kappa}}{\partial x^{\sigma}}\Gamma'^{\mu}_{\nu\kappa}(x')\right) \tag{13.2.18}
$$

因为已假定 (13.2.12) 成立到 x^{n-1} 级. 它的导数, 即式 (13.2.15) 将成立到 x^{n-2} 级, 故我们可用 (13.2.12) 与 (13.2.15) 将 (13.2.18) 改写成它的等价要求; 即准确到 x^{n-2} 级有

$$
\frac{\partial x'^{\mu}}{\partial x^{\kappa}}R^{\kappa}_{\rho\lambda\eta}(x) = \frac{\partial x'^{\nu}}{\partial x^{\rho}}\frac{\partial x'^{\kappa}}{\partial x^{\lambda}}\frac{\partial x'^{\sigma}}{\partial x^{\eta}}R'^{\mu}_{\nu\kappa\sigma}(x') \tag{13.2.19}
$$

现在才第一次用式 (13.2.10) 与 (13.2.11), 它允许我们把 (13.2.19) 换成其等价要求, 即准确到 x^{n-2} 级有

$$
\frac{\partial x'^{\mu}}{\partial x^{\eta}}g_{\lambda\rho}(x) - \frac{\partial x'^{\mu}}{\partial x^{\lambda}}g_{\rho\eta}(x)
$$
$$
= \frac{\partial x'^{\nu}}{\partial x^{\rho}}\left(\frac{\partial x'^{\kappa}}{\partial x^{\lambda}}\frac{\partial x'^{\mu}}{\partial x^{\eta}}g'_{\nu\kappa}(x') - \frac{\partial x'^{\mu}}{\partial x^{\lambda}}\frac{\partial x'^{\sigma}}{\partial x^{\eta}}g'_{\nu\sigma}(x')\right) \tag{13.2.20}
$$

这个条件的确是满足的, 因为已假设 (13.2.12) 成立到 x^{n-1} 级. 让我们再扼要复述一遍. 由 (13.2.12) 成立到 x^{n-1} 级, 可推出 (13.2.19) 成立到 x^{n-2} 级, 又推出 (13.2.18) 成立到 x^{n-2} 级, 再推得系数 $c^{\mu}_{\lambda\rho\sigma_1\cdots\sigma_m}$ 对下标都对称, 于是知道 (13.2.17) 满足 (13.2.15). 因此将 (13.2.17) 加上 (13.2.14) 我们就能满足 (13.2.12) 到 x^n 级. 这样一来, 如果我们用一个 n 次多项式 $x'(x)$ 满足 (13.2.12) 到 x^{n-1} 级, 那么用一个 $n+1$ 次多项式 $x'(x)$ 就可以满足它到 x^n 级. 所以说, 满足 (13.2.12) 的函数 $x'(x)$ 确能构成一个幂级数, 定理得证.

[386] ## 13.3 最大对称空间: 构建

最大对称空间本质上是唯一的. 所以, 只要随意用任何方式构建具有任意曲率 K 的例子, 我们就能了解最大对称空间的一切了. 要进行这样的构建是很容易的 (见图 13.1). 考虑 $N+1$ 维平直空间, 它的度规是

$$
-\mathrm{d}\tau^2 \equiv g_{AB}\mathrm{d}x^A\mathrm{d}x^B = C_{\mu\nu}\mathrm{d}x^{\mu}\mathrm{d}x^{\nu} + K^{-1}\mathrm{d}z^2 \tag{13.3.1}
$$

式中 $C_{\mu\nu}$ 是 $N\times N$ 常数矩阵, K 是某常数. 我们能把一个 N 维非 Euclid 空间嵌入这个较大的空间中, 方法是把变量 x^{μ} 及 z 限制在球 (或伪球)

$$
KC_{\mu\nu}x^{\mu}x^{\nu} + z^2 = 1 \tag{13.3.2}
$$

的表面上.

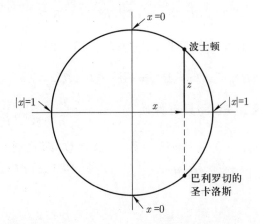

图 13.1   把球面上的点以它在赤道平面上的投影来表示. 注意具有给定坐标 x^i 的每个投影点对应于球上的两个点.

在这个球面上, $\mathrm{d}z^2$ 由下式给出

$$\mathrm{d}z^2 = \frac{K^2(C_{\mu\nu}x^\mu\mathrm{d}x^\nu)^2}{z^2} = \frac{K^2(C_{\mu\nu}x^\mu\mathrm{d}x^\nu)^2}{(1-KC_{\mu\nu}x^\mu x^\nu)}$$

因此, 由 (13.3.1) 得到

$$-\mathrm{d}\tau^2 = C_{\mu\nu}\mathrm{d}x^\mu\mathrm{d}x^\nu + \frac{K(C_{\mu\nu}x^\mu\mathrm{d}x^\nu)^2}{(1-KC_{\rho\sigma}x^\rho x^\sigma)} \tag{13.3.3}$$

于是度规为

$$g_{\mu\nu}(x) = C_{\mu\nu} + \frac{K}{(1-KC_{\rho\sigma}x^\rho x^\sigma)}C_{\mu\lambda}x^\lambda C_{\nu\kappa}x^\kappa \tag{13.3.4}$$

平直空间就是这儿 $K=0$ 的特例.

这种构建明显地说明了 (13.3.4) 允许有 $N(N+1)/2$ 个参数的等度规变换群. 因为 $(N+1)$ 维线元 (13.3.1) 与嵌入条件 (13.3.2) 在 $(N+1)$ 维空间里的刚性 "转动" 下显然是不变的. 这些变换是

$$x^\mu \to x'^\mu = R^\mu{}_\nu x^\nu + R^\mu{}_z z \tag{13.3.5}$$

$$z \to z' = R^z{}_\mu z^\mu + R^z{}_z z \tag{13.3.6}$$

式中 $R^A{}_B$ 是常数, 具有性质

$$C_{\mu\nu}R^\mu{}_\rho R^\nu{}_\sigma + K^{-1}R^z{}_\rho R^z{}_\sigma = C_{\rho\sigma} \tag{13.3.7}$$

[387]

$$C_{\mu\nu}R^\mu{}_\rho R^\nu{}_z + K^{-1}R^z{}_\rho R^z{}_z = 0 \tag{13.3.8}$$

$$C_{\mu\nu}R^\mu{}_z R^\nu{}_z + K^{-1}(R^z{}_z)^2 = K^{-1} \tag{13.3.9}$$

把满足 (13.3.7)—(13.3.9) 的变换区别为两类简单的变换是方便的:

$$(A)\quad R^\mu{}_\nu = \mathscr{R}^\mu{}_\nu \quad R^\mu{}_z = R^z{}_\mu = 0 \quad R^z{}_z = 1 \tag{13.3.10}$$

式中 $\mathscr{R}^\mu{}_\nu$ 是 $N \times N$ 矩阵, 具有性质

$$C_{\mu\nu}\mathscr{R}^\mu{}_\rho \mathscr{R}^\nu{}_\sigma = C_{\rho\sigma} \tag{13.3.11}$$

它们就是绕原点的刚性 "旋转":

$$x'^\mu = \mathscr{R}^\mu{}_\nu x^\nu \tag{13.3.12}$$

$$(B)\ R^\mu{}_z = a^\mu \quad R^z{}_\mu = -KC_{\mu\nu}a^\nu \quad R^z{}_z = (1 - KC_{\rho\sigma}a^\rho a^\sigma)^{1/2} \tag{13.3.13}$$

$$R^\mu{}_\nu = \delta^\mu{}_\nu - bKC_{\nu\rho}a^\rho a^\mu \tag{13.3.14}$$

式中 a^μ 是任意的, 但 $R^z{}_z$ 必须是实数, 即

$$KC_{\rho\sigma}a^\rho a^\sigma \leqslant 1 \tag{13.3.15}$$

以及

$$b \equiv \frac{1 - (1 - KC_{\rho\sigma}a^\rho a^\sigma)^{1/2}}{KC_{\rho\sigma}a^\rho a^\sigma} \tag{13.3.16}$$

这些变换是 "拟平移",

$$x'^\mu = x^\mu + a^\mu[(1 - KC_{\rho\sigma}x^\rho x^\sigma)^{1/2} - bKC_{\rho\sigma}x^\rho a^\sigma] \tag{13.3.17}$$

特别, 这些变换把原点 $x^\mu = 0$ 变为 a^μ.

[388]　　　　把原点变为任意点 (至少在一个有限区域内) 的等度规变换 (13.3.17) 的存在, 说明了这个空间是均匀的; 任一点在几何上相似于其它任一点. (我们的坐标系包含这个性质, 正如地球的极投影图包含了如下事实 —— 地球的曲率在北极与在马萨诸塞州是大致相同的.) 此外, 包含绕原点的一切刚性 "转动" 的等度规变换 (13.3.10) 的存在, 说明这个空间对原点是各向同性的. 因为度规是均匀的又是对原点各向同性的, 故它是点点各向同性的, 也是最大对称的.

令有限变换 (13.3.5) 与 (13.3.6) 趋于单位变换, 我们可以作出这个度规的 Killing 矢量. 首先考虑变换 (A), 令

$$\mathscr{R}^\mu{}_\nu = \delta^\mu{}_\nu + \varepsilon\Omega^\mu{}_\nu, \quad |\varepsilon| \ll 1$$

$$C_{\mu\sigma}\Omega^\mu{}_\rho + C_{\rho\mu}\Omega^\mu{}_\sigma = 0 \qquad (13.3.18)$$

与 (13.1.3) 比较, 对应的 Killing 矢量是

$$\xi^\mu{}_\Omega(x) = \Omega^\mu{}_\nu x^\nu \qquad (13.3.19)$$

然后, 考虑变换 (B), 令

$$a^\mu = \varepsilon\alpha^\mu, \quad |\varepsilon| \ll 1$$

与 (13.1.3) 比较, 对应的 Killing 矢量是

$$\xi^\mu{}_\alpha(x) = \alpha^\mu[1 - KC_{\mu\nu}x^\mu x^\nu]^{1/2} \qquad (13.3.20)$$

读者不难验证 (13.3.19) 与 (13.3.20) 确实满足 Killing 条件 (13.1.5). 有 $N(N-1)/2$ 个独立参数 $\Omega^\mu{}_\nu$ [即 N^2 个 $\Omega^\mu{}_\nu$ 服从 $N(N+1)/2$ 个条件 (13.3.18)] 及 N 个参数 α^μ, 故这个度规允许 $N(N+1)/2$ 个独立 Killing 矢量, 这就验证了最大对称性.

这个度规的测地线形式极为简单. 由 (13.3.4) 不难算出仿射联络为

$$\Gamma^\mu{}_{\nu\lambda} = Kx^\mu g_{\nu\lambda} \qquad (13.3.21)$$

故测地线的微分方程是

$$\frac{\mathrm{d}^2 x^\mu}{\mathrm{d}\tau^2} + Kx^\mu = 0 \qquad (13.3.22)$$

当 $K > 0$ 时, 其解为 $\sin(\tau\sqrt{K})$ 与 $\cos(\tau\sqrt{K})$ 的线性组合; 当 $K < 0$ 时, 为 $\sinh(\tau\sqrt{-K})$ 与 $\cosh(\tau\sqrt{-K})$ 的线性组合.

算出其曲率张量, 我们就能揭示这个空间的内在性质. 用式 (6.6.2) 及 (13.3.21) 可直接算出度规 (13.3.4) 的 Riemann-Christoffel 张量为 [389]

$$R_{\kappa\nu\rho\sigma} = K[C_{\kappa\sigma}C_{\nu\rho} - C_{\kappa\rho}C_{\nu\sigma}]$$
$$+ K^2[1 - KC_{\mu\lambda}x^\mu x^\lambda]^{-1}[C_{\kappa\sigma}x_\nu x_\rho - C_{\kappa\rho}x_\nu x_\sigma + C_{\nu\rho}x_\kappa x_\sigma - C_{\nu\sigma}x_\rho x_\kappa]$$

(其中 $X_\nu \equiv C_{\nu\mu}X^\mu$), 或

$$R_{\kappa\nu\rho\sigma} = K[g_{\rho\nu}g_{\kappa\sigma} - g_{\sigma\nu}g_{\kappa\rho}]$$

它与 (13.2.9) 式一致. 因此, 式 (13.3.1) 及 (13.3.2) 中的常数 K 与上一节中介绍的曲率常数是一样的.

因为 K 是不变参数, 我们不能用坐标变换把度规 (13.3.4) 变为带有不同 K 值的类似度规. 相反, (13.3.3) 式清楚地说明, 我们用线性变换

$$x^\mu = A^\mu{}_\nu x'^\nu$$

能把度规 (13.3.4) 变成相似的度规, 它带有同样的 K, 而 $C_{\mu\nu}$ 变为

$$C'_{\mu\nu} = A^{\rho}{}_{\mu} A^{\sigma}{}_{\nu} C_{\rho\sigma}$$

我们在 3.6 节中的讨论说明, 用这种方法可以把 $C_{\mu\nu}$ 变为我们希望的任何实对称矩阵, 只要不改变它的正、负特征值的个数. 此外, 矩阵 $C_{\mu\nu}$ 的正、负特征值的个数与矩阵 $g_{\mu\nu}$ 在 $x = 0$ 点的一样, 从而到处都一样, 因为所有点是等价的.

　　一个允许引入局部 Euclid 坐标系 (比方说, Minkowski 的就不是) 的 N 维度规, 所有的特征值都是正的, 故当 $K \neq 0$ 时我们可以取 $C_{\mu\nu}$ 为 $|K|^{-1}$ 倍单位矩阵. 在这种情况下, (13.3.3) 变为

$$ds^2 = K^{-1}\left[d\boldsymbol{x}^2 + \frac{(\boldsymbol{x}\cdot d\boldsymbol{x})^2}{1 - \boldsymbol{x}^2} \right] \quad \text{当 } K > 0 \qquad (13.3.23)$$

或

$$ds^2 = |K|^{-1}\left[d\boldsymbol{x}^2 - \frac{(\boldsymbol{x}\cdot d\boldsymbol{x})^2}{1 + \boldsymbol{x}^2} \right] \quad \text{当 } K < 0 \qquad (13.3.24)$$

当 $K = 0$ 时, 我们取 $C_{\mu\nu}$ 就是单位矩阵, 由 (13.3.3) 得出

$$ds^2 = d\boldsymbol{x}^2 \quad \text{当 } K = 0 \qquad (13.3.25)$$

(在此我们用醒目的 N 维矢量记号, 而且用 ds^2 代替 $-d\tau^2$, 因为眼下我们是研究几何而不是研究物理.) 让我们来考察这些空间的整体性质.

[390]　　　对于 $K > 0$, 最方便的处理是把 (13.3.23) 解释为用 (13.3.2) 嵌入平直空间 (13.3.1) 中的弯曲空间的度规, 即 (13.3.23) 描述平直空间

$$ds^2 = K^{-1}[d\boldsymbol{x}^2 + dz^2] \qquad (13.3.26)$$

中的曲面

$$\boldsymbol{x}^2 + z^2 = 1 \qquad (13.3.27)$$

显然, 这个度规简单地描述了 $(N+1)$ 维 Euclid 空间里的半径为 $K^{-1/2}$ 的球面. (为了使坐标 $\boldsymbol{x}$ 与 z 真是 Euclid 的, 应该定义 $\boldsymbol{x}' = K^{-1/2}\boldsymbol{x}$ 和 $z' = K^{-1/2}z$, 这样, (13.3.27) 就变为 $\boldsymbol{x}'^2 + z'^2 = K^{-1}$.) 确实, 在二维情况, 我们能引入角坐标 θ, φ:

$$x_1 = \sin\theta\cos\varphi \qquad x_2 = \sin\theta\sin\varphi$$

那么 (13.3.26) 就变为熟悉的球面 (半径为 $K^{-1/2}$) 线元:

$$ds^2 = K^{-1}[d\theta^2 + \sin^2\theta d\varphi^2] \qquad (13.3.28)$$

一般说来, 变量 $\boldsymbol{x}$ 的范围是

$$\boldsymbol{x}^2 \leqslant 1$$

但是, 每个 $\boldsymbol{x}$ 实际上对应两个点, 它们对应方程 (13.3.27) 的 z 的两个根. (举例说, 二维情形, $\boldsymbol{x}$ 的分量是把球面上的点投影在切平面上的坐标; 在地球的极映射中, 波士顿与阿根廷的巴里洛切出现在同一点上.) 因而, 由 (13.2.23) 刻画的 N 维空间的体积是

$$V_N = 2 \int_{\boldsymbol{x}^2 \leqslant 1} \sqrt{g} \, \mathrm{d}x_1 \cdots \mathrm{d}x_N = 2K^{-N/2} \int_{\boldsymbol{x}^2 \leqslant 1} \frac{\mathrm{d}x_1 \cdots \mathrm{d}x_N}{[1 - \boldsymbol{x}^2]^{1/2}}$$

直接计算可得

$$V_N = \frac{2\pi^{(N+1)/2}}{\Gamma((N+1)/2)} K^{-N/2} \tag{13.3.29}$$

例如, $V_1 = 2\pi K^{-1/2}$, 它就是半径为 $K^{-1/2}$ 的圆的周长, $V_2 = 4\pi K^{-1}$, 它正是半径为 $K^{-1/2}$ 的球面积. 一个三维常正曲率空间的体积是

$$V_3 = 2\pi^2 K^{-3/2}$$

我们也可用测地线方程 (13.3.22) 的解来计算这种空间的周长. 这个方程现在是

$$\frac{\mathrm{d}^2 \boldsymbol{x}}{\mathrm{d}s^2} + K\boldsymbol{x} = 0 \tag{13.3.30}$$

经过 $\boldsymbol{x} = 0$ 点的解是

$$\boldsymbol{x} = \boldsymbol{e} \sin(sK^{1/2}) \tag{13.3.31}$$

为了满足 (13.3.23), 上式中的 $\boldsymbol{e}$ 应满足

$$\boldsymbol{e}^2 = 1 \tag{13.3.32}$$

我们沿着测地线从 "北极" $\boldsymbol{x} = 0$ 出发, 当 $s = \pi K^{-1/2}/2$ 时到达 "赤道" $\boldsymbol{x} = \boldsymbol{e}$, 当 $s = \pi K^{-1/2}$ 时我们到达 "南极", 当 $s = 3\pi K^{-1/2}/2$ 时到达 "赤道" 的对点 $\boldsymbol{x} = -\boldsymbol{e}$, 当 $s = 2\pi K^{-1/2}$ 时回到出发点. 所以, 对于任意维数的常正曲率空间, 从任一点出发沿着测地线绕整个空间一周的距离是

$$L = 2\pi K^{-1/2} \tag{13.3.33}$$

这个计算清楚地说明由 (13.3.23) 刻画的空间是有限的, 但不是有界的; 当我们走到表观的奇异点 $\boldsymbol{x}^2 = 1$ 时可以继续走过去, 但对应的 z 是方程 (13.3.27) 的异号根.

[391]

对于 $K < 0$, 度规 (13.3.24) 甚至没有表观的奇异点, 没有什么东西把坐标 $\boldsymbol{x}$ 限制在任一有限范围内. 通过计算测地线可以更清楚地看出这一点. 测地线现由式 (13.3.30) 与 (13.3.24) 表为

$$\boldsymbol{x} = \boldsymbol{e}\sinh(s(-K)^{1/2}) \tag{13.3.34}$$

$$\boldsymbol{e}^2 = 1 \tag{13.3.35}$$

沿着这条测地线, 我们显然能从原点出发走到无限远. 对 $N = 2$, 这个空间正是 Gauss, Bólyai 和 Lobachevski 揭示的. [见 1.1 节, 为了让度规取 Klein 模型的 (1.1.9) 形式, 必须引进一组新坐标 x'^i, $\boldsymbol{x}' = \boldsymbol{x}(1 + \boldsymbol{x}^2)^{-1/2}$.] 从 (13.3.1) 及 (13.3.2) 可以看到, 这种几何描述着平直空间

$$\mathrm{d}s^2 = |K^{-1}|[\mathrm{d}\boldsymbol{x}^2 - \mathrm{d}z^2] \tag{13.3.36}$$

中的曲面

$$-\boldsymbol{x}^2 + z^2 = 1 \tag{13.3.37}$$

在 (13.3.36) 中的负号说明这个平直空间不是 Euclid 的. 因而可以理解, 只有当几何学家懂得弯曲曲面不一定要想象为普通 Euclid 空间的子空间, 而是由它自身的内在度量关系来刻画的空间之后, Gauss-Bólyai-Lobachevski 几何才能被发现.

[392]　　　最后, 让我们回到时空, 考虑四维最大对称度规 (特征值三正一负) 的结构. 令

$$C_{\mu\nu} = \eta_{\mu\nu} \tag{13.3.38}$$

度规为

$$-\mathrm{d}\tau^2 = \mathrm{d}\boldsymbol{x}^2 - \mathrm{d}t^2 + \frac{K(\boldsymbol{x}\cdot\mathrm{d}\boldsymbol{x} - t\mathrm{d}t)^2}{1 - K(\boldsymbol{x}^2 - t^2)} \tag{13.3.39}$$

对 $K > 0$, 我们引入新坐标

$$t = \frac{1}{\sqrt{K}}\left[\frac{Kr'^2}{2}\cosh(K^{1/2}t') + \left(1 + \frac{Kr'^2}{2}\right)\sinh(K^{1/2}t')\right]$$

$$\boldsymbol{x} = \boldsymbol{x}'\exp(K^{1/2}t') \tag{13.3.40}$$

使度规表现得空间平直, 于是 (13.3.39) 变为

$$\mathrm{d}\tau^2 = \mathrm{d}t'^2 - \exp(2K^{1/2}t')\mathrm{d}\boldsymbol{x}'^2 \tag{13.3.41}$$

我们也可以令

$$t'' = t' - \frac{1}{2K^{1/2}}\ln[1 - K\boldsymbol{x}'^2\exp(2K^{1/2}t')]$$

$$\boldsymbol{x}'' = \boldsymbol{x}' \exp(K^{1/2}t') \tag{13.3.42}$$

从而引入了度规显得与时间无关的坐标. (13.3.41) 就变为

$$d\tau^2 = (1 - K\boldsymbol{x}''^2)dt''^2 - d\boldsymbol{x}''^2 - \frac{K(\boldsymbol{x}'' \cdot d\boldsymbol{x}'')^2}{1 - K\boldsymbol{x}''^2} \tag{13.3.43}$$

这种形式的度规首先由 de Sitter[2] 探讨过; 它为我们在第十四章中处理稳恒态宇宙学提供了基础.

应当再强调一遍, 虽然引入最大对称度规 (13.3.4) 的方式是很任意的, 但它实际上代表了最一般的最大对称度规, 因为上一节的唯一性定理告诉我们, 可以用适当的坐标变换把任一最大对称度规化为形式 (13.3.4).

13.4 最大对称空间中的张量

最大对称性的假设不仅可以用在空间的度规上, 而且可以用到空间里的任意张量场上, 一个张量场 $T_{\mu\nu\cdots}$ 称为在坐标变换 $x \to x'$ 下是形式不变的, 如果 $T'_{\mu\nu\cdots}(x')$ 作为其宗量 x'^μ 的函数形式与 $T_{\mu\nu\cdots}(x)$ 作为其宗量 x^μ 的函数一样, 即

$$T'_{\mu\nu\cdots}(y) = T_{\mu\nu\cdots}(y) \quad \text{对一切} \quad y. \tag{13.4.1}$$

[393]

在任一给定点, 变换后的张量由如下一般公式给出

$$T_{\mu\nu\cdots}(x) = \frac{\partial x'^\rho}{\partial x^\mu} \frac{\partial x'^\sigma}{\partial x^\nu} \cdots T'_{\rho\sigma\cdots}(x')$$

所以, 形式不变的条件 (13.4.1) 就是

$$T_{\mu\nu\cdots}(x) = \frac{\partial x'^\rho}{\partial x^\mu} \frac{\partial x'^\sigma}{\partial x^\nu} \cdots T_{\rho\sigma\cdots}(x') \tag{13.4.2}$$

对于无限小变换

$$x'^\mu = x^\mu + \varepsilon\xi^\mu(x) \quad |\varepsilon| \ll 1$$

准确到 ε 的一阶项, 条件 (13.4.2) 变为

$$0 = \frac{\partial \xi^\rho(x)}{\partial x^\mu}T_{\rho\nu\cdots}(x) + \frac{\partial \xi^\sigma(x)}{\partial x^\nu}T_{\mu\sigma\cdots}(x) + \cdots$$
$$+ \xi^\lambda(x)\frac{\partial}{\partial x^\lambda}T_{\mu\nu\cdots}(x) \tag{13.4.3}$$

(即 $T_{\mu\nu\cdots}$ 对 ξ^λ 的 Lie 导数为零; 见 10.9 节.) 在最大对称空间里一个张量称为最大形式不变的, 如果它对所有 $N(N+1)/2$ 个独立 Killing 矢量 $\xi^\lambda(x)$ 满足 (13.4.3).

对于标量 $S(x)$, 方程 (13.4.3) 简单地写为

$$\xi^\lambda(x)\frac{\partial}{\partial x^\lambda}S(x) = 0 \tag{13.4.4}$$

如果标量是最大形式不变的, 则 $\xi^\lambda(x)$ 可在任一点上取任意值, 所以 (13.4.4) 要求 S 是常数:

$$\frac{\partial S}{\partial x^\lambda} = 0 \tag{13.4.5}$$

对于其它的最大形式不变的张量, 为方便起见, 先选 Killing 矢量 $\xi^\lambda(x)$ 在给定点 X 的值满足

$$\xi^\lambda(X) = 0$$

而且, 量

$$\xi_{\sigma;\mu}(X) = g_{\sigma\rho}(X)\left(\frac{\partial\xi^\rho(x)}{\partial x^\mu}\right)_{x=X}$$

[394]   组成任意的反对称矩阵. 于是方程 (13.4.3) 在 $x = X$ 点写为

$$0 = \xi_{\sigma;\tau}\{\delta^\tau_\mu T^\sigma{}_\nu\cdots + \delta^\tau_\nu T_\mu{}^\sigma\cdots + \cdots\}$$

因为 $\xi_{\sigma;\tau}$ 是任意反对称矩阵, 它的系数必须对 σ 与 τ 对称:

$$\delta^\tau_\mu T^\sigma{}_\nu\cdots + \delta^\tau_\nu T_\mu{}^\sigma\cdots + \cdots = \delta^\sigma_\mu T^\tau{}_\nu\cdots + \delta^\sigma_\nu T_\mu{}^\tau\cdots + \cdots \tag{13.4.6}$$

因为 X 是任意的, 上式必须处处成立.

对于最大形式不变的矢量 $A_\mu(x)$, 方程 (13.4.6) 变为

$$\delta^\tau_\mu A^\sigma = \delta^\sigma_\mu A^\tau$$

缩并 τ 与 μ, 在 N 维空间中我们得到

$$NA^\sigma = A^\sigma$$

所以, 除了平凡情形 $N = 1$ 外, 我们必有

$$A^\sigma = 0 \tag{13.4.7}$$

对于二阶最大形式不变的张量 $B_{\mu\nu}$, 方程 (13.4.6) 写为

$$\delta^\tau_\mu B^\sigma_\nu + \delta^\tau_\nu B_\mu{}^\sigma = \delta^\sigma_\mu B^\tau{}_\nu + \delta^\sigma_\nu B_\mu{}^\tau$$

缩并 τ 与 μ, 得到

$$NB^\sigma{}_\nu + B_\nu{}^\sigma = B^\sigma{}_\nu + \delta^\sigma_\nu B_\mu{}^\mu$$

或者降低 σ 指标.

$$(N-1)B_{\sigma\nu} + B_{\nu\sigma} = g_{\sigma\nu}B_\mu{}^\mu \tag{13.4.8}$$

减去 ν 与 σ 互换后的同一方程, 得到

$$(N-2)(B_{\sigma\nu} - B_{\nu\sigma}) = 0$$

故只要 $N \ne 2$, 张量 $B_{\sigma\nu}$ 必定是对称的

$$B_{\sigma\nu} = B_{\nu\sigma} \tag{13.4.9}$$

(在二维情况下, $B_{\sigma\nu}$ 可有一个正比于 $g^{-1/2}\varepsilon_{\sigma\nu}$ 的反对称部分; 见 4.4 节.)
把 (13.4.9) 代入 (13.4.8) 中, 对 $N \geqslant 3$ (以及 $N = 2$ 时 $B_{\sigma\nu}$ 的对称部分), 得

$$B_{\sigma\nu} = fg_{\sigma\nu} \tag{13.4.10}$$

式中

$$f \equiv \frac{1}{N}B_\mu{}^\mu$$

为了定出 f 与坐标的关系, 我们把 (13.4.10) 代回到形式不变的条件 (13.4.3): [395]

$$0 = \frac{\partial \xi^\rho}{\partial x^\mu}fg_{\rho\nu} + \frac{\partial \xi^\sigma}{\partial x^\nu}fg_{\mu\sigma} + \xi^\lambda \frac{\partial}{\partial x^\lambda}(fg_{\mu\nu})$$

但是 $g_{\mu\varphi}$ 满足 Killing 条件 (13.1.4), 故上式成为

$$0 = g_{\mu\nu}\xi^\lambda \frac{\partial f}{\partial x^\lambda}$$

在最大对称空间里, 我们可以选 ξ^λ 在任意给定点上取任意值, 因此

$$\frac{\partial f}{\mathrm{d}x^\lambda} = 0 \tag{13.4.11}$$

这样一来, 二阶最大形式不变的张量必定等于度规张量乘一个常数.

13.5 具有最大对称子空间的空间

在许多有重大物理意义的情形中, 整个空间 (或时空) 不是最大对称
的, 但它可分解为许多最大对称子空间. 例如, 一个球对称三维空间可以
分解为一族中心在原点的球面, 其中的每一个均由形如 (13.3.28) 的度规
来刻画. 在第十四章里将讨论这样的时空, 其度规在时间为常数的每一
"平面" 上是球对称而且均匀的.

我们将看到, 最大对称子空间族的存在给整个空间的度规以很强的
约束. 为了叙述与证明这个结果, 让我们先取一适当坐标系. 如果整个空

间是 N 维, 它的最大对称子空间是 M 维, 则我们可以用 $(N-M)$ 个坐标记号 v^a 来区分这些子空间, 而用 M 个坐标 u^i 标记每个子空间中的点. 表 13.1 举出了一些例子.

表 13.1　具有最大对称子空间的空间的例子

例子	v 坐标	u 坐标
球对称空间	r	θ, φ
球对称时空	r, t	θ, φ
球对称均匀时空	t	r, θ, φ

[396]　　　我们说, v^a 为常数的子空间是最大对称的, 如果整个空间的度规对无限小变换群

$$u^i \to u'^i = u^i + \varepsilon \xi^i(u, v) \tag{13.5.1}$$

$$v^a \to v'^a = v^a \tag{13.5.2}$$

(式中 ξ^i 为 $M(M+1)/2$ 个独立 Killing 矢量) 是不变的. 这些变换是一般形式 (13.1.3) 中 v^a 不变的特殊情形, 故

$$\xi^a(u, v) = 0 \tag{13.5.3}$$

注意, 这些变换虽然只作用在 u 坐标上, 但是没有理由要求变换规则不依赖于参量 v^a (v^a 标记受到变换的特定子空间). 还有, 我们的命题中说存在 $M(M+1)/2$ 个 "独立" Killing 矢量, 必须理解为存在 $M(M+1)/2$ 个 Killing 矢量, 它们不服从系数与 u 无关的任何线性关系式.

　　　决定这类空间结构的一般性结果包含在以下定理中: 总可以这样选择 u 坐标, 使整个空间的度规取如下形式

$$-\mathrm{d}\tau^2 \equiv g_{\mu\nu}\mathrm{d}x^\mu \mathrm{d}x^\nu = g_{ab}(v)\mathrm{d}v^a \mathrm{d}v^b + f(v)\widetilde{g}_{ij}(u)\mathrm{d}u^i \mathrm{d}u^j \tag{13.5.4}$$

式中 $g_{ab}(v)$ 与 $f(v)$ 仅是 v 坐标的函数, 而 $\widetilde{g}_{ij}(u)$ 仅是 u 坐标的函数, 它本身是 M 维最大对称空间的度规. (求和约定要求 $a, b \cdots$ 遍历 $N-M$ 个 v 坐标, $i, j, k, l, \cdots$ 遍历 M 个 u 坐标.)

　　　作为证明的开始, 我们先定下 (13.5.1) 是整个度规 $g_{\mu\nu}(x)$ 的等度规变换的条件. 这里用原来的形式 (13.1.4) 而不用简洁的协变形式 (13.1.5) 来表达这个条件更为方便些. 在 (13.1.4) 中的指标 $\mu, \nu, \rho \cdots$ 现在遍历 $N-M$ 个坐标 v^a 及 M 个坐标 u^i. 故 (13.1.4) 现在分为三个方程组:

　　　对 $\rho = i, \sigma = j$, 我们有

$$0 = \frac{\partial \xi^k(u, v)}{\partial u^i}g_{kj}(u, v) + \frac{\partial \xi^k(u, v)}{\partial u^j}g_{ki}(u, v)$$

$$+\xi^k(u,v)\frac{\partial g_{ij}(u,v)}{\partial u^k} \tag{13.5.5}$$

对 $\rho=i,\sigma=a$, 我们有

$$0=\frac{\partial\xi^k(u,v)}{\partial u^i}g_{ka}(u,v)+\frac{\partial\xi^k(u,v)}{\partial v^a}g_{ik}(u,v)$$

$$+\xi^k(u,v)\frac{\partial g_{ia}(u,v)}{\partial u^k} \tag{13.5.6}$$

对 $\rho=a,\sigma=b$, 我们有

$$0=\frac{\partial\xi^k(u,v)}{\partial v^a}g_{kb}(u,v)+\frac{\partial\xi^k(u,v)}{\partial v^b}g_{ka}(u,v)$$

$$+\xi^k(u,v)\frac{\partial g_{ab}(u,v)}{\partial u^k} \tag{13.5.7}$$

第一个方程组只告诉我们, 对于每一组固定的 v^a, $g_{ij}(u,v)$ 必是一个 M 维空间的度规, 其坐标是 u^i, 而且允许有 Killing 矢量 ξ^i. 我们这里假设存在 $M(M+1)/2$ 个独立 Killing 矢量, 故这就意味着对每一组固定的 v^a, 子度规 $g_{ij}(u,v)$ 本身是一个最大对称度规. 根据 13.1 节的论证还可得出, 在任一给定点 u_0, 我们能找到 Killing 矢量 $\xi^k(u,v)$, 使得 $\xi^k(u_0,v)$ 和 $\xi_{k;l}(u_0,v)$ 除满足要求 $\xi_{k;l}=-\xi_{l;k}$ 外取任意值. 因此, 度规 $g_{ij}(u,v)$ 对每个 v 来说既是 u 均匀的又是点点各向同性的.

　　另外两组方程包括了有关其它元素 g_{ai} 与 g_{ab} 的信息, 也说明了 Killing 矢量的 v 依赖性. (这种 v 依赖性不是完全任意的. 比方说, 我们重新定义 u 坐标, 总能使得度规 $g_{ij}(u,v)$ 有与 v 无关的 Killing 矢量 $\bar{\xi}^i(u)$. 这是对的, 但是整个空间的 Killing 矢量 $\xi^i(u,v)$ 一般是 $\bar{\xi}^i(u)$ 的线性组合, 而线性组合的系数可能与 v 坐标有关.) 为了把包含在 (13.5.6) 与 (13.5.7) 中的不同信息解开, 最好是选择最大对称子空间的一组新的坐标 $u'^i(u,v)$ 使得 g'_{ja} 为零. 暂且假设我们能找到一组函数 $U^k(v;u_0)$, 它满足微分方程

$$g_{ik}(U,v)\frac{\partial U^k}{\partial v^a}=-g_{ia}(U,v) \tag{13.5.8}$$

及如下初始条件: 在某点 $v_0{}^a$ 有

$$U^k(v_0;u_0)\equiv u_0{}^k \tag{13.5.9}$$

于是新坐标 u'^i 及 v'^a 定义为

$$u^i=U^i(v';u') \tag{13.5.10}$$

$$v^a=v'^a \tag{13.5.11}$$

[397]

在这个坐标系中, 度规是

$$g'_{ja}(u', v') = \frac{\partial u^l}{\partial u'^j} \frac{\partial u^k}{\partial v'^a} g_{lk}(u, v) + \frac{\partial u^l}{\partial u'^j} g_{la}(u, v)$$

$$= \frac{\partial U^l(v'; u')}{\partial u'^j} \left\{ \frac{\partial U^k(v'; u')}{\partial v'^a} g_{lk}(U, v') + g_{la}(U, v') \right\}$$

因此由 (13.5.8) 便得到

$$g'_{ia} = 0 \tag{13.5.12}$$

[398] 这样一来, 只要我们能找到微分方程 (13.5.8) 带任意初始条件 (13.5.9) 的
解, 就可以构造 u' 坐标使得 $g'_{ia} = 0$.

我们可以把 (13.5.8) 改写为它的等价形式

$$\frac{\partial U^k}{\partial v^a} = -F^k{}_a(U, v) \tag{13.5.13}$$

式中

$$F^k{}_a(U, v) \equiv \bar{g}^{ki}(U, v) g_{ia}(U, v) \tag{13.5.14}$$

而 $\bar{g}^{ij}$ 是 g_{ij} 的逆矩阵, 即

$$\bar{g}^{ij} g_{jk} = \delta_k{}^i \tag{13.5.15}$$

(一横提醒我们, $\bar{g}^{ij}$ 是 g_{ij} 的逆矩阵的 ij 元素, 它不同于 $g_{\mu\nu}$ 的逆矩阵 $g^{\mu\nu}$
中的 ij 元素 g^{ij}.) 如果 v 坐标只有一个, 如同我们在宇宙学诸章中要讨
论的那样, (13.5.13) 显然对任意初始条件都有解. 在一般情况下, 要证明
(13.5.13) 是可积的, 还得做些工作. 我们的方法与 13.2 节中的相似; 我们
试着在 v_0 的邻域里用 $v - v_0$ 的幂级数

$$U^k = \sum_{n=0}^{\infty} \frac{1}{n!} c^k_{a_1 \cdots a_n} (v - v_0)^{a_1} \cdots (v - v_0)^{a_n} \tag{13.5.16}$$

来解方程 (13.5.13). 初始条件 (13.5.9) 显然可以满足, 只要我们选 $n = 0$ 次
项的系数为

$$c^k = u_0^k$$

同时, 方程 (13.5.13) 准确到 $v - v_0$ 的零级成立, 只要我们选

$$c^k{}_a = -F^k{}_a(u_0, v_0)$$

然后按数学归纳法进行. 假设我们能选择 (13.5.16) 中的项直到 $(v - v_0)^n$
级, 而使 (13.5.13) 准确到 $(v - v_0)^{n-1}$ 级被满足. 然后我们可用这些项去计
算 $F^k{}_a(u, v)$ 的 $(v - v_0)^n$ 级项. 让我们把这一项写为

$$[F^k{}_a(U(v; u_0), v)]_{n\text{级}} = \frac{1}{n!} f^k{}_{ab_1 \cdots b_n} (v - v_0)^{b_1} \cdots (v - v_0)^{b_n}$$

如果我们把 U 中的 $n+1$ 级项选为

$$[U^k(v; u_0)]_{(n+1)\text{级}} = \frac{1}{(n+1)!} f^k_{ab_1 \cdots b_n} (v - v_0)^a (v - v_0)^{b_1} \cdots (v - v_0)^{b_n}$$

只要 f 对所有下标都是对称的, 那么 (13.5.16) 就满足 (13.5.13) 到 $(v - v_0)^n$ 级. 因为 $f^k_{ab_1 \cdots b_n}$ 显然可以选得对 b 指标对称, 故现在要求它对 a 与任意 b 也对称就够了, 或者等价地要求

$$\left[\frac{\partial}{\partial v^b} F^k_{\,a}(U(v; u_0), v) \right]_{(n-1)\text{级}}$$

应当对 a 与 b 对称. 但已假设 U 满足 (13.5.13) 到 $(v - v_0)^{n-1}$ 级, 所以如果 [399]

$$\left[-\frac{\partial F^k_{\,a}(u, v)}{\partial u^l} F^l_{\,b}(u, v) + \frac{\partial F^k_{\,a}(u, v)}{\partial v^b} \right]_{u = U(v; u_0)}$$

是对 a 与 b 对称的, 这个条件就满足. 因此我们得出结论, (13.5.13) 可积的条件是

$$\frac{\partial F^k_{\,a}(u, v)}{\partial u^l} F^l_{\,b}(u, v) - \frac{\partial F^k_{\,a}(u, v)}{\partial v^b}$$
$$= \frac{\partial F^k_{\,b}(u, v)}{\partial u^l} F^l_{\,a}(u, v) - \frac{\partial F^k_{\,b}(u, v)}{\partial v^a} \tag{13.5.17}$$

对一切 u, v 均成立.

为了证明 (13.5.17) 确实成立, 我们回到 Killing 矢量条件 (13.5.6). 乘以 $\bar{g}^{il}$, 我们有

$$\frac{\partial \xi^l}{\partial v^a} = -\bar{g}^{il} \frac{\partial \xi^m}{\partial u^i} g_{ma} - \bar{g}^{il} \xi^k \frac{\partial g_{ia}}{\partial u^k}$$

乘 (13.5.5) 以 $\bar{g}^{il} \bar{g}^{jm}$, 得

$$\bar{g}^{il} \frac{\partial \xi^m}{\partial u^i} + \bar{g}^{im} \frac{\partial \xi^l}{\partial u^j} = -\xi^k \bar{g}^{il} \bar{g}^{jm} \frac{\partial g_{ij}}{\partial u^k} = \xi^k \frac{\partial \bar{g}^{lm}}{\partial u^k}$$

所以

$$\frac{\partial \xi^l}{\partial v^a} = \bar{g}^{jm} \frac{\partial \xi^l}{\partial u^j} g_{ma} - \xi^k \frac{\partial \bar{g}^{lm}}{\partial u^k} g_{ma} - \xi^k \bar{g}^{lm} \frac{\partial g_{ma}}{\partial u^k}$$

考虑到 (13.5.14), 我们可以把上式写为

$$\frac{\partial \xi^l}{\partial v^a} = F^j_{\,a} \frac{\partial \xi^l}{\partial u^j} - \xi^k \frac{\partial F^l_{\,a}}{\partial u^k} \tag{13.5.18}$$

现在对 v^b 求微商, 得

$$\frac{\partial^2 \xi^l}{\partial v^b \partial v^a} = F^j_{\,a} \frac{\partial}{\partial u^j} \left(\frac{\partial \xi^l}{\partial v^b} \right) + \frac{\partial F^j_{\,a}}{\partial v^b} \frac{\partial \xi^l}{\partial u^j} - \frac{\partial \xi^k}{\partial v^b} \frac{\partial F^l_{\,a}}{\partial u^k} - \xi^k \frac{\partial^2 F^l_{\,a}}{\partial v^b \partial u^k}$$

[400] 或者, 在右边用 (13.5.18), 得

$$
\begin{aligned}
\frac{\partial^2 \xi^l}{\partial v^b \partial v^a} &= F^j{}_a F^i{}_b \frac{\partial^2 \xi^l}{\partial u^j \partial u^i} + F^j{}_a \frac{\partial F^i{}_b}{\partial u^j} \frac{\partial \xi^l}{\partial u^i} \\
&\quad - F^j{}_a \frac{\partial F^l{}_b}{\partial u^k} \frac{\partial \xi^k}{\partial u^j} - F^j{}_a \frac{\partial^2 F^l{}_b}{\partial u^k \partial u^j} \xi^k + \frac{\partial F^j{}_a}{\partial v^b} \frac{\partial \xi^l}{\partial u^j} \\
&\quad - F^i{}_b \frac{\partial F^l{}_a}{\partial u^k} \frac{\partial \xi^k}{\partial u^i} + \frac{\partial F^k{}_b}{\partial u^i} \frac{\partial F^l{}_a}{\partial u^k} \xi^i - \frac{\partial^2 F^l{}_a}{\partial v^b \partial u^k} \xi^k
\end{aligned}
$$

但上式一定是对 a 与 b 对称的, 故

$$
\begin{aligned}
0 &= \left\{ F^j{}_a \frac{\partial F^i{}_b}{\partial u^j} - F^j{}_b \frac{\partial F^i{}_a}{\partial u^j} + \frac{\partial F^i{}_a}{\partial v^b} - \frac{\partial F^i{}_b}{\partial v^a} \right\} \frac{\partial \xi^l}{\partial u^i} \\
&\quad + \left\{ - F^j{}_a \frac{\partial^2 F^l{}_b}{\partial u^k \partial u^j} + F^j{}_b \frac{\partial^2 F^l{}_a}{\partial u^k \partial u^j} + \frac{\partial F^i{}_b}{\partial u^k} \frac{\partial F^l{}_a}{\partial u^i} \right. \\
&\quad \left. - \frac{\partial F^i{}_a}{\partial u^k} \frac{\partial F^l{}_b}{\partial u^i} - \frac{\partial^2 F^l{}_a}{\partial v^b \partial u^k} + \frac{\partial^2 F^l{}_b}{\partial v^a \partial u^k} \right\} \xi^k
\end{aligned}
\tag{13.5.19}
$$

我们已经说过, 存在 $M(M+1)/2$ 个独立 Killing 矢量的假设允许我们在任一给定点上找到 Killing 矢量使得 ξ^k 为零及 $\xi_{k;j} = g_{kl}\partial \xi^l/\partial u^i$ 为任一反对称矩阵. 特别是, 在任一给定点我们能选 ξ^i, 使

$$
\xi^k = 0
$$
$$
\xi_{k;i} = g_{kl} \frac{\partial \xi^l}{\partial x^i} = \delta_{km}\delta_{in} - \delta_{kn}\delta_{im}
$$

因此, 乘 (13.4.19) 以 g_{kl}, 令 $k = n \neq m$, 我们得到

$$
F^j{}_a \frac{\partial F^m{}_b}{\partial u^j} - F^j{}_b \frac{\partial F^m{}_a}{\partial u^j} = \frac{\partial F^m{}_b}{\partial v^a} - \frac{\partial F^m{}_a}{\partial v^b}
$$

这就是我们希望得到的 (13.5.17). (13.5.19) 中 ξ^i 的系数也必为零, 但这里我们并不需要这个信息.

现在回到我们证明的主线上来: 既然已经证明了 (13.5.17), 我们知道了 (13.5.13) 是可积的, 故我们可以构造由 (13.5.10) 与 (13.5.11) 定义的坐标 u'^i 与 v'^a 使得度规分量 g'_{ia} 为零. 做到这点后, 把撇号取消, 即

$$
g_{ia} = 0 \tag{13.5.20}
$$

现在 Killing 矢量的条件 (13.5.6) 与 (13.5.7) 变为

$$
0 = \frac{\partial \xi^k}{\partial v^a} g_{ik} \tag{13.5.21}
$$

$$0 = \xi^k \frac{\partial g_{ab}}{\partial u^k} \tag{13.5.22}$$

因为 g_{ik} 是非异的, 从 (13.5.21) 得出

$$\frac{\partial \xi^k}{\partial v^a} = 0 \tag{13.5.23}$$

此外, 我们已经知道, 在每一点我们可以找到 Killing 矢量使得 ξ^k 取任意 [401]
值, 故 (13.5.22) 中 ξ^k 的系数必为零:

$$\frac{\partial g_{ab}}{\partial u^k} = 0 \tag{13.5.24}$$

剩下要做的事情是证明 $g_{ij}(u,v)$ 除了一个可能的因子 $f(v)$ 外是与 v
无关的. 我们利用如下事实: 对任一固定的 v_0, 存在 $g_{ij}(u,v_0)$ 的 $M(M+1)/2$ 个独立的 Killing 矢量. 根据 (13.5.23), 它们也是 $g_{ij}(u,v)$ (对任何 v)
的 Killing 矢量. 于是这些 Killing 矢量 $\xi^i(u)$ 中每一个都将在 $v = v_0$ 以及
一般的 v 满足方程 (13.5.5):

$$0 = \frac{\partial \xi^k(u)}{\partial u^i} g_{kj}(u,v_0) + \frac{\partial \xi^k(u)}{\partial u^j} g_{ki}(u,v_0) + \xi^k(u) \frac{\partial g_{ij}(u,v_0)}{\partial u^k}$$

$$0 = \frac{\partial \xi^k(u)}{\partial u^i} g_{kj}(u,v) + \frac{\partial \xi^k(u)}{\partial u^j} g_{ki}(u,v) + \xi^k(u) \frac{\partial g_{ij}(u,v)}{\partial u^k}$$

我们可以这样来解释这两组方程, 即它们说明 $g_{ij}(u,v)$ 是度规为 $g_{ij}(u,v_0)$
的最大对称空间的最大形式不变张量[在方程 (13.4.3) 的意义上看]. 于是,
根据 (13.4.10) 及 (13.4.11) 得知张量 $g_{ij}(u,v)$ 正比于度规 $g_{ij}(u,v_0)$, 而比例
系数与 u 无关:

$$g_{ij}(u,v) = f(v,v_0) g_{ij}(u,v_0)$$

v_0 值可由我们随意来定, 故可以去掉字母 v_0 将上式写为

$$g_{ij}(u,v) = f(v) \widetilde{g}_{ij}(u) \tag{13.5.25}$$

式中

$$f(v) \equiv f(v,v_0), \quad \widetilde{g}_{ij}(u) \equiv g_{ij}(u,v_0) \tag{13.5.26}$$

(13.5.20), (13.5.24) 及 (13.5.25) 合在一起告诉我们, 度规确实取 (13.5.4) 给
出的形式, 而 (13.5.26) 及 (13.5.5) (令 $v = v_0$) 告诉我们 $\widetilde{g}_{ij}(u)$ 是最大对称
度规, 于是定理得证.

这个定理也可以在看起来弱一点的假设下来证明. 这个假设是整个
空间能分解为一些点点各向同性的子空间, 也就是说在任一点 (u_0,v) 我

们能找到整个空间的 Killing 矢量, 使得 $\xi^a \equiv 0$, 在 (u_0, v) 上 ξ^i 为零且 $\xi_{i;k}$ 为任意的反对称矩阵. 特别是, 我们能找到 $M(M-1)/2$ 个 Killing 矢量 $\xi^{(lm)}(u, v; u_0)$ 具有性质

$$\xi^{a(lm)}(u, v; u_0) = 0$$
$$\xi^{i(lm)}(u, v; u_0) = -\xi^{i(ml)}(u, v; u_0)$$

[402]   而且

$$\xi^{(lm)}_{i;j}(u_0, v; u_0) \equiv g_{ik}(u_0, v)\left(\frac{\partial \xi^{k(lm)}(u, v; u_0)}{\partial u^j}\right)_{u=u_0}$$
$$= \delta^l_i \delta^m_j - \delta^m_i \delta^l_j$$

然后我们可定义

$$\xi^{\mu(l)}(u, v; u_0) \equiv \frac{\partial}{\partial u_0{}^m}\xi^{\mu(lm)}(u, v; u_0)$$

13.1 节中的论证说明它们是整个空间的 Killing 矢量, 而且

$$\xi^{a(l)}(u, v; u_0) = 0$$

以及

$$\xi^{i(l)}(u, v; u_0) = -\frac{1}{(N-1)}\widetilde{g}^{il}(u_0, v)$$

$M(M+1)/2$ 个独立 Killing 矢量 $\xi^{\mu(lm)}$ 及 $\xi^{\mu(l)}$ 的存在表明, 该空间确实具有最大对称子空间.

在有实际重要性的全部情形中, 最大对称子空间是空间, 而不是时空, 故子矩阵 g_{ij} 的所有特征值是正的. 在这种情况下, 我们可以用式 (13.3.23), (13.3.24) 或 (13.3.25) 去计算 $\widetilde{g}_{ij}\mathrm{d}u^i\mathrm{d}u^j$, 于是由 (13.5.4) 得出

$$-\mathrm{d}\tau^2 = g_{ab}(v)\mathrm{d}v^a\mathrm{d}v^b + f(v)\left\{\mathrm{d}\boldsymbol{u}^2 + \frac{k(\boldsymbol{u}\cdot\mathrm{d}\boldsymbol{u})^2}{1 - k\boldsymbol{u}^2}\right\} \tag{13.5.27}$$

式中 $f(v)$ 是正的, 以及

$$k = \begin{cases} +1 & \text{当最大对称子空间的 } K > 0 \\ -1 & \text{当最大对称子空间的 } K < 0 \\ 0 & \text{当最大对称子空间的 } K = 0 \end{cases} \tag{13.5.28}$$

[我们已经把出现在 (13.3.23) 与 (13.3.24) 中的曲率常数 $|K|^{-1}$ 吸收到函数 $f(v)$ 中去了.] 现在让我们用这些公式去处理列入表 13.1 的那些特殊情形:

(A) 球对称空间. 假设整个空间的维数是 $N = 3$, 其度规的所有特征值都是正的, 而且它有最大对称的二维正曲率子空间. 于是, v 坐标只有一个, 我们叫它 r, u 坐标有 2 个, 我们用 θ, φ 表示它们, 定义是

$$u^1 = \sin\theta\cos\varphi \qquad u^2 = \sin\theta\sin\varphi \tag{13.5.29}$$

于是当 $k = 1$ 时由式 (13.5.27) 得

[403]

$$\mathrm{d}s^2 = g(r)\mathrm{d}r^2 + f(r)\{\mathrm{d}\theta^2 + \sin^2\theta\mathrm{d}\varphi^2\} \tag{13.5.30}$$

式中 $f(r)$ 与 $g(r)$ 为 r 的正函数

(B) 球对称时空. 假设整个时空的维数是 $N = 4$, 其度规的特征值三正一负, 它有最大对称的二维子空间, 子度规有正特征值与正曲率. 于是 v 坐标有 2 个, 我们称它们为 r 与 t, u 坐标 2 个, 如同 (13.5.29) 那样可把它们换为 θ 与 φ. 则 $k = 1$ 的度规 (13.5.27) 得出

$$-\mathrm{d}\tau^2 = g_{tt}(r,t)\mathrm{d}t^2 + 2g_{rt}(r,t)\mathrm{d}r\mathrm{d}t + g_{rr}(r,t)\mathrm{d}r^2$$
$$+ f(r,t)\{\mathrm{d}\theta^2 + \sin^2\theta\mathrm{d}\varphi^2\} \tag{13.5.31}$$

式中 $f(r,t)$ 是正函数, $g_{ij}(r,t)$ 是特征值一正一负的 2×2 矩阵.

(C) 球对称均匀时空. 假设整个时空的维数是 $N = 4$, 其度规的特征值三正一负, 它有最大对称的三维子空间. 子度规的特征值是正的而曲率是任意的. 于是有一个 v 坐标和三个 u 坐标, 由 (13.5.27) 得

$$-\mathrm{d}\tau^2 = g(v)\mathrm{d}v^2 + f(v)\left\{\mathrm{d}\boldsymbol{u}^2 + \frac{k(\boldsymbol{u}\cdot\mathrm{d}\boldsymbol{u})^2}{1 - k\boldsymbol{u}^2}\right\}$$

式中 $f(v)$ 是正函数, $g(v)$ 是 v 的负函数. 我们用

$$\int (-g(v))^{1/2}\mathrm{d}v \equiv t$$
$$u^1 \equiv r\sin\theta\cos\varphi$$
$$u^2 \equiv r\sin\theta\sin\varphi$$
$$u^3 \equiv r\cos\theta$$

来定义新坐标 t, r, θ, φ 是非常方便的. 于是我们有

$$\mathrm{d}\tau^2 = \mathrm{d}t^2 - R^2(t)\left\{\frac{\mathrm{d}r^2}{1 - kr^2} + r^2\mathrm{d}\theta^2 + r^2\sin^2\theta\mathrm{d}\varphi^2\right\} \tag{13.5.32}$$

式中 $R(t) \equiv \sqrt{f(v)}$.

[404]　　　　前两个例子告诉我们, 通过空间或时空的定性描述: 它们的维数、特征值与曲率的正负号及子空间的最大对称性, 如何能抓住球对称性的本质. 度规 (13.5.30) 及 (13.5.31) 正是我们根据更为基本的理由所预期的; 的确, (13.5.31) 曾是我们在 11.7 节中的出发点.

　　　　另一方面, 我们的第三个例子导出的结果却不是可以容易预见的. 诚然, 式 (13.5.32) 曾在 11.9 节中作为密度均匀的无压球对称坍缩星体内部的度规而导出过. 在本章中我们学到的漂亮的新结果是, 这个度规只从均匀性与各向同性的假设就能导出, 而无需使用 Einstein 场方程.

专题书目

L. P. Eisenhart, *Continuous Groups of Transformations*(corrected ed Dover Publications. New York, 1961).

L. P. Eisenhart, *Riemannian Geometry* (Princeton University Press, Princeton, N. J., 1926).

S. Helgason, *Differential Geometry and Symmetric Spaces* (Academic Press, New York, 1962).

参考文献

[1] W. Killing, J. f. d. reine u. angew. Math. (Crelle). **109**, 121 (1892).

[2] W. de Sitter, Proc. Roy. Acad. Sci. (Amsterdam), **19**, 1217 (1917); **20**, 229 (1917); **20**, 1309 (1917); Mon. Not. Roy. Astron. Soc., **78**, 3 (1917).

第五篇　宇宙学

"我们琢磨, 啊, 我们揣摩, 大地以外的宇宙究竟是什么?"

威廉·施文克·吉尔伯特,《日本天皇》

第十四章

宇宙志

近代科学是从发现地球并不处在宇宙的中心开始的. 人类非中心论已融汇到科学精神里, 现在谁也不会郑重地提出, 或者地球, 或者太阳系, 或者银河系, 或者我们的本星系团在宇宙中占有特别优越的位置. 然而, 我们的直觉倒是恰好与此相反. 近代宇宙学大部分是建立在宇宙学原理的基础上, 即假设宇宙中所有的位置本质上是等价的. 当然, 宇宙的均匀性必须像气体的均匀性同样理解: 它不适用于宇宙的细节, 而只适用于对直径为 10^8 到 10^9 光年的区域平均后得到的 "抹匀的" 宇宙, 这些区域大到足以包括许多星系团. 此外, 宇宙在我们周围显得是球对称的, 因而宇宙学原理也包括了这样的假设, 即 "抹匀" 的宇宙在每一点都是各向同性的.

还留下一个问题, 即宇宙是仅仅在其历史的某个短暂阶段是球对称和均匀的, 还是在所有时间都是如此的. 在 15.11 节里要讨论一种有趣的建议, 即认为宇宙在某个致密的早期阶段曾是高度非各向同性的, 但是后来通过中微子黏滞和其它耗散效应的作用, 这种非各向同性被大大抹平了. 然而, 即使在这样的理论中, 对于可以直接为天文观测所触及的那部分历史而言, 宇宙还是高度各向同性和均匀的.

本章将完全根据宇宙学原理以及广义相对论中直接从等效原理推出的部分 (这包括第二到第六章和第十三章), 来略述并应用一种描写宇宙的数学框架. 我将首先证明, 宇宙学原理允许我们用 "半径" $R(t)$ 和可取三种数值的常数 k 来完全确定宇宙的度规[见式 (13.5.32)], 然后我们再看看怎样才能把天文观测结果解释为 $R(t)$ 和 k 的量度.

这种在 20 世纪 30 年代由 H. P. Robertson[1] 和 A. G. Walker[2] 开创的传统的运动学方法是不完备的, 它没有演绎地预言函数 $R(t)$ 的形式. 为了计算 $R(t)$, 我们需要对宇宙的物质内容作某种假设, 然后作为 Einstein 场方程的一个解推出 Robertson-Walker 度规, 就像 A. Friedmann[3] 在 1922 年首先所做的那样. 我们对于宇宙物质内容的讨论以及场方程的使用, 将推迟到关于宇宙学的下一章中论述.

为什么要在宇宙志和宇宙学之间作出这种区别呢? 理由很简单, 就是我们还不知道宇宙在其全部历史中的物质和辐射的物态方程, 即便知道了, 我们也不能肯定 Einstein 方程在宇宙学的时间和空间范围内是否确实成立? 场方程或物态方程的修改, 诸如引进 Brans-Dicke 场、宇宙学常数或大量的中微子或引力子, 将会影响函数 $R(t)$, 并使最简单的 Friedmann 解失效, 但这并不要求我们对收集在本章中的描述性框架作出任何改变.

宇宙根本就不是均匀和各向同性的可能性依然存在. 它也许是均匀但不是各向同性的, 如同在 K. Gödel[4] 模型中那样. 然而, 第十五章讨论的宇宙微波辐射显得是高度各向同性的. (如上一章所表明, 没有均匀性, 宇宙不可能在每一点都是各向同性的.) 一个更极端的见解是, 根本就没有 "抹匀的" 宇宙, 而只有星系团、二级团、三级团, 如此等等, 就如 C. V. I. Charlier[5] 于 1908 年提出的等级式模型那样, G. de Vaucouleurs[6] 提供了这种超级成团的经验论据, 但 F. Zwicky[7], G. O. Abell[8] 和 J. H. Oort[9] 等人的工作表明, 阶层中止于星系团或顶多到二级团, 没有表现出更大尺度不均匀性的迹象.

不过, 我们在这里坚持宇宙学原理的真正理由, 并不在于它肯定是正确的, 而宁可说是它允许我们使用观测天文学提供给宇宙学的极为有限的资料. 如果我们像在非各向同性或者等级式模型中那样采取其它较弱的假设, 那么度规就会包含过多的未知函数 (无论我们是否用场方程), 而为了决定度规, 这些资料就太不充分了. 另一方面, 采取本章中所描述的比较限定的数学框架, 我们便有现实的机会把理论同观测进行对比. 如果这种框架同观测资料不符合, 我们就能得出结论, 或者宇宙学原理, 或者等效原理是错误的. 再没有比这更有意义的事情了.

[409]

14.1 宇宙学原理

宇宙学原理就是假设宇宙在空间上均匀而且各向同性. 在应用这个原理之前, 我们必须用精确的数学语言来陈述我们关于均匀和各向同性的直观概念.

首先, 让我们注意地球上的宇宙学者可能使用的一种特定的时空坐标系. 空间坐标 x^i 可以这样来构造: 以银河系的中心作为原点 $x^i = 0$; 以从银河系到某些典型的遥远星系的视线作为坐标轴; 以自银河系看到的遥远星系或其它适当天体的视亮度来确定距离的比例. 为了定义时间坐标, 使用演化着的宇宙本身作钟是方便的. 人们认为有几个宇宙标量场, 例如固有能量密度 ρ, 或者黑体辐射温度 T_γ (见第十五章) 是处处单调减小的, 任选其中之一, 比如说标量 S, 令任一事件的时间坐标为该事件发生的当时当地所选标量的任何确定的减函数 $t(S)$. (在 14.8 节中, 当我们考虑稳恒态宇宙时, 还得再谈如何定义时间的问题.) 这样定义的坐标 x, t 称为宇宙标准坐标系.

宇宙学原理可以表述为关于存在等效坐标系的说法. 假设我们用宇宙标准坐标系来进行天文观测. 把度规张量 $g_{\mu\nu}$, 能量 – 动量张量 $T_{\mu\nu}$ 和所有其它宇宙场定为宇宙标准坐标 x^μ 的函数. 另一组时空坐标 x'^μ 可以认为等效于宇宙标准坐标, 如果宇宙的整个历史在 x'^μ 坐标系里显得和在宇宙标准坐标系里一样. 这就要求, 每一个宇宙场 $g'_{\mu\nu}(x'), T'_{\mu\nu}(x')$ 等等作为 x'^μ 的函数必须与相应的场 $g_{\mu\nu}(x), T_{\mu\nu}(x)$ 等等作为标准坐标 x^μ 的函数相同. 也就是说, 在任何坐标点 y^μ, 必有

$$g_{\mu\nu}(y) = g'_{\mu\nu}(y) \tag{14.1.1}$$

$$T_{\mu\nu}(y) = T'_{\mu\nu}(y) \quad 等等. \tag{14.1.2}$$

用上一章的语言, 方程 (14.1.1) 表明, 坐标变换 $x \to x'$ 必为等度规变换, (14.1.2) 表明, $T_{\mu\nu}$ 等等在这个变换下必是形式不变的.

特别是, 方程 (14.1.2) 对于用来定义我们的宇宙标准时间 t 的标量 S [410] 也应当成立. 因为 S 按定义只是 t 的函数, 并且是一个标量, 令 $y = x'$, 方程 (14.1.2) 对于 S 就是

$$S(t') = S'(x') \equiv S(x) = S(t)$$

因此

$$t' = t \tag{14.1.3}$$

所有等效于宇宙标准坐标系的坐标系必须使用宇宙标准时.

空间各向同性的假设现在可陈述为如下要求, 即存在一族依赖于三个独立参量 $\theta^1, \theta^2, \theta^3$ 的坐标系 $x'^\mu(x; \theta)$, 它们都等效于宇宙标准坐标, 并且有相同的原点, 即

$$x'^i(0, t; \theta) = 0 \tag{14.1.4}$$

我们可以把这三个参量 θ^n 直观地想象为确定 x'^i 坐标轴相对于 x^i 坐标轴取向的 Euler 角, 但不一定非要这样规定; 重要的事情是有 3 个独立参量. (在表述这个假设时, 我们已暗中假定, 宇宙在其中显得各向同性的特殊 Lorentz 系恰好同我们的银河系大致重合.)

表述均匀性这个假设要麻烦一些. 显然, 均匀性并不是意味着任何天体都可以选作为与我们的宇宙标准坐标等效的坐标系的原点 (以半光速离开银河系的观察者看到的宇宙和我们所看到的毕竟不同!) 我们最多可以指望, 处在某条 "基本轨道" $x^i = X^i(t)$ 上的每一时空点 x^μ, 可以作为等效于宇宙标准系的坐标系 x'^μ 的原点. (这同在某些宇宙学陈述中使用的叫做 Weyl 原理的假定密切相关.) 银河系看来是一个相当普通的星系, 相对于它最近的一些星系大体是静止的, 因而我们能够预期基本轨道 $\boldsymbol{X}(t)$ 可以很好地由宇宙星系气中典型成员的运动来决定, 但这决不是均匀性假设的主要部分. 重要点在于: 因为 $\boldsymbol{X}(t)$ 在任何时刻 t 充满全空间, 它们由 3 个独立参量 a^i 决定, 这些参量可取 (比方说) $X^i(t)$ 在某个特定时刻 $t = T$ 的值 $a^i \equiv X^i(T)$. 这样一来, 均匀性就意味着存在一组三参量坐标系 $\overline{x}'^\mu(x; a)$, 它们等效于宇宙标准坐标 x^μ, 并且原点在轨道 $x^i = X^i(t; a)$ 上, 即

$$\overline{x}'^i(\boldsymbol{X}(t; a), t; a) = 0 \tag{14.1.5}$$

更精确地说, $\boldsymbol{X}(t; a)$ 是这样一些特别的观察者的轨道, 在他们看来, 宇宙是各向同性的.

[411]　　　总之, 我们看到, 宇宙学原理决定了两个独立的 3 参量坐标变换族 $x \to x', x \to \overline{x}'$ 的存在, 它们在方程 (14.1.1) 的意义上是等度规变换, 并按方程 (14.1.3) 保持时间坐标不变. 因而宇宙满足 13.5 节中对具有三维最大对称子空间 $t = $ 恒量的四维空间所提出的要求.

为了具体看清这一点, 我们可以令 θ^i 和 a^i 趋近于零, 来研究无穷小变换的情况. 这样一来, 就有 6 个 "Killing 矢量" $\xi^\mu_{\ j}(x)$ 和 $\overline{\xi}^\mu_{\ j}(x)$, 其定义为

$$\xi^i_{\ j}(x) \equiv \left.\frac{\partial x'^i(x; \theta)}{\partial \theta^j}\right|_{\theta=0} \qquad \xi^t_{\ j}(x) \equiv 0 \tag{14.1.6}$$

$$\overline{\xi}^i_{\ j}(x) \equiv \left.\frac{\partial \overline{x}'^i(x; a)}{\partial a^j}\right|_{a=0} \qquad \overline{\xi}^t_{\ j}(x) \equiv 0 \tag{14.1.7}$$

只需要证明这 6 个矢量是独立的就行了. 假定它们满足线性关系

$$\sum_j c^j(t)\xi^i{}_j(x) + \sum_j \bar{c}^j(t)\bar{\xi}^i{}_j(x) = 0 \tag{14.1.8}$$

在原点上, 由式 (14.1.4) 和 (14.1.5) 得

$$\xi^i{}_j(0, t) = 0 \tag{14.1.9}$$

$$\bar{\xi}^i{}_j(0, t) = -\left.\frac{\partial X^i(t, a)}{\partial a^j}\right|_{a=0} \tag{14.1.10}$$

故在 $x^i = 0$ 时, 式 (14.1.8) 变为

$$\sum_j \bar{c}^j(t)\left(\frac{\partial X^i(t, a)}{\partial a^j}\right)_{a=0} = 0$$

因为 a^i 是独立参量, 这就要求

$$\bar{c}^j(t) = 0 \tag{14.1.11}$$

回到 (14.1.8) 和 (14.1.6), 我们就有

$$\sum_j c^j(t)\left(\frac{\partial x'^i(x; \theta)}{\partial \theta^j}\right)_{\theta=0} = 0$$

因为 θ^i 也是独立参量, 这就要求

$$c^j(t) = 0 \tag{14.1.12}$$

于是存在 6 个独立的 Killing 矢量, 并且 $\xi^t = 0$, 在三维情形下, 这就是最大可能的数目了, (见 13.1 节).

总之, 宇宙学原理可用第十三章的语言表述如下: [412]

(i) 宇宙标准时为恒量的超曲面是整个时空的最大对称子空间.

(ii) 不仅度规 $g_{\mu\nu}$, 而且所有像 $T_{\mu\nu}$ 这样的宇宙学张量, 对于这些子空间的等度规变换都是形式不变的.

14.2 Robertson-Walker 度规

在上节中表述的宇宙学原理, 允许我们应用 13.5 节中对具有最大对称子空间的空间得到的结果. 我们立即看到, 一定可以选择坐标 r, θ, φ, t 使得度规取 (13.5.32) 表出的形式:

$$d\tau^2 = dt^2 - R^2(t)\left\{\frac{dr^2}{1 - kr^2} + r^2 d\theta^2 + r^2 \sin^2\theta d\varphi^2\right\} \tag{14.2.1}$$

式中 $R(t)$ 是时间的未知函数, k 是一常数, 适当选择 r 的单位, 可使它取值 $+1, 0$ 或 -1. (这种坐标不一定和上节中引进的宇宙标准坐标相同, 尽管度规 (14.2.1) 中的 t 是宇宙标准时或者它的函数.) 度规 (14.2.1) 在宇宙学中称为 Robertson-Walker 度规.

考虑 t 不变的三维空间的几何性质是有趣的, 其度规是

$$^3g_{rr} = \frac{R^2(t)}{1 - kr^2} \quad ^3g_{\theta\theta} = r^2 R^2(t) \quad ^3g_{\varphi\varphi} = r^2 \sin^2\theta R^2(t) \qquad (14.2.2)$$

当 $\mu \neq \nu$ 时 $^3g_{\mu\nu}$ 为零. 与 (13.3.23)—(13.3.25) 比较表明, 三维曲率标量是

$$^3K(t) = kR^{-2}(t) \qquad (14.2.3)$$

对于 $k = -1$ 或 $k = 0$, 空间是无限的, 而对 $k = +1$ 空间是有限的 (尽管无界), 由式 (13.3.33) 得出其固有周长是

$$^3L = 2\pi R(t) \qquad (14.2.4)$$

而由式 (13.3.29) 得出其固有体积是

$$^3V = 2\pi^2 R^3(t) \qquad (14.2.5)$$

对于 $k = +1$, 宇宙空间可以看作四维 Euclid 空间中半径为 $R(t)$ 的球面 (见 13.3 节), 因而 $R(t)$ 可以合理地称为 "宇宙半径". 对 $k = -1$ 和 $k = 0$ 不可能作这样的解释, 但 $R(t)$ 仍然决定空间的几何标度, 因而在所有的情形下, $R(t)$ 都称为宇宙标度因子.

[413]

在 13.5 节中坐标 r, θ, φ, t 是以这样的方式来构造的: 使保持四维度规 (14.2.1) 形式不变的坐标变换, 恰好是保持 (14.2.2) 形式不变的纯空间变换. 这些变换包括刚性旋转:

$$x'^i = R^i{}_j x^j \quad (i, j = 1, 2, 3) \qquad (14.2.6)$$

式中 R 为任意正交矩阵 (照例,

$$x^1 = r\sin\theta\cos\varphi, \quad x^2 = r\sin\theta\sin\varphi, \quad x^3 = r\cos\theta),$$

以及在式 (13.3.17) 中令 KC 等于 k 倍单位矩阵得到的 "拟平移":

$$\boldsymbol{x}' = \boldsymbol{x} + \boldsymbol{a}\left\{(1 - k\boldsymbol{x}^2)^{1/2} - [1 - (1 - k\boldsymbol{a}^2)^{1/2}]\left(\frac{\boldsymbol{x} \cdot \boldsymbol{a}}{\boldsymbol{a}^2}\right)\right\} \qquad (14.2.7)$$

式中 $\boldsymbol{a}$ 为任意 3 维矢量.

变换 (14.2.7) 把原点变到点 $\boldsymbol{a}$, 所以我们可以得出结论: 任何固定点都可作为同 (14.2.1) 中的坐标系等效的坐标系的原点. 换句话说, $\boldsymbol{X}(t;\boldsymbol{a}) = \boldsymbol{a}$ 正是这样一些观察者的 "基本轨道", 在他们看来, 宇宙显得和我们看到的相同. 我们已经在上节中说过, 基本轨道应该接近 "典型" 星系的路线. 由此可以推论, 在典型星系具有不变的空间坐标 r, θ, φ 的意义上, 空间坐标 r, θ, φ 构成一个共动系统. 可以把共动坐标网想象为画在气球表面上的线, 线上的点代表典型星系. 当气球膨胀或收缩时, 点子会运动, 但线也同它们一起运动, 所以每个点保持同样的坐标.

基本轨道 $\boldsymbol{x} = $ 恒量是测地线, 注意到这一点是很重要的, 因为由 (14.2.1) 可知

$$\Gamma^{\mu}_{tt} = 0 \tag{14.2.8}$$

所以, 星系具有不变的 r, θ, φ 的论断就同星系在自由下落的假定完全自洽了. 还要注意, (14.2.1) 中的时间坐标 t 不仅是上节中所说的那种可能的 "宇宙标准" 时间; 它也是静止于任何典型的自由下落星系内的钟所指示的固有时. 因此, 在与 11.8 节中引进的 "Gauss 正则" 坐标完全相同的意义上, x, t 是共动坐标.

把宇宙学原理应用于描述宇宙物质平均状态的张量, 诸如能量 – 动量张量 $T^{\mu\nu}$ 和星系流 $J_G{}^{\mu}$, 我们可以对物质在 Robertson-Walker 宇宙中的行为获得较深刻的认识. ($J_G{}^{\mu}$ 完全像电流 (5.2.13) 那样定义, 但求和是遍历星系而不是粒子, 并以因子 1 代替 e_n.) 要求所有这些张量 [在 13.4 节的讨论或式 (14.1.2) 的意义上] 对于使度规 (14.2.1) 形式不变的坐标变换 [例如 (14.2.6) 和 (14.2.7)] 是形式不变的. 这些 "等度规变换" 是纯空间的, 因而它们使 $J_G{}^t$ 和 T^{tt} 像三维空间中的标量那样变换, 使 $J_G{}^i$ 和 T^{it} 像三维矢量那样变换, 使 T^{ij} 像三维张量那样变换. 根据 13.4 节中证明的定理, 这就要求 [414]

$$J_G{}^t = n_G(t) \qquad J_G{}^i = 0 \tag{14.2.9}$$

以及

$$T_{tt} = \rho(t) \qquad T_{it} = 0 \qquad T_{ij} = {}^3 g_{ij} p(t) \tag{14.2.10}$$

这里 n_G, ρ 和 p 是可以依赖于 t 但不依赖于 r, θ 或 φ 的未知量. 这些结果可以更简洁地写成

$$J_G{}^{\mu} = n_G U^{\mu} \tag{14.2.11}$$

$$T_{\mu\nu} = (\rho + p)U_{\mu}U_{\nu} + p g_{\mu\nu} \tag{14.2.12}$$

式中 U_μ 为四维速度矢量

$$U^t \equiv 1 \tag{14.2.13}$$

$$U^i \equiv 0 \tag{14.2.14}$$

式 (14.2.14) 表明, 就像预期的那样, 宇宙里的物质在坐标系 r, θ, φ 中平均说来是静止的. 此外, 比较 (14.2.12) 与 (5.4.2) 表明, 宇宙的能量 – 动量张量必取和理想流体同样的形式.

熟悉由守恒定律导出的关于 $n_G(t), \rho(t)$ 和 $p(t)$ 的微分方程是有益的. 如果星系既不创生也不消灭, 则 $J_G{}^\mu$ 遵从守恒方程 (5.2.14):

$$0 = (J_G{}^\mu)_{;\mu} = g^{-1/2}\frac{\partial}{\partial x^\mu}(g^{1/2}J_G{}^\mu) = g^{-1/2}\frac{\partial}{\partial t}(g^{1/2}n_G) \tag{14.2.15}$$

度规 (14.2.1) 的行列式等于 $-g$, 而

$$g = R^6(t)r^4(1 - kr^2)^{-1}\sin^2\theta \tag{14.2.16}$$

因而由星系数守恒得出关系

$$n_G(t)R^3(t) = 常数 \tag{14.2.17}$$

(注意, n_G 是单位固有体积的星系数, 因而随宇宙的收缩或膨胀而增减, 而 $n_G R^3$ 是单位坐标体积的星系数, 因而在共动坐标系中保持不变.) 能量 – 动量张量 (14.2.12) 服从守恒方程 (5.4.3):

$$0 = T^{\mu\nu}{}_{;\nu}$$
$$= \frac{\partial p}{\partial x^\nu}g^{\mu\nu} + g^{-1/2}\frac{\partial}{\partial x^\nu}[g^{1/2}(\rho + p)U^\mu U^\nu] + \Gamma^\mu_{\lambda\nu}(\rho + p)U^\lambda U^\nu \tag{14.2.18}$$

[415] 利用 (14.2.8) 和 (14.2.14), 我们发现当 $\mu = r, \theta, \varphi$ 时这个方程显然是满足的, 而当 $\mu = t$ 时它变为

$$R^3(t)\frac{\mathrm{d}p(t)}{\mathrm{d}t} = \frac{\mathrm{d}}{\mathrm{d}t}\{R^3(t)[\rho(t) + p(t)]\} \tag{14.2.19}$$

例如, 若宇宙物质的压强可以忽略, 则由 (14.2.19) 可得类似于 (14.2.17) 的结果:

$$\rho(t)R^3(t) = 常数 \tag{14.2.20}$$

共动坐标系的极大方便不应使我们忽视如下事实, 即当 $R(t)$ 增加或减小时典型星系实际上在散开或靠拢. 为了阐明这一点, 我们必须考虑星系之间的距离是什么意思, 想象在我们和位于 r_1, θ_1, φ_1 的遥远星系之

间的视线上有一串典型星系紧排在一起, 假定在同一宇宙时刻 t, 每一个星系内的观测者 (比方说) 通过测量光信号的传播时间来测定到下一个星系的距离. (注意这和测量单一光信号从 $r = 0$ 到 $r = r_1$ 的时间是不同的.) 把所有这些部分距离加起来就得到固有距离:

$$d_{固有}(t) = \int_0^{r_1} \sqrt{g_{rr}} \, dr = R(t) \int_0^{r_1} \frac{dr}{\sqrt{1 - kr^2}} \tag{14.2.21}$$

显然不会有人去组织这类宇宙规模的宏伟计划, 所以固有距离对于观测宇宙学并不是很适切的. 不过, 在 14.4 节中我们将看到, 基于视亮度和角直径的较适切的距离测量结果, 在 $r_1 \ll 1$ 时全都趋于固有距离 (14.2.21). 因此, 在某种意义上可以说, 星系在 $R(t)$ 增加时散开, 在 $R(t)$ 减小时靠拢.

宇宙学向观测天文学提出了测量函数 $R(t)$ 并决定 k 是 $+1, 0$ 还是 -1 的任务. 对于宇宙学来说, 这并不是就有了一切, 但它是我们要想认识宇宙所必须解决的中心问题. 本章的其余部分将说明这一问题已经解决到了什么程度.

14.3 红移

我们关于宇宙标度因子 $R(t)$ 的最重要的信息, 是通过观测遥远光源发出的光线的频率移动而得到的. 为了计算这种频移, 我们将自己置于坐标原点 $r = 0$ (根据宇宙学原理, 这只是一种方便的约定), 并考虑以固定的 θ 和 φ 沿 $-r$ 方向向我们传来的一列电磁波. 一个给定波峰的运动方程是

$$0 = d\tau^2 = dt^2 - R^2(t) \frac{dr^2}{1 - kr^2}$$

[416]

所以, 如果这个波峰在时刻 t_1 离开一个位于 r_1, θ_1, ϕ_1 的典型星系, 那么它将在由下式决定的时刻 t_0 到达我们这里

$$\int_{t_1}^{t_0} \frac{dt}{R(t)} = f(r_1) \tag{14.3.1}$$

式中

$$f(r_1) \equiv \int_0^{r_1} \frac{dr}{\sqrt{1 - kr^2}} = \begin{cases} \sin^{-1} r_1 & k = +1 \\ r_1 & k = 0 \\ \sinh^{-1} r_1 & k = -1 \end{cases} \tag{14.3.2}$$

我们在上节中看到, 典型星系具有不变的坐标 r_1, θ_1, ϕ_1, 故 $f(r_1)$ 与时间无关. 因此, 如果下一个波峰在时刻 $t_1 + \delta t_1$ 离开 r_1, 它将在时刻 $t_0 + \delta t_0$

到达我们这里, 这个时刻由类似于 (14.3.1) 的如下关系式决定

$$\int_{t_1+\delta t_1}^{t_0+\delta t_0} \frac{\mathrm{d}t}{R(t)} = f(r_1) \tag{14.3.3}$$

从式 (14.3.3) 中减去 (14.3.1), 并注意到在一个典型的光信号周期 10^{-14} s 内 $R(t)$ 变化极微, 我们得到

$$\frac{\delta t_0}{R(t_0)} = \frac{\delta t_1}{R(t_1)}$$

于是我们观测到的频率 ν_0 同发射频率 ν_1 的关系为

$$\frac{\nu_0}{\nu_1} = \frac{\delta t_1}{\delta t_0} = \frac{R(t_1)}{R(t_0)} \tag{14.3.4}$$

这个关系通常用定义为波长相对增加的红移参量 z 来表示

$$z \equiv \frac{\lambda_0 - \lambda_1}{\lambda_1} \tag{14.3.5}$$

因为 λ_0/λ_1 等于 ν_1/ν_0, 故由 (14.3.4) 得

$$z = \frac{R(t_0)}{R(t_1)} - 1 \tag{14.3.6}$$

[417] 为了避免混淆, 应当记住, ν_1 和 λ_1 是在发射地点和时间附近观测到的光的频率和波长, 可以假定它们取同样的原子跃迁在地球上发生时测得的值, 而 ν_0 和 λ_0 是光在经历漫长旅程后到达我们这里时观测到的频率和波长. 如果 $z > 0$, 则 $\lambda_0 > \lambda_1$, 我们就说是红移, 如果 $z < 0$ 则 $\lambda_0 < \lambda_1$, 我们就说是蓝移.

如果宇宙是膨胀的, 则 $R(t_0) > R(t_1)$, 按 (14.3.6) 就得到红移, 若宇宙是收缩的, 则 $R(t_0) < R(t_1)$, 按 (14.3.6) 就得到蓝移. 这样的频率移动可利用 2.2 节里讨论过的 Döppler 效应得到自然的解释. 式 (14.2.21) 表明一个相当近的星系将以径向速度

$$v_r \simeq \dot{R}(t_0) r_1 \tag{14.3.7}$$

离开或者向着银河系运动. 当 $r_1 \to 0$ 和 $t_0 \to t_1$ 时, 由式 (14.3.6) 和 (14.3.1) 得到频移为

$$z \to \frac{\dot{R}(t_0)(t_0 - t_1)}{R(t_0)} \to r_1 \dot{R}(t_0) \to v_r \tag{14.3.8}$$

这同式 (2.2.2) 符合. 但是, 光的频率还受宇宙引力场的影响, 所以只用狭义相对论的 Döppler 效应来解释遥远光源的谱线频移既无益处, 也不严

格. [应当提请读者注意, 天文学家们的报道中往往用退行速度来表示大频移, 例如说 "红移" 为 v (km/s), 就是说 $z = v/(3 \times 10^5)$.]

大约从 1910 年到 20 世纪 20 年代中期, Vesto Melvin Slipher 用 Lowell 天文台 24 in 折射望远镜所进行的观测计划, 提供了遥远天体的谱线有系统红移的初步迹象. 在 1922 年的总结[10] 中, 他给出了 41 个旋涡星云的资料, 其中 36 个有红移量达 $z \simeq 0.006$ 的吸收线, 只有 5 个表现出蓝移, 仙女座大星云的蓝移最大, $z \simeq -0.001$. 这些频移一开始就被解释为 Döppler 效应, 但起初曾指望可以用太阳系而不是星系本身的运动来说明它们. 天空的所有区域都以红移占压倒优势的事实, 使这种解释愈来愈站不住脚, 到 1918 年, Wirtz[11] 建议, 除太阳运动外还有旋涡星云在所有方向离我们而去的普遍退行 (称为 "K 项"). 当然, 其它的解释, 例如由非常强的局域引力场引起的引力红移也是可能的. (也许 1919 年日食考察中广义相对论的胜利使这种解释特别诱人.) 然而, Wirtz 和 K. Lundmark 在 20 年代所写的一系列论文[12] 中, 指明 Slipher 的红移随旋涡星云距离的增加而变大, 因而这个事实用遥远星系的普遍退行最容易理解, 最遥远的自然是那些运动得最快的星系. 1929 年 Edwin Hubble[13] 宣布 "速度和距离之间大致成线性关系", 于是在大多数天文学家头脑中确立了红移作为宇宙学的 Döppler 效应解释, 这种解释沿用了几十年, 一直到今天.

如果不首先加深我们对宇宙学距离是如何确定的, 以及它们是如何同坐标距离 r_1 相关联的理解, 要把这个问题的讨论进行下去是不可能的. 所以, 我们将在 14.6 节中再接下去讨论红移问题. [418]

14.4 距离的测量

测定河外天体距离的实际方法 (不算红移测量) 目前只有两种. 如果我们知道了天体的光度, 就可以把它同观测到的视亮度进行比较; 或者, 如果知道了它的真直径, 就可将它同观测到的角直径进行比较. 此外, 到足够近的天体的距离可以通过它的视差 (即由地球的绕日公转引起的它在天空中视位置的移动), 或者自行 (即由该天体相对于太阳的实际运动引起的它在天球上视位置的移动) 来决定.

用这四种方法测得的 "距离", 对近于约 10^9 光年的天体说来是相同的, 但超过这个范围, 它们就彼此不同, 并且与 14.2 节中定义的 "固有距离" 也不同了. 因此, 为了用红移同视亮度或角直径之间的关系来测量 $R(t)$ 和 k, 首先必须用 r_1 和 t_0 来表示从视亮度或角直径测得的距离. 对于从视差或自行测得的距离也作同样处理, 即使十分学究味, 也是有益的.

为了计算视差和视亮度, 我们必须知道从 r_1, θ_1, ϕ_1 处的光源射来并通过 $r = 0$ 附近的光线的路径 (见图 14.1). 在光源位于原点的坐标系 x'^μ 内, 射线路径由非常简单的方程表示如下:

$$\boldsymbol{x}'(\rho) = \boldsymbol{n}\rho \tag{14.4.1}$$

这里 $\boldsymbol{n}$ 是一个固定矢量, ρ 是一个描述沿途位置的正参变量 (在光源处 $\rho = 0$), $\boldsymbol{x}'$ 是由共动坐标 $r'\theta'\phi'$ 以通常方式形成的三维矢量:

$$\boldsymbol{x}' \equiv (r' \sin \theta' \cos \phi', r' \sin \theta' \sin \phi', r' \cos \theta')$$

坐标 x'^μ 和光源处于 $\boldsymbol{x}_1$ 的其它坐标之间的变换, 可在 (14.2.7) 中令 $\boldsymbol{a} = \boldsymbol{x}_1$ 并交换 $\boldsymbol{x}$ 和 $\boldsymbol{x}'$ 而得到:

$$\boldsymbol{x} = \boldsymbol{x}' + \boldsymbol{x}_1 \left((1 - k\boldsymbol{x}'^2)^{1/2} - \{1 - (1 - k\boldsymbol{x}_1^2)^{1/2}\} \frac{(\boldsymbol{x}' \cdot \boldsymbol{x}_1)}{\boldsymbol{x}_1^2} \right) \tag{14.4.2}$$

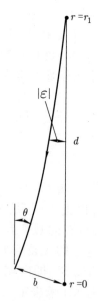

图 14.1　计算视差和视亮度中所用的量. 光线的角度和曲率是大大夸张了的.

我们再次采用矢量记号

[419]

$$\boldsymbol{x} \equiv (r \sin \theta \cos \phi, r \sin \theta \sin \phi, r \cos \theta)$$

并像 Euclid 几何一样定义标积. 不失一般性, 取 $\boldsymbol{n}$ 为单位矢量, 即 $\boldsymbol{n}^2 = 1$.

将 (14.4.1) 代入 (14.4.2) 得光线的参量方程为

$$\boldsymbol{x}(\rho) = \boldsymbol{n}\rho + \boldsymbol{x}_1 \left[(1 - k\rho^2)^{1/2} - \{1 - (1 - kr_1^2)^{1/2}\}(\boldsymbol{n} \cdot \boldsymbol{x}_1)\frac{\rho}{r_1^2} \right] \qquad (14.4.3)$$

式中 $r_1 \equiv (\boldsymbol{x}_1^2)^{1/2}$

现在我们指定坐标系 x^μ 的原点为太阳系内某一定点, 例如太阳中心或 Palomar 200 in 望远镜的中心, 并限于讨论该原点附近的光路. 在这种情况下, 单位矢量 $\boldsymbol{n}$ 应当差不多指向 $-\boldsymbol{x}_1$ 方向, 即

$$\boldsymbol{n} \simeq -\hat{\boldsymbol{x}}_1 + \boldsymbol{\varepsilon} \qquad (14.4.4)$$

式中 $\hat{\boldsymbol{x}}_1$ 是单位矢量 $\boldsymbol{x}_1/r_1$, $\boldsymbol{\varepsilon}$ 是一个垂直于 $\boldsymbol{x}_1$ 的很小的矢量 (此处和以下, $\simeq$ 意味着方程准确到 $\boldsymbol{\varepsilon}$ 的一阶项). 回忆方程 (14.4.1), 为了将来参考, 我们注明 $|\boldsymbol{\varepsilon}|$ 是在坐标系 x'^μ 中测得的光路同方向 $-\boldsymbol{x}_1$ 之间的夹角, x'^μ 在光源处是局部惯性系. 将 (14.4.4) 代入 (14.4.3), 并略去量级为 ε^2 的项, 得到光路为

$$\boldsymbol{x}(\rho) \simeq -\hat{\boldsymbol{x}}_1[\rho(1 - kr_1^2)^{1/2} - r_1(1 - k\rho^2)^{1/2}] + \boldsymbol{\varepsilon}\rho \qquad (14.4.5) \qquad [420]$$

光路在 $\rho \simeq r_1$ 处最接近原点. 碰撞参量 b 是从原点到该点的固有距离. 由 (14.2.1) 和 (14.4.5) 得

$$b \simeq R(t_0)|\boldsymbol{x}(r_1)| \simeq R(t_0)r_1|\boldsymbol{\varepsilon}| \qquad (14.4.6)$$

这里 t_0 是光线到达原点附近的时刻.

测量天文视差相当于测量光路的方向作为碰撞参量的函数. 在这种情形下, 碰撞参量就是日地距离在垂直于视线的平面上的投影. 在原点附近光路的方向由下式给出

$$\left. \frac{\mathrm{d}\boldsymbol{x}(\rho)}{\mathrm{d}\rho} \right|_{\rho=r_1} \simeq \boldsymbol{\varepsilon} - (1 - kr_1^2)^{-1/2}\hat{\boldsymbol{x}}_1$$

故视线由与上述方向相反的单位矢量决定

$$\hat{\boldsymbol{u}} \simeq -(1 - kr_1^2)^{1/2}\left. \frac{\mathrm{d}\boldsymbol{x}(\rho)}{\mathrm{d}\rho} \right|_{\rho=r_1} = \hat{\boldsymbol{x}}_1 - (1 - kr_1^2)^{1/2}\boldsymbol{\varepsilon} \qquad (14.4.7)$$

所以, 实际视线同在原点观测时的视线 $\hat{\boldsymbol{x}}_1$ 之间的夹角是

$$\theta \simeq |\hat{\boldsymbol{u}} - \hat{\boldsymbol{x}}_1| \simeq (1 - kr_1^2)^{1/2}|\boldsymbol{\varepsilon}| \simeq (1 - kr_1^2)^{1/2}\frac{b}{R(t_0)r_1} \qquad (14.4.8)$$

在 Euclid 几何中, 距离 d 处的光源的视差角为 $\theta \simeq b/d$, 因而我们可以一般地把光源的视差距离 d_P 定义为

$$d_P \equiv \frac{b}{\theta} \quad \text{当 } \theta \to 0, b \to 0 \tag{14.4.9}$$

因此, (14.4.8) 可以改写成

$$d_P = R(t_0) \frac{r_1}{(1 - kr_1^2)^{1/2}} \tag{14.4.10}$$

在 $k = +1$ 的宇宙中, $r_1 = 1$ 处的天体视差距离为无穷大, 更远的天体 ($r_1 < 1$) 视差距离减小, 这是 1900 年由 K.Schwarzschild[14] 首先注意到的.

为了计算视亮度, 我们考虑一个半径为 b 的圆形望远镜面, 中心放在原点, 法线沿着到光源的视线 $\hat{x}_1$. 正好通过镜面边缘的光线在光源处形成一个锥, 在光源的局部惯性系 x'^μ 内, 其半顶角 $|\varepsilon|$ 由式 (14.4.6) 决定. 这个锥的立体角是

[421]

$$\pi |\varepsilon|^2 = \frac{\pi b^2}{R^2(t_0) r_1^2}$$

在各向同性地发出的全部光子中, 落到镜面上的光子所占的份额为该立体角同 4π 之比, 即

$$\frac{|\varepsilon|^2}{4} = \frac{A}{4\pi R^2(t_0) r_1^2} \tag{14.4.11}$$

式中 A 是镜子的固有面积

$$A \equiv \pi b^2$$

然而, 以能量 $h\nu_1$ 发出的每个光子将红移到能量 $h\nu_1 R(t_1)/R(t_0)$, 在时间间隔 δt_1 内发射的光子将在时间间隔 $\delta t_1 R(t_0)/R(t_1)$ 内收到, 这里 t_1 照例是光离开源的时刻, t_0 是光到达镜面的时刻. 于是镜面接收到的总功率 P, 就是源发射的总功率 (即它的光度 L), 乘以 $R^2(t_1)/R^2(t_0)$, 再乘比例 (14.4.11):

$$P = L \left(\frac{R^2(t_1)}{R^2(t_0)} \right) \left(\frac{A}{4\pi R^2(t_0) r_1^2} \right)$$

视亮度 l 是镜面上每单位面积分到的功率, 所以

$$l \equiv \frac{P}{A} = \frac{L R^2(t_1)}{4\pi R^4(t_0) r_1^2} \tag{14.4.12}$$

在 Euclid 几何中, 静止于距离 d 的光源的视亮度为 $L/4\pi d^2$, 所以我们可以一般地定义光源的光度距离 d_L 为

$$d_L \equiv \left(\frac{L}{4\pi l} \right)^{1/2} \tag{14.4.13}$$

因而 (14.4.12) 可以写为

$$d_L = R^2(t_0)\frac{r_1}{R(t_1)} \tag{14.4.14}$$

(不用量子论也可以进行这种计算, 只须将能量守恒方程 $(T^{\mu\nu})_{;\nu} = 0$ 应用于光源发出的辐射就可以了[15].)

下面, 让我们来计算在 $r = 0, t = t_0$ 观测到的一个在 $r = r_1, t = t_1$ [422] 真固有直径为 D 的光源的角直径. 来自光源边缘的光线沿固定的方向 $\boldsymbol{x}/r$ 传到原点. 不失一般性, 我们可以旋转坐标系统使得光源的中心处于 $\theta = 0$, 并设来自边缘的光传到原点构成一个半顶角 $\theta = \delta/2$ 的锥 (见图 14.2). 于是由 (14.2.1) 得到源的固有直径为

$$D = R(t_1)r_1\delta \quad \text{当 } \delta \ll 1$$

所以源的角直径是

$$\delta = \frac{D}{R(t_1)r_1} \tag{14.4.15}$$

在 Euclid 几何中, 在距离 d 处直径为 D 的源的角直径是 $\delta = D/d$, 所以,

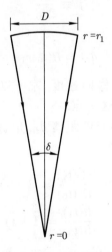

图 14.2 计算角直径和自行所用的量. 角 δ 是大大夸张了的.

我们可以一般地定义光源的角直径距离 d_A 为

$$d_A \equiv \frac{D}{\delta} \tag{14.4.16}$$

因而 (14.4.15) 可以写成

$$d_A = R(t_1)r_1 \tag{14.4.17}$$

注意 $R(t_1)$ 随 r_1 的增加而减小, 故在某些模型中, d_A 可以有极大值, 对于 [423]

处在极遥远距离的天体, 角直径随光度距离的增加而增加.

最后, 让我们来考虑由自行测定的距离. 一个以真速度 $V_\perp$ 横切视线的源, 在时间 Δt_0 内移动的固有距离是

$$\Delta D = V_\perp \Delta t_1 = V_\perp \Delta t_0 \frac{R(t_1)}{R(t_0)}$$

所以, 根据导出 (14.4.15) 的同样推理, 这个源看起来将移动一段角距离

$$\Delta \delta = \frac{\Delta D}{R(t_1) r_1} = \frac{V_\perp \Delta t_0}{R(t_0) r_1} \tag{14.4.18}$$

在 Euclid 空间中, 一个距离 d 处的源在天球上视位置的改变为 $V_\perp \Delta t_0 / d$, 故我们可以把光源的自行距离定义为

$$d_M \equiv \frac{V_\perp}{\mu} \tag{14.4.19}$$

式中 μ 为自行

$$\mu \equiv \frac{\Delta \delta}{\Delta t_0} \tag{14.4.20}$$

因而 (14.4.18) 可以写成

$$d_M = R(t_0) r_1 \tag{14.4.21}$$

当然, 只有我们预先知道了横向速度, 才可以用 (14.4.19) 来测量自行距离, 下一节中我们还要回到这一点.

一个红移为 z 的光源的光度距离 d_L, 角直径距离 d_A 和自行距离 d_M 可用如下简单公式联系起来:

$$\frac{d_A}{d_L} = \frac{R^2(t_1)}{R^2(t_0)} = (1+z)^{-2} \tag{14.4.22}$$

$$\frac{d_M}{d_L} = \frac{R(t_1)}{R(t_0)} = (1+z)^{-1} \tag{14.4.23}$$

如果精确地测定了 z, 就不用分别测量 d_A, d_M 和 d_L 了, 除非是为了检验 Robertson-Walker 度规或红移的宇宙学性质. 相反, 测量视差距离 d_P 原则上可以提供从 d_L 和 z 的测量中不能获得的信息. 当然, 目前只能测量 $z \ll 1, r_1 \ll 1$ 的非常近的天体的视差. 在这种情况下, 所有这些观测距离基本上彼此相等, 也等于固有距离 (14.2.21):

[424]

$$d_A \simeq d_L \simeq d_M \simeq d_P \simeq d_{固有}(t_0) \simeq R(t_0) r_1 \tag{14.4.24}$$

只有对那些数十亿光年远的天体, 各种距离测量之间的差别才变得显著

起来.

实际上, 光度距离、角直径距离和红移测量至少由于两个理由混在一起分不开:

(A) 像星系这样的光源具有光滑的光度分布, 没有明晰的边缘. 设 $L(D)$ 是光源在直径为 D 的圆 (与视线垂直) 内那部分的光度. 则由 (14.4.12) 和 (14.4.15) 得到角直径 δ 内的视亮度为

$$l(\delta) = \frac{L(r_1 R(t_1)\delta) R^2(t_1)}{4\pi R^4(t_0) r_1^2} \tag{14.4.25}$$

这个公式利用单位横截面积的光度

$$B(D) \equiv \frac{L'(D)}{2\pi D} \tag{14.4.26}$$

和单位立体角的视亮度 (即亮度)

$$b(\delta) \equiv \frac{l'(\delta)}{2\pi\delta} \tag{14.4.27}$$

来写更为方便. 将 (14.4.26), (14.4.27) 和 (14.3.6) 代入 (14.4.25), 我们得到

$$b(\delta) = \frac{B(r_1 R(t_1)\delta)}{4\pi(1+z)^4} \tag{14.4.28}$$

所谓等光角直径是这样一个角 δ_b, 在那里亮度 (14.4.28) 降到某一固定的阈值 b 以下:

$$\delta_b \equiv \frac{D_b}{r_1 R(t_1)} \tag{14.4.29}$$

式中 D_b 由如下隐方程确定

$$B(D_b) \equiv 4\pi b(1+z)^4 \tag{14.4.30}$$

例如, Hubble 建议, 大多数星系的 $B(D)$ 可由一个函数来很好地代表, 该函数在星系边缘附近有如下近似形式[16]

$$B(D) \simeq \frac{\alpha L}{D^2} \tag{14.4.31}$$

式中 α 是一个量级为 1 的无量纲常数. 于是由 (14.4.29)—(14.4.31) 和 (14.4.12), 得 [425]

$$D_b \simeq \left(\frac{\alpha L}{4\pi b(1+z)^4}\right)^{1/2} \tag{14.4.32}$$

并且

$$\delta_b \simeq \left(\frac{\alpha l}{b}\right)^{1/2} \tag{14.4.33}$$

在这种特殊情况下, 等光角直径的测量正好等同于视亮度的测量.

    (B) 大多数辐射探测器只能响应一个狭窄波长范围内的光子. 所以必须把上面讨论的热光度 L 或热视亮度 l 同紫外的、蓝的、照相的、目视的和红外的光度区别开, 前者计及了所有波长内发出或接收的辐射, 而后者代表着各个波段的平均功率. 如果一个源以低于 ν_1 的所有频率发出的辐射功率等于 $L(\nu_1)$, 那么按照公式 (14.4.12) 和 (14.3.4), 低于 ν_0 的所有频率的视亮度就是

$$l(\nu_0) = \frac{L[\nu_0 R(t_0)/R(t_1)]R^2(t_1)}{4\pi R^4(t_0)r_1^2} \tag{14.4.34}$$

因而联系接收和发射功率的频率分布的公式是

$$l'(\nu_0) = \frac{L'[\nu_0 R(t_0)/R(t_1)]R(t_1)}{4\pi R^3(t_0)r_1^2} \tag{14.4.35}$$

对于黑体, $L'(\nu)$ 由 Planck 公式给出

$$L'(\nu) = \frac{15L}{\pi^4\nu}\left(\frac{h\nu}{kT_1}\right)^4\left(\exp\left(\frac{h\nu}{kT_1}\right) - 1\right)^{-1} \tag{14.4.36}$$

式中 T_1 是光源温度, k 是 Boltzmann 常量, h 是 Planck 常量. 因而接收到的辐射的频率分布就是

$$l'(\nu_0) = \frac{15l}{\pi^4\nu_0}\left(\frac{h\nu_0}{kT_0}\right)^4\left(\exp\left(\frac{h\nu_0}{kT_0}\right) - 1\right)^{-1} \tag{14.4.37}$$

式中 l 是 (14.4.12) 定义的热视亮度, T_0 是红移后的温度:

$$T_0 = T_1 \frac{R(t_1)}{R(t_0)} \tag{14.4.38}$$

如果我们知道了 T_1 或 T_0, 就很容易把任何窄频带内的光度 $L'(\nu_1)\Delta\nu_1$ 或视亮度 $l(\nu_0)\Delta\nu_0$ 换为热光度或热视亮度.

[426]   有必要谈谈天文学家们为描述天文距离和光度所用的流行术语. 天文单位 (缩写为 a. u.) 是从太阳到地球的平均距离

$$1 \text{ a. u.} = 1.495\,98 \times 10^8 \text{km} \tag{14.4.39}$$

把地球轨道看作一个圆, 日地距离矢量在垂直于到任一固定星体的视线的平面上的投影, 在一年内达到的最大值 $b_{\max}$ 等于 1 a. u., 所以恒星的位置划出一个椭圆, 由式 (14.4.9) 定出其最大半径 π 为

$$\pi \text{ (以弧度为单位)} = \frac{1}{d_P} \text{ (以 a. u. 为单位)} \tag{14.4.40}$$

我们将把 π 叫做三角视差. 1 秒差距 (缩写为 pc) 定义为星体的三角视差为 $1''$ 时的距离 d_P. 1 弧度有 206 264.8 角秒, 故

$$1 \text{ pc} = 206\ 264.8\text{a.u.} = 3.0856 \times 10^{13}\text{km}$$

$$= 3.2615 \text{ 光年} \tag{14.4.41}$$

因此, (14.4.40) 一般可以表示为

$$\pi \text{ (以角秒为单位)} = \frac{1}{d_P} \text{ (以秒差距为单位)} \tag{14.4.42}$$

只有最近的恒星的三角视差才测得出来, 但由于传统的力量, 我们太阳系外的所有天文距离都习惯地用秒差距给出, 有时不管这些距离是怎么测量的, 也都全用等效视差来表示.

热视亮度 l 通常用热视星等 m_{bol} 来表示, 或简写为 m, 由于历史上的原因, 它是这样定义的

$$l = 10^{-2m/5} \times 2.52 \times 10^{-5}\text{erg/cm}^2 \cdot \text{s} \tag{14.4.43}$$

热绝对星等 M 定义为光源处于 10 pc 的距离时所具有的热视星等, 所以

$$L = 10^{-2M/5} \times 3.02 \times 10^{35}\text{erg/s} \tag{14.4.44}$$

(14.4.13) 可以写成用距离模数 $m - M$ 表达光度距离 d_L 的公式:

$$d_L = 10^{1+(m-M)/5}\text{pc} \tag{14.4.45}$$

在紫外、蓝、照相、目视和红外波段的视星等 m_U, m_B 等等与相应的视亮度之间的关系由类似于 (14.4.43) 的公式给出, 但具有不同的归一化常数, 这些常数这样选择, 使得对于 5 等和 6 等之间的 A0 型星, 所有的视星等都相同. 对应的绝对星等是这样定义的: 距离模数 $m_U - M_U, m_B - M_B$ 等等全都等于 $m - M$ (紫外、蓝和目视视星等通常记为 U, B 和 V.) 量 [427]

$$m_B - m_V = M_B - M_V$$

叫色指数, 负色指数的星比正色指数的星要蓝些. 为了比较起见, 我们给出太阳的绝对星等为

$$M(\text{热}) = +4.72 \quad M_U = 5.51 \quad M_B = 5.41 \quad M_V = 4.79$$

视星等为

$$m(\text{热}) = -26.85 \quad m_U = -26.06$$

$$m_B = -26.16 \quad m_V = -26.78$$

所以, 太阳的距离模数是 -31.57, 其色指数是 0.62.

14.5 宇宙距离阶梯

如果我们知道了一个光源的光度 L, 就可以利用 (14.4.13) 式通过测量它的视亮度 l 来决定其光度距离 d_L. 困难的问题是决定 L. 目前, 有一个决定距离的阶梯, 它由 5 个不同的梯级组成, 必须拾级而上, 才能达到有宇宙学意义的距离 (见图 14.3).

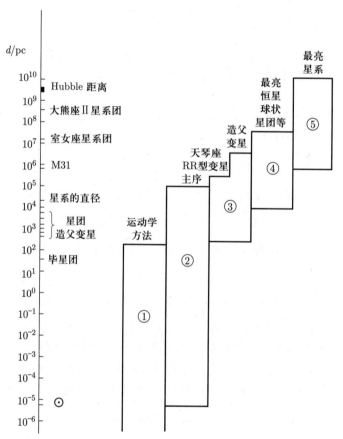

图 14.3 宇宙距离阶梯. 垂直条的位置和高度粗略地表示了每一类示距天体适用的距离范围.

运动学方法

利用无需预先知道光度 L 的方法, 可以测量某些最近恒星的距离. 太阳就是这样一颗恒星. 它的距离 (即天文单位) 是 1672 年由 Jean Richer 和 Giovanni Domenico Cassini 用可以接受的精度首次测量的. 他们通过测量从巴黎和 Cayenne (已知基线长 6 000 mile) 观察火星方向之差测定了到火星的距离, 从而也就测定了到太阳的距离. 当然, 在随后的三个世纪中, 特别是近年来利用雷达天文学的成就, 天文单位的数值精度已有了极大的提高.

有几千颗恒星离我们足够近, 它们的距离可以从其视位置随地球绕日公转所产生的移动来测定. 我们已经把一颗恒星的三角视差 π 定义为该星在天空的周年视运动画出的椭圆的最大角径; 该星的距离以秒差距为单位是 $1/\pi$, π 是以角秒来表示的. (这里使用形容词 "三角" 是因为天文学家们习惯于把恒星的距离 —— 不管是怎么测量的 —— 都用视差来表示, 所以人们可能遇到分光视差、移动星团视差等等术语.)

用这种方法测得其距离的第一颗恒星是天鹅座 61; 1838 年, Friedrich Wilhelm Bessel 测得它的三角视差约为 0.3″, 所以其距离约为 3 pc. (Thomas Henderson 在 1832 年就已经测量了半人马座 α 的三角视差, 但他的计算到 1838 年才发表.) 一般说来, 只有当 π 约大于 0.03″, 也就是说, 只有当恒星约近于 30 pc 时才可能从三角视差测定它的距离. [428]

近年来, 已经可能测定到某些邻近星团的距离, 所用的方法主要是基于我们对光速而不是对天文单位的知识. 组成这些移动星团的恒星在天球上的自行看起来会聚于一点, 这一事实意味着它们在以相等和平行的速度通过银河系运动. 恒星的视向速度 v_r 可以从其光谱的 Döppler 移动 $\Delta\nu/\nu$ (和已知的光速) 来测定, 而与视线垂直的速度分量, 可以表示为 [429] 到星团的距离乘以恒星在天球上的自行 (以单位时间若干弧度表示). [见式 (14.4.19)]因此, Döppler 移动和自行的观测给我们提供了星团的完备运动学模型, 唯一的未知量是它的距离. 给这个模型加上所有的恒星以相等和平行的速度运动这一条件, 距离就可以决定了. 研究得最好的移动星团是毕星团, 它在约 5 pc 的半径内包含了约 100 颗恒星. 用这种 "移动星团法" 已测得它的距离约为 40.8 pc.

有一些恒星既不在移动星团中, 要测量三角视差又不够近, 但有时可借助自行和视向速度的统计分析来估计其距离. 假设我们知道了一组恒星样品的相对距离, 也就是说, 知道了比例 d/d_0, 这里 d_0 是某个未知的距离尺度. [下面的例子就属于这种情况. 如果我们知道了样品中的所有恒星都具有同样的未知光度 L, 那么通过公式 $d = (L/4\pi l)^{1/2}$, 由视亮度 l 就可得出相对距离. 即使样品中不同的恒星具有不同的光度, 如果我们知道了它们光度之比, 通过测量它们的视亮度, 仍可决定其相对距离.] 横向速度同视向速度的关系是

$$v_\perp = v_r \tan\phi$$

式中 ϕ 是恒星的速度同视线之间的未知夹角. 因此式 (14.4.19) 可以写为

$$\frac{\mu}{v_r}\frac{d}{d_0} = \frac{\tan\phi}{d_0}$$

对于一大组恒星样品, 测出上式左边的量, 并对 ϕ 的分布作出某种合理的猜测, 就可以推出未知常数 d_0. 虽然这个方法可以用到超过 200 pc 的距离, 但实质上是不准确的, 如果所研究的恒星样品没有所假设的 ϕ 分布, 这个方法就糟得可以放弃.

不消说, 上面所有的测量距离的运动学方法只能用于我们银河系内的恒星, 在这个范围内, 宇宙学的效应肯定可以忽略. 因此可以认为这些方法测量的是光度距离 d_L, 或者固有距离 $d_{固}$, 或者任何其它距离. (偶尔有人建议, 用从地球到绕日人造星体的距离作基线, 借助射电干涉观测, 可以测出距离为 10^8 pc 量级的三角视差. 如果这个设想可以实现, 那么只要把三角视差定作红移的函数, 就可以解决宇宙学的问题了.

[430]　**主序测光** ($\lesssim 10^5$**pc**)

一旦我们借助上述的一种运动学方法, 知道了一颗恒星的距离, 就可以通过测量它的视亮度 l, 并利用公式 $L = 4\pi d^2 l$ 来决定其光度 L. 在 1905—1915 这十年中, Ejnar Hertzsprung 和 Henry Norris Russell 用这种方法独立地发现, 我们附近的一大部分恒星 (主序) 的光度和光谱型服从一个相当严格的关系. [光谱型实际上是表面温度的量度, 它通常用下面的字母之一来表示: O, B, A, F, G, K, M, R, N, S. O 型星非常热, S 型星相当冷. (见图 14.4)] 理论天体物理学[17] 把主序解释为几乎所有恒星热核演化的一个相当长的初始阶段.

得到了光度和光谱型之间的 Hertzsprung-Russell 关系 (以后简称 H–R 关系), 天文学家就有可能定出任何可以测量其光谱型和视亮度的主序星的距离. 这个方法应用于星团时效果最好, 因为其中所有的恒星到地球[431]　的距离大致相同, 所以画出一大组属团恒星的视亮度 – 光谱型图就可以挑出主序星. 对于非属团的主序说来, 这个方法也只对主序下部 (H–R 关系在那里最清楚) 有效.

我们银河系内已列了表的星团中, 约有 650 个是疏散星团 (如像毕星团和昴星团, 每一个包含 20 – 1 000 颗星), 约有 130 个是球状星团 (如像武仙座中的大星团 M13, 每个包含 10^5 到 10^7 颗星) (见图 14.5 和图 14.6). 在测定这些星团的距离时, 认识到 W. Baade[18] 1944 年首次指出的星族差别是很重要的 (见图 14.7). 疏散星团中的恒星, 以及类似太阳的大多数近星一般属于星族 I, 其特点是金属含量高, 年轻, 在银河系中分布于旋

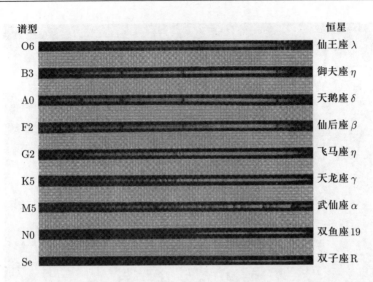

图 14.4　属于各种光谱型的恒星的光谱. (Wilson 山和 Palomar 山天文台提供.)

臂上. 球状星团中的恒星属于星族 II, 其特点是金属含量低, 年老, 遍布整个银河系. 星族 I 和星族 II 的主序之间存在着差别, 所以用从近星定标的主序来测定球状星团的距离在技术上非常复杂, 这里就不赘述了.

图 14.5　巨蟹座中的疏散星团 NGC 2682; 用 Palomar 山的 200 in 望远镜拍摄的照片. (Wilson 山和 Palomar 山天文台提供.)

[432]

图 14.6　武仙座中的球状星团 NGC 6205(M13); 用 Palomar 山的 200 in 望远镜拍摄的照片. (Wilson 山和 Palomar 山天文台提供.)

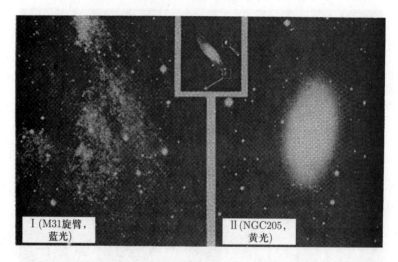

图 14.7　星族 I 和星族 II 的例子, 照片是用 Palomar 山 200 in 望远镜拍摄的. 左边是 M31 旋臂内的星族 I 恒星; 右边是 M31 的伴星系 NGC205 中的星族 II 恒星. (Wilson 山和 Palomar 山天文台提供.)

[433]　　　　因为典型的主序星不是特别明亮, 用主序测光来决定距离的方法就受到限制. 例如, Palomar 的 Hale 反射镜 (即 200 in 望远镜 —— 译者注) 难

于分辨暗于 $m = 22.7$ 的恒星, 所以对绝对星等和太阳一样 ($M = 4.7$) 的恒星, 它只能分辨到距离模数 $m - M = 18$, 根据公式 (14.4.45), 对应的距离是 40 000 pc.

目前, 主要是用毕星团中的恒星来给 H–R 关系定标, 所以银河系内和河外距离的整个尺度有赖于我们对毕星团距离的知识, 而后者是用前面讨论过的 "移动星团法" 测定的. 最近, Hodge 和 Wallerstein[19] 指出, 毕星团中恒星的平均三角视差, 以及它们的视星等同从其它近星获得的 H–R 关系的比较都表明, 到毕星团的距离可能约为 50 pc 而不是 40.8 pc, 果真如此的话, 所有河内和河外距离都必须增加约 20%.

变星 ($< 4 \times 10^6$ pc)

已观测到约有 10 000 颗列表恒星的视亮度多少规则地随时间变化. 在建立河外距离尺度时, 目前有两类变星起着重要作用, 它们是星团变星 (或称天琴座 RR 型星) 和经典造父变星 (或称仙王座 δ 型星). 天琴座 RR 型星周期的范围是从几小时到 1 天, 属于星族 II; 而经典造父变星周期范围从 2 到 40 天, 属于星族 I. (此外, 还有另一类变星, 即室女座 W 型星, 属于星族 II, 但像经典造父变星一样周期较长. 正如我们将要看到的, 在 Baade 区分两种星族之前, 室女座 W 型星同造父变星混在一起.)

天琴座 RR 型星的绝对星等目前知道得很清楚, 这一方面是因为对它们的自行和视差进行了直接的统计研究, 另一方面是因为它们存在于球状星团中, 而球状星团的距离可以用主序测光来决定. 用这种方法已经发现[20], 天琴座 RR 型星全都具有大约相同的绝对星等, 大致在 $M_v \simeq 0.2$ 和 $M_v \simeq 1.0$ 之间. 因此, 我们一旦根据其短周期脉动认出了天琴座 RR 型星, 就可以从它的视星等估计其距离. 不过, 天琴座 RR 型星不够亮, 距离超过了 3×10^5 pc 就不能用了. 因此, 人们一直更加注意较亮的经典造父变星.

可惜, 经典造父变星的光度相差很大. 不过, 1912 年 Henrietta Swan Leavitt[21] 注意到, 小麦云中当时已知的 25 个经典造父变星的视亮度, 可以表为周期 P 的光滑函数 $l_{SMC}(P)$ (大约是 $l \propto P$). 该星云中的所有恒星到地球的距离大约相同, 所以, Leavitt 得出结论, 周期为 P 的经典造父变星的光度是一个同 $l_{SMC}(P)$ 成正比的光滑函数 $L(P)$, 然而她不知道到小麦云的距离, 而且也没有离地球近得足以测出三角视差的造父变星, 所以 Leavitt 未能测定这个比例常数.

为造父变星 $P - L$ 关系定标的繁重任务, 先是由 Russell 和 Hertzsprung[23], 然后由 Harlow Shapley[24], 最后是由 Ralph E. Wilson[25] 在两次

[434]

图 14.8 仙女座中的巨大星系 M31(NGC224), 和伴星系 NGC205 及 221. 这张照片是用 Palomar 山 48 in Schmidt 望远镜拍摄的. (Wilson 山和 Palomar 山天文台提供.)

世界大战之间进行的. 他们那时不是使用主序测光; 主要方法毋宁说是 [435] 离太阳最近的造父变星的自行和视向速度的统计分析 (见上面 "运动学 方法" 条目中的描述), 以及麦哲伦云的 $P-l$ 关系所提供的造父变星绝 对光度之比. 1923 年, Edwin Hubble[26] 在仙女座大星云 M31 中发现了造 父变星, 利用观测到的周期和视亮度以及造父变星的 $P-L$ 关系, 估计出 M31 的距离是 280 000 pc. (见图 14.8 和 14.9) 正是这一测量确立了 "旋涡 星云" 的本质是 Immanuel Kant 所建议的可与银河系比拟的恒星岛, 而不 仅仅是银河系内的星云或星团. 后来考虑到星际吸收, 这个数值降低到 230 000 pc; 但是直到 1950 年 Palomar 山天文台开始工作以前, 河外距离 尺度基本上没有变化.

图 14.9　M31 一个区域里的变星. 照片上标出了两颗变星. 这张照片是用 Palomar 山 的 200 in 望远镜拍摄的. (Wilson 山和 Palomar 山天文台提供.)

到 1952 年, Shapley 等人的造父变星 $P-L$ 关系的一些严重错误明朗 [436] 化了. 在 Palomar 露光 30 min 拍得的 M31 的照片, 只显示出星族 II 中最 亮的星体, 而没有天琴座 RR 型变星, 这意味着 M31 中最亮的星族 II 星的 照相视星等为 $m \simeq 22.4$, 又因已知天琴座 RR 型星的光度大约要暗 4 倍, 它们在 M31 中的视星等就应该是 $m \simeq 23.9$, 超出了 Palomar 能够达到的极限. 然而, 那时通过 Allan Sandage 对球状星团 M3 所作的光电测光定距, 已经相当精确地知道了天琴座 RR 型星的绝对星等. 如果 M31 真的处在 230 000 pc 处, 那么天琴座 RR 型星至少在光极大时应当以 $m \simeq 22.4$ 显示出来; 同时星族 II 中最亮的星的视星等应当是 $m \simeq 20.9$ 而不是 $m \simeq 22.4$. 根据 Baade[27] 的解释, 这个矛盾意味着 M31 不是处在 230 000 pc, 而是约在两倍远的距离处 (视星等差 1.5 对应于距离差 2 倍), 所以其旋臂上的经典造父变星必定比一向估计的亮 4 倍.

这种误差的来源是不那么明显的. Shapley 等人定标的 $P-L$ 关系对属于星族 II 的室女座 W 型变星实际上符合得相当好, 但却不能用于星族 I 的造父变星, 后者一般比同样周期的室女座 W 型星亮 4 倍. 然而, Shapley 并不知道星族之间的区别, 不应当认为他的定标是建立在室女座 W 型星而不是经典造父变星的基础上. 实际上, Shapley[24] 在 1918 年研究过的 11 颗变星都属于星族 I, 甚至包括了使经典造父变星得名的仙王座 δ! (仙王座 δ 中译 "造父一" —— 译注). (无论如何, 室女座 W 型星既没有经典造父变星那么亮, 在太阳附近又较稀少, 所以它们如果在用来给造父变星定标的统计自行研究中扮演了主角, 那倒是令人吃惊的事.) 最近重新分析[28] 了 Shapley 定标时用过的那 11 颗造父变星, 发现 Shapley 的定标中包含了一些误差, 其中约 0.7 星等是由于忽视了星际吸收, 0.6 星等来源于自行中的系统误差, 0.1 星等或 0.2 星等是由于银河系自转, 它产生了恒星速度分布的各向异性. 所有这些误差都趋于同样的方向, 就导致了 Baade 在 1952 年的著名发现, 即造父变星的光度被低估了 1.5 星等. 因此, Shapley 原来的 $P-L$ 曲线虽然不适用于星族 I 的经典造父变星, 却实际上适用于星族 II 的室女座 W 型星[29], 就纯属巧合了.

人们也许会问, 为什么 Shapley 的定标在 1918—1952 年这三分之一个世纪里一再得到肯定. 一个简单的理由是, 星际吸收一直被低估了. 这样, 当 Ralph Wilson[25] 试图用更多的造父变星 (1923 年用 74 颗, 1939 年用 157 颗) 来改善自行和视向速度的统计分析时, 他必须包括愈来愈远的星, 以致他在统计精度方面的改进被增加的吸收效应所抵销了. 另一个理由确实同星族的混淆有关. Shapley[24] 直接把他的 $P-L$ 关系用于球状星团半人马座 ω, M3 和 M5 中他认为是造父变星的恒星上, 这样他就可以测定到这些球状星团的距离, 从而计算出其中的短周期变星, 即天琴座 RR 型星的绝对星等. 用这个办法实际上得到了正确的答案, 因为球状星团中 Shapley 认为是造父变星的恒星实际上是室女座 W 型星, 同时 Shapley 的 $P-L$ 关系尽管对于导出它的经典造父变星有严重误差, 而对于室女座 W 型星却碰巧大体正确! 所以, 当几年后作出较近的天琴座 RR 型星

[437]

自行和视向速度的统计研究时, 它们就倾向于肯定了 Shapley 对天琴座 RR 型星绝对星等的估计, 这就自然地显得是对造父变星 $P - L$ 关系的肯定. 然后这个论据被用到别处: Wilson 从球状星团中得到天琴座 RR 型星同 "造父变星" 的光度比后, 在他 1923 年所作的自行和视向速度分析里包括了 10 个天琴座 RR 型星和 74 个造父变星, 在 1939 年包括了 67 个天琴座 RR 型星同 157 个造父变星. 十分奇特的是, 天琴座 RR 型星并不像造父变星那样由于忽略了吸收而产生大的误差, 因为前者属于星族 II, 大多数处于星系平面之外. 更准确地说, 问题在于经典造父变星没有 (像室女座 W 型星那样) 落在光滑外推到天琴座 RR 型星的 $P - L$ 曲线上, 而是处在高 1.4 星等的地方.

应当注意, Baade 1952 年对于造父变星 $P - L$ 关系的复查把河外距离尺度放大了一倍, 但并不影响银河系尺度的估计. 因为河内距离尺度是从球状星团的距离决定的, 正如我们已经看到的那样, 部分是由于碰巧, 这些距离还定得不错. 1952 年以前, 似乎所有近邻的星系都明显地比银河系小. 1952 年以后就清楚了, 许多别的星系和我们银河系一样大或者还要大些, 这个结果虽然朴素但却非常令人满意.

自那以后, 由于在银河疏散星团 NGC 6087, NGC 129, M 25, NGC 7790 和 NGC 6664 中发现了 5 个经典造父变星, 加上在英仙座 $h + \psi$ "星协" 中又发现了 4 颗, 经典造父变星的定标就被置于更为坚实的基础上了. Kraft[30] 通过主序测光研究知道了到这些星团的距离, 这九颗绝对星等已知的造父变星被 Kraft, 以及新近被 Sandage 和 Tammann[31] 用来决定造父变星 $P - L$ 关系的绝对标度. (这种关系严格说来, 实际上是把周期、光度和颜色联系起来, 其形式当然是从麦哲伦云、仙女座大星云 M31 和天炉座小星系 NGC 6822 中选取更多的造父变星样品来决定的.) 目前, 人们从经典造父变星测定的 M31 的距离为 700 000 pc, 大约比 20 世纪 30 年代公认的距离大 3 倍.

天琴座 RR 型星和经典造父变星可以用来决定叫做本星系群的附近星系和恒星系统联合体中所有成员的距离. 其中, 只有最近的对象 (例如麦哲伦云和小熊座、天龙座和玉夫座星系) 里面的天琴座 RR 型星才能利用. 对于本星系群中所有主要星系 (如 M31 和 M33), 必须利用经典造父变星的 $P - L$ 关系, 这种关系是用银河系疏散星团和星协中已知的 9 颗造父变星来定标的. 经典造父变星在光极大时非常亮 ($M_{v,\max} \simeq -5.3$), 可以用到约 4×10^6 pc 的距离, 这已远得足以达到本星系群之外的某些星系, 例如美丽的旋涡星系 M81. 然而, 造父变星还是不够亮, 不能用它来决定最近的星系团, 即室女座星系团的距离.

[438]

新星、HII 区、最亮恒星、球状星团等等 ($\lesssim 3 \times 10^7$ pc)

下一个梯级目前可能是最薄弱的 [32]. 为了估计远在我们本星系群之外的距离, 必须找到某些比造父变星还亮的示距天体, 他们在本星系群 (其距离通过造父变星得知) 中的数目要足够多, 以便对其性质作精确定标.

光度突然增加 4 至 6 个数量级的恒星叫做新星, 在典型星系中它们以每年 40 次的概率出现, 1917 年在旋涡星系 NGC 6946 中发现一颗新星, 自那以后, 它们就被用来作为示距天体. 最亮的新星达到 $M_v \simeq -7.5$, 所以原则上可以用它们来作远到约 10^7pc 的示距天体, 但是它们多半在星系的明亮中心区出现, 因而很难分解出来.

直到最近, 用来达到我们本星系群之外的主要示距天体是星系中的最亮恒星. 本星系群巡天揭示出, 每个星系中的恒星一般有非常确定的最大光度, 大约是 $M_v \simeq -9.3$. 因而它们可以用来作为远到约 3×10^7pc 的示距天体, 但是在超出 10^7pc 的距离处, 就很难把最亮恒星同诸如星协或发射区这类非星天体区别开了. (实际上, 人们认为 1936 年 Hubble 校准距离尺度[33]出了错, 部分原因就是他把这类天体同最亮恒星弄混了.)

也有可能用某些非星天体作为示距天体. 其中就有 HII 区, 它们是庞大的星际氢云, 由于 O 型和 B 型星的存在而被电离和发亮. 它们的直径为数百秒差距, 故其角直径可以用来估计其距离远到约 10^8pc.

[439]

最近 Sandage[34]提出, 用球状星团作为示距天体, 可以证明它比上面任何一种都更为可靠. 在银河系中有几百个球状星团, 其绝对星等的典型值约为−8, 但围绕这个平均值作大幅度变化. 然而, 室女座星系团中的巨 E 型 (椭圆) 星系 M87 (见图 14.10) 中 2000 个球状星团的研究[35]表明, 其光度分布有一明显截断, m_B (最大) $\simeq 21.3$. Sandage 假定, M87 中最亮的球状星团的绝对星等和仙女座大星云 M31 中最亮的球状星团 B282 的绝对星等相同, 已经知道后者的绝对星等是 M_B (B282) $\simeq -9.83$. 因此, M87 的距离模数是 21.3 减去 −9.8, 即 31.1, 由此得到 M87, 从而也就是室女座星系团的距离为 1.7×10^7pc. 当然, 并未确知球状星团的光度分布有一明显截断, 而不是在高光度处有一光滑的尾巴. De Vaucouleurs[36] 考察了后一种可能性并得出结论, 室女座星系团的距离为 2×10^7pc, 比 Sandage 计算的远 20%.

最亮的星系 ($\lesssim 10^{10}$pc)

室女座星系团的平均红移很小, $z = 0.0038$, 对应的视向速度约为 1100 km/s. 这比典型星系的平均随机速度大不了许多, 只有超出室女团

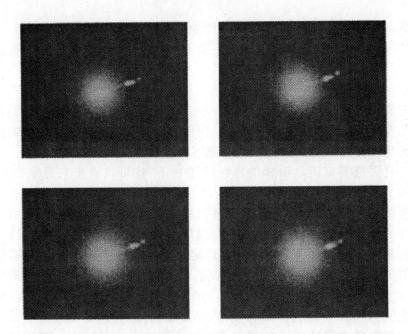

图 14.10　从四个不同的偏振方向看到的室女座星系团中的巨椭圆星系 M87(NGC 4486), 这些照片是用 Palomar 山的 200 in 望远镜拍摄的, 为了显出星系核和令人注目的 "喷流" 而露光不足. (Wilson 山和 Palomar 山天文台提供.)

之外, 宇宙膨胀才能主导速度场. 为了达到这些宇宙学上有意义的距离, 一般需用整个星系来作为示距天体.

星系团包含着成百上千个各别的星系 (室女座星系团包含 2500 个), 所以, 如果个别星系的光度存在任何自然的上限, 则富星系团中最亮星系的光度一定接近那个最大值. 因为这个理由, Edwin Hubble[33] 在 1936 年建议用星系团中最亮的星系作为距离标志物. (为了减小观测误差, 他实际上用的是第五个最亮的星系.) 当发现用最亮的星系作距离标志物, 对于 10 个 $z \ll 1$ 的星系团, 在光度距离和 z 之间得到很好的线性关系时, 这种办法就生效了, 这些最亮的属团星系通常是椭圆星系, 在 Hubble 分类系统中叫做 E 型 (见附录).

根据 Sandage[34] 的工作, 室女座星系团中最亮的 E 型星系是 NGC 4472, 其绝对星等 $M_B \simeq -21.68$, 这是用得出室女团距离的 M87 中的球状星团决定的. 如果所有最亮的 E 型星系都有 $M_B \simeq -21.7$, 那么它们就可以用来作为达到距离模数 $m - M$ 约 44.5, 即光度距离约 10^{10}pc 的示距天体.

不过, 星系团中星系的光度分布函数可能并没有明显的截断. 在这

[440]

种情况下, 用最亮的星系作为示距天体就会由于 Scott 效应而复杂化, 这种效应因 E. L. Scott 首先讨论过它而得名. 随着我们探索的距离愈来愈远, 我们倾向于选择愈来愈丰富的星系团来进行研究, 如果星系的光度没有绝对上限, 这些星系团中最亮的星系将有愈来愈大的光度. 若是错误地假设这些遥远星系的光度和 NGC4472 相同, 我们就会低估它们真正的光度距离. 是否存在 Scott 效应, 仍然是一件有争议的事[38]. 影响使用最亮星系作为示距天体的其它问题将在下一节中讨论.

只需把宇宙距离阶梯的梯级综述一下, 就可以看出它是多么不稳. 在本书写作的时候, 到毕星团的距离是通过观测其中恒星的自行和视向速度测定的; 到 5 个银河系疏散星团和英仙座 $h + \chi$ 星协的距离由其中主序的测光决定, 而这些星的绝对星等是从毕星团的研究中知道的; 到仙女座大星云 M31 的距离从经典造父变星的观测中决定, 而这些造父变星的 $P - L$ 关系是用疏散星团和英仙座 $h + \chi$ 星协中 9 颗已知的造父变星来定标的; 决定到室女座星系团的距离要假设 M87 中最亮的球状星团的光度和 M31 中最亮的球状星团 B282 相同; 决定到更遥远的星系团的距离要假定它们最亮的 E 型星系的光度和室女座星系团中最亮的星系 NGC4472 相同. 在这个梯子的任何一级完全可能发现新的误差, 在这种情况下就必须对所有更高的梯级进行调整.

[441] ## 14.6 红移 – 距离关系

我们现在考虑怎样用红移同距离的关系来获得关于宇宙标度因子 $R(t)$ 的信息. 就我们现在的目的而论, 只需考虑光度距离就可以了; 式 (14.4.22) 和 (14.4.23) 表明, 不研究红移同视亮度的关系而去研究它同角直径或自行的关系, 是不可能得到新信息的.

假设天文学家们能够确定某一类天体 (如像上节末讨论过的最亮的 E 型星系), 它们的光度 L 全都是知道的. 于是, 通过测量其视亮度, 就可以从式 (14.4.13) 中把它们的光度距离算出来

$$d_L = \left(\frac{L}{4\pi l} \right)^{1/2}$$

又设这些天体的红移 z 已测定, 于是 $d_L(z)$ 的经验曲线就知道了. 我们由此可以知道 $R(t)$ 的什么东西呢?

可观测量 d_L 和 z 同未知的光源坐标由理论关系 (14.3.1), (14.3.6), 和 (14.4.14) 连系着:

$$\int_{t_1}^{t_0} \frac{\mathrm{d}t}{R(t)} = \int_0^{r_1} [1 - kr^2]^{-1/2} \mathrm{d}r$$

$$z = \frac{R(t_0)}{R(t_1)} - 1$$

$$d_L = r_1 \frac{R^2(t_0)}{R(t_1)} = r_1 R(t_0)(1+z)$$

目前, 曲线 $d_L(z)$ 仅当 z 很小时了解得还可以, 所以, 我们首先讨论 $t_0 - t_1$ 和 r_1 很小时的情形. 这时宇宙标度因子 $R(t)$ 可以最有效地展开为幂级数:

$$R(t) = R(t_0) \left[1 + H_0(t - t_0) - \frac{1}{2} q_0 H_0^2 (t - t_0)^2 + \cdots \right] \tag{14.6.1}$$

式中 t_0 是目前时刻, H_0 和 q_0 是两个参数, 前者叫做 Hubble 常量, 后者叫做减速参数

$$H_0 \equiv \frac{\dot{R}(t_0)}{R(t_0)} \tag{14.6.2}$$

$$q_0 \equiv -\ddot{R}(t_0) \frac{R(t_0)}{\dot{R}^2(t_0)} \tag{14.6.3}$$

("$\cdot$" 表示对时间的导数). 我们将在下一章中看到, 如果知道了 H_0 和 q_0 的值, 就可以用 Einstein 场方程把整个函数 $R(t)$ 算出来, 若 $q_0 > \frac{1}{2}$ 则 $k > 0$, 若 $q_0 < \frac{1}{2}$ 则 $k < 0$. 因而我们目前的讨论集中于这两个临界参数的测量.

将式 (14.6.1) 代入 (14.3.6), 可以得到红移作为光线传播时间 $t_0 - t_1$ 的 [442] 函数的幂级数展开式:

$$z = H_0(t_0 - t_1) + \left(1 + \frac{q_0}{2} \right) H_0^2 (t_0 - t_1)^2 + \cdots \tag{14.6.4}$$

把这个幂级数中的函数与自变量对换, 就得到用红移表出传播时间的公式:

$$(t_0 - t_1) = \frac{1}{H_0} \left[z - \left(1 + \frac{q_0}{2} \right) z^2 + \cdots \right] \tag{14.6.5}$$

为了求出 r_1, 我们将 (14.3.1) 展开:

$$\frac{1}{R(t_0)} \int_{t_1}^{t_0} \left[1 + H_0(t_0 - t) + \left(1 + \frac{q_0}{2} \right) H_0^2 (t_0 - t)^2 + \cdots \right] \mathrm{d}t = r_1 + O(r_1^3)$$

所以

$$r_1 = \frac{1}{R(t_0)} \left[t_0 - t_1 + \frac{1}{2} H_0 (t_0 - t_1)^2 + \cdots \right] \tag{14.6.6}$$

将 (14.6.5) 代入 (14.6.6), 得到用红移表出的 r_1 为

$$r_1 = \frac{1}{R(t_0)H_0} \left[z - \frac{1}{2}(1 + q_0)z^2 + \cdots \right] \tag{14.6.7}$$

于是由 (14.4.14) 得出作为幂级数的光度距离:

$$d_L = H_0^{-1}\left[z + \frac{1}{2}(1-q_0)z^2 + \cdots\right] \tag{14.6.8}$$

也可以把它写成视亮度的公式:

$$l = \frac{L}{4\pi d_L^2} = \frac{LH_0^2}{4\pi z^2}[1 + (q_0 - 1)z + \cdots] \tag{14.6.9}$$

或者等效地写成距离模数的公式:

$$m - M = 25 - 5\lg H_0(\text{km/s/Mpc}) + 5\lg cz(\text{km/s})$$
$$+1.086(1 - q_0)z + \cdots \tag{14.6.10}$$

[1Mpc$=10^6$pc. 注意, 100km/s/Mpc$=(9.78 \times 10^9$ 年$)^{-1}$.] 以后的程序是将 (14.6.8), (14.6.9) 或 (14.6.10) 同天文观测数据进行比较, 从而定出临界参数 q_0 和 H_0.

为了测量 q_0, 需要达到较大的 z 值 (比如说 $z \gtrsim 0.1$), 在那里只有用最亮的属团星系 (或者也可用超新星) 作为示距天体. 不过, 只要知道 d_L 或者 l 或者 m 对于 z 的曲线形状.

[443]　　　　为了测量 H_0, 只要有一个 $z \lesssim 0.1$ 的天体就够了, 但除了红移和视亮度而外我们必须知道它的光度. 它的红移还必须足够大 (比方说 $z \gtrsim 0.01$), 使得它的视向速度反映的是宇宙的普遍膨胀而不是局部的速度异常. 可惜, 室女座星系团 —— 其距离是从观测属团星系 M87 中最亮的恒星和球状星团知道的[1] (就像上节中描述的宇宙距离阶梯第 4 级那样) —— 视向速度只有约 1000 km/s. 这并没大到足以保证宇宙学退行占优势. 有可能利用 (比方说) HⅡ 区的角直径把第 4 级延伸到更大的红移. 不过, 目前把 H_0 和 q_0 测量向外延伸到较大红移的唯一办法, 是利用宇宙距离阶梯的所有五个梯级, 把富星系团中最亮的星系作为示距天体.

这个方案会遇到许多复杂问题. 其中有一些可以通过对观测数据作出明确的改正来加以解决, 这些改正包括:

(A) 银河系自转. 银河系自转赋予太阳的速度约为 215 km/s. 这使遥远星系的光谱产生系统的红移或蓝移, 在计算宇宙学红移 z 时, 照例要把它们从观测到的红移中扣除.

(B) 口径. 因为星系边缘逐渐隐没于天光背景之中, 必须把星系视亮度的测量结果全部归算到标准的望远镜口径.

---

1) 这里原著为 "其光度是从观测它的最亮恒星和球状星团知道的, ⋯⋯" 似不妥, 已略作修改. —— 译者注

(C) k 项. 正如在 14.4 节中讨论过的那样, 红移将使来自遥远天体的辐射的频率分布发生改变, 以致比起附近的天体来, 它们的目视或蓝星等反映着它们在较高频率处的光度. 如果我们知道了内禀频率分布, 就可以利用式 (14.4.35) 来改正这个效应, 结果式 (14.6.10) 的左边就换成 $m_B - M_B - k_B(z)$, 这里 $k_B(z)$ 是 z 的已知函数, 已经由 Oke 和 Sandage[39] 计算出来. 在 Baum[40] 提出的另一种方案中, 要直接测量每一个被研究星系的光度分布, 这样所有的视星等都可以归算到相同的发射频率, 就不需要 k 项了.

(D) 吸收. 已经知道银河系会吸收来自河外天体的一定比例的光. 我们把银河系当成一个无限大的平板处理, 光线在到我们这里来的路上必须穿过银河系的距离正比于 $\mathrm{cosec}\, b$, 这里 b 是视线同银道面的夹角. 因而这束光将减弱 $\exp(-\lambda \,\mathrm{cosec}\, b)$ 倍, λ 为某个常数. 从较近的河外天体研究中定出 λ, 结果就是 (14.6.10) 式左边换成改正后的距离模数:

$$(m - M)_{\text{改}} = m_B - M_B - k_B(z) - A_B(b)$$

式中粗略地有 [444]

$$A_B(b) \simeq 0.25 \mathrm{cosec}\, b$$

(这有点过于简化. Sandage[41] 首先对目视星等应用吸收改正 $A_v(b) = 0.18\,(\mathrm{cosec}\, b - 1)$, 然后换为蓝星等, 然后再作一附加改正 $A_B = 0.25$.) 对河外吸收[42] 一般不作改正 (见 15.4 节).

除了上述已经了解得比较清楚的复杂因素外, 还有许多其它的可能误差来源, 它们的情况更加拿不准.

(E) L 的不确定性. 正如在 14.5 节中强调过的, 宇宙距离阶梯任何一级的新改正, 例如到毕星团或室女座星系团的距离的改变, 都要求我们在估计最亮 E 型星系的光度时作相应的改变, 由式 (14.6.9) 和 (14.6.10) 可以看出, 这会影响 Hubble 常量的值, 但不会改变减速参数 q_0.

(F) Scott 效应. 在上节中也强调过, 如果属团星系的光度没有明确的上限, 那么在较远的距离处选择较丰富的星系团的趋势, 就会意味着其中最亮星系的光度将随 z 而增加. 根据 (14.6.9) 式, 这种选择效应将导致减速参数 q_0 的过高估计. 不过, Scott 效应即使是真的, 也只会在很远的距离处出现, 因而不会影响 H_0 的值.

(G) 速度的各向异性. De Vaucouleurs[43] 提出, 在包含着本星系群和室女团的星系速度场中存在着局部各向异性. 如果这是真的, 就可能意味着 cz 小于约 4000 km/s 的红移不能准确地反映宇宙的普遍膨胀.

(H) 星系演化. 随着我们探测的空间愈来愈遥远, 我们看到的星系推想应愈来愈年轻. 最亮的 E 型星系的光度可能是发光时刻的函数: $L =$

$L(t_1)$. 于是 (14.6.5) 式告诉我们, (14.6.9) 中的 L 应当换为

$$L(t_1) = L(t_0)[1 - E_0(t_0 - t_1) + \cdots]$$
$$= L(t_0)\left[1 - \frac{E_0 z}{H_0} + \cdots\right]$$

式中

$$E_0 \equiv \frac{\dot{L}(t_0)}{L(t_0)} \tag{14.6.11}$$

其效果是, (14.6.9) 式中的 q_0 要换成有效减速参数

$$q_0^{\text{有效}} = q_0 - \frac{E_0}{H_0} \tag{14.6.12}$$

[445] 所以天文观测实际上是测量 $q_0^{\text{有效}}$, 而不是 q_0. Sandage 最近对于最亮的 E 型星系的 L 改变率作出了两个不同的估计 —— 用我们的符号, 它们是[44]

$$E_0 = 0.04 \pm 0.02/10^9 \text{年} \tag{14.6.13}$$

和[45]

$$E_0 = 0.00 \pm 0.05/10^9 \text{年} \tag{14.6.14}$$

正如我们将要看到的, 量级为 $0.04/10^9$ 年的演化率 E_0 对于 $q_0^{\text{有效}}$ 的值就会有重要影响.

现在回头来谈红移和光度距离的观测, 我们在 14.3 节中提到 Hubble 1929 年发现 [13] d_L 和 z 之间的线性关系时把话头打断了, 现在必须从那里接下去讲. Hubble 从最亮恒星的视星等估计了到 18 个附近星系的距离, 并把结果同 Slipher 对这些天体测得的红移相对照画出了 "$d_L - z$" 图. (最亮恒星的绝对星等是从本星系群的研究中知道的, 这些星系的距离是从观测其中的造父变星知道的, 而这些造父变星的 $P - L$ 关系是 Shapley 从自行和视向速度的统计研究中定标的. 详细情形见上节.) Hubble 所用的最远星系是室女座星系团的成员, 其视向速度为 1 000 km/s. 这个值比星系随机速度的方均根值大不了多少, 因而 Hubble 的数据点在整个 "$d_L - z$" 图上弥散较大. 不过, 他还是设法得出了 cz 和 d_L 之间 "粗略的线性" 关系, 斜率是

$$H_0 \simeq 500\text{km/s/Mpc} \simeq [2 \times 10^9 \text{ 年}]^{-1}$$

就在这时, Milton L. Humason 用 Wilson 山研究星系团中最亮星系的 100 in 反射望远镜, 正在开始进行一个测量更大距离处红移的计划. 他的第一个肯定成果 (即星系 NGC 7619 的视向速度为 $cz = 3779$ km/s) 被 Hubble 在 1929 年的文章[13]中用来核对 $cz - d_L$ 关系的线性程度. Hubble

假设这个关系是线性的, 且斜率为 500 km/s/Mpc, 就能推出 NGC 7619 的距离是 7.8Mpc. 所以由其视星等 $m = 11.8$ 可知绝对星等 $M = -17.65$. Hubble 还从距离和视星等算出了他用来测定 H_0 的 18 个星系 (加上本星系群中 6 个另外的成员) 的绝对星等, 发现 M 的范围在 -12.7 到 -17.7 之间. 因为 NGC 7619 作为一个星系团中最亮的星系想来应比平均的亮, 这就可以认为是相当好的符合, 它表明一直到 $z \simeq 0.013$, cz 的确是粗略地同 d_L 成正比.

Hubble 和 Humason[46]继续合作, 到 1931 年把 cz 和 d_L 之间的线性关系验证到 20000 km/s $(z = 0.067)$, H_0 改正为 550 km/s/Mpc. 1936 年达到了 Wilson 山望远镜的极限, 那时 Humason[47] 记录到大熊座 II 星系团的视向速度为 42000 km/s $(z = 0.14)$. Hubble[48] 把从室女座到大熊座 II 的 10 个星系团中第 5 个最亮星系的 $\lg z$ 同经吸收和 k 改正的照相视星等作图, 可以证实斜率接近 1/5. 如果直到 $z \simeq 0.14$ 红移仍是光度距离的线性函数, 结果就应如此 [见 (14.6.10) 式]. 要有把握地测定 q_0 必须等到 Palomar 山上 200 in 反射望远镜的建成.

[446]

同时, Hubble[48] 还用 109 个场星系 (cz 一直达到 19070 km/s) 作为宇宙距离阶梯的第 5 级而重新估计了 H_0. 假定这些场星系的绝对星等和由 145 个已分解开的星系 (其中只有 29 个属于 109 个场星系样品) 得到的平均值 $\overline{M} = -15.18$ 相同, 后者的距离可从其中最亮恒星的视星等决定. 从 "$m - \overline{M} - \lg cz$ 图" 得到 $H_0 = 520$ km/s/Mpc. 直接根据 29 个已分解场星系中最亮恒星的独立测定, 给出 $H_0 = 526$ km/s/Mpc.

1950 年 Palomar 山天文台落成, Hubble 的计划又接着进行了. 正如我们在上一节中已看到的, Palomar 山观测的首次成果是 Baade[27]对造父变星 $P - L$ 关系的重新定标. 这立刻将河外距离尺度扩大了一倍, 从而把 Hubble 常量值减半到约 240 km/s/Mpc. 1956 年, Humason, Mayall 和 Sandage[49] 发表了那时可用的有关红移和距离的最详尽的调查资料. 假定星系团中最亮的星系具有和 M31 同样的绝对星等, 则由 18 个星系团 (直到 $z = 0.18$) 中最亮星系的 "$m_v - k_v - A_v - \lg cz$ 图" 的截距, 得到 $H_0 = 180$km/s/Mpc. (根据室女座星系团的平均红移和室女团星系 NGC4321 中最亮恒星的视星等所作的独立测定, 得出 $H_0 = 176$ km/s/Mpc.) 此外, 若不作演化改正, 由 "$m_v - k_v - A_v - \lg z$ 图" 的曲率得到

$$q_0 = 3.7 \pm 0.8$$

一年以后, Baum[40] 提出了一份关于 8 个星系团的研究报告, 他用 8 色测光来避免需要进行的 k 项改正, 得到的结果是

$$q_0 = 1 \pm 0.5$$

接着, Sandage[50] 重新考察了 Hubble 用来作距离阶梯 "第 4 级" 的最亮恒星, 并在 1958 年得出结论: 这些 "最亮星" 中有的是 $H\mathrm{II}$ 区, 它们要比真正的最亮恒星亮 1.8 星等. 宇宙距离尺度再次扩大, H_0 降到 75 km/s/Mpc. 1961 年 Sandage[51] 作了进一步分析, 得到 H_0 值是 98 km/s/Mpc. Sandage 还通过星系演化的初步计算, 估计星系光度正在减小, 且 $E_0 \simeq -0.8H_0$, 故由 Baum 的 $q_0^{有效}$ 值得到 $q_0 = 0.2 \pm 0.5$.

[447]

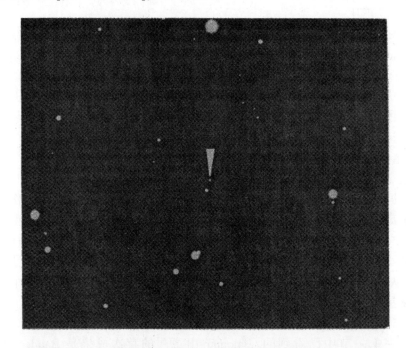

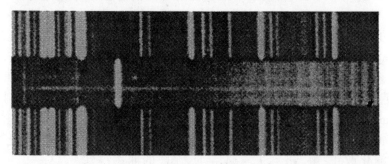

图 14.11　　牧夫座中的射电星系 3C295. 这个星系的光谱 (见图下部) 揭示的红移 $z = 0.46$, 是在所有星系中迄今观测到的最大者. 这张照片和光谱片是用 Palomar 山 200 in 望远镜拍摄的. (Wilson 山和 Palomar 山天文台提供.)

　　同时, 也逐渐得到了射电星系的红移数据. 1960 年, R. Minkowski[53]发现, 射电星系 3C 295 的红移 $z = 0.46$, 这是所有星系中已知红移最大的 (见图 14.11). Sandage[34] 在 1968 年把这些新的红移连同 Humason, Mayall 和 Sandage[48] 以及 Baum[40] 早先考察过的数据, 一起纳入关于 41 个头等属团星系的研究中. 他的数据变换到蓝星等系统可用关系式: [448]

$$m_{B,\text{改正}} \equiv m_B - k_B - A_B = 5 \lg cz - 6.06 \tag{14.6.15}$$

很好地拟合, 式中 $c \equiv 3 \times 10^5$ (见图 14.12), 这条曲线附近点子的弥散只有约 ± 0.3 星等, 意味着这些最亮的星系确实具有同样的绝对星等 M_B. 所以由 (14.6.10) 和 (14.6.15) 可靠地得出 Hubble 常数是

$$5 \lg H_0(\text{km/s/Mpc}) = M_B + 31.06 \tag{14.6.16}$$

Sandage[34] 用球状星团代替最亮的恒星来定室女座星系团的距离, 估计

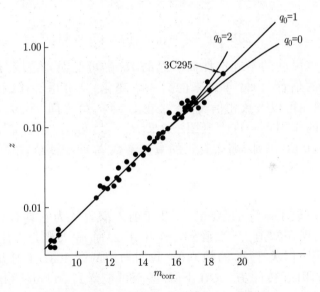

图 14.12　42 个头等属团星系的红移和改正后的视星等. 数据取自 Sandage 1970 年的评述[44]. 曲线代表式 (14.6.10) 同观测数据的拟合.

出最亮的 E 型星系的 $M_B = -21.68$, 所以

$$H_0 = 75.3^{+19}_{-15} \text{ km/s/Mpc} = [13.0^{+3.7}_{-2.7} \times 10^9 \text{ 年}]^{-1} \tag{14.6.17}$$

[这里所引的误差包括 M87 里最亮球状星团视星等中 ± 0.3 星等的误差; 头等室女团星系 NGC 4472 视星等中 ± 0.2 星等的误差; 以及观测数据同 [449]

(14.6.15) 拟合时带来的 ±0.3 星等的误差.] 直线一直吻合到 $z = 0.46$, 根据 (14.6.10), 这就意味着 $q_0^{有效}$ 不能同 1 相差太远. 若忽略演化, Peach[54] 得到的值是

$$q_0 = 1.5 \pm 0.4 \qquad (14.6.18)$$

而 Sandage[55] 得到

$$q_0 = 1.2 \pm 0.4 \qquad (14.6.19)$$

从这个天文观测的 40 年计划中, 我们确实知道了些什么呢? 毫无疑问, 当 z 很小时, (14.6.15) 同观测资料吻合得很好, 故由式 (14.6.16) 可以得到 H_0. 自从 Hubble 1936 年的工作以来, 这些结论几乎没有什么变化. 变化很大的是距离尺度, 它决定着我们对头等属团星系的 M_B 的估计, 因而在 H_0 的测定中起着关键的作用. 由 Sandage 最近的考察得[44]

$$50 \text{km/s/Mpc} \leqslant H_0 \leqslant 130 \text{ km/s/Mpc}$$

或者

$$20 \times 10^9 \text{ 年} \geqslant H_0^{-1} \geqslant 7.5 \times 10^9 \text{ 年}$$

对于由距离尺度的不确定性而引起的 H_0 的可能误差范围, 这也许是一个相当好的估计. 1936 年以来的另一个变化, 是可用红移范围扩大了 3 倍. 我们现在可以大致相信, $q_0^{有效}$ 是在 1/2 到 1/3 之间. 不过, 关于演化和选择效应的作用仍有许多疑团. 如果 $H_0 = 75$ km/s/Mpc, 而且星系光度以速率 (14.6.13) 增加, 那么真正的减速参数 q_0 同观测值 $q_0^{有效}$ 的关系是

$$q_0 = q_0^{有效} + 0.5$$

这个改正是很不确定的; 要记住, 几年前人们曾认为它具有相反的符号! 于是, 我们现在知道 H_0 准确到一个因子 2, 而 q_0 大概是大于零, 这意味着引力制动, 但关于 q_0 的精确值, 我们知道的同 1931 年时几乎一样少. (当本书付印时, 传闻 H_0 又在下降, 甚至可能降到 50 km/s/Mpc 以下.)

1963 年, Maarten Schmidt[56] 作出了一个发现, 初看起来有希望大大改进我们对于宇宙标度因子的知识, 自 1960 年以来, 许多射电源被证认为类星体, 这种光源的角直径小到在 Palomar 都分辨不开. Schmidt 发现, 其中有一个源 3C273 的红移 $z = 0.158$, 对应的光度距离 (如果取 $H_0 = 75$ km/s/Mpc) 是 630Mpc. 在这样的距离, 它的光度必定会比整个星系的都大, 尽管它的小角直径 ($< 0.5''$) 意味着其尺度小于 1 500 pc. 从 1963 年到现在, 已经发现了几百个类星体[57], 其中相当大一部分 $z > 1$, 少数 $z > 2$. 与此同时, 月掩法和长基线射电干涉的应用, 以及短周期时变的观

[450]

测, 弄清楚了这些天体的巨大能量输出主要来自直径远小于1pc 的区域. 因此, 类星体的发现引起了人们对于在第十一章中已讨论过的引力坍缩理论的兴趣. 它也开辟了把 d_L 和 z 之间的经验关系延伸到真正巨大的距离和红移去的可能性, 只要能够找到某种方法测定类星体的光度.

可惜, "$m_v - \lg z$" 图没有显示出视星等同红移的明显相关[57,58]. 如果类星体确实处在宇宙学距离 (关于这一点仍然存在某些疑问[59,68]), 那么它们的绝对星等就一定有很大弥散, 只有当我们学会了如何区分不同光度的类星体时, 把类星体的红移同视星等作比较才会具有宇宙学上的意义.

不过, 如果光度距离作为红移的函数 $d_L(z)$ 能够精确地测定出来, 问关于 k 和 $R(t)$ 我们能知道些什么? 这还是一个有趣的原则问题. 一般人似乎都认为只要知道了 $d_L(z)$ 就能唯一决定 k 和 $R(t)$. 然而, 情况并不是这样[60]. 在这里起支配作用的理论关系是 (14.3.1), (14.3.6) 和 (14.4.14). 方程 (14.3.1) 可以换成等价的微分方程:

$$-\frac{1}{R(t_1)}\frac{\mathrm{d}t_1}{\mathrm{d}z} = (1 - kr_1^2)^{-1/2}\frac{\mathrm{d}r_1}{\mathrm{d}z} \tag{14.6.20}$$

初条件是

$$t_1 = t_0 \quad \text{当} \quad r_1 = 0 \tag{14.6.21}$$

式 (14.3.6) 和 (14.4.14) 只是用来消去未知量 $R(t_1)$ 和 r_1, 于是 (14.6.20) 变为

$$(1+z)\frac{\mathrm{d}t_1}{\mathrm{d}z} = -[1 - kR^{-2}(t_0)(1+z)^{-2}d_L^2(z)]^{-1/2}\frac{\mathrm{d}}{\mathrm{d}z}[(1+z)^{-1}d_L(z)]$$

积分一次就能算出 t_1 作为 z 的函数

$$t_1(z) = t_0 - \int_0^z (1+z')^{-1}[1 - kR^{-2}(t_0)(1+z')^{-2}d_L^2(z')]^{-1/2}$$
$$\times \frac{\mathrm{d}}{\mathrm{d}z'}[(1+z')^{-1}d_L(z')]\mathrm{d}z'$$

然后就可以通过解如下泛函方程定出函数 $R(t)$: [451]

$$t = t_0 - \int_0^{[R(t_0)/R(t)-1]} (1+z)^{-1}[1 - kR^{-2}(t_0)(1+z)^{-2}d_L^2(z)]^{-1/2}$$
$$\times \frac{\mathrm{d}}{\mathrm{d}z}[(1+z)^{-1}d_L(z)]\mathrm{d}z \tag{14.6.22}$$

注意, 用这种办法对于常数 $k, R(t_0)$ 或 t_0 的任何假定值都可得出一个解. 所以根本不可能通过红移和光度距离的测量来决定 k 或 $R(t_0)$, 除非我们

像在第十五章中将做的那样, 给 Robertson-Walker 度规加上关于 $R(t)$ 的动力学方程. 在按 z 的幂次展开 $d_L(z)$ 的计算中也可以看到这种奇怪的不确定性; 一级项依赖于 $\dot{R}(t_0)/R(t_0)$; 二级项依赖于 $\dot{R}(t_0)/R(t_0)$ 和 $\ddot{R}(t_0)/R(t_0)$; 三级项依赖于 $\dot{R}(t_0)/R(t_0), \ddot{R}(t_0)/R(t_0), \dddot{R}(t_0)/R(t_0)$ 和 $k/R^2(t_0)$; $N > 3$ 时 z^N 级项依赖于 $k/R^2(t_0)$ 和 $R(t)$ 在 t_0 点的前 N 个对数微商. 因此, 我们永远不可能通过测量 $d_L(z)$ 的任何阶数的微商来决定 $k/R^2(t_0)$. 然而, 一旦假设了 k 和 $R(t_0)$ 的值, 我们就能根据式 (14.6.22) 从 d_L 和 z 的经验关系中将 $R(t)$ 作为 $(t-t_0)$ 的函数计算出来.

从原则上说, 我们只要在足够长的时间里观测一条谱线, 也可以决定函数 $R(t)$ 的形式. 根据式 (14.3.6) 和 (14.3.1), 一个共动光源的红移将以如下速率变化.

$$\frac{\mathrm{d}z}{\mathrm{d}t_0} = \frac{\dot{R}(t_0)}{R(t_1)} - \frac{R(t_0)\dot{R}(t_1)}{R^2(t_1)}\left(\frac{\mathrm{d}t_1}{\mathrm{d}t_0}\right) = \frac{\dot{R}(t_0) - \dot{R}(t_1)}{R(t_1)} \tag{14.6.23}$$

对于 $z \ll 1$, 我们可用级数 (14.6.5) 中的第一项来近似 $t_0 - t_1$, 因而 (14.6.23) 可以写为

$$\frac{1}{z}\frac{\mathrm{d}z}{\mathrm{d}t_0} \simeq \frac{\ddot{R}(t_0)}{H_0 R(t_0)} = -q_0 H_0 \tag{14.6.24}$$

用目前的技术似乎还不可能测出红移的这种非常缓慢的变化[61].

14.7 计数

既然 Hubble 计划在决定宇宙标度因子 $R(t)$ 方面还没有获得重大成功, 那么放宽眼界, 考察光学或射电源的数目作为视亮度和 (或) 红移的函数, 就是很自然的了, 同 Hubble 计划比较起来, 计数研究显示出两个潜在的优点:

[452]　　(A) 口径很大、灵敏度很高的射电望远镜的发展使人们探测到和分辨了成千个暗弱的射电源, 其中大多数估计处于非常遥远的距离. 这些源大半还没有同光学天体证认为一, 所以它们的红移还不知道. (从已分辨的射电源中还没有观测到射电谱线, 因而它们的红移只有通过光学方法来测量.) 由于不知道 z, 宇宙学者能够派给这些源的最好用场, 就是把它们的数目表示为其强度的函数.

(B) 上节中讨论过的类星体已测出的红移直到 $z \approx 2$, 但光度弥散太大以至无法测定光度距离 d_L. 我们若把类星体的数目单独表示成 z 的函数或者 z 和 l 的函数, 就可以消去由于 L 的弥散引起的某些问题.

我们从非常一般的方式开始, 假定在时刻 t_1 单位体积内光度在 L 和

$L + \mathrm{d}L$ 间有 $n(L, t_1)\mathrm{d}L$ 个源, 固有体积元是

$$\mathrm{d}V = \sqrt{g}\mathrm{d}r_1\mathrm{d}\theta_1\mathrm{d}\varphi_1$$
$$= R^3(t_1)(1 - kr_1^2)^{-1/2}r_1^2\mathrm{d}r_1\sin\theta_1\mathrm{d}\theta_1\mathrm{d}\varphi_1$$

故在 r_1 和 $r_1 + \mathrm{d}r_1$ 间、光度在 L 和 $L + \mathrm{d}L$ 间的源数是

$$\mathrm{d}N = 4\pi R^3(t_1)(1 - kr_1^2)^{-1/2}r_1^2 n(t_1, L)\mathrm{d}r_1\mathrm{d}L \tag{14.7.1}$$

坐标 r_1 和 t_1 由式 (14.3.1) 相联系, 我们可以把它写为

$$r_1 = r(t_1) \tag{14.7.2}$$

式中 $r(t)$ 是由如下公式定义的函数

$$\int_t^{t_0} \frac{\mathrm{d}t'}{R(t')} \equiv \int_0^{r(t)} (1 - kr^2)^{-1/2}\mathrm{d}r \tag{14.7.3}$$

对 (14.7.3) 式求微分得

$$\mathrm{d}r_1 = -(1 - kr_1^2)^{1/2}\frac{\mathrm{d}t_1}{R(t_1)}$$

因而式 (14.7.1) 可以写成

$$\mathrm{d}N = 4\pi R^2(t_1)r^2(t_1)n(t_1, L)|\mathrm{d}t_1|\mathrm{d}L \tag{14.7.4}$$

式 (14.3.6) 和 (14.4.12) 给出在 r_1 处 t_1 时光度为 L 的源的红移和视亮度:

$$z = \frac{R(t_0)}{R(t_1)} - 1 \tag{14.7.5}$$

$$l = \frac{LR^2(t_1)}{4\pi r_1^2 R^4(t_0)} \tag{14.7.6}$$

[453]

所以, 将 (14.7.4) 对所有的 L 和有限范围的 t_1 积分, 可得红移小于 z 且视亮度大于 l 的源数是

$$N(< z, > l) = \int_0^\infty \mathrm{d}L \int_{\max\{t_z, t_l(L)\}}^{t_0} 4\pi r^2(t_1)R^2(t_1)n(t_1, L)\mathrm{d}t_1 \tag{14.7.7}$$

式中积分下限由红移视亮度应满足的条件决定, 其定义是

$$R(t_z) \equiv \frac{R(t_0)}{1 + z} \tag{14.7.8}$$

$$\frac{r^2(t_l)}{R^2(t_l)} \equiv \frac{L}{4\pi l R^4(t_0)} \tag{14.7.9}$$

如果没有观测到红移, 那么有兴趣的量就是视亮度大于 l 的源数 $N(>l)$, 为了算出这个量, 只需把 (14.7.7) 中的下限取成 $t_l(L)$ 即可. 如果没有观测到视亮度, 则有兴趣的量就是红移小于 z 的源数 $N(<z)$, 为了算出这个量, 只要把 (14.7.7) 中的积分下限取成 t_z 即可. (不过, 观测到的计数只能用来给 $N(z)$ 置一下界而不能量度它, 因为任何光学或射电望远镜只能探测到某个最小亮度以上的源.)

射电望远镜测量的并不是总视亮度, 而是能流密度 S, 即在给定频率处每单位频率间隔每单位天线面积上的功率. 一个坐标为 r_1, t_1 的源的能流密度是

$$S(\nu) = \frac{P(\nu R(t_0)/R(t_1))R(t_1)}{R^3(t_0)r_1^2} \tag{14.7.10}$$

式中 P 是内禀功率, 即在每单位频率间隔每单位立体角内发射的功率. [见式 (14.4.35), 且 $S \equiv l', P \equiv L'/4\pi$.]

按照得出式 (14.7.7) 的同样推导方法, 我们发现, 红移小于 z 且在频率 ν 处的能流密度大于 S 的源数由下式决定:

$$N(<z, >S; \nu) = \int_0^\infty \mathrm{d}P \int_{\max\{t_z, t_s(P)\}}^{t_0}$$
$$\times 4\pi r^2(t_1)R^2(t_1)n\left(t_1, P, \nu\frac{R(t_0)}{R(t_1)}\right)\mathrm{d}t_1 \tag{14.7.11}$$

[454]　　　式中 $t_s(P)$ 由下式确定

$$\frac{r^2(t_s)}{R(t_s)} = \frac{P}{SR^3(t_0)} \tag{14.7.12}$$

由于观测到射电源一般具有 "直" 谱

$$P \propto \nu^{-\alpha} \tag{14.7.13}$$

式中谱指数 α 约为 0.7 到 0.8, 射电源计数大大简化. 在这种情况下, 频率 ν 处内禀功率在 P 和 $P + \mathrm{d}P$ 间的源数具有形式

$$n(t, P, \nu)\mathrm{d}P = n\left(t, P\left[\frac{\nu}{\nu_0}\right]^\alpha, \nu_0\right)\mathrm{d}\left(P\left[\frac{\nu}{\nu_0}\right]^\alpha\right)$$

式中 ν_0 是任一给定的频率. 于是数密度服从标度规律

$$n(t, P, \nu) = \left[\frac{\nu}{\nu_0}\right]^\alpha n\left(t, P\left[\frac{\nu}{\nu_0}\right]^\alpha, \nu_0\right) \tag{14.7.14}$$

将式 (14.7.11) 中的积分变量从 P 换为 $P[R(t_0)/R(t_1)]^\alpha$, 我们就可以认为积分中的数密度是属于固定频率 ν, 并得到

$$N(<z,>S;\nu)$$
$$= \int_0^\infty \mathrm{d}P \int_{\max\{t_z,t_{s\alpha}(P)\}}^{t_0} 4\pi r^2(t_1)R^2(t_1)n(t_1,P,\nu)\mathrm{d}t_1 \qquad (14.7.15)$$

式中 $t_{s\alpha}(P)$ 由下式确定

$$r^2(t_{s\alpha})\left(\frac{R(t_{s\alpha})}{R(t_0)}\right)^{-1-\alpha} = \frac{P}{SR^2(t_0)} \qquad (14.7.16)$$

现在, 计数将服从标度规律

$$N(<z,>S;\nu) = N\left(<z,>S\left[\frac{\nu}{\nu_0}\right]^\alpha;\nu_0\right) \qquad (14.7.17)$$

在 (14.7.17) 被观测证实的范围内, 我们可以得出结论, 所有的源确实具有 "直" 谱 (14.7.13), 并有同样的谱指数 α.

如果在光从观测到的最远的源来到我们这里所花的时间内, 没有源的产生、瓦解或演化, 则 $n(t,L)$ 和 $n(t,P,\nu)$ 会有简单的时间依赖关系 (14.2.17):

$$n(t,L) = \left[\frac{R(t_0)}{R(t)}\right]^3 n(t_0,L) \qquad (14.7.18)$$

$$n(t,P,\nu) = \left[\frac{R(t_0)}{R(t)}\right]^3 n(t_0,P,\nu) \qquad (14.7.19)$$

在这种情况下, 可以用观测到的计数来获得关于 k 和 $R(t)$ 的信息. 反过来, 如果我们有一个对于 k 和 $R(t)$ 的宇宙模型, 就可以用观测到的计数来推出数密度 n 对 t 和 L 或 P 的函数依赖关系.

如果集中注意 z 很小或 l 或 S 很大的特殊情况, 我们就可以更清楚地了解从这四种不同的分析方式所预期的结果. 在这种情况下, 式 (14.7.7) 和 (14.7.11) 的积分中 t_1 的下限将接近 t_0, 故我们可以用普遍展开式 (14.6.1) 和 (14.6.6): [455]

$$R(t_1) = R(t_0)\{1 - H_0(t_0-t_1) + \cdots\}$$
$$r(t_1) = R^{-1}(t_0)(t_0-t_1)\left\{1 + \frac{1}{2}H_0(t_0-t_1) + \cdots\right\}$$

我们也将把数密度表示成 $t_0 - t_1$ 的展开式:

$$n(t_1, L) = n(t_0, L)\{1 - \beta_0(L)H_0(t_0 - t_1) + \cdots\} \tag{14.7.20}$$

$$n\left(t_1, P, \nu\frac{R(t_0)}{R(t_1)}\right) = n(t_0, P, \nu)\{1 - [\beta_0(P, \nu) + 2\alpha_0(P, \nu)]H_0(t_0 - t_1) + \cdots\} \tag{14.7.21}$$

式中 β_0 度量着源密度的变化率,

$$\beta_0(L) \equiv H_0^{-1}\left(\frac{\partial}{\partial t}\ln n(t, L)\right)_{t=t_0} \tag{14.7.22}$$

$$\beta_0(P, \nu) \equiv H_0^{-1}\left(\frac{\partial}{\partial t}\ln n(t, P, \nu)\right)_{t=t_0} \tag{14.7.23}$$

而 α_0 是有效谱指数

$$2\alpha_0(P, \nu) \equiv -\nu\frac{\partial}{\partial \nu}\ln n(t_0, P, \nu) \tag{14.7.24}$$

(最后这个定义的目的下面就会明白). 于是, 当 t 接近 t_0 时,

$$\int_t^{t_0} 4\pi r^2(t_1)R^2(t_1)n(t_1, L)\mathrm{d}t_1$$

$$= \frac{4\pi}{3}n(t_0, L)(t_0 - t)^3\left\{1 - \frac{3}{4}[\beta_0(L) + 1]H_0(t_0 - t) + \cdots\right\} \tag{14.7.25}$$

$$\int_t^{t_0} 4\pi r^2(t_1)R^2(t_1)n\left(t_1, P, \nu\frac{R(t_0)}{R(t_1)}\right)\mathrm{d}t_1$$

$$= \frac{4\pi}{3}n(t_0, P, \nu)(t_0 - t)^3\left\{1 - \frac{3}{4}[\beta_0(P, \nu) + 2\alpha_0(P, \nu) + 1]H_0(t_0 - t) + \cdots\right\} \tag{14.7.26}$$

如果 z 很小, 则积分 (14.7.25) 的下限就由 (14.7.8) 决定, 由此得到

$$H_0(t_0 - t_z) = z - \left(1 + \frac{q_0}{2}\right)z^2 + \cdots$$

[456] 所以, 由 (14.7.7) 得出红移小于 z 的源数是

$$N(<z) = \frac{4\pi}{3}H_0^{-3}z^3\int_0^\infty n(t_0, L)$$

$$\times \left\{1 - \frac{3}{4}[\beta_0(L) + 2q_0 + 5]z + \cdots\right\}\mathrm{d}L \tag{14.7.27}$$

如果 l 很大, 则积分 (14.7.25) 的下限由 (14.7.9) 决定, 由此得

$$t_0 - t_l(L) = \left(\frac{L}{4\pi l}\right)^{1/2} \left\{1 - \frac{3}{2}\left(\frac{LH_0^2}{4\pi l}\right)^{1/2} + \cdots\right\}$$

而由 (14.7.7) 得出视亮度大于 l 的源数是

$$N(> l) = \frac{4\pi}{3}(4\pi l)^{-3/2} \int_0^\infty n(t_0, L)$$

$$\times \left\{1 - \frac{3}{4}[\beta_0(L) + 7]\left(\frac{LH_0^2}{4\pi l}\right)^{1/2} + \cdots\right\} L^{3/2}\mathrm{d}L \quad (14.7.28)$$

最后, 如果 S 很大, 则积分 (14.7.26) 的下限由 (14.7.12) 决定, 由此得到

$$t_0 - t_s(P) = \left(\frac{P}{S}\right)^{1/2} \left\{1 - \left(\frac{PH_0^2}{S}\right)^{\frac{1}{2}} + \cdots\right\}$$

于是, 由 (14.7.11) 得出频率 ν 处能流密度大于 S 的源数是

$$N(> S, \nu) = \frac{4\pi}{3}S^{-3/2} \int_0^\infty n(t_0, P, \nu)P^{3/2}$$

$$\times \left\{1 - \frac{3}{4}[\beta_0(P, \nu) + 2\alpha_0(P, \nu) + 5]\left(\frac{PH_0^2}{S}\right)^{1/2} + \cdots\right\}\mathrm{d}P$$

$$(14.7.29)$$

如果所有的源都有 "直" 谱 (14.7.13), 则由 (14.7.14) 和 (14.7.24) 得

$$\alpha_0(P, \nu) = -\frac{\alpha}{2}\left[1 + P\frac{\partial}{\partial P}\ln n(t_0, P, \nu)\right] \quad (14.7.30)$$

所以, 分部积分允许我们作代换

$$\alpha_0(P, \nu) \to \alpha \quad (14.7.31)$$

也就是说, 只要源有直谱 $P \propto \nu^{-\alpha}$, 式 (14.7.29) 中的 "有效谱指数" α_0 就可以换成 α.

　　由这些结果可以看出, 如果我们知道了演化参数 β_0, 就可以由 $z \ll 1$ 时的观测值 $N(< z)$ 来推出减速参数 q_0, 而与此相反, 无论我们怎样假设 β_0, 对于大 l 或 S 测得的 $N(> l)$ 或 $N(> S, \nu)$ 却不能告诉我们关于 q_0 的任何东西.

　　如果我们假设没有演化, 则 n 对时间的依赖关系由 (14.7.18) 或

[457]

(14.7.19) 和 (14.6.1) 决定, 故由 (14.7.22) 和 (14.7.23) 得

$$\beta_0(L) = \beta_0(P, \nu) = -3 \qquad (\text{无演化}) \qquad (14.7.32)$$

在这种情况下, 由 (14.7.27)—(14.7.29) 得

$$N(< z) = \frac{4\pi}{3} H_0^{-3} z^3 \int_0^\infty n(t_0, L) \mathrm{d}L \left\{ 1 - \frac{3}{2}(q_0 + 1)z + \cdots \right\} \qquad (14.7.33)$$

$$N(> l) = \frac{4\pi}{3}(4\pi l)^{-3/2} \int_0^\infty n(t_0, L) \left\{ 1 - 3\left(\frac{LH_0^2}{4\pi l}\right)^{1/2} + \cdots \right\} L^{3/2} \mathrm{d}L$$
$$(14.7.34)$$

此外, 对于直谱有

$$N(> S, \nu) = \frac{4\pi}{3} S^{-3/2} \int_0^\infty n(t_0, P, \nu)$$
$$\times \left\{ 1 - \frac{3}{2}(\alpha + 1)\left(\frac{PH_0^2}{S}\right)^{1/2} + \cdots \right\} P^{3/2} \mathrm{d}P \quad (14.7.35)$$

因此, 忽略演化就导致确定的预言, 即 $N(> l)$ 必须随 l 减小得比 $l^{-3/2}$ 更慢, 同时, 因为 α 是正的, $N(> S, \nu)$ 必须随 S 减小得比 $S^{-3/2}$ 更慢.

然而, 这个结果看来同观测结果是矛盾的[69]. 有关的射电源巡天的结果列在表 14.1 里. 它们联合地或分别地给出计数函数[63] $N(> S, \nu)$, 它随着 S (当 $S > 5 \times 10^{-26} \mathrm{Wm}^{-2}\mathrm{Hz}^{-1}$ 时) 大约像 $S^{-1.8}$ 那样减小, 而且肯定比 $S^{-3/2}$ 更快. 我们由此必须得出结论 —— 演化是重要的. 根据式 (14.7.29), 要使 $N(> S, v)$ 随 S 按 $S^{-3/2}$ 减小, 就要求

$$\beta_0 < -2\alpha_0 - 5 \simeq -6.5 \qquad (14.7.36)$$

所以, 源的数密度必须减小得比 $R(t)^{-6.5}$ 更快.

从射电源计数作为其角直径的函数的研究中, 也得到了类似的结论. Longair 和 Pooley[64] 从 3C 星表里射电源尺寸的分布研究中, 计算了忽略演化效应时对 5C 星表中的弱源所预期的角直径分布, 无论怎样选择 q_0 值, 他们的结果都与观测结果不符, 这表明源的固有数密度由于演化而减小.

如果演化真像这些源计数所指出的重要, 那么显然不能用这些源计数去了解有关 $R(t)$ 的情况. 下一章还要讨论到用源计数去了解源演化的程序, 那时将有 $R(t)$ 的动态模型.

表 14.1　主要的射电源巡天[a]

台站	巡天表	ν/MHz	源数	$S_{min}/(10^{-26}\mathrm{Wm^{-2}Hz^{-1}})$
剑桥	3C	159	471	8
	3CR	178	—	9
	4C	178	4843	2
	5C	408	276	0.025
	WKB	38	1069	14
	RN	178	87	0.25
	NB	81.5	558	1
Mills Cross	MSH	86	2270	7
Parkes	PKS	408,1410,2650	297	4
	PKS	408,1410	247	0.5
	PKS	408,1410	564	0.3
	PKS	408,1410	628	0.4
	PKS	635,1410,2650	397	1.5
Owens 谷	CTA	906	106	—
	CTB,CTBR	960	110	—
	CTD	1421	—	1.15
国立射电台	NRAO	750,1400	726	(3C 和 3CR)
	NRAO	750,1400	458	0.5
Bologna	B1	408	629	1
	B2	408	3235	0.2
Ohio 州	O	1415	128	2,0.5
	O	1415	236	0.37
	O	1415	1199	0.3
	O	1415	2101	0.2
Vermillion 河	VRO	610.5	239	0.8
	VRO	610.5	625	0.8
Dominion 射电台	DA	1420	615	2
Dwingeloo 国立射电台	DW	1417	188	2.3
Arecibo	AO	430	25	—

a) 不同的巡天覆盖着不同的、部分重叠的天区, 它们在自己的区域和能流范围内并不全都完备. 进一步的细节和参考资料见 A. G. Pacholczyk 著《*Radio Astrophysics*》(W. H. Freeman and Co., San Francisco, 1970), pp. 241 ff.

14.8 稳恒态宇宙学

到现在为止,我们的工作一直是建立在认为宇宙是空间均匀各向同性这样一个 "宇宙学原理" 的基础上. Hermann Bondi 和 Thomas Gold[65] 再前进一步, 提出宇宙遵循 "完全宇宙学原理", 即不仅在所有的点和所有的方向, 而且在所有时代看来, 宇宙都是相同的. 这个假设导致了宇宙的稳恒态模型, 差不多与此同时, Fred Hoyle[66] 以变更爱因斯坦场方程中的能量-动量张量的结构为基础, 也提出了这个模型. 我们这里将用 Bondi-Gold 方案, 因为它更符合本章的精神, 在最后一章中我们再来谈 Hoyle 的理论.

14.6 节的讨论表明, Hubble 常量 $\dot{R}(t_0)/R(t_0)$ 是一个可观测的参数, 所以在稳恒态模型中它必须同现在时刻 t_0 无关. 令 H 表示 Hubble 常量的永恒值, 我们就有

$$\frac{\dot{R}(t)}{R(t)} = H, \quad \text{对于所有的 } t,$$

因而有

$$R(t) = R(t_0) \exp\{H(t - t_0)\} \tag{14.8.1}$$

在这个模型中, 减速参数取永恒值

$$q \equiv -\frac{\ddot{R}R}{\dot{R}^2} = -1 \tag{14.8.2}$$

为了决定 k, 我们回到 $R(t)$ 和光度距离作为红移函数的 $d_L(z)$ 之间的一般关系 (14.6.22). 现在这个关系变为

$$t_0 - t = \int_0^{[\exp\{H_0(t_0-t)\}-1]} (1+z)^{-1}[1 - kR^{-2}(t_0)(1+z)^{-2}d_L^2(z)]^{1/2}$$
$$\times \frac{\mathrm{d}}{\mathrm{d}z}[(1+z)^{-1}d_L(z)]\mathrm{d}z \tag{14.8.3}$$

因为 $d_L(z)$ 是可观测量, 现在它必定与 t_0 无关. 所以, 为了使这个积分只依赖于 $(t - t_0)$, 而不分别依赖于 t 或 t_0, 必须

$$k = 0 \tag{14.8.4}$$

因而度规就是

$$\mathrm{d}\tau^2 = \mathrm{d}t^2 - R^2(t_0)e^{2H(t-t_0)}\{\mathrm{d}r^2 + r^2\mathrm{d}\theta^2 + r^2\sin^2\theta\mathrm{d}\varphi^2\} \tag{14.8.5}$$

这种推导可能会由于如下理由受到责难, 即度规(14.8.5)是作为 Robertson-Walker 度规的一种特例而得到的, 而在 14.1 节和 14.2 节中推导 Robertson-Walker 度规时所依靠的宇宙时的定义, 在没有演化的宇宙中已经没有意

义了. 为了避免这个困难, 我们可以把 (14.8.5) 看成以极缓慢的速率演化的宇宙的极限度规. 比较满意的办法是直接从整个 4 维时空是最大对称的假设导出 (14.8.5). 在 13.3 节中已证明由这个假设可得到度规 (13.3.41), 它和 (14.8.5) 是相同的, 只不过必须把因子 $R(t_0)\exp(-Ht_0)$ 吸收到径向坐标 r 中去. 比较 (13.3.41) 和 (14.8.5), 我们注意到, 稳恒态模型的四维时空的曲率常数是

[460]

$$K = H^2 \tag{14.8.6}$$

时空是弯曲的, 尽管空间是平直的.

稳恒态宇宙论最引人注目的特点不是它的时空度规, 而是它需要不断产生物质. 根据 (14.2.21), 任何两个共动星系之间的固有距离随 $R(t)$ 而增加, 所以, 如果每单位固有体积内星系的平均数目保持不变, 就必须出现新的星系来填满加宽着的共动坐标网里的空隙. 为了正式说明这一点, 我们回忆在共动坐标系 r, θ, ϕ, t 中, 由 (14.2.11)—(14.2.14) 给出星系的流矢量和总能量 – 动量张量是

$$J_G^\mu = n_G U^\mu$$

并且

$$T^{\mu\nu} = (\rho + p)U^\mu U^\nu + pg^{\mu\nu}$$

$$U^t = 1 \quad U^r = U^\theta = U^\phi = 0$$

按照稳恒态模型的精神, 我们现在把 n_G, p 和 ρ 在时间和空间中都取成恒量. 这样一来, J_G^μ 和 $T^{\mu\nu}$ 就不再守恒, 而是有

$$J_{G;\mu}^\mu = R^{-3}(t)\frac{\partial}{\partial t}(R^3(t)J_G^t) = 3n_G H \tag{14.8.7}$$

$$T^{\mu t}_{\ ;\mu} = R^{-3}(t)\frac{\partial}{\partial t}(R^3(t)[p+\rho]) = 3(p+\rho)H \tag{14.8.8}$$

这就是说, 一个使用局部惯性坐标系的共动观察者将看到星系以每个现有星系 $3H$ 的速率产生, 而能量以每单位 "质焓和" $3H$ 的速率产生, 宇宙现在的密度大约是 10^{-6} 个核子/cm^3, 所以, 若 $H^{-1} = 10^{10}$ 年, 这就要求每年平均产生约 10^{-16} 个核子/cm^3. 至于这些新产生的物质形式是氢, 还是质子加电子, 还是中子, 稳恒态模型是闭口不谈的, 它也不告诉我们这些新物质是在老物质附近出现的, 还是产生于星系际空间深处, 不过, 在许多星系核心似乎正在发生猛烈的事件, 所以, 星系核看来好像是物质连续产生场所的自然候选者.

至于光度距离同红移的关系, 稳恒态模型给出了非常确定的预言. 根据 (14.3.1), 如果光在时刻 t_1 离开一个共动源并在时刻 t_0 到达原点, 因

为 $k = 0$, 这个源必须处在由下式决定的坐标 r_1 处

[461]

$$r_1 = r(t_1) \equiv \int_{t_1}^{t_0} \frac{\mathrm{d}t}{R(t)} = H^{-1} R^{-1}(t_0)\{\exp[H(t_0 - t_1)] - 1\} \quad (14.8.9)$$

此外, 由 (14.3.6) 得到这个源的红移是

$$z = \exp[H(t_0 - t_1)] - 1 \tag{14.8.10}$$

所以, 由 (14.4.14) 得出这个源的光度距离为

$$d_L(z) = H^{-1} z(1 + z) \tag{14.8.11}$$

作为校核, 注意 (14.8.9)—(14.8.11) 同相应于 $q_0 = -1$ 的 (14.6.6), (14.6.4) 和 (14.6.8) 是符合的. 正如在 14.6 节中讨论过的那样, 这个值看来并不符合从观测到的 "$d_L(z) - z$" 关系测定的 q_0.

在这个模型中, 由 (14.4.22) 和 (14.8.11) 得出 "角直径" 距离 d_A 为

$$d_A(z) = \frac{H^{-1} z}{1 + z} \tag{14.8.12}$$

注意, 当 $z \to \infty$ 时, $d_A(z)$ 趋于有限常数 H^{-1}. 所以, 红移很大的天体看起来非常暗, 但它们的角直径却不会收缩到一个极小值以下. 如果 H^{-1} 是 $3 \times 10^9 \mathrm{pc}$, 则一个直径为 $10^4 \mathrm{pc}$ 的星系决不会显得小于约 $0.6''$.

如果我们计数红移小于 z 的源的数目, 必须回溯到的时刻 t_z, 由 (14.7.8) 决定

$$t_z = t_0 - H^{-1} \ln(1 + z) \tag{14.8.13}$$

为了计数视亮度大于 l 的源数, 则我们必须回溯到由 (14.7.9) 决定的时刻, 考虑到式 (14.8.9) 可以将它写为

$$\exp[H(t_0 - t_l)]\{\exp[H(t_0 - t_l)] - 1\} = \left(\frac{LH^2}{4\pi l}\right)^{1/2}$$

其解是

$$t_l(L) = t_0 - H^{-1} \ln\left[\frac{1}{2} + \left(\frac{1}{4} + \left(\frac{LH^2}{4\pi l}\right)^{1/2}\right)^{1/2}\right] \tag{14.8.14}$$

式 (14.7.7) 中对 t_1 的积分可以明显积出, 于是我们得到红移小于 z 且视亮度大于 l 的源数是

$$N(<z, >l) = \int_0^\infty n(L) \min\{V(t_z), V(t_l(L))\}\mathrm{d}L \tag{14.8.15}$$

式中 V 是体积

$$V(t) = \int_t^{t_0} 4\pi r^2(t_1) R^2(t_1) dt_1$$

$$= 4\pi H^{-3} \left\{ H(t_0 - t) - \frac{3}{2} + 2\exp[-H(t_0 - t)] - \frac{1}{2}\exp[-2H(t_0 - t)] \right\} \tag{14.8.16}$$

$n(L)dL$ 是光度在 L 和 $L + dL$ 间与时间无关的固有源密度.

作为式 (14.8.15) 的一种特例, 我们得到红移小于 z 的源数是

$$N(< z) = 4\pi H^{-3} n \left\{ \ln(1 + z) - \frac{z(1 + 3z/2)}{(1 + z)^2} \right\} \tag{14.8.17}$$

式中 n 是源的总数密度

$$n \equiv \int_0^\infty n(L)dL$$

这个结果与关于源的光度分布的任何假设无关, 当然, 在稳恒态宇宙中是不可能有源密度或光度分布的演化的. 然而, 根据现在可用的有限统计资料, 看来 (14.8.17) 并不符合观测到的类星体红移分布[67]. 特别是, 观测到的类星体红移分布在 $z = 1.95$ 附近显示出一个明显的峰[57], 而在式 (14.8.17) 中这是不存在的. 可是也要注意到, 观测到的 $N(< z)$ 值一般应该小于理论预言 (14.8.17), 因为有些源的光学或射电强度太小, 以致没有数出来.

作为式 (14.8.15) 的另一特例, 我们得到视亮度大于 l 的源数是

$$N(> l) = 4\pi H^{-3} \int_0^\infty n(L) \Bigg\{ \ln \left(\frac{1}{2} + \left[\frac{1}{4} + \left(\frac{LH^2}{4\pi l} \right)^{1/2} \right]^{1/2} \right)$$

$$- \frac{3}{2} + 2\left(\frac{1}{2} + \left[\frac{1}{4} + \left(\frac{LH^2}{4\pi l} \right)^{1/2} \right]^{1/2} \right)^{-1}$$

$$- \frac{1}{2} \left(\frac{1}{2} + \left[\frac{1}{4} + \left(\frac{LH^2}{4\pi l} \right)^{1/2} \right]^{1/2} \right)^{-2} \Bigg\} dL \tag{14.8.18}$$

同 $N(< z)$ 相反, 这个结果依赖于分布函数 $n(L)$ 的具体情况.

一个有较大观测价值的量是频率 ν 处的强度大于 S 的源数. 如果所有的源都具有同样的 "直" 谱 $P \propto \nu^{-\alpha}$, 则由 (14.7.15) 得中出这样的源数
为

$$N(> S; \nu) = \int_0^\infty n(P, \nu) V(t_{S\alpha}(P)) dP \tag{14.8.19}$$

式 $n(P,\nu)\mathrm{d}P$ 是频率 ν 处的内禀功率在 P 和 $P+\mathrm{d}P$ 之间的源数; $V(t)$ 由 (14.8.16) 得到; 而 $t_{s\alpha}(P)$ 由 (14.7.16) 决定, 它现在变为

$$\exp\left[\frac{1}{2}(3+\alpha)H(t_0-t_{S\alpha})\right] - \exp\left[\frac{1}{2}(1+\alpha)H(t_0-t_{S\alpha})\right] = \left(\frac{PH^2}{S}\right)^{1/2}$$

(14.8.20)

对于观测到的谱指数 $\alpha \simeq 0.7$, 这个方程不能分析地解出. 不过, 从 (14.8.20), (14.8.19) 和 (14.8.16) 可知, 对于所有的源强, $N(>S,\nu)$ 减小得比 $S^{-3/2}$ 更慢, 这同观测到的计数矛盾: 当 S 大于约 $4 \times 10^{-26}\mathrm{Wm}^{-2}\mathrm{Hz}^{-1}$ 时, 它比 $S^{-3/2}$ 减小得更快[63], 然后才开始减小得比 $S^{-3/2}$ 更慢. 在上节中我们看到, 这些观测结果同非稳恒态宇宙学的预言也不相容, 但在那种情况下, 矛盾可以通过假设源密度的演化来克服, 而在稳恒态宇宙学里, 源密度的演化是不允许的.

作为校核, 我们注意到在稳恒态模型中, 由式 (14.7.22) 和 (14.7.23) 定义的量 $\beta_0(L)$ 和 $\beta_0(P,\nu)$ 必须为零

$$\beta_0(L) = \beta_0(P,\nu) = 0$$

因此, 由 (14.7.27), (14.7.28) 和 (14.7.29), 加上 $q_0 = -1$ 和直谱条件, 现在可以得到对于 "近" 源的计数是

$$N(<z) = \frac{4\pi}{3}H^{-3}z^3 n\left\{1 - \frac{9}{4}z + \cdots\right\}$$

(14.8.21)

$$N(>l) = \frac{4\pi}{3}(4\pi l)^{-3/2}\int_0^\infty n(L)\left\{1 - \frac{21}{4}\left(\frac{LH^2}{4\pi l}\right)^{1/2} + \cdots\right\}L^{3/2}\mathrm{d}L$$

(14.8.22)

$$N(>S,\nu) = \frac{4\pi}{3}S^{-3/2}\int_0^\infty n(P,\nu)\left\{1 - \frac{3}{4}(2\alpha+5)\left(\frac{PH^2}{S}\right)^{1/2} + \cdots\right\}P^{3/2}\mathrm{d}P$$

(14.8.23)

这同一般公式 (14.8.17), (14.8.18) 和 (14.8.19) 的幂级数展开式符合.

稳恒态模型看来确实不符合观测到的 "$d_L - z$" 关系或者源计数 $N(<z)$ 和 $N(>S,\nu)$. 在某种意义上说, 这种不符合倒是这个模型的长处; 在所有宇宙学中只有稳恒态模型作出了这样确定的预言, 甚至用我们掌握的有限观测资料, 就能把它驳倒. 稳恒态是如此地诱人, 以至它的许多信奉者仍然抱有这样的希望, 即不利于它的证据将随着观测的改进而消失. 不过, 如果下一章中要讨论的宇宙微波辐射真的是黑体辐射的话, 那就很难怀疑宇宙是从一个既热又密的早期阶段演化而来的.

[464]

专题书目

凡是没有标明参考文献的地方, 天文数据通常取自 C. W. Allen, *Astrophysical Quantities*(2nd ed., Athlone press, London,1955).

宇宙学概论

H. Bondi. *Cosmology* (Cambridge University Press, Cambridge, 1960).

W. Davidson and J. V. Narlikar, "Cosmological Models and Their Observational Validation",reprinted in *Astrophysics* (W. A. Benjamin, New York, 1969).

O. Heckmann and E.Schucking, "Relativistic Cosmology". in *Gravitation: An Introduction to Current Research*, ed. by L. Witten (Wiley, New York, 1962), p. 438.

P. W. Hodge, *Galaxies and Cosmology* (McGraw-Hill, New York, 1966).

La Structure et l'Evolution de l'Univers (Eleventh Solvay Conference, R. Stoops, ed., Brussels, 1958).

G. C. McVittie, *General Relativity and Cosmology* (University of Illinois Press, Urbana, Ill., 1965).

W. Rindler, "Relativistic Cosmology" . Physics Today, November, 1967, p. 23.

H. P. Robertson and T. W. Noonan. *Relativity and Cosmology* (W. B. Saunders Co., Philadelphia, 1968).

E. L. Schucking, "Cosmology",in *Relativistic Theory and Astrophysics. 1. Relativity and Cosmology*, ed. by J.Ehlers (American Mathematical Society, Providence. R. I., 1967), p. 218.

D. W. Sciama, *Modern Cosmology* (Cambridge University Press, Cambridge, 1971).

R. C. Tolman, *Relativity, Thermodynamics, and Cosmology* (Clarendon Press, Oxford. 1934).

Ya. B. Zeld'ovich, "Survey of Modern Cosmology", in *Advances in Astronomy and Astrophysics*. Vol. 3, ed. by Z. Kopal (Academic Press, New York, 1965).

[465]

20 世纪天文学和宇宙学的历史

W. Bande, *Evolution of Stars and Galaxies*, ed. by C. Payne-Gaposchkin (Harvard University Press, Cambridge, Mass., 1963).

F. P. Dickson, *The Bowl of Night* (M. I. T. Press, Cambridge, Mass., 1968).

J. D. Fernie, "The Period-Luminosity Relation: A Historieal Review". Pub. Astron. Soc. Pac., **81**, 707 (1969).

J. D. North, *The Measure of the Universe* (Clarendon Press, Oxford, 1965).

Source Book in Astronomy 1900-1950, ed. by H. Shapley (Harvard University Press, Cambridge. Mass., 1960).

宇宙距离尺度和 Hubble 计划

Basic Astronomical Data ed. by K. Aa. Strand (University of Chicago Press, Chicago, 1963).

A. Sandage, "Cosmology—A Search for Two Numbers", Physics Today, February, 1970, p. 34.

A. Sandage, in *Problems of Extragalactic Research* (Macmillan, New York, 1962), p. 359.

A. Sandage, "The Ability of the 200-Inch Telescope to Discriminate between Selected World Models", Astrophys. J., **133**, 355 (1961).

类星体

G. Burbidge and M. Burbidge, *Quasi-Steilar Objects* (W. H. Freeman and Co., San Francisco, 1967).

L. C. Green, "Quasars Six Years Later", Sky and Telescope, May 1969.

M. Sehmidt, "Lectures on Quasi-Stellar Objects", in *Relativity Theory and Astrophysics. 1. Relativity and Cosmology, op. cit.*, p. 203.

M. Schmidt, "Quasi-Stellar Objects", in *Annual Review of Astronomy and Astrophysics*, Vol. 7, ed. by L. Goldberg (Annual Reviews, Inc., Palo Alto, 1969), p. 527.

射电源计数

K. Brecher, G. Burbidge, and P. A. Strittmayer, "Counts of Sources and Theories", Comments on Astrophysics and Space Physics **3**, 99 (1971).

M. Ryle, "The Counts of Radio Sources", in *Annual Review of Astronomy and Astrophysics*, Vol. 6, ed. by L. Goldberg (Annual Reviews, Inc., Palo Alto, 1968), p. 249.

P. A. G. Scheuer, "Radio Astronomy and Cosmology", in *Stars and Stellar Systems, Vol. IX: Galaxies and the Universe*, ed. by A. and M. Sandage, to be published.

F. G. Smith, "Radio Galaxies and Quasars", in *Contemporary Physics—Trieste Symposium 1968*, ed. by A. Salam, Vol. 1 (International Atomic Energy Agency, Vicnna, 1969), p. 459.

[466]　## 参考文献

[1] H. P. Robertson, Astrophys. J., **82**, 284 (1935); *ibid.*, **83**, 187, 257 (1936).

[2] A. G. Walker, Proc. Lond. Math. Soc. (2), **42**, 90 (1936).

[3] A. Friedmann, Z. Phys., **10**, 377 (1922), *ibid.*, **21**. 326 (1924).

[4] K. Gödel, Rev. Mod. Phys. **21**, 447 (1949). 均匀各向异性空间的一般分类, 见 A. Taub, Ann. Math., **53**. 474 (1951).

[5] C. V. I. Charlier, Arkiv. Mat. Astr. Fys. **4**, No. **24** (1908); *ibid.*, **16**, No. **22** (1922).

[6] G. de Vaucouleurs, Science, **167**, 1203 (1970).

[7] F. Zwicky, Pub. Ast. Soc. Pacific, **50**, 218 (1938); F. Zwicky and K. Rudnicki, Astrophys. J., **137**, 707 (1963); Z. Astrophys., **64**, 246 (1966).

[8] G. O. Abell, Astrophys. J., Suppl. **3**, 211(1958).

[9] J. H. Oort, XI Solvay Conference, *La Structure et l'Evolution de l'Univers* (Brussels, 1958), p. 163.

[10] 为以下著作准备的表: A. S. Edeington, *The Mathematical Theory of Relativity* (2nd ed., Cambridge University Press, London, 1924), p. 162.

[11] C. Wirtz, Astr. Nachr., **206**, 109 (1918).

[12] C. Wirtz, Astr. Nachr., **215**, 349 (1921); *ibid.*, **216**, 451 (1922); *ibid.*, **222**, 21 (1924); Scientia, **38**, 303 (1925). K. Lundmark, Stock. Acad. Hand., **50**, No. 8 (1920); Mon. Not. Roy. Astron. Soc., **84**, 747 (1924); *ibid.*, **85**, 865 (1925).

[13] E. P. Hubble. Proc. Nat. Acad. Sci., **15**, 168 (1927).

[14] K. Schwarzschild, Vjschr. Astr. Geo. Lpz., **35**, 337 (1900).

[15] H. P. Robertson, Z. Astrophys., **15**, 69 (1937); Z. f. Astrophys., **15**, 69 (1938).

[16] E. Hubble. Ap. J., **71**, 231 (1930).

[17] 例如, 见 M. Schwarzschild, *Structure and Evolution of the Stars* (Princeton University Press, Princeton, N. J., 1958), Chapter IV.

[18] W. Baade, Astron. J., **100**, 137 (1944).

[19] P. W. Hodge and G. Wallerstein, Pub. Astron. Soc. Pacific, **78**, 411 (1966).

[20] H. Arp. Ap. J., **135**, 311. 971 (1962); A. Sandage, Ap. J., **135**, 349 (1962); R. Christy, Ap. J., **144**, 108 (1966); L. Plaut, in *Galactic Structure*, ed. by A. Blaauw and M. Schmidt (University of Chicago Press, Chicago. Ill. . 1965), p. 267.

[21] H. S. Leavitt, Harvard Circular No. 173 (1912): reprinted in *Souree Book of Astronomy*, ed. by H. Shapley (Harvard University Press, Cambridge, 1966).

[22] H. N. Russell. Science, **37**, 651 (1913).

[23] E. Hertzsprung, Astron. Nachr., **196**, 201 (1913).

[24] H. Shapley, Ap. J., **48**, 89 (1918).

[25] R. E. Wilson., Ap. J., **35**. 35 (1923); *ibid.*, **89**, 218 (1939).

[26] E. P. Hubble, *Annual Reports of the Mount Wilson Observatory*, 1923—1924; Observatory, **48**, 139 (1925).

[467]   [27] W Baade, Trans. Int. Astron. Un., **8**. 397 (1952).

[28] J. D. Fernie, Pub. Ast. Soc. Pac., **81**, 707 (1969).

[29] G. Wallerstein, Ap. J., **127**, 583 (1958).

[30] R. P. Kraft, Ap. J., **134**, 616 (1961). 也见 R. P. Kraft and M. Schmidt, Ap. J., **137**, 249 (1962); J. D. Fernie, Astron. J., **72**, 1327 (1967).

[31] A. Sandage and G. A. Tammann, Ap. J., **151**. 531 (1968). 对该校准的修订由下文提出: J. Jung, Astron. and Astrophys., **6**, 130 (1970). 也见 A. Sandage and G. A. Tammann, Ap. J. **167**, 293 (1971).

[32] 有关综述, 见 P. W. Hodge, *Galaxies and Cosmology* (McGraw-Hill, New York, 1966). Chapter 12.

[33] E. Hubble, Ap. J., **84**, 270 (1936).

[34] A. Sandage, Ap. J., **152**, L149 (1968); Observatory, **88**, 91 (1968).

[35] R. Racine, J. R. A. S. (Canada), in press.

[36] G. de Vaucouleurs, Ap. J., **159**, 438 (1970).

[37] E. L. Scott, Ap. J., **62**, 248 (1957).

[38] P. J. E. Peebles, Ap. J., **153**, 13 (1968); J. V. Peach, Nature, **223**, 1140 (1969); P. J. E. Peebles, Nature. **224**, 1093 (1969): B. A. Peterson, Ap. J., **159**, 333 (1970); B. A. Peterson, Nature, **227**, 54 (1970): and so on.

[39] J. B. Oke and A. Sandage, Ap. J., **154**, 21 (1968).

[40] W. A. Baum, Ap. J., **62**, 6 (1957).

[41] A. Sandage, Ap. J., **152**. L149 (1968).

[42] J. N. Baheall and R. M. May, Ap. J., **152**, 89 (1968).

[43] G. de Vaucouleurs, Ap. J., **63**, 253 (1968); J. Kristian and R. K. Sachs, Ap. J., **143**, 379 (1966).

[44] A. Sandage, Physics Today, February 1970, p. 34.

[45] A. Sandage, Observatory. **88**, 91 (1968).

[46] E. P. Hubble and M. L. Humason, Ap. J., **74**, 43 (1931).

[47] M. L. Humason, Ap. J., **83**, 10 (1936).

[48] E. P. Hubble, Ap. J., **84**, 158, 270, 516 (1936).

[49] M. L. Humason, N. U. Mayall, and A. R. Sandage, Astron. J., **61**, 97 (1956).

[50] A. Sandage, Ap J., **127**, 513 (1958).

[51] A. Sandage, I. A. U. Symposium No. 15, 359 (1961).

[52] A. Sandage, Ap. J., **134**, 916 (1961).

[53] R. Minkowski, Ap. J., **132**. 908 (1960).

[54] J. V. Peach, Ap. J., **159**, 753 (1970).

[55] A. Sandage, Yearbook of the Carnegie Institute of Washington, **65**, 163 (1966).

[56] M. Schmidt, Nature, **197**, 1040 (1963).

[57] 有关评述, 见 G. Burbidge and M. Burbidge, *Quasi-Stellar Objects* (W. H. Free-man and Co., San Francisco, 1967).

[58] F. Hoyle and G. R. Burbidge, Nature, **210**, 1346 (1966).

[59] G. R. Burbidge and M. Burbidge, Ap. J., **148**, L107 (1967).

[60] S. Weinberg, Ap. J., **161**, L233 (1970).

[61] A. Sandage, Ap. J., **136**, 319 (1962).

[62] K. I. Kellerman, Ap. J., **140**, 969 (1964); I. I. Pauliny-Toth, C. M. Wade, D. S.   [468]
      Heeschen, Ap. J., Suppl., **13**, 65 (1966).

[63] J. F. R. Gower, Mon. Not. Roy. Astron. Soc., **133**, 151 (1966); M. Ryle, Ann.
      Rev. Astron. and Astrophys., **6**, 249 (1968). 有的高频源计数似与 $S^{-3/2}$ 律符合;
      见 K. I. Kellermann, M. M. Davis, and I. I. Pauliny-Toth, Ap. J. Lett. **170**, L1
      (1971), and A. T. Shimmins, J. Bolton. and J. V. Wall, Nature **217**, 818 (1968).

[64] M. S. Longair and G. G. Pooley, Mon. Not. Roy. Astron. Soc., **145**, 121 (1969).

[65] H. Bondi and T. Gold, Mon. Not. Roy. Astron. Soc., **108**, 252 (1948).

[66] F. Hoyle, Mon. Not. Roy. Astron. Soc., **108**, 372 (1948); *ibid.*, 109, 365 (1949).

[67] M. Schmidt, Ann. Rev. Astron. and Astrophys., **7**, 527 (1969); Ap. J., 151, 393
      (1968); *ibid.*, **162**, 371 (1970).

[68] J. E. Gunn, Ap. J. **164**, L113 (1971) 提出了类星体 PKS 2251+11 与一个红移·
      基本相等的星系 ($z = 0.323$) 成协的证据.

[69] 光学天文中星系计数的讨论, 见 P. J. E. Peebles, Comments Ap. and Sp. Phys.
      3, 173 (1971).

"现在，请诸位想象这样一个时刻：悄然逼近的
低语和营火闪烁的黑暗正充塞着覆盖宇宙的
苍穹……"

威廉·莎士比亚,《亨利五世》

第十五章

宇宙学: 标准模型

在前一章里，我们为宇宙图建立了空间和时间坐标. 现在我们要把辐射作为海洋，物质作为岛屿填充到这幅宇宙图中去，正是物质和辐射才是宇宙的实际内容.

在大多数场合，我们将继续把各向同性和均匀性假设作为讨论的基础，现在再加上 Einstein 场方程. 于是，宇宙的将来主要地由它的曲率所决定：如果宇宙是开放的，它会永远膨胀下去，而如果它是封闭的，则它目前的膨胀终将停止而继之以普遍的收缩. 曲率又主要地依赖于现在的能量密度 ρ_0；宇宙是开放的还是封闭的，要看 ρ_0 是小于还是大于某个量级为 10^{-29}g/cm^3 的临界密度 ρ_c 而定. 看来，ρ_0 基本上来源于普通物质——中子和质子的静质量. 在这种情况下，如果减速参数 q_0 小于 1/2，则宇宙是开放的，而且 ρ_0 小于 ρ_c，如果 q_0 大于 1/2，则宇宙是封闭的，而且 ρ_0 大于 ρ_c；这表明整个前一章中强调测量 q_0 是正确的. 然而，观测得到 $q_0 \approx 1$，这与在星系中观测到的质量密度显著小于 ρ_c 相矛盾. 这个矛盾促使人们努力去寻找星系际气体的踪迹，不过迄今为止，这种搜寻还很不成功.

追溯过去，我们发现任何受 Einstein 方程制约的均匀各向同性宇宙，都必须起始于一个无穷大密度的奇点. 从这个奇点起算，宇宙年龄必须小于 H_0^{-1}，而如果 $q_0 > 1/2$，则小于 $2/3H_0^{-1}$. 从放射性纪年和星体演化理

论得到的年龄是不确定的, 范围从 7×10^9 到 16×10^9 年, 但若这个年龄比 $2/(3H_0)$ 小得太多, 就难以接受了.

炽热的早期宇宙的最著名的遗迹, 是 1950 年就预言过并在 1965 年 [470] 观测到的 2.7K 微波背景辐射. 这些资料的重要性在于, 迄今为止它符合这种辐射具有 Planck 黑体谱以及完全各向同性的预言. 知道了现在的辐射温度, 我们就能追溯宇宙的热历史到最初几分钟, 并计算原始火球中复杂原子核的产生过程. 已提出了一种很明确的预言, 就是早期宇宙中约有 27% 的核子已经聚变成 ^{4}He. 这与现在的宇宙氦丰度的一些测量结果相符, 但又与另外一些结果不符. 早期宇宙的另一遗迹是我们目前的宇宙形态: 恒星组成星系, 星系组成星系团, 星系团组成一种大致均匀的 "气体". 现在我们在理论上对这种结构如何演化还了解得很不具体, 但背景辐射显然起了重要作用. 我们也可以想象宇宙历史的最初几秒钟, 那时温度高得可以产生大量介子、重子和反重子; 看来, 目前还没有任何办法来检验这些推测.

上面概述了建立在宇宙学原理和 Einstein 场方程基础上的所谓宇宙 "标准模型". 在 15.7—15.11 各节中起重要作用的另一 "标准" 假设就是: 遥远星系和我们银河系一样是由重子而不是由反重子构成的. 经常有人提出, 因为重子数如同电荷一样是严格守恒的, 所以, 宇宙应包含相等数目的重子和反重子, 如同正、负电荷那样. 但必须记住, 重子数实际上并不像电荷; 有与电荷相联系的长程力, 但就我们所知, 并没有与重子数相联系的长程力. 的确, 在一个有限宇宙中, 总电荷必须为零, 只要将 Maxwell 方程 $\nabla \cdot \boldsymbol{E} = \varepsilon$ 对宇宙体积积分, 就能立即看出这一点; 但对重子数却推不出这种结论. 无论如何, 即使宇宙的净重子数为零, 重子和反重子也必须在过去某个时刻以某种方式分离开来, 本章中的绝大部分讨论对于那个时刻以后的宇宙演化还是适用的.

当然, 标准模型可能部分错误, 甚至全盘皆非. 但它的重要性不在于它一定正确, 而在于它为汇集和研究大量的各种各样的观测资料提供了一个共同的基础. 从一个标准宇宙模型的角度来讨论这些观测资料, 我们就能由此开始去了解它们对于宇宙学的意义, 而不管哪一个模型最终证明是正确的. 其它一些可能的模型留在下一章讨论.

15.1 Einstein 方程

让我们考虑 Einstein 场方程对一般各向同性均匀宇宙的度规所加的约束, 并以此开始我们对动力学宇宙学的讨论, 按 14.2 节的结果, 可将度

规选为 Robertson-Walker 形式

$$g_{tt} = -1 \quad g_{it} = 0 \quad g_{ij} = R^2(t)\widetilde{g}_{ij}(x) \tag{15.1.1}$$

式中 t 是宇宙时间坐标; i 和 j 遍历三个共动空间坐标 r, θ, 和 ϕ; $\widetilde{g}_{ij}$ 是 3 维最大对称空间的度规:

$$\widetilde{g}_{rr} = (1 - kr^2)^{-1} \quad \widetilde{g}_{\theta\theta} = r^2 \quad \widetilde{g}_{\varphi\varphi} = r^2 \sin^2\theta$$
$$\widetilde{g}_{ij} = 0 \quad 当 \ i \neq j \tag{15.1.2}$$

k 等于 $+1, -1$ 或 0.

这个度规的仿射联络仅有的非零元素是

$$\Gamma^t_{ij} = R\dot{R}\widetilde{g}_{ij} \tag{15.1.3}$$

$$\Gamma^i_{ij} = \frac{\dot{R}}{R}\delta^i_j \tag{15.1.4}$$

$$\Gamma^i_{jk} = \frac{1}{2}(\widetilde{g}^{-1})^{il}\left(\frac{\partial\widetilde{g}_{lj}}{\partial x^k} + \frac{\partial\widetilde{g}_{lk}}{\partial x^j} - \frac{\partial\widetilde{g}_{jk}}{\partial x^l}\right) \equiv \widetilde{\Gamma}^i_{jk} \tag{15.1.5}$$

所以, 它的 Ricci 张量的元素是

$$R_{tt} = \frac{3\ddot{R}}{R} \tag{15.1.6}$$

$$R_{ti} = 0 \tag{15.1.7}$$

$$R_{ij} = \widetilde{R}_{ij} - (R\ddot{R} + 2\dot{R}^2)\widetilde{g}_{ij} \tag{15.1.8}$$

式中 $\widetilde{R}_{ij}$ 是由度规 $\widetilde{g}_{ij}$ 计算的空间 Ricci 张量:

$$\widetilde{R}_{ij} = \frac{\partial\widetilde{\Gamma}^k_{ki}}{\partial x^j} - \frac{\partial\widetilde{\Gamma}^k_{ij}}{\partial x^k} + \widetilde{\Gamma}^k_{li}\widetilde{\Gamma}^l_{kj} - \widetilde{\Gamma}^k_{ij}\widetilde{\Gamma}^l_{kl} \tag{15.1.9}$$

我们可以不必花大量功夫去直接计算 $\widetilde{R}_{ij}$, 只要记住 $\widetilde{g}_{ij}$ 作为一个最大对称空间的度规, 必须具有形如 (13.2.4) 的 Ricci 张量:

$$\widetilde{R}_{ij} = -2k\widetilde{g}_{ij} \tag{15.1.10}$$

将此式代入 (15.1.8) 得出时空 Ricci 张量的空 – 空分量为

$$R_{ij} = -(R\ddot{R} + 2\dot{R}^2 + 2k)\widetilde{g}_{ij} \tag{15.1.11}$$

正如 14.2 节中所说明的那样, 这里能量 – 动量张量必须具有和理想流体相同的形式

$$T_{\mu\nu} = pg_{\mu\nu} + (p + \rho)U_\mu U_\nu \tag{15.1.12}$$

式中 p 和 ρ 仅为 t 的函数, U^μ 由式 (14.2.13) 和 (14.2.14) 给出 [472]

$$U^t = 1, \quad U^i = 0 \tag{15.1.13}$$

所以, Einstein 方程中的场源项是

$$S_{\mu\nu} \equiv T_{\mu\nu} - \frac{1}{2}g_{\mu\nu}T^\lambda_\lambda$$
$$= \frac{1}{2}(\rho - p)g_{\mu\nu} + (p + \rho)U_\mu U_\nu \tag{15.1.14}$$

故由 (15.1.1), (15.1.13) 和 (15.1.14) 得到

$$S_{tt} = \frac{1}{2}(\rho + 3p) \tag{15.1.15}$$
$$S_{it} = 0 \tag{15.1.16}$$
$$S_{ij} = \frac{1}{2}(\rho - p)R^2\tilde{g}_{ij} \tag{15.1.17}$$

Einstein 方程写为

$$R_{\mu\nu} = -8\pi G S_{\mu\nu}$$

联立 (15.1.6), (15.1.7), (15.1.11) 和 (15.1.15)—(15.1.17), 由时 – 时分量得到

$$3\ddot{R} = -4\pi G(\rho + 3p)R \tag{15.1.18}$$

由空 – 空分量得到一个方程

$$R\ddot{R} + 2\dot{R}^2 + 2k = 4\pi G(\rho - p)R^2 \tag{15.1.19}$$

由空 – 时分量得到恒等式 $0 = 0$.

由 (15.1.18) 和 (15.1.19) 消去 $\ddot{R}$, 我们得到一个关于 $R(t)$ 的一阶微分方程

$$\dot{R}^2 + k = \frac{8\pi G}{3}\rho R^2 \tag{15.1.20}$$

此外, 我们还有能量守恒方程 (14.2.19)

$$\dot{p}R^3 = \frac{\mathrm{d}}{\mathrm{d}t}\{R^3[\rho + p]\}$$

或者等价地有

$$\frac{\mathrm{d}}{\mathrm{d}R}(\rho R^3) = -3pR^2 \tag{15.1.21}$$

给定物态方程 $p = p(\rho)$, 我们就能用 (15.1.21) 把 ρ 定为 R 的函数. 例如, 如果宇宙的能量密度是由压强可以忽略的非相对论性物质所决定, 则由 (15.1.21) 得到

$$\rho \propto R^{-3} \quad \text{当} \quad p \ll \rho \tag{15.1.22}$$

反之, 如果能量密度由相对论性粒子 (如光子) 所决定, 则 $p = \rho/3$, 由 (15.1.21) 就得到

$$\rho \propto R^{-4} \quad \text{当} \quad p = \frac{\rho}{3} \tag{15.1.23}$$

知道 ρ 作为 R 的函数后, 我们便可以通过解方程 (15.1.20) 定出所有时间的 $R(t)$. 因此, 动力学宇宙学的基本方程是 Einstein 方程 (15.1.20) 、能量守恒方程 (15.1.21) 和物态方程. 以 Robertson–Walker 度规为基础并按这种方法导出 $R(t)$ 的宇宙学模型, 就称为 Friedmann 模型[1].

[顺便提一下, 用这个方法确定的解 $R(t)$ 全自动满足 (15.1.18) 和 (15.1.19), 因为把 (15.1.20) 对时间微商并用 (15.1.21), 我们得到

$$
\begin{aligned}
2\dot{R}\ddot{R} &= \frac{8\pi G\dot{R}}{3R}\left[-\rho R^2 + \frac{\mathrm{d}}{\mathrm{d}R}(\rho R^3)\right] \\
&= \frac{8\pi G\dot{R}}{3R}(-\rho R^2 - 3pR^2)
\end{aligned}
$$

这正和 (15.1.18) 相同. 方程 (15.1.19) 则很容易从 (15.1.18) 和 (15.1.20) 推出. 我们之所以能够只考虑单个场方程 (15.1.20) 而不是两个方程 (15.1.18) 和 (15.1.19), 当然是由于这两个方程不是函数独立的, 它们通过 Bianchi 恒等式和能量守恒方程 (15.1.21) 联系着.]

即使没有给定具体的物态方程, 只要考察一下方程 (15.1.18)—(15.1.21), 也可以了解许多过去和将来的宇宙膨胀的情况. 方程 (15.1.18) 表明, 只要量 $\rho + 3p$ 保持正值, "加速度" $\ddot{R}/R$ 就是负的. 因为现在 $R > 0$ (由定义), $\dot{R}/R > 0$ (由于我们看到红移而不是蓝移), 所以 $R(t) - t$ 曲线必须随时间减少而是凹向下的, 从而必然在过去的某个有限时刻曾经达到 $R(t) = 0$. 我们令这个时刻为 $t = 0$, 所以

$$R(0) = 0 \tag{15.1.24}$$

现在的时间 t_0 就是从这个奇点以后所经历的时间, 因而可以合理地称为宇宙年龄. 如果当 $0 < t < t_0$ 时 $\ddot{R}(t)$ 为零, 则 $R(t)$ 正好等于 $R(t_0)t/t_0$, 故年龄 t_0 正好等于 Hubble 时间 $H_0^{-1} = R(t_0)/\dot{R}(t_0)$. 若当 $0 < t < t_0$ 时 $\ddot{R}$ 为负, 则宇宙年龄必须小于 Hubble 时间

$$t_0 < H_0^{-1} \tag{15.1.25}$$

放眼未来, 我们从方程 (15.1.21) 知道, 只要压强 p 不变为负值, 密度 ρ 必然随 R 的增加而减小得至少和 R^{-3} 一样快, 所以, 当 $R \to \infty$ 时, 方程 (15.1.20) 的右端至少和 R^{-1} 一样快地变为零. 对于 $k = -1, \dot{R}^2(t)$ 保持正

定, 因此 $R(t)$ 持续增加, 且有

$$R(t) \to t \quad \text{当} \quad t \to \infty \quad \text{对于} \quad k = -1$$

[474]

对于 $k = 0$, $\dot{R}^2(t)$ 保持正定, 从而 $R(t)$ 持续增加, 但增加得比 t 慢. 对于 $k = +1$, 当 ρR^2 减小到数值 $3/8\pi G$ 时, $\dot{R}^2(t)$ 趋近于零. 因为 $\ddot{R}$ 为负定, 所以 $R(t)$ 会开始减小, 最后必定会在将来的某个有限时间再次达到 $R = 0$. 因此, 宇宙历史的定性过程决定于空间曲率的符号: 若 $k = -1$ 或 $k = 0$, 则宇宙会永远膨胀下去, 但若 $k = +1$, 则膨胀终将停止, 随之而来的是收缩并回到奇点 $R(t) = 0$.

宇宙学原理和 Einstein 场方程的结合, 阐明了 Newton 和 Mach 提出过的一些深刻问题 (见 1.3 节.) 假设我们要研究某个物理系统 S, 例如太阳系或 Newton 旋转水桶, 其尺度比宇宙标度因子 R 小得多. 我们可以想象把 S 放在一个从膨胀宇宙中割出来的球形空腔内, 只要这个空腔的尺度比 R 小得多, 我们便可以可靠地认为这个空腔除系统 S 外是真空. 假如 S 不存在, 空腔内部的引力场就应是满足 $R_{\mu\nu} = 0$ 的球对称场, 因此, 按 Birkhoff 定理 (见 11.7 节), 它具有等价于 Minkowski 度规 $\eta_{\mu\nu}$ 的平直空间度规. 只要系统 S 不太大, 我们就可以不管空腔以外的一切物质, 把 S 的引力场算作对 $\eta_{\mu\nu}$ 的微扰, 从而可以用 Newton 力学或狭义相对论力学来确定该系统的运动. 由什么决定惯性系的问题现在就得到了回答, 因为, 使整个宇宙呈现为球对称 (从而能用 Birkhoff 定理) 的参考系, 只能是位于我们的空腔中心并且相对于 "典型" 星系的膨胀云不旋转的参考系. 或者说, 惯性系就是一切这样的参考系, 它们相对于宇宙在其中显得球对称的参考系作等速而无旋转的运动.

这些看法引出了膨胀宇宙动力学方程的另一种推导[2]. 若我们想象在宇宙中任何地方引入一个共动球面, 那么, 只要它的固有半径比 $R(t)$ 小得多, 在这个球内部的星系就会在它们本身引力场的作用下运动, 而宇宙其余部分的引力场可以忽略. 因此我们可以把宇宙看成是由处处均匀膨胀的 Newton 气体构成的. 任何给定的气体粒子具有轨道

$$\boldsymbol{x}(t) = \boldsymbol{x}(t_0) \frac{R(t)}{R(t_0)}$$

$R(t)$ 为整个气体的公共标度因子. [注意, 任何气体粒子上的观察者所看到的气体的行为, 同原点处的观察者所看到的一样. 并且给定气体粒子的 "共动" 坐标不是 $x^i(t)$, 而是 $r^i \equiv x^i(t_0)$.] 这样一个粒子的引力势能 V 正是由中心在原点、半径为 $|\boldsymbol{x}(t)|$ 的球内的物质所产生的, 所以有

[475]

$$V(t) = -\frac{4\pi}{3} |\boldsymbol{x}(t)|^3 \rho(t) \frac{mG}{|\boldsymbol{x}(t)|}$$

$$= -\frac{4\pi}{3}mG|\boldsymbol{x}(t_0)|^2\rho(t)\frac{R^2(t)}{R^2(t_0)}$$

式中, m 是粒子的质量, $\rho(t)$ 是气体的均匀质量密度. 这个粒子的动能等于

$$T(t) = \frac{1}{2}m|\dot{\boldsymbol{x}}(t)|^2 = \frac{1}{2}m|\boldsymbol{x}(t_0)|^2\frac{\dot{R}^2(t)}{R^2(t_0)}$$

而其总能量是

$$E \equiv T(t) + V(t) = \frac{1}{2}m\frac{|\boldsymbol{x}(t_0)|^2}{R^2(t_0)}\left[\dot{R}^2(t) - \frac{8\pi G}{3}\rho(t)R^2(t)\right]$$

式中 E 为恒量. 上式和 (15.1.20) 相同, 条件是我们令

$$E = -\frac{1}{2}m\frac{|\boldsymbol{x}(t_0)|^2}{R^2(t_0)}k \tag{15.1.26}$$

对于 $k = -1, E$ 是正定的, 所以引力不能阻止气体以有限的渐近速度扩散到无穷远. 对于 $k = 0, E$ 为零, 气体刚好能够无限膨胀. 对于 $k = +1, E$ 为负, 膨胀最终必将停止, 随后便是坍缩.

　　虽然 Newton 宇宙学重新得到了 Einstein 方程推出的主要结果, 但由几个原因可知它本质上是不完整的. 首先, 我们需要用广义相对论来判明, 在计算 $\boldsymbol{x}(t)$ 处引力势的时候可以忽略半径为 $|\boldsymbol{x}(t)|$ 的球以外的所有物质. 其次, 当介质本身是由具有相对论性局部速度的粒子构成时, 我们不能用 Newton 力学. 最后, 只有应用广义相对论, 我们才能借助宇宙标度因子 $R(t)$ 来正确地解释观测到的光信号.

15.2 宇宙现在的密度和压强

　　宇宙现在的能量密度和压强, 可由方程 (15.1.18) 和 (15.1.19) 得出:

$$\rho_0 = \frac{3}{8\pi G}\left(\frac{k}{R_0^2} + H_0^2\right) \tag{15.2.1}$$

$$p_0 = -\frac{1}{8\pi G}\left[\frac{k}{R_0^2} + H_0^2(1 - 2q_0)\right] \tag{15.2.2}$$

式中 R_0 是宇宙标度因子 $R(t)$ 的现在值, H_0 和 q_0 是 14.3 节所定义的 Hubble 常量 $\dot{R}/R$ 和减速参数 $-\ddot{R}R/\dot{R}^2$ 的现在值. 由 (15.2.1) 可知, 空间曲率 k/R^2 为正或为负, 决定于 ρ_0 究竟大于还是小于临界密度

$$\rho_c \equiv \frac{3H_0^2}{8\pi G} = 1.1 \times 10^{-29}\left(\frac{H_0}{75\text{km/s/Mpc}}\right)^2\text{g/cm}^3 \tag{15.2.3}$$

正如我们将要看到的, 有足够的根据认为宇宙现在的能量密度主要决定于非相对论性物质, 且满足

$$p_0 \ll \rho_0 \tag{15.2.4}$$

如果确实如此, 那么由 (15.2.2) 便得到用可观测参数 H_0 和 q_0 表示空间曲率的公式:

$$\frac{k}{R_0^2} = (2q_0 - 1)H_0^2 \tag{15.2.5}$$

而由 (15.2.1) 得到现在密度与临界密度 (15.2.3) 的比为

$$\frac{\rho_0}{\rho_c} = 2q_0 \tag{15.2.6}$$

对于 $q_0 > 1/2$, 宇宙为正弯曲, 且 $\rho_0 > \rho_c$, 而对 $q_0 < 1/2$, 宇宙为负弯曲, 且 $\rho_0 < \rho_c$. 如果我们相信由红移 – 光度关系 (见 14.6 节) 导出的数值 $q_0 \simeq 1$ 和 $H_0 \simeq 75 \mathrm{km/s/Mpc}$, 我们就必须作出结论说宇宙的密度约为 $2\rho_c$, 即约为 $2 \times 10^{-29} \mathrm{g/cm}^3$.

可惜这个结果与观测到的星系质量密度不符[3]. 约在 15Mpc 以内的旋涡星系的质量, 可以通过它们的自转速度曲线 (即旋转速度作为到星系中心距离的函数) 的动力学分析确定. 约有 6 个椭圆星系的质量可从位力定理[4]算出, 用这种方法得到的质量是

$$M = \frac{2\langle v^2 \rangle}{G\langle d^{-1} \rangle} \tag{15.2.7}$$

式中 $\langle v^2 \rangle$ 是相对于质心的方均速度, $\langle d^{-1} \rangle$ 是恒星之间距离的倒数的平均. 星系对的总质量可以从它们的相对速度和距离统计地确定, 只要假定这些星系对相对于视线的取向是随机的.

在所有上述三种方法中, 星系质量均可表示为如下形式的公式: [477]

$$M = \frac{\mu V^2 D}{G} \tag{15.2.8}$$

式中 V 是某个特征内部速度, D 是所研究对象的某个特征尺度, μ 是一个量级为 1 的无量纲数, 它与所用的方法和所研究对象的具体细节有关. 特征距离 D 由对应的角尺度 δ 和宇宙学红移 z 用式 (14.4.15) 和 (14.6.7) 来决定, 当 $z \ll 1$ 时, 得

$$D = \frac{z\delta}{H_0} \tag{15.2.9}$$

(对于近邻星系, "角直径距离" D/δ 可从最亮恒星、最亮球状星团等的视星等来定出, 而不用依据红移. 但若这种距离测定成了用来测量 Hubble

常量的宇宙距离阶梯的一部分, 则这些距离中的任何误差也会反映在 Hubble 常量中, 因此 D 仍会与 H_0^{-1} 成比例.) 内部速度 V 直接从星系的红移围绕其平均值 z 的分布来测定. 用质光比 M/L 来描述这样测定的质量是方便的, 绝对光度 L 可用式 (14.4.12) 和 (14.6.7) 由视亮度 l 得出, 对于小红移有

$$L = 4\pi l z^2 H_0^{-2} \tag{15.2.10}$$

从 (15.2.8)—(15.2.10) 可知, 用上述三种方法测定的比值 M/L 正比于 Hubble 常量 H_0 的假设值.

若取 H_0 为 75km/s/Mpc, 则看来[3]椭圆星系的质光比 M/L 约为太阳比值 $M_\odot/L_\odot$ 的 50 倍, 而估计旋涡星系的 M/L 为 $M_\odot/L_\odot$ 的 1—20 倍. 按照 Oort[5] 对这些 M/L 值的考察, 对于全部星系的总的质光比约为 $21M_\odot/L_\odot$. 因为 Hubble 常数很可能不等于 75km/s/Mpc, 所以这个结果应写为

$$\frac{M}{L} \approx 21\frac{M_\odot}{L_\odot}\left(\frac{H_0}{75\text{km/s/Mpc}}\right) \tag{15.2.11}$$

(例如, van den Bergh[6] 对星系质量进行了类似 Oort 的分析, 但假定 $H_0 = 120$ km/s/Mpc, 从而得到 M/L 结果为 $30M_\odot/L_\odot$.) Oort 也用星系计数估计出宇宙的光度密度为 $2.2 \times 10^{-10}L_\odot/\text{pc}^3$; 这个值同 H_0 的比例关系和 L/D^3 一样, 根据 (15.2.9) 和 (15.2.10) 知 L/D^3 同 H_0 成正比, 所以对于一般的 Hubble 常量, Oort 关于光度密度的估计是

[478]

$$\mathscr{L} \simeq 2.2 \times 10^{-10}L_\odot/\text{pc}^3\left(\frac{H_0}{75\text{km/s/Mpc}}\right) \tag{15.2.12}$$

现在可以得到宇宙的星系质量密度为

$$\begin{aligned}
\rho_G &= \left(\frac{\mathscr{L}}{L_\odot}\right)\left(\frac{M/L}{M_\odot/L_\odot}\right)M_\odot \\
&= 4.6 \times 10^{-9}M_\odot/\text{pc}^3\left(\frac{H_0}{75\text{km/s/Mpc}}\right)^2 \\
&= 3.1 \times 10^{-31}\text{g/cm}^3\left(\frac{H_0}{75\text{km/s/Mpc}}\right)^2
\end{aligned} \tag{15.2.13}$$

这比临界密度 (15.2.3) 小一个因子

$$\frac{\rho_G}{\rho_c} \simeq 0.028 \tag{15.2.14}$$

(最近 Noonan[7] 和 S. L. Shapiro[7a] 估计这个比值为 0.016 和 0.010.) 注意这种结果并不依赖于 Hubble 常量的真值. 还要注意虽然知道了 ρ_G 和 ρ_c 并不相等, 但它们接近得足以使我们相信引力确实与宇宙膨胀有关.

如果宇宙的质量主要聚集在星系中, 则由式 (15.2.14) 和 (15.2.6) 得出减速参数

$$q_0 \simeq 0.014 \quad 如果 \quad \rho_0 \approx \rho_G \tag{15.2.15}$$

这表示宇宙是开放的, 其曲率为负, 并且 $R_0 \simeq H_0^{-1}$. 这个 q_0 值不符合从红移和光度得出的结果, 后者给出 $q_0 \simeq 1$ (没有考虑可能的演化或选择效应改正). 当然, 演化或选择效应可能对于 q_0 的测量有显著影响. 但是, 如果尝试性地接受 q_0 的量级为 1 的结果, 则只能得出这样一个结论, 在普通星系以外的某处必须发现约 $2 \times 10^{-29}\text{g/cm}^3$ 的质量密度. 但它们在哪里呢?

有一个地方可以去寻找失踪的质量, 这就是星系团内部的星系际空间. 在后发座中有一个由椭圆星系组成的富星系团, 从这个星系团的光滑形状看来它是受引力束缚的. 如果是这样的话, 它的质量可由位力公式 (15.2.7) 得出. 用这种方法得到的 M/L 值[8]是各别椭圆星系 M/L 比值的 4—20 倍. (这些数值是对 $H_0 = 75\text{km/s/Mpc}$ 而言的.) 如果星系团内的物质确实比它们的各个星系内的物质要多 20 倍, 则宇宙的密度将增加到接近临界密度 (15.2.3). 事实上, 已经发现在后发座星系团中充填着 X 射线源[8a], 这表示存在着温度约为 $7 \times 10^7\text{K}$ 的电离氢星系际气体. 但是这种源的强度表明, 这种气体的质量大约只有位力定理所要求的质量的百分之一. 必须记住, 后发座星系团可能根本就不是束缚的[9], 在这种情况下, 位力定理就高估了它的质量. 许多富星系团如室女座星系团和武仙座星系团是高度不规则的, 完全不呈现稳定性.

如果失踪的质量不在星系团内部, 则我们必须在星系团际空间去寻找它. 一个合理的要求是, 星系团际空间的总密度必须小于星系团内的密度, 所以星系团才呈现显著的聚集. 星系团外部的总体积约比星系团内部体积大 500 倍, 所以星系团内部的密度约为 (15.2.13) 式的 500 倍, 即约为 10^{-28}g/cm^3. 因此, 即使星系团外部的密度比星系团内部密度小一个数量级, 对于我们所需要的全部失踪质量而言, 星系团际空间仍然有很大的余地.

失踪的质量可能包含在偶然处于星系际空间 (星系团内部或外部) 的正常恒星里, 或者包含在太暗而未被观测到的矮星系之中. 由河外源贡献于夜天亮度的极限, Peebles 和 Partridge[9a] 估计正常恒星 (无论它们处于何处) 中的总质量密度必须小于 $0.13\rho_c$. 这个估计不排除如下的可能性, 即失踪的质量包含在矮星系或星系际空间里具有很高 M/L 值的暗星之中. 人们立刻会想到 11.9 节讨论过的 "黑洞". 但是, 上述关于星系质量的估计表明, 典型星系中并不包含压倒多数的暗星, 那么为什么在

[479]

其它地方暗星会占优势呢? 另一种可能性是, 失踪的质量包含在已发生引力坍缩的整个星系之中. 很难看出这种假说如何才能被证实, 除非观测正在酝酿着坍缩的星系, 或者观测碰巧通过坍缩星系附近的光线的偏折.

失踪的质量可能以高度相对论性粒子 (如宇宙线、光子、中微子或引力子) 的形式被发现. 不难看出, 在通常热核过程中产生的光子和中微子, 不可能具有同通常非相对论性静质量相比拟的能量密度, 因为即使宇宙起始于纯氢并一直 "烧" 成铁, 释放出的能量最多约为每核子 9 MeV, 这只是核子静质量的 1%. 若高度相对论性粒子在宇宙质量密度中占优势, 则它们必然产生于特殊的过程如物质—反物质湮灭或引力坍缩之中, 或者是早期宇宙所遗留下来的. 暗弱的分立射电源在频率 ν 处观测到的总能流密度的量级为[10]

$$\mathscr{S}(\nu) \simeq 10^{-21} \mathrm{Wm}^{-2}\mathrm{Hz}^{-1} \left(\frac{\nu}{408\mathrm{MHz}}\right)^{-0.7}$$

[480]　所以, 从这些源发出的波长大于 75 cm 的射电辐射的总能量密度约为

$$\rho_{\text{射电}} = \int_0^{400\mathrm{MHZ}} \mathscr{S}(\nu)\mathrm{d}\nu \simeq 10^{-12}\mathrm{Wm}^{-2} \simeq 10^{-40}\mathrm{g/cm}^3$$

在这些波长处的各向同性背景比这个值大不了一个数量级[11], 对于 75cm 到 0.05 cm 之间的微波和远红外波长, 辐射流主要是 2.7 K 背景 (见 15.5 节), 其能量密度由 Stefan-Boltzmann 定律得出是 $4.4 \times 10^{-34}\mathrm{g/cm}^3$. 在光学频率的星光总能量密度估计[12] 不超过约 $10^{-35}\mathrm{g/cm}^3$. 观测到的 X 射线背景在能量 E 处的能流密度的量级为[13]

$$\Phi(E) \simeq 20 \text{ 光子 } \mathrm{cm}^{-2}\mathrm{s}^{-1}\mathrm{sr}^{-1}\mathrm{keV}^{-1}(E(\mathrm{keV}))^{-2}$$

如果这个背景是河外的, 则它在 0.1 keV 和 1 MeV 之间所包含的能量密度为

$$\rho_{\text{X 射线}} = \int_{0.1\mathrm{keV}}^{1\mathrm{MeV}} 4\pi\Phi(E)E\mathrm{d}E \simeq 3 \times 10^3 \text{ keV} \cdot \mathrm{cm}^{-2}\mathrm{s}^{-1}$$
$$\simeq 10^{-37}\mathrm{g/cm}^3$$

估计 100 MeV 以上的 γ 射线的能量密度[11] 小于 $3 \times 10^{-38}\mathrm{g/cm}^3$. 观测到的宇宙线粒子[14] 的能量密度不超过约 $10^{-35}\mathrm{g/cm}^3$.

这些估计表明, 相对论性粒子对宇宙总能量密度的最大贡献是由 2.7K 微波背景所提供的, 这将在 15.5 节中讨论, 它的密度小于星系静质

量密度 (15.2.13) 的百分之一, 这证实了我们在 Einstein 方程和守恒方程中试探性地省略压强是对的.

但是, 失踪的质量可能由中微子或引力子组成[14a], 它们同物质的相互作用太微弱而没有被观测到. 特别是可以预期中微子的能量密度至少可以比拟于微波电磁辐射, 很可能还要大许多数量级 (见 15.6 节). 如果宇宙的能量密度确是由高度相对论性粒子所决定, 则压强为

$$p_0 = \frac{\rho_0}{3} \tag{15.2.16}$$

代替 (15.2.5) 和 (15.2.6), 现在由 Einstein 方程得到

$$\frac{k}{R_0^2} = H_0^2(q_0 - 1) \tag{15.2.17}$$

$$\frac{\rho_0}{\rho_c} = q_0 \tag{15.2.18}$$

式中 ρ_c 是和前面一样的临界密度 (15.2.3). 现在对应于 $k = 0$ 和 $\rho_0 = \rho_c$ 的临界减速参数为 $q_0 = 1$, 而不是 $q_0 = 1/2$, 对于给定的 q_0 和 H_0 所要求的密度是充满尘埃的宇宙所要求的一半. [481]

虽然以目前的观测为依据还不能排除以光子、中微子或引力子主导的宇宙, 但比较稳妥的假设是: 失踪质量所取的形式是充满整个空间的稀薄的电离氢或中性氢气体. 已提出来探测这种气体的各种方法, 依赖于从宇宙学距离到达我们这里的电磁信号, 因此, 我们必须把关于这种气体的讨论延迟到 15.4 节, 现在我们来研究动力学宇宙学方程的解.

15.3 物质主导期

我们已经注意到, 在现在的宇宙中, 已知形式辐射的能量密度小于静质量密度的百分之一. 按照式 (15.1.22) 和 (15.1.23), 静质量的能量密度与 R^{-3} 成比例, 而辐射的能量密度与 R^{-4} 成比例, 所以, 我们能够有一定的把握作结论: 至少从 $R(t)$ 为其现在值的百分之一那个时刻以来, 宇宙的膨胀一直被它的非相对论性物质所控制. 这个时刻肯定要上溯到 Palomar 山 200 in 望远镜收集到的光发射之前很久, 因为已观测到的星系和类星体所具有的红移 z 比 100 小得多, 而且实际上小于 3![1] 所以, 红移、光度、计数、角直径等等之间经验关系的研究只能揭示宇宙历史中的物质主导期.

在这个时期中控制宇宙的动力学方程是 Einstein 方程 (15.1.20):

$$\dot{R}^2 + k = \frac{8\pi G}{3}\rho R^2 \tag{15.3.1}$$

---

1) 现在已观测到 $z > 6$ 的类星体. —— 译者注

式中 ρ 取适合于物质主导的宇宙形式 (15.1.22):

$$\frac{\rho}{\rho_0} = \left(\frac{R}{R_0}\right)^{-3} \tag{15.3.2}$$

利用式 (15.2.5) 和 (15.2.6) 写出以 q_0 和 H_0 表示的 ρ_0 和 k/R_0^2 是方便的:

$$\frac{k}{R_0^2} = (2q_0 - 1)H_0^2$$

$$\frac{8\pi G\rho_0}{3} = 2q_0 H_0^2$$

[482]　　于是由 (15.3.1) 和 (15.3.2) 得

$$\left(\frac{\dot{R}}{R_0}\right)^2 = H_0^2\left[1 - 2q_0 + 2q_0\left(\frac{R_0}{R}\right)\right] \tag{15.3.3}$$

该方程的解一般可以表示为以 R 表示 t 的公式:

$$t = \frac{1}{H_0}\int_0^{R/R_0}\left[1 - 2q_0 + \frac{2q_0}{x}\right]^{-1/2}\mathrm{d}x \tag{15.3.4}$$

式中 $t = 0$ 定义为 $R \ll R_0$ 的时刻. 特别, 宇宙现在的年龄为

$$t_0 = \frac{1}{H_0}\int_0^1\left[1 - 2q_0 + \frac{2q_0}{x}\right]^{-1/2}\mathrm{d}x \tag{15.3.5}$$

对于任何正的 q_0, 宇宙年龄必须小于 Hubble 时间,

$$t_0 < \frac{1}{H_0} \tag{15.3.6}$$

这在 15.1 节中已经说过了.

　　积分 (15.3.4) 的性质可以方便地分三种特殊情况来进行讨论 (见图 15.1):

　　(A) $q_0 > 1/2(k = +1, \rho_0 > \rho_c)$. 为方便起见, 用下式定义一个展开角:

$$1 - \cos\theta = \left(\frac{2q_0 - 1}{q_0}\right)\frac{R(t)}{R_0} \tag{15.3.7}$$

[483]　　于是由 (15.3.4) 得出

$$H_0 t = q_0(2q_0 - 1)^{-3/2}[\theta - \sin\theta] \tag{15.3.8}$$

这是一条圆滚线的方程; 在 $\theta = 0, t = 0$ 时 $R(t)$ 从零开始

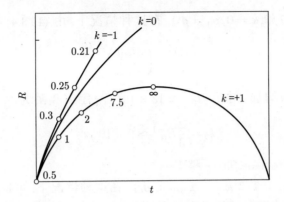

图 15.1 Einstein 方程对于曲率 $k = +1, k = 0, k = -1$ 的 Robertson-Walker 宇宙的解. 沿曲线 $k = \pm 1$ 的数字代表不同时期减速参数 q_0 的值.

增加; 而当

$$\theta_m = \pi, \quad t_m = \frac{\pi q_0}{H_0(2q_0 - 1)^{3/2}}$$

时达到极大值

$$R(t_m) = \frac{2q_0 R_0}{2q_0 - 1} \tag{15.3.9}$$

然后在 $\theta = 2\pi, t = 2t_m$ 时又回到零. 现在的时刻可在式 (15.3.7) 中令 $R(t)$ 等于 R_0 来决定; 于是展开角 θ 的现在值由下式给出

$$\cos \theta_0 = \frac{1}{q_0} - 1 \tag{15.3.10}$$

从而宇宙年龄为

$$t_0 = H_0^{-1} q_0 (2q_0 - 1)^{-3/2} \left[\cos^{-1}\left(\frac{1}{q_0} - 1\right) - \frac{1}{q_0}(2q_0 - 1)^{1/2} \right] \tag{15.3.11}$$

例如, 若我们相信 $q_0 \approx 1$ 和 $H_0^{-1} = 13 \times 10^9$ 年, 则由式 (15.3.10) 得出 $\theta_0 \approx \pi/2$, 由式 (15.3.11) 得出宇宙年龄是

$$t_0 \approx \left(\frac{\pi}{2} - 1\right) H_0^{-1} \approx 7.5 \times 10^9 \text{ 年} \tag{15.3.12}$$

式 (15.3.9) 表明, 在时刻

$$t_m \approx \pi H_0^{-1} \approx 40 \times 10^9 \text{ 年} \tag{15.3.13}$$

宇宙将达到它的极大半径 $R(t_m) \approx 2R_0$. 宇宙的整个生命周期经历的时间是 $2t_m$, 即约为 80×10^9 年.

(B) $q_0 = 1/2(k = 0, \rho_0 = \rho_c)$. 在这种情况下, 由 (15.3.4) 得

$$\frac{R(t)}{R_0} = \left(\frac{3H_0 t}{2}\right)^{2/3} \tag{15.3.14}$$

所以 $R(t)$ 无限增加. 对于 $H_0^{-1} \approx 13 \times 10^9$ 年, 宇宙年龄为

$$t_0 = \frac{2}{3}H_0^{-1} \approx 9 \times 10^9 \text{ 年} \tag{15.3.15}$$

这就称为 Einstein–de Sitter 模型.

　　(C) $0 < q_0 < 1/2(k = -1, \rho_0 < \rho_c)$. 在这种情况下, 可应用式 (15.3.7) 和 (15.3.8), 不过现在的展开角 θ 是虚数

$$\theta = \mathrm{i}\Psi$$

从而

$$H_0 t = q_0(1 - 2q_0)^{-3/2}[\sinh \Psi - \Psi] \tag{15.3.16}$$

[484]　　式中 Ψ 决定于

$$\cosh \Psi - 1 = \frac{1 - 2q_0}{q_0}\frac{R(t)}{R_0} \tag{15.3.17}$$

正如情况 (B) 那样, 这里标度因子 $R(t)$ 无限增加; 当 $t \to \infty$ 时, 我们有

$$\frac{R(t)}{R_0} \to \frac{1}{2}q_0(1 - 2q_0)^{-1}\mathrm{e}^{\Psi} \to (1 - 2q_0)^{1/2}H_0 t \tag{15.3.18}$$

在式 (15.3.17) 中令 $R(t)$ 等于 R_0, 得

$$\cosh \Psi_0 = \left(\frac{1}{q_0} - 1\right) \tag{15.3.19}$$

由此得出现在时刻即宇宙年龄为

$$t_0 = H_0^{-1}\left[(1 - 2q_0)^{-1} - q_0(1 - 2q_0)^{-3/2}\cosh^{-1}\left(\frac{1}{q_0} - 1\right)\right] \tag{15.3.20}$$

例如, 若我们把宇宙的质量密度取为星系内所包含的质量密度, 则按式 (15.2.15), q_0 约为 0.014, 故 $\Psi_0 \approx 5$, 而宇宙年龄近似等于 Hubble 时间

$$t_0 \approx 0.96 H_0^{-1} \approx 13 \times 10^9 \text{ 年} \tag{15.3.21}$$

　　值得在此提一下, 减速参数 $q \equiv -\ddot{R}R/\dot{R}^2$ 一般是随时间变化的. 对于 $k = +1, q(t)$ 决定于与式 (15.3.10) 相似的公式

$$q = (1 + \cos\theta)^{-1}$$

所以, 当 θ 在一个宇宙周期中从 0 变到 2π 时, q 从 1/2 变到 ∞ 然后再降到 1/2. 对于 $k = -1, q(t)$ 决定于与式 (15.3.19) 相似的公式

$$q = (1 + \cosh \Psi)^{-1}$$

所以, 当 Ψ 从 0 变到 ∞ 时, q 从 1/2 不断地降到零. 仅在 $k = 0$ 的情况下 q 才保持常数, 数值为 $q = 1/2$. 因此, 除 $q_0 = 1/2$ 外对任何特定的 q_0 值都不能赋予特殊的意义. 例如, 光度距离与红移的直线拟合表明 $q_0 \simeq 1$ (除非演化效应或选择效应是重要的; 见 14.6 节), 但是, 在物质主导的宇宙中这纯属偶然, 因为如果现在 $q_0 = 1$, 则过去 $q_0 < 1$, 而将来 $q_0 > 1$. 仅在辐射主导的宇宙中, $k = 0$ 才导致 $q_0 = 1$ [见式 (15.2.17)], 因而减速参数为 1 的情况是稳定的.

上面推出的关于 $R(t)$ 的公式, 可以用来把前一章的唯象分析延伸到任意大的红移. 根据式 (14.3.6), 在 t_0 时刻到达且红移为 z 的光是当标度因子具有如下数值时发射的:

$$R_1 = \frac{R_0}{1+z} \tag{15.3.22}$$ [485]

光源的共动径向坐标由式 (14.3.1), (14.3.2) 和 (15.3.3) 决定

$$\int_0^{r_1} [1 - kr^2]^{-1/2} \mathrm{d}r = \int_{t_1}^{t_0} \frac{\mathrm{d}t}{R(t)} = \int_{R_1}^{R_0} \frac{\mathrm{d}R}{R\dot{R}}$$
$$= \frac{1}{R_0 H_0} \int_{(1+z)^{-1}}^{1} \left[1 - 2q_0 + \frac{2q_0}{x} \right]^{-1/2} x^{-1} \mathrm{d}x$$

借助式 (15.2.5) 可以直接证明: 对所有三种可能的 k 值, r_1 具有相同的表达式:

$$r_1 = \frac{zq_0 + (q_0 - 1)(-1 + \sqrt{2q_0 z + 1})}{H_0 R_0 q_0^2 (1+z)} \tag{15.3.23}$$

将 (15.3.22) 和 (15.3.23) 代入 (14.4.14) 就得出由视亮度同光度比较而测得的 "光度距离" 是

$$d_L = R_0 r_1 (1+z)$$
$$= \frac{1}{H_0 q_0^2} [zq_0 + (q_0 - 1)(-1 + \sqrt{2q_0 z + 1})] \tag{15.3.24}$$

在 q_0 的某些测定工作中, 是将观测到的 $d_L - z$ 曲线同这个精确公式比较, 而不是同与模型无关的近似公式 (14.6.8)

$$d_L \simeq H_0^{-1} \left[z + \frac{1}{2}(1 - q_0)z^2 \right] \tag{15.3.25}$$

比较, 严格说来, 上式仅当 $z \to 0$ 时才成立. 当 $q_0 = 0$ 和 $q_0 = 1$ 时, (15.3.24) 和 (15.3.25) 的差别消失, 而对于 $0 < z < 0.5$ (这包括所有已知红移的星系[1]) 和 $0 < q_0 < 1.5$ 时, 这个差值小于 10%. 所以, 只要 q_0 不很大, 用精确公式 (15.3.24) 和用近似公式 (15.3.25) 来确定 q_0, 二者之间没有显著的差别.

"角直径距离" d_A 和 "自行距离" d_M 可由式 (14.4.22) 和 (14.4.23) 用 d_L 直接表出:

$$d_A = (1+z)^{-2} d_L \qquad d_M = (1+z)^{-1} d_L$$

而由 (14.4.10) 得到 "视差距离" d_P 是

$$
\begin{aligned}
d_P = & \{[z q_0 + (q_0 - 1)(-1 + \sqrt{2 q_0 z + 1})]\} / \\
& \{H_0[q_0^4 (1+z)^2 - (2 q_0 - 1)\{z q_0 + (q_0 - 1) \\
& \times (-1 + \sqrt{2 q_0 z + 1})\}^2]^{1/2}\}
\end{aligned}
\tag{15.3.26}
$$

[486]　　　14.7 节讨论的计数现在可更明显地表为源密度 n 的泛函. 把变量从 t_1 换为 z, 并且 (15.3.4), (15.3.22), (15.3.23) 和 (14.7.7)—(14.7.9), 就得到红移小于 z 而视亮度大于 l 的源数为

$$
\begin{aligned}
N(<z, >l) = \int_0^\infty \mathrm{d}L \int_0^{\min\{z, z_l(L)\}} & 4\pi H_0^{-3} q_0^{-4} \\
& \times (1+z')^{-6}(1+2 q_0 z')^{-1/2} \\
& \times [z' q_0 + (q_0 - 1)(-1 + \sqrt{2 q_0 z' + 1})]^2 n(z', L) \mathrm{d}z' \quad (15.3.27)
\end{aligned}
$$

式中

$$
z_l(L) \equiv q_0 \left(\frac{L H_0^2}{4\pi l}\right)^{1/2} + (1 - q_0)\left(-1 + \left(1 + 2\left(\frac{L H_0^2}{4\pi l}\right)^{1/2}\right)^{1/2}\right) \tag{15.3.28}
$$

而 $n(z, L) \mathrm{d}L$ 是红移为 z 且光度在 L 和 $L + \mathrm{d}L$ 之间的源的固有数密度. 对于具有谱 (14.7.13) 的射电源, 由式 (15.3.4), (15.3.22), (15.3.23) , (14.7.15), (14.7.16) 和 (14.7.8) 得出红移小于 z 且频率 ν 处的内禀功率大于 S 的源数为

$$
\begin{aligned}
N(<z, >S; \nu) = \int_0^\infty \mathrm{d}P \int_0^{\min\{z, z_{s\alpha}(P)\}} & 4\pi H_0^{-3} q_0^{-4} \\
& \times (1+z')^{-6}(1+2 q_0 z')^{-1/2}
\end{aligned}
$$

---

[1] 现在已知最大红移的星系有 $z = 7.5$. —— 译者注

$$\times [z'q_0 + (q_0 - 1)(-1 + \sqrt{2q_0 z' + 1})]^2 n(z', P; \nu) \mathrm{d}z'$$

$$(15.3.29)$$

式中 $z_{S\alpha}(P)$ 是如下方程的解

$$(1+z)^{(\alpha-1)/2}[zq_0 + (q_0 - 1)(-1 + \sqrt{2q_0 z + 1})] = q_0^2 H_0 \left(\frac{P}{S}\right)^{1/2}$$

$$(15.3.30)$$

$n(z, P; \nu)\mathrm{d}P$ 是红移为 z 且在频率 ν 处的内禀功率在 P 和 $P + \mathrm{d}P$ 之间的源的固有数密度. 假如没有源的演化, 则由 (14.7.18) 和 (14.7.19) 可以得到 n 与 z 的关系,

$$n(z, L) = n(0, L)(1 + z)^3$$
$$n(z, P, \nu) = n(0, P, \nu)(1 + z)^3$$

从而 (15.3.27) 和 (15.3.29) 中的 z' 积分能够明显地积出. 但是, 我们已经在 14.7 节看到, 这个假说同射电源计数 $N(> S; \nu)$ 或类星体计数 $N(< z)$ 不符合. 因此, 最好是用 (15.3.27) 和 (15.3.29) 来获得 $n(z, L)$ 或 $n(z, P; \nu)$ 对于 z 和 L 或 P 的关系. Longair[15] 用这种方法得出结论说, 要么是射电源数密度像 $t^{-2.5}$ 那样减小 (不计宇宙膨胀), 要么是平均源功率像 $t^{-3.5}$ 那样减小. 此外, 看来在早期需要有一个鲜明的截断, 尽管这个结论还没有确立[16]. Schmidt[17] 对 3C 表中类星射电源的研究显示出同样的一般性质 —— 对于 $0 < z < 1$, 固有数密度随 z 增加比 $(1 + z)^3$ 快得多; 而对于 $z > 2$ 则陡峭地下降. 可能这种截断标志着星系或类星射电源的形成时期.

[487]

　　宇宙年龄是可以帮助我们在不同宇宙模型中作出抉择的一个更重要的数据. 由放射性元素及其蜕变产物在地壳中的相对丰度定出的地球年龄, 为宇宙年龄提供了一个明确的下限. 1929 年 Lord Rutherford[18] 算出地球年龄为 3.4×10^9 年. 由现代的研究[19] 定出地球年龄的可靠数值是 4.5×10^9 年. 若 Hubble 时间 H_0^{-1} 为 13×10^9 年, 则根据式 (15.3.11), 下限 $t_0 > 4.5 \times 10^9$ 年要求 $q_0 < 5$.

　　放射性纪年也可用于银河系. 研究重元素在恒星内部合成的基础工作是 1957 年 E. M. Burbidge, G. R. Burbidge, Fowler 和 Hoyle 发表的一篇论文[20]. (这篇文章的目的至少有一部分在于, 阐明元素可在恒星内形成而无需 "大爆炸", 从而为稳恒态模型作辩护. 本章第 7 节将谈到, 目前公认绝大多数元素是在恒星内形成的, 但有一个很重要的例外, 即氦可能在炽热的早期宇宙中已经形成了.) 根据这一工作, 铀的同位素是由较早

世代的恒星中快速中子增殖过程 (r 过程) 所形成的. 可算出初始丰度比为[21]

$$\left[\frac{U^{235}}{U^{238}}\right]_1 = 1.65 \pm 0.15 \quad (\text{形成时})$$

已精确地知道这些同位素的衰变率为

$$\lambda(U^{235}) = 0.971 \times 10^{-9}/\text{年}$$
$$\lambda(U^{238}) = 0.154 \times 10^{-9}/\text{年}$$

而现在它们的丰度比为

$$\left[\frac{U^{235}}{U^{238}}\right]_0 = 0.00723 \quad (\text{现在})$$

如果所有的铀都是在银河系诞生时刻 t_G 以后立即形成的, 则银河系的年龄必须是[20]

$$t_0 - t_G = \frac{\ln[U^{235}/U^{238}]_1 - \ln[U^{235}/U^{238}]_0}{\lambda(U^{235}) - \lambda(U^{238})} \simeq 6.6 \times 10^9 \ \text{年}$$

[488] 任何在银河系历史上较早时期出现的社会, 将会发现裂变同位素 U^{235} 比目前地球上的比例更大.

估计 U^{235} 和 U^{238} 初始丰度比时 20% 的误差, 在定银河系年龄时只带来 4% 的误差. 一个大得多的不确定性的来源是由于如下可能性, 即显著数量的铀在银河系诞生之后很久才形成. 在这种情况下, 银河系的年龄显然要大于 6.6×10^9 年, 为了解决这个问题, 已用其它的丰度比来与 U^{235} 和 U^{238} 的比相配合, 元素合成阶段的持续时间与这个阶段的开始时刻一起作为自由参量. Fowler 和 Hoyle[21] 用比值 Th^{232}/U^{238} 和 U^{235}/U^{238} 算出, 在 r 过程中形成的最老元素的年龄在 9.6×10^9 年与 15.6×10^9 年之间, Clayton[22] 把 Re^{187}/Os^{187} 的比值包括在自己的分析中, 结果同 Fowler 和 Hoyle 的类似. 但是, 在这里化学分离效应可能是重要的, 所以, 这些结果可能包含着较大的系统误差. Dicke[23] 坚持主张, r 过程元素的大多数是在银河系形成后几亿年内产生的, 在这种情况下, 银河系年龄接近 7×10^9 年. 可以断定, 银河系的, 从而宇宙的年龄至少是 7×10^9 年, 所以, 对于 $H_0^{-1} \simeq 13 \times 10^9$ 年有 $q_0 < 2.3$, 但是还不能认为放射性纪年定出的银河系年龄是准确的.

也有可能通过银河系球状星团的研究来估计银河系的年龄. 球状星团是包含数以千计的单个恒星的致密星团, 所以, 它们的 $H-R$ 图 (光度和光谱型之间的关系) 可以定得比较准. 此外, 球状星团中恒星的低金属含量表明, 它们属于从原始星系凝聚出来的第一代恒星 (称为星族 II, 见 14.5 节), 因而是属于我们银河系的最老天体. 如果球状星团中的所有恒星具有相同的化学组成和年龄, 只是质量不同, 则这些恒星位于 H-R 图中的一条轨迹上, 这条轨迹的形状仅仅依赖于年龄和初始化学组成. Iben[24] 把恒星演化方程的计算机解与观测到的大量球状星团的 $H - R$ 图中的恒星密度作比较, 推出星团年龄为 8×10^9 年到 18×10^9 年, 对应的初始氦丰度 (按质量计) 为 33% 到 24%. 不排除所有星团有相同的年龄, 这个年龄最可能在 9.5×10^9 年至 15.5×10^9 年之间. 如果宇宙年龄实际上大于 9×10^9 年, 而 Hubble 时间 H_0^{-1} 是 13×10^9 年, 则 q_0 必须小于 1/2, 宇宙应当是无限的, 且其曲率为负, 正如上一节讨论的质量 – 密度估计所指明的那样.

要从这些宇宙年龄的估计得到关于空间曲率的确定结论尚为时过早. 但是, 铀年龄和球状星团年龄大致可与 Hubble 时间 H_0^{-1} 相比较的事实, 提供了这样一个有力的论据, 即观测到的红移同光度距离的相关性确实与宇宙演化有某种联系. [489]

物质主导期中的 $R(t)$ 的显式解可以用来说明限制我们观察宇宙的视界. 光速为任何信号的局部传播速度确定了一个上限, 所以在一给定时刻 t, 在 $r = 0$ 的观测者接收到的在时刻 t_1 发射的信号只能来自径向坐标 $r < r_1$, 这里 r_1 表示这样一点的径向坐标, 在时刻 t_1 从那里发射的光信号恰好在时刻 t 到达 $r = 0$. 根据 (14.3.1). r_1 决定于公式

$$\int_0^{r_1} \frac{\mathrm{d}r}{\sqrt{1 - kr^2}} = \int_{t_1}^t \frac{\mathrm{d}t'}{R(t')} \qquad (15.3.31)$$

如果当 $t_1 \to 0$ 时 t' 积分发散, 那么原则上就能接收宇宙中任何共动粒子 (如 "典型星系") 在充分早期发射的信号. 另一方面, 如果当 $t_1 \to 0$ (或在无奇点模型中当 $t_1 \to -\infty$) 时 t'–积分收敛, 则我们的观察范围被 Rindler[25] 所称的粒子视界所限制: 在时刻 t 可接收到的信号只能来自位于径向坐标 $r_H(t)$ 以内的共动粒子, 这里

$$\int_0^{r_H(t)} \frac{\mathrm{d}r}{\sqrt{1 - kr^2}} = \int_0^t \frac{\mathrm{d}t'}{R(t')}$$

这个视界的固有距离 (14.2.21) 是

$$\mathrm{d}_H(t) = R(t) \int_0^{r_H(t)} \frac{\mathrm{d}r}{\sqrt{1 - kr^2}} = R(t) \int_0^t \frac{\mathrm{d}t'}{R(t')} \qquad (15.3.32)$$

从式 (15.1.20) 不难看出, 如果像一般所预期的那样, 当 $R \to 0$ 时 ρ 增加得比 $R^{-2-\varepsilon}$ 更快, 就会出现粒子视界. 特别是, 如果 t' 积分的最大部分是来

自物质主导期, 就可以用 (15.3.4) 以 $R(t')$ 和 $dR(t')$ 来表示 dt', 从而得到

$$
d_H(t) = \begin{cases}
\dfrac{R(t)}{R_0 H_0 \sqrt{2q_0 - 1}} \cos^{-1}\left\{ 1 - \dfrac{(2q_0 - 1)R(t)}{q_0 R_0} \right\} \\
\qquad q_0 > \dfrac{1}{2} \quad (k = +1) \\[2ex]
\dfrac{2}{H_0}\left(\dfrac{R(t)}{R_0} \right)^{3/2} \\
\qquad q_0 = \dfrac{1}{2} \quad (k = 0) \\[2ex]
\dfrac{R(t)}{R_0 H_0 \sqrt{1 - 2q_0}} \cosh^{-1}\left\{ 1 + \dfrac{(1 - 2q_0)R(t)}{q_0 R_0} \right\} \\
\qquad q_0 < \dfrac{1}{2} \quad (k = -1)
\end{cases}
\tag{15.3.33}
$$

[490] 在物质主导期的较早阶段, R 比 R_0 小得多, 所以粒子视界位于较小的固有距离处:

$$
d_H(t) \to H_0^{-1}\left(\frac{q_0}{2} \right)^{-1/2}\left(\frac{R}{R_0} \right)^{3/2} \simeq \frac{t}{3}
\tag{15.3.34}
$$

对于 $q_0 \leqslant 1/2$, 当 $t \to \infty$ 时 $R(t)$ 无限增加, 因此 $d_H(t)$ 增加得比 $R(t)$ 快, 所以粒子视界最后会膨胀到包括任何给定的共动粒子. 对于 $q_0 > 1/2$, 宇宙在空间上是有限的, 根据式 (14.2.4), 其周长为

$$
L(t) = 2\pi R(t)
\tag{15.3.35}
$$

朝任一给定方向往外看, 我们可以一直看到位于这个周长一定部分处的共动粒子, 这个部分由式 (15.3.33) 和 (15.2.5) 决定:

$$
\frac{d_H(t)}{L(t)} = \frac{1}{2\pi} \cos^{-1}\left\{ 1 - \frac{(2q_0 - 1)R(t)}{q_0 R_0} \right\}
\tag{15.3.36}
$$

当 $R(t)$ 膨胀到它的极大值 (15.3.9) 时, 这个分数是 1/2, 从而我们能一直看到 "对映点". 不过, 直到 $R(t)$ 再次收缩到零为止, 这个分数总保持小于 1, 所以, 在这个时候以前, 我们不能一直看到宇宙一周. 若 $q_0 = 1$ 而 $H_0^{-1} = 13 \times 10^9$ 年, 则利用式 (15.2.5) 得出现在的周长 (15.3.35) 是 82×10^9 光年, 而粒子视界位于这个距离的 1/4, 即 20×10^9 光年处.

正如有些共动粒子是我们现在不能看见的一样, 在某些宇宙模型里可能存在我们决不会看到的事件. 在时刻 t_1 发生在 r_1 的事件会在由式 (15.3.31) 定出的时刻 t 于 $r = 0$ 处成为可见的. 如果当 $t \to \infty$ 时 (或在下一次收缩到 $R = 0$ 的时刻) t' 积分发散, 只要我们等待足够长久, 原则上

就可能接收来自任何事件的信号. 反之, 如果对于大的 t 值, t' 积分收敛, 则只能收到来自这样一些事件的信号, 对于这些事件有

$$\int_0^{r_1} \frac{dr}{\sqrt{1-kr^2}} \leqslant \int_{t_1}^{t_{\max}} \frac{dt'}{R(t')}$$

式中 $t_{\max}$ 或是无穷大, 或是下一次收缩到 $R=0$ 的时刻, Rindler[25] 称此为事件视界. 对于 $q_0 < 1/2$ 或 $q_0 = 1/2, R(t)$ 随 $t \to \infty$ 按 t 或 $t^{2/3}$ 律增长, 所以 t' 积分在 $t \to \infty$ 时发散, 不存在事件视界. 对于 $q_0 > 1/2, t'$ 积分在 $t_{\max}$ 收敛, 故存在事件视界: 在时刻 t_1 发生而在宇宙坍缩之前能够看到的, 只能是某一固有距离以内的事件, 这个固有距离是

$$\begin{aligned} d_E(t_1) &= R(t_1) \int_{t_1}^{t_{\max}} \frac{dt'}{R(t')} \\ &= \frac{R(t_1)}{R_0 H_0 \sqrt{2q_0-1}} \left[2\pi - \cos^{-1} \left\{ 1 - \frac{(2q_0-1)R(t_1)}{q_0 R_0} \right\} \right] \end{aligned} \quad (15.3.37)$$

若 $q_0 = 1$ 且 $H_0^{-1} = 13 \times 10^9$ 年, 则现在发生的且总有一天会被我们看到的事件, 只是那些发生在固有距离 61×10^9 光年以内的事件.

[491]

15.4 星系际发射和吸收过程

我们到现在为止所讨论的, 仅仅是由遥远的离散源发射出来, 通过实质上是真空的空间传播到我们这里的光信号. 但我们在 15.2 节看到, Einstein 方程要求宇宙的能量密度 (如果取 $H_0 \simeq 75$ km/s/Mpc 和 $q_0 \approx 1$) 大约等于 2×10^{-29}g/cm³, 这比观测到的星系质量密度约大 70 倍. 如果失踪质量所取的形式, 是充满星系际空间的电离气体或中性气体, 则我们可以期望, 由观测光通过星系际气体时的吸收或时间延迟, 或者观测这些气体发射的背景辐射, 就可以测定质量密度, 并区别各种宇宙模型. 当我们把注意转回到物质密度和不透明度比现在大得多的早期宇宙时, 光信号的吸收以及背景辐射的发射和吸收变得更为重要.

为了给这个问题的讨论奠定一个基础. 让我们首先考虑吸收和发射对于一束光线的影响, 这束光线在时刻 t_1 以频率 ν_1 离开光源, 而在时刻 t_0 到达地球. 如果在中间介质中不产生发射, 则这束光线的能流损失由下列形式的方程决定

$$\dot{N}(t) = -\Lambda \left(\nu_1 \frac{R(t_1)}{R(t)}, t \right) N(t) \quad (15.4.1)$$

式中 N 是该光束中的光子数密度, 而 $\Lambda(\nu, t)$ 是对频率为 ν 的光的 (每单位固有时间的) 吸收率. [这里暗含着, 在时刻t, 光线中的光子已红移到频

率 $\nu_1 R(t_1)/R(t)$.] 上述方程的解通常可以写为如下形式

$$N(t_0) = e^{-\tau} N(t_1) \tag{15.4.2}$$

式中 τ 是光深:

$$\tau = \int_{t_1}^{t_0} \Lambda\left(\nu_1 \frac{R(t_1)}{R(t)}, t\right) \mathrm{d}t \tag{15.4.3}$$

现在假设, 除了光线的效应以外, 介质本身在频率 ν 处的单位频率间隔, 单位固有体积和单位固有时间内各向同性地发射 $\Gamma(\nu, t)$ 个光子. 这些光子不成为光线的一部分而是加入下面就要讨论的各向同性背景辐射. 但是, Bose 统计要求光子通过受激发射[26]过程加入到光线中去, 其速率 (按光线中的每个光子计) 严格地由下式决定:

$$\Omega(\nu, t) = \frac{\Gamma(\nu, t)}{8\pi\nu^2} \tag{15.4.4}$$

不用方程 (15.4.1), 现在可把光线中光子数密度的改变率写为公式

$$\dot{N}(t) = -\Lambda\left(\nu_1 \frac{R(t_1)}{R(t)}, t\right) N(t) + \Omega\left(\nu_1 \frac{R(t_1)}{R(t)}, t\right) N(t) \tag{15.4.5}$$

所以式 (15.4.2) 中的光深必须写为

$$\tau = \int_{t_1}^{t_0} \left(\Lambda\left(\nu_1 \frac{R(t_1)}{R(t)}, t\right) - \Omega\left(\nu_1 \frac{R(t_1)}{R(t)}, t\right)\right) \mathrm{d}t \tag{15.4.6}$$

如果介质处于热平衡 (但不一定同辐射处于平衡), 则 Ω 和 Λ 可由 Einstein 公式[27] 联系起来:

$$\Omega(\nu, t) = \exp\left[-\frac{h\nu}{kT(t)}\right] \Lambda(\nu, t) \tag{15.4.7}$$

式中 h 是 Planck 常量, k 是 Boltzmann 常量, $T(t)$ 是介质在时刻 t 的温度. [这个结果是直接从细致平衡原理得来的. 介质内任一跃迁中单位相空间体积的光子的自发发射率, 等于逆跃迁中光子的吸收率乘以由 Boltzmann 因子 $\exp(-h\nu/kT)$ 直接给出的高能态和低能态的粒子数 (Populations) 比, 这个因子只依赖于 ν 和 T, 所以单位相空间体积的总自发发射率 (按 (15.4.4), 它正是 Ω) 等于总吸收率 Λ 乘以 $\exp(-h\nu/kT)$.] 因此, 光深就是

$$\tau = \int_{t_1}^{t_0} \left(1 - \exp\left(-\frac{h\nu_1 R(t_1)}{kT(t)R(t)}\right)\right) \Lambda\left(\nu_1 \frac{R(t_1)}{R(t)}, t\right) \mathrm{d}t \tag{15.4.8}$$

即使介质并不严格处于热平衡, 在应用 (15.4.7) 和 (15.4.8) 时把 $T(t)$ 取为有效温度常常是一个很好的近似. T 通常为正, 故 $e^{-\tau} < 1$, 从而光线通

过介质时变弱. 但在介质中有时可能出现粒子数反转, 有效温度为负. 在这种情况下, τ 是负的, 所以 $e^{-\tau} > 1$, 从而光线被介质增强. 这种脉泽 (maser) 现象已在银河系中探测到, 但还未在星系际空间中探测到.

除了离散源的辐射外, 还有整个宇宙产生的各向同性背景辐射. 令 $\mathcal{N}(\nu_0, t)\mathrm{d}\nu_0$ 是在时刻 t 的光子数密度, 而这些光子在时刻 t_0 的频率在 ν_0 与 $\nu_0 + \mathrm{d}\nu_0$ 之间. 如果不发生吸收或发射, 则根据推导方程 (14.2.17) 同 [493] 样的理由, $\mathcal{N}(\nu_0, t)$ 与时间的关系将由宇宙普遍膨胀引起的因子 $R^{-3}(t)$ 简单地表出. 为了计算自发发射过程引起的 $\mathcal{N}(\nu_0, t)R^3(t)$ 的改变率, 我们注意, 在时刻 t_0 频率在 ν_0 到 $\nu_0 + \mathrm{d}\nu_0$ 之间的光子, 在时刻 t 频率在 $\nu_0 R(t_0)/R(t)$ 到 $(\nu_0 + \mathrm{d}\nu_0) \times R(t_0)/R(t)$ 之间; 所以, 在时刻 t_0, 在固有体积 $R^3(t)$ 和频率间隔 $\mathrm{d}\nu_0$ 中的光子数 $\mathcal{N}(\nu_0, t)R^3(t)\mathrm{d}\nu_0$ 的改变率等于

$$\Gamma\left(\nu_0\frac{R(t_0)}{R(t)}, t\right) R^3(t) \left(\frac{R(t_0)\mathrm{d}\nu_0}{R(t)}\right)$$

这里 Γ 仍然是单位固有体积和单位频率间隔的自发发射率, 现在既包含了介质本身, 也包含了所有的离散源. 由感生发射和吸收引起的 $\mathcal{N}(\nu_0, t)R^3(t)\mathrm{d}\nu_0$ 的改变率是:

$$\left(\Omega\left(\nu_0\frac{R(t_0)}{R(t)}, t\right) - \Lambda\left(\nu_0\frac{R(t_0)}{R(t)}, t\right)\right) \mathcal{N}(\nu_0, t)R^3(t)\mathrm{d}\nu_0$$

这正和式 (15.4.5) 中一样. 所以, 自发和感生发射以及吸收的效应, 就是使 $\mathcal{N}(\nu_0, t)R^3(t)$ 发生如下的改变率:

$$\frac{\mathrm{d}}{\mathrm{d}t}\{\mathcal{N}(\nu_0, t)R^3(t)\} = \Gamma\left(\nu_0\frac{R(t_0)}{R(t)}, t\right) R^2(t)R(t_0)$$
$$+ \left(\Omega\left(\nu_0\frac{R(t_0)}{R(t)}, t\right) - \Lambda\left(\nu_0\frac{R(t_0)}{R(t)}, t\right)\right) \mathcal{N}(\nu_0, t)R^3(t)$$

对 Γ 采用 (15.4.4), 则上述方程的解为

$$\mathcal{N}(\nu_0, t)R^3(t)$$
$$= \exp\left\{ -\int_{t_1}^{t} \left[\Lambda\left(\nu_0\frac{R(t_0)}{R(t')}, t'\right)\right.\right.$$
$$\left.\left. -\Omega\left(\nu_0\frac{R(t_0)}{R(t')}, t'\right)\right] \mathrm{d}t'\right\} \mathcal{N}(\nu_0, t_1)R^3(t_1)$$
$$+ 8\pi\nu_0^2 R^3(t_0) \int_{t_1}^{t} \exp\left\{ -\int_{t'}^{t} \left[\Lambda\left(\nu_0\frac{R(t_0)}{R(t'')}, t''\right)\right.\right.$$
$$\left.\left. -\Omega\left(\nu_0\frac{R(t_0)}{R(t'')}, t''\right)\right] \mathrm{d}t''\right\}$$

$$\times \Omega\left(\nu_0 \frac{R(t_0)}{R(t')}, t'\right) dt'$$

式中的 t_1 是任意的. 第一项正好给出 t_1 以前剩下的光子数, 第二项给出自 t_1 以来发射的光子数; 在两种情况下, 指数因子表示由吸收和感生发射带来的效应. 若我们把 t 取为现在的时刻 t_0 并把 t_1 取为充分远的过去以至几乎全部的背景辐射都是在那个时刻以后发出的, 则上面的结果可以简化. 这样一来, 现在单位频率间隔的光子数密度就是

$$n_{\gamma 0}(\nu_0) \equiv \mathcal{N}(\nu_0, t_0)$$
$$= 8\pi\nu_0^2 \int_{t_1}^{t_0} \exp\left\{-\int_t^{t_0}\left[\Lambda\left(\nu_0\frac{R(t_0)}{R(t')}, t'\right)\right.\right.$$
$$\left.\left.-\Omega\left(\nu_0\frac{R(t_0)}{R(t')}, t'\right)\right]dt'\right\} \times \Omega\left(\nu_0\frac{R(t_0)}{R(t)}, t\right)dt \quad (15.4.9)$$

如果介质处于热平衡, 则可用 (15.4.7) 以 Λ 表示 Ω, 从而现在的光子数密度变为

$$n_{r0}(\nu_0) = 8\pi\nu_0^2 \int_{t_1}^{t_0} \exp\left(-\frac{h\nu_0 R(t_0)}{kT(t)R(t)}\right)\Lambda\left(\nu_0\frac{R(t_0)}{R(t)}, t\right)$$
$$\times \exp\left\{-\int_t^{t_0}\left[1 - \exp\left(-\frac{h\nu_0 R(t_0)}{kT(t')R(t')}\right)\right]\right.$$
$$\left.\times \Lambda\left(\nu_0\frac{R(t_0)}{R(t')}, t'\right)dt'\right\}dt \quad (15.4.10)$$

我们还没有考虑光子散射效应. 在计算离散源的光深时, 任何一种散射都会使光子离开光束, 并且没有受激发射使光子回到光束中来. 所以, 取代 (15.4.8), 光深是

$$\tau = \int_{t_1}^{t_0}\left[1 - \exp\left(-\frac{h\nu_1 R(t_1)}{kT(t)R(t)}\right)\right]\Lambda\left(\nu_1\frac{R(t_1)}{R(t)}, t\right)dt$$
$$+ \int_{t_1}^{t_0} \Sigma\left(\nu_1\frac{R(t_1)}{R(t)}, t\right)dt \quad (15.4.11)$$

式中 $\Sigma(\nu, t)$ 是在时刻 t 频率为 ν 的光子的散射率. 考虑光子在各向同性背景上的散射则要困难得多, 因为每次散射都从光束中取走一个光子并增添到背景之中. 一种易于处理的情况是 Thomson 散射, 其中 $h\nu$ 和 kT 都比带电粒子的质量小得多. 这种散射不改变光子的频率, 所以不影响各向同性背景. 在关于各向同性背景的计算中, 我们必须假设, 除 Thomson 散射以外, 散射比吸收小得多. (但要注意, 如果共振态的平均寿命比粒子在介质中的平均自由时间长, 则必须把共振散射看成吸收.)

现在让我们把这种理论应用于星系际空间中 "失踪质量" 的探测问题. 如果星系际介质是由中性原子 (例如氢) 的稀薄气体所组成, 则在对 [495] 应于原子态之间各个跃迁的各个离散频率处, 它会强烈地吸收辐射. 为简单起见, 让我们假设, 所有吸收都发生在集中于单个吸收频率 ν_a 处的一个小的频率间隔内, 则吸收率的形式为

$$\Lambda(\nu, t) = n(t)\sigma_a(\nu)$$

式中 $n(t)$ 为在宇宙时间 t 的原子数密度, $\sigma_a(\nu)$ 是吸收截面, 假定这个截面除了在 ν_a 处的一个尖峰以外都可忽略不计, 按 (15.4.8), 在时刻 t_1 以频率 $\nu_1 > \nu_a$ 从一个源发出并在时刻 t_0 以频率 $\nu_0 < \nu_a$ 到达这里的一束光线, 其吸收几乎全部都发生在由下式决定的时刻 t_a

$$R(t_a) = \frac{\nu_1 R(t_1)}{\nu_a} = \frac{\nu_0 R(t_0)}{\nu_a} \tag{15.4.12}$$

所以光深是

$$\tau \simeq n(t_a) \left[1 - \exp\left(-\frac{h\nu_a}{kT(t_a)} \right) \right] \int \sigma_a \left(\nu_1 \frac{R(t_1)}{R(t)} \right) dt$$

把变量从 t 换成 $\nu \equiv \nu_1 R(t_1)/R(t)$, 我们得到

$$\tau \simeq n(t_a) \left[1 - \exp\left(-\frac{h\nu_a}{kT(t_a)} \right) \right] \left[\frac{R(t_a)}{\dot{R}(t_a)} \right] I_a \tag{15.4.13}$$

式中

$$I_a \equiv \frac{1}{\nu_a} \int \sigma(\nu) d\nu \tag{15.4.14}$$

积分所取的频率范围恰好大到能包括整个吸收线. 这里选择一个特殊宇宙模型的必要性只是为了确定在时刻 t_a 的 Hubble "常数" $\dot{R}/R$; 根据式 (15.3.3), (15.4.12) 和 (15.3.22), 这个常数等于

$$\frac{\dot{R}(t_a)}{R(t_a)} = \frac{R(t_0)}{R(t_a)} H_0 \left[1 - 2q_0 + 2q_0 \frac{R(t_0)}{R(t_a)} \right]^{1/2}$$
$$= \left(\frac{\nu_a}{\nu_0} \right) H_0 \left[1 - 2q_0 + 2q_0 \frac{\nu_a}{\nu_0} \right]^{1/2} \tag{15.4.15}$$

把 (15.4.15) 代入 (15.4.13) 中, 我们看到, 在接收频率 ν_0 处的光深是

$$\tau(\nu_0) = \frac{\nu_0 n(t_a) I_a}{\nu_a H_0} \left[1 - \exp\left(-\frac{h\nu_a}{kT(t_a)} \right) \right] \left[1 - 2q_0 + 2q_0 \frac{\nu_a}{\nu_0} \right]^{-1/2} \tag{15.4.16}$$

当然, 仅当沿着光路满足 (15.4.12) 时, 这个结果才能应用, 也就是说, 接收 [496]

频率必须处在如下范围

$$\frac{\nu_a}{1+z} \leqslant \nu_0 \leqslant \nu_a \tag{15.4.17}$$

式中 $z \equiv \nu_1/\nu_0 - 1$ 是光源的红移. 所以, 对于 ν_0 处在这个范围内的接收信号, 我们预期有一个吸收谷. 由频率 ν_a 处的一条吸收线造成的光深当 $\nu_0 < \nu_a/(1+z)$ 时等于零, 而在 $\nu_a/(1+z)$ 处一下子增加到数值

$$\tau\left(\frac{\nu_a}{(1+z)}+\right) = \frac{n(t_1)I_a}{H_0(1+z)}\left[1 - \exp\left(-\frac{h\nu_a}{kT(t_1)}\right)\right][1 + 2q_0 z]^{-1/2} \tag{15.4.18}$$

然后多少有些平滑地变化, 直到刚好低于 ν_a 时取值

$$\tau(\nu_a-) = H_0^{-1}n(t_0)I_a\left[1 - \exp\left(-\frac{h\nu_a}{kT(t_0)}\right)\right] \tag{15.4.19}$$

而最后当 $\nu_0 > \nu_a$ 时陡降到零.

星系际介质在吸收光信号的同时也发出各向同性背景辐射. 如果介质在频率 ν_a 处有一条吸收线, 那么它在同一频率处就会有一条发射线, 所发出的辐射会在红移后的频率 $\nu_0 < \nu_a$ 处被观测到. 应用 (15.4.10) 并按照推导 (15.4.16) 的同样理由, 得到在接收频率 ν_0 处单位频率间隔内现在的背景光子数密度是

$$\mathscr{N}(\nu_0, t_0) = \frac{8\pi\nu_0^3 n(t_a)I_a}{\nu_a H_0}\exp\left(-\frac{h\nu_a}{kT(t_a)}\right)\left[1 - 2q_0 + 2q_0\frac{\nu_a}{\nu_0}\right]^{-1/2} \tag{15.4.20}$$

式中 I_a 和 t_a 分别由 (15.4.14) 和 (15.4.12) 给出. 背景密度 n 随 ν_0 的变化直到刚刚低于频率 ν_a 前多少是平滑的, 在刚刚低于 ν_a 处有

$$\mathscr{N}(\nu_a-, t_0) = 8\pi\nu_a^2 H_0^{-1}n(t_0)I_a\exp\left(-\frac{h\nu_a}{kT(t_0)}\right) \tag{15.4.21}$$

然后当 $\nu_0 > \nu_a$ 时陡降到零.

光深 (15.4.16) 和背景密度 (15.4.20) 同 ν_0 的更细致的依赖关系取决于数密度 $n(t)$ 和温度 $T(t)$ 的历史. 如果吸收和发射频率为 ν_a 的谱线的那些原子在从 t_a 到 t_0 这段时期中既不产生也不消灭, 则

$$n(t_a) = n(t_0)\left[\frac{R(t_0)}{R(t_a)}\right]^3 = n(t_0)\left[\frac{\nu_a}{\nu_0}\right]^3 \tag{15.4.22}$$

[497] 这和式 (14.2.17) 一样. 特别对于 $\nu_a = \nu_0(1+z)$, 我们有 $t_a = t_1$, 所以

$$n(t_1) = n(t_0)[1+z]^3 \tag{15.4.23}$$

如果"失踪质量"由星系际中性氢原子组成, 则对于 $q_0 \simeq 1$ 和 $H_0 \simeq$ 75km/s/Mpc, 这种气体的质量密度必须为 $\rho_0 \simeq 2 \times 10^{-29} \mathrm{g/cm^3}$ (见第 15.2 节), 从而原子数密度是

$$n(t_0) = \frac{\rho_0}{m_H} \simeq 1.2 \times 10^{-5} \mathrm{cm^{-3}} \tag{15.4.24}$$

无论我们是否相信这个具体的估计, 都可以把数量级为 $10^{-5} \mathrm{cm^{-3}}$ 的原子数密度当作试图探测星系际介质的一个特定目标.

原子氢的最著名的射电频段的吸收线是 21cm 超精细跃迁, 这个跃迁是由处于 $1s$ 态的质子和电子的自旋倒向所产生的 —— 从总自旋为零跃迁到总自旋为 1. 这条谱线的频率是 $\nu_a = 1420 \mathrm{MHz}$, 对应于温度 $h\nu_a/k = 0.068 \mathrm{K}$, 几乎可以肯定, 这个温度比任何可能存在的星系际氢的 "自旋温度" 低得多. 所以, 由受激发射引起的改正因子在此可近似地写为

$$1 - \exp\left(-\frac{h\nu_a}{kT}\right) \simeq \frac{h\nu_a}{kT} = \frac{0.068 \mathrm{K}}{T} \tag{15.4.25}$$

吸收系数 (15.4.14) 取值

$$I_{21\mathrm{cm}} = 2.73 \times 10^{-23} \mathrm{cm^2} \tag{15.4.26}$$

1959 年 Field[28] 提出了一种探测 21cm 附近的弱吸收效应的巧妙方法, 并用来在射电星系天鹅座 A 的谱中寻找这种效应. 这个射电源的红移是 $z = 0.056$, 所以由 (15.4.17) 可知, 在 1342 到 1420MHz 的观测频率范围里应当出现一个吸收谷. 这个范围相当窄, 以至在整个吸收谷中的光深可以很好地用数值 (15.4.19) 来近似表达. 再结合 (15.4.25) 和 (15.4.26), 就得到 (c. g. s 制单位的) 密度—温度比

$$\frac{n_H(t_0)}{T(t_0)} \simeq \frac{kH_0\tau}{h\nu_a I_a c} \simeq 4.4 \times 10^{-5}\tau \mathrm{cm^{-3}deg^{-1}} \left[\frac{H_0}{75\mathrm{km/s/Mpc}}\right] \tag{15.4.27}$$

Field[28] 没有能够探测到吸收谷, 他估计 $\tau < 0.0075$, 这个值连同 $H_0 = 75 \mathrm{km/s/Mpc}$ 意味着, 中性氢原子现在的密度—温度比的上限是 $n_H(t_0)/T(t_0) < 3.3 \times 10^{-7} \mathrm{cm^{-3}deg^{-1}}$. 这种实验后来由 Field[29] 和其它人[30] 重复过, 但是在这个频率范围中仍然没有肯定地得到吸收谷. Penzias 和 Scott[30] 新近的测量给出 $\tau < 5 \times 10^{-4}$, 这个数值连同 $H_0 = 75 \mathrm{km/s/Mpc}$ 一起意味着

$$\frac{n_H(t_0)}{T(t_0)} < 2.3 \times 10^{-8} \mathrm{cm^{-3}deg^{-1}} \tag{15.4.28}$$

似乎有理由假定[31], 星系际氢的有效自旋温度应当约等于微波背景辐射

[498]

(见 15.5 节) 的温度 2.7K. 在这种情况下, (15.4.28) 给予星系际氢原子数密度的上限是

$$n_H(t_0) < 6 \times 10^{-8} \text{cm}^{-3} \tag{15.4.29}$$

这比预期数值 (15.4.24) 小 200 倍. 若星系际氢确实构成了失踪的质量, 则 (15.4.28) 要求它的温度应在 500K 以上.

人们也曾努力探测类星体 3C191, PKS1116+12 和 3C287 的谱中红移了的 21cm 吸收效应, 但什么也没有发现[32].

估计星系际空间中性氢密度上限的一种方法 (这个方法无需假设自旋温度的上限), 是寻找它可能发出的红移了的 21cm 辐射. 在任何情况下都存在微波背景辐射, 所以, 要检测出 21cm 辐射产生的附加背景, 必须在 $\nu_0 = \nu_a = 1420$MHz 处寻找光子数密度的跳跃. 按式 (15.4.21), 单位频率间隔的数密度 $\mathscr{N}$ 在刚好低于 ν_a 处比刚好高于 ν_a 处要大一个数量 (以 c. g. s 制单位表示)

$$\Delta\mathscr{N} = 8\pi\nu_a^2 H_0^{-1} c^{-2} I_a n_H(t_0) \tag{15.4.30}$$

[这里假定 $T \gg h\nu_a/k = 0.068$K. 如果不是这样, 那么由 21cm 以下不出现吸收谷所定的 $n_H(t_0)$ 的上限甚至要比 (15.4.28) 或 (15.4.29) 定的值更小.] 背景辐射的测量通常是以等效 "天线温度" T_A 来表示的, 它由下面的 Rayleigh-Jeans 关系定义:

$$\mathscr{N} \equiv 8\pi\nu_a k T_A h^{-1} c^{-3} \tag{15.4.31}$$

所以由 (15.4.30) 得到

$$n_H(t_0) = \frac{k\Delta T_A H_0}{h\nu_a I_a c}$$
$$= 4.4 \times 10^{-5} \text{cm}^{-3} \left(\frac{\Delta T_A}{1\text{K}}\right) \left(\frac{H_0}{75\text{km/s/Mpc}}\right) \tag{15.4.32}$$

式中 ΔT_A 是在 1420 MHz 处天线温度的跳跃. Penzias 和 Wilson[33] 给出 $\Delta T_A < 0.08$ K, 所以, 若 $H_0 = 75$km/s/Mpc, 则

$$n_H(t_0) < 3 \times 10^{-6} \text{cm}^{-3} \tag{15.4.33}$$

这个上限仅比预期值 (15.4.24) 小 4 倍, 所以还不能完全排除, 失踪质量是由热的星系际原子氢所组成的.

[499]   用来寻找星系际氢的另一条著名吸收线, 是从 $1s$ 态到 $2p$ 态的电子跃迁所产生氢的 Lyman α 线. 这一谱线的波长 $\lambda = 1215$Å位于紫外, 所以

Lyman α 一般不能穿过地球大气. 但是, 当 $1.5 < z < 6$ 时, 一个 $\lambda = 1215\text{Å}$ 的光子在到达地球时会移进 3000 Å 与 7000 Å 之间的可见 "窗" 内, 因而天文学家能在地球上探测到. 这样一来, 通过观测 $z > 1.5$ 的类星体在频率高于 Lyman α 的发射谱中的吸收效应, 就可以探测到星系际氢原子.

有几个理由说明为什么 Lyman α 吸收比 21cm 吸收对于星系际氢原子的存在提供了更灵敏的检验. 首先, 吸收系数 (15.4.14) 在这里要大得多:

$$I_{Ly\alpha} = 4.5 \times 10^{-18} \text{cm}^2 \qquad (15.4.34)$$

另外, 频率 ν_a 是 2.47×10^{15}Hz, 对应的温度

$$h\nu_a/k = 118,000\text{K},$$

而且由于我们现在假设电离很微弱, 必定有

$$\frac{h\nu_a}{kT} \gg 1 \qquad (15.4.35)$$

于是, 我们可以令式 (15.4.16), (15.4.18) 和 (15.4.19) 中的因子 $[1-\exp(-h\nu_a/kT)]$ (这表示吸收受到受激发射的抑制) 等于 1. 最后, 类星体光谱中常有 Lyman α 发射线, 若附近有数量可观的中性氢, 则这条谱线的蓝翼应当显著地减弱 $e^{-\tau}$ 倍, τ 由 (15.4.18) , (15.4.34) 和 (15.4.35) 决定, 以 c. g. s 制单位表示为

$$\tau\left(\frac{\nu_a}{1+z}+\right) = \frac{n_H(t_1)cI_a}{H_0(1+z)(1+2q_0 z)^{1/2}}$$
$$= \frac{5.5 \times 10^{10}}{(1+z)(1+2q_0 z)^{1/2}}\left(\frac{n_H(t_1)}{\text{cm}^{-3}}\right)\left(\frac{75\text{km/s/Mpc}}{H_0}\right) \qquad (15.4.36)$$

注意, Lyman α 线蓝翼减弱所测量的是近于发射时刻 (而不是现在) 的中性氢密度. (此外, 若类星体是近距现象, 则不会有预期的减弱.)

探测 Lyman α 吸收效应的尝试集中在 $z = 2.012$ 的类星体 3C9 上. 最初的测量是 1965 年由 Gunn 和 Peterson[34] 所作的, 他们发现 Lyman α 发射线的兰翼减弱了 40%, 由此定出 $\tau(\nu_a/(1+z)+) \simeq 0.5$. 他们取 $q_0 = 1/2$ 和 $H_0^{-1} = 10^{10}$ 年而得出结论说, 在 $z = 2$ 处的中性氢原子数密度约为 $6 \times 10^{-11}\text{cm}^{-3}$, 随后由 Oke[35] 作的光电测量表明 3C9 的 Lyman α 发射线的蓝翼没有降低, 按照 G. Burbidge 和 M. E. Burbidge[36] 的解释, 这个结果意味着 $\tau < 0.05$. 若取 $q_0 = 1$ 和 $H_0 = 75\text{km/s/Mpc}$, 就得出

[500]

$$n_H(z \simeq 2) < 6 \times 10^{-12}\text{cm}^{-3} \qquad (15.4.37)$$

若 (15.4.23) 可靠, 则 $z = 2$ 时 n_H 的 "预期" 值比 (15.4.24) 大 27 倍, 所以观测到的上限 (15.4.37) 比预期值小 8 个数量级!

可以设想, 3C9 附近中性氢的缺乏是由 3C9 发出的电离辐射造成的. 因此, 寻找从 Lyman α 发射线延伸到更短波长的吸收谷是重要的, 这个吸收谷来源于离 3C9 远距离处光线的 Lyman α 吸收. [见式 (15.4.16) 和 (15.4.17).] Oke[35] 没有发现这种吸收谷, 而 Wampler[37] 的观测表明只有微小的降低, 相应的 $\tau(\nu_1)$ 大约不超过 0.3.

还作过其它的尝试来探测类星体光谱紫外波段的星系际吸收, 但没有得到更好的结果. Field, Solomon 和 Wampler[38] 在 3C9 光谱中寻找星系际分子氢的吸收效应, 并得出结论说, 星系际分子氢的质量密度约小于 10^{-32}g/cm^3. 星系际氢也可能集中在云里, 在这种情况下, 类星体光谱中应当显示出一系列多少变宽的 Lyman α 吸收线, 沿视线的每一个云都对应着一条这样的宽谱线. Bahcall 和 Salpeter[39], Wagoner[40] 和 Peebles[41] 对类星体光谱的分析中没有发现这种效应, Peebles 由此作出结论说, 中性氢原子即使集中在云中, 其总密度必须小于预期值 (15.4.24) 的百分之几. 近来发现有三四个类星体有多重吸收线红移, 比对应发射线红移小很多[42], 就好像吸收是发生在离源很远的视线上. 但这种现象较为少见; 而且可以用类星体自己内部发生的过程很好地予以解释.

如果失踪的质量不是以中性氢原子或氢分子的形式发现, 则它也许是由电离的星系际氢等离子体组成, 可能还有较重离子的少量混合物. 只要假定[43a] $z \simeq 2$ 时温度在 10^6K 以上, 就能用碰撞电离同辐射复合之间的平衡来说明类星体光谱中不出现 Lyman α 吸收所标志的高度电离.

这样一种热气体会通过电子—离子碰撞所伴随的熟知的轫致辐射产生 X 射线, 它在单位体积和单位频率间隔中的速率由下列公式给出 (用 c. g. s 制单位)

$$\Gamma(\nu) = \left[\frac{32\pi g e^6 Z^3 n_i^2}{3h\nu c^3}\right]\left[\frac{2\pi}{3kTm_e^3}\right]^{1/2}\exp\left[\frac{-h\nu}{kT}\right]$$

[501]　　式中 n_i 是离子数密度, Z^3 是平均立方原子序数, g 是 "Gaunt" 改正因子, 它在光子谱的峰附近估计[43b] 为 0.5 到 2 之间. Field 和 Henry[43c] 假设失踪的质量是由 H 和 ^{4}He (按原子数占 10%) 组成, 它们在 R 为 $1/2R_0$ 和 $1/10R_0$ 之间时突然被加热到初始温度 T_0(10^4K 与 10^{10}K 之间), 然后又按规律 $T \propto R^{-2}$ 绝热冷却, 在这样的条件下算出了所产生的 X 射线背景. X 谱当 $h\nu > kT_0$ 时迅速减弱, 而银河系内星际介质对于 $h_\nu < 0.1$keV 的软 X 射线又不透明, 所以, 星系际介质只有当初始温度 T_0 高于 10^6K 时, 才会产生可观测的 X 射线背景.

事实上, 火箭观测资料 (最近由 Brecher 和 Burbidge[44] 作了总结) 的确揭示出至少从 250eV 延伸到 100MeV 的弥漫 X 射线和 γ 射线背景的存在. 这个背景是高度各向同性的[44a], 这意味着它至少部分是起源于河外, 但是, 直到最近, X 射线背景还没有一般地解释成是提供了失踪的质量由星系际电离氢组成的论据. 一个原因在于 X 射线强度的估计值比现在的数值低, 而 Field 和 Henry[43c] 假设的 Hubble 常数值过大, 从而失踪的质量密度值也过大, 因此, 要求温度既要高到足以同上面讨论的 Lyman α 和 21cm 吸收以及 21cm 发射线的结果相符, 而又要低到不致产生比观测更多的软 X 射线, 那就很难建立星系际介质的任何热历史. 此外, 宇宙微波背景发现以后, X 射线背景看来也许可以解释为下节末要讨论的逆 Compton 散射过程.

最近 Cowsik 和 Kobetich[44b] 重新考虑了宇宙 X 射线背景的起源. 他们发现 1keV 以下的 X 射线谱可以由逆 Compton 效应来说明, 而在 100keV 以上的谱与预期由白矮星产生的 γ 射线相符, 但是, X 射线谱在 1keV 到 100keV 之间有一个剩余的 "扭折", 它大体上可以用下列单位能量间隔的能流来拟合:

$$\phi_{剩余}(E) \simeq 3\text{keV cm}^{-2}\text{ster}^{-1}\text{s}^{-1}\text{keV}^{-1} \exp\left(-\frac{E}{30\text{keV}}\right)$$

这正是我们所预期的星系际氢的热轫致辐射谱, 对应的有效温度是 3.3×10^8K, 累积平方离子密度 $\int n_i^2 ds$ 的数量级为 10^{17}cm^{-5}. 这种介质可以提供失踪的质量, 特别是如果 H_0 取相当低的值, 比如说接近于 50km/s/Mpc 的话. 但是, Field[43a] 指出, 剩余 X 射线背景也能由 "团块" 物质 (例如星系团内的电离气体[8a]) 产生出来 (见 15.3 节), 在这种情况下, 所要求的平均质量密度减小的倍数. 等于平均密度与方均根密度之比, 并下降到临界密度 ρ_c 以下.

这些探讨促进了关于星系际介质热历史的一系列新的研究工作[45]. Rees[46] 提出了一个有趣的假设, 即星系际介质在对应于临界红移 z_c 为 2 到 3 的时刻就已电离. 这种情况下, 在 Lyman $\alpha, \beta, \cdots$ 等谱线处和 Lyman 连续区里中性氢对光的吸收, 会减小 $z > z_c$ 的类星体的光度, 特别是在光谱的蓝端, 所以 $z > 3$ 的类星体的显著缺乏可解释为一种选择效应, 因为类星体通常是由它们在 Palomar 巡天照片中的蓝色特征来认证的. 如果 Schmidt[17] (见 15.3 节) 所发现的类星体密度随 z 的迅速增长确实继续到 $z = 2$ 以上, 则这些源所提供的能量足以在 $z = z_c$ 处使星系际氢电离. 另一方面, 类星体也可能是在 $z = z_c$ 处形成的, 而且正是这种形成过程使

[502]

星系际介质电离了. 总之, 在 $z \simeq 3$ 的宇宙尺度上很像是发生了某种特别的事件.

星系际电离氢对光信号传播的影响可以容易地计算出来, 而无需关于等离子体温度的详细假设. 只要 $h\nu$ 和 kT 比 1MeV 小得多, 等离子体对光信号的主要效应就是一种各向同性散射, 每个电子的散射截面等于 Thomson 值 $\sigma_T = 0.6652 \times 10^{-24} \mathrm{cm}^2$. 于是, 略去 (15.4.11) 的第一项, 并令散射率等于

$$\sum(\nu, t) = \sigma_T n_e(t) \tag{15.4.38}$$

即可算出光深, 式中 n_e 是电子数密度, 与质子数密度相等. 设所有失踪的质量都由电离氢组成, 则由 (15.1.22), (15.2.6) 和 (15.2.3) 得出

$$n_e(t) \simeq \frac{\rho(t)}{m_H} = \frac{3q_0 H_0^2}{4\pi G m_H} \left(\frac{R(t_0)}{R(t)} \right)^3 \tag{15.4.39}$$

此外, 由 (15.3.3) 得出

$$\mathrm{d}t = \frac{\mathrm{d}R}{\dot{R}} = \frac{\mathrm{d}R(t)}{R(t_0)H_0} \left(1 - 2q_0 + 2q_0 \left(\frac{R(t_0)}{R(t)} \right) \right)^{-1/2} \tag{15.4.40}$$

把 (15.4.38), (15.4.39) 和 (15.4.40) 代入 (15.4.11) 中, 我们求得光深等于

$$\tau = \frac{3q_0 H_0 \sigma_T R^2(t_0)}{4\pi G m_H} \int_{R(t_1)}^{R(t_0)} R^{-3} \left[1 - 2q_0 + 2q_0 \left(\frac{R(t_0)}{R} \right) \right]^{-1/2} \mathrm{d}R$$

对于红移 $z \equiv R(t_0)/R(t_1) - 1$ 的源, 则光深是[47]

$$\tau(z) = \frac{\tau_c}{q_0} [(3q_0 + q_0 z - 1)(1 + 2q_0 z)^{1/2} + 1 - 3q_0] \tag{15.4.41}$$

[503] 式中 (用 c. g. s. 单位制)

$$\tau_c = \frac{H_0 \sigma_T c}{4\pi G m_H} = 0.035 \left(\frac{H_0}{75 \mathrm{km/s/Mpc}} \right) \tag{15.4.42}$$

$z = 2$ 的类星体看来并不特别暗弱, 所以 τ (2) 可能约小于 1; 若取 $H_0 = 75 \mathrm{km/s/Mpc}$, 就得到 $q_0 < 10$. 取 $q_0 = 1$ 及 $H_0 = 75 \mathrm{km/s/Mpc}$, 则一直到 $z = 6$ 光深都小于 1, 所以 Thomson 散射在类星体的探讨中可能不起重要作用.

星系际电离氢介质不仅会散射射电信号, 而且也使它延迟[48]. 在电子数密度为 n_e 的电离气体中, 频率为 ν 的电磁波的群速度是[49]

$$\beta = \left(1 - \frac{\nu_p^2}{\nu^2} \right)^{1/2} \tag{15.4.43}$$

式中 ν_p 是等离子体频率

$$\nu_p \equiv \left(\frac{e^2 n_e}{m_e \pi}\right)^{1/2} = 8.97 \times 10^3 \text{Hz} (n_e [\text{cm}^{-3}])^{1/2} \tag{15.4.44}$$

(此式也只在 $h\nu$ 和 kT 都远远小于电子静能时才成立.) 在局部惯性坐标系中, 我们有 $|\mathrm{d}\boldsymbol{x}| = \beta \mathrm{d}t$, 所以不变的固有时是

$$\mathrm{d}\tau^2 = (1 - \beta^2)\mathrm{d}t^2$$

令此式同 $\mathrm{d}\theta = \mathrm{d}\phi = 0$ 的 Robertson-Walker 线元相等, 则我们有

$$(1 - \beta^2)\mathrm{d}t^2 = \mathrm{d}t^2 - \frac{R^2(t)\mathrm{d}r^2}{1 - kr^2}$$

或更简单地有

$$\beta \frac{\mathrm{d}t}{R} = \pm \frac{\mathrm{d}r}{\sqrt{1 - kr^2}}$$

对于在时刻 t_1 从共动径向坐标为 r_1 的源发出的射电信号, 其到达时刻将延迟一段时间 Δt, 它由下式定出

$$\int_{t_1}^{t_0 + \Delta t} \beta \frac{\mathrm{d}t}{R} = \int_0^{r_1} \frac{\mathrm{d}r}{\sqrt{1 - kr^2}} \tag{15.4.45}$$

式中 t_0 是没有任何弥散时信号的到达时刻, 即

$$\int_{t_1}^{t_0} \frac{\mathrm{d}t}{R} = \int_0^{r_1} \frac{\mathrm{d}r}{\sqrt{1 - kr^2}} \tag{15.4.46}$$

在所有实际上重要的情形中, ν_p 都比 ν 小得多, 所以 β 很接近于 1, [504]

$$\beta \simeq 1 - \frac{\nu_p^2(t)}{2\nu^2(t)} = 1 - \frac{\nu_p^2(t)R^2(t)}{2\nu_0^2 R^2(t_0)} \tag{15.4.47}$$

式中 ν_0 是在时刻 t_0 观测到的频率. 由式 (15.4.45) 减去 (15.4.46) 并展开到 Δt 和 $(1 - \beta)$ 的第 1 级, 则我们有

$$\frac{\Delta t}{R(t_0)} = \int_{t_1}^{t_0} [1 - \beta] \frac{\mathrm{d}t}{R} \tag{15.4.48}$$

或者利用 (15.4.47), 得

$$\Delta t = \frac{1}{2\nu_0^2 R(t_0)} \int_{t_1}^{t_0} \nu_p^2(t) R(t) \mathrm{d}t \tag{15.4.49}$$

这个总的时间延迟并不 (像可能设想的那样) 正好等于 $\nu_p^2/2\nu^2$ 对于时间的积分. 式 (15.4.48) 中出现额外的因子 $R(t_0)/R(t)$, 是因为当光子达到它

的路径上的任一点时已经发生的时间延迟, 使得光子必须继续走的距离额外增加了一些.

为方便起见, 在计算 Δt 时可将变量由 t 换为

$$z' \equiv \frac{R(t_0)}{R(t)} - 1$$

于是由式 (15.3.3) 得出

$$\mathrm{d}t = -H_0^{-1}[1 + 2q_0 z']^{-1/2}(1 + z')^{-2}\mathrm{d}z'$$

此外, 若自由电子既不出现也不消失, 则

$$\nu_p^2(t) = \nu_{p0}^2 \left(\frac{R(t_0)}{R(t)} \right)^3 = \nu_{p0}^2(1 + z')^3$$

现在由式 (15.4.49), 得

$$\Delta t = \frac{\nu_{p0}^2}{2\nu_0^2 H_0} \int_0^z [1 + 2q_0 z']^{-1/2}\mathrm{d}z'$$

所以

$$\Delta t = \frac{\nu_{p0}^2}{2q_0 \nu_0^2 H_0}\{[1 + 2q_0 z]^{1/2} - 1\} \tag{15.4.50}$$

例如, 设 $q_0 \simeq 1, H_0 \simeq 75$ km/s/Mpc, 则我们预期现在的电子数密度 $n_{e0} \simeq 1.2 \times 10^{-5}\mathrm{cm}^{-3}$ [见式 (15.4.24)], 在这种情况下, 现在的等离子体频率 (15.4.44) 是 $\nu_{p0} \simeq 31$Hz, 作为对比, 观测到[49a] 类星射电源有涨落的频率是 10,000 MHz 左右, 这约比 ν_{p0} 大 7 个数量级, 所以可能的时间延迟一般是很短的. 我们将看到, $z \simeq 2$ 的类星射电源中明显的涨落发生在 $\nu_0 = 10,000$MHz 处比发生在更高频率处来得迟一些, 延迟的时间是 $\Delta t \simeq 2.5$ s. 可惜, 虽然类星射电源确实呈现涨落, 但时间尺度短到几天的射电频率的涨落看来并不存在[50]. 此外, 即使这种涨落确实发生, 星系际时间延迟可能被源本身内部的弥散所掩盖. 不过, 如果这些困难可以克服, 则 ν_{p0} 和 q_0 在原则上都能由测量各种红移的时间延迟并与式 (15.4.50) 比较来确定.

一个更适当而且也许更可行的方案是: 通过观测一些较近的星系中脉冲星射电信号的延迟同频率的依赖关系, 来测量我们银河系附近的星系际电子数密度. (这正是实际上用来定银河系中脉冲星距离的方法的推广, 在银河系中电子密度知道得相当清楚.) 脉冲星被认为是超新星的遗迹, 所以, 在近代超新星的地点[例如在距离 $d \simeq 4$Mpc 的星系 M101 中的超新星 (见图 15.2)]寻找极迅速的射电脉冲或光学脉冲, 就可能在其它星

[505]

系中发现脉冲星. 在这样近的距离处, 我们应以小量 $H_0 d$ 代替式 (15.4.50) 中的 z. 此外, 新生的脉冲星可能每秒发射约 10^4 个脉冲, 所以我们在这里实际上感兴趣的, 是对邻近频率 ν_0 和 $\nu_0 + \mathrm{d}\nu_0$ 的时间延迟差

$$- \left(\frac{\mathrm{d}\Delta t}{\mathrm{d}\nu_0} \right) \delta\nu_0 = \nu_{p0}^2 \nu_0^{-3} \delta\nu_0 d \qquad \text{[506]}$$

例如, 若 $\nu_{p0} = 31\mathrm{Hz}$, 则在频率 1000MHz 和 1001MHz 处来自 M101 内脉冲星的脉冲的到达时间差是 4×10^{-4}s, 这可同预期的脉冲星周期相比拟. 若不在 1000MHz 而在 100MHz 处进行研究, 则可能探测到约 $10^{-9}\mathrm{cm}^{-3}$ 那样低的电子密度. 问题在于要在某个河外星系中找到脉冲星.

1950年6月9日   1951年2月7日

图 15.2　用 Palomar 山的 200 in 望远镜拍摄的星系 NGC5457 (M101) 中的近代超新星

电离的星系际介质对光信号的其它效应包括闪烁[50a], 自由—自由吸收[50b], 也许还有 Faraday 旋转[50c]. 但目前看来只有闪烁可望用来探测失踪的质量.

15.5　宇宙微波背景辐射

Einstein 场方程要求标度因子 $R(t)$ 在某个过去的有限时刻必须极其微小 (见 15.1 节). 在这个早期阶段中, 物质和辐射可能处于热平衡, 并有

很高的温度. 由于宇宙随后的膨胀, 辐射和物质都冷却下来. 最后, 当温度大约降到 4000K 时, 自由电子同原子结合, 所以不透明度急剧下降, 切断了物质与辐射之间的热接触, 那时存在的任何辐射都大大地红移了, 但它仍充满我们周围的空间.

有许多人 (尽管不是全体一致) 认为, 1965 年发现的微波背景辐射正是这种遗留下来的辐射, 自从宇宙变得透明以来, 这种辐射差不多已经红移了 1500 倍. 若果真如此, 则微波背景对于宇宙历史提供了最有价值的情报, 这个历史不但可以追溯到电子变为束缚态的时候, 而且正如我们将看到的那样, 可更进一步回溯到宇宙历史的最初几秒钟.

首先, 让我们考虑, 在纯理论的基础上我们可以预期何种背景辐射谱. 由式 (15.4.10) 得到目前时刻 t_0 频率在 ν 到 $\nu + d\nu$ 的遗留光子的固有能量密度为

$$
\rho_{\gamma 0}(\nu)d\nu = h\nu \times 8\pi\nu^2 d\nu \int_0^{t_0} \exp\left(-\frac{h\nu R_0}{kT(t)R(t)}\right)
$$
$$
\times \Lambda\left(\frac{\nu R_0}{R(t)}, t\right) P(t_0, t; \nu)dt \tag{15.5.1}
$$

式中 h 是 Planck 常量; k 是 Boltzmann 常量; R_0 是 $R(t_0)$ 的简写; $T(t)$ 是物质 (与辐射相对照) 在时刻 t 的温度; $\Lambda(\nu, t)$ 是在时刻 t 对频率为 ν 的光子的吸收率; $P(t_0, t; \nu)$ 是 (考虑到受激发射时) 在时刻 t 存在的频率为 $\nu R_0/R(t)$ 的光子存留到现在的概率:

[507]

$$
P(t_0, t; \nu) \equiv \exp\left\{ -\int_t^{t_0} \left[1 - \exp\left(-\frac{h\nu R_0}{kT(t')R(t')}\right) \right] \Lambda\left(\frac{\nu R_0}{R(t')}, t'\right) dt' \right\}
$$
$$
\tag{15.5.2}
$$

积分 (15.5.1) 的下限可取为任意一个使得 $P(t_0, t_1; \nu)$ 可忽略的时刻 t_1; 选择 $t_1 = 0$ 当然满足这个要求.

为了方便起见, 公式 (15.5.1) 可以重新写为如下形式

$$
\rho_{\gamma 0}(\nu)d\nu = 8\pi h\nu^3 d\nu \int_0^{t_0} \left[\exp\left(\frac{h\nu R_0}{kT(t)R(t)}\right) - 1 \right]^{-1}
$$
$$
\times \frac{d}{dt} P(t_0, t; \nu)dt \tag{15.5.3}
$$

存留概率 P 从 $t = 0$ 时的 $P = 0$ 增加到 $t = t_0$ 时的 $P = 1$, 所以这正是 Planck 黑体分布的加权平均. 若在某个时刻 t_R 不透明度下降得很陡, 则在 $t = t_R$ 处 P 近似于一个阶梯函数, 而由 (15.5.3) 得出

$$
\rho_{\gamma 0}(\nu)d\nu \simeq \frac{8\pi h\nu^3 d\nu}{[\exp(h\nu/kT_{\gamma 0}) - 1]} \tag{15.5.4}
$$

式中

$$T_{\gamma 0} \equiv \frac{T(t_R)R(t_R)}{R_0} \tag{15.5.5}$$

所以, 在不透明度陡降的假设下, 现在的背景辐射具有黑体谱, 其温度为 $T_{\gamma 0}$.

背景辐射的测量结果通常表示为辐射能流 $\phi_{\gamma 0}(\nu)$, 即在单位时间, 单位接收面积, 单位立体角和单位频率间隔中接收到的能量. 这个能流可以用

$$\phi_{\gamma 0}(\nu) = \frac{\rho_{\gamma_0}(\nu)c}{4\pi}$$

从前面关于 $\rho_{\gamma 0}(\nu)$ 的公式以 c. g. s. 制单位计算出来. 背景测量也经常用等效黑体温度 $T_{\gamma 0}(\nu)$ 来表示, $T_{\gamma 0}(\nu)$ 定义为这样一个温度, 在这个温度下的黑体辐射在频率 ν 处具有观测到的能量密度或能流, 即

$$\rho_{\gamma_0}(\nu)\mathrm{d}\nu \equiv \frac{8\pi h\nu^3 \mathrm{d}\nu}{[\exp(h\nu/kT_{\gamma 0}(\nu)) - 1]} \tag{15.5.6}$$

所以, 黑体辐射谱的特征就是, 它的 $T_{\gamma 0}(\nu)$ 与 ν 无关. 最后, 用天线温度 $T_A(\nu)$ 来表示背景测量的结果有时是方便的, $T_A(\nu)$ 定义为这样一个温度, 在这个温度下, (15.5.4) 的低频 Rayleigh-Jeans 近似式会在频率 ν 处给出观测到的能量密度或能流:

[508]

$$\rho_{\gamma_0}(\nu)\mathrm{d}\nu \equiv 8\pi kT_A(\nu)\nu^2\mathrm{d}\nu \tag{15.5.7}$$

在所有可能的地方, 我们的讨论都是指的黑体温度 $T_{\gamma 0}(\nu)$.

如果我们对于不透明度下降以前物质的热历史不作假设, 就只能说背景辐射大体上会有黑体谱, 其温度告诉我们当宇宙变为透明时的 $R(t)/R_0$ 值. 如果我们可以假设, 当物质和辐射处于热接触时, 物质温度按如下公式降低

$$T(t) = \frac{A}{R(t)} \tag{15.5.8}$$

式中 A 为一常数, 那么理论方面的状况就会大有改进. 在这种情形下, (15.5.3) 的被积式中第一个因子可移到积分号外, 从而得到黑体公式 (15.5.4), 无论不透明宇宙是如何逐渐过渡到透明宇宙的. 另外, 把 (15.5.3) 中的 t_0 取为任意时刻 t, 我们现在看到, 在一切时间 (包括不透明度下降时及以前和以后) ρ_γ 均由黑体公式决定

$$\rho_\gamma(\nu, t)\mathrm{d}\nu = \frac{8\pi h\nu^3 \mathrm{d}\nu}{[\exp(h\nu/kT_\gamma(t)) - 1]} \tag{15.5.9}$$

式中

$$T_\gamma(t) = \frac{A}{R(t)} \tag{15.5.10}$$

在物质和辐射处于平衡的时期中, 辐射由黑体公式 (15.5.9) 描述, 在这段时间里, 它的温度 (15.5.10) 显然等于物质温度 (15.5.8); 这当然不足为奇. 这里值得注意的事情是, 在从高不透明度到低不透明度的过渡时期中以及一直延续到现在, 辐射继续服从黑体公式 (15.5.9), 其温度由 (15.5.10) 给出. 在 (15.5.8) 中令 $t = t_0$ 则可确定常数 A, 所以在全部时间中辐射温度是:

$$T_\gamma(t) = T_{\gamma 0} \left[\frac{R_0}{R(t)} \right] \tag{15.5.11}$$

[509]   平衡时的物质温度与它相同:

$$T(t) = T_{\gamma 0} \left[\frac{R_0}{R(t)} \right] \tag{15.5.12}$$

这样一来, 现在的辐射温度 $T_{\gamma 0}$ 就决定了在 TR 为常数的整个时期中早期宇宙的热历史.

为了知道 TR 在什么情况下为常数, 让我们考虑与黑体辐射处于平衡的理想气体模型. 把 (15.5.9) 对 ν 积分可得黑体辐射的能量密度:

$$\rho_\gamma(t) = a T_\gamma^A(t)$$

式中按 c. g. s. 单位制有

$$a \equiv \frac{8\pi^5 k^4}{15 h^3 c^3} = 7.5641 \times 10^{-15} \text{erg cm}^{-3}\text{deg}^{-4}$$

所以, 在这种模型里, 总压强和总能量密度是

$$p = nkT + \frac{1}{3} aT^4$$
$$\rho = nm + (\gamma - 1)^{-1} nkT + aT^4$$

式中 n 是气体粒子数密度, m 是气体粒子质量, γ 是气体的比热比, 对于像原子氢这样的单原子气体, $\gamma = 5/3$. 粒子数守恒方程可写为

$$nR^3 = n_0 R_0^3 \tag{15.5.13}$$

而能量守恒方程 (15.1.21) 写为

$$\frac{\mathrm{d}}{\mathrm{d}R}[nmR^3 + (\gamma - 1)^{-1} nkTR^3 + aT^4 R^3] = -3nkTR^2 - aT^4 R^2$$

利用 (15.5.13) 以后整理各项, 得

$$\frac{R}{T}\frac{\mathrm{d}T}{\mathrm{d}R} = -\left[\frac{\sigma+1}{\sigma+\frac{1}{3}(\gamma-1)^{-1}}\right] \tag{15.5.14}$$

式中 σk 是每个气体粒子平均的光子熵:

$$\sigma \equiv \frac{4aT^3}{3nk} = 74.0\frac{(T/\mathrm{deg})^3}{n/\mathrm{cm}^{-3}} \tag{15.5.15}$$

对于 $\sigma \ll 1$, 由方程 (15.5.14) 得

$$T \propto R^{-3(\gamma-1)} \tag{15.5.16}$$

这正是理想气体绝热膨胀的通常的温度 – 体积关系. 另一方面, 对于 $\sigma \gg 1$, 由方程 (15.5.14) 得

$$T \propto R^{-1} \tag{15.5.17}$$

即使对于大 σ, 当物质不再同辐射处于平衡时, 它的温度曲线终将从 [510] (15.5.17) 变为 (15.5.16). 但是, 如果 σ 非常大, 那么, 只要在物质和辐射之间存在显著的热接触, 则辐射继续超过物质, 而物质温度将有预期的行为 (15.5.8). 在这种情形下, 由 (15.5.12), (15.5.13) 和 (15.5.15) 得出 σ 为常数:

$$\sigma = \frac{4aT_{\gamma0}{}^3}{3n_0 k} \tag{15.5.18}$$

因此, 若 σ 曾经很大, 它就会一直保持很大. 所以说我们是在探讨热宇宙. 在热宇宙中, 在所有时间里背景辐射近似地满足 (15.5.9) 和 (15.5.11), 而物质温度一直到不透明度变得非常小为止都遵守 (15.5.12). 注意黑体辐射中的光子数密度是 $\rho_\gamma(\nu)/h\nu$ 对 ν 的积分, 即

$$n_\gamma = \frac{30\zeta(3)}{\pi^4}\frac{aT_\gamma{}^3}{k} = 3.7\frac{aT_\gamma{}^3}{k}$$

所以,

$$\sigma = 0.37\frac{n_{\gamma0}}{n_0}$$

而热宇宙的条件可表示为如下要求, 即在现在的宇宙中, 对应于每一个质子或中子就有许多光子. 这些考虑都没有对 $T_{\gamma0}$ 的实际数值, 或者甚至对这是否确为热宇宙提供任何线索.

辐射温度的最初的理论计算是根据 20 世纪 40 年代末 G. Gamow 及其合作者[51] 提出的元素合成理论 (这一课题将在 15.7 节中更详细地

讨论). 当温度是 10^9K (对应于氘的分裂温度) 时, 为了能使大约 10% 至 50% 的一部分中子和质子聚变成更重的元素, 核子数密度必须大约是 10^{18}cm^{-3}. 因此, 那个时刻的光子比熵 (15.5.15) 是 $\sigma \approx 10^{11}$, 故在这个模型中宇宙确实是热的, 所以, 无论在宇宙保持不透明的时期或随后一直到现在, RT_γ 都保持不变. 若现在的重子数密度为 10^{-6}cm^{-3}, 则现在的标度因子比 $T \approx 10^9$K 时要大 $(10^{18}/10^{-6})^{1/3}$, 即 10^8 倍, 所以, 现在的辐射温度是 10^{-8} 乘 10^9K, 即近似为 10K. 1950 年 Alpher 和 Herman[52] 按这种思路进行的更详细的分析得到 $T_{\gamma 0} \approx 5$K. 遗憾的是, Alpher 和 Herman 对于这种辐射是否会保留到现在一直表示怀疑. 诚然, 在 $T \approx 10^9$K 时存在的个别的光子老早就会被吸收了. 但是由于 $\sigma \gg 1$, 物质温度必然按 R^{-1} 降低, 所以正当宇宙变为透明时发射的光子, 必定具有和元素合成时期相同的 TR 值. 不过, 关于 5K 黑体背景辐射这个非凡的预言还是被人们忽视了.

[511] 1965 年, Dicke, Peebles, Roll 和 Wilkinson[53] 重新提出确定 $T_{\gamma 0}$ 的问题. 他们争辩说, 宇宙必定一度比 10^{10}K 还要热, 因为它要么是从 $R = 0$ 的奇点膨胀而来, 要么是在有限的 R 值之间作周期振荡, 即使如此, 也必须热得足以裂解前一周期留下来的重元素. 这个论证没有确定目前辐射温度的数值, 但 Dicke 等人推理说: 宇宙黑体辐射的能量密度不应大到使得 $q_0 \gg 1$ (见 15.2 节), 因此 $T_{\gamma 0} \lesssim 40$K. 不过他们的工作的真正重要性并不在于这个估算, 而是在于如下事实, 即黑体背景辐射终于得到了人们认真的考虑, 同时 Roll 和 Wilkinson 开始准备测量 $T_{\gamma 0}$ 的实验.

测量低于 40K 的辐射温度的困难之处, 当然在于接收器的线路处在比它高得多的温度之中, 所以信号必然比接收器的噪音微弱几百倍. 为了检测出信号, Roll 和 Wilkinson 计划采用 1945 年 Dicke 发明的那种辐射计. 在这种装置里, 射电接收器每秒 100 次来回接通一个指向天空的喇叭与另一个瞄准液氦槽的喇叭. 接收器的输出经滤波后分出以 100Hz 的频率变化的那部分, 这个滤波后输出的强度就度量了来自液氦和天空的辐射之差.

Roll 和 Wilkinson 完成 $T_{\gamma 0}$ 的测量之前, 他们得悉 Penzias 和 Wilson[54] 于射电波长 $\lambda = 7.35$cm 处, 在一个大喇叭天线中已经观测到微弱的背景信号, (这个天线是为了观测 "回声" 号卫星而在 New Jersey 的 Holmdel 建立的). 天线温度可以用如下曲线拟合

$$T_A(\theta) = 4.4\text{K} + 2.3\text{K} \ \sec\theta$$

式中 θ 是天线轴和天顶之间的角. 天线束通过的大气 (取为平面层) 厚度

正比于 $\sec\theta$, 故第二项可归因于来自大气的辐射. 估计另有 0.9K 是天线的电阻损耗和进入天线旁瓣的地球辐射的贡献, 剩给宇宙微波背景的净天线温度为 3.5K±1K. 因 $kT_A \gg h\nu$, 这也是等效黑体温度

$$T_{\gamma 0}(7.35\text{cm}) = 3.5\text{K} \pm 1\text{K}$$

表 15.1 微波和远红外波段背景辐射能流测量一览表 (列出的温度是在指示的波长给出观测到的能流的黑体辐射应有的温度)

[512]

λ/cm	方法	文献	$T_\gamma(\lambda)/\text{K}$
73.5	地面辐射计	a	3.7 ± 1.2
49.2	地面辐射计	a	3.7 ± 1.2
21.0	地面辐射计	b	3.2 ± 1.0
20.7	地面辐射计	c	2.8 ± 0.6
7.35	地面辐射计	d	3.5 ± 1.0
3.2	地面辐射计	e	3.0 ± 0.5
3.2	地面辐射计	f	$2.69\begin{cases}+0.16\\-0.21\end{cases}$
1.58	地面辐射计	f	$2.78\begin{cases}+0.12\\-0.17\end{cases}$
1.50	地面辐射计	g	2.0 ± 0.8
0.924	地面辐射计	h	3.16 ± 0.26
0.856	地面辐射计	i	$2.56\begin{cases}+0.17\\-0.22\end{cases}$
0.82	地面辐射计	j	2.9 ± 0.7
0.358	地面辐射计	j′	2.4 ± 0.7
0.33	地面辐射计	k	$2.46\begin{cases}+0.40\\-0.44\end{cases}$
0.33	地面辐射计	k′	2.61 ± 0.25
0.263	CN($J=1/J=0$)	l	≈ 2.3
0.263	CN($J=1/J=0$)	m	$\begin{cases}3.22 \pm 0.15 \text{ 蛇夫座 } \zeta\\3.0 \pm 0.6 \text{ 英仙座 } \zeta\end{cases}$
0.263	CN($J=1/J=0$)	n	3.75 ± 0.50
0.263	CN($J=1/J=0$)	o	$\leqslant 2.82$
0.132	CN($J=2/J=1$)	n	< 7.0

λ/cm	方法	文献	$T_\gamma(\lambda)/K$
0.132	$CN(J=2/J=1)$	o	< 4.74
0.0559	CH	n	< 6.6
0.0559	CH	o	< 5.43
0.0359	CH^+	o	< 8.11
0.04–0.13	火箭运载红外望远镜	p	$8.3\begin{cases}+2.2\\-1.3\end{cases}$
> 0.05	气球运载红外辐射计	q	$\approx 3.6, 5.5, 7.0$
0.6—0.008	火箭运载红外辐射计	r	$3.1\begin{cases}+0.5\\-2.0\end{cases}$
0.18—1.0	气球运载红外辐射计	s	$2.7\begin{cases}+0.4\\-0.2\end{cases}$
0.13—1.0	气球运载红外辐射计	s	2.8 ± 0.2
0.09—1.0	气球运载红外辐射计	s	$\leqq 2.7$
0.054—1.0	气球运载红外辐射计	s	$\leqq 3.4$

a. T. F. Howell and J. R. Shakeshaft, Nature, **216**, 753 (1967).

b. A. A. Penzias and R. W. Wilson, Astron. J., **72**, 315 (1967).

c. T. F. Howell and J. R. Shakeshaft, Nature, **210**, 1318 (1966).

d. A. A. Penzias and R. W. Wilson, Astrophys. J., **142**, 419 (1965).

e. P. G. Roll and D. T. Wikinson, Phys. Rev. Lett., **16**, 405 (1966).

f. R. A. Stokes, R. B. Partridge, and D. T. Wilkinson, Phys. Rev. Lett., **19**, 1199 (1967).

g. W. J. Welch. S. Keachie, D. D. Thornton, and G. Wrixon, Phys. Rev. Lett., **18**, 1068 (1967).

h. M. S Ewing, B. F. Burke, and D. H. Staelin, Phys. Rev. Lett., **19**, 1251 (1967).

i. D. T. Wilkinson, Phys. Rev. Lett., **19**, 1195 (1967).

j. V. I. Puzanov, A. E. Salomonovich, K. S. Starkovich, Astron. Zh. (USSR), **44**, 1128 (1967).

j'. A. G. Kislyakov, V. I. Chernyshev, Yu. V. Lebskii, V. A. Mal'tsev, and N. V. Serov, Ast. Zh., **48**, 39 (1971).

k. P. E. Boynton, R. A. Stokes, and D. T. Wilkinson, Phys. Rev. Lett., **21**, 462 (1968).

k'. M. F. Millea, M. McColl, R. J. Pederson, and F. L. Vernon, Jr., Phys. Rev. Lett., **26**. 919 (1971).

l. A. McKellar, Publs. Dominion Astrophys. Obserratory (Victoria, B. C.), 7, 251(1941).

m. G. B. Field and J. L. Hitchcock, Phys. Rev. Lett., **16**, 817 (1966).

n. P. Thaddeus and J. F. Clauser, Phys. Rev. Lett., **16**, 819 (1966).

o. V. J. Bortolot, J. F. Clauser, and P. Thaddeus. Phys. Rev. Lett., **22**, 307 (1969).

p. K. Shivanandan, J. R. Houck, and M. O. Harwit, Phys. Rev. Lett., **21**, 1460 (1968); J. R. Houck and M. Harwit, Astrophys. J., **157**, L45 (1969). 这一数据的修订和进一步的数据见 M. Harwit, J. R. Houck, and R. V. Wagoner, Nature, **228**, 451 (1970); J. L. Pipher, J. R. Houck, B. W. Jones, and M. Harwit. Nature, **231**, 375 (1971).

q. D. Muehlner and R. Weiss, Phys. Rev. Lett., **24**, 742 (1970).

r. A. G. Blair, J. G. Beery, F. Edeskuty, R. D. Hiebert, J. P. Shipley, and K. D. Williamson, Jr. Phys. Rev. Lett., **27**, 1154 (1971).

s. D. Muehlner and R. Weiss, to be published (1972).

这个观测 (可能是自 Hubble 发现红移和距离的关系以来对宇宙学最为重要的), 以朴实的标题 —— "在 4080MHz 处剩余天线温度的测量" —— 发表于 1965 年[54], 同时还发表了作为说明这种测量基本意义的另一篇文章, 即 Dicke, Peebles, Roll 和 Wilkinson[53] 的论文.

虽然 Penzias 和 Wilson 报道他们的结果是 "剩余天线温度", 重要的 [513] 是要认识到他们只测量了单一波长处的辐射能流. 仍有待于证实辐射频率分布的 Planck 形式 (15.5.4). 在表 15.1 中, 列出了在各个微波和远红外波段进行的背景辐射的等效黑体温度的测量结果.

在 100 cm 以上的波长处, 宇宙背景被银河系发射的甚高频辐射所淹没, 在 75 cm 到 0.3 cm 范围内, 可以采用类似于 Penzias 和 Wilson 以及 Roll 和 Wilkinson 所用的那种地面微波辐射计来测量背景辐射. 但在 $\lambda = 3$ cm 以下. 来自地球大气的发射变得极端麻烦, 从而必须在高山上和在大气中出现 "窗口" 的波长 (如 0.9 cm 和 0.3 cm) 处进行观测. 在 0.3 cm 以下不再有可用的窗口, 故必须把测量仪器载于气球或火箭上. 此外, 在某些波长处, 从星际空间的分子对光的吸收可能推测出背景温度. 例如, 氰在 3874 Å 处有一条可见吸收线, 对应于从最低电子位形到一个激发电子位形的跃迁 (见图 15.3), 这两个电子位形都分裂为一些转动能级, 这些能级由转动角 [514] 动量 J 加以区别, 所以这条吸收线分裂为一系列的分量[55], 其中最重要的是 $R(0)[J = 0 \rightarrow J = 1; \lambda = 3874.608\ \text{Å}], R(1)[J = 1 \rightarrow J = 2; \lambda = 3873.998\ \text{Å}],$ $P(1)[J = 1 \rightarrow J = 0; \lambda = 3875.763\ \text{Å}],$ 和 $R(2)[J = 2 \rightarrow J = 3; \lambda = 3873.369\ \text{Å}].$ (这些跃迁服从偶极选择定则 $\Delta J = \pm 1$.) 1941 年, McKellar[56] 发现: 蛇夫座 ζ 星和我们之间的一个星际云内的氰基吸收着这颗星发来的光, 不仅有从基态 $J = 0$ 跃迁的吸收线 $R(0)$, 而且有从第一转动激发态 (处在对应于波长 2.64 mm 的激发能处) 跃迁的吸收线 $R(1)$. 从这两条谱线的相对强度可以推出 $J = 1$ 态的粒子数, 对应的温度是 2.3K, McKellar 不能肯定没有某种特殊的激发机制在起作用. 因此, 只能得到这样的结论, 即在 $\lambda = 2.64$ mm 处的背景辐射的等效黑体温度约低于 2.3K. Penzias 和 Wilson[54] 在 7.35 cm 处发现 3.5 K 辐射以后, Field[57], Woolf[58] 和 Shklovsky[58a] 互 [515] 相独立地认识到, McKellar 关于蛇夫座 ζ 星的旧观测资料可能实际上已测量了背景辐射温度, 而并不只是给它定了一个上限. 这一点已由排除一切其它转动激发机制的理论分析[57,59] 所证实, 并重复进行了这些测量, 现已获得 $P(1)$ 吸收线的资料[60] 及一系列其它星体的资料. 从这些测量中没有得出精确的辐射温度, 但看来相当肯定的是: 在 2.64 mm 处的 T_γ 是在 2.7 K 与 3.7 K 之间. 也曾对 CN 中的 $R(2)$ 吸收线及 CH 和 CH$^+$ 中转动激发态的许多吸收线作过不成功的探测[60], 由此可以定出在波长

1.32 mm, 0.559 mm 和 0.359 mm 处 T_γ 的上限.

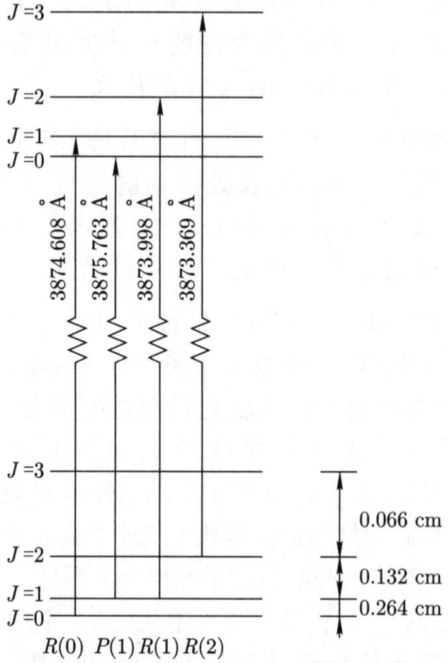

图 15.3 用于确定宇宙微波背景辐射极限的氰吸收光谱中的跃迁.

对表 15.1 的考察表明, 除火箭和气球的红外测量以外, 所有观测都与 2.7 K 黑体分布一致. 但是, 在断定黑体分布确实成立以前, 我们必须弄清楚这种一致性高到什么程度, 同时还得担心高海拔的红外测量结果. 可惜, 所有 1cm 波长以上的数据都落在 2.7 K Planck 分布的这样一部分, 这部分能很好地用如下 Rayleigh-Jeans 定律近似表示:

$$\rho_{\gamma 0}(\nu) \simeq 8\pi k T_{\gamma 0}\nu^2 d\nu \tag{15.5.19}$$

上式可在 (15.5.4) 中令 $\nu \to 0$ 得到. 例如, 在 $\lambda = 1.5$cm 处, 2.7 K 黑体辐射的能流仅比 Rayleigh-Jeans 公式 (15.5.19) 所给出的小 15%, 而且即使在 $\lambda = 0.856$ cm 处, Planck 能流也只比 Rayleigh-Jeans 能流低 35%. (见图 15.4) 这是一个严重的缺陷, 因为可以设想一系列模型, 它们一直到比 Planck 定律开始低于 Reyleigh-Jeans 定律那一点更短的波长处, 都给出 Reyleigh-Jeans 曲线 (15.5.19). 例如, 设观测到的微波背景是在时刻 t_R 发射的, 在这个时刻, 光子吸收概率 $1 - P$ 不是从 1 到 0 而是从某个值 $\alpha < 1$ 到 0 急剧地下降. 那么, 由式 (15.5.3) 得到的就不是黑体定律而是灰体定律

$$\rho_{\gamma 0}(\nu)d\nu \simeq \frac{8\pi\alpha h\nu^3 d\nu}{[\exp(h\nu/kT_\alpha) - 1]} \tag{15.5.20}$$

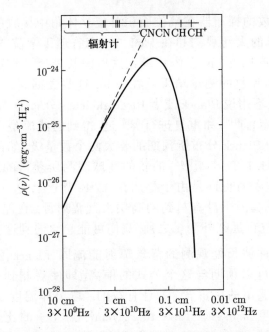

图 15.4　2.7 K 黑体辐射单位频率间隔的能量密度,实线给出 Planck 谱. 虚线给出 2.7 K 天线温度的 Rayleigh-Jeans 谱 (15.5.7). 短的垂线标出了用辐射计或星际吸收观测测量或限制黑体温度的频率.

式中 $0 < \alpha < 1$ 而 $T_\alpha = T(t_R)R(t_R)/R(t_0)$. 所以, 考虑到 $\lambda > 1$ cm 的数据, 必须取

$$T_\alpha \simeq \frac{2.7\text{K}}{\alpha}$$

于是, 一直到波长 $\lambda \approx \alpha$ cm 处, 能流均由 Rayleigh-Jeans 定律给出. 总辐射能量密度必须小于 10^{-7}erg/cm^3 (见 15.2 节), 所以 α 原则上可以小到 0.08. 为了排除这种理论, 我们须用 $\lambda < 1\text{cm}$ (尤其是 $\lambda < 0.2\text{cm}$, 那里 2.7K 的 Planck 分布具有极大值) 的数据. 可惜, 这些正是大气开始干扰辐射计测量的波长. 所以, 要说明整个情况是黑体分布而不是灰体分布, 有赖于高山上的辐射计测量[61], 这些测量在 $\approx$3mm 处得出的能流比 Rayleigh-Jeans 定律 ($T_{\gamma 0} = 2.7$K 时的 (15.5.19) 式) 所预期的要小 3 倍, 此外, 由星际分子的吸收光谱在 2.63mm, 1.32mm, 0.559mm 和 0.359mm 处定出的能流上限分别比 Rayleigh-Jeans 定律小 2.9 倍、2.2 倍、12 倍和 9.3 倍. 这些证据有力地示明, 能谱分布并不像 Rayleigh-Jeans 定律那样一直上升, 而是如同黑体辐射所预期的那样在 0.2 cm 附近急剧地转弯.

　　但是, 这个简单的图景与火箭和气球上的仪器在远红外取得的某些数据有矛盾. 这些测量实质上测量的是辐射热; 观测到的是由具有各种

[516]

复杂谱响应函数的探测器在单位面积单位立体角中接收的总功率. 最初在 Cornell[63] 作的火箭观测和在 M. I. T. (麻省理工学院)[64] 作的气球观测都显示出能流比 2.7 K 黑体背景在这些波长处所预期的要大许多倍. 实际上, 和星际吸收的测量结果放在一起, 这些数据同任何光滑的能谱分布都不符, 更不用说 Planck 或者 Rayleigh-Jeans 分布了. 后来, Cornell 的测量又被重新定标[64a] 和重复进行[64b] 过, 得到的能流是小得多了, 但是仍然比 2.7 K 的 Planck 分布所预期的要大两个数量级. 然而, 由其它的火箭观测[64c] 和 M. I. T. 小组[64d] 的新的气球观测所获得的结果却与 2.7K 背景相符. 这些矛盾也许是由于叠加在 2.7 K 背景上的一系列强线所引起的, 也可能是起因于没有料到的高层大气辐射源. 在能用人造卫星携带的制冷设备进行远红外测量之前, 我们可能总会遇到这些不确定因素.

在检验各种波长处观测的背景辐射能流同 Planck 公式的符合时, 记住根据理论可以预期与这个公式的偏离 (即使观测到的微波辐射是表示早期宇宙遗留的宇宙背景) 是有益的. 取黑体温度 $T_{\gamma 0} = 2.7\text{K}$, 若现在的质量密度 $n_0 m_N = 1.8 \times 10^{-29}\text{g/cm}^3$, 则光子的比熵 (15.5.15) 是 $\sigma = 1.35 \times 10^8$, 若 $n_0 m_N = 4.5 \times 10^{-31}\text{g/cm}^3$, 有 $\sigma = 5.4 \times 10^9$. 如我们已看到的, 这些很高的 σ 值使我们预期, 只要物质和辐射间存在显著的热接触, 物质温度 T 就会跟随辐射温度 $T_\gamma \propto R^{-1}$ 变化. 这种预言来自 Peebles 对于充满电离氢的宇宙中的复合过程所作的详细计算[65]. 若现在的密度 $n_0 m_N = 1.8 \times 10^{-29}\text{g/cm}^3$, 电离率从 $T_\gamma = 5000$ K 时的 99.8% 迅速下降到 $T_\gamma = 3000$ K 时的 0.98%, 然后下降到 $T_\gamma = 1500$ K 时的 0.0053%. 然而, 即使在这样低度的电离下光子的平均自由程很长, T 与 T_γ 相差仍然不大, 例如当 $T_\gamma = 2000$ K 时物质温度是 $T = 1920$ K, 而当 $T_\gamma = 1500$ K 时, $T = 1280$ K. 若现在的物质密度取更小的值, T 与 T_γ 甚至更接近. 因此, 与 Planck 分布的偏离应当很小. 根据 Peebles 的看法, 最大的效应是 Lyman α 跃迁 $2p \to 1s$ 和双光子跃迁 $2s \to 1s$ 留下的光子过剩, 复合后的氢原子就是通过这些跃迁达到自己的基态的. 由于红移, 这些光子现在的波长分别比 λ (Lyman α)=1215 Å 和 $\lambda(2\gamma) \approx 2500$ Å 约大 1000 多倍, 这样一来, 就在 0.015 mm 以下的波长处产生了与 Planck 分布的偏离. 可惜, 在这样短的波长处, 宇宙背景辐射比我们银河系的星际尘埃[66] 和星际气体[67] 发出的辐射弱得多, 所以我们不见得能够观测到这些与黑体谱分布的偏离.

偏离 Planck 谱可能还有另外一个重要的原因. Peebles[65] 的计算表明, 在辐射温度降到 200 K 的时候, 残余的氢电离极其微弱, 其数量级是 10^{-4} 到 10^{-5}. 但是前一节关于 Lyman α 吸收实验的讨论表明. 在 $T_\gamma {\sim} 8$ K (对应 $z \simeq \alpha$) 的那个时刻以后, 不可能有任何显著数量的中性氢. 如果像

[517]

[518]

q_0 的测量 (见 15.2 节) 所表明的那样, 确实有很多星系际氢气, 则当 T_γ 在 4000 K 与 8 K 之间那段时期里, 这些氢总会以某种方式再度电离, 如果这种再电离进行得很早, 则在物质与辐射之间早就会重新建立热接触, 而 Planck 谱就会由于单个光子能量的增加而畸变. 根据 Sunyaev[68] 的看法, 观测到的背景辐射谱与 Planck 公式的符合已经表明, 直到 T_γ 降到约 800K 以前, 这种再电离是不会发生的.

从微波背景按角度的分布也可以获得许多知识. 若这种辐射确实是物质与辐射处于平衡的早期所遗留下来, 则我们应当预期辐射能流是各向同性的. 但是, 由于 (可能与星系形成有关的[66]) 原始等离子体中的不均匀性, 可能有小角尺度的各向异性 (见 15.8 节); 由于整个宇宙或我们的局部引力场[69] 与理想各向同性的偏离, 也可能有大角尺度的各向异性; 由于太阳系相对于背景辐射的运动, 肯定还有角尺度为 360° 的微弱各向异性. 如果背景辐射不是来源于热平衡的早期, 则它的角分布可以显示自己的源; 例如, 如果这种辐射来自大量分立源, 则我们应发现大量角尺度非常小的各向异性; 而如果它来自银河系, 则我们应预期与银纬相关的大尺度各向异性.

在搜索小角尺度各向异性时, 指向与地球成固定角度的大天线, 随着地球自转而扫过天空. 如果不特别注意保持稳定的校准, 则测得的天线温度会显示随时间的逐渐漂移, 它与我们这里要研究的问题无关. 围绕着这个一般的漂移还有一个微小的涨落, 可用方均根涨落值 $(\Delta T_A)_{观测}$ 表征. 如果确实存在角尺度 θ 可与束宽 B 相比拟的内禀涨落 ΔT_A, 则 $(\Delta T_A)^2_{观测}$ 就由 $(\Delta T_A)^2$ 加上接收器噪声引起的项得出, 因此,

$$\Delta T_A \lesssim (\Delta T_A)_{观测} \quad \text{当 } \theta \approx B \tag{15.5.21}$$

另一方面, 若内禀涨落尺度 θ 比束宽 B 小得多, 则这个束可看成是由 N 个角直径为 θ 的环带组成, 这里

$$N \approx \left(\frac{B}{\theta}\right)^2$$

由 (15.5.7) 得到来自每条环带的功率 P 中的涨落 ΔP 是

[519]

$$\frac{\Delta P}{P} \approx \frac{\Delta T_A}{T_A}$$

接收到的总功率是 NP, 但各个涨落的符号是随机的, 所以总功率中的方均根涨落是 $N^{1/2}\Delta P$. 考虑到接收器噪声, 接收功率中观测到的相对涨落将大于 $N^{1/2}\Delta P/NP$, 故

$$\frac{(\Delta T_A)_{观测}}{T_A} \gtrsim N^{-1/2}\frac{\Delta P}{P} \approx N^{-1/2}\frac{\Delta T_A}{T_A}$$

因而

$$\Delta T_A \lesssim N^{1/2}(\Delta T_A)_{\text{观测}} \approx \left(\frac{B}{\theta}\right)(\Delta T_A)_{\text{观测}} \quad \text{当 } \theta \ll B \qquad (15.5.22)$$

更详细的分析表明[70], 对于任意角尺度 θ 的涨落

$$\Delta T_A \leqslant \left[1 + \frac{B^2}{\theta^2}\right]^{1/2}(\Delta T_A)_{\text{观测}}$$

这与 (15.5.21) 和 (15.5.22) 一致. 对于 $\Delta T_A \approx T_A$ 的很强的内禀涨落, 由 (15.5.22) 定出角尺度的上限

$$\theta_{\max} \approx \frac{B(\Delta T_A)_{\text{观测}}}{T_A} \qquad (15.5.23)$$

用各种波长和束宽对 $(\Delta T_A)_{\text{观测}}$ 的测量列于表 15.2. 在大于几个角秒的任何角尺度上, 各向异性显然小于百分之几.

表 15.2   微波背景中的小角尺度涨落测量一览表

λ/cm	T_A/K	B	$\Delta T_{A\text{观测}}$/K	$\theta_{\max}$	参考资料
7.35	2.56	40′	0.006	5″	a
3.95	2.50	1.4′ × 20′	0.0007	0.1″	a′
2.80	2.45	1°	0.051	75″	b
		6°	0.036	—	
2.80	2.45	10′	0.0061	1.5″	c
		2°	0.0017	—	
0.35	1.14	≈ 75″	0.024	1.6″	d
0.35	1.14	80″—100″	0.008	0.7″	d′
0.34	1.11	12.5′	0.2	—	e

　　表中 λ 是波长; T_A 是对于 2.70K 黑体辐射的天线温度; B 是束宽: $\Delta T_{A\text{观测}}$ 是天线温度中的观测方均根涨落; $\theta_{\max}$ 是观测所容许的粗各向异性的最大角尺度 [见式 (15.5.23)]. 对于 1°, 2° 和 6° 的 "束宽" 是由 10′ 束宽得到的数据累积综合起来的. 在 0.34cm 处 ΔT_A 的测量实际上是测量在 12.5″ 的角度间隔内 $T_A(\theta)$ 的斜率变化.

　　a. A. A. Penzias and R. W. Wilson, Astrophys. J., **142**, 419 (1965).

　　a′. Yu. N. Pariskii and T. B. Pyatunina, Astron. Zh., **47**, 1337 (1970) [transl. Sov. Astron. — AJ, **14**, 1067 (1971)].

　　b. E. K. Conklin and R. N. Bracewell. Phys. Rev. Lett., **18**, 614 (1967).

　　c. E. K. Conklin and R. N. Bracewell, Nature, **216**, 777 (1967).

　　d. A. A. Penzias, J. Schraml, and R W. Wilson, Astrophys. J., **157**, L49 (1969).

　　d′. P. Boynton and R. B. Partridge, Private communication.

　　e. E. E. Epstein, Astrophys. J., **148**, L157 (1967).

在搜索大角尺度各向异性时, 不必用大天线, 但是, 当地球自转使天线束横扫天空时, 要注意保持接收器的稳定校准. 在 Partridge 和 Wilkinson[71] 的工作中, 实现校准的办法是让喇叭指向天球赤道附近, 然后每半小时之内有 15 min 插入一个垂直反射镜, 这个反射镜使天线束指向北天极. 无论有无反射镜时, 天线束与垂直线之间的交角均相同 (48°), 所以大气和仪器的热效应应该相同. 但是, 在没有反射镜时, 由于地球自转而使天线束扫过天球赤道, 而插入反射镜时, 这个束指向天球上比较固定的点. 所以有反射镜时与没有反射镜时观测的辐射能流的差值随时间的变化, 应当是天球赤道附近的能流随赤经 (即方位) 的真实变化的量度. 这个变化必有 24 h 的恒星周期, 故可以把它展开成周期为 $24/n$ h (n 为任何整数) 的 Fourier 分量.

各向异性的测量结果归纳在表 15.3 中. 显然没有观测到有统计意义的各向异性, 全天 $T_{\gamma 0}$ 的极大变化很可能小于 1%. [520]

表 15.3 微波背景中的大角尺度各向异性测量一览表 (资料 e 中所用的数据包括了资料 d 中所用的数据) 所有 $\Delta T_\gamma / T_{\gamma 0}$ 的数值都是根据假定数值 $T_{\gamma 0} = 2.7$ K.

λ/cm	类型	$(\Delta T_\gamma / T_{\gamma 0})$/%	参考资料
7.35	方均根	$\leqq 10$	a
7.35	方均根	$\leqq 3.7$	b
3.75	24 h	0.06 ± 0.03	c
3.2	12 h	0.18 ± 0.08	d
	24 h	0.03 ± 0.08	
3.2	12 h	0.06 ± 0.06	e
	24 h	0.04 ± 0.06	
0.8	12 h	0.20 ± 0.24	f
	24 h	0.28 ± 0.43	

a. A. A. Penzias and R. W. Wilson, Astrophys. J., **142**, 419 (1965).

b. R. W. Wilson and A. A. Penzias, Science, **156**, 1100 (1967).

c. E. K. Conklin, Nature. **222**, 971 (1969).

d. R. B. Partridge and D. T. Wilkinson, Phys. Rev. Lett., **18**, 557 (1967).

e. D. T. Wilkinson and R. B. Partridge, quoted by R. B. Partridge, American Scientist, **57**, 37 (1969).

f. S. P. Boughn, D. M. Fram, and R. B. Partridge, Astrophys. J., **165**, 439 (1971).

各向异性 $\Delta T_\gamma / T_{\gamma 0}$ 的 24 h 分量的上限是特别有趣的, 因为它们给太阳系相对于宇宙其它部分的速度建立了一个严格的上限. 假设存在一个基本参考系, 在这个参考系中, 背景辐射是完全各向同性的, 并有 Planck 谱; 又假设地球以速度 $v_\oplus$ 相对于这个基本参考系运动. 在这个基本参考系中, 在立体角 $\sin\theta \mathrm{d}\theta \mathrm{d}\varphi$ 内, 在频率间隔 $\mathrm{d}\nu$ 中的光子对能量–动量张量的贡献是

$$\begin{aligned}\mathrm{d}T^{\mu\nu} &= \left(\frac{p^\mu p^\nu}{h^2\nu^2}\right)\left(\frac{\sin\theta \mathrm{d}\theta \mathrm{d}\varphi}{4\pi}\right)\rho_{\gamma 0}(\nu)\mathrm{d}\nu\\ &= 2p^\mu p^\nu h^{-1}[\exp(h\nu/kT_{\gamma 0})-1]^{-1}\sin\theta \mathrm{d}\theta \mathrm{d}\varphi \nu \mathrm{d}\nu\end{aligned}$$

[521]

式中 p^μ 是光子的四维动量:

$$p^\mu = h\nu(\sin\theta\cos\varphi, \sin\theta\sin\varphi, \cos\theta, 1)$$

[由 (2.8.4) 得到 $\mathrm{d}T^{\mu\nu}$ 正比于 $p^\mu p^\nu$; $p^\mu p^\nu$ 的系数定得使 $\mathrm{d}T^{00}$ 对 θ 和 φ 的积分等于 $\rho_{\gamma 0}\mathrm{d}\nu$.] 在地球参考系中, 这些光子的能量–动量张量由张量变换规则得出

$$\mathrm{d}T'^{\mu\nu} = \Lambda^\mu{}_\rho \Lambda^\nu{}_\sigma \mathrm{d}T^{\rho\sigma}$$

[522]

式中 Λ 是由 (2.1.17)—(2.1.21) 定义的 Lorentz 变换, 并取 $\boldsymbol{v} = -\boldsymbol{v}_\oplus$. 为了用地球参考系的量来表示 $\mathrm{d}T'^{\mu\nu}$, 我们记

$$p'^\mu = \Lambda^\mu{}_\nu p^\nu$$

或者取 z 轴沿地球速度的方向,

$$\nu' = \frac{\nu[1-v_\oplus \cos\theta]}{[1-v_\oplus{}^2]^{1/2}}$$

$$\cos\theta' = \frac{[-v_\oplus + \cos\theta]}{[1-v_\oplus \cos\theta]} \qquad \varphi' = \varphi$$

现在这里的 θ 是地球速度与光子速度之间的角. 所以立体角的变换规则是

$$\sin\theta'\mathrm{d}\theta'\mathrm{d}\varphi' = \left(\frac{\nu}{\nu'}\right)^2 \sin\theta \mathrm{d}\theta \mathrm{d}\varphi$$

从而在地球系内的微分能量 – 动量张量是

$$\begin{aligned}\mathrm{d}T'^{\mu\nu} &= 2p'^\mu p'^\nu h^{-1}[\exp(h\nu/kT_{\gamma 0})-1]^{-1}\sin\theta \mathrm{d}\theta \mathrm{d}\varphi \nu \mathrm{d}\nu\\ &= 2p'^\mu p'^\nu h^{-1}[\exp(h\nu'/kT'_{\gamma 0})-1]^{-1}\sin\theta'\mathrm{d}\theta'\mathrm{d}\varphi' \nu' \mathrm{d}\nu'\end{aligned}$$

式中

$$T'_{\gamma 0} \equiv \left(\frac{\nu'}{\nu}\right)T_{\gamma 0} = [1-v_\oplus{}^2]^{-1/2}[1-v_\oplus \cos\theta]T_{\gamma 0} \tag{15.5.24}$$

我们看到 $\mathrm{d}T'_{\mu\nu}$ 具有和 $\mathrm{d}T_{\mu\nu}$ 相同的形式, 因此, 在地球系中的背景辐射具有 Planck 谱, 但其温度 $T'_{\gamma 0}$ 与角度相关. 对于 $v_\oplus \ll 1$, 测得的温度对 "真" 黑体温度 $T_{\gamma 0}$ 的偏离是

$$\Delta T_{\gamma 0} \simeq -v_\oplus \cos\theta T_{\gamma 0} \tag{15.5.25}$$

在 Partridge 和 Wilkinson 的实验及 Conklin 的实验中, 天线束每天一次地扫过天球上固定赤纬 δ 的一个圆, 所以 $\Delta T_{\gamma 0}$ 应有 24 h 的周期, 其极大值决定于

$$\frac{(\Delta T_{\gamma 0})_{\max}}{T_{\gamma 0}} \simeq \frac{v_{\oplus}(\delta)}{c} \tag{15.5.26}$$

式中 $v_{\oplus}(\delta)$ 是地球速度沿赤纬 δ 的锥上的分量 (用 c. g. s. 制单位). 当天线指向地球运动方向的方位角时, 就达到这个极大值. Partridge 和 Wilkinson[71] 的综合资料给出最可能的速度为 $v_{\oplus}(0°) \simeq 120$ km/s, 其方向指向赤经 0^h, 矢量误差值为 180 km/s. Conklin[72] 得出最可能的速度为 $v_{\oplus}(32°N) \simeq 160$ km/s, 其方向指向赤经 13^h (正好与 Partridge 和 Wilkinson 相反!) 而矢量误差值为 85 km/s. 从这两个结果有理由断言

[523]

$$|v_{\oplus}| \lesssim 300 \text{ km/s} \tag{15.5.27}$$

这个上限已经与主要由银河系自转引起的太阳系在本星系群中的速度具有相同的数量级, 这个速度估计[73] 是 315 km/s, 朝着赤径 22^h 的方向. 显然, 无论是地球还是本星系群相对于背景辐射的运动速度都不大. 知道我们正在以多么快的速度并沿着什么方向运动着, 这是非常有趣的.

除地球运动或局部引力场的效应外, 由于辐射最后被发出或散射的时刻 t_R 宇宙的不均匀性, 微波背景也可能呈现出各向异性. 如果在约 4000 K 时氢的复合以后没有背景辐射的散射, 则时刻 t_R 对应的红移 z_R 决定于

$$1 + z_R \equiv \frac{R_0}{R(t_R)} = \frac{T_{\gamma}(t_R)}{T_{\gamma 0}} \approx \frac{4000 \text{ K}}{2.7 \text{ K}} = 1500$$

另一方面, 如果存在数密度为 $1.2 \times 10^{-5}/\text{cm}^3$ 的星系际自由电子气, 则如上节所述, 最后散射的时刻对应于红移 $z_R \approx 6$. 用目前观测到的微波背景的各向同性或各向异性来确定在 t_R 时刻宇宙均匀或不均匀的距离尺度, 这是很有趣的.

为此, 考虑在时刻 t_R 从共动源 A 和 B 发出并在时刻 t_0 到达地球的两个光子, 它们所走的路径在地球处的张角为 θ. 取地球为原点, 式 (14.3.1) 给出源 A 和 B 的径向坐标为

$$r_A = r_B = r_1 \tag{15.5.28}$$

式中

$$\int_0^{r_1} \frac{\mathrm{d}r}{\sqrt{1 - kr^2}} = \int_{t_R}^{t_0} \frac{\mathrm{d}t}{R(t)} \tag{15.5.29}$$

由于光子沿着具有固定方向 $\boldsymbol{x}/r$ 的轨道走向地球, 所以在 Robertson-Walker 坐标系中, 源之间的角距正好是观测到的到达地球的光线的张角 θ. 即,

$$\frac{\boldsymbol{x}_A \cdot \boldsymbol{x}_B}{r_1^2} = \cos\theta \tag{15.5.30}$$

[524]　这里用 Robertson-Walker 坐标 x^i 定义的标积如同这些坐标是笛卡儿坐标一样:

$$\boldsymbol{x}_A \cdot \boldsymbol{x}_B \equiv x_A{}^1 x_B{}^1 + x_A{}^2 x_B{}^2 + x_A{}^3 x_B{}^3$$
$$= r_A r_B [\sin\theta_A \sin\theta_B \cos(\varphi_A - \varphi_B) + \cos\theta_A \cos\theta_B] \tag{15.5.31}$$

我们的问题是: 对于 z_R 从 6 到 1500 的各种假设数值, 把 t_R 时刻沿测地线从 A 到 B 的固有距离表示为 θ 的函数.

按式 (14.4.3), 从 A 到 B 的测地线可以选择得 (令 $\boldsymbol{x}_1$ 等于垂直于 $\boldsymbol{n}$ 的矢量 $a\boldsymbol{e}$) 具有形式

$$\boldsymbol{x}(\rho) = \boldsymbol{n}\rho + a\boldsymbol{e}(1 - k\rho^2)^{1/2} \tag{15.5.32}$$

式中 a 是常数, ρ 是参变量, 而 $\boldsymbol{n}$ 和 $\boldsymbol{e}$ 是正交的单位矢量,

$$\boldsymbol{n} \cdot \boldsymbol{e} = 0 \quad \boldsymbol{n}^2 = \boldsymbol{e}^2 = 1 \tag{15.5.33}$$

标积定义和式 (15.5.31) 中一样. ρ 的初值和终值是 $-\rho_1$ 和 $+\rho_1, \rho_1$ 决定于条件 (15.5.28), 即

$$r_1^2 = |\boldsymbol{x}(\pm\rho_1)|^2 = \rho_1^2 + a^2(1 - k\rho_1^2)$$

此外, 由条件 (15.5.30) 得到

$$\cos\theta = \frac{\boldsymbol{x}(+\rho_1) \cdot \boldsymbol{x}(-\rho_1)}{r_1^2} = \frac{[-\rho_1^2 + a^2(1 - k\rho_1^2)]}{r_1^2}$$

所以 ρ_1 和 a 都可用 r_1 和 θ 来表示:

$$\rho_1 = r_1 \sin\frac{\theta}{2}$$

$$a = r_1 \cos\frac{\theta}{2}\left[1 - kr_1^2 \sin^2\frac{\theta}{2}\right]^{-1/2}$$

现在, 从 $-\rho_1$ 到 $+\rho_1$ 对 Robertson-Walker 线元进行积分, 可算出从 A 到 B 的固有距离:

$$d(\theta) = R(t_R) \int_{-\rho_1}^{\rho_1} \left(\left(\frac{d\boldsymbol{x}(\rho)}{d\rho}\right)^2 + \frac{k(\boldsymbol{x}(\rho) \cdot d\boldsymbol{x}(\rho)/d\rho)^2}{1 - k\boldsymbol{x}^2(\rho)} \right)^{1/2} d\rho$$

由此

$$d(\theta) = \frac{2R_0}{1+z_R} \int_0^{r_1 \sin(\theta/2)} \frac{d\rho}{\sqrt{1-k\rho^2}} \tag{15.5.34}$$

如果最后散射或发射的时刻 t_R 是发生在物质为主时期开始以后, 则可用 [525]
(15.2.5) 和 (15.3.23) 来以 H_0, q_0 和 z_R 表示 R_0 和 r_1, 我们得到

$$d(\theta) = \frac{2}{H_0(1+z_R)\sqrt{2q_0-1}}$$
$$\times \sin^{-1} \left\{ \frac{\sqrt{2q_0-1}[z_R q_0 + (q_0-1)(-1+\sqrt{2q_0 z_R+1})]}{q_0{}^2(1+z_R)} \sin\frac{\theta}{2} \right\}$$
$$\text{当} \quad q_0 > \frac{1}{2}, \quad k = +1 \tag{15.5.35}$$

$$d(\theta) = \frac{4}{H_0(1+z_R)} \{1 - (1+z_R)^{-1/2}\} \sin\frac{\theta}{2}$$
$$\text{当} \quad q_0 = \frac{1}{2}, \quad k = 0 \tag{15.5.36}$$

$$d(\theta) = \frac{2}{H_0(1+z_R)\sqrt{1-2q_0}}$$
$$\times \sinh^{-1} \left(\frac{\sqrt{1-2q_0}[z_R q_0 + (q_0-1)(-1+\sqrt{2q_0 z_R+1})]}{q_0{}^2(1+z_R)} \sin\frac{\theta}{2} \right)$$
$$\text{当} \quad q_0 < \frac{1}{2}, \quad k = -1 \tag{15.5.37}$$

特别是当 $\theta \to 0$ 时, 由式 (15.5.35)—(15.5.37) 得出

$$d(\theta) \to \frac{[z_R q_0 + (q_0-1)(-1+\sqrt{2q_0 z_R+1})]\theta}{q_0{}^2(1+z_R)^2 H_0} \quad \text{当} \quad \theta \to 0$$

如果宇宙的均匀性是以小于光速的速度把能量和动量从一处转移
到另一处的物理过程来达到的, 则我们应当预期[74], 在时刻 t_R 宇宙在
大于 “粒子视界” (15.3.32) 的两倍距离上是不均匀的, 这是因为到时刻
t_R 为止没有任何均匀化信号能够从任何一点走到固有距离大于 $2d_H(t_R)$
的一对共动粒子上去. 如果这是正确的, 则在一个大于 θ_H 角的角尺度
上, 微波背景应呈现很大的各向异性, 令式 (15.3.33) 给出的 $2d_H(t_R)$ 等于
(15.5.35)—(15.5.37) 给出的 $d(\theta_H)$, 就可以把 θ_H 算出来:

$$\sin\frac{\theta_H}{2} = \frac{q_0\sqrt{2q_0 z_R+1}}{z_R q_0 + (q_0-1)(-1+\sqrt{2q_0 z_R+1})} \tag{15.5.38}$$

若 $z_R \simeq 1500$, 则我们可以采用如下近似

$$\theta_H \simeq 2 \left(\frac{2q_0}{z_R} \right)^{1/2} \simeq 4.2° \sqrt{q_0} \tag{15.5.39}$$

(如果物质主导时期开始于氢的复合以后, 上述结果不会有很大的改变.)
若 $z_R \simeq 6$ 而 $q_0 = 1/2$, 或 $q_0 = 1$, 则 $\theta_H \simeq 75°$. 但是, 在这种角尺度上, 微波
背景中不出现任何显著各向异性的迹象 —— 相反, 在所有大于 $1°$ 的角
尺度上, 微波辐射呈现高度各向同性. 按照上述分析, 很难理解: 在初始
奇点以后的任何时刻发生的任何物理过程如何能产生这样高度的各向
同性.

[526]

　　观测到的背景辐射按频率和角度的分布肯定地暗示着, 它是从物
质和辐射处于热平衡的早期遗留下来的各向同性黑体辐射. 但是, 这
些资料还不能排除其它可能性. 在银河系内部星光能量密度的量级是
$5 \times 10^{-13} erg/cm^3$, 正好约与 2.7 K 黑体辐射的能量密度相同. 由于这种原
因, Hoyle, Narlikar 和 Wickramsighe[75] 已提出, 在银河系和其它星系中光
学频率的星光很大一部分可能被星际尘粒所吸收, 而这些尘粒被加热到
几度, 并在微波频率处以连续背景或离散谱线的形式重新发射能量. 这
种重新发出的辐射并非不可能是各向同性的而且是类似 Planck 谱的, 但
这种看法似乎有些牵强. 一种已被广泛考虑的可能性是: 微波背景可能
起因于大量离散源[76]. 同样, 在接收波长范围内具有 Planck 谱也并非不
可能, 但并没有特别的理由预期如此. 此外, 在这种情况下, 观测到的各
向同性确实使任何离散源理论受到严重限制. 例如, 若微波背景来自位
于平均距离为 H_0^{-1} 量级的一些离散源, 则我们预期微波背景的显著各向
异性应在这样的角尺度 θ 上出现, 使得在体积 $H_0^{-3}\theta^2$ 中约含一个源, 即

$$H_0^{-3}\theta^2 d^{-3} \approx 1 \tag{15.5.40}$$

式中 d 是源之间的平均距离. 所以, 表 15.2 给出的 $\theta \lesssim 1''$ 的限制确定了
$d \lesssim 1Mpc$ 的上限, 这大约与星系间的平均距离相同. 在特定模型中对这
些资料所作的详细分析[77] 表明, 这种源的密度甚至比星系密度还大, 这
看来就可以排除这一类理论.

　　宇宙背景辐射的最有趣的效应发生在温度比现在高得多的早期. 这
些效应将是下面 6 节的课题. 不过, 即使是现在, 背景辐射也可能有某些
有趣的效应:

　　(A) 一个能量为 $\gamma_e m_e$ 的相对论性电子会使微波光子发生逆 Compton
散射, 产生具有如下平均能量[78] 的反冲光子:

$$\overline{E} = 3.6\gamma_e^2 kT_{\gamma 0} = 8.4 \times 10^{-4}\gamma_e^2 eV \left(\frac{T_{\gamma 0}}{2.7K}\right) \tag{15.5.41}$$

Hoyle[79] 提出, 银河系中宇宙线电子的逆 Compton 散射会产生宇宙 X 射
线的弥漫背景[13], 但 Gould[80] 指出, 由这种机制得出的强度是观测到的

[527]

X 射线背景的几百分之一. 不久以后, Felton[81] 阐明, 星系际空间中宇宙线电子的逆 Compton 散射可以产生具有观测到强度的 X 射线, 这种模型已在 Brecher 和 Morrison[82] 的评论中得到支持: 根据式 (15.5.41), 在 $\gamma_e \approx 7 \times 10^3$ 的宇宙线电子谱中观测到的一个扭折, 会使弥漫 X 射线背景谱在 40 keV 处产生一个扭折, 恰好在这个地方确实观测到了一个扭折[13]. 但是, 上节讨论过的更新的计算表明: 这个扭折是由于热的星系际氢的热轫致辐射所造成的, 仅在 1 keV 以下逆 Compton 效应才变得重要. 对于 $\gamma_e \gtrsim 10^4$, 高能电子在 2.7 K 背景中的射程急剧下降, 所以, 如果宇宙线电子真的穿过星系际空间到达我们这里, 那么, 观测到的电子能谱应在 10 GeV 以上的能量处被明显地截断.

(B) 已经观测到[83], 非常强的射电星系半人马座 A 在频率范围 1 到 10 keV 内发射 X 射线, 其总功率 $L_x = (11 \pm 4) \times 10^{40} \mathrm{erg/s}$. 若用同步辐射理论来解释观测到的能流, 可以算得[84]: 半人马座 A 约有 $1.7 \times 10^{59} \mathrm{erg}$ 的能量包含在宇宙线电子中, 其典型的 $\gamma_e \approx 2.5 \times 10^3$. 这些电子在 2.7K 背景辐射上的逆 Compton 散射会产生 X 射线, 由 (15.5.41) 得到其平均能量为 5 keV, 总功率为 $L_x \simeq 5 \times 10^{40} \mathrm{erg/s}$, 与观测数值符合. 这个结果的最重要方面是: 预言的 X 射线功率对于短波背景辐射最灵敏, 因此, 如果早期的火箭观测[63] 和气球观测[64] 确实定出了这些波长处的正确温度, 则来自半人马座 A 的 X 射线功率会比观测值大一个数量级以上. 不过, 对于半人马座 A X 射线源的这种解释仍然是有疑义的.

(C) 当一个质量为 m 动量为 p 的粒子以角度 θ 与一个能量为 w 的光子碰撞时, 在质心系中的总能量是

$$E_c{}^2 = (w + (p^2 + m^2)^{1/2})^2 - (p^2 + 2pw\cos\theta + w^2)$$
$$= 2w[(p^2 + m^2)^{1/2} - p\cos\theta] + m^2 \qquad (15.5.42)$$

为了使一个核子对一个光子的碰撞截面为 $\alpha = \dfrac{1}{137}$ 的一阶而非二阶量, 过程 $\gamma + N \to \pi + N$ 的 E_c 必须大于阈值 $m_N + m_\pi$:

$$(p^2 + m^2)^{1/2} - p\cos\theta \geqslant \frac{m_\pi^2 + 2m_N m_\pi}{2w} \simeq \frac{m_N m_\pi}{w}$$

由此我们可以预期: 在如下能量处

$$E_{p,\max} \simeq \frac{m_N m_\pi}{k T_{\gamma 0}} \simeq 3 \times 10^{20} \mathrm{eV}$$

宇宙线质子能谱有一个鲜明的截断[85], 这里的 $E_{p,\max}$ 正好约在现时宇宙线观测的上限处, 类似地, 对于宇宙线光子, 在 $\langle E_c \rangle \geqslant 2m_e$ 的 γ 射线范围 [528]

中, 也就是说, 在能量

$$E_{e,\max} \simeq \frac{2m_e^2}{kT_{\gamma 0}} \simeq 10^{15}\text{eV}$$

由于电子对的产生过程 $\gamma + \gamma \to e^+ + e^-$, 也会引起急剧的下降[86]. 只有当我们假设高能宇宙线光子和质子是来自银河系以外时, 才能应用这些上限.

尽管至今还不能肯定观测到的微波背景真的就是较早时期遗留下来的黑体辐射. 但是, 这种观点已经发展得如此完善, 以至能够全面考察它对早期宇宙的含意了. 现在我们就来考虑这些结果.

15.6 早期宇宙的热历史

现在的 2.7 K 微波背景的能量密度是

$$\rho_{\gamma 0} = aT_{\gamma 0}^4 = 3.97 \times 10^{-13}\text{erg/cm}^3 = 4.40 \times 10^{-34}\text{g/cm}^3 \tag{15.6.1}$$

正如在 15.2 节中已经说过的, 这远远小于现在的核子静质量密度, 因此我们现在处于物质主导时期, 这个时期绵延着宇宙历史的绝大部分, 在 15.3 节中已详细讨论过它了.

现在我们把注意力转向更早的时期, 那时辐射和相对论性粒子比普通物质更为重要. 为了避免在详细的计算中失去我们的叙述线索, 最好是先概述一下通常想象的宇宙早期的历史图景, 然后再进行支持这种图景的计算. 通常认为宇宙的历史大体如下 (见图 15.5):

(A) 在温度高于 10^{12}K 的极早时期, 宇宙包含着处于热平衡的多种粒子, 包括光子、轻子、介子和核子以及它们的反粒子. 介子和核子之间的强相互作用使得这个时期很难研究; 它将在 15.11 节中作简单讨论.

(B) 在 $T \approx 10^{12}$ K 的时期, 宇宙包含着光子、介子、反介子、电子、正电子、中微子和反中微子. 此外还有极少的核子混合物 (由数目相等的中子和质子组成). 所有这些粒子都处于热平衡中.

[529]　　(C) 在温度降到 10^{12}K 以下时, μ^+ 和 μ^- 开始湮灭, 在 $T \simeq 1.3 \times 10^{11}$K 几乎所有的 μ 介子都消失以后, 中微子和反中微子从其它粒子退耦, 留下 $e^\pm, \gamma$ 和少量核子处于热平衡中, 并有 $T \propto R^{-1}$. (电子型中微子与其它粒子保持热平衡可能比 μ 介子型中微子长久一点, 但这没什么影响.)

(D) 在温度降到 10^{11}K ($t \simeq 0.01$s) 以下时, 中子 – 质子质量差开始使少量核子混合物朝着较多的质子和较少的中子的状态推移.

(E) 在温度降到 5×10^9K 以下 ($t \simeq 4$s) 时, 电子 – 正电子对开始湮灭, 宇宙中余下的主要成分只有实际上处于自由膨胀中的光子、中微子和反

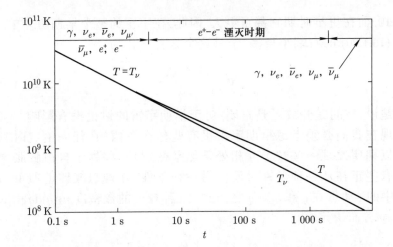

图 15.5　早期宇宙的热历史. 这里 T 是 $\gamma - e^+ - e^-$ 等离子体的温度, T_ν 是退耦后的 $\nu_e, \overline{\nu}_e, \nu_\mu, \overline{\nu}_\mu$ 的温度.

中微子, 这里光子温度比中微子温度高 40.1%. 同时, 中微子和反中微子的冷却以及电子和正电子的消失使得中子 – 质子比冻结在 $1:5$ 附近.

　　(F) 当温度约为 10^9K ($t \simeq 180$s) 时, 中子很快开始与质子一起聚变成较重的核, 余下由氢和 ^{4}He (按重量计约含 27% 的氦) 以及微量的 $d, ^3$He 和其它元素组成的电离气体.

　　(G) 光子、中微子和反中微子的自由膨胀继续进行, 并有 $T_\gamma = 1.401 T_\nu \propto R^{-1}$. 电离气体的温度保持和光子温度一致, 一直到 $T \approx 4000$ K 时氢的复合为止.

　　(H) 在 10^3K 和 10^5K 之间的某个温度处, 光子、中微子和反中微子的能量密度下降到氢和氦的静质量密度以下, 从而开始进入物质主导时期.

　　为了补充说明这个历史的细节, 比较方便的做法是, 在本节中集中论述早期宇宙主要成分 (光子和轻子) 的热演化, 而把关于核合成的讨论推迟到下一节去.　　　　　　　　　　　　　　　　　　　　　　　　　[530]

　　首先, 让我们考察决定早期宇宙膨胀的时间尺度的方程. 这比在物质主导时期的更简单一些, 原因是可以忽略空间曲率. 对于 $k = \pm 1$, Einstein 方程 (15.1.20) 的右端取由 (15.2.5) 和 (15.2.6) 给出的现在的值:

$$\frac{8\pi G \rho_0 R_0^2}{3} = \frac{2q_0}{|2q_0 - 1|}$$

在 15.2 节中我们看到 q_0 可能大于 0.014, 所以现在的 $8\pi G \rho R^2/3$ 大于 0.03. 在物质主导时期中, 这个量按 $1/R \propto T$ 变化, 所以, 当 T_γ 为 1000 K 时它

大于 10, 而在更早时期它甚至更大. 因此, 在宇宙的整个早期历史中, k 比方程 (15.1.20) 的右端小得多, 于是这个方程简化为

$$\dot{R}^2 = \frac{8\pi G \rho R^2}{3} \tag{15.6.2}$$

也就是说, 空间是开放还是封闭, 对于早期宇宙的讨论没有影响.

　　现在我们必须考虑早期宇宙里有些什么东西. 在任一给定时刻, 我们可以期望发现一些粒子互相处于热平衡, 另一些处于自由膨胀中, 也许还有些正在从一种条件过渡到另一种条件. 在理想气体近似下, 在热平衡中的、动量在 q 和 $q+\mathrm{d}q$ 之间的第 i 种粒子的数密度 $n_i(q)\mathrm{d}q$ 由 Fermi 或 Bose 分布决定[87]:

$$n_i(q)\mathrm{d}q = 4\pi h^{-3} g_i q^2 \mathrm{d}q \left[\exp\left(\frac{E_i(q) - \mu_i}{kT}\right) \pm 1\right]^{-1} \tag{15.6.3}$$

式中 $E_i(q) \equiv (m_i^2 + q^2)^{1/2}$ 是粒子的能量, μ_i 是化学势, 符号 ± 1 对于 Fermi 子为 $+1$ 而对于 Bose 子为 -1, g_i 是自旋态数目, 对于中微子和反中微子 $g = 1$, 对于光子、电子、μ 介子、核子和它们的反粒子 $g = 2$.

　　化学势必须考虑到各种可能反应所服从的守恒定律来确定. 基本规则在于: μ_i 在一切反应中是可加性守恒量[88]. 具体地讲是:

　　(A) 光子在任一反应中能以任何数目被发射或吸收, 因此 $\mu_\gamma = 0$. [从而, 式 (15.6.3) 化为 Planck 分布 (15.5.9), 其中 $n_\gamma = \rho_\gamma h\nu$ 且 $q = E = h\nu$.]

[531]　　(B) 粒子 - 反粒子对可以湮灭成光子, 所以粒子及其反粒子的化学势数值相等而符号相反.

　　(C) 电子和 μ 介子可以通过互相碰撞或与核子碰撞转化为与它们相联系的中微子 ν_e 和 ν_μ, 例如这样的反应:

$$e^- + \mu^+ \to \nu_e + \overline{\nu}_\mu \quad e^- + p \to \nu_e + n \quad \mu^- + p \to \nu_\mu + n$$

等等. 所以, 化学势之间有下面的关系

$$\mu_{e^-} - \mu_{\nu_e} = \mu_{\mu^-} - \mu_{\nu_\mu} = \mu_n - \mu_p \tag{15.6.4}$$

正好共有 4 个独立的守恒的内禀量子数: 电荷, 重子数 (核子和超子数减去反核子和反超子数), 电子 - 轻子数 (e^- 和 ν_e 数减去 e^+ 和 $\overline{\nu}_e$ 数) 和 μ 介子 - 轻子数[89] (μ^- 和 ν_μ 数减去 μ^+ 和 $\overline{\nu}_\mu$ 数). 因此, 正好有 4 个独立的化学势, 可记为 $\mu_p, \mu_{e^-}, \mu_{\nu_e}, \mu_{\nu_\mu}$. 这 4 个独立的化学势是由电荷密度 N_Q, 重子数密度 N_B, 电子 - 轻子数密度 N_E 和 μ 介子 - 轻子数密度 N_M 的数值所确定的, 所有这些数值都简单地按 R^{-3} 律变化. 因此, 为了确定

化学势我们必须回答如下问题: 这 4 个密度 N_Q, N_B, N_E 和 N_M 的数值是多少?

我们知道, 平均电荷密度 N_Q 是零, 或者至少是很小[90]. 我们也知道, 重子数密度 N_B 比光子数密度 n_γ 小得多, 这是因为现在的 $N_B \simeq n_p + n_n - n_{\overline{p}} - n_{\overline{n}}$ 比 n_γ 小 8 到 10 个数量级, 可是在更早时期 $N_B R^3$ 是严格的常数而 $n_\gamma R^3 \propto (T_\gamma R)^3$ 是近似的常数. 可惜关于现在的中微子数密度我们知道甚少, 所以无法估计 $N_E = n_{e^-} + n_{\nu_e} - n_{e^+} - n_{\overline{\nu}_e}$ 或 $N_M = n_{\mu^-} + n_{\nu_\mu} - n_{\mu^+} - n_{\overline{\nu}_\mu}$ 的数值. 不过, 由于 N_B 比 n_γ 小 8 到 10 个数量级, 所以认为 N_E 和 N_M 也比 n_γ 小得多, 这至少是一个合理的推测. 如果是这样的话, 则令所有守恒的量子数都等于零, 将是很好的近似:

$$N_Q = N_B = N_E = N_M = 0 \qquad (15.6.5)$$

当然, N_B 实际上不是零, 因此, 当我们在下节考虑元素合成时就必须把重子放回到计算中去, 但是, 在计算早期宇宙粗略的热历史时, N_B 可以忽略不计. 关于 N_E 和 N_M 是否也可忽略的问题将在本节末讨论.

确定化学势的问题现在就很容易了. 粒子和反粒子的化学势数值相等而符号相反, 所以 4 个密度 N_Q, N_B, N_E 和 N_M 是 4 个独立化学势 $\mu_p, \mu_{e^-}, \mu_{\nu_e}$ 和 μ_{ν_μ} 的奇函数. 因此由 (15.6.5) 决定的 μ_i 的数值就是

$$\mu_i = 0 \qquad (15.6.6)$$

我们可以用这个近似很方便地处理能量守恒. 处于热平衡的所有粒 [532] 子的总能量密度和压强现在显然只是温度的函数:

$$\rho_{eq}(T) \equiv \sum_{i(eq)} \int E_i(q) n_i(q; T) \mathrm{d}q \qquad (15.6.7)$$

$$p_{eq}(T) \equiv \sum_{i(eq)} \int \left(\frac{q^2}{3E_i(q)} \right) n_i(q; T) \mathrm{d}q \qquad (15.6.8)$$

[见式 (2.10.21) 和 (2.10.22).]按热力学第二定律, 在体积 V 内温度为 T 时处于平衡的粒子的熵是一个函数 $S(V, T)$, 满足关系

$$\mathrm{d}S(V, T) = \frac{1}{T} \{ \mathrm{d}(\rho_{eq}(T)V) + p_{eq}(T) \mathrm{d}V \} \qquad (15.6.9)$$

因此,

$$\frac{\partial S(V, T)}{\partial V} = \frac{1}{T} \{ \rho_{eq}(T) + p_{eq}(T) \}$$

$$\frac{\partial S(V, T)}{\partial T} = \frac{V}{T} \frac{\mathrm{d}\rho_{eq}(T)}{\mathrm{d}T}$$

于是，能量密度和压强必须满足可积条件

$$\frac{\partial}{\partial T}\left[\frac{1}{T}\{\rho_{eq}(T)+p_{eq}(T)\}\right]=\frac{\partial}{\partial V}\left[\frac{V}{T}\frac{\mathrm{d}\rho_{eq}(T)}{\mathrm{d}T}\right]$$

或者，稍加整理后得

$$\frac{\mathrm{d}p_{eq}(T)}{\mathrm{d}T}=\frac{1}{T}\{\rho_{eq}(T)+p_{eq}(T)\} \tag{15.6.10}$$

[这也可直接从式 (15.6.7) 和 (15.6.8) 推出]. 只要处于热平衡的粒子仅有彼此之间的作用，则它们的总能量和压强必须独立地满足能量守恒方程 (14.2.19)：

$$R^3\frac{\mathrm{d}p_{eq}}{\mathrm{d}t}=\frac{\mathrm{d}}{\mathrm{d}t}[R^3\{\rho_{eq}+p_{eq}\}] \tag{15.6.11}$$

现在应用 (15.6.10)，可把上式写为

$$\frac{\mathrm{d}}{\mathrm{d}t}\left[\frac{R^3}{T}\{\rho_{eq}(T)+p_{eq}(T)\}\right]=0 \tag{15.6.12}$$

这个守恒定律可以用熵来作一简单解释. 把 (15.6.10) 代入 (15.6.9) 中得

$$\mathrm{d}S(V,T)=\frac{1}{T}\mathrm{d}[\{\rho_{eq}(T)+p_{eq}(T)\}V]$$
$$-\frac{V}{T^2}\{\rho_{eq}(T)+p_{eq}(T)\}\mathrm{d}T$$

[533]　　所以，除一个可能的可加常数以外，有

$$S(V,T)=\frac{V}{T}\{\rho_{eq}(T)+p_{eq}(T)\} \tag{15.6.13}$$

这样一来，方程 (15.6.12) 就是说：体积 $R^3(t)$ 中的熵是一恒量：

$$s\equiv S(R^3,T)=\frac{R^3}{T}\{\rho_{eq}(T)+p_{eq}(T)\} \tag{15.6.14}$$

特别当所有处于平衡的粒子都是高度相对论性的时候，我们可在 (15.6.7) 和 (15.6.8) 中令 $E=q$，所以

$$p_{eq}(T)=\frac{1}{3}\rho_{eq}(T) \tag{15.6.15}$$

于是由 (15.6.10) 得出

$$\rho_{eq}(T)\propto T^4 \tag{15.6.16}$$

这里的比例 "常数" 依赖于在这些温度下处于平衡时是哪种粒子较为丰富 [这个结果也可直接从 (15.6.7) 和 (15.6.8) 得出]. 把 (15.6.15) 和 (15.6.16) 代入 (15.6.12) 就得出温度下降的规律

$$T\propto\frac{1}{R} \tag{15.6.17}$$

我们将看到, 此式在宇宙早期历史中的绝大部分 (但非全部) 是成立的.

我们下面的任务是确定在各个时期中哪些粒子处于热平衡. 由于忽略化学势而带来的一种简化是, 只有那些质量 $m < kT$ 的粒子才能以显著的数密度 (15.6.3) 存在于热平衡中. 当 $kT < m_\pi$, 即 $T < 1.5 \times 10^{12} \mathrm{K}$ 时, 这些粒子是 $\mu^\pm, e^\pm, \nu_\mu, \overline{\nu}_\mu, \nu_e, \overline{\nu}_e$ 和 γ. (这里忽略了引力子, 其理由在 15.11 节中讨论.) 在宇宙的整个早期历史中, 粒子对的产生和湮灭过程以及 Compton 散射使得所有存在的带电粒子同光子保持热平衡. 因此光子由 Planck 定律 (15.5.9) 描述, 而 $e^\pm$ 和 $\mu^\pm$ 由化学势为零的 Fermi 分布所描述:

$$n_{e^-}(q)\mathrm{d}q = n_{e^+}(q)\mathrm{d}q = 8\pi h^{-3} q^2 \mathrm{d}q \left[\exp\left(\frac{\sqrt{q^2 + m_e^2}}{kT} \right) + 1 \right]^{-1} \quad (15.6.18)$$

$$n_{\mu^-}(q)\mathrm{d}q = n_{\mu^+}(q)\mathrm{d}q = 8\pi h^{-3} q^2 \mathrm{d}q \left[\exp\left(\frac{\sqrt{q^2 + m_\mu{}^2}}{kT} \right) + 1 \right]^{-1} \quad (15.6.19)$$

中微子和反中微子的情况又怎样呢? 我们知道它们可以在如下的反应中被产生、消灭和散射 [534]

$$e^- + \mu^+ \leftrightarrow \nu_e + \overline{\nu}_\mu \quad e^+ + \mu^- \leftrightarrow \overline{\nu}_e + \nu_\mu$$

$$\nu_e + \mu^- \leftrightarrow \nu_\mu + e^- \quad \overline{\nu}_e + \mu^+ \leftrightarrow \overline{\nu}_\mu + e^+$$

$$\nu_\mu + \mu^+ \leftrightarrow \nu_e + e^+ \quad \overline{\nu}_\mu + \mu^- \leftrightarrow \overline{\nu}_e + e^- \quad (15.6.20)$$

只要 $kT < m_\mu$, 所有这些反应的截面都粗略地为

$$\sigma_{wk} \approx g_{wk}^2 \hbar^{-4} (kT)^2 \quad (15.6.21)$$

式中 $g_{wk} = 1.4 \times 10^{-49} \mathrm{erg\text{-}cm}^3$ 是弱耦合常数, 可以从观测 μ 介子衰变过程 $\mu^+ \to e^+ + \nu_e + \overline{\nu}_\mu$ 的速率得知. 在这些温度下, 所有粒子速度的数量级均为 1, 而由 (15.6.18) 和 (15.6.19) 得出带电轻子 $e^\pm$ 和 $\mu^\pm$ 的密度是

$$n_l \approx \left(\frac{kT}{\hbar} \right)^3 \quad (15.6.22)$$

因此, 单个中微子被散射的速率和每个带电轻子产生中微子的速率数量级都是

$$\sigma_{wk} n_l \approx g_{wk}^2 \hbar^{-7} (kT)^5 \quad (15.6.23)$$

总能量密度的量级近似的为

$$\rho \approx kT \left(\frac{kT}{\hbar} \right)^3 \quad (15.6.24)$$

所以按 (15.6.2), 膨胀速率的数量级是

$$H \equiv \frac{\dot{R}}{R} \approx (G\rho)^{1/2} \approx G^{1/2}\hbar^{-3/2}(kT)^2 \tag{15.6.25}$$

因此, 只要 $kT > m_\mu$ 即 $T > 10^{12}$K, 反应速率 σn_l 与膨胀速率 H 的比值是 (现用 c. g. s. 单位制)

$$\frac{\sigma n_l}{H} \approx G^{-1/2}\hbar^{-11/2}c^{-7/2}g_{wk}^2(kT)^3 \approx \left(\frac{T}{10^{10}\text{K}}\right)^3 \tag{15.6.26}$$

但是, (15.6.20) 中所有的反应或者是要求存在一个 μ^+ 或 μ^-, 或者是要求有足够的能量来产生一个 μ^+ 或 μ^-. 当 $kT < m_\mu$ 时, μ 介子的数密度及能量 $E > m_\mu$ 的其它粒子的数密度都减少约 $\exp(-m_\mu/kT)$ 倍, 结果, 反应速率与膨胀速率的比值约为

$$\frac{\sigma n_l}{H} \approx \left(\frac{T}{10^{10}\text{K}}\right)^3 \exp\left(-\frac{10^{12}\text{K}}{T}\right) \tag{15.6.27}$$

[535]　　当这个比值降到 1 以下, 即在 $T \approx 1.3 \times 10^{11}$K 时, 中微子和反中微子脱离与其它粒子的热平衡.

实际上, ν_e 和 $\bar{\nu}_e$ 保持在热平衡中可能比 ν_μ 和 $\bar{\nu}_\mu$ 稍久一些. 根据目前的理论[91], 弱相互作用来源于一种 "弱流" 同自身的耦合, 或者是直接进行, 或者是通过一种带电的自旋为 1 的粒子 ("中间矢量介子") 的作用来进行. 如果是这样, 则还存在着另外一些包含 ν_e 和 $\bar{\nu}_e$ 的反应:

$$e^- + e^+ \leftrightarrow \nu_e + \bar{\nu}_e, \quad e^\pm + \nu_e \to e^\pm + \nu_e,$$
$$e^\pm + \bar{\nu}_e \to e^\pm + \bar{\nu}_e \tag{15.6.28}$$

当 $kT > m_e$ 时, 其截面数量级为 (15.6.21). 这些反应不包含 $\mu^\pm$, 所以, 当 $kT > m_e$ 即温度降到 $T \simeq 5 \times 10^9$K 以前, ν_e 和 $\bar{\nu}_e$ 的反应速率与膨胀速率 H 的比值由式 (15.6.26) 决定. 因此, 在 $T \simeq 10^{10}$K 即比值 (15.6.26) 降到 1 以前, 反应 (15.6.28) 使得 ν_e 和 $\bar{\nu}_e$ 与 γ 和 $e^\pm$ 保持热平衡. 甚至对于 ν_μ 和 $\bar{\nu}_\mu$, 这个结论也可能同样成立[173].

现在可以来讲清早期宇宙的热历史了. 让我们从 10^{12}K 和 1.3×10^{11}K 之间的某一温度出发, 那时 μ^+ 和 μ^- 相当稀少以至它们对 ρ_{eq} 和 p_{eq} 的贡献可以忽略, 但仍然丰富得足以保持中微子和反中微子同其它粒子处于热平衡中. 因此, 宇宙的重要成分是 $e^\pm, \gamma, \nu_e, \bar{\nu}_e, \nu_\mu$ 和 $\bar{\nu}_\mu$, 它们全都处于热平衡中. 光子有 Planck 分布, $e^\pm$ 有 Fermi 分布 (15.6.18), 而中微子和反中微子有 Fermi 分布

$$n_{\nu_\mu}(q)\mathrm{d}q = n_{\bar{\nu}_e}(q)\mathrm{d}q = n_{\nu_\mu}(q)\mathrm{d}q = n_{\bar{\nu}_\mu}(q)\mathrm{d}q$$

$$= 4\pi h^{-3}q^2\mathrm{d}q\left[\exp\left(\frac{q}{kT}\right) + 1\right]^{-1} \tag{15.6.29}$$

因为所有这些粒子都是高度相对论性的, 所以温度按式 (15.6.17) 下降, 即 $T \propto R^{-1}$. 当 T 降到约 1.3×10^{11}K 时, ν_μ 和 $\bar{\nu}_\mu$ (可能还有 ν_e 和 $\bar{\nu}_e$) 从平衡中的粒子退耦出来而开始自由膨胀. 但是, 这种退耦对任何分布函数都没有影响. 留在平衡中的粒子仍然构成高度相对论性的气体, 所以它们的温度继续按 $1/R$ 下降. 此外, 自由中微子和反中微子的粒子数密度按 $1/R^3$ 下降, 而其动量被红移了 $1/R$ 倍 (正如光子那样), 所以分布 (15.6.29) 的形式被保留, 而其中的温度是正比于 $1/R$ 的中微子温度 T_ν. 因为在退耦以前 T_ν 等于 T, 而在此以后 T_ν 和 T 又都按 $1/R$ 降低, 故中微子和反中微子继续由 $T_\nu = T$ 时的 Fermi 分布 (15.6.29) 描述, 就好像它们仍然保持与其它粒子处于热平衡一样. 在 $T \simeq 10^{10}$K 时还可能有一次 ν_e 和 $\bar{\nu}_e$ 的退耦, 但是, 只要 ν_e 和 $\bar{\nu}_e$ 的绝大多数都是在 $e^\pm$ 仍为相对论性时退耦出来的, 它仍然不影响中微子和反中微子的分布函数. 这样一来, 在整个 10^{12}K $> T > 5 \times 10^9$K 的阶段, 中微子和反中微子的行为如同它们处于热平衡中一样, 而所有粒子 $\gamma, e^\pm, \nu_\mu, \bar{\nu}_\mu, \nu_e$ 和 $\bar{\nu}_e$ 都由按 $1/R$ 下降的同一温度 T 的 Planck 分布或 Fermi 分布描述. 由此得到中微子和反中微子的能量密度是 [536]

$$\rho_{\nu_e} = \rho_{\bar{\nu}_e} = \rho_{\nu_\mu} = \rho_{\bar{\nu}_\mu} \equiv \rho_\nu \tag{15.6.30}$$

式中

$$\rho_\nu = 4\pi h^{-3}\int_0^\infty q^3\mathrm{d}q\left[\exp\left(\frac{q}{kT}\right) + 1\right]^{-1}$$

$$= \frac{7\pi^5}{30h^3}(kT)^4 = \frac{7}{16}aT^4 \tag{15.6.31}$$

此外, 当 $kT > m_e$ 时, $e^\pm$ 是相对论性的, 所以

$$\rho_{e^-} = \rho_{e^+} = 2\rho_\nu = \frac{7}{8}aT^4 \tag{15.6.32}$$

(由于 e^- 和 e^+ 各有两个自旋态, 故密度 $\rho_{e^\pm}$ 是 ρ_ν 的两倍.) 因此, 从 $T < 10^{12}$K 到 $T \simeq 10^{10}$K 的阶段中, 宇宙的总能量密度是

$$\rho = \rho_{\nu_e} + \rho_{\bar{\nu}_e} + \rho_{\nu_\mu} + \rho_{\bar{\nu}_\mu} + \rho_{e^-} + \rho_{e^+} + \rho_\gamma = \frac{9}{2}aT^4 \tag{15.6.33}$$

以下的情况变得稍微复杂一些. 在 10^{10}K 以下, 留在热平衡中的重要粒子只有 $e^\pm$ 和 γ. 它们在体积 R^3 中的熵由 (15.6.14), (15.6.7), (15.6.8)

和 (15.6.18) 给出:

$$s = \frac{R^3}{T}\{\rho_{e^-} + \rho_{e^+} + \rho_\gamma + p_{e^-} + p_{e^+} + p_\gamma\} \tag{15.6.34}$$

当 $T > 5 \times 10^9$K 时, 电子和正电子是相对论性的, 所以用 (15.6.15) 和 (15.6.32) 后. 由 (15.6.34) 得

$$s = \frac{4R^3}{3T}\{\rho_{e^-} + \rho_{e^+} + \rho_\gamma\} = \frac{11}{3}a(RT)^3 \tag{15.6.35}$$

当 T 降到 5×10^9K 以下时, e^+ 与 e^- 湮灭, 最后只剩下光子, 我们有

$$s = \frac{4R^3}{3T}\rho_\gamma = \frac{4}{3}a(RT)^3 \tag{15.6.36}$$

但 s 是恒量, 因此 e^- 和 e^+ 消失的效应就是 RT 增加一个因子[92]

$$\frac{(RT)_{T<10^9\text{K}}}{(RT)_{T>5\times10^9\text{K}}} = \left(\frac{11}{4}\right)^{1/3} \tag{15.6.37}$$

[537] 中微子和反中微子并不由于电子 – 正电子湮灭而变热, 所以它们的温度仍继续按 R^{-1} 下降. 因此, 当 $T < 5 \times 10^9$K 时, 我们必须把中微子和反中微子的温度 T_ν 同光子和任何留存的带电粒子的温度 T 区别开来. 因 RT_ν 是常数而 RT 有 $(11/4)^{1/3}$ 倍的跳跃, 所以最后光子温度正好比中微子温度高如下倍数

$$\left(\frac{T}{T_\nu}\right)_{T<10^9\text{K}} = \left(\frac{11}{4}\right)^{1/3} = 1.401 \tag{15.6.38}$$

为了确定在 5×10^9K 与 10^9K 之间 RT 或 T/T_ν 的行为, 我们必须用表达式 (15.6.34), 或

$$s = \frac{4}{3}a(RT)^3 \mathscr{S}\left(\frac{m_e}{kT}\right) \tag{15.6.39}$$

式中

$$\mathscr{S}(x) \equiv 1 + \frac{45}{2\pi^4}\int_0^\infty y^2 \mathrm{d}y\left[\sqrt{x^2+y^2} + \frac{y^2}{3\sqrt{x^2+y^2}}\right]$$
$$\times [\exp(\sqrt{x^2+y^2})+1]^{-1} \tag{15.6.40}$$

在 (15.6.35) 中用 T_ν 代替 T, 则恒量 s 可由恒量 RT_ν 来表达, 因此

$$T_\nu = \left(\frac{4}{11}\right)^{1/3} T\left[\mathscr{S}\left(\frac{m_e}{kT}\right)\right]^{1/3} \tag{15.6.41}$$

函数 $\mathscr{S}$ 的数值计算[93] 表明, 当温度降到 3×10^{10}K 时 T/T_ν 只上升到 1.001, 而在 T 尚未降到 10^9K 以下时 T/T_ν 小于 1.4. (见表 15.4)

表 15.4　从 $\mu^+\mu^-$ 对湮灭到物质和辐射退耦前宇宙的热历史[a]

T/K	R/R_0	T/T_ν	t/s
10^{12}	1.9×10^{-12}	1.000	0
6×10^{11}	3.2×10^{-12}	1.000	1.94×10^{-4}
3×10^{11}	6.4×10^{-12}	1.000	1.129×10^{-3}
2×10^{11}	9.6×10^{-12}	1.000	2.61×10^{-3}
10^{11}	1.9×10^{-11}	1.000	1.078×10^{-2}
6×10^{10}	3.2×10^{-11}	1.000	3.01×10^{-2}
3×10^{10}	6.4×10^{-11}	1.001	0.1209
2×10^{10}	9.6×10^{-11}	1.002	0.273
10^{10}	1.9×10^{-10}	1.008	1.103
6×10^9	3.1×10^{-10}	1.022	3.14
3×10^9	5.9×10^{-10}	1.081	13.83
2×10^9	8.3×10^{-10}	1.159	35.2
10^9	2.6×10^{-9}	1.346	1.82×10^2
3×10^8	9.0×10^{-9}	1.401	2.08×10^3
10^8	2.7×10^{-8}	1.401	1.92×10^4
10^7	2.7×10^{-7}	1.401	1.92×10^6
10^6	2.7×10^{-6}	1.401	1.92×10^8
10^5	2.7×10^{-5}	1.401	1.92×10^{10}
10^4	2.7×10^{-4}	1.401	1.92×10^{12}
4×10^3	6.3×10^{-4}	1.401	1.20×10^{13}

　　a. R/R_0 的值是假设现在的辐射温度 $T_{\gamma 0} = 2.7\mathrm{K}$ 推出的. 最后几个 t 值是在物质的能量密度和光子及中微子的相比还可忽略的假设下推出的. $T > 10^8\mathrm{K}$ 时的 T/T_ν 和 t 值取自 P. J. E. Peebles, Astrophys. J., **146**, 542 (1966).

　　当 $T < 10^9\mathrm{K}$ 时, 与光子处于热平衡的粒子只是在所有 e^-e^+ 对湮灭以后剩下的少量核子和电子. T_ν 和 T 都继续按 $1/R$ 下降, 其比例固定在数值 (15.6.37). 我们在上一节中看到, 当 T 降到低于 4000 K 以后, 光子温度 T_γ 开始不同于物质温度 T, 但在此以后光子温度继续按 $1/R$ 下降. 这样一来, 目前应存在由式 (15.6.29) 描述的宇宙 "黑体" 中微子和反中微子背景, 其温度为

$$T_{\nu 0} = \left(\frac{4}{11}\right)^{1/3} T_{\gamma 0} = 1.9 \text{ K}$$

从 $T \simeq 10^9\mathrm{K}$ 的时候开始直到现在, 光子、中微子和反中微子的能量密度是

$$\rho_R \equiv \rho_\gamma + \rho_{\nu_e} + \rho_{\overline{\nu}_e} + \rho_{\nu_\mu} + \rho_{\overline{\nu}_\mu}$$

$$= aT_\gamma{}^4 + \frac{7}{4}aT_\nu{}^4$$

$$= \left[1 + \frac{7}{4}\left(\frac{4}{11}\right)^{4/3}\right]aT_\gamma{}^4 = 1.45aT_\gamma{}^4 \tag{15.6.42}$$

[538]　这可同非相对论性物质的能量密度 $m_N n_N$ 相比拟, 后者同 R^{-3} 或 $T_\gamma{}^3$ 成比例:

$$n_N = n_{N0}\left(\frac{T_\gamma}{T_{\gamma 0}}\right)^3$$

因此, 当 $m_N n_N$ 等于 ρ_R 时的临界温度 T_c 为

$$T_c = \frac{m_N n_{N0}}{1.45aT_{\gamma 0}^3} = 4200\mathrm{K}\left[\frac{m_N n_{N0}}{10^{-30}\mathrm{g/cm}^3}\right] \tag{15.6.43}$$

当 $m_N n_{N0}$ 处在 $2 \times 10^{-29}\mathrm{g/cm}^3$ 至 $3 \times 10^{-31}\mathrm{g/cm}^3$ 范围中时, 这个温度在 84000 K 至 1200 K 的范围内. 可以指出, 电离氢复合时的温度 $T_R \simeq 4000$ K 就落在这个范围内, 因此, 我们不能肯定, 当物质的辐射失去热接触的时刻, 辐射的能量密度究竟是大于还是小于物质的能量密度. 这个不确定性并不影响上节中我们关于微波背景的讨论; 这里的关键在于光子数密度现在和过去都比重子数密度大得多.

　　所有这一切经历了多长时间呢? 当温度约在 10^{12}K 与 5×10^9K 之间以及降到约 10^9K 以下之后, 大量存在的粒子都是高度相对论性的, 所以 $p \simeq \rho/3$. 按 (15.1.23), 能量密度 ρ 的变化为

$$\rho \propto R^{-4}$$

在这些时期中, 动力学方程 (15.6.2) 可写为

$$\frac{\dot\rho}{\rho} = -\frac{4\dot R}{R} = -4\left(\frac{8\pi G\rho}{3}\right)^{1/2}$$

其解是

$$t = \left(\frac{3}{32\pi G\rho}\right)^{1/2} + 恒量 \tag{15.6.44}$$

在 $10^{12}\mathrm{K} > T > 5 \times 10^9\mathrm{K}$ 的时期, 能量密度由 (15.6.33) 得出, 所以 (用 c. g. s. 制单位)

$$t = \left(\frac{c^2}{48\pi GaT^4}\right)^{1/2} + 恒量$$

$$= 1.09\mathrm{s}\left[\frac{T}{10^{10}\mathrm{K}}\right]^{-2} + 恒量$$

温度从 $T = 10^{12}$K 出发, 降到 10^{11}K 需要 0.0107 s, 再降到 10^{10}K 又需要 1.07 s.

在 10^9K $> T > T_c$ 的时期, 能量密度由 (15.6.42) 给出, 所以 [539]

$$t = \left(\frac{c^2}{15.5\pi GaT_\gamma{}^4} \right)^{1/2} + 恒量$$

$$= 1.92\text{s} \left[\frac{T_\gamma}{10^{10}\text{K}} \right]^{-2} + 恒量$$

故温度从 10^9K 降到 10^8K 所需的时间约为 5.3 h. 如果一直到氢在 $T = 4000$ K 复合以前辐射持续地超过物质, 则在复合时的宇宙年龄是 4×10^5 年.

可惜, 若我们要描述宇宙的整个早期历史中 $T(t)$ 和 $R(t)$ 的变化, 就必须进行数值计算来通过电子—正电子湮灭时期. 为着用 T 表示 R, 我们利用这样一个事实, 即 (15.6.39) 从 $T < 10^{12}$K 直到现在都是常数, 不过当 T 降到 4000 K 以后应当以 T_γ 代替 T. 这样一来,

$$s = \frac{4}{3}a(R_0 T_{\gamma 0})^3 \tag{15.6.45}$$

所以, (15.6.39) 可写为

$$\frac{R}{R_0} = \left(\frac{T}{T_{\gamma 0}} \right)^{-1} \mathscr{S}^{-1/3} \left(\frac{m_e}{kT} \right) \tag{15.6.46}$$

能量密度 ρ 是 T 的函数, 当 T 小于 10^{12}K 并大于 T_c 和 4000 K 时, 它可以写为

$$\rho = \rho_\gamma + \rho_{\nu_e} + \rho_{\overline{\nu}_e} + \rho_{\nu_\mu} + \rho_{\overline{\nu}_\mu} + \rho_{e+} + \rho_{e-}$$

$$= aT^4 + \frac{7}{4}aT_\nu{}^4 + 16\pi\hbar^{-3} \int_0^\infty E_e(q)q^2\mathrm{d}q$$

$$\times \left[\exp\left(\frac{E_e(q)}{kT} \right) + 1 \right]^{-1}$$

对 T_ν 用 (15.6.41), 得

$$\rho = aT^4 \mathscr{E} \left(\frac{m_e}{kT} \right) \tag{15.6.47}$$

式中

$$\mathscr{E}(x) = 1 + \frac{7}{4} \left(\frac{4}{11} \right)^{4/3} \mathscr{S}^{4/3}(x)$$

$$+ \frac{30}{\pi^4} \int_0^\infty \sqrt{x^2 + y^2}\, y^2 \mathrm{d}y [\exp(\sqrt{x^2 + y^2}) + 1]^{-1} \tag{15.6.48}$$

可将式 (15.6.46) 和 (15.6.47) 代入动力学方程 (15.6.2),

$$\mathrm{d}t = \left(\frac{8\pi G\rho}{3}\right)^{-1/2}\frac{\mathrm{d}R}{R}$$

[540]　从而我们求出时间作为温度函数的公式:

$$t = -\int\left(\frac{8\pi}{3}GaT^4\mathscr{E}\left(\frac{m_e}{kT}\right)\right)^{-1/2}\left(\frac{\mathrm{d}T}{T} + \frac{\mathrm{d}\mathscr{S}(m_e/kT)}{3\mathscr{S}(m_e/kT)}\right) \tag{15.6.49}$$

$t, R/R_0$ 和 T/T_ν 作为 T 的函数值列于表 15.4 中.

　　到现在为止, 唯一真正任意的假设是, 猜想轻子数密度 N_E 和 N_M 为零或至少比 n_γ 小得多. 让我们现在来考虑放弃这个假设以后有什么影响. 一旦温度降到 10^{12}K 以下, 较丰富的带电粒子就只有电子和正电子, 所以电中性要求 $N_Q = n_{e^+} - n_{e^-} = 0$. 因此电子的化学势必须为零, 故这时可能具有非零化学势的粒子就只有中微子和反中微子了. 当 $T > 1.3\times10^{11}$K 时, 这些粒子与 γ, e^+ 和 e^- 共处于热平衡中, 所以它们由 Fermi 分布所描述:

[541]

$$n_{\nu_e}(q)\mathrm{d}q = 4\pi h^{-3}q^2\mathrm{d}q\left[\exp\left(\frac{q - \mu_{\nu_e}}{kT}\right) + 1\right]^{-1} \tag{15.6.50}$$

$$n_{\overline{\nu}_e}(q)\mathrm{d}q = 4\pi h^{-3}q^2\mathrm{d}q\left[\exp\left(\frac{q + \mu_{\nu_e}}{kT}\right) + 1\right]^{-1} \tag{15.6.51}$$

对 ν_μ 和 $\overline{\nu}_\mu$ 也有类似结果. 故轻子数密度为

$$N_E = \int[n_{\nu_e}(q) - n_{\overline{\nu}_e}(q)]\mathrm{d}q = 4\pi\left(\frac{kT}{h}\right)^3\mathscr{N}\left(\frac{\mu_{\nu_e}}{kT}\right) \tag{15.6.52}$$

$$N_M = \int[n_{\nu_\mu}(q) - n_{\overline{\nu}_\mu}(q)]\mathrm{d}q = 4\pi\left(\frac{kT}{h}\right)^3\mathscr{N}\left(\frac{\mu_{\nu_\mu}}{kT}\right) \tag{15.6.53}$$

式中

$$\mathscr{N}(x) = \int_0^\infty\{[\exp(y - x) + 1]^{-1} - [\exp(y + x) + 1]^{-1}\}y^2\mathrm{d}y \tag{15.6.54}$$

因为电子 – 轻子数和 μ 介子 – 轻子数据认为是守恒的[89], 故密度 N_E 和 N_M 必须总是按 R^{-3} 变化. 但是, 我们已看到, 在 10^{12}K $> T > 5\times10^9$K 的时期中, T 按 $1/R$ 变化. 所以, 从 μ^+ 与 μ^- 的湮灭一直到中微子与反中微子的退耦, μ_{ν_e}/kT 和 μ_{ν_μ}/kT 必须为常数.

　　中微子和反中微子在退耦以后就自由膨胀, 其粒子数密度按 $1/R^3$ 变化而动量被红移了 $1/R$ 倍. 这种自由膨胀保持着分布 (15.6.50) 和 (15.6.51) 的形式, 但把温度和化学势红移了 $1/R$ 倍.

因此, 从 $T < 10^{12}\text{K}$ 直到现在的整个时期中, 中微子分布决定于

$$n_{\nu_e}(q)\mathrm{d}q = 4\pi h^{-3}q^2\mathrm{d}q\left[\exp\left(\frac{q-\mu_{\nu_e}}{kT_\nu}\right)+1\right]^{-1} \tag{15.6.55}$$

$$n_{\overline{\nu}_e}(q)\mathrm{d}q = 4\pi h^{-3}q^2\mathrm{d}q\left[\exp\left(\frac{q+\mu_{\nu_e}}{kT_\nu}\right)+1\right]^{-1} \tag{15.6.56}$$

$$n_{\nu_\mu}(q)\mathrm{d}q = 4\pi h^{-3}q^2\mathrm{d}q\left[\exp\left(\frac{q-\mu_{\nu_\mu}}{kT_\nu}\right)+1\right]^{-1} \tag{15.6.57}$$

$$n_{\overline{\nu}_\mu}(q)\mathrm{d}q = 4\pi h^{-3}q^2\mathrm{d}q\left[\exp\left(\frac{q+\mu_{\nu_\mu}}{kT_\nu}\right)+1\right]^{-1} \tag{15.6.58}$$

式中 T_ν, μ_{ν_e} 和 μ_{ν_μ} 都按 $1/R$ 变化. 且在电子和正电子湮灭以前有 $T_\nu = T, e^+e^-$ 湮灭不受中微子和反中微子分布的影响, 所以, 前面作为 T 的函数的 T_ν 和 R 的一切结果仍可应用.

若 N_E 和 N_M 远小于光子数密度 $n_\gamma \simeq (kT/h)^3$, 则由 (15.6.52) 和 [542] (15.6.53) 得到

$$|\mu_{\nu_e}| \ll kT_\nu \qquad |\mu_{\nu_\mu}| \ll kT_\nu \tag{15.6.59}$$

而分布 (15.6.55)—(15.6.58) 全都化为前面采用过的分布 (15.6.29).

另一方面, 若 N_E 或 N_M 可以同 n_γ 相比拟或者大于 n_γ, 则常数 $|\mu_{\nu_e}/kT_\nu|$ 或 $|\mu_{\nu_\mu}/kT_\nu|$ 的数量级为 1 或者更大, 而分布函数 (15.6.55)—(15.6.58) 就显著地不同于 (15.6.29). 在 (比方说) $\mu_{\nu_e}/kT_\nu \gg 1$ 这样的极限情况下, 分布函数 (15.6.55) 或 (15.6.56) 变为

$$n_{\nu_e}(q)\mathrm{d}q \simeq \begin{cases} 4\pi h^{-3}q^2\mathrm{d}q & q < \mu_{\nu_e} \\ 0 & q > \mu_{\nu_e} \end{cases} \tag{15.6.60}$$

$$n_{\overline{\nu}_e}(q)\mathrm{d}q \simeq 0 \tag{15.6.61}$$

这是完全中微子简并的情况. 当然, 若 $\mu_{\nu_e}/kT \ll -1$, 则中微子和反中微子的地位在 (15.6.60) 和 (15.6.61) 颠倒过来, 于是我们有完全反中微子简并. 完全中微子简并的可能性是在微波背景发现前几年提出的[94], 那时看来有理由假设宇宙经常冷得足以使 $kT_\nu \ll |\mu_{\nu_e}|$.

部分或完全简并对于本节计算的唯一影响, 在于它会使时间尺度缩短. 中微子和反中微子的总能量密度决定于

$$\rho_{\nu+\overline{\nu}} = \int [n_{\nu_e}(q) + n_{\overline{\nu}_e}(q) + n_{\nu_\mu}(q) + n_{\overline{\nu}_\mu}(q)]q\mathrm{d}q$$

$$= 4\pi h^{-3}(kT_\nu)^4\left[\mathscr{F}\left(\frac{\mu_{\nu_e}}{kT_\nu}\right) + \mathscr{F}\left(\frac{\mu_{\nu_\mu}}{kT_\nu}\right)\right] \tag{15.6.62}$$

式中

$$\mathscr{F}(x) \equiv \int_0^\infty \{[\exp(y-x)+1]^{-1} + [\exp(y+x)+1]^{-1}\} y^3 \mathrm{d}y$$

它总是大于零化学势时的能量密度 $(7/4)aT_\nu^4$ [见 (15.6.30) 和 (15.6.31)], 所以简并使膨胀速率 (15.6.2) 增加. 在 $|\mu_{\nu_e}/kT_\nu| \gg 1$ 或 $|\mu_{\nu_\mu}/kT_\nu| \gg 1$ 或同时满足这两个条件的极限情形中, 我们有

$$\rho \simeq \rho_{\nu+\bar\nu} \simeq \pi h^{-3}[\mu_{\nu_e}{}^4 + \mu_{\nu_\mu}{}^4] \qquad (15.6.63)$$

因此, 简并中微子或反中微子决定着能量密度和膨胀速率.

[543]   我们能否探测中微子和反中微子宇宙背景的问题是很有趣味的. $|\mu_{\nu_e}|$ 和 $|\mu_{\nu_\mu}|$ 的最严格的上限来源于减速参数 q_0 的测量. 因为 q_0 并不比 1 大很多, 所以总能量密度不可能比 $10^{-29} \mathrm{g/cm^3}$ 大很多 (见 15.2 节), 从而根据 (15.6.63) 有

$$[\mu_{\nu_e 0}^4 + \mu_{\nu_\mu 0}^4]^{1/4} \lesssim 0.0075 \text{ eV} \qquad (15.6.64)$$

如我们已看到的, 现在的中微子温度 $T_{\nu 0}$ 约为 1.9 K, 故 $kT_{\nu 0} = 1.7 \times 10^{-4} \mathrm{eV}$. 所以化学势的上限可写为

$$\frac{|\mu_{\nu_e}|}{kT_\nu} \lesssim 45 \qquad \frac{|\mu_{\nu_\mu}|}{kT_\nu} \lesssim 45 \qquad (15.6.65)$$

因而, q_0 的测量不能排除近乎完全的简并.

我们也可设法直接测量化学势. 在容许的 β^- 衰变中, 如 $H^3 \to He^3 + e^- + \bar\nu_e$, 我们通常期待电子能量在 E_e 和 $E_e + \mathrm{d}E_e$ 之间的事例数目由如下的 Fermi 函数决定

$$N_F(E_e)\mathrm{d}E_e = ap_e E_e (W_0 - E_e)^2 F(E_e)\mathrm{d}E_e$$

式中 a 是常数, p_e 是电子动量, W_0 是极大电子能量, $F(E_e)$ 是对终态里 Coulomb 相互作用作修正的已知函数. 但是, 当存在反中微子背景 (15.6.56) 时, Pauli 不相容原理使得 β 衰变速率减小一个因子, 这个因子等于在能量 $W_0 - E_e$ 处未占满的反中微子态的部分:

$$N(E_e)\mathrm{d}E_e = \left[1 - \frac{h^3 n_{\bar\nu_e}(W_0 - E_e)}{4\pi(W_0 - E_e)^2}\right] N_F(E_e)\mathrm{d}E_e$$

或者, 明显地写出得[94],

$$N(E_e)\mathrm{d}E_e = \left[1 + \exp\left(\frac{E_e - W_0 + \mu_{\nu_e 0}}{kT_{\nu 0}}\right)\right]^{-1}$$

$$\times a p_e E_e (W_0 - E_e)^2 F(E_e) \mathrm{d}E_e \qquad (15.6.66)$$

因为对于所有已知的 β 衰变, W_0 都比 $|\mu_{\nu_e 0}|$ 和 $kT_{\nu 0}$ 大很多, 所以这个改正对于电子谱的绝大部分影响甚微. 但是, 如果 $\mu_{\nu_e 0} < -kT_{\nu 0}$, 函数 $N(E_e)$ 在 $W_0 > E_e \gtrsim W_0 - |\mu_{\nu_e 0}|$ 的范围里会呈现一种反常的降低, 仿佛反中微子具有质量 $|\mu_{\nu_e 0}|$ 一样. 如果 $\mu_{\nu_e 0} > 0$, 则对于比 W_0 小的 E_e 没有显著的降低, 但是, 由于在一些反应 (如 $\nu_e + \mathrm{H}^3 \to e^- + \mathrm{He}^3$) 中宇宙中微子的吸收, 将产生 $E_e > W_0$ 的事例. 这些事例的速率由与反中微子发射相同的公式 (15.6.66) 决定[94], 不过现在 $\mu_{\nu_e 0}$ 是用 $-\mu_{\nu_e 0}$ 代替并且当然有 $E_e > W_0$. 因此, 对于 $\mu_{\nu_e 0} > kT_{\nu 0}$, β^- 谱将越过终点 W_0 一直上升到能量 $W_0 + \mu_{\nu_e 0}$, 给出能量守恒破坏的表现.

β 衰变中终点附近电子谱迄今最好的资料来自低能衰变 $\mathrm{H}^3 \to \mathrm{He}^3 + e^- + \bar{\nu}_e$ (其终点 $W_0 = 18.7\,\mathrm{keV}$) 的研究. 在一个新近的实验[95]中, 在终点以下于约 60eV 的范围没有发现反常降低, 并且在终点以上大于约 60eV 的地方没有发现反常事例. 我们可以断言, 对于两种符号的化学势有 [544]

$$|\mu_{\nu_e 0}| \lesssim 60\ \mathrm{eV} \qquad (15.6.67)$$

从剩余的宇宙线质子也可以获得关于宇宙中微子和反中微子背景的间接信息. 一个能量为 q 的中微子或反中微子受到一个能量为 γm_p 的相对论性质子成角度 θ 的撞击, 在质子静止参考系中看来它将具有能量

$$E \simeq \gamma q (1 - \cos\theta) \quad \text{当}\ \gamma \gg 1$$

对于在 "实验室" 能量 E 的 $p\nu$ 或 $p\bar{\nu}$ 反应的总截面近似为

$$\sigma(E) \simeq A E^2$$

式中, A 以 c. g. s. 单位制表示为

$$A \approx \frac{g_{wk}^2}{\hbar^4 c^4} \approx 10^{-56} \mathrm{cm}^2 / \mathrm{eV}^2$$

因此, 在简并的 ν_e (或 $\bar{\nu}_e$) 背景 (15.6.60) 中, 能量为 γm_p 的一个相对论性质子的反应速率是

$$\Gamma = \int_0^{|\mu_{\nu_e 0}|} \sigma(\gamma q[1 - \cos\theta]) h^{-3} q^2 \mathrm{d}q \sin\theta \mathrm{d}\theta \mathrm{d}\varphi$$

或用 c. g. s. 单位制写为

$$\Gamma \simeq \frac{4\pi \gamma^2 A |\mu_{\nu_e 0}|^5}{15 h^3 c^2} \approx 3 \times 10^{-34} \gamma^2 |\mu_{\nu_e 0}(\mathrm{eV})|^5 \mathrm{s}^{-1} \qquad (15.6.68)$$

对于简并的 ν_μ 或 $\bar{\nu}_\mu$ 结果是类似的. Bernstein, Ruderman 和 Feinberg[96] 已说明过, 由于观测到的 $\gamma > 10^6$ 的宇宙线质子肯定已经飞行了 10^6 s 以上, $|\mu_{\nu_e 0}|$ 和 $|\mu_{\nu_\mu 0}|$ 二者必须小于 10^3eV. Cowsik, Pal 和 Tandon[97] 假设, $\gamma \approx 10^9$ 的质子在量级为 5×10^7 年的飞行时间中不能被散射约 14 次以上, 从而得出结论: $|\mu_{\nu_e 0}|$ 和 $|\mu_{\nu_\mu 0}|$ 二者都小于约 2 eV.

我们也可在各种 νp 或 $\bar{\nu} p$ 反应的阈值处寻找宇宙线质子谱的扭折. 例如, 反应 $p + \bar{\nu}_e \to n + e^+$ 的阈是在 $m_e + m_n - m_p = 1.8$MeV 处, 所以, 若 $\mu_{\nu_e 0}$ 小于 $-kT_{\nu 0}$, 则在宇宙线质子谱中应有一个向下的扭折位于

$$\gamma \approx \frac{1.8\text{MeV}}{|\mu_{\nu_e 0}|} \tag{15.6.69}$$

[545]　　Konstantinov, Kocharov 和 Starbunov[98] 注意到在 $\gamma \approx 2 \times 10^6$ 处存在一个扭折, 并认为这可能是由于简并反中微子背景所引起的, 这个背景有

$$\mu_{\nu_e 0} \simeq -0.8\text{eV} \tag{15.6.70}$$

就绝对值而言, 这个估计比 q_0 测量所允许的上限 (15.6.64) 大很多.

15.7　氦合成

自从 19 世纪 Frank Wigglesworth Clarke[99] 的先驱工作以来, 地质学家和天文学家已仔细研究过化学元素的相对丰度. 这些研究逐步揭示出 "宇宙的" 丰度分布[100], 最为丰富的元素是氢, 其次是氦, 随后是 C—N—O—Ne 族, 而 Li—Be—B 族和所有比镍更重的元素都很稀少. 解释这些丰度的问题长期以来被认为是理论天体物理学面临的一个极重要的任务.

一种可能的解释是依据给恒星提供能量的核反应. Rutherford 在实验室中对核嬗变的证明启发 Eddington[101] 在 1920 年提出: 太阳可以通过由氢到氦的聚变而获得能量. 如果是这样的话, 则恒星 (或者至少是第一代恒星) 也许是以纯氢形成的, 后来作为它们内部火焰的灰烬而逐渐产生了氦和更重的元素. 1939 年, Hans Bethe[102] 提出了恒星中氢燃烧成氦的具体反应, 20 世纪 50 年代中, Salpeter[103], E. M. Burbidge, G. R. Burbidge, Fowler 和 Hoyle[104], Cameron[105] 等人的一系列文章探讨了氦聚变成更重元素的后续反应. 最近, Clayton 和 Arnett[106] 强调了作为核合成的一种动因的恒星爆炸的重要性.

20 世纪 40 年代末, G. Gamow 及其合作者[107] 研究出另一种与之竞争的核合成理论. Gamow 解释说: 虽然宇宙膨胀的炽热而密集的早期比恒星寿命短得多, 但那时存在着大量的自由中子, 因此, 由 $n + p \to d + \gamma$ 开始, 接连不断的中子俘获可迅速构成重元素. 所以, 元素的丰度与它们

的中子俘获截面有关, 这与观测大致符合. 我们在 15.5 节中已经指出, 在这个理论中为了避免产生太多的氦必须要求存在黑体辐射, 其现在的温度估计[52] 为 5 K.

核合成的恒星理论和宇宙学理论都有其各自的局限性. 原子量 $A = 5$ 或 $A = 8$ 的稳定核是不存在的, 所以, 通过 $p-\alpha, n-\alpha$, 或 $\alpha-\alpha$ 碰撞很难构成比氦重的元素. 在那些其核心中全部的氢都转化为氦的恒星里, 可能通过 $\alpha-\alpha$ 碰撞产生少量的不稳定核 ^{8}Be, 接着在 $\alpha-^8$Be 碰撞中产生 ^{12}C 而弥补在 $A = 5$ 和 $A = 8$ 处的空缺[103]. 但是, 膨胀宇宙在温度 $T \approx 10^9$K 时的密度太低而不允许发生大量的氦燃烧, 故目前普遍认为所有比氦重的元素都是在恒星中合成的.

[546]

另一方面, 有些作者[108] 已指出, 氦的宇宙丰度大得难以用恒星内的核合成来说明. 银河系的光度 – 质量比值 L/M 约为太阳比值 $L_\odot/M_\odot$ 的十分之一, 即 0.2erg/g·s. 如果银河系的光度在过去的 10^{10} 年中不变, 则每个核子已经产生约 0.06 MeV 的能量. 相反, 氢到氦的聚变中每个核子约释放 6 MeV, 因此, 在银河系中只有大约不超过 1% 的核子可由通常的恒星过程聚变为氦 (或者更重的核). 正如我们将看到的那样, 对于目前氦丰度的估计尚无定论, 但广泛同意按质量表示的宇宙氦丰度显著地大于 1%. 当然, 氦可能在银河系的更早、更明亮的阶段中就已经合成; 如 15.5 节已说过的那样, 所释放出的能量如果都化为热, 则可解释现在的 2.7K 微波背景. 但是, 更有兴趣和更自然的是假设高的宇宙氦丰度是产生于宇宙早期, 大部分的聚变能都消耗在随后的红移之中.

现在让我们来计算宇宙学起源的氦丰度. 把这个计算分为两部分是很方便的. 首先, 我们计算作为时间函数的中子—质子丰度比, 其中只考虑弱作用过程

$$n + \nu \leftrightarrow p + e^- \quad n + e^+ \leftrightarrow p + \overline{\nu} \quad n \leftrightarrow p + e^- + \overline{\nu} \tag{15.7.1}$$

(这里 ν 表示 ν_e). 然后, 我们加进那些导致氦合成的核反应.

这里, $\nu, \overline{\nu}, e^+, e^-$ 的粒子数密度由 Fermi 分布 (15.6.3) 给出, 取化学势为零, 且对于 $e^\pm$ (和 γ) 或 ν 和 $\overline{\nu}$ 有不同的温度 T 或 T_ν:

$$n_{e^-}(p)\mathrm{d}p = n_{e^+}(p)\mathrm{d}p = 8\pi h^{-3}p^2\mathrm{d}p\left[\exp\left(\frac{E_e(p)}{kT}\right) + 1\right]^{-1}$$

$$n_\nu(p)\mathrm{d}p = n_{\overline{\nu}}(p)\mathrm{d}p = 4\pi h^{-3}p^2\mathrm{d}p\left[\exp\left(\frac{E_\nu(p)}{kT}\right) + 1\right]^{-1}$$

式中

$$E_e(p) = (p^2 + m_e{}^2)^{1/2}, \quad E_\nu(p) = p$$

[547] (15.7.1) 中各种反应的速率由弱相互作用的 "V—A" 理论决定[109], 不过, Pauli 不相容原理要使这些速率减小一个因子, 这个因子等于所有未被充填的态所占的比例:

$$1 - \left[\exp\left(\frac{E_e}{kT}\right) + 1\right]^{-1} = \left[1 + \exp\left(\frac{-E_e}{kT}\right)\right]^{-1}$$

$$1 - \left[\exp\left(\frac{E_\nu}{kT}\right) + 1\right]^{-1} = \left[1 + \exp\left(\frac{-E_\nu}{kT}\right)\right]^{-1}$$

所以, 过程 (15.7.1) (对于每个核子) 的速率是

$$\lambda(n + \nu \to p + e^-)$$
$$= A\int v_e E_e^2 p_\nu^2 dp_\nu [e^{E_\nu/kT_\nu} + 1]^{-1}[1 + e^{-E_e/kT}]^{-1} \tag{15.7.2}$$

$$\lambda(n + e^+ \to p + \bar{\nu})$$
$$= A\int E_\nu^2 p_e^2 dp_e [e^{E_e/kT} + 1]^{-1}[1 + e^{-E_\nu/kT_\nu}]^{-1} \tag{15.7.3}$$

$$\lambda(n \to p + e^- + \bar{\nu})$$
$$= A\int v_e E_\nu^2 E_e^2 dp_\nu [1 + e^{-E_\nu/kT_\nu}]^{-1}[1 + e^{-E_e/kT}]^{-1} \tag{15.7.4}$$

$$\lambda(p + e^- \to n + \nu)$$
$$= A\int E_\nu^2 p_e^2 dp_e [e^{E_e/kT} + 1]^{-1}[1 + e^{-E_\nu/kT_\nu}]^{-1} \tag{15.7.5}$$

$$\lambda(p + \bar{\nu} \to n + e^+)$$
$$= A\int v_e E_e^2 p_\nu^2 dp_\nu [e^{E_\nu/kT_\nu} + 1]^{-1}[1 + e^{-E_e/kT}]^{-1} \tag{15.7.6}$$

$$\lambda(p + e^- + \bar{\nu} \to n)$$
$$= A\int v_e E_e^2 p_\nu^2 dp_\nu [e^{E_e/kT} + 1]^{-1}[e^{E_\nu/kT_\nu} + 1]^{-1} \tag{15.7.7}$$

式中 A 是常数

$$A = \frac{g_V^2 + 3g_A^2}{2\pi^3\hbar^7} \tag{15.7.8}$$

而 g_V 和 g_A 是核子的矢量耦合常数和轴矢量耦合常数, 此处所取的数值为

$$g_V = 1.418 \times 10^{-49}\text{erg cm}^3 \quad g_A = 1.18g_V \tag{15.7.9}$$

此外, E_e 和 E_ν 的关系是 [548]

$$E_e - E_\nu = Q \quad \text{对于} \quad n + \nu \leftrightarrow p + e^- \tag{15.7.10}$$

$$E_\nu - E_e = Q \quad \text{对于} \quad n + e^+ \leftrightarrow p + \overline{\nu} \tag{15.7.11}$$

$$E_\nu + E_e = Q \quad \text{对于} \quad n \leftrightarrow p + e^- + \overline{\nu} \tag{15.7.12}$$

式中

$$Q \equiv m_n - m_p = 1.293 \text{ MeV} \tag{15.7.13}$$

积分 (15.7.2)—(15.7.7) 是对于这些关系所容许的 p_ν 和 p_e 的正值进行的. 用一个积分变量 q 写出所有积分是很方便的, 在式 (15.7.2), (15.7.4) 和 (15.7.5) 中 q 取为 E_ν, 在式 (15.7.3), (15.7.6) 和 (15.7.7) 中 q 取为 $-E_\nu$. 用 $v_e E_e^2 \mathrm{d}E_e$ 代替 $p_e^2 \mathrm{d}p_e$, 则 $n \to p$ 和 $p \to n$ 的总转化速率是

$$\lambda(n \to p) \equiv \lambda(n + \nu \to p + e^-) + \lambda(n + e^+ \to p + \overline{\nu})$$

$$+ \lambda(n \to p + e^- + \overline{\nu})$$

$$= A \int \left(1 - \frac{m_e^2}{(Q+q)^2}\right)^{1/2} (Q+q)^2 q^2 \mathrm{d}q$$

$$\times (1 + \exp(q/kT_\nu))^{-1} (1 + \exp(-(Q+q)/kT))^{-1} \tag{15.7.14}$$

和

$$\lambda(p \to n) \equiv \lambda(p + e^- \to n + \nu) + \lambda(p + \overline{\nu} \to n + e^+)$$

$$+ \lambda(p + e^- + \overline{\nu} \to n)$$

$$= A \int \left(1 - \frac{m_e^2}{(Q+q)^2}\right)^{1/2} (Q+q)^2 q^2 \mathrm{d}q$$

$$\times (1 + \exp(-q/kT_\nu))^{-1} (1 + \exp((Q+q)/kT))^{-1} \tag{15.7.15}$$

忽略从 $-Q - m_e$ 到 $-Q + m_e$ 的空隙, 这些积分是从 $-\infty$ 积到 $+\infty$. 中子同所有核子的比值 X_n 满足微分方程:

$$-\frac{\mathrm{d}X_n}{\mathrm{d}t} = \lambda(n \to p) X_n - \lambda(p \to n)(1 - X_n) \tag{15.7.16}$$

Peebles[93] 已算出这个方程的解, 这里列在表 15.5 中. 虽然 $X_n(t)$ 的定量变化只能由数值积分得到, 但通过一些定性考察可以了解这个解的主要性质:

表 15.5 略去复杂核的形成时, 作为温度或时间函数的中子比例 X_n 值[a]

T/K	t/s	X_n
10^{12}	0	0.496
3×10^{11}	0.001129	0.488
10^{11}	0.01078	0.462
3×10^{10}	0.1209	0.380
10^{10}	1.103	0.241
3×10^9	13.83	0.170
1.3×10^9	98*	0.150
1.2×10^9	119*	0.147
1.1×10^9	146*	0.143
1.0×10^9	182.0	0.137
9×10^8	226*	0.131
8×10^8	290*	0.123
7×10^8	383*	0.112
3×10^8	2080	0.021
10^8	18700	10^{-8}

a. t 值取自 P. J. E. Peebles, Astron. J., **146**, 542 (1966) 的计算, 只有附星号的值是从 Peebles 值内插出来的. $T \geqslant 1.0 \times 10^9 \mathrm{K}$ 时的 X_n 值是由 Peebles 上述文章中的表 4 取出的. $T < 10^9 \mathrm{K}$ 时的 X_n 值是假设 X_n 自由中子衰变速率 $(1013\mathrm{s})^{-1}$ 按指数减小而从 $10^9 \mathrm{K}$ 的值算出的.

  (A) 对于 $kT \gg Q$, 我们可在式 (15.7.14) 和 (15.7.15) 中令 $T = T_\nu$ 并使 Q 和 m_e 等于零. 转化速率就是

$$\lambda(n \to p) \simeq \lambda(p \to n)$$
$$\simeq A \int_{-\infty}^{\infty} q^4 \mathrm{d}q (1 + \exp(-q/kT))^{-1}(1 + \exp(q/kT))^{-1}$$
$$= \frac{7}{15}\pi^4 A(kT)^5 = 0.361\mathrm{s}^{-1}\left(\frac{T}{10^{10}\mathrm{K}}\right)^5 \tag{15.7.17}$$

[549] 这可以同式 (15.6.44) 和 (15.6.33) 给出的 "年龄" t 进行比较:

$$t = 1.09\mathrm{s}\left(\frac{T}{10^{10}\mathrm{K}}\right)^{-2} \tag{15.7.18}$$

我们看到, 当 $T \gtrsim 3 \times 10^{10}\mathrm{K}$ 时, 乘积 λt 大于 10, 所以, 在这些温度下, 中子比例 X_n 应由方程 (15.7.16) 的平衡解得出, 这就是

$$X_n \simeq \frac{\lambda(p \to n)}{\lambda(p \to n) + \lambda(n \to p)} \tag{15.7.19}$$

注意当 T 降到 $3 \times 10^{10}\mathrm{K}$ 附近时, 式 (15.7.17) 在定量上是不正确的, 因为这时 kT 并不比 Q 大很多. 但是, 即使速率 $\lambda(p \to n)$ 和 $\lambda(n \to p)$ 可能与

式 (15.7.17) 有某些差异而且彼此也有差异, 但它们在 $T \gtrsim 3 \times 10^{10}$K 时仍然足够大以至有理由应用平衡解 (15.7.19).

(B) 只要 $T_\nu \simeq T$ (即 $T > 10^{10}$K), 则速率 (15.7.14) 和 (15.7.15) 的比值等于 [550]

$$\frac{\lambda(p \to n)}{\lambda(n \to p)} = \exp\left(\frac{-Q}{kT}\right) \tag{15.7.20}$$

因此, 由式 (15.7.19) 得出 $T \gtrsim 3 \times 10^{10}$K 时的中子丰度为

$$X_n \simeq [1 + \exp(Q/kT)]^{-1} \tag{15.7.21}$$

中子丰度从很早期的 $X_n \simeq \frac{1}{2}$ 开始, 随着温度下降而慢慢减小, 当 $T = 3 \times 10^{10}$K 时达到 $X_n \simeq 0.38$. 一个有深远意义的事实是, 方程 (15.7.16) 的初始条件不能任意选定, 也不依赖于甚早期宇宙的任何具体模型, 而是由 $t \to 0$ 时速率 λ 的奇异行为直接得到的[109a].

(C) 当 T 大约降到 1.3×10^9K 时, 二体和三体反应 $n + \nu \leftrightarrow p + e^-, n + e^+ \leftrightarrow p + \overline{\nu}$ 和 $p + e^- + \overline{\nu} \to n$ 变得可以忽略不计. 唯一剩下的反应是 "一体" 过程 $n \to p + e^- + \overline{\nu}$, 这个过程在这样低的温度下是以自由中子衰变的速率进行的, 这里把这个速率取为 Peebles[93] 所用的值:

$$\lambda^{-1}(n \to p + e^- + \nu) = 1013\text{s} \tag{15.7.22}$$

因此, 以 $T \simeq 1.3 \times 10^9$K 的时刻到核合成开始, 中子丰度为

$$X_n(t) = N \exp\left[-\frac{t(\text{s})}{1013}\right] \tag{15.7.23}$$

在氦合成理论中, 唯一真正需要作详细数值计算的部分, 就是常数 N 的估计. 在实行这个计算时, 方便的做法是首先略去中子衰变和核合成, 在这种情况下, 中子丰度是一个当 $t \to \infty$ 时趋于有穷极限的函数 $X_n^{(0)}(t)$. (这是 Peebles 的表 1 [93] 中称为 X_n 的量. Peebles 也略去了过程 $p + e^- + \overline{\nu} \to n$, 这个过程实际上在被考察的整个阶段中都可忽略.) 直到 $t \simeq 20$s 以前, 中子衰变的效应可以忽略, 而在这个时刻以后温度低于 3×10^9K, 所以速率 $\lambda(p \to n)$ 同 $\lambda(n \to p)$ 相比可以忽略, 轻子简并对于中子衰变速率没有什么影响. 由此得到中子衰变的总效应是 $X_n^{(0)}(t)$ 乘以一个指数衰减因子:

$$X_n(t) \simeq X_n^{(0)}(t) \exp\left[-\frac{t(\text{s})}{1013}\right] \tag{15.7.24}$$

Peebles[93] 求出, 当 $t \to \infty$ 时, $X_n^{(0)}$ 趋于数值 0.1640, 所以, 比较 (15.7.23) 与 [551] (15.7.24), 我们得

$$N \simeq X_n^{(0)}(\infty) = 0.1640 \tag{15.7.25}$$

现在可以进行我们的第二部分计算, 并把那些导致合成复杂核的核反应加进去. 在 $T \gg 10^{10}\mathrm{K}$ 的早期, 各种核处于热平衡, 第 i 种核的粒子数密度 n_i 由式 (15.6.3) 决定. 因为在我们这里讨论的整个时期中, 这些核都是高度非相对论性的和非简并的, 所以, 我们可以用式 (15.6.3) 的 Maxwell-Boltzmann 近似, 而把第 i 种粒子的总的数密度写为

$$n_i = 4\pi g_i h^{-3} \exp\left\{\frac{\mu_i - m_i}{kT}\right\} \int_0^\infty q^2 \mathrm{d}q \exp\left\{-\frac{q^2}{2m_i kT}\right\}$$

$$= g_i \left(\frac{2\pi m_i kT}{h^2}\right)^{3/2} \exp\left\{\frac{\mu_i - m_i}{kT}\right\} \tag{15.7.26}$$

当然, 我们并不知道化学势 μ_i, 但我们知道它们在所有反应中是守恒的. 因此, 如果通过核反应能够迅速地由 Z_i 个质子和 $A_i - Z_i$ 个中子合成一个 i 类核, 则 μ_i 是

$$\mu_i = Z_i \mu_p + (A_i - Z_i)\mu_n \tag{15.7.27}$$

把 (15.7.26) 写成第 i 种核, 自由中子和自由质子按重量的比例

$$X_i \equiv \frac{n_i A_i}{n_N} \qquad X_n \equiv \frac{n_n}{n_N} \qquad X_p \equiv \frac{n_p}{n_N}$$

之间的关系是很方便的, 其中 n_N 是无论束缚还是自由的总核子数密度:

$$n_N = n_{N0}\left(\frac{R_0}{R}\right)^3 = \frac{\rho_{N0}}{m_N}\left(\frac{R_0}{R}\right)^3$$

用 (15.7.27), 近似地取 $m_p = m_n = m_N$ 并在 (15.7.26) 的 3/2 次幂中取 $m_i = A_i m_N$, 则我们有

$$X_i = \frac{1}{2}X_p^{Z_i} X_n^{A_i - Z_i} g_i A_i^{1/2} \varepsilon^{A_i - 1} \exp\left(\frac{B_i}{kT}\right) \tag{15.7.28}$$

式中 B_i 是结合能

$$-B_i \equiv m_i - Z_i m_p - (A_i - Z_i)m_n \tag{15.7.29}$$

[552]   而 ε 是无量纲数

$$\varepsilon \equiv \frac{1}{2}h^3 n_N (2\pi m_N kT)^{-3/2}$$

$$= 1.61 \times 10^{-12}\left(\frac{\rho_{N0}}{10^{-30}\mathrm{g/cm^3}}\right)\left(\frac{R}{10^{-10}R_0}\right)^{-3}\left(\frac{T}{10^{10}\mathrm{K}}\right)^{-3/2} \tag{15.7.30}$$

因为 ε 在所研究的时期中非常小, 所以直到 T 降到如下数值 T_i 以前, 给定的第 i 种复杂核的丰度将是很小的:

$$T_i \simeq \frac{B_i}{k(A_i - 1)|\ln\varepsilon|} \tag{15.7.31}$$

对于各种核以及现在密度 ρ_{N0} 的各种数值, 相应的 T_i 值列在表 15.6 中. 注意 T_i 只是很弱地依赖于现在的密度 ρ_{N0}, 这是因为 ρ_{N0} 只包含在量 $|\ln\varepsilon|$ 中, 而这个量在所研究的温度和密度的整个范围内取值在 25 到 35 之间.

如果一直到 10^9K 量级的温度, 核丰度真是都由热平衡条件所控制, 则按表 15.6, 我们就应预期, 首先出现的是 ^{4}He 和更重的核, 随后是 ^{3}He 和 ^{3}H, 最后是 ^{2}H. 但实际情况完全不是如此, 因为热平衡并不是一直保持到 10^9K. 除了最早期以外, 所有阶段的粒子数密度都太低, 以至不能直接通过多体碰撞 (如 $2n + 2p \to {}^4$He) 合成核. 相反, 复杂核必须通过一连串的二体反应来合成, 如 [553]

$$p + n \leftrightarrow d + \gamma$$
$$d + d \leftrightarrow {}^3\text{He} + n \leftrightarrow {}^3\text{H} + p$$
$$^3\text{H} + d \leftrightarrow {}^4\text{He} + n$$
$$\text{等等} \tag{15.7.32}$$

表 15.6 对于各种核和现在密度 ρ_{N0} 的各种数值, 由式 (15.7.31) 定义的温度 T_i 的数值[a]

核	$\dfrac{B}{k(A-1)}$ $/(10^9\text{K})$	$T_i/(10^9\text{K})$		
		$\rho_{N0} = 10^{-29}$ $/(\text{g/cm}^3)$	$\rho_{N0} = 10^{-30}$ $/(\text{g/cm}^3)$	$\rho_{N0} = 10^{-31}$ $/(\text{g/cm}^3)$
^{2}H	25.8	0.83	0.77	0.72
^{3}H	49.3	1.6	1.5	1.4
^{3}He	44.6	1.4	1.3	1.2
^{4}He 等	109	3.9	3.6	3.3

a. 较重的核与 ^{4}He 有大约相等的 T_i 值. 在热平衡下, T_i 是使第 i 种核能够是丰富的极大温度.

第一步没有问题; 按每个自由中子计算的氘产生率是

$$\lambda_d = [4.55 \times 10^{-20}\text{cm}^3/\text{s}]n_p$$
$$= 27.4\text{s}^{-1}\left(\frac{R}{10^{-9}R_0}\right)^{-3}\left(\frac{\rho_{N0}}{10^{-30}\text{g/cm}^3}\right)X_p \tag{15.7.33}$$

这比膨胀速率 $1/t$ [见式 (15.7.18)] 快得很多, 以致氘会以平衡丰度 (15.7.28) 出现:

$$X_d = \frac{3}{\sqrt{2}}X_p X_n \varepsilon \exp\left(\frac{B_d}{kT}\right) \tag{15.7.34}$$

但是, 除非这个平衡的氘丰度高得足以允许以适当速率进行 $d-d, d-p$, 或 $d-n$ 反应, 就不能形成显著数量的 ^{3}H, ^{3}He, ^{4}He 或更重的核. 按表 15.6, 当 T 大于约 0.8×10^9K 时, 平衡氘丰度 (15.7.34) 很小. 因此, 氘的低结合能起着一种 "阻碍" 作用, 它延迟着复杂核的形成, 直到 T 降到约 0.8×10^9K (在重子数密度较高的模型中则稍早一点).

一旦开始核合成, 它就进行得很快, 因为按表 15.6, 任何小于 1.2×10^9K 的温度都低得足以允许比氘更重的核有高的平衡浓度. 但是, 事实上不可能产生显著数量的比氦重的元素, 这是因为正如前面提到的, $A=5$ 或 $A=8$ 的稳定核的不存在阻碍着通过 $n-\alpha, p-\alpha, \alpha-\alpha$ 碰撞进行的核合成, 而在反应 ^{4}He$+^3$H$\to$ ^{7}Li$+\gamma$ 和 ^{4}He$+^3$He$\to$ ^{7}Be$+\gamma$ 中的 Coulomb 势垒使它们不能有效地同 $p+^3$H $\to$ ^{4}He$+\gamma$ 或 $n+^3$He $\to$ ^{4}He$+\gamma$ 相对抗. 因此, 核反应 (15.7.32) 的效果是很快地把所有可用的中子都结合到 ^{4}He 核中去, 在所有 $A<5$ 的核中这种核的结合能是最高的.

只有对许多速率方程作数值积分, 才能详细了解这些核合成过程. Peebles[93] 已对反应 (15.7.32) 做了这种工作, 而 Wagoner, Fowler 和 Hoyle[110] 除反应 (15.7.32) 外还加上辐射过程

$$p + d \leftrightarrow {}^3\text{He} + \gamma \quad n + d \leftrightarrow {}^3\text{H} + \gamma$$
$$p + {}^3\text{H} \leftrightarrow {}^4\text{He} + \gamma \quad n + {}^3\text{He} \leftrightarrow {}^4\text{He} + \gamma$$
$$d + d \leftrightarrow {}^4\text{He} + \gamma \tag{15.7.35}$$

[554] 并加上许多逐渐形成 (概率极小) 像 ^{24}Mg 这样重的核的其它过程. 幸好这些复杂性都与我们了解氦丰度的基本问题无关. 所有强相互作用和电磁相互作用过程, 例如反应 (15.7.32) 和 (15.7.35), 都使质子和中子的总数不变. 核合成对于中子 – 质子比的唯一效应是: 它通过 "关掉" 自由中子衰变, 使这个比值冻结在刚刚开始核合成前的水平. 在核合成开始以前, 中子同全部核子的比率简单地等于式 (15.7.23) 中的 X_n. 核合成完毕以后, 我们实质上只留下自由质子和 ^{4}He 核, 所以中子在全部核子中的比例等于束缚在氦中的核子在全部核子中比例的一半, 或者说是按重量计的氦丰度的一半. 因此, 宇宙学起源的氦丰度按重量计就是

$$Y \equiv X_{^4\text{He}} (\text{核合成以后}) = 2X_n (\text{刚好在核合成以前}) \tag{15.7.36}$$

按 Peebles 的详细计算, 若 $\rho_{N0} = 7 \times 10^{-31}$g/cm^3, 核合成突然开始于温度 0.9×10^9K, 若 $\rho_{N0} = 1.8 \times 10^{-29}$g/cm^3, 则开始于 1.1×10^9K, 这正好和我们由定性考虑所预期的情况差不多. 我们可以用式 (15.7.36) 从 (15.7.23) 或表 15.5 查出: 对于现在密度的这两个数值, 按重量计的氦丰度分别是

[555]

表 15.7 对应于现密度 ρ_{N0} 不同值的各种核素的宇宙学起源丰度[a] (按质量计)

	$\rho_{N0}/(\mathrm{g/cm^3})$							
	10^{-31}	3.1×10^{-31}	10^{-30}	3.1×10^{-30}	10^{-29}	3.1×10^{-29}	10^{-28}	3.1×10^{-28}
^{1}H	0.763	0.748	0.737	0.728	0.719	0.709	0.701	0.691
^{2}H	6.2×10^{-4}	8.9×10^{-5}	2.3×10^{-5}	2.7×10^{-7}	2.5×10^{-12}	$< 10^{-12}$	$< 10^{-12}$	$< 10^{-12}$
^{3}He	6.3×10^{-5}	3.8×10^{-5}	2.1×10^{-5}	9.9×10^{-6}	5.6×10^{-6}	4.4×10^{-6}	3.5×10^{-6}	2.4×10^{-6}
^{4}He	0.236	0.252	0.263	0.272	0.281	0.291	0.299	0.309
^{7}Li	5.2×10^{-10}	2.1×10^{-10}	4.4×10^{-9}	2.1×10^{-8}	4.3×10^{-8}	1.1×10^{-7}	2.9×10^{-7}	6.8×10^{-7}
其它	$< 10^{-12}$	$< 10^{-12}$	$< 10^{-12}$	$< 10^{-12}$	$< 10^{-12}$	6×10^{-12}	1.0×10^{-10}	1.9×10^{-9}

a. 现在的黑体辐射温度假定为 3K

这些数值取自 R. V. Wagoner, W. A. Fowler, and F. Hoyle, Astrophys. J., **148**, 3 (1967) 中的表 3A 及 3B.

26.2% 或 28.6%. (在这两种情况下, Peebles[93] 实际给出 25.8% 和 28.2%. 这个小的偏差只是由核合成的短暂期间里衰变的少数自由中子所造成的.) 可以有把握地说, 在这里考虑的这种宇宙模型中, 对于现在密度的任何合理数值, 宇宙学起源的氦丰度按重量计约为 27%. 氦丰度对于重子数密度如此不敏感的原因在于: 在核合成以前的中子 – 质子比率决定于核子与大量轻子的相互作用, 而不是决定于它们彼此之间的相互作用, 而核合成的开始实质上决定于温度而不是核子密度.

Wagoner, Fowler 和 Hoyle[110] 不仅对氢和氦的同位素而且对 ^{7}Li 和更重元素计算了宇宙学起源的丰度. 他们的结果列于表 15.7. 注意除 ^{1}H 和 ^{4}He 以外所有核的丰度都极小, 所以这些核在恒星中的产生或消失能够对它们观测到的 "宇宙" 丰度有重大影响. 由于这个原因, 能用来检验早期宇宙模型的, 主要是 ^{4}He 的宇宙丰度. (但是, Geiss 和 Reeves[110a] 争辩说太阳系中观测到的 ^{2}H 和 ^{3}He 确实是在早期宇宙中产生的. 如果这是正确的话, 则宇宙密度必须相当低, 其现在值应为 3×10^{-31}g/cm^3 的量级, 以使 ^{2}H 和 ^{3}He 合成 ^{4}He 的核反应不能进行到底.)

[556]　　　　可以用许多不同的方法来测量宇宙中不同部分的氦丰度:

(A) 恒星的质量和光度. 只要我们知道了一颗恒星的质量 M 和初始化学成分, 原则上 (而且甚至在实际上) 就可以用恒星结构和演化理论[111] 计算出它的光度 L 作为时间的函数. 化学成分通常用三个数字 X, Y 和 Z 表示, 分别定义为 ^{1}H, ^{4}He 和所有其它物质按质量的比例, 并且

$$X + Y + Z = 1$$

(重元素丰度 Z 虽然通常很小, 但它对于任何处于辐射平衡中的恒星 —— 例如太阳 —— 是一个重要的参量, 因为它决定着恒星在一定密度和温度下的不透明度. 氦丰度 Y 是重要的, 因为它制约着理想气体定律中出现的平均分子量.) 如果我们能推测一给定恒星的 Z 和年龄, 那么把理论同 M 和 L 的测量值比较就可以算出 Y.

研究得最清楚的恒星自然是太阳. 它的质量和光度定得很准, 人们认为它的年龄同地球接近, 即约 4.5×10^9 年. 从氢和重元素的吸收线已估计出[112], 在太阳光球中 Z/X 均为 0.026 到 0.027, 可是更新的研究[113] 给出 $Z/X \simeq 0.019$. (可惜氦线太弱, 不能用此法在太阳中测出 Y/X.) 太阳演化计算通常是对 0.01 到 0.04 范围内的 Z 值而进行的, 在发现宇宙微波辐射的时候, 取 $Z = 0.02$ 用最好的太阳模型[114] 得到初始氦丰度 $Y = 0.27$ (若取 $Z = 0.04$ 则有 $Y = 0.32$), 所以, 由 $T_{\gamma 0} \simeq 3$K 得出原始氦丰度 $Y \simeq 0.27$ 被看作是 "大爆炸" 宇宙论的一个伟大的胜利.

可惜这种乐观局面只延续到中微子天文学的出现为止. 用来计算 Y 的同样太阳模型也能用来预言来自太阳内部各种核反应的中微子流. 太阳从质子 – 质子循环中由氢到氦的聚变获得能量, 开始是如下反应

$$^1\text{H} + \,^1\text{H} \to \,^2\text{H} + e^+ + \nu \quad (\overline{E}_\nu = 0.263\text{MeV})$$
$$^1\text{H} + \,^1\text{H} + e^- \to \,^2\text{H} + \nu \quad (E_\nu = 1.4\text{MeV})$$
$$^2\text{H} + \,^1\text{H} \to \,^3\text{He} + \gamma$$

然后, 这个循环可以中止于 "PP I" 分支

$$^3\text{He} + \,^3\text{He} \to \,^4\text{He} + 2\,^1\text{H}$$

也可以由反应

$$^3\text{He} + \,^4\text{He} \to \,^7\text{Be} + \gamma$$

产生 ^{7}Be. 在后一种情况下, 通过 "PP II" 分支 [557]

$$^7\text{Be} + e^- \to \,^7\text{Li} + \nu \quad (\overline{E}_\nu = 0.80\text{MeV})$$
$$^7\text{Li} + \,^1\text{H} \to \,^4\text{He} + \,^4\text{He}$$

或者 "PP III" 分支

$$^7\text{Be} + \,^1\text{H} \to \,^8\text{B} + \gamma$$
$$^8\text{B} \to \,^8\text{Be} + e^+ + \nu \quad (\overline{E}_\nu = 7.2\text{MeV})$$
$$^8\text{Be} \to 2\,^4\text{He}$$

可使一个 ^{7}Be 核和一个质子转化为两个 ^{4}He 核. (平均中微子能量列于括号内.) Pontecorvo[115] 和 Alvarez[116] 提出, 通过吸热反应

$$\nu + \,^{37}\text{Cl} \to e^- + \,^{37}\text{Ar} \tag{15.7.37}$$

可以在 ^{37}Cl 中探测到中微子. ^{37}Ar 以 35 天的适宜半衰期通过电子俘获而衰变, 所以能够由它在化学分离以后的放射性探测出来. 如 Bahcall[117] 所指出的, 由 ^{8}B 的 β 衰变产生的高能中微子在反应 (15.7.37) 中特别有效, 这是因为它们能够诱发达到 ^{37}Ar 激发态的超容许跃迁. 因此, 虽然 PP III 分支比 PP II 分支次要得多, 但可以预期, ^{37}Cl 中约 90% 的中微子吸收事例应归因于 ^{8}B 中微子, 只有约 10% 是来自 ^{7}Be 中微子. Bahcall[117] 用 $Y = 0.27$ 的现存太阳模型[114] 算出地球上的中微子俘获率是每个 ^{37}Cl 原子 $(4 \pm 2) \times 10^{-35}$/s, 而 Davis[118] 在南 Dakota 州 Lead 地方的 Homestake 金

矿中用了十万加仑的过氯乙烯 (C_2Cl_4) [一种普通的洗涤液]来测量这个俘获率. 1968 年 Davis 等人[119] 宣布他们没有探测到任何太阳中微子, 并可以对每个 ^{37}Cl 原子的吸收率建立一个 $0.3 \times 10^{-35}s^{-1}$ 的上限, 这约比原来预期的要小一个数量级! 在直接探测太阳内部的这个最初实验中, 理论和观测之间的这一偏离已经动摇了人们对已接受的太阳模型以及从它们得出的太阳初始氦丰度值的普遍信任. 不用说, 已有大量工作致力于用改进的不透明度值和各种核反应率来重新计算预期的中微子流. 在和 Davis 等人[119] 的信件同期发表的姊妹论文中, Bahcall 等[120] 取 $Z = 0.015$ 估计吸收率为每个 ^{37}Cl 原子 $(0.75 \pm 0.3) \times 10^{-35}s^{-1}$, 仍然比观测上限大了两倍, 用 Berkeley 恒星结构数据算出稍大的吸收率[121]. Iben[122] 指出过, Y 和中微子吸收率都是 Z 的增函数, 由 $Z = 0$ 和 $Y \simeq 0.17$ 得到的可能最小的吸收率正好约等于 Davis 等人的上限. Bahcall 和 Uhlrich[122a] 最近算出的计数率是每个 ^{37}Cl 原子 $(0.9 \pm 0.5) \times 10^{-35}s^{-1}$.

[558]

同时, Davis 小组继续他们的观测, 最近发表的计数率是[122b] 每个 ^{37}Cl 原子 $(0.15 \pm 0.1) \times 10^{-35}s^{-1}$, 约比预期的小 6 倍. 考虑到这个偏离, 目前必须认为太阳初始氦丰度的问题尚未解决.

对于一些邻近的正好又属于双星系统的星族 I 的恒星, 质量和光度都是知道的. 把这些 M 和 L 的值同依赖于 Y 的理论上的 $M - L$ 关系对比, 可得出这些恒星的 Y 值[123] 一般是从 0.25 到 0.35. 对星族 II 的恒星进行这种分析将是很有趣的, 这是因为它们代表着更早的恒星世代, 也是因为 Davis 的中微子实验已经动摇了我们对星族 I 恒星理论的信念. 可惜太阳附近的星族 II 恒星很少, 其中有一个 (仙后座 μ 星的 A 子星) 属于双星系统, 该双星的间距最近已用巧妙方法测出[124], 对于任何 Y 值, 得到的质量数值及 L 和 Z/X 的观测值都同理论不符[125], 但与 $Y \lesssim 0.05$ 的低氦丰度拟合得最好. 然而, 这种质量测定的可靠性自那时以来就有疑义[125a].

(B) 直接的太阳测量. 估计目前太阳氦丰度的方法中, 有许多并不基于太阳结构和演化的任何具体理论. 太阳宇宙线中比值 Y/Z 的测量[126] 和上述太阳光球中 Z/X 的分光测定表示氦丰度[127] 为 $Y \simeq 0.20$ 到 0.26. 在宁静太阳时期, 太阳风里的 $^4He/H$ 比值要求 Y 的数值[128] 约等于 0.15, 但是在磁暴[129]时太阳风的氦含量大约要加一倍, 可惜太阳表面的温度低得不能进行 Y 的分光测定, 但从日珥[130] 的观测可得数值 $Y \simeq 0.38$.

(C) 球状星团; 理论. 如 15.3 节已经提到的, 把球状星团的 H–R 图中不同部分的恒星数目同理论比较, 可以得出这些星团的年龄和初始氦丰度这两个结果. Iben[131] 推出 Y 值为 0.24 到 0.33, 对应于年龄 18×10^9 年

到 9×10^9 年. 把 Christy[132] 的恒星脉动理论同球状星团 M3, M15, M92 的 H–R 图中变星的位置作比较, 得出这些星团的 $Y \simeq 0.26$ 到 0.32 (见 [133]). 应当给这些研究以特别的权重, 因为球状星团被认为是从原始氢和氦的气体中凝聚出来的最初天体.

(D) 恒星光谱. 在两个星族的大量热星的光球内可看见氦线. 一般说来氦丰度显得较高, Y/X 的量级为 0.4, 有些星看来氦特别丰富, 有几类老星的氦线显得非常弱, 如球状星团[134] 的 H–R 图中水平支上的蓝色星族 II 恒星就是这样. 有一颗特殊的恒星 (半人马座 3A) 氦丰度很低, 这些氦的绝大部分是同位素 ^{3}He! 行星状星云[135] 和新星[123] 一般都呈现出非常丰富的氦. [559]

(E) 星际物质的光谱分析. 由来自银河系 HII 区的光学频率的发射线得出氦 – 氢原子数比率[123] 一致为 0.10—0.14, 相应的按重量计的氦丰度为 $Y \simeq 0.27$—0.36. 也可以观测电离氦在射电频率[136] 的复合; 在 $n+1 \to n$ 跃迁中发出的辐射的波长当 $n \gg 1$ 时正比于 n^3, 所以, $n \simeq 100$ 的跃迁具有厘米量级的波长. 从星际物质的射电观测得出的氦 – 氢原子数比[123] 为 0.06 到 0.16, 相应于 $Y \simeq 0.14$ 到 $Y \simeq 0.40$.

(F) 河外测量. 在本星系群以内和以外的星系的 HII 区中观测到的[123] 氦发射线, 表明氦丰度与银河系 HII 区的相近. 另一方面, 类星射电源呈现出非常弱的氦线[123].

显然有不少证据表明按质量计的宇宙氦丰度与预期值 27% 差异不太大. 可惜也有许多迹象表明氦丰度小得多. 阐明这个问题对于宇宙学有极大的重要性, 因为宇宙学起源的氦 (连同 2.7 K 背景辐射) 也许是能够作为宇宙早期历史线索的原始火球的仅有遗迹.

为了不致对早期宇宙中元素合成的看法形成框框, 考虑物理或天体物理理论中能够影响氦产生的可能的修正, 是有益处的:

(A) 冷模型. 如果证明观测到的微波背景并不是早期宇宙遗留下来的黑体辐射, 我们就不得不面临着这样一种可能性, 即现在的真正黑体温度 $T_{\gamma 0}$ 大大低于 2.7 K. 在这种情况下, 处于任何给定过去温度的重子数密度可能比上面假设的数值大很多, 并由此而造成核反应速率以及早期宇宙中产生的复杂核丰度的增加. 实际上, 正是这类冷模型产生的高氦丰度导致 Gamow 及其合作者[51] 提出背景热辐射的存在.

(B) 快或慢模型. 许多机制可以增大或减小膨胀速率. 特别是, 如果宇宙包含其它的热分布无质量量子 (如引力子、Brans-Dicke 标量粒子或新类型的中微子), 则在一给定温度下的能量密度就会更大, 因此, 由式 (15.6.44) 可知, 达到该温度所需的时间会更短. 按每个自由中子计的氘核 [560]

产生率 (15.7.33) 通常比 $T = 10^9$K 时的膨胀速率大 10 倍至 10^3 倍 (相应的现在密度值为 10^{-31}g/cm^3 至 10^{-29}g/cm^3), 所以, 只要时间标度适当缩短, 仍然会有充分时间在 $T \simeq 10^9$K 发生核合成. 在这种情况下, 较快膨胀的唯一效应是缩减中子转化为质子所需的时间, 所以在 10^9K 时中子的比例会接近它的初始值 1/2, 并且会产生更多的氦. 但是, 若时间标度极短, 则在密度 (对形成 ^{3}He 和 ^{4}He 还有温度) 下降得太低之前, 会没有时间形成复杂核. Peebles[137] 的详细计算表明: 若 $T_{\gamma 0} = 3$K, 现在的密度为 7×10^{-31}g/cm^3 到 1.8×10^{-29}g/cm^3, ^{4}He 的丰度随着时间标度的缩短而增加, 直到时间标度缩短 10^{-1} 至 10^{-2} 倍时达到极大值 60% 至 80% (按重量计), 然后再减小. 氘核丰度随着时间标度的缩短不断增加, 直到时间标度缩短 3×10^{-3} 至 3×10^{-4} 倍时达到极大值约为 9% (按重量), 然后再减小. 另一方面, 如果膨胀时间标度由某种原因而变长, 则唯一的效应是: 在核合成发生之前, 有更多中子会衰变成质子, 因此会产生较少的氦.

(C) 中微子 – 电子相互作用. 在上一节中, 假设 $e^+ - e^-$ 湮灭开始以前, 电子型中微子和 μ 介子型中微子与 $e^+ - e^- - \gamma$ 等离子体脱离了热接触, 从而得出了早期宇宙的热历史. 如果中微子 – 电子散射是由具有与核 β 衰变或 μ 介子衰变中相同强度的通常 Fermi 弱作用产生的, 则上面这个假设成立. 但是, 中微子 – 电子相互作用尚未在实验上测量出来, 它可能比预期的稍强一些[138]. 在这种情况下, ν_e 和 $\bar{\nu}_e$ (可能还有 ν_μ 和 $\bar{\nu}_\mu$) 能够与 $e^+ - e^- - \gamma$ 等离子体保持热平衡一直到几乎全部 $e^+ - e^-$ 对湮灭时. 在任何给定的温度下, 这个效应都是使能量密度增加, 同时也使速率 $\lambda(n \to p)$ 和 $\lambda(p \to n)$ 中 T_ν 和 T 的差别消失. 详细计算[139] 表明: 如果一直到氦合成为止电子型中微子都保持在热平衡中, 则宇宙学起源的氦丰度将大约为 29% 而不是 27%.

(D) 中微子或反中微子简并. 考虑 ν_e 或 $\bar{\nu}_e$ 简并对氦丰度的影响也是有趣的. 一个效应是密度增加使膨胀变快. 此外, 中微子与反中微子之间的不平衡会影响质子和中子的相对丰度. 热平衡时中子和质子化学势之间的差异由式 (15.6.4) 决定:

$$\mu_n - \mu_p = \mu_{e^-} - \mu_{\nu_e}$$

我们在上一节看到, 在我们感兴趣的阶段, 要求忽略 μ_{e^-} 以保持电中性, 而 μ_{ν_e}/kT 是一个常数 $\nu(|\nu| \lesssim 45)$: [561]

$$\mu_{e^-} \simeq 0 \quad \mu_{\nu_e} \simeq \nu kT$$

于是由 (15.7.19) 得出平衡的中子百分比为

$$X_n \equiv \frac{n_n}{n_p + n_n} = \left[1 + \exp\left(\nu + \frac{Q}{kT} \right) \right]^{-1}$$

式中 $Q \equiv m_n - m_p$. 这样一来, 若 ν 是大的正数, 则中子百分比一开始就很小, 并保持很小的值, 所以很少有核合成发生. 若 ν 是一个适中的负值, 例如 $\nu \approx -1$, 则初始中子百分比会相当高, 所以, 某些中子转化为质子以后, 在核合成开始时的中子百分比可以接近最佳值 50%, 而实质上所有宇宙物质都可转化为氦. 若 ν 是大的负值, 则初始中子丰度极高, 并且直到某些中子能够衰变成质子以前, 都不可能发生核合成, 而在这些中子转化为质子的时候, 核子密度又会低得不容许合成很多复杂核. Wagoner, Fowler 和 Hoyle[140] 考虑到中微子或反中微子简并对速率 (15.7.2)—(15.7.7) 的影响, 详细计算了 ^{2}H, ^{3}He, ^{4}He 和 ^{7}Li 的丰度作为 ν 的函数. 这些计算表明: 如果 "失踪的质量" 是由 $|\nu| \simeq 30$ 的简并中微子或反中微子构成, 则宇宙学起源的氦丰度 (按重量) 会显著地低于 1%. 另一方面, 如果宇宙的轻子数密度 N_E 与重子数密度 N_B 同数量级, 则 (15.6.52) 表明 $|\nu|$ 的量级为 $1/\sigma$, 即约为 10^{-9}. [见式 (15.5.15).] 在这种情况下, 中微子或反中微子稍稍过剩对于氦合成没有显著的影响.

一个最后的警告: 即便肯定了宇宙氦丰度很高, 也不一定能得出这些氦是在早期宇宙中形成的结论. Geoffrey Burbidge[141] 特别强调如下的可能性, 即氦可能是在银河系历史中的一个较早、较亮的时期 —— 也许是在大质量的河内天体中合成的. 本章讨论的大部分计算也可应用于大质量恒量[142] 坍缩中的核合成.

15.8 星系形成

我们在前两节中考虑了目前宇宙的两种成分 —— 氦和微波背景, 它们可能是宇宙历史的早期阶段的遗迹. 仰望夜空, 我们看到另外一种可能的遗迹 —— 由恒星聚集成的星团、星系和星系团. 很自然的是把这 [562] 种聚集解释为作用在原始均匀弥漫物质上的引力效应, 就像最初 Newton 在写给 Dr. Richard Bentley 的著名信件[143] 中所提出的那样. 可惜, 我们仍然连一个关于星系形成的试探性 (哪怕在完善和合理方面多少近于我们关于宇宙氦丰度或微波背景起源理论那样的) 定量理论也没有.

20 世纪初, J. Jeans 提出了星系形成的第一个重要理论[144]. Jeans 假设宇宙充满一种非相对论性流体, 质量密度为 ρ, 压强为 p, 速度为 $\boldsymbol{v}$, 引力场为 $\boldsymbol{g}$, 满足连续性方程

$$\frac{\partial \rho}{\partial t} + \nabla \cdot (\rho \boldsymbol{v}) = 0 \tag{15.8.1}$$

Euler 方程

$$\frac{\partial \boldsymbol{v}}{\partial t} + (\boldsymbol{v} \cdot \nabla)\boldsymbol{v} = -\frac{1}{\rho}\nabla p + \boldsymbol{g} \tag{15.8.2}$$

以及引力场方程

$$\nabla \times \boldsymbol{g} = 0 \tag{15.8.3}$$

$$\nabla \cdot \boldsymbol{g} = -4\pi G \rho \tag{15.8.4}$$

在未受扰动的 "解" 中忽略掉引力效应, 对于静态均匀流体取

$$\rho = 恒量 \quad p = 恒量 \quad \boldsymbol{v} = 0$$

若我们加上微扰 $\rho_1, p_1, \boldsymbol{v}_1, \boldsymbol{g}_1$, 则准确到一阶量时, 方程 (15.8.1)—(15.8.4) 变为

$$\frac{\partial \rho_1}{\partial t} + \rho \nabla \cdot \boldsymbol{v}_1 = 0$$

$$\frac{\partial \boldsymbol{v}_1}{\partial t} = -\frac{v_s{}^2}{\rho}\nabla \rho_1 + \boldsymbol{g}_1$$

$$\nabla \times \boldsymbol{g}_1 = 0$$

$$\nabla \cdot \boldsymbol{g}_1 = -4\pi G \rho_1$$

式中 v_s 为声速,

$$v_s{}^2 = \frac{p_1}{\rho_1} = \left(\frac{\partial p}{\partial \rho}\right)_{绝热}$$

[563]　现在把所有不带下标 "1" 的量都理解为属于未受扰的 "解". 把这些方程联立起来, 得到 ρ_1 的微分方程为

$$\frac{\partial^2 \rho_1}{\partial t^2} = v_s{}^2 \nabla^2 \rho_1 + 4\pi G \rho \rho_1$$

解的形式为

$$\rho_1 \propto \exp\{i\boldsymbol{k} \cdot \boldsymbol{x} - i\omega t\} \tag{15.8.5}$$

其中 ω 和 $\boldsymbol{k}$ 满足下列 "色散关系":

$$\omega^2 = \boldsymbol{k}^2 v_s{}^2 - 4\pi G \rho \tag{15.8.6}$$

这一结果与等离子体内纵静电振荡的色散关系[49]

$$\omega^2 = \boldsymbol{k}^2 v_s{}^2 + \frac{4\pi n_e e^2}{m_e} \tag{15.8.7}$$

非常相似, 式中 e, m_e 和 n_e 是电子的 (未有理化的) 电荷、质量和数密度. (15.8.6) 和 (15.8.7) 之间的差别在于: 在 (15.8.6) 中, n_e 换成了粒子数密度 $\rho/m, m_e$ 换成了 m, e^2 换成了 Newton "耦合常数" Gm^2, 而插进一个负号是考虑到引力的吸引性质. 由于 (15.8.6) 中的负号, "静重力" 波呈现一种等离子体波所没有的不稳定性: 如果波数小于临界值

$$k_J = \left(\frac{4\pi G\rho}{v_s} \right)^{1/2} \tag{15.8.8}$$

则 ω 是虚数, 故 ρ_1 可以指数增长 (或衰减), 并具有如下 e^- 倍率:

$$\text{Im}\,\omega = v_s (k_J{}^2 - \boldsymbol{k}^2)^{1/2} \quad \text{当} \ \boldsymbol{k}^2 < k_J{}^2 \tag{15.8.9}$$

可惜 Jeans 理论不能应用于膨胀宇宙中的星系形成, 因为 Jeans 假定介质处于静态, 而在我们感兴趣的所有情况下, 由 (15.1.20) 得到宇宙膨胀速率为

$$\frac{\dot{R}}{R} \simeq \left(\frac{8\pi G\rho}{3} \right)^{1/2} = \left(\frac{2}{3} \right)^{1/2} k_J v_s \tag{15.8.10}$$

这与增长率 (15.8.9) 的极大值数量级相同. 1946 年 Lifshitz[145] 提出了关于膨胀宇宙中不稳定性的第一个满意理论. 他证明了波数低于 k_J 的扰动不是按指数而是按 t 或 $R(t)$ 的幂律增长. 下面将详细推导和讨论这个结果, 同时用到 Bonner[146] 于 1957 年提出的非相对论性方法 (第 15.9 节) 和 Lifshitz 相对论性理论的一种简单情况 (第 15.10 节).

虽然我们目前还不能确定扰动实际增长的速率, 但要决定哪些扰动能够增长, 哪些扰动不能增长则是相当容易的. 当波数充分大时, Jeans 理论描述的波变为普通声波, 且有 [564]

$$\omega^2 = \boldsymbol{k}^2 v_s^2 \tag{15.8.11}$$

这个简单色散关系成立的条件是什么呢? 如果一个半径为 $|\boldsymbol{k}|^{-1}$ 的球的引力能远远小于其热能:

$$\frac{G(\rho|\boldsymbol{k}|^{-3})^2}{|\boldsymbol{k}|^{-1}} \ll \rho v_s^2 |\boldsymbol{k}|^{-3}$$

则引力可以忽略不计. 同样, 如果膨胀速率远远小于频率

$$\sqrt{G\rho} \ll |\omega|$$

则宇宙膨胀的效应可以忽略. 如同在 Jeans 理论中那样, 只要波数满足条件

$$|\boldsymbol{k}| \gg k_J$$

则这两个条件都被关系 (15.8.11) 所满足. 这样一来, 即使考虑到宇宙膨胀, 我们亦可预期存在一个量级为 k_J 的临界波数, 在这个临界波数以上的扰动不能增长, 而只是像声波那样振动.

因为宇宙膨胀使得 $\boldsymbol{k}$ 像 $1/R$ 那样减小, 所以用一个恒量来表征扰动是方便的, 这就是半径为 $2\pi/|\boldsymbol{k}|$ 的球内的静质量:

$$M = \frac{4\pi n m_H}{3} \left(\frac{2\pi}{|\boldsymbol{k}|}\right)^3 \tag{15.8.12}$$

式中 n 是氢原子数密度. 按上面的分析, 增长扰动的波数必须小于 k_J, 从而其质量 M 必须大于 Jeans 质量

$$M_J \equiv \frac{4\pi n m_H}{3} \left(\frac{2\pi}{k_J}\right)^3 = \frac{4\pi n m_H}{3} \left(\frac{\pi v_s^2}{G[\rho+p]}\right)^{3/2} \tag{15.8.13}$$

(可以证明这里用 $\rho+p$ 代替 ρ 是方便的; 之所以能这样做是因为 M_J 只用于数量级的论证, 而 p 从不大于 $\rho/3$.) 我们可以追溯由宇宙膨胀引起的 M_J 的变化来了解原始星系涨落的历史 (见图 15.6).

[565]　　从 $e^+ - e^-$ 湮灭的时刻起 ($T \simeq 10^{10}$K) 直到氢复合的时刻止 ($T \simeq 4000$K), 一个很好的近似是把宇宙的成分看成非相对论性电离氢加上黑体电磁辐射, 两者在温度 T 处于热平衡. 又由于光子熵 σk 非常大, 我们可略去物质的压强、热能和熵. 所以, 总能量密度、压强和比熵 (除去退耦的中微子以外) 是

$$\rho = n m_H + aT^4 \tag{15.8.14}$$

$$p = \frac{1}{3} aT^4 \tag{15.8.15}$$

$$\sigma = \frac{4aT^3}{3nk} \tag{15.8.16}$$

[566]　　在绝热扰动中 σ 是常数, 故 n 按 T^3 变化, 所以

$$\delta\rho = [3n m_H + 4aT^4]\frac{\delta T}{T}$$

$$\delta p = \left[\frac{4}{3}aT^4\right]\frac{\delta T}{T}$$

因此, 声速为

$$v_s^2 = \left(\frac{\delta p}{\delta \rho}\right)_{绝热} = \frac{1}{3}\left(\frac{kT\sigma}{m_H + kT\sigma}\right) \tag{15.8.17}$$

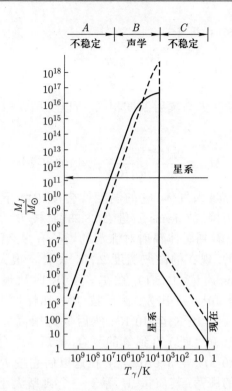

图 15.6 作为辐射温度的函数的 Jeans 质量. 实线相当于 $\sigma = 0.8 \times 10^8$, 对应 $T_{\gamma 0} = 2.7$ K, $\rho_0 = 3 \times 10^{-29}\text{g/cm}^3$. 虚线相当于 $\sigma = 2.4 \times 10^9$, 对应 $T_{\gamma 0} = 2.7$K, $\rho_0 = 10^{-30}\text{g/cm}^3$. 复合时 Jeans 质量的下降比这里表示的要平缓一些.

而 Jeans 质量 (15.8.13) 等于

$$M_J = \frac{2\pi^{5/2}k^2\sigma^2}{9a^{1/2}m_H{}^2 G^{3/2}(1 + \sigma kT/m_H)^3} \tag{15.8.18}$$

或者以太阳质量表示为

$$M_J = 9.06 M_\odot \sigma^2 \left(1 + \frac{\sigma kT}{m_H}\right)^{-3} \tag{15.8.19}$$

一旦氢在 $T_R \simeq 4000$ K 时复合, 则辐射压失效, 而物态方程变为 $\gamma = 5/3$ 的单原子理想气体的物态方程:

$$\rho = nm_H + \frac{3}{2}nkT \tag{15.8.20}$$

$$p = nkT \tag{15.8.21}$$

这里声速是熟知的值

$$v_s^2 = \frac{5}{3}\frac{kT}{m_H} \tag{15.8.22}$$

而 Jeans 质量 (15.8.13) 等于

$$M_J = 4 \left(\frac{\pi}{3}\right)^{5/2} \left(\frac{5kT}{G}\right)^{3/2} n^{-1/2} m_H^{-2} \tag{15.8.23}$$

刚复合后的物质温度 T 与辐射温度相同, 所以可用 n 和光子比熵 (15.8.16) 来表示 T; 由此得

$$M_J = \frac{2\pi^{5/2} 5^{3/2} k^2 \sigma^{1/2}}{9 a^{1/2} m_H^2 G^{3/2}} = 102 M_\odot \sigma^{1/2} \tag{15.8.24}$$

只要没有另外的热进入气体, 它的温度就会按 R^{-2} 下降[见式 (15.5.16)], 又因为 n 按 R^{-3} 下降, 故 Jeans 质量 (15.8.23) 将按 $R^{-3/2}$ 减小.

[567]　　　我们现在可以看到黑体辐射对涨落的增长有多么深刻的影响了[147]. 如 15.5 节所强调的, 现在的微波温度 2.7 K 表明 σ 很大, 其数量级为 10^8 至 10^9. 因此, Jeans 质量 (15.8.19) 在 $T = 10^9$K 时从很低的值 $10^{13} M_\odot/\sigma$ (量级为 $10^5 M_\odot$ 至 $10^4 M_\odot$) 出发, 然后按 T^{-3} 那样增大, 一直到 T 达到温度 $m_H/k\sigma$ (量级为 10^5K 至 10^4K); 然后保持很高数值的水平 $9\sigma^2 M_\odot$ (量级为 $10^{17} M_\odot$ 至 $10^{19} M_\odot$) 直到氢的复合, 此后 M_J 急剧地下降到数值 (15.8.24) (量级为 $10^6 M_\odot$ 至 $3 \times 10^6 M_\odot$), 在这以后它按 $R^{-3/2}$ 继续下降. 如果注意一个特殊的涨落, 其质量 M 等于一个典型大小的目前星系的质量 $M_G \simeq 10^{11} M_\odot$, 则我们可以把它的增长分为三个不同的阶段:

(A) 在温度下降到如下数值以前

$$T_A = \left(\frac{9 M_\odot}{\sigma M_G}\right)^{1/3} \frac{m_H}{k} \simeq 10^7 \text{K} \tag{15.8.25}$$

Jeans 质量 (15.8.19) 都小于星系质量. 在这个时期中, 涨落的幅度有机会在它的自引力影响下增长. 因为在这个早期阶段中总能量密度的辐射为主, 所以这是一个相对论性问题, 因而增长速率必须用广义相对论的方法计算. 15.10 节表明, 增长最快的简正模式的密度反差 $\delta\rho/\rho$ 按 t 那样增长.

(B) 从 T 降到数值 (15.8.25) 以下的时刻直到在 $T \simeq 4000$ K 氢的复合, Jeans 质量将大于星系质量, 所以原始星系扰动的行为类似于通常声波的波包. 在这个阶段中不可能有显著的增长. 若现在的密度取得比较高, 例如约 3×10^{-29}g/cm^3, 则在复合之前有很长一段时期有 $\sigma kT < m_H$, 故总能量密度以氢的静质量为主, 从而原始星系的声波可用 Newton 力学来处理 (见 15.9 节). 若现在的密度取得比较低, 例如约 10^{-30}g/cm^3, 则实际上在整个阶段 B 中我们都有 $\sigma kT > m_H$, 所以需要作相对论性的处理 (见 15.10 节).

(C) 从复合时刻一直到现在, Jeans 质量都比星系质量小得多, 所以涨落振幅能够再度增加. 在这个阶段中, 总能量密度以氢的静质量为主, 所以这是一个非相对论性问题, 因而增长速率可用 Newton 方法计算. 15.9 节表明密度反差 $\delta\rho/\rho$ 粗略地按 $t^{2/3}$ 增长.

这个一般图景有一个令人失望之处: 到现在为止还没有找到任何线索来说明观测到的星系质量分布的原因. (刚刚复合之前的 Jeans 质量比任何星系的质量都大很多, 而刚刚复合之后的 Jeans 质量看来与球状星团[147a] 而不是与星系的质量有关.) 这样的线索最近在原始星系阻尼的计算中[148] 出现了. 在阶段 B 中当原始星系涨落实质上经历着声学振荡时将会产生阻尼, 只要某些粒子的平均自由时间长得不能维持完全的热平衡, 耗散作用将是重要的, 对于光子, 阶段 B 中的主要碰撞机制是受非相对论性电子散射, 这里的平均自由时间是

[568]

$$\tau_\gamma = \frac{1}{n\sigma_T} \tag{15.8.26}$$

式中 σ_T 是 Thomson 截面

$$\sigma_T \equiv \frac{8\pi e^4}{3m_e^2} = 0.6652 \times 10^{-24} \text{cm}^2$$

作为对比, 电子或质子的平均自由时间 (只考虑 Coulomb 碰撞) 约为

$$\tau_e \simeq \left[n \left(\frac{kT}{m_e}\right)^{1/2} \frac{e^4}{(kT)^2} \right]^{-1}$$

这比 τ_γ 约短 $(kT/m_e)^{3/2}$ 倍. 因此, 在阶段 B 中主要的耗散效应是由于物质和辐射之间缺乏完全的热平衡, 而不是由于物质本身中的任何耗散, 此外, 对于现在重子数密度的任何合理值, 实际上在整个阶段 B 内, 一个质量为 $10^{11}M_\odot$ 的涨落将具有比光子平均自由程 τ_γ 大得多的半径 $2\pi/|\boldsymbol{k}|$, 所以物质与辐射之间的相互作用可以作为 τ_γ 的一阶量处理. 在这一近似下, 由质子、电子和光子组成的介质的运动同非理想流体 (见 2.11 节) 一样, 其切向黏性系数、体积黏性系数和热传导系数为[149]

$$\eta = \frac{4}{15} aT^4 \tau_\gamma \tag{15.8.27}$$

$$\zeta = 4aT^4 \tau_\gamma \left[\frac{1}{3} - \left(\frac{\partial p}{\partial \rho}\right)_n \right]^2 \tag{15.8.28}$$

$$\chi = \frac{4}{3} aT^3 \tau_\gamma \tag{15.8.29}$$

一般说来, 非理想流体内的声波阻尼的速率是[149]

$$\Gamma = \frac{\boldsymbol{k}^2}{2(\rho+p)} \left\{ \zeta + \frac{4}{3}\eta + \chi\left(\frac{\partial\rho}{\partial T}\right)_n^{-1} \left[\rho + p - 2T\left(\frac{\partial p}{\partial T}\right)_n \right. \right.$$
$$\left. \left. + v_s^2 T\left(\frac{\partial\rho}{\partial T}\right)_n - \frac{n}{v_s^2}\left(\frac{\partial p}{\partial n}\right)_T \right] \right\} \tag{15.8.30}$$

[569] 把式 (15.8.14), (15.8.15) 和 (15.8.26)—(15.8.29) 代入 (15.8.30) 中, 得出这个阻尼速率为

$$\Gamma = \frac{\boldsymbol{k}^2 a T^4}{6 n \sigma_T \left[n m_H + \frac{4}{3} a T^4 \right]} \left\{ \frac{16}{15} + \frac{n^2 m_H{}^2}{a T^4 \left[n m_H + \frac{4}{3} a T^4 \right]} \right\} \tag{15.8.31}$$

括号中的两项分别表示切向黏性效应和热传导效应. [体积黏性 (15.8.28) 在此消失, 因为忽略物质压强和热能以后, $(\partial p/\partial\rho)_n$ 正是 1/3.] 因 $\boldsymbol{k}^2 \propto M^{-2/3}$, 原始星系声波的振幅将具有如下形式的阻尼因子

$$D \equiv \exp\left\{ -\int_{t_A}^{t_R} \Gamma \mathrm{d}t \right\} = \exp\left[-\left(\frac{M_c}{M}\right)^{2/3} \right] \tag{15.8.32}$$

式中 M_c 是某个临界质量 (下标 R 表示氢复合的时刻). 若现在的密度比较高, 则在复合之前有很长一段时期能量密度以氢的静质量为主, 所以

$$t \simeq (6\pi n m_H G)^{-1/2}$$
$$\Gamma \simeq \frac{\boldsymbol{k}^2}{6\sigma_T n} \propto t^{2/3}$$

式 (15.8.32) 中的临界质量是

$$M_c \simeq \frac{32\pi^4}{3} \left(\frac{m_H}{10\sigma_T}\right)^{3/2} (6\pi G)^{-3/4} (n_R m_H)^{-5/4} \tag{15.8.33}$$

例如, 若现在的质量密度为 $3\times10^{-29}\mathrm{g/cm^3}$, 临界质量就是 $5\times10^{12}M_\odot$. 若现在的质量密度比较低, 则在整个阶段 B 内的能量密度实际上以辐射 (包括中微子) 为主, 所以

$$t \simeq (15.5\pi a T^4 G)^{-1/2}$$
$$\Gamma \simeq \frac{2\boldsymbol{k}^2}{15\sigma_T n} \propto t^{1/2}$$

式 (15.8.32) 中的临界质量是

$$M_c \simeq \frac{32\pi^4}{3} \left(\frac{4m_H}{45\sigma_T}\right)^{3/2} (15.5\pi a T^4 G)^{-3/4} (n_R m_H)^{-1/2} \tag{15.8.34}$$

例如, 若现在质量密度为 10^{-30}g/cm^3, 临界质量就是 $2 \times 10^{14} M_\odot$. 如果式 (15.8.32) 中的指数 $(M_c/M)^{2/3}$ 约大于 10, 则涨落也许不能避免在阶段 B 中被阻尼的命运, 所以我们可以作出结论: 在复合时刻留存的涨落的最小质量在 $1.6 \times 10^{11} M_\odot$ 和 $6 \times 10^{12} M_\odot$ 之间, 正好约为一个大星系的质量.

至此, 我们已经知道, 质量约在 $10^{11} M_\odot$ 和 $10^{17} M_\odot$ 之间的任何小涨落会在阶段 A 中增长, 在阶段 B 中经受阻尼振荡, 但在阶段 C 中将存留下来并触发新的增长. 有人可能还要问, 为什么星系质量有一个量级为 $10^{12} M_\odot$ 到 $10^{13} M_\odot$ 的非常确定的上限, 而不是从 $10^{11} M_\odot$ 到大得多的值的光滑的质量分布. 一种可能的答案在于非线性效应的熟知性质[150] —— 能量从长波转移到可以避免耗散效应的最短波长. 遗憾的是湍流理论对星系增长问题的应用只不过刚刚开始[151].

星系起源理论不只是有理论上的意义, 因为复合时刻的密度的相对变化值 $(\delta n/n)_R$ 在不久的将来可能会观测到[152]. 对于近似绝热的涨落, 粒子数密度正比于温度的立方, 所以, 在复合开始时的温度涨落决定于

$$\left(\frac{\delta T_\gamma}{T_\gamma}\right)_R = \frac{1}{3}\left(\frac{\delta n}{n}\right)_R \tag{15.8.35}$$

如果在这个时刻以后宇宙继续保持光学稀薄, 则这些涨落会在微波背景里作为观测到的宇宙辐射温度随角度的涨落显示出来. (但要注意 Thomson 散射可以抹掉这种不均匀性[152a] 而并不影响分布函数的 Planck 形式; 见 15.4 节.) 根据式 (15.5.35)—(15.5.37) 和 (15.8.12), 质量为 M 的一个涨落会表现出具有角尺度

$$\theta/2 \simeq q_0 H_0 (1+z_R)\left(\frac{2\pi}{|\boldsymbol{k}|_R}\right) \simeq q_0 H_0 (1+z_R)\left(\frac{3M}{4\pi n_R m_H}\right)^{1/3}$$

或者, 由于 $n \propto R^{-3}$,

$$\theta/2 \simeq q_0 H_0 \left(\frac{3M}{4\pi n_0 m_H}\right)^{1/3} \tag{15.8.36}$$

例如, 若 $q_0 = \frac{1}{2}$, $H_0^{-1} = 13 \times 10^9$ 年, 以及现在的密度 $n_0 m_H = 1.1 \times 10^{-29} \text{g/cm}^3$, 则质量为 $10^{11} M_\odot$ 的一个新生星系的涨落所对应的角尺度 $\theta = 30''$. 如 15.5 节已指出的那样, 即使测量角尺度这样小的涨落, 也完全在目前技术能力范围之内. 所以, 计算在复合时刻一个涨落必须有多强才能在现在增长为一个星系, 这是相当重要的事情. 这个问题将在下一节中论述.

[570]

[571] ## 15.9 微小涨落的 Newton 理论

这里, 我们用 Newton 方程 (15.8.1)—(15.8.4) 计算微小涨落的行为, 但现在要考虑到宇宙膨胀. 如 15.1 节末所指出的那样, 对于这样一些天文问题我们可以稳妥地使用 Newton 力学, 在这些天文问题中, 能量密度以非相对论性粒子为主, 从而 $p \ll \rho$, 并且所涉及的线度比宇宙的特征尺度小[153].

如 15.1 节所表明的那样, 方程 (15.8.1)—(15.8.4) 有一个简单的空间均匀解, 即

$$\rho = \rho_0 \left[\frac{R_0}{R(t)} \right]^3 \tag{15.9.1}$$

$$\boldsymbol{v} = \boldsymbol{r} \left[\frac{\dot{R}(t)}{R(t)} \right] \tag{15.9.2}$$

$$\boldsymbol{g} = -\boldsymbol{r} \left[\frac{4\pi G \rho}{3} \right] \tag{15.9.3}$$

这里 $R(t)$ 是满足下列微分方程的标度因子

$$\dot{R}^2 + k = \frac{8\pi G \rho R^2}{3} \tag{15.9.4}$$

或等价地有

$$\frac{\ddot{R}}{R} = -\frac{4\pi G \rho}{3} \tag{15.9.5}$$

现在我们来求一个微扰解, 在 "零级" 解 (15.9.1)—(15.9.3) 上加微扰 $\rho_1, \boldsymbol{v}_1$ 和 $\boldsymbol{g}_1$. 则准确到这些微扰的第一级, 流体力学方程 (15.8.1)—(15.8.4) 变为

$$\dot{\rho}_1 + 3\frac{\dot{R}}{R}\rho_1 + \frac{\dot{R}}{R}(\boldsymbol{r} \cdot \nabla)\rho_1 + \rho \nabla \cdot \boldsymbol{v}_1 = 0 \tag{15.9.6}$$

$$\dot{\boldsymbol{v}}_1 + \frac{\dot{R}}{R}\boldsymbol{v}_1 + \frac{\dot{R}}{R}(\boldsymbol{r} \cdot \nabla)\boldsymbol{v}_1 = -\frac{1}{\rho}\nabla p_1 + \boldsymbol{g}_1 \tag{15.9.7}$$

$$\nabla \times \boldsymbol{g}_1 = 0 \tag{15.9.8}$$

$$\nabla \cdot \boldsymbol{g}_1 = -4\pi G \rho_1 \tag{15.9.9}$$

此外, 由于现在暂时假定这些都是绝热涨落, 所以压强微扰决定于

$$p_1 = v_s^2 \rho_1 \tag{15.9.10}$$

[572] 其中 v_s 是声速. [这里和以下的 ρ 是指无扰解中的质量密度 (15.9.1)]

　　方程 (15.9.6)—(15.9.10) 是空间均匀的, 所以我们期望求出平面波解. 实际上, 由空间依赖关系

$$\rho_1(r,t) = \rho_1(t) \exp\left\{\frac{\mathrm{i} r \cdot q}{R(t)}\right\} \tag{15.9.11}$$

以及对 v_1 和 g_1 的类似表达式, 就可以把这些解求出来. (指数中出现因子 $1/R$ 表示这些模式的波长被宇宙膨胀所扩大, 如上节已预言的那样.) 现在方程 (15.9.6)—(15.9.10) 变为联立的常微分方程:

$$\dot{\rho}_1 + \frac{3\dot{R}}{R}\rho_1 + \mathrm{i} R^{-1}\rho q \cdot v_1 = 0 \tag{15.9.12}$$

$$\dot{v}_1 + \frac{\dot{R}}{R}v_1 = -\frac{\mathrm{i} v_s^2}{\rho R}q\rho_1 + g_1 \tag{15.9.13}$$

$$q \times g_1 = 0 \tag{15.9.14}$$

$$\mathrm{i} q \cdot g_1 = -4\pi G R \rho_1 \tag{15.9.15}$$

"场方程" (15.9.14) 和 (15.9.15) 具有显然解

$$g_1 = \frac{4\pi \mathrm{i} G \rho_1 R q}{q^2} \tag{15.9.16}$$

为了解运动方程, 把 v_1 分解为垂直于和平行于 q 的两部分是方便的,

$$v_1(t) = v_{1\perp}(t) + \mathrm{i} q \varepsilon(t) \tag{15.9.17}$$

式中

$$q \cdot v_{1\perp} = 0$$
$$\varepsilon \equiv -\frac{\mathrm{i} q \cdot v_1}{q^2}$$

用密度的相对变化 δ 来表示 ρ_1 也是方便的:

$$\rho_1(t) = \rho(t)\delta(t) = \rho_0 \left[\frac{R_0}{R(t)}\right]^3 \delta(t) \tag{15.9.18}$$

所以, (15.9.13) 分裂为两个独立的方程,

$$\dot{v}_{1\perp} + \frac{\dot{R}}{R}v_{1\perp} = 0 \tag{15.9.19}$$

$$\dot{\varepsilon} + \frac{\dot{R}}{R}\varepsilon = \left(-\frac{v_s^2}{R} + \frac{4\pi G \rho R}{q^2}\right)\delta \tag{15.9.20}$$

而 (15.9.12) 简化为

$$\dot{\delta} = \frac{\boldsymbol{q}^2}{R}\varepsilon \tag{15.9.21}$$

对方程 (15.9.19)—(15.9.21) 的考察表明, 这里的简正模式有两种很不相同的类型. 由 $\boldsymbol{v}_{1\perp}$ 描写的旋转模式简单地按 $1/R$ 衰减:

$$\boldsymbol{v}_{1\perp}(t) \propto R^{-1}(t) \tag{15.9.22}$$

另一方面, 由 ε 和 δ 描写的压缩模式对于时间的关系更有意义. 用方程 (15.9.21) 消去 (15.9.20) 中的 ε, 我们得到

$$\ddot{\delta} + \frac{2\dot{R}}{R}\dot{\delta} + \left(\frac{v_s^2 \boldsymbol{q}^2}{R^2} - 4\pi G\rho\right)\delta = 0 \tag{15.9.23}$$

注意, 如果我们令 R 为常数并把波数 $\boldsymbol{k}$ 定义为 $\boldsymbol{q}/R$, 则此式过渡到 Jeans 色散关系 (15.8.6). 方程 (15.9.23) 是控制膨胀宇宙中引力凝聚的增长或衰减的基本微分方程.

当辐射的能量密度降到静质量密度以下从而物质主导期开始时, 上述的 Newton 理论就可以应用了. 可惜的是方程 (15.9.23) 太复杂了一点, 以至找不到一个严密形式的解能在整个物质主导期都成立. 但是, 在一些特殊情况下, 我们可以解出方程 (15.9.23) 来回答关于 $\delta(t)$ 行为的一些最有趣的问题.

(A) 零压解

根据上一节概述过的一般图景, 假定星系是从氢复合时存在的微小涨落中生长出来的, 而这些涨落又是前一阶段的阻尼声学振荡的遗留物. 摆在我们面前的最重要的问题是: 从复合时刻到现在, 这样一个原始星系涨落能够增长多少倍. 或者联系到观测来谈这个问题就是: 在复合时刻, 一个涨落必须有多大才能有机会在目前时刻成长为一个星系?

为了回答这些问题, 我们可以略去压强项 $v_s^2 \boldsymbol{q}^2/R^2$ 来简化方程 (15.9.23). 如果波数 $|\boldsymbol{k}| \equiv |\boldsymbol{q}|/R$ 比 Jeans 波数 (15.8.8) 小得多, 或者等价地说, 如果涨落的质量 (15.8.12) 比 Jeans 质量 (15.8.13) 大得多, 则这一项比起引力项 $4\pi G\rho$ 来可以忽略. 我们在上一节中已经看到, 刚刚复合以后 Jeans 质量的量级为 $10^6 M_\odot$ 到 $3 \times 10^6 M_\odot$, 此后按 $R^{-3/2}$ 下降, 所以, 一旦氢复合完毕, 一个约为 $10^{11} M_\odot$ 的星系质量就肯定比 Jeans 质量大得多.

[574]   为了把方程 (15.9.23) 的解延伸到现在时刻, 必须用 15.3 节推出的关于 $R(t)$ 和 $\rho(t)$ 的参数公式. 对于正、零和负曲率, 它们是

$k = +1$

$$\frac{R(t)}{R_0} = q_0(2q_0 - 1)^{-1}(1 - \cos\theta)$$

$$H_0 t = q_0 (2q_0 - 1)^{-3/2} (\theta - \sin \theta)$$

$$\rho = \frac{3H_0^2 (2q_0 - 1)^3}{4\pi G q_0^2 (1 - \cos \theta)^3}$$

$k = 0$

$$\frac{R(t)}{R_0} = \left(\frac{3H_0 t}{2} \right)^{2/3}$$

$$\rho = (6\pi G t^2)^{-1}$$

$k = -1$

$$\frac{R(t)}{R_0} = q_0 (1 - 2q_0)^{-1} (\cosh \Psi - 1)$$

$$H_0 t = q_0 (1 - 2q_0)^{-3/2} (\sinh \Psi - \Psi)$$

$$\rho = \frac{3H_0^2 (1 - 2q_0)^3}{4\pi G q_0^2 (\cosh \Psi - 1)^3}$$

略去压强项, 微分方程 (15.9.23) 现在取下列形式

$k = +1$

$$(1 - \cos \theta) \frac{\mathrm{d}^2 \delta}{\mathrm{d} \theta^2} + \sin \theta \frac{\mathrm{d}\delta}{\mathrm{d}\theta} - 3\delta = 0 \tag{15.9.24}$$

$k = 0$

$$\ddot{\delta} + \frac{4}{3t} \dot{\delta} - \frac{2}{3t^2} \delta = 0 \tag{15.9.25}$$

$k = -1$

$$(\cosh \Psi - 1) \frac{\mathrm{d}^2 \delta}{\mathrm{d} \Psi^2} + \sinh \Psi \frac{\mathrm{d}\delta}{\mathrm{d}\Psi} - 3\delta = 0 \tag{15.9.26}$$

在每一种情况下, 有两个独立解, 我们称为 δ_+ 和 δ_-:

$k = +1$

$$\delta_+ \propto -\frac{3\theta \sin \theta}{(1 - \cos \theta)^2} + \frac{5 + \cos \theta}{1 - \cos \theta} \tag{15.9.27}$$

$$\delta_- \propto \frac{\sin \theta}{(1 - \cos \theta)^2} \tag{15.9.28}$$

$k = 0$

[575]

$$\delta_+ \propto t^{2/3} \tag{15.9.29}$$

$$\delta_- \propto t^{-1} \tag{15.9.30}$$

$k = -1$

$$\delta_+ \propto -\frac{3\Psi \sinh \Psi}{(\cosh \Psi - 1)^2} + \frac{5 + \cosh \Psi}{\cosh \Psi - 1} \tag{15.9.31}$$

$$\delta_- \propto \frac{\sinh \Psi}{(\cosh \Psi - 1)^2} \tag{15.9.32}$$

在所有三种情况下, 对于 $R(t) \ll R_0$, 解 δ_+ 和 δ_- 分别过渡到 $t^{2/3}$ 和 t^{-1}, 因此, 如果在复合时一个扰动对于 δ_+ 模式和 δ_- 模式开始有互相可比拟的幅度, 则不久以后会几乎纯粹地处于 δ_+ 模式. 所以从现在起, 我们集中讨论 δ_+ 模式.

这里假定扰动在时刻 t_R 开始, 对应于大红移

$$1 + z_R \equiv \frac{R(t_0)}{R(t_R)} \simeq \frac{4000\text{K}}{2.7\text{K}} \simeq 1500$$

所以对于 $k = +1, k = 0$ 或 $k = -1$, 参数 θ, t 或 Ψ 的初始值是

$$\theta_R \simeq \left[\frac{2(1 - \cos\theta_0)}{1 + z_R}\right]^{1/2}$$

$$t_R \simeq t_0(1 + z_R)^{-3/2}$$

$$\Psi_R \simeq \left[\frac{2(\cosh\Psi_0 - 1)}{1 + z_R}\right]^{1/2}$$

因此, 密度反差 δ 最多能增长一个放大因子

$$A_0 \equiv \frac{\delta_+(t_0)}{\delta_+(t_R)} \tag{15.9.33}$$

它决定于如下公式

$$A_0 = \begin{cases} \dfrac{5(1 + z_R)}{(1 - \cos\theta_0)^3}\{-3\theta_0\sin\theta_0 + (1 - \cos\theta_0)(5 + \cos\theta_0)\} \\ \hfill (k = +1) \\ 1 + z_R \hfill (k = 0) \\ \dfrac{5(1 + z_R)}{(\cosh\Psi_0 - 1)^3}\{-3\Psi_0\sinh\Psi_0 + (\cosh\Psi_0 - 1)(\cosh\Psi_0 + 5)\} \\ \hfill (k = -1) \end{cases} \tag{15.9.34}$$

[576] 利用 (15.3.10) 或 (15.3.19), 参数 θ_0 和 Ψ_0 可以由 q_0 表出. 于是我们发现, 对于 $q_0 > 0$, A_0 是 q_0 的单调增函数, 从 $q_0 \ll 1/2$ 时的 $A_0 \simeq 5q_0(1 + z_R)$ 增

加到 $q_0 = 1/2$ 时的 $A_0 = 1 + z_R$, 再增加到 $q_0 = 1$ 时的 $A_0 = 1.45(1 + z_R)$, 而当 $q_0 \gg 1$ 时趋于上界 $A_0 = 5(1 + z_R)$. 当 q_0 在 0.014 和 2 之间并且 $1 + z_R = 1500$ 时, 一个微小涨落从氢复合时刻到现在可能增长的倍数 A_0 处在 100 和 3000 之间.

在目前宇宙中观测到的凝聚不能认为是 "微扰". 例如, 在一个典型的星系团里质量密度的量级为 10^{-28}g/cm^3, 比整个宇宙可能的最大密度要大一个数量级, 而在一个星系内的质量密度自然更大, 所以, 上述简单的线性不稳定性理论不能应用于到目前为止的不均匀性的整个历史. 但是, 假定现在的强凝聚产生于微扰似乎是合理的, 因此, 形成它们的一个必要 (即使也许并不充分) 的条件在于, 线性稳定性理论中计算的扰动 $\delta_+(t)$ 应当在现在以前的某个时刻数量级已变为 1. 由此定出在复合时刻初始扰动值的下限是

$$|\delta_+(t_R)| \gtrsim \frac{1}{A_0} \tag{15.9.35}$$

所以, $|\delta_+(t_R)|$ 应当约大于 10^{-2} 到 3×10^{-4}. (取决于 q_0 值) 为了说出大多少, 必须知道扰动到达非线性机制开始 (即 $|\delta_+(t)| \simeq 1$) 的时刻. 根据 Weymann[154], 观测到的星系结合能表明这必然发生在量级为 7×10^7 年的时刻以后; 若 δ_+ 这样早就达到 1, 则到复合时刻它必然已经很大. 另一方面, 如果类星体红移在 $z \approx 2$ 附近的集中标志着星系形成的开始, 则 (15.9.35) 提供了 $|\delta_+(t_R)|$ 实际数值的一个相当好的估计. 如上节末说过的, 倘若在复合时或在复合后的 Thomson 散射没有把涨落抹掉[152a], 则复合时的原始星系涨落会产生观测到的微波背景温度的相对涨落, 它在约 $30''$ 的角度中等于 $|\delta_+(t_R)|/3$, 即使非线性机制在不久前才达到, $\Delta T_\gamma / T_\gamma$ 也会有 3×10^{-3} 到 10^{-4} 的量级, 这应当是可以观测到的.

(B) 零曲率解

如果不略去压强项 $v_s^2 \boldsymbol{q}^2 / R^2$ 来考虑方程 (15.9.23) 解的行为也是有趣的, 为了定出稳定涨落和不稳定涨落之间的精确分界, 尤其需要如此. 为了得到严格解, 现在必须把我们的注意力限制在早期, 那时 $R(t) \ll R_0$, 所以方程 (15.9.4) 中的 $\dot{R}^2$ 项和 $8\pi G\rho R^2/3$ 项比 1 大得多, 即使当 $k = \pm 1$ 时我们也能用 $k = 0$ 时的 R 和 ρ 的公式: [577]

$$R \propto t^{2/3} \tag{15.9.36}$$

$$\rho = (6\pi Gt^2)^{-1} \tag{15.9.37}$$

(这并不是什么大的限制, 因为对于这些公式可能不成立的新近时刻, Jeans 质量是如此地小以至它的精确数值没有多大意义.) 对于一般的

比热比 γ, 压强像 ρ^γ 那样变化, 而声速是

$$v_s = \left(\frac{\gamma p}{\rho}\right)^{1/2} \propto \rho^{1/2(\gamma-1)} \propto t^{1-\gamma} \tag{15.9.38}$$

因此, 方程 (15.9.23) 在这里变为

$$\ddot{\delta} + \frac{4}{3t}\dot{\delta} + \left(\frac{\Lambda^2}{t^{2\gamma-2/3}} - \frac{2}{3t^2}\right)\delta = 0 \tag{15.9.39}$$

式中 Λ^2 是常数

$$\Lambda^2 \equiv \frac{t^{2\gamma-2/3}v_s^2 \boldsymbol{q}^2}{R^2} \tag{15.9.40}$$

对于 $\gamma > 4/3$, 方程 (15.9.39) 的解是

$$\delta_\pm \propto t^{-1/6} J_{\mp 5/6\nu}\left(\frac{\Lambda t^{-\nu}}{\nu}\right) \tag{15.9.41}$$

式中 J 是 Bessel 函数, 且

$$\nu \equiv \gamma - \frac{4}{3} > 0 \tag{15.9.42}$$

当 $t \ll \Lambda^{1/\nu}$ 时 Bessel 函数振荡, 而当 $t \gg \Lambda^{1/\nu}$ 时解的行为如

$$\delta_\pm \propto t^{-1/6\pm5/6} \tag{15.9.43}$$

利用 (15.9.37) 和 (15.9.40), δ_+ 模式的增长条件 $t > \Lambda^{1/\nu}$ 可写为

$$\frac{v_s^2 \boldsymbol{q}^2}{R^2} \gtrsim 6\pi G\rho$$

这实质上和 Jeans 条件 $v_s^2 \boldsymbol{k}^2 > 4\pi G\rho$ 是一样的.

解 (15.9.41) 用于复合以后, 取 $\gamma \simeq 5/3$. 此外, 若现在的密度取比较高的值, 则在复合以前有相当长一段时期总能量密度以氢的静质量为主而压强以辐射为主. 所以宇宙介质的行为像 $\gamma = 4/3$ 的非相对论性流体, 故方程 (15.9.39) 变为

[578]

$$\ddot{\delta} + \frac{4}{3t}\dot{\delta} + \left[\Lambda^2 - \frac{2}{3}\right]\frac{\delta}{t^2} = 0 \tag{15.9.44}$$

式中

$$\Lambda^2 \equiv \frac{t^2 v_s^2 \boldsymbol{q}^2}{R^2} = \frac{v_s^2 \boldsymbol{q}^2}{6\pi G\rho R^2} \tag{15.9.45}$$

方程 (15.9.44) 的解是很简单的:

$$\delta_\pm \propto t^\alpha \quad \alpha = -\frac{1}{6} \pm \left(\frac{25}{36} - \Lambda^2\right)^{1/2} \tag{15.9.46}$$

当 $\Lambda > 5/6$ 时两个解都经历缓和的阻尼振荡, 而当 $5/6 > \Lambda > \sqrt{2/3}$ 时它们都衰减, 但当 $\Lambda < \sqrt{2/3}$ 时 δ_+ 增长而 δ_- 衰减. 因此, δ_+ 模式增长的条件是

$$\frac{v_s^2 q^2}{6\pi G\rho R^2} < \frac{2}{3}$$

这与 Jeans 条件 $v_s^2 k^2 < 4\pi G\rho$ 完全相同.

在这个表述中, 不难把耗散效应考虑进去. 这里最有趣的情况, 是在 "阶段 B" 的物质为主部分由于光子的有限平均自由程引起的阻尼, 这个时期也就是复合以前当辐射密度 aT^4 比物质密度 nm_H 小得多而 Jeans 质量比一个星系质量大得多的时期. 按照 (15.8.27)—(15.8.30), 这里的黏滞效应同热传导效应相比可以忽略, 因此, 可以采用如下方式来计及耗散效应[155]: 利用物态方程以温度微扰 T_1 和质量密度微扰 ρ_1 把 (15.9.7) 中的压强微扰 p_1 表示出来, 并给方程组 (15.9.6)—(15.9.9) 加上通常的非相对论性辐射热转移方程. 这里我们无需更深入一步了, 因为热传导和黏性都将纳入下一节要论述的广义相对论性理论中去.

15.10 微小涨落的广义相对论性理论

上一节表达的非相对论性分析适用于研究 $p \ll \rho$ 的物质主导期中的压缩微扰和旋转微扰. 但是, 当讨论 p 与 ρ 量级相同的辐射主导期或轻子主导期, 或在任何时期中处理引力辐射的传播时, 就需要相对论性的处理方法了.

在一个膨胀宇宙中微扰的相对论性理论是颇复杂的, 所以, 这里陈述的理论只涉及无扰 Robertson-Walker 度规的曲率 $k = 0$ 时的最简单情况. 这并不是一个太苛刻的限制, 因为只要我们仅考虑 $\dot{R}^2 \gg |k|$ 的早期宇宙, 并且仅考虑波长远远小于 R 的微扰, 则对于 $k = +1$ 或 $k = -1$, 结果基本上与 $k = 0$ 时相同. 无论如何, 这些情况都是最有趣的, 特别是因为过去不久前凝聚的增长 (对于任何 k 值) 都可以用上节的非相对性理论来处理.

可以证明, 在这里把耗散效应一开始就包括进去是方便的. 介质将由切向黏性系数 η 和热传导系数 χ 来表征; 如 15.8 节曾提到的, 一旦物质的压强和动能密度降到辐射的压强和动能密度以下时, 体积黏性 ζ 就可以忽略. 只要在能量 – 动量张量中附加适当的项, 就可以把耗散效应考虑进去. 对于没有引力时的相对论性非理想流体, 这些项在 2.11 节中已经算过了; 存在引力时正确的能量 – 动量张量可以通过把 (2.11.21) 写

[579]

为广义协变的形式而直接得到:

$$T^{\mu\nu} = pg^{\mu\nu} + (p + \rho)U^\mu U^\nu - \eta H^{\mu\rho}H^{\nu\sigma}W_{\rho\sigma}$$
$$- \chi(H^{\mu\rho}U^\nu + H^{\nu\rho}U^\mu)Q_\rho \tag{15.10.1}$$

式中

$$W_{\mu\nu} \equiv U_{\mu;\nu} + U_{\nu;\mu} - \frac{2}{3}g_{\mu\nu}U^\gamma{}_{;\gamma} \tag{15.10.2}$$

$$Q_\mu \equiv T_{;\mu} + TU_{\mu;\nu}U^\nu \tag{15.10.3}$$

$$H_{\mu\nu} \equiv g_{\mu\nu} + U_\mu U_\nu \tag{15.10.4}$$

容易验证, 对于 (具有任何 k 的) Robertson-Walker 度规, $T^{\mu\nu}$ 中的耗散项为零, 所以 Friedmann 解仍然为我们提供了出发点. 特别是, 对于 $k = 0$, Einstein 方程有熟知的无扰解

$$g_{tt} = -1 \quad g_{ti} = 0 \quad g_{ij} = R^2(t)\delta_{ij} \tag{15.10.5}$$

$$U^t = 1 \quad U^i = 0 \tag{15.10.6}$$

式中 $x^i (i = 1, 2, 3)$ 是一组伪–Euclid 共动坐标, 且

$$\dot{R}^2 = \frac{8\pi\rho G R^2}{3} \tag{15.10.7}$$

因此, 由式 (15.1.3)—(15.1.5) 得出无扰联络的所有独立的非零分量为

$$\Gamma^t_{ij} = R\dot{R}\delta_{ij} \quad \Gamma^i_{tj} = \frac{\dot{R}}{R}\delta_{ij} \tag{15.10.8}$$

[580]　　　　我们来考虑一个扰动, 其中度规是 $g_{\mu\nu} + h_{\mu\nu}$, 而 $h_{\mu\nu}$ 很小. 在写出关于 $h_{\mu\nu}$ 的场方程以前, 回顾一下 10.9 节的说明是有用的, 即: 作一个坐标变换 (10.9.6), 我们可把解 $h_{\mu\nu}$ 变为一个等价解

$$h^*_{\mu\nu} = h_{\mu\nu} + \varepsilon_{\mu;\nu} + \varepsilon_{\nu;\mu}$$

ε_μ 是一个任意的微小矢量场. 利用 (15.10.8) 可将这个新解写为如下形式

$$h^*_{ij} = h_{ij} + \frac{\partial\varepsilon_i}{\partial x^j} + \frac{\partial\varepsilon_j}{\partial x^i} - 2R\dot{R}\delta_{ij}\varepsilon_t \tag{15.10.9}$$

$$h^*_{it} = h_{it} + \frac{\partial\varepsilon_i}{\partial t} + \frac{\partial\varepsilon_t}{\partial x^i} - 2\frac{\dot{R}}{R}\varepsilon_i \tag{15.10.10}$$

$$h^*_{tt} = h_{tt} + 2\frac{\partial\varepsilon_t}{\partial t} \tag{15.10.11}$$

最方便的是选取 ε_μ 使得

$$h_{it}^* = h_{tt}^* = 0$$

这样一来, 就在最大可能的限度内保持了无扰度规 (15.10.5) 的形式. 只要按下列规定构造 ε_μ 就能实现这一点:

$$\varepsilon_t = -\frac{1}{2} \int h_{tt} \mathrm{d}t$$

$$\varepsilon_i = -R^2 \int \left[h_{it} + \frac{\partial \varepsilon_t}{\partial x^i} \right] R^{-2} \mathrm{d}t$$

取消星号, 从现在起我们不妨假设坐标系已经选择得使

$$h_{it} = h_{tt} = 0 \tag{15.10.12}$$

微扰 $\delta g_{\mu\nu} = h_{\mu\nu}$ 在仿射联络中产生微扰 (10.9.1), 其分量是

$$\begin{aligned}
\delta\Gamma^i_{jk} &= \frac{1}{2R^2}[h_{ij;k} + h_{ik;j} - h_{jk;i}] \\
&= \frac{1}{2R^2}\left[\frac{\partial h_{ij}}{\partial x^k} + \frac{\partial h_{ik}}{\partial x^j} - \frac{\partial h_{jk}}{\partial x^i} \right]
\end{aligned} \tag{15.10.13}$$

$$\begin{aligned}
\delta\Gamma^t_{jk} &= -\frac{1}{2}[h_{tj;k} + h_{tk;j} - h_{jk;t}] \\
&= \frac{1}{2}\frac{\partial h_{jk}}{\partial t}
\end{aligned} \tag{15.10.14}$$

$$\begin{aligned}
\delta\Gamma^i_{tj} &= \frac{1}{2R^2}[h_{it;j} + h_{ij;t} - h_{tj;i}] \\
&= \frac{1}{2R^2}\left[\frac{\partial h_{ij}}{\partial t} - \frac{2\dot{R}}{R} h_{ij} \right]
\end{aligned} \tag{15.10.15}$$

$$\delta\Gamma^t_{ti} = \delta\Gamma^i_{tt} = \delta\Gamma^t_{tt} = 0 \tag{15.10.16}$$

[581]

缩并后, 我们也可求得

$$\delta\Gamma_\mu \equiv \delta\Gamma^\nu_{\nu\mu} = \delta\Gamma^i_{i\mu} = \frac{\partial}{\partial x^\mu}\left(\frac{h_{kk}}{2R^2} \right) \tag{15.10.17}$$

重复的拉丁指标意味着按数值 1, 2, 3 求和. 于是 Ricci 张量中的微扰决定于

$$\begin{aligned}
\delta R_{ij} &= (\delta\Gamma_i)_{;j} - (\delta\Gamma^\mu_{ij})_{;\mu} \\
&= \frac{\partial \delta\Gamma_i}{\partial x^j} - \frac{\partial \delta\Gamma^k_{ij}}{\partial x^k} - \frac{\partial \delta\Gamma^t_{ij}}{\partial t} \\
&\quad - R\dot{R}\delta_{ij}\delta\Gamma_t - \frac{\dot{R}}{R}\delta\Gamma^t_{ij} + R\dot{R}[\delta\Gamma^i_{tj} + \delta\Gamma^j_{ti}]
\end{aligned}$$

$$\delta R_{ti} = (\delta \varGamma_t)_{;i} - (\delta \varGamma_{ti}^\mu)_{;\mu}$$

$$= \frac{\partial \delta \varGamma_t}{\partial x^i} - \frac{\partial \delta \varGamma_{ti}^j}{\partial x^j} - \frac{\dot{R}}{R}\delta \varGamma_i + \frac{\dot{R}}{R}\delta \varGamma_{ji}^j$$

$$\delta R_{tt} = (\delta \varGamma_t)_{;t} - (\delta \varGamma_{tt}^\mu)_{;\mu}$$

$$= \frac{\partial \delta \varGamma_t}{\partial t} + \frac{2\dot{R}}{R}\delta \varGamma_{it}^i$$

或者, 更明显地写为

$$\delta R_{ij} = \frac{1}{2R^2}\left[\nabla^2 h_{ij} - \frac{\partial^2 h_{ik}}{\partial x^j \partial x^k} - \frac{\partial^2 h_{jk}}{\partial x^i \partial x^k} + \frac{\partial^2 h_{kk}}{\partial x^i \partial x^j}\right]$$

$$-\frac{1}{2}\frac{\partial^2 h_{ij}}{\partial t^2} + \frac{\dot{R}}{2R}[\dot{h}_{ij} - \delta_{ij}\dot{h}_{kk}]$$

$$+\frac{\dot{R}^2}{R^2}[-2h_{ij} + \delta_{ij}h_{kk}] \tag{15.10.18}$$

$$\delta R_{ti} = \frac{1}{2}\frac{\partial}{\partial t}\left[R^{-2}\left(\frac{\partial h_{kk}}{\partial x^i} - \frac{\partial h_{ki}}{\partial x^k}\right)\right] \tag{15.10.19}$$

$$\delta R_{tt} = \frac{1}{2R^2}\left[\ddot{h}_{kk} - 2\frac{\dot{R}}{R}\dot{h}_{kk} + 2\left(\frac{\dot{R}^2}{R^2} - \frac{\ddot{R}}{R}\right)h_{kk}\right] \tag{15.10.20}$$

[582]　　　　　根据 (15.10.1), Einstein 场方程右端的源项是

$$S_{\mu\nu} \equiv T_{\mu\nu} - \frac{1}{2}g_{\mu\nu}T^\lambda{}_\lambda = \frac{1}{2}(\rho - p)g_{\mu\nu} + (\rho + p)U_\mu U_\nu$$

$$-\eta H_{\mu\rho}H_{\nu\sigma}W^{\rho\sigma} - \chi(H_{\mu\rho}U_\nu + H_{\nu\rho}U_\mu)Q^\rho \tag{15.10.21}$$

为了保持速度 U 的规一化, 我们必须有

$$0 = \delta(g_{\mu\nu}U^\mu U^\nu) = -2U_1^t$$

所以微扰 $h_{ij}, U_{1i}, \rho_1, p_1$ 和 T_1 在 $S_{\mu\nu}$ 中产生微扰

$$\delta S_{ij} = \frac{1}{2}(\rho - p)h_{ij} + \frac{R^2}{2}\delta_{ij}(\rho_1 - p_1) - \eta R^4 \delta W^{ij} \tag{15.10.22}$$

$$\delta S_{it} = -R^2(\rho + p)U_1^i - \chi \dot{T}\delta H_{it} + \chi R^2 \delta Q^i \tag{15.10.23}$$

$$\delta S_{tt} = \frac{1}{2}(\rho_1 + 3p_1) - 2\chi \dot{T}\delta H_{tt} \tag{15.10.24}$$

式中

$$\delta H_{it} = -R^2 U_1^i \quad \delta H_{tt} = 0 \tag{15.10.25}$$

$$\delta W^{ij} = R^{-2}\left[\frac{\partial U_1^i}{\partial x^j} + \frac{\partial U_1^j}{\partial x^i} - \frac{2}{3}\delta_{ij}\nabla \cdot \boldsymbol{U}_1\right]$$

$$+R^{-2}\frac{\partial}{\partial t}\left\{R^{-2}\left[h_{ij}-\frac{1}{3}\delta_{ij}h_{kk}\right]\right\} \tag{15.10.26}$$

$$\delta Q^i = R^{-2}\left(\frac{\partial T_1}{\partial x^i}+T\frac{\partial}{\partial t}(R^2 U_1^i)\right) \tag{15.10.27}$$

最后, 扰动的 Einstein 方程在这里取如下形式

$$\delta R_{\mu\nu}=-8\pi G\delta S_{\mu\nu} \tag{15.10.28}$$

把 (15.10.18)—(15.10.20) 和 (15.10.22)—(15.10.28) 诸式结合起来, 我们得到

$$\begin{aligned}
\nabla^2 h_{ij} &= \frac{\partial^2 h_{ik}}{\partial x^j \partial x^k}-\frac{\partial^2 h_{jk}}{\partial x^i \partial x^k}+\frac{\partial^2 h_{kk}}{\partial x^i \partial x^j}-R^2\ddot{h}_{ij}\\
&\quad +R\dot{R}[\dot{h}_{ij}-\delta_{ij}\dot{h}_{kk}]+2\dot{R}^2[-2h_{ij}+\delta_{ij}h_{kk}]\\
&= -8\pi G(\rho-p)R^2 h_{ij}-8\pi G R^4\delta_{ij}(\rho_1-p_1)\\
&\quad +16\pi G\eta R^4\left(\frac{\partial U_1^i}{\partial x^j}+\frac{\partial U_1^j}{\partial x^i}-\frac{2}{3}\delta_{ij}\nabla\cdot\boldsymbol{U}_1\right)\\
&\quad +16\pi G\eta R^4\frac{\partial}{\partial t}\left\{\frac{1}{R^2}\left[h_{ij}-\frac{1}{3}\delta_{ij}h_{kk}\right]\right\} \tag{15.10.29}
\end{aligned}$$

$$\begin{aligned}
\frac{\partial}{\partial t}\left\{\frac{1}{R^2}\left[\frac{\partial h_{kk}}{\partial x^i}-\frac{\partial h_{ki}}{\partial x^k}\right]\right\} &= 16\pi G R^2(\rho+p)U_1^i\\
&\quad -16\pi G\chi\dot{T}R^2 U_1^i-16\pi G\chi\left(\frac{\partial T_1}{\partial x^i}+T\frac{\partial}{\partial t}(R^2 U_1^i)\right) \tag{15.10.30}
\end{aligned}$$

$$\ddot{h}_{kk}-\frac{2\dot{R}}{R}\dot{h}_{kk}+2\left(\frac{\dot{R}^2}{R^2}-\frac{\ddot{R}}{R}\right)h_{kk}=-8\pi G(\rho_1+3p_1)R^2 \tag{15.10.31}$$

[583]

流体的运动方程既可以从守恒方程 $T^{\mu\nu}{}_{;\mu}=0$ 得出, 也可以直接从场方程得出. 把算符 $\partial/\partial x^i$ 和 $\partial/\partial t+3\dot{R}/R$ 作用到方程 (15.10.29) 和 (15.10.30), 并利用 (15.10.30), (15.10.31) 和 (15.10.29) 的迹来简化结果, 则我们获得动量守恒方程

$$\begin{aligned}
&\left[\frac{\partial}{\partial t}+16\pi G\eta\right]\left[R^5 U_1^i\{\rho+p-\chi\dot{T}\}-\chi R^3\left\{\frac{\partial T_1}{\partial x^i}+T\frac{\partial}{\partial t}(R^2 U_1^i)\right\}\right]\\
&= -R^3\frac{\partial p_1}{\partial x^i}+\eta R^3\left\{\nabla^2\boldsymbol{U}_1^i+\frac{1}{3}\frac{\partial}{\partial x^i}\nabla\cdot\boldsymbol{U}_1+\frac{2}{3}\frac{\partial}{\partial t}\left(R^{-2}\frac{\partial h_{kk}}{\partial x^i}\right)\right\} \tag{15.10.32}
\end{aligned}$$

(矢量 $\boldsymbol{U}_1$ 的分量是 U_1^i 而不是 U_{1i}.) 此外, 取方程 (15.10.30) 的散度并利用方程 (15.10.31) 和 (15.10.29) 的迹, 我们获得能量守恒方程

$$\dot{\rho}_1+\frac{3\dot{R}}{R}(\rho_1+p_1)=-(\rho+p)\left\{\frac{\partial}{\partial t}\left(\frac{h_{kk}}{2R^2}\right)+\nabla\cdot\boldsymbol{U}_1\right\}$$

$$+\chi\left\{\dot{T}\nabla\cdot\boldsymbol{U}_1 + \frac{1}{R^2}\nabla^2 T_1 + \frac{T}{R^2}\frac{\partial}{\partial t}(R^2\nabla\cdot\boldsymbol{U}_1)\right\} \tag{15.10.33}$$

通常讨论耗散过程时, 我们也必须利用粒子流 nU^μ 的守恒律:

$$0 = (nU^\mu)_{;\mu} = U^\mu\frac{\partial n}{\partial x^\mu} + nU^\mu{}_{;\mu}$$

(严格地说, n 应取为重子数密度或轻子数密度). 对于未扰解, 上式给出熟知的结果

$$n \propto R^{-3}$$

而准确到微扰 $n_1, \boldsymbol{U}_1$ 和 h_{ij} 的一级量时, 我们有

$$0 = \frac{\partial n_1}{\partial t} + \frac{3\dot{R}}{R}n_1 + n\left\{\nabla\cdot\boldsymbol{U}_1 + \delta\Gamma^\nu_{t\nu}\right\}$$

[584]   或者, 利用 (15.10.17) 后, 得

$$\frac{\partial}{\partial t}\left(\frac{n_1}{n}\right) = -\nabla\cdot\boldsymbol{U}_1 - \frac{\partial}{\partial t}\left(\frac{h_{kk}}{2R^2}\right) \tag{15.10.34}$$

(15.10.29)—(15.10.34) 提供了一组方便的基本方程, 但是应当记住这些方程并不是完全独立的, 它们的推导过程就表明了这一点.

可直接求出这些方程的一个解:

$$h_{ij}(\boldsymbol{x},t) = R^2(t)\left\{\frac{\partial f_i(\boldsymbol{x})}{\partial x^j} + \frac{\partial f_j(\boldsymbol{x})}{\partial x^i}\right\}$$
$$\rho_1 = p_1 = \boldsymbol{U}_1 = n_1 = T_1 = 0 \tag{15.10.35}$$

$\boldsymbol{f}$ 为位置的任意函数. [为了验证方程 (15.10.29), 要用 (15.1.20).]但是, 对式 (15.10.9)—(15.10.11) 的考察表明: 这不是一个物理扰动, 而是表示一个形为 (10.9.6) 的无穷小坐标变换

$$x^\mu \to x^\mu - \varepsilon^\mu(x)$$
$$\varepsilon^t = 0 \quad \boldsymbol{\varepsilon}(\boldsymbol{x},t) = R^2(t)\boldsymbol{f}(\boldsymbol{x}) \tag{15.10.36}$$

的效应, 这一变换的结构是使得 h_{it} 和 h_{tt} 保持为零. 我们只对物理扰动感兴趣, 它们的形式必须不同于 (15.10.35).

方程 (15.10.29)—(15.10.34) 的明显的空间均匀性允许我们求得具有如下空间关系的解

$$h_{ij}, \rho_1, p_1, \boldsymbol{U}_1, n_1, T_1 \propto \exp(\mathrm{i}\boldsymbol{q}\cdot\boldsymbol{x}) \tag{15.10.37}$$

其中 q 是一个恒定波数. 正如非相对论性情形一样, 把一般解分解为简正模式是方便的. 现在有三种不同类型的模式:

辐射模式

有这样一组简单解:

$$0 = h_{kk} = q_i h_{ij} = \rho_1 = p_1 = U_{1i} = n_1 = T_1 \tag{15.10.38}$$

方程 (15.10.30)—(15.10.34) 在此显然被满足, 而由方程 (15.10.29) 和 (15.1.20)
得

$$\ddot{h}_{ij} + \left[-\frac{\dot{R}}{R} + 16\pi G\eta \right] \dot{h}_{ij} + \left[\frac{q^2}{R^2} - \frac{2\ddot{R}}{R} - \frac{32\pi G\eta\dot{R}}{R} \right] h_{ij} = 0 \tag{15.10.39}$$

对于很大的波数, 我们可求得一个一般的二级 WKB 解 [585]

$$h_{ij} \propto R \exp\left\{ \int \left[\frac{\pm i|q|}{R} - 8\pi G\eta \right] \mathrm{d}t \right\} \tag{15.10.40}$$

当 R 和 η 变化缓慢时, 把 h_{ij} 乘以比例因子 $1/R^2$, 就可以将上述结果从共动空间坐标系换到近似的 Minkowski 系. 因此, (15.10.40) 对应于形式为 (10.2.1) 的平面引力波, 并且

$$e_{\mu\nu} \propto \frac{1}{R} \exp\left\{ -8\pi G \int \eta \mathrm{d}t \right\}$$

$$k = \frac{q}{R}$$

根据 (10.3.7), 这些引力波的能量密度 τ_g^{00} 按如下形式减小

$$\tau_g^{00} \propto R^{-4} \exp\left\{ -16\pi G \int \eta \mathrm{d}t \right\} \tag{15.10.41}$$

因子 R^{-4} 正是我们对于任何代表无质量粒子的波的自由膨胀所应当期待的. [比较式 (15.1.23).] (15.10.41) 中的额外因子告诉我们, 黏性介质中的引力波被吸收的速率为[156]

$$\Gamma_g = 16\pi G\eta \tag{15.10.42}$$

一般说来, η 的数量级是热能密度乘以某个典型的平均自由时间τ, 所以 Γ_g 至多为 $\dot{R}^2\tau/R^2$ 的量级. 因此, 只要碰撞速率 τ^{-1} 比膨胀速率 $\dot{R}/R$ 大得多, 则阻尼速率 Γ_g 比膨胀速率 $\dot{R}/R$ 小得多, 故黏性对波传播的影响不大. 略去黏性, 并假设 $R(t)$ 对时间的依赖关系为

$$R(t) \propto t^n \tag{15.10.43}$$

则我们可求出对所有波数都成立的方程 (15.10.39) 的解

$$h_{ij} \propto t^{1/2(n+1)} J_{\pm\nu}\left(\frac{|\boldsymbol{q}|t}{(1-n)R}\right) \tag{15.10.44}$$

式中 $J_{\pm\nu}$ 为通常的 $\pm\nu$ 阶 Bessel 函数, 且

$$\nu = \frac{3n-1}{2-2n} \tag{15.10.45}$$

(在物质主导期或辐射主导期, 式 (15.10.43) 分别对应于 $n = 2/3$ 或 $n = 1/2$.) 和等离子体内的电磁波不一样, 这里不存在引力波能够传播的频率的明确下限, 而这些解起初当 $|\boldsymbol{q}|t \ll R$ 时的行为是

[586]

$$h_{ij} \propto t^{2n} \text{ 或 } t^{1-n} \tag{15.10.46}$$

然后当 $|\boldsymbol{q}|t \gg R$ 时逐渐过渡到类波解 (15.10.40).

旋转模式

还有一组简单解是

$$0 = h_{kk} = \boldsymbol{q} \cdot \boldsymbol{U}_1 = \rho_1 = p_1 = n_1 = T_1 \tag{15.10.47}$$

这里方程 (15.10.31), (15.10.33) 和 (15.10.34) 是显然满足的, 而方程 (15.10.32) 变为 $\boldsymbol{U}_1$ 的横向部分的方程

$$\left[\frac{\partial}{\partial t} + 16\pi G\eta\right] [R^5\{\rho + p - \chi\dot{T}\}\boldsymbol{U}_1] = -\eta R^3 \boldsymbol{q}^2 \boldsymbol{U}_1 \tag{15.10.48}$$

因此, 方程 (15.10.29) 和 (15.10.30) 控制着由 $\boldsymbol{U}_1$ 表示的旋转所产生的引力场; 这些场方程自动地与 (15.10.48) 一致, 这是因为推出 (15.10.48) 的运动方程本身也是从这些场方程所推导出来的. 略去耗散, 方程 (15.10.48) 就告诉我们: $\boldsymbol{U}_1$ 有反比于 $R^5(\rho + p)$ 的时间依赖关系:

$$\boldsymbol{U}_1 \propto \frac{1}{R^5(\rho + p)} \tag{15.10.49}$$

这可作为 Newton 结果 (15.9.22) (在共动坐标中) 的相对论性推广.

压缩模式

和上节一样, 压缩模式表现出最复杂的时间依赖关系, 在这种模式中, 并不限定 $h_{kk}, \boldsymbol{q} \cdot \boldsymbol{U}_1, \rho_1, p_1, T_1$ 和 n_1 为零. 方程 (15.10.31), (15.10.33), (15.10.34) 以及方程 (15.10.32) 的散度在这里提供了这些量的一组联立方程:

$$\ddot{h}_{kk} - \frac{2\dot{R}}{R}\dot{h}_{kk} + 2\left(\frac{\dot{R}^2}{R^2} - \frac{\ddot{R}}{R}\right)h_{kk} = -8\pi GR^2(\rho_1 + 3p_1) \tag{15.10.50}$$

$$\dot{\rho}_1 + \frac{3\dot{R}}{R}(\rho_1 + p_1) = -(\rho + p)\left\{\frac{\partial}{\partial t}\left(\frac{h_{kk}}{2R^2}\right) + i\boldsymbol{q} \cdot \boldsymbol{U}_1\right\}$$

$$+\chi\left\{i\dot{T}\boldsymbol{q} \cdot \boldsymbol{U}_1 + \frac{iT}{R^2}\frac{\partial}{\partial t}[R^2\boldsymbol{q} \cdot \boldsymbol{U}_1] - \frac{\boldsymbol{q}^2}{R^2}T_1\right\} \quad (15.10.51)$$

$$\frac{\partial}{\partial t}\left(\frac{n_1}{n}\right) = -i\boldsymbol{q} \cdot \boldsymbol{U}_1 - \frac{\partial}{\partial t}\left(\frac{h_{kk}}{2R^2}\right) \quad (15.10.52)$$

[587]

$$\left[\frac{\partial}{\partial t} + 16\pi G\eta\right]\left[i\boldsymbol{q} \cdot \boldsymbol{U}_1 R^5\{\rho + p - \chi\dot{T}\}\right.$$

$$+\chi R^3\left\{\boldsymbol{q}^2 T_1 - i\frac{\partial}{\partial t}(R^2\boldsymbol{q} \cdot \boldsymbol{U}_1)\right\}\right]$$

$$= R^3\boldsymbol{q}^2 p_1 - \eta R^3\boldsymbol{q}^2\left[\frac{4i}{3}\boldsymbol{q} \cdot \boldsymbol{U}_1 + \frac{2}{3}\frac{\partial}{\partial t}\left(\frac{h_{kk}}{R^2}\right)\right] \quad (15.10.53)$$

如果我们利用物态方程把 p_1 和 ρ_1 以 n_1 和 T_1 来表示, 则这些式子可以作为 4 个未知量 $h_{kk}, \boldsymbol{q} \cdot \boldsymbol{U}_1, n_1$ 和 T_1 的 4 个方程. 读者可以验证, 当引力和宇宙膨胀可以略去时, 由这些方程能得出波数比 Jeans 极限大得多的涨落的阻尼速率 (15.8.30). 此外, 在略去阻尼的非相对论性极限中, 这些方程化为以前推出的 Newton 方程 (15.9.20) 和 (15.9.21), 只要我们令

$$\delta \equiv \frac{\rho_1}{p} \qquad \varepsilon \equiv -\frac{R}{\boldsymbol{q}^2}\left\{i\boldsymbol{q} \cdot \boldsymbol{U}_1 + \frac{1}{2}\frac{\partial}{\partial t}\left(\frac{h_{kk}}{R^2}\right)\right\}$$

关于方程 (15.10.50)—(15.10.53) 所描述的简正模式的严格讨论, 读者可参阅 Field[157] 的评述. 就我们现在的目的而言, 只考虑波数很小的极限情况就够了. 在 $\boldsymbol{q} \to 0$ 的极限中, 所有的耗散效应都消失; 实际上, 消去方程 (15.10.51) 和 (15.10.52) 中的 h_{kk}, 我们可以证明这些微扰保持熵不变, 所以

$$p_1 = v_s^2\rho_1 \quad (15.10.54)$$

此外, 可以方便地用方程 (15.1.21) 把 (15.10.51) 写为

$$-\frac{1}{2}\frac{\partial}{\partial t}\left(\frac{h_{kk}}{R^2}\right) = \frac{1}{\rho + p}\left\{\dot{\rho}_1 - \frac{\dot{\rho}(1 + v_s^2)\rho_1}{\rho + p}\right\}$$

$$= \frac{1}{\rho + p}\left\{\dot{\rho}_1 - \frac{(\dot{\rho} + \dot{p})\rho_1}{\rho + p}\right\} = \frac{\partial}{\partial t}\left(\frac{\rho_1}{\rho + p}\right)$$

对 h_{kk}/R^2 附加一个不依赖于时间的项只对应于形如 (15.10.36) 的纯粹坐标变换, 所以解实质上是唯一的,

$$h_{kk} = -2R^2\delta \quad (15.10.55)$$

这里的 δ 定义为

$$\rho_1 = (\rho + p)\delta \quad (15.10.56)$$

[588] 把方程 (15.10.54)—(15.10.56) 代入 (15.10.50), 得到一个二阶微分方程:

$$\ddot{\delta} + \frac{2\dot{R}}{R}\dot{\delta} - 4\pi G(\rho + p)(1 + 3v_s^2)\delta = 0 \qquad (15.10.57)$$

现在我们终于能够计算 "阶段 A" [即早期当 Jeans 质量很小, 而且能量密度以辐射 (和中微子) 为主]中的增长速率了. 在这种情况下, 我们有

$$R \propto t^{1/2} \quad \rho = \frac{3}{32\pi Gt^2} \quad p = \frac{\rho}{3} \quad v_s = \frac{1}{\sqrt{3}}$$

且方程 (15.10.57) 变为

$$\ddot{\delta} + \frac{\dot{\delta}}{t} - \frac{\delta}{t^2} = 0 \qquad (15.10.58)$$

它也有一个增长解 δ_+ 和一个衰减解 δ_-:

$$\delta_+ \propto t \quad \delta_- \propto t^{-1} \qquad (15.10.59)$$

但是没有指数增长.

15.11 极早期宇宙

在 15.6 节中, 宇宙的热历史已追溯到温度约为 10^{12}K 的时期. 在这样的早期, 宇宙充满粒子 —— 光子、轻子和反轻子 —— 其相互作用预期足够微弱, 以至可以把这种介质作为多少是理想的气体来处理. 但是, 如果我们稍进一步追溯到热历史的最初 0.0001s (那时的温度在 10^{12}K 以上), 就会遇到超出现代统计力学范围的困难的理论问题. 在这种温度下, 存在大量的处于热平衡中的强作用粒子 —— 介子、重子和反重子 —— 其平均粒子间距离小于一个典型的 Compton 波长. 这些粒子会处于一种不断相互作用的状态中, 故没有理由指望它们会服从任何简单的物态方程.

但是, 试图建立极早期宇宙的某种模型的诱惑力是不可阻挡的. 事实上, 有两种极不相同的模型近年来得到人们广泛的考虑, 它们反映了关于强相互作用粒子性质的两种分歧的观点. 虽然没有一种模型能够在细节上被当真看待, 但是人们希望: 其中有一种可以充分接近实际而为了解极早期宇宙带来益处.

[589] 这两种图景中的第一种, 可称为基本粒子模型. 假设所有粒子都是由少数的基本粒子 —— 例如光子、轻子、"夸克" 及它们的反粒子 —— 所组成. 这里进一步假设, 在很高温度下, 把基本粒子结合起来的力变得可以忽略, 正如在高于氘的裂解温度时中子—质子力在宇宙学上变得不重要一样. 设有 $\mathscr{N}$ 种不同的基本粒子, 自旋态和反粒子分别计数, Fermi

子算作 7/8 个粒子. (见式 (15.6.32). 例如, 如果我们只包括熟知的光子、轻子和反轻子, 加上 3 类自旋 1/2 的夸克和反夸克, 我们有 $\mathcal{N} = 26$.) 因此当 kT 超过最重的基本粒子的质量时, 宇宙成分的行为就好像它们是由 $\mathcal{N}/2$ 个不同种类的黑体辐射所组成的那样, 其压强、能量密度和比熵决定于

$$3p \simeq \rho \simeq \frac{1}{2}\mathcal{N}aT^4 \tag{15.11.1}$$

$$\sigma \simeq \frac{\rho + p}{n_B kT} \simeq \frac{2aT^3}{3n_B k}\mathcal{N} \tag{15.11.2}$$

其中 n_B 是重子数减去反重子数的粒子数密度. (这里引进额外因子 1/2 是为了抵消 Stefan-Boltzmann 常数中由于光子的两种极化态而产生的因子 2). 对于绝热膨胀, σ 是恒量, 而由于现在 σ 有值 (15.5.18), 所以极早期宇宙中的温度决定于

$$\frac{T}{T_{\gamma 0}} = \left(\frac{2n_B}{\mathcal{N}n_{B0}}\right)^{1/3} = \left(\frac{2}{\mathcal{N}}\right)^{1/3}\left(\frac{R_0}{R}\right) \tag{15.11.3}$$

能量密度 ρ 和时间 t 的关系在这里与 (15.6.44) 相同, 所以

$$t \simeq \left(\frac{32\pi G\rho}{3}\right)^{-1/2} \simeq \left(\frac{16\pi G\mathcal{N}aT^4}{3}\right)^{-1/2}$$

$$\simeq \left(\frac{32\pi GaT_{\gamma 0}^4}{3}\right)\left(\frac{\mathcal{N}}{2}\right)^{1/6}\left(\frac{R}{R_0}\right)^2 \tag{15.11.4}$$

反之, 在复合粒子模型中, 假设并不存在真正基本的强相互作用粒子, 所有这样的 "强子" 必须看作是互相合成的. 因此, 我们面临一个原则性问题: 在进行热力学计算时是只能把绝对稳定的强子, 即质子作为 "粒子" 包括进去呢? 或是也包括缓慢衰变的强子如中子和 π 介子, 或是也许包括全部强子共振态, 其中有 ρ 介子和 "3 – 3" $\pi - N$ 共振这类迅速衰变的共振态. 如果把所有共振态都包括在我们的热力学计算中, 则在一级近似下可以不必对粒子的相互作用作任何进一步的考虑. 这是一个吸引人的推测. (见 11.9 节) 如果是这样, 则早期宇宙的成分可以看作是由许多种理想气体所构成的, 其中在质量 m 和 $m + \mathrm{d}m$ 之间有 $\mathcal{N}(m)\mathrm{d}m$ 种类型. 但函数 $\mathcal{N}(m)$ 是什么呢? 与基本粒子模型最大可能的差别将出现在增长得尽可能快的分布, 即 [590]

$$\mathcal{N}(m) \to Am^{-B}\exp\left(\frac{m}{kT_M}\right) \quad \text{当} \quad m \to \infty \tag{15.11.5}$$

式中 A, B 和 T_M 是未知常数, 热力学量一般会包含 $\mathcal{N}(m)\mathrm{d}m$ 的积分, 其权重因子当 $m \to \infty$ 时的行为和 $\exp(-m/kT)$ 一样, 因此, 这些量对于比

(15.11.5) 增长更快的分布函数是不会收敛的, 而且即便是对 (15.11.5), 当 $T > T_M$ 时也不会收敛. 因此, 理想气体的种类数由 (15.11.5) 给出的模型可用一个极大温度 T_M 来表征. 能量极高的反应[158] 中次极粒子发射的分析和近来强子相互作用的 Veneziano 模型[159] 都独立地建议强子的种类是由 (15.11.5) 决定的, 其中 B 约为 2 到 4, T_M 约为 1.7×10^{12}K. 暂时不管介子、轻子和光子总能量密度、压强和重子数密度由通常的 Fermi 分布决定

$$
\rho = h^{-3} \int \mathscr{N}(m)\mathrm{d}m \int \{[\exp((E-\mu)/kT)+1]^{-1} \\
+ [\exp((E+\mu)/kT)+1]^{-1}\}E\mathrm{d}^3p \tag{15.11.6}
$$

$$
p = \frac{1}{3}h^{-3} \int \mathscr{N}(m)\mathrm{d}m \int \{[\exp((E-\mu)/kT)+1]^{-1} \\
+ [\exp((E+\mu)/kT)+1]^{-1}\}E^{-1}\boldsymbol{p}^2\mathrm{d}^3p \tag{15.11.7}
$$

$$
n = h^{-3} \int \mathscr{N}(m)\mathrm{d}m \int \{[\exp((E-\mu)/kT)+1]^{-1} \\
- [\exp((E+\mu)/kT)+1]^{-1}\}\mathrm{d}^3p \tag{15.11.8}
$$

式中 E 是粒子能量 $(\boldsymbol{p}^2+m^2)^{1/2}$, μ 是与重子数相联系的化学势. 平均每个重子的无量纲熵 σ 由热力学第二定律定义为全微分

$$
\mathrm{d}\sigma = \frac{1}{kT}\left\{\mathrm{d}\left(\frac{\rho}{n}\right) + p\mathrm{d}\left(\frac{1}{n}\right)\right\}
$$

的积分, 直接积分可得

$$
\sigma = \frac{\rho + p - \mu n}{nkT} \tag{15.11.9}
$$

在绝热膨胀中, ρ 和 p 从推测是无穷大的初始值降下来, 但 σ 必须保持常数. σ 保持不变而 ρ 和 p 能趋于无穷大的唯一途径是. 当 T 趋于一个小于 T_M 的有限值 T_1 时, μ 变为无穷大. 在这个极限中, 积分 (15.11.6)—(15.11.8) 趋于值[160]

[591]

$$
\rho \to A' \exp(\mu/kT_M)\mu^{5/2-B}kT_1 \csc\left(\frac{\pi T_1}{T_M}\right) \\
\times \left\{1 + \left(\frac{\pi kT_1}{\mu}\right)\left(B - \frac{5}{2}\right)\cot\left(\frac{\pi T_1}{T_M}\right) \right. \\
\left. + \left(\frac{3kT_M}{2\mu}\right)\left(B - \frac{1}{4}\right) + 0\left(\frac{1}{\mu^2}\right)\right\} \tag{15.11.10}
$$

$$
p \to A' \exp(\mu/kT_M)\mu^{5/2-B}kT_1 \csc\left(\frac{\pi T_1}{T_M}\right) \\
\times \left\{\left(\frac{kT_M}{\mu}\right) + 0\left(\frac{1}{\mu^2}\right)\right\} \tag{15.11.11}
$$

$$\mu n \to A' \exp(\mu/kT_M)\mu^{5/2-B} kT_1 \csc\left(\frac{\pi T_1}{T_M}\right)$$

$$\times \left\{ 1 + \left(\frac{\pi k T_1}{\mu}\right)\left(B - \frac{3}{2}\right)\cot\left(\frac{\pi T_1}{T_M}\right) \right.$$

$$\left. + \left(\frac{3kT_M}{2\mu}\right)\left(B - \frac{1}{4}\right) + 0\left(\frac{1}{\mu^2}\right) \right\} \tag{15.11.12}$$

式中 $A' = (kT_M)^{3/2}\hbar^{-3}(8\pi)^{-1/2}A$. 所以, 熵 (15.11.9) 取值

$$\sigma = \left(\frac{T_M}{T_1}\right) - \pi\cot\left(\frac{\pi T_1}{T_M}\right) \tag{15.11.13}$$

因为 σ 很大, 所以初始温度 T_1 非常接近极大温度 T_M:

$$\frac{T_1}{T_M} \simeq 1 - \frac{1}{\sigma} + 0\left(\frac{1}{\sigma^2}\right) \tag{15.11.14}$$

在一个有限的初始温度下, 与重子贡献 (15.11.10) 和 (15.11.11) 比较起来, 可把极限 $t \to 0$ 时的介子、轻子和光子的能量密度和压强忽略不计, 这证实了上面的计算中略去重子以外的所有粒子是对的. 重子数密度必须像 R^{-3} 那样变化, 所以当 $R \to 0$ 时由 (15.11.12) 和 (15.11.10) 得出

$$\mu \to 3kT_M |\ln R| \tag{15.11.15}$$

和

$$\rho \to \mu n \propto R^{-3}|\ln R| \tag{15.11.16}$$

因此, Einstein 场方程有一个 (略去 k 的) 解, 其形式为[160]

$$R \propto t^{2/3}|\ln t|^{1/2} \tag{15.11.17}$$

与基本粒子模型中所预期的变化 $R \propto t^{1/2}$ 不同.

我们怎样才能辨别极早期宇宙的各种模型呢? 如 15.6 节所指出的, 在温度高于 10^{12}K 时, 宇宙的大多数成分都处于热平衡中, 所以, 宇宙现在的成分大部分只依赖于按每个重子平均的熵, 也许还依赖于炽热的早期宇宙中轻子数与重子数的比. 为了对温度降到 10^{12}K 以前宇宙的演化有所了解, 我们需要寻找 "化石", 即那些在温度降到低于 10^{12}K 之前可能就已经脱离了热平衡的粒子.

一种可能的这类化石粒子是夸克, 即假设的强相互作用的基础粒子. 在我们这里称之为基本粒子模型的基础上, Zeldovich[161] 估计: 如果夸克确实能够作为自由粒子而存在, 则在早期宇宙中没有聚变为核子的剩余夸克的密度大致会与现在观测到的金原子的密度相同. 迄今为止, 在自

[592]

然界寻找夸克的努力都未获成功, 由此可以作出结论: 要么自由夸克不存在, 要么极早期宇宙的热历史与 (15.11.4) 很不相同.

另一个较少假设的化石粒子是引力子. 如 (15.10.42) 所示, 在具有切向黏性 η 的非理想流体中的一个引力子有平均自由时间 [156]

$$\tau_g = (16\pi G\eta)^{-1} \tag{15.11.18}$$

如果 τ_g 比膨胀时间 t 大不了很多, 则由引力子进行的动量转移会使介质具有黏性

$$\eta = \frac{4}{15}aT^4\tau_g \tag{15.11.19}$$

从这两个式子中消去 η 后就得出 [149]

$$\tau_g = \left(\frac{64}{15}\pi GaT^4\right)^{-1/2} \tag{15.11.20}$$

在基本粒子模型中, 由式 (15.11.20) 和 (15.11.4) 得出引力子平均自由时间对膨胀时间的比值为

$$\frac{\tau_g}{t} = \left(\frac{4\mathscr{N}}{5}\right)^{1/2} \tag{15.11.21}$$

如果 $\mathscr{N}$ 不太大, 则 τ_g 比 t 大不了太多, 因此, (15.11.19) 和 (15.11.20) 近似地正确, 从而当 $t \to 0$ 时 T_g 会像 t 那样变为零. 所以, 在基本粒子模型中, 极早期宇宙对于引力辐射的 "光深" $\int \tau_g^{-1}\mathrm{d}t$ 当 $t \to 0$ 时会对数发散, 从而目前宇宙应包含剩余黑体引力辐射 [162], 其温度为

$$T_{g0} = \frac{(TR)_{t\to 0}}{R_0} = \left(\frac{\mathscr{N}}{2}\right)^{-1/3} T_{\gamma 0} \tag{15.11.22}$$

[593] 例如, 若 $\mathscr{N} = 26$ 和 $T_{\gamma 0} = 2.7$ K, 则现在的背景引力辐射温度约为 0.9 K. 反之, 在复合粒子模型中, $t \to 0$ 时乘积 RT 为零, 所以, 即使宇宙对于引力辐射是 "光学厚的", 现在的引力子背景温度仍比由 (15.11.22) 得到的值低得多. 这样一来, 是否存在温度约为 1 K 的背景引力辐射, 就会提供极早期宇宙中物质性状的明显证据. 可惜看来还没有直接探测背景引力辐射的任何方法 [162]. 它的最重要的效应是把辐射主导期的膨胀时标变短一些, 这只能使宇宙学起源的氦稍许增加一点.

微波背景中巨大的重子比熵所代表的热, 可能提供关于宇宙极早期历史的最有用的线索. 当然, 这些热也可能是在初始奇点进入的, 在这种情况下, 我们必须把 σ 当作一个无量纲的基本常数, 如同精细结构常数一样. 但是, 更吸引人的是假设现在的重子比熵是在早期或极早期宇宙中起作用的物理耗散过程产生出来的.

体积黏性现象提供了这样一种非绝热的产熵机制. 在 15.10 节中我们看到, 切向黏性和热传导在 Robertson-Walker 模型中不能起作用. 在均匀各向同性膨胀情况下能够进入能量 – 动量张量中的唯一耗散效应, 就是 (2.11.21) 中正比于体积黏性 ζ 的项, 这个项在一般坐标中取如下形式

$$\Delta T^{\mu\nu} = -\zeta(g^{\mu\nu} + U^\mu U^\nu)U^\lambda_{;\lambda}$$

式中 U^μ 是流体的速度 4 维矢量. 在 Robertson-Walker 模型里, 我们有 $U^\lambda_{;\lambda} = 3\dot{R}/R$, 所以这里总能量 – 动量张量是

$$T^{\mu\nu} \equiv \rho U^\mu U^\nu + \left(p - 3\zeta\frac{\dot{R}}{R}\right)(g^{\mu\nu} + U^\mu U^\nu)$$

因此, 体积黏性的总效应是把压强 p 换为

$$p^* = p - 3\zeta\frac{\dot{R}}{R} \tag{15.11.23}$$

所以在用 ρ 表达 $\dot{R}$ 的公式 (15.1.20) 中, 体积黏性没有效应. 但是, 它确实出现在能量守恒方程中, 现在这个守恒方程取代 (15.1.21) 而变为

$$\frac{\mathrm{d}}{\mathrm{d}R}(\rho R^3) = -3p^* R^2 = -3pR^2 + 9\zeta\dot{R}R \tag{15.11.24}$$

因为 $n \propto R^{-3}$, 所以一般说来, 比熵增长速率为

$$\dot{\sigma} \equiv \frac{1}{kT}\left[\frac{\mathrm{d}}{\mathrm{d}t}\left(\frac{\rho}{n}\right) + p\frac{\mathrm{d}}{\mathrm{d}t}\left(\frac{1}{n}\right)\right]$$
$$= \frac{\dot{R}}{nR^2kT}\left[\frac{\mathrm{d}}{\mathrm{d}R}(\rho R^3) + p\frac{\mathrm{d}}{\mathrm{d}R}(R^3)\right]$$

又由 (15.11.24) 得知它是[149]

[594]

$$\dot{\sigma} = \frac{9\zeta\dot{R}^2}{nkTR^2} \tag{15.11.25}$$

例如, 对于由平均自由时间很短的物质粒子和平均自由时间为 τ 的光子所构成的流体而言, 体积黏性是[149]

$$\zeta = 4aT^4\tau\left[\frac{1}{3} - \left(\frac{\partial p}{\partial \rho}\right)_n\right]^2 \tag{15.11.26}$$

而由方程 (15.11.25) 得到熵产生速率为

$$\frac{\dot{\sigma}}{\sigma} = \frac{3\tau\dot{R}^2}{R^2}\left[1 - 3\left(\frac{\partial p}{\partial \rho}\right)_n\right]^2\left(\frac{4aT^3}{3nk\sigma}\right) \tag{15.11.27}$$

(对于中微子, 只消乘上一个因子 7/8). 这里可以把熵的产生理解为由于这样的事实: 在碰撞之间一个自由光子的频率按 $1/R$ 变化, 而除非 $(\partial p/\partial \rho)_n$ 取值 1/3, 物质介质的温度将不按 $1/R$ 变化, 所以, 宇宙膨胀在连续不断地使物质与辐射彼此脱离热平衡[163]. 但是, 根据基本粒子模型, $(\partial p/\partial \rho)_n$ 在极早期宇宙中会接近于 1/3, 而按复合粒子模型, 光子 (或中微子) 只分担总熵中的一小部分, 所以, (15.11.27) 中最后的因子是很小的. $\dot{\sigma}/\sigma$ 的估计并不表示现在宇宙的高熵能用体积黏性来说明[149].

如果宇宙现在的熵不是来源于体积黏性, 那么它也许是由初始的非各向同性或非均匀膨胀中的切向黏性效应或热传导效应所产生的. 实际上, 可能正是这些耗散过程导致了初始非各向同性的消除, 从而产生了在宇宙微波背景辐射中观测到的高度各向同性. Misner[164] 已阐明, 在温度降到 2×10^{10}K 以前起作用的中微子黏性会把 (初始时均匀但各向异性的膨胀中产生的) 目前黑体辐射的各向异性减小到 0.03% 以下.

对于观测到的高重子比熵的另一可能解释是, 如同 Klein[165] 和 Alfvén[166] 的理论中那样, 平均重子数密度实际上为零. 当 (如果) 温度高于 10^{13}K 时, 核子加反核子的粒子数密度约为

$$n_N + n_{\overline{N}} \sim \frac{aT^3}{k} \sim \sigma n_B \sim \sigma(n_N - n_{\overline{N}})$$

所以, 若 σ 保持恒定, 则在极早期宇宙中核子超过反核子的相对剩余会有很小的值

$$\frac{n_N - n_{\overline{N}}}{n_N + n_{\overline{N}}} \sim \frac{1}{\sigma} \sim 10^{-8} \ \text{至} \ 10^{-9}$$

[595] 在 Klein 和 Alfvén 的对称宇宙论中, 这种小的核子剩余被解释为一种纯局部现象 —— 假设在宇宙的其它部分存在着小的反核子剩余, 在目前产生出反物质星系. Omnes[166a] 的详细计算表明, 在物质和反物质的对称等离子体中的合理的物理过程, 可以产生所需要的物质与反物质的微小分离. 可惜, 关于遥远星系究竟是由物质构成还是由反物质构成, 观测天文学目前还不能提供任何明确的信息. 只有 γ 射线谱提供了一个在宇宙学尺度上可能存在反物质的暗示[166b].

只要我们有勇气推测极早期的宇宙, 我们也就能把推测回溯到开端本身. 如果套公式的话, Friedmann 解表明: 在基本粒子模型中, 当 $t \to 0$ 时 R 像 $t^{1/2}$ 那样变为零; 在复合粒子模型中, 当 $t \to 0$ 时 R 像 $t^{2/3}|\ln t|^{1/2}$ 那样变为零. 这种奇性实际上存在, 也未可知, 但人们自然很想知道它是否能够避免.

在极早期宇宙中避免奇性的一条途径是: 能量密度 ρ 也许会由于某种结合能超过粒子静质量的极短程的吸引力而变为零. 如果 ρ 在标度因

子 $R(t)$ 的某个临界值 R_c 时变为零, 则 $\dot{R}$ 在 R_c (或者对于有限的曲率是接近 R_c) 也变为零, 因此, R 可能在减小到 R_c 之后便开始了它目前的增长阶段.

即使能量密度总是正的, 仍然可以想象: 宇宙能够由于那种使简单的 Friedmann 解失效的各向异性和非均匀性而逃脱普遍的奇性. 但是, Penrose[167] 和 Hawking[168] 已证明了一系列强有力的定理, 表明奇性在非常普遍的条件下是不可避免的. 例如 Hawking 的定理之一说, 只要满足如下条件, 奇性就不可避免: 1) 广义相对论成立; 2) 每一时空点有一小邻域, 其中具有类时切线或类光切线的曲线相交不多于一次; 3) 对于使 $W^\mu W_\mu < 0$ 的所有矢量 W^μ, 能量 – 动量张量满足正值条件

$$\left[T_{\mu\nu} - \frac{1}{2} g_{\mu\nu} T^\lambda{}_\lambda \right] W^\mu W^\nu \geqslant 0$$

4) 存在一个这样的点 p, 通过 p 的所有指向过去的类时测地线在 p 点过去的一个致密区域内开始再度聚合. 如果存在足够的物质使通过 p 点的世界线在过去聚合. 最后一个条件便得到满足, 而且 Hawking 和 Ellis[169] 已证明: 宇宙微波背景在过去确实提供了足够的能量密度来满足这个条件. 但是, 注意这样一点是重要的, 即 Penrose-Hawking 定理并不是说过去存在一个包括整个空间的奇性 (如像在 Freidmann 解中那样), 而只是说在某处存在某种奇性. 奇性可能仅由一个或若干个孤立点组成, 这些点的性质像时间反演的坍缩星那样.

最后, 经典的广义相对论本身在极早期宇宙中可能失效. 发生这种 [596] 情况的一种简单途径是通过宇宙学常数的影响 (留待下一章讨论). 一个更诱人的思想是量子效应可能变得重要起来, 使任何纯经典的引力场理论不成立. 对于由平均粒子能量为 E 的点状粒子所组成的系统, 引力 "辐射改正" 的相对重要性由如下 "引力精细结构常数" 来表征:

$$\alpha_g \equiv \frac{GE^2}{\hbar}$$

它类似于通常电磁相互作用的精细结构常数 $1/137$. 当 α_g 的量级为 1 时, 即当 E 达到临界值 (按 c. g. s. 制单位)

$$E_c = \left(\frac{\hbar c^5}{G} \right)^{1/2} = 1.22 \times 10^{28} \text{eV} \tag{15.11.28}$$

相应于温度为 1.4×10^{32}K 时, 量子效应就变得重要了. 在复合粒子模型中, 温度在任何情况下都达不到这样高. 但是, 在由有限 $\mathcal{N}$ 种基本粒子组成的 Freidmann 宇宙的开端本身, kT 会大于 E_c. 事实上, 在那个时候,

许多其它的量子效应都变得重要起来[170]. 例如, 在温度 T 时一个典型粒子波函数的振荡速率是 $kT/\hbar$, 而由关系式 (15.11.4) 得到这个时刻的宇宙膨胀速率为

$$\frac{\dot{R}}{R} = \frac{1}{2t} = \left(\frac{4\pi G \mathcal{N} a T^4}{3}\right)^{1/2}$$

记住 $a = \pi^2 k^4/15\hbar^3$, 这些速率的比值是

$$\frac{kT/\hbar}{\dot{R}/R} = \left(\frac{45\hbar}{4\pi^3 \mathcal{N} G(kT)^2}\right)^{1/2} = \left(\frac{45}{4\pi^3 \mathcal{N}}\right)^{1/2}\left(\frac{E_c}{kT}\right)$$

因此, 对于临界温度 E_c/k 以上的温度, 典型粒子波函数的振荡速率低于宇宙膨胀速率, 所以, 经典的或半经典的描述不能应用于那时处于热平衡中的粒子.

对初始情况的考虑自然地导致对最终情况的推测[171]. 在 15.1 节中我们已看到, $k = +1$ 的 Freidmann 宇宙终归要停止膨胀而开始收缩. 按照原义, 若取 $H_0 = 75\text{km}\cdot\text{s}^{-1}\text{Mpc}^{-1}$ 和 $q_0 = 1$, 这种模型要求在将来的某个有限时刻 (约为 75×10^9 年) 达到 $R = 0$ 的奇点. 但是, 如果说通过负能量密度、各向异性或量子效应有可能避免过去的一般奇点, 那么避免将来的一般奇点看来也应当是可能的. 在这种情况下, 我们可以假设: 宇宙经历着一种振荡, 其收缩和膨胀时期永远彼此交替下去.

[597]　　　　这种振荡可以是周期性的吗? 也就是说, 在充分大的时间尺度上来看宇宙历史, 我们能不能恢复宇宙的稳恒态图景? 一个明显的异议是: 在每个循环中, 熵大概是被创造了而不是被消灭了. 有人提出在收缩阶段中熵可以被消灭[172], 因为正是宇宙膨胀引起冷却而建立了热力学过程中的时间箭头的方向. 但是, 没有一个详细的模型描述怎样才能发生这种过程. 特别是, 很难理解时间箭头怎么能够正好在 $R(t)$ 达到极大值时逆转, 在那个时刻背景辐射温度是如此地低 (大约只有 1K), 以至很难影响到地球上的过程. 如果能够设法避开热力学第二定律, 并且宇宙确实在周期性地膨胀和收缩, 则在收缩阶段中没有进入热平衡的粒子, 例如 (也许) 像引力子或中微子, 必然会大量出现: 如果在每个循环中在一给定的共动体积内产生 N 个粒子, 并且在一个循环内这些粒子之一被吸收的概率是 P, 则为了保持粒子数大体不变, 在这个体积中的平均粒子数就必须是 N/P. 所以, 有朝一日我们可探测到宇宙历史的过去一些循环中的余留物, 这并不是完全不可能的. 但是, 现在这种问题仍停留在宇宙学推测的最遥远的边缘.

专题书目

除第十一，十四两章的书目外，本章涉及的特殊文献如下：

宇宙质量密度

G. O. Abell, "Clustering of Galaxies," *Annual Review of Astronomy and Astrophysics*, Vol. 3, ed. by L. Goldberg (Annual Reviews, Inc., Palo Alto, Cal., 1965), p. 1.

G. Burbidge and W. L. W. Sargent, "The Case of the Missing Mass." Comments Astrophys. Space Phys., **1**, 220 (1969).

R. A. Sunyaev and Ya. B. Zeldovich, "An Open Universe?," Comments Astrophys. Space Phys., **1**, 159 (1969).

星系际介质

C. R. Burbidge, "Intergalactic Matter and Radiation," I. A. U. Symposium No. 44, Uppsala, Sweden, August 1970, to be published.

G. B. Field, "The Physics of the Interstellar and Intergalactic Medium," in *Astrophysics and General Relativity* (1968 Brandeis University Summer Institute in Theoretical Physics), Vol. 1, ed. by M. Chretien, S. Deser, and J. Goldstein (Gordon and Breach Science Publishers, New York, 1969), p. 59

G. B. Field, "Intergalactic Matter." to be published in *Annual Review of Astronomy and Astrophysics* (Annual Reviews, Inc., Palo Alto, Cal., 1972).

R. J. Gould, "Intergalactic Matter and Radiation," in *Annual Review of Astronomy and Astrophysics*, Vol. 6, ed. by L. Goldberg (Annual Reviews, Inc., Palo Alto, Cal., 1968), p. 195.

宇宙微波背景

R. P. Partridge, American Scientist. **57**, 3 (1969).

P. J. E. Peebles, "Cosmology and Infrared Astronomy: Closing the Gap between Theory and Practice", Comments Astrophys. Space Phys., **3**, 20 (1971).

R. A. Sunyaev and Ya B. Zeldovich, "The Spectrum of Primordial Radiation, its Distortions and their Significance," Comments Astrophys. Space Phys., **2**, 66 (1970).

早期宇宙

E. R. Harrison, "Comments on the Big-bang," Nature, **228**, 258 (1970).

I. D. Novikov and Ya. B. Zeldovich, "Cosmology," in *Annual Review of Astronomy and Astrophysics*, Vol. 5, ed. by L. Goldberg (Annual Reviews. Inc., Palo Alto, Cal., 1967), p. 627.

[598]

Ya. B. Zeldovich, "The Universe as a Hot Laboratory for the Nuclear and Particle Physicist", Comments Astrophys. Space Phys., 2, 12 (1970).

Ya. B. Zeldovich, "The 'Hot' Model of the Universe", Usp. Fiz. Nauk, **89**, 647 (1966) [trans. Soviet Phys. Usp., **9**, 602 (1967)].

元素的起源和丰度

L. H. Aller, *Abundance of the Elements* (Interscience Publishers, New York, 1961).

L. H. Aller, "The Abundance of Elements in the Solar Atmosphere", in *Advances in Astronomy and Astrophysics*, Vol. 3, ed. by Z. Kopal (Academic Press, New York, 1965), p. 1.

G. R. Burbidge, "Cosmic Helium", Comments Astrophys. Space Phys., **1**, 101 (1969).

A. G. W. Cameron, "Processes of Nucleosynthesis", Comments Astrophys. Space Phys., **2**, 153 (1970).

D. D. Clayton, *Principles of Stellar Evolution and Nucleosynthesis* (McGraw-Hill, New York, 1968).

I. J. Danziger, "The Cosmic Abundance of Helium", in *Annual Review of Astronomy and Astrophysics*, Vol. 8, ed. by L. Goldberg (Annual Reviews, Inc., Palo Alto, Cal., 1970), p. 161.

W. A. Fowler, "How Now, No Cosmological Helium? ", Comments Astrophys. Space Phys., **2**, 134 (1970).

W. A. Fowler and W. E. Stephens, "Resource Letter OE-1 on Origin of Elements", Am. J. Phys., **36**, 1 (1968).

R. J. Tayler. "The Origin of the Elements", reprint in *Astrophysics* (W. A. Benjamin, New York, 1969).

涨落和星系形成

G. B. Field, "The Formation and Early Dynamical History of Galaxies", in *Stars and Stellar Systems, Vol. IX: Galaxies and the Universe*, ed. by A. and M. Sandage, to be published.

E. R. Harrison, "Normal Modes of Vibration of the Universe", Rev. Mod. Phys., **39**, 862 (1967).

D. Layzer, "Cosmogonic Processes", in *Astrophysics and General Relativity* (1968 Brandels University Summer Institute in Theoretical Physics), Vol. 2, ed. by M. Chretien, S. Deser. and J. Goldstein (Gordon and Breach Science Publishers, New York, 1969).

D. Layzer, "A Unified Approach to Cosmology", in *Relativity Theory and Astrophysics 1. Relativity and Cosmology*, ed. by J. Ehlers (American Mathematical Society, Providence, R. I., 1967), p. 237.

[599]

J. H. Oort, "Galaxies and the Universe", Science, **170**, 1363 (1970).

M. J. Rees and D. W. Sciama, "The Evolution of Density Fluctuations in the Universe", Comments Astrophys. Space Phys., **1**, 140, 153 (1969).

参考文献

[1] A. Friedmann, Z. Phys., **10**. 377(1922); *ibid.*, **21**, 326 (1924).

[2] W. H. McCrea and E. A. Milne, Quart. J. Math. (Oxford), **5**, 73 (1934). E. A. Milne, Quart. J. Math. (Oxford), **5**, 64 (1934).

[3] 最近的调查见 G. O. Abell. Ann, Rev. Astron. Astrophys., **3**, (1965); G. R. Burbidge and W. L. W. Sargent, Comments Astrophys. Space Phys., **1**, 220 (1969). 也见 T. Kiang, Mon. Not. Roy. Astron. Soc., **122**, 263 (1961).

[4] F. Zwicky, Helv. Phys. Acta, **6**, 110 (1933); E. M. Burbidge, G. R. Burbidge, and R. A. Fish, Astrophys. J., **133**, 393 (1961).

[5] J. H. Oort, in *La Structure et l'Evolution de l'Univers* (Institut International de Physique Solvay, R. Stoops, Brussels, 1958), p. 163.

[6] S. van den Bergh, Z. f. Astrophys., **66**, 567 (1961).

[7] T. W. Noonan, Pub. Astron. Soc. Pac., **83**, 31 (1971).

[7a] S. L. Shapiro, Astron. J., **76**, 291 (1971).

[8] G. R. Burbidge and E. M. Burbidge, Ap. J., **130**, 629 (1959); J. D. Karachentsev, Astrofizica, **2**, 81 (1966); S. van den Bergh, Z. f. Ap., **53**, 219 (1961); 以及文献 3, 5, 6.

[8a] H. Gursky, E. Kellogg, S. Murray, C. Leong, H. Tanenbaum, and R. Giacconi, Astrophys. J., **167**, L81 (1971); J. F. Meekins, G. Fritz, T. A. Chubb, H. Friedman, and R. C. Henry, Nature, **231**, 107 (1971). 与此相关, 也见 T. F. Felton, R. J. Gould, W. A. Stein, and N. J. Woolf, Astrophys. J., **146**, 955 (1966); N. J. Woolf, Astrophys. J., **148**, 287 (1967); B. Turnrose and H. J. Rood, Astrophys. J., **159**, 773 (1970); P. D. Noerdlinger, Nature, **232**, 393 (1971); J. R. Gott III and J. E. Gunn, Astrophys. J, **169**, L13 (1971); G. A. Welch and G. N. Sastry, Astrophys. J., **169**, L3 (1971); D. Goldsmith and J. Silk, Astrophys. J., to be published (1972); G. B Field, Ann. Rev. Astron. Astrophys., to be published (1972).

[9] V. A. Ambartsumian, Isv. Akad. Nauk. Arm. S. S. R., Ser. Fiz.—Mat, **11**. 9 (1958).

[9a] P. J. E. Peebles and R. B. Partridge, Astrophys. J., **148**, 713 (1967). 关于夜天亮度的观测资料见 F. E. Roach and L. L. Smith, Geophys. J. Roy. Astron. Soc., 15, 227 (1968).

[600]

[10] 这是通过积分 M. Ryle, Ann. Rev. Astron. and Astrophys., **6**, 256 (1968) 巡天给出的计数分布 $N(S)$ 得到的.

[11] 见巡天工作: W. Davidson and J. V. Narlikar, in *Astrophysics* (W. A. Benjamin, New York, 1969), Sections 2.5 and 2.6.

[12] J. E. Felten, Astrophys. J., **144**, 241 (1966). 也见 G. de Vaucouleurs, Ann. Astrophys., **12**, 162 (1949), and ref. 11.

[13] 见 K. Brecher. and G. Burbidge, Comments Astrophys. Space Phys., **2**, 75 (1970).

[14] V. L. Ginzburg and S. I. Syrovatskii, *The Origin of Cosmic Rays* (Macmillan, New York, 1964).

[14a] 星系产生引力辐射的考虑见 G. B. Field, M. J. Rees, and D. W. Sciama, Comments on Astrophys. Space Phys., **1**, 187 (1969); D. W. Sciama, G. B. Field, and M. J. Rees, Phys. Rev. Lett., **23**, 241 (1969). 长波长引力辐射原始产生的考虑见 M. J. Rees, Mon. Not. Roy. Astron. Soc., **154**, 187 (1971).

[15] M. S. Longair, Mon. Not. Roy. Astron. Soc, **133**. 421 (1966).

[16] A. G. Doroshkevich, M. S. Longair, and Ya. B. Zeldovich, Mon. Not. Roy. Astron. Soc., **147**, 139 (1970).

[17] M. Schmidt, Astrophys. J., **151**. 393 (1968); also Ann. Rev. Astron. Astrophys., **7**, 527 (1969); Ap. J., **162**, 371 (1970).

[18] E.Rutherford, Nature, **123**, 313 (1929).

[601] [19] C. C. Patterson. Geochim. et Cosmochim. Acta, **10**, 230 (1956). $(4.53\pm0.03)\times10^9$ 年的值由下文给出: R. G. Ostic, R. D. Russell, and D. H. Reynolds, Nature, **199**, 1150 (1963).

[20] E. M. Burbidge. G. R. Burbidge, W. A. Fowler, and F. Hoyle, Rev. Mod. Phys., **29**, 547 (1957).

[21] W. A. Fowler and F. Hoyle, Ann. Phys., **10**, 280 (1960), 1.89 ± 0.36 这个值由下文给出: P. A. Seeger and D. N. Schramm, Astrophys. J., **160**, L157 (1970).

[22] D. D. Clayton, Astrophys. J., **139**, 637 (1964).

[23] R. H. Dicke, Nature, **194**, 329(1962); Astrophys. J., **155**, 123 (1969).

[24] I. Iben, Jr., Scientifie American, July 1970, p. 27. Also see I. Iben, Jr., and R. T. Rood, Nature, **223**, 933 (1969); Astrophys. J., **161**, 587 (1970).

[25] W. Rindler, Mon. Not. Roy. Ast. Soc., **116**, 663 (1956).

[26] See, for example, L. I. Schiff, *Quantum Mechanics* (3rd ed., McGraw-Hill, New York, 1968), p. 531.

[27] A. Einstein, Phys. Z., **18**, 121 (1917).

[28] G. B. Field, Astrophys. J., **129**, 525 (1959).

[29] G. B. Field, Astrophys. J., **135**, 684 (1962).

[30] J. A. Kochler and B. J. Robmson, Astrophys. J., **146**, 488 (1966); S. Goldstein. Ap. J., **138**, 978 (1963); R. Allen, Astron. and Astrophys., **3**, 316, 382 (1969); A. A. Penzias and E. H. Scott, III, Ap. J., **153**, L7 (1968); R. D. Davies and R. C. Jennison, Mon. Not. Roy. Astron. Soc., **128**, 123 (1964); R. J. Allen, Astron. Astrophys., **3**, 316, 382 (1969).

[31] J. A. Koehler, Ap. J., **146**, 504 (1966).

[32] C. Heiles and G. K. Miley, Astrophys. J., **160**, L83 (1970).

[33] A. A. Penzias and R. W. Wilson, Astrophys. J., **156**, 799 (1969).

[34] J. E. Gunn and B. A. Peterson, Astrophys. J., **142**, 1633 (1965); also see P. A. G. Scheuer, Nature. **207**, 963 (1965).

[35] J. B. Oke, Astrophys. J., **145**, 668 (1966).

[36] G. and M. E. Burbidge, *Quasi-Stellar Objects* (W. H. Freeman and Co., San Francisco, 1967), p. 146.

[37] E. J. Wampler, Astrophys. J., **147**, 1 (1967).

[38] G. B. Field. P. M. Solomon, and E. J. Wampler, Astrophys. J., **145**, 351 (1966).

[39] J. N. Bahcall and E. E. Salpeter, Astrophys. J., **142**, 1677 (1965).

[40] R. V. Wagoner. Astrophys. J., **149**, 465 (1967).

[41] P. J. E. Pecbles, Astrophys. J., **157**, 45 (1969).

[42] G. R. Burbidge and M. Burbidge, Nature, **222**, 735 (1969); G. R. Burbidge, Ann. Rev. Astron. Astrophys., **8**, 309 (1970).

[43] I. S. Shklovsky, 1969, to be published; M. Rees, Astrophys. J., **160**, L29 (1970); G. R. Burbidge, 在 I. A. U. Symposium No. 44, "External Galaxies and Quasi-Stellar Objects", Uppsala, Sweden, August 1970 提供的特邀论文; J. N. Bahcall, Comments Astrophys. and Space Phys., **2**, 221 (1970); 等等.

[43a] G. B. Field, 文献 8a.

[43b] W. J. Karzas and R. Latter, Astrophys. J. Suppl., **6**, 167 (1961).

[43c] G. B. Field and R. C. Henry, Astrophys. J., **140**, 1002 (1964).

[44] K. Brecher and G. Burbidge, Comments Astrophys. Space Phys., **2**, 75 (1970).

[44a] D. A. Schwartz, Astrophys. J., **162**, 439 (1970).

[44b] R. Cowsik, talk presented at the 12th International Conference on Cosmic Rays (Hobart, Tasmania, August, 1971); R. Cowsik and E. J. Kobetich, to be published (1972).

[45] V. L. Ginzburg and L. M. Ozernoi, Astrophys. Zh., **42**, 943 (1965); R. J. Gould and W. Ramsay, Astrophys. J., **144**, 587 (1966); R. Weymann, Astrophys. J., **145**, 560 (1966); *ibid.*, **147**, 887 (1967); J. Arons and R. McCray, Astrophys.

[602]

Lett., **5**, 123 (1969); J. Bergeron, Astron. Astrophys., **3**, 364 (1969); P. D. No-erdlinger. Ap. J., **156**, 841 (1969); J. E. Felten and J. Bergeron, Astrophys. Lett., **4**, 155 (1969); 及其它.

[46] M. J. Rees, Astrophys. Lett., **4**, 61 (1969).

[47] J. N. Bahcall and E. E. Salpeter, Astrophys. J., **142**, 1677 (1965).

[48] F. T. Haddock and D. W. Sciama. Phys. Rev. Lett., **14**, 1007 (1965).

[49] See, for example, L. Spitzer, Jr., *Physics of Fully Ionized Gases* (Interscience Publishers, New York, 1956), Chapter 4.

[49a] K. I. Kellerman and I. I. K. Pauliny-Toth. Ann. Rev. Astron. and Astrophys., **6**, 417 (1968).

[50] 例如, 见, 文献 36, Chapter 6.

[50a] J. N. Bahcall and E. E. Salpeter, Astrophys. J., **142**, 1677 (1965). 也见 G. B. Field, 文献 8a.

[50b] D. D. Noerdlinger, Ap. J., **157**, 495 (1969). 也见 G. B. Field. 文献 8a.

[50c] Y. Sofue, M. Fujimoto, and K. Kawabata, Pub. Astron. Soc. Japan, **20**, 368 (1969); K. Kawabata, M. Fujimoto, Y. Sofue, and M. Fukui, *ibid.*, **21**, 293 (1969); M. Reinhardt and M. Thiel, Astrophys. Lett., **7**, 101 (1970); H. Arp, Nature, **232**, 463 (1971).

[51] G. Gamow, Phys. Rev., **70**, 572 (1946); R. A. Alpher, H. Bethe, and G. Gamow, Phys. Rev., **73**, 803 (1948); G. Gamow, Phys. Rev., **74**, 505 (1948); R. A. Alpher and R. C. Herman, Nature, **162**, 774 (1948); R. A. Alpher, R. C. Herman, and G. Gamow, Phys. Rev., **74**, 1198 (1948); *ibid.*, **75**, 332A (1949); *ibid.*, **75**, 701 (1949); G. Gamow, Rev. Mod. Phys., **21**, 367 (1949); R. A. Alpher, Phys. Rev., **74**, 1577 (1948); R. A. Alpher and R. C. Herman, Phys. Rev., **75**, 1089 (1949).

[52] R. A. Alpher and R. C. Herman, Rev. Mod. Phys., **22**, 153 (1950).

[53] R. H. Dicke, P. J. E. Pecbles, P. G. Roll, and D. T. Wilkinson, Astrophys. J., **142**, 414 (1965).

[54] A. A. Penzias and R. W. Wilson, Astrophys. J., **142**, 419 (1965).

[55] F. A. Jenkins and D. E. Wooldridge, Phys. Rev. **53**, 137 (1938).

[56] A. McKellar, Publs. Dominion Astrophys. Observatory (Victoria, B. C.), **7**, 251 (1941).

[603] [57] G. B. Field and J. L. Hitchcock, Phys. Rev. Lett., **16**, 817 (1966); Astrophys. J. **146**, 1 (1966). CN 吸收数据的意义 1965 年首次由 Field, G. H. Herbig, and Hitchcock 陈述; 其摘要, 见 Astron. J. **71**, 161 (1966).

[58] N. J. Woolf. 引用于文献 59.

[58a] I. S. Shklovsky, Astronomicheskii Tsircular, No. 364, 1966.

[59] P. Thaddeus and J. F. Clauser, Phys. Rev. Lett., **16**, 819 (1966).

[60] V. J. Bortolot, Jr., J. F. Clauser, and P. Thaddeus, Phys. Rev. Lett., **22**, 307 (1969).

[61] P. E. Boynton, R. A. Stokes, and D. T. Wilkinson, Phys. Rev. Lett., 21, 462 (1968), M. F. Millea, M. McColl, R J. Pedersen, and F. L. Vernon, Jr., Phys. Rev. Lett., **26**, 919 (1971); A. G. Kislyakov, V. I. Chernyshev, Yu. V. Lebskii, V. A. Mal'tsev, and N. V. Serov, Astrophys. Zh., **48**, 39 (1971) [transl. Sov. Astron. — AJ. **15**, 29 (1971)].

[62] V. J. Bortolot., J. F. Clauser, and P. Thaddeus, Phys. Rev. Lett., **22**, 307 (1969).

[63] K. Shivanandan, J. R. Houck, and M. O. Harwit, Phys. Rev. Lett., **21**, 1460 (1968); J. R. Houck and M. Harwit, Astrophys. J., **157**, L45 (1969).

[64] D. Muehlner and R. Weiss, Phys. Rev. Lett., **24**, 742 (1970).

[64a] M. Harwit, J. R. Houck, and R. V. Wagoner, Nature, **228**, 451 (1970).

[64b] J. L. Pipher, J. R. Houck, B. W. Jones, and M. Harwit, Nature, **231**, 375 (1971).

[64c] A. G. Blair, J. G. Beary, F. Edeskuty, R. D. Hiebert, J. P. Shipley, and K. D. Williamson, Jr., Phys. Rev. Lett., **27**, 1154 (1971).

[64d] D. Muehlner and R. Weiss, to be published (1972).

[65] P. J. E. Peebles, Ap. J., **153**, 1 (1968). 也见 R. A. Sunyaev, Dokl. Akad. Nauk. U. S. S. R, **179**, 45 (1968) [trans.Sov.Phys.— Dokl., **13**, 183 (1968)]; Ya. B. Zeldovich, V. G. Kurt, and R. A. Sunyaev, Zh. Eksp. Teor. Fiz., **55**, 278 (1968) [trans. Sov. Phys — JETP, **28**, 146 (1969)].

[66] R. B. Partridge and P. J. E. Peebler, Astrophys. J., **148**. 377 (1967).

[67] V. Petrosian. J. N. Bahcall, and E. E. Salpeter, Astrophys. J., **155**, L57 (1969).

[68] R. A. Sunyaev. 评论于 the Fifth International Conference on Gravity and General Relativity, Tiflis, U. S. S.R., September 1968. 也见 Ya. B. Zeldovich and R. A. Sunyacv, Astrophys. Space Sci., **4**, 285 (1969); Ya. B. Zeldovich, Comments Astrophys. Space Sci., **2**, 66 (1970).

[69] M. J. Rees and D. W. Sciama, Nature, **217**, 511 (1968); R. K. Sachs and A. M. Wolfe, Astrophys. J., **147**, 73 (1967); A. M. Wolfe, Astrophys. J., **156**, 803 (1969).

[70] E. K. Conklin and R. N. Bracewell, Nature, **216**, 777 (1967).

[71] R. B. Partridge and D. T. Wilkinson, Phys. Rev. Lett., **18**, 557 (1967); D. T. Wilkinson and R. B. Partridge, 引用见 R. B. Partridge, American Scientist, **57**, 37 (1969).

[72] E. K. Conklin, Nature, **222**, 971 (1969).

[73] G. de Vaucouleurs and W. L. Peters, Nature, **220**, 868 (1968).

[74] C. Misner, 个人通信.

[604]

[75] F. Hoyle and N. C. Wickramsinghe, Nature, **214**, 969 (1967); J. V. Narlikar and N. C. Wickramsinghe, Nature, **216**, 43 (1967); *ibid.*, **217**, 1235 (1968). Also see D. Layzer, Astrophys. Lett., **1**, 49 (1968).

[76] T. Gold and F. Pacini, Astrophys. J., **152**, L115 (1968); A. M. Wolfe and G. R. Burbidge, Astrophys. J., **156**, 345 (1969); R. Wagoner, Nature, **224**, 481 (1969).

[77] A. A. Penzias, J. Schraml, and R. W. Wilson, Astrophys. J., **157**. L49 (1969); C. Hazard and E. E. Salpeter, Astrophys. J., **157**, L87(1969).

[78] J. E. Felten and P. Morrison, Astrophys J., **146**, 686 (1966).

[79] F. Hoyle, Phys. Rev. Lett., **15**, 131 (1965).

[80] R. J. Gould, Phys. Rev. Lett., **15**, 511 (1965).

[81] J. E. Felten, Phys. Rev. Lett., **15**, 1003 (1965), K. Brecher and P. Morrison, Astrophys. J., **150**, L61 (1967).

[82] K. Brecher and P. Morrison, Phys. Rev. Lett., **23**, 802 (1969).

[83] E. T. Byram, T. A. Chubb, and H. Friedman. Science, **169**, 366 (1970).

[84] 文献 14, p. 114.

[85] K. Greisen, Phys. Rev. Lett., **16**, 748(1966); F. W. Stecker, Phys. Rev. Letters, **21**, 1016 (1968); G. T. Zatsepin and V. A. Kuz'man, Pis'ma Zh. Eksp. Teor. Fiz., **4**, 114 (1966) [trans. Sov. Phys. — JETP Lett., **4**, 78 (1966)]. 光核反应截面的新数据, 见 W. P. Hesse. D. O. Caldwell. V. W. Ellngs, R. J. Morrison, F. V. Murphy. B. W. Worster, and D. E. Yount, Phys. Rev. Lett., **25**, 613 (1970).

[86] R. J. Gould and G. P. Schreder, Phys. Rev. Lett., **16**, 252 (1966); J. V. Jelley, Phys. Rev. Lett., **16**, 479 (1966).

[87] See, for example, L. D. Landau and E. M. Lifshitz, *Statistical Physics* (Pergamon Press, London, 1958), Sections 52 and 53.

[88] *Ibid.*, Eq. (100. 2).

[89] 电子–轻子数和 μ 子–轻子数分别守恒的讨论, 例如见, R. E. Marshak, Riazuddin, and C. P. Ryan, *Theory of Weak Interactions in Particle Physics* (Wiley-Interscience, New York, 1969), Sections 1.2 and 3.4.

[90] 关于宇宙电荷密度可能不为零的猜测, 见 R. A. Lyttleton and H. Bondi, Proc. Roy. Soc. (London), **A252**, 313 (1959). Also see V. W. Hughes in *Gravitation and Relativity*. ed. by H. Y. Chiu and W. F. Hoffmann (W. A. Benjamin, New York, 1964), p. 259.

[91] 例如见, Marshak, Riazuddin, and Ryan, *op. cit.*, Section 3.3.

[92] R. A. Alpher, J. W. Follin, Jr., and R. C. Herman, Phys. Rev, **92**, 1347 (1953).

[93] P. J. E. Peebles. Astrophys. J., **146**, 542 (1966). 也见文献 92.

[94] S. Weinberg, Phys. Rev., **128**, 1457 (1962).

[95] K. E. Bergkvist, *Topical Conference on Weak Interactions* (CERN, Geneva, 1962), p. 91. 也见 L. M. Langer and R. J. D. Moffat, Phys. Rev., 88, 689 (1952).

[96] J. Bernstein, M. Ruderman, and G. Feinberg, Phys. Rev., **132**, 1227 (1963). [605]

[97] R. Cowsik, Y. Pal, and S. N. Tandon, Phys. Lett., **13**, 265 (1964).

[98] B. P. Konstantinov and G. E. Kocharov, Soviet Physics J. E. T. P., **19**, 992 (1964); B. P. Konstantinov, G. E. Kocharov, and Yu. N. Starbunov, Izvestiya Akad. Nauk. U. S. S. R., Ser. Fiz., **32**, 1841(1968).

[99] F. W. Clarke, Bull. Phil. Soc. (Washington), **11**, 131 (1889).

[100] H. E. Suess and H. C. Urey. Rev. Mod. Phys., **28**, 53 (1956); L. H. Aller, *Abundance of the Elements* (Interscience Publishers, New York, 1961); S. Bashkin, in *Stellar Structure*, ed. by L. H. Aller and D. B. McLaughlin (University of Chicago Press, Chicago, 1965), p. 1.

[101] A. S. Eddington, *Report of the Eighty-Eighth Meeting of the British Association for the Advancement of Science*, 1920, p. 34.

[102] H. A. Bethe, Phys. Rev., **55**, 434 (1939).

[103] E. E. Salpeter, Astrophys. J., **115**, 326 (1952).

[104] 文献 20. 也见 F. Hoyle. Astrophys. J. Suppl., Ser. 1, No. **5**, p. 121, 1954.

[105] A. G. W. Cameron, Publ. Astron Soc. Pacific, **69**, 201 (1957), etc.

[106] W. D. Arnett and D. D. Clayton Nature, **227**, 780 (1970).

[107] 见文献 51, 52. 92.

[108] G. Burbidge, Pub. Ast. Soc. Pacific, **70**, 83 (1958); F. Hoyle and R. J. Tayler, Nature, **203**, 1108 (1964); 也见 J. W. Truran, C. J. Hansen, and A. G. W. Cameron, Can. J. Iihys., **43**, 1616 (1965).

[109] 例如见, Marshak, Riazuddin, and Ryan, *op. cit.*, p. 29.

[109a] C. Hayashi, Prog. Theo. Phys. (Japan), 5, 224 (1950).

[110] R. V. Wagoner, W. A. Fowler. and F. Hoyle, Astrophys. J., **148**, 3 (1967).

[110a] J. Geiss and H. Reeves, Astron. and Astrophys., to be published (1971).

[111] 例如见, M. Schwarzschild, *Structure and Evolution of the Stars* (Princeton University Press, Princeton, 1958); B. Strömgren, in *Stellar Structure*, ed. by L. H. Aller and D. B. McLaughlin (University of Chicago Press, Chicago, 1965), Chapter 4; D. D. Clayton, *Principles of Stellar Evolution and Nucleosynthesis* (*McGraw-Hill*, New York. 1968).

[112] L. Goldberg, E. A. Muller, and L. H. Aller, Astrophys. J. Suppl., **5**, 1 (1960).

[113] D. L. Lambert, Nature, **215**, 43 (1967); Mon. Not. Roy. Ast. Soc., **138**, 143 (1967); Observatory, **87**, 228 (1968). D. L. Lambert and B. Warner, Mon. Not. Roy. Ast. Soc., **138**, 181, 213 (1968).

[114] J. N. Bahcall, W. A. Fowler, I. Iben, Jr., and R. L. Sears, Ap. J., **137**, 344 (1963); R. L. Sears, Ap. J., **140**, 477 (1964); P. R. Demarque and J. R. Percy, Astrophys. J., **140**, 541 (1964).

[115] B. Pontecorvo, National Research Council of Canada Report No. P. D. 205, 1946 (unpublished).

[116] L. W. Alvarez, University of California Radiation Laboratory Report No. UCRL-328, 1949 (unpublished).

[117] J. N. Bahcall, Phys. Rev. Letters, **12**, 300 (1964); Phys. Rev., **135**, B137 (1964).

[118] R. Davis, Jr., Phys. Rev. Letters, **12**, 303 (1964).

[119] R. Davis, Jr., D. S. Harmer, and K. C. Hofimann, Phys. Rev. Letters, **20**, 1205 (1968).

[120] J. N. Bahcall, N. A. Bahcall, and G. Shaviv, Phys. Rev. Letters, **20**, 1209 (1968); 也见 J. N. Bahcall and G. Shaviv, Astrophys. J., **153**, 113 (1968). J. N. Bahcall, N. A. Bahcall, and R. K. Uhlrich, Astrophys. J., **156**, 559 (1969).

[121] S. Torres-Peimbert, E. Simpson. and R. K. Ulilrich, Astrophys. J., **155**, 957 (1969).

[122] I. Iben., Jr., Annals of Physics, **54**, 164 (1960).

[122a] J. N. Bahcall and R. K. Uhlrich, Astrophys. J., to be published, 1971.

[122b] R. Davis, Jr., L. C. Rogers, and V. Radeha. 论文提交于 the April 1971 meeting of the American Physical Society (unpublished).

[123] 详细的文献见 I. J. Danziger, Ann. Rev. Astron. and Astrophys., **8**, 161 (1970).

[124] D. Hegyi and D. Curott, Phys. Rev. Letters, **24**, 415 (1970).

[125] J. Faulkner, Astrophys. J., **147**, 617 (1967).

[125a] J. Faulkner. Phys. Rev. Letters, **27**, 206 (1971).

[126] S. Biswas and C. E. Fichtel, Astrophys. J., **139**, 941 (1964).

[127] J. E. Gaustad, Astrophys. J., **139**, 406 (1964), and 文献 113.

[128] M. Neugebauer and C. W. Synder, Jr., J. Geophys. Res., **71**, 4469 (1966); A. J. Hundhausen, J. R. Ashbridge, S. J. Bame, H. E. Gilbert, and I. B. Strong, J. Geophys. Res., **72**, 87 (1967); K. W. Ogilvie, L. F. Burlaga, and T. D. Wilkerson, 引用见 I. Iben, 文献 122.

[129] K. W. Ogilvie et al., 文献 128.

[130] A. O. J. Unsöld, Science, **163**, 1015 (1969).

[131] I. Iben, Jr., Scientific American, July 1970, p. 27. 也见 I. Iben, Jr., and R. T. Rood, Nature, **223**, 933 (1969); Astrophys. J., **161**. 587 (1970).

[132] R. F. Christy et al., Astrophys. J., **144**, 108 (1966).

[606]

[133] A. R. Sandage, Astrophys. J., **157**, 515 (1969); I. Iben, Jr., and J. Huchra, Astrophys. J., **162**, L43 (1970).

[134] W. L. W. Sargent and L. Searle, Astrophys. J., **145**, 652 (1966).

[135] 综述见 L. H. Aller and W. Liller, *Nebulae and Interstellar Matter*, ed. by B. M. Middlehurst and L. H. Aller (University of Chicago Press, Chicago, 1968).

[136] 评述见 A. K. Dupree and L. Goldberg, Ann. Rev. Aston. Astrophys., **8**, 231 (1970).

[137] 文献 93, Figures 1 and 2. 也见 V. F. Shvartsman, Zh. E. T. F. Pis. Red., **9**, 315 (1969).

[138] 例如见, R. B. Stothers, Phys. Rev. Letters, **24**, 538 (1970).

[139] H. Hecht, Astrophys. J., **170**, 401 (1971).

[140] 文献 110, figures 5*a* and 5*b*. (量 Φ_ν/kT 这里只是 ν.)

[141] G. Burbidge, Comments Astrophys. Space Phys., **1**, 101 (1969).

[142] 文献 110, Section VII.

[143] Isaac Newton 爵士致神父 Bentley 博士的信, Letter I, p. 203 ff, quoted by A. Koyré, *From the Closed World to the Infinite Universe* (Harper and Row, New York, 1958), p. 185. [607]

[144] J. Jeans, Phil. Trans. Roy. Soc., **199A**, 49 (1902), and *Astronomy and Cosmogony* (2nd ed., first published by Cambridge University Press in 1928; reprinted by Dover Publications, New York, 1961), pp. 345—350.

[145] E. Lifshitz, J. Phys. U. S. S. R., **10**, 110 (1946).

[146] W. B. Bonner, Z. Astrophys., **39**, 143(1956). 也见 *Relativity Theory and Astrophysics.* 1. *Relativity and Cosinology*, ed. by J. Ehlers (American Mathematical Society, Providence, R. I., 1967), p. 263.

[147] P. J. E. Peebles, Astrophys. J., **142**, 1317 (1965); Ya B. Zeldovich, Usp. Fiz. Nauk, **89**, 647 (1966) [trans. Sov. Phys. Uspekhi, **9**, 602 (1967)]; R. A., Alpher, G. Gamow. and R. Herman, Proc. Nat. Acad. Sci., **58**, 2179 (1967).

[147a] R. H. Dicke and P. J. E. Peebles, Astrophys. J., **154**, 891 (1968).

[148] J. Silk, Nature, **215**, 1155 (1967); Astrophys. J., **151**, 459 (1968); A. G. Doroshkovich, Ya. B. Zeldovich, and I. D. Novikov, Soviet Astron. — AJ, **11**, 233 (1967); P. J. E. Peebles and J. T. Yu Ap. J., **162**, 815 (1970); G. B. Field, Ap. J., **165**, 29 (1971); K. Tomita, H. Nariai, H. Sato, T. Matsuda, and H. Takeda, Prog. Theor. Phys., **43**, 1511 (1970); H. Sato, Prog. Theor. Phys., **45**, 370 (1971). Also see 文献 149.

[149] S. Weinberg, Astrophys. J., **168**, 175 (1971).

[150] 例如见, G. K. Batchelor, *The Theory of Homogeneous Turbulence* (Cambridge University Press, 1959).

[151] C. F. von Weizsäcker, Astrophys. J., **114**, 165 (1951); G. Gamow, Phys. Rev., **86**, 251 (1952); D. Layzer, Ann. Rev. Astron. Astrophys., **2**, 341 (1964); Ya. B Zeldovich and I. D. Novikov, Soviet Phys. Usp, **8**, 522 (1966); L. M. Ozernoi and A. D. Chernin, Astron. Zh., **44**, 1131 (1967). [trans. Soviet Astron. — AJ, **11**, 907 (1968)]; *ibid.*, **45**, 1137 (1968). [trans. *ibid.*, **12**, 901 (1969)]; L. Ozernoi, Zh. E. T. F. Pis. Red., **10**, 394 (1969) [trans. JETP Lett., **10**, 251 (1969)]; L. M. Ozernoi and G. V. Chibisov, Astron. Zh., **47**, 769 (1969) [trans. Soviet Astron. — AJ, **14**, 615 (1971)]; H. Sato, T. Matsuda, and H. Takeda, Prog. Theor, Phys., **43**, 1115 (1970); T. Matsuda, H. Sato, and H. Takeda, Publ. Astr. Soc. Japan, **23**, 1 (1971); J. Silk, to be published (1972).

[152] R. K. Sachs and A. M. Wolfe, Astrophys. J., **147**, 73 (1967); J. Silk, Astrophys. J., **151**, 459 (1967); Nature, **215**, 1155 (1967), 也见文献 66.

[152a] M. S. Longair and R. A. Sunyaey, Nature, **223**, 719 (1969); 也见文献 68.

[153] 与此相关的文章见 W. H. McCrea, Astron. J., **60**, 271 (1955); C. Callan, R. H. Dicke, and P. J. E. Peebles. Am. J. Phys., **33**, 105 (1965); W. M. Irvine, Ann. Phys., **32**, 322 (1965).

[154] 引用见 G. B. Field, in *Stars and Stellar Systems, Vol. IX: Galaxies and the Universe*, ed. by A. and M. Sandage, to be published.

[155] J. Silk, Nature, **215**, 1155 (1967).

[156] S. W. Hawking, Astrophys. J., **145**, 544 (1966).

[157] G. B. Field, in *Stars and Stellar Systems, Vol. IX: Galaxies and the Universe*, ed. by A. and M. Sandage. to be published.

[158] R. Hagedorn, Nuovo Cimento Suppl., **3**, 147 (1965): *ibid.*, **6**. 311 (1968); Nuovo Cimento, **52A**, 1336 (1967); *ibid.*, **56A**, 1027 (1968); R Hagedorn and J. Ranft, Nuovo Cimento Suppl., **6**, 169 (1968). 也见 Yu. B. Rumer, Zh. Eksp. Teor. Fiz., **38**, 1899 (1960) [trans. Soviet Phys. — JETP, **11**, 1365 (1960)].

[159] G. Veneziano, Nuovo Cimento, **57A**, 190 (1968); S. Fubini and G. Veneziano, Nuovo Cimento, **64A**, 811 (1969); K. Bardakci and S. Mandelstam, Phys. Rev., **184**, 1640 (1969); S. Fubini, D. Gordon, and G. Veneziano, Phys. Lett., **29B**, 679 (1969).

[160] K Huang and S. Weinberg, Phys. Rev. Letters. **25**, 895 (1970). 重子数密度为零 和 $B = 5/2$ 情况的处理, 见 R. Hagedorn, Astron. and Astrophys., **5**, 184(1970), 也见 J. N., Bahcall and S. Frautschi, Ap. J. Letters, 待发表 (1971).

[161] Ya. B. Zeldovich, Comments Astrophys. Space Sci., **11**, 12 (1970).

[162] J. A. Wheeler, in *La Stricture et l'Evolution de l'Univers* (Institut International de Physique Solvay, Brussels, 1958), p. 96; Ya. B. Zeldovich, in *Advances in Astronomy and Astrophysics* (Academic Press, New York, 1965), p. 319; F.

[608]

Winterberg, Nuovo Cimento, **53B**, 264 (1968); S. Weinberg, in *Contemporary Physics*, Vol. I (International Atomic Energy Agency, Vienna, 1969), p. 559; R. A. Matzner, Ap. J., **154**, 1123 (1968); V. de Sabbata, *Fifth International Conference on Gravitation and the Theory of Relativity*, Tbllisi, 1968, to be published.

[163] 与此相关的论文, 见 E. L. Schucking and E. A. Spiegel, Comments Astrophys. and Space Phys., **2**, 121 (1970); J. M. Stewart, M. A. H. MacCallum, and D. W. Sciama, *ibid.*, **2**, 206 (1970).

[164] C. Misner, Nature, **214**, 40 (1967); Ap. J., **151**, 431 (1967). 也见 A. G. Doroshkovich, Ya. B. Zeldovich, and I. D. Novikov, Sov. Phys. — JETP, **26**, 408 (1968); S. W. Hawking, Mon. Not. Roy. Astron. Soc.. **142**, 129 (1969); J. M. Stewart, Astrophys. Lett., **2**, 133 (1969).

[165] O. Klein, Soc. Roy. Sci. Liege, Sec. 4, **13**, 42 (1953); in *La Structure et l'Evolution de l'Univers.* (*Institut International* de Physique Solvay, Brussels, 1958), p. **33**; in *Werner Heisenberg und die Physik unserer Zeit* (Vieweg and Sohn, Braunsehweig, Germany, 1961), p. 58; in *Recent Developments in General Relativity* (Pergamon Press, New York, 1962), p. 293; Astrophys. Norvegica, **9**, 161 (1964); in *Rreludes in Theoretical Physics* (North-Holland, Amsterdam, 1966), p. 23; Nature, **211**. 1337 (1966); Ark. Fysik, **39**, 157 (1969); Science, **171**, 339 (1971).

[166] H. Alfvén and O. Klein, Arkiv. för Fysik, **23**, 187 (1962); H. Alfvén. Rev. Mod. Phys., **17**, 652 (1965); Physics Today, Feb. 1971, 28; Nature, **229**, 184 (1971).

[166a] R. Omnes, Astron. and Astrophysics, **10**, 228 (1971); *ibid.*, **11**, 450 (1971); Phys. Rev. Lett., **23**, 38 (1969).

[166b] F. W. Stecker, D. L. Morgan, Jr., and J. Bredekamp, Phys Rev. Lett., **27**, 1469 (1971).

[167] R. Penrose, Phys. Rev. Letters, **14**, 57 (1965); in *Contemporary Physics*, Vol. I (International Atomic Energy Agency, Vienna, 1969), p. 545.

[168] S. W. Hawking, Phys. Rev. Letters, **15**, 689 (1965); Proc. Roy. Soc., **A294**, 511 (1966); *ibid.*, **295**, 490 (1966); *ibid.*, **300**, 187 (1967). 也见 L. C. Shepley, Proc. Nat. Acad. Sci., **52**, 1403 (1965); R. P. Geroch, Phys. Rev. Letters, **17**, 445 (1966); S. W. Hawking and D. W. Sciama, Comments Astrophys. Space Phys., **1**. 1 (1969).

[169] S. W. Hawking and G. F. R. Ellis, Ap. J., **152**, 25 (1968).

[170] 例如见, V. L. Ginzburg, Comments Astrophys. Space Phys., **3**, 7 (1971); C. W. Misner, Phys. Rev., **186**, 1319 (1969); M. P. Ryan, Jr., to be published: K. C. Jacobs, C. W. Misner, and H. S. Zapolsky, to be published, K. G. Jacobs and L. P. Hughston, to be published.

[609]

[171] 例如见, M. J. Rees, Observatory, **89**, 193 (1969).

[172] T. Gold, in *La Structure et l'Evolution de l'Univers* (Institut International de Physique Solvay, Brussels. 1958), p. 81. 也见论文 Gold, and others in *The Nature of Time*, ed. by T. Gold and D. L. Schumacher (Cornell Univ. Press, Ithaca, N. Y., 1967); and B. Gal-Or, Science **176**, 11(1972).

[173] 特别是, 见 S. Weinberg, Phys. Rev. Lett. **19**, 1264 (1967); *ibid.* **27**, 1688 (1972); H. H. Chen and B. W. Lee, to be published (1972); G.'t Hooft, Phys. Lett., **37B**, 197 (1971).

"既没有人明白确切无疑的直理, 也永无人知
天神和我说的万物, 因为即便碰巧成功说得完
全对, 他自己也难说是对此了然于心; 见解乃
决定于万物之上的天意."

(科洛封的) 色诺芬尼

第十六章

宇宙学: 其它模型

上一章讨论的大爆炸 Freidmann 模型没有任何一点与观测结果明显冲突. 但是, 也还不能说它已经被观测所确证. 因此, 在这一章里, 我们将对某些仍在与 "标准" 理论竞争的其它宇宙模型作一简略的考察.

16.1 朴素模型: Olbers 佯谬

在整个 18 世纪和 19 世纪期间, 也许大多数天文学家都赞成一种简单的宇宙图景, 在这种图景中, 假设宇宙是无限的、永恒的和欧氏的, 并且恒星大体上处于静止, 在单位体积中有恒定的平均光度. 这种朴素的模型看来已被遥远星系普遍红移的发现所排除, 但是, 说明反对朴素宇宙学的一个论据仍然是有一定意义的. 这个论据是瑞士天文学家 J. P. L. de Cheseaux[1] 于 1744 年提出的, 1826 年又由 H. Wilhelm M. Olbers[2] (1758—1840) 独立地提出. 他们论据的基础是日落天黑这个最古老的天文观测事实.

为了理解这个观测的意义, 注意如果略去吸收, 则在朴素宇宙模型中位于距离 r 处且光度为 L 的一颗恒星的视亮度是 $L/4\pi r^2$. 如果这种恒星的数密度是常数 n, 则在距离 r 和 $r + dr$ 之间的星数是 $4\pi n r^2 dr$, 因此,

由所有恒星产生的总辐射能量密度是

$$\rho_s = \int_0^\infty \left(\frac{L}{4\pi r^2}\right) 4\pi n r^2 dr = Ln \int_0^\infty dr \qquad (16.1.1)$$

这个积分发散, 导致星光的能量密度为无穷大!

为了避免这个佯谬, de Cheseaux 和 Olbers 都假设存在一种星际介质, 吸收了来自遥远恒星并使积分 (16.1.1) 发散的光. 但是, 这样解决佯谬不能令人满意[3], 因为在一个永恒的宇宙中, 星际介质的温度必然会上升, 一直到介质与星光处于热平衡, 在这种情况下, 它吸收了多少能量就会发射出多少能量, 所以不能减小平均辐射能密度. 恒星本身当然是不透明的, 从而完全阻挡着来自充分遥远的光源的辐射, 但是如果这样来解决 Olbers 佯谬, 则每一视线必然终止在一颗恒星的表面上, 所以整个天空的温度应当和一个典型恒星表面的温度相同!

为了了解现代宇宙模型如何避免 Olbers 佯谬, 我们注意, 根据公式 (14.4.12), 在共动坐标 r_1 处光度为 L 的一颗星的视亮度是 (现在略去吸收)

$$l = \frac{LR^2(t_1)}{4\pi R^4(t_0)r_1^2}$$

式中 t_0 是观测到该恒星的时刻, t_1 是发光时刻. 此外, 根据 (14.7.4), 光度在 L 和 $L+dL$ 之间, 并且在时刻 t_0 观测到其光是在 $t_1 - dt_1$ 与 t_1 之间发射的恒星的数目是

$$dN = 4\pi R^2(t_1) r_1^2 n(t_1, L) dt_1 dL$$

式中 $n(t_1, L)dL$ 是在时刻 t_1 具有光度在 L 和 $L+dL$ 之间的星数密度. 所以, 星光的总能量密度是

$$\rho_{s0} = \iint l dN = \int_{-\infty}^{t_0} \mathscr{L}(t_1) \left[\frac{R(t_1)}{R(t_0)}\right]^4 dt_1 \qquad (16.1.2)$$

式中 $\mathscr{L}$ 是固有光度密度

$$\mathscr{L}(t_1) \equiv \int n(t_1, L) L dL$$

在 "大爆炸" 宇宙学中显然没有佯谬, 因为积分 (16.1.2) 在下限 $t_1 = 0$ 处被有效地截断了, 并且在 $t_1 = 0$ 时被积式大约像 $R(t_1)$ 那样变为零. Olbers 佯谬的问题只发生在像稳恒态宇宙学这样的模型中, 其中假设宇宙已存在了无限长的时间. 在这种模型中, 避免 Olbers 佯谬的一个必要条件是

$$t_1 R^4(t_1) \mathscr{L}(t_1) \to 0 \quad \text{当} \quad t_1 \to -\infty \qquad (16.1.3)$$

对于中微子有一个稍强的条件[4], 应以 $R^3(t_1)$ 代替上式中的 $R^4(t_1)$, 因为
式 (16.1.2) 中 $R(t_1)/R(t_0)$ 的因子之一是来源于单个红移光子的能量损失,
而对于中微子, 粒子数密度和能量密度一样原则上都是可观测的. 不满
足 (16.1.3) 的唯一流行的宇宙学是 15.11 节中论述的振荡模型. 在这种情
况下, 需要吸收来避免 Olbers 佯谬, 但是吸收发生在高度收缩的时期, 而
随后膨胀时期的红移, 使我们得免于难以忍受的明亮夜空. 由这种观点
看来, 2.7K 微波背景就像是 de Cheseaux 和 Olbers 用来吓唬我们的熊熊
炉火的余光.

16.2 有宇宙学常数的模型

当 1916 年 Einstein 提出广义相对论时, 人们普遍相信宇宙是静态的,
根据方程 (15.1.18) 和 (15.1.19), 仅当

$$\rho = -3p = 3k/8\pi GR^2$$

标度因子 $R(t)$ 才能是常数. 但是, 这就要求或者能量密度 ρ, 或者压强 p
是负的. 为了避免这个非物理的结果, Einstein 在 1917 年把他的方程修改
为[5]

$$R_{\mu\nu} - \frac{1}{2}g_{\mu\nu}R^\rho_\rho - \lambda g_{\mu\nu} = -8\pi GT_{\mu\nu} \qquad (16.2.1)$$

式中 λ 是一个新的基本常数, 叫做宇宙学常数.

在 7.1 节末我们已注意到: 方程 (16.2.1) 是保持下述性质的 Einstein
方程的最一般的修正, 这个性质就是说 $T_{\mu\nu}$ 等于一个张量, 这个张量由
$g_{\mu\nu}$ 及其一阶和二阶导数构成, 并且对于 $g_{\mu\nu}$ 的二阶导数是线性的. 但是,
就我们现在的目的而言, 更方便的是把 $\lambda g_{\mu\nu}$ 移到方程右边, 写为

$$R_{\mu\nu} - \frac{1}{2}g_{\mu\nu}R^\rho_\rho = -8\pi G\tilde{T}_{\mu\nu} \qquad (16.2.2)$$

式中 $\tilde{T}_{\mu\nu}$ 是修正的能量 – 动量张量:

$$\tilde{T}_{\mu\nu} \equiv T_{\mu\nu} - \frac{\lambda}{8\pi G}g_{\mu\nu} \qquad (16.2.3)$$

如果 $T_{\mu\nu}$ 具有理想流体形式 (15.1.12), 则 $\tilde{T}_{\mu\nu}$ 也应如此:

$$\tilde{T}_{\mu\nu} = \tilde{p}g_{\mu\nu} + (\tilde{p} + \tilde{\rho})U_\mu U_\nu \qquad (16.2.4)$$

[614]　　修正的密度和压强为

$$\widetilde{p} = p - \frac{\lambda}{8\pi G} \qquad \widetilde{\rho} = \rho + \frac{\lambda}{8\pi G} \tag{16.2.5}$$

只要我们用修正的密度和压强 (16.2.5) 来替换量 p 和 ρ, 则 15.1 节中所得到的全部结果仍可应用到有宇宙学常数的理论中去.

特别是, 静态宇宙条件现在表为

$$\widetilde{\rho} = -3\widetilde{p} = \frac{3k}{8\pi G R^2} \tag{16.2.6}$$

对于 $p = 0$ 的充满 "尘埃" 的宇宙, 由上式得

$$\frac{k}{R^2} = \lambda \tag{16.2.7}$$

$$\rho = \frac{\lambda}{4\pi G} \tag{16.2.8}$$

为了使 ρ 为正, 式 (16.2.8) 要求 λ 应为正, 从而式 (16.2.7) 告诉我们

$$k = +1 \tag{16.2.9}$$

以及

$$R = \frac{1}{\sqrt{\lambda}} \tag{16.2.10}$$

所以静态 Einstein 宇宙是有限的 (虽然肯定是无界的), 具有正曲率以及由基本常数 λ 和 G 确定的密度.

当然, 20 世纪 20 年代关于红移的距离之间系统关系的发现, 排除了把静态 Einstein 宇宙作为实际宇宙模型的任何兴趣. 但是, 宇宙学常数的存在仍保留着逻辑上的可能性, 而宇宙学家已全面探索了具有宇宙学常数的膨胀宇宙的动力学[6]. 这里我们把注意力局限于零压模型, 所以方程 (15.1.21) 决定了 ρR^3 为常数. 为了方便起见, 我们把这个常数表示为它在静态 Einstein 模型中应有的数值:

$$\rho R^3 = \frac{\alpha}{4\pi G \sqrt{|\lambda|}} \tag{16.2.11}$$

用式 (16.2.5) 定义的修正密度 $\widetilde{\rho}$ 来代替 ρ, 则动力学方程 (15.1.20) 现在变为

$$\dot{R}^2 = \frac{1}{R} \left\{ \frac{\lambda R^3}{3} - kR + \frac{2\alpha}{3\sqrt{|\lambda|}} \right\} \tag{16.2.12}$$

[615]　　$R(t)$ 的定性变化依赖于右边三次曲线的零点、极大和极小的式样. 这里

有三种特别有趣的特例, 分别同 de Sitter, Lemaître, Eddington 和 Lemaître 的名字联系着.

在 de Sitter 模型[7] 中, 空间实质上是空虚的和平直的, 因此 $k = \alpha = 0$, 且 λ 为正. 所以方程 (16.2.12) 有简单解

$$R \propto e^{Ht} \tag{16.2.13}$$

$$H = \left(\frac{\lambda}{3}\right)^{1/2} \tag{16.2.14}$$

这里的度规和 14.8 节中讨论的稳恒态模型中的度规相同, 区别在于这里不是连续产生物质而是完全没有物质! 如 13.3 节中所论述的, 这个度规有一个 10 参数的等度规变换群, 这个群正是五维 "旋转" 群, 它保持元素为 $+1, +1, +1, +1, -1$ 的对角矩阵不变. 因此, 这个群通常称为 de Sitter 群. 虽然在 de Sitter 模型中没有物质使它不能被看作是真正的宇宙模型, 但是应该指出, 任何 $\lambda > 0$ 的模型当 $R \to \infty$ 时都过渡到 de Sitter 模型.

在被称为 Lemaître 模型[8] 的情况下, 空间是正弯曲的, λ 为正, 并且比静态 Einstein 模型存在更多的物质, 所以, $k = +1$ 且 $\alpha > 1$. 根据方程 (16.2.12), 在 $t = 0$ 时标度因子 R 开始按 $t^{2/3}$ 律膨胀, 但随后膨胀变慢, 在 $R = \alpha^{1/3}/\sqrt{\lambda}$ 时达到极小速率, 此后它再度加快, 最后趋向 de Sitter 结果 (16.2.13). 这个模型最显著的特点是存在一个 "滑行时期", 在这个时期内 $R(t)$ 保持接近于 $\dot{R}$ 取极小时的数值 $R = \alpha^{1/3}/\sqrt{\lambda}$. 在这个时期中, $k = +1$ 的微分方程 (16.2.12) 取近似形式

$$\dot{R}^2 \simeq \alpha^{2/3} - 1 + (\sqrt{\lambda}R - \alpha^{1/3})^2$$

其解为

$$R = \frac{\alpha^{1/3}}{\sqrt{\lambda}}[1 + (1 - \alpha^{-2/3})^{1/2}\sinh(\sqrt{\lambda}(t - t_m))]$$

式中 t_m 是 R 达到其极小的时刻, 若 α 很接近 1, 则在一个量级为

$$\Delta t = \lambda^{-1/2}|\ln(1 - \alpha^{-2/3})| \tag{16.2.15}$$

的长时间内 R 会保持接近静态 Einstein 值.

由于 Eddington[9] 的工作而特别著名的 Eddington-Lemaître 模型是 Lemaître 模型的一种极限情况. 它有与静态 Einstein 模型相同的曲率和质量; 即 $k = +1$ 和 $\alpha = 1$, 并且像一个有无限长 "滑行时期" 的 Lemaître 模型那样变化. 因此, 若我们在 $t = 0$ 从 $R = 0$ 出发, 则当 $t \to \infty$ 时 R 渐近地趋向 Einstein 值 $1/\sqrt{\lambda}$. 另一方面, 若我们在 $t = 0$ 从 $R = 1/\sqrt{\lambda}$ 出 [616]

发, 则 R 单调增大, 最后趋近于 de Sitter 式的指数增长 (16.2.13). 这附带说明 Einstein 模型是不稳定的, 因为如果给与它一个无限小的膨胀或收缩, 则 R 必然继续膨胀或收缩, 其时间依赖关系由 Eddington-Lemaître 模型决定.

　　由于观测到类星体的红移在 $z \simeq 2$ 附近的特别多 (见 11.6, 11.8 节), 使人们恢复了对 Lemaître 模型的兴趣[10], 因为它表示非常大量的类星体是出现在标度因子的特殊值 $R \simeq R_0/3$ 处, 这正和 "滑行" 半径 $\alpha^{1/3}/\sqrt{\lambda}$ 等于这个特殊值的 Lemaître 模型预期的结果一样. 取 α 接近 1, 我们便可使 "滑行时期" 像我们所希望的那样长, 这样, 就能使特殊红移 $z \simeq 2$ 的突出地位明确得来可以满足说明类星体观测的需要. 由于这一新的推动, 近来进行了关于在 Lemaître 模型中光信号绕宇宙的传播[11]、射电源计数[12] 和星系形成[13] 的研究. 没有明确的证据反对 Lemaître 模型, 但它们看来好像是专为说明可能只是类星体演化细节特点的一种人为办法.

16.3　再论稳恒态模型

　　如果宇宙不仅在空间上是均匀各向同性的, 而且在时间上也是均匀的, 则如同 14.8 节所表示的那样, 它的度规必有 Robertson-Walker 形式, 而且

$$k = 0 \quad R(t) \propto \mathrm{e}^{Ht} \tag{16.3.1}$$

式中 H 是 Hubble 常量, 在这里是一个真正的普适常数. 此外, 所有标量 (例如 ρ 和 p) 都必须既和位置无关也和时间无关:

$$\dot{\rho} = \dot{p} = 0 \tag{16.3.2}$$

在 14.8 节中没有详细讨论作为稳恒态模型基础的场方程, 但是 Einstein 理论显然必须加以修正才能用到这里. 仅当能量 – 动量张量守恒时, Einstein 场方程才能与 Bianchi 恒等式一致, 但是, 恒定压强会破坏能量守恒方程 (14.2.19), 除非 $\rho = -p$, 那就会要求或者能量密度为负, 或者压强为负.

　　所以, 必须加上一个改正项[14] $C_{\mu\nu}$ 来修正 Einstein 方程:

$$R_{\mu\nu} - \frac{1}{2}g_{\mu\nu}R_\lambda^\lambda + C_{\mu\nu} = -8\pi G T_{\mu\nu} \tag{16.3.3}$$

[617]　把 (16.3.1) 代入 (15.1.6), (15.1.7) 和 (15.1.11) 得到

$$R_{\mu\nu} - \frac{1}{2}g_{\mu\nu}R_\lambda^\lambda = 3H^2 g_{\mu\nu}$$

所以, 稳恒态模型所要求的改正项的形式为

$$C_{\mu\nu} = -(8\pi Gp + 3H^2)g_{\mu\nu} - 8\pi G(\rho + p)U_\mu U_\nu \qquad (16.3.4)$$

式中 U^μ 是速度四维矢量, 且有 $U^t = 1$ 和 $U^i = 0$.

为了从式 (16.3.4) 获得任何知识, 我们需要预先对张量 $C_{\mu\nu}$ 的形式作出某种假定. Hoyle[14] 提出, 一般情况下有

$$C_{\mu\nu} = C_{;\mu;\nu} \qquad (16.3.5)$$

这里 C 是一个标量, 称为 C 场. Hoyle 进一步提出, 在没有任何非均匀性或各向异性时, C 简单地与 Robertson-Walker 坐标系中所用的宇宙时成正比:

$$C = At \quad A \text{ 为常数} \qquad (16.3.6)$$

不难算出二阶协变导数:

$$C_{;\mu;\nu} = -AH(g_{\mu\nu} + U_\mu U_\nu) \qquad (16.3.7)$$

比较 (16.3.7) 与 (16.3.4) 表明, 密度必须取值

$$\rho = \frac{3H^2}{8\pi G} \qquad (16.3.8)$$

而 C 中的比例常数为

$$A = \frac{8\pi G(\rho + p)}{H} \qquad (16.3.9)$$

压强可取任何值.

预期的密度 (16.3.8) 与零曲率 Friedmann 模型所给出的相同[见式 (15.2.1)]. 因此, (16.3.8) 式的验证实际上不能用来证实稳恒态模型. 此外, 稳恒态宇宙学并不要求张量 $C_{\mu\nu}$ 取形式 (16.3.5) 和 (16.3.6), 因此, 即使发现密度不同于 (16.3.8), 也不会迫使我们放弃稳恒态度规.

反对稳恒态模型的最明显的证据是观测到的宇宙微波背景, 它看来是和现在很不相同的宇宙早期阶段的遗迹 (见 15.5 节). 但是, 在稳恒态模型里和重子一起产生微波背景并非完全不可能. 根据 (15.4.9), 在稳恒态模型中单位频率间隔内的光子数密度是

$$n_\gamma(\nu) = 8\pi\nu^2 \int_{-\infty}^{t_0} \exp\left(-\int_t^{t_0}\{\Lambda(\nu e^{H(t_0-t')}) - \Omega(\nu e^{H(t_0-t')})\}dt'\right)$$
$$\times \Omega(\nu e^{H(t_0-t')})dt$$

[618]

式中 $\Lambda(\nu)$ 是频率为 ν 的光子的吸收速率, 而 $8\pi\nu^2\Omega(\nu)d\nu$ 是单位体积内频

率在 ν 和 $\nu + \mathrm{d}\nu$ 之间的光子的发射速率. 用简单的变数替换可把上式写为与 t_0 无关的形式

$$n_\gamma(\nu) = 8\pi\nu^2 \int_\nu^\infty \frac{\mathrm{d}\nu'}{H\nu'} \Omega(\nu') \exp\left(-\int_\nu^{\nu'} \frac{\mathrm{d}\nu''}{H\nu''}[\Lambda(\nu'') - \Omega(\nu'')]\right)$$

$$(16.3.10)$$

对 ν 微分得到一个关于 $n_\gamma(\nu)$ 的微分方程, 它也可写为用 $\Lambda(\nu), n_\gamma(\nu)$ 和 $n_\gamma'(\nu)$ 表达 $\Omega(\nu)$ 的公式:

$$\Omega(\nu) = \frac{[\Lambda(\nu) + 2H]n_\gamma(\nu) - H\nu n_\gamma'(\nu)}{8\pi\nu^2 + n_\gamma(\nu)}$$

$$(16.3.11)$$

因此, 适当选择光子发射速率, 就能得到我们所需要的任何背景分布函数 $n_\gamma(\nu)$. 例如, 如果我们要求观测到的 Rayleigh-Jeans 低频行为 $n_\gamma(\nu) \propto \nu$ [见式 (15.5.19)], 则 (16.3.11) 在极限 $\nu \to 0$ 时给出

$$\Omega(0) = \Lambda(0) + H$$

$$(16.3.12)$$

H 项表示与任何吸收过程无关的光子的纯宇宙学连续产生. 我们也可得到 Planck 分布函数

$$n_\gamma(\nu) = \frac{8\pi\nu^2}{[\exp(h\nu/kT) - 1]}$$

只要把 $\Omega(\nu)$ 选为

$$\Omega(\nu) = \mathrm{e}^{-h\nu/kT}\Lambda(\nu) + \frac{Hh\nu/kT}{[\exp(h\nu/kT) - 1]}$$

$$(16.3.13)$$

第一项只表示总要伴随着某种吸收的普通发射过程[比较式 (15.4.7)], 而第二项表示光子的连续产生, 但是, 没有先验的理由说明为什么光子的连续产生速率具有 (16.3.13) 所示的特殊频率关系, 所以, 从稳恒态模型的立场看来, Planck 分布律是可能的, 但又是很牵强的. 实际上, 也没有特殊的理由说明为什么低频光子会严格按照 (16.3.12) 所要求的速率 $8\pi H\nu^2$ 连续产生, 所以, 甚至 Rayleigh-Jeans 低频行为也是有些不自然的.

[619]　　　　对稳恒态模型的某种支持是来自一个很不同的方面. 一直有人试图用直接超距作用来表述电动力学和其它场论[15]. 这类尝试普遍地失败了, 这是因为已发现带电粒子的电磁效应是对应于 Maxwell 方程的超前解和推迟解的等量混合, 而不是通常的推迟解. 1945 年, Wheeler 和 Feynman[16] 阐明: 考虑到加速电荷和检验电荷同宇宙中所有其它电荷之间的超距电磁相互作用, 就可以克服这一困难. 但是, 他们考虑的是静态宇宙模型, 所

以能够得出或者对应于纯推迟解或者对应于纯超前解的净电磁相互作用. Hogarth[17] 后来提出, 考虑计及宇宙膨胀的更现实的模型, 就可以排除这种不确定性. 按照 Hoyle 和 Narlikar[18], 对于稳恒态模型只有纯推迟解是可能的, 而对于 $k \leqslant 0$ 的 Friedmann 模型则只有纯超前解是可能的. Hoyle 和 Narlikar 随后又把这些考虑扩充到 C 场[19]、引力理论[20] 和量子电动力学[21]. 这条发展路线无疑是研究把微观物理和整个宇宙性质联系起来的老问题的有趣途径, 下一节我们还要回到这个问题. 不过, 断言微观物理的考虑必定要求稳恒态宇宙则为时过早, 因为没有理由假设电动力学和其它场论必须借助超距作用来表述.

16.4 具有可变引力常数的模型

按原子物理或核物理的标准, 引力是极其微弱的. 例如, 电子和质子之间的引力同静电力之比具有数值

$$Gm_p \frac{m_e}{e^2} = 4.4 \times 10^{-40} \tag{16.4.1}$$

尽管作了许多尝试[22], 但是并没有令人信服地解释为什么应在物理学基本定律中出现这样一个微小的无量纲数. 可是, 有一条线索暗示着像 (16.4.1) 那样的数字并不仅仅决定于微观物理的考虑, 而且部分地决定于整个宇宙的影响. 这条线索就是如下事实, 即由量 $G, \hbar, c$ 和 Hubble 常量 H_0 有可能构成一个质量, 这个质量与一个典型的基本粒子 (如 π 介子) 的质量差别不太大:

$$\left(\frac{\hbar^2 H_0}{Gc}\right)^{1/3} \approx m_\pi \tag{16.4.2}$$

(若取 $H_0^{-1} = 10^{10}$ 年, 上式左端等于 $60\text{MeV}/c^2$, 而 π 介子的质量是 $140\text{MeV}/c^2$. 如果用 e^2/c 来代替 $\hbar$, 则 (16.4.2) 的左端会变得与电子质量的量级相同). 当然, 完全可以把 (16.4.2) 看作一个毫无意义的数字符合, 但是应当注意到, 出现在 (16.4.2) 中的 $\hbar, H_0, G$ 和 c 的特殊组合远比这些量的其它随意组合更接近一个典型基本粒子的质量; 例如, 仅由 $\hbar, G$ 和 c 可组成一个具有质量量纲的唯一量 $(\hbar c/G)^{1/2}$, 但这个量等于 $1.22 \times 10^{22}\text{MeV}/c^2$, 约比一个典型粒子的质量大 20 个数量级!

[620]

在考虑 (16.4.2) 式可能的解释时, 应当把它同别的数字 "符合", 例如 G, H_0, m_p 和现在的宇宙重子数密度 n_0 之间的粗略关系:

$$Gn_0m_p \approx H_0^2 \tag{16.4.3}$$

仔细区分开来. 上式是两个宇宙参数 n_0 和 H_0 之间的关系, 而且事实上是各种宇宙模型例如 Friedmann 模型 (除 $q_0 \ll 1$ 或 $q_0 \gg 1$ 外) 和稳恒态

模型的 Hoyle 说法都要求的 [见 (15.2.6) 和 (16.3.8)], 反之, (16.4.2) 式把一个宇宙参数 H_0 同基本常数 $\hbar, G, c$ 和 m_π 联系起来, 并且迄今尚未得到解释.

有一些其它数字符合常被提到, 但其中绝大多数是 (16.4.2) 和 (16.4.3) 的组合, 有时以 $e^2/c = 137\hbar$ 代替 $\hbar$ 并以其它质量代替 m_π. 例如, 人们常说: 原子时间单位 $e^2/(m_e c^3)$ 同 Hubble 时间 H_0^{-1} 的比值与原子内引力同静电力的比值 (16.4.1) 有相同的数量级 —— 约 10^{-40}, 但这等价于 (16.4.2), 只要以 e^2/c 代替 $\hbar$, 并以 $m_e^{2/3} m_p^{1/3}$ 代替 m_π.

如果我们决定把数字关系 (16.4.2) 看作是具有一种虽然奥秘但又真实的意义, 那就必须面对这样一个问题, 即在绝大多数宇宙学中 H_0 不是常量, 而是宇宙年龄的函数. 处理这个问题的一条途径是以一个量级同 H_0 相当但的确是恒定的量来取代 H_0; 例如, 在封闭的 Friedmann 模型中, 我们可用宇宙膨胀到极大限度时所花时间的倒数, 而在稳恒态模型中, Hubble 常量本身就可以作为这样的量. 这条途径的唯一麻烦是它哪儿也不通, 特别是它留给我们一些基本无量纲常数 —— 如 (16.4.1) 或 $Gm^2/\hbar c$ —— 实在小得无法理解.

[621]　1937 年 Dirac[23] 提出了一条截然不同的途径. 他认为像 (16.4.2) 这样的关系虽然尚未阐明, 但却是基本事实, 即使 Hubble "常量" $\dot{R}/R$ 随宇宙年龄而变化, 这个关系仍然成立, 顶多带一个常数比例因子. 由此推知, "常量" $\hbar, G, c$ 和 m_π 中至少有一个必然在宇宙时间尺度上变化. 为了避免重新表述整个原子物理学和核物理学的必要, Dirac 选择 G 为随时间变化的 "常量", 而为了保留 (16.4.2), 他主张

$$G \propto \frac{\dot{R}}{R} \tag{16.4.4}$$

此外 Dirac 还建议, 当宇宙膨胀时, 像 (16.4.3) 这样的关系 (带一个常数比例因子) 仍保持有效. 因为 $n \propto R^{-3}$, 由此得出

$$GR^{-3} \propto \frac{\dot{R}^2}{R^2} \tag{16.4.5}$$

从 (16.4.4) 和 (16.4.5) 中消去 $G(t)$, 就得到一个关于 $R(t)$ 的微分方程

$$\dot{R} \propto R^{-2}$$

其解为

$$R \propto t^{1/3} \tag{16.4.6}$$

于是由 (16.4.4) 或 (16.4.5) 得到引力常数同时间的依赖关系为

$$G \propto t^{-1} \tag{16.4.7}$$

因此, 在 Dirac 的宇宙学中, 像 10^{-40} 这样极微小的无量纲数并没有基本的意义; (16.4.1) 如此微小的原因仅仅是宇宙已经年老了.

对于 $k = \pm 1$, 还有一些恒定的并且极不同于 1 的重要宇宙学参数, 例如, 在半径约为空间曲率半径的球内的粒子数 nR^3. 为了避开这一点, Dirac 还提出空间是平直的, 即 $k = 0$, 所以 Robertson-Walker 标度因子的绝对值以及像 nR^3 这样的纯数就不应有物理意义.

如果引力常数变化, 就需要用某种别的引力场理论来代替广义相对论. Dirac 并未详述这种场论是什么, 所以, 他的宇宙学模型仍然是不完全的. 然而, 它给出了一些明确的预言. 首先, 由 (16.4.6) 式得出现在的 Hubble 常量 H_0 和现在的宇宙年龄 t_0 之间有如下关系:

$$t_0 = \frac{1}{3}H_0^{-1} \tag{16.4.8}$$

即使 H_0^{-1} 大到 13×10^9 年, 这样得出的年龄也只有 4.3×10^9 年, 小于由放射性纪年定出的地球和月球的年龄 (这里不涉及对 G 的假定). 因此, Dirac 理论已表现出同观测结果矛盾. 由 (16.4.6) 式得出减速参数 $q_0 = 2$, 还不能用目前的资料来排除它 (见 14.6 节). 最后, 由式 (16.4.7) 得出引力 "常数" 现在的减小速率是

$$\left(\frac{\dot{G}}{G}\right)_0 = -t_0^{-1} = -3H_0 \tag{16.4.9}$$

[622]

引力常数减小的可观测的推论在本节末论述.

Dirac 理论引起了一系列建立这样一种引力场理论的尝试, 在这种理论中有效引力 "常数" 是一个标量场的某一函数. Jordan[24] 提出了一种理论, 它包含着不守恒的能量 – 动量张量, 并且受到 Fierz[25] 和 Bondi[26] 从各个不同方面的尖锐批评. 后来的重新表述[27] 把这些异议的绝大部分消除了, 但是, Jordan 理论仍然没有成功地把非相对论性物质容纳进去. 最有趣而且最完整的标量 – 张量引力理论是 Brans 和 Dicke[28] 在 1961 年提出的, 我们在 7.3 节和 9.9 节中已经对它作了相当详细的讨论. 在这个理论中, 引力常数 G 被一个标量场 ϕ 的倒数所代替. 为了把像 (16.4.3) 这样的关系纳入理论中, 假设 ϕ 遵守场方程

$$\Box^2\phi \equiv (\phi;^\mu)_{;\mu} = \frac{8\pi}{3+2\omega}T^\mu{}_\mu \tag{16.4.10}$$

式中 $T_{\mu\nu}$ 是物质的能量 – 动量张量 (不包括 ϕ), ω 是一个无量纲耦合参数. 为了不同等效原理的成就冲突, 假设 ϕ 不进入通常物质和辐射的运动方程, 所以 $T^{\mu\nu}$ 遵从熟知的守恒定律

$$T^{\mu\nu}{}_{;\nu} = 0 \tag{16.4.11}$$

于是, Bianchi 恒等式要求引力场方程取形式 (7.3.14), 或者等价地为

$$R_{\mu\nu} = -\frac{8\pi}{\phi}\left[T_{\mu\nu} - \left(\frac{1+\omega}{3+2\omega}\right)g_{\mu\nu}T^\lambda{}_\lambda\right]$$
$$-\frac{\omega}{\phi^2}\phi_{;\mu}\phi_{;\nu} - \frac{1}{\phi}\phi_{;\mu;\nu} \tag{16.4.12}$$

在无迹能量 – 动量张量的特殊情况下, 这个理论就变得等价于 Jordan 理论[27].

在把 Brans-Dicke 理论应用于宇宙学时, 和第 14 章和第 15 章一样, 我们仍然认为宇宙已被抹成均匀各向同性的连续区域. 所以度规取 Robertson-Walker 形式 (14.2.1); 能量 – 动量张量取理想流体形式 (14.2.12), 且标量场 ϕ 只是一个时间的函数. 用表达式 (15.1.6), (15.1.7), (15.1.11), 和 (15.1.13), 经简单计算得出方程 (16.4.12) 的时 – 时分量为

[623]
$$\frac{3\ddot{R}}{R} = -\frac{8\pi}{(3+2\omega)\phi}\{(2+\omega)\rho + 3(1+\omega)p\} - \frac{\omega\dot{\phi}^2}{\phi^2} - \frac{\ddot{\phi}}{\phi} \tag{16.4.13}$$

而方程 (16.4.12) 的空 – 空分量为

$$-\frac{\ddot{R}}{R} - \frac{2\dot{R}^2}{R^2} - \frac{2k}{R^2} = -\frac{8\pi}{(3+2\omega)\phi}\{(1+\omega)\rho - \omega p\} + \frac{\dot{\phi}\dot{R}}{\phi R} \tag{16.4.14}$$

此外, 空 – 时分量只不过说明零等于零. 关于 ϕ 的场方程 (16.4.10) 在这里变为

$$\frac{\mathrm{d}}{\mathrm{d}t}(\dot{\phi}R^3) = \frac{8\pi}{(3+2\omega)}(\rho - 3p)R^3 \tag{16.4.15}$$

如第十四章中一样, 由守恒定律 (16.4.11) 得出

$$\dot{\rho} = -\frac{3\dot{R}}{R}(\rho + p) \tag{16.4.16}$$

从方程 (16.4.13) (16.4.14) 消去 $\ddot{R}$, 并用方程 (16.4.15) 消去 $\ddot{\phi}$, 我们可导出类似于 (15.1.20) 的一阶微分方程:

$$\frac{\dot{R}^2}{R^2} + \frac{k}{R^2} = \frac{8\pi\rho}{3\phi} - \frac{\dot{\phi}\dot{R}}{\phi R} + \frac{\omega\dot{\phi}^2}{6\phi^2} \tag{16.4.17}$$

我们可对 (16.4.17) 求导数来恢复 (16.4.13) 和 (16.4.14), 所以, Brans-Dicke 宇宙学的基本方程可取为方程 (16.4.15)—(16.4.17), 再加上一个把 p 表为 ρ 的函数的物态方程. 此外, 方程 (9.9.1) 表明, 由观测缓慢运动粒子或在时间膨胀实验中所测得的引力 "常数" 是

$$G = \left(\frac{2\omega+4}{2\omega+3}\right)\phi^{-1} \tag{16.4.18}$$

对于任何给定的物态方程 $p = p(\rho)$, 方程 (16.4.15)—(16.4.17) 可以看成是 3 个变量 R, ϕ 和 ρ 的一个二阶微分方程加上两个一阶微分方程. 由此可知, 只要我们给定常数 ω 和 k 以及 4 个变量的现在值 (例如 $R_0, \dot{R}_0, \phi_0$ 和 ρ_0), 则这些方程对于所有 t 唯一地决定了 $R(t), \phi(t)$ 和 $\rho(t)$. 这颇出人意料, 因为在 Friedmann 模型中, 为了对于所有 t 能算出 $R(t)$ 和 $\rho(t)$, 我们只需要给定 3 个量的初始值, 例如 $R_0, \dot{R}_0$, 当然还有 G. [见式 (15.2.1)].

最初 Brans-Dicke[28] 为取消这个额外的自由度设置了一个附加的约束, 即在 $R = 0$ 的初始奇点处 $\dot{\phi}R^3$ 化为零: [624]

$$\dot{\phi}R^3 \to 0 \quad 当 \quad R \to 0 \tag{16.4.19}$$

用这个初始条件以及给定的 ω, k 和物态方程, 我们只要指定 3 个现在的参数如 $R_0, \dot{R}_0$ 和 ϕ_0, 或 (更方便地) 用 H_0, G_0 和 q_0 (或 ρ_0), 就能够获得关于 $R(t), \rho(t)$ 和 $\phi(t)$ 的完整解.

几年后, Dicke[29] 提出, 恰当的解事实上也许是那些并不满足约束 (16.4.19) 的解. 一般说来, 所有的解在某一有限时刻都有一个奇点 $R = 0$, 这个时刻我们通常定义为 $t = 0$. 因此, 方程 (16.4.15) 有解:

$$\dot{\phi}(t)R^3(t) = \frac{8\pi}{2\omega + 3} \int_0^t [\rho(t') - 3p(t')]R^3(t')\mathrm{d}t' - C \tag{16.4.20}$$

式中 C 是一个积分常数, 可为正、负或零. 对于 $C = 0$, 我们得到满足初始条件 (16.4.19) 的 3 参数模型族. 对于 $C \neq 0$, 我们得到 4 参数解族, 需要第四个参数来定 C 值.

这些不同解的性质相当微妙, 值得我们比较详细地去研究 (16.4.15)—(16.4.17) 可以分析解出的一种情况, 即零压和零曲率情况:

$$p = 0 \quad k = 0$$

于是由 (16.4.16) 得

$$\rho \propto R^{-3} \tag{16.4.21}$$

所以, 由方程 (16.4.20) 直接得出

$$\dot{\phi} = \frac{8\pi\rho}{2\omega + 3}(t - t_c) \tag{16.4.22}$$

式中

$$t_c \equiv \frac{(2\omega + 3)C}{8\pi\rho R^3} \tag{16.4.23}$$

可以证明, 引入一个新的因变量

$$u \equiv (t - t_c)\frac{\dot{\phi}}{\phi} = \frac{8\pi\rho(t - t_c)^2}{(2\omega + 3)\phi} > 0 \tag{16.4.24}$$

是非常方便的. 以 u 表示方程 (16.4.17) 中的 ρ 和 $\dot{\phi}/\phi$, 并令 $k = 0$, 我们可以立即得到 $\dot{R}/R$ 的解:

$$\frac{2(t - t_c)\dot{R}}{R} = -u \pm \left(\frac{3 + 2\omega}{3}\right)^{1/2} (u^2 + 4u)^{1/2} \tag{16.4.25}$$

[625]   此外, 由方程 (16.4.22) 的对数微商和 (16.4.21) 得

$$\frac{\dot{u}}{u} = -\frac{3\dot{R}}{R} + 2(t - t_c)^{-1} - \frac{\dot{\phi}}{\phi}$$

或者, 用 (16.4.24) 和 (16.4.25) 后, 得

$$(t - t_c)\dot{u} = \frac{1}{2}u\left\{u + 4 \mp 3\left(\frac{3 + 2\omega}{3}\right)^{1/2} (u^2 + 4u)^{1/2}\right\} \tag{16.4.26}$$

必须积分这个一阶方程求出 $u(t)$, 然后就可以积出 (16.4.24) 和 (16.4.25) 来决定 $\phi(t)$ 和 $R(t)$ 了.

方程 (16.4.26) 的一类显然解是 u 等于常数, 这个常数等于方程 (16.4.26) 右端表达式的零点之一. 为了找到 $u > 0$ 的零点, 我们必须取方程 (16.4.26) 和 (16.4.25) 中平方根前面上半部的符号, 得到的解就是

$$u = \frac{2}{3\omega + 4} \tag{16.4.27}$$

对于这个解, 我们必须取 $t_c = 0$, 因为否则方程 (16.4.25) 仅当 $t = t_c$ 时得出 $R = 0$, 而我们已约定这样对钟使该奇点发生在 $t = 0$. 因 $t_c = 0$, 由方程 (16.4.24) 和 (16.4.25) 得出解[28]

$$\phi \propto t^{2/(4+3\omega)} \tag{16.4.28}$$

$$R \propto t^{(2\omega+2)/(3\omega+4)} \tag{16.4.29}$$

$$\frac{4\pi\rho t^2}{\phi} = \frac{(2\omega + 3)}{(3\omega + 4)} \tag{16.4.30}$$

对于 $t_c \neq 0$, 必须分析方程 (16.4.26) 中的 u 在奇点 $u = 0, u = 2/(3\omega+4)$ 和 $u = \infty$ 之间如何变化, 其结果临界地依赖于 t_c 为正或为负.

$t_c > 0$. 在这种情况下 u 从 $t = 0$ 时的 $u = \infty$ 单调下降到 $t = t_c$ 时的 $u = 0$, 然后当 $t \to \infty$ 时单调上升到数值 (16.4.27), 方程 (16.4.25) 和

(16.4.26) 中的平方根前的符号在 t_c 处从 $t < t_c$ 时的下端符号变为 $t > t_c$ 时的上端符号. 因此, (16.4.26) 的解具有如下形式

$$\ln\left(1 - \frac{t}{t_c}\right) = -2 \int_0^u \frac{\mathrm{d}u}{u\{u + 4 + 3(1 + 2\omega/3)^{1/2}(u^2 + 4u)^{1/2}\}} \quad \text{当 } t < t_c$$

$$\ln\left(\frac{t}{t_c} - 1\right) = 2 \int_0^u \frac{\mathrm{d}u}{u\{u + 4 - 3(1 + 2\omega/3)^{1/2}(u^2 + 4u)^{1/2}\}} \quad \text{当 } t > t_c$$

这些积分可用准确的形式作出. 但更有趣的是考察甚早期和甚晚期解的 [626] 渐近行为. 对于 $t \ll t_c$, 我们求出

$$u \to \frac{(3[1 + 2\omega/3]^{1/2} - 1)}{(4 + 3\omega)(t/t_c)}$$

所以, 方程 (16.4.24) 和 (16.4.25) 有解[29]

$$\phi \propto t^{(1-3[1+2\omega/3]^{1/2})/(4+3\omega)} \tag{16.4.31}$$

$$R \propto t^{(1+\omega+[1+2\omega/3]^{1/2})/(4+3\omega)} \tag{16.4.32}$$

对于 $t \gg t_c$, u 趋于数值 (16.4.27), 而 (16.4.24) 和 (16.4.25) 的解过渡到形式 (16.4.28) 和 (16.4.29).

    $t_c < 0$. 在这种情况下 u 从 $t = 0$ 时的 $u = \infty$ 单调下降到 $t \to \infty$ 时的数值 (16.4.27). (16.4.25) 和 (16.4.26) 中的平方根保持上端符号, 所以 (16.4.26) 有解

$$\ln\left(1 + \frac{t}{|t_c|}\right) = 2 \int_u^\infty \frac{\mathrm{d}u}{u\{3(1 + 2\omega/3)^{1/2}(u^2 + 4u)^{1/2} - u - 4\}}$$

对于 $t \ll |t_c|$, 我们得到

$$u \to \frac{(3[1 + 2\omega/3]^{1/2} + 1)}{(4 + 3\omega)(t/|t_c|)}$$

所以, 方程 (16.4.24) 和 (16.4.25) 有解[29]

$$\phi \propto t^{(3[1+2\omega/3]^{1/2}+1)/(4+3\omega)} \tag{16.4.33}$$

$$R \propto t^{(1+\omega-[1+2\omega/3]^{1/2})/(4+3\omega)} \tag{16.4.34}$$

对于 $t \gg |t_c|$, u 趋于数值 (16.4.27), 并且 (16.4.24) 和 (16.4.25) 的解又过渡到形式 (16.4.28) 和 (16.4.29).

    因此, 存在着三种解, 所有这些解当 $t \gg |t_c|$ 时行为相似, 但当 $t \lesssim |t_c|$ 时它们就完全不同了. 只有 $t_c = 0$ 的简单解在大 ω 极限下平缓地过渡到

零曲率 Friedmann 解 (ϕ 为常数, $R \propto t^{2/3}$); 对于任何有限的 ω, 当 $t \to 0$ 时, $t_c > 0$ 或 $t_c < 0$ 的解分别有 $\phi \to \infty$ 或 $\phi \to 0$.

　　虽然这些解是在零压强和零曲率的假设下推出的, 但它们展示了复杂得多的一般解的许多性质. 一般说来, 可以根据 (16.4.20) 中的积分常数 C 是零或为正或为负来对解进行分类. 对于充分大的 t, 方程 (16.4.20) 中的积分由物质主导期所决定, 在那个时期中 $\rho \propto R^{-3}$, 所以该积分像 t 那样增长, 从而积分常数最终变得可以忽略不计. 在这种极限下, 我们有

$$\dot{\phi} = \frac{8\pi\rho t}{2\omega + 3} \tag{16.4.35}$$

[627]

而且所有的解都收敛到 $C = 0$ 的解, 可惜, 这个解必须用 $\rho \propto R^{-3}$ 时 (16.4.17) 和 (16.4.35) 的数值解来计算. 另一方面, 对于充分小的 t, 积分常数在 (16.4.20) 中是突出的, 当然要 $C \neq 0$. 在这种情况下, (16.4.17) 中的曲率项和密度项当 $t \to 0$ 时变得可以忽略, 而且解过渡到以前推出过的形式

$$\phi \propto t^{(1\mp 3[1+2\omega/3]^{1/2})/(4+3\omega)} \tag{16.4.36}$$

$$R \propto t^{(1+\omega\pm[1+2\omega/3]^{1/2})/(4+3\omega)} \tag{16.4.37}$$

其中对于 $C > 0$ 取上部符号, 对于 $C < 0$ 取下部符号. $C = 0$ 的解平滑地过渡到大 ω 的 Friedmann 模型解, 但是, $C \neq 0$ 的解对于任何 ω 在 $t = 0$ 时有特殊的行为.

　　Brans-Dicke 理论没有对本节开头讨论的数字关系作出满意的回答. 一般说来, $\dot{\phi}/\phi$ 和 $1/t$ 将具有 Hubble "常数" H 的数量级, 而 ϕ 是 $1/G$ 的数量级, 因此, 一旦积分常数 C 变得可以忽略, 方程 (16.4.35) 就会变得与关系式 (16.4.3) 大致相同. 但是, 当 C 不可忽略时, 在甚早期中, 关系式 (16.4.3) 即使是近似成立也不可能. 更重要的是, Brans-Dicke 理论完全没有解释奥秘的关系式 (16.4.2). 的确, 在零压强、零曲率和零积分常数 t_c 的最简单情况中, 式 (16.4.29) 和 (16.4.28) 表明 $H \propto 1/t$, 而 $G \propto t^{-2/(4+3\omega)}$, 所以质量 $(\hbar^2 H/Gc)^{1/3}$ 随时间而减小, 从而关系式 (16.4.2) 只适用于宇宙历史中一个短暂的时期.

　　现在让我们来看看这个理论的观测含义. 无论是引力场还是 Brans-Dicke 场, 对于那些被认为是在早期宇宙中产生氦的过程都没有任何直接效应, 但它们确实影响宇宙的膨胀速率, 而这个速率又控制着可能产生的氦的数量 (见 15.7 节). 对于 $C = 0$ 的解, 方程 (16.4.17) 和 (16.4.20) 的数值积分[29] 表明: 在 $\omega = 5, k = 0, H_0^{-1} = 9.5 \times 10^9$ 年, $\rho_0 = 2 \times 10^{-29}\text{g/cm}^3$ 的情况下, Brans-Dicke 场的效应是把温度降到 10^9K 所需的时间缩短 0.45 倍,

所以, 当核合成开始时剩下的中子较多, 宇宙学起源的氦丰度按重量计约为 42%, 而不是 27%. 对于具有较小目前密度的 $k = -1$ 的模型, Friedmann 模型与 Brans-Dicke 模型之间的差别要小得多[30]. 另一方面, 利用 (16.4.20) 中的非零积分常数, 实质上可使早期宇宙的膨胀速率成为我们所希望的任何数值. 如在 15.7 节中所讲过的, 当膨胀适当加快时, 氦的产生会增多, 但若膨胀加快过度, 则没有足够的时间进行反应 $n + p \to d + \gamma$ 以产生足够的氘来开始氦合成, 因此产生的氦非常少.

[628]

在处于光学望远镜范围内的更新近的时期中, 积分常数 C 也许 (虽然不肯定) 可以忽略, 因此, 对于大 ω 而言, 曲率、密度、年龄、Hubble 常数和减速参数之间的关系几乎同 Friedmann 模型一样. 例如, 对于在 $t \gg |t_c|$ 极限下的零压强零曲率模型, 由式 (16.4.28)—(16.4.30) 得出关系

$$H_0 t_0 = \frac{(2 + 2\omega)}{(4 + 3\omega)} \tag{16.4.38}$$

$$q_0 = \frac{\omega + 2}{2\omega + 2} \tag{16.4.39}$$

$$\frac{4\pi G\rho_0}{H_0^2} = \frac{(4 + 3\omega)(4 + 2\omega)}{(2 + 2\omega)^2} \tag{16.4.40}$$

对于 $\omega = 6$, 这三个量的数值是 0.46, 0.57, 1.80, 而对于 $k = 0$ 的 Friedmann 模型, 对应的数值是 0.67, 0.50 和 1.50.

Dirac 理论和 Brans-Dicke 理论最有特色的可观测性质自然是引力常数 G 随时间的减小. 在 Brans-Dicke 理论中, 由 (16.4.35) 定出 G 的目前变化速率是

$$\left(\frac{\dot{G}}{G}\right)_0 = -\left(\frac{\dot{\phi}}{\phi}\right)_0 = -\frac{8\pi\rho_0 t_0}{(2\omega + 3)\phi_0} = -\frac{8\pi G_0 \rho_0 t_0}{(2\omega + 4)} \tag{16.4.41}$$

一般说来, 为了用 G_0, H_0 和 q_0 表示 ρ_0 和 t_0, 必须用微分方程 (16.4.35) 和 (16.4.17) 的数值解. 但是, 如果 ω 相当大 (如 $\omega \gtrsim 5$), 则对于 (16.4.41) 中的 ρ_0 和 t_0 采用 15.2 节和 15.3 节的 Einstein 方程算出的值, 就可以把 G 的减小速率计算到足够的精度: 一般 Friedmann 模型对于 ρ_0 的结果是

$$\frac{4\pi G_0 \rho_0}{3H_0^2} = q_0 \tag{16.4.42}$$

$H_0 t_0$ 的数值和速率 (16.4.41) 的结果值列于表 16.1.

表 16.1　在各种 Brans-Dicke 模型中和在 Dirac 模型中 G 的减小速率[a]

模型	q_0	$H_0 t_0(\omega = \infty)$	$(\dot{G}/G)_0$
Brans-Dicke	$\ll 1$	1	$-\dfrac{3q_0 H_0}{\omega + 2}$
Brans-Dicke	$\dfrac{1}{2}$	$\dfrac{2}{3}$	$-\dfrac{H_0}{\omega + 2}$
Brans-Dicke	1	$\dfrac{\pi}{2} - 1$	$-\dfrac{1.71 H_0}{\omega + 2}$
Brans-Dicke	$\gg 1$	$\dfrac{\pi}{2\sqrt{2q_0}}$	$-\dfrac{3.34 H_0\sqrt{q_0}}{(\omega + 2)}$
Dirac	2	$\dfrac{1}{3}$	$-3H_0$

a. Brans-Dicke 模型中 $(\dot{G}/G)_0$ 的值是从式 (16.4.41) 算出的, 对于 t_0 和 ρ_0 分别采用了第 3 行和公式 (16.4.42) 中给出的 Friedmann 模型 (即 $\omega = \infty$) 的结果.

在有分析解的 $k = 0$ 的特殊情形中, 由关系 (16.4.18), (16.4.28) 和 (16.4.29) 得出 "精确" 结果

$$\left(\frac{\dot{G}}{G}\right)_0 = -\frac{H_0}{(1 + \omega)}$$

[629] 所以, 在这种情况下, 表 16.1 所列的这个速率的估计值对于 $\omega = 6$ 比上式约低 12%. 表 16.1 所列的估计值与取 $k = -1$ 和 $\omega = 5$ 或 $\omega = 10$ 算出[30]的 "精确" 结果很好地符合.

若取 $H_0^{-1} = 10^{10}$ 年, q_0 在 0.01 和 1.0 之间, 以及 $\omega = 6$, 表 16.1 给出 G 的相对减小率在每年 4×10^{-13} 与 2×10^{-11} 之间. 反之, Dirac 模型预言引力 "常数" 的减小要快得多; 对于 $H_0^{-1} = 10^{10}$ 年, G 的相对减小率是每年 3×10^{-10}.

G 的目前变化率的最好实验上限, 来自水星和金星的雷达观测分析[31]. 对于在半径为 r 的圆轨道上速度为 v 的行星, 我们有 $M_\odot G = v^2 r$, 所以, 如果当 G 变化时轨道角动量 mrv 保持恒定, 则 r 和 v 的变化将是

$$r \propto \frac{1}{v} \propto \frac{1}{G} \tag{16.4.43}$$

而轨道周期 $2\pi r/v$ 的变化将是

$$2\pi \frac{r}{v} \propto \frac{1}{G^2} \tag{16.4.44}$$

[630] 在 1966—1969 年间反复比较内行星的轨道周期, 并用原子钟计时 (它与

G 无关), Shapiro 等人[31] 已定出一个上限

$$\left|\frac{\dot{G}}{G}\right|_0 \lesssim 4 \times 10^{-10}/\text{年}$$

这几乎已好到足以排除 Dirac 理论, 但还没有充分严格地对 Brans-Dicke 耦合参数 ω 定出一个可用的上限. 但是, 预期 $(\dot{G}/G)_0$ 的测量误差近似地随观测时间间隔的 5/2 次方而减小, 所以再观测 5 年应能把 $\dot{G}/G$ 的上限减小到 Brans -Dicke 理论 (取 q_0 约为 1, 且 $\omega = 6$) 所预期的值.

分析激光信号从地球射到月球, 然后经阿波罗探险队放在月面上的角反射镜反射回到地球的飞行时间, 也可望定出 G 的变化速率的上限[32]. 但是, 对这些观测的分析由于潮汐效应而严重地复杂化了, 这种潮汐效应在地 – 月系动力学中起着重大作用. (幸而, 这种潮汐效应对 Shapiro 等人研究的行星运动没有严重的影响.)

过去几千年来 G 的变化也许可以从古代日食记录的研究中来确定[33]. 一次日全食仅在地球表面的很小一部分可以看到, 所以, 在某一特定地点看到特定的一次日全食的知识, 提供了日长 (和 G 的关系不大) 相对于年长和朔望月长 (像 $1/G^2$ 那样变化) 比率的精确信息. Curott[34] 和 Dicke[35] 分析了发生在公元前 1062 年至公元 71 年之间的 5 次日食, 得到地球自转速率相对于行星周期的平均相对减小率是每年 $(15.9 \pm 0.7) \times 10^{-11}$. 地球自转速率受到一系列已知因素的影响[36], 特别是潮汐减速, 其相对变率在每年 23.5×10^{-11} 与 25.6×10^{-11} 之间, 还有一种由于海平面的上升和大地水准面的均衡恢复所引起的加速是在每年 0.5×10^{-11} 与 3.0×10^{-11} 之间. 还留下每年 4×10^{-11} 到 10×10^{-11} 之间的剩余的未被解释的地球自转加速. 因为日食数据量度的是相对于行星周期的地球自转速率, 因此, 这个表观的剩余加速可以用行星运动的减速来解释, 这种减速是由于 G 以每年 2×10^{-11} 与 5×10^{-11} 之间的相对变率减小引起的[见式 (16.4.44)]. 不过, 日食数据是不大确切的. (谁知道在公元前 648 年日食的时候, Archilochus 是在 Paros, 还是在 Thasos 呢?) 更重要的是, 在地 – 月系的复杂动力学中, 有许多不确定的因素可以说明地球自转的微小的剩余表观加速, 而无需求助于 G 的减小.

由珊瑚化石上面的月增长或年增长带和日增长纹的计数[37], 也许可以测量过去三亿五千万年来每个朔望月或每年中日数的变化. 但是, 这种方法还没有提供精确得足以对宇宙学家有用的结果. [631]

几十亿年中引力常数的长期减小对于地球和恒星的演化会产生有趣的效应, 但可惜的是, 这些效应都没有给出关于 G 是否真在减小的明确信息. 由于 G 的减小, 地球半径会大致像 $G^{-0.1}$ 那样增加, 从而使地壳

产生复杂的破损[38]. 如果过去的 G 较大, 则恒星的热核演化会进行得更迅速[39]; 若 G 以每年 $(1—2) \times 10^{-11}$ 的相对速率减小, 一个真实年龄为 60 至 80 亿年的恒星在我们看来年龄就会是 150 至 250 亿年[40]. 最后, 如果在过去 G 较大, 则太阳光度 $L_\odot$ 会大一个约正比于 G^8 的因子[41], 而地球轨道半径 $r_\oplus$ 会小一个正比于 G^{-1} 的因子, 所以大体上按 $(L_\odot/r_\oplus^2)^{1/4}$ 变化的地球表面温度会大一个正比于 $G^{2.5}$ 的因子. 如果像 $k = 0$ 和 $\omega = 6$ 的 Brans-Dicke 模型的关系式 (16.4.28) 所预期的那样, G 按 $t^{-0.09}$ 减小, 则在 2×10^9 年前, 地球表面的温度只比现在约高出 20°C, 这对于生物进化不会有任何重大影响. 另一方面, 如果像 Dirac 宇宙学所期待的那样 G 是按 $1/t$ 减小的话, 则早期引力常数值将会过大, 以致 10^9 年前地球表面的温度就会高于水的沸点 (除非地球反照率比现在高得多[42]). 因此, 早就阻止了那些有能力探索宇宙奥秘的生命形式的进化了.

专题书目

见第十四章和第十五章专题文献, 其余如下:

V. Petrosian and E. E Salpeter, "Lemaître Models and the Cosmological Constant", Comments Astrophys. and Space Phys., **2**. 109(1970).

R. H. Dicke, "Gravitation an Enigma", 27th Joseph Henry Lecture of the Philosophical Society of Washington, J. Wash. Acad. Sci, **48**, 213 (1958).

参考文献

[1] J. P. L. de Cheseaux, *Traité de la Comete* (Lausanne, 1744), pp. 223; reprinted in *The Bowl of Night*, by F. P. Dickson (M. I. T. Press, Cambridge, Mass., 1968). Appendix II.

[2] H W. M. Olbers, *Bode's Jahrbuch*, 111 (1826); reprinted by Dickson, *op. cit.*, Appendix I. 对 Olbers 佯谬的兴趣最近由 Bondi 复活; 见 H. Bondi. *Cosmology* (2nd ed., Cambridge University Press, 1960), Chapter III.

[3] 见 Bondi, *op. cit.*, p. 21.

[4] S. Weinberg, Nuovo Cimento, Series X, **25**, 15 (1962).

[5] A. Einstein, Sitz. Preuss. Akad. Wiss., **142**, (1917). 英译见 *The Principle of Relativity* (Methuen, 1923, reprinted by Dover Publications), p. 35.

[6] 例如见, H. Bondi, *Cosmology* (2nd ed., Cambridge University Press, 1960), Chapter IX.

[7] W. de Sitter, Proc. Roy. Acad. Sci. (Amsterdam), **19**, 1217 (1917); **20**, 229 (1917); **20**, 1309 (1917); Mon. Not. Roy. Astron. Soc., **78**, 3 (1917).

[8] G. Lemaître, Ann. Soc. Sci. Brux, **A47**, 49 (1927); Mon. Not. Roy. Astron. Soc., **91**. 483 (1931).

[9] A. S. Eddington, Mon. Not. Roy. Astron. Soc, **90**, 668 (1930).

[10] V. Petrosian, E. E. Salpeter and P. Szekeres, Astrophys. J., **147**, 1222 (1967); I. Shklovsky, Astrophys. J., **150**, Ll (1967); M. Rowan-Robinson, Mon. Not. Roy. Astron. Soc., **141**, 445 (1968).

[11] V. Petrosian and E. E. Salpeter, Astrophys. J., **151**, 411 (1968).

[12] N. S. Kardashev, Ap. J., **150**, L135 (1967); G. C. McVittie and R. Stabell, Astrophys. J., **150**, L141 (1967); V. Petrosian, Astrophys. J., **155**, 1029 (1969).

[13] K. Brecher and J. Silk, Astrophys. J., **158**, 91 (1969).

[14] F. Hoyle, Mon. Not. Roy. Astron. Soc., **108**, 372 (1948); Mon. Not. Roy. Astron. Soc, **109**, 365 (1949).

[15] K. Schwarzschild, Nachr. Ges. Wiss. Göttingen, **128**, 132 (1903); H. Tetrode, Z. Phys., **10**, 317 (1922); A. D. Fokker, Z. Phys., **58**, 386 (1929); Physica, **9**, 33 (1929); *ibid.*, **12**, 145 (1932).

[16] J. A. Wheeler and R. P. Feynman, Rev. Mod. Phys., **17**, 157 (1945); *ibid.*, **21**, 425 (1949).

[17] J. E. Hogarth, Proc. Roy. Soc, **A267**. 365 (1962).

[18] F. Hoyle and J. V. Narlikar, Proc. Roy. Soc., **A277**, 1 (1964).

[19] F. Hoyle and J. V. Narlikar, Proc. Roy. Soc., **A282**, 178 (1964).

[20] F. Hoyle and J. V. Narlikar, Proc. Roy. Soc., **A282**, 184, 191 (1964). 也见 S. Deser and F. A. E. Pirani, Proc. Roy. Soc., **A288**, 133 (1965).

[21] F. Hoyle and J. V. Narlikar, Ann. Phys., **54**, 207 (1969).

[22] 例如见, A. S. Eddington, *Fundamental Theory* (Cambridge University Press, 1946).

[23] P. A. M. Dirac, Nature, **139**, 323 (1937); Proc. Roy. Soc., **A165**, 199 (1938).

[24] P. Jordan, Nature, **164**, 637 (1949); *Schwerkraft und Weltfall* (2nd ed., Vieweg und Sohn, Braunschweig, Germany, 1955).

[25] M. Fierz, Helv. Phys. Acta, **29**, 128 (1956).

[26] H. Bondi, *Cosmology* (2nd ed., Cambridge University Press, 1960), p. 163.

[27] P. Jordan, Z. Phys., **157**, 112 (1959).

[28] C. Brans and R. H. Dicke, Phys. Rev., **124**, 925(1961). [633]

[29] R. H. Dicke, Ap J., **152**, 1 (1968). 此文采用了 Brans-Dicke 理论的修改陈述, 见 R. H. Dicke, Phys. Rev., **125**, 2163 (1962). 较接近这里讨论的处理, 见 G. S. Greenstein, 待发表.

[30] G. S. Greenstein, Astrophys. Lett., **1**, 139 (1968).

[31] I. I. Shapiro, W. B. Smith. M. E. Ash, R. P. Ingalls, and G. H. Pettengill, Phys. Rev. Lett., **26**, 27 (1971).

[32] C. O. Alley, P. Bender, R. H. Dicke, J. Faller, P. Franken, H. Plotkin, D. T. Wilkinson, J. Geophys. Res., **70**, 2267 (1965); C. O. Alley et al., Science, **167**, 458 (1970).

[33] J. Fotheringham, Mon. Not. Roy. Ast. Soc, **81**, 104 (1920).

[34] D. R. Curott, Astron. J., **71**, 264 (1966).

[35] R. H, Dicke, in *The Earth-Moon System*, ed. by B. G. Marsden and A. G. W. Cameron (Plenum Press, New York, 1966), p. 93; Physics Today, **20**, 55 (1967).

[36] W. H. Munk and G. J. F. MacDonald, *The Rotation of the Earth* (Cambridge University Press, 1960).

[37] C. T. Scrutton. Paleontology, **7**, 552 (1965); J. W. Wells, in *The Earth-Moon System*, ed. by B. G. Marsden and A. G. W. Cameron (Plenum Press, New York, 1966), p. 70.

[38] R. H. Dicke, Science, **138**, 653 (1962).

[39] R. H. Dicke, Rev. Mod. Phys., **34**, 110 (1962).

[40] R. H. Dicke, in *Stellar Evolution*, ed. by R. F. Stein and A. G. W. Cameron (Plenum Press, New York, 1966), p. 319; Physics Today, **20**, 55 (1967).

[41] R. H. Dicke, Rev. Mod. Phys., **29**, 355(1957); **34**, 110 (1962).

[42] E. Teller, Phys. Rev., **73**, 801 (1948); also see Ref. 27.

附录

一些有用数据[1])

数值常数

$\pi = 3.1415927$, $1'' = 4.8481 \times 10^{-6}$ rad
$e = 2.7182818$, $\ln 10 = 2.3025851$

物理常量

光速 $c = 2.9979250(10) \times 10^{10}$ cm·s^{-1}

引力常量 $G = 6.6732(31) \times 10^{-8}$dyn·cm^2·g^{-2}

$\qquad G/c^2 = 7.425 \times 10^{-29}$cm·g^{-1}

Planck 常量 $\hbar = 6.582183(22) \times 10^{-16}$eV·s

$\qquad = 1.0545919(80) \times 10^{-27}$ erg·s

$\qquad h = 2\pi\hbar = 6.625 \times 10^{-27}$erg·s

电子伏特 1eV$= 1.6021917(70) \times 10^{-12}$erg

电子的电荷 (未有理化) $e = 4.803250(21) \times 10^{-10}$ esu

精细结构常量 $\alpha = e^2/\hbar c = 1/137.03602(21)$

电子质量 $m_e = 9.109558(54) \times 10^{-28}$g

$\qquad m_e c^2 = 0.5110041(16)$MeV

质子质量 $m_p = 1.67 \times 10^{-24}$g

$\qquad m_p c^2 = 938.2592(52) \times$MeV

中子质量 $m_n c^2 = 939.5527(52) \times$MeV

---

1) 取自 "Review of Particle Properties," Particle Data Group, Rev. Mod. Phys. **43**, No 2, Part II, (1971) 和 Astrophysical Quantities, by C. W. Allen (Athlone Press, London, 1955). 括号中给出数字之处, 表明主要数据的最后一两位有一个标准误差的不确定性.

Rydberg 常量 $m_e e^4/2\hbar^2 = 13.605826(45)\mathrm{eV}$

Thomson 截面 $8\pi e^4/3m_e^2 c^4 = 0.6652453(61) \times 10^{-24}\mathrm{cm}^2$

弱耦合常量 $g_v c/\hbar^3 = 1.02 \times 10^{-5}m_p^{-2}$

Boltzmann 常量 $k = 1.380622(59) \times 10^{-16}\mathrm{erg\cdot K^{-1}}$

$$k^{-1} = 11604.85(49)\mathrm{K/eV}$$

黑体常量 $a \equiv \pi^2 k^4/15c^3\hbar^3 = 7.5641 \times 10^{-15}\mathrm{erg\cdot cm^{-3}\cdot K^{-4}}$

典型恒星质量 $(\hbar c/G)^{3/2}m_p^{-2} = 3.77 \times 10^{33}$ g

普通天文常量

恒星年 (1900) 1 年 $= 3.1558149984 \times 10^7$ s

光年 1 光年 $= 9.4605 \times 10^{17}\mathrm{cm}$

平均日 – 地距离 1 a. u. $= 1.495985(5) \times 10^{13}\mathrm{cm}$

秒差距 1 pc$= 3.0856(1) \times 10^{18}\mathrm{cm}=3.2615$ 光年

Hubble 常量为 $100\mathrm{km\cdot s^{-1}\cdot Mpc^{-1}}$ 对应的 Hubble 时间

$$[100\mathrm{km \cdot s^{-1}Mpc^{-1}}]^{-1} = 9.78 \times 10^9 \text{ 年}$$

太阳质量 $M_\odot = 1.989(2) \times 10^{33}\mathrm{g}$

$$M_\odot G/c^2 = 1.475\mathrm{km}$$

太阳半径 $R_\odot = 6.9598(7) \times 10^5\mathrm{km}$

无量纲太阳表面势 $M_\odot G/R_\odot c^2 = 2.12 \times 10^{-6}$

太阳光度 $L_\odot = 3.90(4) \times 10^{33}\mathrm{erg\cdot s^{-1}}$

地球质量 $M_\oplus = 5.977(4) \times 10^{27}\mathrm{g}$

$$M_\oplus G/c^2 = 0.443 \text{ cm}$$

[637]　地球赤道半径 $R_\oplus = 6.37817(4) \times 10^3\mathrm{km}$

无量纲地球表面势 $M_\oplus G/R_\oplus c^2 = 6.95 \times 10^{-10}$

地球表面的重力加速度 $g = 980.665 \mathrm{\ cm\cdot s^{-2}}$

低轨道地球卫星的速度 $v_s = 7.9 \mathrm{\ km\cdot s^{-1}}$

地球的平均轨道速度 $v_\oplus = 29.78 \mathrm{\ km\cdot s^{-1}}$

月球质量 $M_{\mathfrak{C}} = 7.35 \times 10^{25}\mathrm{g}$

$$M_{\mathfrak{C}} G/c^2 = 5.45 \times 10^{-3}\mathrm{cm}$$

月球半径 $R_{\mathfrak{C}} = 1738\mathrm{km}$

无量纲月球表面势 $M_{\mathfrak{C}} G/R_{\mathfrak{C}} c^2 = 3.14 \times 10^{-11}$

平均月 – 地距离 $r_{\mathfrak{C}} = 3.84 \times 10^5\mathrm{km}$

视热星等为 m 的恒星的视亮度

$$l = 2.52 \times 10^{-5}\mathrm{erg \cdot cm^{-2} \cdot s^{-1}} \times 10^{-2m/5}$$

绝对热星等为 M 的恒星的光度

$$L = 3.02 \times 10^{35} \mathrm{erg} \cdot \mathrm{s}^{-1} \times 10^{-2M/5}$$

行星轨道要素

行星	符号	周期 T/回归年	半正焦弦 $L/10^6$km	偏心率 e (1900)
Icarus	`	1.12	51.0	0.827
水星	☿	0.24085	55.46	0.205615
金星	♀	0.61521	108.20	0.006820
地球	⊕	1.00004	149.54	0.016750
火星	♂	1.88089	225.95	0.093312
木星	♃	11.86223	776.5	0.048332
土星	♄	29.45772	1423	0.055890
天王星	♅	84.013	2863	0.0471
海王星	♆	164.79	4498	0.0085
冥王星	♇	248.4	5500	0.2494

列选的一些星系[1)]

[638]

本星系群	类型	距离 Mpc	m_{pg}	cz (观测) /(km/s)
银河系及其近邻				
银河系	Sb 或 Sc	—	—	—
大麦云	Ir 或 SBc	0.049	0.86	+280
小麦云	Ir	0.058	2.86	+167
小熊座星系	dE	0.077	?	?
天龙座星系	dE	0.08	?	?
玉夫座星系	dE	0.09	10.5	?
天炉座星系	dE	0.13	9.1	+40
狮子座 I	dE	0.23	11.27	?
狮子座 II	dE	0.23	12.85	?
NGC 6822	Ir	0.52	9.21	−40
本星系群的其它成员				
NGC224 (M31)	Sb	0.65	4.33	−270

---

1) 距离、类型和星等多半取自 S.van den Bergh 编《Observors Handbook of the Royal Canadian Astronomical Society》, 1971. 在 "类型" 下, E 表示 "椭圆", E0, E1, …… 越来越平; S 表示 "旋涡", SO, Sa, Sb, Sc, …… 越来越开: SB 表示 "棒旋", SBO, SBa, SBb, SBc. …… 越来越开; Ir 表示 "不规则" ; p 表示 "特殊" : d 表示 "矮" ; R 表示 "强射电源". 关于 Maffei 1, 见 H. Spinrad et al., Ap. J., **163**, L25 (1971).

本星系群	类型	距离 Mpc	m_{pg}	cz (观测) /(km/s)
NGC205	E6p	0.65	8.89	−240
NGC221 (M32)	E2	0.65	9.06	−210
NGC147	dE4	0.65	10.57	?
NGC185	E0	0.65	10.29	−340
NGC598 (M33)	Sc	0.74	6.19	−210
IC1613	Ir	0.74	10.00	−240
Maffei 1	E	∼1	∼5.8 (目视)	?
各种亮星系				
NGC3031 (M81)	Sb	2.0	7.85	+80
NGC3034 (M82)	Scp	2.0	9.20	+400
NGC5236 (M83)	Sc	2.4	7.0	+320
NGC4826 (M64)	?	3.7	9.27	+360
NGC5128 (半人马座 A)	E0p(R)	∼4.0	7.87	+260
NGC4736 (M94)	Sbp	4.3	8.91	+350
NGC5055 (M63)	Sb	4.3	9.26	+2600
NGC5194 (M51)	Sb	4.3	9.26	+550
NGC5457 (M101)	Sc	4.3	8.20	+400
室女座星系团中的 Messier 星系 (目视星等)				
NGC4472 (M49)	E4	15 ± 5	8.9	
NGC4579 (M58)	SBb	15 ± 5	9.9	
?NGC4621 (M59)	E5	15 ± 5	10.3	
NGC4649 (M60)	E2	15 ± 5	9.3	
NGC4303 (M61)	Sc	15 ± 5	9.7	
NGC4374 (M84)	E?	15 ± 5	9.8	
NGC4382 (M85)	SO	15 ± 5	9.5	
NGC4486 (M87)	E0p(R)	15 ± 5	9.3	+1220
NGC4501 (M88)	Sb	15 ± 5	9.7	
NGC4552 (M89)	E0	15 ± 5	10.3	
NGC4569 (M90)	Sb	15 ± 5	9.7	
?NGC4192 (M98)	Sb	15 ± 5	10.4	
NGC4254 (M99)	Sc	15 ± 5	9.9	
NGC4321 (M100)	Sc	15 ± 5	9.6	
NGC4594 (M104)	Sb	15 ± 5	8.1	+1020

[639]

列选的一些星系团

星系团	估计星系数	$cz/(km/s)$
室女座	2500	1150
飞马座 I	100	3800
双鱼座	100	5000
巨蟹座	150	4800
英仙座	500	5400
后发座	1000	6700
武仙座		10300
飞马座 II		12800
团 A	400	15800
大熊座 I	300	15400
狮子座	300	19500
双子座	200	23300
北冕座	400	21600
牧夫座	150	39400
大熊座 II	200	41000
长蛇座		60600

人名索引

索引页码为本书页边方括号中的页码，对应英文原版书的页码

主题索引

索引页码为本书页边方括号中的页码, 对应英文原版书的页码

译后记

　　本书作者斯蒂芬·温伯格是著名美国物理学家, 1933 年出生于纽约的一个犹太移民家庭, 1954 年在康奈尔大学毕业后去哥本哈根的尼尔斯·玻尔研究所做研究生。一年之后, 他回到普林斯顿大学, 于 1957 年获得博士学位, 后相继在哥伦比亚大学、加州大学伯克利分校、哈佛大学任职, 1967 年成为 MIT 客座教授, 1973 年受聘哈佛大学希金斯教授。1979 年, 温伯格与格拉肖和萨拉姆因独立提出基于对称性自发破缺机制的电弱统一理论, 一起分享了当年的诺贝尔物理学奖。1982 年温伯格来到德州大学奥斯汀分校任教, 成立了该校物理系的理论组。

　　温伯格在量子场论、引力和宇宙学领域均有重大贡献, 并各有专著问世。他于 1972 年出版的《引力和宇宙学》深刻地阐释了广义相对论和粒子物理学之间的内在联系, 大大促进了这两个领域科学家之间的理解与交流。本书作为该领域最有影响的、长盛不衰的教材之一, 对世界相对论天体物理学和宇宙学四十年来的蓬勃发展功不可没。

　　本书问世后不久, 作者在一次国际学术会议上将他的新著送给参会的北京大学周培源教授。周培源教授曾于 20 世纪 30 年代访问普林斯顿高等研究所与爱因斯坦一起工作, 回国后在《物理学报》创刊号上发表了中国首篇相对论宇宙学论文。以后由于战争环境, 他的研究重心转向流体力学, 但一直关注着引力理论的发展。温伯格的赠书使他耳目一新, 正好又知道当时中科院物理所十三室笔者所在的一个小组正在研习引力理论, 于是找我们商量把这本书译为中文在国内出版, 让更多人分享。译者有: 陈建生、陈明远、郭汉英、黄硼、李根道、张历宁、邹振隆, 由邹振隆和张历宁统稿。

　　在周培源先生的热情推动和鼓励下, 本书中文版《引力论和宇宙论》(科学出版社, 1980) 问世, 受到国内高校和科研单位广大读者的欢迎, 但由于版权问题, 脱销多年未能重印, 实在令人遗憾。所幸 2013 年高等教育出版社策划出版《诺贝尔物理学奖获得者著作选译》系列丛书, 本书得以入选, 并正式取得了中文版版权。鉴于原著的基本思想和理论框架已成经典, 作者至今未予修订, 所以决定新的中文版以科学出版社 1980 年版为基础, 只对译文的个别疏漏做必要的订正和补充。不当之处祈望读者校正。

　　过去的四十年可以毫不夸张地说是宇宙学发展日新月异的黄金时代, 这个领域的专著或教科书几乎每十年甚至五年就得更新。2008 年温伯格教授的《宇宙学》(向守平译, 中国科学技术大学出版社, 2013) 无疑是目前最新的佳作之一, 值得向读者推荐。有关引力研究特别是实验方面的新进展, 可参考如《引力与时空》第 2 版 (瓦尼安、鲁菲尼 著. 向守平、冯珑珑 译. 北京: 科学出版社, 2006)。

邹振隆, 2014 年于北京

 ISBN: 978-7-04-020849-8

 ISBN: 978-7-04-035173-6

 ISBN: 978-7-04-024306-2

 ISBN: 978-7-04-041597-1

 ISBN: 978-7-04-030572-2

 ISBN: 978-7-04-034659-6

 ISBN: 978-7-04-031953-8

 ISBN: 978-7-04-024160-0

 ISBN: 978-7-04-023069-7

ISBN: 978-7-04-048718-3

有ISBN号的截至本书出版时已出版